Tutorium Genetik

Jann Buttlar · Carlo Klein · Alexander Bruch · Alexandra Fachinger ·
Johanna Funk · Harmen Hawer · Aaron Kuijpers

Tutorium Genetik

eine (ausführliche) Einführung

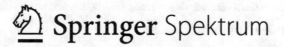 Springer Spektrum

Jann Buttlar
Lohfelden, Deutschland

Alexander Bruch
Universität Kassel
Kassel, Deutschland

Johanna Funk
MPI für Molekulare Physiologie
Dortmund, Deutschland

Aaron Kuijpers
Kassel, Deutschland

Carlo Klein
Technische Universität Darmstadt
Darmstadt, Deutschland

Alexandra Fachinger
Universität Kassel
Kassel, Deutschland

Harmen Hawer
Kassel, Deutschland

ISBN 978-3-662-56066-2   ISBN 978-3-662-56067-9   (eBook)
https://doi.org/10.1007/978-3-662-56067-9

Die Deutsche Nationalbibliothek verzeichnet diese Publikation in der Deutschen Nationalbibliografie; detaillierte bibliografische Daten sind im Internet über ▶ http://dnb.d-nb.de abrufbar.

Einbandabbildung: Metaphasechromosomen von jap. Porree, © Jann Buttlar

Planung/Lektorat: Sarah Koch
Springer Spektrum ist ein Imprint der eingetragenen Gesellschaft Springer-Verlag GmbH, DE und ist ein Teil von Springer Nature.
Die Anschrift der Gesellschaft ist: Heidelberger Platz 3, 14197 Berlin, Germany

„Es gibt noch mehr solche Zauberbücher. Viele Leute merken nichts davon. Es kommt eben darauf an, wer ein solches Buch in die Hand bekommt."

Die unendliche Geschichte (Michael Ende)[1]

---

1 Ende, M. (1979). *Die unendliche Geschichte* (S. 427). Stuttgart: K. Thienemanns Verlag (ISBN 3-522-12800-1).

Vorwort

Üblicherweise werden Lehrbücher von alten Hasen (und Häsinnen) geschrieben, weil die viele Jahre Erfahrung mit Lehre und Forschung haben. Aber warum ist das so wichtig? Ein grundständiges Lehrbuch muss aktuell und verständlich sein, es muss aber nicht die kleinsten Details diskutieren. Aber wann haben die alten Lagomorpha selbst das letzte Mal im Hörsaal gesessen (und nicht vorne gestanden und doziert)?

Die Idee, ein Lehrbuch von Studierenden für Studierende zu schreiben, ist ein sehr sinnvoller Versuch. Junge Biologen erinnern sich noch gut an harte Hörsaal-Sitze und daran, was ihnen in Vorlesungen langweilig, überflüssig, unverständlich und „verschwurbelt" erschien.

Das Team, das dieses Buch geschrieben hat, ist zudem eine etwas ungewöhnliche Gruppe von (mittlerweile ehemaligen) Studierenden: sie haben alle bei Science Bridge e.V. umfangreiche Lehrerfahrungen gesammelt, sie haben Methodenartikel für die Biologie in unserer Zeit geschrieben und teilweise Kurse im Ausland entwickelt und durchgeführt. Sie haben Erfahrung damit, Nicht-Biologen in die Geheimnisse der Genetik einzuführen und sie haben lange gemeinsam an verschiedenen Projekten gearbeitet.

All dieses Wissen ist in das Buch eingegangen, vor allem aber auch die Erkenntnis, dass ein breiter Überblick über die gesamte Genetik nötig ist, um im spezialisierten Laborleben Zusammenhänge zu verstehen und die richtigen Fragen stellen zu können.

Was sich schließlich auch zeigte und ein Trost für Studierende sein kann: es dauert länger, Bücher zu schreiben, als sie zu lesen! Die Mitglieder des Teams haben inzwischen ihr Studium beendet. Sie sind Doktoranden, Postdocs oder haben Tätigkeiten in der Industrie aufgenommen – auch ein Hinweis, dass die Perspektiven in den Biowissenschaften nicht so schlecht sind. Und, das weiß ich mit Sicherheit, sie kennen Hörsaal, Seminar- und Praktikumsraum noch sehr genau!

Wolfgang Nellen, Dr. rer. nat.
Prof. für Genetik a.D.
Universität Kassel

September 2020

Vorwort der Autoren

Studieren Sie Biologie, Medizin oder ein anderes verwandtes Fach? Wollen Sie wissen, wem Sie eine nervige Erbkrankheit zu verdanken haben? Sind Sie möglicherweise sogar aus reiner *intrinsischer Motivation* interessiert an Genetik, oder zweifeln Sie an der Methode des Vaterschaftstests?

Keine Panik! In all diesen Fällen könnte Ihnen dieses Buch weiterhelfen! Es ist als **Einführung in die Genetik** gedacht und behandelt so ziemlich alle Grundlagen, die man zu einer ethisch-wissenschaftlichen Diskussion mit Bruschetta und Wein (oder eben zur Klausurvorbereitung) braucht. Dabei geht das Buch dank spannender **Exkurse** über die Grundlagen sogar oft hinaus. Aber weil die Genetik eben ein wirklich großes Wissenschaftsfeld ist und sich das Wissen und die Methoden rasant vermehren, kann dieses Buch natürlich nicht alles abdecken. Wir hoffen dennoch, dass wir Licht ins Dunkel bringen und dass wir Sie für die Geheimnisse und Rätsel rund um die basalen Fragen des Lebens und der **Vererbung** begeistern können!

Also, schauen Sie doch einfach hinein! Stöbern Sie, seien Sie kritisch, **seien Sie neugierig,** lassen Sie sich mitreißen und kaufen Sie noch 20 Exemplare für Ihre Familie. Letzteres war natürlich ein Scherz. Vielleicht.

Damit Sie nun diese cellulosehaltigen Seiten mit Druckerschwärze in den Händen halten können, musste übrigens viel geschehen. Viel Liebe, viel Zeit und **viel Kaffee** seitens der Autoren und des Verlags sind in dieses Büchlein geflossen. Doch unermesslich größer sind sicherlich der Aufwand und dic Leistung all der anderen Wissenschaftler, die zu den hier vorgestellten Erkenntnissen beitrugen. Man könnte sagen, auf den folgenden Seiten erleben Sie also eine exquisite Auswahl an momentanem **Wissen** und aktuellen **Theorien,** denen eine jahrzehntelange, wenn nicht sogar jahrtausendlange Geschichte der **Forschung** voranging…

Viel Spaß beim Lesen wünschen Ihnen die Autoren!

Jann Buttlar, Carlo Klein, Alexander Bruch, Alexandra Fachinger, Johanna Funk, Harmen Hawer und Aaron Kuijpers

März 2021

Kritik…

…und weitere Anmerkungen oder Verbesserungsvorschläge nehmen wir übrigens sehr gerne an! Bei einer so komplexen Thematik bleibt es nicht aus, dass es in einigen Bereichen irgendwann einfach neuere Erkenntnisse gibt oder (Hand aufs Herz), dass wir aus Versehen mal einen Fehler gemacht haben. Ganz zu schweigen von Grammatik- und Rechtschreibfehlern. Wenn Sie wollen schreiben Sie uns doch gerne an:

tutoriumgenetik-jann@posteo.de

oder

carloklein@outlook.de

Wir freuen uns! Vielen Dank!

„DANKE!"

...möchten wir übrigens allen sagen, die dabei geholfen haben, dass dieses Buch nun vor Ihnen liegt! Allen voran sind da Meike Barth und Sarah Koch vom Springer-Spektrum Verlag zu nennen. Beiden danken wir für wertvolle Ratschläge, Hilfe, fürs Kümmern und vor allem für eine Riesengeduld!! Annette Heß gebührt unser Respekt für das sorgfältige Lektorat eines vor Fehlern strotzenden Manuskripts und Kaja Rosenbaum danken wir für den Anstoß zu diesem Projekt. Ishani Sarkar, Vivek Gopal und deren KollegInnen danken wir außerdem für die Formatierung und die finalen Arbeiten bis zum Druck.

Wolfgang Nellen, Sarah Truß, Robin Lorenz, Janina Klein, Jonna Lauther, Leonie Vogt, Sebastian Senff, Matthias Müller, Max Ludwig und Beatrice Schofield haben diverse Kapitel Probe gelesen, verbessert, Kritik angebracht und uns dann mit übertriebenen aber motivierenden Komplimenten wieder aufgebaut. Danke dafür!

Besonderer Dank geht auch an Joseph Gall und Wolfgang Hennig (beides Veteranen der Molekularbiologie), an Sonja Klemme, Andreas Houben, Kurt Weising, Steven M. Carr, Carmen Schuster, Jerry Shay, Julio Collado, Wolfgang Fischle und an das Pränatalzentrum Hamburg für die Bereitstellung von Bildern und so manche Anekdoten über deren jeweiligen Entstehungsgeschichten.

Nicht nur weil es höflich ist, sondern weil wir es wirklich auch so meinen, möchten wir zuletzt unseren Freunden, Familien und Liebsten danken – für alles drumherum.

How to use this Book?

— Knallharte Gedächtniskünstler (oder Menschen mit zu viel Zeit) lesen ein Fach-buch von vorne bis hinten durch. Wenn Sie leider nicht dazugehören, dürfen sie aber ausnahmsweise zwischen Kapiteln **springen.** Das Buch ist ja auch vom Sprin-ger-Verlag. Die Kapitel bauen also natürlich zwar aufeinander auf, können aber auch unabhängig voneinander gelesen werden. Und wenn eine Stelle zu kompliziert ist, lohnt es sich manchmal eben zurückzuspringen. **Querverweise** zeigen zudem an, wenn in einem anderen Kapitel nützliche Informationen zu einer Thematik stehen. Außerdem helfen Ihnen hoffentlich ein paar ausgeklügelte „Specials" …

— Jedes Kapitel beginnt natürlich mit einer Einleitung, ist aber in möglichst logische Unterkapitel mit zahlreichen **Beispielen** untergliedert.

— Zusätzlich finden sich neben den Abbildungen hin und wieder kleine **Merkboxen** oder Tabellen, die die wichtigsten Aspekte hervorheben oder Beispiele nennen.

— Literaturverweise im Text sind mit [eckigen Klammern] gekennzeichnet und am Ende des jeweiligen Kapitels aufgelistet.

— Besonders nützlich sind natürlich die stichpunktartigen **Zusammenfassungen,** die sich ebenfalls am Ende eines jeden Kapitels befinden.

— Außerdem sind verschiedene **Exkurse** in die Kapitel eingestreut. Diese Highlights gehen meist über die Grundlagen deutlich hinaus, dienen aber als spannende Bei-spiele.

— Und weil die Autoren sehr nett sind, gibt es am Ende des Buches ein **Glossar,** in dem die wichtigsten Begriffe nochmal erläutert werden.

— Was wäre ein Fachbuch ohne **Index?** Der darf hier natürlich auch nicht fehlen.

— Jetzt liegt es an Ihnen. Lesen, lesen, lesen!

Inhaltsverzeichnis

Über die Autoren

Jann Buttlar

hat besonders viel Herzblut in dieses Buch gesteckt und liebt Reisen. Seine Schwerpunkte: Epigenetik und Metastasierung von Pankreaskrebs (Seine Kapitel: 1, 3, 13, 14 und zu großen Teilen auch Kapitel 8 und 9).

Carlo Klein

hat dieses Projekt ins Leben gerufen und lebt zuweilen in „Himmelsrand".

Seine Schwerpunkte: Chromatinorganisation, Transkription und DNA-*Supercoiling* (Seine Kapitel: 4 und 6).

Alexander Bruch

mag Metal.

Seine Schwerpunkte: tRNA-Modifikationen; Lieblingsmethode: qPCR (Seine Kapitel: 8 und 11).

Alexandra Fachinger

malt gerne.

Ihre Schwerpunkte: Biochemie und Proteinkinasen (Ihr Kapitel: 10).

Johanna Funk

ist die Einzige, die es aus Hessen rausgeschafft hat.

Ihre Schwerpunkte: Systembiochemie (Multiproteinrekonstitution) (Ihre Kapitel: 5 und 12).

Harmen Hawer

ist schon zweifacher Papa.

Seine Schwerpunkte: Diphthamid und eukaryotische Translation (Seine Kapitel: 7 und 9).

Aaron Kuijpers

fotografiert gerne.

Seine Schwerpunkte: Hauptsache Molekularbiologie (Seine Kapitel: 2 und teilweise Kapitel 14).

Eine Einführung in die Genetik

© Springer-Verlag GmbH Deutschland, ein Teil von Springer Nature 2020
J. Buttlar et al., *Tutorium Genetik,*
https://doi.org/10.1007/978-3-662-56067-9_1

1

Genetik. Geheimnisvoll. Mystisch. Missverstanden? Viele denken bei Genetik gleich an Genmanipulationen, wobei die Möglichkeiten hier unbegrenzt zu sein scheinen: von der Erschaffung dreiköpfiger Hundewelpen, sprechenden Pflanzen, Killerviren oder Krebs-Wunderheilmitteln bis hin zu Armeen aus Klonkriegern. Dabei geht es in der Genetik noch um viel mehr. Man könnte fast sagen, es geht um das Leben selbst und auch ein bisschen darum, wer wir und all die anderen Lebewesen eigentlich sind.

Genetik. Grob gesagt geht es dabei um die **Vererbungslehre.** Jedes Lebewesen, jedenfalls alle, die wir bis jetzt kennen, beruht auf einer Art „Bau- und Funktionsplan", einer Art Anleitung. Kein Scherz. Jede einzelne Zelle, ob ein Organismus jetzt einzellig oder vielzellig ist, muss ihre Funktion kennen und wissen, was sie zu tun hat, wann sie es zu tun hat und wie sie dafür auszusehen hat. Und diese ganzen **Informationen** müssen auch von Generation zu Generation weitergegeben werden, also weitervererbt werden. Man nennt die genetischen Informationen daher auch **Erbinformationen.** Ohne Erbinformationen kein Leben. Es geht in der Genetik also einerseits um die **Vererbung von Informationen.** Andererseits geht es aber auch darum, die ganzen Informationen zu organisieren, sie zu pflegen, und auch darum, sie umzusetzen. Und bei vielen Lebewesen, inklusive Bakterien, werden die Informationen nicht nur von Generation zu Generation weitergegeben, sondern teilweise auch innerhalb einer Generation mit anderen Individuen ausgetauscht! Könnten Sie sich vorstellen, einem fremden Menschen auf der Straße zu begegnen und allein durch einen Handschlag Erbgut auszutauschen? Nein? Bakterien können das.

Um sich die Aufgaben der Erbinformationen zu verdeutlichen, kann man sich einen Computer vorstellen. Die genetischen Informationen würden das Betriebssystem und die gesamte Software des Computers darstellen. Ohne Software kann die Grafikkarte oder der Arbeitsspeicher noch so toll sein, nichts würde funktionieren. Wichtig ist jedoch, dass die Dateien und Ordner, die man für die ganzen Programme braucht, eine gewisse Ordnung haben, damit der Anwender schnell auf die wichtigen Informationen bei Bedarf zugreifen kann. Und manchmal müssen die Dateien eben auch auf Fehler oder Viren geprüft, kopiert oder umgeschrieben werden. Sonst klappt das alles nicht. Nicht zu vergessen: Unter all den Daten und Programmen befinden sich wiederum auch die Pläne, wie man einen neuen Computer und auch die dafür notwendigen Werkzeuge herstellen kann.

▪▪ Was hat das mit mir zu tun?

Die Genetik betrifft alle Lebewesen. **ALLE.** Also auch Sie, geneigter Leser, ob Sie wollen oder nicht. Sie behandelt Fragen wie: Welche Eigenschaften oder Krankheiten sind vererbbar? Was wird von den Genen, den Grundeinheiten der Erbinformationen, überhaupt beeinflusst? Oder kann sich die Lebensweise eventuell auch auf die Gene auswirken? … Die Antwort auf die letzte Frage lautet übrigens „JA" (▶ Kap. 13)!

Unser Planet ist voll von Leben, von riesigen *Sequoia*-Bäumen und Blauwalen bis hin zu den kleinsten Bakterien. Wir als Angehörige der Art *Homo sapiens* sind auch permanent von anderen Lebewesen umgeben. **Mikroorganismen** besiedeln unsere Haut, unseren Darm, unseren Mundraum. Die meisten von ihnen sind äußerst nützlich und leben mit uns in einer Symbiose. Und nun ja, manch andere können auch eher schädlich sein. Doch nicht nur in Hinsicht auf die Gesundheit des Menschen sind Mikroorganismen von ungeheurer Bedeutung, sondern generell in Bezug auf ihre Rolle in der **Umwelt.** Sie sind überall, sie können (fast) alles, sie sind vermutlich unser **evolutionärer Ursprung,** und sie werden uns auch noch lange überdauern.

Kennt man erst einmal die Grundlagen der Genetik, kann man sich dieses Wissen außerdem zunutze machen. Bereits jetzt verwenden wir tagtäglich Produkte, die mithilfe von Gentechnik und Mikroorganismen hergestellt wurden. Seien es Geldscheine, unsere Kleider, Spülmittel oder die Medikamente, mit denen wir uns versorgen. Aber wie gesagt, dazu sollte man die Genetik verstanden haben.

Anders zusammengefasst geht es bei der Genetik also um die Grundlage, um den „**Code**" des Lebens. Und diesen zu verstehen, ist nicht nur interessant, sondern kann offenbar auch nützlich sein. Ethische Debatten darüber, was in der Forschung getan werden „darf" oder was sogar getan werden „muss" sind aktueller denn je, denn mit neueren und besseren Erkenntnissen erweitert sich das Feld an technischen Möglichkeiten, aber auch an Herausforderungen (▶ Kap. 14).

▪▪ Dieses Buch einmal in Kürze

Fangen wir von vorne an und stellen zunächst die Frage: Wie sehen die genetischen Informationen in der Realität aus?

Im Grunde genommen sind sie in Form von chemischen Molekülen gespeichert, als DNA oder RNA, die wir in ▶ Kap. 2 kennenlernen. Die Gesamtheit aller genetischen Informationen eines Lebewesens bezeichnet man als Genom. In ▶ Kap. 3 erfahren wir daher, wie die Erbinformationen in verschiedenen Genomen organisiert sind. Bei der Zellteilung und auch bei der Fortpflanzung müssen genetische Informationen verdoppelt und neu sortiert werden, worüber in ▶ Kap. 4 und 5 berichtet wird. Ein grundlegender Vorgang in Lebewesen ist das Ablesen und Übersetzen der genetischen

Informationen, was final zur Entstehung von funktionellen RNAs oder Proteinen, den „Grundbausteinen" jeder Zelle führt. Diese komplexen Prozesse, die in ▶ Kap. 6 und 7 beleuchtet werden, unterliegen wiederum komplizierten Regulationsmechanismen, die in ▶ Kap. 8 vorgestellt werden. Wie immer, wenn es um viel Information geht, passieren hin und wieder Fehler, die dann ausgebügelt werden müssen oder die auch zur Evolution beitragen können, worüber in ▶ Kap. 9 gesprochen werden soll. Einen kurzen Sprung machen wir dann in die „klassische Genetik" in ▶ Kap. 10, in dem wir etwas über grundsätzliche Vererbungsmuster und Mendels Erbsen erfahren. Der klassischen Genetik stehen jedoch wiederum die gänzlich unkonventionellen Vererbungsmethoden der Bakterien und Phagen in ▶ Kap. 11 gegenüber. Nachdem wir damit die genetischen Grundlagen des Lebens kennengelernt haben, zeigt das ▶ Kap. 12 einige Methoden und Techniken aus dem Laboralltag auf, die der Mensch entwickelt hat, um sowohl die Genetik von Organismen zu verstehen als auch um sie sich zunutze zu machen. Das ▶ Kap. 13 behandelt die Epigenetik und damit ein relativ neues Forschungsfeld, das noch einmal eine übergeordnete Ebene für die Aktivität von genetischen Informationen darstellt. In ▶ Kap. 14 soll abschließend die Bedeutung der Genetik in unserer Gesellschaft (insbesondere durch Gentechnik und Biotechnologie), einige ethische Grundbegriffe und auch die Zukunft der Genetik beleuchtet werden.

Und nun, frisch ans Werk!

Die chemischen Grundlagen

Inhaltsverzeichnis

© Springer-Verlag GmbH Deutschland, ein Teil von Springer Nature 2020
J. Buttlar et al., *Tutorium Genetik,*
https://doi.org/10.1007/978-3-662-56067-9_2

2

Spielen Sie gerne Lego? Dann ist dieses Kapitel genau richtig für Sie. Denn es beschäftigt sich mit den Bausteinen des Lebens und wie sie interagieren und sich untereinander verknüpfen lassen. Und wenn erst einmal die chemischen Grundlagen verstanden sind, erschließt sich der Rest der Genetik auch gleich wie von selbst. Also fast. Los geht es damit, wie die wichtigsten Moleküle des Lebens aufgebaut sind.

Im Fokus dieses Kapitels stehen die **Desoxyribonukleinsäure (DNA)**, die **Ribonukleinsäure (RNA)** und die **Proteine** (die Arbeiter der Zelle). Zusammen bilden sie die Informations- und Funktionseinheiten jeder Zelle. Die Reise durch die chemischen Grundlagen beginnt bei der **DNA.** Die DNA ist die Informationseinheit, die das Erbgut aller Lebewesen darstellt. Sie enthält grob gesagt alle Informationen, die für ein Lebewesen wichtig sind und die an die Nachkommen weitervererbt werden. Es geht weiter mit dem „kleinen Bruder" der DNA: der **RNA.** Die RNA übernimmt unter anderem die Aufgabe der Informationsweiterleitung und bildet dabei häufig ein Bindeglied zwischen DNA und Protein, indem sie ausgehend von der DNA die Baupläne für die Proteine zur Proteinwerkstatt (den sogenannten Ribosomen) liefert. RNA ist ein besonderes Molekül, da es nicht nur als Informations-, sondern auch als Funktionseinheit dienen kann, aber dazu später mehr. Die Rundreise der Makromoleküle endet bei den **Proteinen,** den Arbeitern der Zelle. Sie können fast jede erdenkliche Aufgabe in der Zelle erfüllen. Umso interessanter ist, wie diese biologischen Minimaschinen aufgebaut sind und wie sie ein so großes Spektrum von Funktionen abdecken können. Die besondere Verbindung dieser drei Moleküle (DNA, RNA und Protein) besteht vor allem in der Proteinbiosynthese, die in ▶ Kap. 6 (Transkription) und ▶ Kap. 7 (Translation) näher erläutert wird. Hier stellt die DNA den Bauplan, die RNA die Abschrift und das Protein das fertige Produkt dar.

2.1 Was ist DNA?

Den Begriff DNA hört man im Alltag mittlerweile recht häufig. In welchem Zusammenhang, ob gut, ob schlecht, ist dabei ziemlich unterschiedlich. Doch nur wenige wissen überhaupt wofür DNA steht.

DNA steht für **Desoxyribonukleinsäure.** Aber Moment mal, DNA und Säure, wo kommt denn das A her? Das kommt daher, dass DNA die englische Abkürzung ist *(deoxyribonucleic acid)*. Auf Deutsch heißt es DNS. Auch eine Abkürzung, die viele schon einmal gehört haben. Damit wäre auch geklärt, was der Unterschied zwischen DNA und DNS ist; dieser existiert nämlich nicht. Im Folgenden wird nur noch der Begriff DNA verwendet, denn dies ist der Begriff, der international gebräuchlich ist.

2.1.1 Bausteine der DNA

DNA besteht aus **Nukleotiden,** und diese bestehen wiederum aus drei Bausteinen, die genauer angeschaut werden sollen. Diese drei Bausteine sind Zucker, Phosphat und Basen, die miteinander verknüpft sind. Dabei sind der Zucker- und Phosphatbaustein immer gleich und bilden zusammen das „Rückgrat" der DNA, der Basenbaustein kann aber variabel sein und speichert die Information.

2.1.1.1 Zucker

Zucker ist nicht nur ein klebrig-süßer Dickmacher, sondern auch essenziell für das Leben an sich (also lebensNOTWENDIG!). Man unterscheidet je nach Struktur und Zusammensetzung zwischen verschiedenen Zuckerarten, die im Allgemeinen als Kohlenwasserstoffe bezeichnet werden und aus Kohlenstoff (C), Wasserstoff (H) und Sauerstoff (O) bestehen. Zucker sind chemisch gesehen Polyhydroxyaldehyde, beziehungsweise Polyhydroxyketone. Kohlenwasserstoffe können Energielieferanten sein, so wie beispielsweise die beiden **Hexosen Glukose** und **Fruktose,** die je sechs Kohlenstoffatome besitzen (*hexa,* griechisch für „sechs"). Zucker haben zudem auch strukturgebende Funktionen und können Bestandteile größerer Makromoleküle sein, wie zum Beispiel von Cellulose. Also bilden sie auch jene Papierseiten, die Sie gerade in den Händen halten! Einer der vielen verschiedenen Zucker ist die **Ribose,** die fünf C-Atome besitzt und demnach eine **Pentose** ist (*penta,* griechisch für „fünf"). Diese ist für die Struktur der Nukleinsäuren RNA und DNA von Bedeutung. Chemisch ganz ähnlich zur Ribose ist die **Desoxyribose,** die als ein wichtiger Baustein des „Rückgrats" der DNA interpretiert werden kann.

An den C-Atomen der Zucker hängen verschiedene funktionelle Gruppen, welche unterschiedliche Reaktionsverhalten vermitteln. Diese Gruppen sind beispielsweise extrem wichtig, um mit anderen Molekülen Verbindungen auszubilden. Damit jedoch immer klar ist, welches C-Atom gemeint ist, werden die fünf C-Atome durchnummeriert. Begonnen rechts neben dem Sauerstoffatom, welches in Abbildungen aus Lehrbüchern meist ebenfalls oben zu finden ist (◻ Abb. 2.1). Dann wird im Uhrzeigersinn weiter durchnummeriert. Die C-Atome werden dann als 1′-C-Atom, 2′-C-Atom bis hin zum 5′-C-Atom bezeichnet (ausgesprochen „1-Strich", „2-Strich" usw.). In ◻ Abb. 2.1a ist die Ribose zu erkennen. Die **2′-Desoxyribose** ist fast genauso aufgebaut wie die Ribose und in ◻ Abb. 2.1b zu sehen. Bei der Desoxyribose befindet sich jedoch an dem zweiten C-Atom (2′-C) keine **Hydroxygruppe** (–OH), sondern nur ein Wasserstoffatom (H). **Desoxy** bedeutet somit einfach „ohne Sauerstoff". Dieser kleine, aber feine

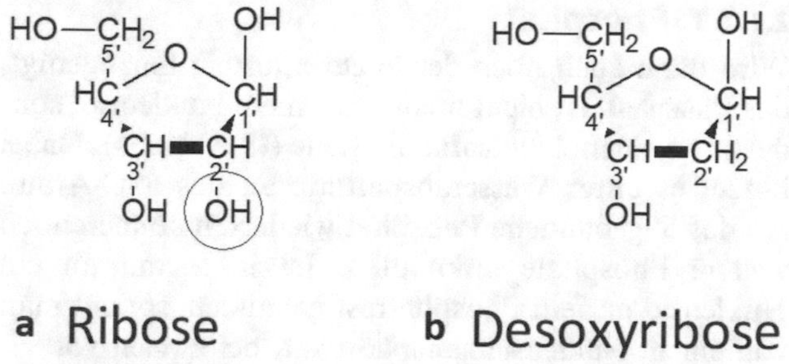

a Ribose   **b** Desoxyribose

◘ Abb. 2.1 Chemische Strukturen von Ribose (**a**) und Desoxyribose (**b**). Dabei kann man die starke Ähnlichkeit gut erkennen. Beide Moleküle haben eine fünfeckige Form, die sich lediglich am zweiten C-Atom unterscheidet. Während die Ribose hier eine Hydroxygruppe (–OH) besitzt, trägt die Desoxyribose an dieser Stelle nur ein Wasserstoffatom (H). (A. Kuijpers)

Unterschied hat jedoch große Auswirkungen, da eine Hydroxygruppe deutlich reaktiver ist als ein einzelnes H-Atom. Die Desoxyribose reagiert demnach nicht so leicht wie die Ribose (► Abschn. 2.2, RNA). Wichtig ist dies, weil die **Reaktivität** direkte Auswirkungen auf die Stabilität und die Struktur hat.

2.1.1.2 Basen

Der nächste Baustein der Nukleotide sind die **Basen,** kurz für Nukleinbasen oder Nukleobasen, welche dem genetischen Code zugrunde liegen. Für die DNA gibt es vier wichtige Basen (◘ Abb. 2.2), mit deren Hilfe die Erbinformationen aller Lebewesen codiert werden. Sie sind praktisch die Buchstaben in der Aufbauanleitung in jeder lebenden Zelle. Diese Basen sind **Cytosin (C)**, **Thymin (T)**, **Adenin (A)** und **Guanin (G)**. Chemisch gesehen sind Cytosin und Thymin **Pyrimidinbasen,** erkennbar daran, dass sie nur einen „Ring" besitzen (◘ Abb. 2.2). Adenin und Guanin hingegen sind sogenannte **Purinbasen** und anhand der zwei „Ringe" in der chemischen Strukturform erkennbar (◘ Abb. 2.2).

> **Merke**
> Eine kleine Eselsbrücke, um sich die Zuordnung der einzelnen Basen besser zu merken, ist, dass Cytosin und Thymin ein „y" enthalten und den Pyrimidinbasen zugeordnet sind.

Gemeinsam haben diese vier Basen, dass sie Stickstoffbasen sind, die über einen dieser Stickstoffe (N) mit der Desoxyribose (dem Zucker) verbunden sind. Angeknüpft werden die Basen an das 1′-C-Atom der Desoxyribose, über eine **β-N-glykosidische Bindung** (◘ Abb. 2.3). Das „ß" impliziert in diesem komplizierten Wort lediglich, dass die Base, also das

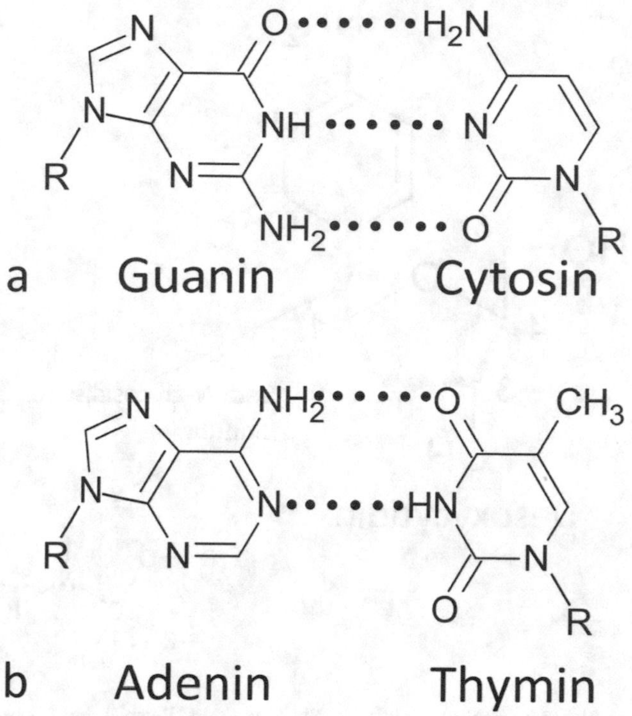

a   Guanin   Cytosin

b   Adenin   Thymin

◘ Abb. 2.2 Die vier Basen der DNA. Guanin und Adenin sind Purinbasen und sehen sich mit dem gemeinsamen Doppelring sehr ähnlich. Cytosin und Thymin sind Pyrimidinbasen und haben den Einzelring als Gemeinsamkeit. Jeweils Guanin (G) und Cytosin (C) können Wasserstoffbrückenbindungen (gepunktete Linien) zueinander ausbilden wie auch Adenin (Λ) und Thymin (T). Dabei bildet das G-C-Basenpaar drei Wasserstoffbrückenbindungen aus und das A-T-Basenpaar zwei. R = Zucker-Phosphat-Rückgrat. (A. Kuijpers)

N-glykosidische Anhängsel, räumlich oberhalb des 1′-C-Atoms liegt. Würde es rein theoretisch unterhalb liegen, wäre es eine α-Form. Und um den Begriff „N-glykosidisch" zu erklären: Das „N" stellt hier wie vermutet das Stickstoffatom dar, welches bereits Teil der Base ist und über das die Bindung abläuft. Und ein Glykosid meint nur, dass hier eine chemische Gruppe mit einem Zucker verbunden ist. Im Falle von Basen, die eben über Stickstoff mit dem Zucker verbunden sind, spricht man auch von Aminozuckern.

Die chemische Reaktion besteht aus mehreren Teilreaktionen, auf die hier nicht weiter eingegangen wird. Das Wichtige dabei ist jedoch, dass bei dieser Reaktion Wasser abgespalten und die Base mit dem Zucker verknüpft wird.

Wichtig ist zu wissen, dass die funktionellen Gruppen der Basen in der Lage sind, **Wasserstoffbrückenbindungen** auszubilden. Wasserstoffbrückenbindungen entstehen, wenn ein Wasserstoff (H) an einem sehr elektronegativen Atom gebunden ist, zum Beispiel Sauerstoff (O) oder Stickstoff (N). Durch die hohe Elektronegativität „ziehen" O und N das Elektron vom Wasserstoff näher zu sich, und es entste-

2

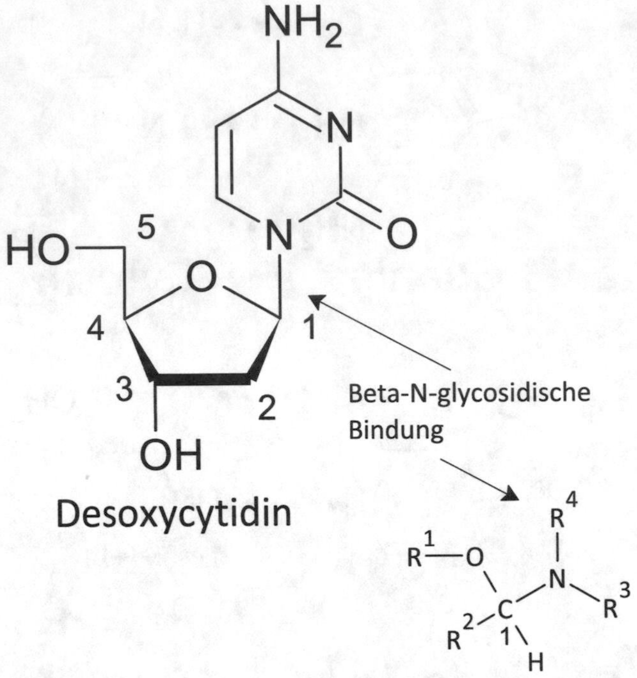

NH$_2$

HO — 5

4

3   2

OH

Desoxycytidin

N

O

1

Beta-N-glycosidische
Bindung

R^1 — O   R^4

C — N — R^3

R^2 1

H

○ **Abb. 2.3** β-N-glykosidische Bindung. Am Beispiel links oben sieht man, wie die β-N-glykosidische Bindung eine Base (hier die Pyrimidinbase Cytosin) mit einem Zucker (der Desoxyribose) verknüpft. Der entstandene Baustein wird als Nukleosid (hier: Desoxycytidin) bezeichnet. Rechts unten ist die β-N-glykosidische Bindung nochmal abstrakt gezeigt und man sieht gut das zentrale C-Atom des Zuckers, als auch das N-Atom der Base. R = Rest. (A. Kuijpers)

hen partielle Ladungen. Die partiellen Positiv- und Negativpole lagern sich so zueinander an, dass positiv und negativ zueinander zeigen, da sie sich wie kleine Magnete anziehen. Diese Wasserstoffbrückenbindungen sind **nichtkovalente Bindungen** und lange nicht so stark wie **kovalente Bindungen.** Als kovalente („echte") Bindungen werden solche bezeichnet, die Elektronenpaarbindungen ausbauen und somit die Bindungspartner fest miteinander verbinden. Nichtkovalente Bindungen teilen sich keine Elektronen und sind somit viel schwächer als kovalente Bindungen. Nichtkovalente Bindungen sind Wasserstoffbrückenbindungen, Van-der-Waals-Wechselwirkungen, hydrophobe Wechselwirkungen und ionische Wechselwirkungen.

Zurück zu den Basen: Unter normalen Umständen bilden die beiden Basen Guanin und Cytosin sowie die beiden Basen Adenin und Thymin Wasserstoffbrückenbindungen miteinander aus. Guanin und Cytosin können drei Wasserstoffbrückenbindungen zueinander ausbilden und Adenin und Thymin zwei (○ Abb. 2.2).

Werden Desoxyribose und eine Base miteinander verbunden, so bezeichnet man dieses Molekül als **Nukleosid.** Dabei wird der Name des entstandenen Nukleosids aus dem Zucker und der jeweils verknüpften Base gebildet: Desoxyadenosin, Desoxycytidin, Desoxyguanosin und Desoxythymidin.

2.1.1.3 Phosphat

Wird dann auch noch der letzte Baustein hinzugefügt, das **Phosphat,** ist nicht mehr von einem Nukleosid, sondern von einem **Nukleotid** die Rede (○ Abb. 2.4). Dabei bindet es unter Wasserabspaltung an das 5′-C-Atom. An das 5′-gebundene Phosphat wiederum können noch weitere Phosphate anknüpfen. Ist insgesamt an ein Nukleosid nur ein Phosphatrest gebunden, spricht man von einem **Nukleosidmonophosphat,** bei zweien von einem **Nukleosiddiphosphat** und bei dreien von **Nukleosidtriphosphat** (○ Abb. 2.4).

Die Position des Phosphats zum Zucker bestimmt dabei seinen Namen. Bei einem Triphosphatzucker wird das dem Zucker am nächsten liegende Phosphat als **α-Phosphat,** das mittlere Phosphat als **β-Phosphat** und das äußerste als γ-**Phosphat** bezeichnet (○ Abb. 2.4).

Man kann sich merken, dass das „Nukleosid" mit dem Phosphat zum „Nukleotid" wird. Je nachdem, wie viele Phosphatreste an einem Nukleosid hängen, spricht man von Mono-, Di- oder Triphosphaten, bei-

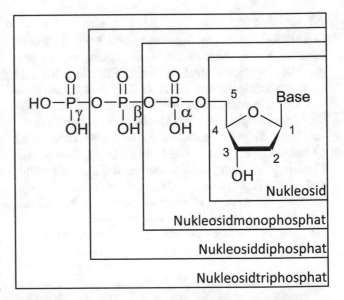

○ **Abb. 2.4** Hierarchischer Aufbau verschiedener Nukleoside. Ein Nukleosid besteht aus einem Zucker, im Falle von DNA aus einer Desoxyribose, und einer der vier Basen. Wird ein Phosphat angehängt, so nennt man den Baustein Nukleotid. Bei RNA-Nukleosiden beziehungsweise Nukleotiden handelt es sich bei dem Zucker jedoch um eine Ribose, die an der Position 2 eine Hydroxy-Gruppe hat (○ Abb. 2.1). Je nachdem, wie viele Phosphatreste angehängt werden, gibt es verschiedene Bezeichnungen: Mit einem Phosphat wird es Nukleosidmonophosphat, mit zwei Phosphaten Nukeosiddiphosphat und mit drei Phosphaten Nukleosidtriphosphat genannt. Das dem Zucker am nächsten gelegene Phosphat wird auch als α-Phosphat bezeichnet, das mittlere als β-Phosphat und das dritte als γ-Phosphat. Bei dem Nukleosidmono- und dem Nukleosiddiphosphat muss dem endständigen O natürlich noch ein H-Atom angehängt werden, um einen „echten" Phosphatrest zu erhalten, wie es bei dem Nukleosidtriphosphat der Fall ist. (A. Kuijpers)

spielsweise **Desoxyadenosintriphosphat (dATP)**. **Nukleotide** sind aber nicht nur für den Aufbau der DNA wichtig, sondern dienen auch als Bausteine für die RNA. Des Weiteren dienen sie auch als Energielieferant (Achtung: **ATP** ist nicht dATP!), zur Regulation von Enzymen und als Botenstoff (cAMP, cGMP, GTP etc.). Es kommt bei ihnen also weniger auf die Restgruppe am zweiten C-Atom an (ob dort eine OH-Gruppe ist oder nur ein H), sondern vor allem auf den prinzipiellen Aufbau: Zucker, Base und Phosphat.

> **Merke**
> Das Phosphat verknüpft die Desoxyribosen untereinander und bildet somit zusammen mit ihnen das Rückgrat der DNA.

Die Nukleotide sind die größten einzelnen Bausteine, aus denen dann schließlich die DNA zusammengesetzt wird. Zum Zusammenbau der DNA werden die energiereichen **Desoxyribonukleosidtriphosphate (dNTPs)** unter Abspaltung der zwei äußersten Phosphate (β und γ; der abgespaltene Rest wird **Pyrophosphat** genannt) miteinander verbunden. Dabei wird das am 5′-C gelegene α-Phosphat mit dem 3′-C-Atom des nächsten Nukleotids über eine **Phosphodiesterbindung** verknüpft (◻ Abb. 2.5). Auch bei dieser Reaktion, bei der die OH-Gruppe am 3′-C eine wichtige Rolle spielt, wird wieder Wasser abgespalten.

Die Phosphatgruppe verbindet somit die Nukleotide miteinander und bildet mit der Desoxyribose das Rückgrat der DNA, indem sich immer ein Phosphat und eine Desoxyribose abwechseln. Die Phosphatgruppe verleiht der DNA auch ihre **negative Ladung,** die sehr wichtig für die Wasserlöslichkeit ist. Generell ist zu betonen, dass die Enden der Nukleotidketten unterschiedlich sind! An dem freien 5′-C befindet sich in der Regel eine Phosphatgruppe, am 3′-C jedoch eine OH-Gruppe. Dadurch entsteht eine **Polarität** des DNA-Strangs. Diese Orientierung spielt eine wichtige Rolle bei essenziellen Prozessen in der Zelle, wie der Replikation (▸ Kap. 5) und Genexpression (▸ Kap. 6, Transkription, und ▸ Kap. 7, Translation).

2.1.2 Struktur der DNA und ihre Entdeckung

Die Struktur der DNA kennt man häufig, sei es aus der Schule oder den Medien und gerne auch aus Krimiserien, als **Doppelhelix**. Das ist gar nicht mal so abwegig! Doch dazu betrachtet man am besten die historische Entdeckung der DNA-Struktur.

Aufgeklärt wurde die Struktur der DNA im Jahr 1953 von den Wissenschaftlern **Francis Crick** und **James Watson** [1], die aber erst so richtig durch **Rosalind Franklins** Ergebnisse auf ihre Idee der Doppelhelix kamen. Franklins Beitrag wurde jedoch, auch auf grund einer persönlichen Abneigung Watsons, nie richtig gewürdigt. Doch zurück zur Geschichte! Zunächst wusste man nur, dass die Nukleotide miteinander über Zucker und Phosphat verknüpft sind, konnte sich aber keine räumliche Struktur vorstellen. Zur Lösung der räumlichen Struktur kamen sie mithilfe von **Röntgenstrukturanalysemustern** und der Ergebnisse

◻ **Abb. 2.5** Das Rückgrat der DNA. Ein Nukleosidtriphosphat wird mit einer bereits bestehenden Nukleotidkette verknüpft. Dabei werden Wasser und Pyrophosphat abgespalten, und die Nukleotidkette wird um ein Glied verlängert. (A. Kuijpers)

2

Erwin Chargaffs. Dieser fand heraus, dass das Verhältnis der Basen Cytosin (C) zu Guanin (G) sowie der Basen Adenin (A) zu Thymin (T) in Zellen nahezu immer gleich, also jeweils 1:1 ist. Daraus schlossen Watson und Crick, dass diese Basen miteinander Wasserstoffbrückenbindungen ausbilden. Bei der doppelsträngigen DNA paaren sich nun jeweils die Pyrimidin- mit den Purinbasen (C-G und T-A). Da sich somit jeweils eine „große" Doppelringbase (Purinbase) mit einer „kleinen" Einzelringbase (Pyrimidinbase) paart, bleibt der Durchmesser der DNA konstant. Die Einzelstränge verlaufen dabei **antiparallel** zueinander, das heißt, dass die 3′- und 5′-Enden der Einzelstränge in unterschiedliche Richtungen zeigen. Diese Antiparallelität liegt vor, da die Basen asymmetrisch ihre Wasserstoffbrückenbindungen ausbilden und nur auf diese Weise ihre entsprechenden Partner binden können. Die beiden Stränge sind somit **komplementär,** also passend zueinander, da jede Base eine feste „Gegenbase" besitzt. Das in ◘ Abb. 2.6 gezeigte **Strickleitermodell** wird so genannt, weil das Zucker-Phosphat-Rückgrat dem Seil einer Strickleiter ähnlich ist, während die gepaarten Basen den Sprossen einer Strickleiter ähneln. Aber warum liegt die DNA dann nicht in Form einer Strickleiter vor (wie in ◘ Abb. 2.6), sondern als in sich verdrehte Doppelhelix?

Um das zu erklären, muss man wissen, dass die drei Bausteine unterschiedlich gut in Wasser löslich sind. Während Zucker und Phosphat sehr gut in Wasser löslich sind, solche Stoffe nennt man **hydrophil,** sind die Basen nicht gut in Wasser löslich und stoßen dieses ab, was man **hydrophob** nennt. Ähnlich wie Öl, das sich nicht mit Wasser mischt. Dass sich die Einzelstränge der DNA zum Doppelstrang zusammenlagern, hat also zwei Ursachen: Zum einen liegt es daran, dass die Basen hydrophob sind und sie in so wenig Kontakt mit Wasser stehen wollen wie nur möglich. Dafür lagern sich die Basen zusammen, denn somit können sie etwas Wasser verdrängen. Zum anderen stabilisieren die Wasserstoffbrückenbindungen diese **Konformation.** Doch diese Strickleiteranordnung der DNA (◘ Abb. 2.6) reicht nicht aus, da die Basen noch immer mit viel Wasser in Kontakt stehen. Durch verdrehen der Strickleiter zu einer **Doppelhelix** kann der Kontakt von Base und Wasser jedoch minimiert werden (◘ Abb. 2.7).

Die DNA in allen bis jetzt bekannten Lebewesen ist meist rechtsherum gewunden. Doch Ausnahmen bestätigen die Regel und so findet man unter bestimmten Umständen auch links gewundene DNA, die als **Z-DNA** bezeichnet wird. Warum sie jedoch meist rechts- und nicht linksherum gewunden ist, ist bis heute immer noch eine offene Frage, vermutet wird mittlerweile jedoch, dass die gegenständige Windung

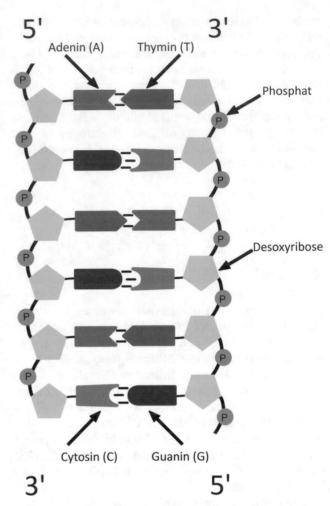

◘ **Abb. 2.6** DNA als Strickleitermodell. Das Strickleitermodell veranschaulicht, wie die Desoxyribose und das Phosphat zusammen das Rückgrat der DNA bilden. Da sich die Wasserstoffbrückenbindungen unter den Basen asymmetrisch bilden, müssen die Einzelstränge der DNA in unterschiedliche Richtungen zeigen und es entsteht die Antiparallelität. Die Sprossen der Strickleiter werden durch die Verknüpfung der Basen (C-G: drei Wasserstoffbrückenbindungen; A-T: zwei Wasserstoffbrückenbindungen) gebildet. (A. Kuijpers)

der Z-DNA die Spannung aus anliegenden Bereichen der DNA herausnehmen könnte. Wenn Sie eine genaue oder bessere Antwort parat haben, wenden Sie sich an uns. Sofort. Durch die Windung der DNA lagern sich außerdem die (räumlich eher flachen) Basen übereinander an (engl. *stacking*), was die DNA noch weiter stabilisiert. Außerdem entstehen durch die Windung sogenannte Furchen (engl. *groove*): die **kleine** *(minor)* und **die große** *(major)* **Furche** (◘ Abb. 2.7). Die große Furche ist 22 Ångström (Å) breit und die kleine Furche nur 12 Å. Dadurch, dass die große Furche breiter ist, ist sie in der Regel auch für mit der DNA interagierende Proteine der bevorzugte Ort der Interaktion.

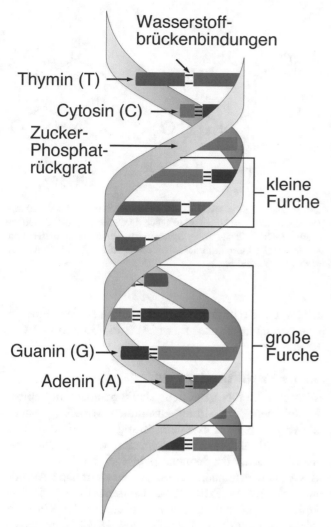

Wasserstoff-
brückenbindungen

Thymin (T)

Cytosin (C)

Zucker-
Phosphat-
rückgrat

kleine
Furche

große
Furche

Guanin (G)

Adenin (A)

◘ Abb. 2.7 DNA als Doppelhelix. Würde man ein dreidimensionales Modell des Strickleitermodells nehmen und dieses rechtsherum verdrehen, so käme das allseits bekannte Doppelhelixmodell der DNA heraus. Alle bekannten Eigenschaften sind in diesem Modell enthalten, die Paarung der Basen über zwei (A-T) beziehungsweise über drei (C-G) Wasserstoffbrückenbindungen sowie das Zucker-Phosphat-Rückgrat (schematisch dargestellt). (A. Kuijpers)

Ein paar Zahlen
Die Einheit Ångström (Å) findet heutzutage vor allem in der Chemie und bei der Betrachtung von Atomen und Molekülen Verwendung. Sie wird an sich aber nicht zu dem internationalen Einheitensystem (SI) zugeordnet. 1 Å entspricht 0,1 Nm oder anders gesagt 0,0000000001 m (10^{-10} m). In diesem Buch tauchen aber noch andere Einheiten auf (die durchaus dem SI angehören).

Größeneinheiten und Beispiele

Größeneinheit	In Meter (m)	Beispiel
1 Millimeter (mm)	0,001 m, also 10^{-3} m	Das menschliche Auge kann Dinge bis zu 0,2 mm auflösen, was in etwa einer menschlichen Eizelle (die im Vergleich zu anderen Zellen sehr groß ist!) entspricht
1 Mikrometer (μm)	10^{-6} m	Ein stäbchenförmiges Bakterium ist etwa 1–5 μm groß und eine menschliche Leberzelle etwa 10–30 μm
1 Nanometer (nm)	10^{-9} m	Der kleinste bekannte Virus ist 10 nm groß. Das kugelartige Protein Myoglobin hat einen Durchmesser von etwa 4 nm und ein doppelsträngiger DNA-Strang ist etwa 2 nm breit…

Wie bereits erwähnt, ist das Verhältnis der Basen C:G und A:T in nahezu allen Zellen gleich (1:1). Ausnahmen bestätigen (gerade in der Biologie) jedoch immer die Regel. So bestehen **Viren** oft aus einzelsträngiger DNA (▶ Kap. 3). Und auch **Telomere** (▶ Kap. 3), die Enden riesiger linearer DNA-Moleküle (Chromosomen), liegen im Gegensatz zum Großteil des restlichen Moleküls nicht doppelsträngig vor.

2.2 Was ist RNA?

Der Begriff **RNA** taucht in Medien schon deutlich seltener auf. RNA steht für *ribonucleic acid* – auf Deutsch **Ribonukleinsäure** – und ist wie DNA die Abkürzung für den englischen Begriff, die in diesem Buch ausschließlich verwendet wird. Wofür war die RNA noch gleich gut? Durch den Prozess der **Transkription** (▶ Kap. 6) wird die DNA abgelesen und eine RNA-Abschrift hergestellt. Manche dieser RNAs haben bereits eigene Funktionen (▶ Abschn. 2.2.2), während andere in einem weiteren Schritt, der **Translation** (▶ Kap. 7), als Vorlage für den Bau von Proteinen verwendet werden.

Obwohl die DNA in allen bekannten Lebewesen die basale Informationseinheit darstellt, gehen Forscher mittlerweile davon aus, dass es die RNA bereits vor der DNA und vor den Proteinen gab und eventuell selbst sogar ein Vorläufer der DNA ist. Eine sogenannte **RNA-Welt** könnte der Theorie nach vor der bisher angenommenen Entstehung des Lebens (vor 3,8 Mrd. Jahren) existiert haben. Dafür spricht, dass RNA zum einen auch als Informationsträger fungieren kann, zum

2

anderen aber auch chemisch reaktiver als DNA ist. RNA kann somit sogar chemische Reaktionen katalysieren, ähnlich wie Proteine es tun. Eine weitere Tatsache, die für die RNA-Welt-Theorie als Indiz angeführt werden könnte, ist, dass auch viele Viren RNA und nicht DNA als Träger der Erbinformation verwenden.

2.2.1 Unterschiede zur DNA

Die RNA ist also ebenfalls eine Nukleinsäure und ganz nah mit der DNA verwandt. Im Prinzip bestehen RNA-Moleküle nämlich auch aus aneinander geketteten **Nukleotiden,** die wiederum aus Zucker, Basen und Phosphat bestehen. Wie bei der DNA können auch RNA-Molekülen demnach eine Orientierung (mit einem 3'-, beziehungsweise 5'-Ende) zugewiesen werden. Jedoch unterscheiden sich die Nukleotide der DNA und der RNA voneinander, sowohl in der Art des Zuckers, als auch in der Auswahl der Basen. Und zugegebenermaßen ist zudem die Struktur der RNA insgesamt anders… Aber schauen Sie selbst. Die Unterschiede und Gemeinsamkeiten werden hier im Folgenden weiter beschrieben.

2.2.1.1 Zucker

In der ausgeschriebenen Form (Ribonukleinsäure) fällt bereits auf, dass im Vergleich zur DNA das „Desoxy-" im Namen fehlt. Dies ist der kleine, aber entscheidende Unterschied zur DNA! Handelt es sich beim Zucker der DNA um Desoxyribose, so handelt es sich bei der RNA um **Ribose.** Am 2'-C-Atom der Ribose befindet sich eine Hydroxygruppe (–OH; ◘ Abb. 2.1a). Diese **zusätzliche OH-Gruppe** macht die RNA deutlich reaktiver als die DNA und bietet viele Interaktionsmöglichkeiten, beispielsweise für Proteine. Es gibt sogar Konstrukte, in denen RNAs innerhalb von Proteinkomplexen integriert sind und wichtige Aufgaben übernehmen. Solche Konstrukte aus RNA und Proteinen werden **Ribonukleoproteine** genannt. Ein essenzielles und bekanntes Ribonukleoprotein ist das Ribosom, welches für die Translation notwendig ist (► Kap. 7).

2.2.1.2 Basen

Auch bei den Basen unterscheiden sich die DNA und die RNA. Denn anstelle von Thymin enthält RNA die Base **Uracil (U).** Thymin und Uracil unterscheiden sich durch eine Methylgruppe (–CH₃), welche es bei der Base Uracil nicht gibt (◘ Abb. 2.8). Da die Base Uracil sich sonst nicht weiter von Thymin unterscheidet, kann Uracil sich mit Adenin ebenfalls über zwei Wasserstoffbrückenbindungen paaren. Man kennt darüber hinaus noch einige andere besondere Basen und Basenmodifikationen in RNAs, wie zum Beispiel Pseudouridin (Ψ; ► Abschn. 7.2.1). Ansonsten bestehen RNA-Moleküle

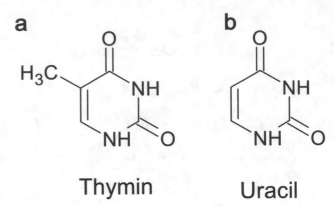

a Thymin **b** Uracil

◘ **Abb. 2.8**   Die Pyrimidinbasen Thymin und Uracil. Thymin (**a**) unterscheidet sich von Uracil (**b**) lediglich durch die zusätzliche Methylgruppe (–CH₃). Beide Basen gehören zu den Pyrimidinbasen und können zwei Wasserstoffbrückenbindungen zu der Purinbase Adenin ausbilden. (A. Kuijpers)

neben Uracil natürlich größtenteils aus den anderen drei bereits bekannten Basen Adenin, Guanin und Cytosin.

2.2.1.3 Struktur der RNA

Während die DNA meistens als Doppelhelix mit einem komplementären Strang zusammen vorliegt, besteht die RNA oft nur aus einem Strang. Es kann zwischen zwei Strukturebenen unterschieden werden: Die **Primärstruktur** ist die Sequenz (Abfolge) der Basen in der RNA. Die **Sekundärstruktur** ist die räumliche Anordnung des RNA-„Fadens". Sind Basenabfolgen teilweise komplementär zu anderen Bereichen auf der RNA, so können sie mit diesen Bereichen **hybridisieren,** indem sie Wasserstoffbrückenbindungen ausbilden, vorausgesetzt dies ist räumlich möglich. Somit können sich Schleifen und Kleeblatt-ähnliche Strukturen bilden, wie zum Beispiel bei der tRNA, welche in ► Kap. 7 noch näher behandelt wird (◘ Abb. 7.4). Diese räumlichen Strukturen können RNA-Molekülen sogar katalytische Eigenschaften geben. Solche RNAs sind oft **funktionelle RNAs** (► Abschn. 2.2.2).

Weitere Eigenschaften von RNA-Molekülen sind, dass sie in der Regel deutlich instabiler und kürzer sind als DNA-Moleküle. Das liegt zum einen an der Funktion von RNAs, vor allem aber an der Tatsache, dass die RNA durch die Hydroxygruppe am 2'-C-Atom, die bei der DNA fehlt, deutlich reaktiver ist.

2.2.2 Funktionen der RNA

Während die Funktion der DNA hauptsächlich das Speichern der Erbinformation ist, können der RNA neben der Speicherfunktion (in Viren) noch unzählige weitere Funktionen zugeordnet werden! Man kann dabei verschiedene Klassen von RNA-Molekülen unterscheiden: Es gibt **mRNA** (*messenger*-**RNA** oder Boten-RNA), welche als „Zwischenübersetzung" der DNA dafür da ist, dass Gene (▸ Kap. 3) in Proteine übersetzt, also translatiert werden können (▸ Kap. 6 und 7). Neben diesen codierenden RNAs gibt es eine ganze Reihe **nichtcodierender RNAs** (*noncoding RNA*; **ncRNA**) beziehungsweise **funktioneller RNAs**. Diese unterscheiden sich von den mRNAs dadurch, dass sie nicht weiter übersetzt werden, sondern aufgrund ihrer Struktur selbst bestimmte Funktionen ausführen. Einige Beispiele: Die **tRNA** (**Transfer-RNA**) ist ebenfalls essenziell für die Translation. Hier dient sie als Transporter für Aminosäuren und bringt diese zum Ort der Proteinbiosynthese. Und das sind immer noch nicht alle RNAs, die essenziell für die Translation (▸ Kap. 7) sind. Die **rRNAs** (ribosomale RNAs) bilden mit verschiedenen Polypeptiduntereinheiten zusammen die Ribosomen. Die rRNA macht dabei ca. 60 % der Gesamtmasse des Ribosoms aus! Dann gibt es auch noch eine umfangreiche Klasse kleiner **regulatorischer RNAs,** die beispielsweise **miRNAs** (*microRNA*), **siRNAs** *(small interfering RNA)* und **piRNAs** *(Piwi-interacting RNA)* beinhaltet. Diese spielen in der Epigenetik (▸ Kap. 13) eine große Rolle. Doch damit nicht genug, es gibt noch viele, viele mehr. Über RNAs und insbesondere ncRNAs könnte man ganze Bücher in biblischem Ausmaß schreiben.

2.3 Proteine

Das Wort „**Protein**" (oder im Umgangssprachlichen auch Eiweiß) kann man im Alltag zu Hauf finden. Auf den meisten Lebensmittelverpackungen stehen Nährstofftabellen, in denen auch der Proteingehalt aufgeführt ist. Und um Muskeln aufzubauen, sollten möglichst viele davon zu sich genommen werden, heißt es, und das stimmt so auch – prinzipiell. Aber was sind Proteine überhaupt, und warum sind sie so wichtig für alle Lebewesen? Oben wurde bereits etwas über die DNA, die **Informationseinheit** der Zellen, gelernt. Proteine kann man dementsprechend gut als **Funktionseinheit** bezeichnen. Sie sind für alle uns bekannten Lebensformen nicht wegzudenken und können eine Vielzahl an unterschiedlichsten Funktionen übernehmen (▸ Abschn. 2.3.4).

2.3.1 Proteine bestehen aus Aminosäuren

Proteine bestehen aus α-**Aminosäuren**, welche ähnlich wie bei der DNA ebenfalls zu riesigen Molekülen aneinandergereiht werden. In der Natur gibt es 20 **proteinogene** Aminosäuren, für die es jeweils mindestens eine entsprechende tRNA gibt (▸ Kap. 7). Proteinogen bedeutet, dass diese Aminosäuren in Proteinen vorkommen können bzw. Proteine aufbauen. Von diesen 20 Aminosäuren können einige vom Organismus selbst gebildet werden, und andere müssen über die Nahrung aufgenommen werden. Aminosäuren, die dem Organismus von außen beigeführt werden müssen, nennt man **essenziell**. Welche Aminosäuren essenziell sind, ist abhängig von der Spezies, die man gerade betrachtet. Der Mensch kann fünf Aminosäuren komplett selbst synthetisieren, sechs Aminosäuren teilweise (semi-essenzielle Aminosäuren; das kann abhängig von Umwelteinflüssen unterschiedlich sein), und neun Aminosäuren kann der menschliche Körper nicht synthetisieren, weshalb diese also über die Nahrung aufgenommen werden müssen (◘ Tab. 2.1).

2.3.1.1 Wie sind Aminosäuren aufgebaut?

Aminosäuren verfügen über drei funktionelle Gruppen (◘ Abb. 2.9): eine **Carbonsäuregruppe** (**Carboxygruppe,** –COOH), eine **Aminogruppe** ($-NH_2$) sowie über einen **variablen Rest,** welcher im einfachsten Fall ein H-Atom ist (Glycin). Diese funktionellen Gruppen sind über ein **zentrales C-Atom** miteinander verbunden. An diesem C-Atom befindet sich außerdem noch ein **Wasserstoff.**

An dem Rest kann man die unterschiedlichen Aminosäuren voneinander unterscheiden. Der Rest kann basierend auf seiner chemischen Struktur zahlreiche Formen und funktionelle Gruppen annehmen und verleiht den Aminosäuren verschiedene chemische Eigenschaften. In der Natur kommen weitaus mehr (einige Hundert) Aminosäuren vor. Diese sind jedoch nicht alle proteinogen, das heißt sie werden nicht bei der Translation (▸ Kap. 7) in das Protein eingefügt. Bei den oben erwähnten 20 proteinogenen Aminosäuren spricht man von **kanonischen Aminosäuren**, da es für jede mindestens eine entsprechende tRNA gibt. Es gibt aber auch noch weitere proteinogene Aminosäuren, die nachträglich in Proteine eingebaut werden können. Man bezeichnet diese als **nichtkanonische Aminosäuren,**

◘ **Tab. 2.1** Überblick über die Herkunft der verschiedenen (kanonischen) Aminosäuren beim Menschen

Vom Menschen selbst synthetisierbare Aminosäuren	Semi-essenzielle Aminosäuren	Essenzielle Aminosäuren
Alanin, Asparaginsäure, Asparagin, Glutaminsäure, Serin	Arginin, Cystein, Glycin, Glutamin, Prolin, Tyrosin	Histidin, Isoleucin, Leucin, Lysin, Methionin, Phenylalanin, Threonin, Tryptophan, Valin

2

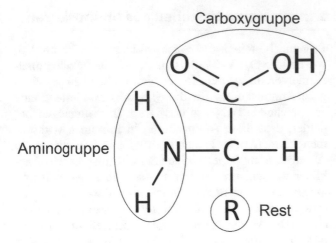

Carboxygruppe

Aminogruppe

Rest

☐ **Abb. 2.9** Aufbau von Aminosäuren. Aminosäuren folgen einem allgemeinen Aufbau: es gibt ein zentrales C-Atom, an dem je eine Carboxy- und Aminogruppe angeknüpft sind. Eine weitere Bindestelle des zentralen C-Atoms wird von einem H-Atom belegt. Die letzte freie Bindung bietet Platz für einen Rest (R) und macht die Aminosäuren dadurch vielfältig in der Struktur und den chemischen Eigenschaften. (A. Kuijpers)

da für diese keine tRNAs codieren. Der Einbau solcher Aminosäuren ist aber nicht die Regel, sondern eher ein Sonderfall. Trotzdem oder gerade deshalb sind sie nicht unwichtig, zu ihnen zählen zum Beispiel Selenocystein und Pyrrolysin (☐ Abb. 2.10). **Selenocystein** weist bessere redoxchemische Eigenschaften auf als das nah verwandte Cystein und ist somit unter anderem in Enzymen zu finden, welche oxidativen Stress bekämpfen. **Pyrrolysin** ist dagegen oft in Proteinen von Methanobakterien zu finden, welche direkt mit dem Methanstoffwechsel in Verbindung stehen.

2.3.1.2 Die 22 proteinogenen Aminosäuren

Die 20 kanonischen und zwei nichtkanonischen proteinogenen Aminosäuren können recht unterschiedlich sein, und dennoch kann man sie grob in fünf Klassen gruppieren (☐ Abb. 2.10).

Die **unpolaren/hydrophoben Aminosäuren** besitzen, wie der Name schon sagt, keinen polaren Rest. Deswegen sind sie hydrophob, das heißt sie stoßen Wasser

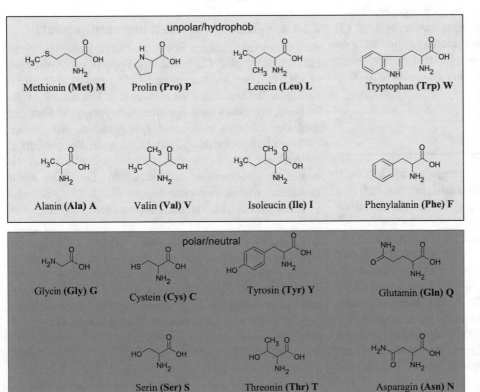

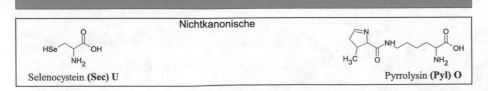

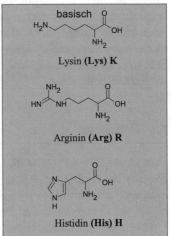

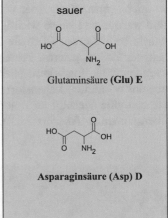

☐ **Abb. 2.10** Unterteilung proteinogener Aminosäuren. Die Unterteilung der kanonischen Aminosäuren erfolgt je nachdem, ob sie unpolar oder polar sind, was Auswirkungen auf die Wasserlöslichkeit haben kann. Aber auch danach, ob es sich bei den Aminosäuren um eher basische oder saure Vertreter handelt. Zudem sind auch die besonderen, nichtkanonischen Aminosäuren Selenocystein und Pyrrolysin gezeigt. (A. Kuijpers)

ab. Ein Vertreter dieser Klasse ist Methionin, mit welchem die Translation (▶ Kap. 7) in der Regel beginnt.

Die **polaren Aminosäuren** besitzen Reste mit funktionellen Gruppen, wie beispielsweise Hydroxygruppen (–OH) oder Aminogruppen (–NH$_2$), die durch besonders elektronegative Atome charakterisiert werden. Durch die Polarität ihres Restes können sich beispielsweise Wasser oder auch andere polare Stoffe oder sogar weitere Aminosäuren anlagern. In dieser Klasse ist unter anderem Glycin vertreten, die kleinste Aminosäure, deren Rest nur aus einem H-Atom besteht. Dennoch weist auch diese Aminosäure polare Eigenschaften auf, da durch den kleinen Rest die Amino- und Carboxygruppe stärker ins Gewicht fallen.

Des Weiteren gibt es **basische Aminosäuren,** die in der Lage sind, ein Proton (H$^+$) aus der Umgebung aufzunehmen und somit basisch zu reagieren.

Saure Aminosäuren können ein Proton (H$^+$) an die Umwelt abgeben und sauer reagieren. Basische und saure Aminosäuren können über ionische Wechselwirkungen miteinander oder mit Ionen in Verbindung treten.

Weitere **besondere Aminosäuren** sind zum Beispiel **Cystein,** welches in der Lage ist, mit anderen Cysteinmolekülen **Disulfidbrücken** auszubilden. Diese Bindungen sind kovalent (▶ Abschn. 2.2.1.2) und können nicht einfach wieder getrennt werden. Des Weiteren gibt es **Prolin,** das durch seine Ringstruktur an der Aminogruppe rein chemisch gesehen gar keine echte Aminosäure ist. Diese Aminosäure wird häufig auch als **Helixbrecher** bezeichnet, weil die Struktur des Prolins die Bildung einer α-Helix-Sekundärstruktur behindert und somit unterbindet. Insgesamt kommt es aber nicht nur auf die Charakteristika der verschiedenen Aminosäuren an, sondern vor allem auch darauf, in welcher Reihenfolge sie miteinander verknüpft sind und wie sie räumlich angeordnet sind. Durch die Verknüpfung von Aminosäuren entstehen zunächst Peptide, aus denen wiederum schließlich Proteine gebaut werden.

> **Merke**
> Nukleinsäuren und Proteine bestehen also aus zwei völlig verschiedenen Stoffklassen! Während Nukleinsäuren aus Nukleotiden (und diese wiederum aus Zucker, Basen, und Phosphat) bestehen, stellen einzelne

Aminosäuren die Grundstruktur der Proteine dar. Im Menschen finden sich insgesamt 21 proteinogene Aminosäuren, 20 kanonische und eine nichtkanonische (Selenocystein).

2.3.2 Peptide

Bei der Translation (▶ Kap. 7) werden Aminosäuren mittels **Peptidbindungen** zu langen Peptidketten verbunden, den **Polypeptiden.** Diese stellen sozusagen den nächstgrößeren Baustein der **Proteine** dar. Manche Proteine bestehen nur aus einer Polypeptidkette, andere aus mehreren. Zunächst soll die Bindung zwischen Aminosäuren etwas genauer angeschaut werden.

2.3.2.1 Die Peptidbindung

Die Carboxygruppe (–COOH) einer Aminosäure kann eine Bindung mit der Aminogruppe (–NH$_2$) einer anderen Aminosäure eingehen. Bei dieser Kondensationsreaktion wird Wasser (H$_2$O) abgespalten. Die entstehende N-glykosidische Bindung ist relativ stabil und wird **Peptidbindung** genannt (◧ Abb. 2.11). Aufgrund der chemischen Eigenschaften der an der Bindung beteiligten funktionellen Gruppen ist die Bindung **planar.** Das heißt, die Gruppen liegen in einer Ebene und sind nicht ohne weiteres frei drehbar. Für die räumliche Anordnung von Polypeptiden ist also die Drehbarkeit am zentralen C-Atom und nicht an der relativ steifen Peptidbindung entscheidend.

Bei Peptidketten, die aus weniger als zehn Aminosäuren bestehen, spricht man von **Oligopeptiden** (griech. *oligos* für „wenige"). Bei solchen, die aus mehr Aminosäuren bestehen, von **Polypeptiden** (griech. *poly* für „viel"). Dabei sind insbesondere Letztere für den Aufbau von Proteinen interessant.

2.3.3 Strukturen der Proteine

Die reine Abfolge der Aminosäuren in einem Protein wird auch **Primärstruktur** genannt. Sie kann einfach „wie ein Wort" gelesen werden, auch deshalb,

◧ **Abb. 2.11** Zwei Moleküle der Aminosäure Alanin bilden unter Wasserabspaltung eine Peptidbindung und gehen somit eine kovalente Bindung zueinander ein. Das entstandene Produkt wird Alanyl-Alanin genannt und ist ein Dipeptid. (A. Kuijpers)

Alanin (**Ala**) A

Alanyl-Alanin Dipeptid

2

weil die Aminosäuren mit einem Einbuchstabencode (■ Abb. 2.10) abgekürzt werden. Die Verkettung von Aminosäuren zu einer Primärstruktur alleine ist nicht ausreichend, um ein funktionierendes Protein zu bilden. Erst wenn eine Peptidkette eine ganz bestimmte dreidimensionale Struktur erlangt, ist es auch funktionell. Da die Peptide am zentralen C-Atom auch rotieren können, ist die Primärstruktur recht flexibel. Durch diese Flexibilität können sie sogenannte **Sekundärstrukturen** bilden.

Durch Wasserstoffbrückenbindungen können so verschiedene mögliche Strukturen gebildet werden, wobei die prominentesten die α-Helix und das β-Faltblatt sind (■ Abb. 2.12). Die α-Helix besitzt – ähnlich wie die DNA – eine helikale Struktur, ist jedoch im Gegensatz zur DNA keine Doppelhelix (■ Abb. 2.12a). Eine negative Rolle im Hinblick auf Helixstrukturen in Polypeptiden spielt das bereits erwähnte Prolin – der berüchtigte „Helixbrecher". Dadurch, dass der Prolinring räumlich gesehen eine Drehung der Aminosäuren inhibieren kann, kann die typische Helixwindung der α-Helix nicht gebildet werden. Die zweite räumliche Struktur, das **β-Faltblatt,** erinnert in seiner Form an eine Ziehharmonika (■ Abb. 2.12b).

Innerhalb eines Proteins können viele β-Faltblätter und α-Helices vorkommen, sodass sich diese ebenfalls räumlich zueinander anordnen müssen. So können sie sich beispielsweise abwechseln oder mehrere Faltblätter können sich, über kurze Schleifen, aneinander anlagern. Diese übergeordnete räumliche Anordnung, in der die Sekundärstrukturen nochmals verdreht, geknickt und zueinander positioniert werden, nennt man **Tertiärstruktur** (■ Abb. 2.13).

Viele funktionelle Proteine bestehen jedoch nicht nur aus einem Aminosäurestrang beziehungsweise Polypeptid, sondern aus mehreren Polypeptiduntereinhei-

ten. Diese Untereinheiten, welche an sich bereits Teilfunktionen aufweisen können, schließen sich zu einem Komplex zusammen und bilden die **Quartärstruktur.** Sind alle Polypeptidketten bzw. Untereinheiten eines Proteins gleich, spricht man von einem **Homomer.** Unterscheiden sie sich, spricht man von einem **Heteromer.** Erst durch die weitere Faltung und die richtige Anordnung der Polypeptidketten (oder der einzelnen Polypeptidkette) erhält der Komplex seine volle Funktionsfähigkeit und erst dann spricht man von einem Protein. Die Proteinfaltung und der Zusammenbau, insbesondere was die Tertiär- und Quartärstruktur angeht, wird in der Regel von sogenannten „Faltungshelferproteinen" oder auch **Chaperonen** unterstützt. Ein bekanntes Beispiel für ein heteromeres Protein ist das menschliche **Hämoglobin.** Dieses tetramere Protein („tetra" für vier Polypeptidketten) besteht aus zwei α- und zwei β-Untereinheiten. Ein monomeres Gegenbeispiel, das aus nur einer Polypeptidkette besteht (und somit keine Quartärstruktur hat), ist das bakterielle **Lysozym.**

2.3.4 Was können Proteine alles?

Proteine besitzen also durch die Anordnung vieler verschiedener Aminosäuren spezifische räumliche Strukturen. Diese räumliche Struktur und auch die Reste der beteiligten Aminosäuren sind maßgeblich an der Funktion der Proteine beteiligt.

Proteine übernehmen somit fundamentale Funktionen in vielen zellulären Abläufen. Ihre Funktionen sind zahlreich, gar zahllos. **Strukturproteine,** wie Aktin und Tubulin, übernehmen eine ganze Reihe an Funktionen für eine Zelle. Dazu zählt die Formgebung, Beweglichkeit, Stabilität, und auch der intrazelluläre Stofftransport. Auch Keratine, die einen Hauptteil unserer Haare, Haut und Nägel ausmachen, sind Strukturproteine. Andere Proteine können zum **Immunsystem** beitragen, wie Immunglobuline. **Motorproteine,** wie Myosin, leisten mechanische Arbeit und transportieren Organellen oder lösen die Bewegung von Zellen aus. Auch können Sie durch die Kontraktion von Geweben, wie Muskeln, Ihre Gliedmaßen auf der Tanzfläche überhaupt erst in Bewegung bringen. **Transportproteine,** sorgen für den Stofftransport zwischen Geweben, Zellen und auch zwischen Organellen, wie zum Beispiel Hämoglobin, das für den Sauerstofftransport sorgt. Auch **Enzyme** sind Proteine (was nicht zwangsläufig umgekehrt der Fall sein muss). Sie katalysieren chemische Reaktionen, das heißt, sie beschleunigen die Reaktionsgeschwindigkeit und setzen gleichzeitig die benötigte Aktivierungsenergie für eine Reaktion herab. Deshalb werden Enzyme oft als **Biokatalysatoren** bezeichnet. Für den **Stoffwechsel** sind Enzyme unersetzlich, hier spalten sie Nukleinsäuren, Zucker so-

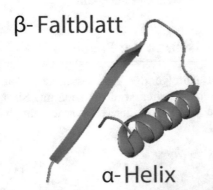

■ **Abb. 2.12** Wechselwirkungen zwischen den einzelnen Aminosäuren und Ausbildung von Sekundärstrukturen. Man kann zwei Strukturen unterscheiden: die α-Helix und das β-Faltblatt. Die Helix windet sich ähnlich wie der DNA Doppelstrang, nur eben als Einzelstrang. Das Faltblatt sieht fast aus wie der Balg eines Akkordeons, wird in Abbildungen gewöhnlich aber nur als Pfeil dargestellt. (A. Kuijpers)

Primärstruktur   Sekundärstruktur   Tertiärstruktur   Quartärstruktur

Faltblatt

Helix

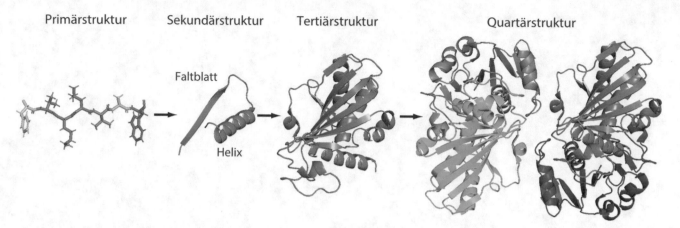

◘ **Abb. 2.13**   Aufbau von Proteinen. Die Primärstruktur bildet die erste strukturelle Ebene von Proteinen und stellt nur die Abfolge der Aminosäuren (Aminosäuresequenz) dar. Bei der Sekundärstruktur kann zwischen verschiedenen Strukturen wie α-Helices und β-Faltblättern unterschieden werden. Ordnen sich diese Strukturen ihrerseits ebenfalls räumlich zueinander an, so entsteht die Tertiärstruktur. Wenn sich zwei oder mehr Polypeptidketten aneinanderlagern, so bilden sie eine Quartärstruktur, die fertig gefaltet das Protein ergibt. Es gibt aber auch Proteine, die aus nur einer Polypeptidkette bestehen. (A. Kuijpers)

wie andere Proteine und versorgen Zellen so mit Energie und wichtigen Bauteilen. Diese werden wiederum zum Aufbau von wichtigen Molekülen, wie DNA, RNA oder anderen Proteinen benutzt, was natürlich auch Enzyme bewerkstelligen.

Auch im weiteren Verlauf dieses Buches werden einige Proteine, die an den zellulären Abläufen beteiligt sind, immer wieder auftauchen. Dazu zählen **DNA-** und **RNA-Polymerasen, Zykline, Transkriptionsfaktoren** sowie **Histone** und generell alle möglichen Proteine, die bei der Organisation, Vervielfältigung oder Expression der genetischen Informationen eine Rolle spielen!

Zusammenfassung

• DNA

— DNA besteht (in der Regel) aus zwei Strängen, die zu einer Doppelhelix gewunden sind.

— Jeder Einzelstrang besteht aus einer Abfolge von vier verschiedenen Nukleotiden (A, T, C, G).

— Die Nukleotide bestehen wiederum aus Desoxyribose, dem Phosphatrest und dem variablen Teil, den Basen.

— Die Basen, die in der DNA vorkommen, können in zwei Gruppen unterteilt werden:
die Purinbasen: Adenin (A) und Guanin (G)
und die Pyrimidinbasen: Cytosin (C) und Thymin (T).

— Basen paaren mit dem entsprechenden Partner über Wasserstoffbrückenbindungen:
Adenin mit Thymin (zwei Wasserstoffbrückenbindungen);
Cytosin mit Guanin (drei Wasserstoffbrückenbindungen).

— DNA-Moleküle haben eine Orientierung (3′-Ende mit Hydroxygruppe [–OH]; 5′-Ende mit Phosphatgruppe), und sie laufen in der Doppelhelix antiparallel.

• RNA

— RNA ist ähnlich aufgebaut wie DNA, hat am 2′-C-Atom jedoch (im Gegensatz zu DNA) eine weitere OH-Gruppe.

— RNA ist daher reaktiver/reaktionsfreundlicher bzw. instabiler als DNA.

— RNA hat verschiedene Funktionen:
mRNAs als Abschrift der DNA dienen als „Blaupause" für die Translation;
funktionelle RNAs sind sehr divers (tRNAs, rRNAs, ncRNAs, …).

— Statt Thymin (in DNA) gibt es in RNA die Base Uracil.

• Proteine

— Proteine bestehen aus Aminosäuren, welche über Peptidbindungen miteinander verknüpft sind.

— Es gibt 20 Aminosäuren (und weitere sehr seltene), die in Proteinen vorkommen können.

— Die Aminosäuren unterscheiden sich in einem variablen Rest, der den Aminosäuren spezielle Eigenschaften vermittelt.

— Aufbau und Faltung der Proteine bestimmt ihre Funktion:
Primärstruktur: Aminosäuresequenz in der Polypeptidkette;
Sekundärstruktur: α-Helices und β-Faltblätter;
Tertiärstruktur: weiteres räumliches Falten der Sekundärstrukturen;
Quartärstruktur: Zusammenbau verschiedener Polypeptidketten.

Literatur

1. Watson, J., & Crick F (1953). Molecular structure of nucleic acids. Nature, 171(4356):737–8. ► http://www.nature.com/physics/looking-back/crick/

Das Genom

Inhaltsverzeichnis

© Springer-Verlag GmbH Deutschland, ein Teil von Springer Nature 2020
J. Buttlar et al., *Tutorium Genetik,*
https://doi.org/10.1007/978-3-662-56067-9_3

3

Grob zusammengefasst beschreibt der Begriff **Genom** die Gesamtheit der genetischen Informationen einer Zelle eines Organismus. Diese Informationen beinhalten wiederum **codierende** und **nichtcodierende** Nukleinsäuresequenzen. Ausgehend von codierenden Sequenzen können über komplizierte Mechanismen (Transkription) zunächst RNAs hergestellt werden. Von diesen werden manche weiter in Proteine übersetzt (Translation), andere entfalten bereits als funktionelle RNA ihre Wirkung. Nichtcodierende Sequenzen hingegen codieren für … nun ja eigentlich nichts. Trotzdem sind die nichtcodierenden Bereiche gar nicht mal so unwichtig! Einerseits leisten sie einen großen Beitrag zur Struktur und Stabilität eines Genoms, andererseits sind sie teilweise selbst Bestandteil von Genen, deren Aktivität sie regulieren können. Klingt einfach, ist aber ein bisschen komplexer…

Die Wissenschaft, die sich mit der Analyse von Genomen beschäftigt, ist die **Genomik.** Sie liefert wichtige Hinweise zur Entwicklung und zur Stammesgeschichte aller bekannten Arten, sprich, zur **Evolution** und **Phylogenie.** Sie bringt Licht ins Dunkel der Rätsel um zelluläre Abläufe wie die Regulation der Genexpression und spielt auch in der Medizin, bei der Erforschung genetischer Erkrankungen wie Krebs, eine wichtige Rolle. Außerdem verschafft sie selbst Informatikern, die die hochkomplexen genetischen Codes analysieren, Jobs in der Biologie.

Zwei zentrale Fragen in diesem Zusammenhang sind: Wie sehr unterscheiden sich die Genome verschiedener Spezies überhaupt voneinander? Und wie setzt sich ein Genom zusammen? Um diese Fragen zu beantworten, geht das vorliegende Kapitel vom Großen ins Kleine. Nach ein paar zellulären Grundlagen beginnen wir mit einem Vergleich verschiedener **phylogenetischer Domänen,** schauen uns dann verschiedene Eigenschaften von Genomen an, wie Größe und Organisation, lernen den Aufbau von Chromosomen kennen und begeben uns schließlich zur molekularen Ebene und dem Aufbau von Genen. Trotz modernster Technik und umfangreichem Wissen – oder gerade deswegen – wird später klar, warum die Frage „Was überhaupt ist ein Gen!?" alles andere als trivial ist und niemals bei Günther Jauch auftauchen wird.

3.1 Die Zelle – Grundlage des Lebens

▪▪ … aber was macht eine „Zelle" eigentlich aus?
Bevor es ans Eingemachte geht und wir lernen, wie die genetischen Informationen innerhalb einer Zelle organisiert sind, beschäftigen wir uns kurz mit der Biologie von Zellen an sich. Die kleinste Einheit allen Le-

bens ist nämlich die Zelle. Das ergibt viel Sinn, denn die Abgrenzung von einem „Innen" gegenüber einem „Außen" durch eine Barriere (wie die Membran) ist eine Grundvoraussetzung für kontrollierte biochemische Vorgänge. Man unterscheidet zwischen **Prokaryoten** („Vor-Kerner"), die keinen Zellkern haben, und **Eukaryoten** („Echt-Kerner"), die einen Zellkern, einen sogenannten **Nukleus** (lat. *nucleus,* griech. *káryon* für „Kern") haben.

> **Merke**
> Bei Eukaryoten befinden sich die genetischen Informationen im Zellkern (**Nukleus**), bei Prokaryoten hingegen im Cytoplasma. Hier liegt die DNA aber nicht einfach frei herum, sondern in einer Kern-ähnlichen Region (dem **Nukleoid**), die sich jedoch deutlich von einem Zellkern unterscheidet!

Die **Phylogenie** beschäftigt sich mit der Stammesgeschichte und den Verwandtschaftsverhältnissen von Lebewesen. Sie versucht also zu erklären, wie sich das Leben entwickelte und inwiefern Lebewesen miteinander „verwandt" sind. Nach bisherigem Wissensstand lassen sich alle bekannten Organismen in eine der **drei Domänen,** die Carl Woese und Otto Kandler 1990 vorgeschlagen hatten, einteilen [1]. Diese drei Domänen des Lebens sind die **Bacteria, Archaea** und **Eukaryota,** wobei die ersten beiden Prokaryoten sind (◘ Abb. 3.1). Prokaryoten sind meist einzellig und kommen fast überall (ubiquitär) vor. Ihre Zahl wird global auf unglaubliche $2{,}5 \times 10^{30}$ geschätzt, womit sie auch die meisten Lebewesen auf diesem Planeten ausmachen [2]. Man nimmt an, dass ausgehend von einer einfachen Urzelle die Erde lange Zeit nur von Prokaryoten besiedelt war und sich die Eukaryoten mit ihrem Zellkern im Laufe der **Evolution** erst später entwickelten (Exkurs 9.1). Eukaryoten beinhalten einerseits „höhere", vielzellige Lebensformen, wie Pflanzen, Tiere und Pilze, die man selbst als Molekularbiologe schon einmal gesehen haben sollte. Doch beinhalten sie andererseits auch eine Unzahl an eukaryotischen Einzellern, die als **Protisten** bezeichnet werden. Dazu zählen allerlei Algen (wie Kieselalgen), viele Pilze (der Großteil der Pilze ist einzellig, wie Hefen und Schimmelpilze) und andere Einzeller. Diese werden zusammen mit den prokaryotischen Bakterien und Archaeen unter dem Sammelbegriff **„Mikroorganismen"** zusammengefasst, der einfach alle einzelligen und ein paar vielzellige Organismen meint, die nur unter dem Mikroskop sichtbar sind. Insgesamt unterscheidet sich der Aufbau eukaryotischer und prokaryotischer Zellen allerdings sehr…

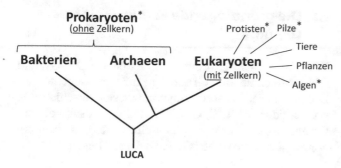

Abb. 3.1 Stark vereinfachter schematischer Stammbaum des Lebens. Der Vergleich ribosomaler RNAs (Exkurs 3.3 und ▸ Kap. 7) zeigte, dass alle drei Domänen des Lebens vermutlich auf einen gemeinsamen Vorfahren zurückgehen, den sogenannten LUCA *(last universal common ancestor)*. Prokaryoten sind phylogenetisch älter als Eukaryoten. Spannenderweise sind Archaeen phylogenetisch näher mit Eukaryoten als mit Bakterien verwandt. Mit einem *Stern* markierte Gruppen haben auch einzellige Vertreter, wobei fast alle Prokaryoten und Protisten einzellig sind. (J. Buttlar)

3.1.1 Die Zellbiologie der Eukaryoten

Eukaryotische **Zellen** (**Abb. 3.2a**) sind von einer **Membran** umgeben, die unzählige Kanäle und Membranproteine enthält und extrem wichtig für den Stoffaustausch ist. Pflanzliche Zellen – als auch die Zellen der meisten Pilze – besitzen zusätzlich noch eine stabile **Zellwand.** Die gesamte Substanz innerhalb der

Membran (mit Ausnahme des Zellkerns) wird als **Cytoplasma** bezeichnet. Dieses besteht einerseits aus einer Zellflüssigkeit (**Cytosol**) mit allerlei gelösten Stoffen, Proteinen und manchen Nukleinsäuren, andererseits aus dem Cytoskelett sowie verschiedenen **Organellen,** wie den Mitochondrien, dem endoplasmatischen Reticulum, dem Golgi-Apparat, dem Zellkern und den Plastiden (wie Chloroplasten bei Pflanzen). Das **Cytoskelett,** das aus Mikrotubuli, Aktin- und Intermediärfilamenten besteht, dient nicht nur der Stabilität, sondern in einigen Fällen auch der Bewegung von Zellen sowie zum Transport von Organellen. Die an den Zentrosomen gebildeten Mikrotubuli spielen zusätzlich eine große Rolle bei der Zellteilung (▸ Kap. 4). Organellen haben spezifische Funktionen: In den **Mitochondrien** findet ein wichtiger Teil des zellulären Stoffwechsels statt, der die Zellen mit Energie in Form von ATP versorgt. Chloroplasten (nur bei Pflanzen) betreiben Photosynthese und versorgen die Zellen mit Zucker. Hervorzuheben ist außerdem das **endoplasmatische Retikulum (ER)**, ein von der Kernhülle ausgehendes Membransystem, das unter anderem nicht nur als Speicherorgan, sondern auch als Ort zur Synthese und Modifikation von Proteinen dient. Der **Golgi-Apparat** schließlich ist die „Poststelle" der Zelle: Er transportiert wichtige Proteine vom ER zur Zellmembran oder zu Verdauungsvesikeln (**Lysosomen**), deren Vorläufer, die primären Lysosomen, am Golgi-Apparat selbst ent-

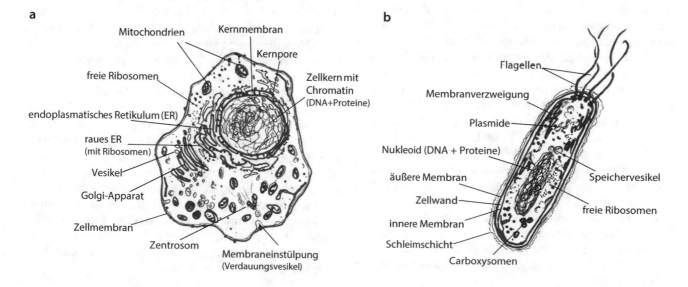

Abb. 3.2 Schematischer Vergleich einer eukaryotischen (**a**) und einer prokaryotischen Zelle (**b**). Der auffälligste Unterschied ist, dass Eukaryoten einen Zellkern (Nukleus) haben, Prokaryoten hingegen nur ein Nukleoid. Eukaryotische Zellen besitzen zudem häufig komplexe Organellen, wie Mitochondrien oder Chloroplasten (Letztere nur bei Pflanzen; nicht gezeichnet), während Prokaryoten zwar ebenfalls verschiedene cytoplasmatische Strukturen aufweisen, die meisten Vorgänge jedoch an der Membran oder an Membraneinstülpungen/-verzweigungen ablaufen. Prokaryoten sind zudem meistens deutlich kleiner als eukaryotische Zellen. (J. Buttlar)

3

stehen. Das herausstechendste Merkmal für Eukaryoten ist und bleibt jedoch der **Zellkern,** auch **Nukleus** genannt. Umgeben von einer mit Poren versehenen Kernmembran beinhaltet er den Großteil des Genoms der Zelle, das in Form von Nukleinsäuren mit unzähligen Proteinen assoziiert ist. Dieses gut anfärbbare Chaos aus DNA, RNA und Proteinen im Innern eines Zellkerns nennt man auch **Chromatin.** Innerhalb von Zellkernen, die sich gerade nicht in einer Teilung befinden, kann man oft nochmals separate runde Strukturen erkennen, sogenannte Kernkörperchen oder auch **Nucleoli.** Innerhalb dieser Strukturen werden rRNAs synthetisiert, die schließlich für die Produktion von Ribosomen benötigt werden (▶ Kap. 7).

3.1.2 Die Zellbiologie der Prokaryoten

Prokaryotische **Zellen** (◘ Abb. 3.2b) sind in der Regel deutlich kleiner als eukaryotische. Jedoch gibt es hier eine riesige Vielfalt, nicht nur was die Form, sondern auch was die Größe angeht. Viele Prokaryoten haben nicht nur mehrere Zellmembranen, sondern auch eine **Zellwand,** und viele schützen sich außerdem durch eine extrazelluläre Schleimschicht. Zudem besitzen Prokaryoten keine Organellen in dem Sinne, wie es die Eukaryoten tun. Viele zelluläre Vorgänge, insbesondere die des Stoffwechsels, laufen in Prokaryoten stattdessen an der Membran ab, die auch zahlreiche Verzweigungen und Einstülpungen bilden kann. Das prokaryotische **Cytoplasma** ist entgegen früheren Meinungen keineswegs langweilig und leer. Neben dem **Nukleoid** und unzähligen **Ribosomen** finden sich hier verschiedene Speichergranula, Gasvesikel und andere Strukturen. In manchen Photosynthese betreibenden Bakterien (die Photosynthese läuft hier an Zellmembran-assoziierten Strukturen und nicht in Chloroplasten ab) findet sich beispielsweise auch eine Vielzahl von **Carboxysomen.** Diese dienen vermutlich der Kohlenstofffixierung. Insgesamt ist die Dichte an Makromolekülen meist viel höher als bei Eukaryoten. Die Vermehrung findet in der Regel asexuell durch Zellteilung statt, da es aufgrund der Einzelligkeit – im Gegensatz zu eukaryotischen Vielzellern – keine spezifischen Geschlechtsorgane gibt. Schließlich sollen auch noch externe Zellstrukturen, wie **Flagellen,** erwähnt sein, die der Fortbewegung dienen. Diese sind jedoch nicht nur auf Prokaryoten begrenzt, sondern kommen auch bei Eukaryoten vor.

3.2 Die grundlegende Struktur eines Genoms

Wie in ▶ Kap. 2 eingeleitet, stellen DNA- und RNA-Moleküle die Grundstruktur der Genetik dar. Die sequenzielle Anordnung von nur vier verschiedenen Nukleotiden (A, T, C, G) bildet den Grundstein der Informationsspeicherung und –weitergabe. Und ja, man könnte sagen, sie ist der Grundstein des Lebens.

▪▪ Doch zunächst einmal die Frage: Wie sind die genetische Informationen gespeichert?

Jeder bisher bekannte Organismus besteht aus **Zellen** und bedient sich des Prinzips der nukleinsäurebasierten Informationsweitergabe. Ein Genom stellt damit eine Art „genetische Bibliothek der Erbinformationen" einer Zelle dar. Es ist dabei vor allem in einem oder mehreren Chromosomen organisiert, die wiederum aus DNA-Strängen bestehen. Auf ihnen sind die genetischen Informationen in funktionellen Einheiten, den Genen, codiert. Was genau ein Gen ist, ist wie gesagt gar nicht so einfach, wird aber in ▶ Abschn. 3.7 näher erläutert. Widmen wir uns daher zuerst den Chromosomen und gehen dann Stück für Stück mehr ins Detail.

▪▪ Chromosomen und extrachromosomale Elemente

Der Begriff **„Chromosom"** setzt sich aus *chromos* (griech. für „Farbe") und *soma* (griech. für „Körperchen") zusammen und entstand bereits Ende des 19. Jahrhunderts. Der Name geht darauf zurück, dass man die damals noch unbekannten Gebilde aus saurer DNA mit basischen Farbstoffen leicht anfärben konnte. Allerdings wusste man zunächst noch nicht, was DNA überhaupt ist und hatte logischerweise auch keine Ahnung, welche Funktion Chromosomen haben. Was man lediglich unter dem Mikroskop beobachtete, war, dass bei Eukaryoten während der Zellteilung der Zellkern anscheinend zerfiel und sich dann in kleine stäbchen- oder würmchenartige Objekte aufteilte (◘ Abb. 3.3). Diese Farbkörperchen waren in der Lage, sich in der Zelle zu sortieren und wurden sogar gleichmäßig auf die Tochterzellen verteilt, nur um dann anscheinend wieder zu verschwinden. Heute weiß man natürlich, dass Chromosomen die Träger der Erbinformationen sind und dass sie keineswegs nach der Zellteilung verschwinden, sondern einfach nur in einer anderen Form vorliegen. Doch mehr zur Struktur von Chromosomen später (▶ Abschn. 3.6).

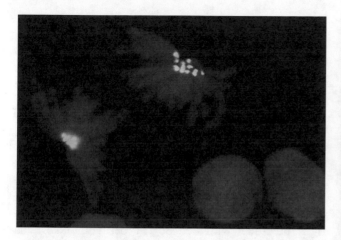

◘ Abb. 3.3 Chromosomen während der Zellteilung. Die beste Chance Chromosomen während der Zellteilung zu fotografieren hat man logischerweise bei solchen Zellen, die besonders teilungsfreudig sind. In diesem Fall sind es Zellen aus der Wurzelspitze von japanischem Porree. Rot gefärbt ist DNA, gelb gefärbt sind Zentromere. Links wurden die Chromosomen gerade auseinander gezogen. In den beiden neuen Zellkernen rechts sind sie hingegen auf „geheimnisvolle Art" wieder zu einer diffusen Masse dekondensiert. (J. Buttlar)

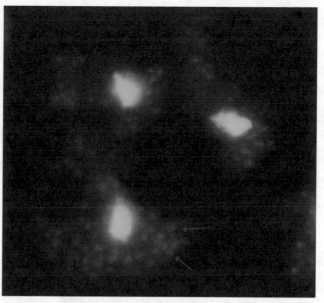

◘ Abb. 3.4 DAPI-Färbung von *Dictyostelium discoideum*. Der Schleimpilz *D. discoideum* kommt normalerweise einzellig vor, formt bei Nahrungsmangel aber vielzellige Kolonien. Färbt man die DNA mit einem fluoreszierenden Farbstoff, in diesem Falle 4′,6-Diamidin-2-phenylindol (DAPI), kann man mit einem Fluoreszenzmikroskop leicht die DNA in einer Zelle ausmachen. Neben dem Zellkern sind zahlreiche extrachromosomale Elemente, vor allem Mitochondrien-DNA als kleine Punkte zu erkennen (rote Pfeile). Die Zellen sind etwa 15–20 μm groß. (J. Buttlar)

Chromosomen sind nicht die einzigen Träger von Erbinformationen in einer Zelle. Neben ihnen gibt es nämlich auch andere genetische Elemente, die DNA enthalten und die „extra" vorliegen. Diese werden – wer hätte es gedacht – als **extrachromosomale Elemente** bezeichnet. Dazu zählen beispielsweise Plasmide oder Organellengenome, wie auch die Genome von Mitochondrien (◘ Abb. 3.4). Extrachromosomale Elemente kommen in allen drei Domänen des Lebens vor und sind in der Regel etwas kleiner als die Chromosomen des jeweiligen Organismus. In einigen Fällen sind sie nicht einmal für den Organismus relevant, sondern verhalten sich eher „egoistisch". In anderen Fällen sind sie sehr nützlich oder sogar überlebenswichtig und stellen sozusagen ein unverzichtbares Produkt der Evolution dar – beispielsweise in Form von Organellen bei Eukaryoten. Insgesamt sind ihr Vorkommen und ihre Anzahl pro Zelle jedoch deutlich variabler als das der eigentlichen Chromosomen des „Wirts".

Nimmt man nun all diese chromosomalen und extrachromosomalen Informationen einer Zelle zusammen, hat man das **Genom**. Bei vielzelligen Organismen betrachtet man dabei nur die Informationen einer repräsentativen Zelle. Allerdings kommt es in vielen Organismen vor, dass Zellen auch mehrfache Ausführungen eines Chromosomensatzes haben.

3.2.1 Das Ploidie-Level

Die Anzahl der Chromosomensätze eines Organismus oder einzelner Zellen wird in einem **Ploidiegrad** oder **-Level** gemessen. Kommt ein Chromosomensatz in einer Zelle oder einem Organismus einfach vor, bezeichnet man die Zelle (oder den Organismus) als **monoploid,** kommt er doppelt vor, spricht man von **diploid,** bei dreifach von **triploid** und so weiter (◘ Tab. 3.1 und ◘ Abb. 3.5a). Das Präfix des Ploidie-Levels ist an das Griechische angelehnt. Und wer des Griechischen nicht mächtig ist, der kann das Ploidie-Level auch ganz einfach durch einen n-Wert ausdrücken, wobei „n" für die Anzahl der Chromosomensätze steht.

Wenn man nun das Ploidie-Level einer Zelle beschreibt, ist der Begriff **Haploidie,** beziehungsweise das Adjektiv **„haploid"** ebenfalls wichtig. Allerdings muss man hier aufpassen, weil für diesen Begriff verschiedene Bedeutungen im Umlauf sind:

3

◘ Tab. 3.1 Ploidie-Level von Genomen	
Anzahl Chromosomensätze (n)	**Ploidie-Level**
1	monoploid (haploid)
2	diploid
3	triploid
4	tetraploid
5	pentaploid
6	hexaploid
7	heptaploid
8	oktoploid

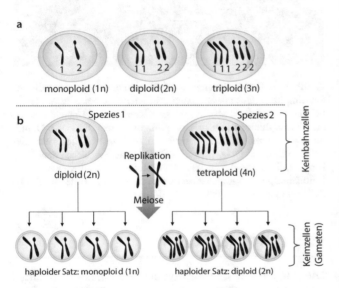

◘ **Abb. 3.5** Polyploidie und Haploidie. **a** Angenommen, ein Chromosomensatz einer bestimmten Spezies besteht nur aus zwei Chromosomen (Chromosom 1 und 2), dann hätte eine monoploide Zelle dieser Spezies insgesamt zwei Chromosomen, eine diploide vier und eine triploide sechs. **b** Bei sexuell aktiven Arten dienen die Keimbahnzellen der Produktion der haploiden Keimzellen (bspw. Ei- und Spermienzellen), auch Gameten genannt. Bei diploiden Keimbahnzellen (Spezies 1) entstehen monoploide Gameten, bei tetraploiden Keimbahnzellen (Spezies 2) entstehen diploide Gameten. Haploidie ist also nicht fix, sondern abhängig vom Ausgangswert! Die Verteilung erklärt sich dadurch, dass während der Meiose (▶ Kap. 4) zunächst der Chromosomensatz halbiert wird und in einer zweiten Teilung die Chromatiden aufgeteilt werden. (Eine Voraussetzung dafür ist natürlich, dass die Ein-Chromatid-Chromosomen zuvor durch Replikation zu Zwei-Chromatid-Chromosomen wurden). (J. Buttlar)

1. Damit ist gemeint, dass in einer Zelle ein Chromosomensatz nur **einmal** vorkommt. Im Grunde genommen wäre dies ein Synonym für Monoploidie. Dies wird zum Beispiel bei Prokaryoten verwendet, sofern sie nur ein einziges Chromosom haben.
2. Bei Vielzellern, die sich sexuell vermehren, findet eine Reduktion der Anzahl der Chromosomensätze in den Keimzellen (den Gameten) statt. Hier

bedeutet „haploid" einen **halbierten** Chromosomensatz (◘ Abb. 3.5b). Bei vielzelligen Organismen, die normalerweise diploid sind, würde haploid gleichbedeutend mit monoploid sein. Ist ein Organismus aber normalerweise tetraploid, wie beispielsweise die Kartoffel, bedeutet dies, dass die Gameten immer noch einen zweifachen Chromosomensatz haben und diploid sind (4: 2 = 2). Haploid würde in diesem Fall also gleichbedeutend mit diploid sein.

Das Ganze ist insofern relevant, weil die momentane Konvention des Begriffs „Genom" nur den einfachen (haploiden) Chromosomensatz einer Zelle berücksichtigt. Außerdem wird der Begriff der Haploidie auch in den folgenden Abschnitten und Kapiteln noch öfter eine Rolle spielen, insbesondere in ▶ Kap. 4, wenn es um den Zellzyklus geht.

> **Merke**
> Wenn man also das **Genom** eines Organismus betrachtet oder mit anderen Organismen vergleicht, nimmt man in der Regel nur einen *haploiden* Chromosomensatz, selbst wenn der erwachsene Organismus mehrere Chromosomensätze hat. Bei den anderen Chromosomensätzen handelt es sich ja mehr oder weniger „nur" um Kopien. Hat ein Organismus mehr als zwei Chromosomensätze, bezeichnet man ihn in der Regel als **polyploid.**

■■ **Polyploidie und ihr Vorkommen**

Als **„polyploid"** bezeichnet man Zellen oder Organismen, bei denen der Chromosomensatz sozusagen öfter vorliegt als im Normalfall. Meistens sind damit Chromosomensätze gemeint, die dreimal (triploid) oder noch öfter vorkommen. Polyploidie ist keine Ausnahmeerscheinung und kommt sowohl bei Eukaryoten als auch bei Prokaryoten vor. Innerhalb der Eukaryoten findet man Polyploidie vor allem bei Pflanzen, insbesondere bei Kulturpflanzen, zumal sie in der Regel gezielt so behandelt oder miteinander gekreuzt wurden, dass Polyploidien entstanden. Manche Quellen gehen sogar davon aus, dass alle Blütenpflanzen auf eine urtümliche polyploide Art zurückgehen und insgesamt sogar 70 % aller Gefäßpflanzen polyploid sind [3]. Aber auch bei Insekten, Amphibien und Fischen ist Polyploidie verbreitet. Daneben gibt es im Tierreich viele Beispiele, bei denen nicht der ganze Organismus, sondern nur bestimmte Zellen oder Gewebe polyploid sind – beispielsweise Leberzellen beim Menschen.

Polyploidie ist wirklich bemerkenswert! Sie trug maßgeblich zur Evolution von Arten bei und es sind sogar verschiedene Formen wie Autopolyploidie, Endo-

◙ Tab. 3.2 Polyploidie in verschiedenen Organismen

Organismus	Ploidie-Level
Kulturpflanzen	
Apfel (*Malus* ssp.)	2n/3n
Tabak *(Nicotiana tabacum)*	4n
Erdbeere *(Fragaria ananassa)*	8n
Weizen *(Triticum aestivum)*	6n
Kartoffel *(Solanum tuberosum)*	4n
Tiere	
Mensch *(Homo sapiens)* menschliche Leberzellen	2n 4n/8n (*Leberzellen)
Zuckmücke *(Lymnophyes virgo)*	3n
Schaufelstör *(Scaphyrinchus platorhynchus)*	4n
Krallenfrosch *(Xenopus spec.)*	4n (mit Ausnahme von *X. tropicalis* = 2n)
Bakterien	
Deinococcus radiodurans	4–10n
Epulopiscium spec.	10.000–200.000n
Archaeen	
Methanocaldococcus jannashii	2–15n
Haloferax vulcanii	2–30n

polyploidie und Allopolyploidie bekannt. Weil das an dieser Stelle aber etwas viel wäre, schauen Sie doch einfach in ▶ Abschn. 9.2.2.1 vorbei, falls Ihre Neugierde geweckt wurde.

Am Rande bemerkt

Polyploidie bei Prokaryoten fand bisher nur wenig Beachtung und die meisten Lehrbücher gehen immer noch davon aus, dass Prokaryoten standardmäßig nur ein Chromosom haben, also monoploid sind. Einige Studien deuten jedoch genau das Gegenteil an, dass nämlich Polyploidie bei Prokaryoten weit verbreitet ist [4]. Wenn man das bedenkt, hätte dies weitreichende Folgen, sowohl für die Medizin, als auch für die Biotechnologie und die Metagenomik!

3.2.2 Die Domänen des Lebens und ihre Genome

So, ein paar Grundlagen haben wir! Jetzt geht's endlich los damit, die einzelnen Domänen noch etwas genauer zu betrachten, insbesondere in Hinblick auf ihre

Genome. ◙ Tab. 3.3 gibt dazu eine grobe Übersicht, während ◙ Abb. 3.6 die möglichen physikalischen Formen von genetischen Elementen vereinfacht darstellt. Generell kann man nämlich alle chromosomalen oder extrachromosomalen Elemente unter anderem danach unterscheiden, ob sie doppelsträngig oder einzelsträngig, ob sie rund oder linear und ob sie aus RNA oder DNA sind. Für weitere Informationen und Beispiele lohnt sich jedoch ein Blick in die einzelnen Absätze (◙ Tab. 3.3).

3.2.2.1 Die Eukaryoten

Zu den Eukaryoten zählen, wie gesagt, neben den einzelligen Protisten auch mehrzellige Organismen, wie Tiere, Pflanzen und Pilze. Also auch wir. Ja, die Art *Homo sapiens* zählt biologisch gesehen zu den Tieren. Eukaryotische Chromosomen bestehen in der Regel aus **linearer, doppelsträngiger DNA (dsDNA)**. In einigen Ausnahmefällen kommen auch Ringchromosomen vor. Die Anzahl der Chromosomen ist innerhalb eines Organismus festgelegt, kann zwischen verschiedenen Spezies jedoch stark variieren. Ob der Chromosomensatz eines Eukaryoten dabei nun einfach (**monoploid**), doppelt (**diploid**) oder mehrfach (**polyploid**) vorliegt, richtet sich ebenfalls ganz nach dem Organismus

3

Abb. 3.6 Verschiedene Strukturen chromosomaler und extrachromosomaler Elemente. Die Strukturen sind sehr stark vereinfacht dargestellt: mit den Basen als kleine Striche und dem Zucker-Phosphat-Rückgrat als etwas dickere Striche. In der Realität liegen die Strukturen leider natürlich nicht so geordnet vor, sondern eher verdreht, verzwirbelt und ineinander gewunden – insbesondere weil die hydrophoben Basen im Gegensatz zum Zucker-Phosphat-Rückgrat den Kontakt mit Wasser meiden. ds = *double-stranded*, ss = *single-stranded*. (J. Buttlar)

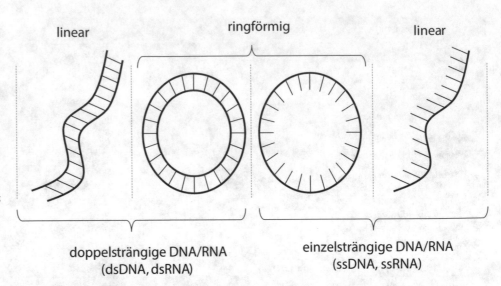

linear   ringförmig   linear

doppelsträngige DNA/RNA
(dsDNA, dsRNA)

einzelsträngige DNA/RNA
(ssDNA, ssRNA)

Tab. 3.3 Grobe Übersicht und Vergleich der Eigenschaften von Eukaryoten, Bakterien, Archaeen und Viren. (Achtung: In der Regel gibt es für jeden Punkt auch Ausnahmen!)

Eigenschaften/Aufbau	Eukaryoten	Bakterien	Archaeen	Viren
Zellzahl	Ein- bis vielzellig	Meistens einzellig	Einzellig	Keine Zellen
Nukleus	Ja	Nein (Nukleoid)	Nein (Nukleoid)	Nein
Chromosomenzahl	1–1260	Überwiegend 1	Überwiegend 1	1 bis mehrere
Chromosomen-organisation	Linear, dsDNA (selten ringförmig)	Ringförmig, dsDNA (selten linear)	Ringförmig, dsDNA (selten linear)	Linear oder ringförmig, dsDNA, ssDNA, dsRNA, ssRNA
Verpackung	DNA-assoziierte Proteine, v. a. Histone	DNA-assoziierte Proteine, *Supercoiling*	DNA-assoziierte Histon-ähnliche Proteine, *Supercoiling*	?
Extrachromosomale Elemente	Ja (Mitochondrien, Plastiden), teilw. Plasmide	Ja (Plasmide)	Ja (Plasmide)	?
Fortpflanzung/Verbreitung	Zellteilung (Mitose), sexuell (Meiose)	Zellteilung	Zellteilung	Über Wirt
Horizontaler Gentransfer	Selten	Verbreitet	Verbreitet	Indirekt über Wirt

dsRNA = *double-stranded RNA*; ssRNA = *single-stranded RNA*; dsDNA = *double-stranded DNA*; ssDNA = *single-stranded DNA*.

und auch der Lebensphase, in der sich dieser gerade befindet (▶ Kap. 4). So kann ein Generationszyklus entweder mit einer längeren und somit vorwiegenden diploiden und einer sehr kurzen haploiden Phase vorliegen oder genau umgekehrt. Einige Eukaryoten betreiben einen rein haploiden Lebensstil (beispielsweise alle Sporozoa), hingegen nur sehr selten einen rein diploiden Lebensstil (beispielsweise bei Ciliaten). Auch gibt es bei manchen Arten ganze **Generationswechsel** (beispielsweise bei Farnen), was bedeutet, dass eine Art durch aufeinanderfolgende unterschiedliche haploide oder diploide Generationen gekennzeichnet ist. Diese Generationswechsel beinhalten wiederum spezifische (ge-

schlechtliche oder ungeschlechtliche) Fortpflanzungsmethoden, Lebensweisen und unterschiedlich große Chromosomensätze.

Schauen wir uns das ganze einmal am Beispiel des Menschen an: Alle Zellen (bis auf die Keimzellen) besitzen einen diploiden Chromosomensatz. Bei somatischen Zellteilungen wird dieser diploide Informationssatz 1:1 übertragen (**Mitose**). Bei der Gametogenese, der Herstellung der Keimzellen (**Gameten**), also den Eizellen und Spermazellen, findet jedoch eine Reduktionsteilung statt (**Meiose**). Sprich, die daraus resultierenden Gameten haben nur einen einfachen, haploiden Chromosomensatz. Sie verschmelzen schließlich wieder bei der Befruchtung zu einer diploiden Zelle (**Zygote**), aus der dann ein neues Menschlein entsteht (▶ Kap. 4).

Problem

Wie in ▶ Abschn. 3.2.1 erwähnt, interpretiert man den Begriff **„Genom"** momentan als die Gesamtheit der *haploiden* Informationen, also eines einfach vorliegenden Chromosomensatzes einer Zelle. Bei Organismen, die in ihrer adulten Form mehr als einen Chromosomensatz haben (unter anderem dem Menschen), muss man jedoch aufpassen. Denn hier können sich Chromosomen unterschiedlicher Eltern, die zusammen ein Paar bilden, in ihren genetischen Informationen voneinander unterscheiden. Die Mischung der verschiedenen Genvarianten ist dabei für die Entwicklung und die basalen zellulären Vorgänge extrem entscheidend (▶ Kap. 10). Nur den halben Chromosomensatz eines Lebewesens zu betrachten, ist also eigentlich Quatsch. Der Ausweg aus dem Dilemma könnte darin bestehen, dass man mit „Genom" dennoch alle Informationen meint, also auch Unterschiede zwischen Chromosomenpaaren, mit „Genomgröße" aber nur die Länge eines einfachen Chromosomensatzes, um Dopplungen zu vermeiden. Lässt man eine Geschichte von zwei Schulkindern als Diktat aufschreiben, sind beide Versionen („Chromosomenpaare") unterschiedlich und nicht identisch, die Länge der Geschichte („Genomgröße") ändert sich aber nicht wesentlich.

Mit der Entstehung der **Vielzelligkeit** in manchen Eukaryoten hielt in diesen Organismen außerdem ein wichtiges Prinzip Einzug: die **Arbeitsteilung.** Aus genetischer Sicht ist das höchst interessant. Denn obwohl alle Zellen die gleiche DNA besitzen, übernehmen sie in verschiedenen Geweben eines Vielzellers verschiedene Aufgaben. Das heißt, die Erbinformationen müssen irgendwie an die jeweilige Aufgabe einer Zelle angepasst werden (▶ Kap. 8 und 13). Auch die **Entwicklung (Ontogenese)** einer einzelnen befruchteten Eizelle zu einem vollständigen Menschen ist eine organisatorische, zeitlich perfektionierte Meisterleistung, die viel genetisches Feintuning erfordert! Die **sexuelle Fortpflanzung** der Eukaryoten ist zudem eine wichtige evolutionäre Neuerung. Während sich viele Prokaryoten (und auch Protisten) vor allem über die gute alte Zellteilung vermehren, sorgte die sexuelle Fortpflanzung für neue Rekombinationsmöglichkeiten. In vielzelligen Eukaryoten sind hier nur noch die **Keimbahnzellen** auf die Fortpflanzung spezialisiert, während alle anderen Zellen

auch als **somatische Zellen** (Körperzellen) angesehen werden, die sowohl Stammzellen als auch ausdifferenzierte Körperzellen beinhalten.

Zusätzlich besitzen einige eukaryotische Organellen, wie **Mitochondrien** und **Chloroplasten,** ein eigenes Chromosom, das auch für eigene Ribosomen codiert. Diese „Extrachromosomen", die aus ringförmigen Chromosomen bestehen, unterscheiden sich deutlich von Chromosomen im Zellkern und sind damit einer der Bestandteile der **Endosymbiontentheorie** (▶ Abschn. 9.1.3). Ihr zufolge entstanden Mitochondrien und Chloroplasten ursprünglich durch die Inkorporation von Bakterien und eine evolutionär bedingte symbiontische Anpassung und Reduzierung. Diese extrachromosomalen Elemente sind also vermutlich die Überbleibsel prokaryotischer Genome. Verblüffend, nicht wahr? So ist diese Theorie ein hervorragendes Beispiel dafür, dass Evolution eben nicht immer linear verläuft. Auch andere zirkuläre extrachromosomale Elemente sind bei Tieren und Pflanzen nachgewiesen worden, die vermutlich der Dynamik des Genoms dienen.

3.2.2.2 Die Bakterien

Bakterien sind mit Abstand die häufigsten Lebewesen auf unserem Planeten. Alleine in und auf einem Menschen kommen nach aktuellen Schätzungen etwa 1,3-mal mehr Bakterien als Körperzellen vor (ein 70 kg schwerer Mann wird demnach von etwa $3,9 \times 10^{13}$ Bakterien besiedelt!) [5]. Bakterien gehören zu den **Prokaryoten,** haben daher keinen Zellkern und sind fast ausschließlich einzellig. Eine Ausnahme von der Einzelligkeit bilden hier beispielsweise die Myxobakterien. Die Struktur, welche einem Zellkern am nächsten kommt und in der sich das Bakterienchromosom befindet, wird als **Nukleoid** bezeichnet (◻ Abb. 3.3b). Das bakterielle Genom besteht häufig nur aus einem einzigen **ringförmigen** Chromosom. Früher nahm man an, dass alle Bakterien haploid sind, mittlerweile kennt man aber auch viele Arten, die mehrere Kopien ihres ringförmigen Chromosoms haben und somit polyploid sind. Prominente extrachromosomale Elemente sind **Plasmide,** die zwar nicht von existenzieller Bedeutung für ein Bakterium sind, diesem aber durchaus wichtige Selektionsvorteile und Eigenschaften verschaffen können. Plasmide sind viel kleiner als das bakterielle Chromosom, und ihre Anzahl in einer Zelle kann je nach Plasmidart und Fitness des Bakteriums von einem bis 200 variieren. Meistens bestehen Plasmide aus einem zirkulären DNA-Molekül. Jedoch sind in manchen Bakterien lineare Varianten sowohl von Plasmiden als auch von Chromosomen bekannt (▶ Abschn. 3.6.2). Plas-

3

mide können durch **horizontalen Gentransfer** auf andere Bakterien übertragen werden und spielen auch im Laboralltag eine große Rolle (▶ Abschn. 11.2).

> **Merke**
>
> Beim **vertikalen Gentransfer** werden die Informationen von einem Organismus an einen Nachkommen („vertikal" im Stammbaum) weitergegeben. Beim **horizontalen Gentransfer** (HGT) hingegen wird genetisches Material einfach zwischen verschiedenen Individuen ausgetauscht, die nicht unbedingt miteinander verwandt sind (▶ Kap. 12). HGT ist bei Prokaryoten weit verbreitet.

Doch nicht nur in der Organisation des Erbgutes, sondern auch bei der Transkription, Translation sowie der Replikation unterscheiden sich Bakterien deutlich von Eukaryoten. So wird hier die Replikation des Genoms nicht an mehreren, sondern nur an einem festgelegten Ort auf dem ringförmigen Chromosom bidirektional gestartet (θ-Replikation, ▶ Abschn. 5.2.3).

3.2.2.3 Die Archaeen

Archaeen sind einzellige Prokaryoten, die sich oftmals durch **extremophile** Lebensweisen auszeichnen. Das heißt, sie kommen an extremen Standorten, wie heißen Quellen, Unterwasservulkanen, sauren Gewässern oder Salzwüsten vor. Archaeen sind den Bakterien insofern ähnlich, als dass sie keinen Zellkern besitzen und ihr Genom meistens nur aus einem einzigen ringförmigen Chromosom besteht ist. Neben haploiden kennt man auch polyploide Vertretern dieser Domäne. Allerdings unterscheiden sich Archaeen auch signifikant von Bakterien: Von den DNA-assoziierten Proteinen und der Struktur des Genoms her sind Archaeen nämlich näher mit Eukaryoten als mit Bakterien verwandt, was ebenfalls durch rRNA-Studien bestätigt wurde (◍ Abb. 3.1). Insbesondere was die Transkription und Replikation angeht, konnte man einige Gemeinsamkeiten in den DNA- und RNA-Polymerasen zwischen Eukaryoten und Archaeen feststellen. Nicht zuletzt deshalb (und auch wegen der rRNA-Studien) nimmt man an, dass die ersten Eukaryoten evolutionär gesehen aus Archaeen-verwandten Zellen entstanden, indem Anteile der Zellmembran nach und nach durch **Einstülpungen** zu einer Kernmembran umfunktioniert wurden. Auch bei Archaeen sind extrachromosomale Elemente wie Plasmide bekannt. Ein bekannter Vertreter der Archaeen ist das Methan-produzierende Archaeon *Methanosarcina mazei*, das im Pansen von Kühen wie auch in sauerstofffreien Tiefseesedimenten vorkommt.

3.2.2.4 Die Viren

Streng genommen handelt es sich bei den Viren nicht um eine Domäne des Lebens. Denn noch immer streitet sich die Wissenschaft darüber – und wird es sicherlich auch noch in Zukunft tun –, ob **Viren** überhaupt Lebewesen sind. Schließlich sind sie weder reizbar, besitzen keinen eigenen Stoffwechsel, können sich nicht einmal aktiv „bewegen", noch sind sie zur Reproduktion fähig, sondern völlig auf ihre Wirtszellen angewiesen! Würde man sie allerdings als Lebewesen bezeichnen, wären sicherlich die Viren und nicht die Bakterien die zahlenmäßig stärkste Gruppe von Organismen auf unserem Planeten. In den Weltmeeren gibt es weitaus mehr Viren als Bakterien! Mal ungeachtet dessen, lässt sich festhalten, dass auch der Bauplan von Viren in Nukleinsäuresequenzen codiert ist. Im Prinzip bestehen sie eigentlich nur aus Nukleinsäuren und einer schützenden Proteinhülle. Während in allen drei vorher genannten „Domänen des Lebens" die Chromosomen und extrachromosomalen Elemente aus doppelsträngiger DNA bestehen, stellen die Viren hier eine Besonderheit dar: So können Virengenome aus DNA *oder* RNA bestehen, die wiederum doppelsträngig (**dsDNA** und **dsRNA;** ds = *double-stranded) oder* einzelsträngig (ssDNA und ssRNA; ss = *single-stranded)* und entweder ringförmig *oder* linear vorliegen können. Virengenome sind also extrem variabel.

Die größte Gruppe der Viren sind die **Bakteriophagen** (kurz Phagen), die per Definition Bakterien und Archaeen, nicht aber Eukaryoten, als Wirtszellen infizieren (▶ Abschn. 11.2). Ein bekannter Vertreter ist beispielsweise der **Bakteriophage Lambda** (λ). Dieser besitzt ein lineares, doppelsträngiges Chromosom, welches sich aber, nachdem es in einen Wirt eingeschleust wurde, zu einer Ringform schließt. Klingt unnötig kompliziert, schützt vermutlich aber vor einer Degradation, also einem Abbau, durch wirtseigene Enzyme.

RNA-Viren haben verschiedene Mechanismen um ihr Erbgut zu vermehren. Einerseits können sie sich sogenannter **RNA-Replikasen** (RNA-abhängige RNA-Polymerasen) bedienen, die vom Wirt exprimiert werden. Diese sind auch *in vitro* in der Lage, nachweislich virale Elemente zu vervielfältigen oder aber **reverse Transkription** zu betreiben. Grundlage für Letzteres ist eine **RNA-abhängige DNA-Polymerase,** die in der Lage ist, aus einer einzelsträngigen RNA-Matrize eine doppelsträngige, lineare DNA zu schreiben, die auch wieder in das Wirtsgenom integriert werden kann. Dieses Mechanismus bedient sich die Gruppe der **Retroviren,** zu dem auch das AIDS verursachende humane Immundefizienz-Virus (**HIV**) gehört, dessen Genom aus zwei linearen, einzelsträngigen RNAs besteht.

Coronavirus – eine weltweite Pandemie

Zum jetzigen Zeitpunkt der Entstehung dieses Buches (Anfang April 2020) hält das Coronavirus SARS-CoV-2 die Welt in Atem. Die Symptome der mit diesem Virus verbundenen Krankheit COVID-19 (*corona virus disease* 2019) sind sehr variabel und reichen von Husten und Fieber bis zu schweren Pneumonien mit Lungenversagen. Bei dem Virus handelt es sich um einen einzelsträngigen RNA-Virus (ssRNA), dessen Genom etwa 29.900 Nukleotide (nt) groß ist. Das Genom ist so strukturiert, dass es eine positive Polarität besitzt. Dies bedeutet, dass die Viren-RNA in einer infizierten Zelle direkt von der wirtseigenen Translationsmaschinerie verwendet werden kann, um Virus-Proteine herzustellen. Unter den Virus-Proteinen befindet sich wiederum eine RNA-abhängige DNA-Polymerase, die ihrerseits für die Replikation des Virengenoms sorgt.

3.3 Von Genomriesen und -zwergen

▪▪ Kann man die Genomgröße verschiedener Arten miteinander vergleichen?

Natürlich kann man das! Welche Schlüsse man daraus zieht, ist natürlich eine andere Sache …

Genomgrößen kann man in verschiedenen Einheiten ausdrücken. Anfangs wurden bakterielle Plasmide aus experimentellen Gründen – ja, das ist wirklich wahr – noch in **Minuten (min)** gemessen (Küchenmixer-Experiment). Man könnte alternativ die Anzahl der Chromosomen und der Gene vergleichen, jedoch hätte man hier das Problem, dass sowohl die Größe von Chromosomen als auch die Anzahl von Genen je nach Organismus stark variieren. Für alle wahren Biologen und anderen Naturwissenschaftler empfiehlt es sich daher, die Anzahl der Nukleotide, beziehungsweise der **Basenpaaren (bp),** als Grundeinheit für die Genomgröße anzugeben. Diese Darstellung ist einerseits die genaueste Methode, um die Länge eines Genoms zu beschreiben, ist andererseits aber auch etwas abstrakt. In populärwissenschaftlichen Veröffentlichungen wird die Länge der aneinandergereihten Nukleinsäuren daher zur Verdeutlichung gerne auch in Meter (**m**) oder Zentimeter (**cm**) umgerechnet. Das haploide Genom einer menschlichen Zelle wäre mit 3,3 Mrd. bp etwa 2 m lang!

Merke

Dem metrischen System entsprechend machen 1000 Basenpaare (bp) ein **Kilobase (kb)**, eine Millionen Basenpaare eine **Megabase (Mb)**, und eine Milliarde Basenpaare eine **Gigabase** aus (**Gb**). Wenn man es ganz genau nimmt, müsste man auch von Kilobasenpaaren (kbp), Megabasenpaaren (Mbp) und Gigabasenpaaren (Gbp) sprechen. Aber da eine Base sowieso selten allein kommt, sind auch die kürzeren Versionen unter Molekularbiologen gebräuchlich.

Fest steht, Genome können unterschiedlich groß sein und sich sowohl in der Anzahl ihrer Chromosomen als auch in der Gesamtzahl der Basen sehr unterscheiden (◙ Abb. 3.7)! Die Spitzenreiter stellen die **Japanische Einbeere** (*Paris japonica)* und der bakterielle Endosymbiont **Carsonella ruddii** dar. Während *P. japonica* mit 150 Mrd. bp das größte bekannte Genom besitzt, verfügt *C. ruddii* mit seinen 160.000 bp über das kleinste bisher bekannte Genom.

… doch was sagen diese Zahlen aus?

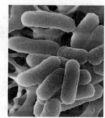   

Escherichia coli	*Homo sapiens*	*Triticum aestivum*	*Ophioglosssum reticulatum*
(Darmbakterium)	(Mensch)	(Weizen)	(Natternzunge)
1 Chromosom	46 Chromosomen	42 Chromosomen	1260 Chromosomen
4,6 Mb	3300 Mb	17.000 Mb	? Mb
ca. 4000 Gene	ca. 21.000 Gene	ca. 50.000 Gene	? Gene

◙ **Abb. 3.7** Vergleich der Genome eines Prokaryoten *(E. coli)* und dreier Eukaryoten *(H. sapiens, T. aestivum, O. reticulatum)*. Eukaryoten besitzen in der Regel ein größeres Genom als Prokaryoten. Manche Pflanzen besitzen zuweilen besonders große Genome oder besonders viele Chromosomen. (*E. coli* von Mareike Hartmann, © 2009 Karlsruher Instituts für Technologie [KIT]; *H. sapiens* von den Autoren [Zeichnungen von Darwin und Mendel von J. Buttlar], *T. aesticum* und *O. reticulatum* von © Kurt Weising, Universität Kassel)

3

▪▪ Eukaryoten haben größere Genome als Prokaryoten

Vergleicht man die Genome der drei Domänen mitei-nander (◩ Tab. 3.4), so ergibt sich eindeutig die Ten-denz, dass eukaryotische Arten größere Genome und mehr Gene besitzen als prokaryotische. Dabei unter-scheiden sich die Genome von Bakterien und Archa-een in ihrer Größe nicht sehr und schwanken meis-tens zwischen 1 und 6 Mio. bp oder anders ausge-drückt 1–6 Mb. Der wohl bekannteste Prokaryot, das Darmbakterium *Escherichia coli*, besitzt beispiels-weise ein Genom von 4,6 Mb. Eukaryotische Ge-nome hingegen sind deutlich größer: Während die für die menschliche (Brau-)Kultur sehr wichtige einzellige Bäckerhefe (*Saccharomyces cerevisiae*) ein Genom von etwa 12 Mb besitzt, haben mehrzellige Organismen in der Regel noch größere, wie etwa der Fadenwurm (Nematode) und Modellorganismus *Caenorhabditis elegans* mit 100 Mb oder die Fruchtfliege *Drosophila melanogaster,* ebenfalls ein wichtiger Modellorganis-mus, mit 165 Mb.

Bei Eukaryoten sind in der Regel zwar mehr Gene zu finden als bei Prokaryoten, doch zeigt sich hier et-was Interessantes: Prokaryoten haben mit etwa 1000 Genen pro Megabase eine viel höhere Anzahl an Ge-nen pro Megabase als Eukaryoten. Bei Letzteren schwankt der **Gen/Mb-Wert** nämlich zwischen 10 und 500 Genen pro Megabase. Die **Gendichte** ist in pro-karyotischen Genomen also deutlich höher als bei Eu-karyoten. Innerhalb der Eukaryoten wird es zudem noch interessanter und wunderlicher: Obwohl das menschliche Genom mit 3300 Mb beispielsweise deut-lich größer ist als das der Maispflanze (2300 Mb), hat

◩ Tab. 3.4   Verschiedene Organismen und ihre Genomgrößen sowie geschätzte Anzahl von Genen im Überblick

Organismus	Größe des haploiden Genoms (Mb)	Anzahl der Gene	Gene pro Megabase (Mb)	Anzahl Chromosomen im adulten Organismus[a]
Bakterien				
Carsonella ruddii	0,16	182	1140	1 (n)
Haemophilus influenzae	1,83	1738	940	1 (n)
Escherichia coli	4,64	4289	950	1 (n)
Archaeen				
Archaeoglobus fulgidus	2,2	2437	1130	1 (n)
Methanosarcina barkeri	4,8	3680	750	1 (n)
Eukaryoten				
Saccharomyces cerevisiae (Bäckerhefe)	12	6300	525	17 (n)
Caenorhabditis elegans (Nematode)	100	20.100	200	♂ 11, ♀ 12
Arabidopsis thaliana (Acker-Schmalwand)	120	27.000	225	10
Drosophila melanogaster (Fruchtfliege)	165	13.700	83	8
Oryza sativa (Reis)	430	42.000	98	42
Zea mays (Mais)	2300	32.000	14	20
Mus musculus (Hausmaus)	2600	22.000	11	40
Ailuropoda melanoleuca (Großer Panda)	2400	21.000	9	42
Homo sapiens (Mensch)	3300	<21.000	7	46
Triticum aestivum (Weizen)[b]	17.000	<50.000	3	42 (6n)
Frittilaria assyriaca (Liliengewächs)	124.000	?	?	?
Paris japonica (Japanische Einbeere)[b]	150.000	?	?	40 (8n)
Ophioglossum reticulatum (Natternzunge)	?	?	?	1260

[a]sofern nicht weiter angemerkt ist der adulte Organismus diploid (2n)
[b]weil Weizen und Einbeere polyploid sind, bezieht sich das „haploide Genom" nicht auf einen monoploiden sondern auf einen triploi-den (Weizen), beziehungsweise tetraploiden (jap. Einbeere) Chromosomensatz
Abkürzungen: (n): Organismus ist monoploid; (2n): Organismus ist diploid; (6n): hexaploid; (8n): oktoploid; 1 Megabase (Mb) = 1 Mil-lionen Basen

der Mensch mit 21.000 Genen nur etwa zwei Drittel der Anzahl der Mais-Gene (32.000 Gene). Noch schlimmer fällt der Vergleich zwischen der Reispflanze (430 Mb und 42.000 Gene) und dem Menschen aus!

Fragt man sich nun, ob die Größe eines Genoms Aufschluss über die Komplexität einer Spezies gibt – also je größer, desto komplexer –, ist die klare Antwort: jain.

Zwischen Prokaryoten und Eukaryoten mag diese Korrelation noch zutreffen, da Eukaryoten ein größeres Genom, mehr Gene und auch mehr Komplexität besitzen als Prokaryoten (jedenfalls in den meisten Fällen – auch hier gibt es wie immer Ausnahmen). Innerhalb der Eukaryoten scheint dies jedoch aufgehoben zu sein! Auch die großen Unterschiede zwischen der Anzahl an **Genen pro Megabase** innerhalb der Eukaryoten und im Vergleich zu den Prokaryoten deuten darauf hin, dass eukaryotische Genome deutlich anders strukturiert sind als prokaryotische. Was das bedeutet und worin die Ursachen hierfür liegen, soll im Folgenden (▶ Abschn. 3.3.1) besprochen werden.

3.3.1 Das C-Wert-Paradoxon

■■ **Die Komplexität von Organismen korreliert nicht mit der Genomgröße**

Schaut man sich in ◻ Tab. 3.4 und ◻ Abb. 3.8 die Eukaryoten an, stellt man fest, dass mehrere Organismengruppen deutlich größere Genome als der Mensch haben. Insbesondere fallen die Samenpflanzen auf, von denen manche ein vielfach größeres Genom (bis zu

40-mal so groß!) als der Mensch besitzen. Bedeutet dies etwa, Weizen und Lilien sind in Wahrheit noch komplexer als wir Menschen und zeigen es nur nicht? Oder sind wir in unserer anthropozentrischen Selbstsucht gar nicht die „Krone der Schöpfung"?

Die erste Frage kann man sicherlich mit „nein" beantworten. Sie erklärt sich durch das **C-Wert-Paradoxon** *(C-value paradox)*, welches aussagt, dass Genomgröße und Komplexität bei Eukaryoten nicht unbedingt korrelieren. Das „C" steht übrigens für **Chromatin,** ein Konglomerat aus DNA und Proteinen, da – wie bereits gesagt – die eukaryotische DNA nicht „nackt" im Zellkern herumliegt, sondern eine Menge Proteine an sie gebunden sind (▶ Abschn. 3.6.1.2).

■■ **Nein, „Junk"-DNA sagt man nicht mehr!**

Doch wie erklären sich dann die extremen Chromatinwerte (oder Genomgrößen) bei manchen eukaryotischen Spezies? Die zugleich einfache und plausible Antwort ist: Nicht die komplette DNA in einem Genom muss von ihrer Sequenz her Sinn ergeben oder nur einmal vorkommen! Auch im menschlichen Genom gibt es große **nichtcodierende** Bereiche, die also nicht für Proteine codieren und denen man zunächst keine Bedeutung zuordnen konnte. Man nannte diese Bereiche zunächst **Junk-DNA** (aus dem Englischen für „Müll" DNA). Erst viel später fand man heraus, dass ein Teil dieser Bereiche wichtige **regulatorische Informationen** und Funktionen für die Herstellung von RNAs und Proteinen trägt und dass ein anderer großer Teil (etwa 70 %!) besonders viele **repetitive** (also sich wiederholende) **DNA-Sequenzen** enthält. Dieser Teil hat primär

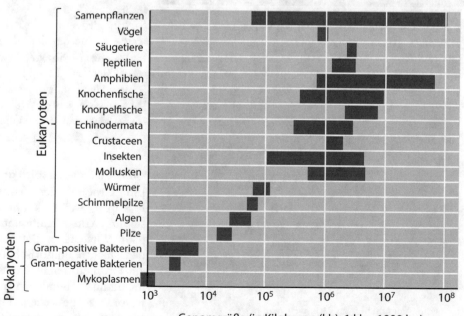

◻ **Abb. 3.8** Vergleicht man die Genomgrößen von Prokaryoten und Eukaryoten miteinander, so scheint die Zunahme der Genomgröße mit komplexerer Anatomie positiv zu korrelieren. Bei genauerer Betrachtung fallen jedoch einige Gruppen auf, deren Vertreter deutlich größere Genome im Vergleich zum Menschen besitzen, wie zum Beispiel einige Samenpflanzen, Amphibien oder Knochenfische. Die in der Abbildung gezeigten Daten sind logarithmisch aufgetragen. (verändert und mit freundlicher Genehmigung von © Steven M. Carr, Memorial University of Newfoundland, und Nina V. Fedoroff, Penn State University [6])

Genomgröße (in Kilobasen (kb); 1 kb = 1000 bp)

3

zwar nichts mit der Produktion von Proteinen zu tun, ist aber dennoch von Bedeutung! Sekundär trägt dieser letzte Teil – völlig unabhängig von seiner DNA-Sequenz – nämlich in vielen Eukaryoten zur Organisation von Chromosomen bei, da er für Zentromer- und Telomerstrukturen wichtig ist. Diese spielen wiederum eine Rolle bei der Zellteilung und für die Stabilität der Chromosomen (▶ Abschn. 3.6). Der Begriff „Junk"-DNA ist somit veraltet und nicht angebracht, da selbst nicht-codierende Bereiche wichtige Aufgaben haben können und keineswegs nur Müll sind. Also vergessen wir diesen Begriff am besten schnell wieder! Nicht unerheblich ist außerdem, dass viele eukaryotische Gene **Introns** besitzen (▶ Abschn. 3.4.1).

Ein weiteres Phänomen, das zur Größe von Genomen beitragen kann, ist der Besitz gleich mehrerer Chromosomensätze, die **Polyploidie**. So hat der landwirtschaftlich genutzte Weizen einen sechsfachen (hexaploiden) Chromosomensatz und das haploide Genom insgesamt 17 Mrd. bp! Zudem besitzen manche Organismen zusätzlich zu ihrem eigentlichen Chromosomensatz (oder Chromosomensätzen) weitere, nichtrelevante Chromosomen, die auch als **B-Chromosomen** bezeichnet werden (Exkurs. 3.1). Insbesondere bei Samenpflanzen und manchen Farnen scheinen große Chromosomensätze und Polyploidie keine Besonderheit zu sein. Weltrekordhalter in der Kategorie „Anzahl an Chromosomen" ist momentan der kleine Farn *Ophioglossum reticulatum,* auch „Natternzunge" genannt, mit 1260 Chromosomen (◘ Abb. 3.7)!

Exkurs 3.1: B-Chromosomen

Bei der Untersuchung von Chromosomensätzen verschiedener Arten fiel nach und nach auf, dass manche Individuen einer Spezies nicht die gleiche Anzahl an Chromosomen hatten. Manche hatten einfach ein paar zusätzliche Chromosomen! Diese waren in der Regel etwas kleiner als die anderen und schienen weder einen erkennbaren Vorteil, noch einen Nachteil für einen Organismus zu haben. Und weil sie so entbehrlich schienen, wurden sie als **B-Chromosomen** bezeichnet, wohingegen die „normalen" Standardchromosomen eines Lebewesens als **A-Chromosomen** bezeichnet wurden.

Heute weiß man, dass B-Chromosomen gar nicht mal selten sind und in Pflanzen, Tieren und Pilzen vorkommen. Dabei kann sich die Anzahl der B-Chromosomen nicht nur zwischen Individuen einer Art unterscheiden sondern auch innerhalb eines Individuums zwischen verschiedenen Organen, wie beispielsweise in *Aegilops speltoides,* einer essbaren Süßgras-Art.

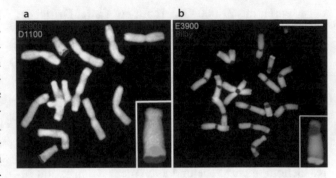

◘ **Abb. 3.9**   B-Chromosomen in Roggen *(Secale cereale)*. **a** Durch Fluoreszenz-*in-situ*-Hybridisierung (FISH) wurden die beiden repetitiven Sequenzen E3900 (rot) und D1100 (grün) detektiert, die sich am Ende des langen Arms der Roggen-B-Chromosomen befinden und diese damit identifizieren. **b** Die E3900-Sequenz (grün) dient auch hier zur Identifikation der B-Chromosomen, während *Bilby* (rot) zur Identifikation von Zentromeren dient. Der Balken entspricht 10 μm. (Mit freundlicher Genehmigung von © S. Klemme)

Das Besondere an ihnen ist, dass sie nicht Mendels Gesetzen unterliegen und sich während der Meiose weder mit anderen Chromosomen paaren, noch gleichmäßig auf die Tochterzellen verteilt werden. Stattdessen verhalten sie sich mehr oder weniger „**egoistisch**" und sorgen mit anderen ausgeklügelten Techniken für ihren Erhalt und ihre Vermehrung. Zudem sind B-Chromosomen reich an **repetitiven Sequenzen,** insbesondere an Transposons (▶ Abschn. 3.4.3), und besitzen in vielen Fällen aber auch Sequenzen von einem oder mehreren A-Chromosomen ihres Wirts (◘ Abb. 3.9).

Nun lassen viele diese besonderen Chromosomen einfach links liegen, zumal sie wie gesagt oft als überzählig und für einen Organismus meistens ohne wesentliche Bedeutung angesehen werden. Dennoch können B-Chromosomen in der Grundlagenforschung einen wichtigen Beitrag zu Fragen über die Entstehung und die notwendigsten Strukturen von Chromosomen leisten. Und damit zu dem Rätsel, wie man sich als Chromosom gegen die Herausforderungen der Evolution wappnet und so sein Überleben sicherstellt.

▪▪ Wie kam es zu solch großen Genomen?

Ein Großteil der Antwort darauf findet sich in ▶ Kap. 9, wenn es um die Evolution und die Entstehung von Mutationen geht. Hier aber vorweg ein paar Vorschläge: Betrachtet man den nichtcodierenden, nichtregulatorischen Teil des Genoms, so kann ein Großteil der DNA hier auf **virale Infektionen** und die damit verbundenen transposablen Elemente (Transposons) zurückgehen. Diese „molekularen Parasiten" können sich in einem Genom regelrecht ausbreiten und umherspringen (▶ Abschn. 3.4.3.2). Auch können

Fehler bei der DNA-Replikation geschehen. Dabei können DNA-Polymerasen „stottern" oder verrutschen und damit Wiederholungen einbauen oder sogar ganze Gene aus Versehen duplizieren.

Der besondere Fall mit der Anzahl der Chromosomen bei Samenpflanzen und Farnen geht aber vermutlich auf **Chromosomenfehlverteilungen** während der Meiose zurück. Dabei können nicht nur einzelne zusätzliche Chromosomen (Aneuploidie), sondern ganze Chromosomensätze (Polyploidie) fehlverteilt und somit ganze Genome dupliziert werden.

3.3.2　Vor- und Nachteile großer Genome

■■ Eine Bilanz von Energie und Nutzen

All die eben genannten Ereignisse können im Laufe der Evolution zu einer Vergrößerung eines Genoms führen. Das bleibt nicht ohne Folgen.

Ein größeres Genom bedeutet einen erhöhten Aufwand bei der **Zellteilung,** da mit jeder Zellteilung die gesamte DNA eines Zellkerns verdoppelt werden muss. Um einmal die Dimensionen zu verdeutlichen: Im Menschen teilen sich pro Sekunde etwa 10 Mio. Zellen! Besonders die Produktion von Nukleotiden ist sehr aufwendig größere Genome bedeuten rein vom technischen Aufwand her also erst einmal einen Nachteil für den **Energiehaushalt** der Zelle.

Ergo: Für Spezies, die besonders viele nichtcodierende, repetitive Elemente besitzen, könnte dies heißen, dass solche Sequenzen entweder, wie oben beschrieben, sekundär eine gewisse Bedeutung für einen Organismus haben oder dass es Energie im Überfluss gibt! Tatsächlich trifft wahrscheinlich beides zu. So können auch **Transposons** sekundär einen Beitrag zur Stabilität und Struktur von Chromosomen leisten. Andererseits werden einige Transposons sehr stark transkribiert, worauf die entstehenden überflüssigen mRNAs durch zusätzliche (teure!) Mechanismen wieder abgebaut werden. Gleichzeitig bemühen sich Organismen aber auch, solche Bereiche durch **epigenetische Regulation** „stillzulegen" (▶ Kap. 13), indem sie beispielsweise den Zugang anderer Proteine an diese Bereiche verhindern und so die Transkription erschweren.

Im Falle mancher Samenpflanzen und Farne könnten große Genome aber auch noch eine andere Bedeutung haben. So sind Pflanzen nicht mobil, sie können nicht vor einem Fraßfeind weglaufen oder sich bei großer Hitze in den Schatten setzen. Sie müssen an einem Ort mit dem auskommen, was ihr Genom hergibt. Da lohnt es sich schon, ein paar **zusätzliche Gene** für Extremsituationen und für Notfälle in der Reserve zu haben. Zusätzliche Gene oder Genvarianten können wiederum auf **Genduplikationen** oder die **Polyploidie** jener Arten zurückgehen. Zugegebenermaßen wurde die Polyploidie beim Weizen und vielen anderen Kulturpflanzen oftmals durch Züchtung künstlich herbeigeführt, doch scheinen Pflanzengenome auch so unablässig zu wachsen und zu schrumpfen. Ihr Genom ist deutlich weniger statisch, als man gemeinhin annimmt! Wer noch mehr über die Vorteile der Polyploidie wissen möchte, sollte mal in ▶ Abschn. 9.2.2.1 vorbeischauen.

3.4　Der Aufbau und die Organisation eukaryotischer Genome (am Beispiel Mensch)

■■ … oder anders gesagt: Wie man den Überblick verliert

Es ist nicht nur so, dass Genome unterschiedlich groß sind und sich je nach Organismus auf eine unterschiedliche Anzahl von **Chromosomen** verteilen, ihr Aufbau und ihre Zusammensetzung kann auch stark variieren. Würde man die DNA-Sequenz eines Genoms „durchlesen", so würde man immer wieder bestimmte **Muster** finden, die **genetischen Elementen** entsprechen. Im ▶ Abschn. 3.3 wurden bereits einige dieser genetischen Elemente im Hinblick auf ihren Beitrag zur Komplexität eines Organismus erwähnt. Im Folgenden sollen diese genetischen Elemente noch einmal im Hinblick auf ihre Häufigkeit und Rolle im **menschlichen Genom** im Detail beleuchtet werden.

Lässt man mal die extrachromosomalen Elemente außer Betracht, verteilen sich die genetischen Informationen einer menschlichen Zelle auf 46 Chromosomen. Dies kann leicht anhand eines **Karyogramms** verdeutlicht werden, bei dem kondensierte Metaphase-Chromosomen durch eine spezielle Technik auf einem Objektträger fixiert und mit einem Mikroskop sichtbar gemacht werden (◨ Abb. 3.10).

Menschliche Chromosomen bestehen wiederum aus **Chromatiden,** welche jeweils ein langes doppelsträngiges DNA-Molekül sind. Die meiste Zeit kommen sie dabei als **Ein-Chromatid-Chromosomen** vor und nur kurz nach der Replikation findet man **Zwei-Chromatiden-Chromosomen,** die aus zwei **Schwesterchromatiden** bestehen (▶ Kap. 5). Es handelt sich außerdem um einen **diploiden** Chromosomensatz, was bedeutet, dass die Chromosomen (außer in Eizellen und Spermienzellen) doppelt vorliegen. Dabei spricht man von 22 Paaren autosomaler Chromosomen (**Autosomen**) und einem Paar gonosomaler Chromosomen (**Gonosomen:** X/Y), die je nach Zusammensetzung das Geschlecht bestimmen. Man spricht bei Letzteren daher auch von Geschlechtschromosomen. Die gonosomale Kombina-

3

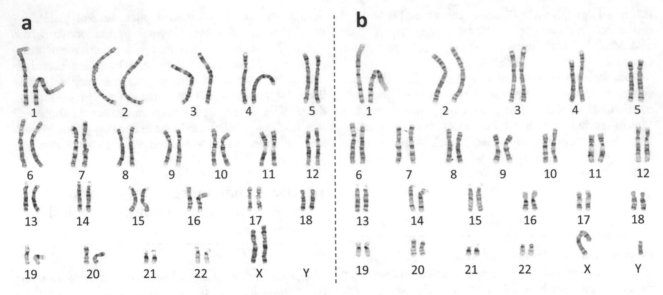

■ **Abb. 3.10** Darstellung von menschlichen Genomen durch Karyogramme. Gezeigt ist jeweils ein unauffälliges Karyogramm von einer Frau (a) und einem Mann (b). Die Chromosomenpaare 1–22 werden als Autosomen bezeichnet, das X- und Y-Chromosom hingegen als Gonosomen (Geschlechtschromosomen). Anhand der Gonosomen lässt sich auch schnell zuordnen, welches Karyogramm zu der Frau (XX) und welches zu dem Mann (XY) gehört. Damit die Metaphase-Chromosomen so schön in einer Reihe liegen, werden die Original-Aufnahmen übrigens digital zerschnitten und die Chromosomen sortiert. (Mit freundlicher Genehmigung von Saskia Kleier, © Gemeinschaftspraxis für Humangenetik & Genetische Labore, Dres. Peters, Kleier, Preuse; Hamburg)

tion XX bedeutet ein weibliches, die Kombination XY bedeutet ein männliches Geschlecht. Natürlich ist dies nur der Regelfall, und weil wir in der Biologie sind, gibt es auch einige Sonderfälle. Duplikationen oder Deletionen mancher Bereiche oder ganzer Chromosomen können einen bedeutenden Einfluss auf die Entwicklung und die Lebensfähigkeit eines Menschen haben, tragen die einzelnen Chromosomen doch eine festgelegte Anzahl an Genen und Informationen. Doch dazu mehr in ▶ Abschn. 9.2. Wirft man einen Blick auf das Genom des Menschen in seiner Gesamtheit, kann man verschiedene Strukturen innerhalb der DNA-Moleküle finden, die sich durch bestimmte Sequenzen, Merkmale und Herkunft auszeichnen (■ Abb. 3.11). Hinter der Entzifferung des menschlichen Genoms steckt übrigens eine spannende Geschichte, die sogar einen eigenen Exkurs verdient hat (Exkurs 3.2)!

> **Fakten zum menschlichen Genom**
> 1. Das menschliche Genom besteht nur zu einem kleinen Teil aus Genen (Exons + Introns + regulatorische Sequenzen = 27 %), von denen nur ein noch kleinerer Teil wirklich exprimiert wird (ca. 1,5–2 %).
> 2. Es ist größtenteils gekennzeichnet durch repetitive DNA (über 55 %!!!).
> 3. Diese repetitive DNA besteht zu einem großen Teil aus transposablen oder verwandten genetischen Elementen (44 %).

3.4.1 Codierende DNA-Bereiche

Nimmt man alle Bereiche, die mit Genen zu tun haben, diese regulieren oder mit ihnen assoziiert sind, machen diese etwa 27 % des menschlichen Genoms aus. Eukaryotische Gene sind durchschnittlich etwa 27.000 bp lang und damit viel größer als bakterielle Gene, die im Schnitt nur etwa 1000 bp lang sind. Interessanterweise sind die reifen transkribierten eukaryotischen **mRNAs** jedoch nur etwa 3000 bp lang. Doch wo bleiben die restlichen Basenpaare!? Die Antwort lautet: Ein Teil des Gens ist wichtig für die **Regulation** der Expression (▶ Kap. 8), wird aber gar nicht erst transkribiert. Ein anderer Teil besteht aus Sequenzen, die zwar transkribiert, aber später aus der Vorläufer-mRNA herausgeschmissen werden (Spleißen, *splicing*). Sie spielen für die Primärstruktur eines Polypeptids also keine Rolle. Diese Bereiche, die als **Introns** bezeichnet werden, liegen zwischen den mRNA-codierenden Bereichen, die man **Exons** nennt. Früher nahm man an, dass Introns eigentlich für nichts wichtig sind und einfach nur ein Überbleibsel der Evolution darstellen. Heute weiß man, dass Introns eine wichtige Rolle für die korrekte Prozessierung eines mRNA-Transkriptes spielen, da sie unter anderem regulatorische Sequenzen beinhalten und auch erlauben, dass die Anordnung der Exons im finalen Transkript geändert werden kann. Aber weil das alles recht kompliziert ist, gibt's mehr zu eukaryotischen Genen und deren Transkription an anderer Stelle, nämlich in ▶ Abschn. 3.7.2 und 6.3.

◘ Abb. 3.11 Elemente des menschlichen Genoms, anteilsmäßig im Tortendiagramm dargestellt. 27 % des Genoms sind dabei mit Genen assoziiert, welche codierende (Exons) und nichtcodierende Bereiche (Introns und regulatorische Sequenzen) enthalten. Die restlichen 73 % nichtcodierender DNA, die nicht mit Genen assoziiert sind, bestehen größtenteils aus repetitiven, also sich wiederholenden Sequenzen (*schraffierte Bereiche*). (J. Buttlar)

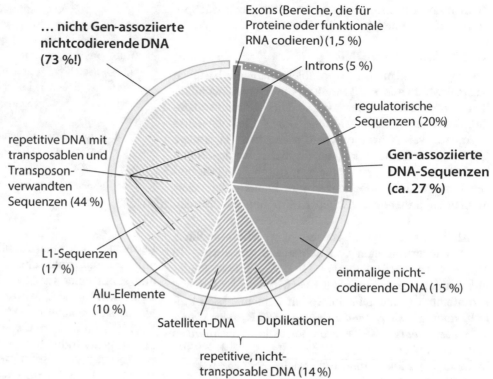

... nicht Gen-assoziierte nichtcodierende DNA (73 %!)

repetitive DNA mit transposablen und Transposon-verwandten Sequenzen (44 %)

L1-Sequenzen (17 %)

Alu-Elemente (10 %)

Satelliten-DNA   Duplikationen

repetitive, nicht-transposable DNA (14 %)

Exons (Bereiche, die für Proteine oder funktionale RNA codieren) (1,5 %)

Introns (5 %)

regulatorische Sequenzen (20%)

Gen-assoziierte DNA-Sequenzen (ca. 27 %)

einmalige nicht-codierende DNA (15 %)

Nimmt man nur die **codierenden Bereiche,** die also wirklich in Proteine translatiert werden oder als RNAs (wie rRNAs oder tRNAs) eine Funktion haben, machen diese nur noch 1,5–2 % des gesamten Genoms aus!

3.4.2 Nichtcodierende, nichtrepetitive DNA-Bereiche

Von den eingangs erwähnten 27 % des Genoms, die mit Genen assoziiert sind, teilen sich die übrigen 25 %, die nicht für Proteine oder RNAs codieren, folglich auf Introns (etwa 5 %) und regulatorische Sequenzen (etwa 20 %) auf. **Regulatorische Sequenzen** beinhalten dabei nicht nur Promotoren, also Bindestellen für RNA-Polymerasen, sondern auch Bereiche, die insgesamt die Aktivität eines Gens herauf- oder herunterregeln können, indem sie beispielsweise als Bindestelle für **Transkriptionsfaktoren** dienen. Manchmal liegen diese sogar sehr weit entfernt von den eigentlich codierenden Abschnitten.

Eine weitere Klasse nichtcodierender, „einmaliger" genetischer Elemente, die sich nicht durch Wiederholungen von DNA-Sequenzen auszeichnet, macht etwa 15 % des Genoms aus. Zu dieser Klasse gehören nicht mehr funktionelle Gene, sogenannte **Pseudogene.** Die meisten Pseudogene gehen vermutlich auf reverse Transkription von mRNAs zurück und haben nach Integration ins Genom (meist) keinen Promotor mehr und mutieren deshalb gefahrlos vor sich hin. Andere wurden im Laufe der Evolution durch Translokationen oder Inversionen unvollständig dupliziert und akkumulierten

zufällig so viele Mutationen, dass sie einfach kein sinnvolles Produkt mehr ergaben und schließlich auf dem Abstellgleis geparkt wurden (► Kap. 9). Pech gehabt.

Schließlich gibt es noch **kleine regulatorische RNAs** wie beispielsweise sRNAs, miRNAs und siRNAs (► Kap. 8. und 13), deren Existenz erst in den letzten Jahrzenten bekannt wurde. Sie werden zwar nicht in Proteine umgeschrieben, haben aber extrem wichtige Funktionen bei der Steuerung der **Genexpression** und auch der Kontrolle und Aufrechterhaltung des Genoms, indem sie die transposablen Elemente im wahrsten Sinne des Wortes in Schach halten. Ja, streng genommen werden sie also transkribiert. Sie werden aber vor allem zur Regulation anderer genetischer Elemente und Transkripte verwendet und sind damit in den 15 % nichtcodierender, nichtrepetitiver Elemente, aber auch teilweise in den 5 % Introns enthalten, da sie selbst Bestandteile von Introns sein können und somit möglicherweise zwischen Exons liegen. Näheres zu ihrer Funktion besprechen wir im ► Kap. 13 über die Epigenetik.

3.4.3 Nichtcodierende, repetitive DNA-Bereiche

Den überraschenderweise größten Anteil des Genoms – und ja, das war für die ersten Genompioniere wirklich überraschend! – machen wiederholende, also **repetitive DNA-Sequenzen** aus. Diese kann man grob unterteilen in repetitive Sequenzen, die nicht mit transposablen

3

Elementen verwandt sind, und andere, eben transposable und mit ihnen verwandte Elemente.

3.4.3.1 Satelliten-DNA

Die repetitiven, nichttransposablen Elemente bestehen beispielsweise aus **strukturellen Chromosomenduplikationen** oder aus **Satelliten-DNA.** Bei Chromosomenduplikationen können während der Zellteilung ganze Segmente von Chromosomen abbrechen, in andere Chromosomen integriert oder dupliziert werden. Satelliten-DNA zeichnet sich hingegen durch Wiederholungen kürzerer DNA-Sequenzen aus. Dabei differenziert man unter anderem zwischen Mikro- und Minisatelliten.

Man spricht beispielsweise von **Mikrosatelliten,** wenn Wiederholungen von Sequenzen aus etwa 2–10 Nukleotiden vorliegen, also Di-, Tri, Tetra-, Pentanukleotiden (usw.). Rein zur Verwirrung werden Mikrosatelliten je nach Fachkreis, in dem man sich aufhält, auch als *short tandem repeats* (STR) oder *simple sequence repeats* (SSR) bezeichnet. Alle Bezeichnungen bedeuten dabei so ziemlich das Gleiche, wobei SSRs in manchen Fällen auch auf solche Sequenzen bezogen werden, die sogar nur aus einer Reihe des gleichen Nukleotids bestehen (**Mononukleotide**). Mikrosatelliten liegen verstreut im Genom, können zwischen Genen, aber auch in Introns und einige wenige sogar in Exons liegen. Vermutlich entstanden die meisten durch fehlerhaftes „Stottern" der DNA-Polymerase bei der Replikation (▶ Kap. 5) oder durch ein Verrutschen der gesamten Replikationsmaschinerie. Doch läge man mal wieder völlig falsch, würde man diese Sequenzen als sinnlos einstufen! So lassen sich in den Regionen, die die **Zentromere** darstellen, unter anderem **hochrepetitive Elemente,** also besonders viele Wiederholungen kleiner Mikrosatelliten, finden. Sie tragen also vermutlich sekundär zur Struktur von Zentromeren bei und spielen somit eine ziemlich wichtige Rolle bei der Zellteilung! Auch lassen sich kurze repetitive Elemente in Telomeren finden, sie sind hier jedoch weniger ein zufälliges Produkt, sondern entstehen durch eine Vorlage: Eine **Telomerase** – ein Enzym, das aus einem RNA- und Proteinteil besteht (RNA-Protein-Komplex oder auch Ribonukleoprotein) – synthetisiert eine spezifische Sequenz (beim Menschen „TTAGGG") viele Male hintereinander, um die Chromosomenenden zu schützen (▶ Kap. 5).

Es gibt auch Satelliten-DNA, die aus größeren sich wiederholenden Sequenzen mit jeweils etwa 15–100 Nukleotiden bestehen. Diese werden als **Minisatelliten** bezeichnet. Minisatelliten unterscheiden sich von Mikrosatelliten nicht nur in der Länge der Repeats, sondern auch in ihrer Entstehung. Ursachen können hier beispielsweise Rekombinationsereignisse, Genkonversionen oder Duplikationen sein.

> **Am Rande bemerkt**
> Bei der Definition, wie lang ein Repeat eines **Mikrosatellits** sein darf, und ab wann eine repetitive Sequenz ein **Minisatellit** ist, gibt es in der Welt der Wissenschaft seit jeher Uneinigkeit. Auch wir hatten bei der Recherche etwas Probleme, und sehen die hier angegebenen Zahlen als „Vorschlag", destilliert aus verschiedenen Publikationen. Wenn es für Sie dennoch einmal relevant sein sollte, sagen sie doch einfach in Zahlen, wie lang die einzelnen Wiederholungen ihrer repetitiven Sequenz sind. Namen sind doch eh Schall und Rauch.

Betrachtet man einen Satelliten, der innerhalb einer Population mit unterschiedlich vielen Wiederholungen und somit einer variablen Länge vorkommt, so kann dieser Mikro- oder Minisatellit zudem auch als *variable number tandem repeat* (VNTR) bezeichnet werden. VNTRs sind wiederum von großer Bedeutung, wenn es darum geht, Individuen anhand eines **genetischen Fingerabdrucks** zu identifizieren (▶ Abschn. 14.2.3). Bei VNTRs, die innerhalb einer codierenden Sequenz liegen, kann die Länge wiederum entscheidend sein, wenn es um die Ausbildung und das Risiko bestimmter Erbkrankheiten geht (▶ Abschn. 9.2.4.4).

3.4.3.2 Transposable Elemente

▪▪ **Hilfe, hier springen Sequenzen durchs Genom!**

Transposable Elemente (kurz „TEs") sind höchstwahrscheinlich **viralen Ursprungs** und weisen auf die Integration verschiedener Virengenome im Laufe der Evolution hin. Sprich, es fand vermutlich irgendwann eine virale Infektion statt, bei der die Zelle nicht starb und in den lytischen Zyklus überging, sondern ein Teil der DNA-Sequenzen, die das Virus in das Wirtsgenom integrieren konnte, einfach weitergegeben wurde. Im Laufe der Evolution wurden die Virengenome durch Deletionen oder Rekombination teilweise zerstückelt und unbrauchbar. Viele der Sequenzen behielten jedoch ihre Fähigkeit zur **Transposition,** also der Fähigkeit ihre Position zu ändern. Transposable Elemente – oder **Transposons** – werden daher manchmal auch als *„jumping genes"* bezeichnet, da sie förmlich durch das Genom springen. Dabei können sie entweder in nichtcodierenden Bereichen landen, aber auch in codierenden, weshalb sie durch **epigenetische** Mechanismen kontrolliert werden müssen (▶ Kap. 13). Vom Aufbau her variieren sie in ihrer Länge und tragen neben Genbruchstücken auch funktionelle Gene. Außerdem haben sie „vorne" und „hinten" sogenannte **Insertions-** oder kurz **IS-Elemente,** die von einer **Transposase,** die wiederum von dem Transposon selbst codiert sein kann, erkannt werden und bei der Integration helfen. Transposons bringen also sogar die Gene selbst mit, die für ihre Integration oder Verbreitung codieren. Bezüglich ihrer Mobilität und Verbreitung unterscheidet man dabei zwischen *cut-and-paste*-Mechanismen, bei denen das gesamte Transposon einfach aus dem Genom herausgeschnitten und an anderer Stelle integriert wird, und *copy-and-paste*-Mechanismen, bei denen zunächst eine Abschrift erstellt wird, die dann wieder an anderer Stelle integrieren kann (◘ Abb. 3.12). Besteht dieses Intermediat aus RNA, kann eine wirtseigene RNA-abhängige DNA-Polymerase, eine **reverse Transkriptase,** einen DNA-Strang herstellen, der zu dem RNA-Strang komplementär ist. Diese einzelsträngige DNA wird als *complementary DNA* (**cDNA**) bezeichnet und kann in einem weiteren Schritt durch eine DNA-abhängige DNA-Polymerase doppelsträngig

gemacht werden. Schließlich kann die doppelsträngige cDNA nun mithilfe einer **Integrase** an anderer Stelle integrieren. In einem solchen Fall, dass sich ein Transposon über ein RNA-Mediat ausbreitet, spricht man von einem **Retrotransposon.** Auch diese Transposons bringen einen Teil der für die Verbreitung benötigten Enzyme selbst mit, indem sie die Gene für die Integrase und teilweise auch für die reverse Transkriptase selbst beinhalten können.

▪▪ Verschiedene Gruppen von Transposons im menschlichen Genom
Blättert man nun noch einmal zum menschlichen Genom in ◘ Abb. 3.11 zurück, so stellt man fest, dass es fast zur Hälfte (44 %!) aus transposablen oder mit Transposons verwandten Sequenzen besteht. Im Gegensatz zu Ersteren sind Transposon-verwandte

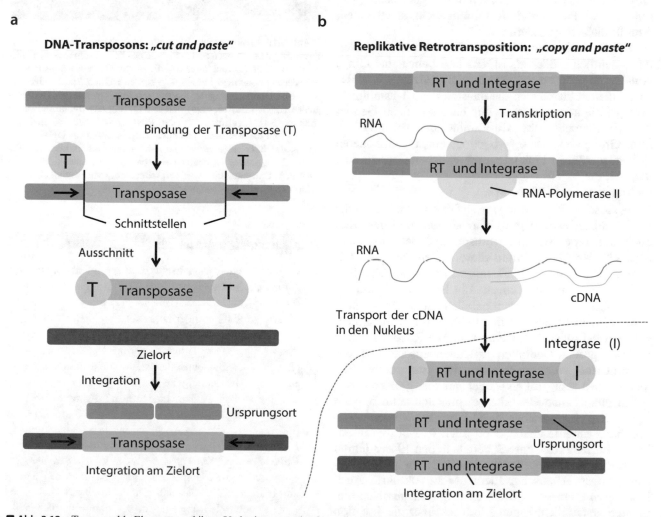

a

DNA-Transposons: „cut and paste"

Transposase

Bindung der Transposase (T)

T   T

Transposase

Schnittstellen

Ausschnitt

T   Transposase   T

Zielort

Integration

Ursprungsort

Transposase

Integration am Zielort

b

Replikative Retrotransposition: „copy and paste"

RT und Integrase

Transkription

RNA

RT und Integrase

RNA-Polymerase II

RNA

cDNA

Transport der cDNA in den Nukleus

Integrase (I)

I   RT und Integrase   I

RT und Integrase

Ursprungsort

RT und Integrase

Integration am Zielort

◘ **Abb. 3.12**   Transposable Elemente und ihre „Verbreitungsmechanismen". **a** Einige Transposons werden förmlich aus dem DNA-Strang herausgeschnitten und an anderer Stelle eingefügt *(cut and paste)*. **b** Retrotransposons verbreiten sich, indem zunächst eine intermediäre RNA transkribiert wird, die wiederum von einer reversen Transkriptase (RT) in cDNA umgeschrieben und schließlich an einer neuen Stelle integriert wird *(copy and paste)*. Beide transposablen Elemente codieren jeweils selbst für die Proteine, die sie für ihre Transposition benötigen. (H. Hawer)

3

Sequenzen jedoch nicht mehr zu einer Transposition in der Lage und stellen somit nicht mehr funktionelle Transposons dar. Schon verrückt, was ein Genom so alles ansammelt, nicht?

Innerhalb der funktionstüchtigen Transposons findet man zwei große Gruppen, die man unterscheiden kann: die *short interspersed elements* (kurz **SINEs**) und die *long interspersed elements* (kurz **LINEs**), wobei beide den Retroelementen zuzuordnen sind.

SINEs sind nur etwa bis zu 500 bp lang und liegen verstreut im Genom. Die meisten SINEs lassen sich einer miteinander „verwandten" Sequenzgruppe zuordnen, die als **Alu-Familie** bezeichnet wird. Alu-Elemente sind spezifisch für Primaten und kommen im menschlichen Genom etwa 1 Mio. Mal vor und machen damit etwa 10–11 % des menschlichen Genoms aus. Einige von ihnen haben sekundäre Funktionen angenommen. So enthalten beispielsweise *signal recognition particle*-RNAs (SRP-RNA), die in der Zelle beim „Versenden" von Polypeptiden zu ihrem Zielorganell helfen, Alu-ähnliche Sequenzen.

LINEs sind – man könnte es fast vom Namen ableiten – deutlich größer als SINEs und haben eine Länge von bis zu 6000 bp. Innerhalb dieser Gruppe von Retroelementen lassen sich die meisten der **L1-Familie** zuordnen. Sie kommen zwar nur halb so oft im Genom vor wie Elemente der Alu-Familie, machen aufgrund ihrer Größe von etwa 6,4 kb jedoch einen noch höheren Prozentsatz (etwa 17 %) des menschlichen Genoms aus!

▪▪ Transposons in Pflanzen

In ▶ Abschn. 3.3 hatten wir erfahren, dass Genome von Pflanzen extrem groß sein können und dass dies auch auf repetitive und transposable Sequenzen zurückgeht. Kombiniert man diese Information nun mit dem Wissen über die Herkunft von transposablen Elementen, so ergibt sich daraus die Erkenntnis, dass Viren natürlich auch Pflanzen befallen. In der Tat spielten Viren also nicht nur bei der Evolution des Menschen, sondern bei allen Arten eine wichtige Rolle. Und weil Pflanzen großen Genomen gegenüber anscheinend sehr tolerant sind, wundert es nicht, dass transposable Elemente einen sehr großen – oder gar den größten – Anteil in pflanzlichen Genomen ausmachen können, beim **Mais** beispielsweise über 80 %! Übrigens wurden transposable Elemente zuerst eben auch in Mais entdeckt, indem **Barbara McClintock** bereits in den 1940er-Jahren die Änderung der Farbe von Maiskörnern auf das Herumspringen genetischer Elemente zurückführte. Auch in anderen Pflanzen ist die Masse an transposablen Elementen erstaunlich. Einen Eindruck über die Situation im Roggen gibt (❏ Abb. 3.13).

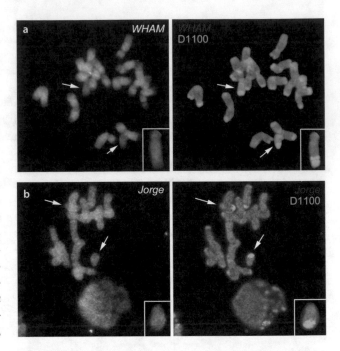

❏ **Abb. 3.13** Transposable Elemente in Roggen *(Secale cereale)*. Die linken Abbildungen zeigen Signale der beiden transposablen Elemente *WHAM* (**a**) und *Jorge* (**b**), die durch Fluoreszenz-*in-situ*-Hybridisierung detektiert wurden. Die beiden rechten Bilder zeigen jeweils eine Überlagerung der Signale von links (in rot) mit DAPI-Signalen (DNA färbend, grau) und mit D1100, das B-Chromosomen (Exkurs 3.1) identifiziert (weiße Pfeile). Während es sich bei *WHAM* um ein Retrotransposon handelt, ist *Jorge* ein DNA-Transposon, das über einen *cut-and-paste*-Mechanismus funktioniert. Bei beiden Transposons ist deutlich sichtbar, dass sie sowohl in A- als auch in B-Chromosomen weit verbreitet sind. (Mit freundlicher Genehmigung von © S. Klemme)

Exkurs 3.2: Das Humangenomprojekt

Den wohl entscheidendsten Einfluss auf die Erforschung des menschlichen Genoms hatte das **Humangenomprojekt** (*Human Genome Project*, kurz **HGP**) [7]. Als es 1990 unter der Direktion von **James Watson** und später **Francis Collins** startete, war das Ziel, das menschliche Genom innerhalb von 15 Jahren komplett zu entschlüsseln. Gleichzeitig sollte damit aber auch die Entwicklung neuer Sequenzierungsmethoden angestoßen werden. Und weil man gerade dabei war, nahm man sich außerdem gleich die Sequenzierung einiger wichtiger Modellorganismen (namentlich *Escherichia coli, Saccharomyces cerevisiae, Mus musculus, Caenorhabditis elegans* und *Drosophila melanogaster*) vor. Mit einem Budget von über 3 Mrd. US$ und tausenden Wissenschaftlern aus über 18 Ländern sollte es noch bis heute eines der größten öffentlichen und internationalen Forschungsprojekte sein. Untersucht wurde dabei das Genom **mehrerer Individuen,** um sowohl verlässliche Daten zu erhalten, aber insbesondere auch um Unterschiede zwischen Personen zu identifizieren, die wiederum Aufschluss über **SNPs** und Marker für **genetische Krankheiten** geben könnten. Anfangs benutzte man dabei noch die sogenannte *clone-by-clone*-Methode, bei der Chromosomen mit Restriktionsenzymen zerschnitten wurden und einzelne DNA-Fragmente in Vektoren wie *bacterial artificial chromosomes* (BACs) oder *yeast artificial chromosomes* (YACs) kloniert wurden. Diese wiederum wurden in noch kleinere Fragmente unterteilt und in Cosmide oder Plasmide subkloniert und anschließend Klon für Klon nach der **Sanger-Technik** sequenziert. Diese Methode war zwar relativ genau, jedoch auch sehr aufwendig. Gleichzeitig löste dieses ehrgeizige Projekt weltweit großes Interesse aus und stieß viele Labore dazu an, die Sequenzierungstechniken weiter zu verbessern (Exkurs 3.3). Herausstechend war dabei die von **J. Craig Venter** gegründete Firma Celera, die sich vornahm, im Alleingang das menschliche Genom sogar noch vor dem internationalen Konsortium um das HGP zu entschlüsseln. Bahnbrechend war eine völlig neue Methode, das *whole-genome shotgun-sequencing*, das Venters Team ins Feld führte. Tatsächlich hatten beide Methoden ihre Vor- und Nachteile (▶ Abschn. 12.7) und letztendlich bedienten sich Mitglieder der HGP-Gemeinschaft Venters Methode und umgekehrt. Es kam 2003 – also noch vor dem Zeitplan – zur Fertigstellung und Veröffentlichung des (fast) kompletten menschlichen Genoms, wobei unter anderem Collins und Venter gemeinsam in einer Pressekonferenz auftraten, beide Seiten in dem Rennen um das menschliche Genom zum Sieger erklärten und den Zwist somit beiseitelegten. Happy End.

3.5 Prokaryotische Genome im Vergleich

Den Großteil prokaryotischer Genome machen Gene aus, die entweder für **Proteine, rRNA** oder **tRNA** codieren. Prokaryoten besitzen zwar auch regulatorische, aber nur sehr wenige nichtcodierende Sequenzen. Sie haben in der Regel weder Introns noch Zentromere oder Telomere (vorausgesetzt, ihre Chromosomen sind ringförmig) und dementsprechend nur sehr wenige repetitive Sequenzen. Schauen Sie sich nun nochmal die ◘ Tab. 3.4 an, so sollte spätestens jetzt klar werden, warum die **Dichte an Genen** in Prokaryoten somit viel höher ist als bei Eukaryoten.

Zugegebenermaßen besitzen manche prokaryotische Genome ebenfalls **transposable Elemente,** jedoch keineswegs in dem Ausmaß, wie es bei Eukaryoten der Fall ist. Vielleicht könnte man annehmen, dass

sie eine effektivere Methode gefunden haben, die Ausbreitung dieser lästigen mobilen Elemente besser unter Kontrolle zu halten. Wahrscheinlicher ist jedoch, dass transposable Elemente in prokaryotischen Genomen viel schneller einen viel größeren Schaden anrichten würden. Erstens ist die Wahrscheinlichkeit, dass sie ein wichtiges Gen durch Insertion, also durch eine Integration mitten im Gen, unbrauchbar machen, aufgrund der höheren Gendichte viel größer. Um dieser Herausforderung zu begegnen, haben sich Bakterien manchmal sogar bereit erklärt, den ungeliebten Gästen spezielle Integrationsstellen zur Verfügung zu stellen (**IS-Elemente**). Denken Sie an die spezielle und generelle **Transduktion** (▶ Kap. 11)! Zweitens würden zusätzliche Sequenzen die **Replikationsdauer** und **-last** erhöhen und somit einen replikativen Nachteil bedeuten. Da Prokaryoten meistens einen deutlich schnelleren Zellzyklus als Eukaryoten fahren, würde eine aufwendigere Replikationsphase somit einen selektiven Nachteil bedeuten und im Wettbewerb mit anderen Prokaryoten schneller vermutlich zum „Aus" führen. Anders gesagt: *nada, niente,* tot.

Betrachtet man die extrachromosomalen Elemente prokaryotischer Genome, die **Plasmide,** lässt sich festhalten, dass diese sich von den Chromosomen vor allem darin unterscheiden, dass sie nicht essenziell sind. Oft beinhalten sie Gene für bestimmte Stoffwechselwege oder Antibiotikaresistenzen, die ihnen aber nur unter bestimmten Bedingungen Wachstumsvorteile verschaffen. Insgesamt kann nicht nur die Art und Anzahl der Plasmide stark variieren, sondern sie können aufgrund des horizontalen Gentransfers (**HGT**) auch zur genetischen Rekombination von Prokaryoten beitragen.

Der **Reichtum der Diversität** prokaryotischer Genome und Gene ist schier unermesslich: Prokaryoten besiedeln so ziemlich jedes Habitat unseres Planeten und haben in der evolutiven Anpassung an ihre Umwelt die unterschiedlichsten Formen, Lebensweisen und Stoffwechselwege entwickelt – ob in der Tiefsee, im Magen von Tieren, in Sedimenten oder selbst in Wolken. Die Kapazität, Effektivität und Vielseitigkeit von prokaryotischen Enzymen ist damit unerreichbar. Gleichzeitig kennt man bisher nur einen kleinen Teil der Prokaryoten, da sich nur etwa 1 % von ihnen im Labor kultivieren lässt. Gewiefte **Sequenzierungsmethoden** (▶ Abschn. 12.7) erlauben Forschern immerhin die Genome oder Genomfragmente von Prokaryoten zu untersuchen, wenngleich man oftmals keine Ahnung hat, wie der Organismus eigentlich aussieht. Die Entwicklung neuer Sequenzierungsmethoden ist hier also ein wichtiger Aspekt, um überhaupt die Diversität von Prokaryoten zu untersuchen, doch mehr dazu in Exkurs 3.3.

3

3.6 Die Morphologie und der Aufbau von Chromosomen

Bisher haben wir den generellen Aufbau von Genomen kennengelernt sowie verschiedene genetische Elemente, die ein Genom kennzeichnen und ausmachen. Hier widmen wir uns nun der Morphologie von Chromosomen, wie diese verpackt sind und wie sie aufgebaut sind.

3.6.1 Eukaryotische Chromosomen

Chromosom ist nicht gleich Chromosom. Und insbesondere bei Eukaryoten kennt man nicht nur verschiedene Zustände der Chromosomen sondern auch verschiedene wichtige genetische Elemente als auch Proteine, die bei der Organisation und Aufrechterhaltung der Struktur ein essenzielle Rolle spielen.

3.6.1.1 Transport- und Arbeitsform von Chromosomen

Lineare eukaryotische Chromosomen können sozusagen in zwei Zuständen vorliegen, entweder in der „Arbeitsform" oder in der „Transportform". Die **Arbeitsform** (◐ Abb. 3.14a, links) entspricht der im Zellzyklus dominanteren Phase, in der die DNA für transkriptionelle und replikative Arbeit zugänglich, **dekondensiert** (also unaufgewickelt) und scheinbar lose und ohne Struktur im Zellkern herumliegt. Nur in diesem Zustand können Enzyme mit den DNA-Sequenzen „arbeiten", sie ablesen, verdoppeln, korrigieren oder was auch immer. Ganz ohne Struktur liegen die DNA-Fäden jedoch nicht herum, im Gegenteil! Durch **Fluoreszenz-*in-situ*-Hybridisierung** (FISH; ▸ Abschn. 12.9), eine Methode, mit der man gezielt bestimmte DNA-Bereiche oder ganze Chromosomen anfärben kann, lässt sich zeigen, dass die Chromosomen selbst in der unaufgewickelten Arbeitsform in sehr definierten Bereichen des Nukleus und damit sehr strukturiert und nicht etwa kreuz und quer vorliegen (◐ Abb. 3.14d). Bei 2 m DNA in einem so kleinen Zellkern kann man es sich schließlich nicht leisten, einen Knoten zu machen.

Der ironischerweise bekanntere Zustand der Chromosomen, die X-förmige **Transportform,** kommt NUR während der Zellteilung (egal ob mitotisch oder meiotisch) vor, die lediglich einen ziemlich kurzen Moment im Zellzyklus beansprucht (▸ Kap. 4). Es ist aber auch irgendwie verständlich, dass man als Erstes an diese Form denkt, sehen die Chromosomen doch ganz lustig aus und sind leichter zu erkennen. Auch in der Geschichte der Erforschung der

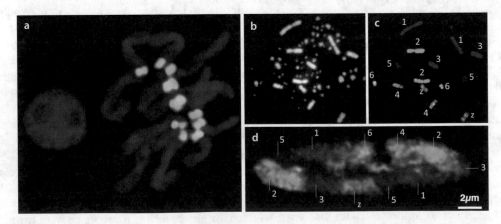

◐ **Abb. 3.14** Chromosomen in ihrer Arbeits- und Transportform. **a** DNA von zwei Keimwurzelzellen der Ackerbohne *(Vicia faba)*. *Links* sieht man die DNA entwunden in der Arbeitsform im Zellkern, *rechts* die Chromosomen in ihrer Transportform während der Mitose. **b–d** DNA einer Hühnerzelle. **b** das Hühnergenom teilt sich auf in 6 größere, sogenannte Makrochromosomenpaare, 32 kleinere Mikrochromosomenpaare und ein Paar Geschlechtschromosomen. **c** durch Verwendung von Fluoreszenzmarkern wurden die Makrochromosomen angefärbt und identifiziert. **d** Wendet man die gleichen Marker auf einen Interphase-Zellkern an, zeigt sich, dass die Chromosomen in ihrer Arbeitsform dennoch in separaten Territorien geordnet vorliegen. Die Zahlen in **c** und **d** entsprechen den Chromosomennummern, bzw. „z" für die Geschlechtschromosomen. (a J. Buttlar; b-d nach Cremer und Cremer, 2001 [8], © Nature Publishing Group)

Genetik trug die Beobachtung der Transportform erheblich zu der Erkenntnis bei, dass das Chromatin, das sich im Laufe der Zellteilung zu Transportform-Chromosomen **kondensiert,** tatsächlich Träger der genetischen Erbinformationen ist. Sprich, die Transportform stellt nur eine **hochkompakte,** stark aufgewickelte Variante der Chromosomen dar. Ein typisches menschliches Chromosom zu Beginn der Mitose (bzw. ja auch der Meiose) besteht aus zwei **Schwesterchromatiden,** die einzeln auch als **Ein-Chromatid-Chromosom** bezeichnet werden und über eine Region namens **Zentromer** miteinander verbunden sind. Ein vollständiges Chromosom, auch als **Zwei-Chromatiden-Chromosom** bezeichnet, hat damit eine etwa X-förmige Gestalt (◘ Abb. 3.15).

Verschiedene Färbemethoden wurden etabliert, die zwar keinen Aufschluss über die genaue Lokalisation oder Anzahl von Genen geben, jedoch dabei geholfen haben, verschiedene Chromosomen voneinander zu unterscheiden und bei diploiden Chromosomensätzen Paare zuzuordnen (◘ Abb. 3.10). Bis heute spielen **Karyogramme** bei der Analyse von Genomen eine wichtige Rolle, zeigen sie doch bereits nach einem kurzen Blick, ob bestimmte Regionen intakt sind und ob Fehlverteilungen (**Aneuploidien**) von ganzen Chromosomen vorliegen. Eine sehr bekannte Chromosomenaberra-

tion beim Menschen ist zum Beispiel das **Turner-Syndrom,** bei dem nur ein X-Chromosom statt zwei Gonosomen vorhanden ist. Es handelt sich also um eine **Monosomie** (▶ Abschn. 9.2.2.2). Eine weitere Aneuploidie ist die **Trisomie 21,** auch als **Down-Syndrom** bezeichnet, bei der das Chromosom 21 in dreifacher statt in zweifacher Ausführung vorliegt.

3.6.1.2 DNA ist auf Histone aufgewickelt

Doch fangen wir mit der Struktur im Kleinen an. Wie bereits gesagt, helfen viele Proteine bei der Aufrechterhaltung und Verpackung der DNA. Die wichtigste Rolle spielen dabei **Histone** (◘ Abb. 3.16). Dabei bilden die Histonproteine **H2A, H2B, H3** und **H4** – jeweils im Duplikat vorkommend ($2 \times$ H2A mit $2 \times$ H2B und $2 \times$ H3 mit $2 \times$ H4) – zusammen ein **Oktamer,** also einen Histonkomplex, der aus acht Proteinen besteht. Um dieses kugel- oder diskartige Konstrukt, das auf der Außenseite viele positiv geladene Aminosäurereste besitzt, ist die negativ geladene DNA gewunden. Ein solcher Histon-DNA-Komplex wird als **Nukleosom** bezeichnet. Vorstellen kann man sich das Ganze ähnlich wie eine Perlenkette, wobei die DNA die Schnur darstellt, die um jede einzelne Perle etwa 1,65-mal (etwa 146 bp) herumgewickelt ist. Die DNA-Stücke zwischen den Perlen werden als **Linker-DNA** bezeich-

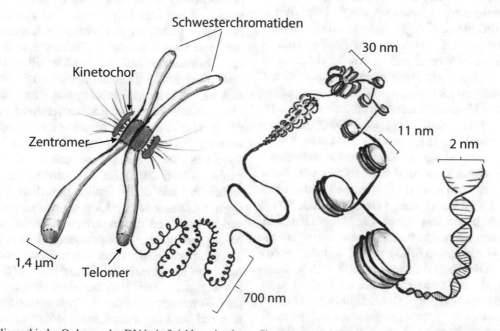

◘ **Abb. 3.15** Hierarchische Ordnung der DNA-Aufwicklung in einem Chromosom. Die DNA ist dabei in mehreren Ebenen von Schleifen verpackt. Die Transportform *(links)* stellt dabei nur eine hochkompakte Form dar, die nur relativ kurz im Zellzyklus auftritt. Die beiden Chromatiden eines Zwei-Chromatiden-Chromosoms sind über eine Zentromer-Region (rot) miteinander verbunden, an die wiederum das Kinetochor (3.5.1.3) andocken kann. Telomere, die „Schutzkappen" der Chromosomen, sind in blau gezeigt. Wickelt man die Struktur immer weiter auf, kommt man schließlich zu Proteinen (Histonen), um die der DNA-Strang gewickelt ist. Achtung! Die 30 nm Struktur, die hier abgebildet ist, gibt es *in vivo* zwar nicht, dient hier aber zur Veranschaulichung. (J. Buttlar)

3

□ **Abb. 3.16**   DNA ist mit
Proteinen assoziiert. Die
Struktur aus DNA und einem
Histonoktamer, um das die
DNA gewickelt ist, wird auch
als Nukleosom bezeichnet. Wie
dicht die DNA um die Histone
gewickelt ist, und wie dicht
die Nukleosomen beieinander
liegen, entscheidet über die
Zugänglichkeit zur DNA und
damit die Aktivität des jeweiligen
DNA-Bereichs. In dicht
gepackten Zuständen stabilisiert
Histon H1 wie eine Klammer die
Bindung der DNA. (J. Buttlar)

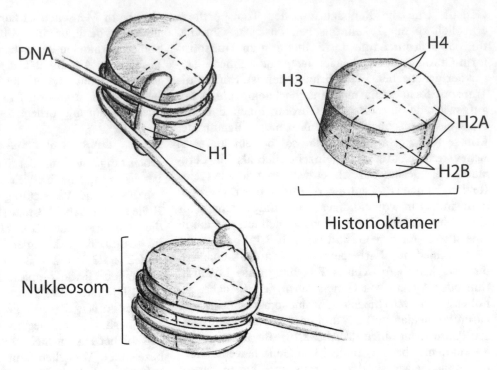

net. Doch tragen Histone nicht nur zur Stabilisierung bei, sondern sie können, wie wir in ▶ Abschn. 13.2.2 noch besprechen werden, auch einen entscheidenden Einfluss auf die Aktivität ganzer DNA-Bereiche haben. Grob zusammengefasst können sie die Genaktivität in ganzen Abschnitten „stilllegen", indemsie DNA-Bereiche ganz eng packen und somit den Zugang anderer Proteine an die DNA erschweren. Solche stillgelegten Bereiche werden auch als **Heterochromatin** bezeichnet. In diesem dicht gepackten Zustand wird die Bindung der DNA an die Histonoktamere oft durch ein weiteres Histonprotein, **H1,** stabilisiert. Ist die DNA hingegen locker gepackt und damit für diverse genetische Aktivitäten zugänglich, wird sie als **Euchromatin** bezeichnet. Man findet in diesem Zustand H1 seltener vor. Beide Zustände sind reversibel und können ineinander überführt werden. Es gibt auch einige chromosomale Strukturen, die sich besonders durch die dauerhafte Präsenz von Heterochromatin auszeichnen, beispielsweise **Zentromere** (▶ Abschn. 3.6.1.3) und **Telomere** (▶ Abschn. 3.6.1.4). Die Vielzahl unterschiedlich modifizierter Histone und damit unterschiedlicher Verpackungsarten zeigt jedoch, dass die grobe Einteilung in Eu- und Heterochromatin den Verpackungsstatus nur unzureichend beschreiben kann (▶ Kap. 13). Das liegt daran, dass auch in heterochromatisierten Bereichen manche Gene transkribiert werden können, während in euchromatischen Bereichen manchmal verschiedene Faktoren vorliegen müssen, damit die Transkription beginnen kann. Sprich, manchmal genügt ein „offener" Zustand des Chromatins allein noch nicht.

3.6.1.3   Zentromere sind wichtig für die Zellteilung

Zentromere (□ Abb. 3.17) sind obligat, also dauerhaft, **heterochromatisiert.** Sie bestehen meist aus nichtcodierenden, repetitiven Sequenzen. Das Zentromer verbindet dabei nicht nur die einzelnen Chromatiden, sondern spielt auch bei der **Zellteilung** und der **Verteilung der Chromatiden** auf die Tochterzellen eine wichtige Rolle (▶ Kap. 4). Hier lagern sich nämlich die **Kinetochore,** Nukleoproteinkomplexe, an (□ Abb. 3.15). Diese docken wiederum an **Spindelfasern** an und sorgen dafür, dass sich die Chromatiden während der Zellteilung zu den entgegengesetzten Zellpolen bewegen. Die Lage von Zentromeren unterscheidet sich je nach Organismus und auch von Chromosom zu Chromosom innerhalb einer Zelle (außer natürlich zwischen paarigen Chromosomen). Liegen sie mehr in der Mitte, spricht man von **metazentrischen,** liegen sie abseits der Mitte, spricht man von **submetazentrischen,** und liegen sie ganz am Ende eines Chromosomenarms, spricht man von **akrozentrischen** Zentromeren (□ Abb. 3.17a). Diese ganzen Varianten beziehen sich auf **monozentrische** Chromosomen, deren Zentromere nur einen kleinen Teil der Länge der Chromosomenarme ausmachen (□ Abb. 3.17b). Doch da wir in der Biologie sind, gibt es natürlich Ausnahmen! So haben manche Arten wie beispielsweise die Hainsimse *Luzula elegans* und der Fadenwurm *C. elegans* besondere Zentromere, die sich über die gesamte Länge der Chromatiden erstrecken. Man spricht hier von **holozentrischen** (□ Abb. 3.17c) Chromosomen.

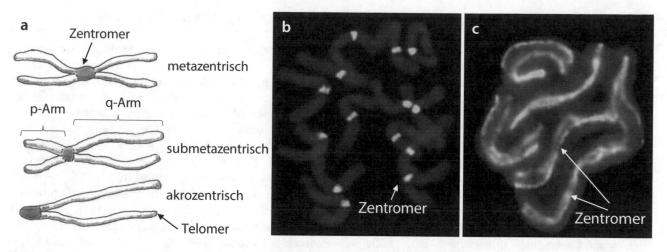

a Zentromer

metazentrisch

p-Arm   q-Arm

submetazentrisch

akrozentrisch

Telomer

b   Zentromer

c   Zentromer

☐ Abb. 3.17 Zentromere sind wichtige Chromosomenstrukturen. **a** Je nach Lage eines Zentromers (rot) unterscheidet man zwischen meta-, submeta- und akrozentrischen Chromosomen. Bei submetazentrischen Chromosomen heißt der kürzere Chromosomenteil p-Arm (p von franz. *petite* für „klein") und der längere q-Arm (weil q im Alphabet auf p folgt!). Zentromere können monozentrisch (**b**) oder holozentrisch sein (**c**). (a und b Jann Buttlar; c mit freundlicher Genehmigung von © Andreas Houben, IPK Gatersleben)

3.6.1.4 Telomere schützen die Chromosomenenden

Neben den Zentromeren gibt es noch andere auffällige Bereiche an den Enden der Schwesterchromatiden, die permanent heterochromatisiert sind. Diese Bereiche, die als **Telomere** bezeichnet werden, tragen im Wesentlichen zum Schutz der Chromosomenenden bei (☐ Abb. 3.15, 3.17 und 3.18). Auch sie bestehen aus repetitiven DNA-Sequenzen und haben außerdem zusätzlich eine **Loop**-ähnliche Struktur, an die auch viele **Proteine** gebunden sind. Doch warum das alles eigentlich? Wovor müssen die Chromosomen geschützt wer-

den? Die Antwort ist überraschend: vor der Zelle selbst. Nicht etwa, weil sie masochistisch veranlagt oder ihr langweilig ist, sondern aus drei wesentlichen Gründen:
1. Mit jeder Runde der **DNA-Replikation** (▶ Kap. 5) verkürzt sich einer der DNA-Doppelstränge. Telomersequenzen dienen dabei als Puffer und verhindern, dass ein Chromosom sich mit jeder Zellteilung verkürzt beziehungsweise gar codierende Sequenzen verloren gehen könnten. Ein Enzym, die **Telomerase**, verlängert die repetitiven Sequenzen anhand einer RNA-Vorlage. Je nach Spezies variiert die Sequenz der Vorlage für die repetitiven Ele-

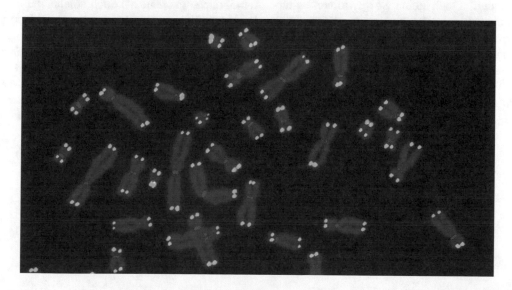

☐ Abb. 3.18 Telomere schützen die Chromosomenenden. Sie bestehen aus konservierten DNA-Sequenzen, einer komplizierten Loop-Struktur und vielen Proteinen. Die hier gezeigten menschlichen Metaphase-Chromosomen wurden durch Fluoreszenz-*in-situ*-Hybridisierung (Abschn. 12.9) angefärbt. Mit einer speziellen DNA-Sonde konnten so die Telomere (grün) an den Enden der Chromosomen und mit einer anderen Sonde die Zentromere (rot) gut sichtbar gemacht werden. Mithilfe einer DAPI-Färbung wurde die DNA und somit die Chromosomen allgemeinen angefärbt (blau). (Mit freundlicher Genehmigung von © Jerry W. Shay)

3

mente. Beim Menschen besteht sie beispielsweise aus den sechs Nukleotiden 5′-TTAGGG-3′.

2. Eukaryotische Zellen besitzen natürliche **Abwehrmechanismen** gegen lineare dsDNA-Fragmente, um sich beispielsweise vor **viraler DNA** zu schützen. Solche Fragmente könnten nach einer Infektion in das Zellinnere gelangt sein und unter Umständen sogar ins Genom integrieren. Da das eigene Genom jedoch auch aus linearer dsDNA aufgebaut ist, führen diese repetitiven Sequenzen, die Loop-Struktur und die daran gebundenen Proteine – zusammen als Telomer bezeichnet – zum Schutz vor **endonukleolytischen Aktivitäten.**

3. Telomersequenzen schützen vor einer **Fusion** der Chromosomenenden miteinander. Diese Fälle wurden selten beobachtet und sind sehr kritisch zu betrachten. Zwar sind die Chromosomen dann vor endonukleolytischer Aktivität durch eine Ringform geschützt, und theoretisch wäre auch die Transkription (wie bei prokaryotischen Ringchromosomen) ohne Probleme möglich. Doch allerspätestens bei der Zellteilung und der damit einhergehenden Teilung (Segregation) der Zwei-Chromatiden-Chromosomen in ihre einzelnen Schwesterchromatiden entstünden große Probleme, beispielsweise durch **Chromosomenbrüche.**

Telomere erstrecken sich über 10–20 kb, und ihre Länge ist sehr dynamisch. Wie oben erwähnt, gehen mit jeder Replikationsrunde einige Basenpaare verloren. Auch Reparaturmechanismen können zu einem Verlust von Telomersequenzen führen. Und tatsächlich kann man feststellen, dass Telomere im Laufe des Lebens kürzer werden! Doch keine Sorge, interessanterweise sind Telomere theoretisch so lang, dass sie unzählige Replikationen durchmachen könnten, ohne dass die Telomerase je aktiv sein muss. Aus noch unbekannten Gründen brauchen Telomere jedoch eine bestimmte Mindestlänge. Wird diese unterschritten, wird das von einer Zelle erkannt und führt automatisch zum Selbstmord der Zelle (Apoptose).

3.6.2 Prokaryotische Chromosomen

Die Chromosomen von Bakterien und Archaeen unterscheiden sich deutlich von eukaryotischen. Sie sind tendenziell einfacher gebaut, ihre Eigenheiten würden dennoch ganze Buchreihen füllen, weshalb wir uns hier nur auf generelle Merkmale beschränken wollen.

Prokaryotische Chromosomen bestehen meistens aus **ringförmigen dsDNA**-Sequenzen, die in einem dem eukaryotischen Zellkern nur sehr entfernt ähnelndem Gebilde, dem **Nukleoid** vorkommen. Im Falle der Ringform sind sie nicht auf Telomere angewiesen und benötigen zur Replikation auch keine Zentromere (▶ Kap. 5). Wie angedeutet, besitzen jedoch nicht alle Prokaryoten zirkuläre Chromosomen! So konnten nach und nach in einigen Prokaryoten sowohl **lineare Chromosomen** als auch **lineare Plasmide** nachgewiesen werden. Diese linearen genetischen Elemente haben jedoch dasselbe Problem, wie es bei Eukaryoten zu finden ist: Sie müssen ihre Enden schützen. Passend dazu fand man an den Enden der prokaryotischen linearen Chromosomen zwei verschiedene Mechanismen, die den eukaryotischen Telomeren in gewisser Weise ähneln: Der eine besteht in der Ausbildung einer **palindromischen Haarnadelstruktur**, der andere in der Bindung von **Proteinen.** Letztere werden auch als **Invertron-Telomere** bezeichnet.

Wie bei Eukaryoten ist die DNA bei Prokaryoten über und über mit **Proteinen** wie den **NAPs** *(nucleoid-associated proteins)* bedeckt. Diese sind in der Lage, DNA zu binden und die genetischen Informationen im Nukleoid strukturell zu organisieren. Bakterielle NAPs unterscheiden sich stark von den Histonen der Eukaryoten. In Archaeen hingegen findet man sowohl **Histon-ähnliche Proteine** als auch solche, die den bakteriellen NAPs ähneln. Zusätzlich erfolgt die Kompaktierung von ringförmigen Chromosomen und Plasmiden bei Bakterien wie auch Archaeen durch Verdrehen, also *Supercoiling.* Normalerweise beschreiben 10,4 Basenpaare in einer energetisch entspannten DNA-Doppelhelix eine gesamte Windung. Faszinierenderweise – ein sehr angebrachtes Wort – zeigen die meisten Bakterien (und

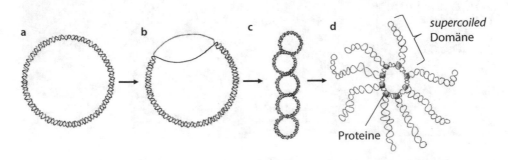

☐ **Abb. 3.19** *Supercoiling* von DNA bei Prokaryoten. Entfernt man von einem doppelsträngigen zirkulären DNA-Molekül (**a**) einige Windungen (**b**) führt dies dazu, dass das Molekül sich selbst verdreht (**c**). In bakteriellen Chromosomen findet man nicht nur eine, sondern gleich mehrere *supercoiled* Domänen (**d**), die wiederum über Proteine wie NAPs in einer größeren (theoretisch) zirkulären Struktur angeordnet sind. (J. Buttlar)

ebenso Phagen) ein Phänomen, das sich in einer leichten „Entwindung" *(unwinding)* oder auch **negativen Windung** der dsDNA äußert. Das heißt, es sind in einem gegebenen DNA-Stück deutlich weniger Windungen als man erwarten dürfte, oder anders gesagt: mehr Basenpaare pro Windung. Zwei Moleküle, die sich nur in ihrer Anzahl der Windungen (der sogenannten *linkage number*) unterscheiden, werden als **Topoisomere** bezeichnet. Durch diese Tendenz zur Entwindung entsteht eine gewisse Spannung, die das dsDNA-Molekül dadurch löst, dass es sich komplett ineinander verdreht! Hierbei behilflich sind **Topoisomerasen,** die in der Lage sind, dsDNA zu schneiden, Windungen hinzuzufügen oder zu entfernen und die dsDNA-Moleküle anschließend wieder zu verbinden. Ein bekannter Vertreter für bakterielle Topoisomerasen ist das Enzym **Gyrase.** Neben dem *unwinding* findet häufig auch ein temporär und lokal begrenztes *overwinding* mit **positiver Windung** der dsDNA während der Replikation und der Transkription statt. Organismen, in denen die DNA dauerhaft „positiv überwunden" ist, findet man jedoch nur selten, beispielsweise bei extremophilen Prokaryoten in heißen Geysiren. Auch extrachromosomale Elemente können vom *Supercoiling* betroffen sein (Abb. 3.19). Zudem spricht man bei Prokaryoten nicht von Hetero- und

Euchromatin. Die Regulation der Transkription erfolgt hier durch andere Mechanismen (▶ Kap. 8).

3.6.3 Besondere Chromosomen

Auch stolpert man in manchen Lehrbüchern über Bilder von Chromosomen, die doch ein wenig seltsam aussehen. Hier sollen zwei Beispiele vorgestellt werden, die mal wieder verdeutlichen, dass die biologische Wissenschaft immer wieder von Ausnahmen und Überraschungen geprägt ist und man nie ausgelernt hat. Nie.

3.6.3.1 Polytänchromosomen

Wie Sie sich richtig erinnern, liegen Chromosomen in somatischen Zellen, die sich in der Interphase und nicht in der Zellteilung befinden, in einer nichtkondensierten Arbeitsform vor. Normalerweise sind sie ohne Färbung höchstens als eine diffuse Masse im Zellkern zu erkennen. Interessanterweise wurden in einigen Zellen von Fliegenlarven sowie bei manchen Protozoen und Pflanzen einige rebellische Interphase-Chromosomen gefunden, die dennoch deutlich sichtbar und zudem **überdimensioniert** vorlagen! Diese sogenannten **Polytänchromosomen** (Abb. 3.20) waren mit einer Länge von

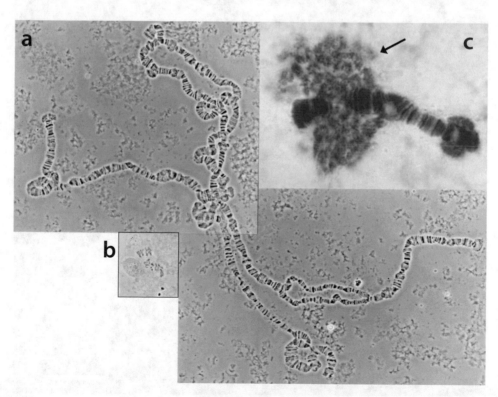

 Abb. 3.20 Polytänchromosomen in Insekten. Der in **a** gezeigte Riesenchromosomensatz, stammt aus den Speicheldrüsen eines Hybridweibchens aus *Drosophila eohydei* und *D. hydei.* Er ist in der gleichen Vergrößerung abgebildet wie die „normalen" Metaphasechromosomen aus Gehirnganglien von *D. eohydei* (**b**). In der Tuolidinblaufärbung eines Polytänchromosoms der Mücke *Chironomus tentans* (**c**) sind die dunkleren DNA-Banden gegenüber den helleren RNA-haltigen Bereichen deutlich zu erkennen. Die RNA-haltigen Puffs bzw. Balbiani-Ringe (Pfeil) deuten auf eine exzessive Transkriptionsaktivität an den exponierten DNA-Strängen hin. (a und b von I. Hennig; c von W. Hennig; mit freundlicher Genehmigung von W. Hennig, © Springer)

3

200–600 µm nicht nur sehr lang, sondern bestanden – was noch außergewöhnlicher war! – aus mehreren identischen, also **homologen DNA-Strängen.** Die Rede ist nicht von einem oder zwei Strängen, sondern von 1000–5000 Strängen!!! Doch genug Ausrufezeichen. Zu erklären war dies dadurch, dass die entsprechenden Chromosomen vermutlich **mehrere Replikationen** durchliefen, ohne dass sich die homologen Stränge voneinander separierten. Daher waren die Chromosomen, obwohl sie sich in der Interphase befanden, aufgrund ihrer vielen Chromatiden gut sichtbar. Es handelt sich hier um eine Form der Endoreplikation, die auch mit der Endopolyploidie verwandt ist (▶ Abschn. 9.2.2.1). Entlang der Chromosomenachse fand man außerdem mehrere blasenartige Gebilde, die man als **Puffs** oder, ihrem Entdecker entsprechend, als **Balbiani-Ringe** bezeichnete. An diesen sind die DNA-Homologe von der Achse leicht exponiert, um leichter für RNA-Polymerasen zugänglich zu sein und eine Transkription zu ermöglichen.

3.6.3.2 Lampenbürstenchromosomen

Ein weiteres Phänomen stellen die **Lampenbürstenchromosomen** dar (⬛ Abb. 3.21). Die Herkunft ihres Namens ist in unseren digitalen und von Leuchtdioden geprägten Zeiten kaum nachvollziehbar, doch sehen sie angeblich so aus wie Bürsten, die man im 19. Jahrhundert zur Reinigung von historischen Kerosinlampen benutzte (heute eher mit Flaschenbürsten vergleichbar). Gefunden wurden sie während der **meiotischen Teilung** zur Produktion von Eizellen (Oocyten) zuerst in Molchen, später auch in anderen Wirbeltieren und auch bei der Genese von Spermatocyten mancher Insekten. Auch diese besondere Chromosomenform zeichnet sich durch eine überdimensionale Größe von 500–800 µm aus, jedoch schrumpfen sie gegen Ende der Meiose auf die Ursprungsgröße von 15–20 µm zurück. Ihre Form besteht aus zwei miteinander immer wieder überkreuzenden Hauptachsen, von denen man annimmt, dass sie aus je einer dsDNA-Helix bestehen

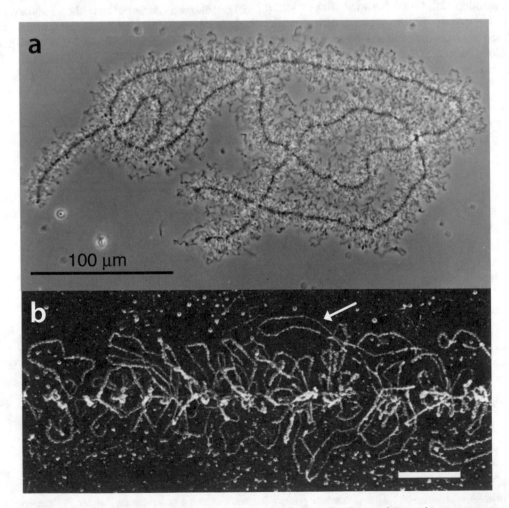

⬛ **Abb. 3.21**   Lampenbürstenchromosomen in Molchen. **a** Phasenkontrastaufnahme eines Lampenbürstenchromosomenpaares aus einer Oozyte der Molchgattung *Notophthalmus*. Gut zu sehen auf der bereits 1960 (!) unter heutzutage unglaublichen Umständen gemachten Aufnahme sind die Hauptachsen und Chiasmata. **b** Rasterelektronenaufnahme eines Lampenbürstenchromosoms aus einer Oozyte des Molchs *Pleurodeles waltlii*, auf der deutlich zu sehen ist, wie Schleifen (Pfeil) von einer zentralen Achse abzweigen, an der vermutlich Transkription stattfindet. Der Balken entspricht 5 µm. (a mit freundlicher Genehmigung von © Joseph G. Gall; b nach Angelier, 1984 [9], © Springer)

und somit ein Chromosomenpaar darstellen. Die Überkreuzungspunkte halten die beiden Chromosomen zusammen und werden als **Chiasmata** (Singular: Chiasma) bezeichnet. Von den Hauptachsen abzweigend konnte man mit Elektronenmikroskopen außerdem unzählige **Schleifen** *(Loops)* vermutlich einzelner dsDNA-Stränge nachweisen, die wahrscheinlich, ebenfalls wie bei den Puffs in Polytänchromosomen, zugunsten einer erleichterten Transkription exponiert sind.

3.7 Grundstruktur von Genen – Was ist ein Gen überhaupt?

Die klassische Idee eines **Gens** wurde durch die **Ein-Gen-ein-Protein-Hypothese** beschrieben. Sie entsprach so ziemlich dem **„klassischen Dogma der Molekularbiologie"**: Eine DNA macht eine RNA, eine RNA macht ein Protein. In der Musik kommen manche Klassiker nie außer Mode. In der Wissenschaft – nun, schauen wir doch selbst… (�’ Abb. 3.22)

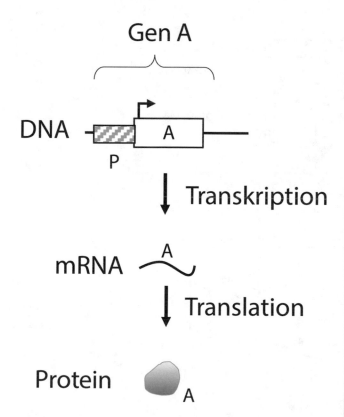

Gen A

DNA

P

Transkription

mRNA

Translation

Protein

◼ **Abb. 3.22** Die Ein-Gen-ein-Protein-Hypothese. Wie der Name schon sagt, sagt die Ein-Gen-ein-Protein-Hypothese lediglich aus, dass ausgehend von einem Gen (in diesem Beispiel Gen A) durch Transkription und Translation ein ganz bestimmtes Protein hergestellt wird (Protein A). (J. Buttlar)

> **Zur Schreibweise von Genen**
> Wenn in einer fachwissenschaftlichen Veröffentlichung von einem konkreten Gen und seinen Produkten die Rede ist, dann wird der Name des Gens in der Regel kursiv geschrieben, die Produkte aber nicht-kursiv, um beides voneinander unterscheiden zu können. Und genau so werden wir es auch in den folgenden Kapiteln handhaben! Das Gen *sxl* codiert beispielsweise für das Protein Sxl, das in Fruchtfliegen entscheidend für die Ausprägung des Geschlechts ist.

3.7.1 Prokaryotische Gene

■ ■ **Prokaryotische Gene sind relativ „einfach" gebaut**
Und deshalb fangen wir mit ihnen an. Sie haben im Durchschnitt eine Länge von etwa 1 kb und besitzen keine Introns. Sie bestehen aus regulatorischen und codierenden Sequenzen. **Regulatorische Sequenzen** liegen meistens am 5'-Ende (also am Anfang des Gens) in proximaler (also unmittelbarer) Nähe zu den codierenden Sequenzen und regulieren deren Aktivität. Die **codierenden Sequenzen** wiederum können für funktionelle RNAs oder für eine bestimmte mRNA codieren (▸ Kap. 6). Dabei können sie für ein oder mehrere Genprodukte gleichzeitig codieren, wobei man die jeweiligen Sequenzen, die sich schließlich in den jeweiligen Genprodukten wiederfinden (ob RNA oder Polypeptidkette), als **Strukturgene** bezeichnet.

> **Am Rande bemerkt**
> Strukturgene werden auch oft als offene Leseraster (*open reading frame;* **ORF**) bezeichnet, was ein wenig für Verwirrung sorgen kann: Ein ORF bezeichnet eigentlich nur eine potenziell codierende Sequenz auf der DNA. Hat man gerade erst ein putatives Gen entdeckt und ist sich noch nicht ganz sicher, welches Leseraster Sinn ergibt, spricht man zunächst von einem ORF (▸ Abschn. 7.1.3). Solche ORFs spielen eine enorm wichtige Rolle in der Erforschung von Genomen und es benötigt viel Zeit und einen recht großen Aufwand, um herauszufinden, welcher der ORFs denn nun wirklich in ein Genprodukt übersetzt wird. Hat man das „richtige" Leseraster identifiziert, ist es streng genommen kein ORF mehr, sondern ein Strukturgen.

Zu den **regulatorischen Sequenzen** zählen **Promotoren,** die das Andocken von RNA-Polymerasen erlauben, und **Operatoren,** an die wiederum andere Moleküle, beispielsweise RNAs, Transkriptionsfaktoren oder andere Proteine als **Aktivatoren** oder **Inhibitoren** binden können, die die Transkription erst ermöglichen oder verhindern (▶ Kap. 6 und 8). Promotoren und Operatoren werden dabei als *cis-acting elements* (*cis*-agierende Elemente) bezeichnet, da sie auf demselben DNA-Strang und in unmittelbarer Nähe zu den Strukturgenen liegen. Inhibitoren oder Aktivatoren, die an diese *cis*-Elemente binden, werden als *trans-acting elements* (*trans*-agierende Elemente) bezeichnet. Ihr entsprechender genetischer Code muss nicht unbedingt in der Nähe oder sogar auf dem gleichen Chromosom liegen wie die Strukturgene, deren Expression sie beeinflussen. Werden mehrere Strukturgene über einen gemeinsamen Promotor und Operator gesteuert und bilden somit eine Transkriptionseinheit, wird dieser Komplex auch als **Operon** bezeichnet (◘ Abb. 3.23a). Die meisten Gene in Prokaryoten sind in Operons organisiert und auch bei Eukaryoten kommen Operons vor

(wenngleich deutlich seltener). Kommen wir zurück zur Ausgangsproblematik, stellt sich die Frage: Was davon ist eigentlich ein „Gen"?

▪▪ Darf man Strukturgene und regulatorische Sequenzen gemeinsam als „Gen" bezeichnen?

In der Tat ist der Begriff „Gen" sehr schwammig. Betrachtet man die prokaryotischen Operons, kann man eine **codierende** Region und die dazugehörigen **regulatorischen Sequenzen,** Promotor und Operator, durchaus als ein **Gen** bezeichnen, da alle diese Einheiten vonnöten sind, um ein Genprodukt herzustellen. Befinden sich in den Strukturgenen eines Operons jedoch *mehrere* **Strukturgene,** könnte man hier argumentieren, dass solch ein **Operon** aus *verschiedenen* Genen besteht, deren Expression jedoch über die gleichen regulatorischen Sequenzen innerhalb des Operons gesteuert wird. Es liegt jedoch nahe, die codierenden Sequenzen der *trans-acting elements* nicht unbedingt mit zu dem Gen zu zählen, welches sie kontrollieren,

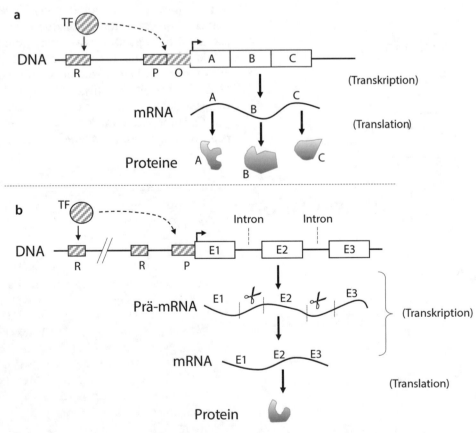

◘ **Abb. 3.23** Stark vereinfachter Vergleich zwischen pro- und eukaryotischen Genen. **a** In Prokaryoten werden die Informationen für verschiedene Proteine oft über den gleichen Promotor und Operator reguliert. Die Transkription eines solchen Operons kann wiederum über andere *cis*-regulatorische Sequenzen und *trans*-agierende Elemente wie Transkriptionsfaktoren reguliert werden. Die durch Transkription entstehende mRNA enthält in diesem Beispiel die Information für alle drei Proteine: A, B und C. **b** Auch in Eukaryoten geschieht die Regulation der Transkription unter anderem durch *cis*- und *trans*-regulierende Elemente. Kommt es zur Transkription, werden aus der Prä-mRNA zunächst die Introns rausgeschnitten. Durch Translation der fertigen mRNA entstehen im Gegensatz zu Prokaryoten in der Regel nicht mehrere, sondern nur eine Protein-Art. Die Entstehung alternativer Genprodukte aus einem Gen ist in ◘ Abb. 3.24 gezeigt. R = *cis*-regulatorische Sequenz, TF = Transkriptionsfaktor, P = Promotor, O = Operator, E = Exon, Pfeil = Transkriptionsstart. (J. Buttlar)

da ihre eigene Expression unabhängig davon reguliert wird.

Schauen wir uns die Situation bei Eukaryoten an, um ein noch größeres Ausmaß dieser Problematik zu genießen.

3.7.2 Eukaryotische Gene

▪▪ Eukaryotische Gene sind nicht so einfach gebaut

Wenn prokaryotische Gene schon nicht gut definiert sind, sind Start- und Schlusspunkt bei Eukaryoten noch schwerer auszumachen (▶ Kap. 6). Zwar gibt es hier wie auch in Prokaryoten Operons, aber die meisten eukaryotischen Proteine sowie funktionelle RNAs sind einzeln in separaten Genen gespeichert (◘ Abb. 3.23). Des Weiteren gibt es auch in Eukaryoten *cis-* und *trans-acting elements,* wobei zu Letzteren auch **Transkriptionsfaktoren** zählen (▶ Kap. 8). Die Regulation der Genaktivität ist hier jedoch etwas komplizierter. *Cis-acting elements* wie *Enhancer* und *Silencer* können in Eukaryoten bis zu 10 kb entfernt *upstream* (am 5′-Ende vor einer codierenden Sequenz) oder *downstream* (hinter dem 3′-Ende) von der Zielsequenz liegen, deren Transkription sie beeinflussen. *Enhancer* haben dabei eine positive Wirkung auf die Expression eines Gens, *Silencer* eine negative. Die Bindung von Transkriptionsfaktoren an diese *cis*-Elemente reguliert die Expression eines Gens, indem der **Chromatinstatus** und damit die Zugänglichkeit zu dem Gen beeinflusst wird. Des Weiteren sind **Promotoren,** an die RNA-Polymerasen (unterstützt durch weitere Transkriptionsfaktoren) binden, in Eukaryoten wie auch in Prokaryoten unabdingbar zur Einleitung der Genexpression.

▪▪ Gene bestehen aus codierenden und regulatorischen Einheiten

Es sollte spätestens jetzt klar sein, dass codierende Sequenzen im Kontext mit ihren regulatorischen Sequenzen betrachtet werden sollten, sowohl bei Prokaryoten als auch bei Eukaryoten. Physikalisch gesehen, können die verschiedenen Elemente eines Gens jedoch – besonders bei Eukaryoten – sehr weit voneinander entfernt liegen. Man sollte also bei einem Gen nicht zwingend an eine Sequenz denken, in der alle Elemente schön ordentlich hintereinander aufgereiht sind.

▪▪ Gene können für verschiedene Proteine codieren

Etwa 94–95 % aller humanen Gene besitzen außerdem mehrere **Exons** (im Schnitt etwa neun) und damit auch **Introns.** Wie später in ▶ Abschn. 6.3.4 erklärt wird, werden diese Introns aus einem primären mRNA-Transkript durch einen Vorgang namens **Splei-** ßen (*splicing*) herausgeschnitten und die Exons miteinander verbunden. Dabei variiert die Reihenfolge der Exons, in der sie miteinander verbunden werden, zwar nicht, doch manchmal werden einzelne oder gar mehrere Exons weggelassen, wodurch eine neue Kombination entsteht (◘ Abb. 3.24, Beispiel Gen A). Durch dieses sogenannte **alternative Spleißen** entstehen wiederum unterschiedliche mRNAs, deren Translationsprodukte ebenso unterschiedliche Eigenschaften haben. Schaut man sich die **mRNA-Prozessierung** weiter an, so können auch durch **Editing** einzelne Nukleotide verändert werden, wobei das Editing sogar Spleißvorgänge beeinflussen kann und umgekehrt. Und geht man schließlich noch einen Schritt weiter, können die fertig translatierten Polypeptidketten durch sogenannte **posttranslationale Modifikationen** (PTMs) verändert werden: beispielsweise durch das Anheften verschiedener **chemischer Gruppen** (wie Methyl- oder Phosphatgruppen), **proteolytische Spaltung** und **Glykosylierung** (▶ Kap. 7).

▪▪ Gene können auch für funktionelle RNAs codieren

Auch wenn es bisher mehrmals erwähnt wurde und schon fast selbstverständlich erscheint, das war es nicht immer! Sowohl in Prokaryoten als auch in Eukaryoten finden sich Gene, die nicht nur für RNAs codieren, die schließlich in Proteine umgeschrieben werden (mRNAs), sondern auch Gene, deren Transkriptionsprodukt **funktionelle RNAs** sind, die nicht weiter übersetzt werden müssen (◘ Abb. 3.24, Beispiel Gen D). Solche Gene bezeichnen manche daher als **RNA-Gene.** Und weil die besagten RNAs eben selbst nicht für etwas anderes codieren, sondern sozusagen das Endprodukt der Expression der RNA-Gene sind, spricht man von **nichtcodierenden RNAs** (*noncoding RNAs*; kurz **ncRNAs**). In manchen Fällen werden diese ncRNAs noch leicht modifiziert oder prozessiert, in anderen Fällen sind sie bereits voll funktionstüchtig. Oft wirken sie in Kooperation mit Proteinen, dirigieren diese oder bilden mit ihnen **Ribonukleoproteinkomplexe** oder können auch andere DNA- und RNA-Moleküle binden. Ihre Aufgaben sind zahlreich und von unglaublicher Bedeutung: **tRNAs** binden und transportieren Aminosäuren und wirken bei der Translation mit. Auch **rRNAs** als Bestandteile von Ribosomen sind unabdingbar für die Translation. **Kleine regulatorische RNAs** spielen eine wichtige Rolle bei der epigenetischen Regulation der Genexpression, die wiederum Auswirkung auf einen großen Teil der eukaryotischen Gene hat, wie auch bei der Abwehr und Kontrolle viraler genetische Elemente. Nicht zu vergessen: snoRNAs (*small nucleolar RNAs*), Aptamere, Riboswitches, sRNAs, und, und, und …

3

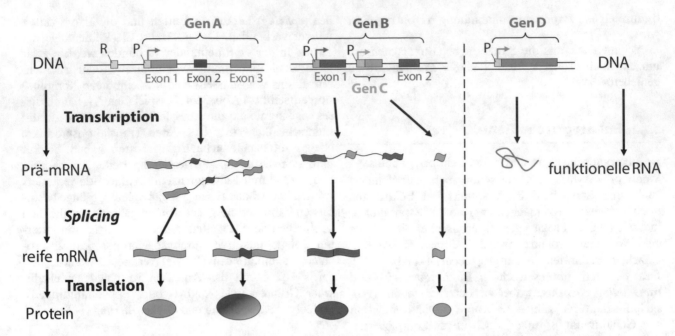

○ **Abb. 3.24** Verschiedene eukaryotische Genvarianten mit entsprechenden Expressionsprodukten. Das **Gen A** enthält drei verschiedene Exons, die jeweils von einem Intron voneinander getrennt sind. Durch alternatives Spleißen können aus einer mRNA verschiedene Protein-Isoformen, die zum Beispiel aus zwei oder drei Exons bestehen, entstehen. Das **Gen B** enthält in einem Intron ein weiteres Gen, **Gen C**, das separat exprimiert wird und für ein eigenes Protein codiert. Das **Gen D** codiert nicht für ein Protein, sondern für eine funktionelle RNA (beispielsweise eine tRNA oder eine rRNA). (J. Buttlar)

■■ **Gene können überlappen**

Obwohl wir die Ein-Gen-ein-Protein-Hypothese bereits ziemlich pulverisiert haben, wollen wir diesem Pfad noch ein bisschen weiter folgen. Wie in ▶ Kap. 7 beschrieben, werden Aminosäuren, aus denen Proteine aufgebaut sind, jeweils durch ein **Triplett** von Nukleotiden, also drei Basen, codiert. Die Abfolge der Basen ergibt also eine Aminosäurenabfolge. Fängt die Transkription jedoch nicht bei der ersten, sondern bei der zweiten oder dritten Base an, so hat dies gravierende Auswirkungen: Die mRNA und die daraus resultierende Polypeptidkette haben eine völlig andere Sequenz, sofern sie überhaupt noch Sinn ergeben. Außerdem können Gene nicht nur am 5′- und 3′-Ende mit anderen Genen auf demselben Strang überlappen, sondern es können auch auf dem zum codierenden gegenüberliegenden, also komplementären Strang ein oder mehrere Gene liegen. Des Weiteren kann ein Gen vollständig in einem anderen Gen, beispielsweise in einem **Intron,** liegen (○ Abb. 3.24, Beispiel Gen C)! Gene müssen also nicht voneinander räumlich getrennt sein. Möglichkeiten über Möglichkeiten …

Was Gene *nicht* sind …
Zusammengefasst codieren Gene nicht nur für Proteine, sondern auch für RNAs. Dabei werden nicht alle Bereiche eines Gens übersetzt wie beispielsweise regulatorische Bereiche. Gene haben nicht nur ein Genprodukt, denn sowohl RNAs als auch Proteine können nach der Transkription beziehungsweise Translation noch verschiedene Modifizierungen erfahren. Außerdem sind Gene keine aneinanderhängende lineare DNA-Sequenz, da manche zum Gen gehörende regulatorische Sequenzen sehr weit entfernt liegen können. Und erst recht nicht sind Gene von anderen Genen räumlich separiert, sondern können sowohl auf dem eigenen als auch auf dem komplementären Strang überlappen.

Definition: Man könnte Gene vorsichtig als **funktionelle Informationseinheiten, bestehend aus codierenden und regulatorischen Sequenzen** bezeichnen, die auch etwas voneinander entfernt liegen und sowohl für funktionelle RNAs als auch final für Proteine codieren können.

3.8 Genome sind dynamisch und entsprechen nicht dem Proteom

■■ **Nichts ist für die Ewigkeit**

Genome sind nicht statisch und in Stein gemeißelt, sondern dynamisch. Sehr sogar! Was auch gut ist, sonst hätte die Evolution niemals stattgefunden. Dabei können sich innerhalb einer Generation oder eines Zellzyklus bereits Veränderungen ergeben, beispielsweise durch die erwähnten transposablen Elemente, die aktiv „umherspringen", und natürlich durch die Integration neuer viraler DNA. Aber auch fehlerhafte Reparaturmechanismen und äußere Einwirkungen, wie zum Beispiel UV-Strahlung oder Zigarettenrauch können Mutationen verursachen (► Kap. 9). Und besonders mit jeder Replikationsrunde, seien es zum Beispiel trottelige DNA-Polymerasen, die weitere Mikrosatelliten anhäufen oder einzelne Basen austauschen und somit *single nucleotide polymorphisms* (SNPs, ausgesprochen „Snips") erzeugen, ergeben sich immer wieder unzählige „Gelegenheiten" zur Mutation oder Veränderung des Genoms. Umso mehr trifft dies auf die Meiose zu, wo durch *Crossing-over*-Ereignisse oder Chromosomenbrüche und -fehlverteilungen riesige DNA-Bereiche dupliziert, rekombiniert oder deletiert werden können. Mit all diesen Veränderungen, von Zellzyklus zu Zellzyklus und von Generation zu Generation, verändert sich das Genom also deutlich, und man kann zu Recht sagen, dass jedes Genom einzigartig ist. Zwischen verschiedenen Menschen beträgt die durchschnittliche genetische Abweichung nur etwa **0,5 %**. Rechnet man dies jedoch auf das menschliche Genom hoch, kommt man immer noch auf durchschnittlich 15 Mio. bp, die einen Menschen von einem anderen unterscheiden.

Dabei wirken sich Mutationen nicht immer nur auf die nächste Generation Zellen oder Nachkommen aus (**vertikaler Gentransfer**), sondern können im Falle von Prokaryoten auch innerhalb einer Generation an andere Individuen und in seltenen Fällen auch an andere Spezies durch die Übertragung extrachromosomaler Elemente weitergegeben werden (**horizontaler Gentransfer,** ► Abschn. 11.1).

▪▪ Kann man vom Proteom auf das Genom schließen?

Beschreibt das Genom die Gesamtheit aller genetischer Informationen einer Zelle, so beschreibt das **Proteom** die Gesamtheit der unterschiedlichen Proteine einer Zelle. Und zwar zu einem bestimmten Zeitpunkt. Sprich, während das Genom sich im Laufe des Zellzyklus oder auch während der Differenzierung von Zellen nicht verändert, unterliegt die Expression der Proteine einer sehr differenzierten und individuellen Regulation. Das Proteom verändert sich also in Abhängigkeit der Aufgaben und Bedürfnisse einer Zelle. Untersucht man nun die Polypeptidsequenz eines Proteins, beispielsweise durch **Massenspektrometrie,** kann man sich dazu eine ungefähre mRNA zusammendichten und ausgehend von dieser versuchen, die entsprechende DNA-Se-

quenz, die für diese mRNA codiert, im Genom zu finden. Da der **genetische Code** jedoch **degeneriert** ist, das heißt, für eine tRNA und die entsprechende Aminosäure gibt es mehr als ein mögliches Basentriplett, das für diese codiert, ist das schon ziemlich schwierig und ungenau. Außerdem würde dies auch noch keinen Rückschluss auf Promotoren, Introns und allerlei andere nichtcodierenden Sequenzen zulassen. Die Antwort lautet also: nein.

▪▪ Kann man vom Genom auf das Proteom schließen?

Betrachtet man das Ganze mal von der anderen Seite, wirkt es leider auch nicht viel besser. So kann in Eukaryoten beispielsweise aus einer einzigen Gensequenz durch verschiedene Mechanismen wie **alternatives Spleißen, Editing** und **posttranslationale Modifikationen** eine ganze Vielzahl von Proteinen entstehen. Das Proteom ist somit viel komplexer und kann nicht durch die bloße Kenntnis der Sequenz eines Genoms erschlossen werden. Dies spiegelte sich auch in den Erkenntnissen über das humane Genom wider, bei dem man eine viel größere Anzahl funktioneller Gene (etwa 100.000) erwartete, jedoch nur etwa ein Fünftel (etwa 21.000) gefunden hatte (Exkurs 3.2). Des Weiteren kommen **zeitliche und individuelle Komponenten** hinzu. Da Zellen zu unterschiedlichen Zeitpunkten im Zellzyklus oder in Abhängigkeit ihrer Aufgaben oder der Umwelt unterschiedliche Proteine in unterschiedlichen Mengen benötigen, unterliegt die Expression von Proteinen einer komplexen Regulation. Diese ist nicht allein durch das Genom ersichtlich, sondern geschieht vor allem durch *Enhancer, Silencer* und die jeweiligen Transkriptionsfaktoren, aber auch durch epigenetische Mechanismen (► Kap. 8 und 13)

Am Rande bemerkt

Auch das Transkriptom, also die Gesamtheit aller transkribierten RNAs (funktionelle oder proteincodierende), kann Aufschlüsse über die zugrundeliegenden Gene geben (in der Regel durchaus mehr als das Proteom). Hier geht man den Weg ebenfalls rückwärts und verwendet dazu eine **reverse Transkriptase,** mit der man aus RNA wieder DNA machen kann, die sich dann wiederum sequenzieren lässt (► Abschn. 12.5.2). Allerdings ist es auch hier nicht möglich, vom Transkriptom auf das vollständige Genom zu schließen, da auch das Transkriptom nur eine Momentaufnahme einer Zelle und ihrer jeweiligen Bedürfnisse darstellt.

3

In Exkurs 3.2 lernten wir das Humangenomprojekt (HGP) kennen. Doch wie ging es danach weiter? Das HGP stieß wie gesagt unzählige weitere Projekte an und förderte die Entwicklung neuer **Sequenzierungsmethoden** (▶ Abschn. 12.7). Seitdem wurde die Sequenzierung immer schneller und vor allem günstiger. Kostete die Sequenzierung einer einzigen Base (!) anfangs noch einen US-Dollar, liegt der Preis mittlerweile bei weniger als 0,000001 US-Dollar pro Base (◼ Abb. 3.25)!

Wo früher in der Systematik von Tieren, Pflanzen und Mikroorganismen die **Morphologie,** also das Aussehen, das wichtigste Merkmal war, trugen Sequenzanalysen immer mehr zu einem tieferen Verständnis der Verwandtschaftsverhältnisse verschiedener Spezies bei. Es war beispielsweise recht überraschend, dass Pilze mit Tieren näher verwandt sind als mit Pflanzen und auch, dass Archaeen mit Eukaryoten näher verwandt sind als mit Bakterien. Die Lehre der Organisation und Dynamik der Genome, die **Genomik,** ist heutzutage somit das wichtigste Werkzeug der **Evolutionslehre.**

Lange Zeit war (und wird es sicherlich noch sein) die Sequenzierung bestimmter genetischer Marker, wie des Gens der **16S-rRNA** in der Mikrobiologie, ein wichtiger Ansatzpunkt zur Erforschung der Evolution und Artenvielfalt von Lebewesen (▶ Abschn. 9.1). Die 16S-rRNA kommt in der kleinen Untereinheit von prokaryotischen Ribosomen vor (Exkurs 7.2). Mit neuen Techniken wurde es jedoch immer leichter, nicht nur einzelne DNA-Abschnitte, sondern vollständige Genome zu sequenzieren *(whole-genome sequencing)*. Auch die für den Menschen personalisierte, kommerziell verfügbare DNA-Analyse hat uns bereits erreicht, wie auch immer man als Individuum darüber denken mag …

Eine der wichtigsten Rollen in der Genomik spielen heutzutage **Datenbanken** bestimmter DNA-Sequenzen (**SILVA**) und ganzer Genome (unter anderem **NCBI**). Auf diese können Forscher (und eigentlich jede*r) weltweit kostenlos zugreifen, um Sequenzen zu vergleichen und Rückschlüsse auf Bedeutung und die evolutionäre Entstehung von DNA-Sequenzen zu ziehen. Die größte Herausforderung stellt dabei vor allem die Verarbeitung der **Datenflut** dar, die die Bioinformatiker inzwischen zu einer unverzichtbaren Subspezies der Biologen gemacht hat.

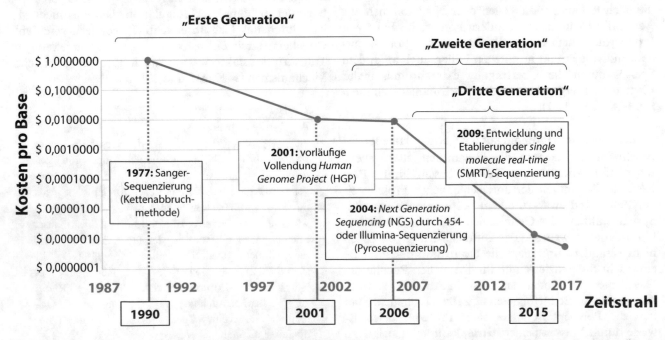

◼ **Abb. 3.25** Entwicklung der Sequenzierungskosten pro Base. Zu den Sequenzierungsmethoden der „ersten Generation" gehören die von Maxam/Gilbert (Spaltungsverfahren) und von Sanger (Kettenabbruchmethode) entwickelten Verfahren. Sequenzierungsverfahren der „zweiten Generation", die auch als *Next Generation Sequencing* (NGS) bezeichnet werden, basieren auf der gleichzeitigen Sequenzierung vieler kleiner Genomfragmente, die später wieder zusammengesetzt werden (Konsensussequenz). Die Ära der „dritten Generation" der Sequenzierung wurde schließlich damit eingeleitet, dass man den Einbau einzelner Moleküle durch eine DNA-Polymerase quasi live mitverfolgen kann. (A. Bruch und J. Buttlar)

Auch eröffneten sich durch wertvolle wissenschaftliche Errungenschaften ganz neue Wissenschaftsfelder, wobei neben der **Proteomik** und **Transkriptomik** besonders die **Metagenomik** hervorzuheben ist. Während es bei den ersten beiden darum geht, den vollständigen Proteingehalt beziehungsweise RNA-Gehalt einer Zelle zu einem gewissen Zeitpunkt zu untersuchen, betrachtet die Metagenomik die Genome aller Lebewesen in einem bestimmten Umfeld, also das **Metagenom,** beispielsweise einer Wasserprobe. Dadurch können nicht nur verschiedene Aspekte der **Koevolution** und Interaktion von Genomen besser verstanden werden, sondern vor allem auch prokaryotische Genome von jenen Arten untersucht werden, die sich nur schwer oder gar nicht im Labor kultivieren lassen.

Doch sollten wir an dieser Stelle nicht vor Euphorie abheben! Gehen wir lieber zu den nächsten Kapiteln und lernen erst einmal weitere Grundlagen der Genetik weiter kennen …

Zusammenfassung

- **Genome allgemein**
  - Lebewesen sind aus Zellen aufgebaut, DNA dient als Erbinformation und Speicher.
  - Genom = Gesamtheit der haploiden Erbinformationen einer Zelle (DNA; bei Viren auch RNA).
  - Genome sind in Chromosomen und extrachromosomalen Elementen organisiert:
    - DNA ist mit Proteinen stark assoziiert und verpackt = Chromatin;
    - Eukaryoten: Einzeller und Vielzeller mit Zellkern; meistens lineare Chromosomen;
    - Prokaryoten (Bakterien und Archaeen): vor allem Einzeller; kein Zellkern; haben meistens ringförmige Chromosomen; Archaeen sind näher mit Eukaryoten verwandt;
    - extrachromosomale Elemente beinhalten Plastiden- und Mitochondriengenome (bei Eukaryoten) sowie Plasmide (vor allem bei Bakterien).

- **Komplexität von Genomen**
  - Die Größe von Genomen wird in Basenpaaren (bp) angegeben.
  - Eukaryotische Genome sind durchschnittlich deutlich größer als die von Prokaryoten.
  - Innerhalb der Eukaryoten korreliert die Genomgröße jedoch nicht mit der Komplexität:
    - C-Wert-Paradoxon: Nicht alle Bereiche eines Genoms beinhalten relevante Informationen; der Nutzen sollte den Nachteil großer Genome wenigstens aufwiegen;
    - Genome von Samenpflanzen und Farnen sind sehr groß und teils sehr dynamisch.

- **Aufbau und Organisation eines eukaryotischen Genoms (am Beispiel Mensch)**
  Menschen besitzen einen diploiden Chromosomensatz (2n = 46), bestehend aus 22 Autosomenpaaren und zwei Gonosomen (X bzw. Y). Innerhalb des Genoms unterscheidet man:
  - codierende Elemente: Exons, die für Proteine und funktionelle RNAs codieren;
  - nichtcodierende, nichtrepetitive Elemente: wie Introns (liegen zwischen Exons), regulatorische Sequenzen und Pseudogene (nicht funktionelle Gene);
  - nichtcodierende, repetitive Sequenzen: Wiederholungen einfacher Sequenzen (Mikrosatelliten, Minisatelliten), die vor allem in Zentromeren und Telomeren vorkommen und sekundär zur Chromosomenstruktur beitragen;
  - nichtcodierende, repetitive, transposable Elemente: Transposons (mobile „Elemente"), die auf virale Infektionen zurückgehen (ca. 44 % des Genoms!).

- **Prokaryotische Genome**
  - Prokaryotische Genome sind einfacher gebaut, haben weder Introns, Zentromere noch Telomere und nur wenige Transposons. Generell ist die Gendichte viel höher.
  - Sie sind zwar tendenziell kleiner als eukaryotische Genome, insgesamt jedoch viel diverser.

- **Morphologie und Aufbau von Chromosomen**
  Eukaryotische Chromosomen:
  - Eukaryotische Chromosomen liegen in der Interphase des Zellzyklus unkondensiert (Arbeitsform) und während der Zellteilung hochverpackt (Transportform) vor.
  - Man unterscheidet zwischen Ein-Chromatid- und Zwei-Chromatiden-Chromosomen.
  - DNA ist auf Histone aufgewickelt (Nukleosom), die den Verpackungsgrad beeinflussen.
  - Zentromere verbinden die Chromatiden, Telomere dienen als Schutzkappen.

  Prokaryotische Chromosomen:
  - Prokaryotische (ringförmige) Chromosomen sind ähnlich den eukaryotischen mit Proteinen assoziiert: bakterielle und Histon-ähnliche *nucleoid associated proteins* (NAPs).
  - Zusätzlich sind Chromosomen und Plasmide über *Supercoiling* kompaktiert.
  - Das Ver- und Entdrehen wird durch Topoisomerasen durchgeführt.

3

- Grundstruktur von Genen
  - Gene bestehen aus regulatorischen und codierenden genetischen Elementen, die sowohl für verschiedene Arten von RNAs als auch für Proteine codieren können. Die physikalische Abgrenzung ist nicht immer möglich. Eukaryotische Gene sind komplexer als prokaryotische.
  - *Cis-acting elements* kommen in eu- und prokaryotischen Genen vor und sind regulatorische DNA-Sequenzen, die in der Regel nicht transkribiert werden. Sie werden von *trans-acting elements* (unter anderem Transkriptionsfaktoren) gebunden (welche separat codiert sind).
  - Prokaryotische Gene sind in Operons organisiert (Promotor, Operator, Strukturgene): Promotoren dienen als Andockstelle für RNA-Polymerasen und Operatoren als Interaktionsstelle für *trans*-Elemente. Ein Operon kann eines oder mehrere Strukturgene enthalten und dementsprechend für ein oder mehrere Genprodukte codieren. ORFs stellen potenzielle Leseraster dar.
  - Eukaryotische Gene bestehen aus Exons (die in das finale Produkt übersetzt werden) und Introns (die zwischen Exons liegen und während der mRNA-Maturation beim Spleißen herausgeschnitten werden) und haben folgende weitere Eigenschaften:
    - Gene können überlappen oder auch innerhalb von anderen Genen (in Introns) liegen;
    - *cis-acting elements* (wie *Silencer* und *Enhancer*) können sehr weit entfernt liegen;
    - posttranskriptionelle und posttranslationale Modifikationen sind sehr ausgeprägt.
- Genome sind dynamisch und entsprechen nicht dem Proteom
  - Entsprechend der Evolution (Mutation und Selektion) sind Genome dynamisch.
  - Genetische Informationen können an Nachkommen (vertikal) weitergegeben oder auch horizontal mit Individuen der eigenen oder einer anderen Art ausgetauscht werden (horizontaler Gentransfer, HGT).
  - Nicht alle Gene werden zu jeder Zeit exprimiert, das Proteom entspricht folglich nicht dem Genom.

Literatur

1. Woese, C. R., Kandler, O., & Wheelis, M. L. (1990). Towards a natural system of organisms: proposal for the domains Archaea, Bacteria, and Eucarya. *Proceedings of the National Academy of Sciences.* ▶ https://doi.org/10.1073/pnas.87.12.4576.
2. Whitman, W. B., Coleman, D. C., & Wiebe, W. J. (1998). Prokaryotes: The unseen majority. *Proceedings of the National Academy of Sciences, 95*(12), 6578–6583. ▶ https://doi.org/10.1073/pnas.95.12.6578.
3. Moghe, G. D., & Shiu, S. H. (2014). The causes and molecular consequences of polyploidy in flowering plants. *Annals of the New York Academy of Sciences, 1320,* 16–34. ▶ https://doi.org/10.1111/nyas.12466.
4. Soppa, J. (2017). Polyploidy and community structure. *Nature Microbiology, 2*(16261). https://doi.org/10.1038/nmicrobiol.2016.261
5. Sender, R., Fuchs, S., & Milo, R. (2016). Revised Estimates for the Number of Human and Bacteria Cells in the Body. *PLoS Biology, 14*(8). ▶ https://doi.org/10.1371/journal.pbio.1002533.
6. Fedoroff, N. V. (2012). Transposable elements, epigenetics, and genome evolution. In *Science* (Vol. 338, S. 758–767). ▶ https://doi.org/10.1126/science.338.6108.758.
7. Collins, F. S., Morgan, M., & Patrinos, A. (2003). The Human Genome Project: lessons from large-scale biology. *Science, 300*(5617), 286–90. ▶ https://doi.org/10.1126/science.1084564.
8. Cremer, T., & Cremer, C. (2001). Chromosome territories, nuclear architecture and gene regulation in mammalian cells. *Nature Reviews Genetics.* ▶ https://doi.org/10.1038/35066075.
9. Angelier N., Paintrand M., Lavaud A., & L. J. P. (1984). Scanning electron microscopy of amphibian lampbrush chromosomes. Chromosoma, 89, 243–253.

Der Zellzyklus

Inhaltsverzeichnis

© Springer-Verlag GmbH Deutschland, ein Teil von Springer Nature 2020
J. Buttlar et al., *Tutorium Genetik*,
https://doi.org/10.1007/978-3-662-56067-9_4

4

▪▪ Das Leben der Zellen ist zyklisch

Pro Sekunde teilen sich Millionen von Zellen in unserem Körper. Wie viele, das weiß man eigentlich gar nicht genau, und die Quellen gehen hier weit auseinander! Manche reden von 2, manche von 20 Mio. Es hat sich anscheinend noch niemand hingesetzt und nachgezählt – oder es ist einfach sehr schwierig. Fakt ist, während Sie so die letzten Zeilen gelesen haben, haben sich auch in Ihnen verdammt viele Zellen geteilt. Dabei werden für jeden **Teilungsvorgang** DNA-Moleküle (richtig, die Chromosomen), die mit allerhand Proteinen assoziiert sind, zunächst verdoppelt (**Replikation,** ▶ Kap. 5) und dann symmetrisch, also je ein Chromosomensatz mit der gleichen Information, auf zwei Tochterzellen verteilt. Jede Zelle erhält die gesamte Erbinformation, sozusagen als ihr Betriebssystem, damit sie funktionieren kann. Eine unglaubliche **logistische Meisterleistung,** stellt man sich vor, dass alle DNA-Moleküle einer Zelle würde man sie aneinanderreihen 2 m lang sind und sich in einem Zellkern mit einem Durchmesser von ca. 10 µm (0,00001 m) befinden. Die DNA zunächst zu verdoppeln, also theoretisch auf $2 \times 2 = 4$ m, dann diese, ohne dass sie sich verknotet, auf zwei neue Zellen zu verteilen und das auch noch so, dass beide Zellen die identischen Informationen bekommen – beim Gedanken daran kann einem schwindelig werden. Für diese komplizierten Vorgänge findet man in Zellen fein orchestrierte molekulare Abläufe und Maschinerien. Sollten beim Verteilen dennoch Fehler passieren, kann dies dramatische Folgen haben, zum Beispiel den selbstinduzierten Zelltod (**Apoptose**) oder Krebs. Auch sonst altern Zellen und sterben ab, weshalb es umso wichtiger ist, dass Zellteilung stattfindet, um ein Gleichgewicht zwischen alternden und frischen Zellen sicherzustellen.

Doch Teilung ist nicht gleich Teilung. Die Begriffe **Mitose** und **Meiose** werden gerne durcheinandergebracht. Die Mitose ist die „einfache" Form der Zellteilung. Und die Meiose ist eine Art Reduktionsteilung als Voraussetzung für die **sexuelle Reproduktion.**

Doch besteht das Leben nicht nur aus Teilungen. So verweilen Zellen überwiegend sogar in den Zwischenphasen, in denen sie diversen Aufgaben nachgehen. Insgesamt werden im **Zellzyklus** also die Steuerung und der Ablauf der Lebensphasen einer Zelle zusammengefasst. Und dieser ist, man ahnt es schon, ein ziemlich wichtiger Vorgang. Das Motto hinter dem Zellzyklus beschrieb Rudolf Virchow bereits 1855 als *„omnis cellula e cellula"* [1], also frei übersetzt: Eine Zelle kann immer nur aus einer Zelle hervorgehen.

Um innerhalb dieses Kapitels konsistent zu bleiben, wird die Mitose und Meiose hauptsächlich am Beispiel des Menschen beschrieben. Dabei ist jedoch zu beachten, dass der grundsätzliche Ablauf sich in allen Eukaryoten zwar ähnelt, aber es gilt die Binsenweisheit: „Es gibt nichts, was es nicht gibt!".

4.1 Die Abschnitte des Zellzyklus

▪▪ Was wird unter dem Zellzyklus verstanden, und wie läuft er ab?

Der Zellzyklus beschreibt das immer wiederkehrende Muster von Zellwachstum und Zellteilung. Um den Zellzyklus besser zu beschreiben, wird er in Abschnitte und diese meistens wieder in Unterabschnitte unterteilt. Die erste Untergliederung ist diejenige in **Interphase** und **M-Phase** (innerer Kreis in ◨ Abb. 4.1). Zellen, die sich nicht gerade in Teilung befinden, sind in der **Interphase** (von lat. *inter* für „zwischen"). Zellen, deren Kerne sich gerade teilen (**Karyokinese**), befinden sich in der **Mitose** oder auch **M-Phase.** Nach der M-Phase teilt sich meistens, aber durchaus nicht immer, die gesamte Zelle. Tut sie es, wird von **Cytokinese** gesprochen. Diese ist nicht Teil der Mitose an sich.

Zunächst soll der Ablauf der Zellkernteilung in somatischen Zellen beleuchtet werden – die **Mitose.** Zur Erinnerung, **somatische Zellen** sind ausdifferenzierte, Körperzellen, aus denen keine Geschlechtszellen hervorgehen können, beispielsweise Hautzellen. Anschließend wird eine besondere Form des Zellzyklus, die Produktion von **Keimzellen (Gameten),** besprochen. Sogenannte Keimbahnzellen produzieren die Gameten, das sind die Zellen, die bei der Fortpflanzung zu

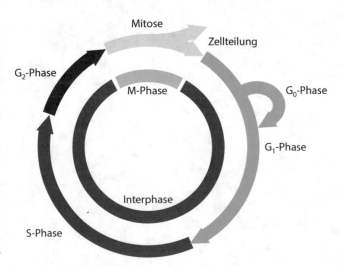

◨ **Abb. 4.1**   Der Zellzyklus. Den Hauptteil nimmt die Interphase ein, gefolgt von der M-Phase. Beginn und Ende des Zyklus ist die Zellteilung. Die *Gap*-Phasen der Interphase teilen sich auf in G_1 (direkt nach der Zellteilung) und G_2 (nach der S-Phase). In G_1 und G_2 findet vor allem Proteinbiosynthese statt. Die G_0-Phase oder auch G_0-Arretierung findet nur bei manchen Zellen statt und unterbricht dann die G_1-Phase. Die S-Phase ist der Abschnitt der Interphase, in dem das Genom repliziert wird. (C. Klein)

einem Embryo verschmelzen. Die fertigen Gameten zeichnen sich durch einen haploiden Chromosomensatz aus, der also nur eine Kopie jedes Chromosoms enthält. Um Sie herzustellen, ist ein anderer Ablauf nötig, eine Reduktionsteilung – die **Meiose**. Später können zwei Gameten wieder miteinander verschmelzen (**Befruchtung**), was wieder zu einem diploiden Chromosomensatz führt.

Doch zunächst noch einmal zu den beiden Unterteilungen des Zellzyklus in die **Interphase** und die **M-Phase** (◘ Abb. 4.1, innerer Ring). Diese Abschnitte sind jeweils noch weiter in Unterabschnitte unterteilt. So untergliedert sich die Interphase in die **G_1-, S-** und **G_2-Phase** (◘ Abb. 4.1, äußerer Ring). Ein Sonderfall ist die **G_0-Phase** (▶ Abschn. 4.1.1). Und auch die M-Phase ist in weitere Abschnitte untergliedert (▶ Abschn. 4.1.2).

4.1.1 Die Interphase

■■ … die Phase, in der eigentlich keine Teilung stattfindet!

Im Zellzyklus somatischer Zellen ist die **Interphase** verglichen mit der M-Phase zeitlich gesehen in der Regel der deutlich längere Abschnitt. Wie in ◘ Abb. 4.1 zu erkennen ist, ist die Interphase in mehrere Abschnitte unterteilt. Sie läuft in der Meiose I und in mitotischen Zellen gleich ab, in der Meiose II gibt es dagegen keine Interphase (▶ Abschn. 4.1.3). Nachdem sich eine Zelle geteilt hat, ist sie in der sogenannten **G_1-Phase** – „G" steht für engl. *gap*, also für „Lücke". Bevor sich eine Zelle wieder teilen kann, muss sie zunächst ihr Erbgut verdoppeln. Dies geschieht in der Synthese- oder auch **S-Phase**, in welcher die **Replikation** (▶ Kap. 5) stattfindet. Nach der S-Phase gibt es wiederum eine *Gap*-Phase, die **G_2-Phase**, diese beschreibt eine Zeit im Zellzyklus, in der weder die DNA verdoppelt wird, noch sich der Kern oder die Zelle teilt. Das soll nicht bedeuten, dass in dieser Phase nichts passiert. Die G_2-Phase ist die Phase vor der nächsten Mitose, die Zelle enthält hier die doppelte Menge an DNA verglichen mit einer Zelle in der G_1-Phase.

Natürlich teilen sich nicht alle Zellen pausenlos oder sind permanent dabei, sich auf eine Zellteilung vorzubereiten. Viele Zelltypen, zum Beispiel Nervenzellen, können den Zellzyklus verlassen. Zellen, die nach der G_1-Phase nicht weiter im Zellzyklus fortschreiten, befinden sich in der sogenannten **G_0-Phase**. G_0-Zellen verbleiben arretiert, entweder bis zum Tod oder bis sie zu einem späteren Zeitpunkt wieder in den Kreislauf aus Mitose und Interphase eintreten. In dieser Phase sind sie aber keineswegs „ruhiggestellt", sondern können einen regen Stoffwechsel betreiben und diversen Aufgaben nachgehen. Die meisten ausdifferenzierten Zellen befinden sich in der G_0-Phase.

Eine Sache vorweg

Im Folgenden wird nun häufiger von **n-** und **c-Gehalt** die Rede sein. Dabei ist n nichts weiter als ein vollständiger **Chromosomensatz,** und c bezeichnet die Anzahl der sogenannten **Chromatiden.** Chromosomen können dabei entweder als Ein-Chromatid- oder als Zwei-Chromatiden-Chromosomen vorliegen. Beim Menschen umfasst **n** also die **Autosomen** 1–22 und entweder ein X- oder Y-**Gonosom** – das macht 23 Chromosomen. Da Säugetiere wie wir als Zygote einen vollen Satz Chromosomen vom Vater und einen vollen Satz von der Mutter bekommen, haben die allermeisten Zellen von uns einen doppelten beziehungsweise **diploiden** Chromosomensatz. Sie sind also 2n (=46 Chromosomen). Liegen die Chromosomen eines 2n-Chromosomensatzes als Ein-Chromatid-Chromosomen vor, hat man einen DNA-Gehalt von 2n2c. In der S-Phase werden die Chromatiden verdoppelt, das heißt, die Chromosomen (2n) liegen nun als Zwei-Chromatiden-Chromosomen vor (4c). Puh, das ist ganz schön verwirrend, sollte in ◘ Abb. 4.2 und 4.5 aber deutlich werden!

4.1.1.1 G_1-Phase

Direkt nach einer **Cytokinese** (Zellteilung) wachsen die (Tochter-)Zellen erst einmal. Man spricht von einer **Wachstumsphase**. Denn nach der Teilung ist es für die Zelle zunächst wichtig, dass cytoplasmatische Bestandteile, Proteine und Membranen, die ja halbiert wurden, nachgebildet werden. Es findet sehr viel Proteinbiosynthese statt, und die Zellen können – oft bestimmt durch ihr Umfeld – zu ihrer maximalen Größe und zu voller Funktionstüchtigkeit auswachsen. Da die **G_1-Phase** sich direkt einer Teilung anschließt, liegen die Chromosomen hier noch als Ein-Chromatid-Chromosomen vor. Der DNA-Gehalt einer Zelle in der G_1-Phase ist also 2n2c. Später in der G_1-Phase, wenn die Zellen „ausgewachsen" sind, wird ein Restriktionspunkt (R), der einen sogenannten *Checkpoint* darstellt, überschritten (▶ Abschn. 4.2). Ist dieser **R-Punkt** einmal überschritten, geht die Zelle in die S-Phase über. Von da an gibt es kein Zurück mehr!

4.1.1.2 S-Phase

Damit sich ein diploider Chromosomensatz später bei der Teilung überhaupt gleichmäßig aufteilen kann, muss er vorher verdoppelt werden. Dies geschieht in der **Synthese-Phase** (S-Phase). Dazu werden die Ein-Chromatid-Chromosomen repliziert. Zur Erinnerung: Nach der Teilung, in der G_1-Phase, liegen die Chromosomen zwar als diploider Chromosomensatz vor (2n), allerdings als sogenannte

4

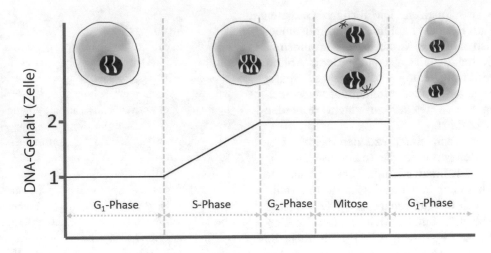

Zellzyklus (Zeit)

⊡ Abb. 4.2   Die Phasen des Zellzyklus und der DNA-Gehalt in der Zelle. In der G_1-Phase ist ein diploider Chromosomensatz vorhanden, der noch nicht repliziert wurde (2n2c). In der S-Phase wird der Chromosomensatz verdoppelt, somit verdoppelt sich auch der DNA-Gehalt der Zelle. In der G_2-Phase liegen dann pro Chromosom zwei Chromatiden vor (2n4c). Im Laufe der Mitose werden die Chromatiden aufgeteilt, jedoch ist der Gehalt in der Zelle immer noch doppelt also 2n4c. Erst wenn sich die Zelle teilt, halbiert sich der DNA-Gehalt und ist in beiden Tochterzellen wieder einfach also 2n2c. (C. Klein, A. Fachinger)

Ein-Chromatid-Chromosomen   (2n2c).   Während der Replikation wird von jedem dieser **Ein-Chromatid-Chromosomen** eine (möglichst) identische Kopie angefertigt. Damit liegen in den Zellen nach der S-Phase die Chromosomen als **Zwei-Chromatiden-Chromosomen** vor. Der DNA-Gehalt der Zelle ist nach der S-Phase also 2n4c, da man pro diploidem Chromosomenpaar nun vier Chromatiden hat. Die **Replikation** ist ein komplexer Vorgang und wird deshalb ausführlich in ▸ Kap. 5 behandelt. Die Chromatiden eines Chromosoms hängen am sogenannten **Zentromer** zusammen. Beim Zentromer handelt es sich um eine Region, die stark heterochromatisiert ist und an die während der M-Phase die Kinetochore binden (▸ Abschn. 3.5.1.3).

4.1.1.3 G_2-Phase

Nach der S-Phase schließt sich eine weitere *Gap*-Phase, die G_2-Phase, an. In dieser **Vorbereitungsphase** findet wieder vermehrt RNA- und Proteinsynthese statt. Die Zelle wird hier somit auf die Kernteilung (**Karyokinese**) sowie die Zellteilung (**Cytokinese**) vorbereitet. Außerdem können die Kontakte zu den Nachbarzellen gelöst werden, und durch Flüssigkeitsaufnahme kommt es zu einer Vergrößerung der Zelle sowie zu deren Abrundung. In der G_2-Phase werden vor allem teilungsspezifische Proteine gebildet. Beispielsweise werden die Komponenten des *mitose-promoting factor* (**MPF**) hergestellt (▸ Abschn. 4.2.1.1). Erreichen diese Komponenten eine bestimmte Konzentration, so leiten sie

gleichzeitig das Ende der G_2-Phase sowie den Beginn der **Mitose** ein (▸ Abschn. 4.1.2).

4.1.1.4 G_0-Arretierung

Viele Zellen verbleiben nach einer Teilung und vor der S-Phase in einer Art „Ruhephase" und teilen sich zunächst nicht weiter. Ruhephase gilt hier aber nur in Bezug auf den Zellzyklus! Zellen in der **G_0-Phase** können, von der Teilung mal abgesehen, durchaus sehr aktiv sein, was den Metabolismus oder andere Aktivitäten angeht. Beispielsweise sind unsere Muskel-, Leber- und Nervenzellen (hin und wieder) sehr betriebsam, obwohl sie sich in der G_0-Phase befinden.

Allgemein gesagt, teilen sich die allermeisten **ausdifferenzierten somatischen Zellen,** also solche **Körperzellen,** die bereits spezifische Aufgaben übernommen haben, überhaupt nicht mehr und befinden sich in einer irreversiblen G_0-Phase. Stattdessen sind sie vielmehr damit beschäftigt, eine Weile ihren Aufgaben nachzugehen, bis sie (durchschnittlich nach 7–10 Jahren) das Zeitliche segnen. Je nach Zelltyp und Anforderungen an die jeweiligen Zellen kann diese Weile aber sehr unterschiedlich lang sein. Knochenzellen werden etwa 10 Jahre alt, Zellen des Dünndarms etwa 16 Jahre und Zellen des zerebralen Kortexes (Großhirnrinde) bleiben ein Leben lang erhalten. Zellen, die besonders fordernden Einflüssen ausgesetzt sind, verabschieden sich hingegen deutlich früher: Leberzellen nach etwa 2 Jahren, Hautzellen schon nach 2 Wochen.

Am Rande bemerkt: der Zelltod

Doch was heißt Sterben bei Zellen? Wenn Zellen altern, also seneszent werden, können verschiedene **Todes-Programme** eingeleitet werden, die anhand der beteiligten molekularen Signalwege und Proteine unterschieden werden. Bei der **intrinsischen Apoptose** meldet die Zelle selbst, dass irgendwas nicht stimmt (bspw. DNA-Schäden, oxidativer Stress…) und löst ihren Suizid aus. Bei der **extrinsischen Apoptose** kommen die Signale von außen, beispielsweise durch Immunzellen oder anderen Zellen des umliegenden Gewebes. Zu diesem Signalweg zählt auch der Fall, wenn eine Zelle grundsätzlich auf lebenserhaltende Signale angewiesen ist, diese aber auf einmal ausbleiben (bei einem ähnlichem Programm, der **Anoikis**, sterben Hautzellen ab, je weiter sie sich von der Basalmembran entfernen). Darüber hinaus gibt es – neben nekrotischen und autophagischen Zelltoden – aber noch viel mehr Varianten, wie das Schicksal von Zellen besiegelt wird.

Es gibt aber auch G_0-Zellen, die zu einem späteren Zeitpunkt zurück in den Zellzyklus können. Solche Zellen, wie zum Beispiel einige **Stammzellen,** sind in einer temporären G_0-Arretierung, die durch externe Stimuli aufgehoben werden kann. Das erfüllt eine wichtige Funktion; diese Zellen, die in den meisten Geweben nur in einer kleinen Population vertreten sind, sind noch **pluripotent** und können bei Bedarf zurück in den Zellzyklus und sich ausdifferenzieren, etwa um beschädigtes Gewebe zu erneuern. Dabei bilden sie aber nicht unkontrolliert neue Zellen, sondern, wenn man so möchte, nur auf Anfrage, während die andere Körperzellen wie gesagt in der Regel bis zu ihrem Tod in der G_0-Konfiguration verbleiben. Eine irreversible G_0-Arretierung tritt beispielsweise auch dann auf, wenn eine Zelle irreparable Schäden an der DNA aufweist und es mitunter gefährlich werden könnte, wenn sie sich weiter teilen würde. Was passiert, wenn diese irreversible G_0-Arretierung nicht funktioniert, kann man sich schon vorstellen – zum Beispiel unkontrolliertes Zellwachstum: Krebs.

Merke

Zellen, die in der G_0-Phase verbleiben, haben ihr Genom noch nicht verdoppelt. Ihr DNA-Gehalt ist 2n2c. Dennoch ist die Zelle natürlich voll funktionsfähig und geht ihren „Aufgaben" nach. Ruhephase bezieht sich hier nicht auf die Aktivität der Zelle, sondern auf die Teilung!

4.1.2 Die Mitose

■■ … die Phase, in der die Chromatiden voneinander getrennt werden

Jetzt aber zur **Mitose** beziehungsweise **M-Phase,** und so viel sei vorweggesagt: Auch sie ist der Übersicht halber in mehrere Abschnitte unterteilt. Während der Mitose passiert so viel, dass die Fachwelt die Mitose für einen besseren Überblick meistens in vier (manchmal auch in fünf oder sechs) Abschnitte unterteilt. Es gibt die **Prophase,** die **Metaphase,** die **Anaphase** und die **Telophase.** Es hilft, sich vorzustellen, dass die Mitose ein fortlaufender Prozess ist und somit die Übergänge der einzelnen Phasen nicht immer scharf zu trennen sind. Die Unterteilungen wurden zu möglichst definierbaren Zeitpunkten vorgenommen, es hätten aber durchaus auch mehr oder weniger Phasen zum Beschreiben der Mitose verwendet werden können – was auch teilweise getan wurde. Viele von den zusätzlichen Unterteilungen mancher Fachbücher spezifizieren Übergänge zwischen den Phasen. So ist die in manchen Fällen beschriebene **Prometaphase** der Übergang von der Prophase zur Metaphase.

In diesem Buch gehen wir jedoch davon aus, dass vier Phasen vor allem leichter zu merken sind – vielleicht ja mittels der fiktiven Frucht „**Prometanate".** Wie die wohl aussieht?

Der Begriff „**Mitose"** leitet sich von griech. *mitos* für „Faden" ab. Faden deshalb, da in der Mitose die fadenartigen Chromosomen sichtbar werden. Klingt fadenscheinig, hat sich aber durchgesetzt. Grob zusammengefasst wird bei der Mitose der Kern aufgelöst, die beiden Chromatiden der **Zwei-Chromatiden-Chromosomen** zu zwei gegenüberliegenden Polen verteilt, und anschließend bilden sich zwei neue Tochterkerne. Dabei spricht man dann von der Kernteilung oder **Karyokinese.** Die Kernteilung ist nicht gleichzusetzen mit der Zellteilung, denn diese ist nicht Teil der Mitose, wird aber oft in einem Satz genannt. Es gibt auch Kernteilung ohne Zellteilung, deren Produkt eine Zelle mit zwei, vier oder wirklich vielen Kernen ist; man denke dabei an die **vielkernigen** Plasmodien einiger Schleimpilze. Weitaus häufiger ist jedoch, dass im Anschluss an die Mitose die **Cytokinese,** also die vollständige Zellteilung, abläuft. Aber zurück zur Mitose, deren Ablauf in ◘ Abb. 4.3 gezeigt istgezeigt ist.

4.1.2.1 Prophase

Los geht die Mitose mit der **Prophase.** Während der Prophase wandern **Zentriolen** zu den entgegengesetzten Zellpolen. Diese bilden die **Mikrotubuli organisierenden Zentren** (*microtubule organizing centres,* MTOC), von welchen sich der Spindelapparat

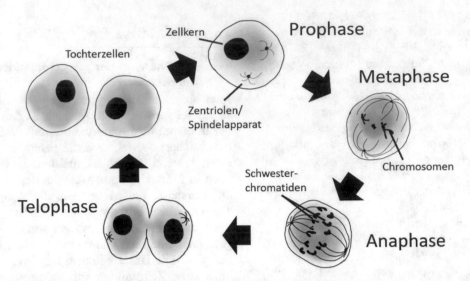

◘ Abb. 4.3   Abschnitte der Mitose (M-Phase). In der Prophase werden die Chromosomen sichtbar, da sie kondensieren. Außerdem fängt der Spindelapparat an, sich auszubilden, und die Kernmembran wird fragmentiert und teilweise eingelagert. Die kondensierten Chromosomen werden zur Äquatorialebene geschoben, wo sie in der Metaphase ankommen. Während der Anaphase werden die Schwesterchromatiden voneinander getrennt und auf die gegenüberliegenden Pole verteilt. Dort angekommen, fangen die Chromosomen in der Telophase an zu dekondensieren. Schließlich entsteht um beide Pole eine neue Kernhülle (teilweise aus den Fragmenten der alten). (A. Fachinger)

ausbildet. Der **Spindelapparat** besteht aus astralen und polaren Mikrotubuli. Während die **astralen Tubuli** das MTOC an den Polen verankern, wachsen die **polaren Tubuli** Richtung der mittig gelegenen **Äquatorialebene,** was später so aussieht, als ob sie von einer Zentriole und somit von einem Pol zum anderen reichten. Die Chromosomen kondensieren gleichzeitig zu ihrer kompaktesten Struktur, der sogenannten **Transportform,** und werden nun sogar unter dem Lichtmikroskop als ihre „X"-Form sichtbar. Die Chromatiden sind über eine Vielzahl von **Cohesinen** miteinander verbunden. Diese Moleküle kann man sich wie Ringe vorstellen, die die Schwesterchromatiden verbinden und so verhindern, dass die Chromatiden auseinanderdriften. Des Weiteren fängt die Kernhülle in der Prophase an, sich aufzulösen. Dabei wird sie teilweise fragmentiert und verteilt sich als Membranvesikel im Cytoplasma. Außerdem lösen sich die Nukleoli auf.

Später in der Prophase, in manchen Fachbüchern wird hier von der Prometaphase gesprochen, ist die Kernhülle vollständig zusammengebrochen, und die Spindeln spannen sich bereits zwischen den beiden Zellpolen und den dort sitzenden Zentriolen. Manche der polaren Mikrotubuli binden die **Kinetochore** der Chromosomen und schubsen diese gleichzeitig in Richtung der Äquatorialebene.

4.1.2.2 Metaphase

In der **Metaphase** sind die Chromosomen schließlich in die Mitte gewandert und auf der **Äquatorialebene** angeordnet. Dabei sind die homologen Chromosomen zu-

fällig verteilt und liegen somit nicht als Paar vor. Zur Erinnerung: Jedes Chromosom besteht in der Mitose aus zwei Chromatiden, welche unter anderem am **Zentromer** miteinander verbunden sind. Das Zentromer der Chromosomen ist auch der Ansatzpunkt des **Kinetochors,** einem Proteinkomplex, über welchen Chromosom und Spindelapparat miteinander verbunden sind.

4.1.2.3 Anaphase

In der **Anaphase** ist die Kernmembran vollständig fragmentiert, und die Zelle ist vom Spindelapparat ausgefüllt. Während der Anaphase werden die Chromatiden getrennt, dies geschieht, indem ein Enzym namens **Separase** die Cohesinringe schneidet. Der Spindelapparat beziehungsweise die mit den Chromosomen verbundenen Spindelfasern sorgen dafür, dass die Chromatiden zu den gegenüberliegenden Polen wandern. Dabei führt die polare **Depolymerisation** oder Verkürzung der Mikrotubuli am Kinetochorende dazu, dass an den Chromatiden eine Zugkraft entsteht. Denn gleichzeitig mit der Depolymerisation laufen Motorproteine des Kinetochors an den Spindelfasern entlang in Richtung der Pole und ziehen die Chromatiden mit sich [2]. Zu jedem Pol wandert ein vollständiger Ein-Chromatid-Chromosomensatz (46 Chromosomen, 2n2c). In der späten Anaphase erreichen die Ein-Chromatid-Chromosomen die Spindelpole, sodass zwei getrennte Chromosomensätze an den gegenüberliegenden Polen vorliegen. Dadurch entsteht in der Mitte zwischen den Polen Platz für die Teilungsfurche.

4.1.2.4 Telophase

In der **Telophase** sind die Chromosomen bereits an den gegenüberliegenden Polen angekommen und beginnen zu **dekondensieren.** Um die Chromosomen wird eine neue Kernhülle gebildet, wodurch zwei neue Zellkerne, die Tochterkerne, entstehen. Teilweise wird die Kernhülle dabei aus Teilen der alten Kernhülle aufgebaut, welche vorübergehend als Vesikel zwischengelagert waren. Die Membranfragmente lagern sich an die DNA an, und so entsteht sukzessive eine neue Kernhülle. Kurz nach der Dekondensation kann man bereits die Bildung von **Nukleoli** im Zellkern beobachten. An diesen finden die Produktion der rRNAs und der Zusammenbau in die jeweiligen ribosomalen Untereinheiten statt. Die Tatsache, dass die Nukleoli, die eine extrem hohe Transkriptionsaktivität aufweisen, schon so früh sichtbar sind, ist ein wichtiger Hinweis darauf, dass der Dekondensationsvorgang der Chromosomen in die „Arbeitsform" sehr schnell vonstattengeht.

4.1.3 Cytokinese

Die **Cytokinese** ist der Prozess, bei dem sich die **Zelle** (und nicht nur der Zellkern) *vollständig* teilt. Sie ist nicht Teil der M-Phase und zählt damit nicht zur Mitose. Dennoch findet sie meistens direkt im Anschluss an die Kernteilung statt. Die Cytokinese unterscheidet sich in tierischen und pflanzlichen Zellen. Bei pflanzlichen Zellen wird in der Mitte zwischen den beiden neuen Kernen eine neue **Zellwand** aufgebaut. Die Bausteine werden dabei in Vesikeln zur „Baustelle" befördert. Bei tierischen Zellen gibt es eine Teilungsfurche, die ebenfalls in der Mitte zwischen den neuen Tochterkernen liegt. Dabei wird in der **Teilungsfurche** ein **kontraktiler Ring** aus Proteinen (vor allem Aktin und Myosin) wie ein Gürtel immer enger geschnallt und so die beiden Zellen voneinander abgeschnürt.

4.1.4 Die Meiose

■■ ... der Zellzyklus, in dem die Keimzellen entstehen

Das Ziel der **Meiose** ist es, Zellen zu generieren, die später zu Eizellen beziehungsweise Spermien heranreifen. Das ganze läuft in den sogenannten **Keimbahnzellen** ab, die sich wiederum in den **Keimdrüsen** (Gonaden) befinden. Beim Menschen sind das – wer hätte es geahnt – die Eierstöcke und der Hoden. Wenn man so will, entstehen bei der Meiose unsere Verbreitungseinheiten, auch **Keimzellen (Gameten)** genannt. Damit bietet die Meiose die Grundlage unserer sexuel-

len Vermehrung und wird oft auch als **Reifeteilung** bezeichnet. Viele Studenten bringen wegen der begrifflichen Ähnlichkeit „Mitose" und „Meiose" durcheinander. Eine zugegeben etwas plumpe Eselsbrücke liegt im Wort Meiose selbst, und zwar wortwörtlich – die Silbe „ei". Denn die Meiose ist die Voraussetzung dafür, dass *Ei*zellen (und natürlich auch Spermien!) entstehen. Das Ziel der Meiose ist es also, Keimzellen zu produzieren, welche einen **haploiden Chromosomensatz** enthalten. Die Keimzellen – vier an der Zahl – entstehen durch zwei Schritte, ausgehend von ihrer Mutterzelle. Ein wichtiges Prinzip ist dabei: Aus einer **diploiden** Zelle mit Zwei-Chromatiden-Chromosomen (2n4c) entstehen bei der Meiose vier **haploide** Keimzellen (1n1c). Die zwischenzeitliche Reduktion auf einen haploiden, einfachen Chromosomensatz ist deshalb wichtig, da sich sonst bei der Befruchtung einer Eizelle durch ein Spermium der DNA-Gehalt immer verdoppeln würde. So wären schon nach wenigen Zyklen exorbitante Ausmaße erreicht. Dabei genügt es nicht, bei der Meiose einfach wahllos die Chromosomenanzahl zu halbieren. Nein, es muss sichergestellt sein, dass die Gameten jeweils einen vollständigen Chromosomensatz erhalten, sprich je ein Autosom 1–22 und ein Geschlechtschromosom. Dabei ist es allerdings gleich, ob die Zelle ein „mütterliches" oder ein „väterliches" Chromosom abbekommt, es sind dabei alle Kombinationen möglich (beispielsweise mütterliches Chromosom 21, väterliches Chromosom 14, mütterliches Chromosom 12 usw.). Hauptsache, jede Tochterzelle bekommt eine Kopie aller 22 **Autosomen** und eines **Gonosoms.** Dabei ist anzumerken, dass väterliche und mütterliche Chromosomen nicht identisch, sondern durchaus unterschiedliche Genvarianten (Allele) tragen (▶ Kap. 10)! Je nachdem, welches Chromatid ein Gamet bekommt (50:50-Chance für jedes der 23 Chromosomen!), sorgt dies für die genetische Variabilität.

Für zusätzliche Vielfalt sorgt bei der Meiose ein in der Prophase I auftretendes Phänomen namens **Crossing-over** (▶ Abschn. 4.3 und 9.2.3.1). Dabei können Teile von Chromatiden der homologen Chromosomen ausgetauscht werden. Dadurch entsteht sozusagen ein Vater/Mutter-Hybridchromosom (◻ Abb. 4.9). Dieser Vorgang kann sowohl in Ei- als auch Spermienzellen stattfinden. Letztlich führen dieser und andere Kniffe zu vielen neuen Genotypen und Phänotypen, womit sich das ▶ Kap. 10 näher befassen wird. Mit Sicherheit ist diese Form der Rekombination auch ein Grund dafür, warum die energetisch so aufwendige und mechanistisch doch auf allen Ebenen komplexe **sexuelle Reproduktion** betrieben wird. Denn insgesamt sorgt die Meiose in evolutionärer Hinsicht für mehr **genetische Vielfalt.**

4

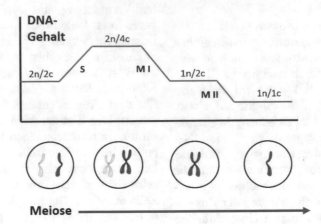

○ **Abb. 4.4** Darstellung des DNA-Gehalts in Zellen während der Meiose. S = Synthesephase, hier werden zunächst die Chromosomen verdoppelt (2n4c). M I = Meiose I oder Reduktionsteilung, die Chromosomen werden auf zwei Tochterzellen verteilt, und es entstehen zwei haploide Chromosomensätze mit Zwei-Chromatiden-Chromosomen (1n2c). M II = Meiose II oder Äquationsteilung, dabei werden ähnlich der Mitose die Chromatiden auf wiederum zwei Tochterzellen verteilt. Diese, nun vier an der Zahl, haben einen haploiden Satz von Ein-Chromatid-Chromosomen (1n1c). (C. Klein, A. Fachinger)

■■ **Wie entstehen also aus einer diploiden Zelle vier haploide Zellen?**

Wie bisher schon üblich, wird auch die Meiose in Abschnitte unterteilt. Da schon verraten wurde, dass am Ende der Meiose vier Gameten entstehen, muss es zwei (!) Teilungen geben. Die gibt es auch, nämlich Meiose I und Meiose II. Da bei der Befruchtung später zwei Gameten zur Zygote verschmelzen, ist es naheliegend, dass sich der Chromosomensatz vorher irgendwann halbieren muss. Das tut er auch, und zwar in der **Meiose I,** die deshalb auch **Reduktionsteilung** genannt wird. Nach der Meiose I liegen die Chromosomen noch als **Zwei-Chromatiden-Chromosomen** vor. Der Meiose I folgt noch eine der Mitose ähnliche Teilung, die **Meiose II,** die auch **Äquationsteilung** genannt wird. Die Phasen der Meiose I und II sind – wie sollte es auch anders sein – ebenfalls unterteilt. Die Begriffe sind dabei die aus der Mitose bekannten Phasen, nur diesmal mit einer Zahl versehen, um zu kennzeichnen, ob eine Zelle sich in der Meiose I oder II befindet. Die Anaphase II wäre demnach die Anaphase der Meiose II, also der Zeitpunkt, zu dem sich die Chromatiden trennen und als **Ein-Chromatid-Chromosom** zu den Polen wandern. Zugegeben, das klingt jetzt doch etwas komplizierter. Ist es aber nicht, was wir im Folgenden beweisen werden, wenn wir die Details besprechen.

4.1.4.1 Meiose I: Reduktionsteilung

Bei der **Meiose I** beziehungsweise **Reifeteilung** I kommt es im Gegensatz zur mitotischen Teilung zur Trennung der homologen Chromosomenpaare und nicht – wie bei der Mitose – zur Trennung der Schwesterchromatiden. Da sich dabei der Chromosomensatz halbiert (auf 1n2c), spricht man bei der Meiose I auch von der

Reduktionsteilung (Vergleiche „M I" in ○ Abb. 4.4). Was bedeutet das? In der Ausgangszelle schwammen noch je ein Chromosom von Mutter und Vater herum mit jeweils zwei Chromatiden, denn das Genom wurde in der S-Phase repliziert.

Zur Erinnerung

2n = 1n Chromosomensatz der Mutter + 1n Chromosomensatz des Vaters; 4c = vier Chromatiden, jeweils zwei vom väterlichen und mütterlichen Chromosom.

Bei der Meiose I enstehen folglich zwei Zellen, die jeweils ein Zwei-Chromatiden-Chromosom pro homologem Chromosomenpaar, also entweder von der Mutter ODER dem Vater, enthalten. Dabei werden die Chromosomen im Hinblick auf ihre Abstammung durcheinandergewürfelt. Doch wie geht das vonstatten? Im Gegensatz zur Mitose paaren sich die homologen Zwei-Chromatiden-Chromosomen in der **Prophase I** (auch **Synapsis** genannt) und werden in der **Anaphase I** auf die entgegengesetzten Pole verteilt (**Segregation**). Doch der Reihe nach.

Zellen in der Meiose I werden **Meiocyten I** genannt. Während der Meiose I gibt es wie auch bei der Mitose eine Prophase I, eine Metaphase I, eine Anaphase I und eine Telophase I. Die Phasen der Meiose verlaufen dabei etwas anders als bei der Mitose, wie man sich vorstellen kann, denn das Ergebnis ist ja auch ein anderes.

Besonders in der **Prophase I** unterscheiden sich die Vorgänge deutlich von denen der mitotischen Prophase. Zunächst kondensieren die Chromosomen, die Chromatiden können zunächst noch nicht

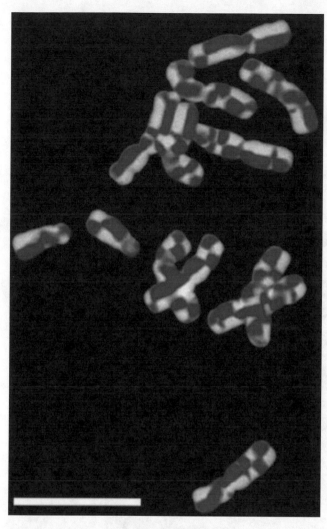

⬦ Abb. 4.5 *Sister-chromatid-exchange* (SCE) in Roggen. Durch Einbau des Basenanalogs 5-Ethynyl-2'-deoxyuridin (EdU) statt Thymidin kann ein DNA-Strang markiert werden. Dazu wird einer Zelle kurz vor der S-Phase EdU angeboten, das durch die semi-konservative Replikation jeweils in einen neuen Strang der Doppelhelix eingebaut wird. Nach einer weiteren Replikationsrunde ohne EdU ist nur noch ein Strang markiert. Findet nun während der Meiose ein Austausch zwischen zwei Schwesterchromatiden statt, kann man dies an einem Farbwechsel ausmachen. Jeder Farbwechsel entspricht somit einem SCE. Balkengröße = 10 μm. (Mit freundlicher Genehmigung von Sonja Klemme, aus Schubert et al. 2016 [4], © S. Karger AG, Basel)

unterschieden werden, und die Chromosomen haben ein perlenkettiges Aussehen. Diese Phase wird auch **Leptotän** genannt. Die Perlen der Perlenkette beziehungsweise die Verdickungen des Chromosoms werden **Chromomere** genannt und sind oft in der Kernmembran verankert.

In der nächsten Phase der Prophase I, dem **Zygotän,** fangen die homologen Chromosomen an mehreren Stellen an, sich zu paaren, indem sie sich aneinander ausrichten. Die Paarung der Chromosomen schreitet diskontinuierlich, von den verschiedenen Punkten ausgehend, voran. Ist die Paarung der homologen Chromosomen abgeschlossen (Synapsis), befindet sich die Prophase I im **Pachytän.** In dieser Phase kann es vermehrt zur Bildung von sogenannten **Chiasmata** kommen, die unter dem Mikroskop als sichtbare Überkreuzungen von Schwesterchromatiden wahrnehmbar sind. Ursache für diese faszinierenden, aber teils auch folgenschweren Erscheinungen sind **Crossing-over**-Ereignisse, bei denen sich homologe Chromosomenbereiche nach einem Doppelstrangbruch anlagern, was zu einem Austausch ganzer chromosomaler Abschnitte führen kann.

Am Rande bemerkt
Rekombinationsereignisse finden relativ oft auch zwischen Schwesterchromatiden desselben Chromosoms statt. Solche Ereignisse werden im Englischen überraschenderweise als *sister-chromatid-exchange* (SCE), also zu Deutsch als Schwesterchromatidenaustausch bezeichnet. Sie haben meist keine erkennbaren Folgen, da sich die Allelkombination in der Regel nicht ändert. Im Gegensatz zum Crossing-over zwischen homologen Chromosomen während der Meiose kann ein solches SCE-Ereignis jedoch auch während der Mitose passieren (⬦ Abb. 4.5).

Im folgenden Abschnitt, dem **Diplotän,** sind also die homologen Chromosomen vollständig gepaart, man spricht auch von **Bivalenten.** Außerdem sind ab jetzt die einzelnen Chromatiden sichtbar, sodass die Chromosomen wieder ihre charakteristische X-Form erhalten. Immer noch im Diplotän beginnen sich die homologen Chromosomen zu trennen. Dabei werden sie noch durch Chiasmata zusammengehalten. Im letzten Abschnitt der Prophase I, der **Diakinese,** verkürzen sich die Chromosomen nochmals. Die Spindel fängt an, sich auszubilden und polar auszurichten. Die Kernmembran wird bereits zurückgebildet, und der Nukleolus ist nicht mehr sichtbar. Damit ist die Prophase I beendet, und die Metaphase I beginnt.

In der **Metaphase I** ordnen sich die Chromosomenpaare in der Äquatorialebene zwischen den Polen an, und zwar so, dass je ein Zentromer eines homologen Chromosomenpaares zum gegenüberliegenden Pol orientiert ist. An die Metaphase I schließt sich die **Anaphase I** an, in welcher sich die homologen Chromosomenpaare trennen. Dabei lösen sich auch die verbliebenen Chiasmata. Je ein Homolog wandert zu einem der Spindelpole. Dort angekommen, beginnt die **Telophase I,** in der die Chromosomen dekondensieren und eine neue Kernmembran gebildet wird. Nach der Meiose I hat die Zelle einen DNA-Gehalt von 1n2c.

4

4.1.4.2 Meiose II: Äquationsteilung

Die **Meiose II** oder **Reifeteilung II** ähnelt der Mitose, denn auch bei dieser zweiten meiotischen Teilung werden nun die Chromatiden auf die neu entstehenden Tochterzellen aufgeteilt. Sie wird auch als **Äquationsteilung** bezeichnet. Zu verteilen gibt es nun allerdings nur Chromatiden einer haploiden (1n) Zelle. Die Zellen, die die Meiose I hinter sich gelassen haben und nun bereit für die Meiose II sind, werden **Meiocyten II** genannt. Meiocyten II unterscheiden sich von mitotischen oder Meiose-I-Zellen, denn bei den Meiocyten II wird nichts mehr verdoppelt. Genau genommen gibt es **keine Interphase** in dem Sinne, da die Meiose II sich direkt an die Meiose I anschließt. Eine Meiocyte II besitzt einen haploiden Chromosomensatz (1n) von Zwei-Chromatiden-Chromosomen (2c). Die Verteilung der Chromatiden in der Meiose II verläuft also prinzipiell wie eine

Mitose und führt in diesem Fall zu zwei Tochterzellen mit einem DNA-Gehalt von 1n1c und entsprechend Ein-Chromatid-Chromosomen. Um die einzelnen Phasen der Äquationsteilung von der Reduktionsteilung zu unterscheiden, spricht man dementsprechend von einer Prophase II, Metaphase II, Anaphase II und einer Telophase II.

4.1.5 Ein Vergleich von Meiose und Mitose

Die beiden Prozesse sind in ◘ Abb. 4.6 nebeneinander dargestellt. Der Ausgangspunkt ist für beide Prozesse eine Zelle, in der ein diploider Chromosomensatz vorliegt (2n) und in der pro Chromosom zwei Chromatiden vorliegen (4c). Zunächst ist zu sehen, dass bei der Meiose I jede Tochterzelle einen haploiden

◘ **Abb. 4.6**   Vergleich von Meiose und Mitose. Im Gegensatz zur Mitose gibt es bei der Meiose zwei Teilungsschritte, wobei die zweite Phase der Meiose, die Meiose II, der Mitose ähnelt. Sowohl bei der Mitose als auch bei der Meiose II werden Chromatiden aufgeteilt. Die Meiose I hingegen produziert zunächst haploide Zellen, indem ein vollständiger Chromosomensatz zum jeweiligen Zellpol wandert. Bei der Meiose entstehen am Ende theoretisch vier Zellen (bei der Oogenese, also der Reifung von Eizellen, nur eine Zelle, die drei übrigen werden abgebaut) mit 1n1c-Chromosomen, bei der Mitose hingegen zwei Zellen mit 2n2c-Chromosomen. (C. Klein, A. Fachinger)

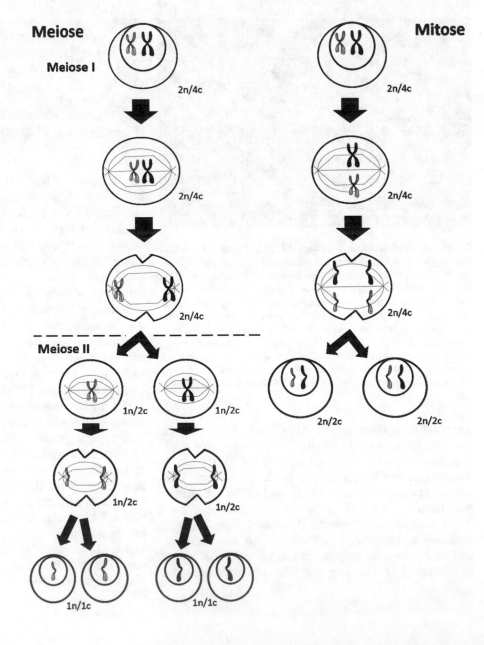

◻ **Tab. 4.1** Unterschiede von Mitose und Meiose

	Mitose	Meiose
Zweck	Vermehrung von Zellen	Bildung von Keimzellen, Neukombination des Erbgutes
Ergebnis	Erbgleiche (diploide) Zellen	Erbungleiche (haploide) Zellen
Ablauf	1 Teilungsschritt	2 Teilungsschritte, Meiose I und Meiose II
Ort	Körperzellen in Wachstumszonen, Stammzellen	Keimdrüsen (Gonaden)

Chromosomensatz bekommt (1n2c). Demgegenüber entstehen bei der Mitose je eine Tochterzelle mit einem diploiden Ein-Chromatid-Chromosomensatz (2n2c). Für die Mitose ist das Ziel nach dieser Teilung schon erreicht. Bei der Meiose schließt sich die Meiose II an. Die Meiose II ähnelt der Mitose insofern, dass nun erst die einzelnen Chromatiden voneinander getrennt werden, sodass aus jeder Ausgangszelle zwei Tochterzellen mit einem haploiden Ein-Chromatid-Chromosomensatz entstehen (1n1c).

◻ Tab. 4.1 gibt nochmals einen Überblick über verschiedene Aspekte, die sich bei der Mitose und Meiose außerdem unterscheiden, wie beispielsweise die Orte, an denen die Prozesse ablaufen, oder ihren Zweck.

4.2 Die Zellzykluskontrolle

Wie eingangs erwähnt, finden in unserem Körper Millionen von Mitosen pro Sekunde statt. Aber wir wachsen nicht unendlich, was den Schluss nahelegt, dass der **Zellzyklus** kontrolliert vonstattengehen muss – was er auch tut. Woher aber weiß eine Zelle eigentlich, dass jetzt ein guter Zeitpunkt wäre, ihr Genom zu verdoppeln, sich zu teilen oder sich eben nicht zu teilen? Warum passiert es nicht, dass eine Zelle sich spontan teilt und damit das Genom halbiert?

Fehler im Zellzyklus können dramatische Folgen für die Zelle beziehungsweise den gesamten Organismus haben. Bei Krebs beispielsweise, einer der häufigsten Todesursachen für den Menschen, ist der Zellzyklus oft völlig außer Kontrolle, und die Zellen teilen sich unaufhörlich weiter. Es ist also gut für eine Zelle, abzuwarten, bis ein Genom fehlerfrei verdoppelt ist, um sich erst dann wieder zu teilen. Auch eine Kernhülle sollte erst dann wieder aufgebaut werden, wenn die Chromosomen richtig verteilt sind. Während des Zellzyklus gibt es natürlich noch vieles mehr, was eine Zelle zu beachten hat. Damit ein Zellzyklus geregelt abläuft, gibt es sogenannte **Kontrollpunkte** (engl. *checkpoints;* dieser Begriff wird auch häufig im deutschen Sprachraum verwendet). An diesen beziehungsweise vor diesen wird unter anderem geprüft, ob es Brüche in der DNA gibt und ob eine Zelle schon für die M-Phase bereit ist (◻ Abb. 4.7). Einen *Checkpoint* hatten wir in der

Interphase bereits kennengelernt, den **Restriktionspunkt.** Dieser war sozusagen der *point of no return* vor der S-Phase. Die Regulation dieser Kontrollpunkte funktioniert unter Zuhilfenahme von **Proteinkinasen,** die Proteine phosphorylieren können und so aktivieren bzw. deaktivieren. Außerdem mittels **Proteasen,** einer Enzymklasse, welche Proteine degradiert. Besonders wichtige Regulationsproteine sind **Zykline** und **Zyklin-abhängige Kinasen** (*cycline-dependent kinases,* **CDKs**). Reguliert wird der Zellzyklus also durch das Vorhandensein beziehungsweise die Aktivität von verschiedenen Proteinen, die über den Zellzyklus verteilt differenziell exprimiert werden (◻ Abb. 4.8). Wird ein *Checkpoint* überwunden, geht der Zellzyklus weiter. Ist etwas nicht in Ordnung, wird ein „Notfallplan" aktiviert. Einen Notfallplan kennen wir bereits, der zur irreversiblen Arretierung der Zelle in der G_0-Phase führen und somit eine weitere Zellteilung verhindern kann. Unweigerlich werden solche Zellen irgendwann absterben.

Nur wenn alles nach Plan läuft, die richtigen Proteine zum richtigen Zeitpunkt phosphoryliert werden, die Zykline in der richtigen Reihenfolge exprimiert werden und keine anderen Regulatoren dazwischenfunken, wird eine nach der anderen Phase durchlaufen. Nur dann bekommt eine Zelle grünes Licht zur Teilung.

4.2.1 Zykline und Zyklin-abhängige Kinasen

Wie in ◻ Abb. 4.8 zu sehen ist, sind nicht alle **Zykline** zu allen Zeitpunkten in der Zelle vorhanden oder gleich stark exprimiert. Daher leitet sich auch der Name „Zykline" ab, ihr Vorhandensein in Zellen ist nämlich zyklisch. Eine Ausnahme bildet **Zyklin D,** welches den ganzen Zellzyklus über vorhanden ist, wenn auch in schwankender Konzentration. Die Zykline haben dabei unterschiedliche Aufgaben. Zum Beispiel wird **Zyklin E** in der G_1-Phase gebildet und bestimmt den Übergang von der G_1- zur S-Phase. **Zyklin A** führt in die G_2-Phase, und **Zyklin B** schließlich leitet die Mitose ein.

Um eine neue Phase einzuleiten, verändert sich die Expression und somit die Konzentration eines oder

◻ **Abb. 4.7**   Während des Zellzyklus gibt es verschiedene sogenannte *Checkpoints,* also Kontrollpunkte, an denen für eine gesunde Teilung wichtige Parameter überprüft werden. Es ist wichtig, dass die DNA intakt ist, bevor sie in der S-Phase repliziert wird. Und auch während der Replikation sollte die DNA nicht beschädigt sein. Direkt vor der M-Phase wird die DNA noch einmal auf Schäden überprüft. (C. Klein)

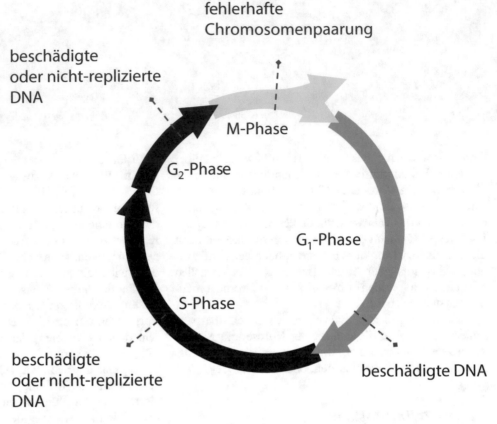

◻ **Abb. 4.8**   Darstellung der Konzentrationen verschiedener Zykline im Verlauf des Zellzyklus. Deutlich zu sehen ist dabei, dass zu verschiedenen Zeitpunkten unterschiedliche Zykline unterschiedlich konzentriert sind. Eine Änderung in der Konzentration eines Zyklins markiert den Eintritt in eine neue Zellzyklusphase. (A. Fachinger)

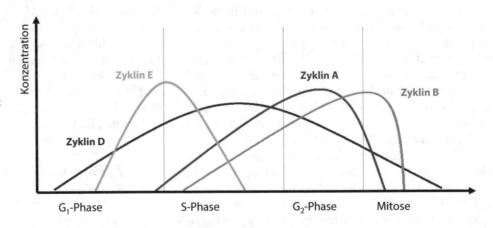

mehrerer Zykline in einer Zelle. Abhängig von den Phasen binden die Zykline an **CDKs** und aktivieren diese dadurch. Dieser **Zyklin-CDK-Komplex** phosphoryliert dann wiederum andere Proteine, welche zum Beispiel als Transkriptionsfaktoren für bestimmte zellzyklusspezifische Gene fungieren können. (Transkriptionsfaktoren werden in ▶ Kap. 6 und 8 genauer beschrieben.) Zykline, die für vorherige Phasen zuständig waren, werden schließlich durch Proteasen abgebaut – auch das ist wichtig für die Zellzykluskontrolle.

Proteinklassen, die den Zellzyklus maßgeblich kontrollieren

▬ **Zykline:** Sie können mit Zyklin-abhängigen Kinasen (CDKs) einen Komplex bilden. Dadurch wird die Kinasefunktion der CDKs aktiviert. Da die Zykline zellzyklusabhängig exprimiert werden, sind sie die Regulatoren der CDKs.

▬ **Zyklin-abhängige Kinasen (CDKs):** Sie sind eine Familie von Proteinkinasen, die andere Proteine an bestimmten Stellen phosphorylieren, wodurch diese beispielsweise in ihrer Funktion aktiviert werden können. CDKs spielen sowohl im Zellzyklus als auch bei der Transkription eine Rolle.

— **Inhibitoren von CDKs (CDKI)**: CDKIs sind Gegenspieler der Zykline. Werden diese Inhibitoren aus bestimmten Gründen rekrutiert, können sie damit das Voranschreiten des Zellzyklus aufhalten. Sie sind damit essenziell für die Zellzykluskontrolle.

— **Verschiedene Proteasen**: Proteasen „recyceln" andere Proteine, indem sie diese in ihre Aminosäurebausteine zerschneiden. Das ist wichtig, um die Zykline, nachdem sie benötigt wurden, wieder abzubauen.

— **Verschiedene Proteinkinasen**: Neben den CDKs gibt es noch andere Proteinkinasen, die im Zellzyklus eine Rolle spielen und die verschiedensten Proteine phosphorylieren – meist in Abhängigkeit von der CDK/Zyklin-Aktivität.

■ **Beispiel** *mitose-promoting factor*

Ein Beispiel für einen Zyklin-CDK-Komplex ist der *mitose-promoting factor* (wird auch *maturation promoting factor* gennant; **MPF**), der den letzten *Checkpoint* vor dem Eintritt in die M-Phase organisiert. Der aktive Komplex besteht aus Zyklin B und CDK1 (◘ Abb. 4.9). Der MPF sorgt unter anderem dafür, dass das Chromatin kondensiert, dass die Kernhülle aufgelöst wird und dass sich die Spindel formt. Wie wir

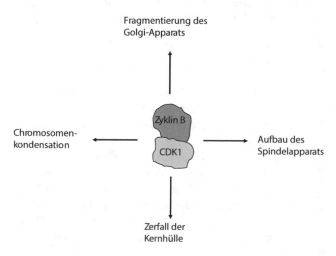

◘ **Abb. 4.9** Beispielhaft für Zyklin-CDK-Komplexe ist hier der *mitose-promoting factor* (MPF) gezeigt. Er besteht aus Zyklin B und CDK1. MPF sorgt dafür, dass für die M-Phase wichtige Prozesse in Gang gesetzt werden, wie die Kondensation der Chromosomen, die Fragmentierung des Golgi-Apparats, der Zerfall der Kernmembran und der Aufbau des Spindelapparats. (C. Klein)

bereits wissen, sind das alles wichtige Voraussetzungen für die M-Phase.

4.3 Die Rekombination durch Crossing-over

Bei der Meiose wird das Erbgut ziemlich durcheinandergemischt. Wie bereits in ▶ Abschn. 4.1.3 gezeigt, ist ein zufälliger (in Hinsicht auf Abstammung von Vater oder Mutter) Chromosomensatz auf die Tochterzellen verteilt worden. Aber das ist noch nicht alles, was die Natur sich hat einfallen lassen, um bei der Meiose für genetische Vielfalt zu sorgen. Bei der Prophase I der Meiose, wenn die homologen **Zwei-Chromatiden-Chromosomen** im Zygotän (Homologenpaarung, Synapsis) gepaart vorliegen, kann es zur Überkreuzung und schließlich zum gegenseitigen Austausch ganzer Chromosomenstücke kommen (**Crossing-over;** ◘ Abb. 4.10). Das führt dazu, dass die Allelkombinationen von Vater und Mutter noch einmal kräftig durchmischt werden können und sich so die Anzahl möglicher Genotypen erhöht. Denn durch den Austausch ganzer Regionen von Chromatiden der homologen Chromosomen können beispielsweise mütterliche Allele auf einem Chromosom vom Vater landen oder umgekehrt. Crossing-over als grundlegender Mechanismus kann Ursache für eine **homologe Rekombination** sein. Diese spielt auch in ▶ Abschn. 9.2.3 über Chromosomenmutationen sowie in ▶ Kap. 11 über Bakterien- und Phagengenetik eine Rolle.

■■ **Doch wie funktioniert jetzt ein Crossing-over?**

Wir befinden uns gedanklich im Zygotän der Prophase I einer Meiose. Die homologen replizierten Chromosomen haben sich gepaart und bilden einen sogenannten **synaptonemalen Komplex** aus. Dieser Komplex besteht aus RNA, DNA und Proteinen und führt zur exakten Paarung der homologen Chromosomen. Kommt es dabei in einer der Schwesterchromatiden zu einem **Doppelstrangbruch** oder zu **Einzelstrangbrüchen** in beiden Schwesterchromatiden, kann sich im Rahmen der Doppelstrangbruchreparatur ein **Chiasma** mit einem anderen Schwesterchromatid des homologen Chromosoms ausbilden. Diese Chiasmata sind sogar unter dem Mikroskop zu sehen. Wird diese Struktur aufgelöst, kommt es oft zu einer neuen Verknüpfung, sodass Teile der Chromatiden unter den beiden homologen Chromosomen ausgetauscht werden (◘ Abb. 4.10). Dabei handelt es sich nicht nur um eine einfache Translokation, in Wirklichkeit kommt es zu sogenannten **Holliday-Strukturen** (*Holliday junctions*), deren Auflösung eine Wissenschaft für sich ist.

4

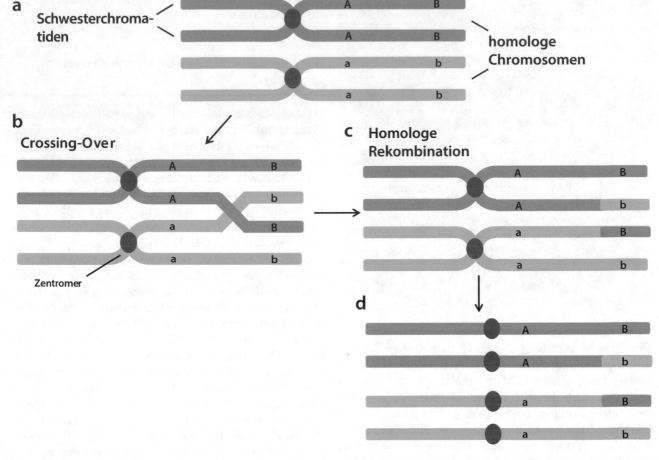

a Schwesterchroma-tiden — homologe Chromosomen

b Crossing-Over

Zentromer

c Homologe Rekombination

d

☐ **Abb. 4.10**   Ein Crossing-over und seine Folgen. **a** Es sind homologe Zwei-Chromatiden-Chromosomen gezeigt, ein Chromosom besteht hier aus zwei Chromatiden, die über ein Zentromer verbunden sind. **b** Sind die Chromosomen gepaart, kann es zu einem Crossing-over zwischen zwei Chromatiden der homologen Chromosomen kommen. **c** Wird dieses Chiasma aufgelöst, kann das überkreuzte Stück der beiden Chromosomen jeweils neu verknüpft und somit Teile der Chromatiden ausgetauscht werden (homologe Rekombination). **d** Aus anfänglich zwei AB- und zwei ab-Chromatiden sind nun die Chromatiden AB, Ab, aB und ab entstanden. (C. Klein)

Merke

Crossing-over-Ereignisse bei denen Teile verschiedener homologer Chromosomen ausgetauscht werden, finden nur während der Meiose statt (weil sich nur hier die homologen Chromosomen „paaren"!). Austauschereignisse zwischen zwei Schwesterchromatiden desselben Chromosoms können jedoch auch in der Mitose stattfinden. Man spricht dann von einem Schwesterchromatidenaustausch (SCE; ☐ Abb. 4.5).

Zusammenfassung

- Zellzyklus
- Der Zellzyklus beschreibt die zyklischen Abläufe des Lebens einer Zelle von einer Teilung bis zur nächsten Teilung und inklusive der Teilung selbst.
- Er ist gegliedert in Interphase und Mitose-Phase (M-Phase).
- Die Interphase ist untergliedert in:

Gap-Phasen 1 oder 2 (G_1, G_2), in welchen hauptsächlich Proteinbiosynthese stattfindet, oder als Sonderfall die G_0-Phase, in der eine Zelle nicht weiter im Zellzyklus fortschreitet.

Die Synthese-Phase (S-Phase), in der die Replikation stattfindet.

- Die Mitose (M-Phase) ist untergliedert in:

Prophase: Die Kernmembran fragmentiert und wird teilweise in Vesikeln zwischengelagert. Die Chromosomen kondensieren und die Spindel wird ausgebildet. Gegen Ende der Prophase werden die Chromosomen langsam in die Äquatorialebene bewegt.

Metaphase: Die Chromosomen sind in der Äquatorialebene aufgereiht.

Anaphase: Separase schneidet Cohesin, wodurch die Schwesterchromatiden nicht mehr stark miteinander verbunden sind und von der Spindel zu den Zellpolen hin bewegt werden können.

Telophase: Die Chromosomen beginnen zu dekondensieren. Um die Chromosomen lagert sich eine neue Kernhülle an, und der Nukleolus wird neu gebildet.

- Die Cytokinese (Zellteilung) ist nicht Teil der M-Phase, aber sozusagen Anfang und Ende eines Zellzyklus.
- Die Meiose ist untergliedert in:

Meiose I: auch Reduktionsteilung genannt. Nachdem in den Meiocyten I die Chromatiden repliziert wurden (2n4c), werden die homologen Chromosomenpaare als ganze Zwei-Chromatiden-Chromosomen auf zwei Tochterzellen verteilt. Diese sind nun haploid (1n2c).

Meiose II: auch Äquationsteilung genannt. Startet nach der Meiose I. Bei der Meiose II werden die Chromatiden auf zwei Tochterzellen verteilt, ähnlich wie bei einer Mitose.

Das Ergebnis der Meiose sind schließlich vier Zellen mit einem haploiden Ein-Chromatid-Chromosomensatz (1n1c).

· Zellzykluskontrolle

- An mehreren Kontrollpunkten *(Checkpoints)* überprüft die Zelle, ob die Voraussetzungen erfüllt sind, um im Zyklus fortzufahren. *Checkpoints* im Zellzyklus stellen sicher, dass eine Zelle sich nur dann teilt, wenn ihre DNA fehlerfrei ist, sie repliziert ist oder die Chromosomen richtig gepaart vorliegen. Werden sie nicht überwunden, kann der Zellzyklus gestoppt oder die Zelle getötet werden.
- Zykline sind die Timer im Zellzyklus.
- Ihr Vorhandensein bzw. ihre Konzentration in der Zelle bestimmt, welche Phase des Zellzyklus eingeleitet wird.
- Dabei binden Zykline an Zyklin-abhängige Kinasen (CDKs), welche dadurch aktiviert werden und ihrerseits verschiedenste Proteine phosphorylieren und so zum Beispiel Transkriptionsfaktoren aktivieren, die dann wiederum zellzyklusspezifische Gene steuern.

- Der *mitose-promoting factor* (MPF) ist ein Beispiel für einen Zyklin-CDK-Komplex aus Zyklin B und der dazugehörigen CDK1. Durch das Aktivieren von Prozessen, wie beispielsweise dem Zerfall der Kernhülle, oder durch das Einleiten der Chromosomenkondensation schafft der MPF wichtige Vorrausetzungen für die Mitose.

· Rekombination in der Meiose

- Crossing-over: In der Prophase I der Meiose I kommt es zur Paarung der homologen Chromosomen. Dabei können Chiasmata auftreten, bei denen die DNA-Stränge von Chromatiden verschiedener homologer Chromosomen kreuzweise paaren. Bei der Auflösung dieser Strukturen kann es passieren, dass ganze Abschnitte eines Chromosoms mit Teilen des homologen Chromosoms ausgetaucht werden. Diese homolge Rekombination führt zu einer erhöhten genetischen Vielfalt.

Literatur

1. Virchow, R. (1858). *Die Cellularpathologie in ihrer Begründung und in ihrer Auswirkung auf die physiologische und pathologische Gewebelehre* (1. Aufl.). Berlin: Hirschwald.
2. Musacchio, A., & Desai, A. (2017). A molecular view of kinetochore assembly and function. *Biology, 6*(1). https://doi.org/10.3390/biology6010005.
3. Vermeulen, K., Van Bockstaele, D. R., & Berneman, Z. N. (2003). The cell cycle: A review of regulation, deregulation and therapeutic targets in cancer. *Cell Proliferation, 36,* 131–149. https://doi.org/10.1046/j.1365-2184.2003.00266.x.
4. Schubert, V., Zelkowski M., Klemme, S., & Houben, A. (2016). Similar sister chromatid arrangement in mono- and holocentric plant chromosomes. *Cytogenetic and Genome Research,149*(3). https://doi.org/10.1159/000447681.

Die Replikation

Inhaltsverzeichnis

© Springer-Verlag GmbH Deutschland, ein Teil von Springer Nature 2020
J. Buttlar et al., *Tutorium Genetik,*
https://doi.org/10.1007/978-3-662-56067-9_5

5

Viele Zellen unseres Körpers sind unser ganzes Leben lang in der Lage, sich zu teilen, wobei einige Zelltypen, wie Knochenmarkszellen und andere Stammzellen, sich tatsächlich von einer Zellteilung in die nächste stürzen. Die Zellteilung beim Menschen sowie generell bei allen Lebewesen ist daher von essenzieller Bedeutung für diverse Vorgänge, wie die Regeneration von Wundgeweben, Wachstum und für das Ersetzen alternder Zellen. Sobald sich Zellen teilen, genauer gesagt vor der Zellteilung, muss das komplette genetische Material, das heißt die DNA, verdoppelt werden, um auf die entstehenden Tochterzellen verteilt werden zu können. Der Vorgang der identischen Verdopplung oder Vervielfältigung der DNA wird als **Replikation** bezeichnet.

Die Replikation macht einen bedeutenden Teil des Zellzyklus aus (▶ Kap. 4). Bei eukaryotischen Zellen findet die DNA-Replikation während der **DNA-Synthese-Phase** (S-Phase) statt, in der die komplette genomische DNA verdoppelt wird. Prokaryotische Zellen führen ebenfalls die DNA-Replikation durch, und zwar im Zuge der ganz normalen zellulären Verdopplung, die der Vermehrung der Zellen dient, wodurch neue selbstständige Prokaryoten entstehen.

Normalerweise betrachtet man die Replikation im Rahmen der Zellteilung, aber das ist nicht alles: Die in Prokaryoten durch Replikation entstandene DNA kann auf unterschiedliche Art und Weise entweder auf die neuen Tochterzellen übertragen oder zwischen bereits existierenden Zellen ausgetauscht werden. Dabei existieren zwei unterschiedliche Arten des Gentransfers: der horizontale (HGT) und der vertikale Gentransfer (VGT) (▶ Kap. 11).

Wird vom **horizontalen Gentransfer** gesprochen, so sind die Genübertragung sowie die Aufnahme genetischen Materials unabhängig von geschlechtlicher Fortpflanzung und oft über Artgrenzen hinweg gemeint. Dabei ist jedoch der HGT nicht immer mit der Replikation verbunden, da auch einzelne DNA-Fragmente aus der Umwelt aufgenommen werden können. Starke Sprünge in der Entwicklung von beispielsweise Mikroorganismen über einen relativ kurzen Zeitraum hinweg könnten beispielsweise durch diese Art der Genübertragung erklärt werden. Der horizontale Gentransfer wird selbst noch einmal untergliedert in **Transformation, Konjugation** und **Transduktion** (▶ Kap. 11). Dem horizontalen Gentransfer steht der **vertikale Gentransfer** gegenüber. Dieser beschreibt die Übertragung sowie die Aufnahme von Genen entlang der Abstammungslinie durch sexuelle Fortpflanzung. Dabei wird die replizierte DNA von der parentalen Generation (also der Vater- oder Mutterzelle) auf die Tochterzelle, also auf die Folgegeneration, transferiert.

Doch nun stellt sich die Frage: Wie genau läuft die DNA-Replikation ab, und welchen Mechanismen unterliegt sie? Um diese Fragen genauer zu beantworten, gehen wir zurück in der Geschichte der molekularen Biologie.

5.1 Die Theorien zum Mechanismus der DNA-Replikation

Für den Ablauf der Replikation beziehungsweise die Frage, wie „alte" und „neue" DNA-Stränge nach der DNA-Verdopplung aufgeteilt werden, wurden unterschiedliche Theorien entwickelt. Genauer standen drei theoretische Modelle zum Mechanismus der DNA-Replikation zur Diskussion: die **konservative, semi-konservative** und **dispersive Replikation** (◘ Abb. 5.1). Bei allen drei Theorien handelt es sich beim Ausgangsmaterial um doppelsträngige DNA (dsDNA).

5.1.1 Die konservative Replikation

Bei der **konservativen Replikation** (◘ Abb. 5.1a) bleibt der „parentale DNA-Strang", das heißt, die ursprüngliche DNA, komplett erhalten. Nach der Synthese der Kopien beider DNA-Stränge hybridisieren die neu synthetisierten einzelsträngigen DNA-Kopien zu einem Doppelstrang. Sprich, der Ursprungsstrang bleibt völlig unverändert, während zusätzlich ein komplett neuer DNA-Doppelstrang entsteht.

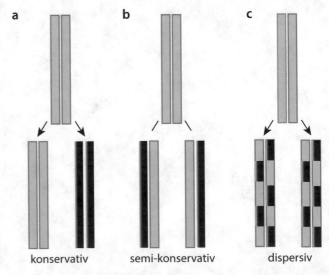

◘ Abb. 5.1   Darstellung der drei theoretisch möglichen DNA-Replikationsmechanismen: **a** konservativ, **b** semi-konservativ und **c** dispersiv (grau: parentale, alte DNA; schwarz: neu synthetisierte DNA). (J. Funk)

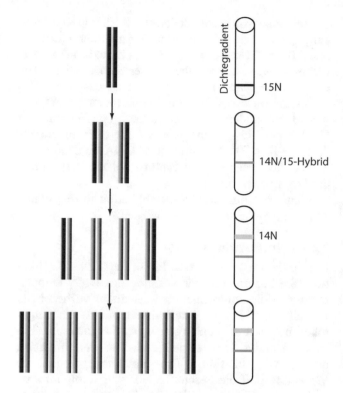

Dichtegradient

15N

14N/15-Hybrid

14N

◻ **Abb. 5.2** Schematische Darstellung des Meselson-Stahl-Experiments mittels Dichtegradientenzentrifugation zum Nachweis der semi-konservativen Replikation. Durch die Bereitstellung unterschiedlich schwerer Stickstoffisotope (^{14}N und ^{15}N) konnte der semi-konservative Replikationsmechanismus bestätigt und die dispersive sowie die konservative Theorie ausgeschlossen werden. (J. Funk)

5.1.2 Die semi-konservative Replikation

Bei der **semi-konservativen Replikation** (◻ Abb. 5.1b) hybridisiert jeder der beiden „parentalen Stränge" mit dem jeweils komplementären neu synthetisierten DNA-Strang. Daher liegen als Endprodukt zwei DNA-Doppelstränge vor, die jeweils zur Hälfte aus einem neuen und einen alten Strang bestehen.

5.1.3 Die dispersive Replikation

Eine weitere Theorie der Replikation ist als **dispersive Replikation** bekannt (◻ Abb. 5.1c). Auch bei der dispersiven Replikation hybridisiert jeweils die Hälfte der parentalen DNA mit der neu synthetisierten DNA. Jedoch bricht der parentale Strang in kleinere Fragmente, diese werden anschließend mit den neu synthetisierten Strangbruchstücken zu einem Doppelstrang verbunden. Die Replikation innerhalb dieses Modells ist daher nicht kontinuierlich, sondern mosaikhaft oder „dispers", wodurch zwei DNA-Doppelstränge entstehen, die jeweils aus alten und neuen DNA-Fragmenten bestehen.

5.1.4 Die Bestätigung des semi-konservativen Mechanismus

Heute weiß man, dass die Replikation in menschlichen Zellen semi-konservativ abläuft. Doch wie man das herausfand und wie ein Experiment den Mechanismus der semi-konservativen Replikation bestätigen konnte, soll im Folgenden beschrieben werden.

5.1.4.1 Das Meselson-Stahl-Experiment

Die 1958 durchgeführten Experimente von **Matthew Meselson** und **Franklin Stahl** zeigten, dass der DNA-Replikation ein semi-konservativer Mechanismus zugrunde liegt. Das experimentelle Verfahren der beiden Wissenschaftler erlangte wegen seiner logischen Pfiffigkeit einige Berühmtheit und darf deshalb in keinem Genetikbuch fehlen – auch hier nicht!

Um den Mechanismus der Replikation zu untersuchen, haben Meselson und Stahl *Escherichia coli*-Bakterien in Flüssigkultur gezüchtet, die ein bestimmtes **Stickstoffisotop** (^{15}N) enthält. Nach einer ersten Probennahme wurden die Zellen weiterhin in einem Medium angezogen, das ebenfalls Stickstoff enthält, jedoch nicht ^{15}N, sondern das leichtere Stickstoffisotop (^{14}N). Da Stickstoff ein Bestandteil der Basen der DNA ist (▶ Kap. 2) und die Zellen nicht zwischen den Stickstoffisotopen unterscheiden können, werden die dem Medium zugeführten leichteren ^{14}N-Isotope während des folgenden Replikationsvorgangs in die DNA eingebaut. Nach 20 min, also etwa einem **Replikationszyklus**, wurde wieder eine Probe entnommen und der Rest der Zellen weiterhin bis zur zweiten Generation kultiviert, um im Anschluss mit den verschiedenen entnommenen Proben eine **Dichtegradientenzentrifugation** durchzuführen (◻ Abb. 5.2).

Das unterschiedliche atomare Gewicht der Stickstoffisotope ^{15}N und ^{14}N (^{15}N besitzt ein Neutron mehr und ist daher schwerer als ^{14}N) kann genutzt werden, um herauszufinden, welchem der beschriebenen Mechanismen die DNA-Replikation in einer Zelle folgt. Nach einer Dichtegradientenzentrifugation der DNA, also der Auftrennung der DNA nach ihrer Dichte während der Zentrifugation, zeigt die DNA der unterschiedlichen Bakteriengenerationen aufgrund des Einbaus unterschiedlich schwerer Stickstoffisotope in die DNA verschiedene Dichten (◻ Abb. 5.2). Die Dichte der 1. Generation liegt dabei genau zwischen den Referenzproben der 0. Generation – also der frühesten Probe (enthält ausschließlich ^{15}N) – und der 2. Generation (enthält überwiegend ^{14}N und nur einen geringen Hybridanteil aus ^{14}N und ^{15}N). Die DNA der 1. Generation (zweite Probe) enthält sowohl ^{14}N als auch ^{15}N mit einer Verteilung von 1:1, wodurch

5

die **semi-konservative Replikation** bestätigt werden konnte.

Würde die Replikation konservativ ablaufen, so würden zwei Dichtebanden der DNA nach einer Dichtegradientenzentrifugation auftreten, wobei die untere Bande den schwereren, ^{15}N enthaltenden Mutterstrang und die obere Bande den leichteren, ^{14}N enthaltenden Tochterstrang darstellt.

Ebenso kann die Idee der dispersiven Replikation ausgeschlossen werden. Würde die Replikation dispers verlaufen, so würde die DNA der 1. Generation ebenso wie das Produkt der semi-konservativen Replikation in der Mitte beider Referenzbanden verlaufen. Die DNA der 2. Generation jedoch würde ebenso in der Mitte beider Referenzbanden liegen, im Gegensatz zum semi-konservativen Produkt, das hier hauptsächlich ein leichtes DNA-Produkt (^{14}N) aufweist. Bei weiteren Replikationsschritten wäre eine kontinuierliche Annäherung an die leichtere Bande zu erwarten. Die semi-konservative Replikation konnte daher durch dieses einfache Experiment nachgewiesen werden.

5.2 Der Ablauf der DNA-Replikation

Der Prozess der Verdopplung der DNA verläuft überraschenderweise in prokaryotischen und eukaryotischen Zellen sehr ähnlich. Im Folgenden sollen die Abschnitte der DNA-Replikation genauer beleuchtet und des Weiteren die Unterschiede beziehungsweise die spezifischen Mechanismen der pro- und eukaryotischen Replikationsprozesse diskutiert werden.

5.2.1 Die Replikation bei Eukaryoten

In einigen Organismen wie höheren Pflanzen oder Tieren läuft die Replikation im Zellkern innerhalb der Interphase, während der **S-Phase,** von sich bald teilenden Zellen ab. Jedoch muss auch bedacht werden, dass sich nicht alle Zellen in mehrzelligen Organismen immer weiter teilen. Einige Zellen, wie zum Beispiel neuronale Zellen oder Herzmuskelzellen, bleiben ein Leben lang erhalten, wenn sie erst einmal ausdifferenziert sind. Alle weiteren Zellen, die sich im Laufe ihrer Entwicklung und auch im ausdifferenzierten Stadium teilen, müssen zuvor die Replikation durchlaufen, um den doppelten DNA-Gehalt zu erzielen, der anschließend durch Kern- und meistens nachfolgende Zellteilung auf die entsprechenden Tochterzellen gleich verteilt wird.

Bei eukaryotischen Zellen läuft die DNA-Replikation grundsätzlich vor der Kernteilung (**Karyokinese**), die nicht mit der Zellteilung (**Cytokinese**) zu verwechseln ist, in der **Synthese-** oder **S-Phase** der Interphase ab (► Kap. 4). Weiterhin ist zu beachten, dass die eukaryotische DNA im Vergleich zu prokaryotischer DNA anders verpackt vorliegt. Hierbei kommen DNA-bindende Proteine, wie Histone oder andere, ins Spiel (► Kap. 3), die durch ihre DNA-bindenden Eigenschaften einen starken Einfluss auf die Verpackung der DNA besitzen.

Generell kann die DNA-Replikation in die folgenden drei Abschnitte unterteilt werden.

5.2.1.1 Initiation

Die Initiation ist die erste Phase der DNA-Replikation. Sie beginnt mit der Öffnung des DNA-Doppelstrangs in die komplementär zueinander vorliegenden Einzelstränge am Replikationsstartpunkt (im Englischen bekannt als *„ori"* für *origin of replication*). Ein entscheidender Unterschied zwischen der Initiation der DNA-Replikation in Pro- und Eukaryoten ist die Verteilung und die Beschaffenheit von Replikationsstartpunkten. Während der Replikationsstart in Prokaryoten genau definiert ist und nur einmal im Genom der Bakterien vorliegt, befinden sich in eukaryotischen Genomen meistens mehrere Startpunkte, die über das ganze Genom verteilt vorliegen und häufig nicht genau definiert sind. Eukaryotische Replikationsstartpunkte sind anders als prokaryotische nicht genau durch eine gemeinsame Sequenz definiert – Ausnahmen bilden jedoch eukaryotische Plasmide, die genau definierte Startpunkte der Replikation aufweisen. Es handelt sich dabei eher um DNA-Abschnitte, die sich in ihrer Sequenz sehr ähnlich sind. Die *Origin*-Sequenzen werden durch diverse Proteine, die zusammen einen sogenannten *Origin*-Erkennungskomplex oder *origin recognition complex* (**ORC**) bilden, markiert, um dadurch weitere für den Replikationsstart wichtige Proteine wie **Helikasen** zu rekrutieren. Durch mehrere Startsequenzen kommt es zu sich ausbreitenden **Replikationsblasen** in der zu replizierenden DNA (◻ Abb. 5.3).

Der Aufbruch der Wasserstoffbrückenbindungen zwischen den komplementären Basen einer doppelsträngigen DNA wird von einem Enzym, der **Helikase**, katalysiert. Um zu verhindern, dass die beiden entstandenen Einzelstränge wieder zu einem Doppelstrang hybridisieren, setzen sich **Einzelstrang-bindende Proteine** (*single-strand binding proteins*, **SSBP**) an die einzelsträngigen DNA-Moleküle. Ein weiteres Enzym, die **Topoisomerase,** verhindert durch gezielte

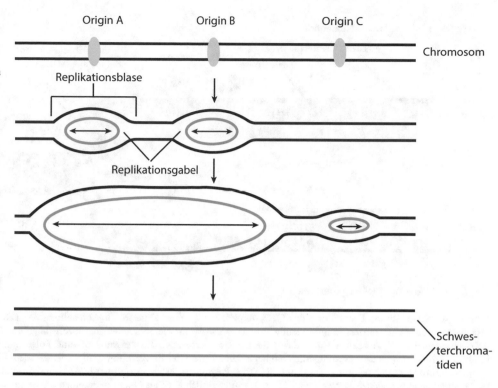

Abb. 5.3 *Origins of replication (ori)* oder Replikationsstartpunkte in eukaryotischen Plasmiden und chromosomalen DNA-Sequenzen einiger einfach gebauter Eukaryoten, wie zum Beispiel in Hefezellen. Im Kontrast dazu sind die *oris* in höheren und komplexeren Eukaryoten nur wenig definiert und liegen verteilt über das komplette Genom vor. Durch das Vorkommen mehrerer Startsequenzen (hier *origin* A-C) im Chromosom und der bidirektionalen Ausbreitung der Replikationsgabeln entstehen multiple Replikationsblasen, die sich an der zu replizierenden DNA ausbreiten und fusionieren. Am Ende der Replikation eines eukaryotischen Chromosoms entstehen zwei Schwesterchromatiden. (J. Funk)

Labels in figure: Origin A · Origin B · Origin C · Chromosom · Replikationsblase · Replikationsgabel · Schwesterchromatiden

Schnitte und Re-Ligation (das Zusammenfügen von Phosphatrest und Desoxyribose über Phosphodiesterbindungen) der DNA-Doppelhelix ein *Supercoiling* des Doppelstrangs in Richtung der fortlaufenden **Replikationsgabel.** Die Topoisomerase „entzwirbelt" also die DNA-Doppelhelix durch Schneiden und anschließendes Zusammenkleben und verhindert dadurch die Schädigung der DNA durch sonst auftretende **Torsionsspannungen,** die bei der Entwindung der DNA bei fortlaufender Replikation auftreten.

Eine Sache Vorweg
Vergleicht man das Genom von **Mensch** (ca. 3×10^9 bp) und *Escherichia coli* (ca. $4{,}6 \times 10^6$ bp) würde die **Replikationsdauer** beim Menschen fast 200-mal länger dauern als die eines Bakteriums, wenn man annehmen würde, dass das menschliche Genom nur ein Chromosom und nur einen *ori* hätte. Da dies jedoch nicht der Fall ist und die Replikationszeit deutlich kürzer ist, hat die **Anzahl der oris** also einen wesentlichen Einfluss auf die Dauer der Replikation. Natürlich spielt ebenfalls die Synthesegeschwindigkeit der Polymerase eine entscheidende Rolle. So weist die prokaryotische DNA-Polymerase eine Synthesegeschwindigkeit von durchschnittlich 1000 Nukleotiden pro Sekunde auf, während die eukaryotische DNA-Polymerase etwa 50–100 Nukleotide

pro Sekunde schafft, jedoch eine verstärkte *proofreading*-**Aktivität** besitzt. Letzteres bedeutet, dass die eukaryotische DNA-Polymerase Fehler während der Replikation besser erkennen und korrigieren kann als die prokaryotische DNA-Polymerase.

5.2.1.2 Elongation

Die durch die Initiation entstandenen DNA-Einzelstränge dienen in der Elongationsphase der **DNA-Polymerase** (▶ Abschn. 5.2.2) als Matrize (Template) beziehungsweise als Vorlage für die Synthese eines neuen komplementären DNA-Strangs. Die Auftrennung der DNA-Doppelhelix durch die Helikase resultiert in zwei aufgespaltenen DNA-Strängen mit unterschiedlicher Orientierung. Polymerasen können Nukleotide nur an das 3′-OH-Ende des wachsenden DNA-Strangs anhängen und somit nur in eine Richtung synthetisieren, nämlich von **5′ nach 3′.** Deshalb kann ein Strang, der **Leitstrang** *(leading strand),* ohne Unterbrechung durch die DNA-Polymerase ε **kontinuierlich** in 5′→3′-Richtung synthetisiert werden.

Im Gegensatz zum Leitstrang wird der komplementäre **Folgestrang** *(lagging strand)* lediglich Stück für Stück, also **diskontinuierlich,** durch die DNA-Polymerase δ repliziert (▶ Abb. 5.4). Die dabei zunächst entstehenden DNA-Stücke werden nach ihrem Entdecker auch als **Okazaki-Fragmente** bezeichnet. Die meisten

5

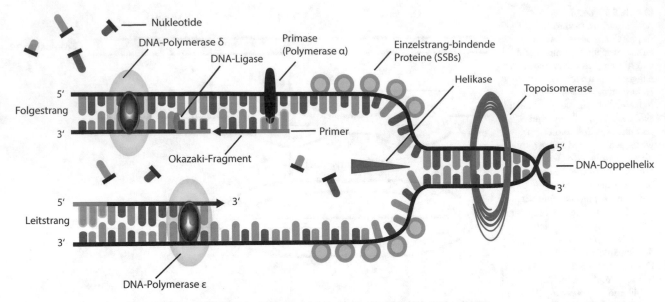

■ Abb. 5.4   Schematische Darstellung der DNA-Replikation in einer Zelle. Nach Aufspaltung des DNA-Doppelstrangs durch die Helikase lagern sich kleine Einzelstrang-bindende Proteine (SSBPs) an die entstandenen Einzelstränge an. Die Topoisomerase entwindet die DNA-Doppelhelix. Im Anschluss synthetisiert die Primase kurze RNA-Primer am Leit- und Folgestrang der DNA. Am Leitstrang kann durch die DNA-Polymerase ε kontinuierlich ein neuer komplementärer Einzelstrang synthetisiert werden. Hingegen kann am Folgestrang der komplementäre DNA-Einzelstrang, der durch die DNA-Polymerase δ synthetisiert wird, lediglich diskontinuierlich hergestellt werden. Die so am Folgestrang entstandenen kurzen RNA-DNA-Hybride werden auch als Okazaki-Fragmente bezeichnet und können im Anschluss an deren Synthese durch die DNA-Ligase miteinander verknüpft werden. Dabei werden die durch die Primase synthetisierten RNA-Abschnitte gleichzeitig durch DNA ersetzt. Mit der Replikation entstehen somit aus einem DNA-Doppelstrang zwei DNA-Doppelstränge mit identischer Basenabfolge. Beide Doppelstränge tragen jeweils einen alten und einen neu synthetisierten DNA-Strang. (J. Funk)

DNA-Polymerasen (bis auf Polymerase α) können Nukleotidsequenzen in der Regel nur verlängern, nicht jedoch beim ersten Nukleotid beginnen. Deshalb benötigen sie zum Start der Synthese Startmoleküle, die als **Primer** bezeichnet werden. Die Primer bestehen aus kurzen RNA-Fragmenten und werden durch eine RNA-Polymerase, die **Primase,** am 3′-Ende der DNA hergestellt. RNA-Polymerasen können eine Synthese *de novo,* also ab dem ersten Nukleotid ohne Primer starten. Dabei wandert die Primase mit dem sich öffnenden DNA-Doppelstrang mit und synthetisiert am Folgestrang an einigen Stellen kurze RNA-Startsequenzen für die DNA-Polymerase.

Im Falle von Eukaryoten handelt es sich bei der Primase um die **Polymerase α.** Diese ist relativ besonders, weil sie sowohl RNA- als auch DNA-Moleküle synthetisieren kann. Nachdem sie einen RNA-Primer hergestellt hat, verlängert sie diesen komplementär zur Matrize noch um eine 20 bis 30 nt lange DNA-Sequenz, bevor sie von den anderen, schnelleren Polymerasen (ε am Leitstrang und δ am Folgestrang) abgelöst wird. Der **Leitstrang** erhält nur einmal am Anfang (also an dessen 3′-Ende des *oris*) einen Primer als Startmolekül, während im Folgestrang etwa alle 200 nt ein Primer synthetisiert wird, was gleichzeitig auch die Länge der Okazaki-Fragmente vorgibt. Im Anschluss an die Synthese komplementärer DNA-Tochterstränge, werden die RNA-Primer durch die Exonuklease-Aktivi-

tät der DNA-Polymerasen abgebaut, die Lücken mit DNA aufgefüllt und die Enden anschließend durch die **DNA-Ligase** miteinander über Phosphodiesterbindungen verknüpft. (■ Abb. 5.4).

5.2.1.3 Termination

Bei eukaryotischen DNA-Sequenzen wurden bisher keine spezifischen **Terminationssequenzen**, wie es sie etwa bei prokaryotischen Sequenzen gibt, gefunden. Der Replikationsvorgang wird bei eukaryotischer DNA automatisch beendet, indem die DNA in linearer Form vorliegt und der Replikationsapparat am Ende des DNA-Moleküls einfach abfällt. Hierbei rennt der Replikationsapparat von einer Replikationsblase in den Replikationsapparat der nächsten, es kommt zum *„Crash"*, und beide Replikationsapparate „kicken" sich gegenseitig vom DNA-Molekül. Die komplementär synthetisierten Stränge werden noch während der Synthese miteinander verknüpft und gewunden.

An den Enden der DNA, den **Telomeren,** werden die RNA-Primer ebenfalls abgebaut. Jedoch werden sie dort nicht durch Desoxyribonukleotide über die Aktivität der Polymerase ersetzt, da hier (am Folgestrang, *lagging strand*) freie 3′-OH-Gruppen als Ansatzpunkt fehlen. Die vollständige DNA-Synthese ist daher an den 5′-Enden der Chromosomen nicht möglich und würde somit über kurz oder lang mit jeder ablaufenden

Replikation zur Verkürzung der DNA führen. Da dies jedoch nicht mit dem Leben einer Zelle vereinbar ist, gibt es ein Enzym, die **Telomerase,** die ein RNA-Template als eine Art Schablone mitbringt, um einer Verkürzung der 5′-Enden durch die Synthese neuer Telomersequenzen entgegenzuwirken (▶ Abschn. 5.2.2.3).

Durch die Replikation eines DNA-Doppelstrangs entstehen zwei identische DNA-Doppelstränge, die jeweils einen alten und einen neu synthetisierten Strang enthalten. Die DNA-Replikation verläuft somit semi-konservativ (▶ Abschn. 5.1.2).

Anwendung von _in vitro_-DNA-Replikation im Labor

Im Labor macht man sich heute das Wissen über den Ablauf der DNA-Replikation fast täglich zunutze. Der Biochemiker Kary B. Mullis entwickelte eine Methode beziehungsweise ein Minimalkomponentensystem zur _in vitro_-DNA-Replikation. Die Reaktion, mit der man heute aus wenigen DNA-Vorlagen Milliarden von Kopien in kurzer Zeit und mit nur wenig Aufwand synthetisieren kann (▶ Abschn. 12.2), wurde **Polymerasekettenreaktion,** kurz PCR _(polymerase chain reaction)_ getauft. Für die Entwicklung dieser bahnbrechenden Methode erhielt Mullis 1993 den Nobelpreis für Chemie.

5.2.2 Eukaryotische DNA-Polymerasen

Während der DNA-Replikation nehmen **Polymerasen** eine zentrale Rolle ein. Die Aufgabe der DNA-Polymerase besteht darin, Nukleotide zu langen Polynukleotidketten zu verknüpfen. Basierend auf einer einzelsträngigen DNA-Matrize synthetisieren DNA-Polymerasen während der Replikation neue DNA-Tochterstränge. Voraussetzungen für die Synthese der neuen Tochterstränge durch Polymerasen sind:

- Desoxyribonukleoside müssen als Desoxynukleosidtriphosphate (dNTPs) vorliegen. Die zur Polymerisation benötigte Energie wird dabei durch die Abspaltung der beiden äußeren Phosphate, also eines **Pyrophosphats (PP$_i$)**, geliefert, was eine exotherme Reaktion darstellt.
- DNA-Moleküle bilden in einzelsträngiger Form die Vorlage (Matrize) für den Tochterstrang.
- Die freie 3′-OH-Gruppe des doppelsträngigen Abschnitts _(priming site)_ dient als Startpunkt der DNA-Synthese durch die DNA-Polymerase, an dem neue Desoxynukleotide komplementär zur Matrizensequenz angeknüpft werden.

Die Anbindung der DNA-Polymerase an die **DNA-Matrize,** genauer gesagt am 3′-OH-Ende der Primersequenz, die eine kurze zur Matrize komplementäre Sequenz darstellt, stellt den Start der DNA-Neusynthese dar. Aus den vier unterschiedlichen Desoxynukleotiden wird das zum Matrizenstrang (Template) **komplementäre Desoxynukleotid** ausgewählt und so positioniert, dass sich zum gegenüberliegenden Nukleotid des Matrizenstrangs Wasserstoffbrückenbindungen ausbilden können (▶ Kap. 2). Durch die anschließende Abspaltung eines Pyrophosphatrestes (Diphosphat, bestehend aus β- und γ-Phosphat) von dem Desoxynukleotid kann eine **Phosphodiesterbindung** zwischen der endständigen 3′-OH-Gruppe des bereits vorliegenden Nukleotids und der 5′-Phosphatgruppe des neu einzubauenden Nukleotids geknüpft werden. Weiterhin wird durch die Abspaltung des Pyrophosphats Energie freigesetzt. Nach der Ausbildung der Phosphodiesterbindung kann die Polymerase auf dem Matrizenstrang eine Position beziehungsweise ein Nukleotid weiterrücken, um den Einbau des nächsten beziehungsweise nachfolgender Nukleotide zu katalysieren.

Exkurs 5.1: Fehler bei der Replikation

Die DNA-Synthese ist nie hundertprozentig genau. Die **Fehlerrate** der Polymerase erklärt sich beispielsweise dadurch, dass die Wahrscheinlichkeit einer Thymin-Enolform anstatt der normalerweise vorkommenden Thymin-Ketoform bei ca. 1:10.000 liegt. Keto- und Enolform sind Tautomere (**Keto-Enol-Tautomerie;** ◻ Abb. 5.5). **Tautomerie** ist eine Form der **Isomerie,** welche Moleküle beschreibt, die zwar die identische Summenformel besitzen, die jeweils einzelnen Atome jedoch unterschiedlich angeordnet sind. Tautomere Formen können durch die strukturelle Anordnung gewisser Atome schnell ineinander übergehen. Da die Enolform der Thyminbase nicht wie gewöhnlich mit Adenin paart, sondern Wasserstoffbrücken zu Guanin ausbildet, können Mutationen in der DNA begünstigt werden, die sich in der nächsten Replikationsrunde fortsetzen.

Neben dieser Tautomerie, die in dem oben genannten Beispiel nur die Thymine, also nur eine der vier Basen betrifft, geht man generell bei eukaryotischen Polymerasen von einem Fehler pro 10^4 beziehungsweise 10^5 bp aus. Diese Fehlerraten werden aber drastisch durch Korrekturmechanismen wie _proofreading_ (▶ Abschn. 5.2.2.1) und weitere Reparatursysteme (▶ Abschn. 9.3) auf etwa einen Fehler alle 10^9 beziehungsweise alle 10^{10} bp reduziert!

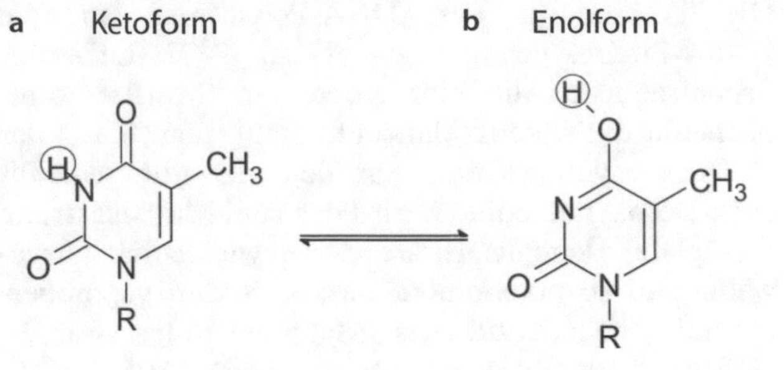

a Ketoform   **b** Enolform

Abb. 5.5 Keto-Enol-Tautomerie bei Thymin. Gezeigt sind die Keto- (**a**) und Enolform (**b**) von Thymin, die sich lediglich in der Anordnung der Atome unterscheiden und ineinander jeweils überführbar sind. (J. Funk)

5.2.2.1 *Proofreading*-Aktivität

Um durch das Enol-Thymin oder durch andere tautomere Formen von Nukleotiden hervorgerufene Mutationen in der DNA zu verhindern oder rückgängig zu machen, besitzen Polymerasen oft eine Korrekturlese- oder auf Englisch ausgedrückt *proofreading*-**Aktivität.** Einige Polymerasen besitzen nicht nur eine 5′→3′-Synthese-Aktivität, sondern weisen auch eine **3′→5′-Exonuklease**-Aktivität auf. Die 3′→5′-Exonuklease-Aktivität wird auch als Korrekturlese- oder *proofreading*-**Aktivität** beschrieben. Die 3′→5′-Exonuklease ist in der Lage, fehlerhaft in die DNA eingebaute Nukleotide vom 3′-Ende her wieder zu entfernen und dann mit der DNA-Polymerase-Aktivität erneut die dann hoffentlich richtigen Nukleotide einzusetzen (**Abb. 5.6; siehe auch Exkurs 5.1). Diese katalytische Funktion wird von spezifischen Bereichen der Polymerasen durchgeführt.

Eukaryotische Polymerasen arbeiten so genau, dass mit *proofreading*-Aktivität nur in etwa jedes zehnmillionstes Nukleotid falsch während der Synthese in die DNA eingebaut wird. Die Polymerase erkennt dabei etwa 99.9% aller Fehler, die während der Replikation entstehen. Auf das menschliche Genom bezogen bedeutet das, dass mit jeder Verdoppelung „nur" noch etwa 330 neue Fehler hinzukommen. Das ist eine enorme Leistung, wenn man bedenkt, dass es wohl keinen Menschen gibt, der einen Text von 3,3 Mrd. Buchstaben fehlerfrei schreiben kann, von E-Mails oder Twitter-Nachrichten ganz zu schweigen – selbst mit Autokorrektur!

5.2.2.2 Übersicht über verschiedene DNA-Polymerasen bei Eukaryoten

Die **DNA-Polymerasen** α, ε und δ spielen eine entscheidende Rolle im Vorgang der Replikation. Diese und zwei andere wichtige eukaryotische Polymerasen werden im Folgenden kurz beschrieben:

- Die **DNA-Polymerase** α ist in allen Eukaryoten hoch konserviert und synthetisiert RNA-Primer

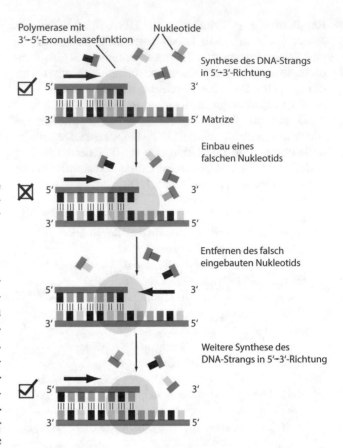

Abb. 5.6 Schematische Darstellung der Korrekturlese-/*proofreading*-Funktion beziehungsweise 3′→5′-Exonuklease-Aktivität einer DNA-Polymerase. Ein falsch eingebautes Nukleotid wird am 3′-Ende wieder entfernt und durch das richtige Nukleotid ersetzt. (J. Funk)

als Startmoleküle der DNA-Synthese. Dabei verlängert sie diese noch mit einigen dNTPs, sodass RNA-DNA-Hybride entstehen, die schließlich wiederum von anderen Polymerasen (δ und ε) von 5′ nach 3′ weiter verlängert werden. Sie kann als Primase also RNA- und DNA-Moleküle synthetisieren und ist ein wahres Multitalent! Dies ist ein entscheidender Unterschied zu den in Prokaryoten vorkommenden Polymerasen, die auf eine separate Primase, eine reine RNA-Polymerase, angewiesen sind.

- Die **DNA-Polymerasen** β ist an der Basenexzisionsreparatur beteiligt (► Abschn. 9.3.1).
- Die **DNA-Polymerase** γ ist Teil des Replikationsapparates in Mitochondrien und besitzt eine 3′→5′-Exonuklease-Aktivität.
- Die **DNA-Polymerase** δ übernimmt die Synthese am Folgestrang. Sie diffundiert dabei relativ leicht vom Strang, was einerseits den Vorteil hat, dass sie sich für die diskontinuierliche Replikation besonders eignet (weil sie hier aufgrund der Okazaki-Fragmente immer wieder am Strang entlang „springen" muss). Andererseits benötigt sie einen speziellen Proteinkomplex, die PCNA-Klammer, der sie am Strang stabilisiert und bei der Synthese unter-

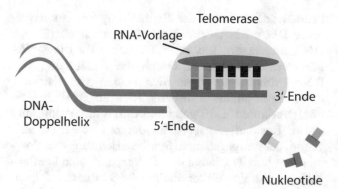

Telomerase
RNA-Vorlage
3'-Ende
DNA-Doppelhelix
5'-Ende
Nukleotide

◘ Abb. 5.7 Funktion von Telomerasen. Das in der Telomerase enthaltene RNA-Template dient als Vorlage für die Verlängerung der 3'-Enden der DNA. (J. Funk)

stützt. In manchen Organismen, wie Hefe, nimmt man an, dass die Polymerase δ nicht nur am Folge-, sondern auch am Leitstrang aktiv ist. Sie besitzt zudem 3'→5'-Exonuklease-Korrekturfähigkeit.

— Die **DNA-Polymerase ε** übernimmt die Synthese am Leitstrang. Im Gegensatz zur Polymerase δ hat sie in Abwesenheit einer Hilfsklammer eine deutlich höhere Prozessivität, ist also deutlich besser in der Lage, einen komplementären Strang zu synthetisieren, ohne dass sie von der Matrize fällt. Wie die Polymerase δ, so besitzt auch Polymerase ε 3'→5'-Exonuklease-Korrekturfähigkeit.

5.2.2.3 Probleme bei der eukaryotischen Replikation – Telomere

Denkt man genauer über den Mechanismus der Replikation nach, so gibt es Probleme an den Enden eines zu replizierenden linearen Chromosoms: Aufgrund der 5'→3'-Syntheserichtung der DNA-Polymerase können die RNA-Primer an den 3'-Enden eines Moleküls nicht ohne Weiteres durch die Polymerase-Aktivität ersetzt werden, da die dazu benötigten freien 3'-OH-Gruppen schlichtweg fehlen. Es stellt sich also die Frage, wo die Primer am Folgestrang ansetzen können und warum sich die Moleküle nicht mit jeder Replikation verkürzen.

Die Lösung ist ein komplizierter Schutzmechanismus, der auf einem weiteren Enzym beruht, der **Telomerase** (▶ Abschn. 5.2.1.3). Um die Verkürzung der DNA durch jeden Replikationsvorgang zu verhindern, werden die Enden der linearen chromosomalen DNA (auch **Telomere** genannt) bei Eukaryoten durch einen Ribonukleoproteinkomplex, also einen Komplex aus Nukleinsäuren und Protein, verlängert und geschützt (▶ Kap. 3). Der Name dieses Enzyms –Telomerase – ist einfach abzuleiten: Dabei setzt sich das Wort Telomerase aus *telos* (griech. für „Ende"), *meros* (griech. für

„Teil") und der Endung „ase" (für eine enzymatische Funktion) zusammen.

Die **Telomerase** trägt ein RNA-Template, das als Vorlage für die Verlängerung des 3'-Endes der DNA dient (◘ Abb. 5.7). An dieser Template-RNA-Sequenz werden komplementäre Nukleotide synthetisiert, die somit zur Verlängerung der 3'-Enden führen. Dieser Vorgang kann mehrmals wiederholt werden und resultiert in der mehrfachen Verlängerung der **chromosomalen Endsequenzen**. Die Enden enthalten daher viele Wiederholungen der Sequenz, die von der Telomerase vorgegeben wird, und werden daher auch als repetitive Elemente bezeichnet. Im Anschluss an diesen Prozess diffundiert die Telomerase von dem nun neu synthetisierten 3'-Ende ab. Das 3'-Ende wird darüber hinaus durch weitere Proteine zum Schutz heterochromatisiert und so für zelleigene Exonukleasen unzugänglich.

Ist die Telomerase defekt oder in ihrer Aktivität herunterreguliert, so kann dies in einer Verkürzung der chromosomalen Enden resultieren. Dies wiederum kann fatale Folgen für eine Zelle haben, denn wenn die Telomerlänge unterhalb einer **kritischen Mindestlänge** liegt, so leiten Zellen oft ihren eigenen programmierten Zelltod ein (eine Form der Apoptose). Im Gegensatz dazu wurde bei Krebserkrankungen, bei denen sich die Krebszellen unaufhaltsam weiter teilen, eine erhöhte Telomerase-Aktivität festgestellt. Telomere sind also nicht nur wichtig, um einzelne Informationen an den Enden der Chromosomen zu schützen, sondern entscheiden manchmal über das ganze Schicksal der Zelle.

Modulation der Telomere

Die Aktivität von Telomerasen, die die Verkürzung von chromosomalen Enden durch die Replikation verhindern soll, wurde in diesem Abschnitt eingehend diskutiert. Jedoch gibt es auch einige Organismen, die dieses End-Problem auf eine andere Art und Weise lösen. Steht keine Telomerase zur Verfügung, dienen oft andere **repetitive Elemente,** wie Transposons und Retrotransposons, als „Schutzsequenzen", die in der Lage sind, die Länge der Telomere zu modulieren.

Ein weiterer interessanter Aspekt ist, dass Zellen, die bereits viele Replikationszyklen durchliefen, eine steigende genomische Instabilität aufweisen, ganz einfach weil sie Mutationen ansammeln (akkumulieren). Ist das Gen für die Telomerase selbst betroffen (oder andere Telomer-relevante Gene), können die Telomere somit in ihrer Struktur und Funktion beeinträchtigt werden. Dieser Faktor wird ebenfalls sehr stark mit dem Vorgang der Zellalterung in Verbindung gebracht.

5

5.2.3 Die Replikation bei Prokaryoten – die Theta (θ)-Replikation

Der prokaryotische Replikationsmechanismus wird auch als **Theta (θ)-Replikation** bezeichnet und dient der Vermehrung der DNA im Rahmen der Zellteilung (◘ Abb. 5.8). Diese Art der Replikation kommt sowohl bei chromosomaler als auch bei extrachromosomaler prokaryotischer DNA vor – wie etwa bei Plasmiden. Während ► Abschn. 11.1.1.2 einen Schwerpunkt zur θ-Replikation von Plasmiden bietet, soll es hier aber vor allem um die chromosomale Replikation gehen.

Anders als bei Eukaryoten, die mehrere Startpunkte für den Replikationsapparat aufweisen, ist der Replikationsstart bei prokaryotischen Genomen genau definiert. Der Replikationsstartpunkt bakterieller Chromosomen wird hier ebenfalls als *origin of replication* beziehungsweise als *oriC* im Falle von *Escherichia coli* (*Origin* des *E. coli*-Chromosoms) bezeichnet (◘ Abb. 5.8). Typischerweise liegt die DNA in einer prokaryotischen Zelle überspiralisiert als sogenanntes *Supercoil* vor und kann ringförmig (häufigster Fall) oder linear sein (► Abschn. 3.5.2 und 11.1.1.1). Im Gegensatz zu Eukaryoten besitzen Prokaryoten zwar keine Histone, dafür aber einige histonartige Proteine, die neben der Überspiralisierung zu einer kompakten Verpackung der DNA führen. Um verdrillte DNA für Enzyme, die in die Replikation involviert sind, zugänglich zu machen und weiterhin Torsionsspannungen während der Replikation zu vermeiden, wird verdrillte DNA (wie auch bei Eukaryoten) durch Topoisomerasen entwunden.

Durch **Initiationsproteine,** die sich an die Sequenz des *oriC* anlagern, kommt es an dieser Stelle zur Entwindung des DNA-Doppelstrangs. Anschlie-ßend werden wie bei der Replikation von eukaryotischer DNA RNA-Primer an die nun einzelsträngige DNA angelagert, um als Startpunkte für die DNA-Polymerase zu dienen. Durch die Anlagerung von RNA-Primern an jeden der beiden Einzelstränge kann die Replikation in beide Richtungen (bidirektional) verlaufen. Dies geschieht durch die Ausbildung zweier **Replikationsgabeln,** an deren Gabelästen aufgrund der vorgegebenen Syntheserichtung der Polymerasen jeweils wie bei den Eukaryoten eine **kontinuierliche** und eine **diskontinuierliche** Synthese erfolgen. Mit fortschreitender Replikation entfernen sich die beiden Replikationsgabeln voneinander (◘ Abb. 5.8) und treffen sich an einem dem Ursprung *oriC* fast genau gegenüberliegenden **Terminationspunkt** (*terC*) schließlich wieder.

Beschleunigung der Replikation in Prokaryoten

Die DNA-Replikation von *E. coli* ist nach einfachen Berechnungen (für ca. $4{,}6 \times 10^6$ bp bei einer Synthesegeschwindigkeit von 1000 Basenpaaren pro Sekunde) nach etwa 40 min abgeschlossen. Die Tatsache, dass die Geschwindigkeit der Replikation (festgelegt durch die Geschwindigkeit der DNA-Polymerase) konstant ist, die Zellen in nährstoffreichen Medien jedoch eine Generationszeit von ca. 20–25 min aufweisen, stellt ein Paradoxon dar. Dies konnte jedoch durch die Beobachtung erklärt werden, dass Bakterien, die sich schnell teilen, bereits eine neue Replikationsrunde einleiten, bevor die vorausgehende Runde beendet ist. Daher spielt nicht nur die Geschwindigkeit der DNA-Polymerase eine Rolle bei der Regulation der Replikationsgeschwindigkeit, sondern ebenfalls die Anzahl an Initiationsereignissen am Replikationsstart pro Zeiteinheit.

◘ **Abb. 5.8** Theta-Replikation von prokaryotischer DNA. Die Theta-Replikation verläuft bidirektional, ausgehend von *oriC*. Am Ende entstehen zwei identische ringförmige Replikationsprodukte. (J. Funk)

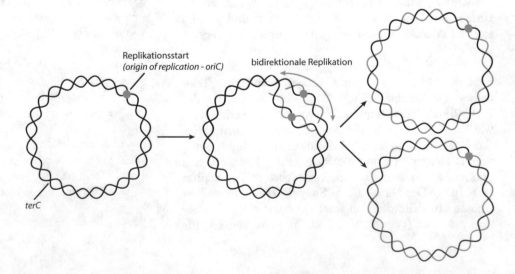

Replikation in Prokaryoten

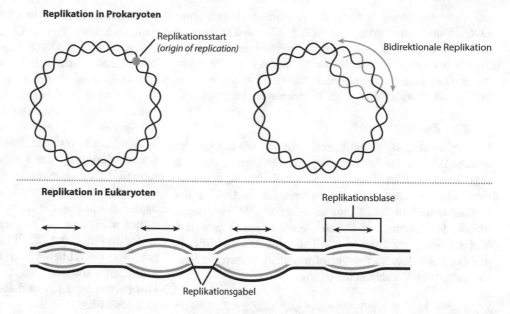

◘ Abb. 5.9 Darstellung des Replikationsortes in Pro- und Eukaryoten. In prokaryotischer chromosomaler DNA existiert nur ein gut definierter Replikationsstartpunkt *(oriC),* wohingegen es in eukaryotischen Chromosomen viele Startpunkte gibt, die ebenfalls wie bei Prokaryoten durch bidirektionale Replikation zu sogenannten Replikationsblasen führen. (J. Funk)

Wie bei Eukaryoten kann die Replikation von prokaryotischer DNA ebenfalls in drei regulatorische Abschnitte untergliedert werden: die Initiation, Elongation und Termination.

5.2.3.1 Initiation

Die Initiation der Replikation findet an einer spezifischen Stelle des prokaryotischen Chromosoms statt, dem **origin of replication** (Replikationsursprung). Hier fällt sozusagen der Startschuss. Nach der Aufspaltung der Wasserstoffbrückenbindungen zwischen den komplementären Basen kann die Primase, die bei Prokaryoten als separates Enzym vorliegt, RNA-Primer an die entsprechenden Stellen synthetisieren. Damit stellt sie der DNA-Polymerase einen Ansatzpunkt, also ein freies 3′-OH-Ende, an der DNA zur Verfügung.

Von dem *ori* gibt es je nach Organismus unterschiedliche Typen. Beispielsweise ist der *ori,* der den Startpunkt für die Replikation in *E. coli* definiert, als **oriC** *(chromosomal replication origin)* bezeichnet worden. Der *oriC* besteht vorwiegend aus AT-reichen Sequenzen, die eine spezifische **Konsensussequenz** beherbergen: .

5′-GATCTNTTNTTTT-3′
3′-CTAGANAANAAAA-5′

„N" steht dabei für variable Basen. Weiterhin beinhaltet die *oriC*-Sequenz Bindestellen für das **DnaA-Protein.** DnaA wird während der Initiationsphase durch ATP aktiviert und damit einhergehend an die Se-

quenz des Replikationsstarts gebunden. Da DnaA im Zuge der Replikationsinitiation das erste DNA-bindende Protein ist, wird es häufig auch als Initiationsprotein beschrieben. Weiterhin binden die Proteine FIS und IHF an den *oriC* und bewirken durch ihre Bindung eine Verbiegung der DNA in eine Haarnadel-ähnliche Struktur *(hairpin).*

Da die chromosomale DNA in einer prokaryotischen Zelle typischerweise **ringförmig** vorliegt, muss die DNA vor dem Aufbruch und während der Replikation in die jeweiligen Einzelstränge entwunden werden. Eine Topoisomerase, die Gyrase, ist ein Enzym, das der Replikationsgabel daher immer vorausläuft, um durch Einzel- und/oder Doppelstrangbrüche eine Entspannung verdrillter DNA zu bewirken. Nach dem Strangbruch sowie der Entwindung der DNA werden die DNA-Stränge ebenso durch die Topoisomerase wieder miteinander verknüpft.

Nach der Aufspaltung der Wasserstoffbrückenbindungen durch die Helikase (DnaB bei *E. coli*) entstehen **zwei Replikationsgabeln.** Die Replikation ringförmiger Genome in prokaryotischen Zellen verläuft durch die Anwesenheit zweier Replikationsgabeln also **bidirektional** (in beide Richtungen), wie auch bei Eukaryoten (◘ Abb. 5.9).

Um zu verhindern, dass die durch die Helikase aufgetrennten Einzelstränge wieder hybridisieren, lagern sich *single-strand binding proteins* (SSBP) an die DNA

5

an. Anschließend werden RNA-Primer (kurze, zum DNA-Template komplementäre RNA-Fragmente) durch eine Polymerase – die prokaryotische **Primase** – an die zu replizierende DNA synthetisiert. Der komplexe Zusammenschluss dieser Proteine (in Summe sieben) ist auch unter dem Begriff **Primosom** bekannt.

5.2.3.2 Elongation

Das Primosom stellt die Ansatzstelle für die **DNA-Polymerase III** dar, die den komplementären *leading* als auch den *lagging* DNA-Strang in 5′→3′-Richtung synthetisiert. Diese Richtung ist vorgegeben, da die DNA-Polymerase neue Nukleotide nur an eine freie 3′-OH-Gruppe anknüpfen kann und durch diese Tatsache auf den RNA-Primer als Startmolekül angewiesen ist. Sprich, wie bei allen Polymerasen erfolgt hier also auch die Syntheserichtung von 5′ nach 3′.

DNA-Polymerasen in Prokaryoten
- **DNA-Polymerase I:** Während der DNA-Replikation tauscht die DNA-Polymerase I die RNA-Primer durch Desoxyribonukleotide aus. Des Weiteren besitzt sie eine 3′→5′-Exonuklease- und eine 5′→3′-Exonuklease-Aktivität und trägt daher ebenfalls zur Reparatur beschädigter DNA-Moleküle, bedingt beispielsweise durch Mutationen (▶ Kap. 9), bei.
- **DNA-Polymerase II:** Sie besitzt eine 5′→3′-Polymerase-Aktivität und eine 3′→5′-Exonuklease- beziehungsweise *proofreading*-Aktivität.
- **DNA-Polymerase III:** Dieses Holoenzym, bestehend aus sieben Untereinheiten, spielt eine zentrale Rolle während der DNA-Replikation und ist für die Neusynthese von DNA in 5′→3′-Richtung zuständig. Nur die DNA-Polymerase III ist bei Bakterien absolut lebensnotwendig!
- **DNA-Polyerase IV und V:** Beide Polymerasen sind an der SOS-Reparatur beteiligt.

5.2.3.3 Termination

Die durch die Primase an die DNA synthetisierten RNA-Primer werden nach der DNA-Synthese durch die 5′→3′-Exonuklease-Aktivität der **DNA-Polymerase I** oder der RNaseH entfernt und die entstandenen Lücken durch die DNA-Polymerase I geschlossen. Diese noch nicht kontinuierlich verbundenen DNA-Fragmente werden im Anschluss durch eine **DNA-Ligase** unter der Ausbildung kovalenter Phosphodiesterbrücken miteinander verknüpft.

In ringförmiger prokaryotischer DNA befinden sich gegenüber des *oriC* sogenannte **Terminationssequenzen** *(terC)*. Diese Sequenz liegt doppelt vor (für jede Replikationsgabel eine Terminationssequenz) und stellt eine Art Kontrollpunkt dar. Die Aufgabe dieser Sequenzen besteht darin, die Replikation bei eventuell aufkommender unterschiedlicher Replikationsgeschwindigkeit beider Replikationsgabeln zu kontrollieren und das Ende des Replikationsmechanismus dadurch genau zu definieren. Somit kann die schneller fortschreitende Replikationsgabel nicht die zu replizierende DNA-Sequenz der anderen Gabel beeinflussen. An die Terminationssequenz bindet ein weiteres Protein – Tus *(terminus utilizing substance)* –, das in der Lage ist, die Helikase DnaB zu blockieren, was im Abbruch der Replikation resultiert. Anschließend müssen beide neuen Ringe noch durch Doppelstrangbruch und Re-Ligation voneinander getrennt werden.

5.2.4 *Die Rolling circle/Sigma (σ)-Replikation*

Die Sigma (σ)-Replikation ist auch unter dem Namen *rolling circle*-Replikation bekannt. Sie tritt im Zuge des **horizontalen Gentransfers (HGT)** während der **Konjugation** auf und behandelt die extrachromosomale Replikation, bei der typischerweise Plasmide von einer Bakterienzelle auf eine zweite übertragen werden (▶ Abschn. 11.1.2). Hierbei wird ein Strang der doppelsträngigen Plasmid-DNA am sogenannten *origin of transfer (oriT)* durch eine Endonuklease aufgebrochen. Die resultierende Bruchstelle und besonders das entstandene freie 3′-OH-Ende in der Nukleotidsequenz dient als Ansatzpunkt für die DNA-Polymerase. Genauer gesagt dient dieses freie 3′-OH-Ende als Primersequenz, von der aus die DNA-Polymerase komplementär zum ungeschnittenen Matrizenstrang neue Nukleotide anknüpfen kann. Der beschriebene Strang wird so kontinuierlich verlängert und daher auch als Leitstrang oder *leading strand* bezeichnet (◼ Abb. 5.10).

Aufgrund der Tatsache, dass das Replikon am äußeren Strang um den innen gelegenen DNA-Strang herumwandert, erinnernd an einen rollenden Kreis oder Zirkel, trägt dieses Phänomen zur Namensgebung dieses Mechanismus (*rolling circle*-Replikation) bei. Interessant zu bemerken ist, dass der innere DNA-Strang nicht nur einmal, sondern mehrere Male als Matrize dienen kann, um somit viele identische Kopien in kurzer Zeit hintereinander synthetisieren zu können. Der so abgespulte parentale Einzelstrang

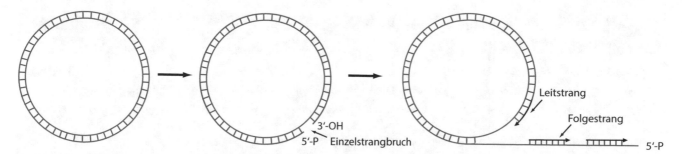

Abb. 5.10 Sigma-Replikation bei Prokaryoten. Nach dem Einzelstrangbruch startet die DNA-Synthese am 3′-Ende des aufgebrochenen Einzelstrangs. Dabei dient der innere, nicht unterbrochene DNA-Strang als Matrize. Auch hierbei wird der Leitstrang kontinuierlich synthetisiert, wobei ein zirkuläres Produkt entsteht. Die Synthese des Folgestrangs erfolgt diskontinuierlich und resultiert in einem linearen DNA-Doppelstrang. (J. Funk)

Tab. 5.1 Zusammenfassung aller in der DNA-Replikation involvierten Komponenten und deren Funktion

Komponente	Funktion
DNA-Helikase	Öffnung von DNA-Doppelsträngen durch Spaltung der Wasserstoffbrückenbindungen
Topoisomerase	Entwindung der DNA-Helix, um Torsionsspannungen zu verhindern
SSBPs (Einzelstrang-bindende Proteine)	Verhindern die Rehybridisierung des durch die DNA-Helikase geöffneten DNA-Doppelstrangs durch Anlagerung an die Einzelstränge
RNA-Primase (Prokaryoten), DNA-Polymerase α (Eukaryoten; hat auch RNA-Polymerase-Aktivität)	Synthese von RNA-Fragmenten, die der DNA-Polymerase als Startmoleküle dienen (Primer)
DNA-Polymerase III (Prokaryoten) oder DNA-Polymerase ε und δ (Eukaryoten)	Synthetisiert einen neuen komplementären DNA-Strang in 5′→3′-Richtung, basierend auf einer DNA-Matrize
DNA-Polymerase I	Ersetzt Ribonukleotide der RNA-Primer durch Desoxyribonukleotide und DNA-Reparatur
DNA-Ligase	Verknüpfung von DNA-Fragmenten durch die Ausbildung von Phosphodiesterbindungen
Telomerase	Verhindert die Verkürzung der DNA durch die Verlängerung der chromosomalen Enden bei Eukaryoten

wird vom *rolling circle* geschnitten und dient wiederum als Matrize für eine anschließende diskontinuierliche DNA-Synthese. Die auf diese Weise neu entstandene identische DNA-Kopie kann anschließend oder gar während der Synthese auf eine andere Bakterienzelle durch Konjugation übertragen werden (▶ Kap. 11), um genetische Eigenschaften weitergeben zu können.

Zusammenfassung

- Die Entstehung der Theorie zum Mechanismus der DNA-Replikation
- Die Replikation beschreibt den Vorgang der exakten Verdopplung von DNA.
- Es gibt drei theoretische Modelle: konservative-, semi-konservative- und dispersive Replikation.
- Der Mechanismus der semi-konservativen Replikation wurde durch das Meselson-Stahl-Experiment bewiesen. Als Endprodukt liegen zwei DNA-Doppelstränge vor, die jeweils zur Hälfte aus einem neuen und einem alten Strang bestehen.

- Ablauf der DNA-Replikation
- Die Replikation verläuft in Phasen: Initiation, Elongation und Termination:
  - Initiation: findet am Replikationsstartpunkt, dem *origin of replication (ori)* statt.
  - Elongation: Nach Aufspaltung der Wasserstoffbrückenbindung findet die Synthese der neuen DNA-Stränge jeweils in 5′→3′-Richtung durch die DNA-Polymerase statt, dabei wird der Leitstrang kontinuierlich und der Folgestrang diskontinuierlich synthetisiert.
  - Termination: in Prokaryoten durch Terminationssequenzen, bei Eukaryoten fällt der Replikationsapparat von der DNA ab.
- Die bei der DNA-Replikation involvierten Enzyme beziehungsweise Komponenten und deren Funktion sind in ◻ Tab. 5.1 zusammengefasst.
- Zwischen prokaryotischen und eukaryotischen Zellen gibt es entscheidende Unterschiede im Replikationsmechanismus. Einen Überblick gibt ◻ Tab. 5.2.

◻ Tab. 5.2   Gegenüberstellung der DNA-Replikation in Pro- und Eukaryoten

Schritt	Prokaryoten	Eukaryoten
Lokalisation in der Zelle	Cytoplasma	Zellkern
Replikationsstart	*ori* oder *oriC* (speziell in *Escherichia coli*)	Nicht genau definiert (Replikationszentren)
Ort der Replikation	Eine Replikationsblase mit zwei Replikationsgabeln	Mehrere 1000 Replikationsblasen über das gesamte Genom verteilt
Entwindung der DNA	Topoisomerase/Gyrase	Topoisomerase
Aufspaltung der DNA-Doppelhelix	Helikase (DnaB in *E. coli*)	Helikase
DNA-Synthese	DNA-Polymerase III	DNA-Polymerase ε und δ
Termination	Terminationssequenz und Bindung von Tus	Keine definierte Terminationssequenz, Polymerase fällt am Ende vom linearen Chromosom ab
Ablauf der Replikation	–Theta (θ)-Replikation (extra-/chromosomal): Vermehrung der DNA im Rahmen der Zellteilung, Verlauf ist meist bidirektional –Sigma (σ)-Replikation (extrachromosomale Elemente): Tritt im Zuge des horizontalen Gentransfers während der Konjugation auf	In Replikationsblasen, bidirektional

Weiterführende Literatur

1. Meselson, M., & Stahl, F. W. (1958). The Replication of DNA in Escherichia coli. *PNAS, 44,* 671–682.
2. Mullis, K. B. (1990). The unusual origin of the polymerase chain reaction. *Scientific American*, 262(4), 56–61. 64–5.
3. Bell, S. P., & Dutta, A. (2002). DNA replication in eukaryotic cells. *Annual Review of Biochemistry, 71,* 333–374.

Die Transkription

Inhaltsverzeichnis

© Springer-Verlag GmbH Deutschland, ein Teil von Springer Nature 2020
J. Buttlar et al., *Tutorium Genetik,*
https://doi.org/10.1007/978-3-662-56067-9_6

▪▪ Abschreiben? Ja bitte!

In diesem Kapitel geht es um das Umschreiben von DNA in RNA – die **Transkription** (lat. *trans* für „hinüber", *scribere* für „schreiben"). Dabei ist die Transkription der erste Schritt der **Genexpression,** dem Prozess, bei welchem aus der genetischen Information ein funktionelles Produkt entsteht. Die Genexpression von Proteinen besteht aus der **Transkription** (DNA→ *messenger*-RNA, kurz mRNA) und der anschließenden **Translation** (mRNA→ Protein; ▶ Kap. 7). Die Genexpression ist, wenn man so will, der Prozess, der den Genotyp mit dem Phänotyp verbindet. Doch nicht nur Gene für Proteine, sondern auch Gene für **funktionelle RNAs,** wie zum Beispiel die ribosomalen RNAs (rRNAs) oder Transfer-RNAs (tRNAs), werden transkribiert, da auch sie als Information auf der DNA gespeichert sind.

DNA ist besonders stabil, doppelsträngig und kann repliziert werden (mehr dazu steht in ▶ Kap. 2 und 5). Damit die Information genutzt werden kann, muss sie von ihrer „Speicherform", der DNA, in eine „Nutzform", die **RNA,** überführt werden. Da nicht zu jedem Zeitpunkt alle Informationen auch genutzt beziehungsweise gebraucht werden, umfasst die transkribierte RNA immer nur einen Teil der DNA-Informationen. Damit ist die Transkription gut von der Replikation zu unterscheiden. Bei der Replikation wird die gesamte Information der DNA zu zwei identischen DNA-Kopien verdoppelt.

Die gezielte Übertragung von Information auf RNAs hat viele Vorteile, unter anderem, dass die relativ kurzen RNAs sich in der Zelle (mithilfe anderer Signalmoleküle) bewegen können und im Gegensatz zur DNA schneller abgebaut werden. Außerdem ermöglicht die Unterteilung der Genexpression in DNA und RNA mehrere Stufen der Regulation.

Zur Erinnerung

Die wichtigsten Unterschiede von DNA und der bei der Transkription entstandenen RNA sind zum einen, dass die RNA überwiegend einzelsträngig ist und die Base Uracil überall dort besitzt, wo in der DNA-Vorlage Thymin vorkommt. Außerdem hat die Ribose des RNA-Rückgrats im Gegensatz zu der Desoxyribose des DNA-Rückgrats am $2'$-C-Atom eine reaktive **OH-Gruppe.** Diese bedingt eine erhöhte Reaktivität und führt dazu, dass die RNA instabiler ist als die DNA (▶ Kap. 2, Abb. 2.1).

Die Enzyme, die ausgehend von der DNA neue RNAs synthetisieren, sind die **RNA-Polymerasen (RNAP)**. Die RNA-Synthese erfolgt dabei von 5' nach 3', wie bei den DNA-Polymerasen, die bereits im ▶ Kap. 5 im Zusammenhang mit der Replikation besprochen wurden. Außerdem benötigen RNA-Polymerasen keinen Primer. Eine RNA-Polymerase bindet zunächst eine bestimmte Stelle auf der DNA, den Promotor. Dort gebunden, schmilzt sie ein kurzes Stück DNA (ca. 15 bp) auf und fängt an, die DNA des Matrizenstrangs in RNA zu übersetzen (◙ Abb. 6.1). Die Bindung zwischen den RNA-Nukleotiden ist wie bei der DNA eine Phosphodiesterbindung. RNA-Polymerasen synthetisieren RNA mit einer Geschwindigkeit von 90–100 bp pro Sekunde. Damit sind die RNA-Polymerasen ca. 1/10 so schnell wie DNA-Polymerasen. Für die Transkription verschiedener RNAs gibt es in Eukaryoten verschiedene RNA-Polymerasen. Bei den Prokaryoten hingegen leistet eine einzige RNA-Polymerase die gesamte Transkription.

Welche RNA beim Umschreiben von DNA in RNA auch immer entsteht (ob bereits eine funktionelle RNA oder eine mRNA), der Prozess ist eine Transkription und das zugehörige Enzym ist eine RNA-Polymerase. Natürlich muss es auch hier eine Ausnahme der Regel geben. Es gibt Viren, welche ihre Erbinformation auf RNA speichern und diese mittels **RNA-abhängiger RNA-Polymerasen** in eine mRNA übersetzen. In diesem Fall wird auch von Transkription gesprochen.

Merke

Durch die Transkription entstehen einerseits **mRNAs,** die der Proteinbiosynthese dienen und andererseits **funktionelle nichtcodierende RNAs.** Letztere kann man in diverse Klassen unterteilen, die verschiedenste Aufgaben erfüllen, ohne dafür in Aminosäuren übersetzt werden zu müssen (▶ Kap. 8 und ▶ Kap. 13)

In jedem Fall fällt der Transkription auch eine herausragende Rolle bei der Regulation von Zellprozessen zu. Denn wo keine Transkription stattfindet, entstehen keine RNAs und nachfolgend natürlich keine Proteine, Ribosomen oder tRNAs. Deshalb wird der Regulation der Transkription später ein ganzes Kapitel gewidmet (▶ Kap. 8). Doch zunächst sollen die vielen Begrifflichkeiten, die in dieser Einleitung erwähnt wurden, noch etwas mehr mit Inhalt gefüllt werden.

6.1 Orientierung und wichtige Begriffe der Transkription

Betrachtet man den Vorgang der Transkription, ist es wichtig, sich noch einmal einige Hintergründe aus dem ▶ Kap. 2 in Erinnerung zu rufen. Denn wie einleitend erwähnt, ist die Transkription das Übersetzen von DNA in RNA. Die bei der Transkription entstehende

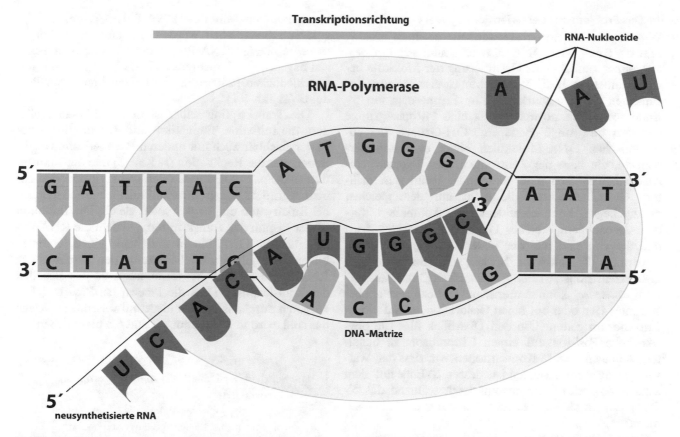

Abb. 6.1 Die Transkription mittels RNA-Polymerase. Die DNA ist partiell aufgeschmolzen, und anhand der DNA-Matrize wird eine komplementäre RNA synthetisiert. Die Leserichtung am DNA-Matrizenstrang ist von 3' nach 5', die RNA wird somit in 5' → 3'-Richtung synthetisiert. Die Komplementarität der entstehenden RNA zum DNA-Matrizenstrang ist deutlich zu sehen. Mit Ausnahme von Uracil (U) anstelle von Thymin (T) entspricht die RNA dem der Matrize komplementären DNA-Strang, welcher deshalb auch codierender Strang genannt wird. (C. Klein)

RNA ist einzelsträngig und komplementär zu einem der beiden DNA-Stränge. Dieser Strang wird **Matrizenstrang** genannt. Gleichzeitig entspricht die RNA-Sequenz der Sequenz des DNA-Strangs, welcher komplementär zum Matrizenstrang ist, also dem nicht abgelesenen DNA-Strang (■ Abb. 6.1). Dieser wird deshalb **codierender Strang** genannt. Natürlich sind die beiden Sequenzen nicht ganz gleich, denn anstelle eines Thymins wird in die RNA ja ein Uracil eingebaut. Daran sieht man schon, es ist nicht leicht, sich über die Transkription zu unterhalten. Zu allem Überfluss gibt es für die jeweiligen DNA-Stränge auch noch alternative Begrifflichkeiten, und diese werden nicht selten durcheinander benutzt.

Die verschiedenen DNA-Stränge

— *template strand*, *noncoding strand*, Matrizenstrang, Gegenstrang (engl. *antisense strand*): Dieser Strang dient der RNA-Polymerase als Vorlage. Das heißt, dass die entstehende RNA komplementär zu diesem DNA-Strang ist. Wird manchmal auch als „negativer" oder „(−)-Strang" abgekürzt.

— *coding strand*, codierender Strang, auch Sinnstrang (engl. *sense strand*) genannt: Das ist die Bezeichnung des zum Matrizenstrang komplementären DNA-Strangs. Wird manchmal auch als „positiver" oder „(+)-Strang" abgekürzt. Vorsicht: Auch die entstehende RNA wird Sinnstrang oder *sense strand* genannt.

— **Watson-Strang:** Betrachtet man eine doppelsträngige DNA, so ist der (normalerweise oben gezeichnete) Strang, der von links nach rechts in 5' → 3'-Richtung angezeigt wird, der Watson-Strang (oftmals synonym zum *template strand*). Nach einer neueren Konvention ist dies der Strang, dessen 5'-Ende auf dem kurzen Chromosomenarm ist.

— **Crick-Strang:** Betrachtet man eine doppelsträngige DNA, so ist der (untere) Strang, der von links nach rechts in 3' → 5'-Richtung angezeigt wird, der Crick-Strang (oftmals synonym zum *coding strand*). Nach einer neueren Konvention ist dies der Strang, dessen 5'-Ende sich auf dem langen Chromosomenarm befindet.

6

▪▪ Das Problem mit der Orientierung: wer ist wer?

Wenn man also eine Nukleotidkette zeichnen muss – egal ob RNA oder DNA –, macht man sich am besten immer zunächst die Orientierung der Moleküle bewusst, indem man die **5'-** beziehungsweise **3'-Enden** der einzelnen Stränge markiert. Zur Erinnerung: am 5'-Ende sollte sich normalerweise eine Phosphatgruppe befinden und am 3'-Ende eine OH-Gruppe. Bei eukaryotischen DNA-Molekülen bietet es sich außerdem an, die Lage der Zentromere oder Telomere einzuzeichnen (sofern man sie kennt). Wenn man mehrere Gene betrachtet, die nicht auf dem gleichen Strang liegen, kann es zudem recht kompliziert werden: Je nachdem, welches Gen man betrachtet, wird mal der eine und mal der andere Strang zum Matrizenstrang (◘ Abb. 6.2). Sprich, die Bezeichnungen „Matrizenstrang", „*coding*", „*noncoding*" oder „*sense*" und „*antisense*" können immer nur in Bezug auf ein bestimmtes Gen oder auf einen **Genort** (Locus) auf einem Chromosom gelten. Um den Überblick über die physikalische Position auf einem Chromosom zu behalten, schlagen neuere Konventionen vor, dass der Watson-Strang stets derjenige ist, dessen 5'-Ende auf dem kurzen Arm des Chromosoms liegt, während das 5'-Ende des Crick-Strangs auf dem langen Chromosomenarm ist [1].

> **Praxistipp**
>
> Sofern man die Orientierung berücksichtigt, zeichnet man Nukleotidketten in der Regel so, dass sie mit dem **5'-Ende nach links** zeigen. Bei **einzelsträngigen** Nukleotidketten, wie allerlei RNAs, ist diese Faustregel relativ einfach, weil sie jeweils nur ein 5'- und ein 3'-Ende haben. Bei **doppelsträngigen** Nukleotidketten, wie bei DNA und manchen doppelsträngigen RNAs, macht man es oft so, dass der obere Strang mit dem 5'-Ende nach links zeigt (◘ Abb. 6.2). Bei einfachen Beispiele werden Doppelstränge jedoch oft nur als dicke Striche gezeichnet und Orientierungen weggelassen.

Aber bevor wir noch tiefer in die Materie der Transkription eintauchen, sind noch weitere wichtige Begrifflichkeiten der Transkription zu klären, denn sie alle werden in verschiedenen Vorlesungen und Fachbüchern benutzt und von Studenten manchmal auch durcheinandergewürfelt.

▪▪ Welches Enzym transkribiert jetzt eigentlich, und wie läuft das ab?

Das zentrale Enzym der Transkription ist die **RNA-3Polymerase.** Diese unterscheidet sich in mehreren Punkten von den DNA-Polymerasen, die im ▶ Kap. 5 beschrieben wurden. Es gibt in Prokaryoten eine einzige RNA-Polymerase. Eukaryoten besitzen dagegen gleich mehrere RNA-Polymerasen mit unterschiedlichen Präferenzen bezüglich ihrer RNA-Produkte (◘ Tab. 6.1).

Die Transkription selbst ist in drei **Phasen** gegliedert: die Initiation, Elongation und Termination. Dies ist vergleichbar auch mit anderen Polymerisationsreaktionen, wie der Replikation (▶ Kap. 5) und der Translation (▶ Kap. 7). Die Phasen der Transkription sind zudem begrifflich und größtenteils auch technisch gesehen bei Eukaryoten und Prokaryoten gleich. Die Initiation ist der Beginn der Transkription, bei dem die RNA-Polymerase die DNA bindet und beide einen Komplex bilden. Die Elongation beschreibt den Vorgang der RNA-Synthese, und die Termination ist das Beenden der Transkription. Dass die Phasen bei Pro- und Eukaryoten durchaus Unterschiede aufweisen und welche das sind, wird in ▶ Abschn. 6.2 und 6.3 beschrieben.

> **Die Schritte der Transkription im Allgemeinen**
>
> — **Initiation:** Bei der Initiation bindet die RNA-Polymerase die DNA an einem diskreten Abschnitt, dem Promotor. Dabei spielen auch andere Proteine sowie DNA-Signalsequenzen eine Rolle, welche die Bindung ermöglichen. Hat die RNA-Polymerase zu einem DNA-RNA-Polymerase-Komplex gebunden, wird die DNA aufgeschmolzen und liegt so partiell (10–20 bp) einzelsträngig vor. Dadurch kann die DNA von der RNA-Polymerase in $3' \rightarrow 5'$-Richtung abgelesen werden.
>
> — **Elongation:** Nach der Initiation fährt die RNA-Polymerase die DNA-Matrize ab. Dabei wird komplementär zum Matrizenstrang RNA synthetisiert (in $5' \rightarrow 3'$-Richtung). Die Geschwindigkeit der Elongation ist je nach RNA-Polymerase ca. 90–100 bp pro Sekunde.
>
> — **Termination:** Ist der informationstragende Bereich der DNA zu Ende, muss dies der RNA-Polymerase vermittelt werden. Das geschieht oft über Terminationssignale oder sogenannte Terminatorloops, aber zum Teil auch durch andere Enzyme. Die Termination verhindert, dass die RNA-Polymerase immer weiterliest (und -schreibt). Die Termination ist in Pro- und Eukaryoten unterschiedlich.

▪▪ Was wird denn jetzt eigentlich genau transkribiert?

Transkribiert werden **Gene,** deren Definition bereits in ▶ Kap. 3 diskutiert wurde. Gene können für Proteine,

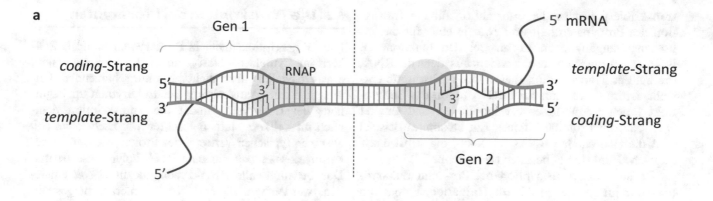

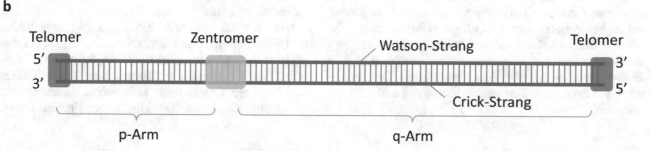

◘ **Abb. 6.2** Die Orientierung und Benennung von DNA-Strängen. **a** zeigt einen schematischen Ausschnitt eines Chromosoms, auf dem zwei Gene liegen, die gerade transkribiert werden. Die zur mRNA komplementären Sequenzen liegen dabei auf dem jeweils anderen DNA-Strang. Entsprechend ist in Bezug auf Gen 1 der obere Strang der *coding*-Strang und der untere der *template*-Strang (oder *noncoding*-Strang) und bei Gen 2 umgekehrt. **b** Einer Konvention zur physikalischen Zuordnung der Stränge zufolge liegt das 5′-Ende des Watson-Strang am Ende des kleinen Chromosomenarmes (p-Arm) und das des Crick-Strangs am Ende des langen Chromosomenarms (q-Arm). (J. Buttlar)

◘ **Tab. 6.1** RNA-Polymerasen und ihre Funktion(en) in Eukaryoten und Prokaryoten

Prokaryoten		Eukaryoten	
RNA-Polymerase	**Funktion**	**RNA-Polymerase**	**Funktion**
RNA-Polymerase I	Die einzige RNA-Polymerase in Prokaryoten Besteht aus 4 Untereinheiten (zweimal α, je einmal β, β′ und σ-Faktor) Spezifität für verschiedene Promotoren über verschiedene σ-Faktoren	RNA-Polymerase I	Spezifisch für die Bildung von rRNA
		RNA-Polymerase II	Prä-mRNA, snoRNA, snRNA, siRNA, miRNA
		RNA-Polymerase III	tRNA, 5S-rRNA und andere kleinere RNAs
		RNA-Polymerase IV	siRNA

mRNA: *messenger*-RNA; miRNA: Mikro-RNA; rRNA: ribosomale RNA; siRNA: *small interfering*-RNA; snRNA: *small nuclear*-RNA; snoRNA: *small nucleolar*-RNA; tRNA: Transfer-RNA

aber auch für funktionelle RNAs codieren. Ebenfalls in ▶ Kap. 3 wurde die Ein-Gen-ein-Protein-Hypothese beschrieben (▶ Abschn. 3.6) und auch, dass sie so einfach nicht stimmt. Denn wie bei der eukaryotischen Transkription im ▶ Abschn. 6.3 gezeigt wird, kann beispielsweise ein Gen durchaus mehrere Proteine codieren – Stichwort: **alternatives Spleißen** (▶ Abschn. 6.3.4).

■ ■ **Was war nochmal ein Gen?**

Zusammengefasst ist ein **Gen** ein Bereich der DNA, welcher exprimiert werden kann und entweder für ein Polypeptid oder eine funktionelle RNA als Endprodukt codiert.

Es werden demnach Gene für **Proteine** und auch für **funktionelle RNAs** transkribiert. Gene, die für ein Protein codieren, werden dabei zunächst in mRNA transkribiert, welche die Information für die Translation des Proteins enthält und zwar in einer für die Ribosomen zugänglichen Form. Bei den funktionellen RNAs sieht die Sache etwas anders aus, denn die RNA, die bei der Transkription dieser DNA-Abschnitte entsteht, ist im Gegensatz zur mRNA schon das Endprodukt (auch wenn dieses oft modifiziert und gefaltet wird oder an Proteine bindet). Ein bekanntes Beispiel sind die **ribosomalen RNAs** (rRNAs), die selbst enzymatische Funktionen besitzen (▶ Abschn. 7.3).

Da sich die Transkription bei Pro- und Eukaryoten zwar im generellen Ablauf (Initiation, Elongation und Termination) sowie bei ihrem Produkt (RNA) und den Enzymen (RNA-Polymerasen) gleicht, es jedoch bei näherer Betrachtung deutliche Unterschiede gibt, werden die nächsten beiden Abschnitte die Transkription gesondert für Prokaryoten (▶ Abschn. 6.2) und Eukaryoten (▶ Abschn. 6.3) betrachten. Der ▶ Abschn. 6.4 fasst diese Unterschiede noch einmal kurz zusammen.

6.2 Die Transkription bei Prokaryoten

Die Transkription findet in Prokaryoten mangels Zellkern im **Cytoplasma** statt – um mal mit einem ersten, etwas trivialen, aber nicht zu unterschätzenden Unterschied zur Transkription bei Eukaryoten zu beginnen. Bei Eukaryoten findet die Transkription demnach im Zellkern statt. Betrachten wir *Escherichia coli* als einen typischen Vertreter der Prokaryoten, so ist bekannt, dass *E. coli* nur eine RNA-Polymerase besitzt. Das bedeutet, alle RNA-Typen, die in *E. coli* entstehen, werden von dieser RNA-Polymerase hergestellt. Die **RNA-Polymerase** besteht aus fünf verschiedenen **Untereinheiten** und einem **Sigma-Faktor** (σ-Faktor; ▶ Abschn. 6.2.2 und ▣ Abb. 6.3a). Zusammen bilden die Untereinheiten das **Coreenzym,** das sozusagen den „Kern" der prokaryotischen RNA-Polymerase darstellt. Das Coreenzym bildet mit dem Sigma-Faktor wiederum ein sogenanntes **Holoenzym,** übersetzt ein vollständiges und voll funktionsfähiges Enzym. Dieses

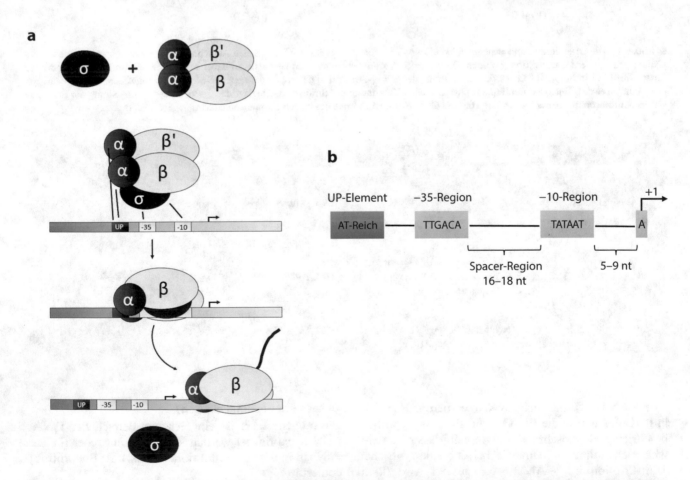

▣ **Abb. 6.3** Aufbau der RNA-Polymerase und des Promotors bei Prokaryoten. **a** Die RNA-Polymerase besteht aus mehreren Untereinheiten. Zwei α-Untereinheiten, eine ω und je eine β- und β′-Untereinheit bilden das Coreenzym. Zusammen mit einem σ-Faktor entsteht das Holoenzym. Der σ-Faktor bindet die − 35- und − 10-Region des Promotors, und das Dimer der α-Untereinheiten interagiert mit dem UP-Element. Hat die RNA-Polymerase den Promotor gebunden, startet die Transkription, wobei der σ-Faktor das Holoenzym verlässt. **b** Ein typischer prokaryotischer Promotor, bestehend aus dem UP-Element (AT-reich), der − 35-Region, der sogenannten *Spacer*-Region und der − 10-Region. Das *extended* − 10 Element ist nicht eingezeichnet, weil es nur in manchen Prokaryoten vorkommt. + 1 bezeichnet die erste transkribierte Base. nt: Nukleotide. (C. Klein)

Holoenzym, die prokaryotische RNA-Polymerase, hat eine Größe von ca. 480 Kilodalton (kDa; je nach Sigma-Faktor). Ohne Sigma-Faktor kann die RNA-Polymerase zwar auch (etwas schlechter) DNA binden, es findet jedoch keine Transkription statt. Erst mit einem gebundenen Sigma-Faktor kann die RNA-Polymerase auch transkribieren. Da in Prokaryoten die Transkription mitten im Cytoplasma der Zelle stattfindet, kann die Translation der mRNA (▶ Kap. 7) direkt starten, sodass an der **naszierenden RNA** (RNA, die gerade entsteht) bereits Ribosomen mit der Übersetzung in Proteine beginnen. Mehr dazu finden Sie im ▶ Kap. 7 über die Translation. Doch zunächst stellt sich noch die Frage: Wo startet eigentlich die Transkription?

6.2.1 Der Aufbau prokaryotischer Promotoren

Antworten dazu bietet der Aufbau eines prokaryotischen Promotors. Ein **Promotor** ist ein Bereich auf der DNA, an dem die Transkription eingeleitet werden kann. Er wird bei Prokaryoten direkt durch die RNA-Polymerase gebunden, vor allem durch den Sigma-Faktor. Der Promotor liegt *upstream,* das heißt vor dem eigentlich transkribierten Bereich, und meistens in der Nähe der ersten transkribierten Base (+1). Ein Promotor besteht, wie in ◘ Abb. 6.3b zu sehen ist, aus vier verschiedenen Elementen: dem UP, dem −35-, dem −10- und bei einigen Promotoren noch aus dem *extended* (verlängertem)–10-Element. Die *Spacer*-Region bezeichnet den Bereich zwischen −35- und −10-Element und ist in *E. coli* zwischen 16–19 nt lang. Zur Nomenklatur: Mit +1 wird die erste Base bezeichnet, die transkribiert wird; die Base *upstream* davon ist −1. Eine 0 gibt es zum Leidwesen vieler mathematisch denkender Menschen nicht. An den Namen des −35- und des −10-Elements, kann man immerhin leicht ablesen, dass diese 35, beziehungsweise 10 Basenpaare vom Transkriptionsstart entfernt sind.

Doch nun zu den Bereichen an sich: Die Sequenzen aller vier genannten Bereiche sind relativ konserviert. Während das UP-Element etwa 20 bp lang ist, ist das *extended* −10-Element nur 3–4 bp lang und das −35 als auch das −10 stellen jeweils ein Hexamer aus sechs Basenpaaren dar. Das **−10-Element** (mit der Konsensussequenz 5′-TATAAT-3′) wird nach ihrem Entdecker auch **Pribnow-Box** genannt und ist im Prinzip das Gegenstück zur eukaryotischen TATA-Box, die wir noch später kennenlernen werden. Hier beginnt auch das Entwinden *(unwinding)* des DNA Doppelstrangs, was eine Voraussetzung zur Transkription ist.

Insgesamt tragen alle vier Elemente zur Initiation der Transkription bei. Während das −35-, das *extended* −10- und das −10-Element von Untereinheiten des Sigma-Faktors gebunden werden, wird das AT-reiche UP-Element von den C-terminalen Domänen (CTD) der α-Untereinheiten des RNA-Polymerase Coreenzyms erkannt (◘ Abb. 6.3a). Dabei gilt: Je höher die Übereinstimmung eines Elements mit seiner jeweiligen **Konsensussequenz,** desto effektiver ist es. Interessanterweise kommt es aber in den meisten Promotoren prokaryotischer Zellen vor, dass mindestens eines oder mehrere der vier Elemente (obwohl sie wie gesagt recht konservativ sind) von der Konsensussequenz abweichen oder hin und wieder auch ein paar Basenpaare weiter vorne oder hinten liegen. Man kann aber sagen, dass das Gesamtergebnis zählt, und ein „besseres" Element hin und wieder auch ein „schlechteres" Element kompensieren kann.

6.2.2 Die RNA-Polymerase und ihre Interaktion mit der DNA

Die bakterielle RNA-Polymerase – biochemisch betrachtet eine **Nukleotidyltransferase** – besteht aus fünf Untereinheiten: α, β, β′, ω und dem σ-Faktor (◘ Abb. 6.3a). Dabei liegt die α-Untereinheit zweimal vor. Das Dimer aus den beiden **α-Untereinheiten** ist für den Zusammenbau aller Bauteile der Ausgangspunkt. Die **β-Untereinheit** ist die katalytische Untereinheit bei der RNA-Synthese. Sie bindet die Nukleotide und katalysiert die Bildung der Phosphodiesterbindung. Daher ist die β-Untereinheit maßgeblich für die RNA-Synthese verantwortlich. Die **β′-Untereinheit** ist an der Bindung an die DNA beteiligt, die genaue Funktion ist allerdings noch nicht vollständig entschlüsselt. Die letzte Untereinheit, der **σ-Faktor,** ist vor allem für die Bindung an den Promotor zuständig. Da dieser Faktor eine wichtige Rolle bei der Bindespezifität der RNA-Polymerase und auch bei der bakteriellen Stressantwort spielt, soll er noch etwas genauer betrachtet werden (▶ Abschn. 6.2.2.1).

6.2.2.1 Sigma-Faktoren: kleiner Faktor, große Wirkung

Um zu funktionieren, braucht die RNA-Polymerase einen **Sigma-Faktor (SF,** σ-Faktor). Der Sigma-Faktor erhöht die Bindewahrscheinlichkeit der RNA-Polymerase an den Promotor. Eine RNA-Polymerase, welche einen SF gebunden hat, wird dann **Holoenzym** genannt. Der SF weist eine hohe Affinität zur −10-, zur *extended* −10-und −35-Region des Promotors auf (▶ Abschn. 6.2.1 und 6.2.3.1). Der bekannteste unter ihnen ist der Sigma-70-Faktor (σ^{70}), der als Erster

Tab. 6.2 Die verschiedenen Sigma-Faktoren von *Escherichia coli* und ihre Expression

Sigma-Faktor	Expression
σ^{70}	Normale Bedingungen
σ^{54}	Stickstoffmangel
σ^{38}	Generelle Stressantwort und Stationäre Phase
σ^{32}	Hitzestress
σ^{28}	Flagellenexpression
σ^{24}	Zellhüllstress?
$\sigma^{19/(Fecl)}$	Eisentransport

entdeckt wurde und den am häufigsten in *Escherichia coli* vorkommenden SF darstellt. Die „70" in Sigma-70 steht für das Molekulargewicht von 70 kDa. Auch die anderen Sigma-Faktoren werden anhand des Gewichts unterschieden (Tab. 6.2). Weil der σ^{70}-Faktor so häufig ist und in Bakterien anscheinend auch in den meisten Fällen zur Initiation der Transkription verwendet wird, wird er auch als *housekeeping* **Sigma-Faktor** bezeichnet. Früher ging man davon aus, dass es nur den Sigma-70-Faktor gibt, doch heute ist bekannt, dass in *E. coli* mindestens sieben verschiedene Sigma-Faktoren zu finden sind. Diese unterscheiden sich beispielsweise in ihrer bevorzugten DNA-Sequenz an der -35- und -10-Region des Promotors. Damit geben die verschiedenen Sigma-Faktoren der gebundenen RNA-Polymerase eine Spezifität für verschiedene Promotorklassen und dienen somit auch der Regulation der Genexpression (▶ Kap. 8). Der Sigma-32-Faktor (σ^{32}) wird zum Beispiel bei Hitzestress exprimiert und führt dazu, dass die RNA-Polymerase, die diesen Faktor gebunden hat, Gene für die Hitzestressantwort transkribiert. Einen Überblick über die Sigma-Faktoren in *E. coli* sowie die Bedingungen, unter denen sie in Erscheinung treten, gibt die Tab. 6.2.

6.2.3 Der Ablauf der Transkription bei Prokaryoten

6.2.3.1 Initiation

Zunächst bindet das unvollständige RNA-Polymerase Coreenzym einen Sigma-Faktor und wird nun **Holoenzym** genannt. Der Sigma-Faktor gibt ihm die Möglichkeit, spezifische Promotoren besser zu binden. Die RNA-Polymerase bindet also mittels des Sigma-Faktors und der α-Untereinheit die -10- und -35-Box des **Promotors.** An dieser Stelle gibt es noch verschiedene Möglichkeiten der positiven wie negativen Transkriptionsregulation, die in ▶ Abschn. 6.2.4 sowie in ▶ Kap. 8 ausführlicher beschrieben sind. Hat die RNA-Polymerase an den Promotor gebunden, spricht man auch vom **„geschlossenen Komplex".** Dieser wird dann durch das Aufschmelzen der DNA im Bereich des Transkriptionsstarts in einen **„offenen Komplex"** umgewandelt. Dabei wird ein Bereich von ca. 15 bp „geöffnet". Nach der Öffnung der DNA kann nun mit der Transkription der ersten Base ($+1$) begonnen werden.

6.2.3.2 Elongation

Sind ca. neun Basen bereits transkribiert, so ist der **Elongationsprozess** (Kettenverlängerung) stabil und läuft bis zur Termination ab. Für den Prozess der Elongation ist nur noch das **Coreenzym,** also alle Untereinheiten bis auf den Sigma-Faktor, notwendig, dieser verlässt das Holoenzym, nachdem die Transkription gestartet ist. Die Elongation findet mit einer Geschwindigkeit von ungefähr 100 bp pro Sekunde statt. Allerdings weiß man heute, dass es kein gleichmäßiger Prozess ist, da dieser mal schneller und mal langsamer und unter Einwirkung vieler anderer (Hilfs-) Proteine stattfindet.

6.2.3.3 Termination

Es gibt bei Prokaryoten mehrere Möglichkeiten, wie die Transkription terminiert werden kann. Zum einen über GC-reiche, meist palindromische Sequenzen, die sogenannte **Terminationsschlaufen** *(termination loops)* bilden (vgl. *hairpin*-Struktur, ▶ Abschn. 5.2.3). An diesen Strukturen angekommen, stoppt die RNA-Polymerase und löst sich von der DNA. Außerdem gibt es noch die Möglichkeit, die Transkription durch spezielle Proteine zu stoppen. Ein Beispiel ist der Terminationsfaktor **Rho** (ρ-Faktor), dieser bindet ρ-abhängige Terminatoren und beendet an diesen die Transkription.

6.2.4 Die Regulation der Transkription bei Prokaryoten

Nicht immer werden alle Proteine und RNAs, welche ein Bakterium produzieren könnte, auch gebraucht. Deswegen soll es an dieser Stelle um die **positive** und **negative Genregulation** gehen. Zunächst steht die Frage im Raum: Warum sollte man überhaupt die Expression regulieren? Nun ja, wenn es nur Joghurt zu essen gibt, würde man selbst wohl auch nur einen Löffel aus der Schublade holen und nicht das ganze Besteck. Gibt es dann mal einen schönen Braten, so ist der Löffel nur im Weg und Messer und Gabel müssen her. Genau so

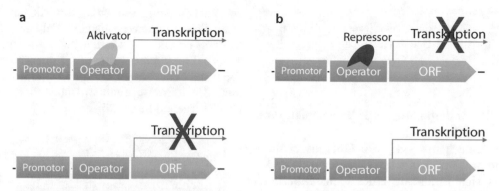

◘ Abb. 6.4 Positive und negative Regulationsmöglichkeiten der Transkription durch einen Operator. **a** Bei der positiven Regulation bindet ein Aktivator (manchmal auch Induktor genannt) an die Operatorsequenz und ermöglicht damit die Transkription eines ORFs (*open reading frame*) also einer hypothetisch codierenden Region, die entweder für ein Protein oder eine RNA codieren könnte. **b** Bei der negativen Regulation bindet ein Repressor solange die Operatorsequenz, bis ein Induktor an den Repressor bindet, ihn dadurch von der DNA löst und damit die Transkription ermöglicht. (C. Klein)

macht es ein Bakterium auch. Anstelle von Besteck exprimiert es verschiedene **Enzyme** – wenn man so will, „molekulares Besteck" – und anstelle von Joghurt und Braten essen Bakterien lieber verschiedene Zucker, am allerliebsten **Glukose,** weil diese schnell und einfach verstoffwechselt werden kann. Ist also der Lieblingszucker von *Escherichia coli* ausreichend in der Umgebung vorhanden, hat das Bakterium ein bestimmtes Set von Enzymen, die die Umwandlung von Glukose in letztendlich Energie bewerkstelligen. Steht jedoch nur **Laktose** (ein Zweifachzucker aus Glukose und Galaktose) zur Verfügung, so benötigt das Bakterium zusätzliche Enzyme, die die Laktose verstoffwechseln können. Diese Enzyme werden aber nur gebraucht, wenn Laktose vorhanden ist, ansonsten würde ihre Herstellung nur unnötig Energie kosten. Deswegen wird bei *E. coli* das *lac*-**Operon,** in dem alle wichtigen Enzyme zum Laktoseimport und -abbau codiert sind, je nach Bedürfnissen reguliert (◘ Abb. 6.4).

Da die Genregulation bei Prokaryoten (und auch bei Eukaryoten) in Wirklichkeit aber noch etwas komplizierter ist, haben wir diesem Thema ein ganzes Kapitel gewidmet (▶ Kap. 8).

6.2.5 Das Operon-Modell

Als **Operon** bezeichnet man eine Transkriptionseinheit, die *mehrere* Gene enthält, deren Transkription wiederum durch gemeinsame regulatorische Elemente beeinflusst wird. Operons findet man sowohl in Eukaryoten als auch in Prokaryoten – am häufigsten aber bei letzteren. Dabei gehen manche Schätzungen sogar davon aus, dass etwa die Hälfte der Protein-codierenden Gene eines typischen prokaryotischen Genoms in Operons organisiert sind (auch wenn andere Studien dies für übertrieben halten, zudem prokaryotische Genome auch sehr instabil und flexibel sind…) [2, 3].

Oft stehen die Expressionsprodukte solcher Operons funktionell miteinander in einem Zusammenhang und lassen sich beispielsweise in derselben Signalkaskade oder einem Stoffwechselweg finden. In einigen Fällen sind sogar die verschiedenen Polypeptid-Untereinheiten von Proteinen, die erst später nach der Translation zusammengesetzt werden, in Operons organisiert. In einem typischen Operon-Modell findet man in der Region vor dem Transkriptionsstart neben dem **Promotor** noch eine **Operatorsequenz,** die von regulierenden Proteinen (Transkriptionsfaktoren, ▶ Abschn. 6.3.2) gebunden werden kann, um somit die Transkription positiv oder negativ zu regulieren. Hinter diesen regulatorischen Bereichen liegen die **codierenden Regionen** (*coding regions*) der verschiedenen Gene, die oftmals von nur weniger als 20 bp getrennt werden oder sogar überlappen können. Diese Sequenzabschnitte werden auch als **Strukturgene** oder auch als **Cistrons** bezeichnet. Beinhaltet eine mRNA die Baupläne von mehreren Genprodukten, so wie bei prokaryotischen Operons, wird sie als **polycistronisch** bezeichnet. Beinhaltet eine mRNA nur die Informationen eines Gens – so wie es bei Eukaryoten oft der Fall ist –, wird sie als **monocistronisch** bezeichnet.

Am Rande bemerkt

Der Begriff **„Cistron"** ist eigentlich recht alt und stammt aus einer Zeit, als man gerade erst anfing, die Struktur der DNA zu verstehen, und bevor man erkannte, dass ein „Gen" eigentlich das gleiche ist. Ursprung war der **Cis-Trans-Test,** der herausfinden sollte, ob ein Phänotyp (▶ Kap. 10) auf verschiedene Allele und somit Mutanten eines Gens oder auf Mutanten verschiedener Gene zurückgeht und ob die Mutationen auf dem gleichen Molekül *(cis)*, oder auf verschiedenen Molekülen *(trans)* vorliegen. Anders gesagt, könnte man in der modernen Biologie (und in

6

diesem Buch) ein Cistron als eine genetische Funktionseinheit, also als ein Gen – oder noch genauer – als die codierende Region eines Gens interpretieren.

▪▪ Herkunft, Besonderheiten und Vorkommen von Operons

Bis heute ist nicht ganz klar, wie Operons evolutionär entstanden sind. Manche Theorien gehen davon aus, dass sich innerhalb eines Gens **Duplikationen** (▶ Kap. 9) der codierenden Region ereigneten und die verschiedenen Strukturgene im Prinzip nur Abwandlungen einer Urform sind und erst später andere Aufgaben übernahmen, indem sie weiter evolvierten. Dafür spricht, dass in einigen Fällen die Genprodukte eines Operons sehr ähnlich zueinander sind. Andere Theorien gehen davon aus, dass einige Gene, die sich durch Zufall in unmittelbarer Nähe zueinander befanden, einfach einige regulatorische Sequenzen hinauswarfen und sich begannen, einen gemeinsamen Promotor zu teilen. Hierfür spricht, dass auch einige Operons gefunden wurden, die innerhalb ihrer Funktionseinheit für völlig unterschiedliche Genprodukte codieren, die nicht unbedingt in einem funktionellen Zusammenhang stehen und dennoch einer **Koregulation** unterliegen. Eine weitere Theorie, die *selfish-operon theory,* schlägt vor, dass Operons als kompakte Gen-Cluster über HGT (▶ Kap. 11) verbreitet werden und ihrem Wirt unter Umständen wichtige Vorteile verschaffen. Weil hier aber essenzielle und nichtessenzielle Gene in einem Clus-

ter zusammengefasst sind, unterliegen sie den gleichen Selektionsmechanismen. Fakt ist, dass Operons äußerst divers sein können: Sie können sich in ihrem Kompaktheitsgrad sehr unterscheiden und manche Operons beherbergen mehrere regulatorische Sequenzen, die teilweise auch zwischen den verschiedenen Strukturgenen liegen können.

> **Am Rande bemerkt**
> Wie erwähnt, sind Operons zudem nicht nur auf Prokaryoten beschränkt, sondern es wurden auch **eukaryotische Operons** in diversen Phyla (Stämmen) – selbst in Tieren – gefunden, in denen mehrere Gene in einer Funktionseinheit zusammengefasst sind. Eine Besonderheit bei eukaryotischen Operons besteht darin, dass die polycistronischen mRNAs zur Translation zunächst durch eine Art des **Spleißens** (▶ Abschn. 6.3.4.3) in einzelne individuelle mRNAs zerschnitten werden müssen.

▪▪ Ein bekanntes Beispiel, das *lac*-Operon

In ◻ Abb. 6.5 ist das Operon-Modell am Beispiel des Laktose-Operons (*lac*-Operon) dargestellt und umfasst in diesem Fall drei Gene mit einer gemeinsamen Promotor- und Operatorsequenz. Beim *lac*-Operon sind das die Strukturgene *lacZ, lacY* und *lacA*. Sie codieren für drei Enzyme, die für die Aufnahme und den Abbau der Laktose benötigt werden: β-Galaktosidase, β-Galaktosid-Permease und β-Galaktosid-Transacetylase. Die Strukturgene wer-

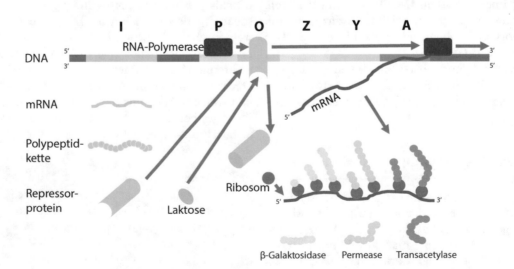

◻ **Abb. 6.5** Das *lac*-Operon. Auf der DNA liegen die Gene *lacZ, lacY* und *lacA* (Z, Y und A), die für die Enzyme β-Galaktosidase, β-Galaktosid-Permease und β-Galaktosid-Transacetylase codieren und sich hinter einem gemeinsamen Promotor (P) und einer Operatorsequenz (O) befinden. Die Gene werden nicht durch Terminationssequenzen getrennt. Das führt dazu, dass bei der Transkription eine polycistronische mRNA entsteht, die für alle drei Enzyme codiert. Außerhalb des Operons liegt das Gen für den Inhibitor (I), das einen Repressor codiert, welcher den Operator binden kann und so die Transkription blockiert. Ist allerdings Laktose in der Zelle vorhanden, bindet Laktose an den Repressor, wodurch dieser sich vom Operator (O) ablöst. Dann kann die RNA-Polymerase mit der Transkription starten. (A. Fachinger)

den so transkribiert, dass sie auf einer gemeinsamen, einer **polycistronischen** mRNA vorliegen. Bei der Translation werden dann die drei Enzyme ausgehend von dieser mRNA gebildet. So ein Operon kann mehrere Vorteile für eine Zelle haben, zum Beispiel, dass sie die Gene nicht einzeln regulieren muss, sondern mit einem einzigen Promotor die Expression einer ganzen Enzymkaskade regulieren kann. Das bedeutet, dass die Zelle durch die Herstellung bestimmter Enzyme schneller auf Änderungen in der Umwelt, beispielsweise ein verändertes Angebot der C-Quelle reagieren kann. Alle benötigten Gene werden schließlich fast gleichzeitig exprimiert und die entsprechenden Enzyme liegen auch gleich in den richtigen Verhältnissen vor.

Von Operons, insbesondere dem *lac*-Operon, aber auch dem Tryptophan (*trp*-) Operon, werden wir später in ▶ Kap. 8 im Zusammenhang mit der Regulation der Genexpression noch mehr hören. So viel vorweg: Das *lac*-Operon ist unter anderem durch Laktose selbst reguliert. Ein **Repressorprotein** (codiert in dem Gen *lacI*) bindet in Abwesenheit der Laktose an die Operatorsequenz (O). Ohne Laktose wird somit das Ablesen der Gene verhindert. Bindet Laktose an den Repressor, löst sich dieser von der Operatorsequenz aber ab, und die RNA-Polymerase (P) kann mit der Transkription starten (◨ Abb. 6.5).

6.3 Die Transkription bei Eukaryoten

Bei **Eukaryoten** ist, wie so oft bisher, auch die Transkription etwas komplexer. Zunächst einmal sind an der Transkription gleich vier **RNA-Polymerasen** (I, II, III, IV) beteiligt. Eukaryoten haben also die Transkription verschiedener Arten von Genen und somit die Produktion verschiedener RNA-Klassen arbeitsteilig unter vier RNA-Polymerasen aufgeteilt. Die jeweiligen Aufgaben der vier Polymerasen sind in ◨ Tab. 6.1 aufgeführt. Auch die RNA-Polymerasen selbst sind, wie zu erwarten, bei Eukaryoten komplexer als bei Prokaryoten. Waren es bei der prokaryotischen RNA-Polymerase noch vier Untereinheiten, so sind es bei vielen eukaryotischen zwölf oder mehr. Dabei gibt es meist mehrere Untereinheiten der eukaryotischen RNA-Polymerase, die zusammen verschiedene Funktionen von Teilen der prokaryotischen RNA-Polymerase ausführen. Auch die drei Phasen der Transkription (Initiation, Elongation und Termination) sind zwar mit denen in Prokaryoten vergleichbar, aber nicht identisch. Größere Unterschiede gibt es vor allem bei der Initiation und bei der Termination.

So sind die **Promotoren** in Eukaryoten (▶ Abschn. 6.3.1), an denen die Transkription durch Bildung des RNA-Polymerase-Komplexes beginnt, mit spezifischen Erkennungssequenzen ausgestattet. Manche dieser Sequenzen sind ähnlich zu denen in Prokaryoten, die übrigen unterscheiden sich jedoch in Größe und Struktur. Ein wichtiger Unterschied besteht hier darin, dass die RNA-Polymerase nicht gleich direkt an den Strang bindet, sondern die Bindung indirekt zunächst über **Transkriptionsfaktoren** (▶ Abschn. 6.3.2) eingeleitet wird. Wie auch in Prokaryoten spielen diese *trans*-agierenden Elemente im Zusammenspiel mit Promotoren und anderen *cis*-agierenden Elementen insgesamt eine wichtige Rolle in der Genregulation. Neu sind bei Eukaryoten zudem die **AUA-Box,** über die die Termination stattfindet. Sigma-Faktoren spielen hingegen keine Rolle mehr.

Ein weiterer Unterschied zur Transkription in Prokaryoten ist die mRNA selbst: War die mRNA bei Prokaryoten gleich nach der Transkription fertig (und wurde teils schon während der Transkription translatiert), so wird sie bei Eukaryoten gleichzeitig oder noch nachträglich verändert. Man spricht dabei von der **mRNA-Prozessierung** (▶ Abschn. 6.3.4). Zunächst entsteht bei der Transkription von Eukaryoten eine **PrämRNA.** Diese wird noch modifiziert und kann sogar noch umgeschrieben oder zurechtgeschnitten werden. Erst nachdem die Prä-mRNA diese Veränderungen durchlaufen hat und aus ihr eine reife mRNA entstanden ist, verlässt sie den Zellkern. Denn auch das ist bei Eukaryoten anders. Transkription und die anschließende Translation sind im Gegensatz zu Prokaryoten räumlich getrennt – Stichwort: **Kompartimentierung,** Zellkern. Das bedeutet auch, dass es bei Eukaryoten mehr Möglichkeiten gibt, die Genexpression (Transkription + Translation) zu regulieren. Einige davon werden wir hier und andere in ▶ Kap. 7 (Translation) und ▶ Kap. 8 (Regulation der Genexpression) kennenlernen.

6.3.1 Der Aufbau eukaryotischer Promotoren

Der eukaryotische Promotor besteht zunächst aus einem **Kernpromotor,** der sich im Bereich von -37 bis $+32$ vom Transkriptionsstart ($+1$) befindet. Dieser Bereich enthält oft eine TATA-Box (◨ Abb. 6.6). Die **TATA-Box** ist eine DNA-Stelle im Promotor mit der Konsensussequenz 5'-TATAAA-3' (daher der Name), an welche allgemeine Transkriptionsfaktoren binden. Die TATA-Boxen, manchmal gibt es pro Promotor auch mehr als eine, sind die Bindestelle für das TBP, das **TATA-Box-Bindeprotein.** Das TBP ist ein **allgemeiner Transkriptionsfaktor** (▶ Abschn. 6.3.2).

Etwas weiter gefasst, so zwischen -50 und -200 bp (also deutlich *vor* der Sequenz), ist der sogenannte **proximale Promotor,** welcher weitere Bindestellen für

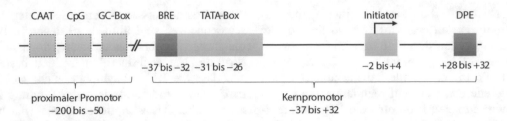

◘ Abb. 6.6   Beispielhafte eukaryotische Promotorregion. + 1 markiert die erste transkribierte Base. 26–31 Nukleotide *upstream* ist die TA-TA-Box, welche durch das TATA-Box-Bindeprotein (TBP) gebunden wird. Die BRE-Box in diesem Beispiel direkt *upstream* der TATA-Box wird von dem Transkriptionsfaktor TFII gebunden. Das DPE *(downstream promoter element)* wird von Transkriptionsfaktor TFII gebunden und dient in manchen Promotoren als TATA-Box, insbesondere bei denen, die keine TATA-Box besitzen. Der proximale Promotor besitzt häufig CpG-Inseln, eine variable Anzahl von GC-Boxen und kann eine CAAT (auch CCAAT- oder CAT-Box genannt) besitzen. Die GC- und CAAT-Box, die auch als *cis*-agierende Elemente angesehen werden, werden ebenfalls durch unterschiedliche Transkriptionsfaktoren gebunden und modulieren, sofern vorhanden, die Transkription. (C. Klein)

Transkriptionsfaktoren enthalten kann. Auch GC-Boxen und CpG-Inseln, die zwar ähnlich klingen, aber nicht zu verwechseln sind, sind dort zu finden. **GC-Boxen** sind relativ klein, haben die Konsensussequenz 5'-GGGCGG-3' und kommen in ein oder mehreren Kopien etwa an der Position –110 vor. **CpG-Inseln** sind hingegen deutlich länger (300 bp bis zu 2 kb) und bestehen im Prinzip nur aus der Aneinanderreihung von CG-Dinukleotiden. Das „p" in der Mitte steht dabei lediglich für das Phosphat zwischen den beiden Zuckern. Weil diese Inseln recht auffällig sind, stellen sie eine einfache Möglichkeit dar, potenzielle Promotoren zu finden. In aktiven Genen sind sie häufig unmethyliert und kommen auch frei von Nukleosomen vor, während sie in aktiven Genen häufig methyliert und dicht verpackt sind (▶ Abschn. 13.2.1). Darüber hinaus gibt es noch die *Enhancer*- und *Silencer*-Sequenzen, die gravierenden Einfluss auf die Aktivität vieler eukaryotischer Promotoren haben. Teilweise liegen sie weit vom Kernpromotor entfernt – zumindest sind *Enhancer* bekannt, die sich an die 100 kb vom Transkriptionsbeginn entfernt befinden. Die DNA liegt in Zellen jedoch stark strukturiert und gefaltet vor, sodass die *Enhancer*-Sequenz hier in räumlicher Nähe zum Promotor sein kann, wenngleich sie auf einem linear ausgebreiteten Chromosom 100 kb entfernt läge. Die *Enhancer* und *Silencer* werden – wie auch manch andere Sequenzen innerhalb der Promotoren – den **cis-acting elements** (*cis*-agierenden Elementen) zugeordnet und sind an der Regulation der Transkription beteiligt. Diese Elemente bezeichnen Abschnitte, welche regulierend wirken und dabei auf demselben DNA-Molekül der zu regulierenden Sequenz liegen. Sie werden in der Regel wiederum von **trans-acting elements** (*trans*-agierenden Elementen), wie beispielsweise Transkriptionsfaktoren, gebunden und gesteuert, die eigene Moleküle (beispielsweise Proteine) darstellen und von außerhalb des Moleküls kommen. Dabei haben *Enhancer* einen verstärkenden Effekt auf die Transkription, während *Silencer* das Gegenteil bewirken.

6.3.2 Die Transkriptionsfaktoren

Transkriptionsfaktoren (TF) sind Proteine, die der RNA-Polymerase helfen, den Promotor zu binden, oder dies verhindern, indem sie direkt oder indirekt mit der RNA-Polymerase interagieren. Es gibt also sowohl positiv als auch negativ regulierende Transkriptionsfaktoren. Die Transkriptionsfaktoren sind in ihrer Struktur und Funktion sehr vielfältig und können auch Komplexe mehrerer Proteine sein. Wie in ▶ Abschn. 6.3.1 bereits erwähnt, binden Transkriptionsfaktoren verschiedene spezifische DNA-Motive, wie beispielsweise bei Eukaryoten die TATA-Box. Es wird unterschieden in allgemeine Transkriptionsfaktoren, wie das TATA-Box-Bindeprotein (TBP) und spezifische Transkriptionsfaktoren. **Allgemeine Transkriptionsfaktoren** sind an der Bildung des Prä- und Initiationskomplexes der allermeisten Gene beteiligt. Bei Eukaryoten sind diese unbedingt nötig, damit die Transkription überhaupt initiiert werden kann. Hingegen sind die **spezifischen Transkriptionsfaktoren** bei der differenziellen Genexpression von Bedeutung, indem sie Promotoren bestimmter Gene zu bestimmten Zeitpunkten im Zellzyklus binden und damit die Transkription dieser Gene ermöglichen oder verstärken. Die Wirkmechanismen der Transkriptionsfaktoren sind vielfältig, wobei einige die Bindung der *Enhancer*- oder *Silencer*-Sequenzen vermitteln, und wieder andere binden Proteine, die dann ihrerseits die DNA binden. Zusammenfassend kann man sagen, dass Transkriptionsfaktoren zu den **trans-wirkenden Faktoren** (*trans-acting elements*) der Transkription gezählt werden, da sie prinzipiell überall dort (an die sogenannten *cis-acting elements*) binden können, wo ihre Erkennungssequenz im Genom vorhanden ist.

Transkriptionsfaktoren in Prokaryoten

In Prokaryoten kennt man keine allgemeinen TFs wie bei Eukaryoten, die für die Initiation unabdingbar sind, da hier die RNA-Polymerase direkt an die DNA bindet. Dafür sind in Prokaryoten zahlreiche andere TFs bekannt, die – wie auch die speziellen TFs bei Eukaryoten – die Transkription und somit die Genexpression positiv oder negativ regulieren können. Wie maßgeblich dieser Einfluss ist, zeigt sich daran, dass allein in *E. coli* 300 verschiedene TFs gefunden wurden. Die Hälfte aller zu regulierenden Gene wird hier zudem über „**globale Transkriptionsfaktoren**" beeinflusst, die zwar eine sehr dominante Rolle haben, sich von den eukaryotischen allgemeinen TFs aber deutlich unterscheiden (Exkurs 8.2).

6.3.3 Der Ablauf der Transkription bei Eukaryoten

6.3.3.1 Initiation

Zurück zur Initiation: Wir wissen nun, dass das, was bei den Prokaryoten noch die Sigma-Faktoren übernommen haben, bei Eukaryoten verschiedene **Transkriptionsfaktoren** tun. Sie vermitteln die Bindung der RNA-Polymerase an den Promotor, indem sie bestimmte Sequenzen auf der DNA binden und gleichzeitig mit der RNA-Polymerase interagieren, wodurch die Bindewahrscheinlichkeit des Enzyms erhöht wird.

Während also in Bakterien und Archaeen die RNA-Polymerase mit einem Sigma-Faktor die in der Promotorregion enthaltene Pribnow-Box (Konsensussequenz 5′–TATAAT–3′) direkt erkennt, benötigt das eukaryotische System zur Erkennung der eukaryotischen TATA-Box (Konsensussequenz 5′–TATAAA–3′) eine Vielzahl von weiteren Proteinen. Zu diesen gehören zum Beispiel TATA-Box-bindende Proteine, **TBP**s, die demnach als Transkriptionsfaktoren bezeichnet werden. Neben den TATA-Box-binden den Proteinen existieren auch andere Faktoren, welche verschiedene spezifische DNA-Sequenzen in der Promotorregion erkennen und sich an diese anlagern. Zu diesen DNA-Sequenzen zählen das *transcription factor IIB recognition element* (**BRE**ᵘ für *upstream* und **BRE**ᵈ für *downstream* der TATA-Box), das – wie der Name schon sagt – durch den Transkriptionsfaktor **TFIIB** erkannt wird, und auch **DPE**s (*downstream promotor elements*), die **TFIID** binden. Stromaufwärts (− 50 bis − 200 bp entfernt vom Initiator) dieser Kernpromo-

torregion befindet sich die **proximale Promotorregion,** die ebenfalls verschiedene Transkriptionsfaktor-relevante Sequenzen enthalten kann, darunter die **CAAT-Box** (Konsensussequenz 5′-CCAAT-3′), welche durch **CBF (CCAAT-Box-bindender Transkriptionsfaktor)** erkannt wird.

All diese genannten **allgemeinen Transkriptionsfaktoren** sind in der Regel obligatorisch für die Transkription vieler Gene und müssen zu jedem Zeitpunkt in jeder Zelle vorhanden sein (ganz im Gegenteil zu spezifischen Transkriptionsfaktoren, siehe dazu ► Abschn. 8.2.1.3). Wie also zu sehen ist, kann die Komposition der Promotorregion eines eukaryotischen Gens die Transkriptionsinitiation stark beeinflussen, je nachdem welche der oben genannten Transkriptionsfaktoren mit der RNA-Polymerase interagieren müssen. Hat sich der **Initiationskomplex** erst einmal gebildet, kommt es auch bei Eukaryoten zu einem lokalen Aufschmelzen der DNA. Die Transkription beginnt bei + 1, und nachdem eine kleine Kette von mindestens zehn Nukleotiden entstanden ist, ist der Prozess stabil, und die nächste Phase der „Kettenverlängerung" beginnt.

6.3.3.2 Elongation

Nachdem das Transkript ca. 10–30 Nukleotide lang ist, löst sich der Initiationskomplex langsam auf. Das bedeutet nicht, dass nun nur noch RNA-Polymerase, DNA und RNA im Spiel sind. Nein, jetzt wird der **Elongationskomplex** aus verschiedensten Proteinen, die an die RNA-Polymerase binden, gebildet. Eine bereits neu synthetisierte mRNA wird am 5′-Ende mit einer sogenannten Cap-Struktur (► Abschn. 6.3.4.1) versehen. Das Transkript verlängert sich, indem die zum Matrizenstrang komplementären Nukleotide angefügt werden. Die Reaktion der Elongation ist eine Veresterung von RNA und NTPs; wobei die Energie durch die Abspaltung des Pyrophosphats (PP$_i$) der Nukleotidtriphosphate (GTP, CTP, ATP und UTP) bereitgestellt wird. Bereits während der Elongation bindet das gecappte 5′-Ende der mRNA den **Cap-bindenden Komplex** (*cap-binding complex,* CBC). Außerdem ist es schon während der Elongation möglich, dass eine naszierende mRNA gespleißt wird (► Abschn. 6.3.4.3).

6.3.3.3 Termination

Die Termination ist bei Eukaryoten etwas anders gelöst als bei Prokaryoten (zumindest für die RNA-Polymerase II); es gibt weder Terminationsschlaufen *(termination loops)* noch das Rho-Protein. Wie bereits erwähnt, hängen während der Elongation verschiedenste Proteine an dem RNA-Polymerase-DNA-Komplex. Kommt die Transkription an einer bestimmten Sequenz vorbei, der **AUA-Box** (► Abschn. 6.3.4.2), erkennen zwei der assoziierten Protein-Komplexe diese und schneiden das Transkript, wodurch die Prä-mRNA vom Elongationskomplex dissoziieren kann. Nur der Elongationskomplex löst sich dadurch noch nicht von der DNA, was dazu führt, dass weiter transkribiert wird.

Es existieren derzeit zwei Modelle, wie der Elongationskomplex von der DNA gelöst wird. Zum einen das „Torpedo-Modell" und zum anderen das „allosterische Modell". Bei dem **Torpedo-Modell** wird davon ausgegangen, dass nachdem die mRNA abgeschnitten wurde, ein ungecapptes 5′-Ende an der nun entstehenden RNA vorliegt, die nicht gebraucht wird (bei dem eigentlichen mRNA-Molekül wurde das 5′-Ende bereits kotranskriptionell durch ein Cap geschützt; ► Abschn. 6.3.4.1). Das ungeschützte Ende wird jedenfalls von RNA-abbauenden Enzymen, den RNasen, erkannt, die die RNA von 5′ nach 3′ abbauen. Die Geschwindigkeit des Abbaus durch die RNase ist höher als die Rate, mit der der Elongationskomplex neue RNA synthetisiert. Damit rauscht die RNase wie ein Torpedo auf den Elongationskomplex zu und stößt diesen schließlich von der DNA. Das **allosterische Modell** geht davon aus, dass sich die Konformation des Elongationskomplexes etwas verändert, wenn dieser die Poly(A)-Sequenz passiert. Diese Konformationsänderung führt in diesem Modell dazu, dass der Elongationskomplex leichter von der DNA dissoziiert und somit die Elongation terminiert.

6.3.4 Die Prozessierung der Prä-mRNA

▪▪ … oder wie aus einer Prä-mRNA eine mRNA wird
Das in Eukaryoten synthetisierte mRNA-Vorläufer-Transkript, die sogenannte **Prä-mRNA,** ist nach der Termination keineswegs gleich fertig, geschweige denn bereit für den Export ins Zytoplasma – es fehlen noch einige essenzielle Schritte, bevor die RNA „erwachsen" ist und „ausziehen" darf…

Zunächst liegen die RNA-Transkripte im Nukleus nicht einfach nackt herum, sondern werden noch während der Transkription von bestimmten Proteinen gebunden. Die resultierenden RNA-Protein-Komplexe werden als *heterogenous nuclear ribonucleoproteins* (**hnRNP**) bezeichnet. Dabei verhindern die Protein-Komponenten der hnRNPs, dass die RNA Sekundärstrukturen bildet und dienen außerdem als Andockstelle für weitere Proteine und RNAs und somit für die folgenden Prozessierungsschritte, vor allem für das Spleißen und das Editing.

Generell entsteht die fertige mRNA erst durch die Reifung beziehungsweise das **Maturieren** (oder die **Prozessierung**) der Prä-mRNA. Die Prä-mRNA unterliegt dabei diversen **kotranskriptionellen** und

posttranskriptionalen Modifikationen, bis sie sich mRNA nennen darf. Einige davon erfahren alle Prä-mRNAs, andere wiederum sind nur bei bestimmten Organismen oder Transkripten zu finden. Die 3′-Polyadenylierung, das 5′-Capping und auch das Spleißen finden dabei häufig bis immer statt. Das Umschreiben der mRNA-Sequenz, auch RNA-Editing genannt, ist zwar auch recht oft, aber deutlich seltener und nicht so obligatorisch wie die anderen Prozessierungsschritte. Es findet in höheren Eukaryoten an vereinzelten Basen verschiedener RNA-Transkripte statt. Bisherige Weltmeister des RNA-Editierens sind die Mitochondrien der Trypanosomen, wo fast jedes zweite Uracil erst nachträglich in die mRNA eingebaut wird.

6.3.4.1 5′-Capping

Das sogenannte **5′-Capping** ist die erste Modifikation, welche die RNA erfährt. Das 5′-Capping findet noch während der Transkription, also kotranskriptionell,statt. Wie in ◻ Abb. 6.7 zu sehen ist, wird beim 5′-Capping ein **7-Methylguanosin** als „Kappe" (engl. *cap*) über die 5′-Methylgruppe via Triphosphat an das 5′-Ende der mRNA gebunden. So betrachtet hat eine mRNA also zwei 3′-Enden.

Das Capping dient zum einen dem Schutz des 5′-Endes der RNA vor dem Abbau durch Nukleasen, zum anderen dient das 5′-Cap als Erkennungsstelle für die Bindung verschiedener Proteine, welche wiederum der Erkennung durch das Ribosom dienen. Beispielhaft ist hier der **Cap-bindende Komplex (CBC)**, ein Heterodimer bestehend aus den zwei Untereinheiten NCPB *(nuclear cap-binding protein)* 1 und 2, zu nennen. Das Capping ist also auch wichtig für die Initiation der Translation (► Kap. 7). Außerdem wichtig für die Translation ist, dass der CBC an ein Poly(A)-Bindeprotein am 3′-Ende der mRNA binden kann, was zu einem **Ringschluss** der RNA führt. Dieser Ringschluss bedingt eine effektivere Translation durch eine lokale Konzentrationserhöhung der ribosomalen Untereinheiten, da Anfang und Ende der mRNA durch den Ringschluss nahe beieinanderliegen. Vielleicht hilft hier ein Vergleich zum Wandern: Wenn das Ribosom seine Strecke abgelaufen hat, kommt es schließlich wieder – wie bei einem Rundwanderweg – am Ausgangspunkt an und muss nicht erst umständlich zurückirren, um sich am „Parkplatz" wiederzufinden, um eventuell noch eine Runde zu drehen.

▪▪ Die Rolle des 5′-Caps beim Export aus dem Kern
Eine dritte Funktion des 5′-Capping ist der **Transport** aus dem Nukleus ins Cytoplasma. Dieser Export kann nur stattfinden, wenn die mRNA das 5′-Cap besitzt, dieses durch den Cap-bindenden Komplex gebunden wird und mit der Hilfe anderer Proteine den Transport der mRNA durch die Kernporen ermöglicht. Ins-

◨ Abb. 6.7 Darstellung des 5'-Endes einer mRNA mit G-Cap. Ein modifiziertes Guanosin (7-Methylguanosin) ist über eine 5'-5'-Triphosphatbindung an das 5'-Ende der mRNA gebunden. Damit ist das 5'-Ende der mRNA geschützt und für Ribonukleasen nicht mehr zugänglich. Bemerkenswert ist außerdem, dass die ersten beiden Nukleotide der mRNA an der 2'-Hydroxygruppe manchmal noch methyliert werden. R = Rest. (A. Kuijpers)

gesamt lagern sich während der Transkription und der anschließenden Modifikation neben dem Cap-bindenden Komplex und dem Poly(A) bindendem Protein (▶ Abschn. 6.3.4.2) also auch allerlei andere Proteine an das RNA-Molekül an, was zur Bildung eines *messenger* **Ribonukleoproteins** (mRNP) führt. Dieser gesamte Komplex wird dank einiger wichtiger Signal-Strukturen von einem kompliziert gebauten **Nukleoporenkomplex** (NPC), also der Kernpore, erkannt und die Passage wird freigegeben. Doch zunächst zurück zu den anderen Modifikationen…

6.3.4.2 3'-Polyadenylierung

Wie bereits beschrieben, gibt es im Gegensatz zur prokaryotischen Transkription bei den Eukaryoten meistens keinen Terminator für die Transkription. Jedoch existiert eine sogenannte **Schneide** und **Polyadenylierungssequenz** oder auch **AUA-Box.** Passiert der Elongationskomplex die Konsensussequenz 5'-AAUAAA-3', die aufgrund ihrer Sequenz auch der „AUA"-Box ihren Namen gibt, wird diese unter anderem durch einen Protein-Komplex namens CPSF *(cleavage and polyadenylation specifity factor)* erkannt und die naszierende RNA hinter der AUA-Box durch eine **Endonuklease** geschnitten.

An das 3'-Ende der Prä-mRNA wird dann eine Sequenz von ca. 200 Adenosinen angehängt. Die Länge dieses **Poly(A)-Schwanzes** kann allerdings variieren. Schematisch ist der Ablauf in ◨ Abb. 6.8 zu sehen. Dabei wird noch einmal deutlich, dass *hinter* der

AUA-Box geschnitten wird und der Prozess der Polyadenylierung durch das Anfügen von ATPs die Energie aus den abgespaltenen Pyrophosphaten (PP_i) bezieht (◨ Abb. 6.8). Das Enzym, das diese Polyadenylierung vornimmt, ist die **Poly(A)-Polymerase.** Die Polyadenylierung dient einerseits dem Schutz des 3'-Endes der mRNA. Andererseits bietet die lange Poly(A)-Sequenz viele Bindestellen für das **Poly(A)-Bindeprotein (PABP).** Das PABP bildet einen Komplex mit dem Cap-bindenden Komplex, was wiederum in einem Ringschluss der mRNA und somit in einer effektiveren Translation resultiert (▶ Kap. 7)

Bei der Erkennung der AUA-Box helfen zudem auch noch andere Sequenzen, die oberhalb *(upstream)* oder unterhalb *(downstream)* der Box liegen. Zudem muss eine Prä-mRNA auch nicht immer an der gleichen Stelle geschnitten und polyadenyliert werden, sondern kann auch mehrere **alternative Schneide- und Polyadenylierungsstellen** besitzen. Doch mehr dazu in ▶ Abschn. 8.2.2.3.

6.3.4.3 Spleißen

Viele eukaryotische Gene – und beim Menschen die allermeisten (> 90 %!) – bestehen nicht nur aus einer codierenden Sequenz, sondern sind in mehrere codierende Bereiche (**Exons**) und nichtcodierende Bereiche (**Introns**) aufgeteilt (▶ Abschn. 3.6.2). In der fertigen mRNA finden sich neben der 5'- und der 3'-UTR allerdings nur die codierenden Bereiche. Das bedeutet: die Introns müssen irgendwann herausgeschnitten worden

6

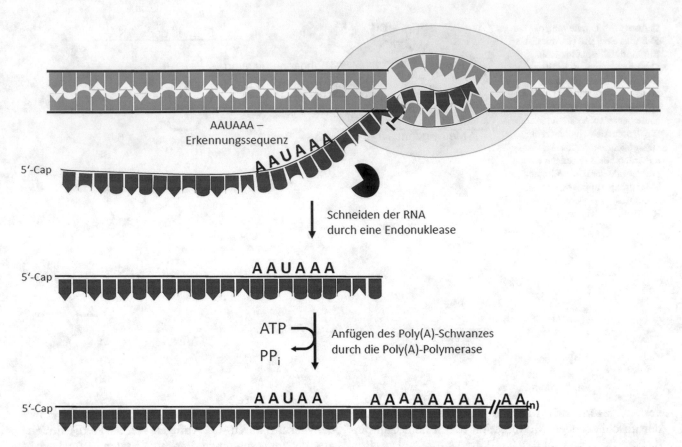

AAUAAA –
Erkennungssequenz

5'-Cap

AAUAAA

Schneiden der RNA
durch eine Endonuklease

5'-Cap

AAUAAA

ATP
PPᵢ

Anfügen des Poly(A)-Schwanzes
durch die Poly(A)-Polymerase

5'-Cap

AAUAA   AAAAAAAA//AA(n)

◘ **Abb. 6.8**   Verlauf der 3'-Polyadenylierung. Zunächst passiert der Elongationskomplex *(hellgrauer Kreis)* die AUA-Box. Daraufhin wird die naszierende RNA hinter dieser Box geschnitten. Anschließend fügt die Poly(A)-Polymerase ca. 200 Adenosine an das 3'-Ende der mRNA an. (C. Klein)

sein. Dieser Vorgang des Herausschneidens, wird als **Spleißen** (engl. *splicing*) bezeichnet (◘ Abb. 6.9).

Der Zeitpunkt und die Geschwindigkeit des Spleißens (als auch das Anhängen des Poly(A)-Schwanzes) scheint oftmals an die Geschwindigkeit der RNA-Polymerase gekoppelt zu sein. Dabei werden die Introns sequenziell, eins nach dem anderen, vom 5'- zum 3'-Ende hin rausgeschnitten. Bei längeren Transkripten beginnt dieser Vorgang noch während die RNA-Polymerase II mit der Produktion der Prä-mRNA beschäftigt ist. Und auch bei kürzeren Transkripten, bei denen man ursprünglich annahm, dass gar nicht genug Zeit zu einem kotranskriptionellen Spleißvorgang bleibt, pausiert die RNA-Polymerase einfach beim letzten Exon und wartet auf die etwas langsamere Spleiß-Maschinerie. Nett, so eine Polymerase. In manchen Fällen werden Introns aber erst nach dem Schneiden der RNA am 3'-Ende und nach der Polyadenylation entfernt. Insgesamt findet das Spleißen in den meisten Fällen also **kotranskriptionell** statt, kann aber manchmal auch **posttranskriptionell** ablaufen (oder nur partiell, wenn das Spleißen beispielsweise kotranskriptionell beginnt, aber erst nach der Termination der Transkription fertig ist).

Ein paar Zahlen
Ein durchschnittliches menschliches Gen enthält etwa neun codierende Exons mit einer Länge von jeweils ca. 145 bp, während ein einzelnes nicht-codierendes Intron bis zu 3400 bp (!) umfassen kann. Zusätzlich kommt die 5'-UTR einer mRNA (*untranslated region*, ein nicht translatierter Bereich einer mRNA, welcher häufig regulatorische Sequenzen, wie beispielsweise Abbausignale, tragen kann, siehe ► Abschn. 8.1.4) mit der 3'-UTR zusammen auf ca. 1070 bp. Zählt man diese unterschiedlichen Sequenzlängen zusammen, kann die Sequenz einer menschliches Prä-mRNA bis zu 27.000 bp (27 kb) lang sein. Nach der Prozessierung landet jedoch eine mRNA im Cytoplasma, welche neben den UTRs (5'-UTR: 770 nt, 3'-UTR: 300 nt; nt = Nukleotide), dem Poly(A)-Schwanz und dem 5'-Cap nur noch eine codierende Sequenz mit durchschnittlich 1340 Nukleotiden aufweist. Das heißt, dass tatsächlich der größere Teil der Prä-mRNA-Sequenz durch Spleißen entfernt wird und so die reife *(mature)* mRNA entsteht.

Ein extremes Beispiel stellt das DMD-Gen dar, das für das Muskelprotein **Dystrophin** codiert und gleichzeitig das größte Gen im menschlichen Ge-

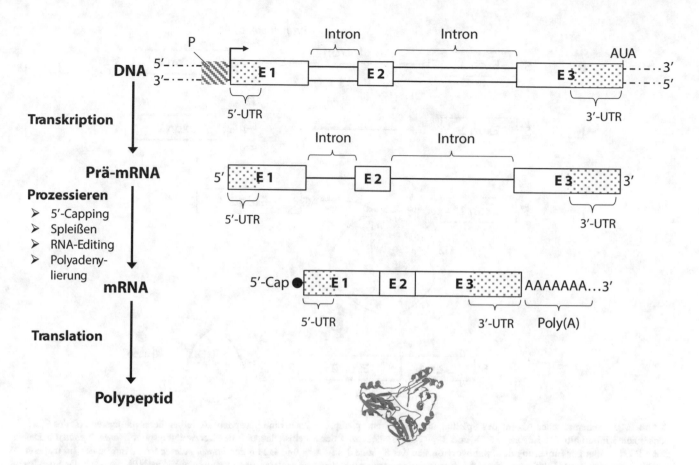

Abb. 6.9 Beispielhafte Darstellung des Spleißprozesses einer Prä-mRNA zu einer mRNA. Das in diesem Beispiel betrachtete Gen besitzt drei Exons und zwei Introns (Bereich zwischen den Exons). Noch während die Prä-mRNA transkribiert wird, werden die Bereiche zwischen den Exons, die Introns, durch das Spleißosom ausgeschnitten und die Exons aneinandergefügt. Das führt dazu, dass in der nachfolgenden Translation nur die Sequenz der Exons als Vorlage für die Proteinsynthese dient. Eine Prä-mRNA, die noch alle Introns besitzt (so wie hier gezeigt), existiert in der Wirklichkeit also eher nicht (weil das Spleißen kotranskriptionell ist), wurde hier aber gezeichnet, um die Reifung zu vereinfachen. Auch weitere RNA-Prozessierungsschritte sind angedeutet, wie das 5′-Capping und die 3′-Polyadenylierung. (C.Klein, J. Buttlar)

nom darstellt. Die anfangs etwa 2,1 Millionen bp lange Prä-mRNA wird durch das Spleißen auf nur noch 14.000 bp (bestehend aus 79 Exons) gekürzt. Das heißt, in diesem Beispiel fliegen 99,5 % der Prä-mRNA-Sequenz (nämlich die Introns) raus!

■■ Verschiedene Arten des Spleißens

Das Spleißen an sich kann je nach Organismus, Gen und innerhalb eines Gens je nach Intron-Typ unterschiedlich ablaufen. Manche Transkripte benötigen keine weiteren Proteine und führen ein sogenanntes **Autospleißen** durch – sie bilden dazu Sekundärstrukturen, die in der Lage sind, die eigenen Introns herauszuschneiden. Bei diesen RNAs handelt es sich demnach um Ribozyme. Ein bekanntes Beispiel dafür ist die 26S-rRNA des Wimpertierchens *Tetrahymena*. Aber auch andere rRNA-, tRNA- und proteino-

gene RNA-Vorläufer in Eukaryoten sind zum Autospleißen befähigt, oftmals Gene aus Organellen wie Mitochondrien oder Chloroplasten. In den meisten Fällen läuft das Spleißen in Eukaryoten aber mithilfe eines spezifischen RNA-Protein-Komplexes ab, dem sogenannten **Spleißosom.** Sonderformen des Spleißens sind das alternative Spleißen und das *Trans*-Spleißen (siehe unten).

■■ Das Spleißosom-abhängige Spleißen

Das Spleißen basiert einerseits auf der Identifikation der **Spleißstellen,** also den Stellen, an denen geschnitten wird, und andererseits aus dem Schneideprozess. Dabei haben Introns in der Regel am 5′-Ende die Sequenz 5′-GU-3′ und am 3′-Ende die Sequenz 5′-AG-3′. Irgendwo dazwischen, tendenziell eher Richtung 3′-Ende des Introns, kurz vor einer Pyrimidin-reichen Sequenz, befindet sich ein **Verzweigungspunkt** (engl. *branch point*). In Vertebraten hat dieser die Konsensussequenz

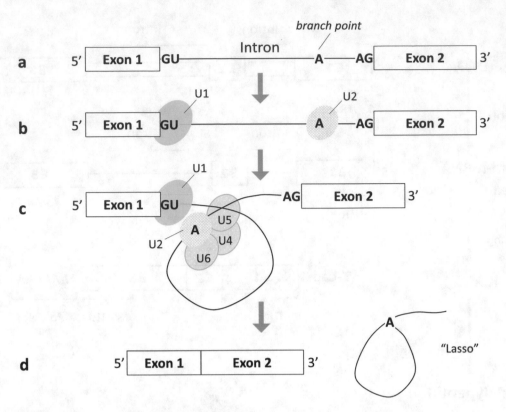

◻ Abb. 6.10   Schematischer Ablauf des Spleißosom-abhängigen Spleißprozesses **a** Eine besondere Rolle bei dieser häufigsten Art des Splei-ßens spielen innerhalb des Introns die 5′- und 3′-gelegenen Sequenzen der Spleißstellen und der Verzweigungspunkt (*branch point*). **b** Das snRNP U1 bindet zur Einleitung des Spleißvorgangs an das 5′-Ende des Introns und U2 an den *branch point*. **c** Erst dann bindet ein trimerer snRNP-Komplex aus U4, U5 und U6 an das Intron und interagiert mit den zwei anderen bereits gebundenen snRNPs, wodurch das Spleißo-som vervollständigt wird. Der fertige Komplex bringt einerseits das 5′-liegende Exon und das 3′-liegende Exon in unmittelbare Nähe miteinan-der und legt auch das Intron in eine passende Position zurecht. Nun können die beiden Transesterifizierungen stattfinden. **d** Es entsteht ein ver-kürztes mRNA-Molekül, in dem die Exons direkt aneinander liegen und ein herausgeschnittenes Intron, das als „Lasso" schließlich aus dem Komplex entlassen wird. Es sei anzumerken, dass Introns „in der Realität" oftmals etwa 10–20-mal so lang sind wie Exons. (J. Buttlar)

5′-CURAY-3′, wobei das R für ein Purin und das Y für ein Pyrimidin steht. In einer ersten chemischen Re-aktion, einer Transesterifizierung, wird nun das G des 5′-Endes mit dem A des *branch points* verbunden. In ei-ner zweiten Transesterifizierungsreaktion werden die bei-den Exons miteinander verbunden und das Intron durch einen Schnitt hinter dem G am 3′-Ende herausgelöst. Das Intron hat aufgrund der ersten Reaktion dabei die Form eines Lassos (◻ Abb. 6.10).

Für die Erkennung der Spleißstellen als auch für die Katalyse der Transesterifizierungen sind vor allem fünf kleine nichtcodierende RNAs, die *small nuclear RNAs* (**snRNA**), verantwortlich. Diese sind reich an Uracil und werden deshalb auch als U1, U2, U4, U5 bezie-hungsweise U6 bezeichnet. Zusammen mit einer Viel-zahl an verschiedenen Proteinen bilden sie *small nuc-lear ribonucleoprotein* (**snRNP**) **Partikel,** die alle mit-einander interagieren können und in ihrer Gesamtheit schließlich ein funktionelles Spleißosom ausmachen. Eine extrem wichtige Eigenschaft der snRNPs ist, dass

sie in der Aussprache recht witzig klingen („Snürps"). Bei der Bindung der snRNPs an die Prä-mRNA spie-len zudem die in ▶ Abschn. 6.3.4 erwähnten **hnRNPs** und eine weitere Gruppe von Proteinen, die sogenann-ten **SR-Proteine,** eine wichtige Rolle. Letztere erhiel-ten ihren Namen durch die in ihnen häufig vorkom-menden Aminosäuren Serin (S) und Arginin (R). Beide Protein-Gruppen können innerhalb ihrer Vermittler-rolle die Selektivität des Spleißosoms für bestimmte Spleißstellen beeinflussen und werden daher auch als **Spleißfaktoren** bezeichnet. Doch mehr dazu in ▶ Ab-schn. 8.2.2.

Das Spleißosom ist übrigens gar nicht mal so klein und etwa fünfmal so groß wie ein Ribosom! Im übertragenen Sinne kann man sich also vorstel-len, dass die Spleißosomen gleichzeitig als Schere und Kleber wirken, aber erst direkt vor Ort zusammen-gebaut werden. Dabei ist es extrem wichtig, dass das Spleißosom genau arbeitet und keine Fehler macht! Denn bereits eine einzige Base zu viel oder zu wenig kann einen *Frameshift,* also eine Leserasterverschiebung (▶ Abschn. 9.2.1.2) oder ein **Stoppcodon** verursachen und lässt das gesamte Transkript unbrauchbar werden.

■■ **Eine Vorlage, viele Endpodukte – das alternative Spleißen**
Des Weiteren gibt es die Möglichkeit des **alternativen Spleißens.** Das bedeutet, dass nicht bei jedem Spleißvorgang einer Prä-mRNA die gleiche mRNA zum Schluss rauskommt, sondern durchaus verschiedene Genprodukte entstehen können. So können die meisten Prä-mRNAs an multiplen 5'- oder 3'-Spleißstellen geschnitten werden. Zudem muss nicht jedes Exon unbedingt in der fertigen mRNA auftauchen. Sprich, einzelne Exons können hin und wieder übersprungen, oder manches Intron beibehalten werden, wodurch ein völlig neues Genprodukt herauskommt! Dadurch wird das **zentrale Dogma der Molekularbiologie,** das wir in ▶ Kap. 3 kennengelernt haben (1 Gen → 1 RNA → 1 Protein), infrage gestellt, denn nun könnte auch gelten: 1 Gen → X mRNAs → X Proteine. Ein weiterer Punkt, den es hier schon mal zu bedenken gilt, ist, dass das Spleißen – auch in Anbetracht dessen, dass der genetische Code redundant ist – eine weitere Schwierigkeit darstellt, wenn man von einer Aminosäuresequenz zurück auf die codierende DNA-Sequenz schließen möchte. Doch mehr dazu in ▶ Abschn. 8.2.2, wo es um Regulierungsmechanismen der Genregulation geht, von denen das alternative Spleißen in Eukaryoten einer der wichtigsten ist.

> **Merke**
> Bei **eukaryotischen Operons** ergibt sich das Problem, dass die polycistronischen mRNAs zunächst in einzelne individuelle mRNAs zerschnitten werden müssen, um translatiert werden zu können. Dies geschieht durch *Trans*-**Spleißen** (engl. *trans-splicing*) – einen Prozess, der stark an das Spleißen angelehnt ist: Nach dem Schneiden der polycistronischen Prä-mRNA werden die entstandenen Fragmente mit anderen RNA-Fragmenten fusioniert, die wiederum ein 5'-Guanosin-Cap mitbringen. Dadurch werden die nun monocistronischen mRNAs am 5'-Ende geschützt und können ganz normal wie die anderen mRNAs weiter für die Proteinbiosynthese verwendet werden.

6.3.4.4 RNA-Editing
Eine weitere Modifikation neben dem Spleißen, welche die Sequenz einer Prä-mRNA ändert, ist das **RNA-Editing.** Während man früher annahm, dass diese Art der Prozessierung rein posttranskriptionell stattfindet, konnte man mittlerweile zeigen, dass – je nach Art

der Modifizierung – ein Großteil noch vor der Polyadenylierung und somit kotranskriptionell abläuft (beim Menschen bis zu 90 %!).

Die meisten bisher bekannten Modifikationen durch Editing lassen sich dabei zwei übergeordneten Hauptformen zuordnen: Eine Form ist das **Insertions/Deletions-Editing,** wobei in einer RNA nachträglich Nukleotide ausgeschnitten oder eingefügt werden. Die zweite Form ist das **Substitutions-Editing,** das häufig bei höheren Eukaryoten, wie bei Pflanzen aber auch bei Säugern, vorkommt und zur Konvertierung einzelner Basen in andere führt. Beide Formen des Editierens von RNA können gravierenden Einfluss auf die Genexpression haben, indem sie sich auf die Funktionalität, Stabilität und die weitere Prozessierung des jeweiligen Transkripts auswirken! Bei Trypanosomen entstehen durch das Insertions/Deletions-Editing überhaupt erst **funktionelle ORFs,** da die nicht-editierten Prä-mRNAs zahlreiche Stoppcodons enthalten. Es geht hier also nicht darum, mal das eine Nukleotid hier und das andere dort zu verändern, sondern darum, eine gezielte Reifung der Transkripte durchzuführen, hinter der eine komplexe und (ähnlich wie beim Spleißen) sehr genaue Maschinerie stehen muss!

Dass die Transkripte je nach Gewebetyp und Zustand einer Zelle zudem auch noch unterschiedlich editiert werden, führt letztendlich zu einer erhöhten Diversität jener RNAs, die aus einer einzelnen Genvorlage entstehen können. Schlaue Menschen sprechen auch gern von einer „Diversifikation". Damit sollten wir spätestens jetzt die Ein-Gen-eine-RNA-ein-Protein-Vorstellung hinter uns gelassen haben. Zudem hängt das Editing besonders mit dem **Spleißen** eng zusammen, weil beide Mechanismen zeitnah oder überlappend ablaufen und sich oftmals gegenseitig beeinflussen. Doch mehr dazu und zur **alternativen Prozessierung** in ▶ Abschn. 8.2.2.

■■ **Korrektur im großen Stil – das Editing bei Trypanosomen**
Das **Insertions/Deletions-Editing** ist bei mitochondrialen Prä-mRNAs von Trypanosomen besonders häufig (und gut untersucht, zumal das RNA-Editing hier 1986 überhaupt erstmals beschrieben wurde [4]. Trypanosomen sind parasitäre einzellige Flagellaten wie z. B. der Erreger der afrikanischen Schlafkrankheit *Trypanosoma brucei.* Die Insertionsrate überwiegt die Deletionsrate dabei etwa um Faktor zehn. Bei einigen Transkripten von *T. brucei,* wie etwa von dem des Gens für die Cytochrom-Oxidase-Untereinheit III (COIII), konnte man zeigen, dass mehr als 50 % des reifen mRNA-Transkriptes erst durch Editing eingefügt wurden! Insgesamt stellt diese posttranskriptionale Modifikation also eine massive Veränderung der Prä-mRNA und gleichzeitig einen essenziellen Mechanismus der Proteinbiosynthese dar.

6

Zum Mitdenken

Zum Zeitpunkt der Entdeckung kannte man bereits das Spleißen und wusste, dass im DNA → RNA-Informationsfluss manche Sequenzen einfach untergehen. Daher war es umso wunderlicher, dass in einer RNA auf einmal Sequenzen auftauchten, die nirgends in der DNA codiert zu sein schienen! Wenn Sie davon nicht geschockt sind, stellen Sie sich einfach vor, dass Sie „stille Post" spielen: Obwohl sie am Anfang etwas völlig Unverständliches gemurmelt haben, kommt zum Schluss ein doppelt so langer perfekt verständlicher Satz raus! Das heißt, entweder Ihre Mitspieler sind Telepathen, oder jemand hat geschummelt und bekommt die Informationen von außerhalb zugeflüstert…

Bei der Prozessierung kommt ein Multiproteinkomplex zum Einsatz, das **Editosom,** das im Falle von *T. brucei* aus 20 verschiedenen Proteinuntereinheiten besteht. Darunter sind diverse Endonukleasen, Exonukleasen und eine TUTase (terminale Uridinyl-Transferase), die zusammen in der Lage sind, Uridine zu entfernen oder einzufügen. Was davon genau getan werden muss – und wo –, das geben kleine RNA-Vorlagen, sogenannte **guide** RNAs (gRNA) vor, von denen es in *T. brucei* jede Menge gibt (etwa 1200). Diese sind 50–60 nt lang und sind selbst in dem mitochondrialen Genom codiert und weisen mit den Prä-mRNAs partiell eine gewisse Komplementarität auf. Genau genommen sind diese gRNAs also die Lösung für das oben stehende Problem, weil sie die Informationen beinhalten, die den Prä-mRNAs noch fehlen, um eine reife mRNA zu werden. Die gRNAs binden dabei mit einer 5′-gelegenen Ankerregion an den 3′-Bereich der Prä-mRNA oberhalb der zu editierenden Stelle. Nun kommen die verschiedenen katalytischen Untereinheiten des Editosoms zum Einsatz: Eine Endonuklease schneidet zunächst die Prä-mRNA, gefolgt entweder von einer Exonuklease, die Uridine entfernt, oder eben einer TUTase, die Uridine hinzufügt. Und fertig ist die mRNA. Ein Kinderspiel (◘ Abb. 6.11).

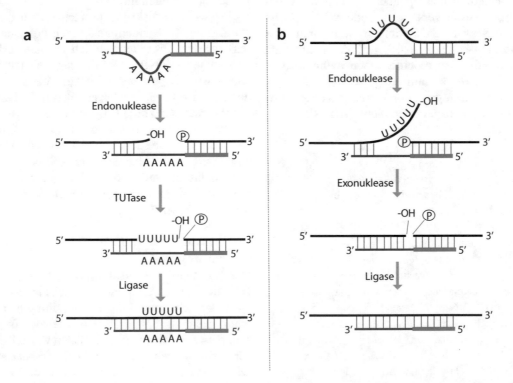

◘ **Abb. 6.11**   Schematische Darstellung des Insertions-Editings (**a**) und des Deletions-Editings (**b**). Grundlage für diese Art der Prozessierung ist eine *guide RNA* (gRNA; hier in rot), die dem Editosom als Vorlage dient. Die gRNA besitzt am 5′-Ende eine „Anker-Region" (blau), mit der sie sich an die zu editierende Prä-mRNA (schwarz) an eine komplementäre Sequenz anlagert. Direkt 3′ hinter der Anker-Region schneidet eine Endonuklease zunächst die Prä-mRNA. Sind in der gRNA zu viele Uridine (Us), werden diese durch eine TUTase in der Prä-mRNA ergänzt (Insertions-Editing; **a**). Sind hingegen in der Prä-mRNA überzählige Us, werden diese durch eine Exonuklease entfernt (Deletions-Editing; **b**). Zum Schluss verknüpft eine Ligase die offenen Enden der Schnittstelle, indem sie das OH-Ende mit dem Phosphat (P) unter ATP-Verbrauch ligiert. (J. Buttlar)

▪▪ Das Umschreiben von Basen bei höheren Eukaryoten

Als Beispiele für das **Substitutions-Editing** sind die enzymatische Modifikation von Cytosin zu Uracil (**C → U**) oder die Umwandlung von Adenosin zu Inosin (**A → I**) zu nennen. Bei beiden handelt es sich um eine Desaminierung, wobei eine Aminogruppe (NH$_2$) abgespalten und durch ein Sauerstoffatom ersetzt wird.

Betrachtet man beispielsweise das Codon, welches für Glutamin codiert (CAA), so kann das 3'-Adenosin durch Enzyme der **ADAR**-Familie *(adenosine deaminase acting on RNA)* zu Inosin desaminiert werden, wodurch ein CAI-Codon entsteht. Inosin verhält sich bei der Basenpaarung wie Guanosin und paart entsprechend mit Cytidin, weshalb das entstandene CAI-Codon wie CAG gelesen und in die Aminosäure Arginin übersetzt wird. Die Desaminierung von Cytidin zu Uracil wird hingegen von Enzymen der **CDAR**-Familie *(cytosin deaminase acting on RNA)* durchgeführt. Oftmals wird diese Enzymfamilie auch als **APOBEC**-Familie *(apolipoprotein-B mRNA editing enzyme, catalytic polypeptide-like)* bezeichnet, ausgehend von dem ersten gefundenen Vertreter, APOBEC1. Ein weiterer Unterschied zwischen der ADAR- und der APOBEC-Enzymfamilie liegt darin, das erstere **doppelsträngige RNA** (dsRNA) und zweitere **einzelsträngige RNA** (ssRNA) als Substrat bevorzugt.

▪▪ Zur Häufigkeit

Das Substitutions-Editing kommt innerhalb der Eukaryoten deutlich häufiger vor als das Insertions/Deletions-Editing – auch wenn Letzteres bei Trypanosomen sicherlich sehr ausgeprägt ist. Editing-Sites finden sich dabei neben den codierenden Regionen vor allem in nichtcodierenden Regionen, wie **Introns** und **5'- und 3'-UTRs**. Innerhalb des Substitutions-Editing überwiegt wiederum die Konvertierung von A → I gegenüber C → U um ein Vielfaches. Während man beim Menschen bisher über 2000 verschiedene Stellen mit C → U-Editierung fand, kennt man 400.000 Stellen, an denen das A → I-Editing vorkommt [5]. Andere Daten lassen darauf schätzen, dass es insgesamt sogar bis zu 100 Millionen verschiedene Stellen geben könnte und 60 % aller Gene betroffen sind [6]. Diese hohe Zahl hängt wiederum damit zusammen, dass das A → I-Editing vor allem Transkripte von **Alu-Transposons** betrifft, einer bestimmten Familie von SINEs (▶ Abschn. 3.3.2.2), die wirklich sehr oft im menschlichen Genom vorkommt! Die Alu-Sequenzen sind wiederum ideale Kandidaten für das A → I-Editing, weil sie aus invertierten Wiederholungen bestehen und ihre Transkripte daher dsRNA-Bereiche bilden.

Am Rande bemerkt

Weil Alu-Transposons evolutionär vermutlich auf Retroviren zurückgehen und man auch beim C → U-Editing zeigen konnte, dass alle APOBEC-Enzyme in der Lage sind Retroviren-cDNA zu editieren, könnte die ursprüngliche Funktion des Editings eine Immunantwort auf Viren gewesen sein!

6.3.5 Die Regulation der Transkription bei Eukaryoten

Verglichen mit den Operons der Prokaryoten ist die Regulation der Genexpression in Eukaryoten etwas vielfältiger und wird in ▶ Kap. 8 ausführlicher beschrieben. Die schon erwähnten Transkriptionsfaktoren, sowie *Enhancer*- und *Silencer*-Sequenzen sind maßgeblich an der Expressionsregulierung auf der Transkriptionsebene beteiligt. Die Transkriptionsfaktoren können wiederum auf vielfältige Art und Weise reguliert werden. Aber auch auf allen anderen Ebenen, angefangen beim Chromatin, wird die Genexpression reguliert. In den verschiedenen Chromatinformen, wie beispielsweise dem Heterochromatin, kann die DNA so dicht verpackt sein, dass die Transkription gar nicht erst stattfinden kann (▶ Kap. 3 und 13). Nicht zu vergessen die Prozessierung der Prä-mRNA, die ebenfalls eine äußerst wichtige Regulationsebene für die Genexpression darstellt.

6.4 Ein Vergleich der Transkription bei Pro- und Eukaryoten

Auch wenn die Transkription in Pro- und Eukaryoten generell recht ähnlich abläuft, haben wir doch einige Unterschiede kennengelernt. Die wichtigsten sind in der ◨ Tab. 6.3 noch einmal für Sie zusammengefasst.

Zusammenfassung

- Transkription beschreibt das Umschreiben von DNA in RNA
- Eine DNA-Matrize, der Matrizenstrang, dient dabei als Vorlage für die RNA-Polymerase (RNAP). Dieser Strang wird auch als nichtcodierender Strang bezeichnet.
- Der DNA-Strang, welcher komplementär zur DNA-Matrize ist, wird hingegen codierender Strang genannt. Er entspricht der neu entstehenden RNA, bis auf den Unterschied, dass hier anstelle von Thymin Uracil eingebaut wird.

◘ Tab. 6.3   Vergleich der Transkription bei Pro- und Eukaryoten

	Prokaryoten	Eukaryoten
Enzyme	RNA-Polymerase (RNAP)	RNA-Polymerase I (rRNA) RNA-Polymerase II (mRNA, snRNA) RNA-Polymerase III (tRNA, rRNA) RNA-Polymerase IV (siRNA)
Ort	Cytoplasma	Zellkern
Ablauf	Initiation, Elongation, Termination	Initiation, Elongation, Termination
Bindung an die RNA	Direkt (über Sigma-Faktor und CTDs der α-Untereinheiten)	Indirekt über allgemeine Transkriptionsfaktoren
Regulation	Operons, Sigma-Faktoren (Transkriptionsfaktoren)	Transkriptionsfaktoren, *Enhancer, Silencer* (Operons)
Produkt	Reife mRNA, oft polycistronisch	Vorläufige Prä-mRNA, in der Regel monocistronisch
Prozessierung	i. d. R. keine, da Translation bereits kotranskriptionell beginnt	5'-Methylguanosin-Cap, Poly(A)-Capping, Spleißen, Editing

- In Prokaryoten gibt es nur eine RNA-Polymerase, in Eukaryoten gleich vier, die verschiedene RNA-Klassen transkribieren.
- Es werden sowohl Bereiche der DNA transkribiert, die für Proteine codieren, als auch Bereiche, die für funktionelle RNAs codieren.
- Eine Transkription verläuft in drei Phasen: Initiation, Elongation und Termination. Das Produkt ist immer eine RNA.
  Bei der Initiation bindet die RNA-Polymerase die DNA und öffnet diese partiell.
  Bei der Elongation entsteht die RNA, indem die RNA-Polymerase nach Vorlage der DNA-Matrize Nukleotide anfügt und somit eine RNA synthetisiert.
  Bei der Termination wird die Synthese abgebrochen.
- Transkription bei Prokaryoten
- Die prokaryotische Polymerase besteht aus vier Untereinheiten: α (zweimal), β und β'. Diese bilden das Coreenzym. Zusammen mit einem Sigma(σ)-Faktor entsteht das Holoenzym, welches einen Promotor binden kann.
- Die RNA-Polymerase bindet mit dem Sigma-Faktor (bzw. den α-Untereinheiten) bei der Initiation direkt an die DNA.
- Der prokaryotische Promotor besitzt eine −10-, eine *extended* (erweiterte) −10- und eine −35-Region, die vom Sigma-Faktor erkannt wird. Darüber hinaus hat er ein sogenanntes UP-Element, welches mit der α-Untereinheit der RNA-Polymerase interagiert und die Bindung des Enzyms an die DNA stärkt.
- Prokaryotische Strukturgene sind oft in Operons organisiert, beinhalten mehrere Strukturgene hintereinander, die über den gleichen Promotor reguliert werden.
- Operons sind meistens über sogenannte Operatorsequenzen und assoziierte Transkriptionsfaktoren reguliert:
  - Man unterscheidet in positive Regulation: Ein Aktivator bindet die Operatorsequenz und die Transkription kann starten;
  - sowie negative Regulation: Ein Repressor bindet die Operatorsequenz und inhibiert die Transkription.

- Transkription bei Eukaryoten
- Der eukaryotische Promotor ist etwas anders aufgebaut als der prokaryotische. Er besteht meist aus einem Kernpromotor mit TATA-Box und Transkriptionsstartstelle sowie aus einem proximalen Promotor mit verschiedenen regulatorischen Elementen.
- Die Bindung der RNA-Polymerase an die DNA während der Initiation erfolgt zunächst indirekt über Transkriptionsfaktoren. Allgemeine Transkriptionsfaktoren sind für die Bindung unerlässlich, während spezielle eher für das Fein-Tuning verantwortlich sind.
- Oft wird ein eukaryotischer Promotor durch die Aktivität von *Enhancer*- und *Silencer*-Sequenzen beeinflusst. Diese werden wiederum von speziellen Transkriptionsfaktoren gebunden und können die Transkription verstärken oder schwächen.
- Eine RNA, die bei der Transkription in Eukaryoten entsteht, wird Prä-mRNA genannt, da sie noch modifiziert werden muss, bis eine fertige mRNA (oder eine funktionelle RNA) entsteht. Diese Modifikation wird auch Reifung genannt und umfasst:

- Das 5′-Capping, bei welchem ein 7-Methylguanosin-Cap an das 5′-Ende angehängt wird. Dieses dient dem Schutz vor Degradation, dem Ringschluss der mRNA, dem Export ins Cytoplasma und als Andockstelle für die Translationsmaschinerie.
- Die 3′-Polyadenylierung, bei der an das 3′-Ende der RNA viele Adenosine angehängt werden (Poly(A)-Schwanz). Dient als Schutz und dem Ringschluss der mRNA.
- Das Spleißen, bei dem Introns (nichtcodierende Abschnitte) aus der Prä-mRNA ausgeschnitten und die (codierenden) Exons zusammengefügt werden. Man unterscheidet zwischen selbstspleißenden RNAs (Autospleißen) und anderen, die meistens durch das Spleißosom prozessiert werden. Hier spielen kleine RNAs (snRNAs) sowie andere Vermittlerproteine eine wichtige Rolle.
- Und schließlich das Editing, bei dem einzelne Nukleotide in der Prä-mRNA noch durch andere ersetzt (Substitution), gelöscht (Deletion) oder hinzugefügt (Insertion) werden. Bekannte Substitutionen sind die A → I-Konvertierung (durch ADAR-Enzyme) und die C → U-Konvertierung (durch CDAR- bzw. APOBEC-Enzyme). Beim Löschen/Hinzufügen von Nukleotiden in Trypanosomen spielen Editosomen eine Rolle, die von kleinen Vermittler-RNAs (gRNAs) dirigiert werden.

Literatur

1. Catwright R. A., Graur D. (2011). The multiple personalities of Watson and Crick strands. *Biology Direct, 6*, S. 7. ▶ https://doi.org/10.1186/1745-6150-6-7
2. Fondi, M., Emiliani, G., & Fani, R. (2009). Origin and evolution of operons and metabolic pathways. *Research in Microbiology, 160*(7), 502–512. ▶ https://doi.org/10.1016/j.resmic.2009.05.001.
3. Omelchenko, M. V., Makarova, K. S., Wolf, Y. I., Rogozin, I. B., & Koonin, E. V. (2003). Evolution of mosaic operons by horizontal gene transfer and gene displacement in situ. *Genome Biology, 4*(9).
4. Benne, R., Van Den Burg, J., Brakenhoff, J. P. J., Sloof, P., Van Boom, J. H., & Tromp, M. C. (1986). Major transcript of the frameshifted coxll gene from trypanosome mitochondria contains four nucleotides that are not encoded in the DNA. *Cell, 46*, 819–826. ▶ https://doi.org/10.1016/0092-8674(86)90063-2.
5. Bazak, L., Haviv, A., Barak, M., Jacob-Hirsch, J., Deng, P., Zhang, R., & Levanon, E. Y. (2014). A-to-I RNA editing occurs at over a hundred million genomic sites, located in a majority of human genes. *Genome Research, 24*, 365–376. ▶ https://doi.org/10.1101/gr.164749.113.
6. Tan, M. H., Li, Q., Shanmugam, R., Piskol, R., Kohler, J., Young, A. N., & Li, J. B. (2017). Dynamic landscape and regulation of RNA editing in mammals. *Nature, 550*(7675), 249–254. ▶ https://doi.org/10.1038/nature24041.

Weiterführende Literatur

Browning, D. F., & Busby, S. J. W. (2016). Local and global regulation of transcription initiation in bacteria. *Nature Reviews Microbiology, 14*(10), 638–650. ▶ https://doi.org/10.1038/nrmicro.2016.103.
Hook-Barnard, I. G., & Hinton, D. M. (2007). Transcription Initiation by Mix and Match Elements: Flexibility for Polymerase Binding to Bacterial Promoters. *Gene Regulation and Systems Biology, 1*, 275–293. ▶ https://doi.org/10.1177/117762500700100020.
Merkhofer, E. C., Hu, P., & Johnson, T. L. (2014). Introduction to cotranscriptional RNA splicing. *Methods in Molecular Biology, 1126*, 83–96. ▶ https://doi.org/10.1007/978-1-62703-980-2_6.
Paget M. S. (2015). Bacterial sigma factors and anti-sigma factors: Structure, function and distribution. *Biomolecules, 5*(3), 1245-1265. ▶ https://doi.org/10.3390/biom5031245

Die Translation

Inhaltsverzeichnis

© Springer-Verlag GmbH Deutschland, ein Teil von Springer Nature 2020
J. Buttlar et al., *Tutorium Genetik*,
https://doi.org/10.1007/978-3-662-56067-9_7

7

Dieses Kapitel widmet sich dem zweiten wichtigen Schritt der Proteinbiosynthese, der **Translation.** Während der Translation wird die Information einer mRNA genutzt, um eine **Polypeptidkette** herzustellen. Polypeptidketten sind wiederum die Grundbausteine der **Proteine,** wobei diese aus einer oder mehreren Polypeptidketten bestehen können (▶ Kap. 2). Man könnte also auch sagen, dass mRNAs insgesamt die Grundbaupläne für Proteine darstellen. Aber wie wird aus diesen linearen Informationssequenzen aus Nukleinsäuren ein aus **Aminosäuren** bestehendes Protein? Das Problem, dass Proteine und mRNA-Moleküle aus chemisch sehr unterschiedlichen Einheiten bestehen, wurde anfangs als „**Codierungsproblem**" bezeichnet.

Dabei ist es wichtig zu verstehen, dass in Zellen immer sowohl **Informationseinheiten** (DNA und mRNA) als auch **Funktionseinheiten** (Proteine und bestimmte RNAs) vorliegen müssen und beide voneinander abhängen. Das liegt daran, dass Zellen auf die Erbinformationen (DNA) angewiesen sind, um neue Proteine herzustellen. Die Proteine wiederum sind die „Arbeiter" der Zelle und übernehmen die meisten essenziellen Aufgaben. Dazu gehören zum Beispiel die Verstoffwechselung von Nährstoffen, die Replikation der DNA und die Proteinbiosynthese selbst. Fast alle wichtigen zellulären Funktionen hängen essenziell von Proteinen ab. Eine Zelle kann also nicht ohne Proteine überleben, weil die Herstellung neuer Proteine auch von Proteinen abhängt. Das klingt erst mal komisch und redundant, macht aber Sinn, wenn man die Proteinbiosynthese als selbsterhaltenden Kreislauf betrachtet. Auf der anderen Seite kann eine Zelle natürlich auch nicht überleben, wenn sie kein Erbgut besitzt, da neue Proteine nur hergestellt werden können, wenn die nötigen Baupläne vorliegen. Es ist also notwendig, bis auf einige wenige Ausnahmen, dass beide Einheiten (Information und Funktion) zu jeder Zeit in der Zelle vorhanden sind.

Die während der Translation stattfindende Übersetzung von mRNA in Aminosäuren ist also für alle Zellen ein lebenswichtiger Prozess. Je nach Organismus können dabei die Baupläne für Tausende verschiedene Proteine umgesetzt werden. Bei einer menschlichen Zelle geht man davon aus, dass das **Proteom** (die Gesamtheit aller Proteine einer Zelle zu einem bestimmten Zeitpunkt) aus bis zu einer Millionen verschiedener Proteinarten besteht.

Zur Übersicht

Die **Proteinbiosynthese** ist eines der zentralen Dogmen der Molekularbiologie (◻ Abb. 7.1), das den Informationsfluss von der DNA bis hin zum Protein beschreibt. Im ▶ Kap. 6 über die Transkription wurde bereits der erste Teil dieses komplexen Vorgangs erklärt. Dort wurde beschrieben, wie aus dem Erbgut einer Zelle, der **DNA,** eine *messenger*-RNA (**mRNA**) hergestellt wird.

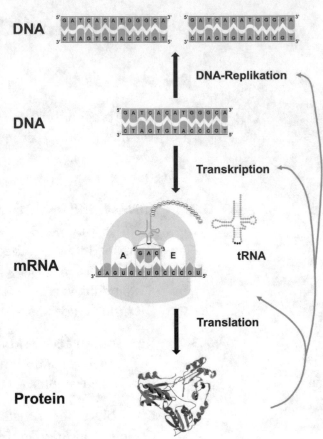

◻ Abb. 7.1 Das „Dogma" der Proteinbiosynthese. Die DNA-Replikation, Transkription und Translation sind voneinander abhängige Prozesse in einer Zelle. Die DNA ist das Erbgut einer Zelle, in ihr finden sich die Baupläne für Proteine. Die Information der DNA wird in mRNA umgeschrieben und die mRNA verwendet, um mittels Translation Proteine herzustellen. Die Translation wird von Ribosomen und tRNAs sowie vielen weiteren Helferproteinen durchgeführt und hängt deshalb selbst auch von Proteinen ab. Es besteht also eine beidseitige Abhängigkeit von Informations- und Funktionseinheit in der Zelle. (H. Hawer)

7.1 Das Ablesen der mRNA

Zur Wiederholung

Messenger-**RNAs (mRNAs)** sind Informationsträger, die während der Transkription anhand von DNA-Vorlagen synthetisiert werden. Die DNA-Matrizen enthalten dabei zwar die wichtigsten Informationen für die Bildung einer mRNA, jedoch ist es in **Eukaryoten** vom **Primärtranskript** (Prä-mRNA) bis zur fertigen mRNA noch ein weiter Weg. Auf diesem erhält die mRNA noch viele Modifikationen (▶ Kap. 6), die nicht unbedingt in der DNA codiert sind. Die Basisinformationen auf einer mRNA sind aber von der DNA fest vorgeschrieben. Nach dem Transport der mRNAs aus dem Zellkern in das Cytoplasma werden sie als

Baupläne für die Herstellung von Proteinen verwendet (Translation). In **Prokaryoten** entfällt diese räumliche Trennung, da Bakterien und Archaeen keinen Zellkern besitzen. Die Transkription und Translation finden hier also beide (teilweise zeitlich überlappend) im Cytoplasma statt. Auch finden sich in Prokaryoten keine Modifikationsschritte wie bei Eukaryoten, sondern die mRNAs können direkt weiter translatiert werden. In allen drei Domänen des Lebens sind die mRNAs am 5′-Ende mit Erkennungssequenzen oder Bindestellen für Proteine versehen, welche den Prozess der Proteinbiosynthese einleiten können und wichtig für die Stabilität der mRNA sind. Im Anschluss an diese Erkennungssequenzen der mRNA finden sich die Informationen, welche die Aminosäuresequenz für die Synthese des neuen Polypeptids vorgeben. Dabei bestimmen immer genau drei hintereinanderliegende Basen der mRNA (Nukleinsäure) eine Aminosäure. Im Gegensatz dazu ist das 3′-Ende der mRNA in der Lage, die Stabilität und Lebensdauer der mRNA über die sogenannte Polyadenylierung (nur bei Eukaryoten; ▶ Abschn. 6.3.4.2), zu bestimmen.

7.1.1 Die mRNA wird in Basentripletts decodiert

Die mRNAs unterscheiden sich chemisch gesehen sehr stark von den aus Aminosäuren aufgebauten Proteinen. Dieses Phänomen wurde lange als „**Codierungsproblem**" bezeichnet. Man konnte sich schlichtweg nicht erklären, wie das eine zum anderen führen sollte und wie beide möglicherweise interagieren könnten. Wie also lösen Zellen diese Problematik? Die Antwort ist, dass immer genau drei der Basen in der Nukleotidsequenz einer mRNA für eine Aminosäure codieren. Diese Basentripletts nennt man **Codons.** Dabei liest man die einzelsträngigen mRNA-Moleküle vom 5′-Ende, jenes Ende an dem sich eine Phosphatgruppe befindet, immer in Richtung des 3′-Endes, an dem sich eine Hydroxygruppe befindet.

Das Tolle daran ist, dass die Übersetzung von mRNA-Codons zu Aminosäuren in fast allen Organismen gleich ist. Sogar in Eukaryoten und Bakterien ist der **genetische Code** meistens identisch. Ein wichtiger Unterschied zwischen Pro- und Eukaryoten findet sich in der Abundanz, also der Häufigkeit bestimmter Codons auf der mRNA. Da die mRNA aus vier verschiedenen Basen besteht, welche alle miteinander kombiniert werden können, um ein Codon zu bilden, gibt es

theoretisch $4^3 = 64$ mögliche mRNA-Codons. Von diesen 64 Kombinationsmöglichkeiten codieren 61 für Aminosäuren, und drei signalisieren ein Stoppzeichen für die Translation, stellen aber selbst keine Aminosäure dar. Daher wird ein solches Codon auch **Stoppcodon** genannt. Stoppcodons werden noch einmal detaillierter in ▶ Abschn. 7.4.3 besprochen.

Da Proteine allerdings meistens aus „nur" 20 verschiedenen kanonischen Aminosäuren (▶ Kap. 2) aufgebaut sind, gibt es für die meisten Aminosäuren mehr als eine Basenkombination. Das liegt daran, dass der genetische Code degeneriert ist (▶ Abschn. 3.7). (Zum Beispiel wird die Information für die Aminosäure Alanin durch vier verschiedene mRNA-Codons bereitgestellt: GCU, GCC, GCA und GCG. Im Vergleich dazu wird die Aminosäure Lysin nur durch zwei Codons in der mRNA codiert (AAA und AAG; ◘ Abb. 7.2). Interessanterweise bedeutet das aber nicht, dass Alanin in Proteinen häufiger vorkommt als Lysin. Ganz im Gegenteil: Bei Lysin handelt es sich um die wohl häufigste Aminosäure, auch wenn das natürlich je nach Organismus und von Protein zu Protein variiert. Die Menge an Codons für eine Aminosäure hängt also nicht mit der Häufigkeit der Aminosäuren in Proteinen zusammen.

Des Weiteren gibt es einen universellen Startcode für die Translation, das sogenannte **Initiationscodon.** Dieses Codon besteht aus einem Adenosin, einem Uridin und einem Guanosin (AUG). Es signalisiert den Start der Proteinbiosynthese und codiert für die Aminosäure **Methionin.** Die Synthese der meisten Proteine startet also mit einem **AUG-Codon.**

7.1.2 Die Code-Sonne

Um den genetischen Code übersichtlich darzustellen und Codons, beziehungsweise eine codierende mRNA-Sequenz, den passenden Aminosäuren fix zuordnen zu können, gibt es die sogenannte **Code-Sonne** (◘ Abb. 7.2). Bei der Benutzung der Code-Sonne muss man lediglich eine Regel beachten: Sie wird von innen nach außen abgelesen, weil die Translation eben auch von 5′ nach 3′ stattfindet. Toll, nicht? So kann man gut erkennen, dass der Startpunkt der Translation, das Codon AUG, für die Aminosäure Methionin codiert. Versuchen Sie es doch selbst einmal: Für welche Aminosäure codiert ein CAA-Codon?

Richtig, das CAA-Codon codiert für Glutamin. Schaut man sich die Code-Sonne in ◘ Abb. 7.2 genauer an, so erkennt man, dass die Aminosäuren mit Abkürzungen eingetragen sind. Zum Beispiel

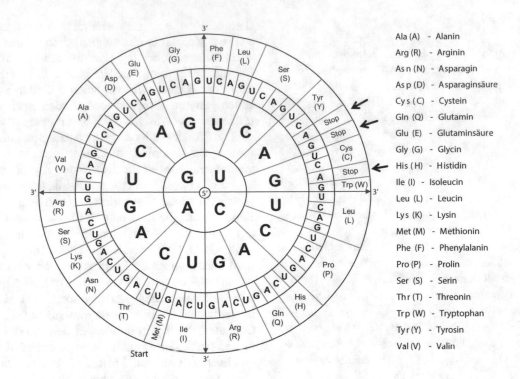

Abb. 7.2   Die Code-Sonne. Die Aminosäure Methionin (Met) gibt immer den Start einer Translation an und wird durch das Codon AUG codiert. Die mit *schwarzen Pfeilen* gekennzeichneten Codons UAA, UAG und UGA werden nicht in Aminosäuren übersetzt, sondern führen zu einem Stopp der Translation. Deshalb werden diese Codons auch als Stoppcodons bezeichnet. Wichtig bei der Benutzung der Code-Sonne ist, dass man sie von innen nach außen abliest, entlang der *roten Pfeile* in 5′ → 3′-Richtung. Jede Aminosäure kann und wird in einem Ein- und/oder Drei-Buchstabencode wiedergegeben, weshalb diese hier nochmal mit der jeweiligen Codierung gelistet werden. Die Code-Sonne wurde nach einem Lehrbuch von Carsten Bresch und Rudolf Hausmann [1] erstellt. (H. Hawer)

„Ala" für Alanin, das ist der **Drei-Buchstaben-Code.** Um noch mehr Platz und Druckerschwärze zu sparen, gibt es auch noch den **Ein-Buchstaben-Code.** Bei unserem Beispiel für Alanin wäre das „A". So einfach ist es allerdings nicht für alle Aminosäuren, da es häufig Anfangsbuchstaben doppelt gibt. So wird die Aminosäure Arginin mit „Arg" abgekürzt, aber im Ein-Buchstaben-Code mit einem „R" beschrieben. Das ist der Grund dafür, dass der Ein-Buchstaben-Code nicht einheitlich ist. Eine Auflistung des Ein- und Drei-Buchstaben-Codes sowie die Darstellung der dazugehörigen Aminosäuren ist in ▶ Kap. 2 in ▣ Abb. 2.10 gezeigt.

Am Rande bemerkt

Auch wenn der genetische Code mehr oder weniger für alle Organismen gilt, gibt es auch hier Ausnahmen... So finden sich in Bakterien und auch in manchen eukaryotischen Organellen wie Mitochondrien andere Bedeutungen für manche Codons. Und auch die beiden nicht-kanonischen Aminosäuren Pyrrolysin und Selenocystein (▶ Abschn. 2.3.1.1) werden durch die Codons UAG beziehungsweise UGA codiert, die eigentlich Stoppcodons darstellen!

7.1.3   Das Leseraster

Einen „lesbaren" potenziell codierenden Abschnitt einer mRNA nennt man auch **ORF** *(open reading frame)* oder **offenes Leseraster.** Nicht zu verwechseln mit dem Österreichischen Rundfunk. ORFs lassen sich leicht über das Vorhandensein von Start- oder Stoppcodons identifizieren. Sollte einem nun in der Genetik-Klausur oder bei Transkriptionsstudien ein unbekanntes mRNA-Stück vorliegen, ergibt sich die Frage, welches Leseraster das richtige ist, beziehungsweise, welches am meisten Sinn ergibt. Aufgrund der Tatsache, dass immer drei Nukleotide für eine Aminosäure codieren, ergeben sich somit für ein Molekül drei verschiedene Leseraster, die jeweils um ein Nukleotid voneinander versetzt sind (▣ Abb. 7.3). Je nachdem, welches Leseraster man nun nimmt, kommen ganz unterschiedliche Peptidsequenzen zustande. Ein Startcodon in einer solchen mRNA-Sequenz zu identifizieren, hilft nun zwar dabei, einen möglichen Translationsstart zu finden, doch meist lohnt es sich, auch den Rest eines potenziellen Leserasters zu untersuchen. Möglicherweise könnte bei einem Leserahmen zwar ein Startcodon auftauchen, auf das jedoch sehr bald ein Stoppcodon folgt.

Abb. 7.3 Schema der verschiedenen Leseraster einer mRNA. Bei der Translation wird die mRNA vom 5'-Ende zum 3'-Ende abgelesen. Dieser Prozess startet an einem Startcodon (AUG). Dabei kann die mRNA prinzipiell in drei verschiedene Leseraster eingeteilt werden. Grundsätzlich kann aber nur ein Leseraster in ein funktionelles Protein übersetzt werden. Die übrigen Leseraster werden häufig durch frühzeitige Stoppcodons beendet. (H. Hawer)

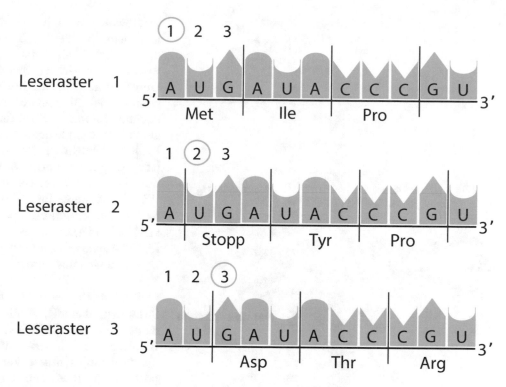

Eine solche äußerst kurze Sequenz wäre also eher unwahrscheinlich und somit zu vernachlässigen.

Verschiedene Arten von **Mutationen** während der DNA-Replikation (▶ Kap. 9) können zur fehlerhaften Transkription von mRNA und damit zu Störungen in der Translation führen. Wenn die Mutationen innerhalb einer Protein-relevanten Sequenz liegen, kann sich hier das gesamte nachfolgende Leseraster verschieben. Dies passiert zum Beispiel durch eine Mutation, bei der ein oder mehrere Nukleotide hinzugefügt (**Insertion**) oder gelöscht (**Deletion**) wurden. Man spricht von *frameshift mutations* oder Rasterschubmutationen (mehr dazu in ▶ Kap. 9).

7.2 tRNAs bringen die benötigten Aminosäuren zur mRNA

Immer drei Nukleotide einer mRNA codieren also für eine Aminosäure. Leider erkennen diese als Codons bezeichneten Basentripletts die Aminosäuren nicht direkt. Sie benötigen zusätzlich eine Übersetzungshilfe. Diese **Übersetzungshilfe** muss die Sprache der mRNAs und auch die Sprache der Aminosäuren sprechen, um den Kontakt zwischen den beiden chemisch sehr unterschiedlichen Einheiten herstellen zu können. Diese Aufgabe übernehmen die **Transfer-RNAs (tRNAs)**. tRNAs sind ganz besondere RNAs, weil sie vier Abschnitte besitzen, die mit sich selbst paaren. So entsteht die ganz spezielle Struktur der tRNAs, die **Kleeblattstruktur** (▶ Abb. 7.4).

7.2.1 Transfer-RNAs

Im Gegensatz zur mRNA ist eine tRNA keine Informationseinheit, sondern eine Funktionseinheit. tRNAs übernehmen die Aufgabe, die passenden Aminosäuren zur mRNA zu bringen. Somit sind sie die Übersetzungshilfe zwischen mRNA und Aminosäure. Für jede Aminosäure hat die Zelle eine bestimmte tRNA. Da es jedoch für jede Aminosäure mehrere mRNA-Codons gibt (▶ Abb. 7.2), gibt es auch für jede Aminosäure mehrere tRNAs (Methionin ausgenommen).

Die **Kleeblattstruktur** der tRNAs wird gebildet, weil es vier Bereiche in der linearen Sequenz der tRNA gibt, die zueinander komplementär sind. Das bedeutet, diese Regionen binden aneinander. Dadurch entstehen auch die sogenannten Schleifen in der Sekundärstruktur der tRNA (▶ Abb. 7.4). Die ungepaarten Schleifen der tRNA nennt man auch D-Schleife, Anticodon-Schleife, variable Schleife und TψC-Schleife. Das klingt zunächst erst einmal kompliziert, aber die Bedeutung jedes Namens kann man leicht ableiten. So enthält die **D-Schleife** sogenannte **Dihydrouridine** (▶ Abb. 7.5). Hier wurden also an Uracil-Basen jeweils zwei zusätzliche Wasserstoffatome angehängt. Diese spezielle Base hilft wahrscheinlich dabei, die Kleeblattstruktur der tRNA aufrechtzuerhalten und von der Aminoacyl-tRNA-Synthetase erkannt zu werden (▶ Abschn. 7.2.2). Die **Anticodon-Schleife** ist der Teil einer tRNA, der an das

7

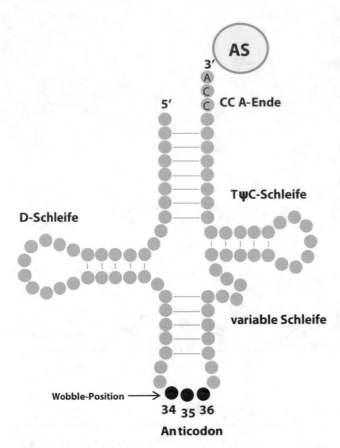

◻ Abb. 7.4 Die Kleeblattstruktur (vereinfachte Sekundärstruktur) einer Transfer-RNA (tRNA). Am 3′-Ende kann die tRNA mit einer Aminosäure (AS) beladen werden. In der Kleeblattstruktur der tRNA finden sich drei Schleifen: Die D-Schleife enthält modifizierte Basen (Dihydrouridin). Die Anticodon-Schleife ist der Teil der tRNA, der später in der Translation an die mRNA bindet. Die variable Schleife ist in unterschiedlichen tRNAs unterschiedlich lang. Die TψC-Schleife enthält ein modifiziertes Uridin: das Pseudouridin (Ψ). (H. Hawer)

Codon einer mRNA bindet. Man spricht daher auch von Anticodon-Codon-Bindungen. Dieser Teil der tRNA trägt also ein Nukleotidtriplett, das auf ein bestimmtes Codon in der mRNA passt beziehungsweise dazu komplementär ist. Die **variable Schleife** ist in verschiedenen tRNAs unterschiedlich lang. In der sogenannten **TψC-Schleife** gibt es ebenfalls eine Besonderheit. Sie enthält in allen tRNAs eine spezielle Basenmodifikation, das **Pseudouridin(Ψ).** Pseudouridin wird von speziellen, sogenannten Pseudouridinsynthasen aus einem Uridin hergestellt (◻ Abb. 7.5). Obwohl die genaue Funktion des Pseudouridins in der TψC-Schleife noch nicht geklärt ist, geht man davon aus, dass das Pseudouridin wichtig für das Beladen der tRNA mit Aminosäuren ist.

Am 3′-Ende jeder tRNA findet sich ein weiterer Bereich, der ungepaart bleibt, eine kurze **5′-CCA-3′-Sequenz.** Diese Sequenz ist der Anknüpfpunkt, an dem die passende Aminosäure an die tRNA angehängt wird.

Obwohl nun mit der Kleeblattstruktur eine gute Übersicht über den Aufbau der tRNAs gegeben ist, ist diese lediglich als Verständnismodell anzusehen, das so *in vivo* (also in der lebenden Zelle) nicht vorkommt. Durch intramolekulare Interaktionen, wie weitere Wasserstoffbrückenbindungen zwischen Basen, die bei der zweidimensionalen Struktur nicht aneinanderbinden, also nicht komplementär sind, werden tRNAs in der Realität vielmehr zu einer **L-Form** gefaltet. Dabei kann jeder Seite der L-Form der tRNA eine wichtige Funktion in der Proteinbiosynthese zugeordnet werden. Während das eine Ende des Ls das **Anticodon** beinhaltet, welches spezifisch an das richtige **Codon** auf der mRNA bindet, dient das andere Ende als Andockstelle für die **Aminosäure,** an welche die entstehende Polypeptidkette angehängt wird.

■■ Die Aufgabenverteilung auf einer Baustelle…
Sieht man die mRNA als Bauplan für die Proteine, dann bringt die tRNA also die Bauteile. Und da jedes Bauvorhaben von den richtigen Bauteilen abhängt, ist die Proteinbiosynthese auf den reibungslosen Transport von Aminosäuren durch die tRNAs angewiesen. Wer aber sagt den tRNAs, was sie zu transportieren haben? Hier betritt ein besonderes Enzym die Bühne, die **Aminoacyl-tRNA-Synthetase** (▶ Abschn. 7.2.2). Dieses Protein ist der eigentliche Übersetzer für das Codierungsproblem zwischen mRNA und Protein, indem es die tRNA, die also eigentlich nur ein stumpfer Zulieferer ist, mit der richtigen Aminosäure belädt.

7.2.2 Aminoacyl-tRNA-Synthetasen beladen die tRNAs mit Aminosäuren

Eine **Aminoacyl-tRNA-Synthetase** ist ein Hafenkran. Also eigentlich ist sie natürlich ein Protein. Aber die Funktion dieses Proteins kann sehr gut mit der Funktion eines Hafenkrans verglichen werden, der die Schiffe (**tRNAs**) mit einer Ladung (**Aminosäuren**) versieht. Eine Aminoacyl-tRNA-Synthetase tut nämlich „nichts weiter", als eine tRNA mit der richtigen Aminosäure zu beladen. Wenn man es genauer nimmt, ist diese Aufgabe aber essenziell wichtig und gar nicht mal so trivial. Der Grund dafür ist einerseits, dass die Verbindung zwischen tRNA und Aminosäuren zwischen chemisch sehr unterschiedlichen Molekülen stattfindet. Andererseits ist es die Aufgabe der Aminoacyl-tRNA-Synthetase, eine tRNA und gleichzeitig die jeweils entsprechende Aminosäure überhaupt erstmal zu erkennen. Wäre dieses Enzym nicht so wählerisch, könnte eine tRNA theoretisch mit jeder beliebigen Aminosäure beladen werden. Damit wäre der Code aber hinüber und die Fracht würde sich auf

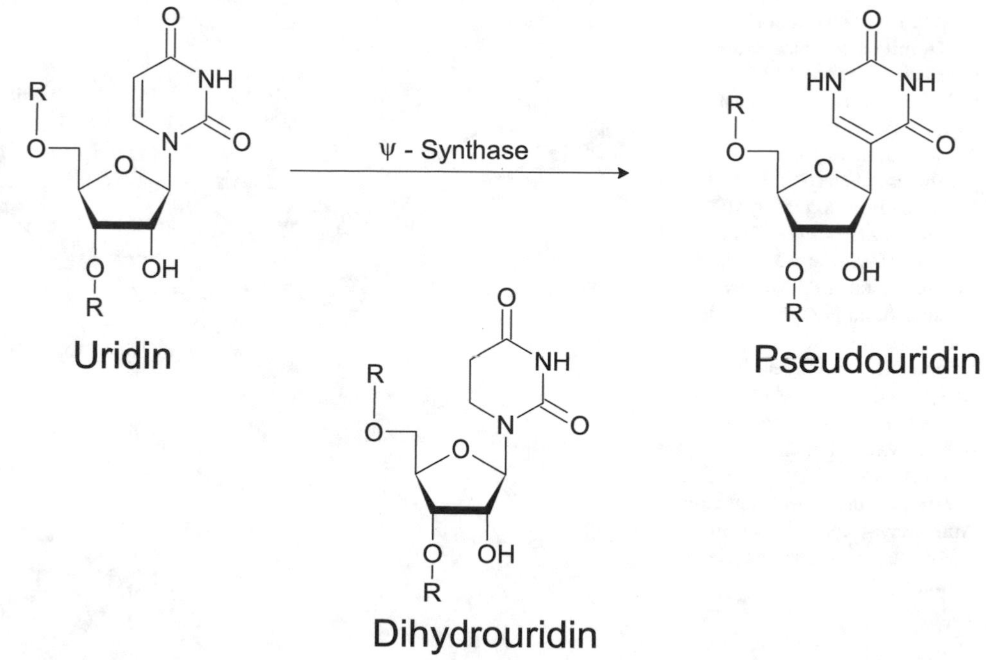

■ **Abb. 7.5**   Oben: Schema der Pseudouridinsynthese. In einem Uridin ist das Uracil über eine Stickstoff-Kohlenstoff-Bindung an die Ribose gebunden. Bei einem Pseudouridin (Ψ) ist das nicht der Fall, hier bindet das Uracil über eine Kohlenstoff-Kohlenstoff-Bindung an die Ribose. Das Enzym, welches diese Veränderung vornimmt, nennt man Pseudouridinsynthase (Ψ-Synthase). Unten: Struktur eines Dihydrouridins. (A. Kuijpers)

Uridin → Ψ - Synthase → Pseudouridin

Dihydrouridin

dem falschen Schiff befinden und zum falschen Hafen fahren. Deshalb gibt es für diesen Prozess spezielle Aminoacyl-tRNA-Synthetasen als Helfer (■ Abb. 7.6). Da zudem jede Synthetase nur eine spezifische Aminosäure erkennen kann, gibt es pro Aminosäure mindestens auch eine individuelle Synthetase – also für jede Art Fracht einen speziellen Kran. Im Normalfall sind es also 20 Aminoacyl-tRNA-Synthetasen für die 20 verschiedenen proteinogenen Aminosäuren.

■■ **Die Funktionsweise der Aminoacyl-tRNA-Synthetase**
Nun wollen wir beispielhaft einmal anschauen, wie eine Aminoacyl-tRNA-Synthetase funktioniert. Im ersten Schritt wird eine Aminosäure auf die Bindung vorbereitet, indem sie „aktiviert" wird. Bei diesem Schritt wird **ATP** (Adenosintriphosphat) verbraucht, wobei das entstehende **AMP** (Adenosinmonophosphat) mit der Aminosäure verknüpft wird, während zwei Phosphate als **Pyrophosphat** abgespalten werden. Die aktivierte Aminosäure wird von nun als **Aminoacyladenylat** bezeichnet. Im zweiten Schritt wird das Aminoacyladenylat auf die Ribose des Adenosins am 3′-Ende der tRNA (Position A76) übertragen. In dieser Reaktion wird das AMP freigesetzt und die Aminosäure als aktivierter **Aminosäureester** gleich für die Verknüpfung an die entstehende Polypeptidkette vorbereitet. In dieser Form ist bereits genügend Energie vorhanden, um die Peptidylreaktion während der Elongation durchzuführen (▶ Abschn. 7.4.2).

Interessanterweise kann man die verschiedenen Aminoacyl-tRNA-Synthetasen aufgrund von Strukturunterschieden in zwei Klassen einteilen. Die Synthetasen der Klasse I sind in der Regel monomerisch, das heißt sie bestehen aus einer Polypeptidkette,

haben ihr aktives Zentrum am N-Terminus und übertragen die aktivierte Aminosäure auf die **2′-Hydroxygruppe** (OH) der Ribose. Proteine der Klasse II hingegen sind in der Regel Dimere oder Tetramere, bestehen also aus zwei oder vier Polypeptidketten, haben ihr aktives Zentrum am C-Terminus und übertragen die aktivierte Aminosäure auf das **3′-OH** der Ribose. Um diese Aufgabe effizient erfüllen zu können, suchen die Aminoacyl-tRNA-Synthetasen sich die richtige tRNAs anhand bestimmter **Identitäts-Elemente** zusammen und halten diese an den jeweiligen Erkennungspunkten fest. Etwa nach dem Motto: „Hab ich dich, jetzt wirst du beladen!" Zur Erkennung dienen dabei oft die Struktur des Anticodons, aber auch Modifikationen oder bestimmte Sequenzen in anderen Bereichen, insbesondere in der Region unterhalb des Aminosäure-Akzeptors. Anschließend wird auch das 3′-Ende der tRNAs gut festgehalten, damit hier die Aminosäure angehängt werden kann. Dass dieser Vorgang stabiler abläuft, wenn man eine gute Bindung zwischen der Aminoacyl-tRNA-Synthetase und dem tRNA-Molekül hat, kann man sich gut vorstellen. Der Hafenkran kann die Fracht auch erst richtig auf das Schiff laden, wenn das Schiff gut am Landungssteg festgemacht wurde. Ist die tRNA mit einer Aminosäure beladen, spricht man auch von einer **Aminoacyl-tRNA.**

Am Rande bemerkt
Damit die Proteinsynthese am Ribosom auch klappt, müssen die Aminosäuren eigentlich am 3′-OH des Adenosins gebunden sein. Tatsächlich können die Aminosäuren in der Zellflüssigkeit auch spontan zwi-

7

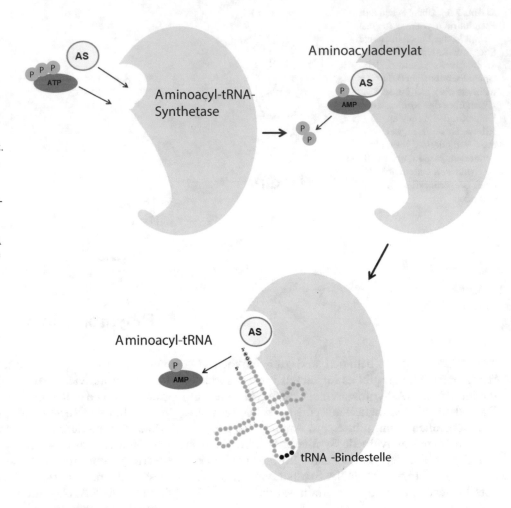

☐ **Abb. 7.6** Beladung einer tRNA mit einer Aminosäure durch eine Aminoacyl-tRNA-Synthetase. Zunächst wird die Aminosäure (AS) an eine Aminoacyl-tRNA-Synthetase „befestigt" und durch die Bindung mit AMP aktiviert. Dazu wird ATP als Energielieferant in AMP und Pyrophosphat (PP$_i$) hydrolysiert. Es entsteht Aminoacyladenylat, und Pyrophosphat wird freigesetzt. Nun bindet die tRNA an die tRNA-Anticodon-Bindestelle der Aminoacyl-tRNA-Synthetase, die Aminosäure wird auf die tRNA übertragen, und es entsteht eine Aminoacyl-tRNA. Dabei wird AMP wieder abgespalten. (H. Hawer)

schen dem 2′-OH und dem 3′-OH wechseln (Isomerie). Ansonsten helfen gerne auch freundliche Elongationsfaktoren, die Aminosäure an die richtige Stelle zu rücken.

■■ **Lieber nochmal nachschauen – die Korrekturfunktion der Aminoacyl-tRNA-Synthetase**

Zellen können nicht ohne die Synthese von Proteinen leben. Es ist also essenziell, dass die genetischen Informationen richtig weitergeleitet werden und die tRNAs mit der richtigen Aminosäure beladen werden, damit diese zum passenden mRNA-Codon gebracht werden können. Deshalb ist die Funktion von Aminoacyl-tRNA-Synthetasen sehr wichtig und muss gut kontrolliert werden. Diese Enzyme besitzen daher zwei verschiedene Arten der Korrekturhilfe, wobei diese bei den einzelnen Enzymen unterschiedlich stark ausgeprägt sind. Bei dem *pre-transfer-editing* wird das AMP von einer bereits aktivierten Aminosäure, die fälschlich aufgenommen wurde, wieder abgespalten *bevor* diese auf eine tRNA übertragen wird. Beim *post-transfer-editing* bemerkt

eine Synthetase den Fehler erst *nach* der Übertragung, was dazu führt, dass die Bindung zwischen der tRNA und der Aminosäure von der Aminoacyl-tRNA-Synthetase wieder gelöst (hydrolysiert) wird. Der Hafenkran kontrolliert also akribisch die Ladung jedes Schiffs noch einmal bevor es aus dem Hafen auslaufen darf und entfernt falsche Fracht wieder, beziehungsweise sorgt dafür, dass erst gar nicht die falsche Ladung auf das Schiff kommt. Toll, so ein Hafenkran!

7.2.3 Die Bindung von tRNAs an die mRNA

Die tRNA ist also eine Art Aminosäure-Lieferdienst. Aber wie genau bindet jetzt die beladene tRNA (oder Aminoacyl-tRNA) an die mRNA? Dafür muss man wissen, dass das Anticodon der tRNAs immer komplementär zum passenden Codon in der mRNA ist. Diese Codierung, die man auch in der Code-Sonne (☐ Abb. 7.2) wiederfindet, ist hochspezifisch.

Um eine bessere Vorstellung von der Bindung zwischen tRNA und mRNA, also zwischen **Anticodon** und **Codon,** zu bekommen, wollen wir zunächst ein Beispiel

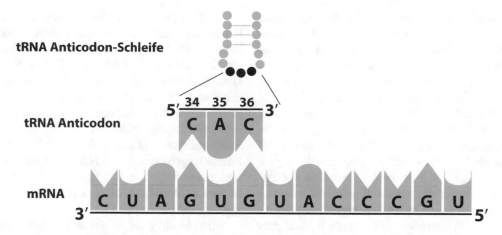

tRNA Anticodon-Schleife

tRNA Anticodon

5′ 34 35 36 3′

C A C

mRNA

3′ C U A G U G U A C C C G U 5′

◻ **Abb. 7.7** Anticodon-Codon-Bindungen zwischen einer mRNA und einer tRNA^{Val}. Das GUG-Codon auf der mRNA codiert für die Aminosäure Valin (◻ Abb. 7.2). Findet die passende tRNA ihren Weg in das Ribosom, bindet das Anticodon der tRNA^{Val} an das Codon der mRNA. Hier ist nur die Anticodon-Schleife der tRNA schematisch dargestellt und das Anticodon vergrößert, um die Bindung mit der mRNA etwas genauer darzustellen. Dabei bindet jedes Nukleotid an seinen passenden Partner. (H. Hawer)

betrachten (◻ Abb. 7.7). Die mRNA wird immer vom 5′- zum 3′-Ende abgelesen. Da in doppelsträngigen Nukleinsäuren die beiden Stränge immer antiparallel verlaufen, bindet in unserem Beispiel die tRNA an die erste Base des Codons GUG, das für die Aminosäure Valin codiert, mit der tRNA-Position 36, an die zweite Base mit Position 35 und an die letzte Base des Codons mit Position 34 (◻ Abb. 7.7). Obwohl nur das Anticodon der tRNA an die mRNA bindet, hängt der Rest des Moleküls nicht einfach so in der Gegend herum. Die Seiten der tRNA werden entweder von den Protein- oder rRNA-Teilen des **Ribosoms** (▶ Abschn. 7.3) festgehalten.

7.2.4 Die Wobble-Position

Wie immer gibt es Ausnahmen. Es gibt für jede Aminosäure bereits mehrere Codons. Das ist ja auch in der Code-Sonne zu sehen (◻ Abb. 7.2). Allerdings können tRNAs zusätzlich zu den Codons in der Code-Sonne durch die **Wobble-Base** (von engl. *wobble* für „wackeln") auch noch weitere Codons lesen. Da das Anticodon an der tRNA in einer Schleife vorliegt, sind die Positionen 34 und 36 etwas verbogen. Aus diesem Grund kann die Bindung an das mRNA-Codon nicht „gerade" stattfinden. Speziell an der Position 34 können sich deshalb Basenpaare bilden, die nicht den standardmäßigen A-U- und G-C-Bindungen entsprechen. Durch die Wobble-Position kann also auch eine falsche Base gebunden werden. Wie in ◻ Abb. 7.7 gezeigt ist, kann so zum Beispiel ein Guanosin an ein passendes Cytidin an der Position 34 binden, aber auch an ein Uridin (nicht gezeigt). In Bakterien können durch diese Funktion 31 tRNAs an 61 Codons binden, um die in

der Regel nur 20 verschiedenen proteinogenen Aminosäuren in ein Protein einzubauen. Beim Menschen ist dieser Effekt weniger stark vertreten, aber trotzdem sehr wichtig. Von den 48 verschiedenen menschlichen tRNAs, können 16 den Wobble-Effekt nutzen. Die übrigen 32 tRNAs sind jeweils nur für ein Codon spezifisch.

7.3 Ribosomen als Werkbänke der Translation

Man kann **Ribosomen** durchaus als die „Werkbänke" der Translation ansehen. Sie bringen die beladenen tRNAs und die Informationen einer mRNA zusammen, um die Proteinbiosynthese zu ermöglichen und damit die Polypeptidketten „zusammenzubauen". Dabei lesen die Ribosomen die Anleitung, die mRNA, immer in Richtung 5′→ 3′. Bei der Untersuchung von Ribosomen fand man heraus, dass dieses sowohl aus RNA als auch aus Proteinen besteht (daher Ribosom, „Ribo" für den RNA-Anteil und griech. *soma* für „Körperchen") und die häufigsten **RNA-Protein-Komplexe** innerhalb von Zellen darstellen. Man bezeichnet diese Komplexe also zu Recht als Ribonukleoproteine. Interessanterweise konnte gezeigt werden, dass innerhalb dieser RNA-Körperchen die **ribosomalen RNAs (rRNAs)** nicht nur Stütz- und Initiationsfunktionen, sondern selbst wichtige enzymatische Aktivitäten übernehmen. So besteht das aktive Zentrum der Peptidyltransferase, die neue Peptide an eine bestehende Peptidkette anfügt, fast ausschließlich aus rRNAs. In der Molekularbiologie werden RNAs, die enzymatische oder autokatalytische Fähigkeiten aufweisen, als **Ribozyme** bezeichnet. Neben rRNAs zählen zu diesen auch manche RNAs, die sich selbst prozessieren oder am Spleißen beteiligt sind. Funktionelle RNAs sind interessant, weil sie die Hypothese stützen, dass die ersten „Lebensformen" möglicherweise RNA als Funktions- und Informationseinheit verwendeten (RNA-Welt-Hypothese, ▶ Kap. 9).

Beide Bestandteile, Protein und RNA, übernehmen also wichtige Aufgaben im Ribosom. Generell bestehen Ribosomen aus einer **großen** und einer **kleinen Untereinheit.** Sie sind in Pro- und Eukaryoten im Cytoplasma zu finden und in Eukaryoten ebenfalls auf der Membran des endoplasmatischen Reticulums angesiedelt (raues ER, das mit Ribosomen besetzt ist). In einer Zelle läuft die Proteinbiosynthese ständig und parallel in vielen Ribosomen ab, was erklärt, warum diese Komplexe so wichtig sind und so oft vorkommen. *E. coli*-Zellen besitzen beispielsweise bis zu 75.000 Ribosomen pro Zelle, was bis zu einem Drittel der Trockenmasse der Zellen ausmacht.

7.3.1 Der Aufbau von Ribosomen – Unterschiede bei Pro- und Eukaryoten

Generell bestehen Ribosomen aus einer **großen** und eine **kleinen Untereinheit** (◘ Abb. 7.8). Dieses Modell gilt sowohl für Bakterien als auch für Eukaryoten. Allerdings sind diese Untereinheiten in Bakterien und Eukaryoten unterschiedlich groß (siehe Exkurs 7.1). Bei den Eukaryoten haben die zwei Untereinheiten der Ribosomen den Sedimentationskoeffizienten **60S** und **40S,** während die Untereinheiten der bakteriellen Ribosomen mit **50S** und **30S** bezeichnet werden. Die Koeffizienten der Untereinheiten können jedoch nicht einfach zusammenaddiert werden. Der Grund dafür liegt darin, dass die Sedimentationsgeschwindigkeit in der Ultrazentrifuge (Exkurs 7.1) sowohl von der Masse als auch von der Struktur abhängt. Deshalb besitzt ein vollständiges Ribosom andere physikalische Eigenschaften als die einzelnen Untereinheiten (bei Eukaryoten: 60S + 40S = **80S;** bei Prokaryoten: 50S + 30S = **70S**).

Bei den Eukaryoten enthält die große 60S-Untereinheit des Ribosoms drei rRNAs. Diese tragen aufgrund ihrer Sedimentationskoeffizienten die Bezeichnung 28S-rRNA, 5,8S-rRNA beziehungsweise 5S-rRNA. Bei Prokaryoten sind ähnliche rRNA-Sequenzen, die 23S-rRNA und die 5S-rRNA, in der 50S-Ribosomenuntereinheit enthalten. In der großen Untereinheit befindet sich zudem das **aktive Zentrum.** Sprich, es sind die rRNAs der **großen ribosomalen Untereinheiten,** die maßgeblich an dem Peptidyltransfer, also der Herzensaufgabe des Ribosoms – dem Verknüpfen der Aminosäuren –, beteiligt sind.

In der kleinen 40S-Untereinheit der eukaryotischen Ribosomen findet sich eine **18S-rRNA,** während in der kleinen 30S-Untereinheit der bakteriellen Ribosomen eine **16S-rRNA** enthalten ist. Die rRNAs der **kleinen Untereinheiten** spielen eine wichtige Rolle beim Andocken und Festhalten der mRNA, der Bauanleitung. Ihre Sequenzen wiederum sind interessant für die Evolutionsforschung, zum Beispiel bei der Erstellung von Stammbäumen (Exkurs 7.2). Außerdem unterscheiden sich nicht nur die rRNA-Fragmente zwischen pro- und eukaryotischen Ribosomen, sondern auch in der Menge an Proteinen, aus denen die Untereinheiten aufgebaut sind (◘ Abb. 7.8).

Strukturell gesehen sei schließlich noch anzumerken, dass die zusammengesetzten Ribosomen sowohl bei Pro- als auch bei Eukaryoten drei verschiedene Positionen für tRNAs besitzen, die man sich ähnlich wie Kammern vorstellen kann. Diese Positionen sind gerade groß genug für nur eine tRNA (und eine gewisse Ladung) und erlauben auch, dass man von der einen Position zur anderen, beziehungsweise von der einen Kammer zur nächsten „gehen" kann:

— **Die A-Position:** ist sozusagen der Eingang für eine tRNA, die eine neue Aminosäure bringt. Das A steht hier also für die **Aminoacyl-Gruppe,** die Aminosäure der beladenen tRNA.
— **Die P-Position:** ist die zweite Position, die **P**eptidylposition, in der sich die tRNA-mit der wachsenden Polypeptidkette befindet, die schließlich auf die Aminoacyl-tRNA der A-Stelle übertragen wird (bevor diese in die P-Stelle rutscht)
— **Die E-Stelle:** ist der Ausgang (*exit*), aus dem die tRNAs das Ribosom verlassen, nachdem sie ihre Fracht abgegeben haben.

> **Merke**
> Weil die Translation immer vom 5′-Ende in Richtung des 3′-Endes abläuft, kann man sich grob merken, dass die A-Position (die „Front" des Ribosoms) in Richtung des 3′-Endes zeigt, solange das Ribosom auf der mRNA unterwegs ist.

▪▪ Die Stabilität des Translationskomplexes

Während des Translationsprozesses bindet die tRNA mit dem Anticodon an das Codon der mRNA (▶ Abschn. 7.2). Der Rest der tRNA wird vom Ribosom festgehalten. Im Zusammenhang mit dem Aufbau der Ribosomen soll hier die Frage geklärt werden: „Welcher Teil der Ribosomen hält nun die tRNA fest?" Die Antwort ist, dass die Ribosomen in der Regel drei Bindestellen für ein tRNA-Molekül besitzen, wovon mindestens

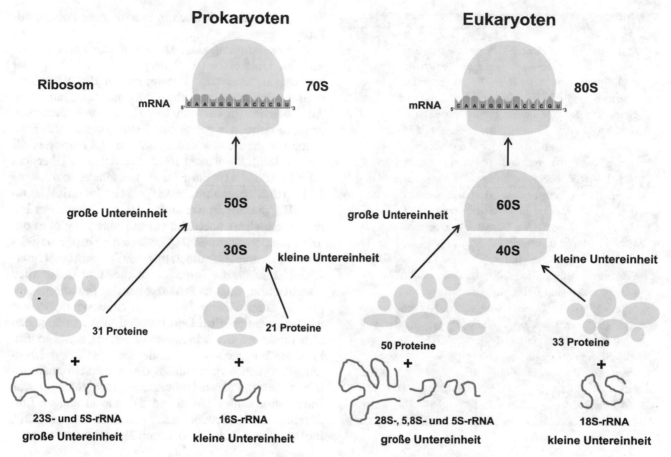

Prokaryoten

Ribosom   70S

mRNA ₅'CAAUGGUACCCGU₃'

große Untereinheit   50S

30S   kleine Untereinheit

31 Proteine   21 Proteine

+   +

23S- und 5S-rRNA   16S-rRNA
große Untereinheit   kleine Untereinheit

Eukaryoten

80S

mRNA ₅'CAAUGGUACCCGU₃'

große Untereinheit   60S

40S   kleine Untereinheit

50 Proteine   33 Proteine

+   +

28S-, 5,8S- und 5S-rRNA   18S-rRNA
große Untereinheit   kleine Untereinheit

🔲 **Abb. 7.8** Unterschiede der Zusammensetzung von Ribosomen bei Pro- und Eukaryoten. Während das 70S-Ribosom der Prokaryoten aus der großen 50S- und der kleinen 30S-Untereinheit aufgebaut ist, besteht das eukaryotische Ribosom aus der 60S- und 40S-Untereinheit. Auch die Anzahl an Proteinen und die Größe der rRNAs in den Untereinheiten unterscheiden sich. (H. Hawer)

jeweils eine in der großen und in der kleinen Untereinheit der Ribosomen sitzt. So wird der gesamte Translationskomplex stabil gehalten. Zusätzlich bindet die mRNA an die kleine Untereinheit des Ribosoms und über die Codon-Basentripletts an die tRNA. So sind alle Teile dieses Komplexes miteinander verbunden. Das 3′-Ende der tRNA, welches die Aminosäure trägt, befindet sich während des gesamten Prozesses in der großen ribosomalen Untereinheit. Die Position einer tRNA im Ribosomenkomplex ist also gut kontrolliert und sehr wichtig für eine reibungslose Proteinbiosynthese.

Solche Untersuchungen änderten die Vorstellungen von der Stammesgeschichte und den Verwandtschaftsbeziehungen von Lebewesen (zusammengefasst unter dem Begriff „Phylogenie") und läuteten das Zeitalter der **molekularen Phylogenie** ein. **Ernst Haeckels** Stammbaum des Lebens, der noch auf dem Aussehen (Morphologie) von Organismen beruhte, wurde somit schließlich durch die von **Carl Woese** vorgeschlagenen drei Domänen (Eukaryota, Bacteria, Archaea; ▶ Kap. 3) abgelöst [3].

Exkurs 7.1: Die Ultrazentrifugation

Die Untereinheiten der Ribosomen wurden mithilfe der **Ultrazentrifugation** erforscht. Wie das Superlativ „ultra" impliziert, handelt es sich dabei tatsächlich um eine ultraschnelle Zentrifuge. Die Rotoren einer solchen Ultrazentrifuge bewegen sich im Vakuum, damit kein Luftwiderstand auftritt und höhere Geschwindigkeiten erzielt werden können. Auf diese Weise kann man die spezifische Sedimentationsgeschwindigkeit selbst von Makromolekülen, wie zum Beispiel den verschiedenen Untereinheiten der Ribosomen, bestimmen. Dabei werden die verschiedenen Teile der Ribosomen (vereinfacht gesagt) anhand ihrer Dichte aufgetrennt. Die entstehenden Sedimente werden anhand ihrer Position mit der Einheit des **Sedimentationskoeffizienten** – der **Svedberg-Einheit** (S) – versehen, die nach dem schwedischen Chemiker Theodor Svedberg benannt ist.

7

Exkurs 7.2: Systematik anhand von ribosomaler RNA

In der Bemühung, die Abstammungslinien und die Evolution von Lebewesen besser nachzuvollziehen, verglichen Wissenschaftler DNA, RNA und Proteine von lebenden und fossilen Organismen. Durch den Vergleich von den Veränderungsraten der Moleküle ließen sich **evolutionäre Zeitmesser** definieren. Die bekanntesten unter diesen sind die Gene für die ribosomale RNA, speziell die prokaryotische **16S-** und die eukaryotische **18S-rRNA.** Ein bekanntes Projekt, das sich ausschließlich mit dem Sammeln von rRNA-Sequenzen beschäftigt, ist das ***Ribosomal Database Project*** (**RDP**), welchesspäter in die **SILVA-Datenbank** integriertwurde [2]. 1992 kannte man gerade einmal 473 verschiedene Sequenzen, während es Ende 2017 bereits über 6.980.563 Sequenzen waren [3]! Überzeugen sie sich selbst, die Datenbanken sind frei zugänglich. Man kann also mithilfe von rRNA-Genen untersuchen, wie nah unterschiedliche Organismen evolutionär miteinander verwandt sind. Hat man erst mal die rRNA-Gene von verschiedenen Organismen, so wird die erhaltene Sequenz auf Übereinstimmungen hin untersucht und mittels verschiedener Logarithmen ein Stammbaum erstellt (◘ Abb. 7.9).

kann Methionin aber auch innerhalb einer Polypeptidkette vorkommen.

Dieser Vorgang, das Andocken der kleinen ribosomalen Untereinheit und der Initiator-tRNA an der mRNA, als auch der Zusammenbau des Ribosoms, stellt die **Initiation,** also die Einleitung zur Translation dar. Zwischen Prokaryoten und Eukaryoten unterscheiden sich dabei wie gesagt nicht nur leicht die Abläufe, sondern auch die beteiligten Akteure und Faktoren, die auf die Initiation wirken (eine vergleichende Übersicht zeigt ◘ Abb. 7.11): Bei Eukaryoten gibt es mindestens 13 Proteine, sogenannte eukaryotische **Initiationsfaktoren (eIF)**, die eine Funktion bei der Aufstellung des **Initiationskomplexes** übernehmen. In Bakterien gibt es nur drei Initiationsfaktoren (**IF**), welche die Formierung des Initiationskomplexes unterstützen. Ein wichtiger Unterschied zwischen der Initiation in Pro- und Eukaryoten besteht darin, dass in Prokaryoten der Initiationskomplex in unmittelbarer Nähe zum Startcodon auf der mRNA gebildet wird. Der Translationsstart findet hier also direkt an der **Ribosomenbindestelle** statt. In Eukaryoten hingegen unterscheidet sich der Ort der Bindung der kleinen ribosomalen Untereinheit vom eigentlichen Ort des Translationsstarts: Der eukaryotische Initiationskomplex bindet am 5′-Ende in einiger Entfernung zum Startcodon, und muss dieses erst „finden", indem er die mRNA in Richtung 3′ abfährt und scannt.

7.4 Der Ablauf der Translation

Die Translation kann man insgesamt in drei Phasen unterteilen: die **Initiation** (den Anfang), die **Elongation** (die Bauphase) und die **Termination** (das Ende). Des Weiteren gibt es für jeden dieser Translationsphasen Helferproteine, die bestimme Aufgaben übernehmen. Im Anschließenden werden daher diese drei Schritte genauer betrachtet. Die Prozesse während der Translation sind zwischen Prokaryoten und Eukaryoten ähnlich, beinhalten aber andere Helferproteine und teilweise einen leicht unterschiedlichen Ablauf.

Am Rande bemerkt
Interessanterweise gibt es neben AUG als Startcodon einige Ausnahmen. So ist es aufgrund des Wobble-Effekts auch möglich, die Codons CUG oder UUG als Initiator für die Translation zu nutzen. Während dies bei Prokaryoten durchaus nicht ungewöhnlich ist (bei *E. coli* kommt es in etwa 17 % und bei *Bacillus subtilis* sogar in 22 % aller proteincodierenden Gene vor), ist es bei Eukaryoten deutlich seltener. Doch auch hier konnte Initiation an **nicht-AUG-Startcodons** sowohl in Pflanzen als auch in Säugetieren nachgewiesen werden (bei Mäuse-Stammzellen in bis zu 30 % der Gene während der Embryonalentwicklung!) [5].

7.4.1 Die Initiation: Start der Translation

Um die Translation starten zu können, müssen mehrere Bedingungen vorliegen. Die kleine Ribosomenuntereinheit muss erstmals zur mRNA rekrutiert werden und das **Startcodon** auf der mRNA gefunden haben. Zudem muss eine **Initiator-tRNA** für das Startcodon AUG anwesend sein und an das Codon binden, um die Elongationsphase der Proteinsynthese einzuleiten. Diese tRNA trägt die Aminosäure **Methionin,** welche immer die erste Aminosäure einer naszierenden (also gerade entstehenden) Polypeptidkette ist. Natürlich

7.4.1.1 Initiation bei Bakterien
■■ **Das Zusammenbauen des 30S-Prä-Initiationskomplexes**
Bei Bakterien wird der Translationsstart eingeleitet, indem zunächst ein **30S-Prä-Initiationskomplex (PIC)** gebildet wird (◘ Abb. 7.11). Dieser besteht aus der kleinen 30S-Untereinheit eines Ribosoms, den drei Translations-Initiationsfaktoren IF1, IF2 und IF3 (◘ Tab. 7.1), einer mRNA und nicht zuletzt einer

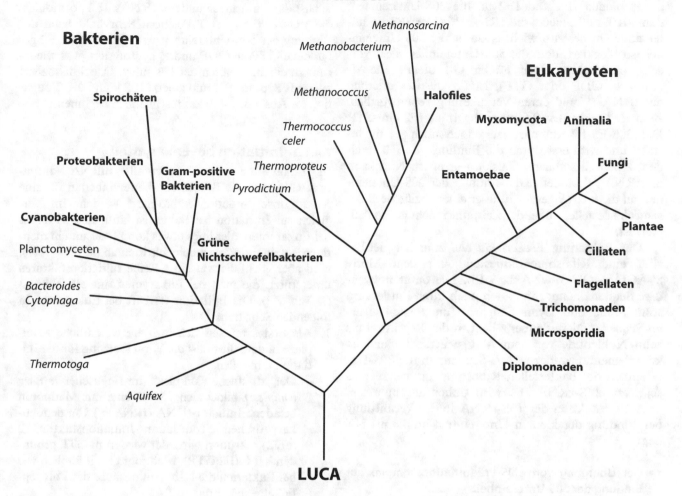

Abb. 7.9 Phylogenetischer Stammbaum des Lebens. Systematische Untersuchungen an evolutionären Zeitmessern können mittels verschiedenen Programmen in Stammbäumen ausgewertet werden. Dabei gliedert sich dieser Stammbaum zunächst in die drei großen Domänen des Lebens: Bakterien, Archaeen und Eukaryoten. Alle drei Domänen stammen von einem gemeinsamen Urvorfahren ab, den man als LUCA (*last common universal ancestor*) bezeichnet. Modifiziert nach Woese *et al.*, 1990 [4]. (H. Hawer)

Tab. 7.1   Initiationsfaktoren der Translation bei Prokaryoten

Name	Funktion
IF1	Stabilisiert den IF3-IF2–Komplex, blockiert die A-Position, kontrolliert die mRNA Bindung
IF2	Ein G-Protein. Rekrutiert die tRNA^{fMet} und stabilisiert diese innerhalb des 30S-Prä-Initiationskomplexes. Hydrolyse des GTPs führt zur Dissoziation der IFs
IF3	Verhindert eine frühzeitige Bindung der großen Untereinheit

Initiator-tRNA. Bei letzterer handelt es sich um eine **Formyl-Methionin-tRNA** (tRNA^{fMet}), was eigentlich nur eine tRNA ist, die mit der Start-Aminosäure, einer Methionin-Aminosäure beladen wurde. In diesem Fall trägt Methionin jedoch eine Formyl-(CHO-) Gruppe, was eine weitere Besonderheit bei Prokaryoten ist. Dabei ist nur das allererste Methionin innerhalb der Polypeptidkette mit einer Formyl-Gruppe ausgestattet – im Gegensatz zu allen weiteren Methionin-Aminosäuren, die später in der Polypeptidkette vorkommen.

Die Reihenfolge, in welcher die einzelnen Bestandteile des 30S-PIC zueinander finden, war lange umstritten.

7

Relativ neue Studien [6] schlagen Folgendes vor: Als erstes binden IF3 und IF2 an die 30S-Untereinheit, dann IF1 und zuletzt die tRNA^{fMet}. Der **IF3** ist unter anderem deshalb wichtig, da er die 30S-Untereinheit so blockiert, dass die 50S-Untereinheit nicht vorzeitig binden kann. Der **IF2,** ein G-Protein (hohe Affinität zu GDP oder GTP), ist für die Rekrutierung der tRNA^{fMet} und deren Verankerung verantwortlich. Zum Zeitpunkt der Rekrutierung trägt IF2 ein GTP. Der 30S-F3-F2-Komplex ist jedoch noch relativ instabil und wird erst durch die Bindung von **IF1** in einem kinetisch stabileren Zustand arretiert. Nun kann die tRNA^{fMet} binden. Die Bindung der 30S-Untereinheit an die **mRNA** geschieht über eine spezifische **Ribosomenbindestelle,** wobei der Zeitpunkt nicht genau definiert ist.

Das Bakterium *Escherichia coli* zum Beispiel besitzt eine Ribosomenbindestelle mit dem Motiv 5′-AGGAGGU-3′ (◘ Abb. 7.10). Die dafür notwendige Sequenz nennt man auch nach ihren Entdeckern John Shine und Lynn Dalgarno die **Shine-Dalgarno-Sequenz.** Diese Sequenz liegt in der Regel drei bis zehn Nukleotide vor dem AUG-Startcodon und ist komplementär zu der rRNA-Sequenz in der 30S-Untereinheit des bakteriellen Ribosoms, um genauer zu sein, zur 16S-rRNA. Es wird daher angenommen, dass die Funktion der 16S-rRNA in der Vermittlung der Bindung der kleinen Untereinheit an die mRNA liegt.

▪▪ Der Übergang vom 30S-Prä-Initiationskomplex zur Bindung der 50S-Untereinheit

Im 30S-PIC haben die tRNA und die mRNA noch nicht gebunden. Mit der Bindung zwischen dem Anticodon der tRNA und dem Codon der mRNA (AUG), die vor allem durch IF1 und IF2 kontrolliert wird, erfährt der gesamte Komplex jedoch eine strukturelle Umordnung und wird fortan als **30S-Initiationskomplex** bezeichnet. Dieser wiederum ist besonders empfänglich für die ribosomale 50S-Untereinheit, die nun mit hoher Affinität bindet, wodurch der **70S-Initiationskomplex** entsteht. IF1 befindet sich dabei in der

A-Position des Ribosoms und verhindert dadurch zunächst das Eindringen anderer tRNAs. IF2 positioniert die tRNA^{fMet} in der P-Position. Sehr bald nach der Bindung der 50S-Untereinheit wird jedoch das IF2-gebundene GTP zu GDP und P_i hydrolysiert, was wiederum zu einem Ablösen der IFs führt. Dabei dissoziiert zuerst IF3, dann IF1 und zuletzt IF2 – und die Elongation (▶ Abschn. 7.4.2) kann schließlich beginnen…

7.4.1.2 Initiation bei Eukaryoten

In Eukaryoten müssen ebenfalls mRNA, Initiator-tRNA und die Ribosomen-Untereinheiten für eine reibungslose Initiation koordiniert werden. Im Vergleich zur Initiation bei Bakterien läuft dieser Prozess bei Eukaryoten allerdings etwas komplexer und in mehreren aufeinanderfolgenden Schritten ab (◘ Abb. 7.11), wird aber ebenfalls von einer Reihe **Initiationsfaktoren** unterstützt, die man bei Eukaryoten mit **eIF** abkürzt (◘ Tab. 7.2). Die Initiation verläuft bei Eukaryoten in folgenden Schritten:

1. Als Erstes müssen sich mehrere wesentliche Komplexe bilden, die quasi die Voraussetzung für die Initiation darstellen:
   - Der „dreifache Komplex" (im Englischen *ternary complex*) bildet sich, indem eine mit Methionin beladene Initiator-tRNA (**tRNA^{Met}**) von dem eukaryotischen Translations-Initiationsfaktor 2 (**eIF2**) rekrutiert wird, der wiederum GTP gebunden hat (eIF2·GTP). Methionin stellt ähnlich wie bei Bakterien die erste Aminosäure der Polypeptidkette später dar.
   - Zudem binden die Initiationsfaktoren eIF1, 1A, 3 und 5 an die kleine eukaryotische ribosomale 40S-Untereinheit. Das Protein **eIF3** besteht aus mehreren Untereinheiten und ist relativ groß – sogar größer als die 40S-Untereinheit – und dient als Gerüst für den Aufbau des sogenannten **43S-Prä-Initiationskomplexes** (**PIC**). Dieser besteht wiederum aus der 40S-Untereinheit, den eIFs 1, 1A, 3 und 5 und auch dem *ternary complex* (bestehend aus eIF2·GTP und tRNA^{Met}),

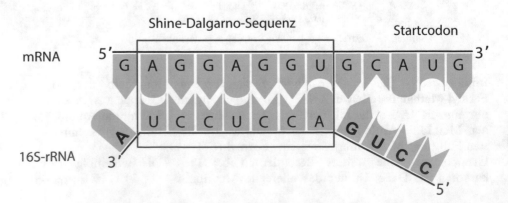

◘ **Abb. 7.10** Die Shine-Dalgarno-Sequenz (5′-AGGAGGU-3′) signalisiert den Start der Translation in Bakterien. Dabei bindet die 16S-rRNA in der kleinen 30S-Untereinheit der Ribosomen an die Shine-Dalgarno-Sequenz auf der mRNA. (H. Hawer)

Shine-Dalgarno-Sequenz   Startcodon

mRNA   5′ G A G G A G G U G C A U G 3′

16S-rRNA   3′ U C C U C C A
A   G U C C 5′

◘ Tab. 7.2 Übersicht für Initiationsfaktoren der Translation bei Eukaryoten

Name	Bestandteil in Komplex…	(Haupt-)Funktion
eIF1	43S-PIC, 48S-IC	ordnet Komponenten des 43S-PIC; Erkennung des Startcodons
eIF1A		unterstützt eIF1 und rekrutiert eIF5B
eIF2	TC, 43S-PIC, 48S-IC	formt mit Initiator-tRNA^{Met} und GTP den *ternary-complex;* Erkennung und Bindung des Startcodons im 43S-PIC
eIF2B	–	regeneriert eIF2·GDP zu eIF2·GTP
eIF3	43S-PIC, 48S-IC	Hauptplattform für die Bildung des 43S-PIC und 48S-IC; Bindung des TC; Scannen der mRNA
eIF4A	eIF4F-Komplex	Entwinden der mRNA; eine RNA-Helikase
eIF4B	–	unterstützt eIF4A bei der Entwindung der mRNA
eIF4E	eIF4F-Komplex	bindet an das 5′-Cap der mRNA
eIF4G	eIF4F-Komplex	bindet an PABP (Ringschluss), verbindet die anderen Komponenten des eIF4F miteinander und unterstützt das Entwinden
eIF4H	–	Teilweise homolog zu eIF4B, unterstützt eIF4A
eIF5	43S-PIC, 48S-IC	Hydrolyse von eIF2·GTP
eIF5B	48S-IC, 80S-IC	GTPase, rekrutiert die 60S-UE und vermittelt Bindung an die 40S-UE
(eIF6)	–	Sitzt auf der großen 60S-Untereinheit des Ribosoms und verhindert eine Bindung zwischen großer und kleiner Untereinheit im Cytoplasma, nur bei Anwesenheit von mRNA und Initiator-tRNA^{Met} können die beiden Untereinheiten binden

S Svedberg, *PIC* Prä-Initiationskomplex, *IC* Initiationskomplex, *TC ternary complex, UE* Untereinheit

der durch letztere rekrutiert und in den Komplex integriert wird. Stimmt irgendetwas in dem Komplex nicht, sorgen **eIF1** und **eIF1A** dafür, dass sich der Komplex wieder auflöst. Sie spielen also die Kontrolleure.

– Parallel zu diesem Ereignis versammelt sich der **eIF4F-Komplex** (bestehend aus eIF4A, eIF4E und eIF4G) am **5′-Cap** der mRNA. Hier löst er den **Cap-Bindungskomplex** (*cap-binding complex,* CBC) ab, der ursprünglich für den Export der mRNA aus dem Kern ins Cytoplasma als auch für ihre Stabilität sorgte (▶ Abschn. 6.3.4.1). Während **eIF4E** für die Erkennung der Cap-Struktur verantwortlich ist, bindet **eIF4G** das Poly(A)-Bindeprotein (PABP) und führt so zu einem Ringschluss der mRNA zwischen dem 5′-Cap und Poly(A)-Schwanz. Kann dieser Ringschluss (beispielsweise aufgrund eines defekten Poly(A)-Schwanzes) nicht erfolgen, wird die Translation blockiert und die mRNA degradiert. **eIF4A** hilft später beim Entwinden von Sekundärstrukturen der mRNA und erleichtert somit die Bindung des 43S-PIC.

2. Diese beiden unabhängigen Komplexe, der 43S-PIC und die vom eIF4F-Komplex gebundene mRNA, müssen sich nun im Cytoplasma finden, um aneinander zu binden. Für die Erkennung des eIF4F-Komplexes am 5′-Ende der mRNA ist eIF3 maßgeblich verantwortlich.

3. Anschließend scannt der 43S-PIC die mRNA nach der **Kozak-Sequenz**, an der der Translationsstart initiiert wird, indem er die mRNA Base für Base von 5′ nach 3′ abläuft. Dieser Prozess verbraucht ATP. Das AUG-Startcodon innerhalb der Kozak-Sequenz ist meistens gleichzeitig auch das erste AUG-Codon, auf das der Komplex trifft. Bei der Erkennung dieses Codons helfen besonders eIF1 und eIF1A.

4. Mit der Bindung der tRNA^{Met} an das Startcodon (bei der auch eIF2 beteiligt ist) ändert sich die **Konformation** des Komplexes unumkehrbar von einer offenen zu einer eher geschlossenen Form, die fest an die mRNA gebunden ist. Dieser Komplex wird als **48S-Initiationskomplex (IC)** bezeichnet.

5. Die Bildung des 48S-IC ist zwar ein wichtiger Schritt, doch verweilt der ganze Komplex nur sehr kurz in diesem Stadium, denn kurz darauf führt die Konformationsänderung dazu, dass der Faktor **eIF5** das eIF2 gebundene GTP zu GDP und Phosphat **hydrolysiert.** Aus eIF2·GTP wird also eIF2·GDP. Mit der Konformationsänderung verlässt eIF1 den Komplex und kurz darauf auch das aus der Hydrolyse frei gewordene Phosphat (P$_i$).

6. Weil eIF2·GDP aber deutlich schlechter an den Komplex bindet als eIF2·GTP und weil eIF1 als Ordner nun fehlt, verlässt jetzt auch eIF2·GDP den Komplex, gefolgt von eIF5. Dies macht wiederum

7

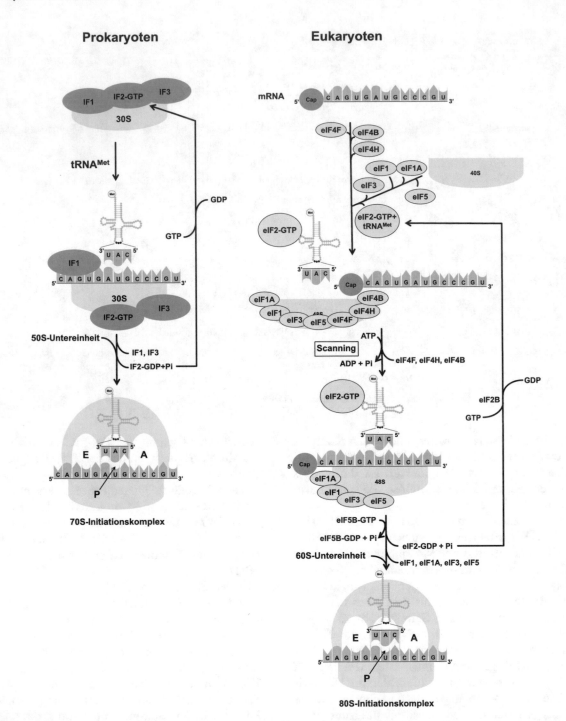

Prokaryoten

Eukaryoten

□ Abb. 7.11   Unterschiede der Initiation der Translation zwischen Prokaryoten und Eukaryoten. In Prokaryoten binden die Initiationsfaktoren IF1, IF2 und IF3 an die 30S-Untereinheit des Ribosoms, bevor die Initiator-tRNA für das Startcodon mithilfe des IF2 gebunden werden kann. Mit der Ankunft der großen 50S-Untereinheit wird das durch IF2 gebundene GTP zu GDP hydrolysiert, wodurch sich alle Initiationsfaktoren von dem Komplex lösen und den 70 S-Initiationskomplex hinterlassen. Durch den Austausch von GDP durch GTP kann IF2 recycelt und der Translationsinitiation erneut zur Verfügung gestellt werden. Im Gegensatz dazu bindet die 40S-Untereinheit in Eukaryoten zuerst an die Initiationsfaktoren eIF1, 1A, 3, 5. Daraufhin bindet eIF2-GTP zusammen mit der Initiator-tRNA^Met, welche zuvor rekrutiert wurde und komplettiert damit den 43S-PIC. Währenddessen komplexieren eIF4F, 4B und 4H mit der zu translatierenden mRNA. Sobald beide Komplexe miteinander interagieren, beginnt der 43S-PIC mithilfe der tRNA ab dem 5′-Ende der mRNA die Suche nach dem Startcodon. In Zuge dessen dissoziieren eIF4F, 4B und 4H. Darüber hinaus kann dieses „Scanning" mehrere Runden dauern und verbraucht ATP. Sobald das Startcodon gefunden und gebunden wurde, kommt es zu einer Konformationsänderung des Initiationskomplexes und alle Initiationsfaktoren werden nach und nach aus dem Komplex entlassen. Sobald eIF2 frei vorliegt, kann das gebundene GDP durch GTP mithilfe von eIF2B ausgetauscht werden, wodurch es wieder in die Lage versetzt wird, tRNAs zu binden und für die Translationsinitiation zu Verfügung zu stellen. Bevor eIF1A und eIF5B den Komplex verlassen, unterstützen diese unter GTP-Verbrauch die große 60S-Untereinheit bei der Bindung an die 40S-Untereinheit. Danach werden auch diese Faktoren zusammen mit eIF3 freigegeben. Es entsteht der 80S-Initiationskomplex. (H. Hawer)

Platz und ermöglicht die Rekrutierung von eIF5B. (eIF2·GDP wird im Cytoplasma später durch eIF2B wieder zu eIF2·GTP regeneriert)

7. **eIF5B** und **eIF1A** leiten schließlich die Bindung der großen ribosomalen 60S-Untereinheit an die 40S-Untereinheit zur Bildung des **80S-Initiationskomplexes** ein und verlassen schließlich den Komplex, wenn ihre Aufgabe getan ist.

8. Ganz zum Schluss verlässt schließlich eIF3 das nun geformte 80S-Ribosom und die Elongation kann beginnen…

Am Rande bemerkt

Spätestens jetzt sollte klar sein, welche wichtige Rolle das 5'-Cap bei der Genexpression spielt. Im Falle von eukaryotischen polycistronischen mRNAs, die in der Regel in die einzelnen Cistrons zerschnitten werden, ist es also sehr vorteilhaft, wenn den Cap-losen Bruchstücken durch *trans*-Spleißen jeweils Fragmente mit einem 5'-Cap angeheftet werden. In einigen Fällen, beispielsweise bei Viren und manchen Säuger-mRNAs, sind zudem *internal ribosomal entry sites* (IRES) bekannt, bei denen sich die Ribosomen selbst in Abwesenheit des 5'-Caps an bestimmte Sequenzen binden können.

7.4.2 Die Elongation: Aminosäuren werden zu einer Polypeptidkette verknüpft

Der Elongationsschritt in der Translation beschreibt die Verlängerung der entstehenden **Polypeptidkette,** die Teil eines neuen Proteins oder selbst ein neues Protein sein kann. Hierbei werden Schritt für Schritt die Aminosäuren, welche von den tRNAs zum Ribosom gebracht werden, durch eine sogenannte **Peptidylreaktion** miteinander verknüpft. Dabei wird die entstehende Polypeptidkette mit ihrem **C-Terminus** an die neu ankommende Aminosäure angehängt. Gleichzeitig wandert das Ribosom auf der mRNA von 5' nach 3'. Wie auch die anderen Schritte der Translation benötigt die Elongation Helferproteine, sogenannte **Elongationsfaktoren,** welche den „Rhythmus" der Elongation aufrechterhalten. Diese Helferproteine unterscheiden sich in Prokaryoten und Eukaryoten, auch wenn der Prozess sonst sehr ähnlich abläuft.

Die Elongation benötigt **GTP** als Energiequelle, wobei es zu **GDP** hydrolysiert wird. Ein Molekül GTP wird dabei für die Anticodon-Codon-Bindung verbraucht, ein weiteres für den Translokationsschritt des Ribosoms. Die Elongation kann in folgende Schritte aufgeteilt werden (◘ Abb. 7.12):

1. **Bindung einer Aminoacyl-tRNA** und **Qualitätssicherung:** Bei der Elongation wird zunächst eine mit einer Aminosäure beladene tRNA mithilfe eines Elongationsfaktors zur **A-Position** (A = Aminoacylbindungsstelle) transportiert. Bei Eukaryoten handelt es sich hierbei um den eukaryotischen Elongationsfaktor 1A (**eEF1A**; ◘ Tab. 7.3). Bei Prokaryoten kommt der Elongationsfaktor-*thermo unstable* (**EF-Tu**) zum Einsatz, welcher bei hohen Temperaturen sehr schnell kaputtgeht, wie der Name leicht vermuten lässt. Diese Elongationsfaktoren stellen nicht nur den Transport zum Ribosom sicher, sondern auch, dass sie gleich die richtige Aminoacyl-tRNA mitgebracht haben. Beide Elongationsfaktoren haben zu dem Zeitpunkt, wenn sie mit einer Aminoacyl-tRNA beladen am Ribosom ankommen, nämlich zusätzlich ein GTP-Molekül gebunden. Stellt sich an der A-Position nun heraus, dass das Anticodon der mitgebrachten tRNA auf das Codon der mRNA passt, wird das GTP hydrolysiert (und zu GDP und P_i gespalten). Dies hat zur Folge, dass die „neue" tRNA mit ihrer jeweils mitgebrachten Aminosäure in der A-Position verweilen darf, während sich eEF1A (bzw. EF-Tu) wieder ablöst und ins Cytoplasma diffundiert. Passt die mitgebrachte tRNA jedoch nicht auf das freie Codon in der A-Position, wird die Aminoacyl-tRNA zusammen mit ihrem Elongationsfaktor gleich hinausgeschmissen, ohne dass GTP hydrolysiert wird. Durch diesen einfachen aber effektiven **Kontrollmechanismus** werden Fehler in der Translation vermieden. Im Cytoplasma werden die Elongationsfaktoren dann wieder regeneriert und das GDP gegen ein neues GTP ausgetauscht. Bei Eukaryoten übernimmt das der Elongationsfaktor **eEF1B**, in Prokaryoten **EF-Ts.**

2. **Peptidyltransfer:** Die Reaktion, die während der Elongation die entstehende Polypeptidkette verlängert, besteht aus einem Peptidyltransfer. Dieser Schritt wird von der 23S-rRNA in Prokaryoten und der 28S-rRNA in Eukaryoten in der großen Untereinheit des Ribosoms ausgeführt, welche in der Lage sind, Peptidbindungen zu knüpfen. Es handelt sich also um Ribozyme. Während dieser Reaktion wird Wasser abgespalten und die Carboxylgruppe der bereits entstandenen Aminosäurekette von der Peptidyl-tRNA in der **P-Position** (P = Peptidyl) an die Aminogruppe der Aminosäure der tRNA in der **A-Position** angehängt. Sprich, die bereits zu einem Polypeptid verknüpften Aminosäuren werden auf die neu ankommende Aminosäure übertragen – nicht umgekehrt! Nach dem Peptidyltransfer hängt das entstehende Polypeptid nun also an der tRNA in der A-Position. Die tRNA ist weiterhin mit ihrem Anticodon an das jeweilige Codon der mRNA gebunden. Da in dem Ribosom nur begrenzt Platz ist, hängt die Polypeptidkette, die mit jeder neuen

7

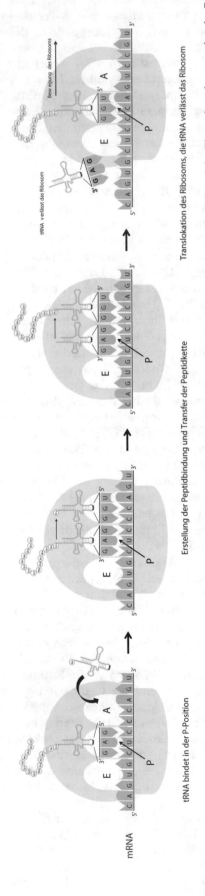

○ Abb. 7.12 Elongation der Translation. In dem hier gezeigten Schema werden die drei Schritte *einer* Elongation der Reihenfolge nach dargestellt. Während der Elongationsphase wandert das Ribosom auf der mRNA entlang – und zwar in Richtung des 3'-Endes. Dadurch ändert sich die Position der tRNA im Ribosom. Zunächst wird eine „neue" Aminoacyl-tRNA in die A-Position des Ribosoms integriert, wo sie mit ihrem Anticodon an das passende mRNA-Codon bindet. Nach der Formierung der neuen Peptidbindung rutscht das Ribosom ein Codon weiter, wodurch die tRNA in die P-Position verschoben wird. Erst nach dem nächsten Peptidyltransfer von der bestehenden Peptidkette auf die neue Aminosäure und einer weiteren Translokation des Ribosoms erreicht die tRNA die E-Position und verlässt das Ribosom. (H. Hawer)

Aminosäure während der Elongation wächst, mit dem N-Terminus voran ab einer bestimmten Länge einfach aus einem eigens dafür vorgesehenen „Tunnel" heraus. Dieser befindet sich in der großen ribosomalen Untereinheit.

3. **Translokation:** Die Verschiebung des Ribosoms auf der mRNA wird ebenfalls von einem Helferprotein, dem **eukaryotischer Elongationsfaktor 2 (eEF2;** ○ Tab. 7.3), durchgeführt. Dieses dockt an das Ribosom an und steckt einen Teil seiner Struktur, welcher die Struktur einer tRNA nachahmt, in die A-Position des Ribosoms, wobei die tRNA in der A-Position in die P-Position gedrückt wird. Gleichzeitig wird die tRNA, die vorher in der P-Position war, in die **E-Position** (E = Exit) verschoben, wo sie das Ribosom verlässt. Insgesamt hebelt eEF2 das Ribosom um drei Basenpaare, also ein Codon, auf der mRNA weiter in 3'-Richtung. Eine Domäne des Elongationsfaktors hat dabei GTP gebunden und nutzt die Hydrolyse zu GDP, um die Translokation des Ribosoms zu katalysieren. Dieser Prozess löst gleichzeitig eEF2 vom Ribosom und lässt dieses mit offener A-Position zurück, um einen weiteren Zyklus der Elongation zu ermöglichen. In Bakterien gibt es ein homologes Protein zum eukaryotischen eEF2, das sich EF-G nennt und genau wie eEF2 die Translokation des Ribosoms ausführt (○ Tab. 7.3).

Ein Elongationszyklus in der Zelle benötigt tatsächlich nur einen Bruchteil einer Sekunde. Es können also mehrere Aminosäuren pro Sekunde eingebaut werden. Daher brauchen die meisten Proteine, je nach Länge des Polypeptids, eine Zeit zwischen 20 s und einigen Minuten, bis sie vollständig synthetisiert sind. Die verbrauchten tRNAs, die das Ribosom verlassen, werden im Cytoplasma wieder von Aminoacyl-tRNA-Synthetasen mit einer Aminosäure beladen und können dann erneut in ein Ribosom eintreten. Interessant ist, dass es in der Medizin eine Vielzahl an Antibiotika gibt, welche speziell die Translation von Pathogenen, also krankmachenden Organismen, inhibieren und somit zur Therapie von bestimmten Infektionen geeignet sind (Exkurs 7.3).

7.4.2.1 Polyribosomen

■■ ... oder auch: die Massenproduktion von Proteinen anhand einer einzelnen Vorlage

In ► Abschn. 7.3 wurde schon einmal angesprochen, dass es in der Zelle nicht nur ein, zwei oder drei Ribosomen gibt, sondern mehrere Tausend. Das heißt, dass natürlich sehr viele verschiedene Proteine gleichzeitig synthetisiert werden können. Allerdings heißt das nicht, dass genau ein Ribosom auf genau einer mRNA sitzt. Der Translationsprozess läuft häufig durch sogenannte **Polyribosomen** oder auch **Polysomen** ab. Polyribosomen definieren sich durch die simultane Translation durch

◻ Tab. 7.3   Elongationsfaktoren der Translation bei Pro- und Eukaryoten

Eukaryoten	Prokaryoten	Funktion des Elongationsfaktors
eEF1A	EF-Tu	Transportiert eine Aminoacyl-tRNA zum Ribosom und kontrolliert, ob das Anticodon auch komplementär zum Codon der mRNA ist
eEF1B	EF-Ts	Regeneriert die benutzten eEF1A bzw. EF-Tu-Moleküle, indem es das gebundene GDP durch GTP ersetzt
eEF2	EF-Ts	Verschiebt das Ribosom während des Translokationsschritts zum nächsten Codon der mRNA. Dabei wird eine tRNA aus der A-Position in die P-Position verschoben und eine aus der P-Position in die E-Position

mehrere Ribosomen an einer einzelnen mRNA und kommen bei Eu- und Prokaryoten vor. Das ist effektiv und schnell! So werden gleich mehrere identische Polypeptidketten hergestellt, die entweder bereits vollständige Proteine darstellen oder Bestandteil von Proteinen sind. Einerseits spart dieser Prozess einer Zelle wertvolle Energie, ein Transkript wird gleich mehrfach abgelesen, andererseits spart er vor allem Zeit. In kürzester Zeit kann so beispielsweise als Antwort auf einen Umweltreiz ein bestimmtes Polypeptid zur Verfügung gestellt werden. Stellen Sie sich eine Großküche vor, in der viele Köche nacheinander ein Rezept abarbeiten. Dadurch, dass alle das gleiche Rezept verwenden, wird sichergestellt, dass immer der gleiche Auflauf herauskommt, und natürlich können viele Köche mehr Mahlzeiten zubereiten als ein Koch alleine. Ein Ribosom beginnt die Translation der mRNA am Startcodon von 5′- in 3′-Richtung. Doch sobald das Ribosom das Startcodon mit einem geringen Abstand verlassen hat, kann sich bereits ein weiterer Ribosomenkomplex am Startcodon bilden und ebenfalls ein Protein zusammenbauen – oder der Koch gibt das Rezept an den nächsten Koch weiter. Dabei beträgt der geringste Abstand zwischen zwei Ribosomen auf der mRNA etwa 80 Nukleotide. So können viele Translationskomplexe auf nur einer mRNA sitzen und somit Polyribosomen bilden (◻ Abb. 7.13). Eine weitere wichtige Rolle bei Polyribosomen spielt in Eukaryoten der **Ringschluss** zwischen **5′-Cap** und **Poly(A)-Schwanz** der mRNA. Die Anhäufung von ribosomalen Untereinheiten am 3′-Ende nach dem Ende des Translationsprozesses erleichtert eine erneute Einleitung der Translation, da das 5′-Cap sich gleich in direkter Nähe befindet.

Da bakterielle mRNAs nach ihrer Herstellung keine posttranskriptionalen Modifikationen erfahren, also nicht noch mal verändert werden, können hier die Ribosomen sogar direkt an mRNA-Moleküle binden, die noch gar nicht fertig transkribiert wurden, und sogleich mit der Translation beginnen. Das geht natürlich in Eukaryoten schon wegen der räumlichen Trennung von Transkription im Zellkern und Translation im Cytoplasma nicht. Die Translation von halb fertigen mRNAs führt dazu, dass Bakterien sich sehr schnell an wechselnde Umwelt-, Nährstoff- oder Stressbedingungen anpassen können, da sie schnell die notwendigen Enzyme und Proteine synthetisieren können, die ihre neue Situation erfordert.

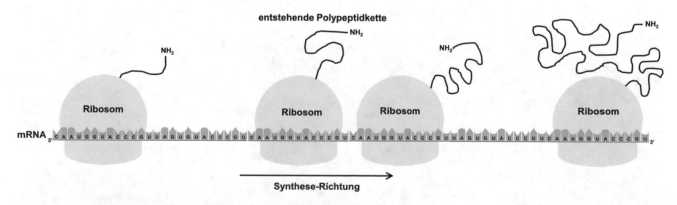

◻ Abb. 7.13   Polyribosomen entstehen, wenn die Translation einer mRNA von mehreren Ribosomen gleichzeitig durchgeführt wird. Es sitzen also viele Ribosomen an verschiedenen Stellen einer einzigen mRNA und synthetisieren jeweils das durch die mRNA vorgegebene Protein. Während ein Ribosom am Startcodon gerade anfängt, die Polypeptidkette herzustellen, hat ein Ribosom, das sich kurz vor dem Stoppcodon befindet, die Synthese fast beendet. (H. Hawer)

7

Merke

Während bei Eukaryoten Polyribosomen also entstehen, indem sich nacheinander mehrere Initiationsereignisse am 5'-Cap ereignen, können mehrere prokaryotische Ribosomen auch gleichzeitig mitten auf der mRNA binden, wenn dort mehrere Bindungssequenzen (Shine-Dalgarno-Sequenzen) vorhanden sind. Dies ist der Fall bei **polycistronischen mRNAs** aus Operons (▶ Abschn. 6.2.5)! Ribosomen, die bereits ein Strukturgen translatiert haben und die kurz nach der Termination dissoziieren, binden hier zudem ebenfalls wieder gleich an die nächste S-D-Sequenz, da sie einfach in der Nähe liegt.

Exkurs 7.3: Antibiotika können die Proteinbiosynthese in Bakterien und Eukaryoten inhibieren

Gifte, die gegen die Translationsmaschinerie von Bakterien wirken, können natürlich hervorragend als Medikamente gegen Bakterieninfektionen beim Menschen verwendet werden. In der Natur gibt es solche antibakteriellen **Antibiotika** unter anderem in einzelligen Pilzen. Mit Antibiotika meinen wir hier Toxine, die Mikroorganismen herstellen, um andere Mikroorganismen zu bekämpfen. Pilze stehen häufig in Konkurrenz mit Bakterien für die gleichen Lebensräume, weshalb sie von der Herstellung antibakterieller Gifte stark profitieren (meist Produkte des **Sekundärstoffwechsels**). Da Pilze sich meist einfach kultivieren und untersuchen lassen, stellen sie außerdem hervorragende Modellorganismen in der Forschung dar. Eukaryoten, wie Menschen und die Pilze selbst, sind hingegen immun gegen antibakterielle Gifte, da sich Bakterien und Eukaryoten im Aufbau der Zelle und in einigen molekularen Abläufen doch ziemlich unterscheiden. Das Antibiotikum **Tetrazyklin** inhibiert zum Beispiel die Bindung einer Aminoacyl-tRNA an die A-Position des prokaryotischen Ribosoms, die Elongation kann also nicht stattfinden. Dennoch ist der Einsatz von Antibiotika beispielsweise beim Menschen nicht unbedenklich, da diese oft unspezifisch wirken. Mit der Einnahme eines Antibiotikums schädigt man nicht nur potenzielle Pathogene, sondern auch allerlei andere bakterielle Mitbewohner und Nützlinge, die in der Zahl deutlich gegenüber den Schädlingen überwiegen! Dies bedingt die unangenehmen Nebenwirkungen eines Antibiotikums, dass gleich die gesamte Darmflora betroffen ist. Im Gegensatz dazu gibt es außerdem Antibiotika, die sowohl auf Bakterien als auch auf Eukaryoten wirken, oder sogar solche, die nur auf Eukaryoten wirken (◘ Tab. 7.4). Diese eignen sich daher nicht als Medikament für den Menschen. **Cycloheximid** ist so ein Antibiotikum. Es wirkt nur gegen Eukaryoten, da es spezifisch an 80S-Ribosomen bindet und die Translokation verhindert, wodurch keine Elongation der Polypeptidkette möglich ist.

◘ **Tab. 7.4**   Antibiotika greifen die Translation in Prokaryoten und Eukaryoten an

Name des Antibiotikums	Angriffsort in Bakterien	Angriffsort in Eukaryoten
Tetrazyklin	Verhindert die Bindung einer Aminoacyl-tRNA in der A-Position des Ribosoms. indem es selbst ein Protein nahe der A-Position in der 30S-UE bindet und mit der tRNA konkurriert	–
Streptomycin	Bindet die 30S-UE des Ribosoms und stört die korrekte Ausbildung des Initiationskomplexes, was zu instabiler und fehlerhafter Translation führt	–
Chloramphenicol	Bindet im katalytischen Zentrum des 50S-Ribosoms und inhibiert dabei die Peptidyltransferreaktion	–
Erythromycin	Verstopft den Tunnel im Ribosom, durch den die naszierende Polypeptidkette aus dem Ribosom geschleust wird	–
Puromycin	Die ausgebildete Polypeptidkette wird auf das Puromycin übertragen, da es fälschlicherweise als Aminoacyl-tRNA erkannt wird. Da nun keine weiteren Aminosäuren angehängt werden können, kommt es zu einem Kettenabbruch	Die ausgebildete Polypeptidkette wird auf das Puromycin übertragen, da es fälschlicherweise als Aminoacyl-tRNA erkannt wird. Da nun keine weiteren Aminosäuren angehängt werden können, kommt es zu einem Kettenabbruch
Cycloheximid	–	Bindet in der 60S-UE des Ribosoms und inhibiert die Peptidyltransferase-Aktivität. Dabei stoppt das Ribosom an seiner Position auf der mRNA.

7.4.3 Die Termination: Stoppcodons und *Release*-Faktoren

Die **Termination** ist der Abschluss des Translationsprozesses. Die Termination findet statt, wenn ein Ribosom, das eine mRNA translatiert und sich in der Elongationsphase befindet, auf ein sogenanntes **Stoppcodon** trifft. Diese speziellen Stoppcodons codieren nicht wie die anderen mRNA-Codons für eine spezielle Aminosäure. Deshalb gibt es für diese Codons auch keine tRNA. Da Stoppcodons sozusagen auch keinen inhaltlichen Beitrag zur Polypeptidkette leisten, sondern „nur" deren Ende signalisieren, werden sie auch *non-sense*-Codons, also Unsinn-Codons genannt.

Zum Ablauf der Termination: Ein Ribosom ist gerade dabei, ein entstehendes Polypeptid zu synthetisieren. Nun tritt ein Stoppcodon – **UAA** (*ochre*-Codon), **UAG** (*amber*-Codon) oder **UGA** (*opal*-Codon) – in die A-Position des Ribosoms ein. Im Gegensatz zu den anderen Codons werden die Stoppcodons nicht von tRNAs, dafür aber von Proteinen erkannt, die man als *Release*-**Faktoren** (RF) bezeichnet (◘ Tab. 7.5). Auf Deutsch heißt das so viel wie „Lass-los-Faktoren". Ein RF bindet an die A-Position eines Ribosoms, in der sich das Stoppcodon einer mRNA befindet (◘ Abb. 7.14). Dadurch beendet er die Elongation, und die fertige Aminosäurekette wird aus dem Ribosom gelöst. Mit der Auflösung des Translationskomplexes trennen sich die Untereinheiten des Ribosoms gleichzeitig von der mRNA und sind nun wieder frei im Cytoplasma verfügbar, um einen neuen Translations-Initiationskomplex an einer anderen mRNA oder auch derselben mRNA (siehe Ringschluss) zu bilden.

▪▪ Wie kann ein RF die Bindung zwischen Polypeptid und tRNA brechen?

Wenn der *Release*-Faktor (RF) in der A-Position des Ribosoms andockt (◘ Abb. 7.14), kann er die entstehende Aminosäurekette natürlich nicht weiter verlängern, da er keine Aminosäure mitbringt. Die Peptidyltransferase verwendet daher ein anderes Molekül, das im Cytoplasma der Zelle ausreichend vorhanden ist: Wasser. Sie hängt die bisher entstandene Aminosäurekette einfach an ein Wassermolekül statt an eine neue Aminosäure. Diese Reaktion ist eine **Hydrolyse** und führt dazu, dass die Bindung zwischen der Polypeptidkette und der tRNA in der P-Position gelöst wird. Erst nachdem die Polypeptidkette von der tRNA getrennt ist, kann auch das C-terminale Ende der Kette das Ribosom durch den Tunnel in der großen ribosomalen Untereinheit verlassen.

Als Bedingung für die Termination müssen die RFs natürlich strukturell in das Ribosom passen. Die *Release*-Faktoren imitieren daher Aminoacyl-tRNAs, denen sie rein äußerlich sehr ähneln, um in der A-Position des Ribosoms binden zu können. Allerdings haben sie kein klassisches Anticodon wie eine normale tRNA. Deshalb besitzen sie ein spezielles **Tripeptidmotiv** in der Proteinstruktur, welches an das Stoppcodon binden kann. Generell kann man sagen, dass die *Release*-Faktoren eine wichtige Rolle in der Translation spielen, da ein Ribosom ohne die Hilfe dieser Proteine den Elongationsvorgang nicht fließend beenden könnte. Die Trennung der neu geformten Polypeptidkette und die Dissoziation der Ribosomen von der mRNA sind dabei die wichtigsten Aufgaben dieser Faktoren.

◘ **Tab. 7.5** Lass-los-Faktoren (*Release*-Faktoren, RF) von Pro- und Eukaryoten

Prokaryoten	Funktion
RF1	Erkennt UAA- oder UAG-Stoppcodons, bindet an die A-Position des 70S-Ribosoms und trennt das entstehende Protein von der letzten tRNA in der P-Position
RF2	Erkennt UAA- oder UGA-Stoppcodons, bindet an die A-Position des 70S-Ribosoms und trennt das entstehende Protein von der letzten tRNA in der P-Position
RF3	Hilft RF1 und RF2 bei deren Trennung vom Ribosom unter GTP-Verbrauch
Eukaryoten	
eRF1	Erkennt alle drei Stoppcodons (UAA, UAG und UGA) in der A-Position des 80S-Ribosoms und trennt das entstehende Protein von der letzten tRNA in der P-Position
eRF3	Hilft eRF1 bei dessen Trennung vom Ribosom unter GTP-Verbrauch

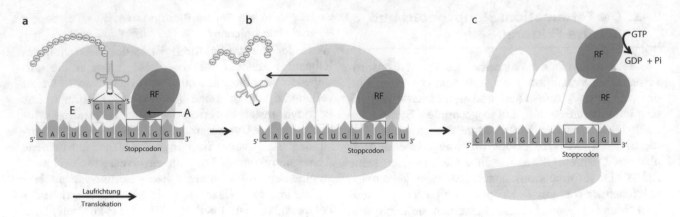

Abb. 7.14 Die Termination verläuft in drei Schritten. **a** Zunächst wird das Ribosom nach der Elongation durch eine weitere Translokation auf ein Stoppcodon gesetzt. Das Stoppcodon befindet sich nun in der A-Position des Ribosoms. Da es keine passende tRNA für die Stoppcodons UAA, UAG und UGA gibt, bindet ein *Release*-Faktor (RF), ein Protein, das wie eine Aminoacyl-tRNA geformt ist, in der A-Position. **b** Die RFs beenden die Translation und ermöglichen eine Dissoziation der fertig translatierten Polypeptidkette sowie der letzten unbeladenen tRNA. **c** Weitere Proteine, bei Eukaryoten eRF3 und bei Prokaryoten RF3, helfen anschließend unter GTP-Verbrauch dabei, den Translationskomplex von der mRNA zu lösen. (H. Hawer)

7.5 Vom Leben und Sterben der Proteine

▪▪ Von der Synthese der Proteine – und wie diese reguliert wird

Wie schon mehrfach angedeutet, ist die Translation ein wichtiger Prozess, der in Zellen fast ständig stattfindet. Als Antwort auf verschiedene Umweltsituationen, Aufgaben oder Herausforderungen (Wachstum, Stress, Stoffwechsel, Bewegung usw.) müssen Zellen nämlich ihr Proteinrepertoire anpassen. Und das unter Umständen sehr schnell. Das heißt, es laufen in der Regel gleichzeitig unzählige Translationsereignisse ab, die eine Zelle mit dem nötigen Proteingemisch versorgen. Das kostet natürlich auch viel Energie! Vor allem in Anbetracht der Ressourcen macht es aber keinen Sinn, alle Gene gleichzeitig zu exprimieren. Das verlangt also, dass die Proteinbiosynthese reguliert abläuft. Eine wichtige Stellschraube ist dabei die vorhergehende **Transkription,** die unter anderem durch Transkriptionsfaktoren und verschiedene regulatorische Sequenzen ihrerseits reguliert wird. Aber auch auf **translationaler Ebene** können Zellen die Proteinbiosynthese regulieren, indem entweder die **Stabilität** von mRNAs, die **Verfügbarkeit** von Aminosäuren, Initiationsfaktoren oder die **Assemblierung** der ribosomalen Untereinheiten an der mRNA beeinflusst werden. Einige dieser Einflüsse auf transkriptionaler und translationaler Ebene werden in ▶ Kap. 8 näher beleuchtet.

▪▪ Nach der Synthese – die Reifung von Proteinen

Die bloße Aneinanderreihung von Aminosäuren (**Primärstruktur**) macht jedoch noch lange kein Protein. Erst wenn eine Polypeptidkette eine spezifische räumliche Konformation eingenommen hat, ist sie voll funktionsfähig. Wobei, nicht immer. Dies gilt nur für solche Proteine, die aus einer Polypeptidkette bestehen (**Monomere**). Bestehen Proteine aus mehreren Polypeptidketten beziehungsweise Untereinheiten, so spricht man je nach der Anzahl der beteiligten Polypeptidketten von dimeren, trimeren, tetrameren Proteinen und so weiter. Sind alle Untereinheiten gleich, bezeichnet man diese Proteine als **Homomere,** sind sie unterschiedlich, bezeichnet man sie als **Heteromere** (▶ Kap. 2). Bei der Ausprägung der **Sekundär-** und **Tertiärstruktur** und beim Zusammenbau der gefalteten Polypeptidketten zur **Quartärstruktur** und zu einem fertigen Gesamtprotein helfen sogenannte Faltungshelferproteine, die **Chaperone.** Die Faltung kann dabei in vielen Fällen gleich kotranslational also noch an der naszierenden Polypeptidkette stattfinden. Jedoch kann dies nur außerhalb der Ribosomen passieren, da sowohl die Innenräume als auch der „Exit-Tunnel", aus dem die Polypeptidkette heraushängt, viel zu schmal sind. Sobald ein Chaperon ein ungefaltetes Protein gebunden hat, wird es das Protein nicht direkt in seine perfekte Form bringen, vielmehr dreht es die einzelnen Teile des Proteins so zurecht, dass das Protein sich anschließend selbst in seine korrekte und funktionale Form falten kann.

■■ Ausgereift und einsatzbereit – die Orientierungs- und Arbeitsphase von Proteinen

Woher weiß ein Protein, wo es eigentlich wirken soll? Ganz einfach! Es bekommt eine Postleitzahl! Gewissermaßen stellen die ersten Peptide einer Polypeptidkette (der N-Terminus) tatsächlich oft eine Art **Signalsequenz** dar, anhand derer sie von der Zelle zu unterschiedlichen Destinationen verteilt werden können. Je nach Zielort kann eine solche Signalsequenz aber auch C-terminal oder sogar in der Mitte der Peptidkette liegen. In eukaryotischen Zellen kann grundsätzlich in zwei Fälle unterschieden werden: in Proteine, die im Cytoplasma oder an der Membran des endoplasmatischen Reticulum (raues ER) synthetisiert werden. In ersterem Fall können die Proteine im Kern, im Cytosol, in Peroxisomen, in Mitochondrien oder in Chloroplasten landen. Bei den letzten beiden Organellen werden die Proteine erst im Inneren des Organells gefaltet, da sie sonst nicht durch die schmalen Membrankanäle passen, bei den anderen bereits im Cytoplasma. Findet die Translation am ER statt, können die Proteine über den Golgi-Apparat und über weitere Vesikel entweder zur Plasmamembran oder zu Endosomen oder Lysosomen gelangen. Auf ihrem Weg können Proteine außerdem noch unzählige **posttranslationale Modifikationen (PTMs)** erhalten, wie Phosphorylierungen, Methylierungen oder Glykosylierungen. Außerdem können Proteine auch nach der Synthese noch durch Proteasen verkürzt werden. Diese Modifikationen betreffen insbesondere jene Polypeptidketten, die über das ER und den Golgi-Apparat verteilt und modifiziert werden. Solche Modifikationen sind essenziell für die Aktivität und Stabilität der Proteine. Sind die Proteine an ihrem Bestimmungsort angekommen, ist ihr Einsatz gefragt!

■■ Im Niedergang – das Schicksal alter und fehlgefalteter Proteine

Irgendwann segnen aber auch Proteine einmal das Zeitliche. Dann müssen sie entsorgt oder repariert werden. Dies ist extrem wichtig, da Proteine auch beschädigt werden können oder sich während ihrer Arbeit abnutzen. Sie altern. Auch äußere Einflüsse wie Temperatur, der pH-Wert oder Alkohol können einen Einfluss auf die Stabilität von Proteinen haben. Außerdem müssen sie schlichtweg Platz machen, damit das bestehende Proteinrepertoire an andere Situationen angepasst werden kann. Einerseits helfen Faltungshelferproteine – die **Chaperone** – dabei, Proteine wieder neu zu falten, sie werden somit „verjüngt" oder repariert (◙ Abb. 7.15). Andererseits können fehlerhafte Proteine für den Abbau markiert werden, indem sie durch ein kleines anderes Protein (**Ubiquitin**) gebunden werden – und zwar von einem oder gleich mehreren. Auf diese Weise markierte Proteine werden schließlich durch einen Proteinzersetzungsapparat, das **Proteasom**, abgebaut. In diesem befinden sich wiederum verschiedene **Proteasen,** also Enzyme, die Proteine schneiden und sie wieder in ihre Grundbestandteile zerlegen. Dies ist extrem wichtig, damit sich kein toxischer Proteinmüll in der Zelle ansammelt! Jedoch kann es vorkommen, dass Proteine von Anfang an fehlerhaft sind, ob durch eine **Erbkrankheit** (Mutationen in codierenden Bereichen; ▶ Kap. 9) oder durch **Fehler** während der Translation. Solche Proteine werden oft nicht richtig gefaltet, können dementsprechend ihrer Aufgabe nicht nachgehen und neigen zur **Agglutination** mit anderen defekten Proteinen (Verklumpung), da sie oftmals nicht richtig durch das Proteasom abgebaut werden können. Dies kann dramatische Folgen nach sich ziehen. So ist beispielsweise **Chorea Huntington** auf eine Verklumpung des mutierten Proteins **Huntingtin** zurückzuführen. Auch andere neurodegenerative Krankheiten wie **Alzheimer** und **Parkinson** können auf fehlgefaltete Proteine zurückgehen. Solche Anhäufungen von Proteinmüll können einerseits toxisch für Zellen sein, verstopfen wichtige Kanäle oder Membrantransporter und können zur Alterung von Zellen (**Seneszenz**) und im schlimmsten Fall zum Zelltod führen (◙ Abb. 7.15).

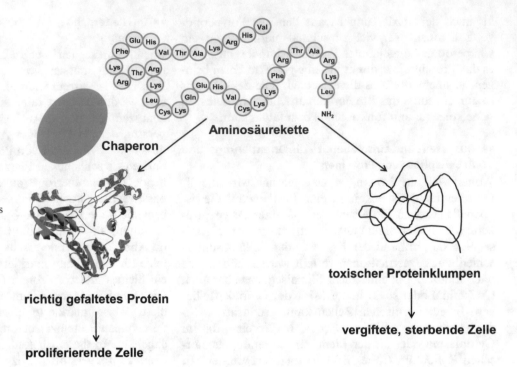

◨ **Abb. 7.15**   Die richtige Faltung von Proteinen ist essenziell für fast alle zellulären Prozesse. Werden Proteine nicht richtig gefaltet, können sie sich als Aggregate in der Zelle ansammeln. Zu viele Aggregate führen zu einer Vergiftung der Zelle, die man auch als proteotoxischen Stress bezeichnet. Chaperone können dabei helfen, neu synthetisierte und fehlgefaltete Proteine in die richtige Form zu bringen. Bei dieser Polypeptidkette wurde das N-terminale Methionin bereits proteolytisch abgespalten. (H. Hawer)

7

Zusammenfassung

• Wie wird eine mRNA zum Protein?

Die Translation ist der Prozess, bei dem die Informationen einer mRNA in eine Polypeptidkette, die aus Aminosäuren besteht, umgeschrieben werden. Polypeptidketten stellen wiederum die Grundstruktur von Proteinen, wichtigen Funktionseinheiten der Zelle, dar.

• Der genetische Code auf der mRNA

— Informationen auf der mRNA sind so angeordnet, dass ein Basentriplett (bestehend aus drei Basenpaaren) für eine Aminosäure codieren. Ein Basentriplett stellt ein Codon dar.

— Die mRNA-Code-Sonne vereinfacht das Übersetzen der mRNA. Manche Codons codieren für mehrere Aminosäuren. Man unterscheidet zudem in Initiationscodons und Stoppcodons (letztere codieren keine Aminosäure)

— Entscheidend für die Translation ist zudem das Leseraster einer Sequenz. Einzelne Mutationen können gravierende Folgen (andere Aminosäuren oder vorzeitigen Abbruch) haben.

• tRNAs dienen als Transporter

— Transfer-RNAs (tRNAs) transportieren Aminosäuren zu den Ribosomen. Für jedes Codon existiert eine passende tRNA, die wiederum eine jeweils spezifische Aminosäure trägt. Manche Aminosäuren werden entsprechend des genetischen Codes von mehreren tRNAs gebunden.

— tRNAs werden von Aminoacyl-tRNA-Synthetasen beladen. Für jede Aminosäure existiert eine eigene Synthetase.

— Kern der Translation ist die Erkennung eines Codons in der mRNA über ein komplementäres Anticodon in der tRNA-Struktur.

• Ribosomen sind die Werkbänke der Zelle

— Ribosomen bestehen bei Prokaryoten und Eukaryoten jeweils aus einer großen und einer kleinen Untereinheit (◨ Abb. 7.8)

— Die Untereinheiten bestehen aus verschiedenen ribosomalen RNAs (rRNAs) und Proteinen, wobei insbesondere die rRNAs die enzymatischen Aufgaben des Komplexes übernehmen (Ribozym)

— Besonders die rRNAs der kleinen Untereinheiten sind an der Rekrutierung der mRNA beteiligt und dienen zudem der molekulargenetischen Analyse der Verwandtschaft von Arten.

• Der Ablauf der Translation

— Den Start der Translation nennt man Initiation, in der ein Ribosomenkomplex an einer Startsequenz auf einer mRNA gebildet wird. Die Initiation wird von Initiationsfaktoren (◨ Tab. 7.1 und ◨ Tab. 7.2) unterstützt.

— Während des nächsten Schritts, der Elongation, wird eine neue Polypeptidkette aus Aminosäuren zusammengebaut beziehungsweise verlängert. Die Elongation wird von Elongationsfaktoren katalysiert (◨ Tab. 7.3).

◘ Tab. 7.6 Unterschiede bei der Transkription und Translation zwischen Pro- und Eukaryoten

Eigenschaft	Prokaryoten	Eukaryoten
Ort	Transkription und Translation im Cytoplasma	Transkription im Zellkern, Translation im Cytoplasma
Polymerasen	Eine DNA-abhängige RNA-Polymerase	Mehrere DNA-abhängige RNA-Polymerasen
mRNA-Prozessierung	Die mRNA ist sofort bereit zur Translation (teils kotranskriptionell)	Die mRNA wird nach der Transkription prozessiert und aus dem Zellkern in das Cytoplasma transportiert, bevor die Translation beginnen kann
Lebensdauer der mRNA	Kurzlebig, einige Sekunden bis Minuten	Langlebig, einige Stunden bis Tage
Ribosomenaufbau	70S-Ribosomen	80S-Ribosomen
Initiationsfaktoren (für Translation)	IF1, IF2, IF3	eIF1, eIF1A, eIF2, eIF2B, eIF3, eIF4A, eIF4B, eIF4E, eIF4F, eIF4G, eIF4H, eIF5, eIF6
Elongationsfaktoren (für Translation)	EF-Tu, EF-G	eEF1A, eEF2
Release-Faktoren (Lass-los-Faktoren)	RF1, RF2, RF3	eRF1, eRF3
Translationsgeschwindigkeit	Bis zu 20 Aminosäuren pro Sekunde	Bis zu 5 Aminosäuren pro Sekunde

— Das passiert in einem Rhythmus, bis der Translationskomplex auf ein Stoppcodon in der mRNA stößt, welches dann den dritten Schritt, die Termination einleitet.

— Während der Termination führen *Release*-Faktoren zum Translationsstopp und Abbau des Translationskomplexes.

— Mit der Termination wird die Translation am Ribosom zwar beendet, aber die meisten Polypeptide sind damit noch nicht automatisch funktionsfähig, da sie nur in der Primärstruktur vorliegen. Sie müssen erst noch in die richtige dreidimensionale Sekundär- und Tertiärstruktur gefaltet werden, um funktionell aktiv zu werden. Manche Proteine bestehen nicht nur aus einer, sondern aus mehreren Polypeptidketten (Quartärstruktur).

• Reifung und Modifikation von Proteinen

— Bei der Faltung assistieren oft Faltungshelferproteine (Chaperone).

— Manche Proteine werden nach der Synthese noch posttranslational modifiziert, zum Beispiel durch Phosphorylierung, Methylierung oder Glykosylierung.

— Anschließend sortiert die Zelle ihre Proteine anhand von Signalsequenzen und transportiert die Proteine an ihren Arbeitsplatz.

— Ist ein Protein beschädigt, wird es durch Faltungshelfer neu gefaltet oder von dem Proteasom abgebaut.

• Unterschiede der Proteinbiosynthese bei Pro- und Eukaryoten

Transkription und Translationsind essenzielle Teile der Proteinsynthesemaschinerie, denn nur mit den richtigen mRNA-Informationen können in der Translation auch die korrekten Proteine aus Aminosäurebausteinen zusammengebaut werden.

— Transkription und Translation laufen daher in der Zelle immer Hand in Hand ab, unterscheiden sich aber zwischen Pro- und Eukaryoten (◘ Tab. 7.6).

— Die Proteinbiosynthese kommt in allen drei Domänen des Lebens, bei Prokaryoten, Archaeen und Eukaryoten vor. Der einseitige Fluss der Information von DNA über RNA zum Protein wird auch als zentrales Dogma der Molekularbiologie bezeichnet.

Literatur

1. Bresch, C., & Hausmann, R. (1972). *Klassische und molekulare Genetik. (Dritte, erweiterte Aufl.)*. Berlin: Springer, ISBN 3–540-05802-8.

2. Pruesse, E., Quast, C., Knittel, K., et al. (2007). SILVA: A comprehensive online resource for quality checked and aligned ribosomal RNA sequence data compatible with ARB. *Nucleic Acids Research, 35*(21), 7188–7196.

3. ▶ https://www.arb-silva.de/documentation/release-132/. Zugegriffen: Febr 2019.

4. Woese C. R., Kandler O. & Wheelis M. L.(1990). Towards a natural system of organisms: proposal for the domains Archaea, Bacteria, and Eucarya. Proceedings of the National Academy of Sciences *USA, 87*(12), 45764579.

5. Asano, K.(2014). Why is start codon selection so precise in eukaryotes? *Translation (Austin, Tex.), 2*(1), e28387.

6. Milón, P., Maracci, C., Filonava, L., Gualerzi, C. O., & Rodnina, M. V. (2012). Real-time assembly landscape of bacterial 30S translation initiation complex. *Nature Structural & Molecular Biology, 19*(6), 609–616.

Die Regulation der Genexpression

Inhaltsverzeichnis

© Springer-Verlag GmbH Deutschland, ein Teil von Springer Nature 2020
J. Buttlar et al., *Tutorium Genetik*,
https://doi.org/10.1007/978-3-662-56067-9_8

In den vorhergehenden Kapiteln wurden die grundlegenden chemischen Strukturen von DNA, RNA und Proteinen vermittelt und es wurde aufgezeigt, inwieweit diese recht unterschiedlichen Molekülgruppen innerhalb der **Genexpression** zusammenhängen. Dabei lernten wir, wie ausgehend von einer bestimmten DNA-Sequenz, einem Gen, über den Prozess der **Transkription** eine funktionelle (nichtcodierende) RNA oder eine *messenger*-RNA (mRNA) erstellt wird. Letztere wird als Matrize (Vorlage) für die **Translation** verwendet, wodurch ein für seine zellulären Aufgaben maßgeschneidertes Polypeptid entsteht. Dieser generelle Informationsfluss wird auch im **Dogma der Molekularbiologie** grob zusammengefasst.

Wenn man dieses Dogma aber mal beiseitelässt und einen lebendigen, quirligen und dynamischen Organismus genauer unter die Lupe nimmt, stellen sich schnell relativ einfache, aber wichtige Fragen: Braucht eine Zelle zu jeder Zeit und in jeder Lage dieselben Proteine oder funktionellen RNAs? Wenn das nicht der Fall ist, wie kann die Zelle ihrer Situation entsprechend einige Gene aus- beziehungsweise anschalten? Gibt es dafür Erkennungsstrukturen in der DNA und darüber hinaus jemanden, der diesen wichtigen Job erledigt?

Die erste Frage kann man mit einem eindeutigen „Nein" und die letzte mit einem klaren „Ja" beantworten. Die weiterführende Antwort zur letzten (und zur zweiten) Frage ist allerdings so komplex, dass sie eines eigenen Kapitels bedarf – und zwar genau dieses hier! Die **Regulation der Genexpression,** oder kurz **Genregulation,** beschreibt nämlich im Grunde alle sowohl in den Genen enthaltenen Mechanismen wie auch Proteine, RNAs und andere Moleküle, die der Zelle signalisieren, welches Gen an- oder ausgeschaltet werden soll. Dabei kann die Regulation auf der Ebene der Transkription, also **transkriptionell** und **kotranskriptionell,** oder danach, also **posttranskriptional,** stattfinden. Auch die durch Proteinbiosynthese entstandenen Proteine können posttranslational weiter reguliert und modifiziert werden (▶ Abschn. 7.5), doch geht dies mehr in die Biochemie und hat weniger mit der Genexpression an sich zu tun – es sei denn, es sind Proteine betroffen, die selbst wiederum an der Genregulation beteiligt sind (wie Histone, Transkriptionsfaktoren oder RNA-Polymerasen)!

In ▶ Kap. 3 wurde bereits erklärt, was ein **Gen** überhaupt ist, und Sie haben einen ersten Eindruck von ihrem Aufbau in Prokaryoten und Eukaryoten gewonnen. Die ▶ Kap. 3, 6 und 7 zeigen jedoch auch auf, dass es deutliche Unterschiede im Aufbau dieser DNA-Abschnitte zwischen Bakterien und Archaeen gegenüber Eukaryoten gibt. Diese strukturellen Eigenheiten haben eine deutliche Auswirkung auf die Genexpression, weshalb es sich anbietet, die Unterschiede hier getrennt voneinander zu betrachten. Fangen wir also mit der Organismengruppe an, welche am stärksten auf diesem Planeten vertreten ist, den Prokaryoten (▶ Abschn. 8.1), und besprechen dann die Regulation bei den Eukaryoten (▶ Abschn. 8.2). Das Ende dieses Kapitels möchte schließlich betonen, dass die Realität ganz schön kompliziert ist und dass sowohl bei Prokaryoten als auch bei Eukaryoten Gene und ihre Produkte in regelrechten Netzwerken organisiert sind und sich gegenseitig beeinflussen. Wie wir sehen werden, geschieht dies über Stoffgradienten und Signalkaskaden innerhalb von Zellen, aber auch über die Zellgrenzen hinweg (▶ Abschn. 8.3).

8.1   Die Genregulation bei Prokaryoten

Mit den Prokaryoten welche die Domänen der **Bacteria** und **Archaea,** zusammenfassen, stellt sich eine Gruppe von einzelligen Organismen dar, die auf den ersten Blick relativ „simpel" in ihrem Aufbau im Vergleich zu Eukaryoten zu sein scheint. Es existieren keine Organellen in dem Sinne, wie es sie bei Eukaryoten gibt, und die genomische DNA liegt nicht eingeschlossen in einem eigenen Nukleus, sondern in einer kernähnlichen Region, dem **Nukleoid,** im Cytoplasma vor. Dieser zelluläre Aufbau könnte dazu verleiten, anzunehmen, dass auch die molekularen Prozesse eines Prokaryoten dementsprechend nicht sonderlich kompliziert sein sollten. Dass dem nicht so ist, wurde bereits in einigen Kapiteln in diesem Buch dargestellt, betrachtet man zum Beispiel die Transkription, Translation oder den horizontalen Gentransfer. Vielmehr kann man bei Prokaryoten von einem alternativen System sprechen, in welchem in einigen Prozessen evolutionär gesehen einfach andere Wege eingeschlagen wurden.

Einige Beispiele zur **Genregulation** in Prokaryoten sind in ▯ Abb. 8.1 zusammengefasst und sollen in den folgenden Unterabschnitten näher behandelt werden. So sind nicht immer alle Gene aktiv, und oft hängt ihre Expression von der Verfügbarkeit von **RNA-Polymerase**-Untereinheiten wie **Sigma-Faktoren** ab. Eine solche Regulation wird in ▶ Abschn. 8.1.1 vorgestellt, wobei hier nicht nur die Aktivität des Sigma-Faktors, sondern auch seine eigene Expression wiederum durch Umwelteinflüsse reguliert wird. Viele der bakteriellen Gene sind zudem in Strukturen angeordnet, in denen wichtige Gene eines bestimmten Prozesses zusammengefasst und in direkter Nachbarschaft liegen und von einem gemeinsamen Promotor und anderen Strukturen reguliert werden. Dieses Modell der Regulation wird **Operon** genannt und kann in unterschiedlichen Ausführungen gefunden werden. Dabei dient in den meisten Fällen – wie auch in diesem Buch – das **Laktose** *(lac)*-**Operon** als Beispiel zum grundlegenden Verständnis dieses Regu-

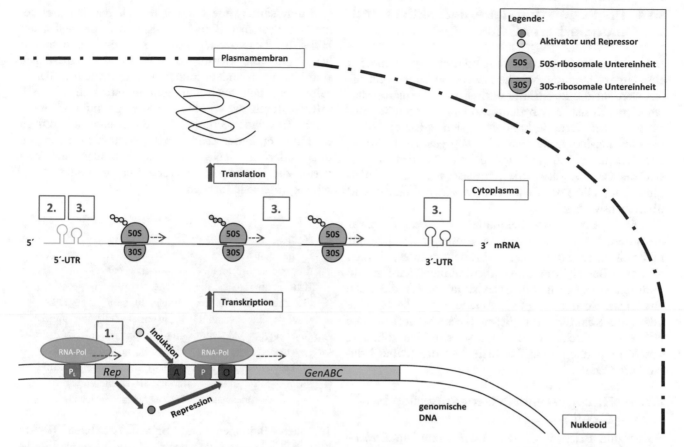

◻ Abb. 8.1 Schematische Darstellung der verschiedenen Ebenen der Genregulation in Prokaryoten. Zum besseren Verständnis der unzähligen Regulationsmechanismen in Prokaryoten, kann man ihre Wirkmechanismen in unterschiedlichen regulatorischen Ebenen darstellen. (**1**) Auf dieser Ebene werden die Prozesse zusammengefasst, die im Allgemeinen die Transkription der sogenannten Operons regulieren. Damit sind Erkennungssequenzen um den Promotor (P) gemeint, die als Bindestellen für Aktivatoren (A) und Repressoren (O) fungieren und die Aktivität der RNA-Polymerase (RNA-Pol) positiv oder negativ modulieren. Beim Repressor kann es vorkommen, dass dessen Gen *(Rep)* in einiger Entfernung von dem zu regulierenden Gen liegt. Das Repressor-Gen ist separat reguliert und hat einen eigenen Promotor (P_L). Weil der Repressor selbst aber ein lösliches und bewegliches Protein ist, kann er dennoch eine gezielte Einflussnahme ausüben. Diese Mechanismen werden beim *lac*-Operon gefunden. (**2**) Einen Schritt weiter nach der Transkription ist auch die mRNA Ziel von verschiedenen Kontrollmechanismen. So sind die 5′- und 3′-UTR strukturell mit Haarnadelstrukturen ausgestattet, die in vielen Fällen die Stabilität der mRNA und die Translation beeinflussen können. Eine Option ist dabei die Bildung dieser Strukturen durch spezielle Sequenzen, die direkt von der Translationsgeschwindigkeit an einer *Leader*-Sequenz im 5′-UTR und das Angebot an beladenen tRNAs bedingt werden. Diese Strukturen sind in der Lage, die Translationsinduktion der Strukturgene zu regulieren. Eine solche Drosselung wird als Attenuationsmechanismus bezeichnet. (**3**) Kleine RNAs (sRNAs) können durch halb oder voll komplementäre Hybridisierung an ihre Ziel-mRNA die Translationsinduktion, -suppression, sowie die Stabilität des Transkripts steuern. Die Bindung erfolgt dabei entweder im codierenden Teil oder auch in der 5′-UTR, beziehungsweise der 3′-UTR. (A. Bruch)

lationssystems (▶ Abschn. 8.1.2). Darüber hinaus existieren auch Strukturen in der prokaryotischen mRNA selbst, unter anderem die **5′- und 3′-untranslatierten Regionen** (*untranslated regions,* **UTR**), die Einfluss auf die Genexpression nehmen können (▶ Abschn. 8.1.4). Der **Attenuationsmechanismus** spiegelt ein solches Prinzip wider, in dem Sekundär- und Tertiärstrukturen auf Basis ihrer Faltung in der 5′-UTR des Transkripts (genauer: in der *Leader*-Sequenz, die vor den eigentlichen Strukturgenen auf der mRNA liegt) in die Transkription oder Translation direkt eingreifen können (▶ Abschn. 8.1.3). Dies geschieht in Abhängigkeit zu einem bestimmten Induktor oder Repressor und kann zu einer Unterbrechung der beiden oben genannten Pro-

zesse führen. Weiterhin können diese **Haarnadelstrukturen** *(hairpins)* in den UTRs als Zielstellen für unterschiedlichste Liganden, wie **kleine RNAs** (*small*–RNA, **sRNA**) und andere Moleküle, dienen, was eine zusätzliche Regulationsebene eröffnet (▶ Abschn. 8.1.4). Es existieren natürlich wesentlich mehr Optionen, die Genexpression in Prokaryoten einzuschränken oder zu ermöglichen, jedoch bilden die oben genannten Prozesse eine gute Grundlage, auf der aufgebaut werden kann. Die posttranslationale Regulation auf der Proteinebene, bei der es nicht nur um die Aktivierung oder Inhibierung von Proteinen sondern auch um deren Stabilität und Degradation (also Abbau) geht, wird in ▶ Abschn. 7.5 erläutert.

8.1.1 Die Regulation dauerhaft aktiver und induzierbarer Gene

Bei der Betrachtung der Genregulation muss zunächst eine Unterscheidung zwischen zwei Gengruppen getroffen werden: die **konstitutiv aktiven** und die **induzierbaren** Gene. Konstitutiv bedeutet so viel wie grundlegend. In der ersten Gruppe handelt es sich daher um sogenannte **Haushaltsgene** *(housekeeping genes)*, die zu jeder Zeit aktiv sind und zum Beispiel für den Grundstoffwechsel (wie etwa die Synthese von Adenosintriphosphat [ATP]) der Zelle verantwortlich sind. Sie sind überlebenswichtig!

Die zweite Gruppe beinhaltet alle Gene, die zwar auch zum Überleben beitragen können, aber eben nur in bestimmten Situationen gebraucht werden. Sollten sich zum Beispiel die Umweltbedingungen ändern und dadurch eine Form von Stresssituation für die Zelle entstehen, werden spezifische Gene aktiv, die für eine adäquate Reaktion auf diesen Stressreiz sorgen. Die Expression solcher Gene ist also situationsabhängig und kann je nach Bedarf induziert werden (daher **induzierbare Gene**).

8.1.1.1 Hitzegesteuerte Genexpression bei *E. coli*

So ist zum Beispiel von dem Darmbakterium *Escherichia coli* bekannt, dass dieses ein sogenanntes „**molekulares Thermometer**" verwendet, um Hitzestress zu messen und darauf reagieren zu können. Dabei spielt der **Sigma-Faktor 32** (σ^{32}), eine RNA-Polymerase-Untereinheit die Promotoren von Genen für Hitzeschockproteine erkennt und somit für die Hitzeschockantwort mitverantwortlich ist, eine zentrale Rolle. Bei niedrigen Temperaturen formt die mRNA des σ^{32}-Faktors jedoch **Sekundärstrukturen,** was die Translation des Faktors erschwert. Gleichzeitig werden bereits exprimierte σ^{32-}Moleküle bei niedrigen Temperaturen von den drei **negativen Regulatoren** – DnaJ, DnaK und GrpE – gebunden und blockiert, ihre Aktivität somit inhibiert.

Nun ist es so, dass beim Auftreten von erhöhter Temperatur die Gefahr besteht, dass Proteine ihre Struktur verändern oder gänzlich verlieren und es zu einem vermehrten Aufkommen von Proteinaggregaten kommt, also unbrauchbaren Proteinklumpen. Gleiches ist auch der Grund, warum Fieber so gefährlich ist und warum sich das Eiweiß verändert, wenn man ein Spiegelei in der Pfanne anbrät. Für Zellen ist dies fatal, und sie reagieren mit dem Einsatz von **Hitzeschockproteinen (HSPs)**, einer Klasse von Faltungshelferproteinen (Chaperonen). Diese bemühen sich, die Struktur der anderen Proteine möglichst aufrechtzuerhalten, wiederherzustellen oder darum, die Aggregate zu beseitigen und so die Zellen vor Schlimmerem zu bewahren.

Interessanterweise handelt es sich bei den drei genannten Proteinen (DnaJ, DnaK und GrpE) selbst um HSPs. Im Zuge der Hitzestress-Antwort lassen sie daher von der Blockierung von σ^{32} ab und kümmern sich stattdessen um andere hitzegestresste Proteine. Gleichzeitig löst sich auch die Sekundärstruktur der σ^{32}-mRNA durch die erhöhte Temperatur auf und durch deren Translation erhöht sich die Menge an aktiven σ^{32}-Faktoren in der Zelle. Die σ^{32}-Faktoren können nun ungehindert an RNA-Polymerasen binden und wiederum die Expression anderer bitter benötigter Hitzeschockproteine induzieren.

Merke

Es handelt sich bei dieser Art der transkriptionellen Genregulation um einen **negativen Feedback-Loop.** Im Klartext heißt das: die Aktivität von σ^{32} ist in einem Gleichgewicht mit der Menge an benötigten HSPs: solange ausreichend HSPs in einer Zelle vorhanden sind, wird die Aktivität von σ^{32} unterdrückt – die Zelle spart sich Ressourcen. Werden auf einmal jedoch viele HSPs benötigt, wird σ^{32} nicht mehr blockiert und kann die Produktion weiterer HSPs initiieren…

In allen Bakterien sind **Sigma(σ)-Faktoren** (▶ Abschn. 6.2.3) bekannt, von denen es eine Vielzahl gibt, die alle direkt mit der RNA-Polymerase interagieren und spezifisch die Transkription verschiedener Gene und Genfamilien regulieren, die für verschiedenste Aufgaben notwendig sind.

8.1.2 Das Operon-Modell am Beispiel des Laktose-Operons

Die Umstellung der Zelle auf ein anderes Nährstoffangebot, wobei meist eine vollkommen neue Gruppe von Enzymen benötigt wird, stellt eine weitere Nutzung induzierbarer Gene dar. Ein gutes Beispiel für die Regulation solcher Gene ist das Modell des **Laktose-Operons** (*lac*-Operon; ▶ Abschn. 6.2.5). Es beinhaltet die Gene *lacZ, lacY* und *lacA,* die für die Enzyme **β-Galaktosidase** (oder Laktase, LacZ), **β-Galaktosid-Permease** (LacY) und die **β-Galaktosid-Transacetylase** (LacA) codieren. Diese Gene werden nur dann exprimiert, wenn eine erhöhte Menge an Laktose und eine geringe Konzentration des bevorzugten Nährstoffes (meist Glukose) vorhanden sind. Das Interessante an diesen drei Genen ist, dass sie alle Teile eines **Operons,** also einer Transkriptionseinheit sind. Das heißt, die Sequenzen mit den strukturellen Informationen aller drei Gene, auch als Strukturgene oder **Cistrons** bezeichnet, liegen direkt nebeneinander und werden durch die gleiche regulatorische vorgeschaltete Sequenz beeinflusst. Sie teilen sich also die Promotor- und Operatorregion. Wird die Transkription des Operons aktiviert, werden alle drei Gene abgelesen, wobei eine **polycistronische** mRNA entsteht. Diese beinhaltet die benötigten Informationen zur Erstellung aller drei Polypeptidketten. Dass drei Gene gleichzeitig reguliert werden, ergibt hier viel Sinn, denn die Proteine aller drei Gene sind gemeinsam am **Laktose-Stoffwechselweg** beteiligt: Während das Genprodukt von *lacY,* eine Permease, für den Import von Laktose in die Zelle verantwortlich ist, spaltet die β-Galaktosidase (**LacZ**) das Disaccharid in Glukose und Galaktose, die in weiteren Stoffwechselwegen verbraucht werden. Die Funktion der Transacetylase (**LacA**) ist noch nicht geklärt, wird aber vermutlich mit der Entsorgung schädlicher Nebenprodukte beim Laktoseabbau in Verbindung gebracht.

8.1.2.1 Die negative Regulation des Laktose-Operons

Wie bereits bekannt ist, setzt sich ein Gen nicht nur aus einer **codierenden Region** *(coding region)* zusammen (in diesem Fall wären das die drei oben genannten Strukturgene), welcher in eine mRNA und darauffolgend in ein Protein oder in eine funktionelle RNA übersetzt wird. Ein Gen besitzt normalerweise stromaufwärts (im Englischen *upstream*) am 5'-Ende zusätzlich eine **Promotorregion,** welche von der RNA-Polymerase erkannt wird. Beim *lac*-Operon befindet sich weit vor dieser Region und dem eigentlichen Operon ein weiteres Gen *(lacI),* welches die Induzierbarkeit der anderen drei Gene des *lac*-Operons kontrolliert und für den sogenannten *lac*-**Repressor** codiert. Dieser bindet, wenn keine Laktose vorhanden ist, an den **Operator,** der sich in einer Region nach dem Promotor und vor dem Transkriptionsstartpunkt befindet (◘ Abb. 8.2) – womit dieses Protein als Transkriptionsfaktor klassifiziert werden kann. Wenn also die RNA-Polymerase an der Promotorregion bindet und in Richtung Transkriptionsstart vorangeht, hindert der am Operator gebundene **Repressor** das Enzym daran, die polycistronische mRNA der drei Gene zu synthetisieren. So wird die Expression der drei oben genannten Gene durch eine **negative Regulation** in Abwesenheit von Laktose herunterreguliert.

■■ **Die substratinduzierte Ablösung des Repressors**
Sobald jedoch nur noch Laktose als Nahrungsquelle vorhanden ist, kommt es zu einer Veränderung der Expression. Die Laktose wird durch die β-Galaktosidase in **Allolaktose,** ein Isomer der Laktose, umgesetzt, bindet an den *lac*-Repressor und inaktiviert diesen dadurch. Demnach kann die ß-Galaktosidase nicht nur die Spaltung von Laktose katalysieren, sondern dessen Umwandlung in sein Isomer durch Transgalaktosylierung hervorrufen. Durch das Laktoseisomer wird also die Repression des Operons aufgehoben, und die Expression der für den Laktoseabbau benötigten Gene wird induziert (◘ Abb. 8.2). Diese Form der Genkontrolle wird als **Substratinduktion** bezeichnet, da das Substrat der ß-Galaktosidase (in diesem Fall die Laktose) durch die Aktivierung des *lac*-Operons ihren eigenen Abbau herbeiführt. Wurde die gesamte Laktose in der Zelle gespalten, wird der (nun ungebundene) Repressor wieder aktiv, wodurch eine weitere unnötige Expression der regulierten Gene verhindert wird. Die Zelle spart sich also die Enzyme für eine Reaktion, für die gerade ohnehin kein Substrat vorhanden ist oder wenn andere besser zugängliche Energieträger zur Verfügung stehen.

> **Merke**
> Man fragt sich dann allerdings: Wie entsteht überhaupt die Allolaktose und wie gelangt die Laktose in die Zelle, wenn das *lac*-Operon und somit die Produktion der Laktase und der Permease stillgelegt sind? Die Lösung ist, dass der Repressor sich hin und wieder löst und einzelne wenige Transkripte entstehen, die eine basale Expression erlauben, um einen gewissen Import und eine Umsetzung von Laktose zu ermöglichen. Man spricht hier von einer *leaky expression,* also einer „undichten" Regulation der Expression.

8.1.2.2 Die positive Regulation des Laktose-Operons

In der Natur existiert dementsprechend auch eine andere Form der Expressionskontrolle in Bakterien, welche (verblüffenderweise) als **positive Regulation** benannt wurde. Diese funktioniert so: Ähnlich zur negativen Regulation durch Repressoren existieren Proteine, welche die Transkription aktivieren. Ein solcher Transkriptionsfaktor, auch als **Aktivator** bezeichnet, wird selbst durch die Bindung eines **Induktors** reguliert. Die Bindung eines Induktors kann dabei zu einer Aktivierung des Aktivators führen, welcher nun an eine bestimmte Region des Operons bindet und so erst die Transkription des Gens beziehungsweise der Gene ermöglicht. Diese Form der Induktion ist sogar ebenfalls für das *lac*-Operon bekannt.

■■ **Das Verhältnis zwischen Glukose und Laktose**
Um die Voraussetzung für die Aktivität dieses positiven Regulators zu schaffen, muss das Laktoseangebot wesentlich höher sein als das von Glukose. Die leicht

8

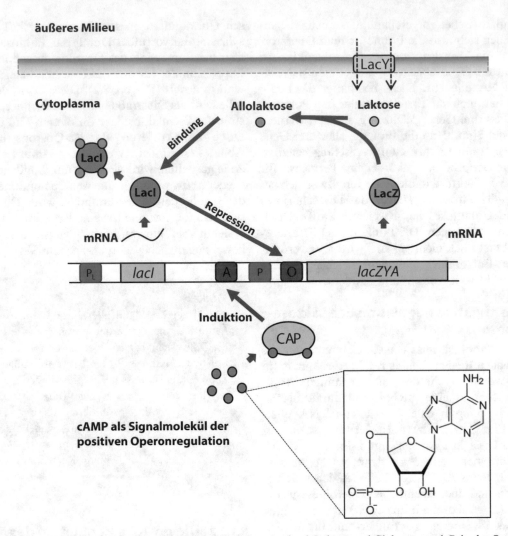

□ **Abb. 8.2**   Duale Regulation der Transkription des Laktose *(lac)*-Operons durch Laktose und Glukosemangel. Beim *lac*-Operon bilden alle drei Strukturgene *(lacZ,lacY* und *lacA)* eine Transkriptionseinheit und werden durch die gleiche regulatorische vorgeschaltete Sequenz reguliert. Damit werden sie durch die gleiche Promotor- (P) und Operatorregion (O) in ihrer Expression beeinflusst. Das Gen *lacI,* welches zusammen mit seinem Promotor (P_L) vor den Strukturgenen liegt, wird hingegen sehr schwach, aber kontinuierlich exprimiert. Demnach bindet der Repressor LacI unter Laktosemangel an den Operator (O) und verhindert so die Transkription des *lacZYA*-Locus. Bei vorhandener Laktose und wenn das Protein LacY diese importiert, wird das Disaccharid durch LacZ (β-Galaktosidase) in Allolaktose umgesetzt, die an den Repressor bindet. Der Repressor wird somit inaktiviert und lässt wieder eine vollständige Expression von *lacZYA* zu. Andererseits findet auch eine Aktivierung des *lac*-Operons anhand von cAMP (chemische Strukturformel *unten rechts*) statt, das an CAP *(catabolite activator protein)* bindet. Dieser cAMP-CAP-Komplex kann nun an die Aktivatorbindestelle (A) vor dem Promotor (P) binden, womit erst die Transkription des Operons ermöglicht wird. (A. Bruch)

verdauliche **Glukose** ist der bevorzugte Nährstoff und die Enzyme für dessen Verwertung müssen nicht erst von dem Bakterium synthetisiert werden, da sie zu jeder Zeit exprimiert werden (konstitutive Gene; ▶ Abschn. 8.1.1). Für das Disaccharid **Laktose** müssen hingegen die oben genannten drei Enzyme, dabei primär die β-Galaktosidase (Laktase), erst synthetisiert werden, um den Zweifachzucker in Galaktose und Glukose aufspalten zu können. Erst wenn diese Monosaccharide vorliegen, können sie in den weiteren Stoffwechsel eingespeist werden. Das bedeutet, dass wenn einer Zelle sowohl Glukose als auch Laktose zum gleichen Zeitpunkt und in derselben Konzentration angeboten werden würden, die Zelle zuerst das Monosac-

charid Glukose und erst dann die Laktose komplett verwerten würde. Dementsprechend muss die Zelle den **Glukosespiegel** messen können, um darauf angemessen mit der Expression der richtigen Gene zu reagieren.

■■ **CAP ist ein Aktivator des Laktose-Operons und wird selbst von cAMP aktiviert**

Früher wurde angenommen, dass die Zelle zur Bestimmung des Glukosespiegels den Signalstoff **cAMP (zyklisches Adenosinmonophosphat;** □ Abb. 8.2) verwendet. Dieser befindet sich sowohl in Bakterien als auch in Eukaryoten und dient als Botenstoff für viele verschiedene Signalwege. Die Bezeichnung rührt von der speziellen

Struktur des Nukleotids her, da es das Monophosphat nicht nur über das 3'-C-Atom, sondern auch über das 5'-C-Atom der Ribose gebunden hat. Innerhalb der Funktion als Glukosespiegel-Messer nahm man dabei lange an, dass cAMP vermehrt von der Zelle hergestellt wird, wenn das Glukoseangebot sehr niedrig ist. Die Erkennung und Bindung von cAMP erfolgt durch das *catabolite activator protein* (CAP). Diese Komplexbildung aktiviert das CAP, wodurch es befähigt wird, an einer bestimmten Stelle der Promotorregion zu binden, an der sich eine entsprechende Erkennungssequenz befindet. Durch diesen Prozess wird die Transkription der korrespondierenden Gene ermöglicht (positive Regulation). In Bezug auf das *lac*-Operon nimmt man an, dass CAP, für das wiederum cAMP den Induktor darstellt, hier also als **Aktivator** dient! Für das *lac*-Operon ist eine Kombination der beiden vorgestellten positiven beziehungsweise negativen Regulationsmechanismen bekannt. Demzufolge wird die Expression bestimmter Gene, die durch Repressoren sowie Aktivatoren und mit indirektem Einfluss von Induktoren reguliert werden, in einem fein abgestimmten Zusammenwirken gesteuert.

Am Rande bemerkt

Mittlerweile wurde jedoch in einigen Studien belegt, dass der cAMP-Spiegel in der Zelle unabhängig von Glukose oder Laktose etwa gleich bleibt [1]. Damit ist fraglich, ob das Glukoselevel tatsächlich über die cAMP-Konzentration die *lac*-Expression beeinflusst. Nichtsdestoweniger ist aber klar, dass dieses Nukleotid für die Signaltransduktion der positiven Regulation notwendig zu sein scheint.

8.1.3 Der Attenuationsmechanismus des Tryptophan-Operons

Der Attenuationsmechanismus kann in Bakterien an verschiedenen Operons gefunden werden, welche für die Synthese von Aminosäuren wie Tryptophan, Phenylalanin, Histidin, Leucin und vielen mehr verantwortlich sind. Prinzipiell handelt es sich bei der **Attenuation** (Abschwächung) um einen Mechanismus, der selbst nach der Transkriptionsinitiation eingreifen kann, um die Transkription vorzeitig zu beenden und somit die Expression eines Gens zu unterbinden. Er ist somit unabhängig vom Transkriptionsstart, wird aber vielmehr durch die Translationsgeschwindigkeit und somit Angebot und Nachfrage kontrolliert.

Hier wird die Attenuation am Beispiel des **Tryptophan-Operons** (*trp*-Operon), das für die Biosynthese von Tryptophan verantwortlich ist, näher erläutert. Ähnlich wie beim *lac*-Operon teilen sich die fünf Gene (*trpE, trpD, trpC, trpB* und *trpA*) einen gemeinsamen Promotor und Operator, die den Struktursequenzen vorgeschaltet sind. Diese werden für die Tryptophansynthese gebraucht. Der Operator wird (unabhängig von der Attenuation) ebenfalls von einem **Repressor** erkannt und gebunden. Dieser wird jedoch, anders als beim *lac*-Operon, durch die Interaktion mit seinem **Induktor** (Tryptophan) aktiviert – und nicht deaktiviert. Das heißt, dass bei einem hohen intrazellulären Anteil an Tryptophan das entsprechende Operon unterdrückt wird und somit keine Synthese dieser Aminosäure angekurbelt wird (**Endproduktrepression**). So weit, so gut, das scheint auch schon etwas bekannter zu sein, jedoch findet sich im *trp*-Operon nach der Operatorsequenz eine etwa 160 bp lange *Leader*-Sequenz, welche zusammen mit den *trp*-Genen transkribiert wird.

■■ Die entscheidende Rolle der *Leader*-Sequenz bei der posttranskriptionalen Regulation

Diese *Leader*-**Sequenz** besitzt einige Eigenheiten, welche für die Attenuation der Transkription des Operons von immenser Bedeutung sind. In dieser Sequenz findet sich ein kurzer ORF, welcher mit einem AUG-Startcodon beginnt, für 14 Aminosäuren codiert und mit einem UGA-Stoppcodon terminiert wird. Die Position 10 und 11 der Peptidkette bilden dabei Tryptophane. Weiterhin finden sich in der *Leader*-Sequenz vier kurze DNA-Bereiche (1–4), die sobald sie in mRNA übersetzt wurden, miteinander interagieren können und so dreidimensionale Strukturen bilden (**Haarnadelstrukturen;** ■ Abb. 8.3). Wieso ist das so wichtig für die Expression des *trp*-Operons? Wenn man sich an die ► Kap. 6 und 7 zurückerinnert, sollte bekannt sein, dass in Prokaryoten die Transkription und Translation beinahe zeitgleich ablaufen. Das gerade entstehende Transkript wird direkt von dem Ribosom erkannt und in eine Polypeptidkette übersetzt. Die Geschwindigkeit dieser Übersetzung hängt von vielen Faktoren ab, darunter fällt jedoch auch, ob eine genügende Anzahl an mit Aminosäuren beladenen tRNAs vorhanden ist.

■■ Wie Angebot und Nachfrage den Markt – beziehungsweise das Operon – regulieren

Während also in diesem Beispiel die *Leader*-Sequenz gerade transkribiert und dementsprechend beinahe parallel translatiert wird, kommt das Ribosom zwangsweise zu dem kurzen Leseraster, in dem auch an Position 10 und 11 Codons für Tryptophane zu finden sind. Wenn die **Tryptophankonzentration** in der Zelle hoch genug ist, sind auch genügend mit Tryptophan beladene tRNAs (tRNA^{Trp}) vorhanden, sodass das Ribosom an den entsprechenden Codons nicht pausieren muss und direkt fortfahren kann. Dies führt dazu, dass die beiden Sequenzbereiche 3 und 4 miteinander eine Haarnadelstruktur bilden können (■ Abb. 8.3), was von der RNA-Polymerase als Transkriptionsstopp er-

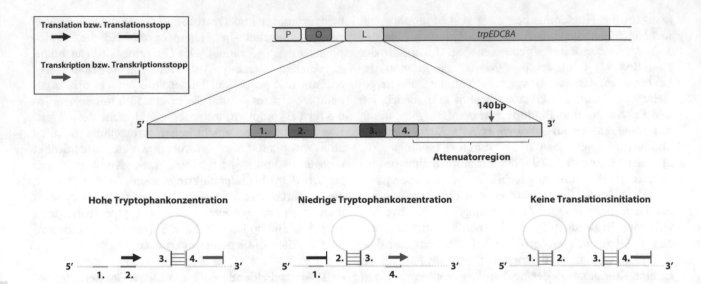

8

● **Abb. 8.3** Attenuationsmechanismus des *trp*-Operons. Vor den *trpEDCBA*-Strukturgenen findet sich neben der Promotorregion (P) und einem Operator (O) die *Leader*-Sequenz (L). In dieser finden sich vier DNA-Sequenzen *(farblich hervorgehoben und nummeriert),* die, sobald sie in mRNA übersetzt wurden, miteinander hybridisieren können. Weiterhin befindet sich dahinter die Attenuatorregion, welche in Abhängigkeit zum Tryptophanangebot den Transkriptionsstopp an der Position 140 der *Leader*-Sequenz des *trp*-Operons einleitet. Bei einem hohen Tryptophanangebot (in Form von beladenen tRNA^{Trp}) wird das 14 Aminosäuren umfassende Peptid der *Leader*-Sequenz translatiert und das Ribosom wandert bis zur Sequenz 2. Dadurch können die Sequenzen 3 und 4 hybridisieren und eine Haarnadelstruktur bilden, was zum Transkriptionsstopp führt. Bei niedrigem Tryptophanlevel verbleibt das Ribosom an der Sequenz 1 der mRNA, was den Sequenzen 2 und 3 ermöglicht, miteinander zu interagieren. Dadurch wird erneut eine Haarnadelstruktur gebildet, die jedoch das Fortfahren der Transkription ermöglicht. Sollte es jedoch zu keiner Translationsinitiation kommen, können die Sequenzen 1 und 2 sowie 3 und 4 hybridisieren und so mehrere Haarnadelstrukturen bilden, was die Transkription des Operons beendet. Zusammengefasst darf die Sequenz 4 nicht in einer Haarnadelstruktur vorliegen, damit die Transkription und folglich die Translation des Operons funktionieren. (A. Bruch)

kannt wird. Man spricht bei einem solchen Loop auch von einer **Terminatorkonfiguration.**

Bei einer niedrigen Konzentration an mit Tryptophan beladenen tRNAs muss das Ribosom an den entsprechenden Codons in dem kurzen ORF pausieren. Dadurch haben die Bereiche 2 und 3 die Möglichkeit, ihrerseits zu interagieren und eine Haarnadelstruktur zu formen (● Abb. 8.3), welche auch als **Antiterminatorkonfiguration** bekannt ist. Diese Strukturbildung verhindert wiederum, dass die Bereiche 3 und 4 die Terminatorkonfiguration einnehmen, wodurch die Transkription des Operons nicht terminiert und fortgesetzt werden kann. Ein Loop der Bereiche 2 und 3 führt demnach dazu, dass das Ribosom kurz pausiert, ist aber grundsätzlich nicht hinderlich für die Translation.

Wenn die Translation der *Leader*-Sequenz nicht induziert wird, können die Sequenzbereiche 1 und 2 sowie 3 und 4 miteinander Haarnadelstrukturen bilden (● Abb. 8.3), wodurch ebenfalls ein Transkriptionsstopp eingeleitet werden kann. Interessant dabei ist, dass wenn am hinteren Ende der *Leader*-Sequenz 30 bp deletiert werden, die Transkription nicht gestoppt wird und so selbst bei einer ausreichenden Menge an Tryptophan immer noch das gesamte Operon in mRNA übersetzt wird. Das hängt damit zusammen, dass in dieser Sequenz an der Position 140 anscheinend die Termination der Ope-

ron-Transkription eingeleitet wird. Aus diesem Grund wird dieser Bereich als **Attenuator** bezeichnet, da er die Erstellung des Volllängetranskripts verhindert. Zusammen mit dem Repressor führt dieser Attenuationsmechanismus also zu einer Feinregelung der Aminosäurebiosynthese in bakteriellen Zellen.

> **Merke**
> Eine solche Art der Genregulation, bei der gleichzeitig die Transkription und die Translation betroffen sind, ist nur bei Prokaryoten möglich, da die beiden Prozesse bei Eukaryoten zeitlich und räumlich getrennt voneinander ablaufen.

8.1.4 Weitere Mechanismen der Genregulation: *Untranslated regions* und kleine RNAs

■■ **Verschiedene Ebenen der Genregulation tragen zum Gesamtbild bei…**
Wenn über die Regulation der Genexpression gesprochen wird, scheint sich abzuzeichnen, dass in Bakterien die Zusammenfassung von Genen in Operons nur

einen kleinen Bruchteil der Regulationsmöglichkeiten darstellt. Die Aktivität der Operons kann, wie bereits beschrieben, über den Promotor, Operator, Aktivator, Repressor und viele andere beteiligte Proteine variabel gesteuert werden. In ▶ Abschn. 8.1.2 wurden die strukturellen Eigenheiten von bakteriellen Genen anhand des *lac*-Operons auf **DNA-Ebene** näher behandelt wurden. Und setzt man noch früher an, kann die Genregulation auch über die Verfügbarkeit von Sigma-Faktoren, die für die bakterielle **Transkription** unabdingbar sind, beeinflusst werden. Ein Beispiel dazu haben wir bereits in ▶ Abschn. 8.1.1.1 bei der zellulären Antwort auf Hitzestress kennengelernt.

Es ist jedoch sinnvoll, eine Ebene weiterzugehen und einen Blick auch auf die **mRNA** selbst zu werfen. Mögliche Regulationen auf der mRNA-Ebene beinhalten die Verhinderung der Ribosomenassemblierung und die Inhibierung der Translation zu einem späteren Zeitpunkt durch Blockierung der Ribosomen (wie wir es beim *trp*-Operon in ▶ Abschn. 8.1.3 erlebt haben) oder die Degradation der mRNA. Und genau mit dieser **Ebene der Genregulation** wollen wir uns im Folgenden noch ein bisschen näher beschäftigen!

8.1.4.1 UTRs: Nicht übersetzbar aber dennoch nicht zu unterschätzen

Ein Transkript besteht nicht nur aus dem codierenden, für die Translation wichtigen Bereich, sondern verfügt über sogenannte **nichttranslatierte Bereiche** *(untranslated regions*, **UTRs***)* am 5'- und 3'-Ende der mRNA. Diese Regionen stellen jedoch keine überflüssigen Artefakte der Transkription dar, sondern haben drastische Auswirkungen, welche sowohl die **Translationsinitiation, -termination** sowie die **Feinabstimmung** und **mRNA-Stabilität** mit einschließen (◘ Abb. 8.4). Verantwortlich dafür sind oft Sekundärstrukturen in der mRNA, die durch Bindung von anderen Molekülen oder durch Temperaturverschiebungen ihre **Konformation,** also ihre Struktur, ändern können. Dazu zählen die bereits bekannten Haarnadelstrukturen *(hairpins);* dreidimensionale Gebilde, die sich durch partielle Hybridisierung einiger Sequenzen in den UTRs bilden. Ein Beispiel für diese Strukturen wurde bereits vorgestellt und betrifft das Transkript des *trp*-Operons (▶ Abschn. 8.1.3).

Ein anderer Mechanismus, welcher als **RNA-Thermometer** verstanden werden kann und unter anderem in *Escherichia coli* vorkommt, stellt der *repressor of heat-shock gene expression* (ROSE) dar. Wie der Name schon sagt, kommt ROSE vor allem bei Genen vor, welche an der Hitzeschockantwort von Bakterien, sozusagen einem Notfallsystem, beteiligt sind. Ein Beispiel dafür ist der Sigma-Faktor 32 (σ^{32}), den wir bereits in

▶ Abschn. 8.1.1.1 besprachen. Bei normalen oder optimalen Temperaturen nehmen die Transkripte Haarnadelstrukturen an, die die Translation der nicht benötigten Proteine verhindern. Diese Strukturen verändern jedoch abhängig von der Temperatur ihre Faltung und erlauben so eine Translation des Transkripts. Da für diese Form der Regulation die mRNA in der 5'-UTR nur mit sich selbst interagiert, wirken diese Haarnadelkomplexe in *cis*. Das bedeutet, dass der Regulator auf demselben Molekül vorliegt, auf das eingewirkt wird und nicht mit anderen Protein- oder RNA-Molekülen hybridisiert, um so die Translation der mRNA zu modulieren.

Es existieren auch andere Haarnadelstrukturen in der mRNA, sogenannte **Riboswitches,** welche verschiedene Metabolite oder kleine RNAs (*small* RNA, ▶ Abschn. 8.1.4.2) binden und dadurch die Translation der mRNA steuern. Diese dreidimensionalen mRNA-Komplexe liegen meistens in der 5'-UTR und bestehen normalerweise aus zwei Sektionen, die eine Ligandenbinderegion (**Aptamerregion**) und eine variable RNA-Struktursequenz (**Expressionsplattform**) beinhalten. Sobald ein spezifischer Bindungspartner im 5'-UTR an die Aptamerregion bindet, kommt es zu einer Veränderung der tertiären Faltung der Expressionsplattform, wodurch die Transkription oder auch Translation der mRNA terminiert werden kann. Diese Form der Regulation geschieht in *trans*, da eine regulatorische Wirkung von einem anderen Molekül (entweder ein Metabolit oder eine sRNA) ausgeht und dieses binden muss, um eine mögliche Translation unterdrücken oder hervorrufen zu können. Übrigens wurden auch in der 3'-UTR Interaktionen mit sRNAs dokumentiert, jedoch sind diese deutlich schlechter untersucht.

8.1.4.2 sRNAs: kleine prokaryotische RNAs mit großer Wirkung

Jetzt wurde eine neue Gruppe von Molekülen vorgestellt, die ebenfalls eine Regulationsfunktion bei der Expression von Genen übernimmt: **kleine RNAs** oder **sRNAs** *(small RNA)*. Ihre Größe kann stark variieren, liegt aber meist zwischen 50 und 500 Nukleotiden. Diese kleinen RNA-Moleküle können grob in zwei Gruppen eingeteilt werden: *cis*-und *trans*-codierte sRNAs [2]. Ähnliche Moleküle sind auch aus Eukaryoten bekannt, mit Namen miRNA *(micro-RNA)* oder siRNA *(small interfering-RNA)*, die bei der RNA-Interferenz involviert sind (▶ Abschn. 13.2.3). Inwieweit die regulatorischen Mechanismen prokaryotischer *cis*-bzw. *trans*-sRNA der RNA-Interferenz zugeordnet werden kann, ist jedoch strittig. Nichtsdestotrotz werden zuerst die *cis*-codierten sRNAs betrachtet.

Am Rande bemerkt

Die **Nomenklatur von RNAs** ist zuweilen sehr kompliziert. Bei den bakteriellen sRNAs handelt es sich um kleine regulatorische RNAs, die nicht für Proteine codieren und somit „nichtcodierend" sind. Demzufolge müssten sie den *noncoding* RNAs (**ncRNAs**) zugerechnet werden, die neben kleinen eukaryotischen nichtcodierenden RNAs (snRNAs, snoRNAs, siRNAs, miRNAs, piRNAs) auch längere RNAs, wie tRNAs, rRNAs und lncRNAs beinhalten. Bisher wurden die prokaryotischen sRNAs jedoch selten im Zusammenhang mit dem Begriff „ncRNA" genannt. Vermutlich möchte man eine Verwechslung der sRNAs mit den eukaryotischen kleinen nichtcodierenden RNAs vermeiden, die ja in der Tat anders sind. …Aber wer weiß, vielleicht ändert sich das noch? Die sRNAs sind ja noch nicht allzu lange auf dem Ereignishorizont des Menschen. Und sie sind ja auch sehr leicht zu übersehen.

Genese und Funktion von *cis*-codierten sRNAs

Unter *cis*-codierten sRNAs versteht man solche RNA-Sequenzen, welche vom nichtcodierenden Strang eines Gens abgelesen und transkribiert werden. Dementsprechend haben die kleinen RNA-Moleküle eine **hohe Komplementarität** zu ihrer Ziel-mRNA. Je nachdem, wo die sRNA transkribiert wird und dementsprechend bindet, ermöglicht das verschiedene Varianten der Regulation. Viele sRNAs, die anhand der DNA-Matrize gegenüber der 5'-UTR-Region eines Gens transkribiert werden, binden so zum Beispiel meist später in der *ribosom binding site* (Ribosomenbindestelle, **RBS**) der mRNA. Dies führt dazu, dass die Translationsinitiation durch die verhinderte Bindung der kleinen und großen ribosomalen Untereinheit nicht stattfinden kann. Die Bildung dieses RNA-Duplexes hat außerdem zur Folge, dass eventuell **RNasen** (Enzyme, die RNA-Moleküle abbauen) rekrutiert werden, die die mRNA degradieren. Eine weitere Variante von *cis*-sRNAs kann aus den intergenischen Sektionen zwischen zwei Genen eines Operons transkribiert werden. Diese haben dann zwei mögliche Wirkmechanismen: Einerseits können sie entweder die Transkription des Operons durch komplementäre Basenpaarung mit der entstehenden (naszierenden) mRNA inhibieren (beispielsweise durch Bindung von Riboswitches) oder sogar unterstützen. Andererseits können sie mit einem bereits fertigen Transkript hybridisieren, welches spezifisch an der Bindungsstelle durch die Rekrutierung von RNasen geschnitten werden kann (◘ Abb. 8.4). Diese drei Möglichkeiten der Regulation, die **Inhibierung der Ribosomenassemblierung,** die **Transkriptionstermination**

und die **Degradation von mRNAs,** können vor allem bei mobilen genetischen Elementen, wie Plasmiden, Transposons oder Phagen-DNA, beobachtet werden. Die Bakterienzelle versucht hierbei, die Verbreitung, also die Vervielfältigung dieser molekularen „Parasiten", unter Kontrolle zu halten. Beispielsweise wird über den Mechanismus der *cis*-sRNAs die Generierung von Primern für das Plasmid ColE1 verhindert, indem das entstehende Transkript (Prä-Primer) durch die sRNA gebunden wird. So wird die weitere Transkription gestoppt, was letzten Endes die Replikation des Plasmids verhindert.

Merke

Auch wenn diese sRNAs in *„cis"* codiert sind, also innerhalb der gleichen Sequenz, deren Aktivität sie beeinflussen, geschieht der Wirkmechanismus in *„trans"*. Das kann man sich so merken, dass eine sRNA ein separates Molekül darstellt, das zur Bindung an sein Ziel, erst eine räumliche Distanz *über*winden muss, beziehungsweise zu diesem *hinüber* muss. Und im Lateinischen heißt *„trans"* eben: über, hinüber…

Was ist also der Ursprung der *trans*-codierten sRNAs, und welche Funktion erfüllen sie?

Die *trans*-codierten sRNAs werden durch eigene Gene codiert und unterscheiden sich insoweit von den *cis*-sRNAs, da sie mit ihrer Ziel-mRNA nicht vollständig komplementär sind und daher nur **partiell hybridisieren** können (nur etwa 10–25 Nukleotide). Dies führt dazu, dass eine *trans*-sRNA potenziell mehrere verschiedene mRNAs partiell binden kann und so für die Regulation der entsprechenden Gene sorgt. Diese Form der Expressionsmodulation wird meist für chromosomale Gene verwendet, wobei die Expression eines Großteils dieser spezifischen kleinen RNAs nur unter speziellen Wachstumsbedingungen erfolgt. So ist aus *E. coli* bekannt, dass zum Beispiel bei oxidativem Stress (sRNA OxyS), geringer Eisenkonzentration (sRNA RyhB) oder erhöhtem Glukosephosphatlevel (sRNA SgrS) *trans*-codierte sRNAs induziert werden.

Bei der partiellen Hybridisierung der *trans*-sRNA mit ihrem Ziel, fast immer in der 5'-UTR und nur selten in der 3'-UTR, kann es zum einen zu einer **Inhibierung der Translation** der mRNA kommen. Die so geformte Duplex-RNA wird meist durch die RNase E erkannt und abgebaut. Dabei besteht die Theorie, dass der eigentliche inhibitorische Mechanismus primär geschieht, indem die sRNA bereits durch die Bindung an die mRNA die Translation unterbricht. Der folgende Abbau scheint demzufolge eher ein Nebeneffekt zu sein, um diese Form der Regulation nicht mehr

Aufgaben von UTRs:

1. **Translationsintiation**

2. **Translationstermination**

3. **mRNA-Stabilität**

4. **Expressions-Feinabstimmung**

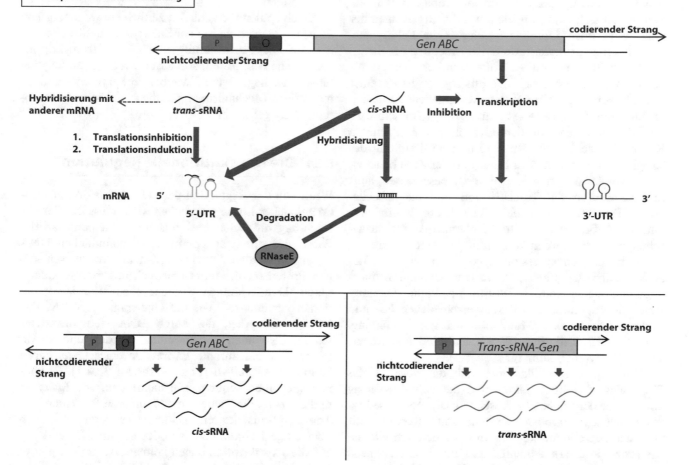

■ **Abb. 8.4** Genese und Wirkmechanismus der prokaryotischen *trans*- und *cis*-sRNAs auf die 5′–UTR. Die Biogenese von sRNA findet entweder anhand des nichtcodierenden DNA-Strangs eines Zielgens statt, wie bei der *cis*-sRNA der Fall *(links unten)*, oder erfolgt auf Basis eines eigenen *trans*-sRNA-Gens *(rechts unten)*. Die *cis*-sRNA kann über komplementäre Hybridisierung mit ihrer Ziel-mRNA entweder die Transkription inhibieren oder an das fertige Transkript binden, wodurch RNasen rekrutiert werden, um die Duplex-RNA zu degradieren. Die *trans*-sRNA hingegen bindet nur in seltenen Fällen vollständig komplementär an ihre Ziel-mRNA, wodurch potenziell viele verschiedene Transkripte als Ziel fungieren können. Die Bindung an die 5′-UTR kann entweder die Translation eines Transkripts erst induzieren oder auch inhibieren, wodurch nachfolgend eine Degradation des Duplexes stattfinden kann. (A. Bruch)

rückgängig machen zu können. Letzten Endes gibt es auch Fälle, in denen sowohl nur eine Translationsinhibierung oder eine direkte Degradation des sRNA-mRNA-Duplexes erfolgt.

Konträr zu den anderen inhibitorischen Mechanismen kommt auch eine weitere Variante der **positiven Genregulation** vor, bei der die Translation durch Binden der *trans*-sRNA an die Ziel-mRNA induziert wird. Dabei hybridisiert die sRNA an sekundäre Strukturen (Haarnadelstrukturen) in der 5′-UTR der mRNA und sorgt so, wie bereits besprochen, für eine Faltungsänderung und ermöglicht somit erst dem Ribosom,

an die mRNA zu binden und diese ablesen zu können. Interessanterweise wird jedoch für die volle Funktionsfähigkeit von *trans*-sRNAs der Proteinkomplex Hfq benötigt. Bei diesem Hexamer handelt es sich um ein **RNA-Chaperon** (Faltungshelfer; ▶ Abschn. 7.5), das vermutlich die Interaktion zwischen sRNA und der Ziel-mRNA begünstigt. Dies geschieht mutmaßlich, indem Hfq zum einen verhindert, dass die kleinen RNAs abgebaut werden, zum anderen aber beide RNA-Moleküle in direkte Nähe zueinander bringt, um so genügend Zeit für eine partielle Hybridisierung zu verschaffen.

8.2   Die Genregulation bei Eukaryoten

Im ▶ Abschn. 8.1 wurden einige grundlegende Möglichkeiten aufgezeigt, mit denen Prokaryoten die Expression ihrer Gene modulieren und sich so verschiedenen Gegebenheiten der Umwelt anpassen können. Wenn man sich zum Vergleich nun die Organismen der nächsten großen Domäne anschaut, die **Eukaryoten,** werden einige grundlegende Unterschiede in der Struktur des zellulären Aufbaus offensichtlich. Anders als bei Bakterien, findet sich bei Eukaryoten neben einer Vielzahl von Organellen, welche verschiedene Aufgaben erfüllen, ein **Zellkern** (▶ Abschn. 3.1.1). In diesem wird die DNA in einem von dem Cytoplasma abgetrennten Raum eingeschlossen. Diese räumliche Trennung des Erbguts von der restlichen Innenwelt der Zelle bietet einige Vorteile. Wie in ▶ Kap. 6 und 7 beschrieben, läuft in Prokaryoten die Transkription und die anschließende Translation beinahe zeitgleich ab. Es gibt also kaum Zeit für irgendwelche Mechanismen, die dazwischengeschaltet werden können und so eine weitere Regulation der Genexpression ermöglichen würden. Dies ist in Eukaryoten anders, da die Transkription in einem abgeschlossenen Bereich stattfinden kann. Dadurch steht die entstandene mRNA verschiedenen **ko- und posttranskriptionalen Modifikationen** zur Verfügung, mit deren Hilfe die Prä-mRNA verändert und weiterverarbeitet werden kann (◘ Abb. 8.5).

Unter diese Modifikationen fällt das **Spleißen,** das **5′-Capping,** das **RNA-Editing** und die **Polyadenylierung** am 3′-Ende der mRNA (▶ Abschn. 6.3.4). Alle diese Prozessierungsschritte müssen sorgsam kontrolliert und auf einander abgestimmt werden. Insbesondere die **alternative Prozessierung** (▶ Abschn. 8.2.2), durch die ausgehend von einem Gen gleich eine Vielzahl verschiedener Produkte entstehen kann, ist hier ein wichtiger Ansatzpunkt der Genregulation.

Ist die mRNA fertig gereift und wird ins Cytoplasma exportiert, muss sie hier jedoch auch nicht zwangsläufig gleich translatiert werden. Hier gibt es verschiedene Mechanismen, unter anderem die **RNA-Interferenz** (RNAi), *nonsense-mediated decay* (NMD), Regulationen durch die 5′- oder 3′-UTR und viele mehr, welche die Degradierung oder Speicherung des Transkripts zur Folge haben können. Auf der posttranskriptionalen Ebene – aber auch bei der Regulation der Transkription selbst – agieren dabei nicht nur Proteine, sondern auch **lange** (▶ Abschn. 8.2.3) und **kurze nichtcodierende RNAs** (▶ Abschn. 8.2.4). Kommt es zur Translation der mRNA, stellt das entstandene Polypeptid weiterhin auch das Ziel vieler anderer Modifikationen dar, wie zum Beispiel Glykosylierung, Phosphorylierung, Myristoylierung, Ubiquitinierung und viele andere **posttranslationale Veränderungen (PTMs),** bevor es zu einem „richtigen" einsatzfähigen Protein wird (▶ Abschn. 7.5). Wie also ersichtlich wird, steht einem fertigen Protein ein langer Prozess von regulatorischen Maßnahmen im Weg, welche die Expression des entsprechenden Gens einschränken oder erst ermöglichen können.

Doch spulen wir zunächst zeitlich ein wenig zurück: So ist die Genregulation bei Eukaryoten natürlich nicht nur auf die Prozessierung und die posttranskriptionale Ebene beschränkt, sondern auch die **Transkription** selbst unterliegt – genau wie bei Prokaryoten – einigen regulativen Mechanismen, um die es zunächst in ▶ Abschn. 8.2.1 gehen soll.

8.2.1   Die transkriptionelle Regulation

Wenn von der Regulation der Genexpression auf **transkriptioneller Ebene** gesprochen wird, muss mit der Betrachtung möglicher beeinflussender Elemente an der Basis, also direkt an der im Kern befindlichen DNA begonnen werden. Diese ist selbst Ziel von verschiedenen Proteinen, die unterschiedlichste Prozesse katalysieren. Damit können einfache chemische Modifikationen gemeint sein wie die Übertragung von Methyl ($-CH_3$) -Gruppen, die durch **DNA-Methyltransferasen** an Cytosinen vorgenommen werden und so direkten Einfluss auf die Expression eines Gens haben kann (DNA-Methylierung, ▶ Abschn. 13.2.1). Es können aber auch Sequenzen gemeint sein, wie *Enhancer* und *Silencer,* die wiederum von anderen Proteinen, wie Transkriptionsfaktoren, gebunden werden und auch über lange Distanz positive oder negative Einwirkung auf die Transkription haben können. Außerdem gibt es einige Proteine, darunter primär **Histone,** die einerseits für die Aufwicklung und Verpackung der DNA verantwortlich sind und andererseits die allgemeine Zugänglichkeit der nuklearen DNA und so die Expression regulieren. Wenn also im Zellkern die Transkription eines Gens beginnen soll, müssen bereits erste strukturelle Voraussetzungen geschaffen sein, sodass dies überhaupt möglich ist. Diese Struktur, auf die es ankommt, ein Konglomerat aus DNA und Proteinen, wird als **Chromatin** bezeichnet.

8.2.1.1   Chromatin

Chromatin kann in zwei Gruppen eingeteilt werden: das **Eu-** und **Heterochromatin** (▶ Kap. 3). Diese beiden Begriffe beschreiben zwei Zustände des Chromatins, wobei entweder die DNA so weit entspiralisiert wurde, dass sie für die RNA-Polymerase zugänglich ist (Euchromatin), oder diese so stark verpackt vorliegt, dass keine Transkription und andere molekulare Prozesse möglich sind (Heterochromatin). Ein Großteil

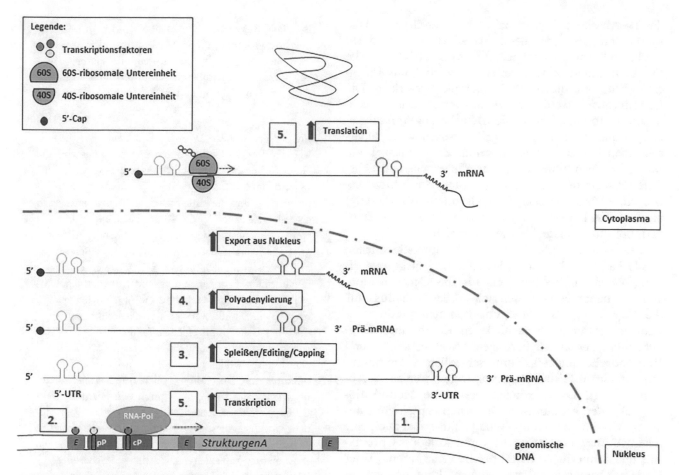

Abb. 8.5 Schematische Darstellung der verschiedenen Ebenen der Genregulation in Eukaryoten. Es sind die verschiedenen Möglichkeiten dargestellt, mit denen in die Genexpression regulatorisch eingegriffen werden kann. Dabei weisen die *rot umrahmten Zahlen* die jeweiligen Prozesse aus, die in diesem Buch behandelt werden. Unter (**1**) werden die unterschiedlichen Chromatinstrukturen und epigenetischen Einflüsse zusammengefasst (▶ Kap. 13). (**2**) bezieht sich auf die Kern- (cP) oder proximalen (pP) Promotoren sowie *Enhancer* (E) und verschiedenen Transkriptionsfaktoren. Mit (**3**) wird das (alternative) Spleißen und Editieren sowie das 5′-Capping ausgewiesen und (**4**) zeigt die 3′-Polyadenylierung der mRNA an. (Diese wichtigen Prozesse werden tiefgreifender in ▶ Kap. 6 behandelt.) Nach der Reifung der mRNA und im Cytoplasma angekommen erfolgt die Translation. Die Translation als auch die Transkription können wiederum durch die RNA-Interferenz (**5**) beeinflusst werden, weshalb sie sowohl im Cytoplasma (Degradation von mRNA) als auch im Nukleus (Induzierung von Heterochromatin) zu finden ist (▶ Kap. 13). (A. Bruch)

der aktiven Gene liegt im Euchromatin, jedoch muss auch hier berücksichtigt werden, dass nicht jedes Gen auch ständig aktiv ist und transkribiert wird. Diese Beobachtung führte zu der Einteilung in **aktives** und **nicht-aktives Euchromatin**, welches zwischen den Generationen von Mutter- zur Tochterzelle weitergegeben werden, jedoch auch weiteren Modulationen unterworfen werden kann. Auch das Heterochromatin kann in zwei weitere Untergruppen unterteilt werden: **fakultativ** und **konstitutiv**. Diese Einteilung erklärt, dass einige Bereiche der DNA oder Gene hin und wieder heterochromatisiert vorliegen können (fakultativ, *silent gene loci*). Jedoch kann diese Kondensation auch wieder rückgängig gemacht werden, wenn zum Beispiel die Gene, welche auf diesem DNA-Abschnitt vorliegen, nur zu ganz bestimmten Zeitpunkten abgelesen werden sollen (zum Beispiel in der Entwicklung eines

Organismus). Die konstitutive Heterochromatisierung hingegen führt zu einer dauerhaften „Stilllegung" und liegt bei DNA-Abschnitten vor, welche sich aus Transposons bzw. Retrotransposons (mobilen genetischen Elementen) sowie viraler DNA zusammensetzen. Weiterhin ist diese auch bei den Telomeren oder den Zentromeren zu finden (▶ Kap. 3 und 13). Interessant dabei ist, dass sich diese Form der Heterochromatisierung in manchen Fällen auch auf benachbarte Gene ausbreiten und diese stilllegen kann, was als **Positionseffekt** bezeichnet und in Exkurs 8.1 näher beschrieben wird.

■■ Aber wie gestaltet sich der Chromatinaufbau?
Und wie führt er zu diesen unterschiedlichen Kondensationszuständen der DNA? Ein sehr wichtiger Faktor für die Verpackung von DNA im Zellkern stellen die **Histone**

8

dar (▶ Abschn. 3.5.1), wobei es hier verschiedene Histonproteine gibt. Die Histone H2A, H2B, H3 und H4 binden in Form eines doppelten Tetramers (Oktamer) die DNA, und diese wird dabei etwa 1,65-mal, was 146 bp entspricht, um diesen Proteinkomplex gewickelt. Die Histonproteine werden auch mit verschiedensten chemischen Modifikationen, wie Methylierungen, Acetylierungen und Phosphorylierungen, versehen, wobei unterschiedlichste Aminosäuren dabei als Ziele dienen. Diese Modifikationen führen dazu, dass die verschiedenen Histone entweder deutlich stärker (meistens durch Methylierungen) oder schwächer (oftmals durch Acetylierung) an die DNA binden und demzufolge Gene für die Transkriptionsmaschinerie freilegen oder nicht.

Interessanterweise bilden diese unterschiedlichen Modifikationsziele und -möglichkeiten nicht nur einen Regulationsmechanismus für die Genexpression, sondern haben einen wesentlich größeren Einfluss auf die Vererbung, als früher angenommen wurde. Hier kann aufgrund der verschiedenen Kombinationsmöglichkeiten der Methylierungen, Acetylierungen und Phosphorylierungen an unterschiedlichen Aminosäuren von einem **Histon-Code** gesprochen werden (▶ Abschn. 13.2.2). Dabei können bestimmte Modifikationen an einer Aminosäure im Zusammenspiel mit anderen Modifikationen mal eine positive, mal auch eine negative Auswirkung auf die Verpackung des Chromatins und somit die Aktivität der Bereiche haben. Dieser Code mit seinen jeweiligen „Regeln" kann sich von einem Organismus zum nächsten erheblich unterscheiden, hat eine immense Auswirkung auf die Genexpression und kann sogar von einer Generation zur nächsten weitervererbt werden. Das heißt, dass mithilfe der Histonmodifikationen ein zusätzlicher, vererbbarer Code auf der DNA entsteht, ein Code auf einem Code sozusagen. Genau dieses Konzept wird in der **Epigenetik** zusammengefasst und erforscht (▶ Kap. 13).

Exkurs 8.1: Der Positionseffekt bei *Drosophila melanogaster*

Interessanterweise gibt es ein Problem bei der **Heterochromatisierung** chromosomaler Bereiche, nämlich, dass sie auch andere umliegende Bereiche beeinflussen und die Transkription stilllegen können. So konnte man zeigen, dass Gene, die durch gezielte Klonierung in die Nähe von Telomeren verschiedener eukaryotischer Spezies gebracht wurden, ebenfalls stillgelegt wurden, da sich die epigenetischen Markierungen anscheinend über das Telomer hinaus ausbreiteten oder eine weitreichende inhibierende Signalwirkung hatten. Dieser Effekt wird auch als

Positionseffekt bezeichnet. Dabei fand man übrigens auch Grenz- oder Trennelemente in eukaryotischen Genomen, sogenannte **Isolatoren,** die diesen Effekt gewissermaßen regulieren und verhindern sollen, dass epigenetische Signale sich ungehindert ausbreiten und diffundieren können.

Bei der Fruchtfliege *Drosophila melanogaster,* die entweder rote oder weiße Augen haben kann, wird die Augenfarbe über ein X-chromosomales Gen namens *white* definiert (◨ Abb. 8.6). Wird das Gen *white* exprimiert (wobei die entsprechende Allelvariante auch als w^+ bezeichnet wird), sorgt das Genprodukt für eine rote Augenfarbe. Die entsprechende Allelvariante, die nicht in der Lage ist, das *white*-Gen zu exprimieren, wird dabei bloß als *w* bezeichnet. Da w^+ dominant über *w* ist, haben auch Individuen, die heterozygot für das *white*-Gen sind (w^+/w), normalerweise rote Augen. Sollte nun bei heterozygoten Fliegen jedoch der Bereich mit einem intakten *white*-Gen (also einem w^+-Allel) innerhalb des gleichen X-Chromosoms in die Nähe eines heterochromatisierten Abschnittes durch Inversions- oder Translokationsereignisse gelangen, so kann es durch den Positionseffekt in den jeweiligen Zellen stillgelegt werden. Je nachdem, wie früh diese Mutation passiert und wie sehr sich die epigenetische Stilllegung durchsetzt, können die heterozygoten Tiere (obwohl sie ein *white*$^+$-Allel besitzen!) vollkommen weiße Augen haben. In einigen Zellen kann die epigenetische Inaktivierung jedoch auch wieder aufgehoben werden: Die Folge sind gesprenkelte Augen mit teils weißen, teils roten Bereichen. Für diesen speziellen Fall der individuellen Farbausprägung, abhängig von der Position eines Gens innerhalb eines Chromosoms, wurde der Begriff *position effect of variegation* (**PEV**) geprägt.

Neben der Histonmodifikation gibt es jedoch auch den Prozess der chemischen Nukleotidmodifikation in genomischer DNA. Dieser stellt ebenfalls eine Möglichkeit der Genregulation dar und ist darüber hinaus epigenetisch aktiv und vererbbar: unter anderem die Methylierung von Cytosin zu 5-Methylcytosin (m^5C). Die **DNA-Methylierung** ist in ihrer Regulation nicht vollständig verstanden und nach wie vor Gegenstand der heutigen Forschung. Nichtsdestoweniger scheint sie in den meisten Fällen eine wichtige Funktion bei der Stilllegung (*Silencing*) einiger Gene und ganzer chromosomaler Abschnitte zu übernehmen, was letzten Endes auch die Regulation einiger (vieler) Gene miteinschließt. Dieser wichtige Prozess der Chromatinmodulation wird in ▶ Abschn. 13.2.1 näher behandelt.

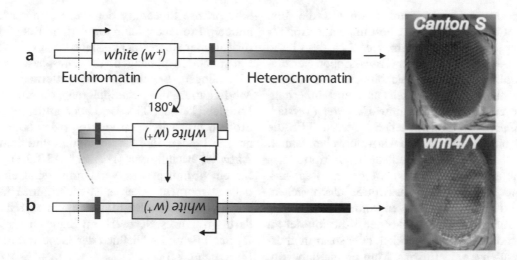

□ **Abb. 8.6** *Position effect of variegation* (PEV) bei *D. melanogaster*. Gezeigt ist ein chromosomaler Abschnitt mit dem *white*-Gen, in diesem Fall mit einem w^+-Allel. In **a** liegt das Gen in einem euchromatischen Bereich (weiß) und ist daher aktiv, was wiederum in den Fliegen der Canton S-Linie, die als Kontrolle dient, zu einer roten Augenfarbe führt. Die Ausbreitung des Heterochromatins (schwarz) wird durch einen Isolator (roter Balken) verhindert. Kommt es jedoch zu Doppelstrangbrüchen (gestrichelte Linien), so kann eine Inversion stattfinden, wobei das Fragment mit dem *white*-Gen innerhalb des Chromosoms um 180°gedreht wird (**b**). Das *white*-Gen wird nun nicht mehr durch den Isolator vor einer Ausbreitung des Heterochromatins geschützt und kann inaktiviert werden. Bei heterozygoten Tieren (Genotyp wm4/Y) kann es daher zu rot-weiß gesprenkelten Augen kommen (siehe Text). (J. Buttlar, verändert nach [3], lizensiert nach CC BY 4.0)

8.2.1.2 Einfluss von Promotoren auf die Transkription

Die strukturellen Gegebenheiten auf der DNA, welche durch verschiedenste Proteine und chemische Modifikationen repräsentiert werden, können einen großen Einfluss auf die Aktivität eines Gens haben. In ► Kap. 3 und 6 wurde bereits vorgestellt, wie eukaryotische Gene aufgebaut sind. Dabei spielen **Promotoren** eine zentrale Rolle bei der Bindung der RNA-Polymerasen und somit bei der Einleitung der Transkription.

Dabei gibt es zwischen Eukaryoten und Prokaryoten einen deutlichen Unterschied, wie die Transkriptionsinitiation stattfindet. In Bakterien und Archaeen interagieren Sigma-Faktoren mit der RNA-Polymerase, um die Transkription eines Gens über die Erkennung der Pribnow-Box zu starten. Bei Eukaryoten wird die Promotorregion eines Gens von **allgemeinen Transkriptionsfaktoren** erkannt, die dann wiederum die Bindung der RNA-Polymerase erst ermöglichen. Die Konsensussequenz 5'-TATAAA-3' (TATA-Box) stellt nur *ein* Beispiel einer solchen Erkennungsstelle dar. Es existieren viele weitere Transkriptionsfaktor-relevante Sequenzen, die in einem Gen vorkommen können, um die Transkription zu initiieren, welche bereits in ► Abschn. 6.3.3.1 näher beleuchtet wurden.

Darüber hinaus haben auch andere Elemente einen bedeutenden Einfluss auf die Aktivität von Promotoren: So kann auch vor der Promotorregion (500 bp bis 2 Kilobasen [kb] entfernt) bei einigen Genen ein erhöhtes Aufkommen von **CpG-Inseln** festgestellt werden (► Kap. 6 und 13). Von diesen ist bekannt, dass sie als Methylierungsziele für DNA-Methyltransferasen (DNMTs) fungieren können und so zur Stilllegung eines Promotors durch Heterochromatisierung beitragen können (► Abschn. 8.2.1.1 und ► Kap. 13). CpG-Inseln stellen Bereiche im eukaryotischen Genom dar, welche einen hohen Anteil an CG-Dinukleotid-Sequenzen aufweisen.

Auch sei erwähnt, dass eukaryotische Gene oftmals *mehrere* Promotoren besitzen. Welcher Promotor angesteuert wird, hängt vom Gewebe, Bedarf der Zelle oder Entwicklungsstand des Organismus ab und wird beispielsweise über spezifische Transkriptionsfaktoren gesteuert (► Abschn. 8.2.1.3). Die Möglichkeit von **alternativen Promotoren** und was das für die Genregulation bedeutet, wollen wir später noch einmal aufgreifen (► Abschn. 8.2.2).

8.2.1.3 *Enhancer* und *Silencer* wirken über Transkriptionsfaktoren

Transkriptionsfaktoren (**TFs**) sind also Proteine, die maßgeblich an der Regulation der Transkription in Eukaryoten beteiligt sind. Bei den im ► Abschn. 8.2.1.2 beschriebenen TFs, die für die Transkriptionsinitiation unbedingt vonnöten sind (beispielsweise TFIIB und TFIID) und die unmittelbar am Promotor und somit in der Nähe des Transkriptionsstarts binden, spricht man von **allgemeinen Transkriptionsfaktoren.** Diese kommen praktisch in jeder Zelle zu jedem Zeitpunkt vor. Spricht man hingegen von **spezifischen Transkriptionsfaktoren,** versteht man darunter jene Gruppe von TFs, die ganz gezielt in bestimmten Zellen zu bestimmten Zeitpunkten und somit je nach Bedarf ganz spezifisch – wer hätte das gedacht – die Initiation der Transkription verstärken oder inhibieren können. Sie binden an DNA-Sequenzen, die meist außerhalb, teils aber auch innerhalb der Promotoren liegen: sogenannte *Enhancer* (Verstärker)- oder *Silencer* (Abschwächer)-Sequenzen. TFs, die an *Enhancer* binden, werden als **Aktivatoren** bezeichnet, da sie einen positiven Einfluss auf die Transkription haben. TFs, die an *Silencer* binden, werden als **Repressoren** bezeichnet, da sie die Transkription abschwächen. *Enhancer*- und *Silencer*-Sequenzen können sich interessanterweise außerhalb, in der 5'- oder 3'-Region der zu transkribierenden Sequenz befinden, oder sogar in intergenischen Sequenzen, in Introns. Man nimmt dabei an, dass diese etwa 50–200 bp langen Sequenzen allgemein die Expression des nächstgelegenen Gens beeinflussen.

■■ Die Reichweite der Transkriptionsfaktoren

Jedoch wurden auch *Enhancer*-Sequenzen gefunden, die über eine sehr weite Entfernung, bis zu 100.000 bp (= 100 kb) (!), noch einen Einfluss auf die Transkription eines Gens haben! Doch wie kann eine vom ORF so weit entfernte Sequenz einen so großen Einfluss auf die Expression haben? Die Antwort ist genial wie einfach: durch **Schleifenbildung.** So nimmt man an, dass an *Enhancer*-Sequenzen gebundene spezifische Transkriptionsfaktoren umliegende Regionen durch die Bildung von DNA-Schleifen „scannen". Sollten sie dabei beispielsweise auf andere allgemeine Transkriptionsfaktoren treffen, die an Promotoren gebunden haben, können sie mit diesen dimerisieren und so die Initiation der Transkription deutlich zum Positiven beeinflussen. Jedoch ergibt sich nun das Problem, wie sichergestellt wird, dass eine *Enhancer*-Region über ihre jeweils korrespondierenden spezifischen TFs nicht alle möglichen Gene in ihrem Radius permanent beeinflusst. Hierzu finden sich im Chromatin von Eukaryoten **Isolatoren.** Diese besonderen Proteine schirmen Bereiche auf der DNA-Sequenz voneinander ab und erlauben so eine lokale, regional beschränkte Wirkung von *Enhancern* und *Silencern.*

Allgemein gilt also, dass *Enhancer*- und *Silencer*-Sequenzen die Expression stark beeinflussen können, aber im Gegensatz zu Promotorregionen nicht *unbedingt* für die Initiation der Transkription notwendig sind.

■■ Transkriptionsfaktoren werden auch reguliert

Ja sicherlich, TFs stellen demnach wichtige Regulatoren für die Genexpression dar. Aber auch diese Regulatoren werden selbst reguliert, was verdeutlicht, dass die Genregulation wirklich auf allen Ebenen und zahlreichen Molekülen seine Stellschräubchen hat, was eine sehr präzise Steuerung der Gene ermöglicht. Wie bei anderen Proteinen, kann die Aktivität der TFs (ob Aktivator oder Repressor) beispielsweise von Kinasen und Phosphatasen abhängen, die **Phosphatgruppen** an die TFs hängen, beziehungsweise entfernen. Eine andere Modifikation, die **Ubiquitinierung,** entscheidet über die Langlebigkeit der TFs. Und auch andere Faktoren, wie Stoffwechselzwischenprodukte (Metabolite), können an TFs binden, ihre Konformation und damit auch die Aktivität beeinflussen (▶ Abschn. 8.1.2.1). Ganz klar, für ein grundlegendes Verständnis sind einfache Modelle angebracht. Aber es ist wichtig im Hinterkopf zu haben, dass in der Realität nicht ein einzelner TF, sondern ein ganzes Netzwerk an Signalen für die Aktivität der TFs und schließlich der Gene verantwortlich ist (▶ Abschn. 8.3).

> **Aufgepasst**
>
> Transkriptionsfaktoren sind nicht nur auf Eukaryoten beschränkt. Wie in Exkurs 8.2 weiter ausgeführt, finden sich Transkriptionsfaktoren wie Aktivatoren (bspw. der CAP) und Repressoren (bspw. der *lac*-Repressor) natürlich auch bei Prokaryoten.

8.2.1.4 Aufbau und Funktionsweise von Transkriptionsfaktoren

Da von den **Transkriptionsfaktoren,** sowohl bei Eukaryoten als auch bei Prokaryoten, bereits so viel gesprochen wurde, lohnt es sich einen Blick auf diese große Proteinfamilie zu werfen. Im Allgemeinen bestehen diese aus zwei verschiedenen Domänen (konservierte Aminosäuresequenzen, welche eine spezifische Funktion erfüllen). Die eine Domäne, die **DNA-bindende Domäne,** erkennt und bindet spezifische DNA-Sequenzen. Die andere Domäne, die je nach ihrer Wirkung als ***trans*-aktivierende** oder ***trans*-inhibierende Domäne** bezeichnet wird, interagiert mit verschiedenen Proteinen der Transkriptionsmaschinerie wie Polymerasen, Kofaktoren oder anderen Transkriptionsfaktoren, was zur **Transkriptionsaktivierung oder -inhibierung** führen kann.

Um die Interaktion mit der DNA überhaupt zu ermöglichen, finden sich meist in der DNA-bindenden Domäne basische Aminosäuren wie Arginin und Lysin, welche sich an negativ geladene Nukleinsäuren anlagern können. Weiterhin können aufgrund von Strukturähnlichkeiten der DNA-bindenden Domäne verschiedene **Transkriptionsfaktorfamilien** definiert werden. Die bekanntesten Proteine sind mit den Motiven Helix-Turn-Helix, Zinkfinger, Helix-Loop-Helix und Leucin-Zipper versehen und liegen teilweise als Hetero- oder Homodimere vor (◘ Abb. 8.6).

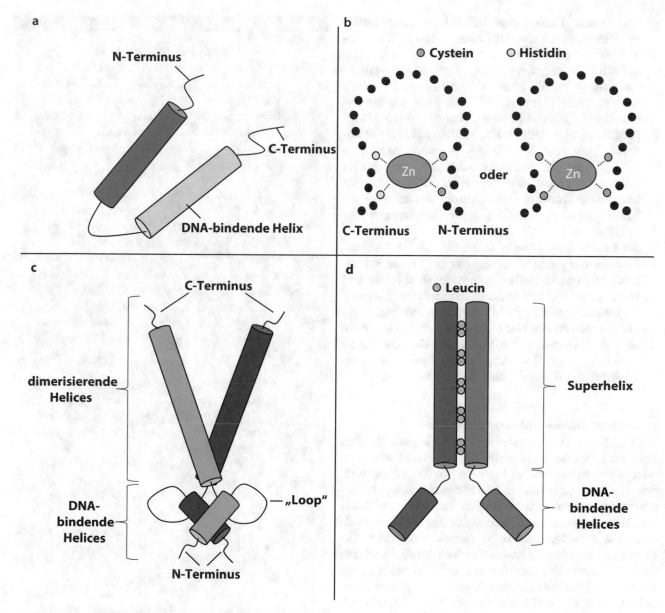

Abb. 8.7 Schematische Darstellung einiger Transkriptionsfaktorfamilien. Es existieren unterschiedlichste Transkriptionsfaktoren, die anhand konservierter Motive in größere Proteinfamilien zusammengefasst werden. **a** Helix-Turn-Helix-Transkriptionsfaktoren bestehen aus zwei oder mehr Helices (durch *Zylinder* dargestellt), welche durch ein kurzes β-Faltblatt miteinander verbunden sind und so einen „Knick" erfahren. Diese TFs binden dabei ihre DNA-Erkennungssequenz üblicherweise über ihre C-terminale Domäne. **b** Zinkfinger-Transkriptionsfaktoren positionieren mithilfe von vier Cysteinen oder zwei Cysteinen und zwei Histidinen ein Zn^{2+}-Ion in der tertiären Struktur, wodurch das Polypeptid stabilisiert wird. **c, d** Transkriptionsfaktoren können entweder Homo- oder Heterodimere mit anderen Faktoren bilden, wobei die Helix-Loop-Helix- (**c**), als auch die Leucin-Zipper-Transkriptionsfaktoren dazu gehören (**d**). Bei Ersteren besteht das Protein aus zwei Helices, wobei die C-terminale Helix für die Dimerisierung und die N-terminale für die DNA-Bindung zuständig ist. Die beiden Helices werden durch eine Aminosäuresequenz verbunden, die den namensgebenden Loop bildet. Bei Leucin-Zipper-TFs formen zwei Transkriptionsfaktoren eine Superhelix, indem sie über speziell angeordnete Leucine interagieren. Diese α-Helices sind über eine Aminosäuresequenz an eine jeweilige weitere Helix gebunden, die DNA-bindende Eigenschaften hat. (A. Bruch)

— Das **Helix-Turn-Helix-Motiv** besteht aus zwei α-Helices, welche durch ein kurzes β-Faltblatt voneinander getrennt werden, was zu dem charakteristischen „Knick" des Proteins führt. Der C-terminale Bereich des Proteins erkennt dabei die spezifische DNA-Sequenz und lagert sich in die große Furche (*major groove*) der DNA an.

— Beim **Zinkfinger-Motiv** wird aufgrund von vier Cysteinen oder zwei Cysteinen und zwei Histidinen ein Zn^{2+}-Ion in dem Polypeptid koordiniert und so die Struktur des Transkriptionsfaktors stabilisiert. Diese Struktur ist hochkonserviert und kommt auch in vielen Proteinen vor, die zumeist keine Zn^{2+}-Ionen binden. Trotzdem werden diese der Zinkfinger-Proteinfamilie zugeordnet.

8

- Mit einem **Helix-Loop-Helix-Motiv** ausgestattete Proteine besitzen ebenfalls zwei α-Helices. Diese liegen durch eine kurze Aminosäuresequenz, ohne auffällige Sekundärstruktur, miteinander verbunden vor. Weiterhin findet sich bei diesen Proteinen eine basische Domäne mit erhöhtem Arginin-Lysin-Anteil. Diese ist für die Bindung von DNA-Molekülen verantwortlich. Die Helices können mit anderen Transkriptionsfaktoren interagieren und so Hetero- und Homodimere ausbilden, was direkte Auswirkungen auf die Funktionalität des Proteins hat. Diese Transkriptionsfaktoren werden auch als bHLH (basische Helix-Loop-Helix)-Proteine bezeichnet.
- Im **Leucin-Zipper-Motiv** findet sich an jeder siebten Position der Aminosäuresequenz ein Leucin, die zusammen in der α-Helix eine gerade Reihe bilden und bei Interaktion mit anderen Helices eine Superhelix bilden. Dabei liegen die Leucinreste nebeneinander vor. Neben den beiden Helices findet sich auch in diesem DNA-bindenden Motiv eine Domäne mit einem hohen Anteil an Arginin und Lysin, was zu einer erhöhten Basizität führt (◘ Abb. 8.7).

■■ Die Transkriptionsfaktoren in der Praxis

Während die DNA-bindende Domäne also für den Halt am DNA-Molekül sorgt, ist die *trans*-aktivierende oder *trans*-inhibierende Domäne dafür verantwortlich, die Transkription zu beeinflussen, indem sie verschiedene andere Proteine binden kann. Zur Initiation der Transkription kann man sich beispielhaft vorstellen, dass **spezifische Transkriptionsfaktoren,** hier Aktivatoren, an eine *Enhancer*-Sequenz binden und zunächst Histonacetyltransferasen (HATs) rekrutieren. Durch die Übertragung von negativen Acetylgruppen auf die N-terminalen Schwänze der Histonproteine lockert sich die Chromatinstruktur auf (DNA und Acetylgruppen stoßen sich ab). So können beispielsweise Promotorsequenzen freigelegt werden, zu denen wiederum **allgemeine Transkriptionsfaktoren** rekrutiert werden. Diese können zusammen mit den spezifischen Transkriptionsfaktoren (oder auch alleine) die Bindung der RNA-Polymerase II an die DNA bewirken und so die Transkription initiieren. Andere spezifische Transkriptionsfaktoren, hier Repressoren, können bei Bedarf in der Nähe des zu transkribierenden Gens an eine *Silencer*-Sequenz binden. Diese können schließlich entweder durch eine direkte Interaktion mit der Transkriptionsmaschinerie oder durch Rekrutierung von Histondeacetylasen (und somit einer Umstrukturierung der Chromatindichte) die Transkription wieder inhibieren. Ähnlich aber doch anders verläuft es bei Prokaryoten (Exkurs 8.2).

Exkurs 8.2: Transkriptionsfaktoren bei Prokaryoten

Wie in ► Kap. 6 und auch in ► Abschn. 8.1.2 erwähnt, finden sich Transkriptionsfaktoren auch in Prokaryoten. Auf molekularer Ebene läuft die *trans*-Regulation ähnlich wie bei Eukaryoten ab, indem Transkriptionsfaktoren bestimmte DNA-Sequenzen mit ihrer DNA-Bindedomäne erkennen und mit der zweiten Domäne andere Proteine rekrutieren (und damit aktivieren) oder inhibieren.

Allerdings gibt es in Prokaryoten *keine* allgemeinen Transkriptionsfaktoren, da die RNA-Polymerasen mit dem Sigma-Faktor hier direkt und ohne Umschweife an die DNA binden können. **Spezifische Transkriptionsfaktoren** können hier aber die Transkription beeinflussen, indem sie wie beim *lac*-Operon beschrieben (► Abschn. 8.1.2) das Vorankommen der RNA-Polymerase behindern (als Repressoren). Oder, indem sie überhaupt erst die Bindung der **Sigma-Untereinheit** und damit die Initiation der Transkription einleiten (als Aktivatoren).

Neben den spezifischen TFs, die eher lokal auf spezifische Sequenzen wirken, kennt man in Prokaryoten zudem **globale Transkriptionsfaktoren.** In dem *E. coli*-Stamm K12 gibt es sieben verschiedene dieser globalen Regulatoren und 300 andere (spezifische bzw. „lokale") Transkriptionsfaktoren. Obwohl die Zahl der globalen TFs viel geringer ist, nimmt man dennoch an, dass sie mindestens die Hälfte der zu regulierenden Gene beeinflussen. Die Ursache liegt darin, dass sie nicht einzelne bestimmte DNA-Sequenzen, sondern gleich eine Vielzahl an Strukturen und anderen TFs erkennen und daher innerhalb der Zelle eine umfassende, also „globale" Auswirkung auf das Transkriptom haben. Gleichzeitig hat der Großteil der globalen TFs auch einen Einfluss auf die generelle Struktur und Kompaktierung prokaryotischer Chromosomen und somit auch auf die Organisation des Nucleoids – im Prinzip ähnlich zu eukaryotischen Histonen. Solche Proteine werden daher auch als *nucleoid-associated proteins* (**NAP**) bezeichnet. Lokale und globale TFs beeinflussen sich dabei auch gegenseitig und bilden insgesamt wahre **Netzwerke** aus regulatorischen Einflüssen (◘ Abb. 8.8).

Zusammengefasst stellen die Transkriptionsfaktoren ein Werkzeug dar, womit eine Zelle aufgrund der dualen Funktion (Bindung spezifischer DNA-Sequenzen und Interaktion mit anderen Faktoren und/oder der RNA-Polymerase) die Expression nach Bedarf steuern kann.

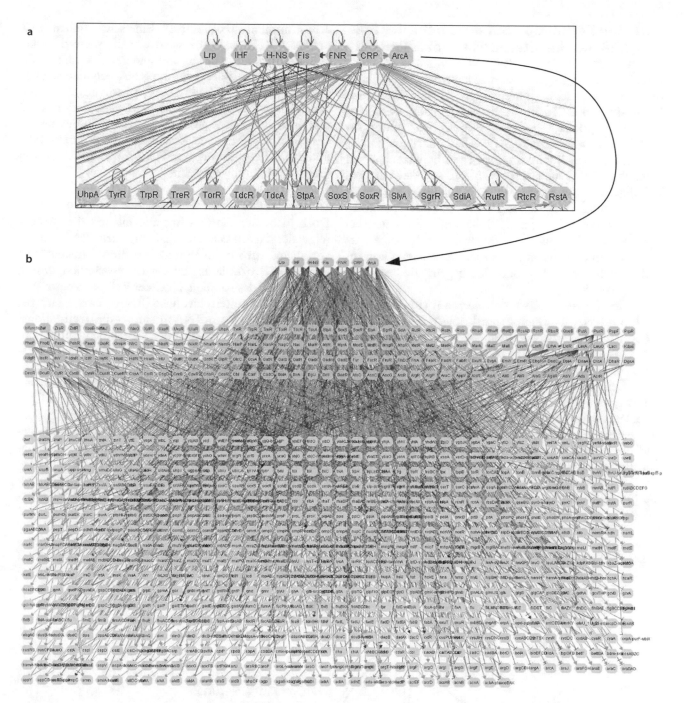

◘ Abb. 8.8 Transkriptionsfaktoren bei Prokaryoten. Gezeigt sind zwei Ausschnitte eines transkriptionellen regulatorischen Netzwerks in dem Bakterium *E. coli*. **a** zeigt dabei einen Ausschnitt der Interaktionen zwischen globalen und spezifischen TFs. Besonders gut erahnt man hier die übergeordnete Rolle der globalen TFs (obere Reihe), die sich selbst und jeweils mehrere andere spezifische TFs beeinflussen. **b** zeigt den Einfluss der globalen TFs (oberste Reihe) und der spezifischen TFs (mittlere Reihen) auf verschiedene Operons (unterer Block). Spätestens hier sollte klar werden, wie komplex genetische Netzwerke auch bei Prokaryoten sind. Nicht gezeigt in der Teilabbildung b ist der Einfluss der globalen TFs auf die spezifischen TFs – das würde die Abbildung noch bunter manchen und Ihr Gehirn zum Explodieren bringen. Globale und spezifische Transkriptionsfaktoren (TFs) sind orange, Operons sind blau gezeichnet. Grüne Linien bedeuten eine aktivierende Wirkung, rote Linien eine inhibierende und dunkelblaue Linien können sowohl eine aktivierende als auch eine inhibierende Interaktion bedeuten. (Mit freundlicher Genehmigung von J. Collado; © RegulonDB [4])

8.2.2 Die Regulation auf der Ebene der Prä-mRNA: die alternative Prozessierung

Eine wichtige Regulationsebene stellen Modifikationen dar, die noch während der Transkription, also **kotranskriptionell,** oder nach der Transkription, also **posttranskriptional,** an der Prä-mRNA stattfinden (siehe auch ▶ Abschn. 6.3.4). Allein darüber könnte man ein ganzes Buch schreiben (was bereits mehrfach geschehen ist). Doch versuchen wir es einmal herunterzubrechen: die Regulation kann auf jeder Ebene der Prozessierung, der „Reifung", des Transkripts stattfinden. Also beim 5′-Capping, Spleißen, Editing und bei der Polyadenylierung. Die einzelnen Mechanismen arbeiten dabei eng zusammen, zumal die meisten kotranskriptionell stattfinden, und sich gegenseitig beeinflussen (◙ Abb. 8.9).

In der Tat ist die **RNA-Polymerase II (RNAP II),** die die Prä-mRNA überhaupt transkribiert, eine Art Taktgeberin für die Prozessierung. Sie besitzt eine auffällig lange **C-terminale Domäne (CTD),** die wie ein Schwanz heraushängt und als Anlaufstelle für die anderen Akteure dient – vom 5′–Capping, Spleißen, Editing bis hin zur Polyadenylierung. Wer wann andockt, darüber entscheiden reversible Phosphorylierungen an der CTD, sowie *heterogenous nuclear ribonucleoproteins* (hnRNPs) und die Interaktionen zwischen den beteiligten Prozessierungsmaschinerien selbst. Aus dem Zusammenspiel der Polymerase und diesen anderen Proteinen ergibt sich die Synthese-Geschwindigkeit (und natürlich auch aus

dem Chromatinstatus selbst): Einerseits können Teile der Prä-mRNA erst prozessiert werden, wenn diese bereits transkribiert wurden und andererseits können die Prozessierungsmaschinerien die RNA-Polymerase auch um eine „Pause" bitten. Die Prozessierung ist somit über die Polymerase direkt mit der Transkription selbst gekoppelt und findet größtenteils vom 5′-Ende zum 3′-Ende hin statt. Einfach deshalb, weil die Prä-mRNA durch die Leserichtung der RNA-Polymerase auch in dieser Orientierung entsteht.

▪▪ Eine Prä-mRNA, aber verschiedene Produkte

Doch nicht nur die Geschwindigkeit und die Reihenfolge der Arbeitsschritte sind entscheidend, sondern vor allem, *was* für ein Produkt am Ende entsteht! Die **alternative Prozessierung** ermöglicht es nämlich, dass je nach Bedarf des Kunden, äh… der Zelle, aus einer Prä-mRNA ganz unterschiedliche RNAs entstehen. Bei proteincodierenden mRNAs kann so die Translationseffizienz reguliert werden oder sie werden unter Umständen zu völlig unterschiedlichen Proteinen translatiert (◙ Abb. 8.10). Bei den verschiedenen Genprodukten des gleichen Gens spricht man von **Isoformen.** Schauen wir zum Beispiel auf eine Zelle eines Säugetiers mit einem typischen Genom (mit etwa 20.000-25.000 Genen) kann dank der alternativen Prozessierung auf der Grundlage dieses Genoms ein unglaublich vielfältiges **Proteom** mit einer Vielzahl von etwa einer Millionen verschiedenen Proteinarten entstehen. Grundlage der alternativen Prozessierung sind alter-

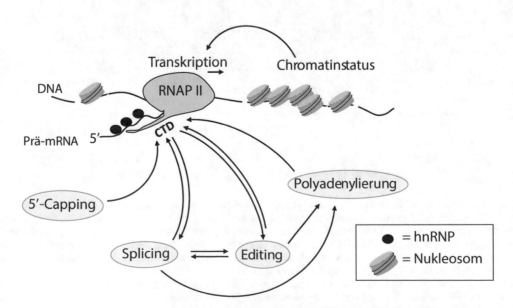

◙ **Abb. 8.9**   Schema zum Zusammenwirken von Transkription und Prozessierung. Die entstehende Prä-mRNA ist das Ziel verschiedener Prozessierungsmechanismen, die mit der C-terminalen Domäne (CTD) der RNA-Polymerase II (RNAP II) und untereinander in wechselseitiger Beziehung stehen. Die Proteine der verschiedenen Mechanismen konkurrieren einerseits um Bindestellen auf der Prä-mRNA und sind auch auf die Rekrutierung durch andere Proteine, wie hnRNPs, angewiesen. Des Weiteren können durch das Splicing notwendige Erkennungsstellen für das Editing und auch für die Polyadenylierung wegfallen. Umgekehrt können andere Erkennungsstellen, die für die Polyadenylierung und für das Splicing gebraucht werden, durch Editing modifiziert werden. Der Chromatinstatus hat zudem einen maßgeblichen Einfluss auf die Initiation und Geschwindigkeit der Transkription, was sich wiederum auf die Prozessierung auswirkt – und umgekehrt. (J. Buttlar)

◻ Abb. 8.10 Das Grundprinzip der alternativen Prozessierung. Abhängig von dem Transkript und den jeweiligen Mechanismen, kann entweder die Menge des Endprodukts oder das Endprodukt selbst beeinflusst werden. In Beispiel **a** ist lediglich eine regulatorische Sequenz von der alternativen Prozessierung betroffen. Es ändert sich nichts an dem Endprodukt (Protein A), allerdings an der Translationseffizienz, wodurch in den Speichelzellen deutlich mehr Protein A vorkommt als in den Magenzellen. In Beispiel **b** wird das Transkript durch die alternative Prozessierung so sehr verändert, dass aus Gen B zwei unterschiedliche Protein-Isoformen entstehen (Protein B und B*). Das Beispiel **a** kann übrigens für die α-Amylase (▶ Abschn. 8.2.2.2) und das Beispiel **b** für das Apolipoprotein B (▶ Abschn. 8.2.2.4) gelten. (J. Buttlar)

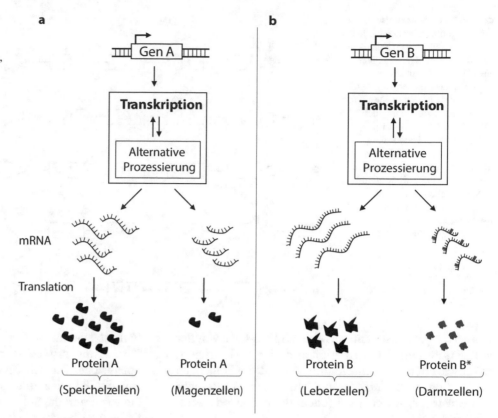

native Spleißstellen, Promotoren, Terminatoren, aber auch das alternative Editing. Diese Prozesse wollen wir in den folgenden Abschnitten näher kennen lernen.

8.2.2.1 Das alternative Spleißen

Wie in ▶ Abschn. 6.3.4 bemerkt wurde, verliert eine Prä-mRNA durch das **Spleißen** große Teile ihrer Sequenz, wodurch schließlich eine „reife" mRNA entsteht, welche bei der Translation als Matrize dient. Jedoch kann sich aufgrund des alternativen **Spleißens** ein reifes Transkript eines Gens von einem anderen Transkript desselben Gens deutlich unterscheiden. Dieser Mechanismus leistet bei Eukaryoten in der Regel den größten Beitrag zur alternativen Prozessierung von Prä-mRNAs und betrifft beim Menschen sogar mehr als 90 % aller Gene!

Verschiedene Varianten des alternativen Spleißens sind in ◻ Abb. 8.11 dargestellt. Die häufigste Form besteht dabei darin, einzelne oder mehrere Exons vollständig auszulassen (**exon skipping**), wodurch völlig unterschiedliche Exonkombinationen entstehen (betrifft etwa 40 % aller alternativen Spleißvarianten). Wenn eben schon von „vollständigen" Exons die Rede ist, heißt das, dass manchmal auch nur Teile von Exons ausgelassen werden: Hier befinden sich innerhalb des Exons **alternative 5′- oder 3′-Spleißsstellen,** wodurch verkürzte Exons entstehen. In anderen Fällen stehen bestimmte Exons in Konkurrenz miteinander, sodass jeweils *nur eines* (oder wenige) von einer ganzen Reihe

„sich gegenseitig ausschließender" alternativer Exons (**mutually exclusive exons**) ausgewählt wird. Auch möglich, aber viel seltener ist das Verbleiben von Introns im Transkript, indem die Introns einfach *nicht* herausgeschnitten wurden (**intron retention**).

Zum Beispiel

Ein besonders interessantes Beispiel für *mutually exclusive exons* ist das Gen **DSCAM** (*down syndrome cell adhesion molecule*) in der Fruchtfliege. Dieses ist an der Ausprägung synaptischer Verbindungen zwischen Nervenzellen beteiligt. Von insgesamt 115 Exons verbleiben nur 24 im finalen Transkript. Dabei sind 95 aller Exons in vier Gruppen mit je 12, 48, 33, beziehungsweise zwei Exons geclustert. Von jeder Gruppe schafft es nur ein Exon in die reife mRNA, was bedeutet, dass 38.016 (=12 × 48 × 33 × 2) mögliche Kombinationen gibt. Bemerkenswerterweise könnte diese Vielfalt an DSCAM-Isoformen genau richtig und wichtig für die komplexe Verknüpfung der Nervenzellen sein. Und auch im Menschen gibt es *DSCAM*-Homologe…

▪▪ Die Regulation des alternativen Spleißens

Wir haben nun vorgestellt, was alles passieren kann. Aber noch nicht, *warum* genau mal dies oder mal das

◘ Abb. 8.11 Schematische Übersicht über die verschiedenen Arten des alternativen Spleißens. Auf der linken Seite der Pfeile sind DNA-Sequenzen mit verschiedenen Genen vereinfacht gezeigt und auf der rechten Seite daraus resultierende mögliche mRNAs. Gestrichelte Linien deuten einen Spleißvorgang an. Man kann unterscheiden in **a** *exon skipping,* **b** alternative 5′-Spleißstellen, **c** alternative 3′-Spleißstellen, **d** *mutually exclusive exons* und **e** *intron retention.* Weitere Erläuterungen siehe Text. E = Exon. (J. Buttlar)

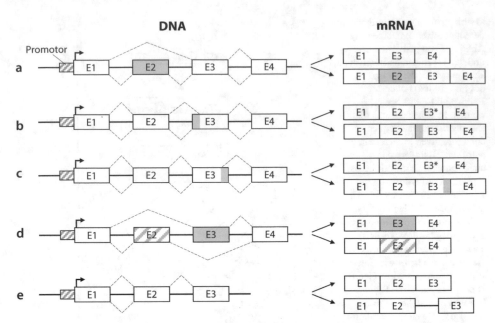

passiert. Manche stellen sich einen **Spleiß-Code** vor, der auf verschiedenen Informationen basiert und dirigiert, wo geschnitten werden soll und wo nicht. Im Folgenden die wichtigsten Merkmale und Ursachen des alternativen Spleißens, soweit man jedenfalls den „Code" entschlüsselt hat:

- **Erkennungssequenzen:** Diese definieren die 5′- als auch 3′-Spleißstellen und sind sich jeweils zwar ähnlich, aber meistens nicht gleich. Sie sind degeneriert, das heißt, sie können sich zwischen Transkripten verschiedener Gene und auch innerhalb eines Transkriptes unterscheiden. Je ähnlicher eine Spleißstelle mit der **Konsensussequenz** ist, desto „stärker" ist sie und wird besser erkannt, während jene, die mehr abweichen, schlechter vom Spleißosom erkannt werden. Spleißstellen, die nah beieinander liegen, konkurrieren miteinander.

- **Regulation über *cis*- und *trans*-agierende Elemente:** Dies erinnert stark an die Regulation der Transkriptionsinitiation und ist mit dieser durchaus vergleichbar. Zu den *cis*-agierenden Elementen, die in diesem Falle auch unter dem Begriff *„splicing regulatory elements"* (SREs) zusammengefasst sind, zählen Sequenzen, die in dem Primärtranskript selbst liegen. Dabei unterscheidet man – wie bei der Transkription – in Verstärker *(enhancer)* und Abschwächer *(silencer).* Kommen diese innerhalb eines Exons vor, werden sie dementsprechend als *exonic splicing enhancer* (**ESE**), beziehungsweise *exonic splicing silencer* (**ESS**) bezeichnet. Kommen sie innerhalb von Introns vor, werden sie als *intronic splicing enhancer* (**ISE**), beziehungsweise *intronic splicing silencer* (**ISS**) bezeichnet (◘ Abb. 8.12). Die *cis*-Elemente werden wiederum von den ***trans*-agierenden Elementen** gebunden, in diesem

Fall sogenannten **Spleißfaktoren** und beeinflussen zusammen die Erkennung der nächstgelegenen Spleißstelle. Zu den Spleißfaktoren zählen vor allem **SR-Proteine** und **hnRNPs** (▶ Abschn. 6.3.4), die wiederum die Spleißosom-Untereinheiten rekrutieren oder blockieren können. Daneben gibt es aber auch andere Gewebe- oder entwicklungsspezifische Spleißfaktoren.

- **Zusammenspiel mit Transkription und anderen Mechanismen:** Die Spleißfaktoren, aber auch die snRNP-Untereinheiten des Spleißosoms selbst, stehen wiederum im Kontakt mit der **CTD** der RNA-Polymerase II und werden auch von den Proteinen anderer Prozessierungsschritte, insbesondere dem Editing (▶ Abschn. 8.2.2.4), beeinflusst und konkurrieren um die Bindung auf der RNA (◘ Abb. 8.9). Spleißfaktoren können durch **posttranslationale Modifikationen** wie beispielsweise Phosphorylierung moduliert werden. Nicht zuletzt entstehen manche Erkennungssequenzen oder Bindestellen für Spleißfaktoren erst durch Editing!

- **Chromatinstruktur:** Wie bereits gesagt, ist das Spleißen an die Geschwindigkeit der RNAP II und somit der Transkription gekoppelt. Je mehr Zeit ein Spleißosom hat, desto eher wird ein Exon erkannt und die nötigen Spleißvorgänge eingeleitet, was wiederum dazu führt, dass das Exon im Transkript verbleiben darf. Als „Bremsen" auf der DNA dienen hier **Nukleosomen,** die sich häufig im Bereich von Exons befinden. Aber weil die Histonschwänze der Nukleosomen mit chemischen Gruppen reversibel modifiziert werden können und der Chromatinstatus deshalb recht dynamisch ist (▶ Abschn. 8.2.1.1), bietet sich hier eine weitere Möglichkeit der Regulation (◘ Abb. 8.9).

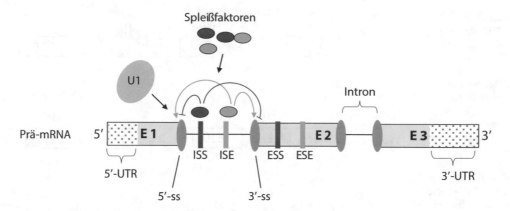

Abb. 8.12 Regulation des Spleißvorgangs durch *cis*- und *trans*-agierende Elemente. Spleißfaktoren binden *cis*-regulatorische Sequenzen, die sich auf der Prä-mRNA befinden, und können dadurch die Erkennung von 5'- oder 3'-Spleißstellen fördern oder inhibieren. Dies geschieht indem sie beispielsweise die Bindung von Spleißosom-Untereinheiten beeinflussen (hier die Untereinheit U1, die den Spleißvorgang am 5'-Ende des Exons einleitet). Für den Spleißvorgang positive Elemente sind grün, negative rot gezeichnet. Spleißstellen (ss) sind durch graue Ovale hervorgehoben. ISS = *intronic splicing silencer;* ISE = *intronic splicing enhancer;* ESS = *exonic splicing silencer;* ESE = *exonic splicing enhancer;* E = Exon, UTR = *untranslated region.* (J. Buttlar)

Merke
Das Prinzip des alternativen Spleißens besteht darin, dass nicht immer die gleichen, sondern je nach Gewebe-Art oder Entwicklungsstand *unterschiedliche* **Spleißstellen** genutzt werden.

Zusammengefasst kann man sagen, dass die ersten drei Punkte also auf der Ebene der **Prä-mRNA** stattfinden, wobei es hier vor allem um die Erkennung der Introns und deren Spleißstellen geht. Der vierte Punkt hingegen spielt auf der **DNA-Ebene** und betrifft in der Regel die Erkennung und Bewertung von Exons.

■■ Die Folgen des alternativen Spleißens...
... sind gravierend! Stellen sie sich eine Gruppe von Grundschulkindern vor, mit denen man mehrmals „Stille Post" mit einem Kuchenrezept spielt. Am Ende stünde eine Vielfalt an Rezepten, bei denen manchmal große Teile der Informationen fehlen, die schlicht vergessen oder gekürzt wurden. Würde man die Rezepte notieren und ernsthaft nachkochen, würden völlig unterschiedliche Kuchen entstehen – oder gar keine. Wissenschaftlich etwas anspruchsvoller könnte man die Folgen für proteincodierende Gene etwa so einteilen:

— Durch die Veränderung der Nukleotidsequenz der **codierenden Region** und die folglich veränderte Aminosäuresequenz kann die gesamte Struktur oder Aktivität eines Polypeptids oder eines Proteins stark verändert werden.

— Veränderungen, die nicht die codierende Region, sondern nur die **5'-**oder die **3'-UTR** der mRNA betreffen, können Einfluss auf die Translationsinitiation und die Stabilität, beziehungsweise die Halb-

wertszeit des Transkripts haben. Dadurch wird wiederum das Expressionslevel beeinflusst. Insbesondere Spleißvorgänge in der 3'-UTR können auch Einfluss auf die alternative Polyadenylierung (▶ Abschn. 8.2.2.3), sowie auf die Regulation durch RNAi haben.

— Auch ist es möglich, dass durch die Sequenzänderung ein frühzeitiges **Stoppcodon** in die mRNA eingebracht wird. Hier entsteht demnach kein funktionsfähiges Protein, weil die Translation vorzeitig endet. Weil das aber viel Kraft kostet, ist es sinnvoll, solche Transkripte möglichst schnell zu entsorgen. Beispielsweise durch einen *nonsense mediated decay* (NMD; Exkurs 8.3)

Zum Beispiel: Das *FGFR-2*-Gen und das *Sxl*-Gen
Über das Entfernen oder Beibehalten von Exons kann die Struktur eines Proteins also stark verändert werden, sodass zum Beispiel die katalytische Aktivität, aber auch die Ligand-Erkennung und -Bindung verändert werden. Ein gutes Beispiel dafür stellen die Protein-Isoformen **FGFR-2** IIIb *(fibroblast growth factor receptor)* und FGFR-2 IIIc dar (■ Abb. 8.13). Beide Rezeptoren gehören zur FGF-Familie und werden durch das Gen ***FGFR-2*** codiert. Während FGFR-2 IIIb aber spezifisch in Epithelzellen vorkommt, kommt FGFR-2 IIIc in mesenchymalen Zellen vor und bindet hier teilweise andere Liganden. Beides sind Transmembranproteine, die eine extrazelluläre Ligand-Bindestelle besitzen, die wiederum aus drei Domänen besteht. Der Unterschied dieser beiden Rezeptorproteine liegt nun in der dritten Ligand-Bindedomäne, weshalb die Isoformen IIIb

◘ **Abb. 8.13** Entstehung verschiedener FGFR-Proteine. Die beiden Exons 8 und 9 des *FGFR-2*-Gens schließen sich gegenseitig aus (**a**). Durch alternatives Spleißen können daher zwei unterschiedliche Transkripte entstehen (**b**). Werden diese wiederum translatiert entstehen die beiden Membranrezeptorproteine FGFR-2 IIIb und IIIc, die sich in der dritten Immunoglobulin (Ig) Bindedomäne unterscheiden und jeweils andere Liganden binden. (J. Buttlar)

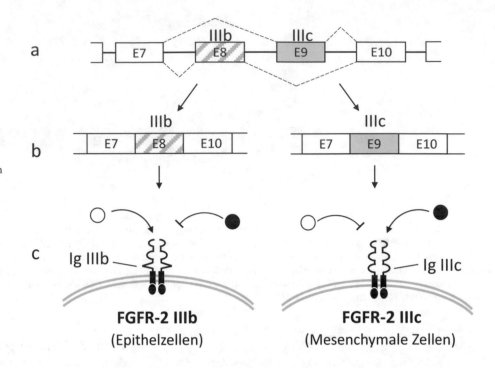

8

und IIIc genannt werden, und umfasst 49 Aminosäuren, was – wer ahnt es? – natürlich auf das alternative Spleißen zurückgeht. Die mRNA, welche als Translationsmatrize für FGFR-2 IIIb dient, enthält ein anderes Exon, das für die dritte Bindedomäne codiert, als FGFR-2 IIIb. Die Integration eines von zwei unterschiedlichen Exons, die sich gegenseitig ausschließen *(mutually exclusive exons),* führt also dazu, dass zwei eigentlich ähnliche Proteine unterschiedliche Bindungspartner erkennen und binden.

Ein anderes recht bekanntes Beispiel stellt das **Gen sxl** *(sex lethal)* dar, das für die Geschlechtsausprägung der Fruchtfliege *Drosophila* verantwortlich ist. In männlichen Fliegen findet sich kein funktionelles Genprodukt von *sxl* weil das Exon 2 ein vorzeitiges Stoppcodon beinhaltet (◘ Abb. 8.14). In weiblichen Fliegen hingegen wird das Exon 2 herausgespleißt, wodurch das funktionale Protein Sxl entsteht. Das Besondere an dem **Sxl-Protein** ist, dass es wiederum als Spleißfaktor wirkt und seine eigene Synthese sicherstellt, indem es auch in anderen *sxl*-Prä-mRNAs für ein Überspringen des Exons 2 sorgt. Es handelt sich hier also um einen Feedback-Loop. Außerdem reguliert das Sxl-Protein auch die Expression des **Tra-Proteins,** das wiederum die Expression anderer Proteine beeinflusst, die relevant für das Geschlecht sind. Sxl steht somit ganz am Anfang einer ganzen Signalkaskade!

Exkurs 8.3: Nonsense mediated decay (NMD)

Ein eukaryotischer Prozess namens *nonsense mediated decay* (**NMD**) ist neben einigen anderen Mechanismen dafür gedacht, die Translation fehlerhafter oder „unsinniger" Transkripte zu verhindern und die betroffenen mRNAs für die Degradation freizugeben. Um den NMD hervorrufen zu können, binden verschiedene Proteine, darunter **UPF**s (*up-frameshift proteins*) vor der ersten Translationsrunde etwa 20 Nukleotide vor jeder Exon-Exon-Verbindung *(junction)* bis hin zum Stoppcodon an die mRNA. Wenn dann das Ribosom an das Transkript ansetzt und mit der Translation beginnt, entfernt es die UPFs von der mRNA bis hin zum Stoppcodon im letzten Exon. Der NMD wird nicht gestartet, da keine UPFs (und andere Proteine) mehr auf der mRNA sitzen, und die Translation kann fortgesetzt werden. Ist nun ein weiteres, früher vorkommendes Stoppcodon (auch als *premature termination codon*= PTC bezeichnet) vorhanden, das beispielsweise durch eine Mutation (► Kap. 9) entstand, entfernt das Ribosom bei der ersten Translationsrunde nur UPFs, die vor diesem PTC an die mRNA gebunden haben. Alle dahinterliegenden regulatorischen Elemente bleiben auf dem Transkript und rekrutieren verschiedene andere Proteine, darunter auch Decapping-Enzyme, welche das 5'-Cap entfernen und so die mRNA für weitere Degradationsprozesse freigeben.

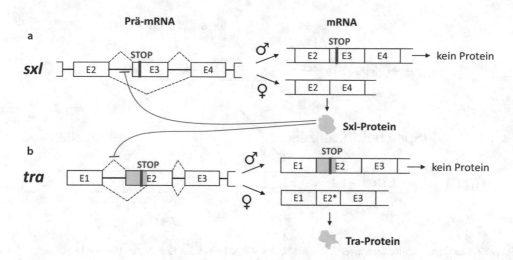

◘ Abb. 8.14 Der Einfluss von Sxl und Tra auf das Geschlecht bei *Drosophila*. In weiblichen Fliegen wird das Exon 3 des *sxl*-Gens, das ein vorzeitiges Stoppcodon enthält, aus der Prä-mRNA herausgespleißt (**a**). Das entstehende Protein Sxl wirkt selbst als Spleißfaktor für die eigene Prä-mRNA und für die Prä-mRNA des *tra*-Gens. Hier sorgt Sxl dafür, dass nicht die vordere, sondern eine hintere 3′-Spleißstelle des ersten Introns erkannt wird, wodurch in weiblichen Fliegen ein Bereich mit einem Stoppcodon herausgespleißt wird (**b**). Wird das Tra-Protein exprimiert, beeinflusst es wiederum die Expression anderer geschlechtsrelevanter Gene. (J. Buttlar)

8.2.2.2 Alternative Promotoren

Im Grunde genommen handelt es sich bei alternativen Promotoren weniger um einen Prozessierungsvorgang, sondern eher um verschiedene Möglichkeiten der Transkriptionsinitiation. Dennoch ist die Verwendung von alternativen Promotoren mit der Idee des alternativen Spleißens verwandt: auch hier können ausgehend von einem Gen verschiedene Transkripte und von diesen wiederum verschiedene isoforme Proteine entstehen!

▪▪ Alternative Promotoren führen zu unterschiedlichen 5′-Enden

Während es beim Spleißen in den meisten Fällen darum geht, das Spleißosom (zum Beispiel durch Spleißfaktoren) an die richtige Stelle zu dirigieren, geht es hier um die Rekrutierung der **RNA Polymerase** an einen von mehreren, **alternativen Promotoren** (siehe auch ▶ Abschn. 6.3.1 und ▶ Abschn. 8.2.1.2). Dies kommt gar nicht mal so selten vor: Beim Menschen haben mehr als 50 % der Gene (!) mehrere Promotoren, von denen manche abhängig von ihrer Sequenz „stärker" als andere des gleichen Gens sind. Die schwächeren Promotoren werden nur dann verwendet, wenn beispielsweise noch andere Faktoren, wie bestimmte Transkriptionsfaktoren vorliegen. Die Folgen sind nicht zu unterschätzen: Je nach Promotor haben die Transkripte **unterschiedliche 5′-UTRs,** die wiederum die Stabilität und somit die Lebensdauer oder die Bindung der Ribosomen und somit die Translationseffizienz der mRNA beeinflussen. Des Weiteren kann ein alternativer Promotor auch Ursache für einen alternativen Spleißvorgang sein, da abhängig von dem jeweiligen Promotor entsprechend andere Spleißstellen zur Verfügung stehen.

Sind nicht nur die 5′-UTR sondern auch **codierende Bereiche** innerhalb des 5′-gelegenen Exons betroffen, können schließlich auch Proteine mit unterschiedlichen N-Termini entstehen, was wiederum die Lokalisierung der Isoformen in der Zelle beeinflusst. Ein gutes Beispiel für ein Gen mit alternativen Promotoren stellt das α-Amylase-Gen in Mäusen dar, das im Speichel besonders für die Spaltung von Stärke und Glykogen von Bedeutung ist (◘ Abb. 8.15). Auch das *sxl*-Gen aus dem vorigen Absatz bedient sich alternativer Promotoren, wobei der vordere Promotor nur in embryonalen Zellen genutzt wird und der hintere in adulten.

8.2.2.3 Die alternative Polyadenylierung

Die Transkription endet damit, dass bestimmte Proteine am 3′-Ende eines Transkriptes eine Erkennungssequenz binden, die naszierende Prä-mRNA dort schneiden und durch ein anderes Enzym ein schützender **Poly(A)-Schwanz** dahinter angehangen wird (▶ Abschn. 6.3.4.2). Kann ein Transkript aber nicht nur an einer Stelle geschnitten, sondern an mehreren verschiedenen geschnitten und mit einem Poly(A)-Schwanz versehen werden, spricht man von **alternativer PolyadenylierungAPA**. Diese ist ein weiterer Mechanismus, der unterm Strich zu unterschiedlichen 3′-Enden der mRNA und somit zu einer erhöhten Diversität an Produkten eines einzelnen Gens führt.

Während alternative Promotoren relativ gut erforscht sind, wurde die alternative Polyadenylierung chronisch unterschätzt und gewann erst in den letzten Jahren mehr Aufmerksamkeit. Etwas ärgerlich, zumal 70 % der Gene des menschlichen Genoms davon betroffen sind!

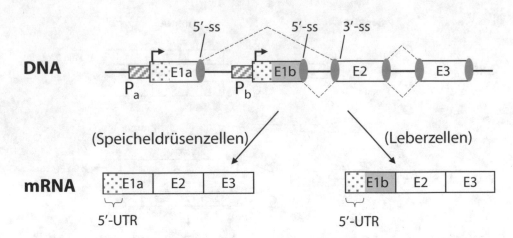

Abb. 8.15 Schematische Darstellung alternativer Promotoren. Als Beispiel dient das Gen der α-**Amylase** in Mäusen *(Mus musculus)*, das zwei Promotoren besitzt. Der stärkere *upstream* Promotor P_a wird in Speicheldrüsenzellen angesteuert, während der schwächere *downstream* (Strangabwärts gelegene) Promotor P_b in Leberzellen aktiv ist. Indem die 5'-Spleißstelle des *upstream* Promotors P_a stärker ist als jene des Promotors P_b, kommt es zum alternativen Spleißen. Aufgrund des Unterschiedes zwischen beiden Promotoren wird die Amylase in Speicheldrüsenzellen 100-fach stärker exprimiert als in Leberzellen. Spleißstellen (ss) sind durch graue Ovale hervorgehoben. (J. Buttlar)

8

■■ Unterschiedliche 3'-Enden haben unterschiedliche Bedeutung

In der Regel haben die entfernt (**distal**) liegenden Poly(A)-Stellen stärkere Erkennungssequenzen als die weiter vorne (**proximal**) liegenden und stellen daher oft die „normalen" (kanonischen) Orte für das Schneiden und die Polyadenylierung dar. Je nachdem wo aber die proximale alternative Erkennungsstelle liegt, kann man zwischen zwei Hauptformen der alternativen Polyadenylierung unterscheiden:

— In den meisten Fällen liegt das alternative Ende innerhalb der 3'-UTR, weshalb man von **UTR-APA** *(untranslated region alternative poyladenylation)* spricht (Abb. 8.16a). Wird die Prä-mRNA hier geschnitten, kommt es zu einer **Verkürzung der 3'-UTR.** Bei proteincodierenden mRNAs ändert dies nichts an der Proteinstruktur, kann aber Einfluss auf die Stabilität, die Lokalisation und die Translationseffizienz der mRNA haben. Besonders die Bindung von *micro*-RNAs (miRNA) an die 3'-UTR, was normalerweise zur Stilllegung der mRNA führt (▶ Abschn. 8.2.4 und ▶ Abschn. 13.2.3), kann dadurch beeinflusst werden. Meistens, wenn auch nicht in allen Fällen, führt eine verkürzte 3'-UTR daher zu einer erhöhten Translation der jeweiligen mRNA.

— Auch kann das **Polypeptid-codierende Potenzial** einer mRNA verändert werden, was als **CR-APA** *(coding region alternative polyadenylation)* bezeichnet wird (Abb. 8.16b, c). Alternative Poly(A)-Stellen können sich nämlich auch innerhalb der *coding region* eines terminalen Exons, in einem terminalen Intron oder in einem internen (nicht-terminal gelegenen) Exon, beispielsweise einem alternativem Exon,

befinden. Die beiden letzteren Formen des CR-APA können zudem direkten Einfluss auf das **alternative Spleißen** haben, wenn hier beispielsweise ein Intron in ein Exon umgewandelt wird oder ein alternatives Exon dem terminalen Exon bevorzugt wird.

8.2.2.4 Das RNA-Editing und die alternative Prozessierung

Überdas RNA-Editing wurde bereits in ▶ Abschn. 6.3.4.4 berichtet. Auch hier gibt es Modifikationen, die nicht immer, sondern nur manchmal unter bestimmten Umständen durchgeführt werden und zu alternativen Transkripten führen. Bei dem **Insertions/ Deletions-Editing** in Trypanosomen kennt man einige dieser Modifikationen schon seit längerer Zeit, beispielsweise bei der mitochondrialen Cytochromc-Oxidase. Innerhalb des **Substitutions-Editings** fand man beim $C \rightarrow U$-**Editing** ebenfalls dynamisch regulierte Gene, wie beispielsweise das Apolipoprotein B *(ApoB)*-Gen, dessen Transkript in der Leber eine andere Modifikation erfährt als im Darm. Ironischerweise konzentrierte man sich bei dem viel häufigeren $A \rightarrow I$-**Editing** zunächst vor allem auf konstitutive Modifizierungen, die also immer stattfinden – wie beispielsweise eine Modifizierung des Transkriptes einer Glutamat-Rezeptor-Untereinheit (GluA-2). Doch auch beim $A \rightarrow I$-Editing fanden neuere Studien beim Menschen schließlich eine ganze Reihe von alternativ prozessierten Transkripten, die abhängig vom Gewebetyp und der Entwicklung sind [5]. Der Begriff „**alternatives Editing**" hat sich im Gegensatz zum „alternativen Spleißen" bislang zwar noch nicht durchgesetzt, aber vielleicht wird es ja langsam Zeit…

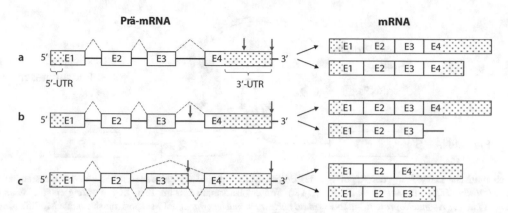

Prä-mRNA   **mRNA**

■ **Abb. 8.16** Übersicht zur alternativen Polyadenylierung. UTR-APA: Befinden sich in einer Prä-mRNA in der 3'-UTR eines terminalen Exons unterschiedliche Erkennungssequenzen zur Polyadenylierung (rote Pfeile), so unterscheiden sich die resultierenden mRNAs zwar in der 3'-UTR, aber nicht in der codierenden Region (**a**). CR-APA: liegt eine alternative Erkennungsstelle zur Polyadenylierung aber in einem Intron, so kann dies ein *downstream* liegendes Exon betreffen (**b**). Alternative Polyadenylierung kann auch dazu führen, dass ein bestimmter Spleißvorgang nicht durchgeführt werden kann und stattdessen ein alternatives Spleißen eingeleitet wird (**c**). (J. Buttlar)

Immerhin steht fest, dass das RNA-Editing mit anderen Formen der Prozessierung, insbesondere dem alternativen Spleißen, in einer wechselseitigen Beziehung steht, die teils gravierende Konsequenzen hat. Für Forschende ist es manchmal ein wahrer Krimi herauszufinden, welche Modifikation zuerst war und welche anderen Modifikationen nur das Resultat vorheriger sind. Im Folgenden wird dies vielleicht etwas klarer. Bleiben Sie also gespannt.

■■ **Regulation des Editings**

Ein wichtiger Ansatzpunkt für die Regulation des Insertions/Deletions-Editings stellt sicherlich die Expression der entsprechenden *guide RNAs* selbst dar. Auch die Kombination verschiedener Proteine und Isoformen innerhalb des **Editosomen-Komplexes** scheint relevant zu sein. Weil das Insertions/Deletions-Editing aber vor allem nur auf Trypanosomen beschränkt zu sein scheint, wollen wir uns im Folgenden mehr auf das Substitutions-Editing durch **Deaminasen** (A → I durch ADARs und C → U durch CDARs) konzentrieren. Generell könnte man hier zwischen drei verschiedenen Punkten unterscheiden (■ Abb. 8.17), wobei nicht ausgeschlossen ist, dass diese teilweise auch auf das Insertions/Deletions-Editing zutreffen:

— **Bindung an die Prä-mRNA:** Die für das Editing verantwortlichen Proteine konkurrieren an der Prä-mRNA mit anderen RNA bindenden Proteinen (**RBP**) wie: SR-Proteine, snRNPs, hnRNPs, Dicer, Helikasen und diverse Spleißfaktoren. Das heißt, das Editing steht auch in direkter Konkurrenz mit dem Spleißen. Je schneller das Spleißen abläuft, desto weniger findet Editing statt.

— **Vorhandensein bestimmter Sequenzen:** ADARs benötigen für das Editing dsRNA-Bereiche. Die zu editierenden Bereiche bilden dazu mit einem anderen nahe gelegenen komplementären Bereich eine Haarnadelschleife als Sekundärstruktur. Diese komplementären Sequenzen, auch bekannt als *editing complementary sequences* (**ECS**), können in Introns liegen, selbst wenn die Editing-Stelle im benachbarten Exon liegt. Wurde das Intron aber bereits herausgespleißt, ist das Editing nicht mehr möglich. Im Gegensatz dazu benötigen CDARs zwar keine dsRNA-Bereiche, stattdessen helfen ihnen aber bestimmte Erkennungssequenzen, sogenannte *mooring*-Sequenzen.

— **Direkte Beeinflussung der Editing-Enzyme:** wie alle anderen Proteine, können auch die Deaminasen selbst von posttranslationalen Modifikationen, in diesem Falle Phosphorylierung, Ubiquitinierung und im Falle von ADARs von Sumoylierung betroffen sein. Zudem können andere Proteine (inklusive der RNAP II CTD) mit den Enzymen interagieren, sie rekrutieren oder bereits Einfluss auf die Proteinbiosynthese der Deaminasen, inklusive der Prozessierung ihrer jeweiligen Transkripte, nehmen.

■■ **Folgen des alternativen Editings**

Das **A → I-Editing** sowie das **C → U-Editing** kommen selten in codierenden Regionen, dafür aber umso mehr in nichtcodierenden Regionen vor, also in Introns und in den UTRs. Die möglichen Folgen sind insgesamt recht vielfältig (■ Abb. 8.18):

— **Zusammenspiel mit dem alternativen Spleißen:** Kurz gesagt, Editing kann das alternative Spleißen dirigieren. Es konnte gezeigt werden, dass durch den Editing-Vorgang neue 5'- oder 3'-Spleiß-Stellen erschaffen oder vorhandene unbrauchbar gemacht werden, indem die jeweiligen Stellen direkt verändert werden. Viel größer ist jedoch ein indirekter Einfluss, indem regulatorische Sequenzen in Exons

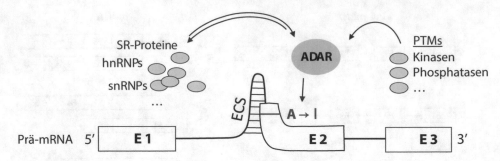

◘ **Abb. 8.17** Schematische Darstellung der Regulation des Editings. Gezeigt sind verschiedene Einflüsse und Voraussetzungen für das Editing durch eine *adenosine deaminase acting on RNA* (ADAR). Weitere Informationen im Text. ECS = *editing complementary sequence*, hnRNP = *heterogenous nuclear ribonucleoprotein*, snRNP = *small nuclear ribonucleoprotein*, PTM = posttranslationale Modifikation. (J. Buttlar)

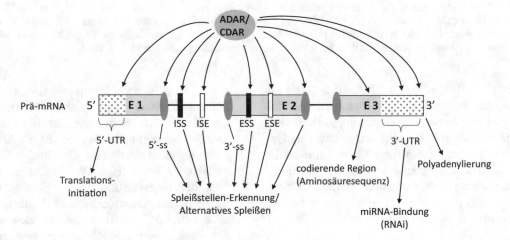

◘ **Abb. 8.18** Schematische Darstellung der Folgen des „alternativen" Editings. Je nachdem wo Nukleotide durch ADARs (A → I) oder CDARS (C → U) verändert werden, kann dies auf unterschiedliche Mechanismen der Genexpression Einfluss haben. Weitere Informationen siehe Text. ISS = *intronic splicing silencer;* ISE = *intronic splicing enhancer;* ESS = *exonic splicing silencer;* ESE = *exonic splicing enhancer;* ss = Spleißstelle, E = Exon, UTR = *untranslated region.* (J. Buttlar)

und vor allem in Introns, sogenannte **SREs** (► Abschn. 8.2.2.1), editiert werden. Dies kann sich nämlich wiederum auf die Bindung von Spleißfaktoren auswirken. Zeitlich gesehen findet in diesen Fällen das Editing vor dem Spleißen statt.

‒ **Einfluss auf alternative Polyadenylierung:** Das Editing in der 3'-UTR, was vor allem beim C → U-Editing vorkommt, kann zudem nicht nur Einfluss auf die Stabilität einer mRNA haben, sondern auch auf die Auswahl der Schneide- und Polyadenylierungsstelle.

‒ **Auswirkungen auf die RNA Interferenz (RNAi):** Zudem kann das Editing von nicht codierenden Bereichen, insbesondere in der 3'-UTR, die Bindung von miRNAs und somit die posttranskriptionale Beeinflussung durch RNAi (► Abschn. 13.2.3) beeinflussen. In der Biogenese einiger kleiner regulatorischer RNAs können ADARs anscheinend eine wichtige Rolle spielen. Hier können sie entweder mit anderen Enzymen (wie Dicer und Drosha) um die Bindung an die Vorläufer-miRNA konkur-

rieren, oder die RNA so editieren, dass sie andere Ziele erkennt.

‒ **proteincodierende Kapazität:** Kommt das Editing doch mal in einer codierenden Region des Transkripts vor, kann dadurch (wie auch beim alternative Spleißen und der Polyadenylierung) beispielsweise ein Codon und somit die Aminosäuresequenz verändert werden, oder ein *Frameshift* oder ein vorzeitiges Stoppcodon in den Leserahmen eingefügt werden.

Exkurs 8.4: Bekannte Beispiele für das Substitutions-Editing

Das erstgefundene und zudem bekannteste Beispiel für das **A → I-Editing** kommt bei Menschen und Mäusen in der Prä-mRNA für das Gen ***GluA-2***, das früher ***GluR-B*** genannt wurde, vor. Dieses codiert für eine Untereinheit eines Glutamatrezeptors des zentralen Nervensystems und ist wichtig für die synaptische Erregungstransmission. Es gibt verschiedene Typen von Glutamatrezeptoren, in diesem Fall handelt es sich um einen AMPA (α-*amino-3-hydroxy-5-methylisoxazole-4-propionic acid*)-Rezeptor (■ Abb. 8.19a). Die entsprechende Stelle in der Prä-mRNA befindet sich in Exon 11 und wird auch als **Q/R-Stelle** bezeichnet, weil hier ein für Glutamin (Q) codierendes Codon in ein für Arginin (R) codierendes Codon umgewandelt wird. Grundlage hierfür ist der Austausch eines einzelnen Nukleotids in dem Glutamin-Codon (C<u>A</u>G) durch ein Inosin, das wie G gelesen wird und daher zu einem Arginin-Codon (C<u>G</u>G) führt. Der Einbau des basischen Arginins in die Polypeptidkette hat wiederum Einfluss auf die Ca²⁺-Permeabilität des membranständigen Rezeptors. Interessanterweise liegt die **ECS,** welche die ADAR zur Prozessierung benötigt (weil sie auf einen dsRNA-Bereich angewiesen ist) in dem Intron direkt hinter der Q/R-Stelle. Die Editierung findet hier also *vor* dem Spleißen statt und scheint überhaupt erst das Spleißen an dieser Stelle zu initiieren!

Allerdings ist die Editierung der Q/R-Stelle in der Prä-mRNA von *GluA-2* leider *kein* gutes Beispiel für eine dynamische, beziehungsweise **alternative Prozessierung,** da die Q/R-Stelle hier zu 100 %, also immer, editiert wird. Ein besseres Beispiel stellt hingegen die **R/G-Stelle** dar, die auf demselben Transkript aber in Exon 13 liegt und ebenfalls Einfluss auf die Ca²⁺-Permeabilität hat (■ Abb. 8.19). Hier führt die Editierung eines <u>A</u>GA-Codons, das für Arginin (R) codiert, zu einem <u>G</u>GA-Codon, welches für Glycin (G) codiert. Bei dieser Modifikation konnte man

zeigen, dass das Level an Editing dynamisch und in Abhängigkeit der neuronalen Aktivität als auch der Entwicklung stattfindet. Zudem hat sie einen direkten Einfluss auf ein *downstream* liegendes **alternatives Spleiß-Ereignis,** das man witzigerweise „flipflop" taufte. Bei diesem stehen zwei Exons in einem „sich gegenseitig ausschließenden" *(mutually exclusive)* Verhältnis: Findet das Editing statt, darf Exon 15 („Flop") in der mRNA verweilen, findet es nicht statt, darf stattdessen Exon 14 („Flip") verweilen. Es geht nur „Flip" oder „Flop" (■ Abb. 8.19b).

Das bekannteste Beispiel des **C→U-Editings** findet sichbei dem oben erwähnten Apolipoprotein B (ApoB), wovon im Menschen zwei Isoformen existieren, die in unterschiedlichen Organen vorkommen: ApoB-100 (ein 500 kDa Protein) in Leberzellen und ApoB-48 (ein 240 kDa Protein) in Darmzellen (■ Abb. 8.20). Wenn das Transkript des *ApoB*-Gens vollständig translatiert wird, entsteht ApoB-100, welches 4563 Aminosäuren lang ist. Durch das (nur in Darmzellen stattfindende) Editieren eines Glutamin-Codons an Position 6666 in Exon 26 der Prä-mRNA von **CAA** zu einem **UAA-Stoppcodon** kommt es zu einem verfrühten Translationsabbruch, wodurch das wesentlich kürzere Protein ApoB-48 mit nur 2180 Aminosäuren entsteht. Das Bemerkenswerte ist, dass das Editieren auch hier anscheinend hochspezifisch erfolgt, damit zwei unterschiedliche Proteine entstehen, die in den jeweiligen Geweben unterschiedliche Aufgaben des Lipidstoffwechsels übernehmen.

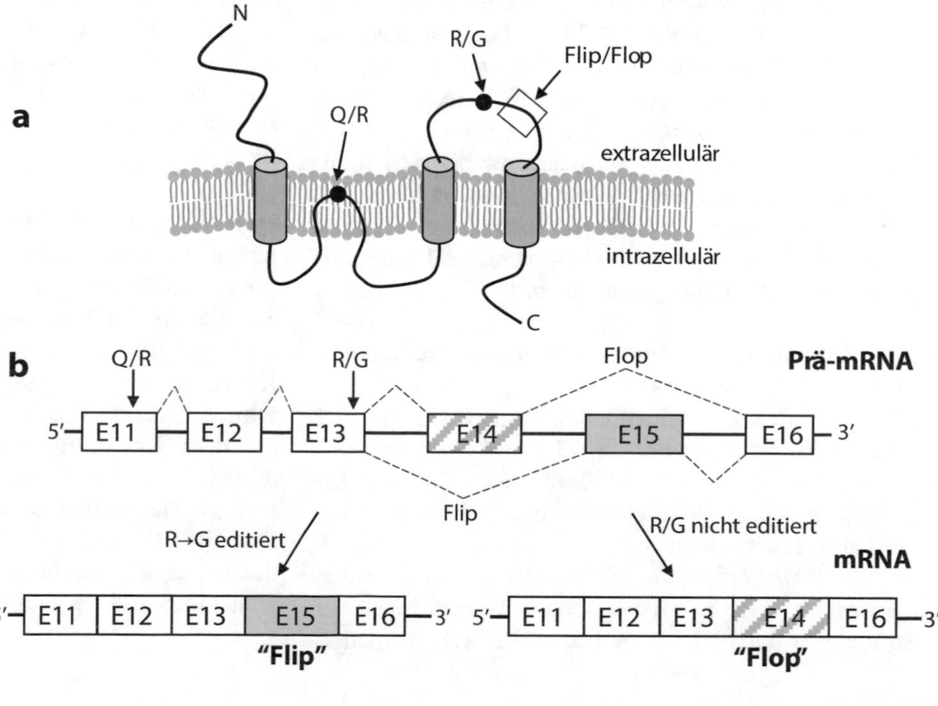

■ **Abb. 8.19** Editing an der AMPA-Rezeptoruntereinheit GluA-2. **a** GluA-2 ist membranständig und besitzt drei Transmembrandomänen. Die jeweiligen Editing-Stellen sind eingezeichnet. **b** Ausschnitt aus der GluA-2 Prä-mRNA bzw. mRNA: Während das Editieren an der Q/R-Stelle immer stattfindet, ist die Editierung der R/G-Stelle von verschiedenen Faktoren abhängig und hat zudem direkte Auswirkung auf das alternative Spleißen der Exons 14 und 15. Weitere Erläuterungen siehe Text. N = N-Terminus, C = C-Terminus. (J. Buttlar)

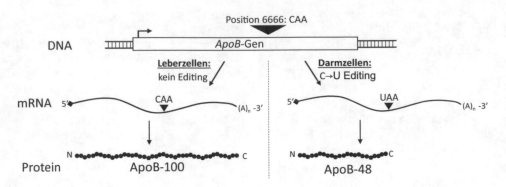

○ **Abb. 8.20**   Schematische Darstellung der Expression von ApoB. Im Gegensatz zu Leberzellen erfährt die Prä-mRNA des *ApoB*-Gens in Darmzellen an der Position 6666 eine C → U-Editierung. Dadurch entsteht ein vorzeitiges Stoppcodon, wodurch das in den Darmzellen entstehende Protein ApoB-48 deutlich kleiner ist als ApoB-100 in Leberzellen. (J. Buttlar)

8.2.3   Lange nichtcodierende eukaryotische RNAs

Auch regulatorische RNAs spielen eine wichtige Rolle bei der Genregulation! Nun gut, zugegebenermaßen standen in diesem Kapitel bisher vor allem Proteine im Vordergrund. Zeit also, dass wir uns mehr den RNAs widmen! Immerhin wurden bei Prokaryoten bereits sRNAs *(small RNAs)* erwähnt, bei Eukaryoten beim Editing gRNAs *(guide RNAs)* und beim Spleißen indirekt snRNAs (*small nuclear RNAs;* ▸ Abschn. 6.3.4). Eine weitere wichtige Klasse an regulatorischen RNAs sind die langen nicht codierenden RNAs, auf Englisch: *long noncoding RNAs* (lncRNA).

Ein wesentliches Kennzeichen von lncRNAs ist ihre Länge von mehr als **200 Nukleotiden.** Nach oben ist die Länge jedoch nicht begrenzt und kann mehrere tausende Basen betragen – im Durchschnitt etwa 6 kb. Ähnlich wie eukaryotische mRNAs reifen viele Vorläufertranskripte von lncRNAs durch **ko- und posttranskriptionale Modifikationen,** wie 5′-Capping, Polyadenylierung und Spleißen (und vermutlich auch Editing). Während proteincodierende Prä-mRNAs im Durchschnitt jedoch sieben Introns besitzen, besitzen lncRNA-Vorläufer im Schnitt nur eines. Was sie besonders macht, ist ihre Häufigkeit innerhalb mancher Genome und dass sie Grundlage für sehr diverse und komplexe Mechanismen der Genregulation sind.

■ ■ **Zum Vorkommen und der (wirklich beeindruckenden) Häufigkeit von lncRNAs**
lncRNAs finden sich sowohl bei Eukaryoten als auch bei Prokaryoten, sind aber zwischen verschiedenen Arten nur schwach konserviert. Bei manch höheren Eukaryoten machen sie zuweilen einen beträchtlichen Anteil des **Transkriptoms** aus. Früher nahm man an, dass die RNA-Polymerase II einfach wild verschiedene unspezifische DNA-Sequenzen transkribiert, insbesondere in der Nähe oder gegenüber von proteincodierenden Genen. Beispielsweise fand man zu 50–70 % der mRNAs sogenannte *natural antisense* **Transkripte** (NATs), die vom komplementären Strang stammen [6]. Heute weiß man, dass ein Großteil dieses „transkriptionellen Hintergrundrauschens" den lncRNAs zuzurechnen ist, die in der Regel zwar nicht stark exprimiert werden, von denen aber ziemlich viele im Genom codiert sind. Die Erkenntnis, dass sie keineswegs nur ein störendes Nebenprodukt sind, sondern wichtige regulatorische Aufgaben übernehmen, sickerte erst nach einiger Zeit durch. Umso überwältigender ist die Anzahl der **lncRNA-Arten** und **-Gene,** die mit neueren Sequenzierungsmethoden (RNA-Seq. und NGS; ▸ Abschn. 12.7) immer größer wurde (○ Tab. 8.1). Beim Menschen kennt man mittlerweile sage und schreibe 172.216 verschiedene lncRNA-Transkripte und 96.308 lncRNA-Gene [7]! Dass die Anzahl der Transkripte höher als die Anzahl der Gene ist, erklärt sich durch **alternatives Spleißen.** Zur Erinnerung: die Anzahl der proteincodierenden Gene beim Menschen wird grob auf mickrige 20.000 geschätzt. Um die lncRNAs zu kategorisieren werden sie je nach ihrer relativen Position zu anderen Genen in verschiedene Klassen eingeteilt (○ Abb. 8.21)

■ ■ **lncRNAs in der Zelle und ihre Bedeutung**
In der Tat kennt man die biologische Bedeutung einiger lncRNAs sehr gut, beispielsweise von **TERRA,** die wichtig für die Telomerstruktur ist (▸ Abschn. 13.4.2) und von **Xist,** die zur Dosiskompensation eines der X-Chromosomen bei Frauen inaktiviert (▸ Abschn. 13.4.5). Ein weiteres Beispiel ist die lncRNA **H19,** die dem Imprinting unterliegt und ein Wachstumsrepressor ist (▸ Abschn. 13.3.2). Die Bedeutung der meisten bekannten lncRNA wartet jedoch noch auf ihre Erforschung, was einerseits der Tatsache geschuldet ist, dass man die meisten noch gar nicht so lange kennt und andererseits, dass es einfach verdammt viele sind!

◘ Tab. 8.1   Übersicht zu lncRNA-Transkripten und Genen in verschiedenen Arten

Art	Anzahl lncRNA-Transkripte	Anzahl lncRNA-Gene
Homo sapiens (Mensch)	172.216	96.308
Mus musculus (Hausmaus)	131.697	87.774
Drosophila melanogaster (Fruchtfliege)	42.848	15.543
Caenorhabditis elegans (Nematode)	3154	2552
Saccharomyces cerevisiae (Hefe)	55	52
Arabidopsis thaliana (Acker-Schmalwand)	3763	3472
(Daten nach der ncRNA-Plattform NONCODE: ▶ http://noncode.org/analysis.php. Stand: April 2020)		

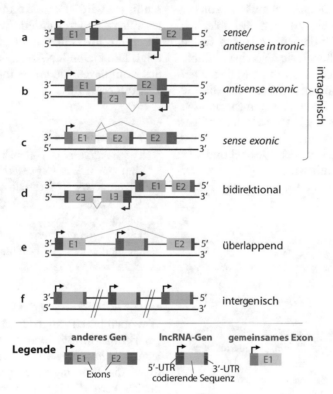

◘ Abb. 8.21   Einteilung von lncRNAs nach Lokalisation. Je nachdem, in welcher Lage eine lncRNA (blau) in Relation zu einem anderen Gen (rot) codiert ist, kann man verschiedene Klassen unterscheiden, die in der Abbildung jeweils rechts angegeben sind. **a** Die lncRNA liegt innerhalb eines Introns auf dem gleichen oder komplementären Strang eines anderen Gens. **b** Die lncRNA liegt gegenüber eines Exons eines anderen Gens. **c** Das lncRNA-Gen teilt sich ein Exon (grün) mit einem anderen Gen. Im Gegensatz zu diesen drei Beispielen für intragenische Lokalisationen, in denen eine lncRNA entweder gegenüber oder innerhalb eines anderen Gens codiert ist, gibt es aber auch andere Fälle: **d** Das lncRNA-Gen ist in unmittelbarer Nähe (max. 1000 bp) eines anderen codierenden Gens, aber in umgekehrter Richtung gelegen. Vermutlich kann hier oft derselbe Promotor genutzt werden. **e** Das lncRNA-Gen umspannt ein anderes Gen, das in dessen Intron liegt. **f** Das lncRNA-Gen liegt einfach zwischen anderen Gene, ohne mit diesen in Kontakt zu sein. Dies ist die häufigste Form von lncRNAs, die auch als *long intergenic noncoding RNA* (lincRNA) bezeichnet wird. Anmerkung: Der Einfachheit halber wurden die Gene hier mit einem oder maximal zwei Exons gezeichnet, was deutlich der Wirklichkeit widerspricht. UTR = *untranslated region* (J. Buttlar)

Insgesamt lässt sich aber dennoch einiges über die bisher untersuchten lncRNAs sagen, nämlich, dass sie auf die Genexpression aktivierende als auch inhibierende Wirkungen haben können. Je nach Art können sie DNA, RNA und Proteine binden und kommen im Nukleus, im Zytoplasma, oder auch in beiden vor. Dementsprechend können sie Einfluss auf die Transkription, die

Prozessierung, aber auch auf die Translationsinitiation oder Stabilität von mRNAs haben.

Aufgrund ihrer Bindeeigenschaften treten manche lncRNAs daher als molekulare Vermittler (*guides*) oder Gerüste (*scaffolds*) für Transkriptionsfaktoren (TFs), RNA-Polymerasen und andere Proteine oder ganze Proteinkomplexe auf. Zudem können sie selbst direkten

8

Einfluss auf den **Chromatinstatus** haben, oder solche Proteine rekrutieren, die den epigenetischen Status verändern (*epigenetic modifier*, ▶ Abschn. 13.2), wie zum Beispiel DNA-Methyltransferasen (Dnmts), Histonacetyltransferase (HATs), Histondeacetylasen (HDACs) oder Heterochromatinproteine. Eine weitere Verknüpfung, die lncRNAs mit der Epigenetik haben, besteht darin, dass sie auch bei der Prozessierung von Mikro-RNAs (miRNAs), einer Untergruppe **kleiner regulatorischer RNAs** (▶ Abschn. 8.2.4 und ▶ Abschn. 13.2.3), beteiligt sind. Gleichzeitig können lncRNAs jedoch auch mit TFs, miRNAs, RNA-Polymerasen, epigenetisch aktiven Proteinen, ribosomalen Untereinheiten und anderen um Bindestellen auf der DNA oder mRNA konkurrieren oder diese sogar vom eigentlichen Ziel ablenken, indem sie als **„falscher Köder"** dienen. In beiden Fällen, als Konkurrent oder Köder, haben sie also einen inhibierenden Charakter, wohingegen sie in ihrer Rolle als *guides* oder *scaffolds* auch positiven Einfluss auf die Genexpression haben können. Beim Zusammenspiel zwischen lncRNAs und Epigenetik wird es jedoch kniffliger: zwar haben miRNAs meistens einen repressiven Einfluss, der Chromatinstatus ist hingegen recht flexibel und wird durch diverse Faktoren beeinflusst. Salopp gesagt, verhält es sich hier in Bezug auf die Genexpression mal so und mal so.

> **Am Rande bemerkt**
> Bei einigen lncRNA-Genen, beispielsweise *Antisense Igf2r RNA noncoding (Airn)*, geschieht die Inhibition jedoch nicht einmal durch Konkurrenz an einer Bindestelle, sondern indem zwei RNA-Polymerasen einfach miteinander kollidieren! Die eine ist gerade dabei, das lncRNA-Gen *(Airn)* zu transkribieren, während eine andere RNA-Polymerase ein intragenisches, komplementäres und somit *antisense* gelegenes Gen *(Igf2r)* transkribiert. Dem Schicksal ergeben, bewegen sich beide Polymerasen also dramatisch aufeinander zu. Und WUMS! Kopfschmerzen für beide.

8.2.4 Kleine nichtcodierende eukaryotische RNAs: RNA-Interferenz

Wo wir schon eben bei den langen nichtcodierenden RNAs waren, wollen wir auch gleich mit ihren „kleinen Geschwistern" und somit einer weiteren wichtigen Gruppe regulatorischer RNAs weitermachen. In den 1990er-Jahren wurden nämlich durch verschiedene Forschergruppen, darunter Andrew Fire und Craig Mello (Nobelpreisträger des Jahres 2006), **kleine nichtcodierende RNA**-Moleküle in verschiedenen eukaryotischen Organismen nachgewiesen. Diese 20–30 Nukleotide

langen RNAs sind in der Lage, die Expression verschiedener Gene transkriptionell und posttranskriptional herunter zu regulieren *(Silencing)*. Dabei wirken sie mit einer Reihe von verschiedenen Effektorproteinen zusammen.

Diese Form der Expressionsregulation, weithin als **RNA-Interferenz (RNAi;** ▶ Abschn. 13.2.3) bezeichnet, liegt in beinahe allen Eukaryoten konserviert vor und funktioniert auf den ersten Blick nach einem relativ simplen Prinzip. Die kleine RNA wird aus einem partiell doppelsträngigen Vorläufermolekül hergestellt, wobei das größere Molekül durch eine Endonuklease (zumeist Dicer oder ein Homolog) in kleinere Teile geschnitten wird. Diese können dann in einen Proteinkomplex geladen werden, wobei die Bindung der RNA durch ein im Zentrum sitzendes **Argonautenprotein** erfolgt. Die kleine RNA fungiert dann als „Vermittlerin" des Komplexes, indem sie ihn zu einer komplementären Ziel-mRNA führt.

> **Am Rande bemerkt**
> Die eukaryotischen kleinen nichtcodierenden RNAs sind nicht zu verwechseln mit den prokaryotischen sRNAs (▶ Abschn. 8.1.4.2), auch wenn beide RNA-Gruppen in ihrer Wirkung ähnliche Funktionen haben. Sie unterscheiden sich nicht nur in ihrer Biogenese, sondern vor allem auch in den Effektor-Proteinen, mit denen sie zusammen ihre Wirkung erzielen.

▪▪ Die Auswirkungen der Bindung der Ziel-mRNA
Wie oben bereits angedeutet, kann diese Interaktion zu einer trankriptionellen oder posttranskriptionalen Stilllegung *(Silencing)* von Genen führen. Bei Ersterem initiiert die Bindung einer gerade entstehenden mRNA im Zellkern die Heterochromatisierung des betreffenden DNA-Abschnitts, indem andere Proteine rekrutiert werden, die die Chromatinstruktur beeinflussen. Man spricht hier von einem *RNA induced transcriptional silencing* (**RITS**). Im zweiten Fall wird im Cytoplasma eine Ziel-mRNA gebunden und entweder bei vollständiger Hybridisierung durch den Argonauten geschnitten und daraufhin degradiert oder durch partielle Bindung an das Ziel die Translation unterbunden. Hier spricht man von einem *RNA-induced silencing complex* (**RISC**).

Diese unterschiedlichen Funktionen werden jeweils von vielen verschiedenen kleinen RNA-Molekülen bedient. Im Allgemeinen werden aber derzeit drei Hauptgruppen von kleinen nichtcodierenden RNAs bei Eukaryoten unterschieden: *small interfering*-RNA (siRNA), *micro*-RNA (miRNA) und *Piwi-interacting*-RNA (piRNA). Die siRNA, miRNA und piRNA unterscheiden sich in vielerlei Hinsicht, vor allem in ihrer Synthese, der Funktionalität und ihren regulatorischen Aufgaben in der Zelle. Die RNA-Interferenz spielt demnach in vielen verschiedenen Ebenen der Genregulation, insbesondere in der **Epigenetik,** eine nicht zu unterschätzende Rolle. Ein umfassenderes Bild der Epigenetik und auch der Biogenese der kleinen RNAs sowie der genaue Wirkmechanismus werden in ▶ Kap. 13 aufgezeigt.

8.3 Signalkaskaden, Netzwerke und Zellkommunikation

Abschließend ist es für dieses Kapitel wichtig zu verstehen, dass die Regulation von Genen in den meisten Fällen nicht einfach nur so an diesem oder jenem Gen zu rein zufälligen Zeitpunkten passiert. Im Gegenteil: Die Evolution hat wunderbare und äußerst komplizierte Strukturen hervorgebracht, in denen Gene und deren Produkte miteinander auf vielfältigste Art und Weise interagieren und **kommunizieren.** Transkriptionsfaktoren werden beispielsweise über diverse Proteine moduliert und können selbst wiederum mehrere Gene inhibieren oder aktivieren, …die ihrerseits wieder andere Gene regulieren (▶ Abschn. 8.2.1.4). Auch durch regulatorische RNAs wie miRNAs, siRNAs, sRNAs oder lncRNAs werden eine Vielzahl von Genen – auch Gene regulatorischer RNAs selbst – beeinflusst. Die Formen der Beeinflussung reichen von linearen Modellen, bis hin zu positiven oder negativen *Feedback-Loops* oder *Circuits.* Grob gesagt: Gene und ihre Genprodukte funktionieren in Clustern, beziehungsweise in sogenannten **genetischen regulatorischen Netzwerken** (*genetic regulatory networks;* ◘ Abb. 8.22).

Eine wichtige Einheit dieser Netzwerke stellen **Zellen** dar. Ob in einem einzelligen Lebewesen oder in einem Zellverband eines mehrzelligen Lebewesens, Zellen sind *nie* steril und stehen immer unter dem Einfluss ihrer jeweiligen Umwelt. Einzelzellen als auch solche in

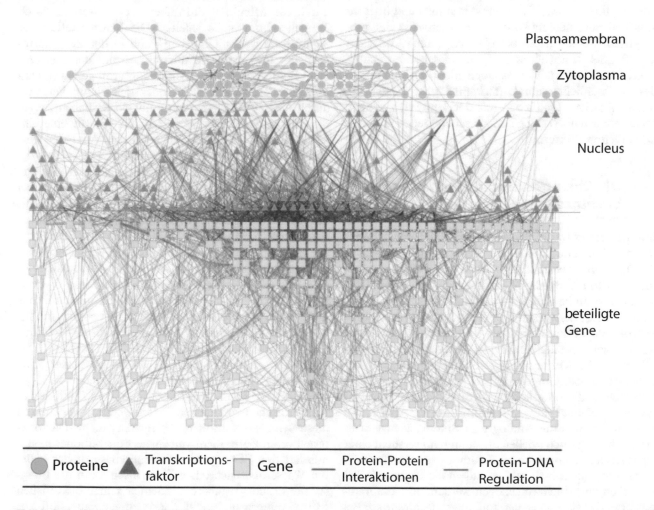

◘ **Abb. 8.22**   Ein integriertes zelluläres Netzwerk in *Saccharomyces cerevisiae.* Unter hyperosmotischem Stress, also wenn mehr gelöste Teilchen in der Umgebung als in der Zelle sind, lösen Hefezellen ganze Signalkaskaden aus. Dabei werden Signale von Rezeptormolekülen in der Plasmamembran an regulatorische Proteine im Zytoplasma weitergegeben, die wiederum Signalketten auslösen, die dann Transkriptionsfaktoren beeinflussen, die schließlich Aktivität von Genen regulieren. Die vielen Interaktionen verdeutlichen die Komplexität von Signalwegen und von genetisch regulatorischen Netzwerken. (Aus [8]; lizensiert nach CC BY 3.0)

8

zellulären Netzwerken kommen überhaupt nicht drum-herum, über bestimmte **Signale** oder „Trigger" gereizt und beeinflusst zu werden. Diese Trigger können so-wohl abiotischer Natur (Hitze, Kälte, Druck, Licht, UV-Strahlung, mechanische Bewegung...) als auch bio-tischer Natur sein (Hormone, Signalstoffe, Nahrungs-ketten, symbiontische oder konkurrierende Verhält-nisse, Partner zum Sex oder zum sonstigen Austausch genetischen Materials...). Auf der anderen Seite kön-nen Zellen wiederum auch selbst ihre Umwelt beein-flussen, indem sie Signale aussenden.

In der Regel können zelluläre **extrinsische** Signale (Trigger von außen) über spezielle Membranstrukturen oder Mechanismen wahrgenommen werden oder in-dem chemische Moleküle über Rezeptoren und Kanäle durch die Membran in die Zelle hineingelangen. Wer-den erst einmal bestimmte Schwellenwerte überschrit-ten, können diese Reize ganze **Signalkaskaden** auslö-sen, die bis hinab zur Genregulation das Verhalten der Zelle beeinflussen. Natürlich gibt es auch **intrinsische** Signale, die von einer Zelle selbst kommen und über ihr Schicksal entscheiden können (beispielsweise der pro-teolytische Selbstverdau bei Nahrungsmangel oder der gezielte „Selbstmord" einer Zelle bei schweren geneti-schen Mutationen). Wer es noch nicht geahnt hat: In diesem abschließendem Unterkapitel geht es also um **Kommunikation.** Und zwar mit der Umwelt, zwischen Zellen, innerhalb von Zellen, zwischen Genen und zwi-schen Genprodukten.

8.3.1 Die Chemotaxis und *Quorum Sensing* bei Einzellern

Eine bemerkenswerte Form bei Einzellern ihre Umwelt wahrzunehmen und darauf zu reagieren ist die **Chemota-xis.** Das Prinzip besteht darin, dass eine Zelle einen che-mischen Stoff wahrnimmt und sich anhand eines **Gra-dienten** dorthin bewegt, wo die Konzentration am höchs-ten ist. Das ist beispielsweise bei der Nahrungsaufnahme sinnvoll und funktioniert auch bei hungrigen Studieren-den, die sich zuweilen von einem leckeren Duft wie hyp-notisch in die Mittagskantine oder die nächste Pizze-ria ziehen lassen. Umgekehrt gibt es auch Fälle, wo eine Zelle sich in die umgekehrte Richtung bewegt, um bei-spielsweise einer schädigenden Substanz wie Antibiotika zu entkommen. Eine Analogie zu Studierenden gibt es dazu sicherlich auch (vielleicht, wenn man versucht einer aggressiven Parfumwolke im Kaufhaus zu entkommen?). Neben der Chemotaxis gibt es zudem die **Phototaxis,** bei der Zellen vom Licht angezogen werden, oder die **Aero-taxis,** bei der sie von Sauerstoff angezogen werden. Bei fleißigen Studierenden läuft es andersherum, insbeson-dere wenn sie lernen oder als Praktikanten im Labor schuften und erst nachts wieder rauskommen. Aber was hat das mit Genregulation zu tun?

▪▪ *Quorum Sensing* beeinflusst die Genregulation
Die Fähigkeit, Stoffe wahrzunehmen und darauf zu re-agieren ermöglicht auch, dass man sich gegenseitig **„an-lockt".** Jedenfalls solange man von der gleichen Art ist und dieselbe Sprache spricht, sprich die molekularen Si-gnale zu deuten weiß. Hier kommt das ***Quorum Sensing*** ins Spiel, das mit der Chemotaxis eng verwandt, oder Folge von dieser sein kann. Dabei handelt es sich um eine Zell-Zell-Kommunikation, bei der eine Zelle, bei-spielsweise ein Bakterium, wahrnimmt „wie viele" Bak-terien seiner Art sich in unmittelbarer Nähe befinden, um dann eventuell bestimmte genetische Programme zu initiieren (◘ Abb. 8.23). Dazu sendet das Bakterium ei-nen bestimmten Signalstoff, einen sogenannten ***autoin-ducer*** („Selbstinduzierer") aus und interpretiert gleich-zeitig die Konzentration dieses Signalstoffes in der Um-gebung. Die Signalmoleküle können in der Regel leicht durch die Membran diffundieren oder werden durch Transmembrankanäle geleitet. Die Konzentration der Signalstoffe in der Umgebung und in der Zelle korre-liert nun logischerweise mit der Anzahl der „senden-den" Bakterien. Ist eine Population groß genug (indem sie entweder gewachsen ist oder sich genug Vertreter durch Chemotaxis gegenseitig angelockt haben), erge-ben sich ganz andere Möglichkeiten, die für eine ein-zelne Zelle keinen Sinn ergeben würden. Als Folge wer-den jeweils komplizierte **Signalkaskaden** ausgelöst, die wiederum bestimmte Gene aktivieren oder inaktivieren.

Das bekannteste Beispiel ist die **Biolumineszenz** bei dem marinen Bakterium *Aliivibrio fischeri,* zumal mit der Identifikation des Signalmoleküls **Acyl-Homose-rin-Lacton (AHL)** das *Quorum Sensing* hier überhaupt erstmals nachgewiesen wurde (◘ Abb. 8.23). Ab einer bestimmten Konzentration von AHL wird in den *Vi-brio*-Bakterien die Expression eines **Luciferase-Operons** aktiviert, das neben anderen Proteinen auch für das Licht-produzierende Enzym Luciferase codiert. In An-wesenheit von Sauerstoff geht diesen *Vibrio*-Kolonien dann im wahrsten Sinne des Wortes ein Licht auf! Das alleine ist schon cool, aber es wird noch besser. Eine biologische Funktion dieser Biolumineszenz von *A. fi-scheri* besteht nämlich darin, dass sich die Bakterien in Körpertaschen von kleinen Tintenfischen sammeln und diese **Symbiose** vor allem der Tarnung dient: Das bak-teriell produzierte Licht verschleiert die Silhouette oder mindert den Schatten des Tintenfisches vor der helle-ren Wasseroberfläche. Der Tintenfisch kann die Inten-sität des Lichts regulieren, indem er seinen bakteriellen Mitbewohnern mal mehr oder weniger Sauerstoff zur Verfügung stellt, ein paar rausschmeißt und oder seine Körperfalten anders arrangiert. Verrückt, nicht wahr?

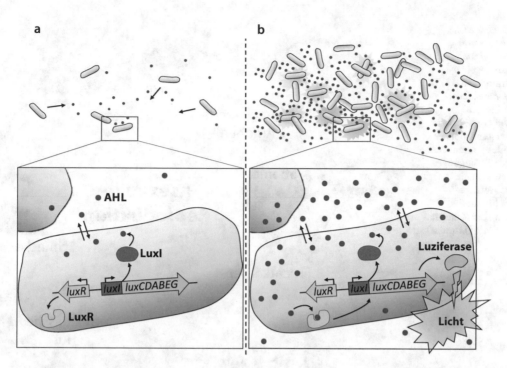

◘ Abb. 8.23 Quorum Sensing und Biolumineszenz bei *Aliivibrio fischeri*. Bei verschiedenen *Vibrio*-Arten dient Acyl-Homoserin-Lacton (AHL) als Signalmolekül für Chemotaxis und *Quorum Sensing*. AHL wird von dem Enzym LuxI synthetisiert und kann frei durch die Membran diffundieren. **a** Bei geringer Dichte an Zellen und AHL-Molekülen bleibt das Protein LuxR, ein Transkriptionsfaktor, inaktiv und wird schnell abgebaut. **b** Bei hoher Dichte an Zellen und AHL-Molekülen wirkt AHL einerseits als *autoinducer* und kurbelt seine eigene Produktion weiter an und aktiviert andererseits LuxR, welches wiederum die Expression anderer *Quorum Sensing*-Gene aktiviert. Dies führt zur Expression einer Luciferase, die wiederum Biolumineszenz ermöglicht. (J. Buttlar)

Ein weiteres Beispiel für *Quorum Sensing* ist die Produktion von **Biofilmen** (wie bei *Pseudomonas aeruginosa*) als Schutzschicht vor Austrocknen, Antibiotika und mechanischen Einflüssen. Zudem ist auch die Pathogenität mancher Bakterien von ihrer lokalen Konzentration abhängig: *Staphylococcus aureus* beginnt erst ab einer bestimmten Populationsgröße damit, bestimmte **toxische Peptide** zu produzieren und zu sekretieren. Bis dahin sind sie völlig harmlos – die reinsten Schläfer also.

Bemerkenswert

Dictyostelium discoideum – Verzeihung für einen weiteren umständlichen Namen – ist ein **Schleimpilz,** der sowohl als einzellige **Amöbe** vorkommt, der aber auch vielzellige **Fruchtkörper** mit differenzierten Zelltypen bilden kann (◘ Abb. 8.24). Und genau das ist für uns Interessant. Dass nämlich eine Gruppe von mehr oder weniger uniformen Amöben plötzlich ihre Freiheiten als schleimige Einzeller aufgeben und sich zugunsten eines Fruchtkörpers (quasi ihrer „Population") nur noch auf spezielle Aktivitäten konzentriert. Eine

wichtige Rolle spielt dabei das **zyklische Adenosinmonophosphat (cAMP)**, das als Signalstoff und Dirigent wirkt: Gibt es genug Nahrung, kommt *D. discoideum* als einzelne Amöbe vor und kann sich durch Teilung vermehren. Unter Nahrungsmangel beginnen einzelne Zellen jedoch mit der Produktion von cAMP, das als Botenstoff zu einer Aggregation anderer Amöben führt (→ *Chemotaxis*). Wenn genug Zellen anwesend sind (→ *Quorum* Sensing) wird die asexuelle Reproduktion eingeleitet. Bei der folgenden Ausdifferenzierung müssen die jeweiligen Zellen ihr genetisches Programm umschalten, zumal ihre Aufgaben und Anforderungen innerhalb der verschiedenen Phasen und schließlich im Fruchtkörper ganz andere sind als vorher. Was eine Zelle zu tun hat, und wo sie sich befindet, das erfährt sie in den verschiedenen Stadien wiederum über einen cAMP-Gradienten innerhalb des Gebildes. *Dictyostelium* ist somit ein wichtiger Modellorganismus zur Untersuchung des evolutionären Übergangs von Einzellern zur **Vielzelligkeit** und auch zur Ausdifferenzierung von Zellen. Nicht zu verschweigen, dass er bei Molekularbiologen im Labor auch deshalb so beliebt ist, weil er einfach leicht zu halten ist und selten jammert.

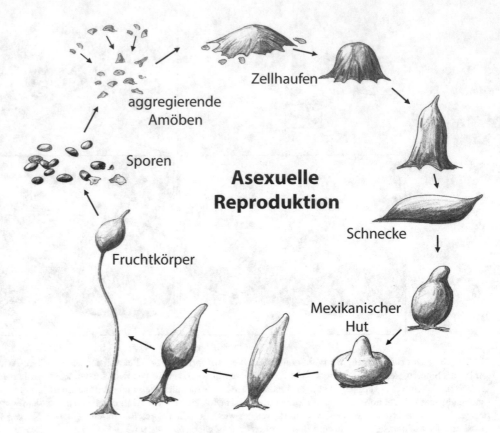

■ **Abb. 8.24** Der asexuelle Reproduktionszyklus von *Dictyostelium discoideum.* Unter Nahrungsmangel leiten einzelne Amöben des Schleimpilzes *D. discoideum* einen etwa 24-stündigen Entwicklungszyklus ein, der zur Produktion widerstandsfähiger und überdauernder Sporen dient, die unter besseren Bedingungen wieder auskeimen können. Eine wesentliche Aufgabe bei der Koordination und Ausdifferenzierung der Zellen hat der Botenstoff cAMP. (J.Buttlar)

aggregierende Amöben

Zellhaufen

Sporen

Asexuelle Reproduktion

Fruchtkörper

Schnecke

Mexikanischer Hut

8.3.2 Die Entwicklung und Organisation vielzelliger Körper

Wer sagt einem vielzelligem Organismus eigentlich wo Kopf und wo Fuß ist? Oder wo links und rechts ist? In dem vorigen Abschnitt ging es bei dem Schleimpilz *D. discoideum* bereits um Zell-Zell-Kommunikation und um die Differenzierung von Zellen. Jedoch muss man betonen, dass in jenem Beispiel ein vielzelliger Organismus entstand, indem sich einfach viele Einzeller zusammenschlossen. Bei „echten" vielzelligen Tieren (**Metazoa**) oder Pflanzen (**Metaphyta**) entsteht der Organismus (unter Umständen) aus einer einzelnen befruchteten Zelle, der **Zygote** und wächst dann zu einem vielzelligen Individuum heran. Fühlen Sie sich, liebe Leserin, lieber Leser, als Artgenosse der Spezies *Homo sapiens* davon übrigens auch angesprochen.

▪▪ Wie Gradienten, Segmentierung und Hox-Gene die Zukunft von Zellen bestimmen

Bei der Entwicklung eines Individuums aus einer einzelnen Zelle bestimmen **Gradienten** spezifischer Signalmoleküle die Bildung von **Körperachsen** und Mustern im frühen Embryo. Beginnt sich die erste Zelle im uniformen Zellklumpen beispielsweise zu differenzieren und zu sagen: „ich bin vorne!", teilt sie durch Sekretion bestimmter Moleküle den umliegenden Zellen gleichzeitig mit, dass diese „hinten" sind. Auf die Ausbildung der Körperachsen folgt meist eine **Segmentierung** des Embryos. Die Identität eines Segments, beziehungsweise welche Funktion oder welches Organ ein Segment im adulten Körper übernehmen wird, wird in Vielzellern maßgeblich durch sogenannte **Hox-Gene** beeinflusst (■ Abb. 8.25). Hox-Gene sind eine Untergruppe der Homöobox-Gene, die sich durch eine spezifische 180 bp-Sequenz, die sogenannte **Homöobox,** auszeichnen. Alle bekannten Homöobox-Gene codieren für Transkriptionsfaktoren und so ist es nicht gerade verwunderlich, dass die Homöobox für eine DNA-bindende **Homöodomäne** (bestehend aus 60 Aminosäuren) codiert. Das Besondere an den Hox-Genen ist nun, dass sie in Ansammlungen, also in Clustern, vorkommen, und innerhalb eines Clusters in der gleichen Reihenfolge sortiert sind, wie sie in den Körpersegmenten (von vorne nach hinten gesehen) *räumlich* und *zeitlich* exprimiert werden. So wird in der Regel zuerst das vorderste Hox-Gen aktiviert und dann das nächste und so weiter. Der Zeitpunkt des Expressionsstarts ist dabei klar definiert, oftmals aber nicht das Ende, wodurch sich ein Gradient der verschiedenen Signale ergibt, der gleichzeitig auch die Position eines Segmentes definiert. Werden die Transkriptionsfaktoren der Hox-Gene nun exprimiert, regulieren sie die Expression von vielen weiteren (bis zu hunderten) Genen, inklusive weiterer Transkriptionsfaktoren. Spätestens jetzt sollten Sie nochmal an **genetische regulatorische Netzwerke** denken…

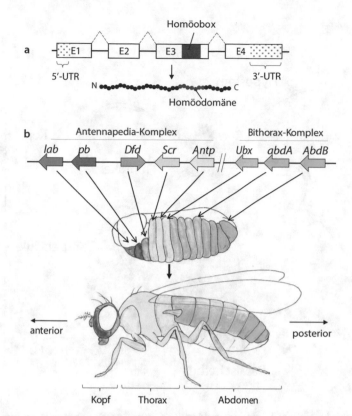

Abb. 8.25 Hox-Gene und Entwicklung. **a** Schematische Darstellung eines Hox-Gens. Die Homöobox codiert für eine DNA-Bindedomäne, die Homöodomäne, die elementarer Bestandteil des Transkriptionsfaktors ist. **b** Schematische Darstellung der Expression von Hox-Genen in *Drosophila melanogaster*. Die Anordnung der einzelnen Gene auf dem Chromosom 3 korreliert sowohl im Embryo als auch in der adulten Fliege mit der Anordnung der Körperabschnitte, in denen die Gene jeweils eine wichtige Rolle spielen. Die Hox-Gene in *D. melanogaster* können in zwei Gruppen eingeteilt werden: Die vorderen fünf werden als Antennapedia-Komplex und die hinteren drei als Bithorax-Komplex bezeichnet. Nicht eingezeichnet sind die Nicht-Homöobox Gene *zen* und *bcd,* die zwischen *pb* und *Dfd* liegen, und das Gen *ftz,* das zwischen *Scr* und *Antp* positioniert ist. (J. Buttlar)

Merke

Hox-Gene finden sich in allen Metazoa mit einer Körperachse und haben gewaltigen Einfluss auf die embryonale Entwicklung. Wie wichtig sie sind, zeigt sich einerseits daran, dass sie zwischen Arten hoch konserviert sind und andererseits daran, dass Mutationen fatale Folgen haben können.

Zugegebenermaßen hatte dies viel mit **Entwicklungsbiologie** zu tun. Weil Differenzierungsprozesse aber nicht nur während der embryonalen Entwicklung, sondern auch in der Aufrechterhaltung der Organisation von adulten Individuen eine Rolle spielen, wollen wir noch einen kleinen Ausflug zu einem besonderen Beispiel wagen: dem Süßwasserpolypen *Hydra*.

8.3.2.1 Kurze Einführung zu *Hydra* und ihrem Geheimnis der Unsterblichkeit

Hydra vulgaris gehört zur Gruppe der Nesseltiere (Cnidaria), steht im Stammbaum der vielzelligen Tiere sehr weit unten an der Basis und kommt nur in Polypenform, nicht aber in Medusenform vor. Im Prinzip besteht sie lediglich aus einer kleinen Röhre, die an dem einen Ende einen Kopf mit einer Mundöffnung besitzt (**Hypostom**) und an dem anderen Ende einen Fuß (oder **Basalscheibe**), der der Verankerung am Substrat dient (**Abb. 8.26**). Um das Hypostom herum befindet sich ein Ring aus Tentakeln, der dem Beutefang dient. Weil *Hydra* keinen After besitzt, verlassen die unverdauten Nahrungsreste den Körper auf die gleiche Weise, wie sie reingekommen sind: durch das Hypostom. Eine besondere Eigenschaft des kleinen Polypen besteht nun darin, dass er zum größten Teil aus **Stammzellen** besteht, die fast die gesamte Körpersäule ausmachen und permanent in der Lage sind, sich zu teilen. Durch die Teilung entstehen entweder wieder neue Stammzellen oder andere, die sich zu Zellen der Kopf- oder Fußregion differenzieren (oder zu Nervenzellen, Drüsenzellen oder Gameten). Die Produktion neuer Zellen steht dabei in einem Gleichgewicht mit denen, die in den differenzierten Kopf- und Fußregionen absterben. Dies verschafft *Hydra* einerseits eine unglaubliche **Regenerationsfähigkeit** und macht sie zu

8

◼ Abb. 8.26   Allgemeiner Körperbau von *Hydra vulgaris*. **a** zeigt eine allgemeine Übersicht des Süßwasserpolypen. **b** zeigt einen Querschnitt. Im Gegensatz zu vielen anderen Tieren besteht *Hydra* nur aus zwei Keimblättern, die ein äußeres Epithel (Ectoderm) und ein inneres Epithel (Endoderm) bilden. Die Stammzellen, die den Großteil der Körpersäule ausmachen, differenzieren sich zur Fuß- und Kopfregion hin zu spezialisierteren Zelltypen. (J. Buttlar)

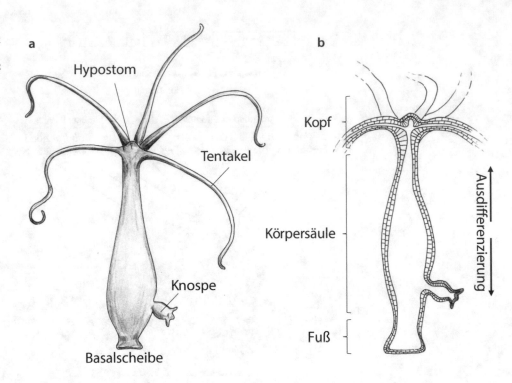

dem einzigen bekannten vielzelligen Lebewesen, das keine Alterserscheinungen zeigt! Andererseits stellt dies den Polypen auch vor ein großes Problem: Wenn die Zellen ein so großes Teilungs- und Entwicklungspotenzial haben, könnten sich auch bei einem adulten Tier ständig neue Köpfe oder Körperachsen an verschiedenen Stellen bilden, nicht?

In der Tat befindet sich in dem unteren Drittel der Körperachse oberhalb des Fußes eine **Knospungszone,** in der hin und wieder ein zweiter Kopf wächst, aus dem eine Knospe und schließlich eine kleine aber vollständige neue *Hydra* wird! Neben einem sexuellen Zyklus kann sich *Hydra* also auch asexuell über Knospung vermehren. Wie schafft es der Polyp aber, dass sich nicht *überall* neue Knospen bilden und dass der „Hauptkopf" als solcher erhalten bleibt?

8.3.2.2 Der Wnt-Signalweg induziert die Bildung der Körperachse von *Hydra*

Eine wichtige Rolle in der Musterbildung und Etablierung von Körperachsen mehrzelliger Tiere hat der **Kopf-Organisator** (engl. *head organizer*). In *Hydra* wird die Bildung dieses Kopf-Organisators wiederum durch den Wnt-Signalweg ausgelöst (◼ Abb. 8.27). **Wnt** wird wie „Wint" ausgesprochen und stellt ein extrazelluläres Protein zur Signaltransduktion dar. Aber besprechen wir zuerst, was *ohne* Wnt passiert: In diesem Falle wird der Transkriptionsfaktor **ß-Catenin,** der das Herzstück des Signalweges ausmacht, nämlich von einem Multiproteinkomplex gebunden. Der Komplex besteht aus den Proteinen **CK1α** (Casein-Kinase 1α), **GSK3ß**

(Glykogen-Synthase-3), **Axin** und **APC** (Adenomatosis Polyposis coli-Protein) und sorgt dafür, dass ß-Catenin phosphoryliert wird, was letztendlich zu dessen Ubiquitinierung und Degradation, also zu dessen Zerstörung, führt.

Ist Wnt jedoch anwesend, kann er als Ligand an den Rezeptor **Frizzled** binden, der mit seinen sieben α-Helix-Transmembrandomänen durchaus etwas frisselig aussieht, und somit eine Signalkette in Gang setzen. Zusammen mit **LRP** (*LDL-receptor related protein*) leitet Frizzled dann das Signal an **Dsh** (Dishevelled) weiter. Dieses bindet wiederum das Protein **Axin** und verhindert dadurch die Bildung des Multiproteinkomplexes. In diesem Fall wird ß-Catenin dementsprechend *nicht* abgebaut und ist frei zu gehen. Weil es ein Transkriptionsfaktor (TF) ist, könnte es beispielsweise in den Nukleus gehen und dort mit einem weiteren TF, nämlich **TCF** (T-Zell Faktor), die Transkription verschiedener Gene für den Kopf-Organisator aktivieren.

Nun gut, jetzt wissen wir, wie der **Kopf-Organisator** innerhalb des Hypostoms entsteht. Aber damit noch nicht genug. Das Entscheidende ist, dass der Kopf-Organisator permanent zwei Signale aussendet, die vom Hypostom aus durch den Körper Richtung Fuß diffundieren: nämlich einen **Kopf-Aktivator** und einen **Kopf-Inhibitor.** Beide sind in der Nähe des Kopf-Organisators am stärksten ausgeprägt und nehmen Richtung Fuß ab. Anhand der Gradienten der beiden Signale kennt jede Zelle im *Hydra*-Körper ihre Position, wodurch eine Organisation anhand einer **Körperachse** (Kopf–Fuß) ermöglicht wird. Der Aktivator ist dabei dafür zuständig, dass

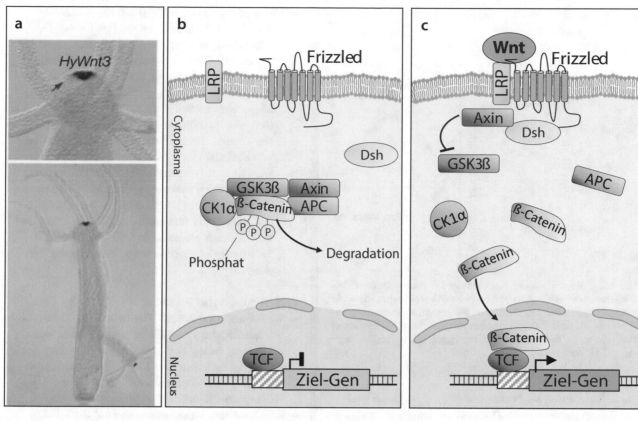

◘ Abb. 8.27 Der Wnt-Signalweg in *Hydra*. **a** Für die Bildung des Kopf-Organisators in *Hydra* ist das *Hydra*-Wnt-Protein 3 (HyWnt3) verantwortlich. Die Expression des Proteins wurde hier durch *in situ*-Hybridisierung sichtbar gemacht. **b** In Abwesenheit von Wnt wird der Transkriptionsfaktor ß-Catenin durch einen Multiproteinkomplex phosphoryliert und abgebaut. **c** In Anwesenheit von Wnt kommt es nicht zur Bildung des Komplexes und ß-Catenin kann die Expression bestimmter Zielgene initiieren. Abkürzungen und weitere Informationen siehe Text. (Teilabbildung a) aus [9], © Elsevier Inc.; b) und c) von J. Buttlar)

im Falle einer Verletzung überhaupt ein neuer Kopf-Organisator entstehen kann. Schneidet man einen Polypen einfach durch, würde also an der Stelle, die dem alten Kopf am nächsten war, ein neuer wachsen. Der Inhibitor sorgt hingegen dafür, dass der Kopf nicht an der falschen Stelle entsteht und zudem, dass nicht zu viele Köpfe entstehen. Ein entsprechendes Modell ist in ◘ Abb. 8.28 dargestellt. Die Unterschiede der beiden Signale liegen darin, dass der Aktivator zwar schnell degradiert, dafür aber eine hohe Diffusionsrate hat, während der Inhibitor etwas stabiler ist, dafür aber nicht so weit „wandert". Dies würde auch erklären, warum die **Knospungsregion** so weit unten liegt, da hier das Aktivierungssignal – wenn auch gering – nicht durch den Inhibitor aufgehoben werden kann.

Leider kennt man bisher die genauen molekularen Hintergründe des Aktivators und des Inhibitors nicht. Neuere Studien deuten jedoch darauf hin, dass es sich beim Aktivator um Wnt3 handeln könnte (*Hydra* besitzt mehrere Wnt-Proteine) und beim Inhibitor um den Transkriptionsfaktor Sp5 [10]. Doch mehr dazu lesen Sie in der nächsten Ausgabe dieses Buches.

Am Rande bemerkt

Es scheint, dass der Wnt-Signalweg auch in den meisten bilateral-symmetrischen Tieren (also solchen mit zwei Körperachsen, inklusive Wirbeltieren) eine wichtige Rolle bei der Entwicklung der primären Körperachse (Kopf–Fuß) spielt [11]. Hier definiert er aber nicht den Kopf, sondern eher das hintere Ende…

Zusammenfassung

- Gene müssen reguliert werden, da Zellen in unterschiedlichen Situationen unterschiedliche Genprodukte benötigen.
- Die Regulation der Genexpression (kurz Genregulation) umfasst alle Mechanismen, die einen Einfluss auf die Aktivität von Genen und somit auf die Quantität der Genprodukte haben.
- Wichtige Ansatzpunkte sind im Allgemeinen die Transkription, die Reifung und Stabilität von funktionellen RNAs und mRNAs und auch die Initiation der Translation.

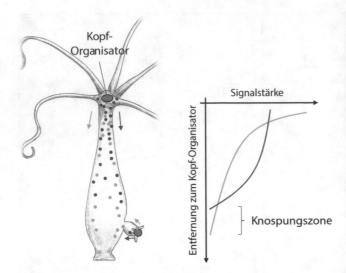

Kopf-
Organisator

Signalstärke

Entfernung zum Kopf-Organisator

Knospungszone

☐ **Abb. 8.28** Regulation der Kopfbildung bei *Hydra*. Das Verhältnis zwischen Kopf-Aktivator- und Kopf-Inhibitor-Signalen, die beide vom Kopf-Organisator aus durch den Körper diffundieren, entscheidet darüber, ob Zellen die genetischen Programme zur Kopfbildung starten oder nicht. Rot = Kopf-Inhibitor-Signal, grün = Kopf-Aktivator-Signal. (J. Buttlar)

8

- **Genregulation bei Prokaryoten**
- ▬ Transkription und Translation finden in Prokaryoten fast zeitgleich statt. Die Regulation des einen Vorgangs wirkt sich daher oft auch direkt auf den anderen aus.
- ▬ Laktose-Operon:
  - Genorganisation in Operons: Mehrere Gene werden zusammen über gemeinsame benachbarte regulatorische Elemente kontrolliert. Dabei sind die Strukturgene hintereinander auf der genomischen DNA positioniert und werden als eine gemeinsame mRNA transkribiert.
  - Das *lac*-Operon besitzt nach der Promotorregion einen Operator, an den ein Repressor binden kann (negative Regulation). Er besitzt aber auch eine Bindestelle für einen Aktivator (positive Regulation). Durch beide Mechanismen wird das Operon in Abhängigkeit vom Nährstoffangebot inaktiv oder aktiv gehalten.

Der Attenuationsmechanismus stellt einen weiteren Mechanismus dar, der zum Beispiel bei der Regulation der Aminosäurebiosynthese, unter anderem von Tryptophan, zu finden ist. Bei einer hohen Tryptophankonzentration in der Zelle wird die Transkription der dafür benötigten Biosynthesegene herunterreguliert (negativer Feedback-Loop). Der Attenuatorbereich ist dabei sehr wichtig, da an diesem die Termination der Operon-Transkription eingeleitet wird.

- *Untranslated regions* (UTRs) und kleine RNAs:
  - Am 5'-und 3'-Ende einer mRNA befinden sich untranslatierte Bereiche (UTRs), welche wichtig für die Translationsinitiation, -termination, deren Feinabstimmung und die Stabilität der mRNA sind. Durch partielle Hybridisierung bilden sich in den UTRs Haarnadelstrukturen (*hairpins, loops*), die die Translation modulieren können. Diese Form der *cis*-Regulation beschreibt also einen Mechanismus, bei dem der Regulator auf demselben Molekül vorliegt und ohne Liganden auskommt. Umgekehrt kann eine Translationsmodulation auch in *trans* stattfinden, indem die regulatorische Wirkung von einem anderen Molekül, durch Bindung von Metaboliten oder *cis*-beziehungsweise *trans*-sRNAs, ausgeht.

- **Genregulation bei Eukaryoten**
- ▬ Weil Transkription und Translation bei Eukaryoten zeitlich und räumlich getrennt stattfinden, ergeben sich neben der direkten Beeinflussung der Transkription zahlreiche ko- und posttranskriptionale Regulationsmechanismen (v. a. während der Reifung der Prä-mRNA)
- ▬ Regulatorische Strukturen in und auf der DNA:
  - Chromatin: Verschiedene Faktoren können die strukturelle Eigenheit der DNA, das Chromatin, verändern und auch so eine Auswirkung auf die Genexpression haben. Dazu zählen nicht nur das Eu- und Heterochromatin, sondern auch die chemische Modifikation von Histonen und damit ihre Bindung sowie die Methylierung von Cytosin in der DNA.
  - Einfluss von Promotoren auf die Transkription: Neben dem Initiator liegt der Kernpromotor, welcher zwingend für die Transkription eines Gens benötigt wird und aus verschiedensten Sequenzen (TATA-Box, CAAT-Box, BRE^u, BRE^d etc.) bei jedem Gen zusammengestellt sein kann.
  - *Enhancer*-und *Silencer*-Sequenzen wirken über Transkriptionsfaktoren: Neben der RNA-Polymerase wird eine Vielzahl von Transkriptionsfaktoren benötigt, welche die Genexpression induzieren (Aktivator) oder unterdrücken (Repressor) können. Diese binden entweder an *Enhancer* (Verstärker) oder *Silencer* (Abschwächung) und können vor, innerhalb oder hinter dem ORF liegen.
  - Aufbau und Funktionsweise von Transkriptionsfaktoren (TFs): Im Grunde setzen sich Transkriptionsfaktoren aus der DNA-bindenden und einer *trans*-aktivierenden Domäne zusammen, mit welcher andere notwendige Proteine der Transkriptionsmaschinerie rekrutiert wer-

den können. Da die DNA-bindende Domäne aus unterschiedlichen Peptidmotiven zusammengesetzt wird, kann auf Basis dieser Unterschiede und auch von Strukturähnlichkeiten eine Einteilung in verschiedene Transkriptionsfaktorfamilien vorgenommen werden.

- Reifung der Prä-mRNA und alternative Prozessierung:
  - Expressionsmodulation durch Veränderung der mRNA:
  - Durch alternatives Spleißen kann aus einer Prä-mRNA durch Heraustrennen unterschiedlichster Exons (und Introns) eine Vielzahl von Transkripten entstehen, welche in unterschiedliche Proteine translatiert werden. Eine weitere Möglichkeit der Sequenzveränderung einer mRNA beschreibt das Editieren. Dabei wird die chemische Struktur eines Nukleotids umgewandelt oder das Einfügen/Entfernen zusätzlicher Nukleotide in die mRNA vorgenommen, was ebenfalls die Funktion und Struktur des späteren Proteins deutlich verändern kann.

- Regulatorische lange und kleine nichtcodierende RNAs
  - Lange nichtcodierende RNAs (lncRNAs) haben eine Länge von > 200 bp. Sie kommen in Eukaryoten recht häufig vor und können zusammen mit anderen RNAs oder Proteinen interagieren und so die Aktivität bestimmter Gene beeinflussen.
  - Kleine RNAs und RNA-Interferenz (RNAi): RNAi basiert auf der regulatorischen Funktion von doppelsträngigen, 20–30 Nukleotide langen RNAs, welche aus größeren inter- oder intramolekularen Vorläufermolekülen über konservierte Endonukleasen (Dicer) hergestellt werden.

• Signalkaskaden, Netzwerke, und Zellkommunikation

- Um die Außenwelt zu interpretieren und die Interaktion mit dieser (oder mit anderen Zellen) zu steuern bedienen sich Zellen ganzer Signalkaskaden, die wiederum bestimmte Gene als Antwort auf einen Reiz aktivieren oder deaktivieren können. Beispiele hierfür sind:
- Chemotaxis. Hier können Zellen anhand eines Stoffgradienten Informationen über ihre Position, das Vorhandensein von Nahrung, oder von anderen Zellen gewinnen.
- Quorum Sensing. Dient Bakterien dazu, die Bakteriendichte zu ermitteln, um bei einer bestimmten Dichte spezifische genetische Programme einzuleiten.
- Gene sind zudem nicht einzeln zu betrachten, sondern interagieren über ihre Genprodukte wiederum mit anderen Genen und deren Genprodukten.

Komplizierte genetische regulatorische Netzwerke ermöglichen eine Feinabstimmung innerhalb und zwischen Zellen.
- Insbesondere bei der Ausbildung der Körperachsen von Tieren spielen bestimmte Gene und Signalwege (bspw. Hox-Gene und der Wnt-Signalweg) eine übergeordnete Rolle.

Literatur

1. Inada, T., Kimata, K., & Aiba, H. (1996). Mechanism responsible for glucose–lactose diauxie in Escherichia coli: Challenge to the cAMP model. *Genes to Cells, 1*(3), 293–301.
2. Waters, L. S., & Storz, G. (2009). Regulatory RNAs in bacteria. *Cell, 136*(4), 615–628.
3. Shalaby, N. A., Sayed, R., Zhang, Q., Scoggin, S., Eliazer, S., Rothenfluh, A., & Buszczak, M. (2017). Systematic discovery of genetic modulation by Jumonji histone demethylases in Drosophila. *Scientific Reports, 7,* 5240. ▶ https://doi.org/10.1038/s41598-017-05004-w.
4. Abbildungen zu einem genetischen regulatorischen Netzwerk in *E. coli*: ▶ http://regulondb.ccg.unam.mx/menu/tools/transcritional_regulation_network/index.jsp# [Letzter Zugriff: August 2020]
5. Filippini, A., Bonini, D., La Via, L., & Barbon, A. (2017). The Good and the Bad of Glutamate Receptor RNA Editing. *Molecular Neurobiology, 54*(9), 6795–6805. ▶ https://doi.org/10.1007/s12035-016-0201-z.
6. Kung, J. T. Y., Colognori, D., & Lee, J. T. (2013). Long noncoding RNAs: Past, present, and future. *Genetics, 193*(3), 651–669. ▶ https://doi.org/10.1534/genetics.112.146704.
7. Daten zu lncRNAs. ▶ http://noncode.org/analysis.php [Zugriff: 02.04.2020, 1:34]
8. Chen, B.-S., & Wu, C.-C. (2013). Systems biology as an integrated platform for bioinformatics, systems synthetic biology, and systems metabolic engineering. Cells (Bd. 2). ▶ https://doi.org/10.3390/cells2040635
9. Lengfeld, T., Watanabe, H., Simakov, O., Lindgens, D., Gee, L., Law, L., & Holstein, T. W. (2009). Multiple Wnts are involved in Hydra organizer formation and regeneration. *Developmental Biology, 330*(1), 186–199. ▶ https://doi.org/10.1016/j.ydbio.2009.02.004.
10. Vogg, M. C., Beccari, L., Iglesias Ollé, L., Rampon, C., Vriz, S., Perruchoud, C., & Galliot, B. (2019). An evolutionarily-conserved Wnt3/β-catenin/Sp5 feedback loop restricts head organizer activity in Hydra. *Nature Communications, 10*(1), 1–15. ▶ https://doi.org/10.1038/s41467-018-08242-2.
11. Petersen, C. P., & Reddien, P. W. (2009). Wnt Signaling and the Polarity of the Primary Body Axis. *Cell, 139*(6), 1056–1068. ▶ https://doi.org/10.1016/j.cell.2009.11.035.

WeiterführendeLiteratur

12. Chen, X., Sun, Y., Cai, R., Wang, G., Shu, X., & Pang, W. (2018). Long noncoding RNA: Multiple players in gene expression. *BMB Reports, 51*(6), 280–289. ▶ https://doi.org/10.5483/BMBRep.2018.51.6.025.
13. Tan, M. H., Li, Q., Shanmugam, R., Piskol, R., Kohler, J., Young, A. N., & Li, J. B. (2017). Dynamic landscape and regulation of RNA editing in mammals. *Nature, 550*(7675), 249–254. ▶ https://doi.org/10.1038/nature24041.
14. Schaap, P. (2016). Evolution of developmental signalling in Dictyostelid social amoebas. *Current Opinion in Genetics & Development, 39,* 29–34. ▶ https://doi.org/10.1016/j.gde.2016.05.014.

Evolution, Mutationen und Reparatur

Inhaltsverzeichnis

© Springer-Verlag GmbH Deutschland, ein Teil von Springer Nature 2020
J. Buttlar et al., *Tutorium Genetik*,
https://doi.org/10.1007/978-3-662-56067-9_9

9

▪▪ Genome sind veränderbar!

Genome von Lebewesen verändern sich – und zwar jeden Tag! Von den meisten Veränderungen bekommt man nichts mit, andere hingegen können unzählige Folgen haben. Betrachtet man die Veränderung eines Genoms und wie sich die Veränderungen auf das Überleben einer Population über einen langen Zeitraum ausüben, spricht man von einer **biologischen Evolution.** Dabei wird die Evolution von verschiedenen Faktoren begünstigt oder inhibiert.

Der deutsche Schriftsteller Peter Hohl schrieb einst: „Hätte sich die erste lebende Zelle immer fehlerfrei vermehrt, die Welt wäre heute noch ausschließlich von Einzellern bevölkert!" [1]. Und er hatte Recht. Denn ohne Veränderungen auf genetischer Ebene wäre dieser Reichtum an Arten, den es heute auf unserem Planeten gibt (gemessen anhand der biologischen Diversität, kurz **Biodiversität**), niemals entstanden. Ganz zu schweigen von all den Lebensformen, die diese Erde einmal bevölkerten und die wir nicht einmal zu Gesicht bekamen! Fehler sind also nicht immer etwas Schlechtes. Es ist gar nicht ungewöhnlich, dass sich das Genom einer Spezies aufgrund von Fehlern bei der **DNA-Replikation** und Umwelteinflüssen verändert.

▪▪ Wie verändern sich Genome?

Evolution passiert in der Regel nicht auf einmal und abrupt in der Lebenszeit eines einzelnen Individuums. Oder haben Sie schon mal jemanden gesehen, der sein Leben als Bakterium begonnen und als Fisch beendet hat? Die Evolution benötigt Zeit, geschieht über Generationen hinweg und Veränderungen im Genom (wie auch immer sie entstanden sind) müssen sich auch für nachfolgende Generationen regelrecht bewähren. Heute geht man davon aus, dass die ersten Zellen vor ca. 3,8 Mrd. Jahren entstanden sind. Die ersten Tiere gab es allerdings erst vor 500 Mio. Jahren. Man könnte also sagen, dass die Evolution etwa 3,3 Mrd. Jahre brauchte, um von der ersten Zelle ausgehend einen Fisch hervorzubringen. Die Evolution braucht also sehr viel Zeit und viele Generationen, denn sie passiert in kleinen Schritten. Aber wieso passiert diese Entwicklung überhaupt?

Die Antwort ist, dass es verschiedene Faktoren gibt, die das Erbgut (DNA) eines Organismus verändern können. Dazu zählen zum Beispiel **Mutationen.** Mutationen sind permanente Veränderungen im genetischen Code eines DNA-Strangs (▶ Abschn. 9.2). Sie können durch Umweltfaktoren, aber auch zufällig ausgelöst werden. Grundlegend kann man sich an folgender Regel orientieren: Sind die Mutationen schlecht für einen Organismus, verliert er an **evolutionärer Fitness** gegenüber Konkurrenten, und die Mutation wird langfristig nicht weitervererbt. Sind sie positiv, also beispielsweise hilfreich für das Überleben und die Fortpflanzung des Organismus, können die betroffenen Individuen sich unter Umständen besser durchsetzen und die Mutation wird möglicherweise auch an kommende Generationen weitergegeben. Ist eine Mutation weder positiv noch negativ, also neutral, ist es rein zufällig, ob eine weitere Vererbung stattfindet. Dieses Konzept beschrieben **Charles Darwin** (1809–1882) und **Alfred Russel Wallace** (1823–1913) bereits im Jahre 1858 als den Prozess der **natürlichen Selektion.** Generell wird der Einfluss der Mutationen dabei im Zusammenhang mit der Umwelt, in der sich der Organismus zu behaupten hat, bewertet (▶ Abschn. 9.1).

▪▪ … und warum muss DNA repariert werden?

Die natürliche Selektion beschreibt im Kern also, welche Organismen oder Individuen aufgrund ihrer *zufällig* erworbenen Eigenschaften den Herausforderungen des Lebens trotzen und sich fortpflanzen und welche aussortiert werden. Manche Mutationen haben dabei nicht nur auf die Nachkommen, sondern bereits zeitlebens auf einen Organismus gravierende Auswirkungen und können unter Umständen zum sofortigen Zelltod führen. Aus diesem Grund haben sich Zellen einige **Reparatur-Mechanismen** einfallen lassen, um Probleme, wie zum Beispiel Brüche in der DNA-Doppelhelix oder Fehler bei der DNA-Replikation, zu beheben (▶ Abschn. 9.3).

In diesem Kapitel werden daher insgesamt die grundlegenden Prinzipien und Zusammenhänge der biologischen Evolution anhand von verschiedenen genetischen Faktoren, die auf die Evolution wirken (Mutationen, Transposons, Viren), erklärt und die Antworten einer Zelle auf diese Ereignisse, wie zum Beispiel die verschiedenen DNA-Reparaturmechanismen, erläutert.

9.1 Die Mechanismen der Evolution

Charles Darwin definierte die **biologische Evolution** in seinem Buch ***On the Origin of Species*** (1859; deutscher Titel: *Über die Entstehung der Arten*) als Abstammung und Veränderungen von Organismen und ihren Eigenschaften über einen gewissen Zeitraum. Obwohl das Konzept der Evolution von Darwin heute wohl bereits in vielen Details überarbeitet wurde, kann man an seinen Prinzipien weiterhin sehr gut die Grundlagen der Evolution beschreiben. Die Definition beschreibt dabei auch, was ein Organismus eigentlich ist, nämlich ein fortpflanzungsfähiges System, welches Erbinformationen in molekularer Form enthält (DNA. ▶ Kap. 2) und Kopien dieser Informationen (des Genoms) an seine Nachkommen weitergibt. Nach der Etablierung der Evolutionstheorie auf der Grundlage der Forschungen von Charles Darwin wurde mit modernen Techniken und empirischen Studien die Geschichte des Lebens auf der Erde umfassend erforscht. Zwar kennt man noch lange nicht alle Bindeglieder der Abstammungslinien der Arten, jedoch ergaben sich zusammen mit der Geologie einige Erkenntnisse, die womöglich bis an den Beginn des Lebens zurückreichen (Exkurs 9.1). Die treibenden Kräfte der Evolution sind **zufällige Mutationen** (▶ Abschn. 9.2) und die **natürliche Selektion** (▶ Abschn. 9.1.1) von Organismen, die von der **dynamischen Umwelt** (▶ Abschn. 9.1.2) beeinflusst wird. Einen weiteren Einfluss auf die Evolution von Arten haben bestimmte horizontale Gentransfer-Ereignisse, wie zu Beispiel die **Endosymbiose** (▶ Abschn. 9.1.3). Eine ganz wichtige Voraussetzung ist, dass Genome einerseits den Grundrahmen für die Eigenschaften und Merkmale von Organismen darstellen, aber andererseits nicht statisch sind. Mutationen ermöglichen daher überhaupt erst eine Veränderung des Erbguts eines Individuums, beziehungsweise seiner Nachkommen (▶ Abschn. 9.1.4).

9.1.1 Die natürliche Selektion

Das Prinzip der natürlichen Selektion wurde im Jahre 1858 von Charles Darwin und Alfred Russel Wallace unabhängig voneinander begründet. Aber was bedeutet denn nun natürliche Selektion? Um das zu verstehen, kann man vier wichtige Punkte zusammenfassen:

1. Alle Organismen pflanzen sich durch **Überproduktion** fort.
2. Spezies verschiedener Arten und auch Individuen einer Art unterscheiden sich voneinander in ihren Eigenschaften und Merkmalen (und auf genetischer Ebene). Diese Vielfältigkeit wird auch als **Variation** oder Variabilität bezeichnet.
3. Nicht alle Organismen überleben den **Daseinskampf** (*struggle for existence*), innerhalb dessen sie sich gegen Umwelteinflüsse und Rivalen (abiotische und biotische Faktoren) durchsetzen müssen, um sich fortzupflanzen. Der Konkurrenzkampf kann dabei gegen Individuen der eigenen oder einer anderen Art stattfinden.
4. Die besser angepassten Individuen können Organismen einer anderen Spezies oder Individuen der gleichen Art verdrängen, da sie an die vorherrschenden Bedingungen (Daseinskampf und Umwelteinflüsse) besser angepasst sind.

Während es sich bei den ersten beiden Punkten eher um Voraussetzungen handelt, sind der dritte und der vierte Punkte diejenigen, bei denen es also ums Eingemachte geht! **Biotische Faktoren** beziehen sich beispielsweise auf das Paarungsverhalten, auf die Konkurrenz um Ressourcen, Partner und um Lebensraum und können auch allerlei Interaktionsformen beinhalten wie: Räuber-Beute-Beziehung, Symbiose oder Parasitismus. **Abiotische Faktoren** sind hingegen „nichtbelebte" Einflüsse wie Licht, Strahlung, Niederschlag, Temperatur, Salinität, pH-Wert, Strömung und so weiter. Natürlich muss sich ein Organismus dabei insgesamt nicht immer nur *gegen* andere Faktoren durchsetzen, sondern profitiert von vielen auch, was deutlich weniger dramatisch klingt als ein purer „Daseinskampf". Auf den Einfluss der Umwelt auf die Evolution, insbesondere der nichtbelebten, wollen wir noch mal in ▶ Abschn. 9.1.2 eingehen.

▪▪ Selektion und Evolution in der Praxis

Wichtig ist hier zu betonen, dass Selektion *nicht* auf der Ebene einzelner Mutationen eine Rolle spielt! Das wäre auch insofern schwer zu beurteilen, weil ein Nachkomme in der Regel nicht eine, sondern gleich mehrere oder gar eine Vielzahl von Mutationen trägt. Beim Menschen geht man davon aus, dass mit jeder Generation etwa 60–70 neue Punktmutationen hinzukommen [2, 3]! Nicht ein einzelnes mutiertes Gen, sondern das **gesamte Individuum** an sich – das wiederum Resultat des Zusammenspiels aller Gene ist – ist der natürlichen Selektion ausgesetzt.

Und auch hier darf man nicht zu kleinteilig sein, denn Evolution selbst beobachtet man in der Regel nicht an einzelnen Individuen: Angenommen, ein Individuum wird mit einer Mutation geboren und kann sich zunächst im „Daseinskampf" bewähren, so wäre es etwas früh zu sagen, dass dieses Individuum evolviert ist und dass dies bereits Evolution darstellt. Vielmehr bedeutet Evolution die Veränderung einer **Population,** also einer Gruppe Individuen einer Art, die räumlich und zeitlich beieinander leben und die eine Fortpflanzungsgesellschaft darstellen, über einen gewissen Zeitraum. Im übertragenen Sinne könnte man Evolution vielleicht mit einer Revolution vergleichen – klingt zumindest schon mal ähnlich: Auch eine Revolution beginnt mit dem Umdenken von Einzelnen. Eine richtige Revolution wird es aber erst, wenn viele mitmachen und das Umdenken genügend Sympathisanten findet.

> **Merke**
> Selektiert werden ganze Organismen und nicht einzelne Mutationen oder Gene. Populationen stellen dabei die „Einheit" der Evolution dar. Erst, wenn sich Mutationen oder Veränderungen über einen gewissen Zeitraum in einer Population ausbreiten oder bewähren, spricht man von Evolution.

Insgesamt bedeutet dies, dass der Überlebenskampf darüber entscheidet, wer sich fortpflanzt, seine Gene innerhalb einer Population weiterverbreitet, und welche Population letztendlich überlebt und welche nicht. Die natürliche Selektion stellt somit nichts anderes dar als eine Art biologisches Auswahlverfahren oder einen Aussortiermechanismus. Mehr zur **Populationsgenetik** erfahren wir in ▶ Abschn. 10.5.

9.1.2 Die Umwelt beeinflusst die Evolution

Die Umwelt beeinflusst die Evolution von Spezies, indem die vorliegenden Gegebenheiten einen **selektiven Druck** ausüben. „Umwelt" kann sich sowohl auf die belebten, als auch die unbelebten Faktoren beziehen, die ein Lebewesen beeinflussen und mit denen es in einer wechselseitigen Beziehung steht. Hier könnte man sich jetzt leicht verfranzen, zumal das ganze Leben ja irgendwie aus Interaktionen mit der Umwelt besteht. Insbesondere in der belebten Umwelt wird es komplex, wenn innerartliche soziale und technologische Strukturen die biologische Evolution entkoppeln: Ein Urzeitmensch mit Hämophilie würde bei der kleinsten Wunde möglicherweise bereits bei der Geburt verbluten, während in der modernen Welt ein biotechnologisch hergestellter Blutgerinnungsfaktor das Problem stark abschwächt. Hier hat also eine **kulturelle Evolution** (die auch die Verwendung von Technologien und Werkzeugen beinhaltet) massiven Einfluss auf die Umwelt und somit auf die Selektion. Im Folgenden wollen wir uns daher nur auf einige evolutionäre Aspekte beschränken, wobei es in diesem Abschnitt vor allem um die unbelebte Umwelt und in ▶ Abschn. 9.1.3 um einige besondere Einflüsse der belebten Umwelt geht.

▪▪ Der Mensch ist nicht für die Tiefsee geschaffen – Adaptation von Arten

Je nach Umwelt ergeben sich also ganz unterschiedliche Ansprüche an einen Organismus. Nehmen wir mal den Lebensraum Tiefsee: Für Tiefseefische wie den Barten-Drachenfisch *(Photostomias guernei)* ergibt sich aus Dunkelheit, Kälte, Wasser und Druck kein Problem. Er hat sogar ein Leuchtorgan, das der Anlockung von Beutetieren dient und ist somit bestens an seine Umwelt angepasst. Ein Mensch hätte in einer solchen extremen Umgebung keine Chance – auch wenn er vermutlich intelligenter als der Barten-Drachenfisch ist und diesen mit einer Hand zerdrücken könnte. Offenbar unterscheiden sich Barten-Drachenfisch und Mensch also deutlich voneinander. Bei den durch die genetische Grundausstattung erworbenen Fähigkeiten und Merkmalen in einer Umwelt zu überleben, spricht man auch von Anpassung oder **Adaptation.** Dieser Begriff wird oft gleichgesetzt mit der evolutionären Fit-

ness. Zudem kann der Begriff „Adaptation" auch den evolutionären Prozess selbst bezeichnen, der zu den entsprechenden Fähigkeiten und somit einer bestimmten Anpassung führt. Hier überschneiden sich Molekulargenetik, Evolutionsbiologie und Ökologie.

▪▪ Herausforderungen durch Veränderungen in der Umwelt

Ändert sich die Umwelt jedoch, können die Individuen einer Population entweder ein neues Gebiet besiedeln oder sie müssen sich anpassen, wenn sie überleben wollen. Ein Organismus ist je nach seinen Fähigkeiten jedoch nur begrenzt in der Lage, sich innerhalb seines Lebens an eine neue Bedingung anzupassen, beziehungsweise sich eine neue Nische zu suchen. Bei einer spontanen Änderung der Umwelt überleben demnach nur jene Organismen, die bereits vorher aufgrund ihrer genetischen Grundlagen die benötigten Fähigkeiten oder Merkmale besaßen. Unterm Strich hat sich also der Selektionsdruck verschoben. Die vorher genannte Tiefsee ist für einen solchen Vorgang kein gutes Beispiel, da sie sehr statisch und somit nahezu unveränderlich ist. Hingegen können massive Änderungen der Umwelt beispielsweise im Zuge des **Klimawandels** beobachtet werden, wenn die Ozeanversauerung zur Korallenbleiche führt, oder der durchschnittliche Anstieg der Temperatur die Verschiebung ganzer Vegetationszonen verursacht.

Insgesamt sind Mutation und Selektion also die Triebfedern der Evolution und Grundlage für die Entwicklung aller Lebewesen. Einen Ausflug zur Geschichte der biologischen Evolution des Lebens auf der Erde unternehmen wir in Exkurs 9.1.

Exkurs 9.1: Die Geschichte des Lebens auf der Erde

Die Geschichte des Lebens auf der Erde ist ziemlich lang und verworren. Wissenschaftliche Funde und Erkenntnisse lieferten zwar bereits zahlreiche Hinweise: Paläobiologen und Geologen sind beispielsweise in der Lage, über den Zerfall **radioaktiver Isotope** das Alter von Gesteinen und Fossilien zu bestimmen. Aber es gibt noch viele Fragezeichen in dieser Geschichte, zumal die zeitlichen Dimensionen einfach immens sind … und Zeitzeugen nur schwer zu finden sind. Dennoch bemüht sich dieser Exkurs und die ◘ Abb. 9.1 um einen kurzen Abriss.

Nach der Entstehung der Erde vor 4,6 Mrd. Jahren wurden durch Einflüsse von Umweltfaktoren die chemische Evolution und womöglich die Ausprägung einer **RNA-Welt** katalysiert. In diesem noch sehr umstrittenen Modell sind einzelsträngige RNAs in Vesikeln oder einfachsten Zellen (▶ Kap. 2) die ersten

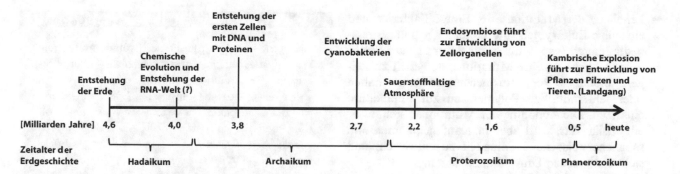

■ **Abb. 9.1** Schema des biologischen Zeitablaufs seit der Entstehung der Erde vor 4,6 Mrd. Jahren. Schlüsselereignisse sind angegeben, wie die chemische Evolution, die RNA-Welt (bisher eine Hypothese, Exkurs 9.1), die Veränderung der Atmosphäre durch Cyanobakterien, Endosymbiose und mehrere Massensterbeereignisse, die zwischen 50 und 500 Mio Jahre zurückliegen, in denen unter anderem die Dinosaurier und die Trilobiten ausstarben. Diese Ereignisse prägten gemeinsam die Entwicklung der biologischen Diversität, die es heute auf der Erde gibt. (H. Hawer)

biologischen Moleküle, welche in der Lage waren, sich selbst zu replizieren und Funktionen auszuführen. Ihre „Herrschaft" wurde der Theorie nach jedoch bald durch andere Lebensformen abgelöst, die auf DNA statt RNA als primäre Erbinformation beruhten.

Die ersten Protozellen werden vor 3,8 Mrd. Jahren vermutet, und entwickelten sich zu Bakterien und Archaeen, welche die Ozeane der Erde, die sogenannte **„Ursuppe",** bevölkerten. Bei den ersten Lebewesen handelte es sich unter anderem um Vorfahren der **Cyanobakterien** (Blaualgen), die das Sonnenlicht als Energiequelle nutzten. Als Nebenprodukt ihres Photosynthese-ähnlichen Stoffwechsels entstand molekularer **Sauerstoff** (O_2), wodurch erstmals Sauerstoff in die Atmosphäre gelangte. Es dauerte aber eine ganze Weile, bis die Atmosphäre vor etwa 550 Mio Jahren erstmals einen O_2-Gehalt erreichte, wie wir ihn heute haben. Dabei hatte die Sauerstoffatmosphäre in der Zwischenzeit die Evolution stark beeinflusst und erstmals die Entwicklung größerer Zellen und schließlich komplexer Lebewesen ermöglicht…

Doch nochmal zurück: Die primäre Endosymbiose führte vor etwa 1,6 Mrd. Jahren zu der Entwicklung der ersten **eukaryotischen** Organismen (▶ Abschn. 9.1.3). Wenig später bildeten sich mit zunehmendem O_2-Gehalt auch mehrzellige Organismen. Umgekehrt bedeutet dies, dass die Erde bis dahin etwa 2 Mrd. Jahre lang – und damit den größten Teil der belebten Geschichte – lediglich von prokaryotischen Einzellern bevölkert war. Aber auch nach dem Aufkommen der ersten einfachen Eukaryoten dauerte es eine ganze Weile, bis sich in der **Kambrischen Explosion** (vor 550–500 Mio Jahren) eine ganze Fülle von komplexen Organismen „explosionsartig" entwickelte, die nicht nur im Wasser, sondern auch an Land lebten. Erstmals

entwickelten sich Pflanzen, Pilze und Tiere. Viel später – erst vor etwa 2 Mio Jahren – kamen schließlich die ersten Vertreter der Gattung Mensch hinzu.

Zusammengefasst hat unsere Welt im Lauf der Evolution schon unschätzbar viele verschiedene Lebewesen und Arten kommen und gehen sehen, wie zum Beispiel Dinosaurier und Trilobiten, die vor 251 Mio Jahren beziehungsweise vor 65 Mio Jahren ausstarben. Obwohl wir in unserer heutigen Welt eine riesige Anzahl an Arten kennen, stellt diese **Biodiversität** also nur eine kleine Momentaufnahme aller Arten dar, die bisher auf der Erde lebten. Insbesondere Einzeller haben sich bis heute durchgesetzt und sind nicht wegzudenken – ein wichtiges Indiz dafür, dass es nicht darum geht sich „weiter" zu entwickeln und komplexer zu werden, sondern darum, wie angepasst man ist!

9.1.2.1 Erhöhung der genetischen Variabilität – eine Strategie gegen Umweltveränderungen

Nehmen wir einmal an, die Umwelt verändert sich und es läuft schlecht für eine Population einer bestimmten Art. Kann die Population dem Selektionsdruck nicht entgehen (beispielsweise durch Besiedelung eines neuen Gebiets), lohnt es sich, etwas Veränderung oder auch „frischen Wind" in die Genome zu bekommen. Man spricht hier auch von Anpassungs- oder **Adaptationsstrategien,** da sich der Begriff „Adaptation" wie gesagt nicht nur auf die Merkmale eines Organismus beziehen kann, sondern auch, wie er diese erwarb. Es gibt eine ganze Reihe von Mechanismen, die dazu dienen, vorhandene Kombinationen von Genen durcheinander zu würfeln oder die Größe eines Genpools (also die Gesamtheit der genetischen Merkmale einer Population) zu erhöhen. Eine kleine Auswahl:

9

— **Erhöhung der Mutationsrate.** Einige Bakterien und einzellige Eukaryoten sind in der Lage unter Stressbedingungen (wie Temperatur, Hunger oder Strahlung) schlichtweg ihre Mutationsrate gezielt zu steigern, indem sie Reparaturmechanismen ausschalten oder fehleranfällige Polymerasen zur Replikation einsetzen. Die Zunahme der Mutationen stellt zwar ein Risiko dar, wird aber in Kauf genommen, um möglicherweise neue Fähigkeit zu entwickeln und sich so der neuen Umwelt anzupassen.

— **Sex.** Die evolutionäre Voraussetzung zum Sex war die Entwicklung von diploiden oder polyploiden Genomen. Wie in ▶ Kap. 4 näher erläutert wird, produziert eine Elterngeneration dazu haploide Gameten, wobei der **Zufall** jeweils entscheidet, welches Chromosom eines Chromosomenpaares in dem Gameten landet. Verschmelzen die Gameten miteinander, entsteht wieder ein diploider Nachkomme. Die Individuen der Folgegeneration unterschieden sich von ihren Eltern insofern, dass sie jeweils eine Mischung aus beiden parentalen Genomen darstellen, was wiederum die genetische Variabilität erhöht! Manche **Algen** (wie *Volvox*) können sich sowohl **vegetativ** (durch bloße Teilung) als auch **sexuell** vermehren, wobei letzteres vor allem durch Stress induziert wird.

— **Interaktion mit anderen Arten.** Prokaryoten, die in der Regel ein haploides Genom besitzen, haben zwar keinen Sex, jedoch trägt hier der **horizontale Gentransfer** zu einer gewissen Dynamik der Genome bei (▶ Abschn. 9.1.3). Zudem gibt es auch außerhalb des HGTs zwischenartliche Interaktionen, oftmals zwischen Parasiten oder Symbionten und ihren Wirten. Beeinflusst die Evolution des einen Interaktionspartners die des anderen und entwickeln sich beide gleichermaßen, so wird dies auch als **Koevolution** bezeichnet. Insbesondere zwischen Pathogenen – also Schädlingen, wie zum Beispiel intra- oder extrazellulären Parasiten – und ihrem Wirt kann man oftmals ein regelrechtes evolutionäres Wettrüsten beobachten. Ein besonderes Beispiel ist dazu in Exkurs 9.2 dargestellt.

> **Merke**
>
> In diesem Kapitel waren wir bisher davon ausgegangen, dass **Mutationen** nicht nur die Grundlage für die Variation innerhalb einer Population sind, sondern dass sie auch völlig **zufällig** entstehen. Die eben vorgestellten Adaptationsstrategien erlauben jedoch auch die Annahme, dass bestimmte Umweltzustände in manchen Organismen die Mutationsrate regelrecht *ankurbeln* können!

> **Exkurs 9.2: Koevolution von Pathogen und Wirt**
>
> Pathogene können im Laufe der Evolution mit ihrem Wirt einen genetischen Austausch haben – oder in sogenannter Koevolution kommunizieren. Ein Beispiel stellen der pathogene Oomycet *Hyaloperonospora arabidopsidis*, ein Eipilz (früher auch *Peronospora parasitica* genannt), und sein Wirt, die Acker-Schmalwand (*Arabidopsis thaliana*), dar. Die Gene für das Effektorprotein ATR13 (*avirulence protein 13*) des Pathogens *H. arabidopsidis* und sein zelluläres Ziel, der Immunrezeptor RPP13 (*recognition of Peronospora parasitica 13*) seines Wirts *A. thaliana*, zeigen einen nachvollziehbaren evolutionären Konflikt. Dabei versucht der Wirt, den ATR13-Effektor zu inhibieren, während das Pathogen bemüht ist, die Erkennung durch den Wirt zu umgehen. Es ist erkennbar, dass jedes Mal, wenn der Wirt einen neuen Abwehrmechanismus gegen den Effektor entwickelt hatte, Mutationen im Effektor entstanden, die es erlaubten, den neuen Abwehrmechanismus zu umgehen. Auch hier sollte erwähnt werden, dass diese Form der Koevolution natürlich nicht innerhalb kurzer Zeitspannen, sondern wahrscheinlicher über einen langen Zeitraum stattfindet und stattfand.

9.1.3 Der horizontale Gentransfer

Größere Veränderungen von Genomen können auch stattfinden, indem Zellen genetische Informationen über **horizontalen Gentransfer (HGT)** austauschen. Dieser Austausch findet vor allem zwischen Prokaryoten statt, aber teilweise auch zwischen eukaryotischen und prokaryotischen Zellen. Manchmal wird dieser Vorgang auch als **lateraler Gentransfer (LGT)** bezeichnet, bedeutet aber genau das Gleiche. Dabei passiert die Übertragung der DNA nicht wie beim vertikalen Gentransfer zwischen einer Parental- und einer Folgegeneration, sondern zwischen zwei Individuen, die nicht unbedingt miteinander verwandt sind, sondern einfach parallel existieren – so, als würden Sie Ihrem Nachbarn ein Päckchen mit Ihrer DNA in den Briefkasten stecken. Drei der wichtigsten Mechanismen des horizontalen Gentransfers, die **Konjugation,** die **Transduktion** und die **Transformation,** werden in ▶ Kap. 11 für Prokaryoten genauer beschrieben.

Ebenso ist für **Viren** eine Interaktion zwischen Virusgenom und Wirtsgenom – ob prokaryotisch oder eukaryotisch – bekannt. Es wird heute sogar davon ausgegangen, dass viele der nichtcodierenden Bereiche in den Genomen der Eukaryoten (wie etwa **Transposons;**

▶ Abschn. 9.2.4.4) Überbleibsel von viraler DNA sind, die im Laufe der Evolution ins Genom integrierten, konserviert wurden und sich sogar ausbreiteten.

■■ HGT bei Eukaryoten – wichtig, aber kein *business as usual*

Bei **Eukaryoten** findet also auch HGT statt. Evolutionär gesehen gibt es jedoch deutliche Unterschiede zu Prokaryoten – wobei hier noch viel Streit und Unsicherheit herrscht. Neuere Studien nehmen an, dass die typischen Mechanismen – wie die oben genannte Konjugation, Transformation, und Transduktion – hier in einem deutlich geringeren Maß stattfinden und einen viel kleineren Einfluss auf die Evolution haben als gedacht [4]. Man könnte sagen, dass der HGT bei Eukaryoten nicht so „alltäglich“ ist wie bei Prokaryoten. Auch wenn viele eukaryotische Genome voll von **Transposons** sind, ist das kein Widerspruch, zumal transposable Elemente sich ja selbst ausbreiten, sofern sie es erst einmal irgendwie ins Genom geschafft haben. Ein Hindernis für HGT bei Eukaryoten könnte beispielsweise in der physischen Barriere der Zellkernmembran bestehen. Ein weiteres Problem bei der Übertragung funktioneller Gene von Prokaryoten an Eukaryoten (oder umgekehrt) sind deutliche Unterschiede in Transkription und Translation. Außerdem besteht bei vielzelligen Eukaryoten eine Hürde darin, dass die Keimbahnzellen in der Regel sehr gut geschützt sind, und ein eventuell stattfindender HGT eher in **somatischen Zellen** als in Keimbahnzellen stattfindet und somit gar nicht an die Nachkommen weitergegeben wird (▶ Abschn. 9.2.6).

Worüber jedoch Einigkeit besteht, ist, dass einzelne **Endosymbiose**-Ereignisse einen wesentlichen Beitrag zur Evolution von Eukaryoten leisteten. Als eine besondere Form des HGTs fanden diese Ereignisse zwar nicht oft statt, hatten aber weitreichende Folgen und haben daher ein eigenes Unterkapitel (▶ Abschn. 9.1.3.1).

Letztlich sollte erwähnt werden, dass zusätzlich zu dem Transfer einzelner Gene oder Genabschnitte in phytopathogenen Pilzen auch die Übertragung von kompletten Chromosomen beobachtet wurde. Es wird vermutet, dass der Transfer dieser sogenannten **entbehrlichen Chromosomen** die Anpassung des Empfängerorganismus an spezielle Nischen erleichtern kann und somit auch dem pathogenen Pilz wieder vermehrt Lebensraum bietet.

9.1.3.1 Das Konzept der Endosymbiose

■■ Zellen verschlucken andere Zellen und werden zu noch größeren Zellen

1905 postulierte **Konstantin Sergejewitsch Mereschkowski** (1855–1921) erstmals die Abstammung der **Chloroplasten** von frei lebenden Cyanobakterien und untermauerte diese Hypothese mit mikroskopischen Untersuchungen. Ausschlaggebend dabei war die Beobachtung, dass Chloroplasten nicht eine, sondern zwei Membranen besitzen. Zusammen mit **Ivan Emanuel Wallin** (1883–1969) begründete er darauf die **Symbiogenesetheorie** über die Abstammung von Chloroplasten und Mitochondrien, welche später von **Lynn Margulis** wiederentdeckt wurde und zur **Endosymbiontentheorie** führte. Bei dieser Theorie geht es um die Symbiose zwischen zwei Zellen, wobei sich die eine *in* der anderen befindet. Unter Symbiose versteht man eine Lebensgemeinschaft, in der beide Partner von der Gemeinschaft profitieren. Es wird vermutet, dass eine eukaryotische Urzelle eine kleinere, Bakterien-ähnliche Urzelle phagozytiert – also verschluckt – hat und diese, anstatt sie zu verdauen, in ihre Zellstruktur integrierte. Fortan half der neue Mitbewohner der Zelle beim Stoffwechsel oder ermöglichte sogar ganz neue Stoffwechselwege. Somit bildete sich ein symbiotisches Zusammenleben der zwei Ursprungszellen als eine funktionell besser angepasste Zelle. Gleichzeitig erklärte dies die mikroskopischen Befunde von Mereschkowski: die innere Membran würde somit die Membran des aufgenommenen Bakteriums darstellen und die äußere Membran, die des Wirts, jene, in die das Bakterium bei der Phagozytose eingestülpt wurde. Heute geht man davon aus, dass Mitochondrien und Chloroplasten so entstanden sind. Die ursprünglichen Endosymbionten wurden dabei auf möglichst kompakte **Organellen** reduziert, die isoliert nicht mehr lebensfähig sind.

Entsprechend der modernen Endosymbiontentheorie wurde zunächst ein frei lebendes Bakterium zu einem intrazellulären Organell zur Produktion von Adenosintriphosphat (ATP) reduziert – den heutigen **Mitochondrien.** Im Anschluss an dieses Ereignis erfolgte bei manchen eine weitere Integration, in der ein Cyanobakterium in eine eukaryotische Zelle aufgenommen wurde, die bereits Mitochondrien enthielt. Dies führte zu der Entwicklung eines grünen und photosynthetisch aktiven Organs, dem **Chloroplasten** (◘ Abb. 9.2).

■■ Der Beitrag der Endosymbiose zur Evolution

Ohne diese Integration von frei lebenden Cyanobakterien oder Proteobakterien durch Phagocytose ähnliche Vorgänge hätte die Entstehung des Pflanzen- und Tierreichs also niemals stattgefunden. Dass sowohl pflanzliche als auch tierische Zellen Mitochondrien enthalten, allerdings nur Pflanzenzellen mit Chloroplasten ausgestattet sind, untermauert die Annahme, dass die Entstehung der Mitochondrien durch die Integration frei lebender Proteobakterien evolutionär früher passierte als die Integration der Cyanobakterien, welche zur Entwicklung der Chloroplasten führte. Ein weiterer häufig diskutierter Grund für den Erfolg von Orga-

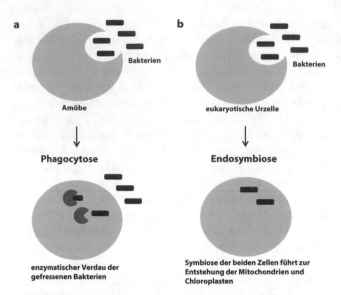

◻ Abb. 9.2 Schematischer Ablauf einer Phagocytose. **a** Eine Amöbe nimmt Bakterien als Nahrung über eine Einstülpung der Zellmembran auf. Die Bakterien werden anschließend enzymatisch verdaut. **b** Schema der Endosymbiose, mit deren Hilfe zunächst durch die Aufnahme eines frei lebenden Bakteriums die Vorläufer der Mitochondrien entstanden sind. Im Anschluss erfolgte wahrscheinlich eine weitere Integration eines Cyanobakteriums, ebenfalls durch Endosymbiose, woraus die Entwicklung der Chloroplasten hervorgegangen ist (nicht gezeigt). (H. Hawer)

nismen mit Mitochondrien könnte die verbesserte Anpassung an die **sauerstoffhaltige Atmosphäre** sein. Sauerstoff, der erstmals vermutlich durch Cyanobakterien in die Meere und die Atmosphäre gelangte (Exkurs 9.1), war zunächst nämlich hochgiftig für viele Zellen. Mitochondrien stellten nicht nur einen Schutz vor O_2 dar, sondern nutzten den Sauerstoff sogar und kurbelten den Stoffwechsel damit enorm an!

Die Fähigkeit der Mitochondrien und Chloroplasten, sich im Cytoplasma durch **binäre Spaltung** zu multiplizieren und sich mit der Eizelle weiterzuvererben, sicherte die evolutionäre Konservierung der durch Endosymbiose entstandenen Zellorganellen. Interessanterweise stellte man zudem fest, dass Organellen und Kern miteinander kommunizieren und die Organellen sogar einige Gene in den Nukleus auslagerten, was eine weitere intrazelluläre Form von HGT darstellt!

Bei den oben genannten Endosymbiose-Vorgängen, die zu Mitochondrien und Chloroplasten führten, spricht man auch von einer **primären seriellen Endosymbiose.** Dies bedeutet im Grunde nur, dass einmalige Endosymbiose-Vorgänge hintereinander an einer Zelle (oder deren Nachfahren) stattfanden. Von einer **sekundären Endosymbiose** ist hingegen die Rede, wenn eine Zelle, die bereits durch Endosymbiose einen Symbionten domestiziert und auf ein Organell reduziert hatte, wiederum von einer weiteren Zelle

phagozytiert wird und mit dieser wiederum eine Endosymbiose eingeht. Dies konnte man bei einigen Algenvertretern, beispielsweise den Chlorarachniophyta (amöboide einzellige Algen) feststellen. Diese Algen haben Organellen, in denen man noch Rückstände der Kerne jener eukaryotischen Zelle erkennen kann, die wiederum ursprünglich einmal Prokaryoten domestiziert hatten.

> **Merke**
> Organellen, die aus einer **primären Endosymbiose** entstanden sind, zeichnen sich in der Regel durch eine doppelte Membran aus. Die Organellen von Zellen, die jedoch durch eine **sekundäre Endosymbiose** entstanden, haben bis zu vier Membranen. Manchmal finden sich hier jedoch auch nur drei, wenn die äußere Membran beispielsweise im Laufe der Evolution verloren ging.

9.1.4 Die genetischen Faktoren: Was Gene mit der natürlichen Selektion verbindet

Organismen geben ihr Genom als Erbgut an ihre Nachkommen weiter. Das Erbgut hat wiederum massiven Einfluss auf die Entwicklung und den physiologischen Grundrahmen eines Individuums. Die Grundlage hierfür findet sich in der Verknüpfung zwischen „Genotyp" und „Phänotyp", zwei Begriffe, über die wir in ▶ Kap. 10 noch öfter stolpern werden.

> **Merke**
> Der **Genotyp** bezeichnet dabei die genetische Grundausstattung und der **Phänotyp** die sichtbaren oder messbaren Merkmale eines Individuums. Ein **Allel** bezeichnet eine Genvariante. Ein diploider Organismus kann demnach bis zu zwei verschiedene Varianten eines bestimmten Gens haben.

▪▪ Die Macht der Gene und die Evolution

Überlegen wir ganz einfach einmal der Reihe nach: Ist ein bestimmtes proteincodierendes Gen von einer Mutation betroffen, entsteht durch Transkription eine dementsprechend andere mRNA und durch Translation unter Umständen eine andere Polypeptidkette. Aus dieser entsteht durch Faltung und posttranslationale Modifikationen schließlich das reife Protein, das sich sowohl in Aussehen als auch Funktion von der Wildtyp-Variante unterscheiden kann. Je nachdem, welche

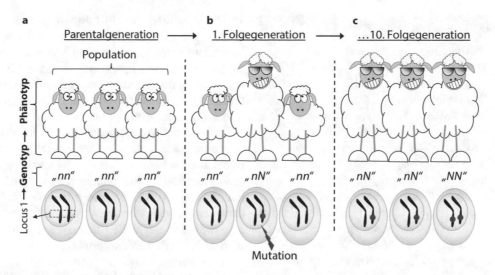

Abb. 9.3 Genotyp und Phänotyp. In diesem fiktiven Beispiel für einen evolutiven Vorgang wird der Locus 1 betrachtet. In einer Anfangs-population von Individuen herrscht die Allelkombination „nn" vor, wobei ein „n" jeweils für ein Allel steht, das entweder von Vater oder Mut-ter vererbt wurde. Das Allel „n" bewirkt einen unauffälligen Phänotyp, weshalb der Genotyp „nn" hier zu unauffälligen Schafen führt, die den Wildtyp darstellen (**a**). Nun kommt es in Locus 1 jedoch irgendwie zur Mutation, wodurch ein neues Allel entsteht, nämlich „N", das für einen „übernatürlichen" Phänotypen sorgt. Wird diese Mutation weitervererbt (**b**) so führt dies zunächst zu einer erhöhten Diversität im Genpool der Population. Hat der Genotyp „nN" nun positive Folgen für die biologische Fitness des Mutanten, beispielsweise, indem er mehr Nach-kommen zeugt, weniger anfällig für Krankheiten ist oder einfach schlauer ist und sich vor Wölfen (Fressfeinden) besser verstecken kann, so kann es sein, dass sich die Mutation in der Population ausbreitet und etabliert (**c**). Unterliegt der Genotyp „nn" in Konkurrenz mit „nN" zu-nehmend dem Selektionsdruck, so könnte irgendwann der neue Genotyp „nN" (oder gar „NN") zum Wildtyp für diese Art werden. (J. Buttlar)

Rolle das Protein für seinen Organismus spielt, wirkt sich die Mutation des Genotyps dann auch auf den Phänotyp aus, was wiederum die evolutionäre Fitness des **Mutanten** gegenüber einem **Wildtyp-Individuum** ver-schlechtern oder verbessern kann (der Wildtyp ist so-zusagen der „Normalfall", basierend auf den häufigs-ten Allelen in einer Population). Wer dem nicht folgen konnte, hole sich nun einen großen Kaffee und fange bitte noch einmal bei ▶ Kap. 1 an.

Zusammengefasst ist die Kombination von Muta-tion und Selektion also die treibende Kraft der Evo-lution. *Das* ist die Verbindung zwischen der Evolution und den Genen (■ Abb. 9.3). Auch Mendel erkannte, dass Informationen von Eltern an Kinder weitergege-ben werden, die wiederum die Farbe oder Form von Erbsen beeinflussen – ohne überhaupt zu wissen, was DNA ist (▶ Kap. 10).

■■ Beitrag einzelner Gene und deren Mutationen zum Ganzen

Ein gutes Beispiel für die Veränderbarkeit von Geno-men, die auch uns Menschen betrifft, sind zufällige oder induzierte Mutationen im menschlichen Genom, die zur Entstehung von verschiedenen **Erbkrankhei-ten** führen (Exkurs 9.3 und ▶ Abschn. 10.4.2.). Solche Mutationen sind in der menschlichen Gesellschaft weit verbreitet und man könnte sich fragen: warum haben sich diese Mutationen überhaupt weitervererbt, obwohl

sie offensichtlich schwerwiegende Folgen haben kön-nen? Einerseits ist hier anzumerken, dass viele Krank-heiten **rezessiv** vererbt werden. Dies bedeutet, dass ein intaktes Gen eine Mutation in dem zweiten Gen, das auf einem homologen Chromosom liegt, eventuell aus-gleichen und kompensieren kann (Menschen bekom-men im Normalfall jeweils einen **monoploiden Chromo-somensatz** von jedem Elternteil, also insgesamt zwei!). Andererseits ist es wichtig, dass Gene natürlich nicht einzeln einem Selektionsdruck unterliegen, sondern im-mer der *komplette* Organismus und somit sein ganzes **Genom** einer Selektion ausgesetzt ist. Das hat weitrei-chende Konsequenzen!

Selbst wenn eine Mutation nicht kompensiert wer-den kann und eine Erbkrankheit vorliegt, bedeutet dies nicht automatisch, dass der Betroffene sofort gegen-über Anderen im Nachteil ist. Die Mischung aus allen Genen macht's, und jedes Individuum ist ja das Pro-dukt von mehr oder weniger allen Genen. Die Selek-tion von Genen oder die Genomevolution wird zudem immer in einer gesamten Population einer Art betrach-tet. Solange die schädlichen Mutationen nicht über-hand nehmen, braucht eine Population nichts zu be-fürchten. Ethisch bedenklich wird es aber, wenn man bestimmten Mutationen oder Allelen einen künstlichen Wert zumisst, und Individuen aufgrund ihres Genotyps diskriminiert. Hier ist der Weg zur **Eugenik** nicht weit, doch mehr dazu in ▶ Abschn. 14.3.

9

Exkurs 9.3: Mukoviszidose

Viele Erbkrankheiten beim Menschen sind bereits so gut untersucht, dass man genau weiß, in welchem Gen eine Veränderung vorliegt und wie diese zu dem jeweiligen Krankheitsbild führt. Ein gutes Beispiel dafür ist die **zystische Fibrose** oder auch **Mukoviszidose** genannt. Sie ist eine der häufigsten Erbkrankheiten in Mitteleuropa und eine schwere Stoffwechselerkrankung. Heute weiß man, dass das Krankheitsbild auf eine Mutation im *CFTR*-Gen *(cystic fibrosis transmembrane conductance regulator)* zurückzuführen ist. Dabei handelt es sich um ein Protein, das über den Transport beispielsweise von Chloridionen den Salzhaushalt der Körperzellen reguliert. Ist dieses Protein defekt, können Körperzellen ihren Salzhaushalt nicht richtig einstellen, wodurch zu viel Salz in der Zelle verbleibt. Durch Osmose strömt jedoch Wasser ein, sodass die Salzkonzentration ausgeglichen wird. Die Zellen entziehen dadurch dem umliegenden Gewebe das Wasser. Die Folge sind Funktionsstörungen von Organen, wie zum Beispiel der Lunge, durch Flüssigkeitsmangel.

Mukoviszidose wird **autosomal-rezessiv** vererbt. Das bedeutet, dass das betroffene Gen auf den Autosomen codiert liegt (in diesem Fall auf Chromosom 7) und dass beide Chromosomen eines homologen Chromosomenpaares an dieser Stelle mutiert sind, wenn es zum Ausbruch der Krankheit kommt. Umgekehrt kann es aber auch sein, dass ein Mensch die Mutation nur auf einem Chromosom trägt. In dem Fall ist er rein physiologisch zwar gesund, wird aber als **Träger** bezeichnet, da er die Mutation an die nachfolgende Generationen vererben kann. Mehr zu Stammbäumen und zur klassischen Vererbungslehre erfahren wir in ▶ Kap. 10.

9.2 Mutationen sind die Grundlage der genetischen Veränderung

Die biologische Evolution basiert, wie oben beschrieben, auf der zufälligen Veränderung des Erbguts (der DNA). Die Vorgänge, welche die DNA eines Organismus verändern, sowie auch die Veränderungen selbst bezeichnet man als **Mutationen.** Dabei ist wichtig zu betonen, dass Mutationen das Erbgut *permanent* verändern und dass sie durch Zellteilung auch an die Tochterzellen weitergegeben werden können. Individuen, die sich vom „Normalzustand" ihrer Population, dem Wildtyp, durch Mutationen unterscheiden, werden als **Mutanten** bezeichnet. Evolutiv gesehen könnte man also sagen, dass wir alle irgendwie von Mutanten abstammen! Aufregend, nicht wahr?

■ ■ **Die Einteilung von Mutationen**

Dabei gibt es sehr viele unterschiedliche Arten von Mutationen und genauso viele Möglichkeiten, wie man sie beschreibt und kategorisiert. Eine Möglichkeit besteht darin, die Mutationen nach ihrer Ursache einzuteilen. Hier unterscheidet man zwischen induzierten und spontanen Mutationen:

Induzierten Mutationen entstehen durch externe Faktoren, wie zum Beispiel durch Umwelteinflüsse und Chemikalien. Im Gegensatz dazu passieren **spontane Mutationen** ohne ersichtliche Einwirkung von außen, beispielsweise während der DNA-Replikation, indem den Polymerasen gelegentlich Fehler unterlaufen, oder während der Zellteilung, wobei ganze Chromosomen fehlverteilt werden können.

Eine weitere mögliche Unterscheidung ist das physikalische Ausmaß der Veränderung. Je nachdem, ob ein ganzes Chromosom, nur ein Chromosomenfragment, oder nur einzelne Basen verändert sind, spricht man jeweils von **Genommutationen, Chromosomenmutationen** oder **Genmutationen.** Nur damit wir uns verstehen: alle diese drei Mutationsarten können sowohl durch induzierte, als auch durch spontane Ursachen hervorgerufen werden (◘ Abb. 9.4).

Überblick: Welche Mutationen gibt es?
- **Deletion:** Löschung einzelner/mehrerer Basenpaare bis hin zu chromosomalen Fragmenten.
- **Insertion:** Einfügen einzelner/mehrerer Basenpaare oder ganzer chromosomaler Fragmente.
- **Substitution:** Der Austausch eines Basenpaares durch ein anderes.
- **Inversion:** Das Umdrehen einer Sequenz oder eines größeren chromosomalen Abschnitts.
- **Duplikation:** Das Verdoppeln (oder Verfielfachen) chromosomaler Segmente oder bestimmter Sequenzen innerhalb eines Genoms, beziehungsweise Chromosoms.
- **Rekombination:** Umordnung genetischen Materials, oftmals basierend auf homologen Sequenzen (homologe Rekombination), z. B. während der Meiose durch Crossing-over.
- **Translokation:** Austausch ganzer chromosomaler Bereiche (durch Strangbrüche und Andocken an andere Stellen im Genom).

■ ■ **Direkte und Indirekte Mutagenese**

Abschließend sei erwähnt, dass Mutationen auch aus Versehen durch die zelleigenen Reparaturmechanismen (▶ Abschn. 9.3) entstehen können. Dies geschieht zum Beispiel bei der Reparatur von besonders heftigen Schäden wie Doppelstrangbrüchen der DNA. Hier spricht man von **indirekter Mutagenese.** Demgegenüber

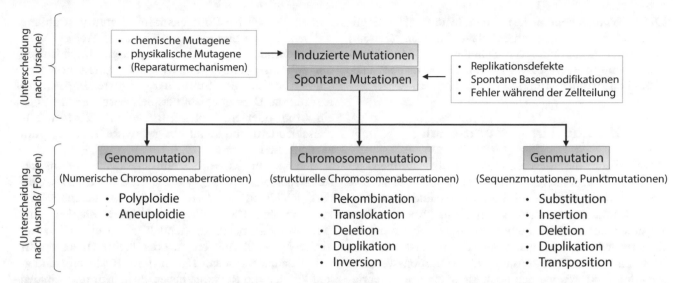

Abb. 9.4 Übersicht über die Einteilung von Mutationen. Die grauen Boxen beschreiben verschiedene Kategorien von Mutationen. Die weißen Boxen in der oberen Hälfte listen jeweils mögliche Ursachen auf, während in der unteren Hälfte Beispiele für die jeweiligen Kategorien gegeben sind. Auch Reparaturmechanismen können als Antwort auf DNA-Schäden zu Mutationen beitragen. (J. Buttlar)

steht die **direkte Mutagenese,** bei der es lediglich der Replikation bedarf, um eine Mutation dauerhaft im Erbgut zu fixieren (■ Abb. 9.5). Vorstellen kann man sich das in etwa so: Eine Base wird durch spontane oder induzierte Faktoren so verändert, dass sie andere Bindeeigenschaften hat und nicht mehr zu der Base auf

dem komplementären Strang passt. Wird während der anschließenden Replikationsrunden die modifizierte Base nicht repariert, sondern als seriöse Information gelesen und weitergegeben, so entsteht eine Mutation. Bis zu dem Zeitpunkt, an dem die Modifikation permanent im Erbgut gespeichert ist, handelt es sich per

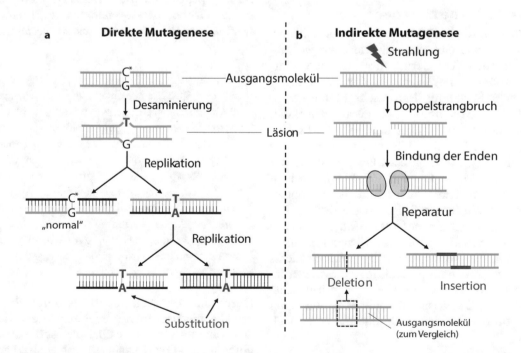

Abb. 9.5 Direkte und indirekte Mutagenese. **a** Kommt es zu einer Veränderung der Bindeeigenschaften einer Base, beispielsweise indem ein 5-Methylcytosin zu einem Thymin desaminiert (eine spontane Modifikation, ▶ Abschn. 9.2.4.1), kann dies in den folgenden Replikationsrunden zu einer Mutation führen. Weil hier eine Base im Vergleich zum Ausgangsstrang ausgetauscht wurde, handelt es sich um eine Substitution. **b** Entsteht ein Doppelstrangbruch beispielsweise durch Strahlung (wie ionisierende oder ultraviolette), so muss diese Läsion (Schaden) unbedingt repariert werden. Je nach Reparaturmechanismus (insbesondere beim NHEJ, ▶ Abschn. 9.3.2.1) können bei diesem Prozess aber auch Mutationen wie Deletionen oder Insertionen entstehen. C* = 5-Methylcytosin, schwarze Stränge = neu synthetisiert, blaue Stränge = alt, rot = Läsion/Mutation. (J. Buttlar)

Definition also noch nicht um eine Mutation! Im Englischen wird daher oft auch der Begriff *„lesion"* (Läsion) verwendet, wenn man DNA-Schäden oder -Modifikationen meint, die selbst zwar noch nicht permanent sind, aber eben zu einer Mutation führen können.

9.2.1 Die induzierten Mutationen

Klar wissen die meisten, dass Röntgenstrahlen gefährlich sind, dass ein effektiver Sonnenschutz die beste Vorbeugung von Hautkrebs ist, und dass Rauchen Lungenkrebs verursachen kann. Aber die wenigsten wissen warum. Hier kommen sogenannte **induzierte Mutationen** ins Spiel, deren Ursachen von außerhalb einer Zelle kommen. Die Mutations-verursachenden Faktoren werden auch als Mutagene beschrieben, wobei man hier zwischen **physikalischen Mutagenen** (▶ Abschn. 9.2.1.1) und **chemischen Mutagenen** (Abschn. 9.2.1.2) unterscheidet. Die Mechanismen und Folgen induzierter Mutationen sind sehr vielfältig und reichen von Einzelstrang- und Doppelstrangbrüchen, bis hin zu Polyploidien, Punktmutationen oder zu Basenmodifikationen, die die gesamte Replikation zum Stillstand bringen können. In den folgenden Absätzen beschränken wir uns jeweils nur auf die prominentesten Beispiele.

9.2.1.1 Physikalische Mutagene

In den 1920er-Jahren fand Hermann J. Muller heraus [5], dass **ionisierende Strahlungen,** wie **Röntgenstrahlung,** zu genetischen Veränderungen in dem Modellorganismus *Drosophila melanogaster,* der Fruchtfliege, führen. Je mehr Strahlung desto mehr Mutationen – so jedenfalls seine Hypothese grob zusammengefasst, die später bestätigt wurde. Was aber für die Fruchtfliege gilt, gilt auch für alle anderen Lebewesen, inklusive dem Menschen. Ein tragisches Beispiel ist die Radiologie-Pionierin Marie Curie (1867–1934), die man aus dem Chemieunterricht kennt und die die potenziell schädigende Wirkung am eigenen Leib erfuhr. Radioaktive Strahlung ist ein potentes Mutagen, ebenso wie **ultraviolette Strahlung,** die natürlich im Sonnenlicht vorkommt. Ein Sonnenbrand ist demnach nichts anderes als eine Entzündungsreaktion, die wiederum eine Antwort auf zahlreiche UV-Licht verursachte DNA-Schäden ist. Das Risiko für eine Mutation hängt dabei stark von der Art der Strahlung und deren Wellenlänge ab.

▪▪ Schädigung durch ionisierende Strahlung

Neben Röntgenstrahlen zählt man auch α-, β-, und γ-Strahlen zu den ionisierenden Strahlen. Während α- und β-Strahlen aus Teilchen bestehen (nämlich Protonen und Neutronen, beziehungsweise Elektronen), handelt es sich bei Röntgenstrahlung und γ-Strahlung um sehr kurzwellige elektromagnetische Wellen. Allen ist gemeinsam, dass sie Gewebe recht gut durchdringen und sehr energiereich sind. Wie der Name schon sagt, können ionisierende Strahlen zur Entstehung von Ionen führen. Dies geschieht beispielsweise, indem sie auf ein Atom oder ein Molekül treffen, ein Elektron herausschleudern und somit ein geladenes Teilchen (Ion) zurücklassen.

Das größte Risiko bei ionisierender Strahlung besteht aber nicht darin, dass die Strahlen die DNA direkt schädigen, sondern dass die ionisierende Wirkung in Zellen vor allem zu **freien Radikalen** führt (❑ Abb. 9.6a). Bei diesen handelt es sich um äußerst reaktive Moleküle mit einem oder mehreren ungepaarten Valenzelektronen. Durch ihre Reaktionsfreudigkeit können die Radikale neben Proteinen und Lipiden auch die DNA schädigen, indem sie an reaktive Gruppen binden und so zu Strangbrüchen und Basensubstitutionen führen. Um sich die große Gefahr von Radikalen vorzustellen muss man sich klarmachen, dass diese im wahrsten Sinne des Wortes so *radikal* sind, dass sie ganze chemische Kettenreaktionen auslösen können, die immer wieder zu neuen Radikalen führen. Besonders heftig sind hier Sauerstoffradikale, wie **Superoxidradikale** ($O_2 \cdot^-$) und allen voran **Hydroxyradikale** (OH·). Der Punkt („·") symbolisiert hier lediglich ein ungepaartes Elektron. Beide Radikale zählen auch zu der Gruppe der sogenannten **reaktiven Sauerstoffspezies,** kurz **ROS** *(reactive oxygen species)*.

> **Am Rande bemerkt**
> Diverse **ROS** richten innerhalb von Zellen also **oxidativen Schaden** an und sind sowohl an Alterungsprozessen, als auch an degenerativen Erkrankungen massiv beteiligt. Zellen besitzen zum Schutz daher diverse Enzyme und ganze antioxidative Systeme. **Katalasen** bauen beispielsweise das giftige **Wasserstoffperoxid** (H_2O_2), das selbst zwar kein Radikal aber dennoch ein äußerst reaktives ROS ist. Zudem werden ROS sekretiert oder teilweise in Vesikeln gespeichert und von Makrophagen bei der Phagozytose von Bakterien verwendet, um diese abzutöten.

Durch die Oxidation von DNA durch Radikale können die Eigenschaften von Basen also verändert werden. Ein weit verbreitetes Beispiel ist die Oxidation von Guanin zu **8-Oxo-Guanin** (❑ Abb. 9.6b). Dieses bindet nicht mehr Cytosin, sondern Adenin, was Ursache für eine direkte Mutagenese sein kann: Kommt eine Polymerase während der Replikation an einem so modifizierten Guanin vorbei, so wird Adenin statt Cytosin eingebaut und fertig ist die Mutation.

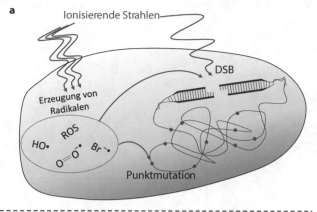

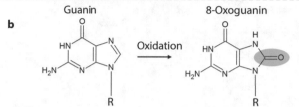

☐ **Abb. 9.6** Induzierte Mutationen durch ionisierende Strahlen. **a** zeigt schematisch eine prokaryotische Zelle unter Einwirkung von ionisierender Strahlung, die einerseits direkt Schäden wie Doppelstrangbrüche (DSB) in der DNA verursachen kann. Anderseits erzeugt sie in der Zelle Radikale, die das Schadenspotenzial vervielfachen, indem sie mit Proteinen, Lipiden und reaktiven Gruppen der DNA interagieren und so wiederum zu Punktmutationen oder Strangbrüchen führen (rote Punkte). **b** Eine mögliche Basenmodifikation durch ionisierende Strahlung ist die Oxidation von Guanin zu 8-Oxoguanin. R = Rest. (J. Buttlar)

■■ **Schädigung durch UV-Strahlung**

Einen weiteren physikalischen Einfluss auf DNA haben ultraviolette Strahlen, kurz **UV-Strahlen.** UV-Strahlen sind in der Regel langwelliger und energieärmer als ionisierende Strahlen und können Gewebe daher nicht allzu gut durchdringen. Betroffen von UV-induzierten Schäden sind also vor allem Einzeller und bei Mehrzellern die oberen Zellschichten, wie Hautzellen. Man unterscheidet je nach Wellenlänge in die drei Strahlenspektren: UV-A (320–400 nm), UV-B (280–320 nm) und UV-C (200–280). Am schädlichsten sind dabei **UV-B-Strahlen,** die unter anderem zu **Pyrimidindimeren** und in der Folge zu diversen Substitutionen führen können. Während die Wirkung von UV-C-Strahlen denen der UV-B-Strahlung ähnlich ist, sind UV-A-Strahlen hingegen eher den ionisierenden Strahlen ähnlich, weil auch hier neben Strangbrüchen oxidative Schäden durch die Bildung von Radikalen entstehen.

Bei **Pyrimidindimeren** handelt es sich lediglich um zwei Pyrimidin-Basen (beispielsweise Cytosine oder Thymine), die in der DNA auf einem Strang direkt nebeneinanderliegen und miteinander eine Verbindung eingehen – statt mit der gegenüberliegenden Base

(☐ Abb. 9.7). Wenn man sich das Ganze rein räumlich vorstellt wird schnell klar, dass die DNA also lokal denaturiert (durch Aufhebung der Wasserstoffbrückenbindung) und dadurch die Struktur der DNA gestört wird. Dies würde wiederum bei Replikation und Transkription wirklich sehr stören, weil die Enzyme über die sperrigen Stellen nur schlecht hinübergleiten könnten! Kommt es nicht zur Reparatur dieser Dimere, werden in der Folge oft fehleranfällige Polymerasen eingesetzt, wodurch wiederum Mutationen entstehen können.

Pyrimidindimere kann man unterscheiden in **Cyclobutanpyrimidin-Dimere** (**CPDs**) und **6,4-Pyrimidin-Photoprodukte** (**6,4-PP**). Die CPDs sind dabei deutlich bekannter und stellen lediglich Cyclobutan-Ringe dar, wobei zwischen den C5- und C6-Atomen der beiden Pyrimidin-Ringe jeweils eine (also insgesamt zwei) Bindungen entstehen. Bei nebeneinanderliegenden Thyminen weiß man schon lange, dass CPDs recht häufig zu Thymin-Dimeren führen. Noch viel häufiger entstehen CPDs jedoch an 5-Methylcytosinen (m^5C; ▶ Abschn. 13.2.1). Innerhalb der CPDs kommt es zudem oft vor, dass die 5-Methylcytosine zu Uracil desaminieren, was die Wahrscheinlichkeit für eine Mutation durch UV-Strahlung noch weiter erhöht: Uracil bindet eben nicht G, sondern A.

Im Gegensatz zu CPDs sind bei den 6,4-PPs die beiden Pyrimidine nicht über zwei Verbindungen, sondern nur über eine verknüpft, nämlich zwischen dem C4-Atom des einen und dem C5-Atom des anderen Pyrimidins. Beide Formen von Dimeren können durch entsprechende Photolyasen recht einfach repariert werden. Doch mehr dazu in (▶ Abschn. 9.3.1).

Am Rande bemerkt

6,4-PPs sind zwar deutlich mutagener und schwerer zu reparieren als CPDs. Trotzdem sind CPDs bei Säugetieren viel häufiger und stellen somit die Hauptursache der UV-B induzierten Mutationen dar.

9.2.1.2 Chemische Mutagene

Eine weitere Kategorie an Mutagenen stellen verschiedene chemische Moleküle dar. **Chemische Mutagene** können unter anderem mit der DNA interkalieren, Basen modifizieren oder in Form von Basenanalogen die Basen sogar ersetzen. Generell gilt hier, dass Basenmodifikationen sich auf die Basenpaarung während der Replikation auswirken können und so zu einer direkten Mutagenese führen oder – wie oftmals bei physikalischen Mutagenen –, dass sie zu Läsionen führen und Replikation und Transkription insgesamt beeinträchtigen (☐ Abb. 9.5). Zudem ist anzumerken, dass nicht

9

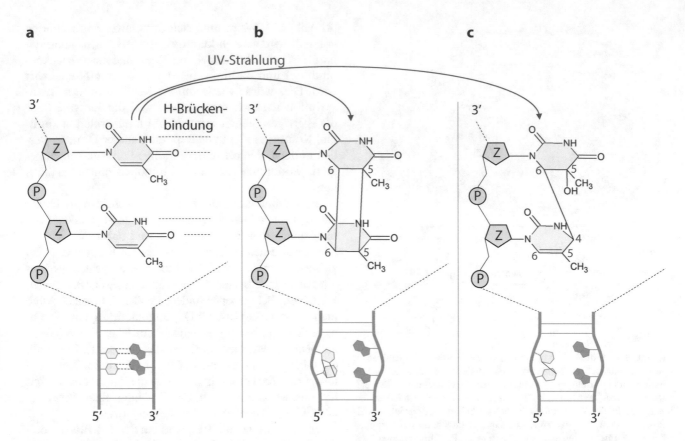

🔲 **Abb. 9.7**   Bildung von Pyrimidindimeren. Zu sehen ist jeweils ein DNA-Stück, in dem zwei Thymin-Basen nebeneinander auf dem gleichen Strang liegen (unten jeweils klein, oben vergrößert). **a** Normalerweise bildet eine Thymin-Base mit einem gegenüberliegenden Adenin zwei Wasserstoff (H)-Brückenbindungen aus. Durch Einwirkung von UV-Strahlung können die beiden Thymine jedoch miteinander reagieren und entweder ein Cyclobutanpyrimidin-Dimer (**b**) oder ein 6,4-Pyrimidin-Photoprodukt formen (**c**), was auch Auswirkungen auf die Struktur der DNA hat. (J. Buttlar)

jeder Kontakt mit einem chemischen Mutagen automatisch zu einer Mutation führt. Oftmals ist hier der erste kritische Schritt, ob eine Chemikalie überhaupt in eine Zelle eindringt oder nicht.

▪▪ Interkalierende Mutagene

Als **interkalierende Mutagene** bezeichnet man einfach nur jene, die in der Lage sind, in die Doppelhelix zu migrieren und sich zwischen die Basen zu lagern. Aufgrund dieser Fähigkeit können sie zu Störungen in der Basenpaarung führen oder eine Basenpaarung gänzlich blockieren. In der Folge entstehen Läsionen, die während der Replikation durch Transläsions-Polymerasen (ähnlich wie bei Pyrimidindimeren) zu Mutationen führen können (▸ Abschn. 9.3.1). Zu dieser Gruppe der Mutagene zählen insbesondere flache polyzyklische Verbindungen, die also aus mehreren Ringstrukturen bestehen. Auch das in der Molekularbiologie beliebte **Ethidiumbromid,** das im Labor benutzt wird um DNA (beispielsweise in einem Agarosegel) nachzuweisen, gehört in diese Kategorie.

▪▪ Basenmodifikation durch chemische Mutagene

An Mutagenen, die zu **Basenmodifikationen** führen, gibt es ein wahres Sammelsurium. Allgemein gesagt, verändern sie eine Base an sich (wie wir es bereits von den ionisierenden Strahlen bei der Bildung von 8-Oxo-Guanin kennen), sodass diese in ihren Bindungseigenschaften beeinflusst wird und daher schlechter oder mit anderen Basen bindet. Einige Beispiele für die chemische Modifikation von Basen sind:

— **Alkylierung:** Anheftung von Alkyl-Gruppen an Basen, bspw. Methyl-Gruppen ($–CH_3$). Ein bekanntes chemisches Mutagen ist Methylmethansulfonat (MMS), das in der Forschung oft bewusst zur Mutagenese eingesetzt wird.

— **Arylierung:** Anheftung von Aryl-Gruppen, also aromatischen Ringen (bspw. Phenyl). Arylierung geschieht beispielsweise durch das im Zigarettenrauch enthaltene Benz[α]pyren.

— **Desaminierung:** Abspaltung von Aminogruppen von Basen. Ursachen hierfür kann beispielsweise der Kontakt mit Schwefelsäure sein.

— Hydroxylierung: Anheftung einer Hydroxy-Gruppe (–OH).

■■ Basenanaloga
Wieder andere chemische Mutagene, sogenannte **Basenanaloga,** können statt herkömmlichen Basen eingesetzt werden, haben jedoch unter bestimmten Bedingungen andere Bindungseigenschaften und führen daher direkt zu einer Mutation (■ Abb. 9.8). Ein bekanntes Beispiel ist die Base **5-Bromouracil (5-BrU)**, beziehungsweise deren Nukleotid, 5-Bromdesoxyuridin (5-BrdU), das manchmal statt eines Thymins eingebaut wird. In ihrer Ketoform bindet 5-BU mit Adenin. In ihrer tautomeren Enolform, die die Base deutlich bevorzugt, bindet sie jedoch mit Guanin. Ähnlich verhält es sich mit **2-Aminopurin (2-AP)**, das manchmal statt Adenin eingebaut wird: während es in seiner Aminoform mit Thymin bindet, bindet es in seiner tautomeren Iminoform mit Cytosin! Liegen dann bei einer Replikation die entsprechend häufigeren Tautomere vor, kann es zur direkten Mutagenese kommen.

Es gibt also eine große Bandbreite an chemischen Molekülen, welche die Stabilität und die Replikation von DNA negativ beeinflussen und mit verschiedenen Wirkungsweisen zum vermehrten Auftreten von Mutationen führen. Ein Grund, warum der Forschung an mutagenen Substanzen eine besondere Bedeutung zukommt, ist der Fakt, dass viele mutagene Substanzen auch karzinogene Eigenschaften besitzen und deshalb beim Menschen zu Krebserkrankungen führen können.

9.2.2 Die Genommutationen

Als **Genommutationen** bezeichnet man klassischerweise jene Mutationen, die auf eine veränderte *Anzahl* der Chromosomen zurückgeht. Man nennt sie daher auch **numerische Chromosomenaberrationen.** In der Regel sind sie leicht zu erkennen, beispielsweise indem man ein Karyogramm erstellt, also mitotisch aktive Zellen auf einen Objektträger tropft und die Chromosomen fixiert, färbt und mit dem Mikroskop zählt. Weiterhin unterscheidet man zwischen **Polyploidie** (▶ Abschn. 9.2.2.1), bei der ein gesamter Chromosomensatz mehrfach vorliegt, und **Aneuploidie** (▶ Abschn. 9.2.2.2), bei der nur die Anzahl einzelner Chromosomen verändert ist.

9.2.2.1 Polyploidie
Bei **polyploiden** Zellen oder Organismen liegt der Chromosomensatz also in mehrfacher Ausführung im Vergleich zum „Normalzustand" vor. Die Bezeichnung des jeweiligen **Ploidie-Levels,** also wie viele Chromosomensätze ein Organismus hat, ist dabei an das Griechische angelehnt: **Monoploide** Zellen haben *einen* kompletten Satz an Chromosomen (1n), **diploide** haben zwei (2n), **triploide** haben drei (3n), **tetraploide** haben vier (4n) und so weiter (▶ Abschn. 3.2.1). Polyploidie ist für die Evolution von großer Bedeutung und ein grundlegender Prozess, der Duplikationen, Deletionen und Genkonversionen auf chromosomaler Ebene erst ermöglicht.

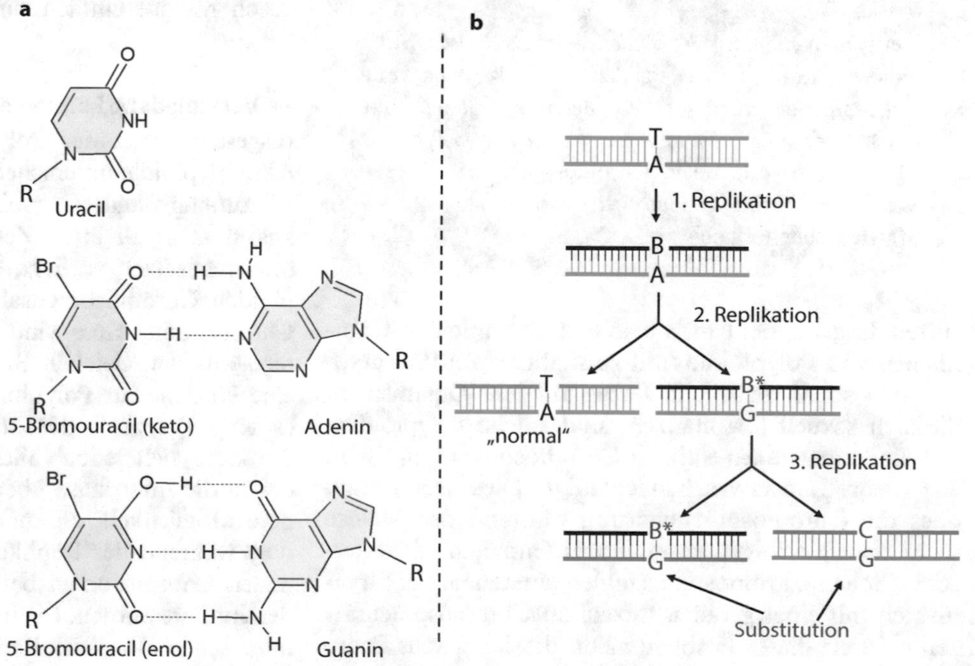

■ **Abb. 9.8** Direkte Mutagenese durch 5-Bromouracil. **a** 5-Bromouracil (5-BrU) ist ein Derivat der Base Uracil und unterscheidet sich nur in einem Brom-Atom an der fünften Ringposition. Während die Ketoform von 5-BrU Adenin bindet, bindet die Enolform jedoch Guanin. **b** Wird während einer Replikation statt eines Thymins die Base 5-BrU eingebaut und wechselt diese von der Ketoform (B) in die bevorzugte Enolform (B*), so kommt es in den folgenden Replikationsrunden zur direkten Mutagenese. Die durch semikonservative Replikation hergestellten neuen Stränge sind jeweils schwarz (1. Repl.), grau (2. Repl.) oder grün (3. Repl.) dargestellt. R = Rest, rot = Mutation. (J. Buttlar)

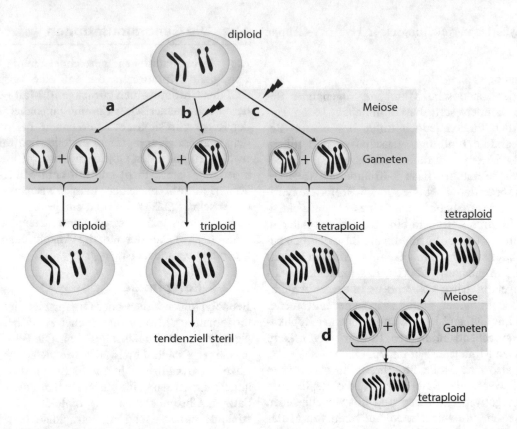

⬛ Abb. 9.9   Schema zur Autopolyploidie bei Eukaryoten mit sexueller Fortpflanzung. Angenommen, der Chromosomensatz eines Organismus bestünde aus zwei Chromosomen, dann hätte ein diploider Vertreter dieser Art (2n) vier Chromosomen. **a** Würde dieser diploide Organismus Gameten produzieren, wären diese bei einer normal ablaufenden Meiose haploid. Befruchten sich zwei haploide Gameten, entsteht wieder ein diploider Organismus. Sollte jedoch etwas bei der Meiose schief laufen (Blitz), so können diploide Gameten entstehen. Paaren sich diese mit einem haploiden Gamet, entsteht ein triploider Organismus (**b**). Weil triploide Organismen bei der Meiose jedoch Probleme haben, die Chromosomen gleichmäßig zu verteilen, sind sie öfter steril. **c** Kommt es vor, dass eine diploide Gamete von einer anderen diploiden Gamete befruchtet wird, entsteht ein tetraploider Organismus mit acht Chromosomen, dessen Gameten in der Regel wieder diploid sind (**d**) und sich mit anderen diploiden Gameten problemlos paaren können. (J. Buttlar)

Merke

Wenn man menschliche Zellen betrachtet, ist ein diploider Chromosomensatz der Normalzustand (mit Ausnahme der haploiden Gameten, die monoploid sind). Eine menschliche Zelle wäre dann polyploid, wenn sie drei oder mehr Chromosomensätze hätte – was in der Realität jedoch nicht vorkommt, weil dies bei Menschen tödlich wäre.

In der Regel spricht man also erst ab triploiden Organismen von Polyploidie (mit Ausnahme von Prokaryoten, hier schon ab 2n). In Bezug auf jene Organismen, die sich sexuell fortpflanzen, sind solche Polyploidien mit einen **ungeraden Satz** an Chromosomen (3n, 5, 7n, …) theoretisch etwas benachteiligt. Dies liegt daran, dass die Chromosomenpaarung während der Meiose nicht richtig erfolgen kann, wobei Gameten mit unterschiedlichen Chromosomenzahlen entstehen. Bei Organismen mit einer **geraden Anzahl** an Chromosomensätzen existiert dieses Problem nicht, da sich jeweils Paare bilden können: ein tetraploider Organismus (4n) kann

durch Meiose einfach diploide Gameten produzieren (2n).

■ ■ Verschiedene Formen der Polyploidie

Insgesamt kann man Polyploidie in Auto-, Endo- und Allopolyploidie unterscheiden.

Autopolyploide Organismen zeichnen sich dadurch aus, dass in all ihren Zellen ein Vielfaches an Chromosomensätzen vorliegt, die mit dem „normalen" haploiden Chromosomensatz jedoch identisch sind. Die Chromosomensätze sind also alle gleich und kommen aus der gleichen Spezies. Bei Prokaryoten kann eine Ursache für Polyploidie ein anormaler Zellzyklus (▶ Kap. 4) sein, in dem die DNA zwar repliziert wird, die Zelle sich jedoch nicht teilt, sondern direkt wieder in die Interphase übergeht (⬛ Abb. 9.10). Eine andere Möglichkeit, die man auch aus *E. coli* kennt, ist, dass während der Replikation an den noch unfertigen neuen Chromosomen bereits weitere Replikationsrunden initiiert werden. In einem solchen Fall wird das Genom innerhalb einer Replikationsphase mehr als nur verdoppelt.

□ Abb. 9.10 Endopolyploidie. Im Vergleich zu einem normalen Zellzyklus (**a**), wird bei einer Endoreplikation (**b**) einfach die Zellteilung oder Mitose übersprungen. Im Prinzip besteht die Endoreplikation also lediglich aus einer Wachstumsphase, die von einer Replikationsphase abgelöst wird, nur um dann wieder in einer Wachstumsphase zu enden. **c** Durch zwei Endoreplikationsrunden kann somit aus einer diploiden Zelle eine octoploide werden. M = Mitose, G_1 = Growth/Wachstumsphase 1, G_2 = Wachstumsphase 2, S = Synthesephase (DNA-Replikation). (J. Buttlar)

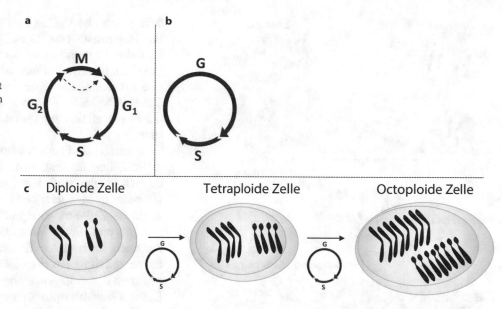

Betrachtet man nun Eukaryoten, die sich sexuell vermehren, kann Polyploidie auch in den Keimbahnzellen durch eine anormale Meiose zustande kommen (□ Abb. 9.9). Hier kann es an der gleichmäßigen Segregation (Verteilung der Chromosomen) hapern, wodurch es *nicht* zu einer Reduktion des Erbguts kommt, was wiederum zu diploiden Gameten führen könnte. Wird eine diploide Gamete wiederum von einer haploiden befruchtet, kann eine triploide Zygote entstehen. Wird sie aber von einer anderen diploiden Gamete befruchtet, kann ein tetraploider Organismus entstehen. Eine andere Möglichkeit zur Entstehung von Autopolyploidie ist die gleichzeitige Befruchtung einer Eizelle durch mehrere Spermien. Beispiele für autopolyploide Organismen sind Kartoffeln *(Solanum tuberosum)*, Bananen *(Musa sapientum)* und auch Hühner *(Gallus domesticus)*.

Endopolyploidie bezeichnet hingegen den interessanten Fall, wenn nicht der ganze Organismus, sondern nur in bestimmte Zellen oder Geweben eines mehrzelligen Organismus das Ploidie-Level sich vom Normalzustand unterscheidet. Man spricht daher manchmal auch von **somatischer Polyploidie.** Zudem kann die Endopolyploidie als eine Form der Autopolyploidie gesehen werden, zumal auch hier die verschiedenen Chromosomensätze identisch sind. Wie oben liegt die Ursache darin, dass mitotisch aktive Zellen zwar ihre DNA replizieren, sich jedoch nicht teilen, was als **Endoreplikation** bezeichnet wird. In vielen Organismen ist dies ein völlig normaler Vorgang: Beispielsweise sind Leberzellen bei Menschen und Ratten tetra- oder octoploid. Die Speicheldrüsenzellen des Wasserläufers *(Gerris spec.)*, der als diploider Organismus normalerweise 22 Chromosomen hat, haben sogar bis zu 2048 Genomkopien (und damit über 40.000 Chromosomen

pro Zelle!). Endopolyploidie definiert sich aber nicht nur räumlich, sondern auch zeitlich und spielt bei der Entwicklung mancher Organismen eine wichtige Rolle. Beispielsweise sind bei der Fruchtfliege *(D. melanogaster)* im Larvenstadium andere Gewebe polyploid als im adulten Tier. Auf der anderen Seite können Mutationen von Zyklinen oder anderen Taktgebern des Zellzykluses auch zu ungeplanten Endoreplikationsrunden führen. Diese versehentlichen Polyploidien bringen wiederum Genexpression, Metabolismus, Zellzyklus und allerlei andere empfindlichen Signalwege der Zelle durcheinander und können Ursache für Krankheiten wie **Krebs** sein.

Allopolyploidie entsteht durch **Hybridisierung** von unterschiedlichen (aber nah verwandten) Arten (□ Abb. 9.11). Die Chromosomensätze sind im Gegensatz zur Autopolyploidie also nicht identisch, da sie von unterschiedlichen Spezies kommen. Dennoch ist dieser Vorgang recht häufig, insbesondere bei Pflanzen, wo **Fremdbestäubung** eine wichtige Rolle spielt. Oftmals ist es dabei wichtig, dass noch eine Chromosomenverdoppelung stattfindet, da die Hybriden sonst steril sind: Würden die Chromosomensätze nicht verdoppelt, könnte ein durch Hybridisierung entstandener Organismus unter Umständen keine ausbalancierten Gameten produzieren, da sich die beiden unterschiedlichen Chromosomensätze während der Meiose nicht gut paaren und die Chromosomen dementsprechend nicht gleichmäßig verteilt werden. Beispiele für allopolyploide Organismen sind Erdbeeren *(F. ananassa)*, Teichfrösche *(Pelophylax esculentus)* und bestimmte Geckos *(Heteronotia binoei)*. Auch der Kulturweizen *(T. aestivum)* ist allopolyploid, wobei vermutlich drei verschiedene diploide Arten zu seiner Entstehung beitrugen.

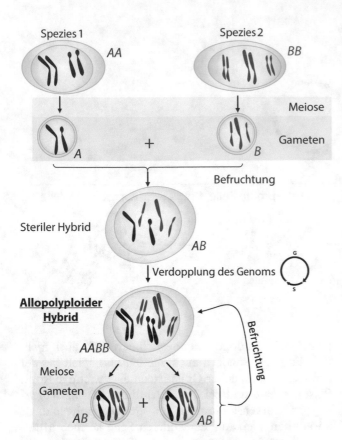

9

◪ **Abb. 9.11** Schematischer Ablauf der Entstehung von Allopolyploidie. Gezeigt sind zwei verschiedene Spezies, die jeweils diploid sind und daher im adulten Zustand jeweils zwei Chromosomensätze (*A* bzw. *B*) besitzen. Durch Fremdbestäubung kommt es zur Hybridisierung der haploiden Gameten. In der Regel ist der entstandene Hybrid erst nach einer Chromosomenverdopplung fruchtbar. (J. Buttlar)

■■ **Polyploidie kann Vorteile verschaffen!**

Man könnte sich fragen, warum eigentlich das Ganze? Mehr Chromosomen bedeuten zwar einen höheren Replikationsaufwand, aber dennoch kann Polyploidie äußerst nützlich und viel mehr als nur ein unerwünschter Nebeneffekt sein. Wie gesagt werden insbesondere in der **Pflanzenzucht** vor allem polyploide Pflanzen verwendet, um höhere Erträge zu erzielen.

Einerseits kann ein zusätzlicher Satz an Chromosomen nämlich bedeuten, dass genetische Informationen **redundant** (also mehrfach oder überzählig) vorliegen und in Ruhe vor sich hin mutieren können, was wiederum einen wichtigen Beitrag zur Evolution leisten kann. Mutationen mit positiven Effekten würden dem Organismus zugutekommen, während andere mit negativen Effekten nicht unbedingt schaden müssen (solange sie nicht dominant sind!). Über einen längeren Zeitraum werden unwichtige oder duplizierte Bereiche teilweise sogar wieder hinausgeschmissen, was verdeutlicht, dass Polyploidie einen wichtigen Einfluss auf die Dynamik des Genoms hat! Andererseits zeigen Allopolyploidien, die durch Hybridisierung entstanden, auch eine grö-

ßere genetische Vielfalt und führen zu einem sogenannten **Heterosis-Effekt.** Dieser bedeutet lediglich so viel, dass das Vorhandensein verschiedener heterogener Allele einen positiven Effekt hat, indem zum Beispiel rezessive Mutationen kompensiert werden. Des Weiteren eröffnet Polyploidie einigen Pflanzen auch die Möglichkeit zur Selbstbefruchtung und damit zur **asexuellen Vermehrung.**

Pflanzen sind zudem oftmals größer, aber nicht weil mehr Zellen da sind, sondern weil die Zellen an sich einfach größer sind. Klar, einerseits steckt auch mehr Chromatin in einer Zelle und bei Eukaryoten sind auch die Zellkerne entsprechend vergrößert. Aber der Hauptgrund für die Vergrößerung polyploider Zellen – die auch bei anderen Eukaryoten und selbst bei Prokaryoten häufig eintritt – ist vermutlich, dass die Zellen während des Zellzyklus länger in der **G1-Phase** bleiben. Diese Wachstumsphase wird wiederum von Zyklinen reguliert, deren Expression vermutlich mit dem Ploidie-Level einer Zelle zusammenhängt.

9.2.2.2 Aneuploidie

Im Gegensatz zur Polyploidie, wo es um den gesamten Chromosomensatz geht, dreht es sich bei der **Aneuploidie** um die Fehlverteilung *einzelner* Chromosomen, die entweder fehlen oder zusätzlich vorliegen. Sie zählt damit zu den **numerischen Chromosomenaberrationen.** Man könnte sagen, die Zellen haben sich bei der Zellteilung einfach verzählt. Betrachtet man beispielsweise einen diploiden Chromosomensatz, so spricht man von einer **Monosomie,** wenn ein Chromosom eines Chromosomenpaares fehlt, oder von einer **Trisomie,** wenn ein Chromosom nicht doppelt, sondern dreifach vorliegt. Logischerweise kann man also nur bei solchen Organismen von Aneuploidien reden, die mehrere *verschiedene* Chromosomen haben. Durch Translokationen, Duplikationen und Deletionen können zudem auch sogenannte **partielle Aneuploidien** vorliegen.

■■ **Aneuploidien beim Menschen**

In Bezug auf den Menschen kommen chromosomale Fehlverteilungen sowohl bei den Autosomen als auch bei den Geschlechtschromosomen, den Gonosomen, recht häufig vor. Allerdings sind die meisten autosomalen Aneuploidien tödlich – oftmals kommt es gar nicht erst zur Geburt, sondern zu einem spontanen **Schwangerschaftsabbruch** (Abort). Es sind etwa ein Drittel (30–35 %) aller spontanen Schwangerschaftsabbrüche auf Aneuploidien zurückzuführen, wobei die Dunkelziffer sogar noch höher sein könnte! Dies verdeutlicht, wie wichtig das empfindliche Gleichgewicht der Chromosomenzahl und somit der Anzahl an Genkopien ist. Überlebensfähige Ausnahmen bilden lediglich Aneuploidien der Autosomen 13, 18 und 21 sowie gonosomale Aneuploidien. Doppelte oder multiple Anomalie sind sehr selten, führen wenn aber zum Abort. Welche Chromosomen-Situation in einer Zelle vorliegt, das beschreibt der sogenannte **Karyotyp** (siehe Box).

Zur Übersicht

Einen Karyotyp kann man sozusagen in einer Formel ausdrücken. Keine Sorge, keine höhere Mathematik. Dabei gibt eine vorn stehende Zahl an, wie viele Chromosomen eine Zelle insgesamt hat, und dahinter kommt eine entsprechende Anomalie, bzw. Aberration, die entweder die Gonosomen oder die Autosomen betrifft.

Karyotyp Formelschreibweise	Bedeutung	weitere Bezeichnung
47,+13	Trisomie Chromosom 13	Pätau-Syndrom
47,+18	Trisomie Chromosom 18	Edwards-Syndrom
47,+21	Trisomie Chromosom 21	Down-Syndrom
45,X0	Monosomie d. X-Chromosoms	Turner-Syndrom
47,XXY	X-, bzw. Y-Chromosom zu viel	Klinefelter-Syndrom
47,XXX	Trisomie X-Chromosom	Trippel-X-Syndrom

■■ **Entstehung von Aneuploidien**

Hauptursache von Aneuploidien sind fehlerhafte meiotische Zellteilungen (◐ Abb. 9.12), bei denen es nicht zur Trennung der Chromosomen beziehungsweise Chromatiden kommt (*non-disjunction*). Sowohl Spermien als auch Eizellen können davon betroffen sein, wobei auf mütterlicher Seite besonders das Alter eine Rolle spielt. Die Ursache liegt hier darin, dass alle Eizellen direkt nach der Geburt zwar bereits vorhanden sind, aber in der Prophase I der Meiose in eine Art Ruhezustand übergehen. Die erste meiotische Teilung wird erst zum Zeitpunkt des Eisprungs beendet und die zweite erst nach der Befruchtung. Zwischen Geburt und dem jeweiligem Eisprung einer Eizelle liegen mitunter je nach Alter der Frau jedoch eines oder mehrere Jahrzehnte, was anscheinend einen Einfluss auf die korrekte Verteilung der Chromosomen hat.

■■ **Trisomie 21, eine autosomale Aneuplodie**

Die wohl bekannteste und häufigste Aneuploidie ist die **Trisomie 21,** auch Down-Syndrom genannt, mit einer durchschnittlichen Häufigkeit von einer auf 700 Geburten. Kurz nach der Geburt zeigt sich kaum ein Phänotyp, später geistige und körperliche Behinde-

rungen (Skelett entwickelt sich verzögert, verminderter Muskeltonus), die zwischen einzelnen Betroffenen jedoch auch variieren können. Lange nahm man an, dass Trisomie 21 aus dem Grund nicht letal ist, weil das Chromosom recht klein ist und nicht sehr viele Gene trägt. Gleiches müsste dann jedoch auch auf andere Chromosomen zutreffen, wie etwa Chromosom 20 oder 22 (was es aber nicht tut). Entsprechend kommt es also eher darauf an, *welche* Gene auf Chromosom 21 liegen und wie empfindlich die Gendosis dieser Gene für den Organismus ist.

■■ **Gonosomale Aneuploidien**

Bei **gonosomalen Aneuploidien** scheint grundsätzlich eine andere Situation vorzuliegen. So sind X-Chromosomen unabdingbar, zumal sie einige Gene beinhalten, die für den menschlichen Stoffwechsel relevant sind. Solange aber ein X-Chromosom vorhanden ist, ist der Embryo überlebensfähig (wenn auch eventuell mit Beeinträchtigungen). Eine Aneuploidie mit 45,0Y gibt es demnach nicht, weil sie letal ist. Hat eine Zelle jedoch mehr als ein X-Chromosom, hat dies zwar einige Auswirkungen, ist aber nicht tödlich, denn die überzähligen Chromosomen können größtenteils durch einen Mechanismus, die sogenannte **Dosiskompensation,** einfach ausgeschaltet werden (▶ Abschn. 13.4.5). Anders ist es mit dem Y-Chromosom: dieses scheint zwar für die Ausprägung des männlichen Geschlechts absolut essenziell zu sein, beinhaltet aber keine überlebenswichtigen Gene. Sonst würde es schließlich gar keine Frauen geben.

Beim **Turner-Syndrom** handelt es sich um sterile Frauen mit einer X-Monosomie (45,X0), die einen relativ milden Phänotyp haben. Dazu zählt eine kleinere Statur, eventuelle Herz- und Nierenprobleme, und dass sie die Pubertät nur mithilfe einer Hormontherapie durchlaufen. Ein offensichtlicher Nachteil ist zudem, dass sie rezessive X-chromosomale Mutationen nicht ausgleichen können. Ursache für den 45,X0-Karyotyp sind meistens Fehlverteilungen in männlichen Keimbahnzellen, wodurch Spermien ohne Gonosomen entstehen. Gleichzeitig ist diese Form der Monosomie sehr häufig (etwa 20 % der durch Aneuploidie beeinflussten spontanen Schwangerschaftsabbrüche und etwa 1 % aller Befruchtungen, inklusive Aborte), wobei man davon ausgeht, dass die Spermien ohne Gonosomen einfach „schneller" sind als die anderen.

Das **Klinefelter-Syndrom** hingegen betrifft Männer mit dem Karyotyp 47,XXY. Wie erwähnt, kann das überzählige X-Chromosom weitestgehend inaktiviert werden. Weil die Inaktivierung aber eben nicht 100 %ig ist, tritt ein milder Phänotyp auf: Betroffene haben häufig einen niedrigeren Testosteronspiegel als „XY-Männer". Einige leiden zudem an einer Unterfunktion der Hoden, bis hin zu nicht funktionstüch-

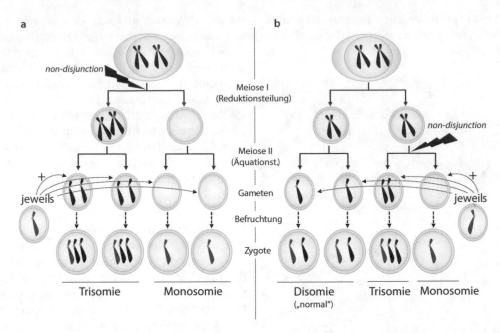

9

◘ Abb. 9.12 Mögliche Entstehung von Aneuploidien. Gezeigt ist die Meiose von diploiden Zellen, wobei in dieser Abbildung der Fokus auf der Verteilung eines einzelnen homologen Chromosomenpaares liegt (bspw. Chromosomenpaar 21 beim Menschen). **a)** Geschieht eine Fehlverteilung während der ersten meiotischen Teilung, indem sich die beiden homologen Chromosomen nicht trennen *(non-disjunction)*, kommt es einerseits zu diploiden Gameten und zu Gameten, in denen das betreffende Chromosom komplett fehlt. Bei einer Befruchtung durch eine normale haploide Gamete eines anderen Individuums können in der Folge Zygoten mit einer Trisomie oder Monosomie entstehen. **b** Geschieht die *non-disjunction* während der zweiten meiotischen Teilung, so trennen sich die Chromatiden in jener Zelle nicht. In der Folge kann es durch die Befruchtung mit einer haploiden Gametenzelle daher neben einer normalen Verteilung ebenfalls zu einer Monosomie oder Trisomie kommen. (J. Buttlar)

tigen Spermien oder zeigen weibliche sekundäre Geschlechtsmerkmale auf.

Auch bei dem **Trippel-X-Syndrom** (47,XXX) greift demnach die Dosiskompensation, sodass Betroffene häufig nicht auffallen, beziehungsweise das Syndrom nicht erkannt wird. Aber auch hier ist die Inaktivierung nicht vollständig, weshalb es teilweise zu geistigen Beeinträchtigungen, Depressionen oder Störungen der Feinmotorik kommen kann.

9.2.3 Die Chromosomenmutationen

Als **Chromosomenmutation** bezeichnet man größere strukturelle Veränderungen innerhalb eines Chromosoms oder den Austausch von Fragmenten zwischen verschiedenen Chromosomen. Diese Art von Mutationen wird daher auch als **strukturelle Chromosomenaberration** bezeichnet. Dabei kann allerlei passieren, Chromosomenstücke können einfach abbrechen, ausgetauscht werden, verloren gehen, verdoppelt werden, sich umdrehen. Gemeinsam haben sie, dass sie (oftmals mithilfe bestimmter Färbemethoden) sogar unter dem Mikroskop sichtbar sind. Wären sie noch kleiner, würde man sich langsam in den Bereich der sogenannten Genmutationen (▶ Abschn. 9.2.4) hineinbegeben.

9.2.3.1 Rekombinationen
Wenn man von **Rekombination** spricht, dann ist damit eine neue Anordnung von genetischem Material gemeint. Klingt ziemlich ähnlich zur Translokation (9.2.3.2). Aber trotzdem meint man unterschiedliche Vorgänge, an denen unterschiedliche Enzyme und Mechanismen beteiligt sind.

■■ Homologe Rekombination
Am bekanntesten ist wohl die **homologe Rekombination** zwischen DNA-Molekülen, welche Sequenzen mit hoher Ähnlichkeit enthalten. So findet bei Eukaryoten während der ersten Reifeteilung der Meiose eine Paarung der homologen Chromosomen statt. Kommt es dabei zum **Crossing-over** (▶ Abschn. 4.3) und findet ein Austausch zwischen den homologen Chromosomen an einer äquivalenten Position statt, wird dies als homologe Rekombination bezeichnet (◘ Abb. 9.13). Die Dimension der Rekombination ist dabei nicht limitiert. Das Crossing-over kann sowohl zum Austausch von größeren homologen DNA-Abschnitten als auch zum Austausch kleinerer Chromosomenabschnitte führen, beispielsweise durch mehrere gleichzeitig stattfindende Crossing-over-Ereignisse (◘ Abb. 9.13). Die homologe Rekombination spielt zudem bei der Reparatur von Strangbrüchen eine wichtige Rolle (Abschn. 9.3.3.2),

Abb. 9.13 Homologe Rekombination. Die homologe Rekombination ist möglich, wenn zwei weitgehend homologe DNA-Stränge an mindestens einer gleichen Position im Molekül die gleiche Sequenz besitzen. Sie ist Folge von meiotischen Crossing-over-Ereignissen, wobei zwei DNA-Doppel-Stränge an einer Rekombinationsstelle getauscht werden. Durch einen doppelten Crossing-over können dabei interne Fragmente getauscht werden, während durch einen einfachen Crossing-over terminale Chromosomenstücke getauscht werden können. (H. Hawer)

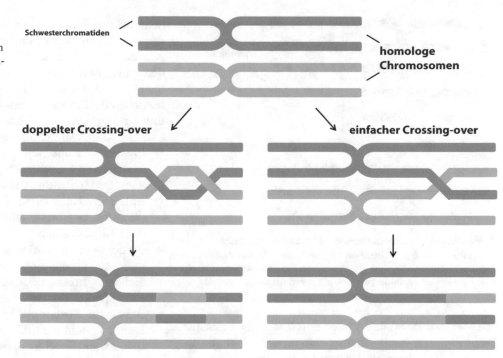

weshalb man annimmt, dass dies sogar ihre ursprüngliche Aufgabe war.

■■ Andere Arten von Rekombination

In Eukaryoten finden Rekombinationsereignisse nicht nur während der Meiose, sondern auch in somatischen Zellen statt, zum Beispiel bei der Entwicklung von B-Lymphozyten. Diese Immunzellen produzieren Antikörper, deren Eigenschaften wiederum auf der Kombination der V-, D- und J-Segmente beruhen. Dabei gibt es von jedem Segment wiederum mehrere Allele im Genom, die durch bestimmte Erkennungssequenzen gekennzeichnet sind. Erst bei der Reifung der Zellen wird durch die **V(D)J-Rekombination** eine zufällige Konstellation aus jeweils einem Allel eines V-, D- und J-Segments zusammengesetzt, was eine ziemlich große Anzahl an möglichen Kombinationen und somit Antikörpern ermöglicht!

Es ist auch möglich, dass ein Austausch zwischen zwei homologen Chromosomen aber an unterschiedlichen Positionen stattfindet (**Abb. 9.18**). Und selbst bei völlig unterschiedlichen Chromosomen können *nicht-homologe* Abschnitte zwischen zwei DNA-Strängen durch Rekombinationsereignisse getauscht werden. Die homologen Sequenzen beschränken sich hierbei lediglich auf die Flanken der ausgetauschten Sequenz, weshalb man auch von **sequenzspezifischer Rekombination** spricht. Dieser sehr effektive Mechanismus findet oftmals in Prokaryoten beim **horizontalen Gentransfer** statt (▶ Abschn. 11.1). Zum Beispiel im Zuge der Transduktion bei der Integration von Phagen-DNA in ein bakterielles Wirtsgenom. Diese Art der Rekom-

bination ist zudem ein wichtiges Werkzeug in der Forschung. Es ist mit diesem Verfahren sehr einfach, genetisches Material auszutauschen und den jeweiligen Effekt zu untersuchen (▶ Abschn. 9.4).

Bei der **illegitimen** oder **unspezifischen Rekombination** hingegen bedarf es keiner homologen Sequenzen für einen Austausch. Hier erkennen Enzyme bestimmte Sequenzen in einem Donor-Strang, die jedoch nicht identisch mit der Zielsequenz sind, in die das Molekül hinein rekombiniert. Ein Beispiel hierfür sind **Transposons,** denen wir nochmal in ▶ Abschn. 9.2.4.4 begegnen.

Schließlich ist es auch möglich, dass es während der eukaryotischen Meiose zur sogenannten **Genkonversion** kommt (**Abb. 9.14**). Dabei findet ein nichtreziproker Austausch von zwei Allelen statt. Das bedeutet, dass der Austausch nicht wechselseitige Effekte hat: Eine Sequenz wird lediglich in ein anderes Molekül integriert. Aus einem anfänglichen Verhältnis von 2:2 zweier Allele zueinander resultiert ein 3:1 Verhältnis. Die Genkonversion wird dabei ebenfalls durch Crossing-over und durch Reparaturmechanismen begünstigt.

9.2.3.2 Translokationen

Eine weitere Mutation ist die **Translokation.** Bei ihr werden DNA-Abschnitte von einem Chromosom an ein anderes und somit an eine andere Position im Genom verlagert. Im Gegensatz zur homologen Rekombination, die auf die Paarung der Chromosomen angewiesen ist, können Translokationen jedoch auch in der Interphase stattfinden. Voraussetzung dafür sind **Doppelstrangbrüche** (DSB), die wiederum recht oft passie-

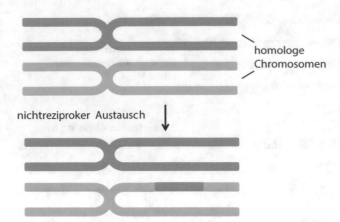

□ Abb. 9.14 Eine Genkonversion ist im Gegensatz zur homologen Rekombination ein nichtreziproker, also ein nicht-wechselseitiger, Austausch eines Gens. Aus einem anfänglichen 2:2-Verhältnis zweier Allele zueinander resultiert ein neues 3:1-Verhältnis. (H. Hawer)

ren – entweder spontan oder durch externe Ursachen. Denn werden nach einem Strangbruch nicht die ursprünglichen Strangenden wieder miteinander verbunden, sondern mit anderen freien Enden anderer Chromosomen, kann eine Translokation entstehen.

Stellen Sie sich vereinfacht vor, Sie machen in eines oder mehrere Chromosomen mit einer Schere ein paar Schnitte und basteln die entstehenden Fragmente wieder zusammen. Viele Lehrbücher und Veröffentlichungen beziehen Translokation dabei ausschließlich auf den Austausch zwischen nicht-homologen Chromosomen, allerdings sind auch Translokationen zwischen homologen Chromosomen bekannt. Je nach Anzahl und Ort der Schnitte – Verzeihung, der Strangbrüche – kann jedenfalls allerhand passieren (□ Abb. 9.15):

- Entstehen Konstrukte, die kein Zentromer haben (**azentrische Chromosomen**), so gehen diese bei der nächsten Zellteilung verloren.
- Entstehen Konstrukte, die zwei Zentromere haben (**dizentrische Chromosomen**), so zerbrechen diese bei der Zellteilung und gehen auch verloren.
- Findet eine Translokation statt, bei der zwei Chromosomen jeweils ein Fragment abgeben und das des anderen Chromosoms aufnehmen, spricht man von einem (wechselseitigen) **reziproken Austausch.**
- Bei einem Austausch, in dem ein Chromosom nur Donor ist und ein anderes der Akzeptor, handelt es sich um einen **nichtreziproken Austausch.**

Die ersten beiden Beispiele können folglich zu Aneuploidien führen und sind in der Regel letal. Gehen keine größeren Fragmente oder Chromosomen verloren, kann aber auch alles mehr oder minder gut gehen.

□ Abb. 9.15 Schematische Darstellung der Translokation. Gezeigt sind verschiedene Möglichkeiten von Translokationen zwischen zwei nicht-homologen Chromosomen. Je nach Anzahl und Ort der Doppelstrangbrüche kann eine wechselseitige (**a**) oder eine einseitige (**b, c**) Übertragung chromosomaler Abschnitte erfolgen. Chromosomen mit zwei Zentromeren (dizentrisch) oder mit keinem (azentrisch) gehen während der nächste Zellteilung verloren (**c**). Zur Vereinfachung sind die Ein-Chromatid-Chromosomen in ihrer Transportform dargestellt, obwohl Translokationen in der Interphase stattfinden. (J. Buttlar)

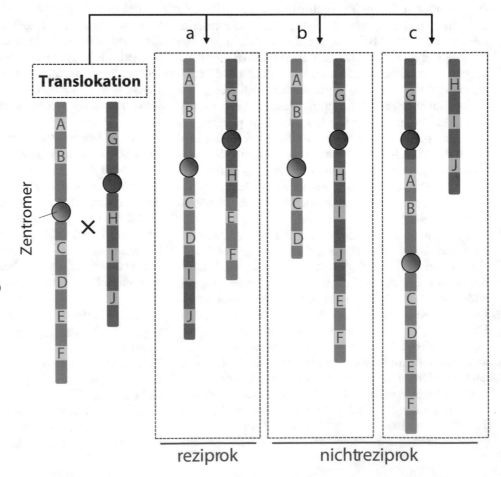

In dem einfachsten Beispiel für eine reziproke Translokation haben zwei Chromosomen jeweils einen Doppelstrangbruch, wobei die **terminalen** Stücke ausgetauscht werden können. Haben zwei Chromosomen zwei Doppelstrangbrüche, können theoretisch auch **interne** Fragmente ausgetauscht werden. Gleichzeitig gibt es aber auch ein paar Regeln: So können Telomere (▶ Abschn. 3.5.1.4) nicht als Andockstelle verwendet werden. Außerdem finden Translokationen in der Regel nicht zwischen beliebigen Chromosomen statt, zumal eukaryotische Chromosomen in der Interphase in ihrer unkondensierten „Arbeitsform" in definierten Bereichen vorliegen (▶ Abschn. 3.5.1.1). Am ehesten könnten sich hier also Nachbarn ein wenig austauschen.

■■ Translokationen in somatischen Zellen
Solche Translokationen, bei denen Fragmente nur umverteilt werden, aber nicht verloren gehen, können in somatischen Zellen prinzipiell einen völlig normalen Phänotyp haben. Schließlich sind alle Informationen ja vorhanden! Eine große Ausnahme besteht hier jedoch darin, wenn die Schnittstellen eine codierende oder eine regulatorische Sequenz eines wichtigen Gens treffen und dieses somit unbrauchbar machen. Eine weitere Möglichkeit besteht darin, dass Gene sogar miteinander fusionieren können, wenn beide Bruchstellen jeweils in einem Gen liegen. Zudem kann eine Translokation das **Heterochromatinmuster** eines Chromosoms stören, das sich unter anderem durch bestimmte Sequenzen und Isolatoren definiert. Die bloße Anwesenheit eines übertragenen Fragments kann Einfluss auf den Heterochromatinstatus der umliegenden Bereiche haben, sowie auch die umliegenden Bereiche auf den Chromatinstatus des integrierten Fragments (**Positionseffekt**; Exkurs 8.1).

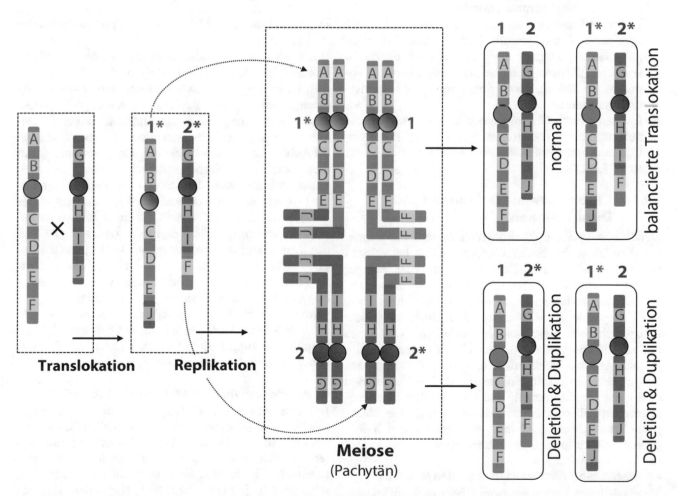

□ Abb. 9.16 Schematische Darstellung der Translokation in Keimbahnzellen. Eine Translokation findet zwischen zwei nicht-homologen Chromosomen (1* und 2*) statt. Während der Meiose kommt es zwischen den beiden Chromosomen mit der Translokation und ihren jeweiligen homologen Partnern (1 und 2) zu einer kreuzförmigen Paarung. Bei der Reduktionsteilung muss von jedem Chromosomenpaar jeweils ein Chromosom in die neue Zelle gelangen. Daraus resultieren zwei verschiedene Möglichkeiten, die jeweils unterschiedliche Gameten produzieren. Die Gameten der oberen Variante *(alternate segregation)* sind lebensfähig, obwohl die Chromosomen eines Gameten eine Translokation aufweisen. Bei der unteren Variante *(adjacent segregation* -1) haben beide Gameten Duplikationen und Deletionen, was letal sein kann. (J. Buttlar)

■■ Translokationen in Keimbahnzellen

Ganz anders verhält es sich aber, wenn Translokationen bei meiotisch aktiven Zellen auftreten. Ist jeweils nur ein Chromosom eines Chromosomenpaares von einer Translokation betroffen, bezeichnet man dies auch als **heterozygote Aberration**. Bei der Meiose (▶ Abschn. 4.1.4) kann es nun während des Pachytäns zu seltsamen **kreuzförmigen Paarungen** von homologen Chromosomenpaaren kommen, die heterozygot für eine Translokation sind (◘ Abb. 9.16). Bei der Verteilung der einzelnen Chromatiden nach der zweiten Reifeteilung ist schließlich entscheidend, welche Ein-Chromatid-Chromosomen in einer Gamete landen. Je nach Konstellation kann alles okay sein, oder es können **Deletionen** oder **Duplikationen** mit gravierenden Folgen entstehen:

— Landet von jedem Chromosomenpaar jeweils ein Chromosom ohne Translokation in einer Gamete, so sind die Nachkommen gesund.
— Landen Chromosomen mit einer Translokation, die aber dennoch das gesamte Genom darstellen, in einer Gamete, können die Nachkommen überleben (Einschränkungen siehe bei Translokationen in somatischen Zellen). Man spricht von einer **balancierten Translokation**.
— Landen jedoch Chromosomen in einer Gamete, die aufgrund einer Translokation gleichzeitig eine Deletion und eine Duplikation aufweisen, ist dies in der Regel letal.

9.2.3.3 Chromosomale Deletionen und Duplikationen

Deletionen und Duplikationen verändern die *Anzahl* von Sequenzen in einem Genom, sodass betroffenen Gene oder Chromosomensegmente entweder weniger oft oder mehrfach vorkommen. Vergleicht man solche Mutationen zwischen verschiedenen Individuen einer Art (beispielsweise Menschen) miteinander, so spricht man auch von *copy number variations* (**CNV**), zu deutsch: Kopienzahlvariationen. CNVs können dabei – je nach Autor – zwischen 50 und mehreren tausenden Basenpaaren groß sein. Solche genetischen Variationen sind nicht nur interessant, weil sie phänotypische Konsequenzen haben, sondern weil sie auch für die Phylogenie benutzt werden können, um verschiedene Individuen oder Gruppen zu charakterisieren.

■■ Deletionen – der Verlust genetischen Materials

Von **Deletionen** hatten wir bereits bei den Translokationen gehört. Im Grunde beschreiben sie das Fehlen genetischer Informationen innerhalb eines Chromosoms oder eines Genoms. Für die Vitalität, beziehungsweise Letalität, ist einerseits entscheidend, wie groß die Dele-

tion ist, andererseits, welche Gene betroffen sind. Größere Deletionen führen dabei zu einem ähnlichen Effekt wie die meisten Aneuploidien: Sprich, sie sind letal – zumal heterozygote Mutationen nicht ausgeglichen werden können, oder vor allem, weil die Gendosis nicht passt. Die Ursachen für Deletionen sind vielfältig. Eine **terminale Deletion** entsteht durch einen Doppelstrangbruch an einem Ende des Chromosoms, wobei das entstehende Fragment nicht über Translokation irgendwo andockt, kein Zentromer besitzt und daher schlichtweg verloren geht. Durch zwei Strangbrüche auf einem Chromosomenarm können zudem **interne Bereiche** deletiert werden. Eine weitere Quelle für chromosomale Deletionen in Gameten kann schließlich ein Crossing-over zwischen zwei homologen Chromosomen an unterschiedlichen Stellen sein (◘ Abb. 9.17). Auch Inversionen können zu Deletionen führen, sofern hier während der Meiose ein Crossing-over stattfindet (◘ Abb. 9.19).

■■ Duplikationen – die Verdopplung chromosomaler Segmente

Wie wir später im Zusammenhang mit den Replikationsdefekten (▶ Abschn. 9.2.4.4) noch erfahren werden, ist es möglich, dass bestimmte Teile eines DNA-Strangs während der Replikation verdoppelt werden. Eine Verdopplung, auch als **Duplikation** bezeichnet, kann aber auch auf chromosomaler Ebene stattfinden (◘ Abb. 9.18a). Ähnlich wie bei den Deletionen kann dies durch Translokation geschehen: Fand ein Austausch zwischen nicht-homologen (oder sogar homologen) Chromosomen statt und werden diese nun in der Meiose auf Gameten verteilt, kann es sein, dass bestimmte chromosomale Fragmente (nämlich die von der Translokation betroffenen) in der Keimzelle doppelt vorkommen. Eine andere Ursache kann Crossing-over zwischen zwei homologen Chromosomen – ob mit oder ohne Inversion – an unterschiedlichen Positionen innerhalb des jeweiligen Chromosoms sein (◘ Abb. 9.18b). Auch hier entstehen Gameten mit einer Duplikation (und andere mit einer Deletion!). Des Einen Verlust ist des Anderen Gewinn.

■■ Pseudogene sind funktionslose Genkopien

Interessanterweise sind Duplikationen eine wichtige Quelle für **Pseudogene**. Pseudogene stellen Kopien eines Gens dar, sind aber aufgrund diverser angesammelter Mutationen nicht mehr funktionsfähig. Ihr Funktionsverlust ist an sich aber gar nicht weiter schlimm, schließlich ist ja noch eine intakte Kopie da! Trotzdem sind Pseudogene insofern interessant, da sie einerseits einen gewissen Beitrag zur Evolution leisten (indem aus ihnen neue Gene werden können) und andererseits zur Regulation des Originalgens beitragen können. Dies

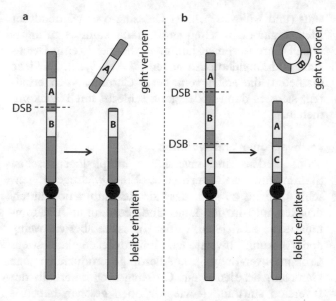

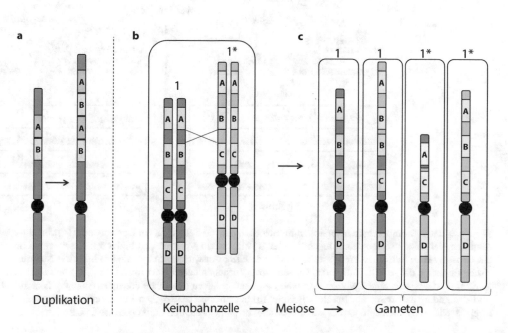

Abb. 9.17 Chromosomale Deletionen. Zur Vereinfachung sind die Deletionen an Ein-Chromatid-Chromosomen gezeigt, auch wenn Deletionen sowohl in der Interphase als auch nach der G$_2$-Phase oder gar während der Zellteilung entstehen können. **a** Durch einen Doppelstrangbruch (DSB) können terminale Bereiche verloren gehen, durch zwei DSBs auch interne (**b**). (J. Buttlar)

geschieht beispielsweise, indem Pseudogen-Transkripte mit den mRNAs des funktionellen Gens interagieren oder indem aus ihnen richtige regulatorische RNAs prozessiert werden. Entsteht ein Pseudogen durch chromosomale Duplikation, so zeichnet sich dieses vor allem dadurch aus, dass die Introns noch vorhanden sind, weshalb man auch von **unprozessierten Pseudogenen** spricht. Im Gegensatz dazu gibt es prozessierte Pseudogene, über die wir in ▶ Abschn. 9.2.4.5 mehr erfahren.

9.2.3.4 Inversionen

Des Weiteren gibt es den ungewöhnlichen Effekt, dass ein Abschnitt der DNA invertiert werden kann, das heißt, er wird herausgeschnitten und in umgekehrter Richtung wieder in die DNA eingefügt. Diese Mutation nennt man auch **Inversion** (☐ Abb. 9.19). Inversionen können sehr große Bereiche umfassen, die mehrere hunderte Gene beinhalten. Man unterscheidet zudem zwischen **perizentrischen Inversionen,** bei denen das Zentromer innerhalb des invertierten Bereiches liegt, und zwischen **parazentrischen Inversionen,** bei denen das Zentromer außerhalb des betroffenen Bereiches liegt.

■■ Folgen von Inversionen

Wie wir es schon von Translokationen kennen, muss eine Inversion für eine somatische Zelle aber nicht unbedingt eine Konsequenz haben, zumal durch das bloße „Umdrehen" einer linearen Sequenz noch keine genetischen Informationen verloren gehen oder verdoppelt werden. Zugegeben, eine Ausnahme besteht natürlich darin, wenn die Bruchstellen mitten in einer wichtigen Sequenz liegen, beispielsweise in codierenden oder regulatorischen Sequenzen, oder wenn durch das Umdrehen der epigenetische Status von Genen durch den **Positionseffekt** verändert wird (Exkurs 8.1).

Ganz anders sieht es aber bei Keimbahnzellen aus, die **Meiose** machen. Wenn nur ein Chromosom eines homologen Paares eine Inversion hat, die Inversion also heterozygot ist, findet während der Synapsis keine normale Paarung statt. Stattdessen arrangieren sich die beiden Chromosomen in einem sogenannten **Inversions-Loop** (Schlaufe), damit homologe Bereiche miteinander paaren können. Soweit, so gut. Findet nun aber ein Crossing-over innerhalb des invertierten Bereiches

Abb. 9.18 Chromosomale Duplikation. **a** zeigt das Prinzip einer Duplikation, nämlich die Verdopplung eines bestimmten chromosomalen Abschnitts. Eine Ursache dafür kann ein Crossing-over zwischen zwei homologen Chromosomen an unterschiedlichen Stellen sein (**b**). Bei der Verteilung der Chromosomen und Chromatiden während der Meiose ergeben sich neben normalen Gameten auch solche, die entweder eine Deletion oder eine Duplikation haben (**c**). (J. Buttlar)

9

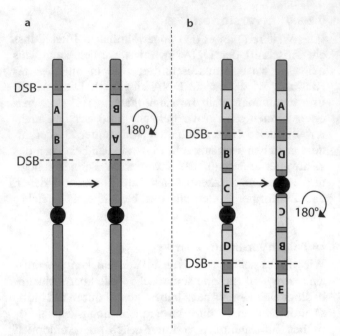

statt (und wir wissen, dass Crossing-over während der Meiose gar nicht selten sind), dann kann es zu anormalen Chromosomen kommen, die gleichzeitig **Deletionen** und **Duplikationen** haben (◘ Abb. 9.20). Für jene Gameten, die solch veränderte Chromosomen erhalten, sieht es dann leider ganz schlecht mit Nachkommen aus.

▪▪ Inversionen und Evolution

Trotz alledem sind Inversionen im phylogenetischen Stammbaum weit verbreitet. Eine wichtige Eigenschaft scheint zu sein, dass sie Rekombination unterdrücken und in der Lage sind, bestimmte Allelkombinationen zu fixieren. In der Tat ist es aber ein wenig andersherum: Inversionen unterdrücken keineswegs Crossing-over-Ereignisse. Allerdings produzieren jene Gameten, bei denen ein Crossing-over innerhalb der Inversion stattfand – wie wir oben gesehen haben – keine lebensfähigen Nachkommen. Gemäß dem Motto, entweder Inversion oder Crossing-over, aber beides geht nicht. Ist nun durch Zufall durch irgendeine andere Mutation eine Kombination von vorteilhaften Allelen entstanden und werden diese durch eine Inversion vor Rekombination „geschützt", so kommt es vor, dass sich die Inversion in der Population ausbreitet.

◘ **Abb. 9.19** Inversionen. Eine Inversion ist ein Ereignis, bei dem ein bestimmter Bereich eines DNA-Strangs um 180° in seiner Position innerhalb des DNA-Moleküls umgedreht wird. In dem Beispiel in **a** handelt es sich um eine parazentrische Inversion, weil das Zentromer nicht betroffen ist. In **b** handelt es sich hingegen um eine perizentrische Inversion. (H. Hawer, J. Buttlar)

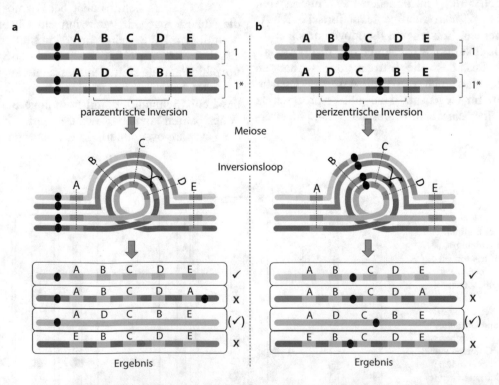

◘ **Abb. 9.20** Chromosomale Inversionen in meiotisch aktiven Zellen. Ist ein Chromosom (1*) von einer Inversion betroffen, so kann es während der Meiose mit seinem homologen Partner (1) nicht normal paaren und bildet mit diesem einen Inversionsloop. Findet dabei auch noch ein Crossing-over (schwarze Pfeile) statt, hat dies deutliche Auswirkungen auf die Produkte der Meiose. In **a** ist ein Beispiel für eine parazentrische Inversion dargestellt. Durch das Crossing-over entstehen neben einer normalen („✓") und einer invertierten Variante [„(✓)"] noch zwei Varianten, die jeweils eine Deletion und eine Duplikation haben (x). Beide erzeugen Aneuploidien, zumal das eine Chromosom dizentrisch und das andere azentrisch ist. Bei dem Beispiel (**b**) mit einer perizentrischen Inversion haben zwar alle Meioseprodukte ein Zentromer, aber zwei der Chromosomen sind jeweils von einer Deletion und einer Duplikation betroffen. (J. Buttlar)

9.2.4 Genmutationen

In diesem Teil soll auf jene kleineren Mutationen eingegangen werden, die man nicht mehr mit dem Mikroskop erahnen kann. Hier helfen also nur noch Rückschlüsse aus dem Phänotyp, um eventuell zu ermitteln, welche Gene oder Signalwege mutiert sind (sofern man die verantwortlichen kennt), oder – und das ist sicherlich die genaueste Lösung – indem man sich die **Nukleotidsequenz** anschaut. Man spricht hier von **Genmutationen.** Dabei ist dieser Begriff etwas irreführend, zumal Mutationen ja nicht nur *innerhalb* von Genen auftreten, sondern auch in *intergenischen* Bereichen, die weder regulativ noch codierend sind, und von denen es bei Eukaryoten sehr viele gibt. Aber einigen wir uns doch einfach darauf, dass wir in diesem Kapitel unter dem Begriff „Genmutation" *alle* kleineren Mutationen verstehen, die man eben auf Sequenzebene untersucht. Dabei wollen wir beleuchten, wodurch die einzelnen Mutationen gekennzeichnet sind und wie diese Einfluss auf das Genprodukt, ob funktionale RNA oder letztendlich ein Protein, nehmen können. Anzumerken ist, dass viele Genmutationen während der DNA-Replikation entstehen, während viele Genom- und Chromosomenmutationen während der Zellteilung, vor allem während der Meiose, entstehen.

Wichtig ist hier der Begriff einer **Punktmutation,** die sich auf einen Punkt in einem Genom bezieht, an dem nur ein einzelnes Nukleotid fehlt, zu viel ist, ausgetauscht oder sonst wie verändert wurde (natürlich immer im Vergleich zu einem Referenzgenom). Wie wir sehen werden, können Punktmutationen auf verschiedene Weise entstehen und essenzielle Folgen haben – und das, obwohl es wirklich nur um einen von Millionen oder Milliarden Buchstaben im genetischem Code geht! Krass, nicht wahr? Vergleicht man die Genomsequenzen von verschiedenen Individuen einer Population miteinander, so spricht man auch von *single nucleotide polymorphisms* (**SNPs**) und meint damit Punktmutationen, die in mehr als 1 % der Individuen vorkommen. Ausgesprochen wird die Abkürzung dieses umständlichen Begriffs einfach wie „Snips".

Am Rande bemerkt

Verschiedene Varianten von Punktmutation an einer bestimmten Stelle im Genom werden auch als *single-nucleotide variants* (**SNVs**) bezeichnet. Kommt eine Variante in mehr als 1 % der Individuen einer Population vor, dann werden diese SNVs eben als SNPs kategorisiert. Hin und wieder verwenden zerstreute WissenschaftlerInnen die Begriffe SNV und SNP aber auch synonym, oder einfach stattdessen den Begriff „Punktmutation".

Im Folgenden wollen wir uns zunächst kurz möglichen Ursachen für Genmutationen widmen (9.2.4.1) und in den anschließenden Unterkapiteln auf die verschiedenen Arten und Folgen der Genmutationen genauer eingehen.

9.2.4.1 Replikationsdefekte und spontane Basenmodifikationen

Bei der DNA-Replikation (▶ Kap. 5) können allerlei Mutationen passieren. Das liegt zum Teil daran, dass die chemischen Bindungen, die Wasserstoffbrückenbindungen, zwischen zwei Basen nicht 100 %ig spezifisch sind. Wie wir wissen, wird die DNA-Synthese während der Replikationsphase von einer Vielzahl an Enzymen durchgeführt. Diese Replikationsenzyme machen dabei schlichtweg hin und wieder Fehler. Manche der eukaryotischen und prokaryotischen Polymerasen wirken aber gleichzeitig auch als Sicherheitsinspektoren und haben eine $3' \rightarrow 5'$-**Exonuklease**-Domäne, welche falsche Nukleotide gegen die richtigen austauscht. Durch diese *proofreading*-**Aktivität** kann die Fehlerrate der Polymerasen deutlich verbessert werden (▶ Abschn. 5.2.2.1).

Neben dem Fehleinbau von Nukleotiden durch Replikationsenzyme gibt es weitere Ursachen für Punktmutationen. In einigen Fällen können Basen durch **spontane Modifikationen** so verändert werden, dass sie ganz andere Bindungseigenschaften haben (◘ Abb. 9.21). Solche Vorgänge beruhen unter anderem auf der natürlichen chemischen Reaktivität der verschiedenen Moleküle:

- Durch **Desaminierung** (Verlust der Aminogruppe) wird ein Cytosin zu einem Uracil und bindet nun Adenin statt Guanin. Einen ähnlichen Effekt hat die Desaminierung von 5-Methylcytosin zu Thymin, das dann ebenfalls Adenin bindet (◘ Abb. 9.5).
- Durch Lösung der N-glykosidischen Bindung kann eine Base vom Zucker abgetrennt werden, wodurch **abasische** Stellen entstehen. Bei Purinen, wie Guanin und Adenin, spricht man von **Depurinierungen,** bei Pyrimidinen, wie Cytosin und Thymin hingegen von **Depyrimidinierung.** Depurinierungen passieren sehr oft (bei einer menschlichen Zelle etwa 10.000-mal am Tag), Depyrimidinierungen deutlich seltener.
- Durch **Keto-Enol-Tautomerie** können Basen alternative Formen aufweisen. Dabei verändert sich nichts an der Summenformel, aber die Atome sind anders angeordnet (Exkurs 5.1). Kommt Thymin beispielsweise nicht in seiner gewöhnlichen Ketoform, sondern in der deutlich selteneren Enolform vor, paart es mit Guanin statt mit Adenin (◘ Abb. 9.21).

Normalerweise entstehen durch die genannten Modifikationen jedoch zunächst nur problematische Stellen

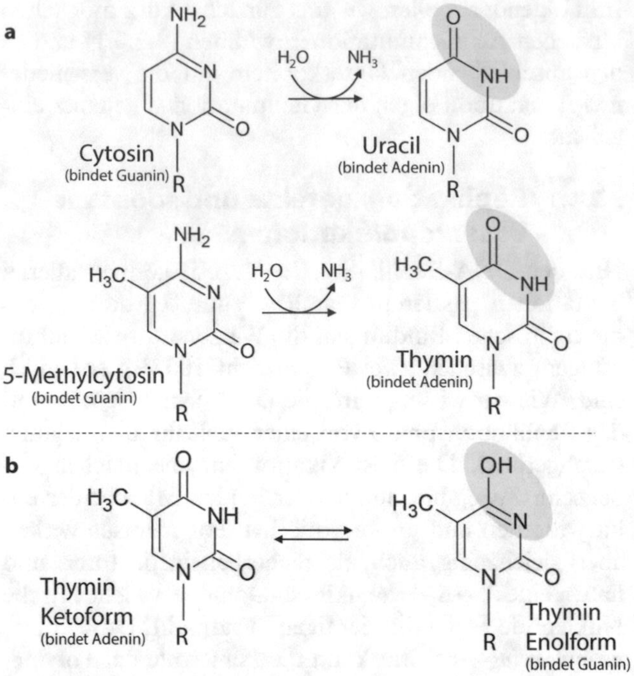

a

Cytosin
(bindet Guanin)
R

H_2O NH_3

Uracil
(bindet Adenin)
R

5-Methylcytosin
(bindet Guanin)
R

H_2O NH_3

Thymin
(bindet Adenin)
R

b

Thymin
Ketoform
(bindet Adenin)
R

Thymin
Enolform
(bindet Guanin)
R

9

Abb. 9.21 Spontane Modifikation von Basen. **a** Durch Abspalten einer Aminogruppe (Desaminierung) wird aus Cytosin Uracil und aus 5-Methylcytosin Thymin. **b** Keto- und Enolform von Thymin. Die bevorzugten Bindungspartner der Basen sind jeweils in Klammern angegeben und die modifizierten chemischen Gruppen sind leicht farblich hervorgehoben. (J. Buttlar)

(Läsionen) im DNA-Strang, an denen die DNA-Polymerasen während der Replikation oftmals einfach improvisieren. Je nachdem, welches Nukleotid eine Polymerase dann einbaut, entsteht eine Mutation. Wie eingangs erwähnt, handelt es sich in diesem Fall um **di-**

rekte Mutagenese. Zudem können die oben genannten Modifikationen auch durch externe Faktoren beeinflusst, also induziert werden (▶ Abschn. 9.2.1). Doch schauen wir uns einmal die verschiedenen Arten von Genmutationen an!

9.2.4.2 Substitutionen

Eine **Substitution** nennt man eine Punktmutation, bei der ein Nukleotid durch ein anderes ersetzt wird (◻ Abb. 9.22). Abhängig davon, welche Basen miteinander ausgetauscht werden, kann man zwischen Transitionen und Transversionen unterscheiden:

— **Transition:** hier wird eine Purinbase mit einer anderen Purinbase (A ⇆ G) oder eine Pyrimidinbase mit einer anderen Pyrimidinbase getauscht (C ⇆ T).
— **Transversion:** wenn eine Purinbase (A oder G) durch eine Pyrimidinbase (C oder T) ersetzt wird – oder umgekehrt –, dann spricht man von einer Transversion.

▪▪ Substitutionen in proteincodierenden Sequenzen

Die möglichen Folgen von Substitutionen sind vielfältig. Die ◻ Abb. 9.22 zeigt dazu ein paar Beispiele, auf die im Folgenden auch eingegangen werden soll.

Betrachtet man beispielsweise Substitutionen in der codierenden Sequenz eines Gens für ein Protein, so haben manche dieser Mutationen keinen Effekt auf das entstehende Protein. Das liegt daran, dass viele Aminosäuren von mehr als einem Codon codiert werden (Stichwort: Degeneration des genetischen Codes; ▶ Kap. 7, ◻ Abb. 7.2). Dabei könnte es also vorkommen, dass ein neues Codon immer noch für die gleiche Aminosäure codiert und daher das entstehende Protein nicht in seiner Funktion beeinflusst wird. Zum

Abb. 9.22 Substitutionen. Wenn eine Substitution innerhalb einer proteincodierenden Sequenz stattfindet, führt dies zu einer Veränderung in der mRNA und kann dann – je nach Substitution – sich auf die Aminosäuresequenz auswirken. In der Abbildung ist ganz oben der codierende Strang gezeigt, jener, der bei der Transkription *nicht* abgelesen wird und daher von der Sequenz her wie die mRNA aussieht (außer, dass statt Uracil Thymin vorkommt). Eine Aminosäuresonne ist in ◻ Abb. 7.2 dargestellt. (H. Hawer, J. Buttlar)

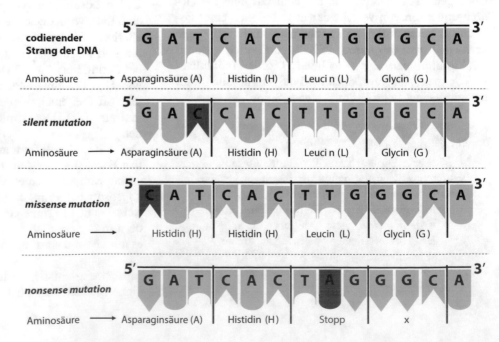

codierender Strang der DNA

5′ G A T C A C T T G G C A 3′

Aminosäure ⟶ Asparaginsäure (A)   Histidin (H)   Leuci n (L)   Glycin (G)

silent mutation

5′ G A C C A C T T G G C A 3′

Aminosäure ⟶ Asparaginsäure (A)   Histidin (H)   Leuci n (L)   Glycin (G)

missense mutation

5′ C A T C A C T T G G C A 3′

Aminosäure ⟶ Histidin (H)   Histidin (H)   Leucin (L)   Glycin (G)

nonsense mutation

5′ G A T C A C T A G G C A 3′

Aminosäure ⟶ Asparaginsäure (A)   Histidin (H)   Stopp   x

Beispiel ist dies der Fall, wenn innerhalb des codierenden Strangs ein 5′-GAT-3′- in ein 5′-GAC-3′-Codon geändert wird. In beiden Fällen wird von der entsprechenden mRNA die Aminosäure Asparaginsäure abgelesen. Bei diesem Beispiel der genetischen Veränderung spricht man auch von einer **stillen Mutation** (*silent mutation*), da die Mutation die Struktur und Funktion des Proteins in keiner Weise beeinflusst. Eine Substitution, durch die das Translationsprodukt durch den Austausch einer Aminosäure im entstehenden Protein verändert wird, nennt man hingegen **sinnverändernde Mutation** (*missense mutation*). Diese entsteht, wenn zum Beispiel das Basentriplett für Asparaginsäure (5′-GAT-3′) in eines für Histidin (5′-CAT-3′) umgewandelt wird. In diesem Fall ist es möglich, dass die Änderung von nur einer Base – und damit einer Aminosäure – die Funktion des Proteins komplett aufhebt oder aber nur einen kleinen Effekt hat. Hier kommt es darauf an, ob die neue Aminosäure ähnliche Eigenschaften hat wie die ursprüngliche und ob die Aminosäure wichtig für die Funktion des Proteins ist. Die Umwandlung von Asparaginsäure zu Histidin hätte zum Beispiel sehr wahrscheinlich einen Effekt, zumal erstere zu den saureren Aminosäuren zählt und letztere zu den eher basischen. Eine weitere Möglichkeit ist, dass durch eine Substitution ein Codon in ein **Stoppcodon** geändert wird. Ein gängiges Mutationsziel könnte dabei das Triplett von Leucin 5′-TTG-3′ sein, welches beispielweise in ein Stoppcodon 5′-TAG-3′ geändert wird. So eine Mutation nennt man **sinnlose Mutation** (*nonsense mutation*). Sie führt dazu, dass die Translation abgebrochen wird, bevor das Protein fertig synthetisiert werden kann, und resultiert in den meisten Fällen in einem funktionslosen Protein (Proteinmüll), oder es kommt zur Aggregation (▶ Abschn. 7.5).

■■ **Substitutionen in regulatorischen Sequenzen und RNA-Genen**

Neben den aminosäurencodierenden Sequenzen eines Gens (auch Strukturgene genannt), können Substitutionen aber auch in anderen Sequenzbereichen vorkommen, die nicht direkt für die Struktur des jeweiligen Genprodukts codieren. Hierzu gehören vor allem **regulatorische Sequenzen,** wie wir sie aus ▶ Kap. 8 kennen: beispielsweise Promotoren, Ribosomenbindestellen oder Bindestellen für Transkriptionsfaktoren wie Operatoren, *Enhancer* und *Silencer*. Findet in einer solchen Sequenz eine Substitution statt – oder eine Insertion oder Deletion – kann die Bindung beteiligter regulatorischer Moleküle (Transkriptionsfaktoren oder kleine regulatorische RNAs) deutlich beeinflusst werden, ob zum Guten, oder Schlechten.

> **Zum Beispiel**
> Eine der insgeheim berühmtesten Substitutionen, die die meisten Europäer betrifft, ist jene, die zur **Laktoseverträglichkeit** führte. Eigentlich wird bei Säugetieren (inkl. dem Menschen) nach der Stillzeit nämlich die Produktion des Laktase-Enzyms heruntergefahren, das in der Lage ist, die Laktose der Muttermilch zu spalten. Durch eine C/T-Transition in einer regulatorischen Sequenz bleibt die Expression der Laktase jedoch bis ins Erwachsenenalter hoch. Das Besondere daran ist: Diese regulatorische Sequenz liegt innerhalb eines Introns eines ganz anderen Gens, und ist mehrere tausend Basenpaare von der eigentlich zu transkribierenden Sequenz des Laktasegens entfernt. Eine empfehlenswerte Zusammenfassung gibt dazu Fritz Höffeler [6]!

Zudem können Substitutionen (und auch andere Punktmutationen) natürlich auch in solchen Genen stattfinden, die für **funktionale RNAs,** beispielsweise rRNAs, tRNAs oder regulatorische RNAs codieren. Im Gegensatz zu proteincodierenden Genen ist hier jedoch die Wahrscheinlichkeit höher, dass eine Punktmutation einen direkten Effekt hat. Hier ist nämlich kein weiterer Zwischenschritt über Aminosäuren dazwischengeschaltet, der aufgrund der Degeneration des genetischen Codes so manche Mutation abdämpfen könnte. Die Wirkung von **regulatorischen RNAs** (bspw. sRNAs, miRNAs, piRNAs oder siRNAs) setzt zudem oft eine Homologie zwischen Zielsequenz und der regulatorischen RNA voraus. Eine Mutation in der Zielsequenz oder der Bindesequenz der RNA kann daher gravierenden Einfluss auf die Bindung haben.

9.2.4.3 Insertionen und Deletionen

Die sogenannten **leserasterverschiebenden Mutationen** (*frameshift mutations* oder Rasterschubmutationen) sind Mutationen, welche das Leseraster einer codierenden Sequenz so verändern, dass die daraus abgeleitete Aminosäuresequenz komplett geändert wird (◨ Abb. 9.23). **Insertionen,** also das Einfügen von zusätzlichen Nukleotiden, oder gar der Verlust von Nukleotiden, die sogenannte **Deletion,** können zum Beispiel während der DNA-Replikation auftreten. Die Deletion oder die Insertion von Nukleotiden in einer codierenden Region des Genoms kann dazu führen, dass das Leseraster verschoben wird (▶ Abschn. 7.1.3). Natürlich geschehen solche Mutationen (wie bei den Substitutionen erwähnt) auch außerhalb der codierenden Bereiche von Genen und auch in RNA-Genen. Allerdings sind sie aufgrund der Leserasterverschiebung besonders schwerwiegend,

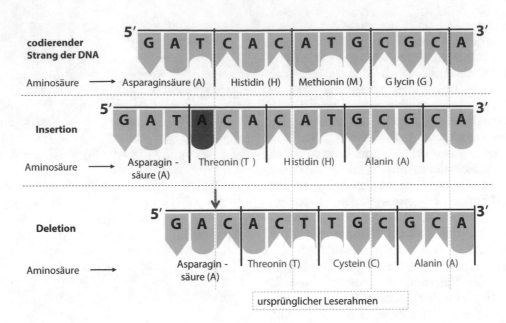

☐ Abb. 9.23 Leserasterverschiebende Mutationen. Insertionen und Deletionen in proteincodierenden Sequenzen können zu einer Verschiebung des Leserasters führen, die sich wiederum auf alle folgenden Codons hinter der Mutation auswirken kann. In der gezeigten Abbildung ist ganz oben der codierende Strang, der (abgesehen von U's und T's) der mRNA entspricht. Gestrichelte Linien deuten das ursprüngliche Leseraster an. (H. Hawer, J. Buttlar)

wenn sie innerhalb von proteincodierenden Sequenzen vorkommen. Letztlich sollte erwähnt werden, dass eine Deletion oder eine Insertion sich natürlich nicht immer in den Dimensionen abspielt, wie sie hier beispielhaft beschrieben werden, also nur ein einzelnes Nukleotid betrifft. Es ist durchaus möglich, dass Hunderte oder Tausende von Basen deletiert oder an anderer Stelle integriert werden (▶ Abschn. 9.2.3.3). Solche größeren Mutationen können beispielsweise als Folge von chromosomalen Inversionen oder Translokationen entstehen.

9.2.4.4 Mutationen in repetitiven Sequenzen

Speziell in den Regionen eines Genoms, in denen Wiederholungssequenzen vorkommen, zum Beispiel in sogenannten **Mikrosatelliten** (▶ Abschn. 3.3.2.2), kann es zum Verrutschen der Replikationsmaschinerie kommen. In diesem Fall tauschen der Ausgangsstrang der DNA und der replizierte Strang die Positionen, was darin resultieren kann, dass manche Wiederholungssequenzen zweimal oder gar öfter kopiert werden. In diesem Fall spricht man von einer **Expansion** repetitiver Sequenzen. Im Gegensatz dazu ist es aber auch möglich, dass einige Wiederholungen durch das Verrutschen verloren gehen (Deletion). So kann es zu Veränderungen in wiederholungsreichen Bereichen der DNA kommen, die in heterogeneren Bereichen wahrscheinlich seltener auftreten würden. Aus diesem Grund sind Mikrosatelliten, sofern sie in nichtcodierenden Bereichen liegen, sehr anfällig für Mutati-

onen und können daher verwendet werden, um Individuen einer Art voneinander zu unterscheiden. In Bezug auf den Menschen ermöglicht dies häufig die eindeutige Überführung eines Täters, ob beim Vaterschaftstest oder in der Kriminaltechnik. Auch die Entstehung einiger neurodegenerativer Erbkrankheiten beim Menschen basiert auf der Variation von Wiederholungssequenzen in codierenden Bereichen bestimmter Gene. Erkrankungen, bei denen genau ein Basentriplett vervielfacht ist, nennt man daher auch Trinukleotid-*Repeat*-Erkrankungen. Ein Beispiel dafür ist die autosomal dominante Erbkrankheit **Chorea Huntington** oder auch Morbus Huntington (*Huntington's disease,* HD; ▶ Abschn. 10.4.2.2).

Weil die Anzahl der Sequenzwiederholungen innerhalb der Mikrosatelliten variiert (und somit auch die Länge des Satelliten), zählen manche derartige Mutationen auch zu den *copy number variations* (CNV; ▶ Abschn. 9.2.3.3).

9.2.4.5 Mutationen durch Transposition

Transposons werden als „molekulare Parasiten" bezeichnet, die als bewegliche genetische Elemente ihre Position innerhalb eines Genoms durch **Transpositionsprozesse** ändern können oder sich sogar selbst kopieren und im Genom ausbreiten (▶ Abschn. 3.3.2.2). Es wird vermutet, dass die meisten Transposons einen viralen Ursprung haben. Das Herumspringen von Transposons kann drastische Folgen für das Wirtsgenom haben, denn durch die Integration in ein Gen kann ein Knock-out des betroffenen Gens entstehen, das heißt, das Gen kann dadurch unbrauchbar werden, da eine für die Expression benötigte Sequenz unterbrochen wurde. Auf der anderen Seite ist es aber auch möglich, dass die Integration eines Transposons die Expression umliegender Gene ankurbelt, indem diese von starken Transposonpromotoren profitieren. **Transpositionen** können also eine ganze Reihe der oben beschriebenen Mutationen auslösen und deshalb auch als Treiber der Genomevolution verstanden werden. Dies wird außerdem durch die Beobachtung unterstützt, dass durch die Umwelt induzierter Stress in manchen Arten zu einer erhöhten Aktivierung von Transposons führt, wodurch die Anpassung von Populationen an neue Umweltbedingungen begünstigt wird.

▪▪ Prozessierte Pseudogene

Interessanterweise hängt auch die Entstehung vieler Pseudogene mit transposablen Elementen zusammen. Wird eine prozessierte mRNA nämlich durch eine reverse Transkriptase (▶ Abschn. 11.2) wieder zu einer doppelsträngigen DNA gemacht, kann das entstandene Molekül wieder ins Genom integrieren. Es bedient sich bei dem gesamten Prozess, von der reversen Transkription bis hin zur Re-Integration, der Werkzeuge der **Retroelemente.** Bei dem Produkt handelt es sich im Prinzip um eine Kopie eines Gens, allerdings ohne Introns und Promotor, aber mit einer terminalen Poly-A-Sequenz. Man spricht daher von **prozessierten Pseudogenen.** Wie in ▶ Abschn. 9.2.3.3 erwähnt, können Pseudogene einen wichtigen Beitrag zur Evolution und auch zur Genregulation des ursprünglichen Gens leisten.

9.2.5 Mutationen und ihr Phänotyp

Zusammengefasst können Mutationen entweder positive, negative oder keine Auswirkungen auf einen Organismus haben. Oftmals kommt es auch auf die Betrachtungsweise an.

Zunächst ist entscheidend, wie groß die Mutation ist. Wurde der gesamte Chromosomensatz (▶ Abschn. 9.2.2), die Struktur von Chromosomen (▶ Abschn. 9.2.3) oder nur einzelne Nukleotide (▶ Abschn. 9.2.4) verändert? Bei kleineren Mutationen stellt sich dann die Frage, wo die Mutation überhaupt stattfand: ob in einem Gen (in einem Intron, Exon, in einem regulatorischen oder codierenden Bereich?) oder in einem unwichtigen intergenischen Bereich? Dann kommt es wieder auf die Art der Mutation an: Im Abschnitt über Substitution (▶ Abschn. 9.2.4.2) haben wir bereits die Definitionen von stillen, sinnlosen und sinnverändernden Mutationen kennengelernt. Nehmen

wir mal an, dass bei einem Gen eine sinnverändernde Mutation stattfand, so kann man nun noch weiter unterscheiden, inwiefern das Genprodukt beeinflusst wird (siehe Box).

Mögliche Auswirkungen von sinnverändernden Mutationen auf Gene

— **gain-of-function:** Die Funktion eines Gens wird verstärkt (man spricht auch von hypermorphen Allelen). Dies kann beispielsweise auf einer erhöhten Expression (Veränderung von regulatorischen Sequenzen) oder auf einer verbesserten Stabilität oder katalytischen Aktivität des Genprodukts (Veränderung codierender Sequenzen) beruhen.

— **loss-of-function:** Das Gen wird in seiner Funktion beeinträchtigt oder ganz unbrauchbar (man spricht von einem hypomorphen beziehungsweise amorphen Allel). Dies kann auf eine geringere Expression oder eine verminderte Stabilität oder Aktivität des Genprodukts zurückgehen. Wird ein Gen völlig unbrauchbar gemacht, spricht man auch von einem **Knock-out** oder einer **Totmutante.**

Soweit, so gut. Gehen wir nun aber wieder einen Schritt zurück und von der Ebene einzelner mutierter Gene zur ganzen Zelle oder zum ganzen Organismus, so kommt es ganz darauf an, welches Gen verändert wurde. Nicht alle Gene werden nämlich zu jedem Zeitpunkt im Leben eines Organismus gebraucht – jedenfalls mit Ausnahme der *housekeeping*-**Gene.** Finden in diesen Genen Mutationen statt, sind sie meistens **letal.** Viele andere Gene werden hingegen nur zu bestimmten Zeitpunkten in der Entwicklung, oder bei Vielzellern nur in bestimmten Geweben benötigt.

In Bezug auf den **Phänotyp** sind die einfachsten Mutationen sicherlich die **sichtbaren Mutationen.** Beim Albinismus zum Beispiel können verschiedene Mutationen die Melaninsynthese stören, was wiederum die Pigmentierung der Haut beeinflusst. Mendels Versuche (▶ Abschn. 10.1) beruhten ebenfalls auf solchen sichtbaren Mutationen, die die Farbe oder Form von Erbsen beeinflussen. Viele andere Mutationen hingegen haben keine „sichtbaren" Folgen, können sich aber zum Beispiel auf den **Stoffwechsel** auswirken (bspw. Phenylketonurie), oder auch auf das **Verhalten** (bspw. Paarungsverhalten oder Schlafverhalten). Wieder andere Mutationen betreffen die **Biochemie** von Molekülen, die für generelle Prozesse, den Sauerstofftransport oder die Blutgerinnung bei Verletzungen, verantwortlich sind. Solche Mutationen sind nicht letal, können aber zu bestimmten Krankheitsbildern führen, die die Vitalität deutlich beeinflussen (bspw. Sichelzellenanämie, Hämophilie, oder Chorea

Huntington; ▶ Abschn. 10.4.2). Zuletzt seien auch **konditionelle Mutationen** erwähnt, die nur unter bestimmten Umständen eine Rolle spielen. Hier gibt es zum Beispiel **temperatursensible Mutationen:** bei niedrigen (permissiven) Temperaturen scheint alles in Ordnung zu sein, während bei höheren (restriktiven) Temperaturen die Mutationen schließlich eine Wirkung entfalten.

9.2.6 Mutationen in somatischen Zellen und in Keimbahnzellen

Im vorigen Abschnitt besprachen wir, welchen Phänotyp Mutationen bei einer Zelle oder einem Organismus insgesamt verursachen können. Entscheidend ist bei vielzelligen Organismen zudem, *wann* in der Entwicklung die Mutation auftritt und in welchem Gewebe.

Nehmen wir als Beispiel den Menschen. Wurde die Mutation bereits von den **Gameten** (▶ Abschn. 4.1) „mitgebracht", so fand sie ursprünglich in den **Keimbahnzellen** der Eltern statt, die schließlich die Gameten (Keimzellen: Ei- oder Spermienzelle) produzieren. Für einen Nachkommen, der aus solchen Keimzellen entsteht, bedeutet dies, dass *alle* Zellen von der Mutation betroffen sind. Wer nämlich in Entwicklungsbiologie aufgepasst hat, sollte wissen, dass schließlich alle Zellen des Körpers aus einer einzigen Zelle, der **Zygote**, hervorgehen, die wiederum durch das Verschmelzen der Gameten entsteht. Findet nun innerhalb der ersten Zellteilungen eine Mutation statt, kann man diese Mutation im Großteil des Körpers und somit in verschiedenen Gewebetypen finden. Der Grund liegt einfach darin, dass es sich bei den Zellen kurz nach der Befruchtung um äußerst potente und noch nicht differenzierte **Stammzellen** handelt (▶ Abschn. 13.1.1). Aus diesen embryonalen Stammzellen können verschiedene Gewebe entstehen. Findet eine Mutation hingegen viel später in bereits ausdifferenzierteren **somatischen Zellen** (Körperzellen) statt, die keine Gameten produzieren, so bleibt die Mutation sehr lokal auf das jeweilige Gewebe oder den jeweiligen Zelltyp beschränkt. Man könnte also grob die Faustregel anwenden: je früher eine Mutation stattfindet, desto mehr Zelllinien und Gewebearten sind betroffen und je später, desto weniger.

Grundsätzlich ist hier anzumerken, dass eine Mutation *nicht* an die Nachkommen weitergegeben wird, wenn sie erst in somatischen Zellen aufkam. Wenn eine Mutation in einer Zelle der oberen Hautschicht aufkommt, die ohnehin demnächst abstirbt, juckt dies den Organismus in den meisten Fällen wenig und die Nachkommen überhaupt nicht. Nur Mutationen in **Keimbahnzellen** werden an die Nachkommen vererbt. Gleichzeitig schließt dies aber nicht aus, dass andere Mutationen sowie auch epigenetische Modifikationen die Schwangerschaft an sich beeinflussen können.

9.3 Die Reparaturmechanismen von Zellen

▪▪ Warum brauchen Zellen überhaupt DNA-Reparaturmechanismen?

Der Grund dafür ist eigentlich sehr simpel: DNA-Moleküle sind nicht unzerstörbar, sondern können durch verschiedenste Einflüsse beschädigt oder modifiziert werden. Es ist hier wichtig zu betonen, dass ein Unterschied zwischen einem „Schaden" an der DNA und einer Mutation besteht. Ein Schaden (oder eine Läsion) ist noch keine Mutation, kann aber Ursache für eine Mutation sein. Schwerwiegende Schäden wie **Doppelstrangbrüche** können die Replikation (und auch Transkription) massiv behindern und sogar zum Tod einer Zelle führen. Solche Schäden gilt es *unbedingt* zu vermeiden! Mutationen auf der anderen Seite verleihen nicht nur evolutionäre Vorteile, sondern viele können auch Gefahren für einen Organismus bergen. Es scheint daher erstrebenswert, Schäden zu vermeiden *und* die Mutationsrate zu „mäßigen" und im Zaum zu halten. Insbesondere bei überlebenswichtigen Genen. Aus diesem Grund haben Zellen im Laufe der Evolution **DNA-Reparaturmechanismen** entwickelt, welche Mutationen und Schäden an DNA-Molekülen reparieren können. Die Mutationsrate eines Organismus ist somit davon abhängig, wie effizient seine Reparaturmechanismen sind. Oder anders herum: Die Reparaturmechanismen können die spontane Mutationsrate eines Organismus maßgeblich herabsenken. Andererseits sind manche Reparaturmechanismen erst Ursache für Mutationen, insbesondere das NHEJ (Abschn. 9.3.3.2). Hier gilt das Prinzip: Hauptsache, es werden schwere DNA-Schäden wie Doppelstrangbrüche vermieden, während ein paar unkontrollierbare Mutationen viel lieber in Kauf genommen werden als der Zelltod. Entstehen Mutationen erst sekundär durch Reparaturmechanismen, spricht man von **indirekter Mutagenese** (▶ Abschn. 9.2).

▪▪ Adaptation versus Stabilität

Man kann sich gut vorstellen, dass es ein empfindliches Verhältnis zwischen Mutationen gibt, welche eventuell die Anpassung an neue Umweltbedingungen in der Evolution eines Organismus begünstigen, und Reparaturmechanismen, welche Mutationen und Schäden wieder reparieren, um negative Auswirkungen zu vermeiden. Überwiegt die Mutationsrate gegenüber der Kapazität der Reparaturmechanismen, ist ein Organismus anpassungsfähiger, hat aber ein erhöhtes Risiko für negative Mutationen. Sind die Reparaturmechanismen einer Zelle extrem effizient, werden weniger Individuen an negativen Mutationen sterben, die Spezies wird sich allerdings schlechter an Umweltveränderungen anpassen können. Es sollte also ein optimales Gleichgewicht zwischen Mutationen und Reparaturmechanismen geben, um die Fitness eines Individuums und die Fitness der gesamten Spezies zu fördern.

9.3.1 Die direkte Einzelstrangreparatur

An einem Einzelstrang der DNA kann so allerhand schief gehen: von Pyrimidindimeren und störenden Anhängseln (Addukten), die eine Basenpaarung unmöglich machen, bis hin zu Einzelstrangbrüchen, und falsch eingebauten Nukleotiden. Je nach Art des Schadens greifen unterschiedliche Reparaturmechanismen. Man spricht hier auch von der direkten **Einzelstrangreparatur,** weil in diesem Fall der Schaden oder die Mutation nur einen Strang des DNA-Doppelstrangs betrifft. Weil aber ein intakter zweiter Strang vorhanden ist und als Vorlage dienen kann, ist oftmals eine fehlerfreie Einzelstrangreparatur möglich.

▪▪ Photoreparatur

In ▶ Abschn. 9.2.1.1 hatten wir bereits gesehen, wie benachbarte Nukleotide (insbesondere Pyrimidine) durch UV-Licht miteinander interagieren, wodurch Cyclobutanpyrimidin-Dimere (CPDs) oder 6,4-Pyrimidin-Photoprodukte (6,4-PP) entstehen können. Diese (reversiblen) Modifikationen stellen für die Replikationsmaschinerie ein unüberwindbares Hindernis dar und müssen unbedingt repariert werden. In den meisten Fällen geschieht dies sehr effektiv, indem bestimmte Enzyme die Dimerisierung einfach rückgängig machen: eine **Photolyase** absorbiert selbst Licht und transferiert Energie auf das Pyrimidindimer, wodurch dieses geschnitten und die dimere Bindung aufgelöst wird (◘ Abb. 9.24). Aus diesem Grund heißt dieser Mechanismus auch **Photoreparatur** (engl. *photorepair*). Für CPDs und 6,4-PPs gibt es dabei jeweils unterschiedliche spezialisierte Photolyasen, die fehlerfrei arbeiten. Zudem scheint dieser Mechanismus in allen Domänen des Lebens verbreitet zu sein und diente insbesondere den frühen Archaeen und Bakterien als Schutz vor der tödlichen UV-Strahlung, als die Ozonschicht noch deutlich dünner war.

▪▪ Einzelstrangbrüche

Gibt es **Einzelstrangbrüche** (*single-strand breaks,* **SSB**) in der Doppelhelix, wenn also eine Phosphodiesterbindung in nur einem Strang gebrochen ist, wird dieser Schaden durch **DNA-Ligasen** behoben. Solche Schäden können häufig durch freie Radikale oder durch Strahlung selbst entstehen, wobei die benötigten Reparaturenzyme in der Folge durch komplizierte Signalkaskaden rekrutiert werden. Sollten um die Bruchstelle herum einige Nukleotide verloren gehen oder durch Exonuklease abgebaut werden, so kann der zweite intakte Strang einfach als Vorlage *(Template)* verwendet werden, um die Lücke durch Polymerasen aufzufüllen. Würde man einen Einzelstrangbruch nicht reparieren, könnte er spätestens bei der nächsten Replikationsrunde einen Doppelstrangbruch verursachen, der deutliche Risiken mit sich bringt.

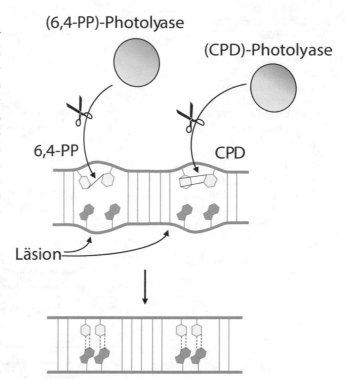

◘ **Abb. 9.24**   Photoreparatur. Cyclobutanpyrimidin-Dimere (CPDs) und 6,4-Pyrimidin-Photoprodukte (6,4-PP) stellen bei der Replikation sperrige Hindernisse dar. Durch spezifische Photolyasen können die Verbindungen zwischen den Pyrimidin-Dimeren (gelb) geschnitten und die Läsion somit fehlerfrei behoben werden. Die jeweiligen Basen bilden dabei wieder mit den komplementären gegenüberliegenden Basen Wasserstoffbrückenbindungen aus. (J. Buttlar)

▪▪ Postreplikationsreparatur

Ein weiterer Reparaturmechanismus erkennt während der Replikation zwar Läsionen und ungepaarte Bereiche im DNA-Doppelstrang, ermöglicht es der Replikationsgabel aber diese vorerst zu ignorieren und verschiebt die Reparatur auf später (◘ Abb. 9.25). Diesen Mechanismus nennt man daher auch **Postreplikationsreparatur** (engl. *postreplication repair,* **PRR**). Noch während der Replikation werden Bereiche mit sperrigen Läsionen, in denen Nukleotide beispielsweise durch Anhängsel modifiziert wurden, einfach umgangen. Dies verhindert, dass die empfindliche Replikationsgabel kollabiert, da sie mit der unnatürlichen Behinderung nicht zurechtkommt. Es entsteht zeitweise also eine nicht replizierte Lücke, ein ssDNA-Bereich. Die PRR kann sich dazu entweder der **Trans-Läsions-Synthese** (**TLS**) bedienen, oder dem *template-switching* (TS). Bei der ersten Variante werden die regulären Replikationspolymerasen kurzzeitig durch spezielle TLS-Polymerasen ersetzt. Diese sind in der Lage, einzelne Stellen mit Läsionen zu ignorieren und einfach zufällige Basen gegenüber der Läsion einzubauen oder die Läsion zu überspringen. Weil TLS-Polymerasen jedoch auch etwas ungenauer arbeiten als die „normalen"

◘ Abb. 9.25 Schematische Darstellung der Postreplikationsreparatur. **a** Sperrige Läsionen können ein Hindernis für Polymerasen darstellen und somit die Replikation behindern. **b** Um das zu verhindern kann eine Trans-Läsions-Synthese (TLS) eingeleitet werden. **c** Eine weitere Alternative ist das *template-switching* (TS), bei der ein anderer Strang als Vorlage dient. **d** In beiden Fällen verbleibt die Läsion und muss noch später repariert werden – beispielsweise durch Nukleotidexzisionsreparatur (NER) oder Basenexzisionsreparatur (BER). (J. Buttlar)

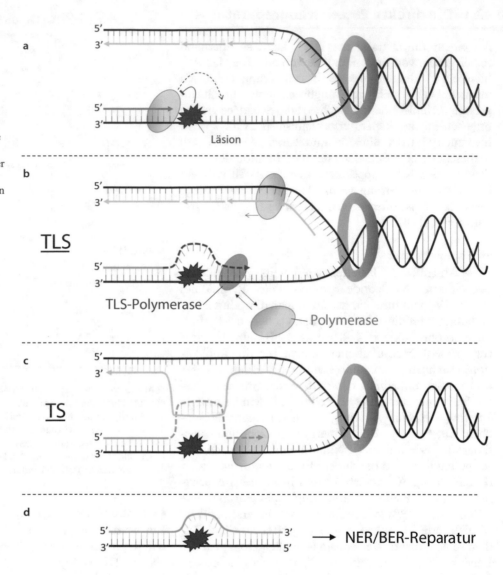

9

Polymerasen ist dieser Mechanismus durchaus fehleranfällig. Bei der zweiten Variante wird ein Strang eines Schwesterchromatids sozusagen als Vorlage für die Replikation ausgeliehen – was eine fehlerfreie Replikation erlaubt. Erst sekundär, also *nach* der Replikation, wird bei beiden Varianten die verbliebene sperrige Läsion dank der komplementären Sequenz durch Exzisionsreparatur (siehe unten) repariert. Daher auch der Name: *„Post"*-replikationsreparatur. Eine besondere Rolle spielt eine Form der Trans-Läsions-Synthese in *E. coli,* nämlich dann, wenn es zu Notsituationen kommt (Exkurs 9.4).

kann es passieren, dass die DNA Reparatursysteme in *E. coli*-Zellen überfordert sind. So eine Zelle kann nur noch versuchen, die stark beschädigten Reste des Genoms trotzdem noch zu replizieren. In so einem Fall haben *E. coli*-Bakterien ein Notfallsystem entwickelt, die sogenannte **SOS-Antwort.** Mit diesem Notfallsystem kann die Zelle ihr Genom replizieren, obwohl es Lücken, Brüche und eine enorm hohe Anzahl an Photodimeren aufweist. Das funktioniert, indem ein sogenanntes Mutasom exprimiert wird. Dieses besteht aus einer ganzen Reihe von Proteinen, wie zum Beispiel dem DNA-bindenden **RecA,** welche die beschädigten Regionen abdecken und die DNA-Polymerase III dazu befähigen, auch falsche Sequenzen zu polymerisieren oder wenigstens rein zufällig gewählte Nukleotide für die Strangsynthese zu wählen, um fehlende Bereiche zu ersetzen beziehungsweise die Replikation überhaupt aufrechtzuhalten. Die SOS-Antwort in *E. coli* beruht somit auf einer Form der Trans-Läsions-Synthese.

Exkurs 9.4 Das SOS-System von *Escherichia coli*

Wie *E. coli*-Bakterien SOS funken: Wenn es in der Zelle zu sehr starken Schäden an der DNA kommt, zum Beispiel durch extreme radioaktive Strahlung,

▪▪ Nukleotid- und Basenexzisionsreparatur

Exzisionsreparatur-Mechanismen schneiden fehlerhafte oder beschädigte Basen oder Nukleotide einfach heraus und füllen die Lücke anschließend anhand des komplementären Strangs mit den korrekten Nukleotiden wieder auf. Diese (größtenteils) fehlerfrei arbeitenden Reparaturmechanismen kommen zum Beispiel dann zum Einsatz, wenn CPDs oder 6,4-PPs von den Photolyasen schlichtweg übersehen wurden oder wenn andere Läsionen oder Fehlpaarungen weder von *proofreading*- noch von PRR-Mechanismen erkannt wurden. Grundsätzlich kann man dabei in zwei Mechanismen unterscheiden:

- Bei der **Nukleotidexzisionsreparatur (NER)** erkennen Enzyme eine Konformationsänderung in der DNA und Endonukleasen fügen links und rechts der Läsion (mit einem definierten Abstand) einen Schnitt auf dem gleichen Strang ein. Andere Enzyme entfernen das kurze, meist 24–32 Nukleotide lange Fragment, das die Läsion beinhaltet. Anschließend wird die Lücke durch Polymerasen aufgefüllt und durch Ligasen verschlossen.
- Bei der **Basenexzisionsreparatur (BER)** werden einzelne modifizierte Basen erkannt, wobei DNA-Glykosylasen die Base zunächst vom Zucker trennen, indem sie die N-glykosidische Bindung zwischen beiden lösen. Solche **abasischen Stellen** können zudem spontan (Abschn. 9.2.4.1) oder durch chemische und physische Mutagene entstehen (Abschn. 9.2.1). Eine Endonuklease schneidet dann die DNA in der Nähe der abasischen Stelle, wodurch eine Lücke mit einem einzelsträngigen Bereich entsteht. Das Auffüllen und Verschließen der Lücke funktioniert ab hier prinzipiell wie bei der NER. Im Vergleich sind die Lücken bei der BER jedoch deutlich kleiner (teilweise nur ein Nukleotid groß!) als bei der NER, die sich dafür eben um größere, sperrigere Läsionen kümmert (◘ Abb. 9.26).

▪▪ *Mismatch*-Reparatur

Bei der *Mismatch*-**Reparatur** (MMR) handelt es sich um eine spezialisierte Art der Exzisionsreparatur, die sowohl in Prokaryoten, als auch in Eukaryoten vorkommt. Sie kümmert sich innerhalb neu replizierter Tochterstränge um fehleingebaute Nukleotide, die mit der gegenüberliegenden Base nicht richtig paaren können und damit die DNA-Struktur stören. Solche Fehlpaarungen können während der Replikation entstehen, indem die Polymerasen aus Versehen ein falsches Nukleotid einbauen (► Abschn. 9.2.4.1). Werden diese Fehler nicht gleich während der Replikation durch die *proofreading*-**Aktivität** der Polymerasen erkannt und behoben (► Abschn. 5.2.2.1), kommen eben die MMR-Mechanismen zum Einsatz: Ähnlich wie bei der NER werden in der Nähe der Fehlpaarung Schnitte gesetzt, ein Oligonukleotid aus dem Strang herausgelöst und abgebaut, die Lücke aufgefüllt und verschlossen.

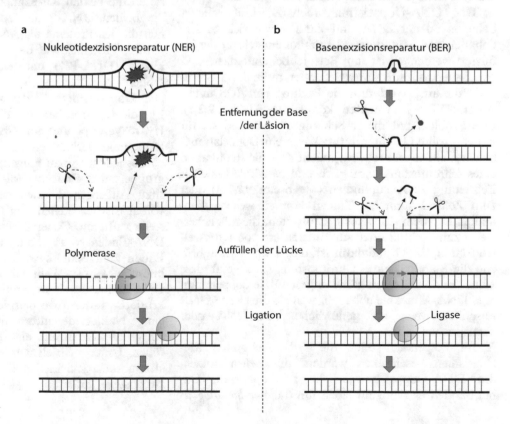

◘ **Abb. 9.26** Die Nukleotid- und Basenexzisionsreparatur. Abgesehen vom Anfang laufen beide Exzisionsreparaturen im Wesentlichen nach dem gleichen Prinzip ab. Bei der Nukleotidexzisionsreparatur (NER) wird ein größerer Bereich um die Läsion herausgeschnitten (**a**), während bei der Basenexzisionsreparatur (BER) zunächst nur die beschädigte Base und dann ein kleinerer einzelsträngiger Bereich entfernt werden (**b**). Bei beiden werden die Lücken durch Polymerasen geschlossen und die Lücken im Zucker-Phosphat Rückgrat der DNA durch Ligasen repariert. (J. Buttlar)

a

Nukleotidexzisionsreparatur (NER)

Polymerase

b

Basenexzisionsreparatur (BER)

Entfernung der Base /der Läsion

Auffüllen der Lücke

Ligation   Ligase

Aber woher wissen die Reparaturenzyme, welches der jüngere Tochterstrang ist, und welches das ältere Original? Die Fehlpaarung geht in diesem Fall ja schließlich nicht auf sperrige Läsionen, sondern ganz normale Nukleotide zurück… Die Antwort liegt in der **Epigenetik.** Ältere Stränge sind bereits an bestimmten Stellen methyliert, während diese Markierung in jüngeren Strängen noch fehlt (▶ Abschn. 13.4.3). In *E. coli* beispielsweise erkennen die Proteine MutS und MutL eine Fehlpaarung und rekrutieren dann die MutH-Endonuklease. Dieses Protein führt in der Nähe der Fehlpaarung einen Schnitt in einer GATC-Sequenz durch, was wiederum entscheidend ist, weil die Sequenz „GATC" eben das Ziel von Methylierungen ist und der Endonuklease mitteilt, welches der zu schneidende, jüngere Strang ist.

9.3.2 Die Doppelstrangbruchreparatur

Nachdem wir im vorigen Abschnitt die Reparatur von Einzelstrangbrüchen ansprachen, soll nun die Reparatur von **DNA-Doppelstrangbrüchen** (*double-strand break*, **DSB**) betrachtet werden. Im Gegensatz zu Einzelstrangbrüchen ist hier – wie der Name sagt – aber nicht nur ein Strang, sondern es sind beide Stränge der DNA-Doppelhelix von dem Schaden betroffen. Als *Template* (Vorlage) für die Reparatur kann daher höchstens ein anderes homologes Chromatid dienen, das eine Zelle jedoch nicht immer zur Hand hat.

Der DNA-Doppelstrangbruch ist kein seltener Schaden an der DNA und kann – wie viele andere Schäden und Mutationen – spontan entstehen oder induziert werden. Es ist zum Beispiel bekannt, dass reaktive Sauerstoffradikale (**ROS**) oder radioaktive Strahlung, die auch wiederum die Bildung von ROS unterstützt, DSBs hervorrufen können (▶ Abschn. 9.2.1). Das Problem mit dieser Schädigung ist, dass sie für Zellen größte Gefahren birgt: Wenn ein Doppelstrangbruch nicht repariert wird, macht dies die Replikation eines Chromosoms unmöglich und es würde bei einer Zellteilung zu Aneuploidien (▶ Abschn. 9.2.2.2) oder zum Zelltod kommen. Zudem können weitere Anomalien auf dem Chromosom auftreten, die möglicherweise zum Zelltod oder zur Entstehung von Krebszellen führen. Ein Grund dafür ist, dass Doppelstrangbrüche die Stabilität eines Chromosoms stark gefährden, zumal Endonukleasen gerne ungeschützte doppelsträngige DNA-Moleküle abbauen, weil sie die eigene DNA fälschlicherweise für gefährliche Viren-DNA oder Transposons halten.

Im Folgenden sollen die zwei wichtigsten Mechanismen beschrieben werden, die Zellen nutzen, um DNA-Doppelstrangbrüche zu reparieren. Dabei handelt es sich zum einen um das *non-homologous*

end-joining und zum anderen um die bereits im ▶ Abschn. 9.2.3.1 beschriebene **homologe Rekombination.**

9.3.2.1 *Non-homologous end-joining*

Sofern kein weiteres Schwesterchromatid als *Template* zur Reparatur zur Verfügung steht, werden bei einem Doppelstrangbruch die freien Enden mit einem Reparatursystem wieder zusammengefügt, das sich *non-homologous end-joining* (**NHEJ**) nennt. Dieses Reparatursystem beruht also nicht auf der Verwendung homologer Vorlagen und kann prinzipiell zu jedem Zeitpunkt im Zellzyklus ablaufen. Insbesondere in der G_1-, der G_0 und der früheren S-Phase – also wenn die DNA noch nicht oder nur teilweise repliziert wurde – ist der Mechanismus überlebenswichtig. Das NHEJ ist in Säugetieren die häufigste Form zur Reparatur von DSBs und kommt generell in allen Domänen des Lebens vor, während es in einzelnen Bakterienstämmen, beispielsweise in *E. coli,* nicht gefunden wurde.

■■ NHEJ läuft in verschiedenen Schritten ab

Um den Ablauf des NHEJ zu beleuchten, beziehen wir uns im folgenden Beispiel nur auf Proteine, die in Eukaryoten beteiligt sind (◨ Abb. 9.27). Dabei geht es zunächst um die Erkennung der Bruchstelle: Zuerst binden jeweils zwei **Ku-Proteinkomplexe** (Heterodimere, die wiederum jeweils aus den Untereinheiten Ku70 und Ku80 bestehen) an die offenen Enden der Bruchstellen. Aufgrund ihrer Affinität zueinander dimerisieren die beiden Ku-Komplexe und bringen dadurch die beiden DNA-Enden zueinander. Außerdem dienen die Ku-Proteine als Andockstelle für weitere Reparatur-Proteine, wie der DNA-abhängigen Proteinkinase (DNA-PK) und einer DNA-Ligase, welche schließlich in der Lage sind, die Enden des gebrochenen DNA-Strangs wieder zu ligieren (◨ Abb. 9.28). Für die Ligation benötigt die Ligase am 3′-Ende eine Hydroxygruppe und am 5′-Ende eine Phosphatgruppe. Manchmal verhält es sich an den Bruchstellen zunächst jedoch genau umgekehrt, sodass die Phosphatgruppe am 3′-Ende und die OH-Gruppe am 5′-Ende sitzt. Außerdem können weitere Probleme in Form von **abasischen Stellen** oder Überhängen an der Bruchstelle auftreten. Generell gilt es hier also zunächst, die DNA-Enden so zu modifizieren, dass die Ligase die Enden zum Schluss wieder sauber miteinander verknüpfen kann. Während dieser **Prozessierung der DNA-Enden** durch Reparaturenzyme, die von Ku rekrutiert wurden (wie beispielsweise Artemis), können einige Nukleotide entfernt und manchmal auch einige eingefügt werden, um einzelsträngige Bereiche aufzufüllen. Unterm Strich wurde damit zwar der Doppelstrangbruch geflickt, jedoch auch die Sequenz an der Bruchstelle verändert!

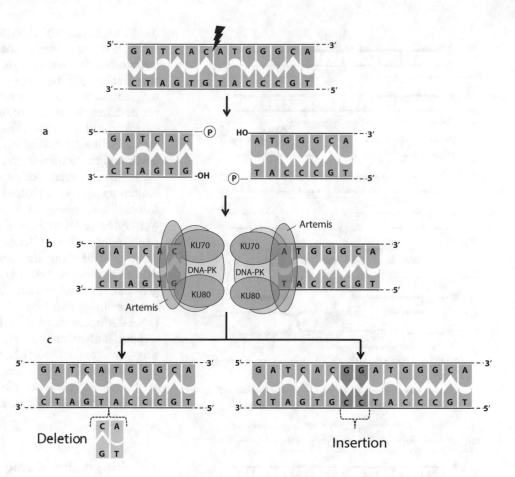

Abb. 9.27 Das *non-homologous end-joining.* **a** Durch einen Doppelstrangbruch können Fragmente mit unterschiedlichen Enden entstehen, in diesem Fall mit „stumpfen Enden", an denen jeweils eine Phosphatgruppe an der 5′-Stelle und eine Hydroxygruppe an der 5′-Stelle ist (was zur Ligation umgekehrt sein sollte). **b** Durch die Reparatur mittels NHEJ (Näheres siehe Text) werden die offenen Bruchstellen wieder zusammengebracht, eventuell modifiziert und dann miteinander verbunden. In diesem Prozess kann es zur Deletion oder auch zur Insertion kommen (**c**), da es keine Vorlage für die Reparatur gibt und eventuell einige Basen gezielt „abgeknabbert" oder erst eingefügt werden, um die für die Reparatur des Doppelstrangbruchs notwendigen chemischen Gruppen bereitzustellen. (H. Hawer, J. Buttlar)

▪▪ Die Folgen von NHEJ…

… sind nicht zu unterschätzen. Einerseits können durch den NHEJ-Mechanismus diverse offene DNA-Enden miteinander verbunden werden. Und zwar nicht nur die ursprünglichen Enden einer Bruchstelle, sondern auch Bruchstellen, die auf verschiedenen Stellen innerhalb eines Chromosoms oder sogar auf einem anderen Chromosom liegen! Somit ist das NHEJ wesentlich an **strukturellen Chromosomenmutationen** wie Translokationen, Deletionen und Inversionen beteiligt (▶ Abschn. 9.2.3). Andererseits können die Nukleotide, die während des Prozesses an der Bruchstelle eingefügt oder deletiert wurden, zu **Genmutationen** (▶ Abschn. 9.2.4) führen. Wobei Mutationen immer noch besser klingen als Zelltod durch unbeseitigte Doppelstrangbrüche, oder etwa nicht?

> **Merke**
> Es handelt sich bei dem NHEJ also um einen **fehleranfälligen Reparaturmechanismus.** Obwohl das NHEJ als Reparaturmechanismus zwar schlimmste Folgen vermeidet, trägt es wesentlich zur Entstehung von Mutationen und daher auch zur Evolution von Arten bei.

9.3.2.2 Homologe Rekombination

In ▶ Abschn. 4.3 und 9.2.3.1 wurde bereits die **homologe Rekombination (HR)** in meiotisch aktiven Zellen erwähnt. An der Reparatur von DNA-Doppelstrangbrüchen ist dieser Mechanismus ebenfalls beteiligt. Er basiert auf der Anwesenheit eines homologen Schwesterchromatids des gebrochenen Strangs (▪ Abb. 9.13 und 9.28). Somit läuft dieser Reparaturmechanismus im Zellzyklus erst nach der Replikation, also ab der S-Phase und in der G$_2$-Phase ab. Auch in Prokaryoten mit nur einem Chromosom kann die HR ablaufen, und zwar nachdem das Genom (zumindest teilweise) repliziert wurde und bevor die Zellteilung einsetzt.

▪▪ Zum Ablauf der Reparatur von DSBs durch HR

Im Gegensatz zum NHEJ kann man dieses System als **fehlerfrei** bezeichnen. Der Grund dafür ist, dass die Sequenz des Schwesterchromatids als Vorlage für die Reparatur verwendet werden kann (▪ Abb. 9.28). In Eukaryoten gibt es einige Proteine, welche die Reparatur durch homologe Rekombination unterstützen. Diese spezialisierten Proteine kürzen die 5′-Enden des gebrochenen Doppelstrangs, um Einzelstränge am offenen Ende des gebrochenen Doppelstrangs freizulegen. An

9

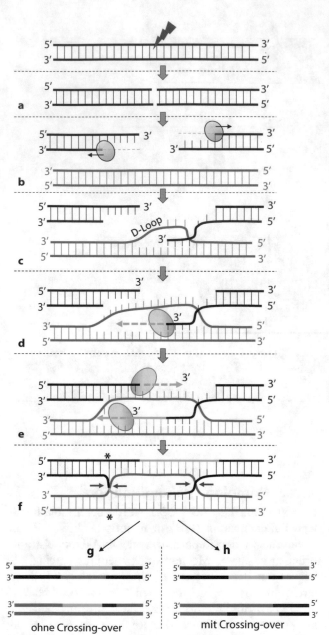

ohne Crossing-over   mit Crossing-over

◨ **Abb. 9.28** Schematischer Ablauf der Doppelstrangbruchrepara-tur mittels homologer Rekombination (HR). Im Gegensatz zur NHEJ nutzt die homologe Rekombination bei der Reparatur von Doppel-strangbrüchen (DSB) ein homologes Schwesterchromatid zur Er-gänzung der fehlenden Bereiche. Zum Ablauf: **a** Ein DSB ist ent-standen. **b** Die DNA wird durch Nukleasen (grau) so gekürzt, dass 3′-Überhänge entstehen. **c** Ein 3′-Überhang wandert in ein Schwes-terchromatid, wobei durch die Verdrängung des Strangs des Schwes-terchromatids ein D-Loop entsteht. **d** Durch Elongation des unte-ren freien 3′-Endes *(branch migration)* wird der D-Loop größer und kann schließlich das andere freie 3′-Ende binden. **e** Lücken werden durch Polymerasen (blau) aufgefüllt. **f** Der entstandene Heterodu-plex kann entweder mit oder ohne Crossing-over aufgelöst werden. **g** Findet kein Crossing-over statt, so wird der Heteroduplex an den roten Pfeilen geschnitten. **h** Findet ein Crossing-over statt, wird die linke Kreuzung so aufgelöst, dass die jeweils beiden äußeren Stränge an dem Sternchen (*) geschnitten werden, während die zweite Kreuzung durch einen Schnitt an den beiden Pfeilen (rechts) aufgelöst wird. Ma-len Sie es am besten mit dem Finger nach! In beiden Fällen entstehen zwei identische, reparierte DNA-Stränge. Weitere an der Reparatur beteiligte Proteine wurden zur Vereinfachung ausgelassen. (J. Buttlar)

den entstehenden 3′-Überhängen binden anschließend Rad51-Proteine, welche die Suche nach dem Schwes-terchromatid einleiten. Sobald dieses gefunden ist, wandert der 3′-Überhang in die Doppelhelix des intak-ten Schwesterchromatids ein und bindet mit dem kom-plementären Strang, wodurch ein **Heteroduplex,** also eine Verbindung aus Segmenten beider Moleküle ent-steht. Helikasen helfen bei der Auftrennung des dop-pelstrangigen Schwesterchromatids. Nun wird die kom-plementäre Sequenz verwendet, um als Matrize die Ver-längerung des beschädigten Strangs zu unterstützen, wobei die Verzweigung der beiden Moleküle sich noch weiter ausbreitet und quasi am Strang entlang wandert *(branch migration)*. Gleiches passiert auch mit dem an-deren 3′-Überhang des zerbrochenen Doppelstrangs, wodurch man insgesamt ein Konstrukt aus vier Strän-gen hat, das über zwei *Holliday-junctions* miteinan-der verbunden ist. Um schließlich wieder zwei intakte DNA-Doppelstränge zu erhalten, müssen die Hetero-duplexe aufgelöst werden, was mit oder ohne Cros-sing-over geschehen kann. Neben diesem grob skizzier-ten „normalen" Ablauf der HR-Reparatur, gibt es aber auch andere Varianten, die sich jeweils sowohl in Ab-lauf, als auch in den Produkten unterscheiden.

9.4 Künstliche Mutagenese

Insgesamt haben wir in diesem Kapitel gelernt, dass spontane oder induzierte Ursachen der Grund für die Entstehung von Mutationen sind. Insbesondere bei den induzierten Mutationen kann man sich nun aber vor-stellen, dass physikalische oder chemische Mutagene in Form einer **künstlichen Mutagenese** ganz bewusst ein-gesetzt werden können, um Mutationen zu erzeugen und somit die Variabilität einer Population zu erhöhen. Hiermit befinden wir uns im Bereich der **Gentechnik,** bei der es grob gesagt um die gezielte Veränderung von Genomen von Lebewesen geht (▶ Abschn. 14.2). Da-bei werden auch ältere Verfahren, die keineswegs eine „gezielte" Veränderung erlauben (etwa die Bestrahlung von Pflanzen) nach einem Urteil des europäischen Ge-richtshofs in 2018 zur Gentechnik dazugezählt. Stellt sich nur die Frage…

■■ Warum sollte man das tun?

In der **Forschung** wird das künstliche Herbeiführen von Mutationen verwendet, um die Funktion von Ge-nen zu untersuchen. Dabei werden meist sehr kont-rolliert ganz spezifische Mutationen mit genetischen Verfahren gesetzt und untersucht. Wenn eine Muta-tion Auswirkungen auf die Erscheinung, das Wachs-tum oder eine andere Eigenschaft einer Zelle oder ei-nes Organismus hat, so spricht man von einem **Phäno-typ** der Mutante (▶ Abschn. 9.2.5). Dabei kann man sowohl die Expressionsstärke, als auch die Struktur des

Genprodukts verändern. Das gewonnene Wissen kann dann wiederum verwendet werden, um die Entwicklung bestimmter Produkte oder Anwendungen voranzutreiben.

Die Anwendungsbereiche sind hier fast unbegrenzt: Das Wissen über molekulare Signalwege ermöglicht die Entwicklung besserer **Medikamente** oder **Diagnoseverfahren**. Wie oben erwähnt wurden auch in der **Pflanzenzüchtung** seit den 1930er-Jahren viele Arten durch UV-Strahlung, ionisierende Strahlung oder durch Chemikalien erzeugt (▶ Abschn. 14.2.3.1). Künstliche Mutagenese war lange Zeit zudem ein wichtiges Werkzeug in der Mikrobiologie, um Bakterien durch eine „künstlichen Evolution" für **biotechnologische** Anwendungen zu optimieren. Oder man untersucht einfach einen molekularbiologischen Mechanismus aus eigener (intrinsischer) Motivation, weil man einfach verstehen möchte, wie dieser funktioniert – das Herzstück der **Grundlagenforschung**.

Die Technologien und Verfahren, die der künstlichen Mutagenese zugrunde liegen, füllen ganze Wälzer. Einige haben wir in diesem Kapitel kennengelernt, beispielsweise physikalische und chemische Mutagene. Weitere behandeln wir in ▶ Kap. 12, wenn es zum Beispiel um Klonierung oder Sequenzierung geht. In ▶ Kap. 11 geht es unter anderem um den horizontalen Gentransfer zwischen Prokaryoten. ▶ Kap. 14 befasst sich schließlich mit der Gentechnik und anderen Verfahren im Allgemeinen und auch mit der ethischen Frage: „wie darf/sollte man eine bestimmte Technik überhaupt anwenden?".

Zusammenfassung

• Die Evolution beschreibt die Veränderung und Entwicklung von Arten

– Evolution beschreibt einen langsamen Prozess, der „schleichend" über viele Generationen und sogar über Jahrmillionen hinweg stattfindet.

– Grundlage der biologischen Evolution sind Mutation und Selektion. Evolution betrachtet man in der Regel auf Populationsebene.

– Mutationen können in einer Population zu einer Bandbreite verschiedener Eigenschaften führen.

– Selektion durch biotische oder abiotische Faktoren entscheidet, welche Individuen überleben und ihre Veränderungen weitervererben, bzw. welche Eigenschaften sich in einer Population durchsetzen. Die Selektion bezieht sich nicht nur auf eine einzelne Mutation, sondern auf den gesamten Organismus (und das Wechselspiel aller Mutationen).

– Bestimmte Ereignisse wie horizontaler Gentransfer, Endosymbiose oder eine gezielte Erhöhung der Mutationsrate beeinflussen ebenfalls die Evolution.

– Die genetischen Eigenschaften eines Individuums (Genotyp) bestimmen den Rahmen des Phänotyps. Mutationen sind daher direkt mit der Selektion verbunden (bspw. als Auslöser für Krankheiten)

• Mutationen können Genome verändern

– Mutationen beschreiben Veränderungen auf genetischer Ebene, die auch an nachfolgende Zellen (oder Tochtergenerationen) weitervererbt werden können. Mutationen gehen oftmals Schädigungen der DNA (Läsionen) voraus. Man unterscheidet in:

  direkte Mutagenese: Um eine Läsion in eine Mutation umzuwandeln (oder die Mutation zu fixieren) bedarf es nur weiterer Replikationsrunden.

  indirekte Mutagenese: Eine Mutation entsteht erst sekundär aus Versehen durch Reparaturmechanismen (v. a. NHEJ).

– Viele Mutationen passieren natürlich während der DNA-Replikation (spontane Mutationen) oder können durch mutagene Umwelteinflüsse oder Chemikalien entstehen (induzierte Mutationen) oder künstlich herbeigeführt werden.

– Je nach Umfang der Mutationen unterscheidet man in Genommutationen, Chromosomenmutationen oder Genmutationen:

  Genommutationen (numerische Chromosomenaberrationen) beinhalten die Fehlverteilung einzelner Chromosomen (Aneuploidien) oder ganzer Chromosomensätze (Polyploidie).

  Chromosomenmutationen (strukturelle Chromosomenaberrationen) beinhalten diverse strukturelle Änderungen und Interaktionen zwischen Chromosomen wie:

  Rekombination (Umverteilung genetischen Materials) zwischen homologen Chromosomen, homologen Sequenzen oder sogar nicht homologen Bereichen (illegitime Rekombination).

  Translokationen, bei denen Stücke von Chromosomen „abbrechen" und an anderen Bruchstellen (evtl. an anderen Chromosomen) wieder angefügt werden.

  Inversion eines DNA-Abschnitts, wobei dieser seine Orientierung im Chromosom um 180° verändert. Kann (wie auch bei Translokationen) zu Fehlpaarungen während der Meiose und infolgedessen zu Duplikationen oder Deletionen führen.

  Duplikationen, bei denen Teile eines DNA-Doppelstrangs verdoppelt werden und Deletionen, bei denen größere Teile von Chromosomen verloren gehen.

– Genmutationen sind nicht mikroskopisch, sondern auf Sequenzebene zu untersuchen.

Eine Punktmutation kann dabei ein Austausch einer spezifischen Base sein (Substitution). Außerdem können Basen verloren gehen (Deletion), oder es können zusätzliche Nukleotide in eine genetische Sequenz eingefügt werden (Insertion). Insertion und Deletion können dabei zu einer Leserasterverschiebung *(frameshift mutation)* führen.

Während es bei einer Punktmutation möglich ist, dass die Funktion des Genprodukts verändert oder zerstört wird oder aber unverändert bleibt, resultiert eine Leserasterverschiebung fast immer in einem funktionslosen Genprodukt.

Duplikationen haben großen Einfluss auf solche Erbkrankheiten, welche auf Wiederholungssequenzen (wie Trinukleotiden) basieren, wie zum Beispiel Chorea Huntington.

- Mutationen sind zwar für die Anpassung einer Spezies an neue Umweltbedingungen sehr wichtig, können aber, wie oben beschrieben, auch zu Erbkrankheiten führen. Ob ein Phänotyp einer Mutation sich manifestiert, kann zudem von äußeren Umständen abhängen.

- Findet eine Mutation in vielzelligen Lebewesen in somatischen Zellen statt, wird sie nicht an Nachkommen weitergegeben, sondern nur an somatische Tochterzellen (z. B. im Falle von somatischen Stammzellen). Je nachdem wie früh die Mutation in der Entwicklung stattfindet, können einzelne Zellen oder ganze Gewebe betroffen sein. Findet eine Mutation in Keimzellen statt, und sind diese nicht letal, so ist der/die Nachkomme vollständig betroffen.

• Reparaturmechanismen helfen dabei, Schäden an der DNA zu minimieren

- Zellen haben Reparaturmechanismen entwickelt, um einer übermäßigen Mutationsrate entgegenzuwirken und um DNA-Schäden zu beheben.

- Schäden oder Mutationen, die nur einen Strang des Doppelstrangs betreffen, können durch die direkte Einzelstrangreparatur meistens fehlerfrei repariert werden.

Photolyasen sind in der Lage, Pyrimidindimere (CPDs oder 6,4 PPs) zu schneiden.

Die Reparatur von Einzelstrangbrüchen (SSB) und Lücken geschieht durch Polymerasen und Ligasen und ist durch Anwesenheit des komplementären Strangs fehlerfrei.

Postreplikationsreparatur (PRR)-Mechanismen befähigen die Replikationsmaschinerie, Läsionen zu überspringen und verschieben die Reparatur auf später.

Bei der Nukleotidexzisionsreparatur (NER) wird ein ganzer Bereich eines Einzelstrangs, der einen Schaden enthält, ausgeschnitten und anschließend wieder aufgefüllt.

Bei der Basenexzisionsreparaut (BER) werden zunächst einzelne beschädigte Basen abgeschnitten, dann das ganze Nukleotid (oder mehrere) und die Lücke wie bei NER wieder aufgefüllt.

Mismatch-Reparatur (MMR)-Mechanismen beheben jene Replikationsfehler, die nicht direkt bei der Replikation durch *proofreading* erkannt wurden und beruhen auf asymmetrisch markierten Strängen.

- Viel gefährlicher als Schäden an einem Einzelstrang sind Doppelstrangbrüche (DSB), da diese die Replikation unmöglich machen. DSBs entstehen unter anderem durch Strahlung oder wenn Einzelstrangbrüche unrepariert bleiben.

Das *non-homologous end-joining* (NHEJ), welches das Verbinden nicht homologer Sequenzen bei DNA-Doppelstrangbrüchen ermöglicht, wird bei Eukaryoten am häufigsten zur Reparatur von DSBs eingesetzt, ist oft aber mit dem Verlust von genetischem Material verbunden. Trotz DSB-Reparatur kommt es also zu Mutationen. NHEJ kommt auch bei Translokationsereignissen vor.

Die homologe Rekombination kann unter Verwendung eines homologen Schwesterchromatids eine fehlerfreie Reparatur von DNA-Doppelstrangbrüchen bewirken.

- Die Erforschung der grundlegenden genetischen Vorgänge von Mutations- und Reparaturereignissen könnten ausschlaggebend für unser Verständnis von Zellveränderungen, Genomevolution und genetischen Erkrankungen sowie Krebs sein. Infolge der künstlichen Mutagenese, die der Gentechnik zuzuordnen ist, werden Mutationen dazu künstlich herbeigeführt.

Literatur

1. Hohl, P., und Busch J. (2003). Direkt nach vorn…: 52 völlig neue Wochensprüche. Ingelheim: Secu Media, ISBN 3–92-274663-2.
2. Shendure, J., & Akey, J. M. (2015). The origins, determinants, and consequences of human mutations. *Science, 349*(6255), 1478–1483. ► https://doi.org/10.1126/science.aaa9119.
3. Jónsson, H., Sulem, P., Kehr, B., Kristmundsdottir, S., Zink, F., Hjartarson, E., … Stefansson, K. (2017). Parental influence on human germline de novo mutations in 1,548 trios from Iceland. Nature, 549. ► https://doi.org/10.1038/nature24018.
4. Martin, W. F. (2017). Too Much Eukaryote LGT. *BioEssays*, *39*(1700115). ► https://doi.org/10.1002/bies.201700115.

5. Muller, H. J. (1925). The Regionally Differential Effect of X Rays on Crossing over in Autosomes of Drosophila. *Genetics, 10*(5), 470–507.

6. Höffeler, F. (2009) Geschichte und Evolution der Lactose(in)toleranz. Das Erbe der frühen Viehzüchter. *Biologie in unserer Zeit, 39*(6). ▶ https://doi.org/10.1002/biuz.200910405.

Weiterführende Literatur

7. Sieber, K. B., Bromley, R. E., & Dunning Hotopp, J. C. (2017). Lateral gene transfer between prokaryotes and eukaryotes. *Experimental Cell Research, 358*(2), 421–426.

8. Kirkpatrick, M., & Barton, N. (2006). Chromosome inversions, local adaptation and speciation. *Genetics, 173*(1). ▶ https://doi.org/10.1534/genetics.105.047985.

9. Iyama, T., & Wilson, D. M. (2013). DNA repair mechanisms in dividing and non-dividing cells. *DNA Repair, 12*(8), 620–636. ▶ https://doi.org/10.1016/j.dnarep.2013.04.015.

10. Soppa, J. (2014). Polyploidy in archaea and bacteria: About desiccation resistance, giant cell size, long-term survival, enforcement by a eukaryotic host and additional aspects. *Journal of Molecular Microbiology and Biotechnology, 24*(5–6), 409–419. ▶ https://doi.org/10.1159/000368855.

Die Klassische Genetik

Inhaltsverzeichnis

© Springer-Verlag GmbH Deutschland, ein Teil von Springer Nature 2020
J. Buttlar et al., *Tutorium Genetik*,
https://doi.org/10.1007/978-3-662-56067-9_10

Dieses Kapitel widmet sich der sogenannten „klassischen Genetik", in der die genetischen Vorgänge weniger auf molekularer Ebene, sondern auf der Ebene der Organismen betrachtet werden. Zugegeben – natürlich spielen die Gene in Form der Moleküle eine wichtige Rolle, weil die genetischen Prädispositionen (in Form des **Genotyps**) große Auswirkungen auf die Merkmale (zusammengefasst im **Phänotyp**), wie die Eigenschaften und Form, eines Organismus haben. Aber es geht eben nicht so sehr um die molekularen Details, sondern mehr um Stammbäume, Vererbungsmuster, Wahrscheinlichkeiten und generell um die großen Fragen, wie: „wer hat mit wem...?", oder „von wem hab ich diese große Nase vererbt bekommen?".

■■ **Eine kurze Geschichte der Genetik**
Vermutlich hat jeder in seiner Schullaufbahn schon einmal von dem katholischen Ordenspriester Gregor Johann Mendel (1822–1884) als Urvater der klassischen Genetik gehört. Doch tatsächlich ist der Gedanke der Vererbung von Eigenschaften, Merkmalen und auch Krankheiten schon deutlich älter. So findet sich beispielsweise schon im Talmud, einer der wichtigsten Sammlungen von Gesetzen und Überlieferungen des Judentums, die im dritten bis fünften Jahrhundert verfasst wurde, sinngemäß folgende Stelle:

» „Söhne von Frauen, die bereits zwei Söhne durch eine Blutung nach der Beschneidung verloren haben, dürfen nicht mehr beschnitten werden. Diese Vorschrift gilt auch für Söhne von Schwestern der Mutter. Die Vorschrift gilt aber nicht für Söhne des gleichen Vaters mit einer anderen Frau (Yevamot 64:b)."

Auf der wissenschaftlichen Seite ist der Grund für das Ableben der Söhne hierbei die Bluterkrankheit, auch **Hämophilie** genannt. Wie genau diese rezessive Krankheit, deren genetische Ursache auf dem X-Chromosom liegt, vererbt wird und warum dieser Text und die darin aufgestellten Regeln absolut sinnvoll sind, wird später in diesem Kapitel besprochen (▶ Abschn. 10.4.2). Festhalten lässt sich jedoch, dass das Vererbungsmuster der Bluterkrankheit bereits im alten Judentum bekannt war. Auch wenn natürlich unklar war, wie die Vererbung an sich genau funktionierte, da die DNA und ihre Replikation erst um die 2000 Jahre später entdeckt werden sollten.

So glaubte man lange Zeit sogar, dass Frauen zur eigentlichen Vererbung deutlich weniger beiträgen als Männer. Die Existenz der Eizelle war noch unbekannt. Der Niederländer Nicolas Hartsoeker (1656–1725) stellte, nachdem er menschliches Sperma mikroskopiert hatte, sogar die Theorie auf, dass jedes Spermium einen bereits vollständigen winzigen Menschen, einen soge-

nannten **Homunkulus,** beinhaltet. Besonders verbreitet war die Vorstellung, dass diese kleinen Menschen körperlich bereits vollständig ausgebildet waren und nur noch im Mutterleib heranwachsen mussten.

Erst Gregor Johann Mendel formulierte um 1865 erste Vererbungsgesetze und zeigte mit seinen Experimenten, dass Männlein und Weiblein zu gleichen Anteilen an der Vererbung beteiligt sind.

10.1 Die Erb(s)en Mendels

Aber wie kam dieser heutzutage weltbekannte Ordenspriester als Erster dem Rätsel der Vererbung auf die Schliche? Zunächst beschränkte er sich bei seinen Experimenten auf wenige, leicht zu beobachtende Merkmale. Dabei war es entscheidend, dass die Merkmale nicht durch Umweltfaktoren, wie zum Beispiel das Wetter, beeinflussbar waren. Am berühmtesten sind wohl die **Kreuzungsexperimente,** die Mendel mit **Gartenerbsen** *(Pisum sativum)* durchführte.

Diese hatten den einfachen Vorteil, dass sich die Unterscheidung der Nachkommen nach bestimmten **Merkmalen** wie Farbe oder Form leicht statistisch auswerten lies, wobei eine solche Auswertung eine hohe Anzahl an Nachkommen voraussetzt. Und Gartenerbsen produzieren sehr viele Nachkommen!

Als akribischer Erbsenzähler erkannte er, dass Eltern ihre Erbinformationen für bestimmte Merkmale an die nächste Generation weitergeben und dass dabei jeder Nachkomme für jedes Merkmal – jedenfalls in seinen Untersuchungen – zwei **Allele** enthält. Bei diesen handelt es sich grob gesagt um verschiedene (oder auch gleiche) Variationen eines Gens. Dabei wird (bei diploiden Organismen wie Erbsen und Menschen) ein Allel von der Mutter und ein Allel von dem Vater vererbt. Das Zusammenspiel beider Allele, des mütterlichen und des väterlichen, kann Auswirkungen auf die finale Ausprägung eines Merkmals haben. Dabei ist entscheidend, ob ein Allel **dominant** ist, also eine überlegene oder übergeordnete Rolle einnimmt, oder **rezessiv,** also nicht so durchsetzungsfähig bei der Ausprägung des Merkmals ist. Hat ein Organismus zwei verschiedene Varianten eines Gens, ist er für dieses Gen **heterozygot,** und es wird sich in der Regel die dominantere Allelvariante durchsetzen. Sind beide Allele gleich, also **homozygot,** können sich auch rezessive Allelvarianten in Abwesenheit der dominanten Allele ausprägen.

Obwohl bereits Mendel davon ausging, dass es sich bei den Allelen um eine Art Informationseinheit handelt, wusste er nicht, wie die Weitergabe dieser Information vonstattenging. Auch hier wurde erst deutlich später klar, dass es sich bei den sogenannten Allelen um Genvariationen handelt. Fairerweise sollte man also auch einräumen, dass es für ein Merkmal daher insgesamt weitaus mehr als zwei Allele in einer Population geben kann. Die Zahl „Zwei" bezieht sich also auf den doppelten Chromosomensatz eines **diploiden** Organismus. Aus diesem Grund kann ein solcher Organismus nur bis zu zwei verschiedene Varianten eines Allels besitzen. Vorausgesetzt natürlich, das Gen kommt auch nur einmal pro Chromosomensatz vor (Stichwort *copy number variation;* ▶ Kap. 9).

Erst um 1900 wurde Mendels Entdeckung von Hugo de Vries, Carl Correns und Erich Tschermak von Seysenegg bestätigt. Wiederum drei Jahre später, im Jahre 1903, erkannte Walter Sutton, dass **Chromosomen** die Träger der Erbinformation sind (▶ Kap. 3). Sprich, das Besondere an Mendels Forschung ist, dass er bereits in der Lage war, wichtige und auch richtige genetische Regeln aufzustellen, ohne überhaupt einen blassen Schimmer von Chromosomen, geschweige denn DNA zu haben. Deshalb ist seine Forschung ein tolles Beispiel dafür, dass auch mit einfachen Experimenten sehr wichtige Erkenntnisse für die Grundlagenforschung entstehen können – auch heute noch!

Wichtige Begriffe: Vom Genotyp, Phänotyp und Wildtyp

Grob gesagt bezeichnet der **Phänotyp** die sichtbaren oder messbaren **Merkmale** eines Individuums (beispielsweise Haarfarbe, Körpergröße, aber auch Erbkrankheiten und teilweise Verhalten). Und ein **Genotyp** umfasst alle genetischen Komponenten, die eben zur Ausbildung eines Merkmals beitragen. Verschiedene alternative Varianten von Genen werden dabei als **Allele** bezeichnet. Bei diploiden Organismen – wie beispielsweise Menschen – werden beim Genotyp also sowohl mütterliche als auch väterliche Allele berücksichtigt. Veränderungen im Geno- und Phänotyp werden mit einer Referenz verglichen, dem **Wildtyp.** Ein Wildtyp-Allel oder Wildtyp-Phänotyp stellt dabei das häufigste Allel beziehungsweise den häufigsten Phänotyp einer Population zu einem bestimmten Zeitpunkt dar. Ein Wildtyp wird daher im Allgemeinen als Normalzustand oder Standardvariante angesehen.

10.2 Die Mendel'sche Genetik

Wie könnte die klassische Vererbungslehre anders beginnen, als mit den berühmten drei **Mendel'schen Regeln.** Bei diesen handelt es sich um die **Uniformitätsregel,** die **Spaltungsregel** und die **Regel von der Unabhängigkeit der Erbanlagen.** Sie werden an dem wohl klassischsten aller Beispiele erläutert, der Kreuzung der gemeinen Gartenerbse *(Pisum sativum).* Mendel verwendete grüne und gelbe Erbsen. Im Folgenden wird aber von schwarzen und weißen Erbsen die Rede sein, um die Druckkosten zu minimieren damit dieses Buch möglichst erschwinglich bleibt.

10.2.1 Die 1. und 2. Mendel'sche Regel: der monohybride Erbgang

Vorneweg ist es wichtig zu betonen, dass Mendels Lehren nur für diploide Organismen ausgelegt sind. Mendel ging davon aus, dass bei der Vererbung den Nachkommen je im Verhältnis 1:1 Allele von Mutter und Vater vermacht werden. Diese Vererbung ist möglich, da **Allele** mehr oder weniger als Varianten eines Gens interpretiert werden können, das für ein Genprodukt codiert. Dieses Genprodukt trägt dann zur Ausprägung oder auch zur Nicht-Ausprägung eines Merkmals bei. Dabei liegen die Gene natürlich auf den Chromosomen und werden mit ihnen bei der **Meiose** zufällig verteilt. Deswegen sollten für dieses Kapitel insbesondere die Mechanismen der Meiose und Mitose grundlegend bekannt sein (▶ Kap. 4).

Bei den hier behandelten Erbgängen handelt es sich zunächst ausschließlich um **monohybride Erbgänge.** Das bedeutet, dass man sich bei diesen Erbgängen lediglich auf die Betrachtung *eines* Merkmals – in unserem Beispiel die Farbe – beschränkt. Als Steigerung dessen folgt später ein Erbgang, in welchem *zwei* verschiedene Merkmale betrachtet werden, es handelt sich in diesem Fall also um einen **dihybriden Erbgang** (▶ Abschn. 10.2.3). In allen Erbgängen in ▶ Abschn. 10.2 werden die Merkmale zudem nach einem **dominant-rezessivem** Muster ausgeprägt. Sprich, ein Allel ist entweder dominant *oder* rezessiv, aber dazwischen gibt es (zumindest in diesen Beispielen) nichts.

Nun zurück zu den Erbsen. Zuerst weisen wir ihnen einen **Genotyp** zu. Der Genotyp ist hierbei die auftretende Kombination an Allelen in einem Organismus und beschreibt somit die rein genetische Ausgangssituation (Prädisposition). Meist bezieht man sich hierbei nur auf das Merkmal – oder anders den Teil der DNA, der zur Ausbildung des Merkmals beiträgt. Im Gegensatz dazu beschreibt der **Phänotyp** das Erscheinungsbild eines Merkmals. Dabei wird der Phänotyp sowohl vom Genotyp als auch von äußeren Umwelteinflüssen bestimmt.

Die schwarze Erbse erhält hierbei den Genotyp „*BB*", wobei das große „*B*" praktisch einfach für „schwarz", beziehungsweise in englisch für „*black*" steht (◻ Abb. 10.1). Nun stellt sich natürlich die Frage, wieso der festgelegte Genotyp aus zwei „*B*"s besteht. Das liegt daran, dass jedes „*B*" hierbei für *ein* Allel steht. Da es sich um einen **diploiden Organismus** handelt, wird von jedem Elternteil je ein Chromosom

B = dominantes Allel für schwarze Erbsenfarbe
b = rezessives Allel, das in b-homozygoten Individuen eine weiße Färbung verursacht

◨ **Abb. 10.1**   Die Erbsen der F_0-Generation, auch Parentalgeneration genannt, einer betrachteten Vererbung und die ihnen zugewiesenen Genotypen in Hinblick auf das Merkmal „Farbe". Dabei trägt die schwarze Erbse den homozygoten, dominanten Genotyp „*BB*" und die weiße Erbse den homozygoten, rezessiven Genotyp „*bb*". (A. Fachinger)

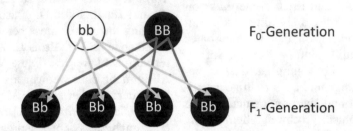

◨ **Abb. 10.2**   Darstellung der Kreuzung der jeweils für ihr Merkmal homozygoten F_0-Generation (Parentalgeneration, „BB" und „bb") und die daraus resultierende uniforme, heterozygote F_1-Generation (erste Tochtergeneration). Dabei prägt sich als Phänotyp in allen heterozygoten Individuen mit dem Genotyp „Bb" das dominante Allel „B" in einer Schwarzfärbung der Erbsen aus. Natürlich können zwei Elternpflanzen weitaus mehr als 4 Nachkommen haben! In diesem Stammbaum-ähnlichen Schema sind in den Nachfolgegenerationen lediglich die Kombinationsmöglichkeiten der verschiedenen Gameten gezeigt, die wiederum durch die Meiose entstehen und jeweils ein maternales und ein paternales Allel eines Gens tragen." (A. Fachinger)

weitergegeben (▶ Kap. 3). Dadurch finden sich in einem Nachkommen jeweils immer nur ein bis zwei Varianten eines Allels, wobei es in der Realität über die Population hinweg insgesamt natürlich deutlich mehr Varianten dieses Allels geben kann. Diese Allele und ihr Zusammenspiel bestimmen hierbei, wie das betrachtete Merkmal sich ausprägt.

Bei der Betrachtung der weißen Erbse fällt auf, dass diese den Genotyp „*bb*" für „weiß" erhalten hat. Aber würde „*WW*" für die weiße (oder „*white*") Farbe nicht deutlich mehr Sinn machen?

Wie genau man ein Allel benennt, ist in der Regel eine subjektive Entscheidung und eigentlich irrelevant. Es gibt hier kein richtig oder falsch. Entscheidend ist jedoch, dass man sich auf eine Kennzeichnung einigt. In der Wissenschaft versucht man zudem, sich auf so wenige Buchstaben wie möglich zu beschränken, um Verwirrungen vorzubeugen.

Ein großer Buchstabe steht meist dafür, dass sich ein Merkmal ausprägt, jenes entsprechende Allel also dominant ist. Wie in diesem Beispiel das „*B*" für die dominante Farbe „*black*" steht. Ein kleiner Buchstabe steht dagegen meistens dafür, dass sich ein Merkmal in Gegenwart eines anderen dominanten Allels eben NICHT ausprägt, das entsprechende Allel also rezessiv ist. Hier steht das „*b*" folglich dafür, dass dieses Allel nicht die Information für die schwarze Farbe der Erbsen beinhaltet. Dies führt im Umkehrschluss dazu, dass die Erbsen in diesem Fall weiß sind.

▪ ▪ Erbsen kreuzen: die Parental- und die F_1-Generation
Die beiden Erbsen stellen damit die Elterngeneration dar, wissenschaftlich auch **Parentalgeneration** oder **F_0-Generation** genannt. Abgekürzt wird diese mit einem „P" oder „F_0".

Das entsprechende Kreuzungsschema ist in ◨ Abb. 10.2 dargestellt. Durch **Meiose** (▶ Kap. 4) können aus einer Keimbahnzelle theoretisch vier Keimzellen (Gameten) mit einer jeweiligen Ausstattung an Allelen entstehen. Bei der Verschmelzung der Gameten erhält jeder Nachkomme dann in Hinsicht auf ein Gen also ein paternales Allel (vom Vater) und ein maternales (von der Mutter). In der Abbildung sind die „Wege" der einzelnen Gameten, beziehungsweise Allele, durch Pfeile dargestellt.

Es lässt sich erkennen, dass alle Nachkommen vollkommen identisch aussehen, nicht nur äußerlich in ihrer Farbe (phänotypisch), sondern auch auf genomischer Ebene (genotypisch). Man sagt deswegen auch: die Generation ist **uniform.** Und in diesem Fall sind alle Nachkommen, beziehungsweise die gesamte **F_1-Generation,** schwarz. Es lässt sich außerdem feststellen, dass alle Nachkommen den Genotyp „*Bb*" aufweisen. Sie sind folglich alle **heterozygot** für das betrachtete Merkmal. Das bedeutet, dass die Nachkommen für dieses Merkmal zwei unterschiedliche Allele besitzen („*B*" und „*b*")– im Kontrast zu ihren **homozygoten** Eltern, welche für das betrachtete Merkmal je zwei gleiche Allele aufweisen („*BB*" oder „*bb*"). Man könnte denken,

10

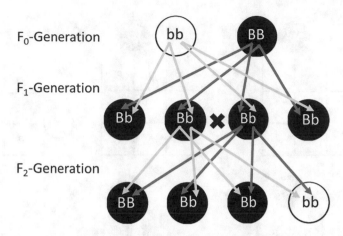

F_0-Generation

F_1-Generation

F_2-Generation

◻ Abb. 10.3 Kreuzungsschema von der Parentalgeneration (F_0) bis hin zur F_2-Generation. Um die F_2-Generation zu betrachten, wird von einer weiteren Kreuzung der uniform heterozygoten F_1-Generation ausgegangen. Dabei entsteht eine Generation, welche im Gegensatz zur F_1-Generation drei unterschiedliche Genotypen besitzt. Zwei je für ihr Merkmal homozygote Variationen („*BB*" und „*bb*") und eine ebenfalls heterozygote Variation („*Bb*"). Phänotypisch ergibt sich hierbei ein 3:1 Verhältnis zwischen schwarzen und weißen Erbsen. (A. Fachinger)

die F_1-Generation müsste halb schwarz und halb weiß sein, praktisch grau. Genau das mag zwar auch bei manchen Kreuzungen der Fall sein (siehe intermediäre Vererbung, ▶ Abschn. 10.3.1), hier jedoch nicht. Dies erscheint auf den ersten Blick wunderlich. Doch lässt sich diese einheitliche Schwarzfärbung dadurch erklären, dass das Allel „*B*" für die schwarze Farbe gegenüber dem Allel „*b*" für die weiße Farbe **dominant** ist. Das heißt, sobald ein Allel des Genotyps „*B*" entspricht, sind die Erbsen schwarz, da sich dieses Allel durchsetzt.

1. Mendel'sche Regel: Uniformitätsregel (auch Reziprozitätsregel)
Kreuzt man zwei Individuen einer Art, die sich in einem Merkmal unterscheiden, für das beide homozygot sind, so sind die Nachkommen in der F_1-Generation im betrachteten Merkmal uniform.

Die **1. Mendel'sche Regel** bedeutet praktisch, dass wenn sich die Eltern in nur einer Eigenschaft, hier der Farbe, unterscheiden und sie zusätzlich für dieses Merkmal homozygot (und nicht heterozygot) sind, dann sind alle Nachkommen zwar heterozygot, aber bezüglich der Eigenschaft gleich (**uniform**).

Hierbei steht „F_1" bei F_1-Generation übrigens für die **erste Filialgeneration,** der Begriff leitet sich von dem lateinischen Wort *filia* für „Tochter" ab und steht somit für die erste Tochtergeneration, also die erste Generation nach der Parentalgeneration. Bei der F_2-Generation würde es sich folglich um die zweite Tochtergeneration handeln, also um die Nachkommen der Nachkommen, demnach praktisch die Enkel.

▪▪ Die F_2-Generation: So unterschiedlich können die lieben Enkel sein
Um die nächste Mendel'sche Regel zu erklären, werden Individuen der F_1-Generation untereinander gekreuzt. Als Ergebnis entsteht hierbei die bereits erwähnte **F_2-Generation,** in der man sehen kann, wie sich die Phänotypen nach der Kreuzung der F_1-Generation aufteilen. Es entsteht eine Aufteilung im **Verhältnis 3:1** (◻ Abb. 10.3). Dabei entspricht der Großteil der Erbsen (drei Viertel) dem schwarzen Phänotyp. Zusätzlich können diese auf genetischer Ebene unterschieden werden: in auf dieses Merkmal bezogen homozygote („*BB*") und heterozygote Erbsen („*Bb*"). Auffällig ist auch, dass ein Viertel der Erbsen den weißen Phänotyp (mit Genotyp „*bb*") besitzt. Somit weisen Pflanzen der F_2-Generation auch Merkmale der Parentalgeneration auf, welche in der F_1-Generation nicht ausgeprägt wurden. Man kann festhalten, dass der Genotyp nicht immer gleich aus dem Phänotyp ersichtlich wird! Diese 3:1-Verteilung der Phänotypen ist typisch für die F_2-Generation nach der **2. Mendel'schen Regel,** der **Spaltungsregel.**

2. Mendel'sche Regel: Spaltungsregel
Kreuzt man zwei heterozygote Individuen der F_1-Generation miteinander, so findet in der F_2-Generation eine Aufspaltung im Verhältnis 3:1 statt. Dabei treten auch die Merkmale der Parentalgeneration wieder auf.

Wiederholung der Begriffe Dominanz und Rezessivität
Dominanz: Ein dominantes Merkmal prägt sich trotz Anwesenheit eines rezessiven Allels aus. Dazu reicht es aus, wenn das Allel heterozygot vorliegt. Zum

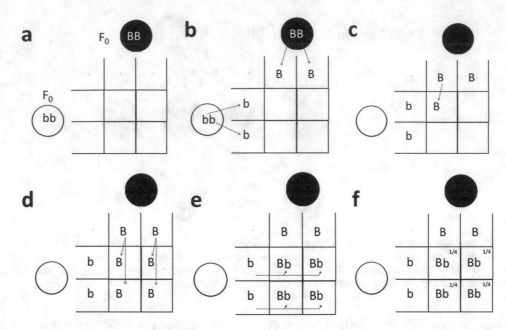

Abb. 10.4 Anleitung zur Erstellung eines Punnett-Quadrats zur Kreuzung der F_0-Generation. Zuerst legt man das benötigte Kästchen-muster an und führt sich die Genotypen der zu kreuzenden Individuen vor Augen (**a**). Die entsprechenden Allele werden je in die äußersten Kästchen (oben und links) übertragen (**b**). Anschließend wird von jedem Elternteil je ein Allel in die entsprechenden inneren Kästchen, welche für die Nachkommen stehen, übertragen (**c, d, e**). Aus der Verschmelzung der beiden haploiden Chromosomensätze der Gameten entsteht eine diploide Filialgeneration, deren Vertreter für das betrachtete Merkmal je zwei Allele tragen – ein väterliches und ein mütterliches. Bei der Kreuzung der F_0-Generation erhalten wir in diesem Beispiel (**f**) eine uniforme Verteilung (viermal den Genotyp „Bb"). Weitere Erläuterungen im Fließtext. (A. Fachinger)

10

Beispiel bei einem Genotyp von „*Bb*" ist das Allel „*B*" gegenüber „*b*" dominant. Somit prägt sich der Phäno-typ von „*B*", sprich die Schwarzfärbung („B" für Eng-lisch „*black*") der Erbse aus. „*BB*" und „*Bb*" zeigen aus diesem Grund denselben Phänotyp.

Rezessivität: Ein rezessives Merkmal prägt sich in An-wesenheit eines dominanten Allels *nicht* aus. Liegt ein rezessives Allel heterozygot neben einem dominanten Allel vor, hat es somit (fast) keinen Einfluss auf den Phänotyp. Zum Beispiel bei einem heterozygoten Ge-notyp von „*Bb*" ist „*b*" gegenüber „*B*" rezessiv. Somit prägt sich der Phänotyp von „*b*", sprich die Weißfär-bung der Erbse nicht aus. Die Erbse wird schwarz, wie durch das Allel „*B*" festgelegt. Ein rezessives Merkmal prägt sich in der Regel daher nur aus, wenn es homo-zygot vorliegt. So sind in dem Erbsenbeispiel nur ho-mozygote Erbsen mit einem Genotyp von „*bb*" weiß.

10.2.2 Das Punnet-Quadrat – und wie man eins macht

Um die Verteilung der Allele innerhalb eines Erbgangs und die damit einhergehenden Wahrscheinlichkeiten der einzelnen Phänotypen der Nachkommen besser zu verstehen, benutzt man sogenannte **Punnett-Quadrate** (*Punnett squares;* ◻ Abb. 10.4).

Bei der Erstellung eines Punnett-Quadrats werden zunächst die Linien des Quadrats, wie in ◻ Abb. 10.4a zu sehen ist, vorgezeichnet. In die äußeren Felder links und oben werden jeweils die Allele der zu kreuzenden In-dividuen eingetragen (◻ Abb. 10.4b). Dazu überlegt man sich, welchen **Genotyp** diese Individuen besitzen. Für dieses Beispiel nehmen wir die Parentalgeneration der Erbsen, für welche die Genotypen bereits bekannt sind. Wie bereits erwähnt, besitzen hier die schwarzen Erbsen den Genotyp „*BB*" und die weißen Erbsen den Genotyp „*bb*". Die mittleren Felder bezeichnen die Nachkommen beziehungsweise sollen zeigen, welche unterschiedlichen Nachkommen aus dieser Kreuzung entstehen können. Dazu ordnet man jedem Nachkommen ein **Allel** von je-dem Elternteil zu, so wie es in ◻ Abb. 10.4c, d und f ge-zeigt ist. Das kann man sich einfach dadurch erklären, dass bei der Meiose zur Herstellung der Keimzellen jede **Gamete** jeweils nur einen haploiden Chromosomensatz der Eltern erhält. Erst durch die Verschmelzung väterli-cher und mütterlicher Gameten kann es wieder zwei Al-lele zu einem Gen geben.

Am einfachsten ist es, mit einem Elternteil anzufan-gen. Dazu kann man, wenn man beispielsweise mit dem oben stehenden Elternteil anfängt, das an erster Stelle stehende Allel in die unterhalb stehenden Felder über-tragen (◻ Abb. 10.4c, d). Anschließend geht man nach dem gleichen Prinzip für das zweite Elternteil vor. Hier

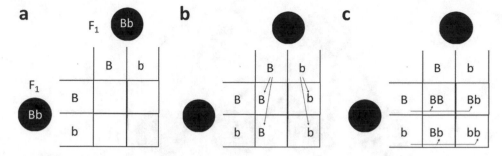

□ **Abb. 10.5** Anleitung zur Erstellung eines Punnett-Quadrats zur Kreuzung der F₁-Generation untereinander. Erneut wird zuerst das Kästchenmuster des Punnett-Quadrats angelegt, und die Allele der zu kreuzenden Individuen werden in die äußeren Kästchen eingetragen (**a**). Als Nächstes wird jeweils das entsprechende Allel eines Individuums in die inneren Kästchen, welche für die Nachkommen stehen, übertragen (**b**). Der Vorgang wird ebenfalls für den zweiten Elternteil wiederholt (**c**). Dabei sollten zur besseren Übersicht an erster Stelle jeweils die großgeschriebenen, dominanten Allele stehen („B"). (A. Fachinger)

□ **Abb. 10.6** Mögliche Phänotypen des betrachteten dihybriden Erbgangs. Es sind vier verschiedene Phänotypen möglich, welche sich aus zwei unterschiedlichen Merkmalen – Farbe und Form – zusammensetzen. So gibt es für die Farbe der Erbsen, das dominante schwarze („B") und das rezessive weiße („b") Allel und für die Form das dominante runde („R") und das rezessive runzelige („r") Allel. Für die vier Phänotypen sind die jeweils möglichen Genotypen ebenfalls angegeben. (A. Fachinger)

überträgt man das jeweilige Allel auf die zweite Stelle in den vier Feldern (□ Abb. 10.4e). Hat man alle Allele der Eltern verteilt, kann man aus den inneren Quadraten ganz einfach die verschiedenen Genotypen der einzelnen Nachkommen ablesen. Die Wahrscheinlichkeit, dass ein Nachkomme mit einer bestimmten **Allelkombination** zustande kommt, ist zwischen allen Quadraten, die ja die potenziellen Nachkommen symbolisieren, gleich (□ Abb. 10.4f). Da es insgesamt vier innere Quadrate gibt, kann jeder Nachkomme mit einer Wahrscheinlichkeit von einem Viertel auftreten. In diesem Beispiel weisen alle Nachkommen denselben heterozygoten Genotyp „Bb" und somit auch denselben Phänotyp, eine schwarze Färbung, auf.

In einem weiteren Punnett-Quadrat kann nun die **F₁-Generation** untereinander gekreuzt werden (□ Abb. 10.5). Wie in der vorherigen Kreuzung fügt man zuerst die Allele der Eltern für diese Kreuzung oben und links in die äußeren Kästchen ein (□ Abb. 10.5a). Dieses Mal sind die Ausgangsindividuen jeweils heterozygot bezüglich des Merkmals Farbe („Bb"). Man trägt nun die Allele der Elternteile in die inneren Kästchen ein. Dabei schreibt man bei heterozygoten Nachkommen den Großbuchstaben, der jeweils ein dominantes Allel markiert, der Übersicht halber immer an die erste Stelle (□ Abb. 10.5b). Bei den

Nachkommen fällt dieses Mal auf, dass sich die Verteilung von Genotyp und Phänotyp unterscheidet. So erhält man einen Nachkommen mit dem Genotyp „BB" sowie zwei Nachkommen mit dem Genotyp „Bb" und einen weiteren, der den Genotyp „bb" aufweist (□ Abb. 10.5c). Da „B" dominant ist, sind alle Nachkommen mit den Genotypen „BB" und „Bb" schwarz. Lediglich der Nachkomme mit „bb" ist weiß, bildet also das rezessive Merkmal aus. Somit wird auch noch einmal die bei der Spaltungsregel auftretende 3:1-Verteilung der Phänotypen in der F₂-Generation deutlich.

10.2.3 Die 3. Mendel'sche Regel: der dihybride Erbgang

Für einen **dihybriden Erbgang** werden immer zwei Merkmale untersucht. Auch in diesem Beispiel werden Erbsen behandelt, es wird nun aber nicht nur deren Farbe, sondern auch die Form ihrer Oberfläche betrachtet. Zusätzlich zur Farbe erfolgt die Unterscheidung daher zwischen runzeligen („rr") und runden („RR") Erbsen („R" passend in Englisch „round"), wobei das Allel für einen runden Phänotyp dominant ist. Somit können die Erbsen phänotypisch in vier Kategorien eingeteilt werden (□ Abb. 10.6):

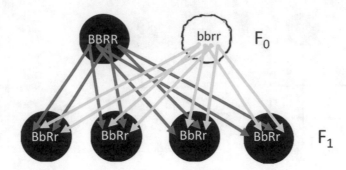

◻ Abb. 10.7   Kreuzungsschema für die F_0-Generation bei einem dihybriden Erbgang. Obwohl bei einem dihybriden Erbgang zwei Merkmale betrachtet werden, ergibt sich für die F_1-Generation ein bereits vom monohybriden Erbgang bekanntes Bild. Auch hier ist sie in ihrem Phäno-typ uniform, da sie heterozygot für beide Merkmale ist und sich somit nur die jeweiligen dominanten Allele phänotypisch ausprägen (alle Erb-sen sind also schwarz und rund). (A. Fachinger)

1. weiß und rund,
2. schwarz und rund,
3. weiß und runzelig und.
4. schwarz und runzelig.

Zunächst erfolgt die Kreuzung einer schwarzen, runden Erbse, die homozygot die beiden dominanten Merk-male trägt („*BBRR*"), mit einer zweiten weißen, runze-ligen Erbse, die homozygot die beiden rezessiven Merk-male trägt („*bbrr*") (◻ Abb. 10.7).

Wie es bereits von den monohybriden Erbgängen bekannt ist, erhält man auch hier eine F_1-Generation, in der alle Nachkommen völlig identisch aussehen, also uniform sind (▸ Abschn. 10.2.1). Dies bedeutet, dass auch hier die erste Mendel'sche Regel zum Tragen kommt, da beide Elternteile je für beide Merkmale ho-mozygot sind. Da die F_1-Generation heterozygot für jedes Merkmal ist, setzt sich sowohl bei der Farbe als auch bei der Form das dominante Merkmal durch. Da-durch entstehen schwarze, runde Erbsen (◻ Abb. 10.7).

▪▪ Kreuzung der F_1-Generation in einem dihybriden Erbgang

Nun werden zwei Individuen der F_1-Generation mitein-ander gekreuzt. Auch hierfür wird ein Punnett-Quadrat angelegt. Dies ist auch absolut empfehlenswert, da bei vier Allelen, die zwei verschiedene Merkmale betreffen, das Ganze doch etwas umfangreicher als bei einem mo-nohybriden Erbgang ist.

Fangen wir damit an, ein Punnett-Quadrat zu zeich-nen. Kleiner Tipp voraus: Es sollte für die Nachkom-men 16 Felder haben, also 4×4 Quadrate. Wieso dies so ist, sollte im Folgenden ersichtlich werden. Das erste Ziel ist es, die möglichen Genotypen der **Game-ten** (▸ Kap. 4) der Erbsen der F_1-Generation zu bestim-men.

Die Gameten sind wie gesagt die haploiden Keim-zellen, durch deren Verschmelzung bei der sexuellen Fortpflanzung die diploide Zygote entsteht und enthal-

ten dementsprechend je **ein Allel eines jeden Merkmals!** Da zwei Merkmale betrachtet werden, die Farbe und die Form, müssen für jeden Gameten jeweils das Allel für die Farbe und das Allel für die Form berücksichtigt werden.

Im nächsten Schritt wird wie beim monohybriden Erbgang der Genotyp des zu kreuzenden Individuums aufgetrennt und somit der Genotyp der möglichen Ga-meten skizziert. Wie in ◻ Abb. 10.8 zu sehen ist, gibt es nicht nur zwei mögliche Gameten, sondern vier. Die Allele der beiden Merkmale können in jeder Kombina-tion auftreten, was bedeutet, dass nicht jede schwarze Erbse zwangsläufig auch rund sein muss. Dabei spricht man von einer unabhängigen Vererbung, da *in diesem Fall* die Gene für die jeweiligen Merkmale nicht mitei-nander gekoppelt sind. Das heißt, sie liegen auf **unter-schiedlichen** (Nicht-Schwester-) **Chromosomen** vor. Die erste Aufgabe ist folglich, alle möglichen Kombinatio-nen der Gameten zu finden.

Sobald die möglichen Allelkombinationen der Ga-meten für das erste Elternteil bestimmt wurden, wird das Gleiche für das zweite Elternteil durchgeführt (◻ Abb. 10.8a, c). Da hier in der F_1-Generation Erbsen des gleichen Genotyps („*BbRr*") vorliegen, sind die Ga-meten des zweiten Elternteils identisch mit denen des ersten.

Anschließend füllt man das Punnett-Quadrat aus (◻ Abb. 10.8d, e). Dabei geht man wie beim monohy-briden Erbgang vor. Der einzige Unterschied ist, dass jetzt in jedes Feld die Allele von zwei Merkmalen einge-tragen werden. Am besten geht man geordnet vor, man schreibt zum Beispiel immer die Allele für die Farbe als Erstes in jedes Kästchen und dahinter die Allele für die Form. Auch hier bietet es sich an, bei jedem Merkmal die dominanten Allele an die vordere Stelle zu setzen.

Wenn man das Punnett-Quadrat ordentlich anlegt, können sowohl der Genotyp als auch der Phänotyp der F_2-Generation auf den ersten Blick abgelesen werden, was die Auswertung deutlich erleichtert (◻ Abb. 10.8).

10

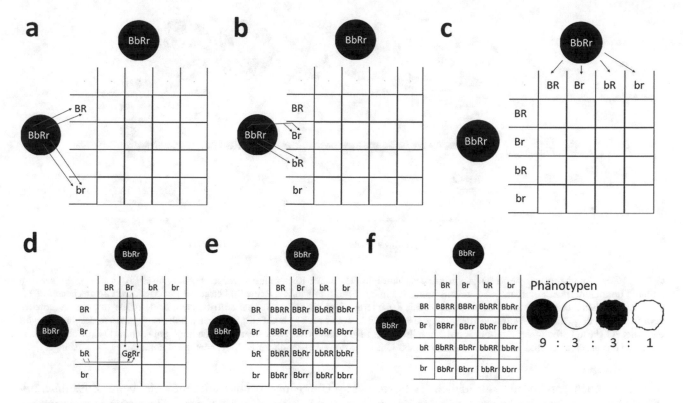

Abb. 10.8 Anleitung für ein Punnett-Quadrat zur Kreuzung der F_1-Generation bei einem dihybriden Erbgang. Für das Punnett-Quadrat eines dihybriden Erbgangs ergeben sich 16 mögliche Kombinationen für die entstehenden Nachkommen. Ebenso viele innere Kästen sind dementsprechend nötig. Im nächsten Schritt werden die Allele der F_1-Generation in die äußeren Kästchen übertragen (**a, b**). Hierbei müssen alle Allelkombinationen der beiden Merkmale, welche den Gameten entsprechen, aufgeführt werden (**c**). Nachdem alle Gameten der F_1-Generation auf die äußeren Kästchen übertragen wurden, werden die inneren Kästchen, welche den Nachkommen entsprechen, ausgefüllt (**d**). Dabei werden je die Allele beider Merkmale entsprechend den Gameten gemeinsam weitergegeben. Hier ist es zunächst sinnvoll eine Reihenfolge beizubehalten. Das heißt beispielsweise, immer die Allele für die Farbe an die erste Stelle zu schreiben und die für die Form an die zweite, als auch jeweils das dominante Allel vor dem rezessiven zu nennen. Diese Ordnung erleichtert das anschließende Ablesen der Phänotypen, bei denen sich traditionell ein 9:3:3:1-Verhältnis ergibt (**f**). (A. Fachinger)

Dabei ist hier insbesondere der Phänotyp von Interesse. Zur Erinnerung: Es können in diesem Beispiel vier verschiedene Phänotypen auftreten (Abb. 10.6). Diese liegen im **Verhältnis von 9:3:3:1** vor. Dieses Verhältnis gilt theoretisch für jede dihybride Kreuzung einer F_1-Generation untereinander, bei der alle Elternteile heterozygot für beide Merkmale sind.

Basierend auf den Ereignissen in der **Meiose** und der anschließenden Befruchtung (▶ Kap. 4) kann zwischen den beiden Merkmalen also jede Kombination auftreten, wobei manche durch die Dominanz/Rezessivität der Allele wahrscheinlicher sind als andere. Mendel verleitete dies jedenfalls zur Formulierung einer weiteren Regel…

3. Mendel'sche Regel: Unabhängigkeitsregel
Kreuzt man zwei Individuen, die sich in mehreren Merkmalen unterscheiden, so werden die einzelnen Erbanlagen unabhängig voneinander vererbt. Diese Erbanlagen können sich neu kombinieren.

10.3 Ausnahmen von Mendels Regeln – oder schlicht die etwas realere Welt

Leider sollte man nie vergessen, dass Mendels Regeln, obwohl sie durchaus manchmal zutreffen, nur ein vereinfachtes Modell der Vererbung darstellen. In den folgenden Abschnitten werden wir daher ein wenig beleuchten, welche Ausnahmen es von Mendels Regeln gibt.

10.3.1 Der intermediäre Erbgang oder das Prinzip der unvollständigen Dominanz

Der **intermediäre Erbgang** bildet neben dem bereits vorgestellten klassischen dominant-rezessiven Vererbungsmodell die Basis der Vererbungslehre. Hierbei geht man davon aus, dass die Allele beider Elternteile zu der Ausprägung des Phänotyps ihrer Nachkommen beitragen. Dies kann zu gleichen oder zu unterschied-

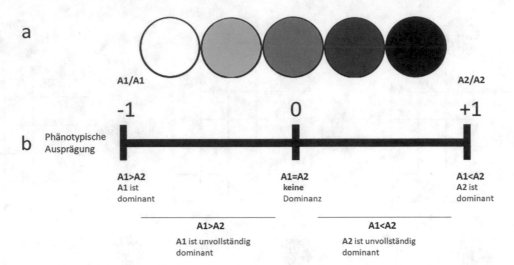

□ **Abb. 10.9**   Die phänotypische Skala. Aufgrund des Phänotyps (**a**) können Rückschlüsse gezogen werden, ob ein Allel sich gegenüber dem anderen dominant, nicht dominant oder unvollständig dominant verhält. Die untere Reihe (**b**) betrachtet das Merkmal entsprechend auf genotypischer Ebene. In der Mitte der Skala befindet sich der intermediäre Phänotyp, welcher auftritt, wenn beide Allele zu gleichen Anteilen zum resultierenden Phänotyp beitragen (Beispiel: grauer Kreis). Je weiter man sich auf der Skala nach links bewegt, desto dominanter wird das Allel A1 (helle Färbung der Kreise) bis hin zur vollständigen Dominanz von A1. Bewegt man sich hingegen nach rechts auf der Skala, so zeigt sich das gegenteilige Bild: Hier wir das Allel A2 (und somit eine dunkle Färbung der Kreise) zunehmend dominanter. (A. Fachinger)

lichen Anteilen geschehen. Tatsächlich ist es so, dass die *meisten* Erbgänge mehr oder weniger intermediär sind, sprich, dass die unterschiedlichen Genvarianten (Allele) in einem Organismus gemeinsam einen gewissen Anteil am entstehenden Phänotyp haben. Dieser ist jedoch in einigen Fällen auf Anhieb weniger deutlich erkennbar. Im Endeffekt können nämlich auch solche Allele den Phänotyp beeinflussen, deren Funktion beispielsweise durch eine Mutation völlig verlorenging und daher keinen konstruktiven Beitrag leisten (**Nullallele,** ▶ Abschn. 10.3.6.1). Einerseits kann sich hier der Phänotyp also durch den Funktionsverlust eines Gens ergeben. Andererseits könnte sich selbst ein stark rezessives Allel, welches in jeder anderen Kombination dominiert werden würde, in der Gegenwart eines Nullallels ausprägen.

Wenn beide Allele zu gleichen Teilen zu dem Phänotyp beitragen, ist keines der beiden Allele gegenüber dem anderen dominant. Trägt ein Allel aber anteilig mehr zum vorliegenden Phänotyp bei, so spricht man von einer **unvollständigen Dominanz.** An dem Punkt, an dem sich in einem heterozygoten Organismus wirklich nur ein Allel durchsetzt, sprechen wir von einem **vollständig dominanten** Allel (□ Abb. 10.9).

Stellen Sie sich einmal einen weißen und einen schwarzen Farbklecks vor, die stellvertretend für zwei gegensätzliche Phänotypen stehen sollen. Wenn Sie beide Farben zu gleichen Anteilen mischen, so ergibt sich ein mittlerer Grauton. Je nachdem, ob Sie zu der Farbe nun mehr Weiß oder Schwarz beimengen, ergeben sich hell- oder dunkelgraue Farbtöne. Bei der Vererbung von intermediären Erbgängen sind die

Übergänge ebenso fließend wie beim Zusammenmischen verschiedener Farben. Hier kann es auch unendlich viele Abstufungen zwischen den einzelnen Phänotypen eines Merkmals geben, je nachdem, wie die Allele miteinander interagieren und sich gegenseitig dominieren.

10.3.1.1 Die intermediäre Vererbung als Beispiel

Im Folgenden soll eine Abwandlung eines sehr klassischen Beispiels für einen intermediären Erbgang betrachtet werden (□ Abb. 10.10). Hierbei tragen beide Allele den gleichen Anteil zum entstehenden Phänotyp bei. Bei diesem Erbgang liegt folglich keine Dominanz eines der Allele vor.

In diesem Beispiel wird eine schwarze Blume mit einer weißen Blume gekreuzt (□ Abb. 10.10), in vielen Lehrbüchern finden sich sonst vermutlich eine rote und eine weiße Blume. Begonnen wird erneut mit einer Parentalgeneration, bei der beide Elternteile homozygot für das betrachtete Merkmal, sprich die Farbe, sind. Der schwarzen Blume wird der Genotyp „*AA*" und der weißen Blume der Genotyp „*aa*" zugewiesen. Wie man die Genotypen benennt, ist jedem selbst überlassen, wichtig ist nur, dass man selbst den Überblick behält und es auch für Außenstehende übersichtlich bleibt.

Bei der Kreuzung ergibt sich eine heterozygote F_1-Generation. Diese ist zwar bezüglich ihres Phänotyps uniform, stellt jedoch farblich betrachtet eine ausgewogene Mischung beider Elternteile dar. So sind alle Angehörigen der F_1-Generation grau (mit dem

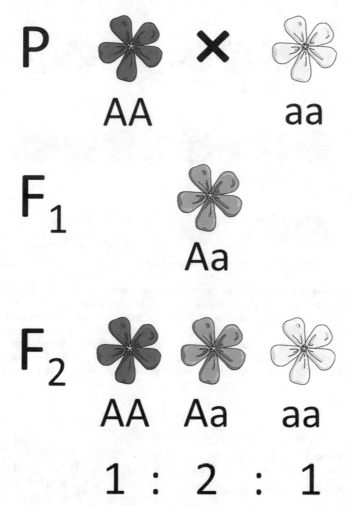

☐ Abb. 10.10 Kreuzungsschema eines intermediären Erbgangs am Beispiel der Kreuzung zweier Blumen. Gezeigt sind die in den jeweiligen Generationen vorkommenden Phänotypen in Hinblick auf ihre Blütenfarbe. In der Parentalgeneration (P) wird eine homozygote schwarze Blume mit einer homozygoten weißen Blume gekreuzt. Für die F_1-Generation resultiert hieraus eine uniforme, heterozygote Generation, bei der sich beide Allele zu gleichen Anteilen ausprägen und somit zu einer Graufärbung der Blumen führen. Eine erneute Kreuzung der F_1-Generation untereinander führt zu einer F_2-Generation, deren Phänotypen in einem 1:2:1-Verhältnis auftreten (homozygot/schwarz zu heterozygot/grau zu homozygot/weiß). (A. Fachinger)

Genotyp „Aa") – bei dem herkömmlichen Beispiel eines intermediären Erbgangs mit roten und weißen Blumen wären die Nachkommen hier hingegen rosa.

Durch das Kreuzen der F_1-Generation untereinander erhält man die F_2-Generation. Diese unterscheidet sich in unserem Beispiel deutlich von den F_2-Generationen bei dominant-rezessiven Erbgängen. So finden sich hier drei Phänotypen im **Verhältnis 1:2:1** wieder, wobei die „1" jeweils homozygote Individuen darstellt, welche den gleichen Genotyp aufweisen wie ihre schwarzen („AA") beziehungsweise weißen („aa") Großeltern. Die heterozygoten Nachkommen („Aa"), die rund 50 % der F_2-Generation ausmachen, entsprechen der F_1-Generation und haben ebenfalls einen grauen Phänotyp (☐ Abb. 10.10).

Zur Erinnerung

In einem einfachen dominant-rezessiven Erbgang haben die Nachkommen der Parentalgeneration (F_1) einen Phänotyp, der einem der Elternteile entspricht. Zudem tritt auch in der F_2-Generation phänotypisch entweder nur das dominante oder das rezessive Merkmal in einem Verhältnis von 3:1 auf (und kein intermediärer Phänotyp als Mischung aus beiden).

10.3.2 Die Penetranz und die Expressivität

Nach Mendels Regeln prägt sich der Phänotyp immer entsprechend des Genotyps aus, was jedoch in der Re-

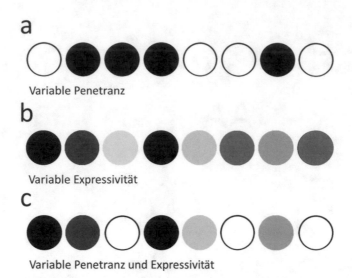

a

Variable Penetranz

b

Variable Expressivität

c

Variable Penetranz und Expressivität

◘ Abb. 10.11   Schematische Darstellung von Penetranz und Expressivität sowie deren gemeinsames Zusammenspiel. Dabei steht jeder *Kreis* für ein Individuum einer Population, und die Farbe entspricht dem Merkmal, das sich ausprägen kann. **a** Die oberste Reihe zeigt eine theoretische Population, welche nur unter dem Einfluss der Penetranz steht, hier prägen Individuen entweder das fragliche Merkmal aus (schwarze Kreise), oder eben nicht (weiße Kreise). **b** Die mittlere Reihe bezieht sich auf den Einfluss der Expressivität auf eine Population. Hier prägt sich das Merkmal jedes Mal aus, jedoch mit unterschiedlicher Intensität (unterschiedliche Farbabstufungen der Kreise). **c** In der untersten Reihe wird der gemeinsame Einfluss von Penetranz und Expressivität auf eine Population gezeigt. Hier entscheidet die Penetranz zuerst darüber, ob sich ein Merkmal überhaupt ausprägt und die Expressivität im Anschluss daran, wie stark die Ausprägung ist. (A. Fachinger)

10

alität nicht immer der Fall sein muss. So beschreibt die **Penetranz** die Wahrscheinlichkeit, dass sich ein bestimmter Genotyp auch phänotypisch ausprägt. Dabei wird zwischen der vollständigen und der unvollständigen Penetranz unterschieden.

Bei **vollständiger Penetranz** führt ein bestimmter Genotyp immer zur Ausprägung des entsprechenden Phänotyps. Bei **unvollständiger Penetranz** ist dies nicht der Fall. Hier kann der entsprechende Phänotyp auch nur zu einer bestimmten Wahrscheinlichkeit auftreten. Abhängig ist das Auftreten eines Phänotyps sowohl von anderen Genen des Organismus als auch von verschiedenen Umwelteinflüssen. So kann beispielsweise ein anderes Genprodukt die Wirkung des betrachteten Genotyps kompensieren, sodass sich dieser nicht ausprägt. Ein Beispiel dafür ist die Epistasie, die in ► Abschn. 10.3.3 behandelt wird. Auf Genotypen mit einer unvollständigen Penetranz lassen sich folglich auch die Mendel'schen Regeln nicht zuverlässig anwenden.

Die **Expressivität** ist die Stärke der Ausprägung eines Phänotyps in Bezug auf ein bestimmtes Allel. Verantwortlich für eine unterschiedlich starke Ausprägung eines Merkmals sind häufig Umwelteinflüsse während der embryonalen Entwicklungsphase.

> **Merke**
> Die **Penetranz** legt also fest, ob sich ein Merkmal bei einem bestimmten Phänotyp überhaupt ausprägt, und

> die **Expressivität** bestimmt zusätzlich die Stärke der Ausprägung (◘ Abb. 10.11). Prägt sich ein Genotyp nicht aus, so spielt die Expressivität folglich keine Rolle.

10.3.3 Die Epistasie

Es haben nicht nur verschiedene Allele eines Gens Einfluss auf den Phänotyp eines Individuums. So gibt es auch weitere Gen-Gen-Interaktionen beziehungsweise Einflüsse von Genprodukten anderer Gene, die keineswegs eine andere Allelvariante darstellen oder mit dem eigentlichen Allel strukturell verwandt sind. Eine dieser Wechselwirkungen ist die **Epistasie.** Hier kann ein Gen die phänotypische Ausprägung eines anderen Gens beeinflussen. Dies kann so weit gehen, dass es zur vollkommenen Unterdrückung des Phänotyps kommt. Das Gen, welches die Wirkung eines anderen Gens beeinflusst, wird hierbei als **epistatisch** gegenüber dem anderen bezeichnet.

Dies lässt sich sehr schön anhand eines Beispiels verdeutlichen, das in ◘ Abb. 10.12 anhand der Kreuzung zweier schwarzer Blüten dargestellt ist. Es handelt sich um einen **dihybriden Erbgang,** was an dieser Stelle bedeutet, dass zwei verschiedene Gene zu der Blütenfarbe beitragen. Die zu kreuzende Blüte ist heterozygot für beide Gene, und beide Gene codieren jeweils für ein Enzym: w^+ für das Enzym 1 und m^+ für das Enzym 2

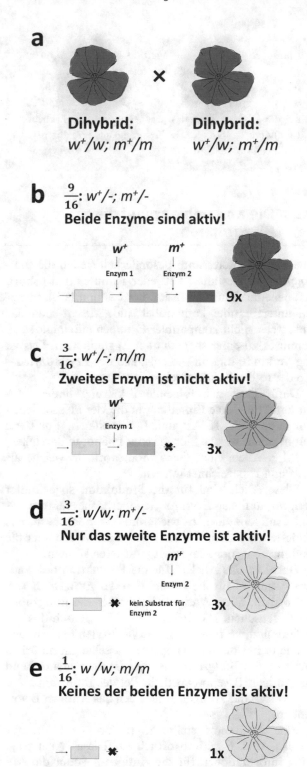

a

Dihybrid:
$w^+/w; m^+/m$

Dihybrid:
$w^+/w; m^+/m$

b $\frac{9}{16}: w^+/-; m^+/-$
Beide Enzyme sind aktiv!

w^+ → Enzym 1 m^+ → Enzym 2

9x

c $\frac{3}{16}: w^+/-; m/m$
Zweites Enzym ist nicht aktiv!

w^+ → Enzym 1

3x

d $\frac{3}{16}: w/w; m^+/-$
Nur das zweite Enzyme ist aktiv!

m^+ → Enzym 2

kein Substrat für Enzym 2   **3x**

e $\frac{1}{16}: w/w; m/m$
Keines der beiden Enzyme ist aktiv!

1x

Abb. 10.12 Beispiel für einen Erbgang, in dem das Prinzip der Epistasie eine Rolle spielt. Das Enzym 1 (w^+) ist hierbei epistatisch gegenüber dem Enzym 2 (m^+), da ohne dessen Funktion auch das Enzym 2 seiner Aufgabe nicht nachkommen kann. Somit kann die Blüte nur ihre dunkle Farbe ausprägen, wenn beide Enzyme aktiv sind. **a** Es sind die zu kreuzenden Individuen gezeigt (schwarze Blüten, die heterozygot für beide Gene sind). Enzymaktivität der Nachkommen (F_1-Generation): **b** Beide Enzyme sind aktiv (schwarze Blüten). **c** Enzym 2 ist durch eine Mutation funktionsunfähig, nur das Enzym 1 ist aktiv (graue Blüten). **d** Enzym 1 ist durch eine Mutation funktionsunfähig, Enzym 2 ist aktiv, hat aber kein Substrat (weiße Blüten). **e** Beide Enzyme sind inaktiv (weiße Blüte). (A. Fachinger)

(■ Abb. 10.12a). Die Allele w und m des jeweiligen Gens sind mutiert, beide führen zu keinem funktionellen Genprodukt, folglich können diese beiden Allele nicht das Enzym 1 beziehungsweise das Enzym 2 produzieren.

Kreuzt man diese Blume mit einer weiteren Blume des gleichen Genotyps, so ergeben sich drei mögliche Phänotypen in einer 9:3:4-Verteilung. Hierbei handelt es sich beinahe um die typische Verteilung eines dihybriden Erbgangs. Dabei ist der größte Teil der Blüten der Nachkommen schwarz, einige sind grau und wieder andere weiß. Doch wie kommt diese Verteilung zustande?

Wenn man die ■ Abb. 10.12 betrachtet, fällt auf, dass die Ausgangsfarbe für die Blüte weiß ist. Das Enzym 1 setzt einen Ausgangsstoff zu einem Zwischenprodukt, einem grauen Farbstoff um. Dieser kann wiederum von Enzym 2 zu einem schwarzen Farbstoff umgewandelt werden. Folglich werden beide Enzyme für diesen mehrstufigen Vorgang benötigt. Dementsprechend muss jede dieser Blumen genotypisch mindestens heterozygot für die funktionierenden Allele, also für die Enzyme 1 und 2 sein, wenn die Blüten schwarz sind (w^+ und m^+) (■ Abb. 10.12b).

Fehlt nur das zweite Enzym, so kann zwar der erste, aber nicht der zweite Umwandlungsprozess von Grau zu Schwarz stattfinden. Die Blüte bleibt grau (■ Abb. 10.12c). Dies ist bei den Blüten zu beobachten, welche für das Enzym 2 nur die mutierte Genvariante besitzen, also homozygot für m sind.

Die ■ Abb. 10.12d und e zeigen jeweils weiße Blüten. Hier liegt das Gen für das Enzym 1 nur der mutierten Form vor (homozygot für w). Das Enzym 1 kann daher nicht richtig synthetisiert werden. Dementsprechend kann der weiße Farbstoff nicht in einen grauen Farbstoff umgewandelt werden. Dabei macht es keinen Unterschied, ob das Gen für das Enzym 2 noch funktionell ist (■ Abb. 10.12d) oder nicht (■ Abb. 10.12e). Kann das Enzym 1 seinen Arbeitsschritt nicht durchführen, dann ist das Enzym 2 praktisch nutzlos, da seine Funktion wiederum von der Funktionalität des ersten Enzyms abhängt. Das Gen für das Enzym 1 ist also epistatisch gegenüber dem für das Enzym 2.

Ähnliche Beispiele finden sich in **Signalkaskaden** (▶ Abschn. 8.3), bei denen eine ganze Reihe verschiedener Genprodukte aufeinander angewiesen sind: Transkriptionsfaktoren beeinflussen die Expression von Genen auf einer initialen Ebene, während Kinasen und Phosphatasen die Aktivität vieler Genprodukte auf einer posttranslationalen Ebene regulieren. Und auch an **Stoffwechselwegen,** sind oft verschiedene Genprodukte beteiligt, die nur dann ihre Wirkung entfalten können, wenn die vorgeschalteten Genprodukte die benötigten Zwischenprodukte liefern.

10.3.4 Die Polygenie und die Pleiotropie

Werden für die Ausprägung eines Phänotyps mehrere Gene benötigt, so spricht man von einer **Polygenie** für das betreffende Merkmal. Die in ▶ Abschn. 10.3.3 im Zusammenhang mit der Epistasie behandelte Blütenfarbe ist auch ein gutes Beispiel für ein Merkmal, für dessen Phänotyp zwei Gene verantwortlich sind. Beim Menschen kann man als weitere Beispiele für Polygenie die Hautfarbe nennen, oder auch Verhalten und Intelligenz. Insbesondere bei letzten beiden sind die Zusammenhänge jedoch nur schwer nachzuvollziehen. Bisher vermutet man bei 52 Genen einen Einfluss auf die Intelligenz, wobei die Dunkelziffer auch deutlich höher sein kann [1].

Bei der **Pleiotropie** ist genau das Gegenteil der Fall. Hier ist *ein* Gen für *mehrere* Merkmale verantwortlich. Solche Zusammenhänge zwischen einem Gen und mehreren Phänotypen werden häufig schlicht dadurch identifiziert, dass man ein Individuum untersucht, in dem das betrachtete Gen eine Mutation aufweist oder defekt ist. Eine wichtige Rolle spielen hier **genomweite Assoziationsstudien** (GWAS). So wurde 2018 eine Studie über einen GWAS-Katalog mit 1094 Krankheitsphänotypen und 14.459 Genen veröffentlicht [2]. Das Ergebnis zeigte, dass etwa 44 % der Gene für mehrere Merkmale und Phänotypen verantwortlichen waren und demnach pleiotropisch sind. Dabei konnte ein Gen mit bis zu 53 verschiedenen Phänotypen assoziiert werden!

Ein weiteres Beispiel für die Pleiotropie ist in Mäusen das mutante A^Y-Allel des **Agouti-Gens,** welches in seiner wildtypischen Form (Allel A) für die wildfarbene Agouti-Fellzeichnung (dunkle Haare mit einem hellen Streifen in der Haarmitte) mitverantwortlich ist. Tritt jedoch das mutante A^Y-Allel heterozygot auf, so ist nicht nur die Haarmitte hellgelb, sondern auch die Haarspitze und so weisen die Mäuse eine gelbe Fellfarbe auf. A^Y ist also im Hinblick auf die Fellfarbe dominant. Homozygot ist dieses Allel jedoch tödlich, was darauf hinweist, dass das entsprechende Genprodukt neben der Fellfarbe noch für andere lebenswichtige Vorgänge verantwortlich sein muss. Interessanterweise ist dieses Allel im Hinblick auf die Letalität rezessiv. Somit kann ein Gen nicht nur für zwei Merkmale verantwortlich sein, sondern auch zusätzlich für ein Merkmal dominant sein, während es für ein anderes rezessiv ist. Das Agouti-Gen und ein weiterer pleiotroper Effekt werden uns noch einmal in ▶ Abschn. 13.3.1 begegnen.

Am Rande bemerkt

Die Fellzeichnung bei Mäusen ist sehr komplex und wird natürlich nicht nur von dem Agouti-Gen beeinflusst, sondern – ähnlich wie die Hautfarbe beim Menschen – von einer Vielzahl von Genen (etwa 130!). Polygenie und Pleiotropie müssen sich dabei nicht gegenseitig ausschließen. Ein Merkmal kann von mehreren Genen beeinflusst werden, während eines dieser Gene, beispielsweise Agouti, auch gleichzeitig andere Merkmale wie Fettleibigkeit, und Krebsrisiko beeinflussen kann.

10.3.5 Die Kodominanz und die Blutgruppen

Eine weitere interessante Besonderheit stellen die **Blutgruppen** dar. Bestimmt hat jeder schon einmal gehört, dass bei einer Bluttransfusion nur bestimmte Blutgruppen untereinander kompatibel sind. Mischt man das Blut zweier nicht kompatibler Gruppen miteinander, so kommt es zu einer sogenannten **Agglutination.** Das ist eine Verklumpung, in diesem Falle der **Erythrozyten** – also der roten Blutkörperchen.

Dafür lässt sich folgende Erklärung finden: Zuerst kann man eine Einteilung in die vier menschlichen Blutgruppen A, B, AB und 0 vornehmen. Für diese Blutgruppen, welche hier unseren Phänotyp darstellen, sind drei Allele eines Gens verantwortlich, welche als I^A, I^B und I^0 bezeichnet werden.

Diese Allele sind für die Produktion sogenannter **Antigene** auf der Erythrozytenoberfläche verantwortlich. Antigene dienen wiederum als hochspezifische Bindestellen für **Antikörper** – Proteine, welche über die Bindung eine Immunantwort induzieren können.

Dabei ist das Allel I^A für die Produktion des **Antigens A** und I^B für die Produktion des **Antigens B** verantwortlich. Diese Antigene bestimmen die Blutgruppe eines Menschen. Das heißt, wenn ein Mensch das Allel I^A besitzt, so tragen seine Erythrozyten das Antigen A, und er hat die Blutgruppe A. Dasselbe gilt natürlich auch für die Blutgruppe B, hier ist dementsprechend das Antigen B verantwortlich. Bei der Blutgruppe AB sind sowohl das Antigen A als auch das Antigen B vorhanden.

Eine Ausnahme stellt die Blutgruppe 0 da, für die das Allel I^0 verantwortlich ist. Dieses Allel trägt keine Informationen für die Antigen-A- oder die Antigen-B-Produktion, weswegen Erythrozyten der Blutgruppe 0 keines dieser Antigene tragen. Eine Übersicht ist in ◘ Tab. 10.1 dargestellt.

▪▪ Wie werden die einzelnen Blutgruppen vererbt? – Oder das Prinzip der Kodominanz

Bei der Vererbung der Blutgruppen gibt es eine kleine Besonderheit: Hier herrscht nämlich das Prinzip der **Kodominanz.** Während das Allel I^0 rezessiv vererbt

⬛ **Tab. 10.1** Übersicht der Blutgruppen beim Menschen

Bluttgruppe	Genotyp	Antigen	Antikörper im Blut
A	I^A/I^0 oder I^A/I^A	A	β
B	I^B/I^0 oder I^B/I^B	B	α
AB	I^A/I^B	A und B	Keine
0	I^0/I^0	keine	α und β

wird, folglich nur der homozygote Genotyp I^0/I^0 zu der Blutgruppe 0 führt, sind die Allele I^A und I^B kodominant. Das bedeutet, dass zwar beide Allele gegenüber I^0 dominant sind, selbst zueinander aber gleichwertig sind und daher einen gleichen Anteil an der Ausbildung des Phänotyps haben. Deswegen führt der heterozygote Genotyp I^A/I^B zu der Blutgruppe AB. Hingegen führt I^A heterozygot mit I^0 zu der Blutgruppe A und dementsprechend I^B heterozygot mit I^0 zu der Blutgruppe B.

▪▪ Wie war das mit den Bluttransfusionen noch mal?

Jetzt wissen wir, wie und wieso die einzelnen Blutgruppen A, B, AB und 0 heißen, aber wieso kommt es zu einer Agglutination des Blutes? Wie erwähnt, handelt es sich bei den Antigenen um Bindestellen für Antikörper. Bindet ein solcher Antikörper an sein passendes Antigen, führt das zu einer Antigen-Antikörper-Reaktion und dies wiederum zu einer Verklumpung der Erythrozyten.

Passend zu unseren beiden Antigenen A und B gibt es auch die Antikörper α und β. Dabei bindet der Antikörper α an das Antigen A und der Antikörper β an das Antigen B. Ein Beispiel: Ein Mensch, der die Blutgruppe A besitzt, wird keine α-Antikörper ausbilden, da andere Faktoren dafür sorgen, dass eine Autoimmunreaktion vermieden wird. Jedoch bildet er β-Antikörper gegen das Antigen B. Würde einem solchen Menschen Blut der Blutgruppe B injiziert werden, würden dessen β-Antikörper an das Antigen B des fremden Blutes binden und somit zu einer Verklumpung des Blutes führen. Dies kann durchaus tödlich enden.

Deswegen kann auch jeder Mensch ungeachtet der eigenen Blutgruppe eine Bluttransfusion der Gruppe 0 erhalten, da Erythrozyten dieser Gruppe keine Antigene tragen, die durch α- oder β-Antikörper erkannt werden können. Wenn diese Erythrozyten bei einer Bluttransfusion übertragen werden, wird ohne die Antigene keine Immunantwort ausgelöst und somit auch keine Verklumpung. Auf der anderen Seite kann ein Mensch mit der Blutgruppe 0 selbst nur Transfusionen der Blutgruppe 0 empfangen, da er sowohl Antikörper gegen das Antigen A als auch gegen das Antigen B produziert.

10.3.6 Verschiedene Alleltypen

Neben dominanten, rezessiven, unvollständig dominanten und kodominanten Allelen gibt es noch weitere Alleltypen. Die multiple Allelie hingegen bezeichnet nicht einen bestimmten Alleltyp, sondern bezieht sich eher auf die Anzahl möglicher Allele für ein Gen. Dabei ist die mögliche Anzahl der Allele in einem Organismus nicht unbedingt durch die Anzahl an Chromosomensätzen beschränkt, sondern ergibt sich durch das gesamte Vorkommen des Genes. So gibt es durchaus Gene, welche in einem diploiden Organismus mehr als zweimal vorkommen, da diese auch an einer weiteren Stelle des Genoms zu finden sind, beispielsweise in Form von Duplikationen (▶ Abschn. 9.2.3.3).

> **Multiple Allelie**
>
> In einem diploiden Organismus können immer nur zwei Varianten (Allele) eines Gens auftreten (sofern das Gen je nur einmal pro Chromosomensatz vorkommt). Die Anzahl ist durch den Chromosomensatz beschränkt, in einem triploiden Organismus können dementsprechend drei Varianten (Allele) eines Gens auftreten usw. (mit Ausnahme von Genduplikationen innerhalb eines Chromosomensatzes natürlich).
>
> Dies bedeutet jedoch nicht, dass es grundsätzlich nur diese Anzahl an verschiedenen Allelen für ein Gen in einer Population gibt. Die Anzahl an verschiedenen Allelen, welche für ein Gen auftreten können, ist theoretisch in ihrer Gesamtheit fast unbegrenzt, da Gene wie in ▶ Kap. 9 beschrieben von allerlei Mutationen betroffen sein können. Für die 130 Gene, die für die Fellzeichnung von Mäusen verantwortlich sind, kennt man 1000 verschiedene Allele (wobei etwa 100 Allele alleine auf das Agouti-Gen fallen). Den Umstand, dass es in einer Population von diploiden Organismen mehr als zwei Allele gibt (beziehungsweise, dass es generell in einer Population mehr Allele gibt als Chromosomensätze in einem Individuum), bezeichnet man als **multiple Allelie**.

10.3.6.1 Nullallel oder amorphes Allel

Bei einem **Nullallel** oder **amorphen Allel** kommt es zu einem vollständigen Funktionsverlust des Allels, somit trägt es nicht konstruktiv zum Phänotyp bei. Dabei können das betroffene Gen oder Teile davon deletiert worden sein, oder es fand eine Verschiebung des Leserahmens statt (▶ Abschn. 9.2). Auf jeden Fall entsteht kein funktionelles Genprodukt, weshalb man auch von *loss-of-function* spricht. Jedoch kann ein Nullallel insofern einen Einfluss auf den Phänotyp ausüben, da der

Mangel des Genprodukts ebenfalls den Phänotyp beeinflussen kann. Die Auswirkungen sind hierbei für den Organismus meistens eher ungünstig. Ein Nullallel wird in Texten oder Abbildungen oft mit einem „–" oder einer „0" gekennzeichnet, zum Beispiel der Genotyp „g/0" (oder auch „g/–"). Hierbei prägt sich das rezessive Merkmal des Allels „g" aus, obwohl es heterozygot vorliegt, da das Nullallel kein Genprodukt zum Phänotyp beiträgt.

Interessanterweise spielen Nullallele bei wissenschaftlichen Analysen eine wichtige Rolle. Um die Funktionen von Genen zu untersuchen, werden beispielsweise heterozygote Individuen, die ein intaktes Allel und ein Nullallel tragen, miteinander gekreuzt, um Nachkommen zu erhalten, die homozygot ein Nullallel tragen. Vergleicht man die homozygoten mit den heterozygoten Individuen, kann man unter Umständen die Funktion des Gens, als auch den Einfluss des jeweiligen Allels ableiten – selbst wenn dieses rezessiv ist. Durch molekularbiologische Methoden kann man ebenfalls Gene gezielt unbrauchbar machen, wobei man einen solchen *Knock-out* als künstliches Nullallel ansehen kann.

10.3.6.2 Letale Allele

Letale Allele führen bei Ausprägung noch vor dem Eintreten der Geschlechtsreife zum Tod des Individuums. Dabei unterscheidet man verschiedene Arten: Embryonal letale Allele führen bereits während der Embryogenese zu einem Abort. Bei postnatalen letalen Allelen führt die Aktivierung einer Genfunktion im frühen Kindesalter zum Tod des Individuums. Ein Beispiel hierfür wäre die, sich wenige Tage nach der Geburt ausprägende, **Hirschsprung-Krankheit** (auch **kongenitales Megakolon**). Bei dieser Krankheit führt ein Mangel an Ganglienzellen in bestimmten Bereichen des Dickdarms zu einer übermäßigen Bildung an vorgeschalteten parasympathischen Nervenfasern, welche wiederum eine erhöhte Acetylcholin-Ausschüttung vorweisen. Acetylcholin ist ein Neurotransmitter, der unter anderem in der Lage ist, Muskelzellen zu stimulieren. Dies führt im Fall der Hirschsprung-Krankheit dazu, dass sich die Muskeln des betroffenen Dickdarmabschnitts durch die anhaltende Stimulation dauerhaft zusammenziehen und so einen Darmverschluss verursachen. Verantwortlich hierfür können gleich mehrere Mutationen sein, welche – je nach Fall – zu einem autosomal-rezessiven Verlauf (Mutationen in Endothelin-3-Gen oder dem entsprechenden Endothelinrezeptor) oder einem autosomal-dominanten Verlauf (Mutationen im Gen der Rezeptor-Tyrosinkinase Ret) der Krankheit führen. Zusätzlich gibt es noch Allele, welche zu einem späteren Zeitpunkt zum frühzeitigen Tod des Individuums führen. Dazu gehört unter anderem auch die neurodegenerative Krankheit Chorea Huntington (▶ Abschn. 10.4.2.2).

10.4 Stammbaumanalysen und die verschiedenen Erbgänge

Bei Stammbaumanalysen untersucht man den Vererbungsmodus eines bestimmten Merkmals, wie zum Beispiel verschiedener Krankheiten. Hier kann man über die Vererbung in vorangegangen Generationen, die den Stamm darstellen, Rückschlüsse auf die Vererbung in zukünftigen Generationen ziehen, die sich vom Stamm ausgehend verästeln.

Im klassischen System werden auf diese Weise vorrangig nur Merkmale analysiert, die **monogenetisch** vererbt werden. Dies bedeutet, dass nur ein Gen für die Ausbildung des Merkmals verantwortlich ist.

▪▪ Autosomale und gonosomale Vererbung

Vorweg noch eine kleine Information zum Unterschied zwischen der **autosomalen** und der **gonosomalen** Vererbung. Bei einem autosomalen Erbgang liegt das zu betrachtende Merkmal auf einem sogenannten **Autosom**. Damit sind beim Menschen alle Chromosomen mit Ausnahme der beiden Geschlechtschromosomen X und Y gemeint (also die Chromosomenpaare 1 bis 22). Dementsprechend bezeichnet man Erbgänge, welche die **Gonosomen** (teilweise auch **Heterosomen** oder Geschlechtschromosomen genannt) betreffen, als gonosomal. Individuen, welche die Gonosomenkombination XY aufweisen, werden als männlich und Individuen mit der Kombination XX als weiblich deklariert. Daneben gibt es aber noch andere besondere Fälle, sogenannte gonosomale Aneuploidien, bei denen die Geschlechtschromosomen fehlverteilt sind (▶ Abschn. 9.2.2.2). Frauen mit nur einem X-Chromosom (Karyotyp 45,X0) sind zwar lebensfähig aber unter anderem steril (**Turner-Syndrom**). Daneben gibt es auch Männer mit zwei X-Chromosomen (Karyotyp 47,XXY), die ebenfalls nur einen relativ milden Phänotyp haben (**Klinefelter-Syndrom**), wie beispielsweise verminderte Fertilität.

▪▪ Dominante und rezessive Erbgänge

Bei **dominanten** Erbgängen reicht es bereits aus, wenn das Allel heterozygot, also als einzelne Kopie, vorliegt, damit sich ein Merkmal oder aber eine Krankheit ausprägt. Bei **rezessiven** Erbgängen muss dementsprechend das Allel homozygot vorliegen, damit es zu einer Merkmalsausprägung kommt.

Ausnahmen bilden hier die gonosomalen Erbgänge. So wird sich ein rezessives Merkmal, bei dem das X-Chromosom betroffen ist, bei einem männlichen

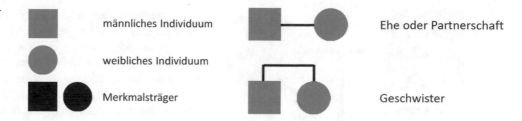

Abb. 10.13 Darstellung der gebräuchlichen Symbole zur Erstellung eines Stammbaums. (A. Fachinger)

männliches Individuum

weibliches Individuum

Merkmalsträger

Ehe oder Partnerschaft

Geschwister

XY Individuum ausprägen, da hier in der Regel nur ein X-Chromosom vorliegt. Dementsprechend kann das „kranke Allel" nicht mit einem zweiten „gesunden Allel" ausgeglichen werden. Deswegen sind Männer auch deutlich häufiger von X-gonosomal vererbten Krankheiten betroffen als Frauen. Eine Ausnahme von der Ausnahme bilden hier logischerweise Männer mit dem Klinefelter-Syndrom, da sie ja zwei X-Chromosomen besitzen. Frauen hingegen besitzen, sofern das „kranke Allel" nur heterozygot vorliegt, ebenfalls immer noch ein gesundes X-Chromosom, um den negativen Effekt des kranken Allels auszugleichen zu können – mit Ausnahme natürlich von Frauen mit dem Turner-Syndrom.

10.4.1 Einige Tipps und Tricks

Bei einer Stammbaumanalyse untersucht man in der Regel einen Familienstammbaum, in welchem gekennzeichnet ist, wer ein bestimmtes Merkmal trägt, also **Merkmalsträger** ist, und wer nicht. Ein Merkmal kann beispielsweise eine Erbkrankheit sein. Die Aufgabenstellung besteht meist darin, den **Genotyp** der gezeigten Individuen festzustellen und somit zu ermitteln, ob und wenn ja, mit welcher **Wahrscheinlichkeit** zukünftige Generationen Träger des Merkmals sind. Außerdem gilt es häufig, darüber eine Aussage zu treffen, ob das Merkmal autosomal oder gonosomal und ob es dominant oder rezessiv vererbt wird. Vorweggesagt, dies lässt sich anhand einiger Stammbäume nicht eindeutig bestimmen. Für diesen Fall geben wir Ihnen jedoch Argumente in die Hand, mit denen Sie begründen können, welcher Modus dennoch der wahrscheinlichste ist.

Zudem sollte man beim Lösen eines Stammbaums fast wie bei einem Sudoku vorgehen, man kann das Ganze als ein Rätsel betrachten, welches es zu lösen gilt. Dabei fängt man an der Stelle an, bei der sich der Genotyp zweifelsohne bestimmen lässt, sprich, alle anderen Möglichkeiten ausgeschlossen werden können, und arbeitet sich von dort in den Generationen weiter vor und auch zurück.

■■ Wenn der Kreis mit dem Quadrat ...

Damit Stammbäume allgemein verständlicher sind, gibt es einige Symbole, welche sogar international gebräuchlich sind. Natürlich ist dies letztendlich erneut eine Geschmackssache, solange ein Stammbaum über-

sichtlich und verständlich gestaltet ist. In Abb. 10.13 sind die hier verwendeten Symbole übersichtlich dargestellt und erklärt.

10.4.1.1 Autosomal-rezessive Erbgänge

Bei rezessiven Erbgängen muss das Allel homozygot vorliegen, damit sich das Merkmal oder die Krankheit ausprägt. Somit kann man, sobald man sich sicher ist, dass es sich um einen autosomal-rezessiven Erbgang handelt, allen von dem Merkmal betroffenen Individuen den rezessiven Genotyp homozygot zuweisen. In autosomalen Stammbäumen wird für das dominante Merkmal oftmals ein großes „A" verwendet, während dem rezessiven Merkmal ein kleines „a" zugewiesen wird.

Somit tragen in einem autosomal-rezessiven Erbgang alle Betroffenen den Genotyp „aa". Zudem muss jedes betroffene Individuum Eltern haben, welche beide das Allel zumindest heterozygot tragen. Somit lassen sich in diesem Vererbungsschema Betroffene und deren Eltern genotypisch leicht zuordnen.

Aber wie erkenne ich, dass es sich um einen autosomal-rezessiven Erbgang handelt? Eine Schlüsselstelle, an der sich ein rezessiver Erbgang (Achtung: Das gilt auch teilweise für gonosomal-rezessive Erbgänge!) sofort erkennen lässt, ist die folgende: Zwei Individuen, bei denen sich das Merkmal selbst nicht ausprägt, bekommen ein Kind, das Merkmalsträger ist (Abb. 10.14).

Würde es sich um einen dominanten Erbgang handeln, so wäre auch mindestens ein Elternteil Merkmalsträger. Für das Merkmal heterozygote Individuen werden in rezessiven Erbgängen auch als **Träger** bezeichnet, da sie das Merkmal zwar vererben können, es sich im Gegensatz zu „Merkmalsträgern" jedoch nicht bei ihnen ausprägt.

Die Nachkommen von zwei heterozygoten Trägern können demnach drei verschiedene Genotypen annehmen (Abb. 10.14), nämlich heterozygot gesund („Aa"), homozygot gesund („AA") und homozygot erkrankt („aa"). Die Nachkommen, welche homozygote Merkmalsträger sind, können als Betroffene sofort identifiziert werden. Bei gesunden Geschwistern lässt sich jedoch nicht zweifelsfrei erkennen, ob sie das Merkmal heterozygot tragen, also auch selbst Träger sind, oder ob sie homozygot und daher keine Merkmalsträger sind.

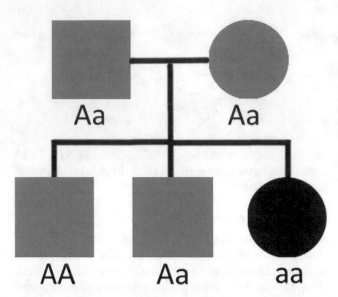

Abb. 10.14 Beispielstammbaum für eine autosomal-rezessive Vererbung. Beide Elternteile sind heterozygote Träger des rezessiven Merkmals und sind somit in der Lage, Nachkommen zu zeugen, die homozygot für das rezessive Merkmal sind und es somit ausprägen. (A. Fachinger)

10

Hier können wiederum deren Nachkommen darüber Auskunft geben, oder es kann, sofern es sich hierbei um die letzte Generation handelt, keine der beiden Möglichkeiten ausgeschlossen werden. Dies sollte bedacht werden, falls die Frage aufkommt, ob ihre Nachkommen potenziell betroffen sein könnten.

Ein weiteres Merkmal für rezessive Erbgänge ist, dass die Erbkrankheiten oftmals eine Generation überspringen, das heißt, dass sich hier kein Betroffener findet, wohl aber Träger des Merkmals. Ausnahmen sind Stammbäume, in denen es zu wiederholten Fällen von Inzucht kommt. Wenn in einer Familie eine rezessive Erbkrankheit kursiert, ist die Wahrscheinlichkeit, dass gesunde Familienangehörige zumindest Träger sind, natürlich erhöht. Somit führt Inzucht zu einem gehäuften Auftreten des Merkmals. Dies mag absurd und irrelevant klingen, ist jedoch in einigen Familien sehr von Belang! So treten einige Erbkrankheiten durch (Achtung: Wortwitz!) jahrhundertelange „Vetternwirtschaft" in europäischen Königshäusern deutlich häufiger auf (▶ Abschn. 10.4.2.1).

Im Gegensatz zum gonosomal-rezessiven Erbgang sind im autosomal-rezessiven Erbgang beide Geschlechter mit der gleichen Wahrscheinlichkeit betroffen. Deswegen ist das Verhältnis zwischen betroffenen Männern und Frauen in etwa gleich.

10.4.1.2 Autosomal-dominante Erbgänge

Bei autosomal-dominanten Erbgängen lässt sich im Gegensatz zu den autosomal-rezessiven Krankheiten den Nicht-Betroffenen leicht der richtige Genotyp

zuordnen. So sind alle Nicht-Betroffenen homozygot für das rezessive gesunde Allel. Das Merkmal tritt hingegen schon auf, wenn ein Allel betroffen ist, das Individuum also heterozygot für das Merkmal ist. Somit gibt es hier auch keine Träger, da selbst heterozygote Individuen von der Krankheit betroffen sind. Außerdem lässt sich bei Betroffenen nicht sofort sagen, ob diese hetero- oder homozygot für das Merkmal sind. Für eine genauere Aussage müssen Rückschlüsse über die Nachkommen oder die Eltern gezogen werden (▶ Abb. 10.15).

Bei autosomal-dominanten Erbgängen reicht ein heterozygot betroffener Elternteil aus, um das Merkmal weiterzuvererben. So hat in diesem Fall jeder Nachkomme eine 50 %ige Chance, selbst Merkmalsträger zu werden. Bei einem homozygoten Elternteil sind sogar 100 % der Nachkommen betroffen (▶ Abb. 10.15). Dementsprechend finden sich bei autosomal-dominanten Erbkrankheiten häufig in jeder Generation Betroffene, auch ohne Inzucht. Generell ist es übrigens nicht unüblich, dass autosomal-dominante Krankheiten homozygot letal sein können. Eine homozygot letale Krankheit kann somit ein weiterer Hinweis auf einen autosomal-dominanten Erbgang sein (Beispiel: Achondroplasie, ▶ Abschn. 10.4.2.3). In dem Fall sind alle von der Erbkrankheit betroffenen Familienmitglieder logischerweise heterozygot.

Auch hier ist die Verteilung zwischen männlichen und weiblichen Betroffenen ausgeglichen.

▪▪ Was tue ich, wenn sich nicht entscheiden lässt, ob ein Erbgang autosomal-dominant oder -rezessiv vererbt wird?

In einigen seltenen Fällen lässt sich anhand des Stammbaums nicht zweifelsfrei ausschließen, ob es sich um ei-

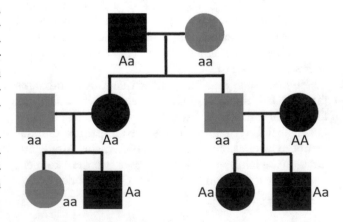

Abb. 10.15 Beispiel für einen autosomal-dominanten Erbverlauf. Da es zur Ausprägung des Merkmals reicht, wenn das zugehörige Allel heterozygot vorliegt, ist jeder Nachkomme eines Betroffenen mit einer Wahrscheinlichkeit von 50 % selbst betroffen. Dadurch finden sich oft in jeder Generation Betroffene. (A. Fachinger)

nen autosomal-dominanten oder -rezessiven Erbgang handelt. Dennoch kann man für das eine oder andere argumentieren. So spricht ein Stammbaum, in dem jede Generation Betroffene aufweist, für einen dominanten Erbgang, auch wenn ein rezessiver Erbgang theoretisch möglich wäre. Spätestens wenn Sie merken, dass sich der rezessive Erbgang nur realisieren lässt, wenn ein Großteil der angeheirateten Individuen heterozygoter Merkmalsträger sein müsste, sollten Sie zu einem dominanten Erbgang tendieren. Ist in der Aufgabenstellung von einer seltenen Erbkrankheit die Rede, wäre es doch ein zu großer Zufall, wenn in jeder Generation „zufällig" Träger für dieselbe seltene Krankheit geheiratet werden würden.

10.4.1.3 Gonosomal-rezessive Erbgänge

Auch bei gonosomal-rezessiven Erbgängen lassen sich einige Genotypen leicht auf einen Blick bestimmen. Weil das X-Chromosom deutlich relevantere Informationen trägt als das Y-Chromosom (ohne Y kann man bzw. Frau leben, ohne X nicht), konzentrieren sich gonosomale Erbgänge in der Regel auf X-chromosomale Mutationen. Dabei sind Männer deutlich häufiger betroffen als Frauen, weil sie eben nur ein X-Chromosom besitzen und rezessive Allele, beispielsweise in Form von Nullallelen, demnach nicht kompensieren können.

Rezessive Allele in gonosomalen Erbgängen werden häufig mit einem kleinen „a" oder „x" gekennzeichnet. Diese können auch jedem betroffenen Mann zugeordnet werden, ihr Genotyp ist dann „xY" bzw. „aY". Hierbei gibt es auch kein homo- oder heterozygot, stattdessen liegen die Geschlechtschromosomen bei Männern als **hemizygot** vor. Dies bedeutet, dass in einem sonst diploiden Organismus einige Gene – oder hier die Geschlechtschromosomen – nur einmal vorliegen.

Gleichzeitig lassen sich Aussagen über die Mutter des Betroffenen treffen. Ist sie nicht selbst betroffen und der Vater gesund, so ist sie heterozygot für das rezessive Allel. Söhne haben daher eine 50 %ige Chance, Merkmalsträger zu werden (■ Abb. 10.16a). Ist die Mutter selbst Merkmalsträgerin (das heißt krank), so ist sie homozygot für das rezessive Allel, in diesem Fall werden alle Söhne ebenfalls Merkmalsträger sein.

Da ein männlicher Betroffener seinen Töchtern zwangsläufig sein einziges X-Chromosom weitervererbt, sind alle Töchter eines Merkmalsträgers zumindest Trägerinnen (■ Abb. 10.16b), je nach Mutter können sie sogar homozygot für das betroffene Merkmal sein. Das Merkmal wird von betroffenen Vätern jedoch *nicht* an Söhne des Merkmalsträgers weitervererbt, da diese zwangsläufig sein **Y-Chromosom** bekommen.

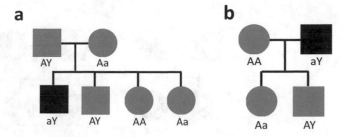

■ **Abb. 10.16** Beispielstammbäume für gonosomal-rezessive Erbgänge. **a** Die Mutter ist Trägerin des gonosomal-rezessiv vererbten Merkmals, der Vater ist gesund. **b** Der Vater ist Träger des Merkmals und wird damit selbst zum Betroffenen, die Mutter ist gesund. (A. Fachinger)

Frauen können in gonosomal-rezessiven Erbgängen daher nur selbst betroffen sein, wenn der Vater Merkmalsträger ist und die Mutter mindestens Überträgerin ist. Somit ist es logisch, dass Frauen deutlich seltener Merkmalsträgerinnen sind. Ein Stammbaum, in dem deutlich mehr Männer als Frauen betroffen sind, kann deshalb ein Indiz für einen gonosomal-rezessiven Erbgang sein.

10.4.1.4 Gonosomal-dominante Erbgänge

Es sei vorweggenommen, dass gonosomal-dominante Erbgänge nur sehr selten auftreten. Deswegen sollte bei dem Verdacht, dass es sich um einen solchen handelt, vorher gründlich geprüft werden, ob nicht auch ein anderer Erbgang infrage kommt. Auch hier treten in der Regel nur X-gonosomale Erbgänge auf.

Bei einem betroffenen Vater sind alle Söhne gesund, da sie nur das Y-Chromosom ihres Vaters erhalten können. Alle Töchter eines betroffenen Vaters sind dagegen auf jeden Fall Merkmalsträgerinnen, also krank, da sie nur das betroffene X-Chromosom erhalten können (■ Abb. 10.17a). Tritt dieses Muster häufiger in einem Stammbaum auf, kann dies ein gutes Indiz für einen gonosomal-dominanten Erbgang sein.

Ist die Mutter krank und homozygote Merkmalsträgerin, so sind alle Nachkommen unabhängig von ihrem Geschlecht von der Krankheit oder dem Merkmal betroffen (■ Abb. 10.17b). Trifft dies in einem Stammbaum bei einer großen Anzahl an Nachkommen zu, so ist es ein guter Hinweis auf einen gonosomal-dominanten Erbgang. Falls die Mutter heterozygot für das Merkmal ist, so liegt die Wahrscheinlichkeit für jeden Nachkommen, auch betroffen zu sein, bei 50 % (■ Abb. 10.17c). Deswegen ist es hier auch nicht unmöglich, dass alle Nachkommen von der Krankheit betroffen sind.

Bei diesem Erbgang sind Frauen statistisch gesehen etwas häufiger betroffen als Männer. Mädchen und

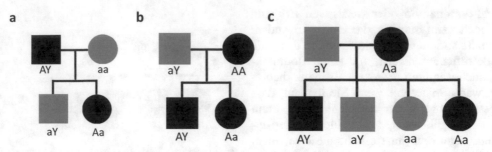

◻ **Abb. 10.17** Beispielstammbäume für gonosomal-dominante Erbgänge. Es gibt drei mögliche Fälle: **a** Der Vater ist Träger des Merkmals und somit selbst von der Krankheit betroffen; **b** die Mutter ist homozygot für das Merkmal; **c** die Mutter ist heterozygot für das Merkmal, in beiden Fällen (**b** und **c**) wäre die Mutter auch von der Krankheit betroffen. (A. Fachinger)

Jungen können bei einer Vererbung durch die Mutter zwar mit der gleichen Wahrscheinlichkeit krank sein. Im Falle eines betroffenen Vaters jedoch erhalten Töchter von diesem immer das betroffene X-Chromosom (sind also krank), während die Söhne das Y-Chromosom erhalten und gesund sind. Wie bei autosomal-dominanten Erbgängen zeigen sich auch hier betroffene Individuen in fast jeder Generation.

▪▪ Noch ein Tipp zum Schluss

Die Stammbaumanalyse ist eine Übungssache. So ist es beispielsweise empfehlenswert, sich einen gelösten Stammbaum vorzunehmen und sich vorzustellen, dass die Vererbung nach einem der anderen drei Vererbungsmuster erfolgen würde. So kann man einen Stammbaum für eine autosomal-dominante Krankheit nehmen und einmal alle Genotypen so bestimmen, als ob es sich um einen rezessiven Erbgang handelte. Das Ganze wird vermutlich nicht aufgehen, aber die Problemstellen, auf die Sie stoßen werden, können Sie in Zukunft als Schlüsselstellen für andere Stammbäume verwenden und speichern.

10.4.2 Bekannte Beispiele für Erbkrankheiten

Nun wollen wir einige bekannte Erbgänge betrachten, die zudem oftmals als Beispiele in Vorlesungen oder Klausuren verwendet werden. Also aufgepasst! Natürlich kann dies keine vollständige Liste sein, aber zumindest gewährt sie Einblicke in einige tatsächliche Vererbungsmuster.

10.4.2.1 Hämophilie – oder die Krankheit der Könige

Bei der **Hämophilie**, welche im Volksmund auch als Bluterkrankheit bekannt ist, handelt es sich um eines der bekanntesten Beispiele für eine **X-chromosomale, rezessive** Vererbung. Es gibt verschiedene Arten der

Hämophilie, doch die häufigsten sind die Hämophilie A und B. Bei beiden Varianten fehlt den Betroffenen je ein **Blutgerinnungsfaktor,** was zu einer deutlich langsameren Blutgerinnung bei Verletzungen führt. In extremen Fällen setzt die Blutgerinnung gar nicht erst ein.

Bei der Bluterkrankheit können dementsprechend schon relativ leichte Wunden dazu führen, dass der Betroffene verblutet. Ein weiteres Problem sind immer wieder auftretende Spontanblutungen, die vor allem an den Gelenken vorkommen können. Heutzutage lässt sich die Bluterkrankheit gut kontrollieren. Die fehlenden Blutgerinnungsfaktoren können in der Regel **gentechnisch** hergestellt werden, und die Betroffenen sind somit in der Lage, sich die Faktoren prophylaktisch oder bei Bedarf selbst zu verabreichen.

Die Hämophilie ist eine der am längsten bekannten Erbkrankheiten. Natürlich war damals die genetische Ursache an sich noch unbekannt und ein einfaches Verabreichen von Gerinnungsfaktoren unmöglich. Die Menschen wussten sich jedoch trotzdem zu helfen. So durchschaute man schon früh das Vererbungsmuster der Erbkrankheit und stellte in teils religiösen Schriften bereits Regeln auf, wer unter welchen Krankheitsumständen mit wem Kinder kriegen darf oder eben nicht. Wer ein besonders gutes Gedächtnis hat, wird sich hier an das Zitat aus dem Talmud am Anfang dieses Kapitels erinnern.

Nach der Logik des **Talmuds** muss es sich bei der Mutter um eine Trägerin für die Bluterkrankheit handeln (◻ Abb. 10.18). Weibliche Träger haben eine 50 %ige Wahrscheinlichkeit, ihren Söhnen das betroffene X-Chromosom zu vererben. Jene Söhne, die schließlich ein betroffenes X-Chromosom erhalten, sterben folglich oft bei der kulturell bedingten Beschneidung. Die Mutter selbst muss dieses Merkmal wiederum von der Großmutter geerbt haben. Eine Vererbung über den Großvater ist eher unwahrscheinlich, sofern er beschnitten wurde. Wäre dieser betroffen, wäre er vermutlich bei einer Beschneidung ebenfalls verstorben. Somit besteht für alle Schwestern der Mutter eine 50 %ige Wahrscheinlichkeit, dass sie auch

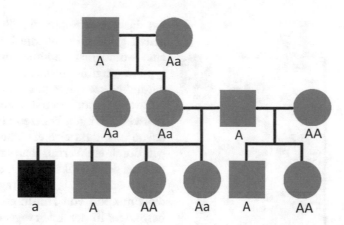

☐ Abb. 10.18 Beispielstammbaum für einen Erbverlauf der Hämophilie entsprechend des zitierten Talmud-Abschnitts. Die Hämophilie des Sohnes lässt sich auf seine Mutter als Merkmalsträgerin zurückführen. Es ist wahrscheinlich, dass dieser Frau das Allel ebenfalls von ihrer Mutter vererbt wurde. Somit können auch Schwestern der Frau Trägerinnen sein. Der Mann selbst ist kein Träger für die Hämophilie, somit ist es unwahrscheinlich, dass Söhne von ihm und einer anderen Frau, vorausgesetzt, dass sie nicht auch Trägerin ist, ebenfalls an der Bluterkrankheit leiden. (A. Fachinger)

Trägerinnen sind, folglich potenziell auch ein betroffenes X-Chromosom an ihre Söhne weitervererben könnten.

Da der Vater seinen Söhnen nur das Y-Chromosom vererben kann, ist es ihm nicht möglich, diesen die Bluterkrankheit zu vererben, selbst wenn er betroffen wäre. Söhne mit einer anderen Frau, welche nicht Trägerin ist, sind somit sehr wahrscheinlich gesund. Es sei denn, die andere Frau ist ebenfalls Trägerin…

Ein weiterer interessanter Stammbaum ist derjenige der Nachkommenschaft von Victoria, Königin von Großbritannien und Irland (1819–1901). Dieser erklärt auch sehr anschaulich, warum die Bluterkrankheit als Krankheit der Könige bekannt wurde. Ursprüngliche Trägerin des Merkmals war Königin Victoria selbst. Sie gab ihr Allel für die Bluterkrankheit an viele ihrer Nachkommen weiter. Dieser Stammbaum ist somit auch ein seltenes Beispiel für eine rezessive Vererbung, bei der in jeder Generation Betroffene auftraten. Begünstigt wurde dies zusätzlich durch inzestuöse Verbindungen (☐ Abb. 10.19).

10.4.2.2 Chorea Huntington

Ein weiteres populäres Beispiel für eine Erbkrankheit ist **Chorea Huntington** (engl. *Huntingtons disease*, kurz HD). Diese Krankheit wird **autosomal-dominant** vererbt und ist letal. Es handelt sich hierbei um eine neurodegenerative Erkrankung, die verschiedene Bereiche des Gehirns betrifft, welche für die Muskelsteuerung und verschiedene mentale Funktionen nötig sind. Ein frühes Symptom für ein Einsetzen der Krankheit ist beispielsweise ein zunehmender Verlust über die Mimik der betroffenen Person.

Die molekulare Ursache der Krankheit ist ein Protein namens **Huntingtin,** dessen Gen auf Chromosom 4 liegt und in seinem ersten Exon einen Abschnitt mit mehreren Wiederholungen des Basentripletts CAG beinhaltet. Dieses Triplett codiert für die Aminosäure Glutamin. Normalerweise sind in gesunden Menschen bis zu 35 Wiederholungen üblich, ohne dass sich die Krankheit entwickelt. Ab 36 Wiederholungen tritt jedoch die Krankheit auf, wobei Menschen mit 36 39 Wiederholungen ein schwächeres Krankheitsbild entwickeln. Generell gilt, je mehr Wiederholungen vorhanden sind, desto früher tritt die Krankheit auf, desto schwerer verläuft sie und desto früher sterben die Betroffenen. So zeigen sich die ersten Symptome meistens zwischen dem 30. und 40. Lebensjahr, bei einer entsprechenden hohen Wiederholungszahl können jedoch auch Kinder betroffen sein. Entsprechend finden sich kaum alte Menschen mit sehr hohen (> 70) CAG-Wiederholungen im Huntingtin-Gen, da der Krankheitsverlauf in solchen Fällen meist schon sehr früh letal verläuft.

Die Lebenserwartung nach dem Einsetzen der Symptome beträgt je nach Anzahl der CAG-Wiederholungen etwa 5–20 Jahre. Trotz einiger Therapieansätze, welche vorrangig die Lebensqualität der Betroffenen erhöhen, ist die Krankheit nach dem heutigen Stand der Dinge nicht heilbar.

Molekularbiologisch für die Krankheit verantwortlich ist also die erhöhte Anzahl an Glutaminwiederholungen in dem Protein Huntingtin. Diese zusätzlichen Aminosäuren scheinen eine Veränderung der Proteinstruktur zur Folge zu haben, welche einerseits die Funktion des Proteins einschränken und andererseits den Abbau der mutierten Proteine durch die Protease-Maschinerie verhindert. Es kommt sowohl zur intrazellularen als auch zur intranuklearen Bildung von unlöslichen Aggregaten des mutierten Huntingtins. Insgesamt

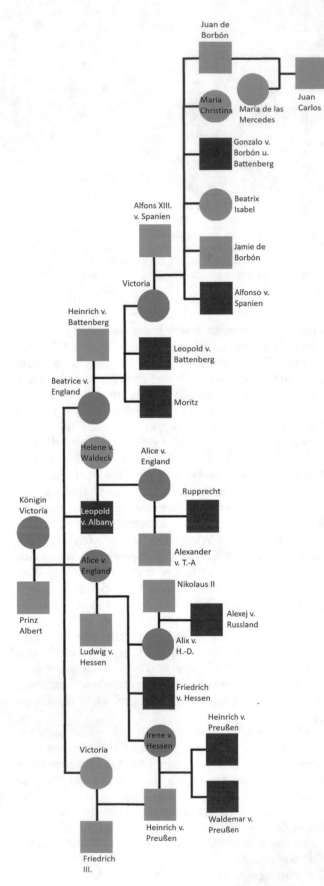

hat dies fatale Folgen für die Zellen, wobei noch nicht genau geklärt ist, ob die Ursache darin besteht, dass eine womöglich **anti-apoptotische** Wirkung des Wildtyp-Huntingtins ausbleibt, oder obes zu einer Aggregat-induzierten **Apoptose** kommt. Zusätzlich bestehen Hinweise darauf, dass die erhöhte Glutaminanzahl eine toxische Wirkung besitzen könnte. Man geht jedenfalls davon aus, dass eine erhöhte Anzahl an Wiederholungen durch ein Verrutschen (engl. *slippage*) der Polymerase bei der Replikation verursacht wird.

Generell sind einige Fragen noch ungeklärt. Über die Funktion von Huntingtin nimmt man an, dass es besonders in der **Embryogenese** eine Rolle bei der Bildung des Nervensystems spielt und dass es als Plattform für andere Proteine zur Bildung oder zur Auflösung von Komplexen dient. Es kommt zudem auch an der Zellmembran vor und ist womöglich am Vesikeltransport oder an der Signalweiterleitung beteiligt. Über eine genauere Funktion ist man sich jedoch uneinig. Bis jetzt ist zudem nicht bekannt, wieso nur bestimmte Gehirnareale von der Krankheit betroffen sind, obwohl Huntingtin in allen kernhaltigen Zellen vorkommt.

Chorea Huntington wird als **autosomal-dominante** Krankheit mit einer Wahrscheinlichkeit von 50 % vererbt, sollte ein Elternteil heterozygot für die Krankheit sein. Bei einem homozygoten Elternteil wird die Krankheit entsprechend zu 100 % weitergegeben. Wie bei dominanten Erbkrankheiten üblich, überspringt die Krankheit keine Generation (◘ Abb. 10.20). Dies bedeutet aber auch, dass die Enkel eines Betroffenen selbst nicht Krankheitsträger sein könnten, wenn das entsprechende Elternteil nicht betroffen ist. Bei einem kleinen Teil der auftretenden Fälle handelt es sich auch um Neumutationen. Jedoch findet sich bei diesem oft ein Elternteil, der bereits eine Wiederholungsanzahl von 30–35 Glutaminen aufweist. Man nimmt hier an, dass weitere CAG-Wiederholungen vor allem während der **Spermatogenese,** der Bildung der Spermien, hinzukommen können.

10.4.2.3 Achondroplasie

Die **Achondroplasie**, die häufigste Form des genetisch bedingten Kleinwuchses, mag kein typisches Beispiel für eine klassische Erbkrankheit sein, ist aber aus zwei Gründen interessant: Zum einen ist diese **autosomal-dominante** Krankheit homozygot letal, zum anderen entsteht sie in 80 % der Fälle durch Neumutationen. Von dieser Mutation können jedoch nicht nur Menschen betroffen sein, sondern auch bei verschiedenen anderen Tieren, wie zum Beispiel Pferden, finden sich Fälle der Achondroplasie.

Achondroplasie wird in den allermeisten Fällen durch die gleiche Punktmutation, sprich eine Mutation, bei welcher sich lediglich eine Base ändert, hervorgebracht. Diese findet im Gen für den *fibroblast growth*

◘ **Abb. 10.19** Stammbaum der englischen Königsfamilie, ausgehend von der Königin Victoria. Alle heterozygoten Trägerinnen der Hämophilie sind *rosa* markiert, die Betroffenen, auch Bluter genannt, in *Rot*. (A. Fachinger)

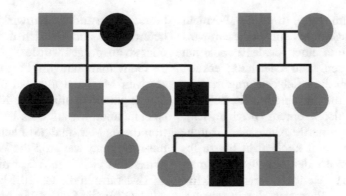

◻ Abb. 10.20 Beispielstammbaum für eine Familie, in welcher die Erbkrankheit Chorea Huntington auftritt. In jeder Generation sind hierbei Betroffene zu finden, da die Krankheit als autosomal-dominante Erbkrankheit mit einer Wahrscheinlichkeit von 50 % weitervererbt wird. (A. Fachinger)

factor receptor 3 (kurz FGFR3) statt. Durch eine Basensubstitution (G > A) kommt es an der Position 380 zu einem Aminosäureaustausch von Glycin zu Arginin. Dies hat eine Fehlfunktion des FGFR3 zur Folge, welche wiederum dazu führt, dass die Knochenwachstumszone frühzeitig verknöchert. Als Resultat dessen ist das Längenwachstum, vor allem das der Extremitäten, stark beeinträchtigt. Zusätzlich sind homozygote Embryos nicht lebensfähig und sterben bereits im Mutterleib.

Diese Vererbung zeigt, dass auch in der Stammbaumanalyse Ausnahmen auftreten können (zum Beispiel Krankheiten, die durch Neumutationen bedingt werden, homozygot-letale Krankheitsverläufe, Fehlverteilungen der Chromosomen etc.) und dass auch hier die Mechanismen deutlich komplexer sind, als oft in den typischen Beispielstammbäumen vermittelt wird. Dennoch sollte man bedenken, dass in Klausuren solche Sonderfälle eher unwahrscheinlich sind.

10.5 Die Populationsgenetik

Eines der Gebiete der Genetik, in dem besonders viel Statistik benötigt wird, ist wohl die **Populationsgenetik,** welche um 1920 etabliert wurde. Hierbei betrachtet man die genetische Zusammensetzung einer Population. Dabei wird beobachtet, ob das Verhältnis zwischen bestimmten Allelen oder Phänotypen in einer **Population** konstant bleibt oder sich verschiebt. So kann ermittelt werden, unter welchen Bedingungen die genetische Zusammensetzung einer Population stabil bleibt und unter welchen sie sich ändert. Hierbei konzentriert man sich in der Regel auf einige wenige Gene und wählt am besten eine Population aus, die einigermaßen abgegrenzt lebt, damit sich auch die Anzahl der Allele eines Gens in Grenzen hält. Die Gründe dafür sind relativ simpel: 1. Es ist weniger aufwendig, wenn

man nur einige und nicht alle Gene und Merkmale untersucht. 2. Umfangreiche Forschungsvorhaben werden wie immer durch die Verfügbarkeit der finanziellen Mittel limitiert – und nicht zuletzt auch durch die Anzahl der Forscher.

Es gibt unter anderem drei Faktoren, welche zu einer Änderung der verhältnismäßigen Häufigkeit verschiedener Allele führen können. Der erste Faktor wäre die **Selektion** (▶ Abschn. 9.1.1). Führt ein Allel zu einem evolutionären Nachteil für seinen Träger, zum Beispiel indem der Träger anfälliger für Krankheiten oder schlechter getarnt ist, so hat dieser eine verringerte Chance zu überleben und sich fortzupflanzen. Folglich kann dieser das Allel nicht weitergeben, was dazu führen kann, dass es verhältnismäßig seltener auftritt. Ein weiterer Faktor ist die gehäufte **Abwanderung** beziehungsweise **Zuwanderung** von Individuen mit speziellen Allelen. Erfährt eine Gruppe durch ein bestimmtes Allel einen selektiven Nachteil, kann es sein, dass diese Gruppe nur überlebt, indem sie abwandert und sich an anderer Stelle eine geeignete ökologische Nische erschließt. Auch kann es sein, dass ein Allel einer Gruppe einen solchen Vorteil verschafft, dass sie versucht, ein neues Gebiet zu erschließen. So zugewanderte Gruppen einer benachbarten Population können somit auch vollkommen neue Allele in die ursprüngliche Population einbringen. Ein weiterer Faktor ist die sogenannte genetische Drift oder **Gendrift** (▶ Abschn. 10.5.2). Hier kann durch Zufall ein seltenes Allel verschwinden oder aber zum häufigsten Allel einer Population werden.

10.5.1 Das Hardy-Weinberg-Gleichgewicht

Der britische Mathematiker Godfrey Harold Hardy (1877–1947) sowie der deutsche Arzt und Vererbungsforscher Wilhelm Weinberg (1862–1937) stellten unabhängig voneinander im Jahre 1908 die Formeln des **Hardy-Weinberg-Gleichgewichts** auf. In diesem wird beschrieben, wie sich Allele in einer **idealen Population** (▶ Abschn. 10.5.1.1) verteilen. Die Gleichung erklärt unter anderem auch, warum die Allelverteilung in einer Population in der Regel konstant bleibt. Sie befindet sich ohne äußere Einflüsse also in einem Gleichgewicht, wobei sich zum Beispiel dominante Allele nicht durchsetzen und rezessive Allele somit auch nicht bis zu ihrer Ausrottung verdrängen. In der Tat zweifelte man Anfang des 20. Jahrhunderts Mendels Vererbungslehre noch unter der Prämisse an, dass sich dominante Allele mit der Zeit verbreiten müssten. Somit konnte über die Hardy-Weinberg-Gleichung nicht nur gezeigt werden, dass es mathematisch sinnvoll ist, dass die Allelverteilung konstant bleibt, sondern auch Mendels Vererbungslehre konnte weiter bestätigt werden.

■■ Mathematisch den versteckten Allelen auf die Schliche kommen

In der **Hardy-Weinberg-Gleichung** wird klassisch immer angenommen, dass es zwei Allele für ein Gen gibt. Dem dominanten Allel wird der Buchstabe „*P*" zugeteilt und dem rezessiven Allel der Buchstabe „*Q*"; diese beiden Allele treten mit den entsprechenden, relativen Häufigkeiten p und q auf. Man geht davon aus, dass alle homozygoten Individuen beider Allele zusammen mit den heterozygoten Vertretern, welche als 2pq in die Gleichung aufgenommen werden, die Gesamtheit der Population ausmachen. Somit ergibt sich folgende Formel:

$$p^2 + 2pq + q^2 = 1 \qquad (10.1)$$

Anders könnte man sagen, dass die beiden Allele zusammengenommen für das betrachtete Merkmal die Häufigkeit der Allele dieser Population ausmachen. Dies lässt sich mathematisch wie folgt umsetzen:

$$p + q = 1 \qquad (10.2)$$

Mit diesen beiden Gleichungen lässt sich nun der prozentuale Anteil an heterozygoten Individuen einer Population bestimmen. Dies kann zum Beispiel interessant sein, um einen Überblick darüber zu erhalten, wie groß der Anteil an Merkmalsträgern einer rezessiven Erbkrankheit ist. Zum Lösen dieser Gleichung benötigt man lediglich eine Angabe: den prozentualen Anteil des homozygot-rezessiven Allels in der Population. Könnte man auch den Anteil des homozygot-dominanten Allels in der Population verwenden? Theoretisch ja, praktisch kann man sich aber nicht sicher sein, ob die

betrachteten Individuen wirklich homozygot oder aber heterozygot sind, da sich der dominante Phänotyp so oder so ausprägen würde.

Geht man nun im Folgenden also von einem rezessiven Merkmal aus, bei dem die Betroffenen wirklich unglaublich stinkige Füße haben. In unserem Beispiel nehmen wir an, dass 1 % der betrachteten Population dieses Merkmal „Stinkefüße" aufweist, und stellen uns die Frage, wie groß die Wahrscheinlichkeit ist, dass man selbst vielleicht Träger dieses Merkmals ist.

Es ist durch die Gl. 10.1 bekannt, dass das rezessive Allel *Q* für die Stinkefüße homozygot mit einer Wahrscheinlichkeit von q^2 vorkommen muss. Daraus ergibt sich:

$$q^2 = 1\% = 0,01 \qquad (10.3)$$

Um die Häufigkeit des *Q*-Allels (q) in der Population zu erhalten, muss man lediglich die Wurzel ziehen:

$$\sqrt{q^2} = \sqrt{0,01}$$

$$q = 0,1 \qquad (10.4)$$

Die so erhaltene Häufigkeit des rezessiven Allels kann anschließend in die vorher beschriebene Gl. 10.2 der Hardy-Weinberg-Gleichungen eingesetzt werden, um auch die Häufigkeit des dominanten *P*-Allels (p) zu bestimmen:

$$p + q = 1$$

$$p + 0,1 = 1 \qquad (10.5)$$

Nun erfolgt ein simples Umstellen der Gleichung nach p:

$$p = 1 - 0,1$$

$$p = 0,9 \qquad (10.6)$$

Die Werte können nun verwendet werden, um den Anteil der heterozygoten Individuen in der Population zu bestimmen, der in der ersten Formel als 2pq beschrieben wurde. Dies lässt sich auch umschreiben in:

$$2pq = 2 \cdot (p \cdot q) \qquad (10.6.)$$

Man erhält somit durch das Einsetzen der ermittelten Werte für p und q folgendes Ergebnis:

$$2pq = 2 \cdot (0,9 \cdot 0,1) = 2 \cdot 0,09 = {\sim}0,18 \qquad (10.7)$$

$$2pq = {\sim}18\% \qquad (10.8.)$$

▪▪ Wenn es doch nur Stinkefüße wären ...

Somit sind etwa 18 % – oder anders gesagt, fast ein Fünftel der Bevölkerung – heterozygote Träger des Allels für „Stinkefüße". Eine durchaus nicht zu verachtende Dunkelziffer! In einem Beispiel mit unangenehmem Eigengeruch bestimmter Körperteile mag dies noch ganz unterhaltsam sein. Jedoch sollte man bedenken, dass solche Werte durchaus auch für schwere Erbkrankheiten gelten könnten. Ein bestimmtes Allel beispielsweise in einer menschlichen Population auszurotten, ist ohne starke selektive Maßnahmen – entweder durch die Natur selbst oder eine angewandte Eugenik – nicht ohne Weiteres möglich. Somit hält sich die Allelverteilung auch über Generationen hinweg mehr oder weniger in einem Gleichgewicht, dem Hardy-Weinberg-Gleichgewicht, um genau zu sein.

10.5.1.1 Die ideale Population

Das Hardy-Weinberg-Gleichgewicht ist jedoch nicht ohne Weiteres auf die Realität anwendbar. Bei der Berechnung der Formel betrachtet man wie gesagt eine **ideale Population.** Das Adjektiv „ideal" ist hier aber keineswegs qualitativ wertend, sondern meint eher eine *idealisierte,* eine eingeschränkte Variante. Somit unterliegt die Berechnung dieses Gleichgewichts einigen Bedingungen, welche zutreffen müssen, damit sie Gültigkeit hat, schließlich handelt es sich hierbei um ein mathematisches Modell:

- Die Gleichung lässt sich nur auf diploide Organismen anwenden.
- Die Vertreter der Population müssen sich sexuell fortpflanzen. Haploide Organismen, die sich asexuell Vermehren, wie zum Beispiel Bakterien, fallen somit auf jeden Fall raus.
- Die einzelnen Generationen einer Population dürfen sich nicht überlappen bzw. müssen klar zu unterscheiden sein.
- Für die klassische, ursprüngliche Hardy-Weinberg-Gleichung durfte es für ein Gen maximal zwei mögliche Allele geben. Es sind durchaus auch Berechnungen mit mehr als zwei Allelen möglich, jedoch werden diese (hoffentlich) nicht im Rahmen des Grundstudiums auftauchen.
- Die Allele müssen in ihrer Häufigkeit gleichmäßig unter den Geschlechtern der Population verteilt sein. Zusätzlich darf keines der Allele die Fruchtbarkeit einschränken. Somit lässt sich die Hardy-Weinberg-Gleichung prinzipiell auch nur auf Gene der Autosomen anwenden.
- Die Fortpflanzung muss zwischen zufälligen Individuen der Population stattfinden. In einem Beispiel sind die betrachteten Allele zuständig für die Federfarbe von Paradiesvögeln. Hierbei würde das dominante Allel (P) für ein blaues Gefieder und das

rezessive Allel (Q) für ein grünes Gefieder stehen. Somit müssten sich die Weibchen mit beiden Gefiederfarben gleich häufig paaren, damit diese Bedingung Bestand hat. Mit anderen Worten, sie dürften ihre Partner nicht aufgrund ihrer Gefiederfarbe bevorzugen oder verschmähen, da dann das Hardy-Weinberg-Gleichgewicht nicht mehr bestehen würde.

- Die Gametenverteilung muss zufällig erfolgen.
- Die Gleichung lässt sich nur auf **große Populationen** anwenden, die im besten Fall etwas isoliert vorkommen, damit ...
- ... der Einfluss durch mögliche Zu- oder Abwanderung zu vernachlässigen ist.
- In der Population beziehungsweise in dem betrachteten Gen sollten so gut wie keine Mutationen auftreten. So könnten zum Beispiel aus den beiden betrachteten Allelen schnell drei verschiedene Allele werden. Oder die Population erhält durch eine Mutation einen selektiven Vorteil/Nachteil.
- Deswegen lässt sich auch grob für alle Eventualitäten zusammenfassen, dass in der Population **keine natürliche Selektion** stattfinden darf!

Aus dieser Vielzahl an Bedingungen wird relativ schnell klar, dass es mehr als unwahrscheinlich ist, eine Population anzutreffen, auf welche all diese Bedingungen tatsächlich zutreffen. Trotzdem erhält man mit der Hardy-Weinberg-Gleichung erstaunlich exakte Ergebnisse, sofern die Bedingungen annähernd erfüllt sind und wenn die zu untersuchende Population groß genug ist.

10.5.2 Von der Gendrift

Zwei weitere wichtige Begriffe in der Populationsgenetik sind zum einen der **Genfluss** und (Achtung!) *die* **Gendrift.** Beide Begriffe beziehen sich dabei auf evolutionäre Ereignisse, bei denen die Allele in einer Population nicht aufgrund ihrer Funktionalität selektiert werden – wie es oft in ▶ Kap. 9 der Fall ist –, sondern aufgrund anderer Umstände.

Von der Gendrift, auch Alleldrift oder Sewall-Wright-Effekt genannt, spricht man, wenn sich zufällig das verhältnismäßige Auftreten von Allelen in einer Population ändert. Je kleiner eine Population ist, desto wahrscheinlicher ist eine Gendrift. Dies lässt sich recht einfach veranschaulichen: Gehen wir davon aus, dass die Population, welche wir betrachten, nur aus einer Familie besteht. Beide Elternteile haben braune Augen, hierbei ist das Allel für braune Augen „B". Aber nur die Mutter ist homozygot für dieses Allel, sie hat also den Genotyp „BB". Der Vater hingegen ist heterozygot und trägt außerdem noch das rezessive Allel für blaue Augen „*b*", sein Genotyp ist folglich „*Bb*". Zusammen haben beide Elternteile vier Allele für die Augenfarbe, drei davon entsprechen „*B*" für braune Augen und eines entspricht „*b*" für blaue Augen. Die beiden Allele stehen hier also in einem Verhältnis von 3:1.

Wenn diese beiden Nachwuchs bekommen, so haben sie eine 50:50-Chance auf Kinder, die entweder den Genotyp „*BB*" oder aber den Genotyp „*Bb*" besitzen. Bekommen sie nun zwei Kinder, von denen eines den Genotyp „*BB*" und eines den Genotyp „*Bb*" besitzt, so ist das Verhältnis der Allele verglichen mit den Eltern gleich. Wir haben immer noch die 3:1-Verteilung der Allele. Es hat also keine Gendrift stattgefunden!

Tragen aber beide Kinder den Genotyp „*BB*", so tritt das Allel „*b*" in der Nachfolgegeneration gar nicht mehr auf. Das Verhältnis zwischen den beiden Allelen beträgt folglich 4:0. Somit kam es zu einer verhältnismäßigen Verschiebung der Allele, einer Gendrift. Dasselbe passiert, wenn beide Kinder den Genotyp „*Bb*" aufweisen. Dann treten beide Allele in einem Verhältnis von 1:1 auf. Auch hier kam es folglich zu einer Gendrift.

Je größer Populationen sind, desto unwahrscheinlicher ist eine Gendrift – vor allem wenn eine Population sich von ihren Eigenschaften her der idealen Population eines Hardy-Weinberg-Gleichgewichts nähert. Es gibt jedoch zwei Effekte, die auch in größeren Populationen zu einer Gendrift führen können: Zum einen gibt es den **Flaschenhalseffekt** und zum anderen den **Gründereffekt.** Der Flaschenhalseffekt beschreibt folgendes Szenario: Eine Population wird auf einmal schlagartig dezimiert, zum Beispiel durch eine Naturkatastrophe oder eine Nahrungsknappheit. In diesem Fall ist es

wahrscheinlich, dass unter den Überlebenden der Population vor allem Allele vorkommen, welche sowieso schon häufig vertreten waren. Seltene Allele würden unter solchen Umständen wahrscheinlich ausgerottet werden. Oder aber ein ursprünglich seltenes Allel ist in der zahlenmäßig geringen Menge an Überlebenden einer Population immer noch vertreten. Somit existiert es nun verhältnismäßig häufiger in dieser Population, als es im Vergleich zur Population vor beziehungsweise ohne das dezimierende Ereignis der Fall war.

▪▪ Aber wieso Flaschenhalseffekt? Wo sind die Flaschen?
Um den Begriff des Flaschenhalseffektes zu verstehen, stelle man sich folgendes Szenario vor: Es gibt eine offene Flasche, gefüllt mit bunten Murmeln (◘ Abb. 10.21). Einige Farben sind dabei deutlich häufiger als andere vertreten. In unserem Beispiel sollen sich 95 grüne Murmeln und fünf blaue in der Flasche befinden. Die Murmelfarben sind natürlich die Allele einer Population. Dreht man nun die Flasche schlagartig kurz auf den Kopf – das wäre dann übrigens die Naturkatastrophe –, so werden einige wenige Murmeln zufällig aus der Flasche fallen, die eine neue Population gründen. Die restlichen Murmeln in der Flasche sind die Allele, welche der Katastrophe zum Opfer gefallen sind und somit wegfallen. Haben insgesamt fünf Murmeln den Weg aus der Flasche geschafft, so werden im Folgenden drei mögliche Szenarien beschrieben:

1. Fünf grüne Murmeln haben überlebt, somit sind die blauen Murmeln komplett ausgerottet. Es handelt sich also um eine Gendrift (◘ Abb. 10.21a)!
2. Es befindet sich unter den fünf überlebenden Murmeln wenigstens eine blaue Murmel. Bei nur einer

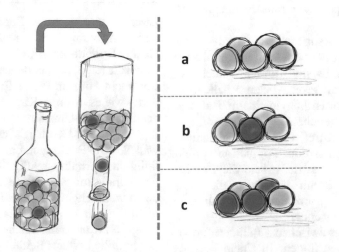

◘ **Abb. 10.21**   Der Flaschenhalseffekt, also die schlagartige Dezimierung einer Population (beispielsweise durch eine Naturkatastrophe), lässt sich mit folgendem Sinnbild verdeutlichen. Man nehme eine Flasche mit einem dünnen Hals, welche gefüllt ist mit verschiedenen Murmeln, hier grünen und blauen, welche unterschiedlich oft vorkommen. Wird die Flasche kurz umgedreht, können nur wenige Kugeln entweichen. Diese wenigen Kugeln stehen für überlebende Allele einer Population. Dabei können Allele entweder komplett verschwinden (**a**), sich das relative Verhältnis zwischen ihnen ändern (**b**) oder sogar bis zum Zeitpunkt der Katastrophe seltene Allele überwiegend auftreten (**c**). (A. Fachinger)

blauen Murmel würde ihr verhältnismäßiges Auftreten im Vergleich zu ihrem Auftreten in der ursprünglichen Flaschenpopulation schon von 5 % auf 20 %, oder im Fall von zwei blauen Murmeln auf 40 % steigen. Es handelt sich folglich um, na? Richtig! Eine Gendrift (◨ Abb. 10.21b).

3. Es besteht, auch wenn es unwahrscheinlich ist, die Möglichkeit, dass drei oder mehr der fünf Murmeln blau sind. Dann wäre das nicht nur eine Gendrift, sondern die blauen Murmeln hätten auch zusätzlich die grünen als häufigstes Allel abgelöst (◨ Abb. 10.21c)!

▪▪ Auf zu neuen Ufern, lasst uns eine Population gründen – der Gründereffekt

Auch wenn sich ein kleiner Teil einer Population dazu entscheidet, neues Gebiet zu besiedeln, kann es zu einer Gendrift kommen. Vor allem wenn kleine Teile der Population aufbrechen, um Neuland zu erschließen, beziehungsweise immer wenn kleine Gruppen durch irgendwelche Umstände von der Gründerpopulation isoliert werden, kann es passieren, dass diese kleinen Gruppen nicht die gesamte Bandbreite der Allele der Ursprungspopulation in sich tragen. Außerdem kann die verhältnismäßige Verteilung im Vergleich zur ursprünglichen Population eine andere sein. Wenn zum Beispiel Familie Schmidt, ihres Zeichens alle blond und blauäugig, beschließt, mitsamt ihres ebenso blonden und blauäugigen Familienclans eine einsame Karibikinsel zu bevölkern, so ist diese neue Population in ihrer Allelverteilung definitiv nicht repräsentativ für ihre deutsche Ursprungspopulation. Diese Gendrift bezeichnet man als **Gründereffekt.**

Am Rande bemerkt

Neben der Gendrift gibt es auch noch den **Genfluss,** davon ist die Rede, wenn sich zwei benachbarte Populationen einer Art in ihrer Allelverteilung immer weiter annähern. Dies geschieht vorrangig durch Migration der Populationen in gegenseitige Gebiete und die Paarung untereinander. Je mehr sich die Populationen in ihrer Verteilung angleichen, desto stärker ist der beobachtete Genfluss. Es kann so weit gehen, dass aus zwei Populationen schließlich eine gemeinsame wird.

Zusammenfassung

- Mendel'sche Regeln

— Gregor Mendel, „Urvater der Genetik", stellte die ersten Regeln zur Vererbungslehre auf. Er nahm an, dass beide Elternteile einen gleichwertigen Beitrag bei der Vererbung leisten.

— Die Regeln lassen sich auf diploide Organismen anwenden. Hier besitzt jeder Organismus zwei Allele eines jeden Gens. Je ein Allel wurde hierbei von jedem der Elternteile erhalten.

— Sind beide Allele eines Merkmals gleich, so ist das Individuum für dieses homozygot. Sind die Allele unterschiedlich, so sind sie heterozygot für das Merkmal.

— Als Genotyp bezeichnet man die Allelkombination für die Ausprägung eines bestimmten betrachteten Merkmals (Farbe, Form,...). Während der Phänotyp die äußere Erscheinung dieses Merkmals beschreibt und vom Genotyp sowie anderen Umwelteinflüssen bestimmt wird.

— Dominante Allele setzen sich gegenüber rezessiven Allelen durch und bestimmen alleinig den Phänotyp eines Individuums.

— Man unterscheidet zwischen monohybriden und dihybriden Erbgängen. Bei monohybriden Erbgängen wird lediglich ein Merkmal betrachtet, während es bei dihybriden Erbgängen zwei sind.

- Ausnahmen von Mendels Regeln

— Bei intermediären, auch unvollständig dominanten Erbgängen tragen beide Allele eines Gens, wenn auch teilweise in unterschiedlichen Maßen, zu dem Phänotyp eines Individuums bei.

— Die Penetranz eines Gens bestimmt, ob sich bei einem bestimmten Genotyp der dazugehörige Phänotyp ausprägt oder eben nicht. Die Expressivität entscheidet, wie stark die Ausprägung eines Merkmals ist.

— Epistasie beschreibt eine Gen-Gen-Wechselwirkung, bei der ein Gen die Ausprägung eines zweiten Gens kontrolliert. Von Epistasie spricht man nur, wenn es sich um zwei Gene handelt, welche nicht Allele eines Genortes sind. Jenes Gen, das *auf* das andere einen Einfluss hat, wird diesem gegenüber als epistatisch beschrieben.

- Bei der Polygenie bestimmen mehrere Gene ein Merkmal und bei der Pleiotropie bestimmt ein Gen mehrere Merkmale.
- Bei den menschlichen Blutgruppen lässt sich das Phänomen der Kodominanz von Allelen beobachten. So sind die Allele für A und B gleichgestellt und prägen sich gemeinsam aus, während das Allel der Blutgruppe 0 ihnen rezessiv gegenübersteht.
- Der Begriff der multiplen Allelie beschreibt den Umstand, dass es in einer Population mehr unterschiedliche Allele gibt, als dass es Chromosomensätze in einem Individuum der Population gibt.
- Bei einem Nullallel (auch amorphen Allel) kommt es zu einem vollständigen Funktionsverlust des Allels, somit trägt es nicht konstruktiv zum Phänotyp bei.
- Ein letales Allel führt bei seiner Ausprägung zum Tod des Organismus, dabei können durchaus auch rezessive und dominante Allele unterschieden werden.

· Stammbaumanalysen und die verschiedenen Erbgänge
- Stammbaumanalysen dienen dazu, genauere Informationen über das Vererbungsschema eines Merkmals einer Familie zu erhalten und das Vererbungsmuster in einer übersichtlichen Art und Weise darzustellen.
- Man unterscheidet zwischen autosomalen und gonosomalen Erbgängen. Bei gonosomalen Erbgängen sind die Gonosomen, sprich die Geschlechtschromosomen (bei Menschen X bzw. Y), betroffen. Bei autosomalen Vorgängen sind es die Autosomen, das heißt alle Chromosomen, außer den Gonosomen.
- Klassisch betrachtet man vier verschiedene Vererbungsmodi: autosomal-dominant, autosomal-rezessiv, gonosomal-dominant und gonosomal-rezessiv.
- Individuen, welche ein rezessives Allel heterozygot tragen, werden hierbei als Träger bezeichnet. Da sich das entsprechende Merkmal bei ihnen zwar nicht ausprägt, aber dennoch an die Folgegeneration vererbt werden kann.

- Die Hämophilie, auch Bluterkrankheit genannt, dient als Beispiel für einen X-chromosomalen, rezessiven Erbgang, bei welchem größtenteils Männer betroffen sind und Frauen als Trägerinnen fungieren.
- Die autosomal-dominante Erbkrankheit Chorea Huntington wird, wie bei autosomal-dominanten Krankheiten üblich, mit einer Wahrscheinlichkeit von 50 % weitervererbt.
- Die Achondroplasie, die bekannteste Form des Zwergwuchses, ist eine autosomal-dominante Erkrankung, bei der sich der Ausbruch in 80 % der Fälle auf Spontanmutationen zurückführen lässt; homozygot ist sie tödlich.

· Populationsgenetik
- Die Populationsgenetik beschäftigt sich mit dem verhältnismäßigen Auftreten verschiedener Allele in einer Population. Die Verhältnisse können sich durch Selektion, Zu- und Abwanderung oder eine genetische Drift ändern.
- Mit den Formeln des Hardy-Weinberg-Gleichgewichts lassen sich diese Verhältnisse erstaunlich genau vorhersagen. Dazu betrachtet man eine Population, die vor allem sehr groß ist und in der außerdem möglichst keine Selektion stattfindet.
- Die Gendrift beschreibt die plötzliche Änderung der Allelverteilung einer Population, zum Beispiel durch Katastrophen (Flaschenhalseffekt) oder die Erschließung neuer Gebiete (Gründereffekt).
- Wenn benachbarte Populationen untereinander migrieren und sich paaren, passt sich ihre Allelverteilung gegenseitig immer weiter an. Man spricht vom Genfluss.

Literatur

1. Sniekers, S., Stringer, S., Watanabe, K., Jansen, P. R., Coleman, J. R. I., Krapohl, E., … Posthuma, D. (2017). Genome-wide association meta- A nalysis of 78,308 individuals identifies new loci and genes influencing human intelligence. *Nature Genetics, 49*(7). ► https://doi.org/10.1038/ng.3869
2. Chesmore, K., Bartlett, J., & Williams, S. M. (2018). The ubiquity of pleiotropy in human disease. *Human Genetics.* ► https://doi.org/10.1007/s00439-017-1854-z.

Die Bakterien- und Phagengenetik

Inhaltsverzeichnis

© Springer-Verlag GmbH Deutschland, ein Teil von Springer Nature 2020
J. Buttlar et al., *Tutorium Genetik*,
https://doi.org/10.1007/978-3-662-56067-9_11

Jeder Lebensraum auf diesem Planeten wird von verschiedensten Organismen bewohnt, wobei die Domänen der **Bacteria** und **Archaea** den Löwenanteil der auf der Erde vorkommenden Lebensformen darstellen. Auch wenn gerne vom Menschen als Krone der Schöpfung gesprochen wird und wir unter den Mammalia (den Säugetieren) am erfolgreichsten dabei sind, uns auf den verschiedenen Kontinenten zu verbreiten, kann man den Prokaryoten in dieser Hinsicht nicht das Wasser reichen. Diese haben es geschafft, sich in jeder biologischen Nische anzusiedeln. Das geht sogar so weit, dass sie sich auch durch **symbiotische** oder **parasitische** Lebensweise auf und in „höheren" Organismen wiederfinden, wobei der *Homo sapiens* natürlich keine Ausnahme darstellt.

Tatsächlich ist ein Leben ohne symbiotische Bakterien nicht vorstellbar, da sie für die Verdauung von Nahrung im Darm unentbehrlich und unter anderem für die Entwicklung verantwortlich sind; es werden auch Teile des menschlichen Immunsystems, wie die Reifung von T-Lymphocyten, sowie der saure pH-Wert der Haut von Bakterien beeinflusst. Umgekehrt sind Bakterien allgemein dafür bekannt, Krankheiten hervorzurufen. Diese haben in den vergangenen Jahrhunderten auch zu Epidemien geführt, denkt man zum Beispiel an die Pest, die durch das Bakterium *Yersinia pestis* hervorgerufen wird.

Interessant dabei ist, dass diese **Pathogenität** nicht zwangsläufig in der genomischen DNA eines Prokaryoten in Form eines Gens codiert vorliegen muss, sondern oft auch durch extrachromosomale **Plasmide** oder virale DNA von **Bakteriophagen** (bakterienspezifische Viren) mitgebracht wird. Diese **Vektoren** („Genfähren") führen neben einer möglichen Pathogenitätsinsel auch andere Gene mit sich, die dem Bakterium Vorteile in einem gegebenen Biotop ermöglichen können. Darunter kann zum Beispiel die Verwertung von ungewöhnlichen Nährstoffen, wie aromatischen Verbindungen oder anorganischen Substanzen, fallen. Darüber hinaus bringen insbesondere Plasmide auch **Resistenzgene** mit sich, welche den Abbau und/oder den Export eines Antibiotikums hervorrufen können und so einem Bakterium einen Selektionsvorteil bieten (▶ Kap. 12). Die Verbreitung dieser Vektoren und von anderem genetischen Material erfolgt über den **vertikalen** (Transfer von Parental- auf Tochterzellen) oder **horizontalen Gentransfer** (HGT; Transfer zwischen Zellen, die nicht Parental- oder Tochterzellen sind), wobei gerade Letzterer in Form der Konjugation, Transformation und Transduktioneinen erheblichen Beitrag dazu leistet.

Es wird also ersichtlich, dass die Welt der Bakterien und Phagen komplexer zu sein scheint, als man auf den ersten Blick vermuten würde. Dieses Kapitel soll daher tiefere Einblicke in die Komplexität der Bakterien- und Phagengenetik geben und grundlegende Eigenschaften dieser Systeme näher beschreiben.

11.1   Das bakterielle Genom

▪▪ Und was haben Plasmide damit zu tun?
In ▶ Kap. 3 wurde bereits das bakterielle Genom grob vorgestellt und wie dieses strukturell zusammengesetzt ist. Das **Nukleoid,** die Region in der das prokaryotische Chromosom zusammen mit unzähligen gebundenen Proteinen vorliegt, liegt demnach im Cytoplasma und ist nicht wie bei Eukaryoten durch eine separate Membran geschützt. Um eine gewisse Struktur und Kondensation aufrechterhalten zu können, kommen verschiedene Mechanismen zum Einsatz, wobei in diesem Zusammenhang gerne von der Überspiralisierung des bakteriellen Chromosoms, dem *Supercoiling,* gesprochen wird. Zusätzlich ist die DNA mit einer Vielzahl von Proteinen besetzt, die die Kondensation weiter unterstützen. Dabei spielen Proteine der **SMC** *(structural maintenance of chromosomes)*-**Proteinfamilie** eine wichtige Rolle in der Architektur der chromosomalen DNA. Sie binden an die DNA und unterstützen über einen Prozess, der als **DNA-*loop* extrusion** bezeichnet wird, die weitere Kompaktierung des bakteriellen Chromosoms. Das kann man sich in etwa so vorstellen, dass das ringförmige bakterielle Chromosom nicht einfach als Knäuel vorliegt, sondern immer wieder in Schleifen (Loops) gelegt wird, die wiederum von einem zentralen mehr oder weniger runden Komplex ausgehen. Aber nicht nur die Kompaktierung, sondern auch die Replikation eines prokaryotischen Chromosoms verläuft etwas anders als bei Eukaryoten (▶ Abschn. 5.2.3).

Aber handelt es sich dabei um das einzige genetische Material, das in Bakterien vorkommen kann? Wenn schon so gefragt wird, lautet die Antwort natürlich „nein", denn in Prokaryoten und auch in einigen Eukaryoten können extrachromosomale Elemente – **Plasmide** – gefunden werden, die das genetische Repertoire ihres „Wirtes" grundlegend erweitern können.

11.1.1   Plasmide – extrachromosomale Elemente

Da es sich bei diesen Plasmiden – ganz ähnlich wie bei einem Virus – um molekulare Parasiten handelt, wird in diesem Zusammenhang nicht ohne Grund von „Wirt" gesprochen. Plasmide töten im Gegensatz zu manchem Virus jedoch nicht ihren Wirt als Folge ihrer

Replikation. Sie tragen genetische Eigenschaften, die zum einen verhindern, dass sie aus der Zelle ausgeschlossen werden, indem sie Zellen beispielsweise töten, falls diese die Plasmide loswerden wollen. Zum anderen treiben diese molekularen Parasiten ihre Verbreitung an weitere Zellen über **vertikalen** oder **horizontalen Gentransfer** voran. Zu Letzterem zählen die Konjugation (▶ Abschn. 11.1.2), die Transformation (▶ Abschn. 11.1.3) und die Transduktion (▶ Abschn. 11.1.4). Nicht unwesentlich ist außerdem, dass manche Plasmide eigene Gene mitbringen, die ihrem Wirt in so mancher Situation sogar überlebenswichtige Vorteile verschaffen: beispielsweise, indem sie den Wirt wie eingangs erwähnt gegen ein Antibiotikum resistent machen oder andere Stoffwechselwege ermöglichen.

Um also zu verstehen, was Plasmide so erfolgreich macht, sollten erst mal einige grundlegende Eigenschaften dieser DNA-Moleküle näher erläutert werden. Plasmide kommen meist in zirkulärer Form vor und können in unterschiedlicher Größe vorliegen; man spricht hier etwa von 1000 bp oder weit mehr als 100 kb. Sie liegen normalerweise frei im Cytoplasma vor. Manche Plasmide, die auch als **Episome** bezeichnet werden, sind zusätzlich dazu in der Lage, in die chromosomale DNA ihres Wirtes integrieren zu können, wenn entsprechende Erkennungssequenzen vorhanden sind. Diese Möglichkeit steht jedoch nicht jedem Plasmid offen und funktioniert auch nicht bei jedem Wirt.

11.1.1.1 Form und Struktur von Plasmiden

Wenn Plasmide in der Zelle frei vorliegen, kommen sie in einer superspiralisierten *(supercoiled)* runden Form vor, die sie vor dem Abbau zelleigener Enzyme, Endonukleasen, bewahrt. Unter bestimmten Umständen, beispielsweise bei der Isolation von Plasmid-DNA und unter Einwirkung mechanischer Kräfte, können Plasmide jedoch insgesamt drei verschiedene Zustandsformen annehmen (◪ Abb. 11.1). Diese können sogar auf Agarosegelen durch die Agarosegelelektrophorese (AGE; ▶ Abschn. 12.6) aufgetrennt und visualisiert werden. Die bereits genannte *supercoiled* Form bedeutet, dass das Plasmid überspiralisiert vorliegt, ähnlich wie ein rundes Gummiband, das ineinander verdreht wird. Dies stellt die natürliche Konformation dieser extrachromosomalen DNA dar. Aufgrund der Überspiralisierung kommt es zu Torsionsspannungskräften, die an dem Molekül wirken. Diese Kräfte können demetsprechend dafür sorgen, dass Einzel- oder Doppelstrangbrüche am Plasmid auftreten. Die erste Möglichkeit wird als *nicked* (eingeschnittene) Form bezeichnet, da einer der DNA-Stränge einen Bruch erlitten hat, wodurch dieser Einzelstrang sich frei um den noch verdrillten „bewegen" kann. Dadurch wird die Torsionsspannung reduziert, wodurch das Plasmid wesentlich

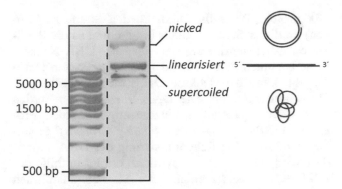

◪ **Abb. 11.1** Schematische Darstellung der drei möglichen natürlich vorkommenden Plasmidstrukturen *(rechts)* und deren Auftrennung mithilfe der Agarosegelelektrophorese *(links)*. Wie deutlich im Agarosegel zu sehen ist, läuft die *nicked* Variante des Plasmids am langsamsten bei der Elektrophorese. Wenn das Plasmid vollständig linearisiert vorliegt, läuft es etwas schneller, aber immer noch langsamer als die natürlich vorkommende *supercoiled* Form, die auch die kompakteste Form darstellt. Links im Agarosegel ist ein Marker aufgetragen, der Aussagen über die Fragmentlängen ermöglicht. (A. Bruch)

offener und entspannter vorliegt. Durch einen Doppelstrangbruch hingegen wird das Plasmid **linearisiert** und verliert seine typische kreisrunde Form.

11.1.1.2 Replikation von Plasmiden

Welche weiteren genetischen Eigenschaften besitzt ein Plasmid? Diese extrachromosomalen Elemente können aus unterschiedlichen Genen und Sequenzen zusammengesetzt sein. Jedoch verbindet alle die Fähigkeit zur Replikation. In ▶ Abschn. 5.2.3 wurde dabei erstmals die Theta (θ)-Replikation erwähnt, die sowohl für das prokaryotische Chromosom, als auch für Plasmide die Grundlage des vertikalen Gentransfers darstellt und um die es hier gehen soll. Neben der θ-Replikation können einige Plasmide zudem aber auch über die Sigma (σ)-Replikation verdoppelt werden, doch dazu später mehr, wenn es um den horizontalen Gentransfer und die Konjugation geht (▶ Abschn. 11.1.2).

Um die θ-Replikation eines Plasmides zu starten beziehungsweise durchzuführen, werden die Proteine **DnaA, DnaB, DnaC** und **DnaG** benötigt. Dabei bindet DnaA an einer AT-reichen Region namens *origin of replication (oriC)*, genauer noch an einer Konsensussequenz, die als **DnaA-Box** bezeichnet wird. Da diese Sequenz mehrfach vorhanden ist, können demzufolge mehrere Proteine binden und sorgen so für die Entwindung des Plasmids. Dies muss vor der Replikation geschehen, da das Plasmid überspiralisiert vorliegt, wodurch normalerweise das Binden der Replikationsmaschinerie behindert oder verhindert wird. DnaA verbleibt so lange an dem Plasmid, bis die Proteine DnaB (eine Helikase) und DnaC (ein Lade- oder

Hilfsprotein, das hilft, DnaB an den Strang zu bringen) an dieser Stelle ebenfalls binden und so die Replikationsgabel markieren, an der die DNA-Neusynthese beginnen kann. Sobald DnaC das Protein DnaB freigibt, kann die Helikase DnaB die doppelsträngige DNA weiter öffnen. Die DNA-Einzelstränge werden dabei von sogenannten Einzelstrang-bindenden Proteinen (**SSBs,** *single-strand binding proteins*) gebunden, wodurch eine Rehybridisierung der DNA verhindert wird. Die DNA-Neusynthese erfolgt mithilfe der **DNA-Polymerase III** anhand der Matrize (ausführlich erläutert in ▶ Abschn. 5.2.3). Um jedoch mit der allgemeinen Replikation beginnen zu können, benötigt die DNA-Polymerase III kurze RNA-Nukleotidstücke, die ihr den Startpunkt anzeigen. Diese werden als **RNA-Primer** bezeichnet und sind nicht länger als zehn Nukleotide. Die Primase **DnaG** synthetisiert diese anhand der Matrize. Später werden die Primer wiederum durch die **RNaseH** oder durch die **DNA-Polymerase I** entfernt.

Diese Form der Replikation spiegelt wie gesagt auch die Replikation eines bakteriellen Chromosoms wider, welche ebenfalls über einen *oriC* erfolgt. Dies ergibt auch Sinn, da sich Plasmide immer der Replikationsmaschinerie (aber auch Transkriptions- und Translationsmaschinerie) des Wirtes bedienen und nur die RNA-Primer zur Verfügung stellen, um die DNA-Neusynthese vorantreiben zu können.

11.1.1.3 Die Regulation der Kopienzahl und Inkompatibilität von Plasmiden

Plasmide bringen an sich aber nicht nur Vorteile, sondern es ist für eine Zelle schlichtweg auch nervig und anstrengend, bei der Replikation zusätzlich zum Chromosom auch noch unzählige Plasmide zu replizieren! Da kann es auch mal passieren, dass eine Zelle einfach alle ungebetenen Gäste rausschmeißt oder dass sie einfach stirbt, wenn es ihr zu viel wird.

Populärwissenschaftlich gesprochen sind Plasmide – wie die meisten Parasiten – jedoch recht egoistisch und keineswegs daran interessiert, dass sie rausgeschmissen werden, geschweige denn, dass ihr Wirt stirbt. Um das zu verhindern sind Plasmide in der Lage, ihre Kopienzahl in einer Zelle zu kontrollieren *(copy number control)*. Man unterscheidet in **high copy**-Varianten, die in relativ hoher Kopienzahl (≥100 pro Zelle) vorkommen, und in *low copy*-Varianten, die in niedrigerer Kopienzahl (1–20 Kopien pro Zelle) vorkommen. Die Regulation der Kopienzahl findet dabei vor allem auf der Ebene der Initiation der Plasmid-Replikation statt und man kennt hier vor allem zwei Mechanismen: die Replikationskontrolle durch kleine regulatorische RNAs (sRNAs) und durch Iterons.

Die Klasse der **sRNAs** lernten wir bereits in ▶ Abschn. 8.1.4.2 kennen. In diesem Fall geht es vor allem

um *cis*-codierte RNAs, die auf dem Plasmid gegenüber *(antisense)* des Gens liegen, dessen mRNA ihr Ziel darstellt. Die Ziel-mRNAs codieren wiederum für Proteine, die bei der Plasmidreplikation in der Regel eine wichtige Rolle spielen, wie beispielsweise *replication initiator proteins* (**REPs**). Die Regulation durch die *antisense*-sRNAs kann dabei auf transkriptioneller oder translationaler Ebene stattfinden und führt in der Regel zur Inhibierung der Genexpression. Unterm Strich bedeutet das, je mehr Plasmide es gibt, desto mehr *antisense*-sRNAs gibt es auch. Dadurch wiederum wird die Produktion der für die Replikation benötigten REPs unterdrückt – ein klassischer Feedback-Loop!

Am Rande bemerkt

Eine besondere Ausnahme stellt hier das Plasmid ColE1 aus *E. coli* dar: Im Gegensatz zu anderen Plasmiden kommen hier keine REPs zum Einsatz, sondern es bedarf lediglich eines Plasmid-codierten **RNA-Primers,** der der Initiation der Plasmid-Replikation dient. Aber auch dieser kann reguliert werden, indem *antisense*-codierte sRNAs an den Vorläufer des RNA-Primers binden und dessen Reifung verhindern!

Die zweite Möglichkeit der Replikationskontrolle findet sich in solchen Plasmiden, die **Iterons** enthalten. Iterons sind Wiederholungen spezifischer Sequenzen mit einer Länge von jeweils etwa 20 bp, die sich innerhalb mancher *origins of replication (ori)* befinden. Normalerweise binden hier die bereits oben erwähnten REPs und initiieren die Replikation eines Plasmids. Befinden sich in einer Zelle jedoch bereits sehr viele Plasmide, so sind die REPs in der Lage, die *ori*s von zwei verschiedenen Plasmiden miteinander zu verbinden. Diese Kopplung beruht vor allem auf der Bindung des REP-Proteins an die Iteron-Sequenzen der jeweiligen *ori*s. Das entstehende Konstrukt ähnelt zwei ineinander verhakten Handschellen und macht eine weitere Replikation unmöglich. Im Englischen wird dieser Mechanismus auch „*handcuffing*" genannt (engl. *handcuff* = Handschelle).

▪▪ Inkompatibilität von Plasmiden

Wie bereits oben erwähnt, könnte man Plasmide bildlich gesprochen als egoistisch beschreiben. Dabei regulieren sie im Rahmen ihres „Selbsterhaltungstriebes" nicht nur ihre eigene Anzahl, sondern bleiben auch gerne unter sich. Über sogenannte **Inkompatibilitätsgene** wird nämlich bestimmt, welche Plasmide unfähig sind, gleichzeitig mit anderen Plasmiden im selben Wirt zu koexistieren. So können Plasmide aus derselben Gruppe, die genetisch sehr ähnlich sind und demnach ähnliche Regulationsmechanismen besitzen, aufgrund ihrer **Inkompatibilität** niemals im selben Wirt vorliegen. Anders gesagt: selbst wenn durch Zufall zwei ähnliche Plasmidarten in einem Wirt vorkommen, geht eine der beiden über die Zeit verloren.

11.1.1.4 Das *hok-sok-mok*-System

▪▪ Ein Selbsterhaltungsmechanismus bei Plasmiden
Zusätzlich besitzen viele Plasmide sogenannte **„Bedrohungsgene",** die den Wirt daran hindern, das Plasmid aus der Zelle zu entfernen. Ein gutes Beispiel stellt dabei das **hok-sok-mok-System** des ColE1-Plasmids dar. Das **hok**-Gen *(hok = host killing)* codiert dabei für ein Toxin, welches die Membran der Wirtszelle durchlässig macht, was diese letzten Endes tötet. Dabei enthält die Sequenz von *hok* am 5'-Ende einen kleineren Abschnitt, der für dessen Expression benötigt wird und als **mok** *(modulator of killing)* bezeichnet wird. Wenn das *hok*-Gen also transkribiert wird,

entsteht eine mRNA, die dank *mok* etwas länger als nötig ist. Dies ermöglicht einer kleinen RNA namens *sok (suppressor of killing)* diese mRNA zu binden und so die Translation zu verhindern (▪ Abb. 11.2). Der Transkriptionsursprung dieser kleinen RNA liegt dabei an derselben Stelle wie *mok,* geht jedoch von dem nichtcodierenden Strang aus. Der Clou bei diesem System ist die Lebensdauer der beiden Transkripte. Während das *mok-hok-* Transkript sehr stabil ist, wird die kleine *sok*-RNA sehr schnell nach ihrer Transkription abgebaut. Dadurch ist die Wirtszelle ständig dazu gezwungen, *sok* neu zu synthetisieren, um die Expression des Toxins stillzulegen. Das System ist sogar so effizient, dass es die Weitergabe des Plasmids an die nächste Generation erzwingt. Da die stabilen *mok-hok*-Transkripte während der Zellteilung in die Tochterzelle gelangen können, würden diese nach der Translation zum Tod der Nachfolgerzelle führen (▪ Abb. 11.2, II.). Demzufolge ist die Mutterzelle dazu gezwungen, das Plasmid auch an die

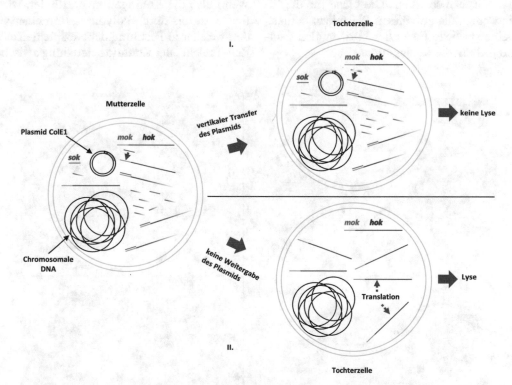

▪ Abb. 11.2 Erzwungener Erhalt und Weitergabe eines Plasmids durch das *hok-sok-mok*-System. Auf dem Plasmid liegt das Gen *hok* (*host killing*), welches für ein Toxin codiert. Im 5'-Bereich des Gens liegt eine Sequenz, die als *mok* (*modulator of killing*) bezeichnet und mit transkribiert wird. Dieses kleine Element der mRNA fungiert als Bindungsstelle für die RNA *sok* (*suppressor of killing*), die vom nichtcodierenden Strang von *mok* transkribiert wird. Dementsprechend kann *sok* vollständig komplementär mit *mok* hybridisieren, was zur Inhibition der Translation des *mok-hok*-Transkripts führt und demnach die Produktion des Toxins verhindert. Wird das Plasmid über vertikalen Transfer an die Tochterzellen weitergegeben, kann auch hier die bekannte Regulation des Toxins stattfinden, und die Zelle wird nicht abgetötet (**I.**). Sollte keine Weitergabe erfolgt sein, kommen die unterschiedlichen Stabilitäten der Transkripte von *sok* und *mok-hok* zum Tragen. Während die kleine *sok*-RNA sehr instabil ist und schon nach kurzer Zeit abgebaut wird, ist die Lebensdauer der *mok-hok*-mRNA wesentlich länger. Dies kann sogar so weit gehen, dass diese Transkripte teilweise an die Tochterzelle weitergegeben werden und deren Translation aufgrund der fehlenden *sok*-RNA nicht unterbunden wird. Folglich wird das Toxin ungehindert produziert, was zur Lyse der Zelle führt (**II.**). (A. Bruch)

nächste Generation weiterzugeben. Damit erzwingt das Plasmid also nicht nur das Verbleiben in der Wirtszelle, sondern auch den vertikalen Transfer an die nächste Generation (◘ Abb. 11.2, I.).

11.1.2 Die Konjugation

Über die genannten allgemeinen Eigenheiten von Plasmiden hinaus existieren jedoch auch weitere Gene, die nur bei einigen Gruppen dieser mobilen DNA-Moleküle zu finden sind. Diese **konjugativen Plasmide** enthalten zusätzlich neben dem *oriC* einen sogenannten *oriT (origin of transfer)*, welcher als Startpunkt für die Sigma (σ)-Replikation eines Plasmids dient (▶ Abschn. 5.2.4). Dieser wird jedoch nicht für den vertikalen, sondern für den horizontalen Transfer des Plasmids von der Wirtszelle auf eine andere Zelle, die das Plasmid nicht trägt, genutzt. Diese Übertragung erfolgt über **Sexpili,** welche einen direkten und engen Kontakt von der Donor- zur Empfängerzelle (Rezipientenzelle) herstellen und so eine Cytoplasmabrücke schaffen. Die Gene für die Pilusbildung sind ebenfalls auf diesen Plasmiden codiert, wodurch sie eine spezielle Form des horizontalen Gentransfers ermöglichen: die **Konjugation.**

Der Mechanismus der Konjugation ermöglicht also den Austausch von genetischem Material in Form von Plasmiden zwischen Bakterien (Gram-positiv und -negativ) und Archaeen. Man könnte also von Bakterien-Sex sprechen. Zudem kann er sogar von Bakterien auf Eukaryoten beobachtet werden (Exkurs 11.1). Diese Form des horizontalen Gentransfers steht aber nicht allen Plasmiden offen und benötigt ein gewisses Repertoire an Genen und Konsensussequenzen, welche auf der mobilen DNA vorliegen müssen. Dazu gehört zum einen, dass das Plasmid von einer Zelle zu einer anderen möglichst ohne Informationsverlust transportiert werden kann. Dafür muss das Bakterium etwa ein bis drei Sexpili ausbilden, welche den Kontakt zur Rezipientenzelle herstellen. Ein klassisches Beispiel für bakterielle Konjugation stellt hierbei das **F-Plasmid** (Fertilitätsplasmid) aus *Escherichia coli* dar. Auf diesem sind neben einem zusätzlichen *origin of replication (oriT)* Gene für die **Pilinsynthese** (*TraA* oder für Pilin) und den Transportmechanismus (**Typ-IV-Sekretionsmechanismus** oder **T4SS**) in der *tra*-Region codiert. Wenn also die Konjugation stattfindet, wird Pilin synthetisiert, das durch Polymerisation einen Sexpilus bildet, welcher in Richtung der Rezipientenzelle (oder F⁻-Zelle) reicht. Bei Kontaktherstellung zwischen F⁺-Zelle

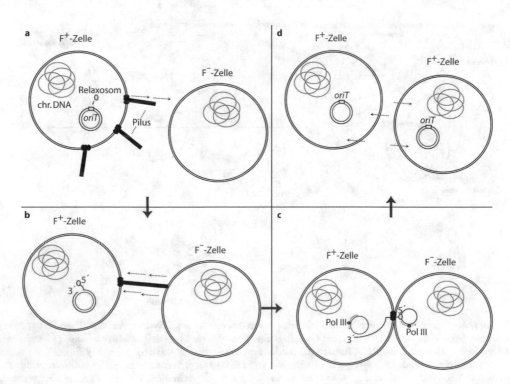

◘ **Abb. 11.3** Schematische Darstellung des Konjugationsprozesses bei *Escherichia coli*. Ein Bakterium mit F-Plasmid (F⁺-Zelle) bildet im Durchschnitt bis zu drei Pili aus, welche versuchen, mit einem Rezipienten (F⁻-Zelle) in Kontakt zu treten (**a**). Das Relaxosom bindet dabei den *oriT*-Bereich, wobei die Relaxase einen Einzelstrangbruch durchführt. Parallel dazu wird die F⁻-Zelle durch Depolymerisation des Pilus in direkte Nachbarschaft zur Donorzelle gebracht (**b**). Durch die direkte Cytoplasmabrücke transportiert vermutlich das Relaxosom den Einzelstrang in die F⁻-Zelle. Dabei werden gleichzeitig beide Einzelstränge durch die DNA-Polymerase III (Pol III) und damit die *rolling-circle*-Replikation wieder doppelsträngig synthetisiert (**c**). Nach Beendigung der Plasmidübertragung entfernen sich beide Zellen wieder voneinander, und die Plasmide gehen in die *supercoiled* Form über (**d**). (A. Druch)

(Donorzelle) und F⁻-Zelle (Empfängerzelle) depolymerisiert der Pilus wieder und sorgt so dafür, dass beide Bakterien in direkter Nachbarschaft zueinander liegen (◘ Abb. 11.3). Währenddessen werden weitere *tra*-Gene exprimiert, darunter auch die **Relaxase,** welche zusammen einen Multiproteinkomplex oder auch das **Relaxosom** bilden. Dieses bindet am *oriT*, wobei die Relaxase einen Einzelstrangbruch am Plasmid durchführt und eine kovalente Bindung zwischen einem Tyrosinrest und dem 5′-Ende der zirkulären DNA erstellt. Dieser Heterodimerkomplex wird durch ein sogenanntes **Kopplungsprotein** (vermutlich unter ATP-Verbrauch) erkannt und in Kontakt mit dem T4SS gebracht. Durch das Sekretionssystem wird die einzelsträngige DNA mithilfe des Relaxosoms in die Rezipientenzelle übertragen.

Während dieser Übertragung wird in der Donorzelle bereits die DNA-Replikation des zurückgebliebenen Plasmideinzelstrangs am 3′-Ende eingeleitet. Durch die Übertragung eines Einzelstrangs und die parallel verlaufende Replikation in die Gegenrichtung entsteht beim Plasmid eine Drehbewegung, weshalb diese Form der DNA-Neusynthese auch als *rolling-circle*-**Replikation** bezeichnet wird (▶ Abschn. 5.2.4). Ist der transportierte Einzelstrang in der F⁻-Zelle angekommen, so rezirkuliert dieser, und auch hier wird die DNA-Replikation induziert. Sobald beide Zellen wieder ein doppelsträngiges Plasmid aufweisen, gehen sie in ihre native Form über, sie überspiralisieren also, und beide Zellen trennen sich wieder.

11.1.2.1 (K)ein besonderer Fall: Integration des Plasmids in das Wirtsgenom

Ein interessanter Nebenaspekt der **F-Plasmid**-abhängigen Konjugation stellt auch die Tatsache dar, dass auf dem Plasmid mobile genetische Elemente oder **IS-Elemente** *(insertion sequence)* zu finden sind, welche ebenfalls in der chromosomalen DNA des bakteriellen Wirtes vorkommen können. Diese Sequenzen sind sich zuweilen sehr ähnlich, sodass das F-Plasmid auch über Rekombination in das bakterielle Chromosom integrieren kann (◘ Abb. 11.4). Ein ins Wirtsgenom integriertes Plasmid wird als **Episom** bezeichnet. Dabei kann eine Integration weitreichende Auswirkungen haben, da die Konjugation nach wie vor möglich ist. Jedoch wird bei der Aktivierung des F-Plasmids dann nicht nur ein kleines Plasmid übertragen, sondern es ist theoretisch möglich, das komplette Wirtsgenom oder wenigstens einen Teil der **genomischen DNA** an die Rezipientenzelle weiterzugeben. Praktisch kommt ein vollständiger Übertrag jedoch nicht zustande, da die Konjugation durch verschiedene Störfaktoren in der Regel zeitlich begrenzt ist und einfach irgendwann abgebrochen wird. Trotzdem können diese speziellen Bakterien für einen hohen Austausch an genetischem Material sorgen. Demzufolge werden Bakterienstämme, die ein F-Plasmid in ihre genomische DNA integriert haben, als **Hfr-Stämme** (*high frequency of recombination*) bezeichnet.

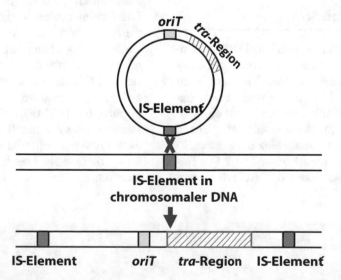

◘ **Abb. 11.4** Integration eines F-Plasmids in die chromosomale DNA eines Bakteriums anhand von IS-Elementen durch homologe Rekombination. Ein F-Plasmid besitzt mobile genetische Elemente, die IS-Elemente, welche auch auf der chromosomalen DNA eines Bakteriums vorkommen können. Da sich die Sequenzen dieser Elemente sehr ähneln, kann das Plasmid durch homologe Rekombination in die bakterielle DNA integrieren und wird dann als Episom bezeichnet. Da es sich um ein konjugatives Plasmid handelt, kann hier bei der Konjugation nicht nur die zirkuläre Plasmid-DNA, sondern es können auch Teile der chromosomalen DNA des Bakteriums mit übertragen werden. Prokaryoten, die konjugative Episomen in ihren Chromosomen enthalten, werden als Hfr-Stämme bezeichnet. (A. Bruch)

.11

Nun könnte angenommen werden, dass die Konjugation ein Prozess ist, der ausschließlich zwischen Bakterien stattfindet. Tatsächlich ist es allerdings so, dass die Weitergabe von Plasmiden von Prokaryoten auf Eukaryoten durchaus möglich ist und nicht nur unter Laborbedingungen, sondern auch in der Natur beobachtet werden kann. Eine Möglichkeit stellt zum Beispiel der Infektionsverlauf von Agrobacterium tumefaciens dar. Dieses Bakterium infiziert Zellen dikotyler (zweikeimblättriger) Pflanzen an Wundstellen, welche normalerweise verschiedene pflanzliche Signalstoffe ausschütten. Diese Signalstoffe führen zur Aktivierung des Ti-Plasmids (tumor inducing) von A. tumefaciens, was letzten Endes den Konjugationsmechanismus in Gang setzt. Ein horizontaler Gentransfer zwischen Pro- und Eukaryoten konnte außerdem zwischen E. coli und Saccharomyces cerevisiae (Bäckerhefe) bzw. Ovarienzellen von Hamstern unter Laborbedingungen hervorgerufen werden [1, 2]. Ob diese Form der Konjugation natürlich vorkommt, sei dahingestellt, jedoch zeigt sich, dass ein reger Austausch von genetischem Material zwischen den drei Domänen möglich ist! Dementsprechend sollten wir vielleicht auch anfangen, anders über die Plastizität unseres eigenen Genoms zu denken, und uns davon verabschieden, dass unsere genetische Information in Stein gemeißelt und unveränderlich ist.

11.1.3 Die Transformation

Eine weitere Möglichkeit für Bakterien, DNA auszutauschen oder neues genetisches Material aufzunehmen, besteht in der **Transformation.** Vielleicht wird von einigen aufgeweckten Leserinnen und Lesern damit eine Methode verbunden, bei der im Labor ein Modellorganismus mit einem DNA-Molekül der Wahl in Kontakt und über **chemische Kompetenz** dazu gebracht wird, dieses aufzunehmen (▶ Abschn. 12.1.2.1). Tatsächlich kommt diese Möglichkeit der Aufnahme von

DNA-Molekülen aus der Umwelt der Zelle völlig natürlich vor und wird je nach Art durch unterschiedliche Faktoren gesteuert. Eine Grundvoraussetzung für die Aufnahme von genetischem Material wurde bereits kurz angesprochen: Das Bakterium muss **kompetent** sein, um DNA über die Membran binden und aufnehmen zu können. Im Labor wird diese Kompetenz über verschiedene Salzlösungen, wie beispielsweise LiCl oder $CaCl_2$, hervorgerufen, wobei die letztendliche Aufnahme der DNA über einen kurzen Hitzeschock (zum Beispiel bei *E. coli*) induziert wird. Die natürliche Steuerung der bakteriellen Kompetenz wird im Allgemeinen in vier Kategorien eingeteilt (◘ Tab. 11.1).

1. Die erste Kategorie betrifft chemische und physikalische Einwirkungen auf die genomische DNA eines Bakteriums, welche ein bestimmtes Programm für die DNA-Aufnahme aktivieren. Dabei können zum Beispiel UV-Licht, Temperatur oder verschiedene Antibiotika ein gängiger Transformationsinduktor, also Auslöser, sein.
2. Die zweite Möglichkeit, Kompetenz zu induzieren, hängt von der Zelldichte eine Bakterienpopulation ab und wird als *Quorum sensing* bezeichnet. Die Zellen in der Population produzieren und senden Botenstoffpeptide (Pheromone) aus, die über spezifische Rezeptoren in der Membran registriert werden. Sollte die Menge dieser Peptide eine gewisse Schwellenkonzentration übersteigen, wird dies von den Bakterien der Population erkannt, und in der Folge werden Kompetenzgene aktiviert. Die Kompetenz ist also in diesem Fall direkt von der Dichte einer Bakterienpopulation abhängig und wird gerade von Gram-positiven Bakterien genutzt.
3. Die letzten beiden Varianten, Kompetenz zu induzieren, betreffen das Angebot von Kohlenstoffquellen im Biotop. Dabei diskriminieren Bakterien zwischen der Menge des bevorzugten Nährstoffes (zum Beispiel Glukose) und produzieren sekundäre intrazelluläre Botenstoffe wie zyklisches Adenosinmonophosphat (cAMP), um kohlenstoffabhängige katabole Prozesse (zum Beispiel die Glykolyse) zu inaktivieren und unter anderem Kompetenzproteine zu synthetisieren. Das heißt, dass sobald eine Bakterienkultur in die stationäre Wachstumsphase

◘ **Tab. 11.1**   Vier allgemeine Kategorien, über die eine Bakterienpopulation kompetent werden kann. Darüber hinaus werden einige Induktoren genannt, die diesen Prozess begünstigen oder in Gang setzen können

Kategorien	Mögliche Kompetenzinduktoren
Physikalische/chemische Induktion	Genotoxischer Stress (UV-Licht, Antibiotika etc.)
Quorum sensing	Bestimmte Konzentration von Botenstoffpeptiden
Hungerzustand	Niedriges Angebot der bevorzugten C-Quelle
Alternative Kohlenstoffquelle	Chitin oder andere schwer zugängliche Nährstoffquellen

gerät, diese aufgrund des erhöhten cAMP-Levels eine gesteigerte Kompetenz aufweist. Ein gutes Beispiel dafür ist das Gram-negative Bakterium *Haemophilus influenzae* (ein human-pathogenes Bakterium, welches verantwortlich für Atemwegsentzündungen ist). Bei diesem konnte gezeigt werden, dass wenn dem Kultivierungsmedium zusätzlich cAMP beigemengt wurde, eine Kompetenzinduktion selbst bei Zellen in der exponenziellen *(log)* Phase zu beobachten war. Demzufolge scheinen das zyklische Nukleotid und damit verbundene Proteine, wie der cAMP-Rezeptor (CRP) und die Adenylatzyklase (CyaA), notwendige Voraussetzungen für die Kompetenzinduktion zu sein.

4. Wenn jedoch eine Kohlenstoffquelle fehlt oder eine neue im Biotop auftaucht, kann dies ebenfalls zur Aktivierung von Kompetenzgenen führen. Gezeigt werden konnte diese Art der Transformationskontrolle mithilfe von *Vibrio cholerae*, dem Erreger der Cholera, welchem als Kohlenstoffquelle Chitin angeboten wurde. Das Gram-negative Bakterium sekretiert sogenannte Chitinasen (ChiA-1 und ChiA-2), die das Chitin – ein Polysaccharid, das aus N-Acetylglukosamin-Einheiten besteht – primär zu Diacetylchitobiose degradiert, die als Signalstoff dient. Die Diacetylchitobiose wird von *V. cholerae* aufgenommen und setzt eine Expressionskaskade in Gang, an deren Ende die Translation des Proteins TfoX aktiviert wird, das als positiver Regulator von Kompetenzgenen fungiert.

11.1.3.1 Transformation am Beispiel von *Vibrio cholerae*

Nun sind mehrere Möglichkeiten aufgezeigt worden, durch die verschiedene Typen von Bakterien natürliche Kompetenz erlangen können. In diesem Zusammenhang wurden auch immer wieder Kompetenzgene bzw. -proteine erwähnt, doch was genau soll man sich darunter vorstellen? Ähnlich wie bei der Konjugation verwenden viele Bakterien (natürlich gibt es auch hier Ausnahmen) verschiedene Gene des Typ-IV-Sekretionssystems und nutzen verschiedene Pilusproteine, um die Aufnahme und den Transport von DNA in das Zellinnere vorantreiben zu können.

Die Transformation soll nun am Beispiel von *Vibrio cholerae* näher betrachtet werden (ein hypothetisches Modell der DNA-Aufnahme ist in ☐ Abb. 11.5 gezeigt). Zu Beginn wird eine dsDNA über PilA an die äußere Membran (OM, *outer membrane*) des Bakteriums gebunden. Über kontraktile Bewegungen des PilA-Polymers, welche durch Motorproteine in der inneren Membran (IM) hervorgerufen werden, wird die dsDNA durch die Sekretinpore, die aus PilQ besteht, in den Intermembranraum transportiert. Dort wird sie

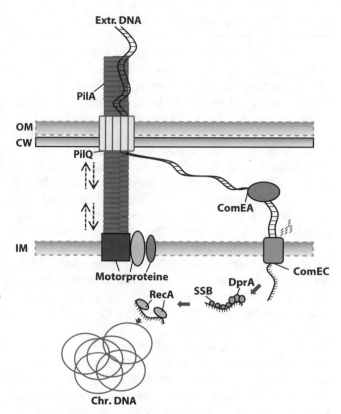

☐ **Abb. 11.5** Beispielhafte Darstellung der Transformation am Beispiel von *Vibrio cholerae*. Bei der Transformation wird die doppelsträngige DNA über PilA an die äußere Membran (OM, *outer membrane*) gebunden, über PilQ durch diese und die Zellwand (CW, *cell wall*) in den Intermembranraum transportiert und dort von ComEA gebunden. Dieses überträgt die extrachromosomale DNA (Extr. DNA) an ComEC, ein Membranprotein der inneren Membran (IM), wobei nur ein Einzelstrang in das Cytoplasma gelangt, während der andere Strang degradiert wird. Um den Abbau durch zelleigene Nukleasen zu verhindern, binden SSBs und DprA die einzelsträngige DNA. DprA rekrutiert das Protein RecA, das anhand von homologen Sequenzbereichen in der chromosomalen und der importierten DNA eine Rekombination durchführt. (A. Bruch)

über das DNA-Bindeprotein ComEA gebunden, welches vermutlich die Weiterleitung zum Transportprotein ComEC vermittelt, ein Membranprotein der inneren Membran. Während der Transporter nur einen Einzelstrang in das Cytoplasma weiterleitet, wird der andere Strang durch eine nicht bekannte Nuklease degradiert. Im Cytoplasma wird die ssDNA von DprA und SSBs besetzt, um zu verhindern, dass dieser Strang ebenfalls degradiert wird. DprA rekrutiert weiterhin das Protein RecA, das die **Rekombination** des aufgenommenen DNA-Strangs in die genomische DNA (gDNA) anhand von homologen Sequenzbereichen vorantreibt. Ohne diese homologen Sequenzen ist eine erfolgreiche Rekombination eher unwahrscheinlich, was letzten Endes zu einem Misserfolg der Transformation führt.

11.1.4 Die Transduktion

Die dritte grundlegende Variante des horizontalen Gentransfers zwischen Bakterien ist die Transduktion. Die Transduktion ist ein Prozess, der direkt von bakterienspezifischen Viren abhängt, den **Bakteriophagen.** Diese fungieren als Genfähren (Vektoren), indem sie während ihres Replikationszyklus Teile der bakteriellen DNA ihres Wirtes in neu gebildete Phagen verpacken und diese bei Neuinfektion eines anderen Bakteriums jenem injizieren. Der „Wirt" kann diese transduzierte DNA darauffolgend über homologe Rekombination in das eigene Genom integrieren und so an neue genetische Information kommen. Das hört sich alles erst mal einfach an, jedoch gibt es hier auch wieder verschiedene Transduktionsmöglichkeiten. Demnach spricht man entweder von der allgemeinen oder der spezifischen Transduktion, welche in der Natur auftreten und von unterschiedlichen Phagentypen abhängen können.

11.1.4.1 Die allgemeine Transduktion

Bei der **allgemeinen Transduktion** kommt es zunächst zur Infektion eines Bakteriums (◨ Abb. 11.6) durch einen virulenten Phagen wie beispielsweise den P1-Phagen. Das bedeutet, dass dieser Virus nach der Infektion direkt den phagenspezifischen Replikationsmechanismus mit anschließender Lyse des Wirtes induziert. Der damit eingeleitete **lytische Zyklus** (▶ Abschn. 11.2.1.1) beginnt mit der Aktivierung spezieller Replikationsgene des Bakteriophagen, welche unter anderem für Strukturproteine des Viruskörpers (**Kapsomere**) codieren. Der DNA-Replikationsmechanismus des Wirtes

wird dabei vom Virus verwendet, um dessen genetisches Material zu replizieren und so die neu gebildeten Viruspartikel mit je einer Kopie zu füllen.

Während dieses „Virus-Produktionszyklus" wird die genomische DNA des Wirtes über Nukleasen degradiert, wodurch unterschiedlich große Fragmente entstehen. Diese können durch Zufall genau dieselbe oder eine ähnliche Größe im Vergleich zum Phagengenom haben, weshalb sie versehentlich in einige der neu gebildeten Viruspartikel „verpackt" werden (◨ Abb. 11.6). Diese Viren tragen demzufolge einen Teil der bakteriellen Wirts-DNA, welche sie bei Neuinfektion in den nächsten Wirt übertragen. Die übertragene bakterielle DNA kann anschließend über Rekombination in das bakterielle Genom des neuen Wirtes integriert werden.

Ein gängiges Beispiel für diese Form der Transduktion stellt dabei der **Phage P1** dar. Dieser für *E. coli* spezifische, temperente Phage enthält als genetisches Material eine etwa 92 kb große, zirkuläre DNA, welche bei der Infektion im Cytoplasma des Bakteriums verbleibt (lysogener Zyklus; ▶ Abschn. 11.2.1.2). Bei der Induktion des lytischen Zyklus wird diese zirkuläre DNA über den bereits bekannten *rolling-circle*-Mechanismus repliziert. Dadurch entstehen linearisierte, aneinandergereihte Kopien des Phagengenoms, welche auch als **Concatemere** bezeichnet werden. Diese werden durch Nukleasen in etwa 92 kb große Fragmente geschnitten und auf die neuen Phagenpartikel aufgeteilt. Wie dieser Replikationsmechanismus ausgehen kann, wurde oben bereits besprochen. Einige Viruskörper können mit bakterieller DNA gefüllt werden, welche bei Neuinfektion auf ein anderes Bakterium übertragen werden kann.

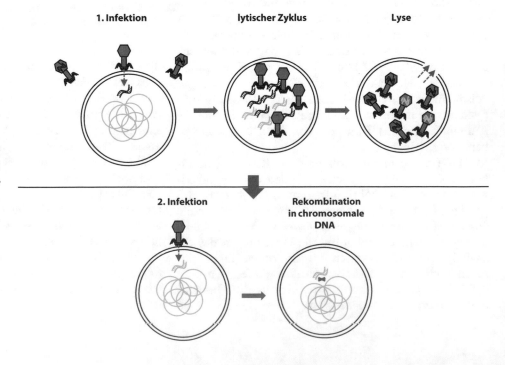

◨ **Abb. 11.6**   Allgemeine Transduktion. Bei der (ersten) Infektion eines Bakteriums schleust der Phage sein genetisches Material in den Wirt und startet damit den lytischen Vermehrungszyklus. Dabei wird neben der Synthese neuer viraler DNA und von Phagenhüllen die chromosomale DNA des Wirtes „zerschnitten" und degradiert. Wenn die neuen Viruspartikel mit der viralen DNA beladen werden, können Teile des genetischen Materials des Bakteriums *(grau)* in einen Phagen verpackt werden. Nach der Lyse und Neuinfektion eines weiteren Bakteriums kann ein Phage, der bakterielle DNA beinhaltet, diese einschleusen, wobei die bakterielle DNA dann über Rekombination in das Genom des neuen „Wirtes" aufgenommen wird. (A. Bruch)

1. Infektion   **lytischer Zyklus**   **Lyse**

2. Infektion   **Rekombination in chromosomale DNA**

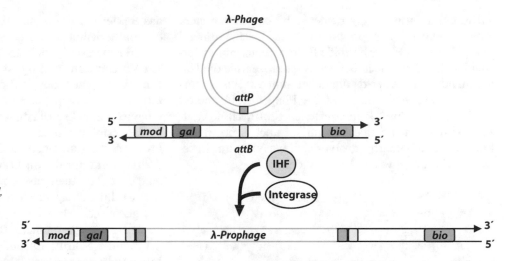

Abb. 11.7 Schematische Darstellung der Integration der λ-Phagen-DNA. Mithilfe der Phagen-codierten Integrase und dem IHF*(integration host factor)*-Protein werden sogenannte *attachement sites* in der Phagen- *(attP)* und der Bakterien-DNA *(attB)* erkannt. Nur anhand dieser Erkennungssequenz kann die virale DNA in das Wirtsgenom integrieren, wobei diese in *E. coli* meist zwischen den Operons *mod, gal* und *bio* liegt. (A.Bruch)

11.1.4.2 Die spezifische Transduktion

Für den Prozess der **spezifischen Transduktion** wird das Beispiel des **λ-Phagen** herangezogen. Dieses Virus weist einen direkten Unterschied gegenüber dem P1-Phagen auf, denn die DNA des Phagen λ integriert unabhängig vom Rekombinationsmechanismus des Wirtes in die bakterielle DNA. Man spricht hier auch vom **lysogenen Zyklus,** bei dem der Wirt nicht sofort abgetötet wird, sondern die Phagen-DNA eine Weile im Wirtsgenom verbleibt und durch die Integration zusammen mit der bakteriellen DNA immer wieder repliziert wird. Durch spezifische Signale kann jedoch ein Übergang vom lysogenen auf den lytischen Zyklus induziert werden.

Für die Einleitung des lysogenen Zyklus, zirkularisiert die Phagen-DNA von λ im Cytoplasma des Wirtes nach der Infektion. Auf dieser liegt neben den Genen für die Virus-Replikationsmaschinerie auch eine sogenannte *attachement site (attP)*. Eine ähnliche Sequenz, *attB* genannt, liegt auf der bakteriellen DNA von *E. coli* vor, welche von einer phagencodierten Integrase in Kooperation mit dem bakteriellen IHF-Protein *(integration host factor)* erkannt wird. An dieser Stelle wird die DNA des λ-Phagen integriert (**Prophagenzustand,** Abb. 11.7). Dabei liegen neben der Phagen-DNA in 5'-Richtung Gene des *gal*-Operons und des Molybdat-Transportsystems *(mod)* vor, während in 3'-Richtung fünf Biotinsynthesegene *(bio)* zu finden sind.

Wenn λ in den lytischen Zyklus übergeht, wird normalerweise mithilfe eines Exzisionsproteins die DNA des Phagen aus der chromosomalen DNA des Wirtes ausgeschnitten. Bei diesem Vorgang können, wie in der Natur üblich, Fehler passieren und dadurch Nachbargene in 5'- bzw. 3'-Richtung mit ausgeschnitten und in neue Viruspartikel verpackt werden. Aufgrund dieses „Fehlers" entstehen so einige Phagen in einer Population, denen einige λ-Gene fehlen, die jedoch zum Bei-

spiel Gene für die Biotinproduktion enthalten können. Nun stellt sich natürlich die Frage, was so spezifisch an dieser Transduktion sein soll. Die Integration der λ-DNA ist ein gerichteter Prozess, der immer an den *attachement sites* der DNA des Wirtes stattfindet. Dies bedeutet auch, dass eigentlich immer dieselben Gene in der Nachbarschaft des Integrationsortes liegen. Wenn man sich jetzt vorstellt, dass zum Beispiel einige der fünf Biotinsynthesegene des neuen Wirts mutiert sind, kann durch eine spezifische Transduktion dieser Defekt wieder aufgehoben werden und das Bakterium erneut Biotin produzieren.

11.2 Die Genetik von Bakteriophagen

Im ▶ Abschn. 11.1.4 wurden schon einige Informationen über **Bakteriophagen** (oder kurz: **Phagen**) vermittelt, die nun etwas vertieft werden sollen. Im Grunde handelt es sich bei diesen um Viren, die ein spezifisches, auf Bakterien ausgerichtetes Wirtsspektrum haben. Der Aufbau von Bakteriophagen ist sehr divers, was nicht nur die Form des **Kapsids** (der Proteinhülle), sondern auch das **Genom** betrifft. Dieses kann von einzelsträngiger oder doppelsträngiger DNA oder RNA in linearer oder zirkulärer Form bis hin zu einzelsträngiger, linearer RNA reichen. Die Struktur des Viruskörpers kann ebenfalls sehr vielgestaltig sein (Abb. 11.8). Wie alle Viren sind auch Phagen auf die Replikations-, Transkriptions- und Translationsmaschinerie sowie viele andere Stoffwechselprozesse des Wirtes angewiesen. Einige Viren enthalten zwar einige Proteine, die entweder für die Integration in das Wirtsgenom oder die reverse Transkription von RNA (gerade bei RNA-Viren notwendig) zuständig sind, jedoch werden auch diese während des lytischen Zyklus vom Wirt produziert und in Viruspartikel „verpackt". Die „Ummantelung" eines

Virus, das **Kapsid,** unterscheidet sich deutlich von einer eukaryotischen oder prokaryotischen Zelle. Während beide Zelltypen Phospholipide für die Zellmembran verwenden, handelt es sich bei den **Kapsomeren,** die die Untereinheiten des Kapsids darstellen, um virale Strukturproteine, welche ebenfalls auf der Phagen-DNA codiert vorliegen. Da Viren keinen eigenen Stoffwechsel besitzen, wird bis heute und vermutlich auch noch in Zukunft darüber debattiert, ob es sich bei Viren um Lebewesen oder um etwas anderes handelt.

Am Rande bemerkt

Diese Debatte ist in den letzten Jahren in die nächste Runde gegangen, was auf die Entdeckung des Mimivirus aus der Amöbe *Acanthamoeba polyphaga* in England aber auch des Klosneuvirus kürzlich in einem Klärwerk in Österreich zurückzuführen ist [3, 4]. Diese Viren sind aus mehreren Gründen interessant, da sie zum einen über 500 nm groß werden können, zum anderen jedoch auch über ein untypisch großes Genom (über 1 Mb) verfügen. Je nach Virus konnten dabei Gene entdeckt werden, die für unterschiedlichste zelluläre Prozesse wichtig sind und demnach nicht in Viren erwartet wurden, die nicht über einen eigenen Stoffwechsel verfügen sollten. Auf Basis dieser Erkenntnisse entwickelten sich zwei Ansichten zu den bisher bekannten Datensätzen: Auf der einen Seite werden diese Viren als mögliche Vorläufer der bekannten zellulären Systeme angesehen, während auf der anderen Seite angenommen wird, dass diese Parasiten bei der Infektion Teile des Wirtsgenoms aufnahmen und dies als evolutive Triebfeder die Entwicklung dieser großen Viren begünstigte [5]. Welcher dieser Annahmen nun richtig ist, wird sich vielleicht in der Zukunft zeigen.

11.2.1 Das Vermehrungsprinzip von Phagen

Im Grunde verläuft die Infektion und darauffolgend die Replikation eines Phagen in den meisten Fällen in vier Schritten, die aber je nach Phagentyp (Stichwort RNA-Viren und reverse Transkription) um eine oder zwei vorgeschaltete Phasen erweitert werden. Der Zyklus beginnt jedoch immer mit der Infektion des Wirtes, wobei sich zunächst ein Bakteriophage an die Membran des Bakteriums anheftet (**Adsorption**). Bei diesem Vorgang interagiert der Phage mit unterschiedlichen Rezeptorproteinen, Lipoproteinen oder sogar Sacchariden der Bakterienmembran und bindet diese. Dabei besitzt jeder Phage seine eigene individuelle Möglichkeit der Wirtserkennung. So kann zum Beispiel der λ-Phage

das Bakterium *E. coli* nur über die Interaktion mit auf der Bakterienmembran präsentierten Maltoserezeptoren erkennen und infizieren. Das heißt, dass es für diesen Virus enorm wichtig ist, welche Kohlenstoffquelle dem Wirt derzeit zur Verfügung steht und welche Rezeptoren dementsprechend ausgebildet werden, um erfolgreich andocken zu können.

Bei erfolgter Bindung entlässt das Virus lytische Proteine, die zum einen die Zellwand, jedoch auch die Zellmembran für die **Injektion** des genetischen Phagenmaterials (eventuell zusammen mit einigen Helferproteinen) durchlässig machen. Bei der Injektion gelangt das genetische Material in das Cytoplasma der Wirtszelle. Dort angekommen, variiert je nach Phagentyp der weitere Schritt: Entweder kommt es zur direkten Integration der viralen DNA in das Wirtsgenom, zu einer Zirkularisierung und damit zu einem Plasmid-ähnlichen Stadium oder im Falle von **Retroviren,** deren Genom aus RNA besteht, zuerst zu einer reversen Transkription. Bei Letzterer wird die Phagen-RNA durch eine **reverse Transkriptase** mithilfe von spezifischen Oligonukleotiden, welche als Primer dienen, in DNA umgeschrieben. Dabei nutzen diese RNA-Viren ebenfalls das molekulare Repertoire des Wirtes und dessen tRNAs (▶ Kap. 7) als Primer. Sobald die RNA in DNA übersetzt wurde, steht auch sie den nächsten Phasen des Infektionszyklus zur Verfügung.

Nach einer erfolgreichen Infektion gibt es zwei bereits angesprochene Varianten, mit der die Infektion weiter voranschreiten kann: der **lytische** oder **lysogene Zyklus.** Während der lytische Zyklus von **virulenten** Phagen durchgeführt wird, kommt die zweite Variante bei **temperenten** Phagen zum Einsatz (kann jedoch auch bei temperenten Phagen in den lytischen Zyklus übergehen).

11.2.1.1 Der lytische Zyklus

Der **lytische Zyklus** beginnt damit, dass nach dem Eindringen in den Wirt sogenannte **frühe Gene** des Virus aktiviert werden. Welche Proteine dabei exprimiert werden, ist vom Phagentyp abhängig, jedoch haben sie alle gemein, dass sie eine Veränderung des Expressionsmusters ihres Wirtes in Gang setzten. Dabei verhindert der Phage, dass die wirtseigenen Gene weiter transkribiert beziehungsweise mRNAs translatiert werden. Der gesamte Stoffwechsel des Wirtes wird auf die „Produktion" von Viruspartikeln umgestellt, wobei **Kapsomere,** Helferproteine wie Integrasen oder DNA/RNA-Strukturproteine, aber auch Phagengenomreplikate produziert werden. Interessant ist dabei auch, dass viele Viren die Degradation des Wirtsgenoms einleiten. Ist die „Produktion" der Viruskomponenten fortgeschritten, werden die sogenannten **späten Gene** aktiviert. Diese induzieren die Assemblierung und Kompaktierung der verschiedenen Viruskomponenten, womit letzten Endes die Genese von vollständigen, neuen Virusparti-keln gemeint ist. Durch diesen Prozess entstehen einige Hundert neue Viren, welche entweder über die Lyse der Wirtszelle oder „Sekretion" über die Wirtsmembran freigesetzt werden. Auch wenn bei der „Sekretion" die Bakterienzelle nicht sofort lysiert wird, ist diese doch aufgrund der andauernden Virenproduktion stark geschwächt, sodass auch hier die Lyse nur eine Frage der Zeit ist.

11.2.1.2 Der lysogene Zyklus

Der **lysogene Zyklus** unterscheidet sich vom lytischen Zyklus insofern, als dass das Virus bei der Infektion des Wirtes diesen nicht direkt umprogrammiert und so die Virusproduktion sowie die Lyse des befallenen Bakteriums einleitet. Nach der Injektion der Phagen-DNA wird diese zunächst in das Wirtsgenom eingebaut (vgl. λ-Phage, ▶ Abschn. 11.1.4). Die Phagen-DNA verbleibt dort als sogenannter **Prophage** und exprimiert keinerlei Gene. Aufgrund dieser „stillen" Infektion kann der Wirt im Weiteren nicht durch andere Phagen erneut infiziert werden; es entsteht beinahe so etwas wie eine Immunität. Dieser Zyklus hat außerdem den Vorteil, dass die integrierte Phagen-DNA bei der bakteriellen Genomreplikation während der Zellteilung mit repliziert wird, wodurch der Virus ohne sein Zutun an die Tochterzellen des Wirtes „weitervererbt" wird. Dieses Stadium kann theoretisch so lange beibehalten werden, bis der Wirt unter irgendeine Form von Stress gerät. Dabei kann unter anderem ein Hungerzustand, also das Gelangen in die stationäre Phase, aber auch der Kontakt mit DNA-schädigenden Agenzien (zum Beispiel UV-Strahlung, Hydrochinon) dazu führen, dass das Virus aktiv wird. Dieser Vorgang wird als **Induktion** bezeichnet, wobei der Phage vom lysogenen zum lytischen Zyklus wechselt und das bereits beschriebene Replikationsprogramm abspielt.

Zur Erinnerung

Man nimmt zudem an, dass auch **transposable Elemente** auf virale Infektionen und die Integration von Viren-DNA zurückgehen. Eine Möglichkeit, dass es bei den jeweiligen Zellen jedoch nie zur Umstellung vom lysogenen auf den lytischen Zyklus kam, besteht darin, dass manche für die Lyse wichtigen Gene schlichtweg mutierten oder verloren gingen. Wer weiß, ob dies erst während des lysogenen Zyklus geschah, oder schon vorher, bei der Konstruktion der Viren. Schließlich kann auch bei Viren eine Art Rekombination des Genoms stattfinden (▶ Abschn. 11.2.3).

11.2.2 Der Aufbau eines Bakteriophagen

Phagen – und Viren insgesamt – können sehr vielgestaltig sein (◨ Abb. 11.8), wobei einige strukturelle Eigenheiten bei unterschiedlichen Typen so oft auftreten, dass eine Klassifizierung möglich ist. Dabei wird beispielsweise zwischen **ikosaedrischen** und **filamentösen** Phagen unterschieden. Bei den ersteren Phagen bilden 20 Dreiecke einen, wie der Name schon sagt, Ikosaeder. Dabei sind **Hexons** und **Pentons** die wichtigsten Strukturproteine und assemblieren zu dieser Struktur zusammen mit den bereits erwähnten Kapsomeren zu dem Kapsid. Diese verschiedenen Komponenten haben teilweise die Möglichkeit, Nukleinsäuren zu binden. Diese Eigenschaft ist auch notwendig, da in das Ikosaeder während der Phagenassemblierung das Phagengenom geladen werden muss. Die räumliche Ausstattung des „Phagenkopfes" ist weiterhin auch nur auf eine bestimmte Genomgröße ausgelegt; es kann also nur ein DNA/RNA-Molekül bestimmter Länge geladen werden.

Beispiele eines solchen Ikosaeder-Typus stellen das Adenovirus oder der T4- beziehungsweise λ-Phage dar (◨ Abb. 11.8). Jedoch zeigen gerade die beiden Letztgenannten einen signifikanten Unterschied, da dem Ikosaeder auch ein sogenannter Schwanz anhängt. Diese ikosaedrischen Phagenkörper mit einem Schwanz können strukturell weiter aufgeteilt werden und erfüllen eine wichtige Aufgabe für die Adsorption. Denn auf der Basalplatte sitzen Proteine und die sogenannten „Spikes", welche mit spezifischen membranständigen Rezeptorproteinen des Wirtes interagieren und so ein erstes „Andocken" des Phagen ermöglichen. Interessant bei den beiden strukturell sehr ähnlichen letzten Phagentypen ist jedoch, dass sie eine differente Infektionsstrategie beschreiten.

Ein Beispiel für den filamentösen Strukturtyp stellt der Phage **M13** dar (◨ Abb. 11.8d), bei dem die Strukturproteine das Phagengenom dachziegelartig ummanteln. Interessant an diesem Phagen ist außerdem, dass er anscheinend eine definierte Ausrichtung besitzt, wenn es um die Infektion eines Wirtes geht. Diese kann nämlich nur über eine der beiden Seiten stattfinden, wodurch der Phage eine strukturelle Polarität erhält. Ähnliches ist bei dem T4- und λ-Phagen zu beobachten, da dieser durch seinen Schwanz ebenfalls eine definierte Ausrichtung für die Infektion des Wirtes besitzt. Neben dem strukturellen Aufbau eines Phagen können auch andere Eigenschaften zur Klassifizierung eines Virentypus herangezogen werden. Eine solche Möglichkeit bieten die verschiedenen Charakteristika der „Fraßlöcher" in Bakterienrasen, den sogenannten Plaques, welche in Exkurs 11.2 beschrieben werden.

Abb. 11.8 Typische Vertreter verschiedener Strukturen von Bakteriophagen. **a** Ein T4-Phage (ikosaedrischer Phage mit Schwanz). **b** Ein Adenovirus (ikosaedrischer Phage). **c** Schematische Darstellung der unterschiedlichen Plaquephänotypen des T4- bzw. λ-Phagen; darunter ist gezeigt, wie diese im Bakterienrasen auf einer Agarplatte aussehen können. **d** Ein M13-Phage (filamentöser Phage). (A. Bruch)

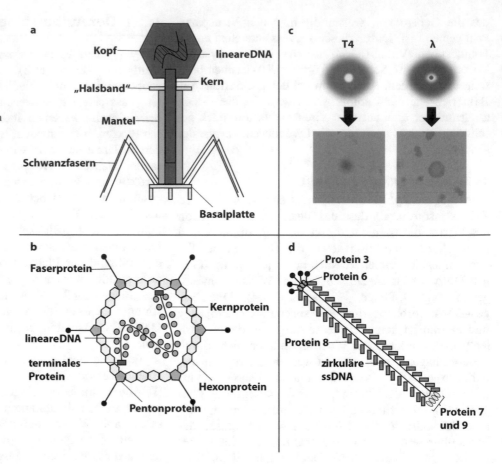

11

Wie kann jedoch herausgefunden werden, mit welchem Phagen man es gerade zu tun hat und welche Morphologie dieser aufweist? Über ein Lichtmikroskop ist das jedenfalls nicht zu machen, da Viren im Durchschnitt eine Größe von ca. 100 nm aufweisen. Ein Lichtmikroskop kann nur eine Auflösung von höchsten 1 μm leisten, was den Einsatz von einem Elektronenmikroskop erforderlich macht. Um trotzdem erste Aussagen über einen Virus treffen zu können (zumindest um welchen Typus es sich handeln könnte), wird auf ein anderes Hilfsmittel zurückgegriffen. Wenn Phagen (sowohl virulente als auch temperente) ein Bakterium infizieren beziehungsweise später lysieren, kommt es im Bakterienrasen (auf einer vollkommen mit Bakterien bewachsene Agarplatte) zu „Fraßlöchern" oder besser Plaques. Diese entstehen durch die Lyse von Bakterien und stellen individuelle Merkmale dar, da diese Plaques für jeden Bakteriophagen charakteristisch sind. In . Abb. 11.8c

ist beispielhaft der Unterschied der Fraßlöcher von den Phagen T4 und λ gezeigt. Während die Plaques von T4 (. Abb. 11.8c, links) klar sind, also keine Bakterien an dieser Stelle mehr wachsen, weisen die Plaques von λ einen klaren Rahmen auf (. Abb. 11.8c, rechts). Dabei kann eine Trübung in der Mitte des Lochs ausgemacht werden, was die dort wachsenden Bakterien widerspiegelt. Diese Form der phänotypischen Klassifizierung kann also dabei helfen, erste Aussagen über den Phagentypus zu treffen. Helfen auch die Plaques nicht weiter, kann man immer noch versuchen die Phagen-DNA zu isolieren und zu sequenzieren...

11.2.3 Die Mutation, Komplementation und Rekombination bei Bakteriophagen

Bisher wurden einige Eigenschaften von Phagen vorgestellt, wie ihre Replikation ablaufen kann und dass sie sowohl für Bakterien, aber auch für den Experimentator eine enorme Bedeutung als **Genfähre** und somit für

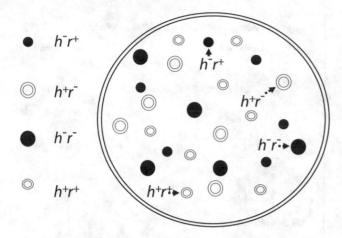

Abb. 11.9 Schematische Darstellung der verschiedenen Plaquetypen in Abhängigkeit von den unterschiedlichen Kombinationen der Genotypen des T2-Bakteriophagen. Die Plaques entstehen im *E.coli*-Bakterienrasen, welcher auf einer Agarplatte angewachsen ist. Je nachdem, welche Mutationen in den jeweiligen Phagen kombiniert vorliegen, können sich die Plaqueformen deutlich unterscheiden. Während die Phagen mit dem Gen h^+ keine klaren Plaques ausbilden (weiße Kreise), wachsen in den „Fraßlöchern" der Viren mit h^- keine Bakterien mehr (schwarze Kreise). Das Gen r^+ sorgt wiederum für eine langsame Lysegeschwindigkeit (kleine Kreise), wodurch die Plaques kleiner ausfallen. Im Gegensatz dazu sorgt r^- für eine schnelle Lyse und demnach große Plaques (große Kreise). (A. Bruch)

den horizontalen Gentransfer haben (▶ Kap. 12). Weiterhin nutzen Viren sowohl DNA als auch RNA als Träger der genetischen Information und geben diese bei jedem neuen Infektionszyklus (im Wirt) frei. Im ▶ Abschn. 11.1.4 haben wir im Zusammenhang mit der Transduktion auch erfahren, dass die spätere Exzision der viralen DNA aus dem Wirtsgenom durchaus fehlerbehaftet sein kann. Einerseits können zum Beispiel Teile des bakteriellen Genoms in neue Phagen mit aufgenommen werden. Andererseits wird die Phagen-DNA selbst, solange sie während des lysogenen Zyklus als Prophage im bakteriellen Genom integriert ist, zusammen mit dem Bakterienchromosom bei der Zellteilung repliziert. Das bedeutet im Umkehrschluss, dass das Phagengenom denselben replikativen Einflüssen wie jedes eu- bzw. prokaryotische Genom ausgesetzt ist, sprich Replikations-bedingten **Mutationen,** Rekombination, Genaustausch und einigen mehr. Und selbst nach der Exzision, wenn die Phagen-DNA im Cytoplasma immer noch weiter amplifiziert wird, können die Polymerasen natürlich Fehler machen.

Gerade Mutationen, speziell **Punktmutationen,** in verschiedenen essenziellen Genen des Phagen können sich zum einen auf die Wirtsspezifität auswirken, was den Infektionszyklus und besonders die spätere Lyse spezifischer Bakterien betrifft. Zum anderen kann diese Veränderung auch phänotypisch, wie im Exkurs 11.2 bereits angesprochen, anhand von Plaques näher

untersucht werden. In ▣ Abb. 11.9 kann man ein solches Phänomen genauer beobachten. Ein für *E. coli* spezifischer T2-Phage scheint in vier verschiedenen Phänotypen vorzukommen, die sich anhand der unterschiedlichen Kombinationen der mutierten Gene erklären lassen. In diesem Beispiel ist das Allel h^+ dafür verantwortlich, dass keine klaren Plaques entstehen, sondern nach wie vor Bakterienzellen in diesen wachsen. Im Umkehrschluss bilden Phagen mit der Genvariante h^- klare Plaques. Die Allele eines Gens r, r^+ (kleine Plaques) und r^- (große Plaques), bestimmen die Lysegeschwindigkeit des Phagen, was sich auf den Radius der Plaques auswirken kann. Es wird also ersichtlich, dass die Mutation von zwei Genen und deren unterschiedliche Kombination zu einer Vielzahl von Phänotypen führen können. Stellt sich also weiter die Frage: Können diese Phagen untereinander DNA-Sequenzen austauschen und neu kombinieren, also **rekombinieren?** Und wenn ja, wie genau stellen sie das an?

Da Phagen nicht dieselben Eigenschaften wie pro- oder eukaryotische Zellen besitzen und keinen direkten Kontakt untereinander herstellen können, um genetisches Material austauschen zu können, muss ein anderer Weg gewählt werden. Es gibt nur einen Zeitpunkt, an dem zwei Phagengenome in näheren Kontakt kommen können, um eine oder mehrere Rekombinationen durchführen zu können, und zwar, wenn beide Phagen denselben Wirt infizieren!

▪▪ Der feine Unterschied zwischen Komplementation und Rekombination

Das hört sich erst mal relativ einfach an, es muss dabei jedoch zwischen zwei verschiedenen Phänomenen unterschieden werden: der Komplementation und der Rekombination.

Wenn zwei Phagen, die an zwei unterschiedlichen Genen Punktmutationen tragen, gleichzeitig ein Bakterium infizieren (**Mischinfektion**), können die funktionalen Genprodukte, sprich Proteine, die defizitären Polypeptide des jeweils anderen ausgleichen. Dies bezeichnet man als **Komplementation.** Dieser Komplementationseffekt kann sogar so weit gehen, dass Mutanten, die eine spezifische Bakterienart zwar infizieren jedoch aufgrund der Mutationen nicht lysieren können, das Bakterium durch eine kombinierte Infektion mit einem anderen Phagen wieder lysieren können. Dieser Effekt setzt natürlich voraus, dass das Bakterium von beiden Phagentypen infiziert werden kann (▣ Abb. 11.10). Das ist jedoch nicht immer der Fall, im ▶ Abschn. 11.2.1 wurde bereits am Beispiel des λ-Phagen darauf hingewiesen, dass auch Immunitäten gegenüber Ko-Infektionen entstehen können, wenn vorher schon eine Infektion durch einen

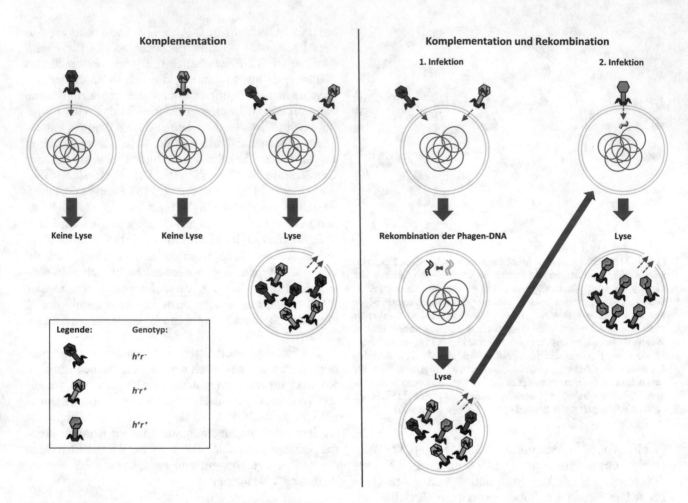

Komplementation

Keine Lyse   Keine Lyse   Lyse

Legende: Genotyp:

h^+r^-

h^-r^+

h^+r^+

Komplementation und Rekombination

1. Infektion   2. Infektion

Rekombination der Phagen-DNA   Lyse

Lyse

◘ Abb. 11.10   Komplementation versus Rekombination bei Bakteriophagen. Die Infektion eines Bakteriums durch zwei Phagenmutanten (*rot* und *grün*) führt aufgrund der Komplementation (links) durch funktionelle Genprodukte, die die Defizite der jeweils anderen Mutante ausgleichen, zu einem vollwertigen lytischen Zyklus. Zu beachten ist, dass die Mutationen in diesem Beispiel auf zwei verschiedenen Genen liegen. Während dieses Prozesses kann es jedoch auch zu Rekombinationsereignissen (rechts) kommen, die zu einem neuen Genotyp führen können (Phage mit *schwarzblauer* DNA). Dieser Phage kann, im Gegensatz zu den beiden anderen Phagen, nun das Bakterium ohne Unterstützung infizieren und lysieren. Für weitere Erläuterungen siehe Fließtext. (A. Bruch)

anderen Phagen stattgefunden hat. Bei einer solchen Komplementation, bei der im Prinzip ein Phage einfach nur die Defekte oder Unfähigkeit eines anderen kompensiert, können schließlich wieder die gleichen mutierten Phagen entstehen, die in der Ausgangssituation vorlagen.

Sollten bei einer gemeinsamen Infektion eines Wirtes durch zwei unterschiedliche Phagenmutanten beide Phagengenome jedoch in physische Nähe zueinander kommen, kann eine **Rekombination** auftreten, also eine Umsortierung genetischen Materials, die eines oder mehrere Gene betreffen kann. Sollte dies stattfinden, entstehen bei der darauffolgenden Assemblierung möglicherweise neue Viren: neben den mutierten Phagen nämlich auch solche, die wieder dem Wildtyp entsprechen. Diese sind nun in der Lage, das Bakterium, das von den Phagenmutanten alleine jeweils nicht lysiert werden konnte, bei einer erneuten Infektion auch alleine zu lysieren. Bei der Rekombination kommt es über Crossing-over also zum

Austausch von genetischem Material beider Phagengenome (◘ Abb. 11.10).

> **Merke**
> Zu beachten ist, dass sich Rekombination und Komplementation nicht ausschließen müssen, da auch während eines Komplementationsereignisses Rekombination stattfinden kann. Vielleicht könnte man umgedreht sogar sagen, dass eine Rekombination zu einer unbefristeten Komplementation führen kann, weil die intakten Gene nun dauerhaft im Phagengenom gespeichert sind.

Es spielt bei Mischinfektionen von Phagen durchaus eine wichtige Rolle, *welche* Gene mutiert sind und *wo* diese liegen – ob sie also auf dem gleichen Gen oder in verschiedenen Genen liegen. Und weil mit Beispielen alles einfacher ist, schauen wir uns gleich zwei an:

Beispiel 1: Die Mutationen liegen auf zwei **verschiedenen** Genen (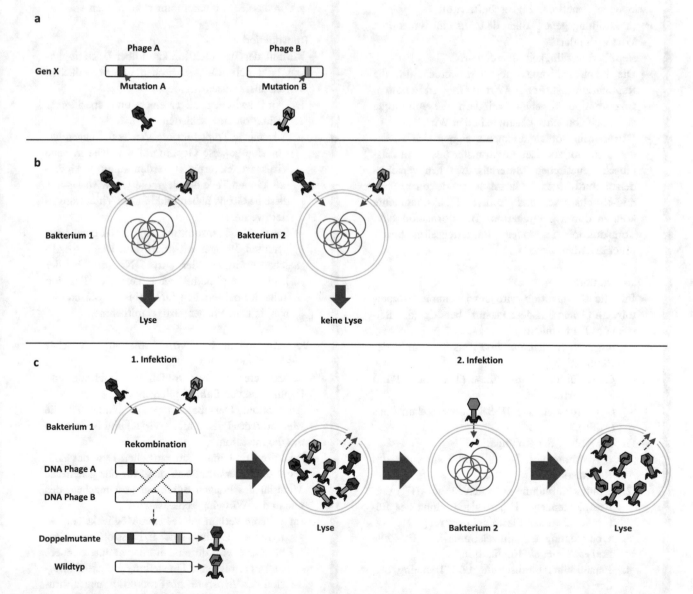 Abb. 11.10). Wenn der eine Phage die Gene h^+ und r^- trägt, wobei die Varianten mit dem Pluszeichen das Wildtypgen darstellen, und der andere Phage h^- und r^+, so besteht die Möglichkeit, dass durch Rekombination der Austausch eines Gens stattfindet. Dabei könnte zum einen ein Phage entstehen, welcher nun wieder dem Wildtyp-Genotyp (h^+r^+) entspricht, während der andere Phage nun eine Doppelmutante wäre, da er beide mutierten Gene trägt (h^-r^-).

Beispiel 2: Bei beiden Phagen ist das **gleiche** Gen an unterschiedlichen Stellen mutiert (□ Abb. 11.11). Nennen wir die beiden Phagen A und B und das mutierte Gen einfach X. Beide Phagen können jeweils Bakterium 1 lysieren, aber nicht Bakterium 2, weil sie dafür ein intaktes Gen X bräuchten – haben sie aber nicht. Kommt es vor, dass beide Phagen zusammen in einer Mischinfektion Bakterium 1 befallen, kann hier eine Rekombination zwischen zwei Phagen-DNA-Molekülen *innerhalb* des Gens X stattfinden. Durch einen Crossing-over entstehen zwei Moleküle, wobei ein Molekül ein intaktes Gen X trägt, während beim anderen Molekül das Gen X nun beide Punktmutationen aufweist. Wird das Molekül mit dem intakten Gen X nun in einen neuen Phagen verpackt ist dieser – im Gegensatz zu A und B – nun wieder in der Lage, Bakterium 2 zu befallen.

□ **Abb. 11.11**   Rekombinationsereignisse zwischen Bakteriophagen mit unterschiedlichen Punktmutationen innerhalb eines Gens. **a** In diesem Fall ist ein und dasselbe Gen (*Gen X*) in den beiden dargestellten Phagen A und B (*rot* und *grün*) unterschiedlich mutiert. **b** Dieser Umstand führt dazu, dass zwar das Bakterium 1 infiziert und lysiert werden kann, was jedoch bei Bakterium 2 nicht möglich ist. **c** Dieses Problem wird umgangen, indem das Bakterium 1 durch beide Phagen infiziert wird, was ein Rekombinationsereignis innerhalb des Wirts erlaubt. Dabei können zwei neue Allele von *Gen X* entstehen, wobei eines beide Punktmutationen trägt und das andere dem Wildtyp entspricht. Der Phage mit dem nun funktionalen Allel *(grau)* ist nun in der Lage, Bakterium 2 zu infizieren und zu lysieren. (A. Bruch)

Zusammenfassung

- **Das bakterielle Genom und Plasmide**

Die chromosomale DNA eines Bakteriums liegt im Cytoplasma in der Nukleoid-Region vor, wobei die Kondensation vornehmlich über Überspiralisierung und Proteine der SMC-Klasse aufrechterhalten wird. Neben dem Chromosom können auch weitere zirkuläre DNA-Moleküle, Plasmide genannt, im Cytosol gefunden werden. Diese extrachromosomalen Elemente können verschiedene Gene beinhalten, die dem Wirt Selektionsvorteile bringen, jedoch auch verhindern sollen, dass das Plasmid wieder den Wirt verlässt.

Demnach weisen Plasmide einige verschiedene (teils zwingende) genetische Eigenschaften auf:

- „Bedrohungsgene" sollen den Ausschluss aus dem Wirt verhindern.
- Replikationsfähigkeit über den *oriC*.
- Die Kopienzahl muss reguliert werden, um die Replikationslast für den Wirt in Grenzen zu halten.
- Inkompatibilitätsgene verhindern die Aufnahme genetisch ähnlicher Plasmide in den Wirt.
- Extrachromosomale Elemente eignen sich außerdem zum horizontalen Gentransfer (also dem Austausch genetischen Materials zwischen verschiedenen Individuen). Ganze Plasmide oder Plasmid-Bruchstücke und andere DNA-Fragmente können durch Konjugation, Transformation oder Transduktion in andere Bakterienzellen eingebracht werden.

- **Konjugation**
- Für die Konjugation wird ein bestimmtes Repertoire an Genen auf dem Plasmid benötigt (am Beispiel des F-Plasmids):
  - *origin of replication (oriT)* als Startpunkt der Replikation,
  - Gene für die Pilinsynthese (TraA oder Pilin) zur Übertragung,
  - Gene für den Typ-IV-Sekretionsmechanismus (T4SS).
- Grober Ablauf der Konjugation:
  1. Ausbildung von Sexpili und Expression des Relaxosoms,
  2. Kontaktaufnahme zwischen Donor- (F⁺) und Rezipientenzelle (F⁻) sowie Bindung des Relaxosoms an den Plasmideinzelstrang,
  3. Übertragung des Einzelstrangs auf F⁻-Zelle und *rolling-circle*-Replikation,
  4. Plasmidüberspiralisierung und Trennung beider Zellen.
- Hfr-Stämme sind Bakterien, die über homologe Sequenzen (IS-Elemente) ein Plasmid in ihr Genom integrieren und so für einen hohen Austausch an genetischem Material sorgen können.

- **Transformation**
- Die Transformation beschreibt die Aufnahme von freier DNA aus der Umwelt, wofür Bakterien kompetent sein müssen.
- Allgemein sind vier Möglichkeiten bekannt, wie Prokaryoten Kompetenz erlangen können:
  - physikalische/chemische Induktion,
  - *Quorum sensing*,
  - Hungerzustand,
  - alternative Kohlenstoffquellen.
- Die Aufnahme von extrazellulärer DNA erfolgt über das Typ-IV-Sekretionssystem, wobei doppelsträngige DNA über Pilusproteine in das Zellinnere transportiert wird, um dort, nun einzelsträngig, in das Genom rekombiniert zu werden.

- **Transduktion**
- Mithilfe der Transduktion kann über Bakteriophagen bakterielle DNA zwischen unterschiedlichen Wirten ausgetauscht werden.
- Es wird zwischen allgemeiner und spezifischer Transduktion unterschieden:
  - Allgemeine Transduktion: Virulente Phagen haben eine gewisse Genomgröße, welche in neue Viruspartikel verpackt werden kann; durch Zufall können Teile des degradierten Wirtsgenoms dieselbe Größe haben und in neue Viren transferiert werden.
  - Spezifische Transduktion: Die DNA eines temperenten Phagen integriert immer an spezifischen Positionen der Wirts-DNA (*attB* bei der λ-Phage) und kann bei fehlerhafter Exzision Teile der bakteriellen DNA (bis zu ganzen Genen) in neue Phagenpartikel mitnehmen.

- **Vermehrungsprinzip von Phagen: lytischer versus lysogener Zyklus**
- Es existieren mehrere Stufen der Infektion und Replikation von Bakteriophagen:
- Adsorption: Der Bakteriophage bindet an die Membran des Bakteriums (Wirtes) und beginnt somit die Infektion.
- Injektion: Es kommt zur partiellen Lyse der Zellwand und -membran, um diese für das genetische Material des Phagen durchlässig zu machen, das nun in den Wirt eingeschleust wird.
- Im weiteren Verlauf gibt es zwei Möglichkeiten:
  - Lytischer Zyklus: Die Expression wirtseigener Gene wird durch den Phagen unterbunden, und es erfolgt eine Umstellung auf die Expression der Virusgene zur Produktion neuer Viruspartikel. Anschließend lysiert das Bakterium und entlässt die neuen Viren.
  - Lysogener Zyklus: Nach der Infektion verbleibt der Phage im Prophagenstadium, in dem

das Phagengenom in der bakteriellen DNA integriert vorliegt und dort stillgelegt verbleibt, bis ein Stressfaktor auf die Wirtszelle wirkt und so den lytischen Zyklus aktiviert.

• Aufbau eines Bakteriophagen
- Viruspartikel können sehr vielgestaltig sein, was eine mögliche Kategorisierung anhand ihres Aussehens zulässt, wobei sich Bakteriophagen in die Gruppen ikosaedrische Viren ohne oder mit Schwanz und filamentöse Viren einteilen lassen.
- Die Bakteriophagenkategorisierung hängt jedoch nicht nur vom Aussehen der Partikel, sondern auch von den Fraßlöchern (Plaques), die sie im Bakterienrasen verursachen, ab.

• Komplementation und Rekombination bei Bakteriophagen
- Genome von Bakteriophagen unterliegen ebenfalls den Einflüssen von Mutation, Rekombination und Genaustausch.
- Phagen können nur genetisches Material untereinander austauschen, wenn sie gleichzeitig denselben Wirt infizieren, wobei dann zwei Prozesse stattfinden können:
  - Komplementation: Zwei Phagenmutanten können bei gemeinsamer Infektion eines Bakteriums mithilfe ihrer funktionellen Genprodukte die Defizite des jeweils anderen ausgleichen und so den Wirt lysieren.
  - Rekombination: Bei gemeinsamer Infektion eines Prokaryoten kommen zwei Phagengenome

in räumliche Nähe zueinander und können über *Crossing-over* Gene oder Genbruchstücke austauschen. Unter Umständen können so mutierte Gene, die für die Infektion wichtig sind, wieder „repariert" werden.
- Die Prozesse der Komplementation und Rekombination müssen sich nicht ausschließen und können parallel stattfinden.

Literatur

1. Heinemann, J. A., & Sprague, G. F., Jr. (1989). Bacterial conjugative plasmids mobilize DNA transfer between bacteria and yeast. *Nature, 340*(6230), 205.
2. Waters, V. L. (2001). Conjugation between bacterial and mammalian cells. *Nature Genetics, 29*(4), 375.
3. La Scola, B., Audic, S., Robert, C., Jungang, L., de Lamballerie, X., Drancourt, M., Birtles, R., Claverie, J. M., & Raoult, D. (2003). A giant virus in amoebae. *Science, 299*(5615), 2033–2033.
4. Schulz, F., Yutin, N., Ivanova, N. N., Ortega, D. R., Lee, T. K., Vierheilig, J., & Kyrpides, N. C. (2017). Giant viruses with an expanded complement of translation system components. *Science, 356*(6333), 82–85.
5. Forterre, P. (2010). Giant viruses: conflicts in revisiting the virus concept. *Intervirology, 53*(5), 362–378.

Weiterführende Literatur

6. Chen, I., & Dubnau, D. (2004). DNA uptake during bacterial transformation. *Nature Reviews Microbiology, 2*(3), 241.
7. Seitz, P., & Blokesch, M. (2013). Cues and regulatory pathways involved in natural competence and transformation in pathogenic and environmental Gram-negative bacteria. *FEMS Microbiology Reviews, 37*(3), 336–363.

Molekularbiologische Methoden im Labor

Inhaltsverzeichnis

© Springer-Verlag GmbH Deutschland, ein Teil von Springer Nature 2020
J. Buttlar et al., *Tutorium Genetik*,
https://doi.org/10.1007/978-3-662-56067-9_12

Wörtlich genommen beinhalten „molekularbiologische Methoden" allerlei Verfahren und Techniken, die sich mit den biologisch aktiven Molekülen **DNA** und **RNA** befassen – von denen Sie in diesem Buch eventuell hin und wieder gehört haben. Dabei geht es beispielsweise um das Vervielfältigen, das Ablesen, das Interpretieren, das Übersetzen, das Verändern und das Übertragen von genetischen Sequenzen.

Solche praktischen Anwendungen sind einerseits unabdinglich in der **Forschung,** um Gene zu identifizieren und zu untersuchen, um die molekularen Zusammenhänge des Lebens zu verstehen und allgemein, um zu überprüfen, welche Theorie am ehesten der Realität entsprechen. Andererseits finden sich viele solcher Methoden längst auch in der Industrie, der Medizin, sowie auch in der Landwirtschaft. Eine wichtige Rolle spielt hier die **Gentechnik,** die trotz zahlreicher Kritik auch viele positive Anwendungen ermöglicht (▶ Kap. 14). Dabei ist nicht jede genetikbasierte Technik als Gentechnik zu verstehen: vielmehr bedeutet der Begriff „Gentechnik" lediglich das gezielte Eingreifen in das Genom lebender Organismen, um beispielsweise bestimmte biochemische Vorgänge zu steuern.

Bei all diesen Methoden sind die Grenzen zwischen Biologie, Chemie und Physik nur sehr schwer zu ziehen. Zudem dauert es oft Jahre oder teils Jahrzehnte bis bestimmte Methoden etabliert werden und vermutlich gibt es für jede jeweils genauso viele verschiedene **Protokolle,** wie es Labore in der Welt gibt. Dennoch sind die Prinzipien der verschiedenen Protokolle zu einer Methode meistens gleich, weshalb in diesem Kapitel nur die Grundlagen einiger der wichtigsten gentechnischen Methoden angesprochen werden.

Nomenklatur für dieses Kapitel

Bei wissenschaftlichen Methoden ist es gebräuchlich, die Art und den Ort, der von der wissenschaftlichen Methode betroffen ist, mit folgenden lateinischen Formeln zu beschreiben:

Begriff	Bedeutung
in vivo	am lebenden Organismus
in vitro	außerhalb des lebenden Organismus, beziehungsweise im Reagenzglas
in silico	im Computer, beispielsweise durch Simulationen
ex vivo	an lebenden Zellen oder Gewebe außerhalb des Organismus
in situ	„vor Ort", beispielsweise an Gewebeschnitten. Zellen oder Gewebe sind i. d. R. fixiert und nicht mehr lebendig

12.1 Die Klonierung von DNA

Der Begriff **„Klon"** beschreibt Zellen, die aus einer Stammzelle hervorgehen und genetisch identisches Material tragen, oder aber auch ganze genetisch identische Lebewesen (z. B. Dolly). Von der Bezeichnung Klon leitet sich unter anderem auch das Wort **„Klonierung"** ab. Ein DNA-Fragment, das kloniert wurde, ist jedoch nichts anderes als eine identische Kopie einer DNA-Vorlage – wie DNA, die bei der Replikation entsteht (▶ Kap. 5). Mit anderen Worten beschreibt die Klonierung der DNA die gezielte **Amplifikation** (das heißt die Vermehrung) von spezifischen DNA-Sequenzen, was auch die Übertragung der Sequenzen in andere genetische Konstrukte einschließt. Die kann wiederum nicht nur dazu führen, dass die Empfängerzelle durch den Erhalt der klonierten DNA neue Eigenschaften gewinnt, sondern auch, dass die klonierte DNA durch das neue Umfeld anders beeinflusst wird. Man könnte also ein Gen hinter einen anderen Promotor klonieren oder es vor ein Markergen setzen, sodass bei der Expression ein Fusionsprodukt entsteht.

Die Amplifikation und Übertragung kann dabei auf unterschiedlichen Wegen *in vivo,* aber auch *in vitro* durch spezielle Techniken durchgeführt werden, die in diesem Kapitel näher erläutert werden sollen.

Merke
„Klonen" beschreibt die Herstellung eines identischen Lebewesens. Mit dem Begriff „Klonieren" meinen Molekularbiologen jedoch hauptsächlich die Vervielfachung und Übertragung einzelner genetischer Sequenzen, nicht aber ganzer Lebewesen.

12.1.1 Die Vektoren

Eine Voraussetzung für die Klonierung sind die sogenannten **Vektoren.** Ein Vektor beschreibt in diesem Fall keine mathematische Parallelverschiebung eines Objektes im Raum, sondern eine Art Transportvehikel oder **Genfähre.** Vektoren werden dabei gemeinsam mit den spezifischen genetischen Informationen, die sie in Form von DNA- oder RNA-Fragmenten transportieren, in eine Akzeptorzelle (Empfängerzelle) eingeschleust. Dort werden die Informationen gespeichert, durch die zellinterne Transkriptions- und Translationsmaschinerie in RNA und Proteine übersetzt oder gehen anderen spezifischen genetischen Aufgaben nach. Bei den übermittelten Informationen spricht man von

Transgenen, weil sie von einem auf einen anderen – teils artfremden – Organismus übertragen wurden (lat. *trans* = hinüber).

Für die Anwendung von DNA-Klonierungen können unterschiedliche Vektoren eingesetzt werden. Die häufigste Vektorenform stellen dabei die **Plasmide** dar (▶ Abschn. 11.1.1). Plasmide haben jedoch nur eine begrenzte Kapazität, weshalb man für längere Konstrukte auch andere Vektoren verwendet (siehe Box unten). Generell weisen die meisten Vektoren eine ringförmige DNA auf und müssen weiterhin folgende Bedingungen erfüllen:

- Der Vektor muss in der Lage sein, die zu übertragende DNA (das sogenannte **Insert**) aufzunehmen.
- Vektoren müssen in Akzeptorzellen hineingebracht werden können, beispielsweise durch Transfektion, Infektion, Konjugation oder Transformation (▶ Kap. 11).
- Vektoren sollten einen eigenen **ori** *(origin of replication),* also einen Replikationsstartpunkt, mitbringen, um in der Wirtszelle repliziert werden zu können.
- Vektoren tragen **Resistenzkassetten,** wie etwa für spezifische Antibiotika oder metabolische Selektionsmarker beispielsweise für Aminosäuren. Diese dienen der Selektion sowie der Erhaltung des Vektors in der Wirtszelle.

Alle weiteren Komponenten für Replikation, Transkription und Translation werden von der Wirtszelle gestellt und liegen nicht auf dem Vektor, sondern als Information in der DNA des Wirtes. Des Weiteren sind folgende Eigenschaften eines Vektors denkbar:

- *Multiple cloning site* (MCS): ein Sequenzabschnitt, in dem sich viele Erkennungssequenzen für Restriktionsenzyme befinden, die zu Klonierungszwecken dienen.
- **Promotorsequenzen** für die Expression eines Gens im prokaryotischen Wirt beziehungsweise Promotor- und Terminatorsequenzen für die Expression im eukaryotischen Wirt: Promotoren sind je nach Typ durch die Zugabe bestimmter Substanzen zur Zellkultur induzierbar, wodurch eine gezielte Genexpression ermöglicht wird. Häufig werden mittels **Galaktose** oder **IPTG** (Isopropyl-β-D-thiogalaktopyranosid) induzierbare Promotoren für bakterielle, aber auch eukaryotische Expressionsvektoren verwendet.
- **Indikatorgene**: Sie zeigen eine erfolgreiche Klonierung an, zum Beispiel β-Galaktosidase (*lacZ;* ▶ Abschn. 12.1.5.1).
- *Tags* (eine Art Markierung) vor oder hinter einer codierenden Sequenz, die dazu dienen, Pro-

teine spezifisch über Affinitätschromatographie zu reinigen (zum Beispiel via Polyhistidin- (His-), Glutathion-S-Transferase- (GST-) oder Streptavidin- (Strep-) Tag) oder das exprimierte Protein mikroskopisch durch Fluoreszenz sichtbar zu machen, um diese beispielsweise intrazellulär zu lokalisieren (zum Beispiel via *green-fluorescent protein* **(GFP)**, *red-fluorescent-protein* (RFP)-, *yellow-fluorescent-protein* (YFP)-*Tag*).

- Gene für die Ausbildung von Pili und Cytoplasmabrücken: Dies ist obligatorisch für solche Plasmide, die durch Konjugationsprozesse übertragen werden (bspw. F-Plasmide; ▶ Abschn. 11.1.2).

Häufig verwendete Vektoren

- **Plasmide** sind aus doppelsträngiger ringförmiger DNA aufgebaut. Ihre Aufnahmekapazität beträgt etwa bis zu 10.000 bp.
- **Cosmide** basieren auf dem linearen λ-Phagenchromosom und haben kohäsive Enden, sogenannte *cos (cohesive) sites*. Durch den Eintritt in die Zelle jedoch werden die kohäsiven Enden miteinander verknüpft, wodurch eine schützende Ringform entsteht. Ihre Aufnahmekapazität beträgt zwischen 5000 und 50.000 bp.
- **Adeno-**/Retroviren besitzen zunächst RNA, die jedoch nach dem Eintritt in die Zelle durch die Aktivität der reversen Transkriptase in DNA umgeschrieben wird. Ihre Aufnahmekapazität beträgt etwa bis zu 45.000 bp.
- *bacterial artificial chromosomes* **(BACs)** bestehen aus zirkulärer dsDNA und basieren auf den bakteriellen F (Fertilitäts)-Plasmiden. Ihre Kapazität liegt mit bis zu 300.000 bp jedoch weit jenseits der von normalen Plasmiden.
- *yeast artificial chromosomes* **(YACs)** haben mit einer Kapazität von 1 Million bp die größte unter allen Vektoren. Dabei handelt es sich um künstliche Hefechromosomen (inklusive Telomeren und Zentromeren), mit denen sich zwar auch eukaryotische Gene exprimieren lassen, die aber nur schwer zu handhaben sind.

12.1.2 Von Plasmiden

Plasmide sind **extrachromosomale Elemente,** die (in der Regel) aus doppelsträngiger zirkulärer DNA aufgebaut sind. Sie besitzen einen eigenen Replikationsstart *(ori)* und können anhand ihrer Kopienzahl in *low copy-* (niedrige Kopienzahl, pro Zelle 1–20 Kopien) oder *high* *copy*-Varianten (hohe Kopienzahl, pro Zelle ≥ 100) unterteilt werden. Sie tragen häufig codierende Selektionsmarker, etwa für Antibiotikaresistenzen, und zudem auch Inkompatibilitätsgene. Diese bewirken, dass nicht wahllos verschiedene Plasmidarten gleichzeitig in einem Bakterium vorkommen, sondern nur eine oder wenige Arten (▶ Abschn. 11.1.1).

12.1.2.1 Die plasmidbasierte Klonierung

Die Klonierung auf der Basis von Plasmiden ist wohl eine der am häufigsten angewendeten Verfahren, um Gene eines spezifischen Organismus in einen anderen, fremden Organismus hineinzubringen. Aber welche Zwecke werden dadurch erfüllt? Das Einbringen fremder Gene in eine Zelle resultiert oft darin, dass die **Empfängerzelle** neue genetische und damit fast immer auch neue biochemische Eigenschaften erhält. Für die Expression von Proteinen wird häufig das für das entsprechende Zielprotein codierende Gen zunächst via Polymerasekettenreaktion (**PCR,** *polymerase chain reaction* ▶ Abschn. 12.2) vervielfältigt, dann in ein Plasmid kloniert und anschließend in Bakterien, wie etwa *Escherichia coli,* transformiert (▶ Kap. 11). Kommt das Ursprungsgen auch aus einem Bakterium, kann das Transgen nach erfolgreicher Klonierung und

Übertragung problemlos auch gleich in *E. coli* exprimiert werden. Kommt das Gen hingegen aus Eukaryoten kann es unter Umständen komplizierter werden. Hier muss man beispielsweise darauf achten, dass man erst die **Introns** rausschmeißt, da Bakterien kein Splicing kennen. Bedarf das eukaryotische Gen für seine Funktion noch bestimmte **posttranslationale Modifikationen** (die es in Bakterien meistens ebenfalls nicht gibt, ▶ Kap. 7), werden hier als Empfängerzellen gerne Hefezellen oder Insektenzellen gewählt. Trotzdem wird auch hier der Vektor zunächst in Bakterien zusammengebastelt und vermehrt – sozusagen als Zwischenstufe –, bevor man ihn wieder isoliert und erst dann in den Endwirt einschleust. Bei dieser Strategie macht man sich schlichtweg die kurzen Verdopplungszeiten bakterieller Zellen sowie deren einfache Handhabung zunutze.

Die einfachste Klonierung ist wohl, wenn die in ein Plasmid zu integrierende DNA sowie das Plasmid selbst mit demselben **Restriktionsenzym** (▶ Abschn. 12.1.3) geschnitten werden (◘ Abb. 12.1).

In dem in ◘ Abb. 12.1 gezeigten Beispiel besitzen die Enden der Fremd-DNA sowie der Plasmid-DNA nach dem Schneiden (**Restriktion**) durch das Restriktionsenzym *Bam*HI sogenannte 5′-Überhänge.

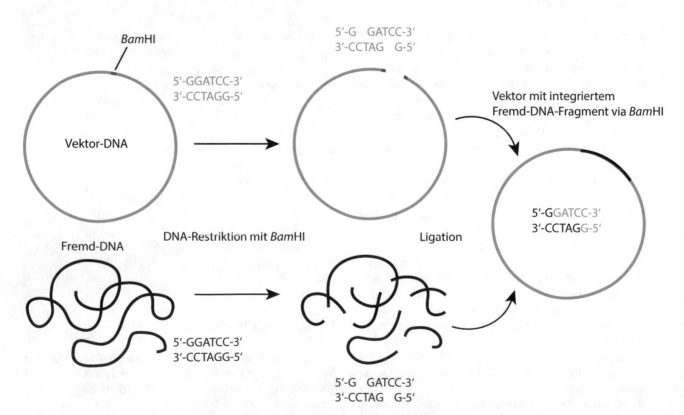

◘ Abb. 12.1 Schematische Darstellung des Prinzips der DNA-Klonierung. Der Vektor sowie die in den Vektor zu integrierende Fremd-DNA werden mit dem gleichen Restriktionsenzym geschnitten (hier *Bam*HI), um identische Schnittstellen zu erhalten. Im Anschluss kann die Fremd-DNA (das Insert) durch Ligase-Aktivität in den geöffneten Vektor integriert werden. Die Erkennungssequenz für *Bam*HI findet man auch im klonierten Endprodukt an der Ligationsstelle wieder. (J. Funk)

Die entstandenen Überhänge sind kompatibel zueinander und können durch den Einsatz einer **DNA-Ligase** und der daraus resultierenden Bildung von 3′-5′-Phosphodiesterbindungen miteinander verknüpft werden. Die Erkennungssequenz für das hier verwendete Restriktionsenzym *Bam*HI findet man folglich ebenfalls im klonierten Endprodukt an den Ligationsstellen vor. Demnach ist es ebenfalls möglich, das integrierte DNA-Fragment durch die Verwendung von *Bam*HI wieder aus dem Plasmid herauszuschneiden.

Damit die Integration des **Inserts** in den Vektor an einer spezifischen Stelle gelingt und die DNA nicht in mehrere Teilfragmente zerlegt wird, sollte die Restriktionsschnittstelle nur einmal in der Fremd-DNA und auch in der Vektorsequenz vorkommen. Eine weitere Möglichkeit ist es, zwei unterschiedliche Restriktionsenzyme für die Klonierung zu verwenden, was den korrekten Einbau in Bezug auf die Richtung der Fremd-DNA garantiert.

▪▪ Bakterien nehmen die Plasmidkonstrukte über Transformation auf

Im Anschluss an die Ligation des Transgens (DNA-Insert) mit dem Plasmid werden die entstandenen DNA-Konstrukte meist in Bakterien (typischerweise *E. coli*) transformiert. Der Vorgang der **Transformation** beschreibt die Aufnahme von „nackter" DNA aus der Umgebung und wird in ▶ Abschn. 11.1.2 näher erläutert. Um die Transformationseffizienz und damit die **Kompetenz,** DNA aus der Umgebung aufzunehmen, zu steigern, werden Bakterien, aber auch eukaryotische Zellen, wie etwa Hefezellen, chemischen (Hochsalzbedingungen) oder elektrischen (Stromimpulse) Stimulationen ausgesetzt. Durch die Stimulation wird die Zellwand porös und somit durchlässig für DNA. Da Plasmide **Selektionsmarker,** wie zum Beispiel Gene für Antibiotikaresistenzen, tragen, können die Zellen, die das Plasmid aufgenommen haben, auf Nährmedien wachsen, die das entsprechende Antibiotikum enthalten. Alle anderen Zellen, die nicht in der Lage waren, die Plasmid-DNA aufzunehmen, sterben durch ihre Sensitivität gegenüber dem Antibiotikum ab.

Nach der Aufnahme der Plasmid-DNA wird diese in der Wirtszelle repliziert, was in der Produktion von mehreren bis zu hunderten oder tausenden Kopien pro Zelle resultiert. Klonierte Plasmid-DNA kann je nach integrierter Fremd-DNA bis zu 10.000–15.000 bp groß sein. Typischerweise besitzen kleinere DNAs eine gesteigerte Transformationseffizienz gegenüber sehr großen DNA-Konstrukten. Da natürlich vorkommende Plasmide meist nicht für die Beantwortung gezielter Fragestellungen infrage kommen, wurden im Laufe der Zeit verschiedene Vektoren für unterschiedliche Ansprüche und Wirtsorganismen designt. Die ◘ Abb. 12.2 zeigt exemplarisch eine **Plasmidkarte** für synthetische

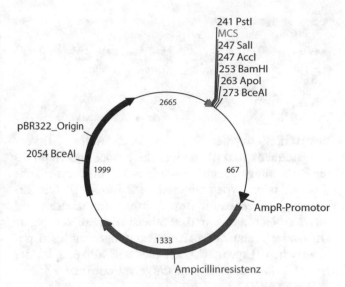

◘ **Abb. 12.2** Plasmidkarte. Das Plasmid trägt ein Gen für eine Ampicillinresistenz *(rot)*. Die Pfeilrichtung steht jeweils für die Leserichtung des Gens. Die inneren Zahlen zeigen die Größe der DNA in Basenpaaren (bp). Außerhalb des Plasmids sind die Schnittstellen für Restriktionsenzyme sowie die entsprechende Position im Plasmid aufgelistet. Die für Klonierungszwecke häufig verwendete *multiple cloning site* (MCS), in der sich besonders viele Schnittstellen für Restriktionsenzyme befinden, ist in *blau* markiert und dem *origin* nachgeschaltet. (J. Funk)

Plasmide. Weil durch die Transformation die Genome der Bakterien aktiv verändert werden (durch Aufnahme der extrachromosomalen Plasmide), bezeichnet man diese fortan als **transgene** oder **gentechnisch veränderte Organismen (GVO).**

12.1.3 Die Restriktionsenzyme

Restriktionsendonukleasen sind eine Gruppe von Proteinen, die der Klasse der Enzyme zugeordnet werden und daher auch als Restriktionsenzyme bezeichnet werden. Diese Enzyme sind in der Lage, bestimmte DNA-Sequenzen spezifisch zu erkennen und zu schneiden (Genscheren), sodass DNA-Sequenzen in Fragmente zerlegt werden. Restriktionsenzyme erhalten ihren Namen durch eine spezifisch festgelegte **Nomenklatur.** Dabei steht der erste Buchstabe für den Gattungsnamen des Spenderorganismus (meist prokaryotisch), aus dem das Enzym stammt. Die Art des Bakteriums determiniert den zweiten und dritten Buchstaben. Der darauffolgende Großbuchstabe ist auf die Stammbezeichnung/Serotypen zurückzuführen. Meist finden sich zusätzliche römische Ziffern am Ende des Namens, da von einigen Restriktionsenzymen mehrere Isoformen in einem bestimmten Zelltyp synthetisiert werden. Die Nomenklatur der Restriktionsenzyme ist im Folgenden am Beispiel von *Eco*RI dargestellt:

EcoRI:	
Gattungsname:	**Escherichia**
Artname:	_coli_
Stamm/Serotyp:	R
Isoform:	1

Restriktionsenzyme werden je nach Aufbau, Erkennnungssequenz und ob sie innerhalb oder außerhalb ihrer Erkennnungssequenzen schneiden in unterschiedliche Klassen oder Typen unterteilt (◻ Tab. 12.1). Die **Erkennungssequenzen** für Restriktionsendonukleasen sind meist **palindromisch** und wie beispielsweise der Name Otto oder Anna aus beiden Richtungen zu lesen mit identischem Ergebnis. Auch dies soll am Beispiel der _Eco_RI-Erkennnungssequenz dargelegt werden:
→ 5'-GAATTC-3'
3'-CTTAAG-5' ←

Durch das Schneiden der DNA mithilfe von Restriktionsenzymen können je nach Enzym anschließend unterschiedliche Enden vorliegen:
- **sticky ends** (klebrige Enden): Die Enzyme (z. B. _Eco_RI, _Bam_HI, _Hind_III) schneiden so, dass terminal 3'- oder 5'-Überhänge entstehen.

_Bam_HI Restriktion:
5'...G▼GATCC...3'
3'...CCTAG▲G...5'
- **blunt ends** (glatte Enden): Hier schneiden die Enzyme (z. B. _Sma_I, _Eco_RV) die DNA so, dass keine Überhänge entstehen, sondern die geschnittenen Enden aus einem DNA-Doppelstrang bestehen.

Eco RV Restriktion:
5'...GAT▼ATC...3'
3'...CTA▲TAG...5'

Am Rande bemerkt
Restriktionsenzyme schneiden als Endonukleasen per Definition innerhalb (_endo_) eines Nukleinsäurestrangs. Daneben gibt es jedoch auch **Exonukleasen,** die einen Strang nicht von innen schneiden, sondern von außen (_exo_) – also vom 5'- oder 3'-Ende – und ihn Base für Base nukleolytisch spalten bzw. verdauen. Diese Enzyme sind beispielsweise besonders wichtig bei der Degradation und dem Recycling alter mRNAs. Auch viele DNA-Polymerasen besitzen exonukleolytische Eigenschaften, die ihnen sowohl den Abbau von RNA-Primern bei der DNA-Replikation am _lagging-strand_ als auch die Korrektur von Replikationsfehlern (_**proof-reading**_) ermöglichen. Und weil die Natur immer einige Sonderfälle kennt, zeigen manche Restriktionsenzyme neben ihrer endonukleolytischen zudem auch eine exonukleolytische Aktivität!

12.1.3.1 Das Zusammenspiel von Methyltransferasen und Restriktionsenzymen
Weiterhin stellt sich nun die Frage, wie DNA und Restriktionsenzyme zusammen in einer Zelle, insbesondere in Prokaryoten, existieren können, ohne dass die DNA durch die Enzyme in Fragmente zerschnitten und so unbrauchbar für die Zelle wird. Die Antwort lautet: Die zelleigene DNA beispielsweise in Bakterien wird durch Modifikationen, vor allem **DNA-Methylierung,** vor der Nuklease-Aktivität und damit vor dem Zerschneiden geschützt (◻ Abb. 12.3a).

Dies führt jedoch zur nächsten Fragestellung: Welche Aufgabe erfüllen Restriktionsenzyme innerhalb einer Zelle? Restriktionsenzyme besitzen eine bedeutende Rolle in Prokaryoten, da sie die Zellen vor aufgenommener Fremd-DNA schützen. Es handelt sich folglich um einen natürlichen **Abwehrmechanismus** der Zellen – beispielsweise gegen Phagen, deren DNA sonst in das

◻ **Tab. 12.1**   Klassifizierung von **Restriktionsenzymen**

Typ I	schneiden oft zufällig an Stellen, die außerhalb der Erkennnungssequenz liegen. Enzyme dieser Klasse benötigen Energiezufuhr in Form von Adenosintriphosphat (ATP). Weiterhin besitzen sie Methyltransferase-Aktivität. (91 bekannt)
Typ II	werden am häufigsten verwendet. Sie schneiden exakt an der palindromischen Erkennnungssequenz (mit Ausnahme der Subgruppe Typ IIs, die außerhalb schneidet) und lassen entweder glatte oder klebrige Enden zurück. Enzyme dieser Klasse benötigen keine Energiezufuhr. Die korrespondierenden Methyltransferasen liegen als separate Enzyme vor. (3760 bekannt)
Typ III	schneiden ca. 25 Basenpaare entfernt von der Erkennnungssequenz. Wie Typ-I-Enzyme benötigen auch sie Energie in Form von ATP und sind ebenfalls in der Lage, Methylgruppen zu transferieren. (11 bekannt)
Typ IV	schneiden nur modifizierte (methylierte, hydroxymethylierte oder glykosylhydroxymethylierte) DNA. Diese Eigenschaft macht den größten Unterschied zu den anderen Enzymtypen aus, die nur unmethylierte DNA schneiden. (5 bekannt)

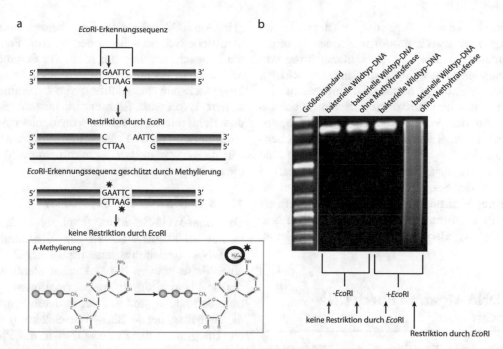

Abb. 12.3 Methylierung der DNA zum Schutz vor Restriktionsenzymen. **a** Durch die Methylierung ist die Schnittstelle für Restriktionsenzyme maskiert, und die DNA kann nicht geschnitten werden. Fehlt die Modifikation, so ist die Schnittstelle frei zugänglich für Restriktionsenzyme (hier *Eco*RI), und die DNA kann an den entsprechenden Stellen geschnitten werden. **b** Bei fehlender Modifikation wird die ungeschützte DNA durch Restriktionsenzyme erkannt und geschnitten (hier *Eco*RI), somit ist durch die Auftrennung der entstandenen Fragmente ein Schmier auf dem Agarosegel sichtbar. Ungeschnittene, methylierte genomische DNA ist hingegen als distinkte Bande auf dem Gel zu erkennen. (J. Funk)

Genom des Wirts integrieren könnte (▶ Kap. 11). Die von außen aufgenommenen DNA-Sequenzen tragen typischerweise keine Methylgruppen und sind somit gut für Restriktionsendonukleasen zugänglich. Die Sequenzen werden durch die Enzyme in kleine Fragmente zerschnitten und können anschließend in der Zelle abgebaut werden (▶ Abb. 12.3b). Die prokaryotische DNA ist dagegen mit Methylgruppen modifiziert, die die zelleigene DNA vor dem Abbau durch zelleigene Restriktionsenzyme schützen. Die Methylierung der DNA wird dabei durch weitere Enzyme, die **Methyltransferasen** (▶ Abschn. 13.2.1), an Leit- und Folgestrang der DNA katalysiert. Auch während der Replikation ist der Mutterstrang stets modifiziert und bewahrt den neu synthetisierten Tochterstrang vor dem Abbau durch zelleigene Restriktionsenzyme. Insgesamt kann man sich dabei vorstellen, dass es für jedes Restriktionsenzym einen Gegenspieler in Form einer Methyltransferase gibt und beide zusammen ein System bilden. In manchen Systemen liegt die Methyltransferase im gleichen Protein in Form einer Untereinheit vor, in anderen liegt sie als separates Enzym vor (▶ Tab. 12.1).

12.1.3.2 Anwendungsbereich von Restriktionsenzymen

Restriktionsenzyme finden heute in molekularbiologischen Laboren vielseitige Anwendung. Für DNA-analytische Zwecke werden spezifische Restriktionsenzyme eingesetzt, die lange DNA-Sequenzen oder gar ganze Genome in viele Fragmente bestimmter Größe schneiden. Die entstandenen DNA-Fragmente können anschließend über Gelelektrophorese (▶ Abschn. 12.6) der Größe nach aufgetrennt und das entstandene Bandenmuster analysiert werden.

Eine wichtige Rolle spielen Restriktionsenzyme im Bereich der **gentechnischen Modifikation** von Organismen, genauer gesagt, bei der Klonierung (▶ Abschn. 12.1.2.1). Restriktionsenzyme, die gezielt DNA schneiden, werden beispielsweise dazu eingesetzt, um DNA-Fragmente zielgerichtet miteinander zu verknüpfen: die generierten Enden können dabei mithilfe einer DNA-Ligase verbunden werden. Daher können diese Enzyme verwendet werden, um spezifische DNA-Sequenzen in einen Vektor oder gar in ein fremdes Genom einzubauen und somit dem Empfängerorganismus neue genetische sowie daraus resultierende biochemische Eigenschaften zu verleihen, wie etwa spezifische Proteine zu synthetisieren. Durch das Anfügen von leuchtenden Anhängseln, sogenannten *Tags* (wie GFP; ▶ Abschn. 12.1.1), können die Proteine beispielsweise in einer Zelle oder in einem Gewebe auch markiert oder sogar *live* verfolgt werden. Auch kann die Menge der Synthese bestimmter Proteine durch solche Genmanipulationen aktiv reguliert werden.

Eine weitere Anwendung, die mittlerweile jedoch weitestgehend durch moderne Sequenzierungsverfahren abgelöst wurde, ist die Untersuchung von **Restriktionsfragmentlängenpolymorphismen** (**RFLP**). Hierbei werden homologe Sequenzen untersucht, indem sie mit identischen Restriktionsenzymen behandelt werden und der Verdau mittels Gelelektrophorese analysiert wird. Trägt eine der zu vergleichenden Proben an der Restriktionserkennungsstelle eine Mutation oder hat insgesamt eine größere Insertion oder Deletion in der Sequenz, würde man dies auf einem Gel in einer Veränderung des Bandenmusters erkennen. RFLPs konnten somit einen erheblichen Beitrag zum *Mapping,* also der Kartierung von Genen leisten.

12.1.4 Die DNA-Ligation durch DNA-Ligasen

Ebenso wie bei der Restriktion von Nukleotidsequenzen wird heute in der Molekularbiologie auf spezifische Enzyme zurückgegriffen, die in der Lage sind, DNA-Stränge miteinander zu verknüpfen. Um zwei nicht miteinander verbundene Nukleotide einer DNA-Sequenz zu verknüpfen (Ligation), werden typischerweise **DNA-Ligasen** eingesetzt (▶ Kap. 5). DNA-Ligasen sind ebenfalls Enzyme, die in der Lage sind, eine Esterbindung zwischen der 5′-Phosphatgruppe des einen und der 3′-OH-Gruppe des nächsten Nukleotids unter der Abspaltung von Wasser zu katalysieren und somit Lücken in einem DNA-Strang zu schließen. DNA-Ligasen werden jedoch nicht nur bei der DNA-Replikation, sondern auch bei **Rekombinations**- und **Reparaturvorgängen** an der DNA gefunden (▶ Kap. 9). Ligasen sind die Antagonisten, das heißt die Gegenspieler, der Restriktionsendonukleasen.

Die Ligase ist heute in unterschiedlichen Varianten mit diversen Charakteristika kommerziell erhältlich und wird routinemäßig für Klonierungen spezifischer DNA-Konstrukte verwendet. Für diesen Zweck können beispielsweise über PCR amplifizierte und mittels Restriktionsendonukleasen geschnittene DNA-Sequenzen miteinander verknüpft werden.

12.1.5 Die Identifikation klonierter DNA

Die Selektion klonierter DNA über eine Antibiotikaresistenz (▶ Abschn. 12.1.2.1) ist lediglich eine Vorselektion von Klonen, die DNA mit Resistenzgenen für das entsprechende Antibiotikum aufgenommen haben.

Einfache Klonierungen werden oft über Restriktionsschnittstellen realisiert. Resultierend daraus integriert das DNA-Fragment an beiden Enden über die identische Schnittstelle in den Vektor. Folglich besteht die Möglichkeit, dass das klonierte Fragment in unterschiedlichen Richtungen in den Vektor eingebaut wird. Da jedoch nur eine Richtung (im Leserahmen) für eine spätere Expression Sinn ergibt, müssen die Zellen mit den richtigen Konstrukten von denjenigen mit falsch eingebauten DNA-Fragmenten differenziert werden. Für diesen Zweck gibt es nun mehrere Möglichkeiten, die im Folgenden besprochen werden.

12.1.5.1 Blau-Weiß-Selektion

Die **Blau-Weiß-Selektion** (engl. *blue-white screening*) ist ein Selektionsverfahren zur Identifikation klonierter DNA, beziehungsweise transgener Zellen. Auf der einen Seite können die Bakterien identifiziert werden, die ein Plasmid durch Transformationsvorgänge aufgenommen haben, und auf der anderen Seite kann durch die namensgebende Blau-Weiß-Selektion die erfolgreiche Integration der Fremd-DNA in das Plasmid bestätigt werden.

Für die Blau-Weiß-Selektion werden spezielle Plasmide verwendet, die ein Gen, welches eine **Antibiotikaresistenz** vermittelt, und darüber hinaus das Gen für die β-Galaktosidase (*lacZ*-Gen, genauer die α-Untereinheit der β-Galaktosidase) besitzen. Durch die Antibiotikaresistenz (durch ein Resistenzgen vermittelt, das nicht in dem zu kultivierenden Bakterienstamm selbst vorkommt) können somit nur die Zellen auf einem Selektionsnährmedium (enthält das entsprechende Antibiotikum) kultiviert werden, die das Plasmid und somit das Resistenzgen aufgenommen haben. Das *lacZ*-Gen dient als Reportergen und ist im Plasmid an der Position der *multiple cloning site,* die hier auch als Polylinker bezeichnet wird, lokalisiert. Ein **Reportergen** beschreibt ein Gen mit dem die Expression eines weiteren Gens bestätigt werden kann, da diese meist unter der Kontrolle desselben Promotors liegen. An dieser Stelle können Insertionen von Fremd-DNA erfolgen. Durch die Integration der Fremd-DNA in das Reportergen wird dieses und damit die Expression der β-Galaktosidase unterbrochen. Folglich kann die β-Galaktosidase in den Zellen, die ein Plasmid mit erfolgreich integrierter Fremd-DNA aufgenommen haben, nicht exprimiert werden.

■■ **Aber was macht die β-Galaktosidase eigentlich, wenn sie exprimiert wird?**
Die β-Galaktosidase ist ein Enzym, das endständige Zuckerreste (genauer gesagt β-Galaktose) abspalten kann. Weiterhin ist die β-Galaktosidase in der Lage, 5-Brom-4-chlor-3-indoxyl-β-D-galaktopyranosid (oder einfacher ausgedrückt **X-Gal**) in Galaktose und 5-Brom-4-chlor-hydroxyindol zu spalten. Wenn zwei

Moleküle der letzteren Substanzen einander binden, also dimerisieren, entsteht 5,5'-Dibrom-4,4'-Dichlorindigo, das als blauer Farbstoff wahrnehmbar ist. X-Gal wird also dem Medium zugegeben, um positiv transformierte Bakterien zu identifizieren. Zellen, die ein Plasmid *mit* integriertem Transgen aufgenommen haben, sind nicht in der Lage, das Enzym β-Galaktosidase zu exprimieren, folglich kann das im Medium enthaltene X-Gal nicht gespalten werden. Diese Zellen sind daher als **weiße Kolonien** auf dem Kulturmedium sichtbar. Zellen, die ein Plasmid *ohne* integriertes Transgen aufgenommen haben, tragen somit ein funktionstüchtiges *lacZ*-Gen und können β-Galaktosidase herstellen, die durch ihre Aktivität wiederum X-Gal in die beschriebenen Produkte spaltet. Diese Zellen können anhand ihrer **blauen Färbung** identifiziert werden (□ Abb. 12.4).

Weiße Kolonien sind daher für weitere Analysen interessant. Da nicht jede weiße Kolonie automatisch das klonierte transgene DNA-Fragment enthält, sollten weitere Tests wie beispielsweise eine PCR oder ein Test-Restriktionsverdau zur Absicherung angeschlossen werden. Durch diese weiterführenden Untersuchungen können die gewünschten klonierten DNA-Sequenzen von falsch klonierten DNA-Fragmenten oder Sequenzen mit enthaltenen Mutationen abgetrennt werden.

12.1.5.2 Koloniehybridisierung

Das Ziel der **Koloniehybridisierung** (□ Abb. 12.5) ist es, spezifische DNA-Sequenzen in einer Kolonie nachzuweisen. Die Methode kann beispielsweise nach der Herstellung von DNA-Bibliotheken (▶ Abschn. 12.5) angewendet werden, um nach bestimmten DNA-Sequenzen zu suchen. Im Anschluss an die DNA-Transformation und entsprechende Selektion über Selektionsmarker werden alle angewachsenen Kolonien vom

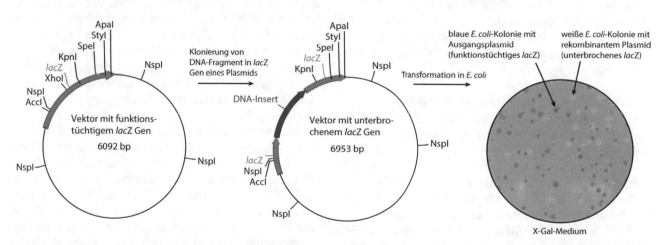

□ **Abb. 12.4** Blau-Weiß-Selektion. Durch die Integration eines DNA-Fragments in den Vektor wird das *lacZ*-Gen unterbrochen. Folglich kann die von diesem Gen codierte β-Galaktosidase nicht mehr exprimiert werden. Rekombinante, Plasmid-tragende Bakterien sind somit als weiße Kolonien, nichtrekombinante, Plasmid-tragende Bakterien hingegen als blaue Kolonien auf einer Agarplatte mit X-Gal-Medium sichtbar. (J. Funk)

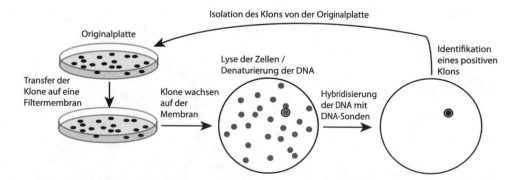

□ **Abb. 12.5** Prinzip der Koloniehybridisierung zur Identifikation spezifischer transgener Klone. Nach der Transformation und Kultivierung möglicher transgener bakterieller Klone werden die angewachsenen Kolonien von der Originalplatte auf eine Filtermembran übertragen. Anschließend erfolgen die Lyse der Bakterien auf der Membran und eine nachfolgende Denaturierung der nach Lyse frei vorliegenden DNA. Durch die Hybridisierung der einzelsträngigen DNA mit radioaktiv oder fluoreszenzmarkierten DNA-Sonden ist es möglich, spezifische DNA-Sequenzen zu identifizieren. Da die Position der nachgewiesenen Zielsequenz exakt der Position des entsprechenden Klons auf der Originalplatte entspricht, kann dieser für weitere Analysen zu größeren Zellmengen kultiviert werden. (J. Funk)

Nährboden auf einen Filter transferiert. Auf der Filtermembran werden alle Zellen lysiert und die nun frei vorliegende DNA chemisch denaturiert, also in ihre Einzelstränge aufgetrennt. Nachdem die einzelsträngige DNA auf der Filtermembran fixiert wurde, kann diese mit spezifischen radioaktiv oder fluoreszenzmarkierten **DNA-Sonden** (▶ Abschn. 12.8.1, *Southern Blot*) inkubiert werden. Dieser Schritt wird auch als Hybridisierung bezeichnet und dient zur Identifikation positiver Klone durch die Detektion der DNA-Sonden. Nach der Identifikation kann der Originalklon von der ursprünglichen Masterplatte reisoliert werden und steht für weitere Analysen zur Verfügung.

12.1.5.3 Kolonie-PCR

Eine der schnellsten und beliebtesten Methoden zur Identifikation transgener Klone ist eine Variante der **Polymerasekettenreaktion** (PCR; ▶ Abschn. 12.2), die sogenannte Kolonie-PCR. Da die Anzahl richtiger transgener Zellen in der Gesamtpopulation transformierter Zellen oft sehr gering ist, bietet die Kolonie-PCR eine schnelle und einfache Alternative für das Screening.

▪▪ Vorselektion positiver transgener Kolonien

Die Vorselektion findet oft über die auf den transformierten Plasmiden gelegenen **Antibiotikaresistenzgene** statt. Bei dieser Selektionsmethode können nur diejenigen Wirtszellen in einem Selektionsmedium, das ein entsprechendes Antibiotikum enthält, überleben und kultiviert werden, die ein Plasmid mit entsprechendem Resistenzgen aufgenommen haben.

Eine weitere Möglichkeit ist die **Insertionsinaktivierung** (▣ Abb. 12.6). Bei dieser Methode überleben die positiven Transformanten *nicht* auf einem Antibiotikum-enthaltendem Kulturmedium (hier: Tetrazyklin), da durch die Integration eines Transgens (beziehungsweise Inserts) in das Plasmid die Sequenz des

Resistenzgens unterbrochen wird und die Wirtszelle somit sensitiv gegenüber dem Antibiotikum ist. Das Wachstum von Klonen zeigt, dass die *in vitro*-Rekombination in diesem Fall erfolglos war.

▪▪ Aber nun zurück zur Kolonie-PCR

Die Grundidee beruht auf dem Prinzip der **Polymerasekettenreaktion** (▶ Abschn. 12.2) und ist folgende: Durch die Vervielfältigung spezifischer DNA-Fragmente ist es möglich, positiv klonierte von falsch oder negativ klonierten Zellen beziehungsweise Kolonien zu unterscheiden. Für die Überprüfung der Anwesenheit spezifischer DNA-Sequenzen in Zellen, sei sie in der genomische DNA oder auf einem Plasmid enthalten, werden kurze **Oligonukleotidsequenzen** (**Primer**) benötigt, die einige Basenpaare spezifisch vor und hinter der potenziellen Integrationsstelle binden. Ist die fragliche DNA-Sequenz vorhanden, so entsteht ein PCR-Produkt, welches dem Abstand der Primerbindestellen zur Integrationsstelle inklusive der eingebrachten DNA-Sequenz entspricht. Fehlt die zu identifizierende Sequenz, so entsteht lediglich ein kleineres PCR-Produkt, bedingt dadurch, dass die Primer nur einige Basenpaare vor und hinter der potenziellen Integrationsstelle binden aber keine zusätzlichen Basen dazwischen liegen (▣ Abb. 12.7a).

Eine weitere Möglichkeit besteht darin, die Primer so zu wählen, dass einer vor oder hinter der Zielsequenz und der andere in der Zielsequenz bindet. Resultierend aus dieser Primerkombination entsteht nur ein PCR-Produkt, sofern die Zielsequenz (in der richtigen Orientierung) vorhanden ist (▣ Abb. 12.7b). Der Nachteil besteht darin, dass bei einem ausbleibenden PCR-Produkt nie 100 %ig sicher ist, ob das Resultat negativ ist, das Insert einfach nur verkehrt herum integriert wurde, oder die PCR nicht funktioniert hat.

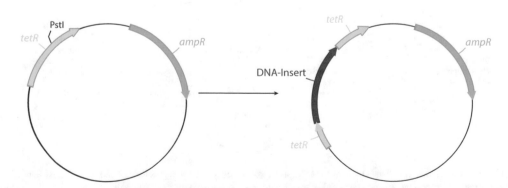

▣ **Abb. 12.6** Insertionsinaktivierung. Durch die Integration eines DNA-Fragments in das Gen für Tetrazyklinresistenz *(tetR)* werden die rekombinanten, Plasmid-tragenden Zellen sensitiv gegenüber dem Antibiotikum Tetrazyklin und können daher nicht mehr auf Tetrazyklin-haltigem Medium überleben. Das vorhandene Ampicillinresistenzgen *(ampR)* dient lediglich als Selektionsmarker. (J. Funk)

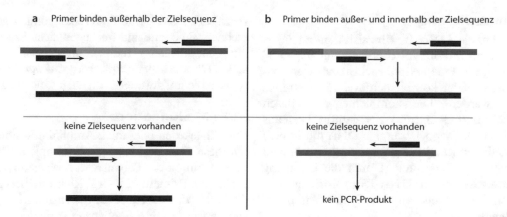

a Primer binden außerhalb der Zielsequenz

b Primer binden außer- und innerhalb der Zielsequenz

keine Zielsequenz vorhanden

keine Zielsequenz vorhanden

kein PCR-Produkt

◼ **Abb. 12.7** Schematische Darstellung möglicher Primerkombinationen für die Durchführung einer Kolonie-PCR. **a** Beide Primer binden außerhalb der fraglichen Zielsequenz. Es entstehen bei Vorliegen und Fehlen der Zielsequenz unterschiedliche PCR-Produkte, die sich in ihrer Größe unterscheiden. Fehlt die Zielsequenz, so entsteht ein kleineres PCR-Produkt. **b** Ein Primer bindet außerhalb und einer innerhalb der Zielsequenz. Es entsteht nur ein PCR-Produkt bei vorliegender Sequenz; ist diese nicht integriert, so bleibt es durch fehlende Primerbindung aus. (J. Funk)

12.2 Die Polymerasekettenreaktion

Eine Standardmethode, um spezifische Gene und DNA-Sequenzen zu amplifizieren (vervielfältigen), ist die **Polymerasekettenreaktion** (kurz **PCR,** *polymerase chain reaction*). Die während der PCR ablaufende enzymatische Reaktion wurde aus der Physiologie rekonstruiert, da sie innerhalb jeder Zelle unseres Körpers während der DNA-Replikation (▶ Kap. 5) abläuft. Um das Prinzip für molekularbiologische Verfahren im Labor zu nutzen, beispielsweise für die *in vitro*-Amplifikation von Gensequenzen, müssen einige Dinge beachtet werden, auf die im Folgenden näher eingegangen wird.

12.2.1 Das Prinzip der PCR

Die erste Voraussetzung für die Vervielfältigung von DNA-Abschnitten ist eine einzel- oder doppelsträngige DNA-Sequenz mit bekannter oder zumindest partiell bekannter Nukleotidsequenz. Weiterhin werden zwei Oligonukleotide, auch **Primer** genannt, benötigt, um die Amplifikation von Nukleotidsequenzen durchführen zu können. Primer sind nichts anderes als kurze, etwa 25 Nukleotide lange, einzelsträngige DNA- oder RNA-Sequenzen, die jeweils spezifisch an einem der beiden Enden beider DNA-Einzelstränge (jeweils am 3′-Ende) der zu amplifizierenden Zielsequenz komplementär binden und somit einen Ansatzpunkt für die DNA-Polymerase bilden. Bei einer PCR nimmt man in der Regel **DNA-Primer,** weil DNA:DNA-Hybride einfach stabiler als DNA:RNA-Hybride sind und weil sie einfach leichter zu lagern sind als RNA-Primer. RNA-Primer hingegen kommen bei einem alltäglichen Prozess vor, nämlich bei der Replikation (▶ Kap. 5).

Im Labor wird üblicherweise die thermostabile *Taq*-**Polymerase** verwendet, die ihren Namen durch ihre Entdeckung und Isolation aus dem in heißen Quellen lebenden Organismus *Thermus aquaticus* (ein Gram-negatives Bakterium) erhalten hat. Polymerasen aus anderen Organismen, wie etwa Säugern, würden den hohen Temperaturen (bis zu 95 °C!), die bei dieser Methode notwendig sind, nicht standhalten können. Für spezielle Fragestellungen, die etwa die Untersuchung sehr langer Amplifikate, sehr AT- oder GC-reicher Sequenzen oder Sequenzen mit vielen Wiederholungen *(repeats)* beinhalten, werden jedoch auch andere etwas langsamere, dafür aber genauere Polymerasen herangezogen.

Für den Ablauf einer PCR-Reaktion ist weiterhin die Zugabe der Grundbausteine, also von **Desoxynukleosidtriphosphatmolekülen (dNTPs:** dATP, dTTP, dGTP, dCTP), essenziell. Diese werden von der Polymerase zu einem zum Template (der Zielsequenz) komplementären Strang in Anwesenheit von Magnesiumionen zusammengeknüpft. Die Reaktion wird heute für analytische Zwecke apparativ in einem sogenannten **Thermocycler,** dem PCR-Gerät, unter für die Polymerase optimalen Pufferbedingungen innerhalb einiger Minuten bis weniger Stunden umgesetzt und kann in mehrere Teilschritte untergliedert werden:

1. Denaturierung
2. Primerhybridisierung *(Primer Annealing)*
3. Elongation

Ein exemplarisches Protokoll mit dem entsprechenden Reaktionsansatz und einem Standardprogramm, welches die Zeiten und Temperaturen für die einzelnen Schritte enthält, ist in ▶ Abschn. 12.2.2 aufgeführt.

12.2.1.1 Denaturierung

Um doppelsträngige DNA in Einzelstränge zu überführen, wird sie im Labor typischerweise auf 95–99 °C erhitzt, wodurch die **Wasserstoffbrückenbindungen** zwischen den Basen beider komplementärer Einzelstränge aufgebrochen werden. Die komplementären Basen A–T bilden zwei und C–G drei Wasserstoffbrücken aus (▸ Abschn. 2.1.1.2). Doppelsträngige DNA mit hohem CG-Anteil ist daher stabiler als Sequenzen mit hohem AT- und niedrigem CG-Anteil. Durch die Erhitzung des PCR-Ansatzes werden DNA-Doppelstränge also in komplementäre Einzelstränge aufgebrochen beziehungsweise **denaturiert.**

12.2.1.2 Primer Annealing

Das *Primer Annealing* ist auch bekannt als Primerbindung oder Primerhybridisierung. Für die Bindung der Primer an die 3′-Enden der einzelsträngigen DNA-Zielsequenzen (in *sense*- und *antisense*-Richtung) wird die Temperatur im Thermocycler von 95–99 °C auf die sogenannte **Annealing-Temperatur** (ca. 55–65 °C) heruntergekühlt. Die *Annealing*-Temperatur ist die Temperatur, bei der die Primer spezifisch an die Zielsequenz binden, eine unspezifische Bindung an anderer, unspezifischer Stelle in der Zielsequenz jedoch durch die optimale Temperatur ausgeschlossen wird. Die optimale *Annealing*-Temperatur liegt nur knapp (ca. 2 °C) unterhalb der Schmelztemperatur der Primer und kann über den Anteil der vier Basen Adenin (A), Thymosin (T), Guanosin (G) und Cytosin (C) mit folgender Formel berechnet werden:

$$°C = (A + T) \times 2 + (G + C) \times 4$$

Jedoch gibt es heutzutage auch Online-Webseiten mit *biotools,* die in der Lage sind, *Annealing*-Temperaturen unter spezifischen Salz- und Pufferbedingungen genau zu berechnen. Eine gute und frei zugängliche Seite zur Berechnung der *Annealing*-Temperatur ist beispielsweise OligoCalc *(Oligonucleotide Properties Calculator,* ▸ http://biotools.nubic.northwestern.edu/OligoCalc.html *)*.

12.2.1.3 Elongation

Die **Elongation** oder auch Amplifikation beschreibt die Synthese des zur Zielsequenz komplementären DNA-Strangs durch die **Polymerase,** ausgehend von den hybridisierten Primern in 5′ → 3′-Richtung bei ca. 72 °C.

Nach der ersten Elongationsreaktion liegen neu synthetisierte DNA-Sequenzen variabler Länge vor, resultierend aus dem Abbruch der Replikationsreaktion der Polymerase nach einer zufälligen Anzahl an Basenpaaren (hier wird der Elongation schlicht begrenzt Zeit gegeben).

Im Anschluss an die Elongation folgt eine erneute Denaturierung, in der die nun neu synthetisierten DNA-Doppelstränge aufgebrochen werden, um die Hybridisierung von Primern zu ermöglichen. Nun kann die Polymerase an alle Primer ansetzen und erneut Doppelstränge synthetisieren. Mit Ausnahme der ursprünglich eingesetzten Template-DNA, an der wiederum Sequenzen zufälliger Länge synthetisiert werden, werden alle anderen, im vorausgegangenen Zyklus synthetisierten DNA-Sequenzen komplett amplifiziert.

12.2.1.4 Wiederholung der Schritte 1 bis 3

Der Vorgang – Denaturierung, *Primer Annealing* und DNA-Elongation – wird so lange zyklisch wiederholt, bis eine ausreichende Menge DNA für weitere analytische Zwecke vorliegt (◘ Abb. 12.8). Durch die Wiederholung der Reaktion steigt die Menge an synthetisier-

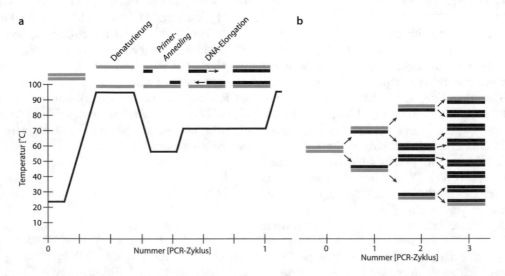

◘ **Abb. 12.8**   Polymerasekettenreaktion. **a** Der Aufbruch der DNA-Doppelstränge in Einzelstränge erfolgt bei hohen Temperaturen (95–99 °C) und wird als DNA-Denaturierung beschrieben. Anschließend erfolgt die Hybridisierung der *sense*- und *antisense*-Primer *(Primer Annealing)* an die entsprechend komplementären Sequenzen auf den DNA-Einzelsträngen. Bei 72 °C wird die Zielsequenz durch die katalytische Aktivität der *Taq*-Polymerase in Gegenwart aller Desoxynukleotide (dATP, dTTP, dGTP, dCTP) in 5′ → 3′-Richtung neu synthetisiert (Elongation). **b** Diese drei Schritte werden 25- bis 30-mal wiederholt, um die Ziel-DNA exponentiell zu amplifizieren. (J. Funk)

ten DNA-Fragmenten spezifischer Länge exponentiell an. Üblicherweise werden 25–35 Zyklen gefahren.

Merke

In der Lösung sind zum Schluss auch noch einige längere DNA-Moleküle enthalten, die auf die lineare Vervielfachung der Ausgangsmoleküle zurückgehen. Diese fallen jedoch später kaum ins Gewicht, weil die kurzen Sequenzen, die an beiden Seiten von den Primeren begrenzt sind und exponentiell vervielfältigt werden, millionenfach überwiegen. Zudem reinigt man in der Regel seinen PCR-Ansatz über eine **Gelelution** auf (▶ Abschn. 12.6.1), wodurch man nicht nur die längeren Fragmente los wird sondern auch lästige Salze und Pyrophosphate, die in weiteren Reaktionen (bspw. Ligation) auf Enzyme inhibierend wirken.

Gibson-assembly

Durch diese Methode ist es möglich, mehrere DNA-Fragmente gleichzeitig in einen Vektor zu integrieren. Das Verfahren wird auch als isothermales *Gibson assembly* bezeichnet, da die Reaktion bei einer konstanten Temperatur abläuft. Die DNA-Sequenzen, die durch Klonierung miteinander verknüpft wer-

den sollen, müssen am jeweiligen Ende überlappende, das heißt identische Sequenzen aufweisen. Durch den Einsatz einer 5'-Exonuklease werden die 5'-Enden der DNA-Fragmente partiell geschnitten, resultierend in *sticky ends*. Die so entstandenen homologen 3'-Überhänge werden anschließend miteinander hybridisiert. Weiterhin werden nach dem Fragment-*Annealing* zurückbleibende Lücken durch eine im Reaktionsmix enthaltene DNA-Polymerase über die Elongation der 3'-Enden geschlossen und die Enden mittels einer DNA-Ligase miteinander verknüpft. Die Gibson-Reaktion läuft konstant bei 50 °C für 15–60 min und verlangt keine vorherige Restriktion der zu verknüpfenden DNA-Fragmente (◻ Abb. 12.9).

12.2.2 Das Protokoll einer Standard-PCR

Für diejenigen, die die PCR-Reaktion nicht nur in der Theorie lernen, sondern das bis zu diesem Punkt Gelernte auch in die Tat umsetzen möchten, zeigt die ◻ Tab. 12.2 den **Reaktionsansatz** einer Standard-PCR. Der Reaktionsansatz kann natürlich je nach Bedingung und Fragestellung verändert und angepasst werden.

Natürlich ist es nicht mit dem Reaktionsansatz alleine getan. Die ◻ Tab. 12.3 zeigt daher ein Protokoll

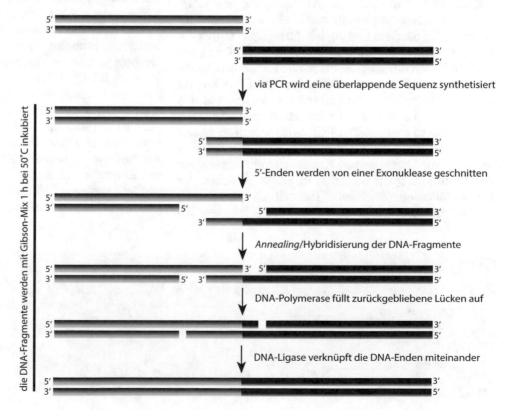

◻ **Abb. 12.9** Ablauf einer *Gibson-assembly*- Reaktion. Mittels einer PCR werden identische, überlappende Sequenzen synthetisiert. Durch den anschließenden Einsatz einer Exonuklease werden die 5'-Enden geschnitten. Die resultierenden 3'-Überhänge werden miteinander hybridisiert, die Lücken durch eine DNA-Polymerase geschlossen und die Enden über eine DNA-Ligase miteinander verknüpft. (J. Funk)

die DNA-Fragmente werden mit Gibson-Mix 1 h bei 50°C inkubiert

via PCR wird eine überlappende Sequenz synthetisiert

5'-Enden werden von einer Exonuklease geschnitten

Annealing/Hybridisierung der DNA-Fragmente

DNA-Polymerase füllt zurückgebliebene Lücken auf

DNA-Ligase verknüpft die DNA-Enden miteinander

◻ **Tab. 12.2**   Reaktionsansatz einer Standard-PCR

Komponente	Menge
Template-DNA	10 pg–100 ng
10 × Puffer	5 µl
dNTP-Mix (10 µM)	5 µl
Primer 1 (10 µM)	1,5 µl
Primer 2 (10 µM)	1,5 µl
DNA-Polymerase (5 U/µl)	0,2 µl
Wasser auffüllen auf	50 µl

für ein **Standard-PCR-Programm.** Auch hier gilt, dass die Programmeinstellungen, wie Temperatur und Zeit, je nach Fragestellung variiert werden können.

12.2.3 Der Anwendungsbereich der PCR

Der Anwendungsbereich der PCR ist breit und vielfältig (▶ Abschn. 14.2.3.3). Jeder hat beispielsweise schon einmal etwas vom **Vaterschaftstest** oder Genmais gehört. Zahlreiche Kriminalfilme und Serien demonstrieren ebenfalls die Verwendung der PCR in der **Forensik,** um mit dem am Tatort gefundenen Material Verbrecher durch den genetischen Fingerabdruck zu überführen.

Die einfache, schnelle und doch so effektive Methodik der PCR ermöglicht die Amplifikation von DNA und auch RNA und erhält somit ein vielfältiges Einsatzgebiet in **Medizin** und **Molekularbiologie.** Durch die Technik wird es Medizinern ermöglicht, Erbkrankheiten bereits vor ihrem phänotypischen Ausbruch zu diagnostizieren. Für die Amplifikation von DNA kommt jegliches biologische Material infrage, sofern es Zellen mit Zellkern (Eukaryoten) oder frei vorliegende DNA (Prokaryoten) enthält. Die PCR wird jedoch nicht nur zur Überführung einer Täterschaft, beim Vaterschaftstest oder zur Diagnose von Krankheiten herangezogen. Die Methodik spielt weiterhin in vielen Bereichen der **Genmodifikation** (Stichwort: Herstellung **gentechnisch** veränderter Lebensmittel) oder bei der Synthese wich-

tiger Medikamente wie Insulin oder Antibiotika eine heute nicht mehr wegzudenkende Rolle.

12.3 Die Reverse-Transkriptase-Polymerasekettenreaktion

DNA-Moleküle können durch die Anwendung der PCR-Technik vervielfältigt werden. Darüber hinaus existiert eine weitere Variante der PCR, die es ermöglicht, RNA über den Umweg der DNA zu vervielfältigen. Für die Anwendung der **Reversen-Transkriptase-PCR (RT-PCR)** kann jedoch nicht die herkömmliche *Taq*-Polymerase verwendet werden, da dies eine DNA-abhängige DNA-Polymerase ist, das heißt, dass diese nur von einzelsträngigen DNA-Templates die Neusynthese doppelsträngiger DNA starten kann. Um RNA zu amplifizieren wird daher typischerweise die **reverse Transkriptase,** die zugleich den namensgebenden Faktor dieser Technik darstellt, verwendet. Die reverse Transkriptase katalysiert die Synthese von **cDNA** *(complementary-DNA)* von einem vorliegenden RNA-Template. Wie die *Taq*-Polymerase benötigt die reverse Transkriptase ebenfalls Primer als Startmoleküle der Synthese. Als Primer werden neben weiteren Möglichkeiten wie *random*-Hexamer-Oligonukleotide (bestehen aus sechs Nukleotiden, die zufällig zusammengesetzt sind) meist **Oligo-dT**-Nukleotide in der Reaktion eingesetzt. Oligo-dT Primer bestehen aus einer Reihe von Desoxythymidin-Nukleotiden, die an den Poly-A-Schwanz der mRNAs binden.

Oft steht die Fragestellung nach dem Transkriptionslevel spezifischer Gene, das heißt die Frage nach der Menge transkribierter mRNA, hinter der Anwendung der RT-PCR. Um dies zu untersuchen wird in der Regel eine besondere Form, die quantitative RT-PCR (qRT-PCR, ▶ Abschn. 12.3.1), angewendet. Die RT-PCR ist darüber hinaus vielseitig einsetzbar und wird etwa zum gezielten Nachweis von RNA-Viren oder zur Analyse spezifischer mRNAs in Zellen und damit zur Kontrolle der Expression bestimmter Gene angewendet. Auch zur Sequenzierung von RNAs, der sogenannten *RNA-seq,* bietet sie sich an. Dabei werden die

◻ **Tab. 12.3**   Programm einer Standard-PCR

Schritt	Temperatur [°C]	Zeit	Anzahl der Zyklen
Initiale Denaturierung	95–99	120–300 s	1
Denaturierung	95–99	30 s	25–35
Annealing	Siehe Formel 12.1	30 s	
Elongation	72	ca. 1 kb/min	
Finale Elongation	72	120–600 s	1

zu untersuchenden RNAs (ob gesamtes Transkriptom oder nur spezifische RNAs) zunächst in cDNA umgeschrieben, die dann durch die gewohnten Sequenzierungsmethoden (▶ Abschn. 12.7) untersucht werden.

Es besteht die Möglichkeit der unterschiedlichen Durchführung der RT-PCR: entweder als *one-step*- oder als *two-step*-**RT-PCR** (◘ Abb. 12.10). Der Unterschied besteht darin, dass die komplette Reaktion von der cDNA-Synthese bis zur Amplifikation der DNA durch die PCR bei der *one-step*-RT-PCR in einem einzigen Reaktionsansatz stattfindet. Bei dieser Reaktion werden direkt genspezifische Primer verwendet. Hingegen wird die reverse Transkription und die anschließende Amplifikation der DNA bei der *two-step*-RT-PCR in zwei individuellen, nacheinander verlaufenden Reaktionen durchgeführt. Dabei werden für die reverse Transkription der RNA in cDNA sogenannte *random*- oder nichtspezifische Primer verwendet. In der folgenden PCR, in der nun die durch die reverse Transkriptase synthetisierte cDNA als Matrize dient, wer-

den statt unspezifischer Oligonukleotide entsprechend spezifisch an die DNA bindende Primer eingesetzt.

12.3.1 Die quantitative Reverse Transkriptase-PCR

Mithilfe der **quantitativen Reverse Transkriptase-PCR** (**qRT-PCR**), die auch als *real-time* RT-PCR bezeichnet wird, lassen sich Transkriptmengen einer Ziel-mRNA in einer Probe ermitteln. Technisch gesehen handelt es sich dabei fast um eine ganz normale RT-PCR. Allerdings werden hier im Reaktionsansatz **Farbstoffe** verwendet, die doppelsträngige DNA (dsDNA) binden und unter Anregung durch Licht spezifischer Wellenlänge fluoreszieren. Kleine Kameras und spezielle Reaktionsgefäße mit durchsichtigen Verschlüssen ermöglich es, die Zunahme der dsDNA-Amplifikate in Echtzeit *(real-time)* zu verfolgen. Irgendwann tritt aber bei jeder PCR eine **Sättigung** an dsDNA-Fragmenten ein, beziehungs-

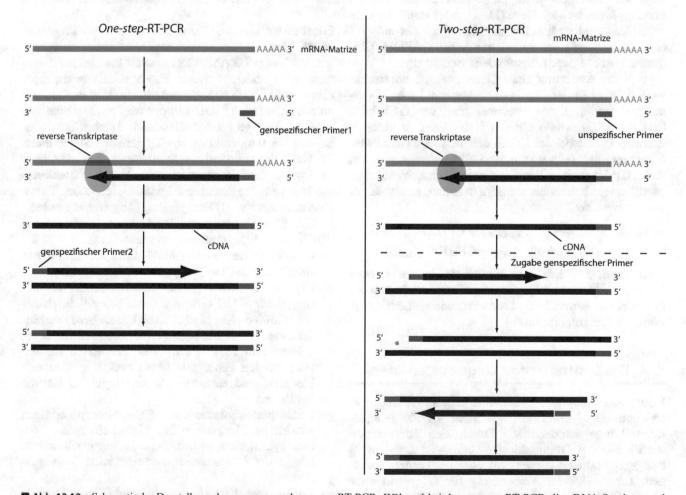

◘ **Abb. 12.10**   Schematische Darstellung der *one-step*- und *two-step*-RT-PCR. Während bei der *one-step*-RT-PCR die cDNA-Synthese und Amplifikation in einem Schritt durch die Wahl genspezifischer Primer abläuft, wird bei der *two-step*-RT-PCR die DNA-Amplifikation (durch genspezifische Primer) der reversen Transkription (durch unspezifische Primer) in einer zweiten Reaktion nachgeschaltet. (J. Funk)

weise verändert sich das Level der dsDNA nicht mehr (das kann beispielsweise daran liegen, dass die Primer oder Nukleotide aufgebraucht sind, die Masse an dsDNA-Molekülen rein räumlich hinderlich ist oder die Polymerasen durch die Entstehung von Pyrophosphat in ihrer Funktion geschädigt werden. Der sogenannte Ct *(Cycle threshold)* beziehungsweise **CP** *(crossing point)*-**Wert** gibt dabei die Anzahl der PCR-Zyklen wieder, die benötigt werden, um diesen Zustand zu erreichen. Je weniger RNA-Vorlage in der Reaktion war, desto später tritt die Sättigung ein (hohe Zyklenzahl bzw. CP-Wert).

Um die **absolute Menge** eines Transkripts in der Anfangslösung zu bestimmen, wird eine **Kalibrierungskurve** erstellt, wozu man diverse Reaktionen mit bekannten Mengen an RNA parallel zur Probe laufen lässt und schließlich vergleicht. Das ist aber recht mühsam. Wenn die Expression eines Gens (oder die Änderung der Expression durch bestimmte Einflüsse) untersucht werden soll, wird viel öfter nur die **relative Menge** errechnet. Dazu wird die Expression des Zielgens mit einem Standardgen verglichen, das in der Zelle zu fast jeder Zeit konstant exprimiert wird. Diese Referenzgene werden auch als *housekeeping*-**Gene** (HKG) oder Haushaltsgene bezeichnet und es handelt sich um Gene mit entsprechend wichtigen Funktionen, wie Actin, GAPDH, Ubiquitin, Histone oder ribosomale Untereinheiten.

Soll die Änderung einer Genexpression untersucht werden, wird in der Praxis die sogenannte **ΔΔCP-Formel** verwendet: Dazu errechnet man den ΔCP-Wert (= CP des Zielgens – CP des HKGs) der zu untersuchenden Probe, bei der Zellen beispielsweise einem Medikament ausgesetzt waren, und subtrahiert von diesem den ΔCP-Wert einer Vergleichsprobe, die nicht mit dem Medikament behandelt wurde. Zusammengefasst lautet die Formel also:

$$\Delta\Delta\text{CP} = (\text{CPZielgen}_{\text{Behandlung}} - \text{CPHKG}_{\text{Behandlung}})$$
$$- (\text{CPZielgen}_{\text{Kontrolle}} - \text{CPHKG}_{\text{Kontrolle}})$$

Setzt man das Ergebnis schließlich in die Formel $f_{(X)} = 2^{-\Delta\Delta\text{CP}}$ ein, erhält man die relative Änderung der Genexpression und kann feststellen wie vielfach sie erhöht oder verringert wurde!

12.4 Die Synthese von Oligonukleotiden

Heute ist es möglich, Oligonukleotide automatisiert in sogenannten *Synthesizern* mit mehr als 100 Nukleotiden Länge herzustellen. Durch den kommerziellen Einsatz der **Oligonukleotidsynthese** ist das Anwendungsgebiet dieser kurzen Nukleinsäuren enorm gestiegen. Eine mögliche Anwendung für Oligonukleotide ist die PCR. Für die Echtzeitdetektion von Nukleinsäuren durch PCR, beispielsweise in der *real-time*-PCR (q-PCR) – ähnlich der qRT-PCR, ▸ Abschn. 12.3.1,

nur eben auf DNA bezogen –, und andere Methoden, wie die Koloniehybridisierung (▸ Abschn. 12.1.5.2), werden mittels **Farbstoff** oder **Radioaktivität** markierte Oligonukleotide verwendet.

Anwendungsgebiete von Oligonukleotiden

Oligonukleotide aus DNA oder RNA werden in vielen Bereichen eingesetzt:

- als **Primer** für die Sequenzierung von DNA-Abschnitten, sowie bei der PCR und für gerichtete Mutagenesen;

- in der künstlichen Synthese von Genen;

- als **Sonden** zur Charakterisierung von DNA, cDNA und RNA bei diversen Methoden: Koloniehybridisierung, für *Southern* und *Northern* Blot, als auch für *in situ*-Hybridisierung;

- als Therapeutika, beispielsweise als Immunmodulatoren oder als gezielte Blocker der Expression spezifischer Gene, beispielsweise über RNA-Interferenz (siRNAs)

Für die Synthese von Oligonukleotiden ist die **Phosphoramidit-Methode** eines der am häufigsten verwendeten Verfahren (◘ Abb. 12.11). Die Oligonukleotidsynthese wird üblicherweise in 3′ → 5′-Richtung durchgeführt, wobei im Kopplungsschritt ein 3′-Phosphoramidit mit einer freien 5′-OH-Gruppe reagiert. Die Synthese wird an Polystyrol- oder Glas-*beads* durchgeführt, wobei das Startnukleosid an das Trägermaterial gebunden ist. Nach der vollständigen Synthese müssen die Oligonukleotide durch Reagenzien wie Di- oder Trichloressigsäure vom Trägermaterial im *deblocking*- oder Titrylabspaltungsprozess (Detritylierung) abgetrennt werden.

Die Phosphoramidit-Methode kann in die folgenden Teilschritte untergliedert werden:

- *Coupling:* Hier reagiert ein 3′-Phosphoramidit mit einer freien 5′-OH-Gruppe eines Nukleosids.

- *Capping:* Durch diesen Schritt wird durch Acetylierung freier 5′-OH-Gruppen (zum Beispiel durch unvollständige Kopplung zurückgeblieben) verhindert, dass diese in folgenden Syntheseschritten reagieren und zu unspezifischen Produkten führen. Hier werden daher alle freien reaktiven Gruppen blockiert und entfallen als Ansatzpunkte für die Synthese.

- **Oxidation:** Entstandene Phosphitgruppierungen werden zu Phosphat oxidiert, und ein neuer Synthesezyklus kann gestartet und bis zur gewünschten Länge der Oligonukleotidsequenz wiederholt werden.

- *Deblocking:* Fertig synthetisierte Oligonukleotide werden vom Trägermaterial abgespalten.

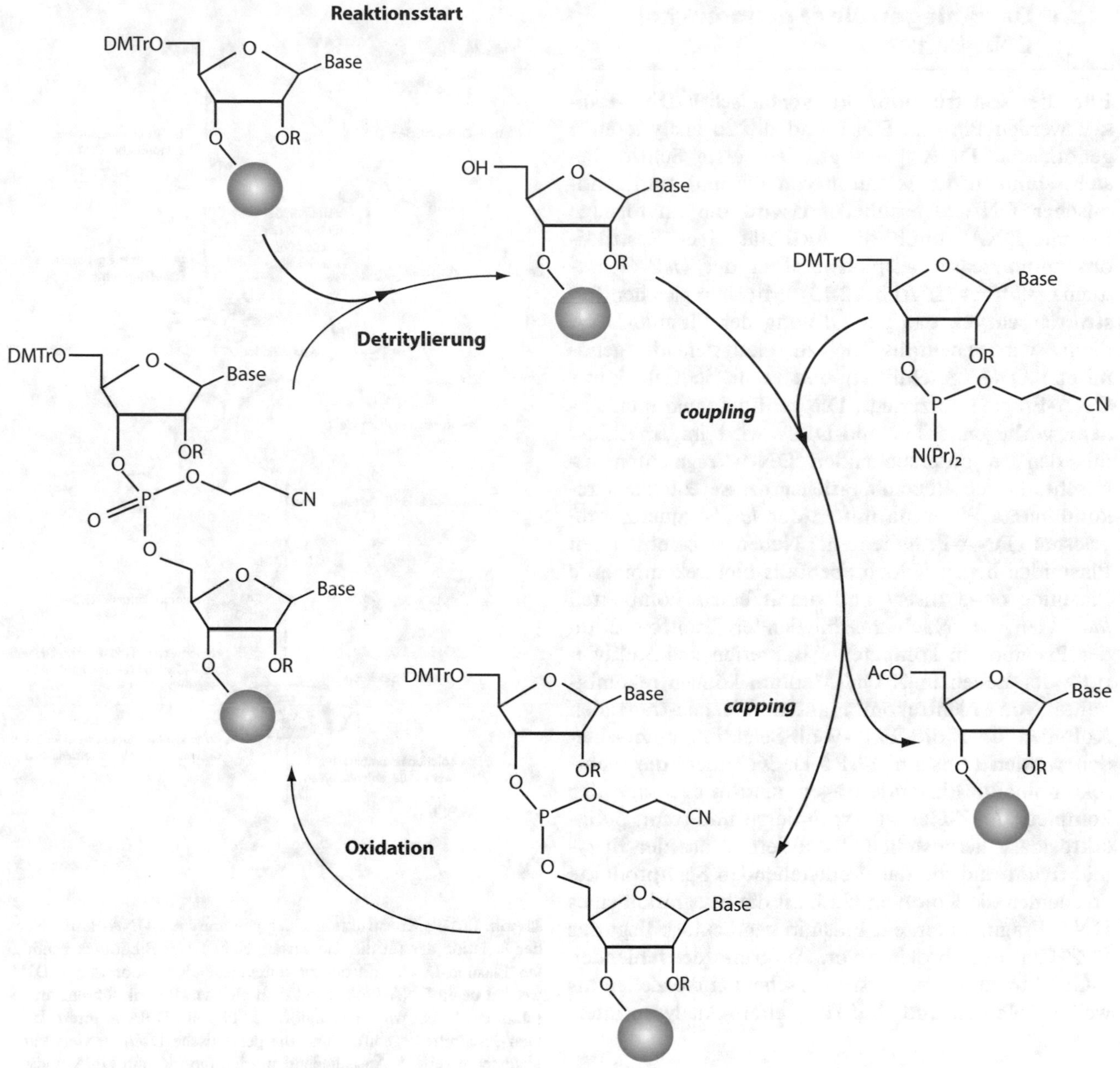

Reaktionsstart

Detritylierung

coupling

capping

Oxidation

◘ **Abb. 12.11** Darstellung des Oligonukleotidsynthesezyklus. Nach dem Start der Reaktion reagiert ein 3′-Phosphoramidit mit einer freien 5′-OH-Gruppe eines Nukleosids *(coupling)*. Anschließend erfolgt die Acetylierung freier 5′-OH-Gruppen *(capping)*. Die dadurch entstandenen Phosphitgruppierungen werden zu Phosphat oxidiert, und ein neuer Synthesezyklus kann gestartet werden. R = Rest; DMTrO = Dimethoxytrityl. (J. Funk)

12.5 Die Konstruktion von DNA-Bibliotheken

Bakterien sind in der Lage, Fremd-DNA-Fragmente eines anderen Organismus aufzunehmen und entweder in ihr Chromosom zu integrieren oder extrachromosomal auf Plasmiden zu beherbergen. Für die Herstellung von **DNA-Bibliotheken** (bzw. **DNA-Banken**) für diagnostische Zwecke werden lange genomische DNA-Sequenzen zunächst mittels Restriktionsendonukleasen (▶ Abschn. 12.1.3) in kurze Fragmente zerschnitten. Die resultierenden Sequenzbruchstücke werden im Anschluss in Vektoren kloniert und diese schließlich in Bakterien übertragen, um sie langfristig aufzubewahren und durch weiterführende Methoden wie Sequenzierung (▶ Abschn. 12.7) genauer charakterisieren zu können.

12.5.1 Das Anlegen einer genomischen DNA-Bank

Für die Konstruktion von **genomischen DNA-Banken** werden Plasmid-DNA und die zu analysierende genomische DNA benötigt. Der erste Schritt besteht somit in der Isolation von Plasmid- und genomischer DNA. Anschließend wird die ringförmige Plasmid-DNA durch die Aktivität einer Restriktionsendonuklease beispielsweise in der *lacZ*-Gensequenz geöffnet (◘ Abb. 12.12). Mit dem gleichen **Restriktionsenzym,** das zur Öffnung der Plasmid-DNA dient, wird ebenfalls die zu analysierende genomische DNA geschnitten und somit in viele kurze DNA-Fragmente zerlegt. Die geöffnete und damit linear vorliegende Plasmid-DNA wird im Anschluss mit den zu untersuchenden DNA-Fragmenten gemischt. Durch **Rekombinationsprozesse** entstehen rekombinante Plasmide mit in der *lacZ*-Sequenz integrierten DNA-Fragmenten. Neben rekombinanten Plasmiden liegen jedoch ebenfalls nichtrekombinante Plasmide ohne Insert und damit einem kompletten *lacZ*-Gen vor. Nach anschließender Transformation der Plasmide in kompetente Bakterien und Kultivierung der Zellen in X-Gal-Medium können rekombinante von nichtrekombinanten Plasmid-tragenden Kolonien über die Blau-Weiß-Selektion unterschieden werden (Abschn. 12.1.5.1). Kolonien, die nichtrekombinante Plasmide tragen, sind in der Lage, das komplette *lacZ*-Gen zu exprimieren und somit β-Galaktosidase herzustellen. Resultierend aus der Enzymaktivität und die dabei entstehenden Spaltprodukte erscheinen die Kolonien blau. Ist die Integration eines DNA-Fragments in ein Plasmid geglückt, so liegt das *lacZ*-Gen unterbrochen vor. Aufgrund der fehlenden β-Galaktosidase-Expression erscheinen die Zellen als weiße Kolonien und sind für weitere Analysen interessant.

12.5.2 Von cDNA-Bibliotheken

Eine weitere Gruppe von DNA-Banken stellen die **cDNA-Bibliotheken** dar, die im Laufe der Zeit an großer Bedeutung gewonnen haben. Für diese Technik wird mRNA als Ausgangsmaterial verwendet und durch reverse Transkriptase in **cDNA** *(complementary*-**DNA)** umgeschrieben. Die cDNA kann anschließend in Vektoren kloniert werden. Im Gegensatz zu genomischen DNA-Bibliotheken leiten sich cDNA-Bibliotheken ausschließlich von RNA-Sequenzen ab, die transkribiert wurden und zur Synthese von Proteinen beitragen. Ziel einer cDNA-Bibliothek ist es also, das **Transkriptom**

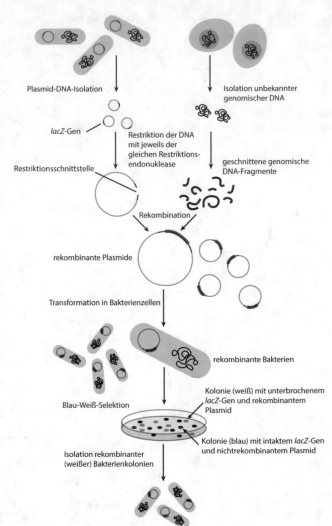

◘ **Abb. 12.12** Konstruktion einer genomischen DNA-Bank. Nach der Isolation der für die Klonierung einer DNA-Bibliothek benötigten Plasmid-DNA und der zu untersuchenden genomischen DNA werden beide DNA-Proben mit dem gleichen Restriktionsenzym geschnitten. Dabei wird die ringförmige Plasmid-DNA in ihrem *lacZ*-Gen geschnitten, geöffnet und die genomische DNA in viele kurze Fragmente zerlegt. Anschließend werden die Plasmid-DNA und die zu untersuchenden DNA-Fragmente miteinander vermischt. Nach der Rekombination entstehen rekombinante neben nichtrekombinanten Plasmiden, die in Bakterien transformiert werden können. Durch die Kultivierung der Transformanten auf X-Gal-Kulturmedium können im Anschluss über die Blau-Weiß-Selektion rekombinante von nichtrekombinanten Plasmid-tragenden Kolonien unterschieden werden. Dabei sind weiße Kolonien, also Transformanten mit unterbrochenem *lacZ*-Gen und somit in das Plasmid integrierter Fremd-DNA, für weitere Analysen von besonderem Interesse. (J. Funk)

(Gesamtheit aller mRNAs zu einer bestimmten Zeit in einer Zelle) widerzuspiegeln. Alle DNA-Bereiche, die nicht der Expression – also der Transkription – dienen (beispielsweise Kontrollelemente), sind in dieser Art Bibliothek nicht vertreten. Anhand der Verteilung resultierender cDNA-Klone kann die Stärke der Expression spezifischer Gene analysiert werden.

> **Merke**
>
> Manche definieren den Begriff „Transkriptom", wie oben beschrieben, als Gesamtheit der **mRNAs** einer Zelle oder eines Gewebes zu einem bestimmten Zeitpunkt. Jedoch sind nicht alle RNAs, die transkribiert werden, auch mRNAs. Natürlich entstehen auch rRNAs, tRNAs, kleine regulatorische RNAs und allerlei andere ncRNAs über Transkription (▶ Kap. 8). Entsprechend wird der Begriff „Transkriptom" mittlerweile häufiger auch als Zusammenfassung *aller* RNAs einer Zelle zu einem bestimmten Zeitpunkt interpretiert. Viele cDNA-Bibliotheken decken damit ein weitaus größeres Spektrum als nur mRNAs ab.

12.5.2.1 Prinzip der Herstellung

Für die Generierung von cDNA-Bibliotheken wird die gesamte mRNA aus dem Cytoplasma der zu untersuchenden Organismen isoliert. Die Hybridisierung eines **Oligo-dT-Primers** an die in der mRNA vorhandene 3′-Poly(A)-Sequenz bildet einen Ansatzpunkt für die **reverse Transkriptase** (▶ Abschn. 12.3). Diese RNA-abhängige DNA-Polymerase katalysiert die Synthese eines doppelsträngigen **mRNA-cDNA-Hybrids** (◨ Abb. 12.13). Die mRNA wird durch alkalische Hydrolyse oder das RNA-schneidende Enzym (Nuklease) RNaseH zerstört. Durch den Einsatz von RNaseH wird die mRNA im Gegensatz zur alkalischen Hydrolyse jedoch nur an einigen Stellen geschnitten. Die resultierenden Sequenzabschnitte dienen als Ansatzpunkte für die DNA-Polymerase I/reverse Transkriptase. In anderen Fällen kann das 3′-Ende der cDNA eine Haarnadelstruktur bilden und mit sich selbst hybridisieren und dient somit als Primer. Mithilfe der DNA-Polymerase I oder der reversen Transkriptase wird der entsprechend komplementäre cDNA-Zweitstrang synthetisiert. Die Haarnadelstruktur des nun doppelsträngigen cDNA-Fragments wird durch eine 3′-5′-Exonuklease aufgeschnitten, sodass nun eine doppelsträngige cDNA entsteht, die der ursprünglichen mRNA entspricht. Durch die Verwendung von sogenannten **Linker-DNA-Fragmenten** und deren stumpfendige *(blunt end)* Ligation an beide Enden der synthetisierten cDNA können für die nachfolgende Klonierung dieser Fragmente in ein Plasmid passende Erkennungssequenzen für Restriktionsenzyme integriert werden. Diese Erkennungssequenzen dürfen jedoch nicht in den cDNA-Fragmenten vorkommen, da sie sonst zerschnitten werden. Kommen die Erkennungssequenzen jedoch in der cDNA vor, so ist es möglich, diese durch **Methylierung** zu maskieren. Die cDNA-Fragmente können schließlich in eine Plas-

mid-DNA integriert werden und stehen für weitere Analysen und Experimente zur Verfügung.

> **Merke**
>
> das Umschreiben prokaryotischer mRNAs über einen Oligo-dT-Primer funktioniert in der Regel natürlich nicht so einfach, weil Prokaryoten keine 3′-Poly-A-Schwänze besitzen. Um prokaryotische mRNAs und andere RNA-Typen in cDNA umzuwandeln existieren verschiedene Methoden: Anhängen eines **künstlichen Poly-A-Schwanzes** an die RNA, Verwendung von randomisierten **Hexamer-Primern** (Oligos aus sechs Nukleotiden) oder die Identifizierung der RNAs über einen *Microarray.* Ein Microarray ist im Prinzip ein Chip, auf dem zahlreiche unterschiedliche Oligonukleotide mit jeweils bekannter Sequenz gebunden sind. Je nachdem an welcher Stelle auf dem Chip hinzugegebene RNA- (oder DNA)-Proben binden, kann davon ausgegangen werden, dass sie die entsprechende Sequenz beinhalten

12.6 Die Agarosegelelektrophorese

Um beispielsweise DNA, RNA oder Proteine ihrer Größe nach aufzutrennen, ist die Elektrophorese die Methode der Wahl. Hier soll speziell auf die Anwendung der Elektrophorese im Bereich der **Nukleinsäurediagnostik** eingegangen werden. Mithilfe der **Agarosegelelektrophorese** können Nukleinsäuren in einem elektrischen Feld aufgrund ihrer negativen Ladung der Größe nach in einem Trägermedium (hier: Agarose) aufgetrennt werden.

12.6.1 Die Durchführung der Agarosegelelektrophorese

Die elektrophoretische Trennung von Nukleinsäuren wird durch deren negative Ladung sowie durch im Trägermedium vorhandene Poren bewerkstelligt. Als Trägermedium werden relativ weitporige **Agarosegele,** mit einem Agaroseanteil von 0,5–2 %, verwendet. Die Poren kann man sich dabei als eine Art dreidimensionales Netz vorstellen, dessen Porengröße (abhängig von der Agarosekonzentration) die Wanderungsgeschwindigkeit der Nukleinsäuren bestimmt. Die Auftrennung erfolgt in einem Trägermedium, das von einer **Elektrolytlösung** umgeben ist, um ein elektrisches Feld anschließen zu können. Nukleinsäuren sind durch ihre Phosphatgruppen negativ geladen (▶ Kap. 2) und wandern da-

◘ Abb. 12.13   Konstruktion einer cDNA-Bibliothek. Als Vorlage dient das Transkriptom (entweder mRNAs oder alle RNAs). Oligo-dT-Primer dienen als Startpunkte für die cDNA-Synthese mithilfe der reversen Transkriptase. Nach der Zerstörung der mRNA-Matrize durch alkalische Hydrolyse oder RNaseH kann der komplementäre cDNA-Strang ausgehend von der gebildeten 3′-Haarnadelstruktur beziehungsweise kurzen, am cDNA-Strang gebundenen mRNA-Bruchstücken durch reverse Transkriptase oder DNA-Polymerase I neu synthetisiert werden. Im Anschluss an die Synthese der cDNA-Doppelstränge sowie das Zerschneiden der 3′-Haarnadelstrukturen durch eine 3′-5′-Exonuklease werden kurze Linker-DNA-Fragmente an die Enden der cDNA ligiert. Die Linker enthalten Erkennungssequenzen für Restriktionsenzyme, die anschließend von diesen geschnitten werden. Nach der Restriktion können die cDNA-Fragmente in eine mit demselben Restriktionsenzym geschnittene Plasmid-DNA integriert werden. (J. Funk)

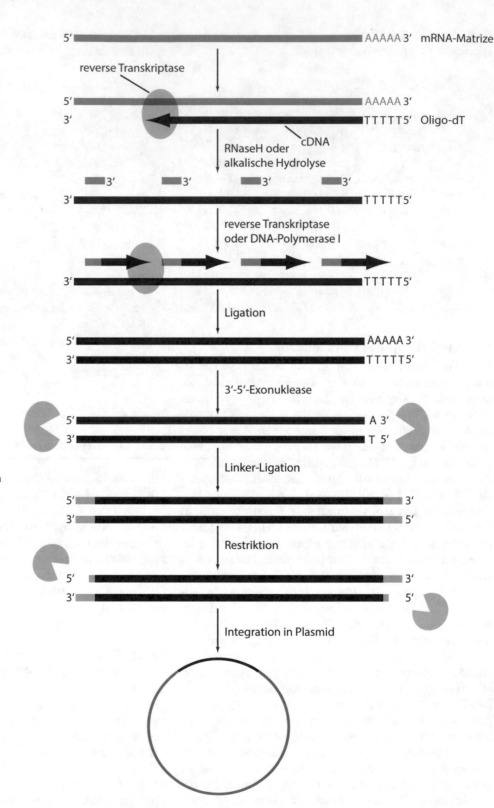

12

her in einem angeschlossenen elektrischen Feld immer in Richtung positiv geladenem Pol (in diesem Fall als „Anode" bezeichnet). Da die Wanderungsgeschwindigkeit von der Länge der Moleküle abhängig ist, wandern kurze Fragmente schneller als lange Fragmente durch die Gelmatrix (◘ Abb. 12.14). Darüber hinaus ist die Wanderungsgeschwindigkeit auch von der Konformation der Moleküle abhängig. DNA, die sich in einer überspiralisierten *(supercoiled)* Konformation befindet, wird schneller durch die Gelmatrix wandern als beispielsweise DNA, die linear oder zirkulär entspannt vorliegt (► Kap. 11). Um die Größe der Fragmente

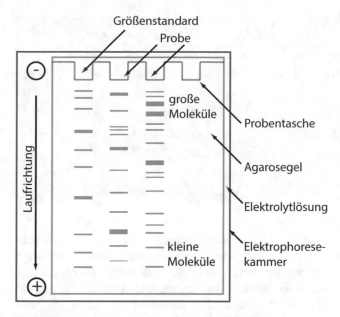

Abb. 12.14 Schematische Darstellung des Prinzips der Gelelektrophorese. Negativ geladene Moleküle (wie Nukleinsäuren) werden in einem angeschlossenen elektrischen Feld ihrer Größe nach in einem Trägermedium, welches von einer Elektrolytlösung umgeben ist, aufgetrennt. Die Wanderungsgeschwindigkeit hängt von der Größe der Moleküle ab, kürzere Fragmente wandern dabei schneller als lange Fragmente durch die engmaschige Gelmatrix. Nach der Auftrennung werden die unterschiedlich großen Moleküle im Gel angefärbt. (J. Funk)

nach elektrophoretischer Auftrennung abzuschätzen, wird ein **Größenstandard,** der aus unterschiedlichen DNA-Molekülen bekannter Größe besteht und im Laborjargon auch als **Marker** bezeichnet wird, als Referenz mit auf das Gel aufgetragen.

Vor der Beladung der RNA/DNA in die Taschen eines Agarosegels werden die Proben mit einem **Ladepuffer,** der unter anderem aus Phenolblau und Glycerin besteht, versetzt. Das Phenolblau dient dazu, die sonst farblose Probe präzise in die Ladetasche der Agarosematrix zu platzieren, Glycerin hilft, die Nukleinsäuren zu beschweren und so eine einfache Auftragung zu unterstützen. Da die Nukleinsäuren im Gel (wie auch in Lösung) ohne weiteres nicht sichtbar sind, werden sie während oder nach der elektrophoretischen Auftrennung mit Ethidiumbromid oder anderen DNA-bindenden **fluoreszenten Farbstoffen** (RedSafe, GelRed etc.) eingefärbt. Haben die Farbstoffe Nukleinsäuren gebunden, können diese unter UV-Licht (Ethidiumbromid) oder Licht anderer spezifischer Wellenlängen als sichtbare Banden wahrgenommen werden. Laboratorien entfernen sich jedoch immer mehr von der Färbung mit Ethidiumbromid, da es zwischen die Basen der DNA interkaliert und daher eine mutagene Wirkung vermutet wird, wodurch der Umgang mit Ethidiumbromid in vielen Laboren wiederum die Einhaltung

hoher Sicherheitsvorschriften verlangt und die Entsorgung sehr teuer ist.

▪▪ Die Anwendungsbereiche der Agarosegelelektrophorese

Die Auftrennung von Nukleinsäuren über Agarosegelektrophorese ist eine molekularbiologische Standardmethode und heute nicht mehr aus den Laboratorien wegzudenken. Einerseits können die Produkte einer PCR, einer Sequenzierung oder eines Restriktionsverdaus auf ein Gel aufgetragen und ihrer Größe nach aufgetrennt werden, was nicht nur Aufschluss über die Länge der Fragmente, sondern auch grob über die Menge der Fragmente und somit über den Erfolg/Nichterfolg der Methode gibt. Andererseits kann die Agarosegelelektrophorese auch zur **Aufreinigung** benutzt werden. Dazu können anschließend an den Gellauf spezifisch Banden aus der Agarosematrix ausgeschnitten und die DNA von der Agarose gereinigt werden, um diese im Weiteren für Klonierungen oder Sequenzierung zu verwenden. Durch eine solche **Gelelution** werden nicht nur unerwünschte Fragmente aussortiert, sondern auch Salze und Proteine, die einen inhibierenden Einfluss auf empfindliche Enzyme haben könnten.

12.7 Die Sequenzierung von DNA

Um die Basenabfolge von spezifischen DNA-Sequenzen zu ermitteln, wurden bis heute verschiedene Verfahren entwickelt.

▪▪ Sequenzierung der ersten Generation

Den Anfang machten Ende der Siebziger die **Maxam und Gilbert-Methode** und die nach Frederick Sanger benannte **Sanger-Sequenzierung.** Weil Erstere jedoch mehrere giftige Chemikalien verwendet, wurde sie bald durch Letztere weitestgehend abgelöst. Die Sanger-Sequenzierung ist heutzutage die mitunter bekannteste Art der Sequenzierung und ist auch als Didesoxymethode bekannt, wobei es sich um eine Kettenabbruchmethode handelt (▶ Abschn. 12.7.1). Immerhin erlaubt sie eine sehr schnelle und hochwertige Analyse kurzer Sequenzen (etwa 200–1000 Nukleotide) einzelner Proben. Dies reicht in den meisten Laboren völlig aus, um beispielsweise unter den Klonen einer Bakterienkolonie die korrekte Integration eines Inserts in ein Plasmid zu überprüfen, oder um Individuen einer Art auf Polymorphismen bestimmter Loci zu untersuchen. Solche Loci (Einzahl Locus), die nicht nur Aufschluss über die Identität sondern auch über die Intaktheit eines Gens geben können, werden auch als **genetische Marker** bezeichnet. Die Methoden nach Maxam/

◻ **Tab. 12.4**   Vergleich verschiedener Sequenzierungsmethoden

	1. Generation	2. Generation		3. Generation
Methode	Sanger-Seq.	454-Seq.	Illumina	SMRT
Länge der *Reads**	400–900 bp	500–700 bp	50–300 bp	10.000–20.000 bp
Reads/Lauf	N/A	1 Millionen	3 Mrd.	400.000
Bp/Lauf	N/A	0,7 Mrd. bp	1800 Mrd. bp	10 Mrd. bp
Zeit/Lauf	0,5–3 Stunden	10–23 Stunden	3–10 Tage	3 Stunden
Kosten/1 Millionen Base	2400 $	10 $	0,07 $	2–17 $

*Reads = eine durch Sequenzierung erhaltenen Basensequenz (Angabe in Basenpaare). bp = Basenpaare

Gilbert und Sanger werden als Sequenzierung der „**ersten Generation**" *(first generation sequencing)* bezeichnet

▪▪ Sequenzierung der zweiten Generation

Einen anderen Ansatz verfolgt das *Next Generation Sequencing* (NGS, ▶ Abschn. 12.7.2), das sozusagen die Methoden der „zweiten Generation", wie 454- und Illumina-Sequenzierung beinhaltet. Hier werden die zu untersuchenden genetischen Proben zunächst meistens amplifiziert, fragmentiert, dann sequenziert und die Vielzahl der kurzen Sequenzen anschließend über Computerprogramme zu einer zusammenhängenden Sequenz zusammengefügt. Obwohl deutlich fortschrittlicher, sind NGS-Methoden älteren Verfahren (wie der Sanger-Sequenzierung) nicht in jedem Punkt überlegen, wie beispielsweise der Auflösung repetitiver Sequenzen. Mit NGS-Verfahren können aber große Datenmengen erhoben und somit schnell ganze Genome eines Organismus untersucht werden, was als *whole genome sequencing*, WGS, bezeichnet wird (Exkurs 3.1 und 3.2). Auch die Untersuchung von **Metagenomen,** also aller Genome eines begrenzten Lebensraums zu einem bestimmten Zeitpunkt, beispielsweise einer Stuhl-, Wasser- oder Bodenprobe ist durch NGS-Verfahren möglich.

▪▪ Sequenzierung der dritten Generation

Doch damit nicht genug: Der Fortschritt der Technik bahnte mittlerweile Sequenzierungsmethoden der „**dritten Generation**" *(third generation sequencing)* den Weg. Bei diesen Methoden ist herausstechend, dass sie eine Analyse langer Fragmente erlauben, was die Sequenzierung schwieriger Sequenzen, insbesondere repetitiver, stark erleichtert. Obwohl einige Geräte bereits kommerziell erhältlich sind, sind diese zumeist unvorstellbar teuer und befinden sich oft auch noch in der Entwicklung beziehungsweise der Verbesserung. Ein Verfahren ist beispielsweise das *single-molecule real-time* **(SMRT)** *sequencing* der Firma PacBio. Dabei ist eine Polymerase in einer speziellen Kammer fixiert und synthetisiert den zweiten Strang einer zu untersuchenden einzelsträngigen DNA-Sequenz. Die verwendeten Nukleotide tragen spezielle Fluoreszenzmoleküle, die während des Einbaus abgespalten und wiederum von einer Kamera detektiert werden. Eine andere Methode ist die **Nanoporen-DNA-Sequenzierung,** von Oxford Nanopore Technologies: Hier wird eine spezielle Membran verwendet, durch die die Sequenzen durch **Nanoporen** gleiten. Dabei führen die durch die Pore gleitenden Nukleotide zu einer messbaren Veränderung im Ionenstrom der Membran, wobei die Veränderung wiederum vom Typ des Nukleotids abhängig ist.

Prinzipiell können natürlich mit den genannten Verfahren aber auch RNAs sequenziert werden (**RNA-Sequenzierung,** kurz *RNA-seq*). Der Trick besteht hier einfach darin, dass man die zu untersuchenden RNAs oder gleich das ganze Transkriptom einer Zelle (oder das Metatranskriptom eines Gewebes) in **cDNA** (▶ Abschn. 12.5.2) umschreibt und diese dann sequenziert.

Eine grobe Gegenüberstellung einiger ausgewählter Sequenzierungsmethoden ist in ◻ Tab. 12.4 gezeigt. Dabei ist zu bemerken, dass die Länge der durch die Sequenzierung direkt erhaltenen Basenabfolgen *(Reads)*, als auch die Gesamtausbeute pro Gerätelauf („Reads/Lauf" und „Bp/Lauf") stark von der zu untersuchenden Probe abhängig sind.

12.7.1 Das Prinzip der Sanger-Sequenzierung

Die **Didesoxy-** oder **Kettenabbruchmethode** nach Sanger beruht auf enzymatischen Reaktionen, genauer auf einer *in vitro*-Replikation des zu untersuchenden DNA-Zielmoleküls. Voraussetzung für die Durchführung der Sanger-Sequenzierung ist, dass der Sequenzbereich, der *downstream* von dem zu sequenzierenden Zielbereich im DNA-Molekül liegt, bereits bekannt ist und für die Bindung der Primer an die DNA genutzt werden kann.

Für die Durchführung der DNA-Sequenzierung nach Sanger werden folgende Komponenten benötigt:
- DNA-Matrize,
- markierte Primer als DNA-Startmoleküle der Reaktion mit freier 3′-OH-Gruppe,
- vier unterschiedliche Desoxynukleosidtriphosphate (dNTPs),
- vier unterschiedlich fluoreszenzmarkierte Didesoxynukleosidtriphosphate (ddNTPs),
- DNA-Polymerase.

Die zu sequenzierende DNA-Matrize kann dabei entweder durch PCR gewonnen werden, durch Restriktion aus einem längeren DNA-Fragment isoliert werden, oder – und dies ist die bevorzugte Technik – die DNA-Matrize wird in einen einzelsträngigen **Phagenvektor,** wie zum Beispiel M13, kloniert. Die Klonierung der DNA-Matrize in einen Vektor hat den Vorteil, dass die Primer auf die Vektorsequenz designt werden können, die *downstream,* das heißt in 3′-Richtung, der meist unbekannten, zu sequenzierenden DNA-Sequenz liegt. Durch die Hybridisierung der markierten Primer an die bereits bekannte komplementäre Zielsequenz wird ein exakter Startpunkt für die DNA-Polymerase I festgelegt. Generell wird als DNA-Polymerase häufig das **Klenow-Fragment** verwendet, da dieser C-terminale Abschnitt der DNA-Polymerase I aus *Escherichia coli* keine 5′-3′-Exonuklease-Aktivität besitzt. Die Synthese des komplementären DNA-Strangs wird in vier parallelen Ansätzen durch die DNA-Polymerase katalysiert. Alle vier Ansätze beinhalten identische Reaktionskomponenten (DNA-Matrize, DNA-Polymerase, dNTPs und Primer), sie unterscheiden sich jedoch durch das zusätzliche Vorliegen einer gewissen Menge von jeweils einem von vier **2′-3′-Didesoxyribonukleosidtriphosphaten** (ddNTP: ddATP, ddTTP, ddCTP, ddGTP). Die Verwendung der ddNTPs ist der entscheidende Unterschied und verleiht der Methode ihren Namen!

Die durch die DNA-Polymerase katalysierte DNA-Synthese erfolgt über die OH-Gruppe am 3′-Ende eines Nukleotids (▶ Kap. 5). Diese OH-Gruppe fehlt den ddNTPs jedoch an der 3′-Position des Zuckers, stattdessen befindet sich hier nur ein Wasserstoff am C-Atom (◪ Abb. 12.15). Durch die in geringer Konzentration im Reaktionsansatz vorhandenen ddNTPs und deren zufälligen Einbau während der DNA-Synthese kommt es zum Abbruch der Kettenverlängerung. Der **Kettenabbruch** verläuft daher nach dem Zufallsprinzip und resultiert in der Produktion unterschiedlich langer DNA-Fragmente, die durch Gelelektrophorese der Größe nach später aufgetrennt werden. Da jedem der besagten vier parallelen Ansätze ein anderes ddNTP zugefügt wird, enden daraus folgend alle im jeweiligen Ansatz synthetisierten DNA-Fragmente auf dieselbe Base (◪ Abb. 12.16). Zusammengefasst haben alle synthetisierten DNA-Fragmente das gleiche 5′-Ende, jedoch unterschiedliche 3′-Enden.

Der Vorgang der Sequenzierung kann wie die PCR in drei Schritte unterteilt werden:
- **Denaturierung:** Wie bei der PCR liegt die zu analysierende DNA-Matrize in doppelsträngiger Form vor. Durch den Vorgang der Denaturierung bei 95–99 C und den daraus resultierenden Aufbruch der Wasserstoffbrückenbindungen zwischen komplementären Basenpaaren werden vorliegende DNA-Doppelstränge in Einzelstränge aufgetrennt.
- *Annealing:* Für die Primerhybridisierung an die DNA-Matrize wird die Temperatur nach der Denaturierung auf ca. 50 C heruntergekühlt. Im Kontrast zum *Annealing* einer klassischen Polymerasekettenreaktion (Verwendung von zwei Primern) wird für die Sequenzierung von DNA nur ein Primer (entweder nur *forward* oder nur *reverse*) verwendet.
- **Elongation:** Für die Extension und damit die eigentliche enzymatische Reaktion der DNA-Neusynthese mithilfe der DNA-Polymerase wird die Temperatur auf ca. 60 C erhöht. Die Reaktion wird nach etwa

◪ Abb. 12.15 Molekulare Struktur von Desoxyribonukleosidtriphosphat (dNTP) und Didesoxyribonukleosidtriphosphat (ddNTP). Der strukturelle Unterschied beider Moleküle besteht in dem Fehlen der OH-Gruppe an der 3′-Position des Zuckers in ddNTPs. Statt der OH-Gruppe befindet sich lediglich ein Wasserstoffatom (H) an dieser Position. Durch das Fehlen der 3′-OH-Gruppe in ddNTPs können diese nicht mit weiteren dNTPs durch die DNA-Polymerase verknüpft werden, was in einem Kettenabbruch der DNA-Synthese resultiert. (J. Funk)

30 Zyklen gestoppt, und die generierten DNA-Sequenzabschnitte können mittels **Gelelektrophorese** ihrer Größe nach auf langen Acrylamid-Gelen aufgetrennt werden (▶ Abschn. 12.6).

▪▪ Die Auswertung von Sanger-Sequenzierungen

Die Darstellung der erhaltenen Fragmente ist dabei entscheidend für die Auswertung. Da man ja weiß, dass bei der Gelelektrophorese alle Fragmente einer Spur (entsprechend des jeweiligen Versuchsansatzes und der verwendeten ddNTPs) entweder auf A, T, G, oder C enden, wird die Sequenz hier durch einfaches Vergleichen der Fragmente ermittelt (◘ Abb. 12.16). Im Gel können die Fragmente entweder über DNA-bindende Substanzen wie **Ethidiumbromid** (▶ Abschn. 12.6) oder durch die Verwendung radioaktiv markierter dNTPs, ddNTPs oder Primer über Autoradiographie detektiert werden. Durch die Verwendung von unterschiedlichen

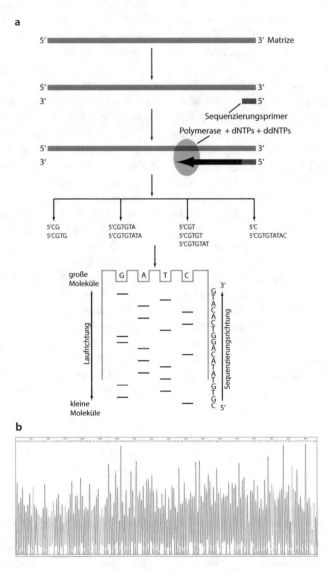

◘ **Abb. 12.16**   DNA-Sequenzierung nach Sanger. **a** Für die Sequenzierung unbekannter Basenabfolgen eines Nukleotidstrangs werden Primer an den Template-Strang hybridisiert. Die Reaktion verläuft typischerweise in vier parallelen Reaktionsansätzen, kann jedoch heute durch Modifikationen der Methode in einem Ansatz durchgeführt werden. Wird die Reaktion auf vier Reaktionen aufgeteilt, so enthält jede Reaktion die zu sequenzierende Template-DNA, alle vier dNTPs, einen Primer, die DNA-Polymerase und eine spezifische Sorte ddNTPs (ddATP, ddTTP, ddCTP oder ddGTP). Bei der Didesoxymethode kommt es während der PCR durch den zufälligen Einbau eines ddNTPs zum Abbruch der DNA-Synthese. Resultierend daraus entstehen in jedem der Ansätze viele unterschiedlich lange Syntheseprodukte. Die Fragmente werden im Anschluss an die PCR durch Gelelektrophorese ihrer Größe nach aufgetrennt, um die unbekannte Basenabfolge zu entschlüsseln. Die Abfolge der Elektrophoresebanden gibt die Basenabfolge wieder. **b** Auswertung einer Sequenzierung. Typischerweise werden heute bei der Sanger-Sequenzierung (und teilweise beim *Next Generation Sequencing*) fluoreszenzmarkierte ddNTPs verwendet. Durch Anregung der Fluoreszenzfarbstoffe nach der Auftrennung der in der PCR entstandenen Produkte kann die Basenabfolge von 5′ nach 3′ entgegen der Laufrichtung der DNA-Moleküle im Trägermedium ausgelesen werden. Die Sequenzabfolge wird typischerweise in einem solchen Chromatogramm dargestellt, wobei jede Base mit einer spezifischen Farbe decodiert ist. (J. Funk)

fluoreszenzmarkierten ddNTPs ist es heutzutage zudem möglich, bei der Sanger-Sequenzierung einen einzigen Reaktionsansatz zu verwenden, der anschließend in einer **Kapillarelektrophorese** aufgetrennt wird. Diese besteht aus einer langen Glasröhre, die an beiden Seite Elektroden besitzt und in der sich ein sehr dünnes (nur etwa 100–250 µm breites) längliches Gel befindet. Wie bei einer normalen Elektrophorese werden die Nukleinsäuren vom Minus- zum Pluspol aufgetrennt, wobei die **fluoreszenzmarkierten ddNTPs** unter Anregung eines Lasers jeweils spezifische Wellenlängen emittieren und so die Bestimmung der Basenabfolge einer Sequenz erlauben. Das beschleunigt das Verfahren nicht nur, sondern erlaubt auch eine bessere Auflösung.

12.7.2 Das *Next Generation Sequencing*

Unter *Next Generation Sequencing* (NGS) versammeln sich verschiedene Hochdurchsatz *(high thoughput)*-Sequenzierungsmethoden der „zweiten Generation". Den verschiedenen Methoden ist in der Regel gemeinsam, dass sie auf dem Prinzip der **Schrotschuss-Sequenzierung** *(shotgun-sequencing)* beruhen (◘ Abb. 12.17). Die Idee dahinter ist folgende:

— Zu untersuchende Sequenzen oder Genome werden zunächst vervielfältigt und dann (bspw. enzymatisch oder mechanisch) zufällig in kürzere **Bruchstücke** fragmentiert – quasi „zerschossen".

— Die Fragmente werden wiederum durch verschiedene Methoden sequenziert (siehe Abschn. 12.7.2.1 und 12.7.2.2), wobei die dadurch gewonnenen Sequenzen mit nun bekannter Basenabfolge als **Reads** bezeichnet werden.

— Computerprogramme sortieren die Reads und analysieren, welche von ihnen überlappen und zu dem gleichen genetischen Bereich gehören. Somit wird durch **Assemblierung** der Sequenzen eine **Konsensussequenz,** also eine gemeinsame Sequenz mit größtmöglicher Übereinstimmung, errechnet. Dabei entstehen sogenannte **Contigs,** die wiederum für eine

zusammenhängende (engl. „*contiguous*") Sequenz stehen.

— Können die genetischen Positionen verschiedener *Contigs* einander zugeordnet werden, lassen sich aus diesen sogenannte *Scaffolds* (zu Deutsch „Gerüste") konstruieren. Zwischen den *Contigs* in einem *Scaffold* liegen jedoch unbekannte Sequenzen, die als *Gaps* (zu Deutsch „Lücken") bezeichnet werden. Nukleotide, deren Identität nicht bekannt ist, werden hier mit „N" abgekürzt. Im besten Fall stellt ein *Scaffold* demnach ein komplettes Chromosom dar.

— Das ultimative Ziel ist es natürlich, möglichst wenige *Gaps* zu haben und ganze Chromosomen oder Genome mit bekannten Sequenzen zu rekonstruieren.

> **Die wichtigsten Vorteile von NGS-Verfahren**
> — Um größere Genome durchzusequenzieren, werden nicht mehr aufwendige bakterielle Bibliotheken benötigt, in denen die Genome aufwendig zunächst in Vektoren kloniert werden.
> — Statt hunderten Fragmenten (wie an automatisierten Sanger-Sequenzierern) können mehrere 100 Millionen Fragmente gleichzeitig analysiert werden
> — Zur Auswertung braucht es kein Gel mehr, sondern die Sequenz der *Reads* wird gleich während der Sequenzierung indirekt (Pyrosequenzierung) oder direkt (Illumina) bestimmt.

Ein weiterer Vorteil liegt in der *Coverage* (der Abdeckung), die aussagt, wie viele *Reads* die gleiche genetische Sequenz untersuchen beziehungsweise „abdecken". Einerseits greift hier schlicht und simpel das Prinzip, dass je öfter eine bestimmte Stelle sequenziert wurde, die ermittelte Sequenz auch mit einer höheren Wahrscheinlichkeit korrekt ist. Andererseits können so auch Gewebe oder verschiedene Zelltypen zuverlässig

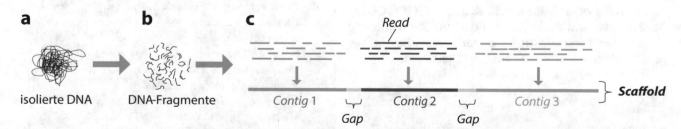

◘ **Abb. 12.17** Das Prinzip der Schrotschuss-Sequenzierung. **a** Nachdem genug DNA aus einem Gewebe oder einer Klon-Kolonie isoliert wurde, wird diese enzymatisch oder mechanisch zufällig fragmentiert (**b**). Durch die Sequenzierung der unterschiedlich langen Fragmente entsteht eine Vielzahl an verschiedenen Sequenzier-*Reads*. **c** Die *Reads* werden nun durch ein Programm miteinander verglichen *(Alignment)*, wobei durch die Überlappung einzelner *Reads* die *Contig*-Sequenzen entstehen. Diese lassen sich unter Umständen wiederum in *Scaffolds* ordnen. (J. Buttlar)

auf **Polymorphismen** wie SNPs (▶ Kap. 9) untersucht werden. So lassen sich in einer großen Menge von Zellen theoretisch beispielsweise Krebszellen, die schon mehrere Mutationen tragen, ausmachen. Sorgt man dafür, dass eine Probe mit einer sehr hohen Abdeckung, also möglichst oft durchsequenziert wird (um beispielsweise ein Genom möglichst lückenlos zu rekonstruieren oder eben sehr seltene mutierte Zelle oder Mikroben in einem Haufen anderer Zellen zu detektieren) spricht man auch von *Deep-Sequencing.*

▪▪ Probleme und Nachteile von NGS-Verfahren und der Schrotschuss-Sequenzierung

Doch gibt es freilich nicht nur Vorteile. Oft stellt es ein Problem dar, einem Chromosom einen einzelnen *Scaffold* zuzuordnen. Es passiert nicht selten, dass unklar ist, wo ein *Scaffold* in einem Genom überhaupt lokalisiert ist. Ein weiteres Problem stellen die unbekannten Bereiche, die *Gaps,* dar. Häufig kann nicht genau bestimmt werden, wie viele Nukleotide zwischen zwei *Contigs* liegen. Die *Gaps* können zudem wichtige codierende oder regulative Bereiche von Genen – oder ganze Gene selbst – beinhalten. Eine Variante, dieses Problem zu lösen besteht darin, dass man einfach die *Coverage* versucht zu erhöhen, also die Untersuchungsprobe mehrere Male durchsequenziert und so hofft, dass sich alle Lücken schließen.

Die technischen Ursachen dieser Probleme gehen aber oft schlichtweg auf die Natur der Genome an sich zurück, wobei sich die Sequenzierung eukaryotischer Genome deutlich schwieriger gestaltet als die von prokaryotischen Genomen. Besonders **repetitive Elemente,** derer es beispielsweise im humanen Genom eine Menge gibt (▶ Abschn. 3.3.2.2), erschweren die Analyse: Bei kurzen Fragmenten – die nun einmal ein Makel vieler NGS-Methoden sind, lassen sich die *Reads* einfach viel schlechter assemblieren, wenn ein Genom oder die Probe an vielen Stellen gleich ist. **Transposable Elemente** machen fast die Hälfte des menschlichen Genoms aus, sind über weite Teile der Chromosomen verteilt und bilden zudem regelrechte Cluster, wodurch die Assemblierung von kleinen *Reads* und zueinander ähnlichen *Contigs* also weiter erschwert wird. Bereiche, die aus **Mononukleotiden** (… AAAAA…) oder **Mikrosatelliten** (…CGCGCGCG…) bestehen, können außerdem bei den zur Sequenzierung eingesetzten Polymerasen zu einem Verrutschen („*Slippage*") führen – ähnlich wie bei der Replikation.

tiden in Gang gebracht wird (◨ Abb. 12.18). Die wichtigsten Schritte in kurz:

— Zunächst wird eine **454-Bibliothek** hergestellt. Die zu untersuchende Probe/das Genom wird dazu in kleinere Bruchstücke fragmentiert und die kurzen Nukleinsäuren an den Enden mit **Adaptern** ligiert.

— Die Adapter binden wiederum an ein komplementäres Oligonukleotid, das seinerseits an ein Agaroskügelchen, einen sogenannten *bead* gekoppelt ist. Dabei wird die verwendete Probe der 454-Bibliothek so sehr verdünnt, dass pro *bead* nur ein Fragment gebunden wird.

— Die an die *beads* gekoppelten Fragmente werden zunächst durch eine **Emulsions-PCR** vervielfältigt. Dabei befinden sich die *beads* innerhalb kleiner Öl-Wasser-Micellen, in denen die PCR ablaufen kann. Jeder *bead* ist anschließend mit Millionen Kopien des jeweiligen Fragments beladen.

— Die *beads* werden anschließend auf eine **Picotiter-Platte** (PTP) gegeben, die eine Silica-Platte mit vielen kleinen Löchern (oder *wells*) ist, wobei in jedes Loch nur ein beladener *bead* passt. Zusätzlich werden den *wells* aber auch Polymerasen, sowie andere für die folgenden Reaktionen notwendigen Enzyme (ATP-Sulfurylase, Luziferase, Apyrase), die wiederum an kleinere *beads* gekoppelt/immobilisiert sind, hinzugegeben.

— Nun wird die PTP, die gleichzeitig eine **Durchflusszelle** *(flow cell)* darstellt, mit **dNTPs** überflutet, jedoch immer nur ein Typ zur gleichen Zeit (dATP, dTTP, dGTP oder dCTP). Wird ein Nukleotid an einem Fragment durch eine Polymerase (prinzipiell wie bei einer PCR) eingebaut, wird ein Molekül **Pyrophosphat** (PP_i) abgespalten.

— Die **ATP-Sulfurylase** überträgt das anfallende Pyrophosphat auf ein Molekül Adenosin-Phosphosulfat (APS) und katalysiert so die Bildung von ATP.

— ATP wird schließlich von der **Luziferase** genutzt und erzeugt einen **Lichtblitz.** Unter der PTP sitzen Kameras, die die Lichtreaktionen detektieren und so feststellen, in welchem *well* ein Nukleotid eingebaut wurde. Findet kein Einbau statt, gibt es auch keine Lichtreaktion. Sind in einem Fragment hingegen homogene Sequenzen aus nur einem Nukleotid, werden gleich mehrere eingebaut, wobei die Intensität des Lichtsignals mit der Anzahl der eingebauten Nukleotide korreliert.

— Nun wird die Platte gewaschen und anschließend wieder mit einem anderen dNTP geflutet und so weiter, wobei in den einzelnen Waschschritten zwischen den Einbauphasen die **Apyrase** dafür sorgt, dass überschüssige Nukleotide abgebaut werden und somit keine falschen Signale geben können.

Exkurs 12.1: NGS am Beispiel der Pyrosequenzierung

Eines der ersten und bekanntesten NGS-Verfahren ist die **454-Sequenzierung,** die sich dem Prinzip der **Pyrosequenzierung** bedient. Kern dieser Technik ist eine Lichtreaktion, die durch die Abspaltung von Pyrophosphat während der Polymerisation von Nukleo-

Abb. 12.18 Ablaufschema einer Pyrosequenzierung. Nach Extraktion der Ziel-DNA aus den Zellen, wird die DNA in kleine Fragmente aufgespalten und die Enden der DNA-Fragmente mit Adaptern ligiert. Anschließend wird jeweils ein DNA-Fragment an ein *bead* gekoppelt und durch Emulsions-PCR vervielfältigt. Die *beads* werden in eine Picotiter-Platte mit je einem *bead* pro *well* überführt, in der die Sequenzierungsreaktion abläuft. Durch den Einbau eines neuen Nukleotids über Polymeraseaktivität wird ein Pyrophosphat (PPi) frei. Das Pyrophosphat wird durch die ATP-Sulfurylase auf ein Molekül Adenosin-Phosphosulfat (APS) übertragen wobei ATP entsteht. Die Luziferase setzt ATP um und erzeugt dabei einen Lichtblitz. (J. Funk)

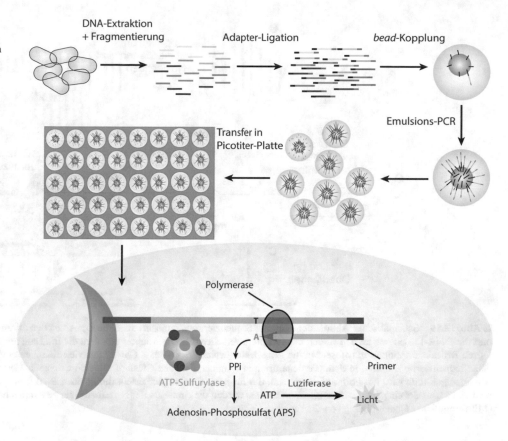

DNA-Extraktion + Fragmentierung   Adapter-Ligation   *bead*-Kopplung

Emulsions-PCR

Transfer in Picotiter-Platte

Polymerase

T

A

PPi   Primer

ATP-Sulfurylase   Luziferase

ATP   Licht

Adenosin-Phosphosulfat (APS)

Exkurs 12.2: NGS am Beispiel der Illumina-Sequenzierung

Heutzutage ist die **Illumina-Sequenzierung** eine der effizientesten und erprobtesten kommerziell erhältlichen NGS-Methoden. Während bei der 454-Sequenzierung der Einbau der Nukleotide nur indirekt über das Nebenprodukt Pyrophosphat detektiert wird, kann bei Illumina der Einbau der Nukleotide direkt visualisiert werden, was auch als *sequencing-by-synthesis* bezeichnet wird. Im Prinzip wird hier nicht nur ein Nukleotidtyp (wie bei Sanger) über die Proben gespült, sondern alle vier gleichzeitig (**Abb. 12.19**). Dabei ist jeder Nukleotidtyp (A, T, C, G) mit einem unterschiedlichen Fluoreszenzmarker ausgestattet, was wiederum dem Anwender verrät, welches Nukleotid gerade in einem Fragment eingebaut wird. Die wichtigsten Schritte in kurz:

— Die ersten Schritte sind ähnlich zur 454-Sequenzierung: Zunächst wird eine **Illumina-spezifische Bibliothek** vorbereitet. Dazu wird die zu untersuchende Probe zufällig fragmentiert und die Bruchstücke an beiden Seiten mit unterschiedlichen **Adaptern** ligiert.

— Die mit Adaptern ausgestatteten Fragmente werden in eine **Durchflusszelle** *(flow cell)* gegeben und binden hier an der Oberfläche, auf der sich bereits ein dichter Rasen aus Oligonukleotiden befindet. Diese sind wiederum komplementär zu einem der Adapter.

— Durch eine sogenannte **Brückenamplifikation** *(bridge-amplification)* werden die einzelsträngigen Fragmente zunächst vermehrt. Dabei binden die einzelsträngigen Fragmente mit dem freien Adapter an eines der **Oligos** auf der *flow-cell*-Oberfläche, welches wiederum als Primer für eine Polymerase dient, die das Fragment mit unmarkierten Nukleotiden doppelsträngig macht.

— Anschließend werden die Stränge wieder denaturiert und eine weitere Amplifikationsrunde beginnt. Dies wird mehrere Male wiederholt, bis auf der *flow-cell* unzählige **Cluster** entstanden sind, die alle jeweils etwa eine Millionen Kopien eines Fragments beinhalten.

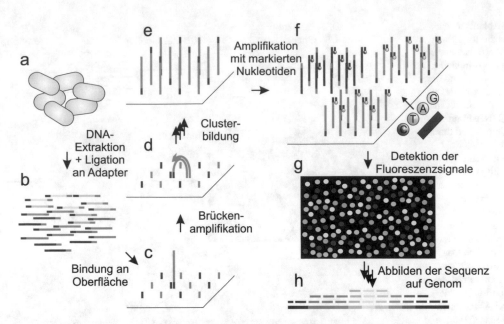

Abb. 12.19 Schematischer Ablauf der Illumina-Sequenzierung. Zunächst wird die DNA aus den zu untersuchenden Zellen extrahiert (**a**) und die DNA-Fragmente an den Enden mit Adaptern versehen (**b**). Die Adapter erlauben die Bindung an der Oberfläche einer Membran (**c**). Durch Brückenamplifikation (**d**) werden die Fragmente vervielfältigt, sodass Cluster aus vielen Kopien entstehen (**e**). Nun erfolgt der eigentliche Sequenzierungsschritt, in dem die denaturierten Fragmente in den Clustern mit fluoreszenzmarkierten dNTPs amplifiziert werden (**f**). Nach jeder Runde wird ein Foto aufgenommen, das für jedes Cluster (dargestellt durch einen Punkt) anzeigt, welches Nukleotid in den Kopien eines Clusters eingebaut wurde (**g**). Zum Schluss werden die einzelnen Sequenzen zu einer zusammenhängenden Sequenz assembliert (**h**). (Mit freundlicher Genehmigung von © Franziska Kemter)

- Nun beginnt die eigentliche Sequenzierung: Dazu werden **fluoreszenzmarkierte dNTPs** über die *flow cell* gespült. Da die dNTPs zusätzlich an ihrer 3'-OH-Gruppe durch eine chemische Gruppe (einen **Terminator**) blockiert sind, kann pro Fragmentkopie immer nur ein dNTP eingebaut werden.
- Es folgt der **Abbildungsprozess,** bei dem die unterschiedlich fluoreszierenden Cluster mit einer hochauflösenden Kamera fotografiert werden. Je nachdem, welches Nukleotid in den Millionen Kopien eines Clusters eingebaut wurde, leuchten die Cluster dementsprechend.
- Nun werden die **3'-Blockiergruppen** chemisch entfernt und ein neuer Zyklus kann beginnen.
- Das Ganze wird wiederholt (etwa 50–300 mal), um *Reads* einer entsprechenden Länge zu produzieren.

12.8 Transfersysteme für Nukleinsäuren

12.8.1 Der Transfer von DNA – der *Southern Blot*

Mithilfe der von Edwin Southern 1975 entwickelten *Southern Blot*-Technik ist es möglich, DNA im Anschluss an die elektrophoretische Auftrennung weiterhin auf spezifische DNA-Sequenzen hin zu untersuchen und diese durch die **Hybridisierung** mit **DNA-Sonden** zu identifizieren (■ Abb. 12.20).

Um spezifische Sequenzen in der zu analysierenden DNA zu identifizieren, muss die DNA isoliert vorliegen. Anschließend erfolgt die Behandlung der DNA mit **Restriktionsendonukleasen** (Restriktionsenzymen; ▶ Abschn. 12.1.3), um die DNA in kleinere Fragmente zu zerlegen. Darauffolgend werden die aus dem Restriktionsverdau resultierenden DNA-Fragmente über **Agarosegelelektrophorese** ihrer Größe nach aufgetrennt. Die erhaltenen Fragmente werden anschließend durch die Inkubation mit einer 1,5-molaren Natriumchlorid- und einer 0,5-molaren Natriumhydroxidlösung denaturiert. Die alkalische Aufspaltung der Wasserstoffbrücken zwischen den doppelsträngigen Fragmenten resultiert in Einzelstrangfragmenten. Nach der Denaturierung wird das Agarosegel durch die Inkubation in 1-molarem Tris-Puffer bei pH 7,0 neutralisiert und auf mit Puffer getränktes Papier platziert. In dem sogenannten **Transfervorgang** *(Blot)* werden die denaturierten DNA-Fragmente zunächst auf eine **Membran,** bestehend aus Polyvinylidenfluorid (PVDF) oder Nitrocellulose, übertragen. Nun gibt es mehrere Möglichkeiten:

- **Kapillartransfer:** Die DNA wird mittels Kapillarkräften über eine Pufferlösung aus dem Gel heraus auf die Membran transferiert.

◻ Abb. 12.20 Schematische Darstellung der Durchführung eines *Southern Blots.* Nach elektrophoretischer Auftrennung der Nukleinsäuren (**a**) werden die DNA-Fragmente auf eine Membran übertragen (geblottet; **b**). Durch die anschließende Hybridisierung der einzelsträngigen Fragmente mit spezifischen, markierten DNA-Sonden (**c**) können die Zielsequenzen detektiert werden (**d**). (J. Funk)

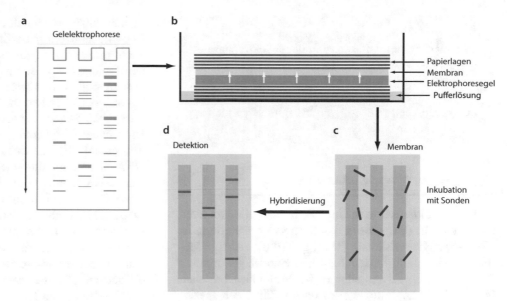

- **Vakuumtransfer:** Dieses Verfahren funktioniert wie der Kapillartransfer, wobei der Transport der Fragmente durch ein angelegtes Vakuum beschleunigt wird.
- **Elektrotransfer:** Dies ist wohl die schnellste Methode, da durch das Anlegen eines elektrischen Feldes die negativ geladenen DNA-Fragmente durch eine Elektrolytlösung aus dem Gel in die Membran, die sich in Richtung der Anode (positiver Pol) befindet, wandern.

Im Anschluss an den Transfer der DNA-Fragmente vom Gel auf eine Membran, wird die DNA auf der Membran durch UV-Licht fixiert *(crosslinking)*. Die Membran wird im folgenden Schritt mit chemisch, radioaktiv oder fluoreszenzmarkierten DNA-Sonden inkubiert, um Basenpaarungen und damit die Bindung der Sonde an die gesuchte DNA-Sequenz zu gewährleisten. Die **DNA-Sonden** sind dabei nichts anderes als markierte, zur gesuchten DNA-Sequenz komplementäre RNA- oder DNA-Einzelstränge (▶ Abschn. 12.4). Nach Waschvorgängen, um nicht oder unspezifisch gebundene Sonden zu entfernen, können die an die Zielsequenz gebundenen Sonden abhängig von deren Markierung autoradiographisch oder unter Licht spezifischer Wellenlänge nachgewiesen werden.

12.8.2 Der Transfer von RNA – der *Northern Blot*

Zur Identifikation spezifischer **RNA-Sequenzen** werden RNA-Fragmente analog zu DNA-Fragmenten auf einem Gel via Elektrophorese aufgetrennt und auf eine Membran transferiert. Anschließend kann die RNA als Bande durch Hybridisierung mit markierten cDNA oder DNA-Fragmenten nachgewiesen und lokalisiert werden. Dieses Verfahren nennt sich *Northern Blot* und erhielt seinen Namen in Anlehnung an den *Southern Blot*. Für die Anwendung dieser Methode ist jedoch wichtig zu beachten, dass die RNA ebenfalls wie die DNA vor der Sondenhybridisierung denaturiert werden muss, um eventuelle **Sekundärstrukturen** und damit die Inhibition der Sondenbindung zu verhindern. Weiterhin ist es ebenfalls möglich, Proteine (eine weitere Klasse an Makromolekülen) durch elektrophoretische Separationsverfahren *(Western Blot)* ihrer Größe nach aufzutrennen (Exkurs 12.3).

Exkurs 12.3: Western Blot

Der *Western Blot* dient der Identifikation spezifischer **Proteine** beziehungsweise Aminosäuresequenzen, also Epitopen. Auch er wurde nach dem früher beschriebenen *Southern Blot* benannt, denn das Prinzip ist denjenigen von *Southern* und *Northern Blot* sehr ähnlich. Da Proteine und Peptide jedoch nicht wie Nukleinsäuren mit einer konstant negativen Ladung ausgestattet sind, sondern in ihrer Ladung und Ladungsverteilung sehr divers sind, müssen diese vor der Auftragung der Proteinproben auf eine Gelmatrix mit negativer Ladung maskiert werden. Die zusätzliche Ladung erhalten die Proteine durch die Zugabe eines **Detergens** (eine Art Spülmittel) wie Natriumdodecylsulfat (SDS). Als Trägermedium wird im Falle der Auftrennung von Proteinproben **Polyacrylamid** verwendet, das deutlich kleinere Poren (ca. 3–6 nm) als die Agarosematrix aufweist. Ebenso wie bei der Agarosematrix lässt sich die Porengröße des Polyacrylamidgels durch die Konzentration der Komponenten definieren.

Nach der Auftrennung der Proteinproben durch **Natriumdodecylsulfat-Polyacrylamidgelelektrophorese (SDS-PAGE)** werden die Proben – wie schon im ▶ Abschn. 12.8.1 beim *Southern Blot* beschrieben – auf eine Membran übertragen. Im Anschluss können spezifische Epitope durch den Einsatz markierter Antikörper detektiert werden.

12.9 *In-situ*-Hybridisierung

Soll eine Nukleinsäure in einer Zelle oder einer anderen Probe vor Ort (lat. „*in situ*") detektiert werden, dann ist die *in-situ*-**Hybridisierung** (ISH) genau die richtige Methode! Prinzipiell werden auch hier **Sonden** genommen, die aus kurzen DNA- oder RNA-Molekülen bestehen (▶ Abschn. 12.4), und die zu ihrem Ziel einer spezifischen RNA- oder DNA-Sequenz komplementär sind und diese daher binden (identisch zum *Southern* und *Northern Blot;* ▶ Abschn. 12.8). Die Sonden können dann später auf verschiedenste Weise wiederum visualisiert werden (◘ Abb. 12.21). Doch eins nach dem andern:

- **Mögliche Fragestellungen:** Wann und wo, in welcher Zelle oder welchem Gewebe, wird eine bestimmte RNA (bspw. eine mRNA) transkribiert? Wie lange hält sich eine RNA im Cytoplasma auf? Wie weit diffundiert eine RNA durch das Gewebe? Wo – und wie oft – ist ein bestimmtes Gen auf einem Chromosom codiert? Welche Gruppen von Mikroorganismen finden sich in einer Wasserprobe oder auf der Haut? Hier sind der Kreativität im Grunde also kaum Grenzen gesetzt.
- **Das Ziel/der Untersuchungsgegenstand:** Von einzelnen Zellen bis Geweben oder kleinen Organismen kann fast alles auf eine bestimmte RNA oder DNA untersucht werden. Im Falle eines Gewebes bietet

es sich zunächst jedoch an, von diesem ultradünne **Gewebeschnitte** anzufertigen. Hauptsache das, was auch immer man untersuchen will, passt auf einen Objektträger, ist für Flüssigkeiten und Sonden gut zugänglich und lässt sich gut unter ein Mikroskop schieben. Ziel können sowohl spezifische DNA- oder RNA-Sequenzen sein.

- **Die Sonde:** hängt ganz von dem ab, was detektiert werden soll. Ist das Ziel eine DNA, eignet sich eine **DNA-Sonde.** Ist das Ziel eine RNA, nimmt man eine **RNA-Sonde.** Das liegt einfach daran, dass RNA-RNA-Strukturen deutlich stabiler sind, als DNA-RNA-Hybride. Zudem müssen die Sonden markiert werden, beispielsweise indem die Nukleotide radioaktiv markiert oder mit chemischen Gruppen wie beispielsweise **Digoxygenin** oder **Biotin** modifiziert werden, die später wiederum durch Antikörper detektiert werden. Sonden aus einzelsträngiger RNA sind besonders effektiv, aber sehr instabil. Auch Sonden aus doppelsträngiger DNA (hergestellt beispielsweise durch PCR) sind möglich, müssen vor der Hybridisierung aber denaturiert werden.
- **Zum Ablauf:** Für die ISH gibt es unzählige Protokolle. In der Regel fangen alle aber damit an, dass die Zellen/das Gewebe zunächst **fixiert,** also in ihrem momentanen Zustand stabilisiert, oder „eingefroren" werden. Dazu wird oft Paraformaldehyd verwendet. Dieses wird über ein Alkoholbad wieder entfernt und der Alkohol schließlich durch einen Puffer ausgetauscht. Nun gilt es die DNA/RNA zugänglich zu machen, was dadurch erreicht wird, dass das Präparat enzymatisch, beispielsweise mit **Proteasen** behandelt wird. Sind auch die Proteasen selbst inaktiviert, kann das Präparat mit der Sonde zur **Hybridisierung** inkubiert werden. Nach einigem Waschen – was unspezifische Signale verringert – kann die Sonde durch ein entsprechendes Verfahren (autoradiographisch oder über Antikörper) sichtbar

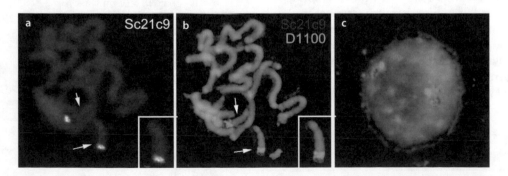

◘ **Abb. 12.21** Beispiel einer Fluoreszenz-*in-situ*-Hybridisierung (FISH). Gezeigt ist die Detektion von zwei hochrepetitiven Elementen (Satelliten), D1100 und Sc21c9, im Roggen *(Secale cereale)*. D1100 dient zudem als Marker für B-Chromosomen. **a** und **b** zeigen Metaphase-Chromosomen und die Detektion der beiden Satelliten auf dem langen Arm der B-Chromosomen. Auch im Interphase-Kern (**c**) sind die Sequenzen nachweisbar. (Mit freundlicher Genehmigung von © Sonja Klemme)

gemacht werden. Das ganze Verfahren kann zwischen 7 und 10 Tagen dauern.

Merke
Eine weitere Möglichkeit für die nichtradioaktive Visualisierung besteht darin, dass man die Sonden mit fluoreszierenden Stoffen bzw. mit Fluoreszenz-gekoppelten Antikörpern detektiert (◐ Abb. 12.21). Eine solche ISH wird auch als **Fluoreszenz-*in-situ*-Hybridisierung (FISH)** bezeichnet. Ein wichtiger Vorteil liegt darin, dass man mehrere Sonden mit verschiedenen Floureszenzmarkern wie **GFP** (grün) und **Cy3** (rot) gleichzeitig visualisieren kann. Normalerweise färbt man parallel dazu auch noch die DNA unspezifisch an (beispielsweise durch DAPI), um einen Eindruck zu bekommen, wo die Zellkerne oder Nukleoide sind.

Zusammenfassung

- Klonierung von DNA
- Ein Klon beschreibt eine Zelle, die aus einer Stammzelle hervorgeht und genetisch identisch mit dieser ist oder auch genetisch identische Lebewesen.
- Die Klonierung von DNA ist die gezielte Amplifikation, also die Vermehrung spezifischer DNA-Sequenzen, die entweder *in vivo* oder *in vitro* durchgeführt wird.
- Für die Klonierung werden Vektoren (Genfähren) benötigt:
  - Ein Vektor (Plasmid, Cosmid, BAC, YAC,…) muss folgende Bedingungen erfüllen: Er muss DNA aufnehmen, in eine Akzeptorzelle integriert werden können, einen *origin of replication* besitzen sowie Resistenzkassetten für beispielsweise Antibiotika oder andere Marker zur Selektion enthalten.
  - Mögliche Eigenschaften eines Vektors: *multiple cloning site* (MCS), Promotor/Terminatorsequenzen für die Genexpression, Indikatorgene, Tags, Gene für die Ausbildung von Pili und Cytoplasmabrücken.
- Die Amplifikation von DNA-Fragmenten für die Konstruktion rekombinanter Plasmide wird durch die Polymerasekettenreaktion (PCR) realisiert.
- Eine der bekanntesten Klonierungsstrategien ist die Klonierung durch den Einsatz von Restriktionsenzymen (Restriktionsendonukleasen). Diese Enzymklasse ist in der Lage, DNA-Sequenzen spezifisch zu erkennen und zu schneiden, wobei die zelleigene DNA von Prokaryoten durch Methylgruppen geschützt ist. Die durch Restriktionsenzyme geschnittenen rekombinanten Sequenzen können anschließend durch ein weiteres Enzym, die DNA-Ligase, wieder miteinander verknüpft werden.
- Es existieren verschiedene Methoden zur Identifikation klonierter DNA: Blau-Weiß-Selektion *(blue-white screening)*, Koloniehybridisierung, Kolonie-PCR.

- Polymerasekettenreaktion (PCR)
- Standardmethode, um spezifisch Gene und DNA-Sequenzen zu amplifizieren. Die Methode wird in drei Schritte untergliedert:
- Denaturierung: Wasserstoffbrückenbindungen zwischen komplementären Basen werden durch hohe Temperaturen (95–99 °C) aufgeschlossen.
- *Annealing:* Hybridisierung von Primern (Startmoleküle der DNA-Polymerase) an das 3′-Ende der zu amplifizierenden DNA-Sequenz bei 55–65 °C.
- Elongation: zielgerichtete enzymatische Synthese komplementärer DNA-Stränge in $5' \rightarrow 3'$-Richtung, ausgehend von Primern durch die DNA-Polymerase an einer einzelsträngigen DNA-Matrize bei 68–72 °C.

- Reverse-Transkriptase-Polymerasekettenreaktion (RT-PCR)
Für die Amplifikation von DNA anhand einer RNA-Matrize wird eine Reverse-Transkriptase-PCR (RT-PCR) durchgeführt und mithilfe der reversen Transkriptase eine cDNA synthetisiert. Es existieren *one-step-* und *two-step*-PCR-Verfahren. Um das Transkriptionslevel zu quantifizieren, kann auch eine quantitative RT-PCR (qRT-PCR) angewendet werden. Für eine relative Quantifizierung des Transkripts eines Zielgens werden *housekeeping*-Gene als Referenz verwendet.

- Synthese von Oligonukleotiden
Eines der häufigsten verwendeten Verfahren ist die Phosphoramidit-Methode. DNA- oder RNA-Oligonukleotide können als Sonden, Primer oder für die Genregulation verwendet werden (RNAi).

- Konstruktion von DNA- und cDNA-Bibliotheken
- Zur Aufbewahrung (bspw- für diagnostische Zwecke) werden lange DNA- oder kurze cDNA-Sequenzen mittels Restriktionsenzymen in kurze Fragmente geschnitten und diese dann in Plasmide oder andere Vektoren kloniert, um die Fragmente im Anschluss genauer analysieren zu können.
- Für die Identifikation der Plasmide mit integriertem Fragment werden häufig Indikatorgene, wie beispielsweise das *lacZ*-Gen, verwendet.

- Agarosegelelektrophorese

Eine Methode, um DNA, RNA oder Proteine ihrer Größe nach in einem angeschlossenen elektrischen Feld innerhalb eines Trägermediums (Agarose) aufzutrennen.

- Sequenzierung von DNA
  - Sequenzierungsverfahren ermöglichen die Ermittlung einer Basenabfolge einer genetischen Sequenz. Man unterscheidet in Methoden der ersten Generation (Sanger, Maxam/Gilbert), der zweiten (u. a. 454, Solexa/Illumina) und der dritten (SMRT und Nanoporen-Technologie).
  - Sanger-Sequenzierung: Die Methode wird auch als Didesoxymethode oder Kettenabbruchsynthese bezeichnet und beruht auf dem Prinzip der *in vitro*-Replikation des Zielmoleküls.
    - Bei einer PCR der zu untersuchenden Sequenz befinden sich in vier verschiedenen Ansätzen zusätzlich zu den dNTPs jeweils noch ddNTPs (mit fehlender 3'-OH-Gruppe) eines jeden Basentyps in der Reaktion. Dadurch wird die Synthese zufällig abgebrochen und die Basenabfolge der unterschiedlich langen Fragmente nach elektrophoretischer Auftrennung analysiert.
    - *Next Generation*-Sequenzierung: Hier werden die zu untersuchenden Sequenzen in der Regel erst amplifiziert, dann zufällig fragmentiert *(shotgun-sequencing)* und die Unzahl vieler kleiner Fragmente durch parallele Massensequenzierung untersucht. Verschiedene *Reads* werden am Computer zu *Contigs* zusammengerechnet und diese wiederum zu *Scaffolds* zusammengesetzt.

- Transfersysteme für Nukleinsäuren
  - *Southern Blot:* Nach elektrophoretischer Auftrennung von DNA-Fragmenten sowie deren Transfer auf eine Membran ist es möglich, spezifische DNA-Sequenzen durch die Hybridisierung dieser Sequenzen mit spezifischen DNA-Sonden zu identifizieren.
  - Eine sehr ähnliches Verfahren existiert ebenso für RNA und wird als *Northern Blot* bezeichnet.

- *In-situ*-Hybridisierung
  - In Zellen, Geweben oder andersartigen Präparaten können spezifische DNA- oder RNA-Sequenzen mittels DNA- oder RNA-Sonden genau lokalisiert werden. Die Sonden können wiederum über Radioaktivität, Antikörper oder über Fluoreszenz (Fluoreszenz-*in-situ*-Hybridisierung; FISH) detektiert werden.

Weiterführende Literatur

1. Mülhardt, C. (2013). *Der Experimentator – Molekularbiologie / Genomics*. Springer: Heidelberg, 7. Auflage.

12

Die Epigenetik

Inhaltsverzeichnis

© Springer-Verlag GmbH Deutschland, ein Teil von Springer Nature 2020
J. Buttlar et al., *Tutorium Genetik*,
https://doi.org/10.1007/978-3-662-56067-9_13

Um den Begriff „Epigenetik" zu verstehen, lohnt es sich mal wieder, über den linguistischen Tellerrand zu schauen: Das Präfix „Epi" kommt nämlich aus dem Griechischen und bedeutet so viel wie „über". Die **Epigenetik** beschäftigt sich daher mit einer übergeordneten, regulativen Ebene von Modifikationen, die man vor allem bei Eukaryoten findet. Das Besondere dieser Modifikationen ist, dass sie nicht den genetischen Code beziehungsweise die Basensequenz an sich verändern, sondern quasi eine Ebene „darüber" liegen.

▪▪ Ein Beispiel

Stellen Sie sich dazu einfach vor, dass Sie in einem Buch eine paar wichtige Zeilen, vielleicht sogar genau diese, die Sie gerade lesen, mit einem farbigen Stift markieren und somit hervorheben. An den Wörtern und den Informationen hat sich nichts geändert. Aber dennoch haben Sie die Wirkung der jeweiligen Zeilen und der darin enthaltenen Informationen verändert, nämlich zum Positiven. Im Gegensatz dazu könnten Sie mit einem Tipp-Ex-Roller auch ein paar Wörter abdecken und damit deren Informationen verschleiern, ihre Wirkung also zum Negativen verändern. Auch in diesem Fall hat sich nichts an den Informationen an sich geändert, da die gedruckten Buchstaben unter der Tipp-Ex-Schicht immer noch vorhanden sind – sie wurden einfach nur abgedeckt. Und so ähnlich verhält es sich mit der Epigenetik! Hier wird nicht der genetische Code verändert (wie bei Mutationen), sondern lediglich die Aktivität bestimmter Sequenzen.

▪▪ Wie funktioniert das?

Die DNA liegt bei Eukaryoten nicht einfach nackt im Zellkern herum, sondern wird von zahlreichen Protei-nen gebunden (was natürlich auch für Prokaryoten gilt, außer, dass sie keinen Zellkern haben!). DNA und Proteine können wiederum modifiziert werden und dadurch zusätzliche Informationen erhalten. Dies geschieht, indem epigenetische Informationen in Form von kleinen Molekülresten, beispielsweise Methylgruppen (–CH$_3$), an die DNA oder auch an Proteine, die mit der DNA assoziiert sind, angeheftet werden. Diese epigenetischen Merkmale können die Aktivität bestimmter Gene oder ganzer Chromosomenabschnitte auf verschiedenste Weise zum Positiven oder Negativen regulieren. Außerdem werden sie nicht unbedingt nach den Mendelschen Regeln **vererbt** und sind größtenteils sogar **reversibel,** also umkehrbar. In dem Beispiel oben würde das bedeuten, dass man die Markierung auch wieder löschen oder das Tipp-Ex wegrubbeln könnte, wodurch die Informationen auf ihren Ausgangszustand zurückgesetzt werden. Interessanterweise können epigenetische Informationen auch von **Umweltfaktoren** wie Ernährung oder Stress beeinflusst werden (◘ Abb. 13.1)! Die Zusammenfassung aller epigenetischen Informationen und Zustände eines Genoms bezeichnet man als **Epigenom.**

Obwohl man schon länger einige Phänomene der Epigenetik wie beispielsweise **Barr-Körperchen** (▸ Abschn. 13.4.5) beobachtete oder vermutete, sind die molekularen Mechanismen erst in den letzten Jahrzehnten in den Fokus der Forschung gerückt. Die Epigenetik ist also noch ein sehr junges Fachgebiet der Genetik, das noch viele offene Fragen hat. Über die komplexen Zusammenhänge weiß man zwar schon einiges, ahnt aber noch viele ungeheurere Ausmaße – sowohl was ihre Rolle in der Zelle als auch in der Evolution, der Genomstabilität und auch bei der Entstehung von

◘ **Abb. 13.1**   Der Einfluss der Ernährung auf die Gene. *Links* eine helle, durchaus fette Maus mit hohem Krebsrisiko, *rechts* eine kleine, dunkle und gesunde Maus. Der Unterschied zwischen beiden Mäusen geht nicht auf verschiedene DNA-Sequenzen, sondern auf ihre Ernährung zurück! So führt unterschiedliche Ernährung dazu, dass eine Agouti-Genvariante, welche die Fellfarbe, Fettleibigkeit und das Krebsrisiko beeinflusst, bei der linken Maus epigenetisch auf an/eingeschaltet ist, bei der rechten jedoch ausgeschaltet ist (▸ Abschn. 13.3.1). (Aus Su, 2015 [1], © Springer)

Krankheiten angeht. Man möchte dieses Kapitel fast mit dem Satz einleiten: „Vergessen Sie alles, was Sie bisher gelesen haben." Schließlich relativiert die Epigenetik doch grundlegend die wichtigste Eigenschaft aller Gene: ihre Aktivität.

13.1 Die Rolle der Epigenetik in der Genexpression

■ ■ ... und bei allem anderen

Die meisten epigenetischen Mechanismen kennt man aus **Eukaryoten** und hier vor allem von höheren mehrzelligen Organismen. Prinzipiell ermöglichen epigenetische Mechanismen eine **differenzielle Regulation der Expression** von Genen in verschiedenen Zellen eines mehrzelligen Organismus. Betrachtet man beispielsweise den Menschen mit seinen hochdifferenzierten Organen, Geweben und Zellen, wird schnell klar, dass in einer Stäbchenzelle des Auges andere Genprodukte benötigt werden als in einer Hepatocyte (einer Leberzelle). Beide Zellen haben jedoch genau die gleiche DNA, sind sie doch schließlich aus derselben **Zygote** hervorgegangen. Klar ist also, dass die Vorläufer beider Zelltypen sich im Laufe der **Embryogenese** und der weiteren Entwicklung spezialisiert und anscheinend „verschiedene Wege" eingeschlagen haben müssen, was als **Ausdifferenzierung** bezeichnet wird. Hier kommt nun die Epigenetik ins Spiel. Obwohl beide Zellen (sofern sie in ihrer Entwicklung keine weiteren Mutationen akkumuliert haben) das exakt gleiche Genom besitzen, sind die Gene unterschiedlich reguliert beziehungsweise werden je nach Zelltyp **differenziell** exprimiert. Eine Hepatocyte hätte wohl keinen Vorteil davon, wenn sie unzählige Pigmentmembranstapel produzieren würde – zumal es in der Leber tendenziell eher dunkel ist –, während eine Stäbchenzelle mit der Produktion von Gallenflüssigkeit im Auge auch nichts gewonnen hätte. Man braucht also nicht alle Gene in allen Zellen und auch nicht zu jeder Zeit.

> **Merke**
> Die **Epigenetik** hat die Aufgabe (zusammen mit anderen Regulationsmechanismen), die Genexpression dynamisch an die individuellen Anforderungen einer Zelle anzupassen. Epigenetische Muster sind reversibel, können aber aufrechterhalten und sogar weitervererbt werden.

■ ■ Alles in Maßen oder auch die Balance macht's ...

Doch nicht nur in einer zeitlichen und räumlichen Dimension ist es wichtig, mal dieses oder jenes Gen an- oder ausschalten zu können. Denn auch die Menge, beziehungsweise die Dosis, eines Genprodukts hat einen äußerst entscheidenden Einfluss. Besonders wenn man die Genexpression bei Organismen mit diploiden und polyploiden Genomen betrachtet. Hier kommt die *dosage compensation* oder auf Deutsch die **Dosiskompensation** ins Spiel. Hat man also mehrere Gene zur Verfügung, die alle für ein gleiches oder homologes Produkt codieren, muss unter Umständen die Anzahl an überflüssigen Genen inaktiviert werden, um die „richtige Dosis" des Genprodukts zu erhalten. Einige interessante Beispiele dazu werden wir später kennenlernen, wenn gezielt manche Gene abhängig von väterlicher oder mütterlicher Herkunft (▶ Abschn. 13.3.2) oder ganze Chromosomen (▶ Abschn. 13.4.5) inaktiviert werden.

13.1.1 Epigenetik und Stammzellen

Dass epigenetische Modifikationen **dynamisch** und reversibel sind, spielt in der körperlichen Entwicklung (der **Ontogenese**) eine wichtige Rolle. Bei somatischen Zellen (Körperzellen) kann man generell zwischen Stammzellen und diversen ausdifferenzierten Zelltypen unterscheiden. **Stammzellen** sind so definiert, dass sie sich theoretisch unbegrenzt weiter teilen können und dabei einerseits weitere Stammzellen produzieren, andererseits aber auch andere somatische Zellen, die sich weiter spezialisieren. Letztere haben wiederum aufgrund ihrer **Ausdifferenzierung** das Potenzial verloren, andere Zelltypen zu bilden, übernehmen aber spezifische Aufgaben (wie zum Beispiel Nervenzellen, Muskelzellen, Sehzellen, Leberzellen).

Stammzelle ist aber nicht gleich Stammzelle. Aus jenen Zellen, die kurz nach den ersten Teilungen einer befruchteten Eizelle entstehen, kann sich ein vollständiges Individuum und somit alle erdenklichen Organe und Zelltypen entwickeln. Man bezeichnet diese noch undifferenzierten Zellen (inklusive der Eizelle selbst) deshalb als **totipotente** oder **omnipotente Stammzellen.** Ihr Potenzial ist also unbegrenzt (lat. *omnipotens* = allmächtig). Später findet man im Embryo **pluripotente Stammzellen,** die zwar immer noch alle möglichen Organe, aber nicht mehr ein vollständiges Lebewesen neu bilden können. Auch als Erwachsener, im adulten Zustand, besitzt man noch Stammzellen. Diese sind **multipotent,** ihr Spektrum ist noch weiter eingeschränkt. Jedoch sind sie unglaublich wichtig, um die vielen Zellen, die in mehrzelligen Organismen täglich sterben, zu ersetzen oder Gewebe zu reparieren. Adulte Stammzellen sind daher in den allen Geweben immerhin in kleinen Populationen zu finden, vor allem aber im Knochenmark, wo sie permanent Blutzellen und Immunzellen produzieren. Doch was hat das alles mit Epigenetik zu tun?

Alles! Denn die verschiedenen Stammzelltypen unterscheiden sich untereinander und von ausdifferenzierten Zellen vor allem durch ihre individuelle epigenetische Programmierung. Für Stammzellen ist es entscheidend, ihr **Teilungspotenzial** epigenetisch aufrechtzuerhalten und gleichzeitig zu maßregeln, während ausdifferenzierte Zellen daran gehindert werden müssen, ihrer Spezialisierung zu entkommen oder sich wieder zurück zu programmieren. Gelingt dies nicht, kann es zu schwerwiegenden Defekten wie **Krebs** kommen (▶ Abschn. 13.4.2). Neben somatischen Stammzellen gibt es jedoch noch eine weitere Gruppe von Zellen, die ihr Teilungspotenzial aufrechterhalten muss: die **Keimbahnzellen,** die die Gameten produzieren. Auch hier, in den Keimbahnzellen und Gameten, die schließlich durch sexuelle Fortpflanzung eine neue Zygote schaffen, ist die epigenetische Programmierung von Bedeutung (▶ Abschn. 13.3).

13.2 Die Werkzeuge der Epigenetik

▪▪ Oder anders gesagt: Wie schalte ich ein Gen an oder aus?

In ▶ Kap. 6, 7 und 8 haben wir ausführlich die Abläufe der Genexpression sowie einige Regulationsmechanismen bei Prokaryoten und Eukaryoten kennengelernt. Zusätzlich zu den bereits vorgestellten Konzepten der Regulation, beispielsweise durch **substrat-** oder **temperaturabhängige** Induktion oder Hemmung oder durch die Regulation mittels *cis-* und *trans*-agierender Elemente wie **Transkriptionsfaktoren,** bietet die Epigenetik eine weitere Dimension an Regulationsmechanismen, die zeitlich länger erhalten bleiben können. Die Betonung liegt hier auf „zusätzlich", da man keineswegs davon ausgehen kann, dass ein Gen *nur* durch epigenetische Mechanismen und ein anderes *nur* durch nichtepigenetische Mechanismen reguliert wird. Gene und auch nichtcodierende Bereiche unterliegen gleichzeitig (simultan) verschiedensten Regulationsmechanismen, die sich zum Teil gegenseitig beeinflussen, rekrutieren und ein wahres **Netzwerk an Interaktionen** darstellen. Sprich, ein Gen wird nur dann wirklich exprimiert, wenn die Anzahl oder Intensität an aktivierenden Signalen oder Modifikationen gegenüber den repressiven Signalen überwiegt. Betrachtet man nun die epigenetischen Regulationsmechanismen, kann man diese grob in drei Wirkmechanismen einteilen:

— Methylierung der DNA,
— Modifizierung von Histonen und
— Regulation durch kleine, nichtcodierende RNAs.

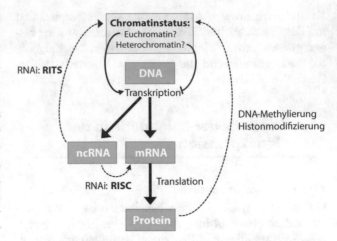

◘ **Abb. 13.2**   Einfluss und Zusammenspiel epigenetischer Modifikationen. Durch Anhängen von Molekülgruppen an die DNA oder an Histone kann der Chromatinstatus und somit die Aktivität von Genen verändert werden. Auch nichtcodierende RNAs (ncRNAs) sind in der Lage, durch RNA-Interferenz (RNAi) die Genexpression zu beeinflussen. Geschieht dies auf Chromatinebene, spricht man von *RNA-induced transcriptional silencing* (RITS), während man auf der mRNA-Ebene von einem *RNA-induced silencing complex* (RISC) spricht. (J. Buttlar)

Wie bereits angedeutet, agieren alle drei Mechanismen an einem DNA-Abschnitt nicht unbedingt singulär, sondern miteinander, sie können sich – je nachdem – gegenseitig fördern, inhibieren oder überhaupt rekrutieren. Eine der prominentesten Auswirkungen epigenetischer Modifikationen ist der Einfluss auf den Kompaktheitsgrad des Chromatins, sprich den **Chromatinstatus** (◘ Abb. 13.2).

Wiederholung: Euchromatin und Heterochromatin

Chromatin ist ein Komplex aus DNA und Proteinen, vor allem Histonproteinen, auf denen die DNA aufgewickelt ist. **Heterochromatische** Bereiche sind sehr kompakte Bereiche mit geringer oder gar keiner Transkriptionsaktivität, da hier die DNA und die assoziierten Proteine schlichtweg zu dicht gepackt sind, um eine Interaktion mit anderen Proteinen wie RNA-Polymerasen oder Transkriptionsfaktoren zu ermöglichen. **Euchromatische** Bereiche hingegen sind nicht so dicht gepackt, sondern eher offen und daher erreichbar für andere für die Transkription notwendige Enzyme. Außerdem unterscheidet man zwischen dauerhaft inaktiviertem und somit **konstitutivem** und nur temporär dicht verpacktem, also **fakultativem Heterochromatin.** Dauerhaft heterochromatisiert sind beispielsweise weite Teile des Genoms, die repetitive und transposable Elemente enthalten (▶ Abschn. 3.5.1.2 und 13.4.2), während manche Gene, die nur zu bestimmten Zeitpunkten in der Entwicklung eine Rolle spielen, reversibel und somit nur fakultativ heterochromatisiert sind.

Ein Beispiel: Bei vielen laktoseintoleranten Menschen ist das Gen für die **β-Galaktosidase** (oder auch Laktase) zwar völlig intakt, wird jedoch nur für einen gewissen Zeitraum kurz nach der Geburt – nämlich während der Säuglingsphase – abgelesen und anschließend durch Heterochromatisierung inaktiviert.

Durch Epigenetik kann aber nicht nur der Transkriptionsstart durch den Zustand des Chromatins reguliert werden, sondern auch bereits transkribierte mRNAs entweder degradiert oder der Translationsstart inhibiert werden. Während die Modifizierung der DNA und der Histone vor allem Auswirkungen auf das Chromatin hat, ist die posttranskriptionelle epigenetische Regulation vor allem den kleinen nichtcodierenden RNAs (ncRNAs) vorbehalten. Wer hätte das gedacht!

13.2.1 Methylierung von DNA

▪▪ Eine mysteriöse fünfte Base

Noch bevor Watson und Crick die Doppelhelix der DNA postulierten, beschrieb G. Wyatt in einer Veröffentlichung aus dem Jahr 1950 die Modifikation von Cytosin am fünften C-Atom durch das Anhängen einer Methylgruppe ($-CH_3$), wodurch diese Base auch als **5-Methylcytosin (m^5C)** bezeichnet wird (◘ Abb. 13.3). Lange Zeit war die Methylierung von Cytosin die einzige bekannte Modifikation und nicht selten wurde m^5C auch als die „fünfte" wichtige Base bezeichnet, einfach weil man sie so häufig vorfand.

Interessanterweise trat diese Modifikation vor allem an Cytosinen auf, denen ein Guanin folgte, also an sogenannten **CpG-Dinukleotiden.** Das „p" steht hier üb-

rigens für das Phosphat, das die beiden Nukleotide miteinander verbindet (CpG = 5′-C-Phosphat-G-3′). CpG-Dinukleotide sind wiederum in Form von unzähligen aneinandergereihten Wiederholungen mit einer Länge von bis zu 2 kb (2000 Basenpaaren) – sogenannten **CpG-Inseln** – im gesamten menschlichen Genom verstreut zu finden. Dabei kann man davon ausgehen, dass von den $2{,}7 \times 10^7$ CpG-Inseln im menschlichen Genom etwa 70–80 % methyliert sind.

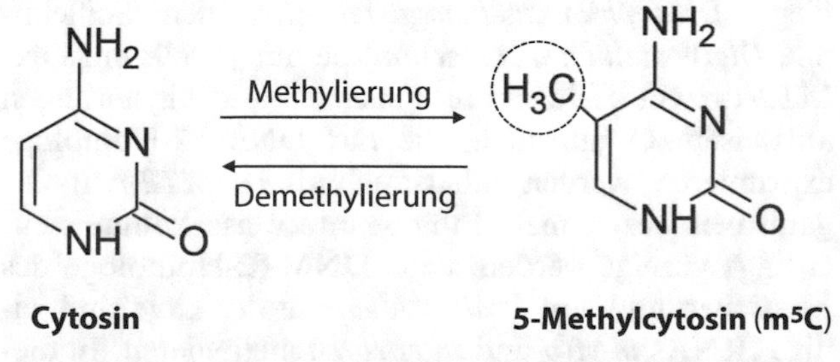

▪▪ CpG-Inseln in Promotoren

Bemerkenswerterweise fand man diese CpG-Inseln besonders oft in Promotorbereichen von Genen. So haben etwa 70 % aller Promotoren des menschlichen Genoms einen besonders hohen CG-Gehalt, der in der Regel auf das Vorkommen von CpG-Inseln zurückgeht. Im Gegensatz zu den anderen CpG-Inseln sind jene in Promotoren aber deutlich seltener methyliert. Insbesondere bei wichtigen Genen, wie *housekeeping*-Genen, deren Expression für eine Zelle unabdingbar ist, sind Promotoren weitestgehend frei von Methylierung als auch von Nukleosomen. Dies ergibt Sinn!

Denn funktionell gesehen bewirkt das Anhängen der Methylgruppe an Cytosin meistens eine Inhibierung der Transkription eines Gens, auch als **gene silencing** bezeichnet (◘ Abb. 13.4). Diese Inaktivierung beruht

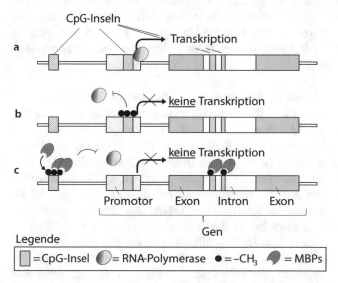

◘ **Abb. 13.4** Einfluss von CpG-Inseln auf die Transkription von Genen. CpG-Inseln können sowohl in Promotorbereichen, Introns und außerhalb von Genen vorkommen. **a** Zustand eines aktiven Gens, das transkribiert wird. **b** Die Methylierung von CpG-Inseln in Promotoren kann die Initiation der Transkription inhibieren, indem beispielsweise die Bindung der RNA-Polymerase verhindert wird. **c** Methylierte CpG-Inseln, die sowohl innerhalb als auch außerhalb von Genen liegen, können Methyl-CpG-bindende Proteine (MBPs) rekrutieren, die ebenfalls die Transkription inhibieren. (J. Buttlar)

◘ **Abb. 13.3** DNA-Methylierung. Durch Anhängen einer Methylgruppe ($-CH_3$) an das fünfte C-Atom von Cytosin entsteht 5-Methylcytosin (m^5C). Diese Modifikation geschieht vornehmlich an CpG-Dinukleotiden. (A. Kuijpers)

dabei auf zwei Prinzipien: Erstens können angehängte Methylgruppen den Zugang zur **großen Furche** (*major groove*) der DNA blockieren und erschweren somit den Zugang für Transkriptionsfaktoren und andere für die Transkription notwendige Enzyme (wie zum Beispiel RNA-Polymerasen; ◘ Abb. 13.4b).

> **Merke**
>
> Die *major groove* (große Furche) der DNA ist eine Furche, die durch die Form der Doppelhelix entsteht. In der **B-Konformation** der DNA (die am häufigsten vorkommt) ist die *major groove* breit und flach und dient vielen Transkriptionsfaktoren und anderen Molekülen als **Andockstelle** für Interaktionen.

Zweitens können bestimmte Methylierungsmuster auch **Methyl-CpG-bindende Proteine (MBPs)** rekrutieren und als Andockstelle für diese fungieren. MBPs können einerseits durch ihre Anwesenheit das Andocken anderer Proteine verhindern (◘ Abb. 13.4c); andererseits sind sie in der Lage, die mit der DNA verbundenen Histone zu modifizieren und somit den Kompaktheitsgrad des Chromatins zu verändern, wodurch die Transkription von Genen ebenfalls inhibiert werden kann.

So spielt die Methylierung von CpG-Inseln zwar eine untergeordnete Rolle bei *housekeeping*-Genen, weil diese eben dauerhaft aktiv sind, ist aber dennoch wichtig in Promotoren manch anderer Gene, die beispielsweise während der embryonalen Entwicklung oder je nach Gewebe der Zelle unterschiedlich aktiviert werden.

▪▪ Weitere Bedeutung der DNA-Methylierung

Besonders Bereiche mit vielen *tandem repeats,* wie **Telomere, Zentromere** und auch **mobile Elemente** wie Transposons (▶ Kap. 3 und 11), sind durch die Anwesenheit von m^5C gekennzeichnet, wobei die Methylierung und somit die „Stilllegung" dieser Bereiche vor allem zur Genomstabilität beiträgt (▶ Abschn. 13.4.2). Bei der Replikation der DNA, die ja mit jeder Zellteilung ansteht, ist die DNA-Methylierung ebenfalls von entscheidender Bedeutung (wie wir ebenfalls im ▶ Abschn. 13.4.2 sehen werden). Aber nicht nur bei Eukaryoten, sondern auch bei Prokaryoten begegnen wir der DNA-Methylierung: Hier schützt sie das bakterielle Genom vor zelleigenen **Endonukleasen,** die wiederum unmethylierte DNA-Moleküle schneiden (▶ Abschn. 12.1.3.1). Zum Beispiel solche Fremd-DNA, die gerade von Viren frisch eingeschleust wurde. Es handelt sich also um eine wichtige Komponente des bakteriellen Immunsystems.

Schließlich sei noch anzumerken, dass die Methylierung von Cytosin reversibel ist, was eine entscheidende Rolle bei der Auswirkung von Umwelteinflüssen und insbesondere bei der Prägung, dem sogenannten **Imprinting** der Gene (▶ Abschn. 13.3.2), für die nachfolgende Generation spielt.

13.2.1.1 Werkzeuge der DNA-Modifizierung

Was wäre dieses Unterkapitel, würde man sich nicht auch wenigstens kurz die verantwortlichen Enzyme anschauen? Die für die DNA-Methylierung verantwortlichen Enzyme werden als (Achtung, Überraschung) **DNA-Methyltransferasen,** kurz **DNMTs,** bezeichnet. Die eukaryotischen DNMTs lassen sich basierend auf Sequenzhomologien entweder der DNMT1-, DNMT2- oder DNMT3-Familie zuordnen. Alle drei Familien sind in den meisten höheren Eukaryoten hochkonserviert.

> **Anmerkung**
>
> Während im Menschen die Abkürzung DNMT für DNA-Methyltransferasen gebräuchlich ist, wird in einigen Organismen (der Maus, der Fruchtfliege *Drosophila* und auch dem Schleimpilz *Dictyostelium*) die Schreibweise **„Dnmt"** verwendet. In Anbetracht dieser verwirrenden Situation haben Sie bitte Verständnis, liebe Leserin, lieber Leser, wenn dieses Kapitel als ein leuchtendes Beispiel der Vereinfachung vorangeht und die Schreibweise „DNMT" verwendet, wenn von verschiedenen Organismen die Rede ist oder alles andere zu kompliziert ist.

Während **DNMT1**-Enzymen größtenteils die Aufrechterhaltung – oder auch *maintenance* – der Methylierung zugeschrieben wird, sind Mitglieder der **DNMT3**-Familie vor allem für die *de novo* (neu)-Methylierung zuständig. Die Mitglieder der Familie der **DNMT2**-Enzyme sind besonders hochkonserviert und insofern ein besonderer Fall, da ihre DNA-Methyltransferase-Aktivität noch nicht vollständig nachgewiesen wurde. Dennoch gibt es einige Eukaryoten, wie die Fruchtfliege *Drosophila melanogaster* und den Schleimpilz *Dictyostelium discoideum,* die nur jeweils ein DNMT2-Enzym besitzen und gleichzeitig Methylierungen aufweisen. Organismen, die nur DNMT2-Homologe exprimieren, werden daher auch als *DNMT2-only*-Organismen bezeichnet. Interessanterweise konnte neuerdings gezeigt werden, dass DNMT2-Homologe des Menschen und von *D. discoideum* in der Lage sind, einige tRNAs *in vivo* und *in vitro* zu methylieren. In diesem Fall führt die Methylierung jedoch nicht zur Inaktivierung der Genexpression, sondern trägt vermutlich eher zur Stabilität des tRNA-Anticodonloops bei.

13.2.2 Modifizierung von Histonen

■■ **Histone sind mit DNA assoziiert und eignen sich hervorragend für diverse Modifikationen**

Die zweite große Gruppe epigenetischer Wirkmechanismen betrifft die Modifikation von Histonen. Wie in ▶ Kap. 3 bereits eingeführt, bilden die verschiedenen Histone **H2A, H2B, H3** und **H4,** die mit jeweils zwei Polypeptiden vertreten sind, zusammen ein Oktamer, um das die DNA sozusagen gewickelt ist, wobei der gesamte Komplex als **Nukleosom** bezeichnet wird. Nukleosomen dienen in Eukaryoten jedoch nicht nur der Ordnung und der Unterbringung ziemlich langer DNA-Moleküle im Zellkern, sondern eben auch der Regulation der Genexpression – sonst würden sie wohl kaum in diesem Kapitel vorkommen.

Die Histone der Nukleosomen sind so aufgebaut, dass sie besonders reich an den **basischen** und somit positiv geladenen Aminosäuren Arginin (R) und Lysin

(K) sind. Dies hat wiederum zur Folge, dass die negativ geladene DNA sich um die basischen Histone wickelt. Während die Kernmatrix der Nukleosomen durch viele Helixstrukturen gekennzeichnet ist, ragen die beweglichen N-terminalen Schwänze aller vier Histone sowie die C-terminalen Schwänze der Histone H2A und H2B aus dem Nukleosomkomplex heraus. Interessanterweise ermöglicht dies eine gute Zugänglichkeit für andere Proteine, die wiederum an den exponierten **N-terminalen** Polypeptidketten Modifikationen vornehmen können (◨ Abb. 13.5). Die prominentesten Modifizierungen von Histonen sind das Anhängen von **Methylgruppen, Acetylgruppen** und **Phosphatgruppen.** Auch das Anhängen von **Ubiquitin** ist eine bekannte Modifikation, die hier jedoch nicht dazu dient, altersschwache Proteine zur Degradation zu markieren, sondern eher wie die anderen Modifikationen regulierend auf die Transkription wirkt. Dabei können alle vier Haupthistone (sowie auch manche Spezialhistonvari-

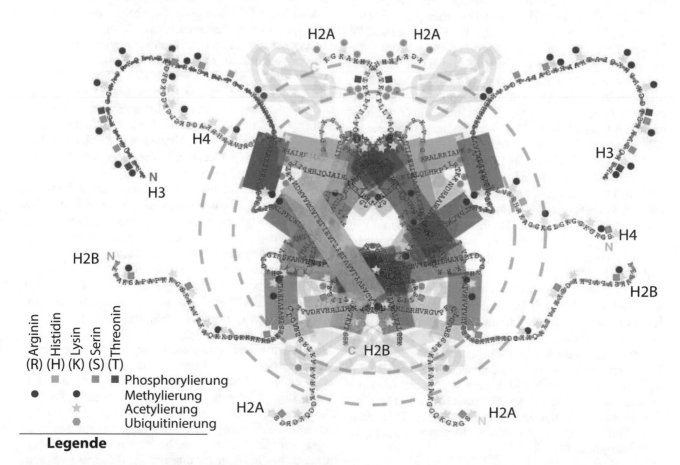

◨ **Abb. 13.5** Modifikation von Histonen. Gezeigt ist die Aufsicht auf ein Nukleosom mit einem innenliegenden Histonoktamer. Die umliegende DNA ist *gestrichelt* angedeutet. Die exponierten N- beziehungsweise C-terminalen Schwänze der Histone bieten zahlreiche Gelegenheiten für Modifikationen, wie beispielsweise Phosphorylierungen (hier als grüne Quadrate gezeichnet), Methylierungen (rote Kreise), Acetylierungen (gelbe Sterne) und Ubiquitylierungen (blaue Sechsecke). Je nach Aminosäure und Position innerhalb eines Histonschwanzes können dabei verschiedene Modifikationen auftreten, die sich komplizierterweise auch noch gegenseitig beeinflussen. Die Abbildung zeigt nur eine Auswahl an Modifikationen und konzentriert sich auf die Modifikationen der Aminosäuren Arginin (R), Histidin (H), Lysin (K), Serin (S) und Threonin (T). (Mit freundlicher Genehmigung von © W. Fischle)

anten; ▶ Abschn. 13.4.2 und 13.4.3) das Ziel von Modifikationen sein, wobei die meisten Modifikationen an dem N-terminalen Schwanz von Histon 3 (H3) stattfinden. Insgesamt können nun die Modifikationen selbst die Bindung der DNA an die Histone beeinflussen oder weitere Proteine rekrutieren, die das Chromatin weiter verpacken oder auf der anderen Seite die Transkription begünstigen.

13.2.2.1 Methylierung von Histonen

Für das Anhängen von Methylgruppen (–CH$_3$) an Histone sind sogenannte **Histonmethyltransferasen (HMTs)** zuständig. Vornehmlich werden die Histone an den Aminosäuren Lysin und Arginin methyliert. In den meisten Fällen wirkt sich eine Methylierung negativ auf die Transkription aus und führt somit zur Bildung von Heterochromatin. Dabei kommt es aber auch darauf an, ob nur eine, zwei oder drei Methylgruppen angehängt werden (Mono-, Di- oder Trimethylierung). Besonders bekannte Methylierungen, auf die dies zutrifft und die häufig in heterochromatisierten Bereichen zu finden sind, sind die Trimethylierungen von Histon 3 an Lysin-9 oder an Lysin-27 (**H3-K9, H3-K27**). Dabei kann eine solche Modifikation entweder die DNA-Methylierung in den betroffenen Bereichen induzieren oder andere Proteine rekrutieren, die das Chromatin weiter verpacken. Im Menschen konnte beispielsweise nachgewiesen werden, dass eine HMT namens **SUV39H1** nicht nur H3-K9-Methylierungen vermittelt, sondern damit gleichzeitig das **Heterochromatinprotein 1 (HP1)** rekrutiert. Dieses bindet wiederum an das Chromatin, trägt dadurch zur Induktion von Heterochromatin bei und rekrutiert sogar noch weitere verpackende Proteine (inklusive weiterer HP1-Moleküle). Doch wirken sich Histonmethylierungen nicht nur negativ auf die Transkription aus, anscheinend ist von entscheidender Bedeutung, **welche Histone an welcher Stelle** methyliert werden. So führt eine Methylierung des Histons 3 an Lysin-4 oder an Arginin-17 (**H3-K4, H3-R17**) nicht zur Inaktivierung, sondern zur Induktion von Euchromatin, und ermöglicht somit die Transkription betroffener Bereiche. Doch damit nicht genug, denn auch das Zusammenspiel der Modifikationen ist entscheidend! Sind gleichzeitig H3-K9, H3-K27, die ja einzeln für sich eine repressive Wirkung haben, als auch das Lysin-20 von Histon 4 (H4-K20) methyliert, führt dies zur Aktivierung der Genexpression! Aber lassen Sie sich noch nicht verwirren. Es geht noch komplizierter.

13.2.2.2 Acetylierung von Histonen

Im Gegensatz zur Methylierung führt die Acetylierung, also das Anhängen einer Acetylgruppe (–COCH$_3$) an die N-terminalen Schwänze der Histone, dazu, dass die Ladung der basischen Histonproteine leicht negativer wird, wodurch sich die Bindung zwischen DNA und Histonen etwas öffnet (◨ Abb. 13.6). Das Chromatin lockert sich damit auf, und betroffene Bereiche werden für transkriptionsrelevante Proteine leichter zugänglich. Typische Acetylmodifikationen findet man beispielsweise an Lysin-9, -14 und -18 von Histon 3 und an Lysin-5, -8 und -12 von Histon 4. Acetylgruppen werden dabei von sogenannten **Histonacetyltransferasen (HATs)** vor allem auf die Lysine (K) innerhalb der Histonpolypeptidketten übertragen. Diverse Histonacetyltransferasen sind außerdem in der Lage, andere Proteine oder Transkriptionsfaktoren zu rekrutieren: In der Hefe rekrutiert zum Beispiel die Histonacetyltransferase Gcn5 einen Transkriptionsfaktor namens Gcn4, der wiederum etwa 10 % des Hefegenoms reguliert und die Expression von Genen induziert. Ein weiterer Effekt, den HATs haben können, ist die Rekrutierung eines Chromatin-Modellierungskomplexes (*chromatin remodeling complex*). Zusammen mit den HATs, die zu seiner Rekrutierung beitragen, kann so ein Komplex unter ATP-Verbrauch die DNA auflockern und teilweise von den Histonen lösen. Dadurch können die Histone wiederum an der DNA entlanggleiten und ihre Position verändern. Die Gunst der Stunde erkennend, können nun andere Proteine an den offenen DNA-Bereichen oder den Histonen binden, beispielsweise Transkriptionsfaktoren oder Acetyltransferasen, welche das Chromatin dann weiter auflockern. Geschieht dies alles an Promotorregionen, können in der Folge nun Proteine wie **TBPs** (*TATA-Box binding proteins*) den Transkriptionsstart initiieren.

Wer mitgedacht hat, könnte nun darauf kommen, dass der umgekehrte Prozess der Acetylierung, nämlich die **Deacetylierung,** die genau umgekehrte Folge hat. Und genauso ist es! Sie ermöglicht nämlich eine „intensivere" Bindung der DNA an die Histonproteine, was zu einer dichteren Verpackung und zur Induktion von Heterochromatin führen kann (◨ Abb. 13.6). Die Gegenspieler der HATs sind die sogenannten Histondeacetylasen (**HDACs**), die ihrem Namen alle Ehre machend in der Lage sind, Acetylgruppen von Histonschwänzen zu entfernen. Interessanterweise kann die Deacetylierung bestimmter Aminosäuren auch die Methylierung anderer Aminosäuren beeinflussen, wodurch klar wird, dass Histonmodifikationen ein komplexes Geflecht von Interaktionen sind. Ist das Lysin-14 an Histon 3 (H3-K14) acetyliert, blockiert dieses die Methylierung von H3-K9. Erst die Deacetylierung von H3-K14 ermöglicht die Methylierung von H3-K9, was (wie oben erwähnt) wiederum zur Rekrutierung anderer Proteine und zur Induktion von Heterochromatin führen kann. Des Weiteren ist bekannt, dass methylierte DNA-Bereiche im menschlichen Genom das Protein **mSin3** rekru-

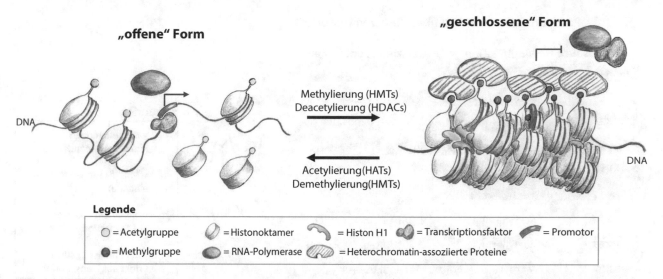

„offene" Form

„geschlossene" Form

DNA

Methylierung (HMTs)
Deacetylierung (HDACs)

Acetylierung(HATs)
Demethylierung(HMTs)

DNA

Legende

○ = Acetylgruppe	= Histonoktamer	= Histon H1	= Transkriptionsfaktor	= Promotor
● = Methylgruppe	= RNA-Polymerase	= Heterochromatin-assoziierte Proteine		

◘ Abb. 13.6 Einfluss von Histonmodifikationen auf den Chromatinstatus. Je nachdem, welche Modifikationen an welcher Stelle vorliegen, können sie das Chromatin auflockern oder dichter verpacken. Zum Beispiel sorgen Acetylgruppen eher für eine „offene" Form, bei der die Transkription stattfinden kann. Die Methylierung von Histonen hingegen kann jedoch zu einer „geschlossenen" Form führen, bei der keine Transkription stattfindet. Die Modifikationen können von weiteren Heterochromatin-assoziierten Proteinen erkannt werden, die zu einer erhöhten Verpackung führen. Auch das Linker-Histon H1 stabilisiert vermutlich einen höheren Kompaktheitsgrad. Verschiedene Enzyme wie Histonacetyltransferasen (HATs), Histondeacetylasen (HDACs) und Histonmethyltransferasen (HMTs) sind in der Lage, die beiden Chromatinzustände ineinander zu überführen. (J. Buttlar)

tieren können, welches wiederum in der Lage ist, Histonschwänze zu deacetylieren. Was die Folge ist, kann man sich mittlerweile denken, oder?

13.2.2.3 Phosphorylierung von Histonen

Auch Phosphorylierungen, sprich das Anhängen von Phosphatgruppen $(-PO_4^{3-})$, sind häufig vorkommende Histonmodifikationen. So können Phosphatgruppen durch **Proteinkinasen** auf Histone transferiert und von **Phosphatasen** wieder abgespalten werden. Da eine Phosphatgruppe einer Acetylgruppe insofern ähnelt, dass beide negativ geladen sind, tragen auch Phosphorylierungen zu einer Auflockerung des Chromatins und somit tendenziell zu einer Aktivierung der Transkription bei. Phosphoryliert werden dabei vor allem die Aminosäuren Serin (S), Threonin (T) und Tyrosin (Y). Interessanterweise sind auch bei dieser Modifikation Interaktionen mit anderen Histonmodifikationen bekannt. So blockiert eine Phosphorylierung an Serin-10 von Histon 3 (**H3-S10**) die Methylierung von H3-K9, die, wie wir bereits erfahren haben, zur Heterochromatisierung beiträgt. Doch nicht nur bei der Regulation der Transkription, sondern vor allem bei der **Zellteilung** und auch der **Reparatur** von DNA-Schäden (wird beispielhaft im ▶ Abschn. 13.4.3 näher ausgeführt) spielt die Phosphorylierung von Histonen eine große Rolle. Schließlich wurde in apoptotischen Zellen festgestellt, dass das Phosphorylierungslevel an einigen spezifischen Stellen, zum Beispiel an **H3-T45** und generell an der Histonvariante **H2AX,** mit dem apoptotischen Zustand von Zellen positiv korreliert.

13.2.2.4 Das Zusammenspiel von Histonmodifikationen

■ ■ **Modifikationen über Modifikationen – Wer hat noch den Überblick?**

Zusammengefasst können also die exponierten Schwänze der Histone an vielen Stellen durch unterschiedlichste chemische Gruppen modifiziert werden, die wiederum andere Proteine rekrutieren können und sich auch gegenseitig beeinflussen und miteinander interagieren. Interaktionen von Modifikationen innerhalb eines Histonschwanzes bezeichnet man als *cis*-**agierend,** während Interaktionen zwischen verschiedenen Histonen oder gar Nukleosomen als *trans*-**agierend** bezeichnet werden. Diese sehr dynamische und komplexe Kombination verschiedener Information fasst man auch als **Histoncode** zusammen (◘ Abb. 13.7). Der Code selbst wird sozusagen von Chromatin-assoziierten Proteinen „gelesen" – von jenen, die zur Heterochromatisierung beitragen, und natürlich auch von jenen, die zur Transkriptionsaktivität beitragen. Dazu sind die Proteine logischerweise mit diversen Domänen ausgestattet, um die Histone mit ihren Modifikationen überhaupt erst „lesen" zu können. Proteinbereiche, die Methylierungsmuster erkennen, bezeichnet man als **Chromodomänen** (*chromodomain*), während Acetylierungsmuster durch **Bromodomänen** (*bromodomain*) erkannt werden. Aber da Histonmodifikationen sehr wankelmütige Konstruktionen sind, ist auch die Rolle einzelner Modifikationen nicht festgeschrieben. Bewirkt eine bestimmte Modifikation, wie beispielsweise die Trimethylierung von H3-K27

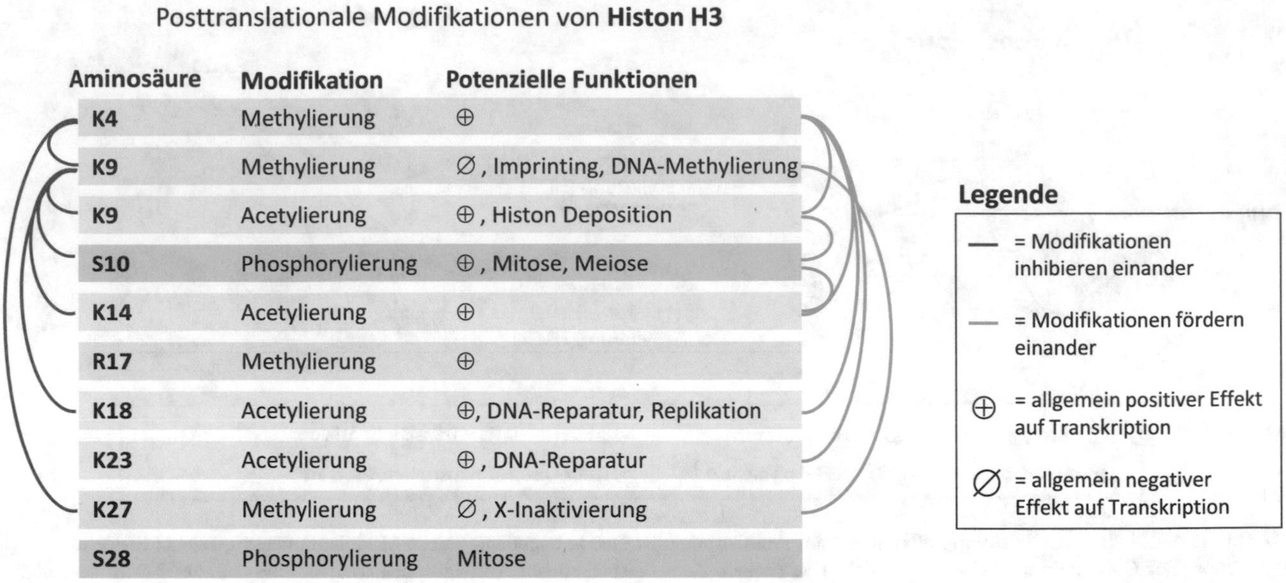

Posttranslationale Modifikationen von **Histon H3**

Aminosäure	Modifikation	Potenzielle Funktionen
K4	Methylierung	$\oplus$
K9	Methylierung	$\varnothing$, Imprinting, DNA-Methylierung
K9	Acetylierung	$\oplus$, Histon Deposition
S10	Phosphorylierung	$\oplus$, Mitose, Meiose
K14	Acetylierung	$\oplus$
R17	Methylierung	$\oplus$
K18	Acetylierung	$\oplus$, DNA-Reparatur, Replikation
K23	Acetylierung	$\oplus$, DNA-Reparatur
K27	Methylierung	$\varnothing$, X-Inaktivierung
S28	Phosphorylierung	Mitose

Legende

— = Modifikationen inhibieren einander

— = Modifikationen fördern einander

$\oplus$ = allgemein positiver Effekt auf Transkription

$\varnothing$ = allgemein negativer Effekt auf Transkription

◘ **Abb. 13.7**   Der Histoncode. Gezeigt sind das Zusammenspiel und die Bedeutung einiger Modifikationen innerhalb des N-terminalen Schwanzes von Histon H3. Während auf der linken Seite Interaktionen gezeigt sind, die sich gegenseitig jeweils inhibieren oder komplett unterdrücken (rote Striche), zeigt die rechte Seite Interaktionen oder Einflüsse, die jeweils die Ausprägung einer anderen Modifikation ermöglichen bzw. verstärken (grüne Striche). Zudem können je nach Histonmodifizierung verschiedene Proteine rekrutiert werden, wodurch sich die Modifikationen stark in ihren Funktionen und ihrem Vorkommen unterscheiden! (J. Buttlar)

(H3-K27me3), allein eher eine Transkriptionsinhibition, so kann sie im Zusammenspiel mit manchen anderen Modifikationen genau das Gegenteil bewirken! Wie anfangs bereits angedeutet, geben also nicht einzelne Signale, sondern eher das Zusammenspiel einer Vielzahl von Signalen den entscheidenden Einfluss zum Transkriptionsstart oder zu dessen Unterdrückung.

13.2.3 RNA-Interferenz

▪▪ Klein, aber oho: Kleine regulatorische RNAs können die Expression einer Vielzahl von Genen regulieren

Nicht alle RNAs werden in Proteine übersetzt. Das wäre langweilig. Neben rRNAs, tRNAs (► Kap. 7) und sRNAs (► Kap. 8) gibt es weitere interessante Gruppen kleiner **nichtcodierender RNAs (ncRNAs)**, von denen hier die Rede sein soll. Diese werden als *small silencing RNAs* bezeichnet, was wörtlich so viel bedeutet wie „kleine ruhigstellende RNAs". Sie interagieren mit anderen mRNAs und führen mithilfe anderer Proteine (meistens) zum *Silencing,* also zur Abschwächung oder Stilllegung der Expression der entsprechenden Gene. Dieser Wirkmechanismus wird aufgrund der grundlegenden RNA-RNA-Interaktion auch als **RNA-Interferenz (RNAi)** bezeichnet. Die RNAi spielt neben der DNA-Methylierung und der Histonmodifizierung in den meisten Eukaryoten eine wichtige Rolle bei der Regulation der Genexpression während des Zellzyklus

und auch während der Ausdifferenzierung von Zellen und Geweben. Sie beeinflusst damit auch die Entwicklung und Anpassung von Organismen.

Ein kurzer geschichtlicher Abriss

In Transkriptomanalysen, bei denen man *Northern Blots* verwendete (► Abschn. 12.8.2), schenkte man diesen kleinen unscheinbaren RNAs am unteren Ende des Gels zunächst kaum Aufmerksamkeit. Mittlerweile geht man davon aus, dass der Großteil eukaryotischer Gene unter anderem durch eben diese RNAs reguliert wird. Der Mechanismus der RNAi wurde vermutlich erstmalig 1990 unbewusst beschrieben, als eine niederländische Forschergruppe versuchte, die **Blütenfarbe von Petunien** zu intensivieren. Durch das Einbringen zusätzlicher Gene, die wiederum Pigmente produzieren sollten, wurden die Blütenfarben jedoch nicht kräftiger, sondern die Blätter zeigten gesprenkelt helle oder gar farblose Bereiche. Welch ein Widerspruch! Später konnten die Forschergruppen um Andrew Fire und Craig Mello an dem Fadenwurm *Caenorhabditis elegans* zeigen, dass man die Expression eines Gens durch Einbringen einer kurzen doppelsträngigen RNA (dsRNA), die komplementär zur mRNA ist, abschwächen (oder *„silencen"*) kann. Wie wichtig diese Entdeckung war, zeigt sich darin, dass die beiden Tüftler 2006 dafür den Nobelpreis bekamen!

▪▪ RNAi beruht auf kleinen doppelsträngigen RNAs und assoziierten Effektorproteinen

Von einer ganzen Reihe bereits identifizierter Klassen regulatorischer kleiner RNAs sollen hier drei Hauptklassen vorgestellt werden: die Mikro-RNAs (**miRNAs**), die *small interfering-RNAs* (**siRNAs**) und die *piwi-interacting-RNAs* (**piRNAs**). Alle drei RNA-Klassen zeichnen sich durch eine relativ kurze Länge von etwa 20–30 Nukleotiden und die Fähigkeit zur Rekrutierung von Homologen einer **Argonauten**-Proteinfamilie aus. Die Argonauten-Proteinfamilie kann man wiederum in die **AGO-** und **Piwi-Subfamilie** unterteilen, wobei AGO-Proteine mit miRNAs und siRNAs und die Piwi-Proteine mit piRNAs interagieren. Die Proteine der Argonauten-Familie sind ziemlich wichtig, denn sie sind die eigentlichen Akteure der RNAi und werden daher auch als Effektorproteine bezeichnet. Die kleinen RNAs kann man sich dabei als Lotsen vorstellen, die wiederum die Effektorproteine zu einer Ziel-mRNA dirigieren, wo sie allerlei anrichten können.

Doch zunächst zurück zu den kleinen RNAs! Die drei RNA-Klassen unterscheiden sich deutlich in ihrer Biogenese (der Herstellung) als auch in der Art der Regulation. Bei der Biogenese spielen wiederum eine ganze Reihe verschiedener Proteine eine Rolle. Diese sind in Eukaryoten hochkonserviert und zeichnen sich in der Regel durch eine oder mehrere **doppelsträngige RNA-Bindedomänen (dsRBDs)** aus, die es den Proteinen überhaupt erst ermöglichen, die kleinen RNAs zu binden. Beispiele sind Homologe der **Dicer-** und **RdRP** (*RNA-dependent RNA polymerase*)-Proteinfamilien.

13.2.3.1 Von der Biogenese kleiner regulatorischer RNAs bis zum Effektorkomplex

Innerhalb der Biogenese der kleinen regulatorischen RNAs haben miRNAs und siRNAs gemeinsam, dass sie aus längeren dsRNAs unter anderem durch Dicer-Proteine herausgeschnitten werden. Die Biogenese der piRNAs beruht hingegen auf einzelsträngiger RNA (ssRNA) und ist Dicer-unabhängig. Weil piRNAs sich von den anderen beiden Klassen aber so sehr unterscheiden (◘ Abb. 13.9), soll hier zunächst nur auf die miRNAs und siRNAs eingegangen werden.

Die Vorläufer der kleinen regulatorischen RNAs können entweder **endogenen** (zelleigenen) oder **exogenen** (zellfremden) Ursprungs sein. Dicer oder Dicer-ähnliche Proteine schneiden die Vorläufermoleküle auf ihre spezifische Länge zurecht. Besonders auffällig sind hier sowohl bei siRNAs als auch bei miRNAs die Dinukleotidüberhänge an den jeweiligen 3′-Enden. Die gereiften, kleineren dsRNAs werden schließlich in Multiproteineffektorkomplexe geladen,

deren Herzstück Argonauten-Proteine sind. Die **Argonauten**-Proteine wiederum spalten den dsRNA-Duplex, wobei sie aufgrund diverser Merkmale zwischen einem *guide*-**Strang** und einem *passenger*-**Strang** differenzieren: Während der *passenger*-Strang aus dem Komplex undankbar hinausgeworfen oder sogar noch innerhalb des Komplexes zerschnitten wird, dirigiert der *guide*-Strang, wie der Name bereits impliziert, den gesamten Komplex zu einer komplementären Sequenz auf einer **Ziel-mRNA**. Nun kann der fertige Effektorkomplex ans Werk gehen.

13.2.3.2 Wirkweise kleiner regulierender RNAs – von RISC und RITS

Bleiben wir wie im vorigen Absatz bei miRNAs und siRNAs. Je nach Komplementarität, Ort der Bindung in der Zelle und auch Ort der Bindung auf dem mRNA-Molekül hat der gesamte Effektorkomplex verschiedene Auswirkungen auf die mRNA. Er führt in den allermeisten Fällen aber zur Inhibition der Genexpression (◘ Abb. 13.8). Wird die mRNA von dem Effektorkomplex beispielsweise noch während ihrer eigenen Transkription im Zellkern gebunden, kann die Transkription einerseits direkt unterbunden werden, und es können andererseits weitere Proteine zur Induktion von Heterochromatin, also zum *chromatin remodeling*, rekrutiert werden. Bei einer solchen Regulation bereits auf transkriptioneller Ebene spricht man von *RNA-induced transcriptional silencing* (**RITS**).

Dem gegenüber stehen posttranskriptionelle Regulationsmechanismen, in denen man den Effektorkomplex auch als *RNA-induced silencing complex* (**RISC**) bezeichnet. Wird die fertig transkribierte Ziel-mRNA erst im Cytoplasma gebunden, kann sie bei vollständiger Komplementarität mit der Zielsequenz zur Spaltung (*cleavage*) der Ziel-mRNA durch das Argonauten-Protein führen. Gespaltene mRNAs sind dem Tode geweiht, da sie im Cytoplasma rasch durch Nukleasen abgebaut werden. Sehr tragisch, aber auch sehr effektiv. Doch selbst wenn die *guide*-RNA keine vollständige Komplementarität zur Zielsequenz aufweist, kann RISC beispielsweise innerhalb der 5′-UTR an der RBS (*ribosome binding site*) binden und die **Ribosomenassemblierung** verhindern. Selbst wenn die *guide*-RNA 3′-abwärts der RBS bindet, kann RISC die Translation durch Blockierung der Translationselongation inhibieren. Bei einer erfolgreichen Bindung noch weiter 3′-abwärts, also hinter einer codierenden Sequenz, können andere Proteine, **Deadenylasen,** rekrutiert werden, die den Poly(A)-Schwanz einer mRNA abknabbern. Durch diese Deadenylierung werden die mRNAs wiederum Opfer der Degradation durch weitere Proteine, und die Expression wird erfolgreich unterbunden.

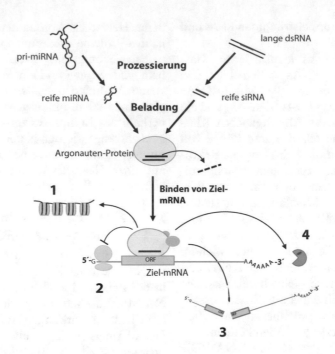

Abb. 13.8 Prinzipien der RNA-Interferenz. Unabhängig von der Herkunft der kleinen regulatorischen RNAs, ob aus Viren (lange ds-RNA) oder im Genom codiert (primäre miRNA, pri-miRNA), durchlaufen diese ähnliche Prozessierungsschritte. Zunächst werden die längeren Vorläufermoleküle durch Dicer oder Dicer-ähnliche Proteine auf eine spezifische Länge von etwa 20–30 nt gekürzt. Diese werden wiederum in ein Argonauten-Protein geladen, das Teil eines Effektorkomplexes ist. Nach dem Entwinden *(unwinding)* von *guide-* und *passenger*-Strang, dirigiert die *guide*-RNA den Komplex zu einer Ziel-mRNA, wodurch die Genexpression in der Regel auf verschiedene Weise inhibiert wird: Bindet der Komplex die mRNA bereits im Zellkern während der Transkription, kann es zur Induktion von Heterochromatin kommen, indem der Komplex andere Heterochromatin-assoziierte Proteine rekrutiert (**1**). Wird die Ziel-mRNA im Cytoplasma gebunden, kann dadurch die Ribosomenassemblierung verhindert werden (**2**), die mRNA geschnitten werden (**3**), oder es wird eine Deadenylase rekrutiert, die die mRNA degradiert (**4**). (J. Buttlar)

13.2.3.3 Small interfering-RNAs

Als *small interfering-RNAs* (**siRNAs**) bezeichnet man in der Regel kleine regulatorische RNAs mit einer Länge von etwa 21–28 Nukleotiden, die ursprünglich **exogenen Ursprungs** sind (Abb. 13.9a). Exogen bedeutet in diesem Fall meistens viraler Herkunft. Witzigerweise sind aber auch in eukaroytischen Genomen selbst, vor allem im menschlichen Genom, endogene siRNAs codiert, die auch als solche von einer RNA-Polymerase transkribiert werden und zur RNAi beitragen. Man könnte sich natürlich fragen, warum schon wieder diese seltsame Ausnahme!? Wie wir aber bereits in ▶ Kap. 3 zu Beginn festgestellt haben, besteht das menschliche Genom zu großen Teilen aus Sequenzen, beispielsweise Transposons, die evolutionär auf virale Infektionen zurückzuführen sind. Sprich, unabhängig davon, ob die Vorläufermoleküle nun frisch von einem Virus als dsRNA in eine Zelle injiziert wurden oder ob sie bereits im Genom codiert sind (und somit eigentlich endogen wären …), durchlaufen sie die gleichen Prozessierungsschritte. **Dicer**-Proteine generieren im Cytoplasma aus längeren dsRNA-Vorläufermolekülen kurze siRNAs mit einer spezifischen Länge und helfen bei der Beladung der Effektorkomplexe. Die siRNAs sind sehr zielgerichtet, da sie in der Regel 100 % Komplementarität zu ih-

rer Zielsequenz aufweisen. In den meisten Fällen führt diese vollständige Bindung damit zur Spaltung der Ziel-mRNA. Der Begriff „RNAi" bedeutet in der angewandten Molekularbiologie zudem die Verwendung von siRNAs zur Behandlung von Zellen, um einen sogenannten **Knock-down** beziehungsweise ein *Silencing* der Expression bestimmter Gene herbeizuführen. Doch sollte man sich nicht davon durcheinanderbringen lassen, wenn jemand „RNAi" als Oberbegriff für alle kleinen regulatorischen RNAs verwendet oder eben nur für die Anwendung von siRNAs. Stattdessen sei geraten, wie Jonathan Frakes (bei X-Faktor: das Unfassbare) bereits zu sagen pflegte: „Schauen Sie genau hin!".

13.2.3.4 Mikro-RNAs

Mikro-RNAs (engl. *micro-RNAs;* **miRNAs**) sind – jedenfalls so lange, bis jemand in der Lage ist, das Gegenteil zu beweisen – ausschließlich endogenen Ursprungs und haben eine Länge von etwa 22 Nukleotiden (Abb. 13.9b). In eukaryotischen Genomen sind teils sehr umfangreiche Vorläufermoleküle für miRNAs codiert, die mehrere hunderte oder tausende Basen lang sein können und aus denen nicht nur eine, sondern gleich eine Vielzahl von miRNAs hergestellt werden können.

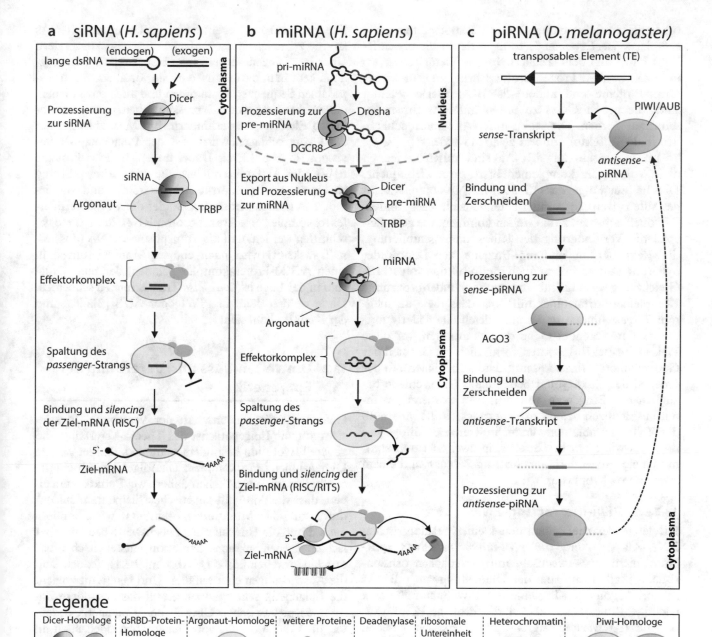

a siRNA (*H. sapiens*)   **b** miRNA (*H. sapiens*)   **c** piRNA (*D. melanogaster*)

Legende

Dicer-Homologe	dsRBD-Protein-Homologe	Argonaut-Homologe	weitere Proteine	Deadenylase	ribosomale Untereinheit	Heterochromatin	Piwi-Homologe

⬛ Abb. 13.9 Zusammenfassung und Vergleich der drei prominentesten Klassen kleiner regulatorischer RNAs am Beispiel des Menschen und der Fruchtfliege *(Drosophila melanogaster)*. **a** Die Prozessierung zur Biogenese von siRNAs durch Dicer-Proteine findet komplett im Cytoplasma statt. **b** Demgegenüber werden miRNAs (jedenfalls beim Menschen) in zwei Schritten prozessiert, erst im Nukleus durch das Dicer-Homolog Drosha, dann im Cytoplasma durch ein weiteres Dicer-Protein. Sowohl bei siRNAs als auch bei miRNAs sind dsRBD-Proteine wie TRBP (beziehungsweise DGCR8) bei der Prozessierung und der Beladung der Argonauten-Proteine beteiligt. Die siRNAs führen durch vollständige Komplementarität oft zur Spaltung der Ziel-mRNA durch den Effektorkomplex; miRNAs hingegen sind oft nicht vollständig komplementär, können die Translation jedoch auf andere Weise, etwa durch Deadenylierung, Unterbindung der Ribosomenassemblierung oder Induktion von Heterochromatin (RITS), verhindern. **c** piRNAs spielen in Keimbahnzellen eine entscheidende Rolle bei der Regulation von Transposons. Durch einen Ping-Pong-Mechanismus (siehe Text) können piRNAs, die aus *antisense*-Transkripten entstanden sind, zur Prozessierung von *sense*-Transkripten zu *sense*-piRNAs genutzt werden und umgekehrt. (J. Buttlar)

Die miRNA-Vorläufer, die auch als ***primary miRNA (pri-miRNA)*** bezeichnet werden, bilden schleifenähnliche ***stemloops,*** bei denen die einzelsträngigen RNA-Transkripte teilweise dsRNA-Bereiche bilden (übrigens vergleichbar mit der Entstehung von endogenen siRNAs). Im Zellkern werden die pri-miRNAs erstmals durch Dicer-Homologe und Helferproteine wie dsRBD-Proteinen zu ***preliminary miRNAs*** (pre-miRNAs) zurechtgeschnitten. Exportproteine, wie beispielsweise **Exportin-5,** transportieren die pre-miR-NAs dann aus dem Zellkern in das Cytoplasma, wo in einem zweiten Prozessierungsschritt, an dem wieder Dicer-Proteine und andere dsRBD-Proteine beteiligt sind, die pre-miRNAs zu reifen miRNAs zurechtgeschnitten werden. Die reifen miRNAs können schließlich in den Effektorkomplex geladen werden.

Im Gegensatz zu siRNAs sind miRNAs jedoch nicht vollständig komplementär zu ihrer Zielsequenz. Dies hat zur Folge, dass die Ziel-mRNAs oftmals nicht gespalten werden, sondern tendenziell eher andere Wirkmechanismen zum Greifen kommen, wie zum Beispiel die Verhinderung der Ribosomenassemblierung, die Rekrutierung anderer Enzyme zur Depolyadenylierung und vor allem auch die Induktion von **RITS**. Gleichzeitig ermöglicht die nicht hundertprozentige Komplementarität einer miRNA, dass diese an mehrere *Targets* binden und somit gleich eine Palette mitunter interagierender Gene regulieren kann. Auf diese Weise wird bei Eukaryoten vermutlich ein Großteil der Genereguliert. Hinzu kommt, dass selbst innerhalb der Gruppe der Eukaryoten bedeutende Unterschiede bezüglich der Biogenese von miRNAs existieren: Während in Pflanzen beide Prozessierungsschritte innerhalb des Zellkerns ablaufen, findet in Tieren die Biogenese meistens wie oben beschrieben in zwei Schritten statt, mit einem Prozessierungsschritt im Zellkern und einem zweiten im Cytoplasma.

13.2.3.5 Piwi-interacting-RNAs

Die letzte der drei genannten kleinen regulatorischen RNA-Klassen sind die *piwi-interacting-RNAs* (**piR-NAs**), nicht zu verwechseln mit der schönen ostsächsischen Stadt Pirna. Bei der Herstellung von piRNAs spielen Argonauten-Proteine der Piwi-Subfamilie eine wichtige Rolle. Dazu zählen die Proteine PIWI, Aubergine (AUB) und AGO3. Phylogenetisch gesehen sind Piwi-Proteine also Teil der Großfamilie der Argonauten, kommen aber eben nur bei piRNAs und nicht bei siRNAs oder miRNAs vor. Piwi steht übrigens für *P-element induced wimpy testis* (also P-Element induzierte verkümmerte Hoden), wobei jenes P-Element ein Transposon ist. Des Weiteren kommen piRNAs und Piwi-Proteine vor allem in **Keimzellen** während der Gametogenese vor und sind für die Herstellung von Eizellen und Spermazellen besonders wichtig. Bis vor Kurzem nahm man an, dass piRNAs sogar nur in Keimbahnzellen vorkommen, man konnte sie aber mittlerweile auch in somatischen Zellen nachweisen.

Wie der Name bereits impliziert, interagieren piR-NAs mit den Piwi-Proteinen und sind in der Lage, mit diesen zusammen RISC zu bilden und die Expression bestimmter Gene zu reduzieren. Die piRNAs sind sehr divers, sie sind zwischen 26 und 31 Nukleo-

tide lang und im Gegensatz zu miRNAs und siRNAs kaum zwischen verschiedenen Spezies konserviert. Über ihre Biogenese weiß man bisher relativ wenig, jedoch geht man davon aus, dass sie vor allem von transposablen Sequenzen abstammen und auch dazu dienen, die Ausbreitung oder Expression eben jener transposablen Elemente zu verhindern. Ein Mechanismus, der dazu vorgeschlagen wurde, ist der **Ping-Pong-Mechanismus** (◘ Abb. 13.9c). Dabei tragen die Piwi-Proteine PIWI oder AUB eine piRNA, die den *antisense*-Strang zu einem Transposontranskript darstellt und zu diesem also komplementär ist. Bindet der PIWI/AUB-Effektorkomplex eine Transposon-mRNA, kann diese geschnitten werden, und die Transposon-mRNA (das *sense*-Transkript) wird nach einigen Modifizierungen in einen AGO3-Proteinkomplex geladen, der nun wiederum in der Lage ist, *antisense*-Transkripte zu schneiden. Diese werden dann in PIWI oder AUB geladen, und der Kreis schließt sich!

13.3   Umwelteinfluss und Vererbung der Epigenetik

Genetik ist die Wissenschaft der Vererbung. In Hinsicht auf die Epigenetik ist das Thema Vererbung und generell Evolution besonders spannend, da hier weitere Dimensionen hinzukommen. Die folgenden Abschnitte behandeln im Wesentlichen daher zwei Punkte: zum einen, dass die Aktivität genetischer Elemente nicht nur durch zufällige Mutationen beeinflusst wird, sondern auch durch die Umwelt oder Lebensweise beeinflussbar ist. Zugegeben, manche Mutation entstehen ebenfalls durch Umwelteinflüsse (▶ Abschn. 9.2.1), jedoch sind die Auswirkungen eher zufällig. Und genau dies macht die Epigenetik sehr spannend, weil das besondere Zusammenspiel zwischen Umwelt und Epigenetik bedeutet, dass die Aktivität von Genen eben doch auch im begrenzten Maße gezielt beeinflusst werden kann! Der andere Punkt ist, dass die Epigenetik auch in der Vererbung eine Rolle spielt, hier jedoch ganz anderen Regeln als denen Mendels unterliegen kann.

13.3.1   Einfluss der Umwelt auf den epigenetischen Code

■■ **Lamarck versus Darwin – der Streit um das Prinzip der Evolution: Runde 2!**
Betrachtet man die Evolution nach **Charles Darwin,** so wie man es die meiste Zeit innerhalb der letzten 200 Jahre tat, ist Evolution das Produkt aus Mutation und Selektion (▶ Kap. 9). Die Mutationen sind dabei *zufällig* (!), und man kann einen gewissen Teil auf Fehler während der Zellteilung und der Replikation zu-

rückführen und einen anderen Teil auf mutagene Einflüsse, beispielsweise Radioaktivität, chemische Einflüsse, Zigarettenrauch oder UV-Licht, also Sonnenstrahlung (die genaueren molekularen Ursachen kannte Darwin natürlich noch nicht!). Dem gegenüber steht die These von **Jean-Baptiste de Lamarck,** dass sich Spezies durch bloße Anpassungen und häufige Gewohnheiten entwickeln und verändern könnten. Nimmt man das berühmte **Beispiel der Giraffen** (◘ Abb. 13.10) und das Problem, dass sie lange Hälse haben müssen, um höhere und somit ergiebigere Baumkronen zu erreichen, so lässt sich der Vorgang der Anpassung nach den Philosophien beider Wissenschaftler folgendermaßen entschlüsseln: Entweder die Giraffen, die durch zufällige Mutationen einen langen Hals besitzen, haben einen evolutionären Vorteil gegenüber Giraffen mit kurzem Hals, welche aufgrund von Futtermangel zu schwach sind, um sich fortzupflanzen und daher aussterben (**natürliche Selektion** nach Darwin). Oder Generationen von Giraffen würden sich so sehr bemühen und die Hälse recken, um an die hoch gelegenen Nahrungsquellen heranzukommen, dass sie von Generation zu Generation längere Hälse bekommen (Vererbung erworbener Eigenschaften nach Lamarck).

Betrachtet man nun die Epigenetik, scheint sie erstmals einen wissenschaftlichen Beweis zu liefern, dass die Regulation der Genexpression auch durch **Verhalten und Umwelt,** und zwar auch über längere Zeit und über mehrere Generationen hinweg, verändert werden kann. Eine wichtige Voraussetzung dafür ist die Eigenschaft, dass epigenetische Merkmale reversibel sind und prinzipiell jederzeit hinzugefügt oder entfernt werden können. Man kann also durchaus sagen, dass der **Lebensstil** auch Einfluss auf die Regulation der Gene hat. Im Folgenden sollen kurz zwei aufsehenerregende Experimente vorgestellt werden, die dies belegen!

▪▪ Welchen Einfluss hat die Erziehung auf den Umgang mit Stress?

In Säugern haben Hormone der **Glukokortikoid-Klasse** unter anderem eine Stress-hemmende Wirkung. In einem interessanten Experiment konnten M. J. Meaney und M. Szyf zeigen, dass Mäuse, die in der ersten Lebenswoche von ihrer Mutter liebevoll umsorgt wurden, auch im weiteren Verlauf ihres Lebens eine erhöhte Expression von **Glukokortikoidrezeptoren** in bestimmten Hirnarealen zeigten [2]. Die Fürsorge, also das Lecken und Pflegen der Mäusebabys durch die Mutter, hatte eine Auswirkung auf den Methylierungsstatus des Glukokortikoidrezeptor-Promotors. Sprich, das Level an Methylgruppen an der Promotor-DNA nahm ab,

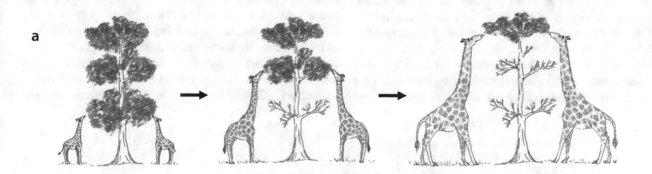

◘ **Abb. 13.10** Evolutionstheorien nach Lamarck und Darwin. **a** Nach Lamarck passen sich Tiere ihrer Umwelt und bestimmten Gewohnheiten, die besonders häufig ausgeübt werden, aktiv an. Recken Giraffen ihren Hals oft, dann wird er länger. **b** Bei Darwin hingegen beruht die Evolution auf Mutation und Selektion. Nur Giraffen, die durch eine zufällige Mutation einen langen Hals haben, kommen noch an hoch gelegene Nahrungsquellen heran und sind somit kurzhalsigen Giraffen überlegen. Kurzhalsige Giraffen werden somit ausselektiert, das heißt, sie können ihre Gene nicht weitergeben und sterben aus. (J. Buttlar)

was somit zu einer erhöhten Genaktivität und Expression des Rezeptors führte. Im weiteren Lebenslauf waren damit Mäuse, die eine ausgiebige Fürsorge in ihrer frühen Lebensphase genossen hatten, für Stresssituationen weniger anfällig. Im Gegensatz dazu waren bei Mäusen, die keine Fürsorge kurz nach der Geburt erhielten, die Promotoren der Glukokortikoidrezeptoren weiterhin methyliert, was zu einer verminderten Expression der Rezeptoren führte und im Umkehrschluss zu einer geringeren Empfindlichkeit gegenüber der Ausschüttung von Glukokortikoidhormonen. Verhaltensstudien der betroffenen nicht umsorgten Mäuse zeigten, dass diese unruhiger, ängstlicher und empfänglicher für Stress waren. Interessanterweise konnte zusätzlich gezeigt werden, dass die Mäuse mit elterlicher Fürsorge wiederum auch bei ihren eigenen Nachkommen fürsorglicher waren als jene ohne. Wenn wir Ihnen eine Empfehlung geben dürfen: Achten Sie auf Ihre Kinder!

▪▪ Das Agouti-Maus-Experiment: Auch die Ernährung kann Einfluss auf die Epigenetik haben!

Ein weiteres spannendes Experiment zeigte eindrücklich, dass auch die Ernährung Einfluss auf die Fellfarbe und damit den Phänotyp von Mäusen hat. Insgesamt gibt es eine Vielzahl von Genen, die auf die Fellfarbe Einfluss haben, wobei eines davon das sogenannte **Agouti-Gen** ist. Tiere, die homozygot für die dominante Variante des Gens A sind, werden als **Agouti-Mäuse** (Genotyp A/A) bezeichnet und sind an einem gelben Streifen in der Mitte der einzelnen Fellhaare zu erkennen. Die Haare von Tieren, die homozygot für das rezessive Allel a sind, haben jedoch keinen subapikalen Streifen, sondern völlig schwarze Haare und werden als **Nicht–Agouti-Mäuse** (Genotyp a/a) bezeichnet. Eine

bestimmte Allelvariante des Agouti-Gens (A^{vy} – *agouti viable yellow*), die einen äußerst aktiven Promotor besitzt, ist ebenfalls dominant über das Allel a und sorgt für eine besonders helle Fellfarbe. Gleichzeitig führt die Expression der A^{vy}-Variante aber auch zur Fettleibigkeit und einer Erhöhung des Krebsrisikos, was den **pleiotropen** Charakter des Gens unterstreicht (▶ Abschn. 10.3.4).

> **Am Rande bemerkt**
> Die übermäßige Aktivität des Agouti-Gens beim A^{vy}-Allel geht übrigens auf eine Insertion eines Retrotransposons zurück, das 5′-aufwärts des Agouti-Gens liegt. Dies hat zur Folge, dass die Aktivität des Agouti-Gens interessanterweise vom epigenetischen Zustand des Retrotransposons abhängt!

Durch eine gezielte Ernährung mit Lebensmitteln, die vor allem die **Hypermethylierung** von Genen fördern, indem sie ein Überangebot von Vorläufern für **Methyldonoren** bietet (vor allem Folsäure), konnte jenes Retroelement sowie der Promotor des Agouti-Gens nachweisbar methyliert und infolgedessen inaktiviert werden. Dies hatte wiederum zur Folge, dass die behandelten Mäuse, obwohl sie mindestens eines oder sogar zwei A^{vy}-Allele besaßen, eine dunklere Fellfarbe hatten, und gesünder sowie schlanker waren. Da dieser Effekt jedoch nicht auf das rezessive Allel a (wie bei homozygoten a/a- beziehungsweise Nicht-Agouti-Mäusen) zurückging, sondern nur auf die epigenetische Inaktivierung des Agouti-Gens, wurden diese Mäuse als **Pseudo-Agouti-Mäuse** bezeichnet (◻ Abb. 13.11a). Bei diesem relativ frühen

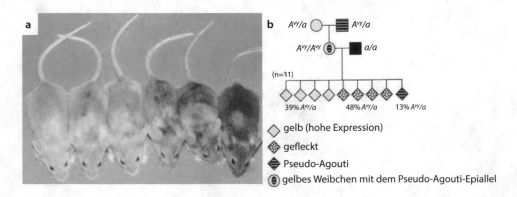

◻ **Abb. 13.11** Das Agouti-Maus-Experiment. **a** Von links nach rechts sind isogene (genotypisch gleiche) Mäuse mit den Allelen A^{vy}/a gezeigt, die abhängig vom epigenetischen Zustand des A^{vy}-Allels unterschiedliche Phänotypen zeigen. Während links die Fellfarbe rein hell ist (Agouti), zeigen die mittleren Mäuse ein geflecktes Fell, während die Maus ganz rechts dunkel gefärbt ist (Pseudo-Agouti). Die fleckenhafte Fellfärbung erklärt sich durch eine unterschiedliche Reprogrammierung des Agouti-Gens während der embryonalen Phase der Maus, die jeweils an die Tochterzellen weitergegeben wurde. **b** Es ist ein Erbgang gezeigt, bei dem durch Kreuzung einer gelben, weiblichen Maus mit einer dunkel gefärbten, männlichen Maus sowohl helle, gescheckte als auch dunkel gefärbte Nachkommen entstehen. Kritisch für dieses Phänomen ist, dass eines der A^{vy}-Allele, nämlich das paternal geerbte, epigenetisch inaktiviert wurde (Pseudo-Agouti-Epiallel). In der Mutter selbst sorgt das maternale (also von der Großmutter erhaltene), nicht-inaktivierte A^{vy}-Allel noch für eine helle Fellfarbe. (Nach Morgan et al. 1999 [3]), © Nature Publishing Group)

Experiment war die Beobachtung, dass sich nichts an dem eigentlichen DNA-Code, sondern nur an epigenetischen Modifikationen änderte, noch sehr überraschend. Mittlerweile wird vermutet, dass bei der Inaktivierung des Agouti-Gens übrigens nicht nur die DNA-Methylierung, sondern auch die anderen beiden in ► Abschn. 13.2 genannten epigenetischen Signalwege (Histonmodifikation und RNAi) eine Rolle spielen.

Interessanterweise zeigte die Untersuchung eines Erbgangs eines Agouti-Männchens mit schwarzer Fellfarbe (*a*/*a*; Nicht-Agouti) und eines hellen Weibchens (*A^{vy}*/*A^{vy}*; Agouti), bei dem das paternale*A^{vy}*-Allel epigenetisch inaktiviert wurde, dass die epigenetische Markierung auch in den Nachkommen teilweise noch aktiv war (◘ Abb. 13.11b). Neben den hellen (*A^{vy}*/*a*) Agouti-Mäusen und den dunklen (*A^{vy}*/*a*) Pseudo-Agouti-Mäusen, bei denen *A^{vy}* epigenetisch immer noch komplett inaktiviert wurde, fand man also gefleckte (*A^{vy}*/*a*) Mäuse. Bei diesen ging in manchen Zellclustern während der embryonalen Entwicklung die epigenetische Markierung verloren, in anderen jedoch nicht. Zusätzlich fand man heraus, dass das Agouti-Allel auf dem maternalen Chromosom einen größeren Einfluss auf den Phänotyp hat als das väterliche Die beiden Chromosomen werden anscheinend unterschiedlich gewichtet. Doch dazu mehr in ► Abschn. 13.3.2.

13.3.2 Imprinting

▪▪ Epigenetische Informationen werden *nicht* unbedingt nach den Mendel'schen Regeln vererbt

Epigenetische Markierungen sind sehr dynamisch und unterliegen in jeder Zelle eines Organismus indi-

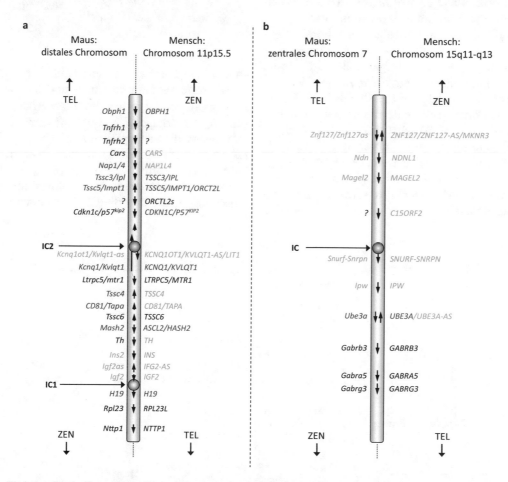

◘ **Abb. 13.12** Beeindruckende Gegenüberstellung chromosomaler Abschnitte von Mensch und Maus und einiger vom Imprinting betroffener Gene. Gezeigt sind homologe Regionen mit Clustern von Genen, die von Imprinting betroffen sind. Bei *rot* gekennzeichneten Genen werden nur die maternalen, bei *blauen* nur die paternalen und bei *schwarzen* beide Allelvarianten abgelesen und exprimiert. Bei *Fragezeichen* sind die jeweiligen homologen Gene bei der Maus bzw. dem Menschen noch nicht bekannt, während man bei *grünen* Genen noch nicht das Imprintingmuster kennt. **a, b** Bei der Maus sind ein distaler (**a**, links) und zentraler (**b**, links) Abschnitt des Chromosoms 7 gezeigt. Für den Menschen sind die Chromosomenabschnitte 11p15.5 (**a**, rechts; beinhaltet das Beckwith-Wiedemann-Cluster) mit etwa 1 Mb Länge und 15q11-q13 mit etwa 2 Mb gezeigt (**b**, rechts; beinhaltet Gene, die vom Prader-Willi- beziehungsweise Angelman-Syndrom betroffen sind). *Pfeile* in den Chromosomen deuten die Transkriptionsrichtung an. Imprinting-Zentren (ICs) sind als Kreis und in der Farbe der jeweiligen genetischen Prägung dargestellt. Die Lage der Zentromere (ZEN) und Telomere (TEL) in Bezug zu den gezeigten Bereichen ist durch *Pfeile* angegeben. (Gezeichnet nach Reik und Walter 2001 [4]; © Nature Publishing Group)

viduellen Einflüssen und anderen Modifikationen. Jedoch können sie auch über mehrere Generationen hinweg erhalten bleiben, also vererbt werden! Bei manchen Organismen, nämlich bei Säugern und manchen Blütenpflanzen, findet zusätzlich noch eine ganz besondere Art der epigenetischen Vererbung statt: das **Imprinting** (engl.), das man auf Deutsch etwa mit **„Prägung"** übersetzen könnte. Im Grunde genommen bedeutet das Imprinting, dass bestimmte Gene in Abhängigkeit davon, ob sie paternaler (väterlicher) oder maternaler (mütterlicher) Herkunft sind, heterochromatisiert werden.

Dieses Phänomen findet sich auch bei Mäusen und Menschen. Beide besitzen einen **diploiden Chromosomensatz,** der aus paternalen und maternalen Chromosomen besteht (◻ Abb. 13.12). Bei beiden Organismen wird beispielsweise nur die paternale Version des Gens für den *insulin-like growth factor 2* (**IGF2**) exprimiert, während die maternale Expression durch epigenetische Modifikationen unterdrückt wird. IGF2 ist ein Wachstumshormon und spielt besonders in der pränatalen Entwicklung eine wichtige Rolle. Umgekehrt wird in beiden Organismen nur die maternale Version des Gens für die lange nichtcodierende RNA (lncRNA) **H19** abgelesen, während die paternale Variante inaktiviert wird. H19 wirkt als Wachstumsrepressor und beeinflusst wiederum die Expression von IGF2. Auch als Laie kann man hier also eine gegenseitige Abhängigkeit erahnen. Dabei befinden sich auf den Chromosomen sogenannte **Imprinting-Zentren** *(imprinting centres, ICs),* bei denen es sich um genetische Elemente handelt, die – abhängig von ihrem Modifikationsstatus – gleich mehrere (oft umliegende) Gene beeinflussen können. Die betroffenen Gene können teilweise sogar mehrere Megabasen von den *ICs* entfernt liegen!

Insgesamt sind beim Menschen schätzungsweise etwa 150 Gene von dieser Art der **genetischen Prägung** (dem Imprinting) betroffen. Zwar ist diese Zahl im Vergleich zu der Zahl von 21.000 Genen, die wir anfangs in ▶ Kap. 3 kennengelernt haben, nur sehr klein, jedoch sind die betroffenen Gene häufig in der Embryonalentwicklung von großer Bedeutung.

Am Rande bemerkt

Im Mäusegenom ging man übrigens zunächst von etwa 100 durch Imprinting geprägten Genen aus, wobei sich diese Zahl mittlerweile auf 1300 Gene erhöht hat. Wer weiß also, wie viele Gene noch beim Menschen gefunden werden, die dem Imprinting unterliegen?!

■■ **Die genetische Prägung läuft im Wesentlichen während der Gametogenese und Embryogenese ab**

Wie genau die Gene ausgewählt werden, die dem Imprinting unterliegen, ist noch unklar. Jedoch konnte man bisher die prinzipiellen Abläufe grob identifizieren (◻ Abb. 13.13). Zunächst werden dabei in den Keimbahnzellen während der **Gametogenese** alle epigenetischen Merkmale gelöscht und quasi auf null gesetzt. Anschließend werden die Chromosomen in den männ-

13

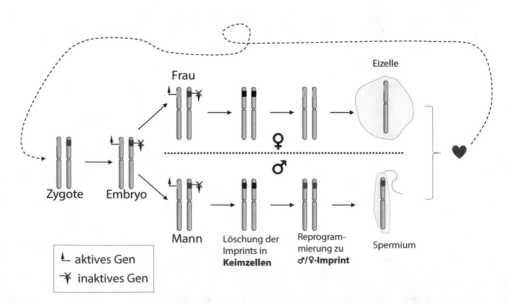

◻ **Abb. 13.13** Ablauf des Imprintings. In somatischen Zellen ist von manchen Genen entweder nur die maternale oder paternale Variante aktiv. In Keimzellen werden diese Prägungen (Imprints) zunächst aufgehoben, und die Chromosomen der Eizellen beziehungsweise Spermienzellen erhalten eine gleichmäßige Markierung. Nach der Befruchtung können die Chromosomen entsprechend ihren Markierungen paternaler oder maternaler Herkunft zugeordnet werden. In der embryonalen Entwicklung erfolgt dann eine Reihe von epigenetischen Umprogrammierungen, um die genetischen Prägungen maternal oder paternal aktiver Gene wieder entsprechend anzupassen. *Grüne* Loci entsprechen einem maternalen, während *rote* Loci einem paternalen Imprint entsprechen. (J. Buttlar)

lichen Keimbahnzellen entsprechend eines **paternalen Imprintingmusters** und in den weiblichen Keimzellen entsprechend eines **maternalen Musters** epigenetisch gekennzeichnet. Nur so kann die Zygote nach der Befruchtung eindeutig zuordnen, von welchem Elternteil die Chromosomen stammen und welche Genvarianten aktiviert beziehungsweise deaktiviert werden sollen. In der Zygote selbst laufen dann während der **Embryogenese** noch einmal mehrere Wellen von Neu- und Umordnungsprozessen der epigenetischen Informationen ab, bei denen die Chromosomen zunächst fast vollständig dekondensiert werden, um anschließend nur an spezifischen Stellen wieder heterochromatisiert zu werden. Zusammengefasst gibt es also zwei wichtige Phasen für die Erstellung und Weitergabe der genetischen Prägung, einmal während der Gametogenese, also der Herstellung von Samen- und Eizellen, und dann nach der Befruchtung während der embryonalen und fetalen Entwicklungsphase. Im späteren Lebensverlauf verändern sich die Imprintingmuster nicht mehr und werden von Zellteilung zu Zellteilung weitergegeben.

▪▪ Warum das Ganze und was, wenn es mal nicht klappt?
Auch bei der Generierung der Prägungsmuster zeigt sich wieder, wie wichtig es ist, dass der epigenetische Code dynamisch und reversibel ist. Man könnte natürlich rätseln, was es generell für einen Sinn ergibt, dass immer nur die maternale oder paternale Variante eines Gens abgelesen wird. Wie bereits in der Einleitung dieses Kapitels beschrieben, ist es bei vielen Genen wichtig, dass die richtige Menge an Genen aktiv ist (Gendosis). Sind im Genom mehr Gene eines Typs codiert als benötigt, wird die Anzahl überflüssiger Genhomologe entsprechend des Prinzips der **Dosiskompensation** inaktiviert (▶ Abschn. 13.4.5). Doch um auf die Frage zurückzukommen, warum von einem Gen überhaupt immer nur die paternale beziehungsweise maternale Variante inaktiviert wird, wäre die ehrlichste Antwort: keine Ahnung!

Dass die Regulation dieser „geprägten" Genen wichtig ist, zeigt ein beeindruckendes Beispiel, bei dem durch die Paarung von Löwe und Tiger ein Imprintingmuster umgangen wird (Exkurs 13.1). Auch beim Menschen finden sich einige Beispiele, bei denen es eben nicht klappt: Sowohl das **Prader-Willi-Syndrom (PWS)**, das **Angelman-Syndrom (AS)** als auch das **Beckwith-Wiedemann-Syndrom (BWS)** gehen auf Gene zurück, deren epigenetische Prägung nicht korrekt ablief. Meistens manifestieren sich diese Syndrome bereits vor der Geburt, da die entsprechenden Gene eben in der pränatalen Entwicklung eine zentrale Rolle spielen.

Beim **BWS** liegen beispielsweise abnormale Methylierungsmuster in einem Bereich des Chromosoms 11 vor, der für fast zwei Dutzend vom Imprinting betroffene Gene, darunter auch die beiden anfangs erwähnten Gene für **IGF2** und **H19,** codiert. Ist eines von beiden fehlerhaft reguliert, kann es zur Ausbildung von BWS kommen. Falls die maternale Genvariante von IGF2 also nicht inaktiviert oder die Expression von IGF2 durch H19 reguliert wird, produzieren die Zellen besonders viel IGF2. Es kommt zur Ausbildung abnormal vergrößerter Organe, einem erhöhten Geburtsgewicht sowie einem erhöhten Krebsrisiko – alles typische Symptome des BWS.

Im Gegensatz zum BWS, bei dem ein bestimmtes Genprodukt übermäßig vorliegt, sind beim **PWS** sowie beim **AS** eher zu geringe Gendosierungen das Problem. Bei beiden Syndromen ist jeweils eine Deletion in einer Region auf dem langen Arm von Chromosom 15 die Ursache. Während beim PWS die Deletion auf dem paternalen Chromosom liegt und zu mentalen Störungen, Wachstumsstörungen, übermäßigem Appetit, Fettleibigkeit und Diabetes führt, liegt sie beim AS auf dem maternalen Chromosom und führt zu unkontrollierbaren Muskelkontraktionen, Krämpfen und ebenfalls zu mentalen Dysfunktionen. Bei beiden Krankheiten könnte das jeweils andere Chromosom, also beim PWS das mütterliche Chromosom und beim AS das väterliche, theoretisch die Deletion kompensieren, da die Gene ja in der DNA vorhanden sind. Da dies jedoch nicht geschieht, deuten beide Syndrome darauf hin, dass in jener Region auf Chromosom 15 gleich mehrere Gene liegen, die ein unterschiedliches Imprintingmuster haben, das selbst im Falle von **Deletionen** nicht an die allgemeine Gendosis angepasst wird.

Exkurs 13.1: Halb Löwe, halb Tiger, es ist ein Liger!

Auch wenn manche Menschen immer noch meinen, er sei ein Mythos: Es gibt ihn wirklich, den **Liger,** halb Löwe, halb Tiger! Liger sind unfruchtbare **Hybride,** die durch die Paarung eines männlichen Löwen und eines weiblichen Tigers entstehen. Interessanterweise sind Liger mit bis zu 400 kg Gewicht und etwa 3,50 m Länge deutlich schwerer und größer als ihre beiden Elternarten (die beide grob etwa 200 bis maximal 250 kg wiegen; ◨ Abb. 13.14). Die Ursache hierfür findet sich natürlich in der genetischen Prägung: Während bei Löwen, ähnlich wie beim Menschen, die paternale Genvariante von **H19** inaktiv ist, wird die maternale Genvariante abgelesen. Bei Tigern ist die Situation etwas anders, da hier auch auf den maternalen Chromosomen H19 methyliert und somit inaktiviert vorliegt. Nimmt man also Spermien eines Löwen und eine Eizelle eines Tigers, ist die Expression von H19 insgesamt sehr gering, da auf beiden Chromosomen das verantwortliche Gen heterochromati-

Abb. 13.14 Die Erzeugung von Liger-Hybriden. **a** Durch Kreuzung eines männlichen Löwen mit einem weiblichen Tiger erhält man einen Liger. **b** der Liger Hercules mit seiner Trainerin Moksha Bybee. Hercules ist mit seinen 418,2 kg Gewicht schwerer als seine beiden Eltern zusammen und ist im Guinness-Buch der Rekorde als schwerste und größte Großkatze der Welt eingetragen. Sein enormes Wachstum kann man unter anderem auf eine starke Expression von IGF2 und eine verminderte Expression des Gens für H19, eines Antagonisten von IGF2, zurückführen. (a J. Buttlar; b James Ellerker, © World Guinness Record, London)

siert wurde. Wie oben bereits erwähnt, hat H19 normalerweise eine inhibierende regulatorische Wirkung auf **IGF2** und ist diesem gegenüber epistatisch, also überlegen. Durch das Fehlen von H19 ist die Expression von IGF2 nun jedoch ungedrosselt. Und was dabei herauskommt, ist eine sehr, sehr große Raubkatze. Übrigens die größte bekannte Raubkatze der Welt!

Umgekehrt kann man auch einen weiblichen Löwen mit einem männlichen Tiger kreuzen. Was dabei herauskommt ist – wer ahnt es? – in den meisten Fällen kleiner und nennt sich **Tigon** (engl. *tiger* + *lion*) beziehungsweise **Töwe**. Leider ist diese Kreuzung (ebenso wie die des Ligers) nicht ohne Risiken, und es kommen nur wenige Lebendgeburten zustande.

13.4 Weitere Beispiele und Bedeutung der Epigenetik

Epigenetische Mechanismen sind nicht nur essenziell für das „Feintuning" der Genexpression sowohl in der Entwicklung als auch im adulten Organismus, sondern sie finden sich auch in anderen zellulären Abläufen, von denen einige in den nächsten Abschnitten kurz angerissen werden sollen. Die Betonung liegt auf „kurz" …

13.4.1 Abwehr viraler DNA/RNA

Bei der Beschreibung der RNAi (▶ Abschn. 13.2.3) klang es bereits einmal an, dass siRNAs aus **viralen dsRNAs** generiert werden können, die entweder exogenen oder endogenen Ursprungs sind. Man nimmt mittlerweile sogar an, dass die RNAi (und insbesondere der siRNA-Signalweg) überhaupt erst während der Evolution als Abwehrmechanismus gegen virale Infektionen entstand! Erinnern Sie sich nochmal an die Viren (▶ Kap. 3 und 11), diese kleinen, lästigen Eindringlinge, und daran, dass das Virengenom entweder aus DNA oder RNA, aus einzel- oder doppelsträngigen Nukleinsäuren, aus linearen oder aus ringförmigen Molekülen bestehen kann.

Basiert ein Virusgenom nun auf einer **linearen dsRNA**, ist die Abwehr der exogenen siRNAs relativ einfach: Dicer-Proteine zerschneiden die eingedrungenen viralen dsRNAs und beladen mit den dadurch entstandenen siRNAs die RISC-Komplexe. Mit diesen können wiederum weitere identische virale mRNAs unschädlich gemacht werden, die von anderen homologen Viren kommen, denn merke: Ein Virion (Einzahl für Viruspartikel) kommt selten allein. Haben die infiltrierenden Viren jedoch ein auf **ssRNA** basierendes Genom, so wird es etwas komplizierter. Manche RNA-Viren bringen ein spezielles Enzym, eine **RNA-abhängige**

RNA-Polymerase (*RNA-dependent RNA polymerase*, RdRP), mit. Diese ist in der Lage, einen komplementären Strang zu einer ssRNA zu synthetisieren und von der so entstandenen dsRNA auch weitere ssRNAs zu generieren, die – analog zur mRNA – direkt im Cytoplasma translatiert werden können. Durch die Umwandlung von ssRNA zu dsRNA durch eine RdRP können die viralen Moleküle jedoch wieder Opfer der Dicer-Proteine werden, und der resultierende RISC-Komplex kann so auch andere bereits transkribierte virale mRNAs vernichten.

Nun zu den siRNAs **endogenen Ursprungs**: Angenommen, virale Elemente haben sich bereits in das Genom eingeschlichen, so ist der RNAi-Mechanismus auch hier in der Lage, aus transkribierten Vorläufermolekülen siRNAs zu generieren. Als Voraussetzung müssen die siRNA-Vorläufer jedoch wenigstens partiell doppelsträngige Regionen aufweisen, die sich durch die Ausbildung von *stemloops* (ähnlich der Prozessierung von pri-miRNAs; ▶ Abschn. 13.2.3) ergeben können. Somit kann der Eintritt einer Zelle vom lysogenen in den lytischen Zyklus verhindert werden (▶ Abschn. 11.2.1). Eine weitere Möglichkeit zur Verhinderung der Expression viraler Gene besteht in der Heterochromatisierung der entsprechenden Bereiche durch DNA-Methylierung und Histonmodifikationen. Interessanterweise spielt dies auch eine wichtige Rolle bei der Aufrechterhaltung der Genomstabilität und der Chromosomenstruktur und soll daher im nächsten Abschnitt besprochen werden (▶ Abschn. 13.4.2).

13.4.2 Aufrechterhaltung der Chromosomenstruktur

■■ **Die Bändigung transposabler Elemente**

Transposable Elemente (TEs) sind, wie in ▶ Kap. 3 beschrieben, problematisch. Sie haben zwar sekundär einige Funktionen übernommen, springen aber umher, zerstören Gene und kosten eine Zelle generell ganz schön viele Nerven. Um sie in den Griff zu bekommen, sind vermutlich alle drei im ▶ Abschn. 13.2 erwähnten Mechanismen vonnöten, wobei hier insbesondere die DNA-Methylierung und die Histonmodifikation eine Rolle spielen. Die RNAi könnte vermutlich besonders bei den **Retrotransposons** eine Rolle spielen. Diese verbreiten sich nämlich ähnlich wie bei Retroviren über ein RNA-Intermediat, das über die RNAi im Cytoplasma geschnitten werden kann.

Ein eindrückliches Beispiel der Mobilität von transposablen Elementen ist in ◘ Abb. 13.15 dargestellt. In diesem Beispiel hat sich ein TE in ein Pigmentgen integriert. Betroffene Maiskörner bilden keine Pigmente aus und sind daher hell. Springt das TE jedoch wieder aus dem Gen heraus, können sich Pigmente bilden, und die Maiskörner werden dunkel. Je nachdem, wann dies in der Entwicklung eines Maiskorns geschieht, kann das Maiskorn wieder vollständig pigmentiert sein (sehr frühe Transposition) oder nur stellenweise (eher spätere Transposition).

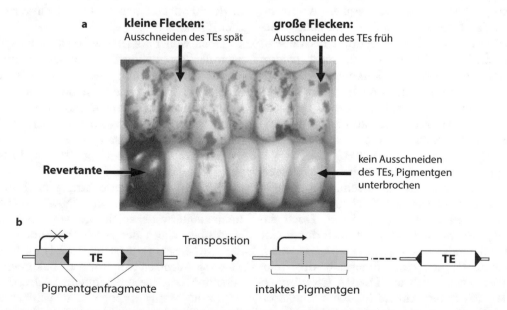

◘ **Abb. 13.15** Einfluss von transposablen Elementen (TEs) auf die Genomstabilität von Maiskörnern. Durch Integration von TEs werden Gene für die Pigmentierung von Maiskörnern unterbrochen und somit inaktiviert. Es entstehen helle, unpigmentierte Maiskörner (**a**). Durch Transpositionsereignisse können die TEs jedoch auch wieder das Gen „verlassen" und an anderen Stellen im Genom integrieren (**b**). Mutanten, bei denen die TEs sehr früh das Pigmentgen verlassen, werden als Revertanten bezeichnet, da im gesamten Gewebe die Aktivität des Gens wiederhergestellt wurde (**a**). (Modifiziert nach Feschotte et al. 2002 [5], © Nature Publishing Group)

▪▪ Was zeichnet ein Zentromer aus?

Eine Region eukaryotischer Chromosomen, die durch epigenetische Mechanismen konstitutiv und somit dauerhaft heterochromatisiert vorliegt, ist das **Zentromer** (▶ Kap. 3 und 4). Zentromere zeichnen sich weniger durch konservierte DNA-Sequenzen als durch einen besonders hohen Anteil an **Satelliten-DNA** aus, die vor allem mit Histonmodifikationen (▶ Abschn. 13.2.2) korreliert. Einige bestimmte Histonmodifikationen sind ausschließlich in Zentromeren zu finden und können somit als **Marker** verwendet werden. Zum Beispiel ist in vielen Pflanzen eine Phosphorylierung an Histon H2A an Threonin-120 (H2AThr120ph) ausschließlich in Zentromeren zu finden. Hinzu kommen bestimmte Histonvarianten, wie *centromere-specific histone* **H3 (CENH3)**, die ebenfalls in vielen Eukaryoten in Zentromeren konserviert sind. Man nimmt an, dass CENH3 quasi als Andockstelle für die Kinetochoren-Plattform dient. Es zeigt sich also, dass weniger die DNA an sich, sondern eher bestimmte Histonvarianten und -modifikationen zur Identität der Zentromere beitragen.

▪▪ Telomere sind durch epigenetische Markierungen geschützt

Der Schutz der Telomere wird dabei nicht nur durch eine Loop-Struktur gewährleistet (▶ Kap. 3), sondern auch durch eine **Heterochromatisierung** der Telomerbereiche. Damit sind Telomere ebenso wie Zentromere hochkondensierte Bereiche, die für andere Proteine und Enzyme nur sehr schwer zugänglich sind. Die Heterochromatisierung wiederum – wer ahnt es schon? – unterliegt epigenetischen Einflüssen. Telomere weisen im Gegensatz zu Zentromeren jedoch spezifischere Sequenzen in Form von mehreren hundert bis tausend kurzen Tandemwiederholungen (**STR,** *short tandem repeats,* ▶ Kap. 3) auf. Häufig vorkommende epigenetische Modifikationen in Telomerbereichen sind Histonmethylierungen. Ganz besonders häufig sind beispielsweise die Trimethylierungen an Histon 3 (**H3-K9me3**) und an Histon 4 (**H4-K20me3**), die von den Histonmethyltransferasen (HMTs) SUV39H und SUV4-20H übertragen werden. Zudem scheinen Telomerbereiche größtenteils deacetyliert zu sein, was – wie in ▶ Abschn. 13.2.2 erläutert wurde – ebenfalls zu einer transkriptionellen Inhibition führen kann. Doch damit nicht genug: So werden Telomere auch durch eine lange, nichtcodierende RNA (*long noncoding RNA,* **lncRNA**) geschützt, die selbst innerhalb der Telomere codiert ist. Diese auch als **TERRA** (*telomere repeat-containing RNA*) bezeichnete lnc-RNA bindet einerseits die DNA, wodurch ein DNA/RNA-Hybrid entsteht. Andererseits kann sie eine ganze Reihe von Proteinen, darunter auch HMTs rekrutieren, die wiederum Einfluss auf den Chromatinstatus haben. Insgesamt ist also das Zusammenspiel von Proteinen, epige-

netischen Modifikationen, einer TERRA-RNA-Interaktion und schließlich die räumliche Ausprägung der komplizierten Telomer-Loop-Struktur entscheidend für den Schutz der Telomere (▶ Kap. 3).

13.4.3 Einfluss auf DNA-Reparatur-Mechanismen

Wie wir in ▶ Kap. 9 erfahren haben, ist die tatsächlich beobachtbare Anzahl an Mutationen, die während der Zellteilung oder später durch Umwelteinflüsse (wie UV-Strahlung, Transposons, Hitze usw.) entstehen, das Resultat aus der Balance zwischen Mutationen und Korrekturmechanismen. Und auch hier haben epigenetische Modifikationen ihre Finger im Spiel …

▪▪ Wie erkennt eine Zelle nach der DNA-Replikation, welcher Strang der neue und welcher der alte ist?

Betrachtet man nun die Korrekturmechanismen, die noch während der DNA-Replikation stattfinden, sind zuerst natürlich die DNA-Polymerasen von essenzieller Bedeutung. So besitzen sowohl die bakteriellen DNA-Polymerasen 1, 2 und 3 als auch die eukaryotischen DNA-Polymerasen δ, ε und γ eine **3′-5′-Exonuklease-Aktivität** und sind somit in der Lage, gleich Fehlpaarungen zu erkennen und zu korrigieren (▶ Abschn. 5.2.2.2). Haben sie einen Fehler erkannt, gehen sie einfach ein Stück zurück, löschen die letzten Nukleotide und synthetisieren das betreffende Stück neu. Das funktioniert sehr gut, aber eben nicht immer. In dem Fall kommen weitere Reparaturmechanismen zum Einsatz!

Doch woher wissen die Reparaturenzyme, die kurz nach der Replikation den Doppelstrang nochmal prüfen, welches der alte und welches der neue DNA-Strang ist? Würden sie schließlich auf gut Glück korrigieren, läge die Wahrscheinlichkeit bei 50 %, dass ein Replikationsfehler übernommen und somit erhalten bleibt. Die Lösung zu diesem Problem besteht in der DNA-Methylierung (◨ Abb. 13.16): Im Gegensatz zu dem alten Strang, weist der „neue", gerade frisch synthetisierte Strang noch keine epigenetischen Markierungen wie DNA-Methylierungen auf. Interessanterweise spielt bei den DNA-Korrekturmechanismen neben der bereits erwähnten Methylierung der **CpG-Inseln** (▶ Abschn. 13.2.1) auch die **Methylierung von Adeninen** eine Rolle. In Bakterien erkennt eine Adenin-Methylase die Sequenz 5′-GATC-3′ und überträgt eine Methylgruppe auf den Stickstoff der Position 6 des Adenins, wodurch 6-Methyladenin entsteht (**m⁶A**). Da die DNA-Methyltransferasen (**DNMTs**) bei der Replikation etwas hinterherhinken, können die Reparaturenzyme eine Zeit lang nach der Neusynthese eines DNA-Strangs also beide Stränge anhand dieser

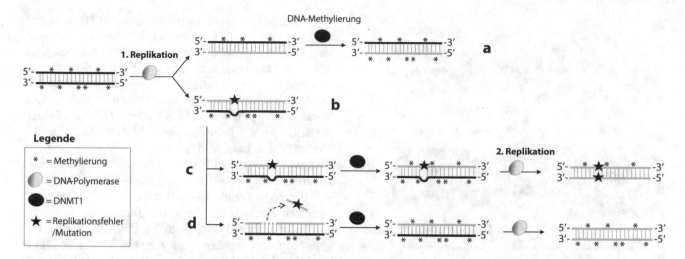

Abb. 13.16 Die Rolle des DNA-Methylierungsmusters bei der Korrektur der replizierten DNA. Die meisten der CpG-Inseln im menschlichen Genom sind methyliert. Der neue Strang *(hellgrau)*, der während der semi-konservativen DNA-Replikation entsteht, ist zunächst unmethyliert und wird erst nach einer Weile durch eine DNA-Methyltransferase (DNMT1) modifiziert (**a**). Unterlaufen den Polymerasen während der Replikation jedoch Fehler (Stern), die sie nicht gleich erkennen, können Stellen mit ungepaarten Basen, sogenannte Läsionen entstehen (**b**). Wird ein solcher Fehler nicht repariert (**c**), verbleibt die Fehlinformation im Molekül und führt in der nächsten Replikationsrunde zu einer Mutation. Machen sich die Reparaturmechanismen jedoch das unterschiedliche Methylierungsmuster zunutze (**d**), kann das fehleingebaute Nukleotid ausgeschnitten und der Fehler behoben werden. (J. Buttlar)

modifizierten Nukleotide noch voneinander unterscheiden und somit Reparaturen einleiten. Insbesondere bei der *Mismatch*-Reparatur spielt dies eine Rolle (▶ Abschn. 9.3.1). Die Basenmodifikation m⁶A findet man übrigens nicht nur bei Prokaryoten, sondern auch bei manchen Eukaryoten wie *Caenorhabditis elegans* und *Drosophila melanogaster*.

■■ Phosphorylierung bestimmter Histonvarianten initiiert die Reparatur bei DNA-Doppelstrangbrüchen
Eine weitere epigenetische Modifikation, die in Eukaryoten insbesondere bei DNA-Doppelstrangbrüchen (*DNA double-strand breaks,* **DSB**) eine Rolle spielt, ist die Modifikation der **Histonvariante H2AX.** In Säugern sind die beiden Proteinkinasen ATM und ATR in der Lage, eine Phosphatgruppe auf die Aminosäure Serin-139 von H2AX zu übertragen, wobei ein derart modifiziertes Histon auch als **γH2AX** bezeichnet wird. Sollte nun aus irgendeinem Grund ein DSB entstehen, breiten sich ausgehend vom Ort des Strangbruchs in beide Richtungen γH2AX-Modifikationen aus. Diese bidirektionale Ausbreitung dient wiederum als Signal zur Rekrutierung einer ganzen Reparaturmaschinerie als Reaktion auf DNA-Schäden *(DNA-damage response,* **DDR***)*. Gleichzeitig spielt γH2AX auch eine Rolle bei der Auflockerung des Chromatins, sodass die Enzyme des Reparaturapparates leichteren Zugang zur DNA finden. Die Rolle von γH2AX ist somit bei DSBs von essenzieller Bedeutung und spiegelt sich auch in der Tragweite der Signalwirkung wider: Während sich die Modifikation in Hefezellen bis zu 50 kb ausgehend

vom DSB in beide Richtungen ausbreitet, kann die Ausbreitung von γH2AX und somit die Reichweite des Alarmsignals in Säugern bis zu mehrere Millionen Basenpaare (Mb) betragen!

13.4.4 Epigenetik und Krebs

Krebs wurde viele Jahre lang nur auf erbliche, induzierte und auf spontane Mutationen in der DNA-Sequenz bestimmter Gene zurückgeführt, was wiederum die Ausbildung von undifferenzierten, wuchernden Zellklumpen und Schwellungen – also **Tumoren** – zur Folge haben kann (▶ Abschn. 9.2). Heute weiß man allerdings viel mehr darüber und erahnt viel komplexere Zusammenhänge. So spielt auch die Epigenetik in der Entwicklung, Progression und der **malignen Transformation,** also der Umwandlung von „normalen" Zellen zu Krebszellen, eine immense Rolle (■ Abb. 13.17). Doch zunächst einmal die Frage: Wie sieht eigentlich der epigenetische Zustand von Krebszellen aus?

■■ Krebszellen zeigen oft abnormale epigenetische Programmierungen
Natürlich wird die Regulation der Genexpression in Tumor- und Krebszellen – wie auch in gesunden somatischen Zellen (ausdifferenzierten Zellen und Stammzellen) und Keimbahnzellen – durch epigenetische Modifikationen beeinflusst. Interessanterweise konnten Studien zeigen, dass das Genom von Tumorzellen korrelierend mit deren Malignität („Bösartigkeit") oft **hy-**

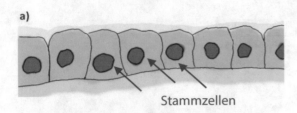

Stammzellen

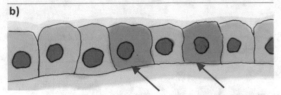

Stammzellen mit verändertem Epigenom

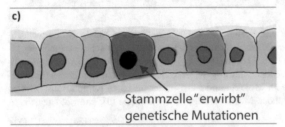

Stammzelle "erwirbt"
genetische Mutationen

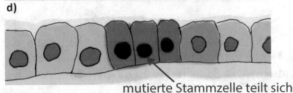

mutierte Stammzelle teilt sich

13

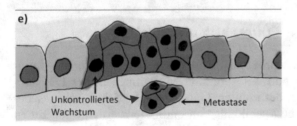

Unkontrolliertes
Wachstum   ◄── Metastase

◻ **Abb. 13.17** Die potenzielle Rolle epigenetischer Änderungen bei
der Entstehung von Krebs. Durch Umwelteinflüsse können gesunde
Stammzellen (**a**) epigenetische Modifikationen erhalten (**b**), die je
nachdem, welche Bereiche und Gene betroffen sind, die Genomstabilität beeinflussen und in der Folge zu Mutationen in der DNA führen können (**c**). Entsprechend dieser Theorie kann die Mutation bestimmter Gene dann wiederum zur Bildung von Tumoren und der
Transformation von gesunden Zellen zu Krebszellen führen (**d**, **e**), die
sich unkontrolliert teilen und schließlich in andere Gewebe invadieren
können (**e**). (A. Fachinger)

pomethyliert ist, also ein sehr geringes Methylierungs-
level aufweist. In der Folge kann dies die Genomstabilität beeinflussen, da vor allem transposable Elemente
nicht mehr reguliert werden und im Genom theoretisch
umherspringen und andere Gene unbrauchbar machen
können. Dies ist im Einklang mit bisherigen Befunden,
die zeigen, dass die **Genomstabilität** und die Mutationsrate in Tumorzellen stark verändert sind.

Gleichzeitig ist es möglich, dass in Tumorgeno-
men partiell auch sehr starke **Hypermethylierungen,**
also sehr ausgeprägte Methylierungsmuster, beispielsweise an **Tumorsuppressorgenen** auftreten. So kann die
Expression von Enzymen, die beispielsweise an der
DNA-Reparatur oder an apoptotischen Signalwegen
beteiligt sind (wie **p53**, **BRCA1** oder **MLH1**), inhibiert
werden, was wiederum zu mehr Mutationen, einer erhöhten Zellteilung und generell zur Vermeidung des
Zelltodes (Apoptose) führen kann. Tumorzellen weisen
außerdem oft eine hohe Telomerase-Aktivität auf, was
auf die regulierende Rolle der Telomere hinweist. In
manchen Krebsarten, die keine Telomerase exprimieren (oder nur mutierte, nicht funktionelle Varianten),
konnte gezeigt werden, dass hier die bereits erwähnte
lncRNA TERRA durch homologe Rekombinationsereignisse die Länge der Telomere dennoch aufrechterhalten kann, womit die Krebszellen um ein weiteres
Mal der Apoptose entkommen können.

**■■ Der Einfluss der Epigenetik auf die Entstehung von
Krebs**
Sicherlich, manche externen Einflüsse wie UV-Strahlung können direkt spontane Genmutationen in somatischen Zellen bewirken. Gleichwohl stellen aber auch
Lebensstil-bedingte Einflüsse, wie Ernährung, Rauchen, Sport und Alkoholgenuss, einen großen Faktor
bei der Entstehung von Tumoren und Krebs dar, weil
sie das Tumorstroma entscheidend beeinflussen. Das
Tumorstroma macht bei vielen Krebsarten den Großteil der Tumormasse aus, besteht jedoch keinesfalls aus
Krebszellen, sondern aus extrazellulären Matrixpro-
teinen sowie umliegenden nicht-transformierten Zellen wie Fibroblasten, Epithelzellen und Immunzellen. Das Tumorstroma stellt im Wesentlichen also die
Mikroumgebung der Krebszellen dar, mit denen es in einer wechselseitigen Beziehung steht. Es kann nun sein,
dass Entzündungsreaktionen und Stress, die wiederum auf den Lebensstil und äußere Einflüsse zurückgehen, das Tumorstroma negativ beeinflussen (beispielsweise durch Ausschüttung von Entzündungsfaktoren
oder Metaboliten, die das Milieu ansäuern). Dies wirkt
sich wiederum auf die Genregulation und das Epigenom der Krebszellen aus, indem diese aggressiver werden und ihrerseits wiederum ihre Mikroumgebung zu
ihren Gunsten „manipulieren" können… Generell ist
also der Zustand des Körpers von entscheidender Bedeutung und ob das **Immunsystem** intakt ist und wie
es mit mutierten Zellen umgeht – die ohnehin durch
Replikationsdefekte früher oder später zustande kommen (► Abschn. 9.2).

Die externen Einflüsse spiegeln sich indirekt also
zunächst im epigenetischen Code eines Genoms wider, der sehr dynamisch ist (► Abschn. 13.3.1). Hinzu
kommt, dass die Expression von **epigenetischen Media-**

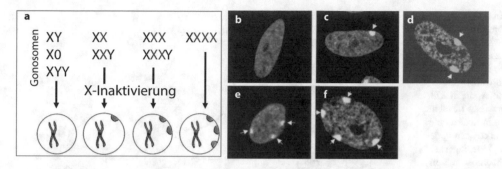

◻ **Abb. 13.18** Inaktivierung von X-Chromosomen beim Menschen. **a** Während Männer nur eines haben, besitzen Frauen in der Regel zwei X-Chromosomen, wobei eines zufällig inaktiviert wird. Andere Chromosomenkonstellationen gehen auf Fehlverteilungen während der Zellteilung zurück. Je nach Verteilung und Anzahl der X-Chromosomen werden in der Interphase überzählige X-Chromosomen, also alle bis auf eines, durch Heterochromatisierung inaktiviert (Barr-Körperchen). **b–f** Antikörper basierte Immunfluoreszenz-Detektion von Barr-Körperchen in menschlichen Fibroblasten. Während (**b**) Zellen eines männlichen Probanden (46, XY) zeigt, ist in (**c**) eine normale weibliche Zelle (46, XX), in (**d**) eine Zelle mit Karyotop 47, XXX, in (**e**) eine Zelle mit Karyotyp 48, XXXX und in (**f**) eine Zelle mit Karyotyp 49, XXXXX gezeigt. (a J. Buttlar; b-f mit freundlicher Genehmigung von T. Yang, 2001 [7], © *National Academy of Sciences*)

toren selbst – wie DNMTs, HATs, HDACs und Kinasen – durch epigenetische Modifikationen beeinflusst werden kann (ein Teufelskreis, nicht wahr?). Dies könnte sich wiederum nicht nur auf einzelne Krebs-assoziierte Gene, die Replikation und die Reparatur von Mutationen auswirken, sondern auf die gesamte Genomstabilität (◻ Abb. 13.17)! Doch auch hier ist es bei einer Diagnose nur sehr schwer nachzuvollziehen, ob **epigenetische Dysfunktionen** aus **DNA-Mutationen** hervorgegangen sind oder umgekehrt – sprich, ob das Huhn oder das Ei zuerst war.

13.4.5 Dosiskompensation: X-Chromosom-Inaktivierung

■■ **Was haben Frauen mit dem Fußboden einer historischen römischen Villa gemeinsam?**

Nein, wir meinen nicht, dass Frauen antik und staubanfällig sind. Jedenfalls wäre das unwissenschaftlich und oberflächlich, was Biologen natürlich nicht sind. Jedoch kann man menschliche Frauen und die meisten anderen weiblichen Säugetiere als **Mosaik** im genetischen Sinne bezeichnen. In Weibchen mit einem X/X-Gonosomenpaar wird nämlich zufällig mal das paternale, mal das maternale X-Chromosom abgeschaltet. Weil beide nicht 100 %ig identisch sind, kann man durchaus sagen, dass Frauen ähnlich wie bei einem Mosaik aus vielen kleinen Feldern und Clustern unterschiedlicher (X-chromosomaler) Ausprägungen zusammengesetzt sind. Glauben Sie uns nicht? Lassen Sie sich von einem farbenfrohen Beispiel in Exkurs. 13.2 überzeugen.

Doch ganz von Anfang an: Murray Barr und sein Kollege Ewart G. Bertram beschrieben bereits im Jahr 1949 in weiblichen Säugerzellen jeweils ein stark kondensiertes Chromosom, welches seinen Kompaktheits-

grad auch in der Interphase außerhalb der Zellteilung nicht veränderte und als **Barr-Körper** oder Barr-Körperchen bekannt wurde (◻ Abb. 13.18; [6]). Es stellte sich heraus, dass diese Gebilde stark heterochromatisierte und somit inaktivierte X-Chromosomen waren. Die Ursache für die Inaktivierung eines der beiden X-Chromosomen bei Frauen liegt, wie man heute weiß, in der am Anfang des Kapitels erwähnten **Dosiskompensation** *(dosage compensation)*: Anscheinend genügt die genetische Aktivität nur eines X-Chromosoms für die Entwicklung eines Organismus, beziehungsweise für die Aufrechterhaltung der zellulären Bedürfnisse. Weitere Belege lassen sich auch durch die Untersuchung von **gonosomalen Aneuploidien** (▶ Abschn. 9.2.2.2), also Fehlverteilungen von Geschlechtschromosomen, herleiten (◻ Abb. 13.18). So haben Menschen mit **Turner-Syndrom** statt zwei Gonosomen nur ein X-Chromosom (insgesamt nur 45 Chromosomen, Karyotyp: 45,X0), sie sind jedoch abgesehen von einigen Symptomen ohne größere Probleme lebensfähig. Im Gegensatz dazu sind Zygoten mit nur einem Y-Chromosom nicht lebensfähig und schaffen kaum mehr als ein paar Zellteilungen. Interessanterweise finden sich bei Menschen mit Turner-Syndrom keine Barr-Körperchen. Bei einer weiteren gonosomalen Fehlverteilung, dem **Klinefelter-Syndrom,** haben die Betroffenen zwei X und ein Y-Chromosom (insgesamt 47 Chromosomen, Karyotyp: 47,XXY). Obwohl die geschlechtliche Ausprägung männlich ist, ist auch hier ein Barr-Körperchen zu finden. Weitere Syndrome sind bekannt, bei denen die Betroffenen zu viele X-Chromosomen besitzen: So finden sich bei der XXX-Aneuploidie zwei, bei XXXX drei und bei der Verteilung XXXXX vier (und so weiter) inaktivierte X-Chromosomen. Man kann also folgende Formel anwenden:

Anzahl der inaktivierten X-Chromosomen = n (Anzahl aller X-Chromosomen) − 1.

◘ **Abb. 13.19** Inaktivierung des X-Chromosoms. In geringem Maße wird das X-Inaktivierungszentrum *(X-inactivationcenter, Xic)* bei allen X-Chromosomen transkribiert. *Xist* ist eine lncRNA, die in *Xic* codiert ist. Ein gewisses Level an *Xist*-Transkripten induziert eine unumkehrbare Inaktivierung des X-Chromosoms. Dabei lagert sich *Xist* an das X-Chromosom, von dem es transkribiert wurde, an und rekrutiert andere Proteine, die epigenetische Modifikationen und somit die Induktion von Heterochromatin vermitteln. (J. Buttlar)

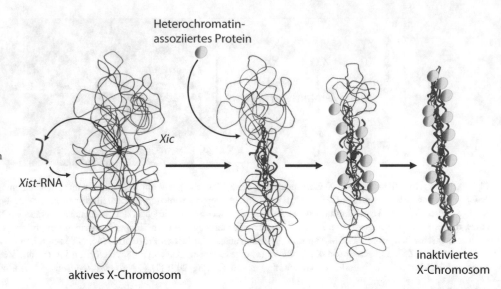

Heterochromatin-assoziiertes Protein

Xic

Xist-RNA

aktives X-Chromosom

inaktiviertes X-Chromosom

13

▪▪ Der Mechanismus der X-chromosomalen Inaktivierung

Doch damit war die Frage immer noch nicht beantwortet, wie eine Zelle entscheidet, *welches* X-Chromosom inaktiviert werden soll. Nach der **Lyon-Hypothese,** die simultan von Mary Lyon und Liane Russel aufgestellt wurde, geschieht die Inaktivierung noch während der Embryogenese, wahrscheinlich im Blastozystenstadium, und zwar rein zufällig. Die Lyon-Hypothese ist heutzutage weitestgehend akzeptiert. Auf der molekularen Ebene weiß man, dass alle X-Chromosomen eine bestimmte Region namens *X-inactivation center* (*Xic*) in geringem Maße transkribieren. Bei einem der beiden X-Chromosomen, dem paternalen *oder* maternalen, wird zufällig die unumkehrbare Inaktivierung des Chromosoms eingeleitet, vermutlich sobald eine kritische Schwelle an *Xic*-Transkripten erreicht wurde (◘ Abb. 13.19). Eines der Produkte der Transkription, das bei diesem Prozess eine wichtige Rolle spielt, ist eine lncRNA, die auch als *X-inactive specific transcript* (***Xist***) bezeichnet wird. *Xist* lagert sich wiederum an das Chromosom, von dem es transkribiert wurde, an und rekrutiert diverse DNMTs, HMTs und HDACs – oder zusammengefasst: alles, was zur Heterochromatisierung beitragen kann. Bei den folgenden Zellteilungen tragen die Nachkommen der jeweiligen Zellen aus dem Blastozystenstadium immer das gleiche Inaktivierungsmuster. Die Folge ist, dass im Körper weiblicher Säugetiere verschiedene Cluster mit unterschiedlichen inaktivierten X-Chromosomen entstehen.

▪▪ Die Rot-Grün-Blindheit bei Frauen

Sind X-chromosomal gelegene Gene von Mutationen betroffen, wird der Fall besonders interessant, da ähnlich wie beim Imprinting zwar eine intakte Kopie vorhanden ist, diese aber nur unregelmäßig und nur in manchen Zellen exprimiert wird. Davon betroffen sind beispielsweise Frauen mit einem Defekt in den Genen, die für das Sehen der Farbe Rot, beziehungsweise Grün, verantwortlich sind.

Die Gene für die entsprechenden Farbrezeptoren befinden sich auf dem X-Chromosom. Kann einer der Rezeptoren nicht exprimiert werden, spricht man von einer Rot-Grün-Blindheit. Bei Männern ist die Situation recht einfach, weil sie nur ein X-Chromosom haben und in Bezug auf die Gene für das Rot-Grün-Sehen hemizygot sind: Liegt ein Defekt vor, kann er nicht kompensiert werden. Schaut man sich nun die Netzhaut von **heterozygoten** Frauen an, die nur auf einem der beiden X-Chromosomen das Allel für die Rot-Grün-Blindheit haben, stellt man fest, dass innerhalb der Netzhaut nur manche Zellcluster nicht in der Lage sind, Rot von Grün zu unterscheiden (eben diejenigen, bei denen das X-Chromosom mit dem gesunden Allel inaktiviert wurde). Andere Bereiche jedoch, bei denen jenes X-Chromosom mit dem defekten Allel inaktiviert wurde, sind durchaus in der Lage, zwischen den beiden Farben zu differenzieren. Wer also behauptet, Frauen mit einem heterozygoten Genotyp seien lediglich Überträger der Rot-Grün-Blindheit und nicht von Effekten des mutierten Allels betroffen, liegt also nur partiell richtig. Richtig bleibt jedoch, dass **homozygote** Frauen

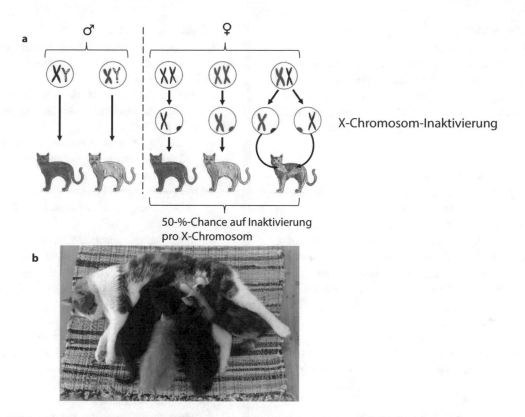

X-Chromosom-Inaktivierung

50-%-Chance auf Inaktivierung
pro X-Chromosom

■ **Abb. 13.20** Einfluss der X-chromosomalen Inaktivierung auf die Fellfarbe von Katzen. **a** Einfarbige Katzen können entweder weiblich oder männlich sein. Katzen mit Fleckenmuster sind jedoch (in fast allen Fällen) weiblich, was wiederum auf die zufällige Inaktivierung der X-Chromosomen, deren Gene jeweils für andere Farben codieren können, zurückzuführen ist. So können entweder zweifarbige Schildpattkatzen entstehen oder dreifarbige Calico-Katzen, wobei die weiße Fellfarbe autosomal codiert ist. **b** Es ist eine dreifarbige Calico-Mutter zu sehen, deren Nachwuchs die unterschiedlichsten Ausprägungen zeigt. (a J. Buttlar; b mit freundlicher Genehmigung von © Carmen Schuster)

natürlich eine Rot-Grün-Schwäche ausbilden, da es hier egal ist, welches X-Chromosom inaktiviert wird.

Am Rande bemerkt

Trotz des hohen Kompaktheitsgrades eines Barr-Körperchens werden ungefähr 10–15 % der Gene weiterhin transkribiert, sodass das inaktivierte X-Chromosom also nicht vollständig ruhiggestellt wird. Man sollte sich also nicht wundern, wenn Frauen in Bezug auf einige Gene, die auf dem X-Chromosom liegen, nicht *unbedingt* ein mosaikhaftes Expressionsmuster zeigen.

Exkurs 13.2: Beispiel Pattschildmuster-Katzen

Auch wenn es die meisten nicht wissen, sind Katzen ein ganz hervorragendes Beispiel für die zufällige Inaktivierung der X-Chromosomen (■ Abb. 13.20). Bei Katzen liegen die beiden Gene für eine orange (Gen *O*) beziehungsweise schwarze Fellfarbe (Gen *B*, für *black*) nämlich auf den X-Chromosomen. Das Gen *O* besitzt die

beiden Allelvarianten „orange" und „nicht-orange", wobei das orange-Allel gegenüber allen Allelvarianten des Gens *B* dominant ist. Wird das Allel „orange" exprimiert, kommt es zu einem rötlich-orangem Fell, wird hingegen das Allel „nicht-orange" exprimiert, kommt es zu einer schwarzen Fellfarbe. Da die X-Chromosomen jedoch unterschiedlich inaktiviert werden, kommt es in heterozygoten Katzen zu einem Fleckenmuster. Dabei kommt es in den jeweiligen Farbclustern darauf an, welches Allel des Gens *O* auf dem verbleibenden aktiven Chromosom exprimiert wird, das orange oder das nicht-orange. Ein solches Muster wird auch als **Pattschildmuster** bezeichnet (oder im Englischen als *tortoiseshell cat*). Hinzu kommt, dass das Gen für die weiße Farbe auf Autosomen liegt und unabhängig davon in verschiedenen Abstufungen das Fell ebenfalls färben kann. Katzen, die dreifarbig sind und auch als **Tricolor** (oder im Englischen als *calico cat*) bezeichnet werden, sind somit immer weiblich. Demgegenüber können einfarbige Katzen sowohl männlich als auch weiblich sein, denn weibliche Katzen können natürlich auch homozygot für eine Fellfarbe sein.

Zusammenfassung

- **Die Rolle der Epigenetik**
- Epigenetische Mechanismen regulieren Gene ohne dabei die DNA-Sequenz dabei zu verändern.
- Mehrzellige Organismen mit unterschiedlichen Zelltypen und Geweben benötigen eine individuelle und dauerhafte, aber reversible Genregulation.

- **Die Werkzeuge der Epigenetik**
- Die Genexpression wird oft über den Kompaktheitsgrad des Chromatins gesteuert.
- Heterochromatin (▶ Kap. 3) = kompakte, geschlossene Form des Chromatins (Transkriptionsfaktoren und RNA-Polymerasen können nur erschwert oder gar nicht binden, die Gene sind inaktiv):
  - konstitutives Heterochromatin: dauerhaft inaktivierte Bereiche (Telomere, Zentromere);
  - fakultatives Heterochromatin: temporär inaktivierte Bereiche (einzelne Gene).
  - Euchromatin = offene Chromatinform (Gene sind aktiv und können transkribiert werden).

- **DNA-Methylierung**
- Methylierung von Cytosin zu 5-Methylcytosin (m^5C) erfolgt an CpG-Dinukleotiden.
- DNA-Methylierung führt oft zur Heterochromatisierung und Inaktivierung von Genen.
- Übertragung von Methylgruppen erfolgt durch DNA-Methyltransferasen (DNMTs).

- **Histonmodifzierung**
- Histone (Bestandteil von Nukleosomen) werden an exponierten Schwänzen modifiziert.
- Das Zusammenspiel der Histonmodifikationen wird als Histon-Code bezeichnet.
- Histonmethylierung durch Histonmethyltransferasen (HMTs):
  - größtenteils Heterochromatin ↑ (vor allem bei H3-K9), Gene sind oft inaktiv.
- Histonacetylierung durch Histonacetyltransferasen (HATs):
  - Heterochromatin ↓, Euchromatin ↑; Acetylgruppe und DNA stoßen sich ab;
  - Deacetylierung durch Histondeacetylasen (HDACs): Heterochromatin ↑.
- Histonphosphorylierung durch Kinasen (Dephosphorylierung durch Phosphatasen):
  - größtenteils Heterochromatin ↓ (ähnlich Acetylierung, da Phosphat negativ geladen ist);
  - spielt eine große Rolle bei der Chromosomenstruktur, Zentromeren und der Reparatur.

- **RNA-Interferenz (RNAi)**
- Kleine regulatorische RNAs binden eine Ziel-mRNA und führen über Argonauten-Proteine zum *Silencing* von Genen:
  - RISC *(RNA-induced silencing complex)*: Zerschneiden, Blockieren oder Deadenylierung der mRNA (Translation ↓);
  - RITS *(RNA-induced transcriptional silencing)*: Induktion von Heterochromatisierung eines Gens (Transkription ↓).
- siRNA (*small interfering*-RNA):
  - entweder exo- oder endogenen Ursprungs, sehr spezifisch;
  - hohe Komplementarität mit der Ziel-mRNA, führt zur Spaltung der mRNA (RISC);
  - Regulation von Transposons (endogen) sowie viraler Infektionen (exogen).
- miRNA (Mikro-RNA):
  - endogenen Ursprungs, Regulation einer Vielzahl von Genen, hochkonserviert;
  - nicht vollständige Komplementarität mit der Ziel-mRNA, führt zur Bildung von RISC (wobei es selten zur Spaltung kommt) und RITS.
- piRNA (*piwi-interacting*-RNA):
  - endogenen Ursprungs, Kontrolle von Transposons, kaum konserviert;
  - komplizierte Generierung (Ping-Pong-Mechanismus), wichtig in Keimzellen.

- **Umwelteinfluss und Vererbung der Epigenetik**
- Epigenetische Markierungen sind reversibel, sie können dynamisch hinzugefügt oder entfernt werden.
- Temporärer und auch langfristiger Einfluss durch Umwelt, Ernährung, Erziehung usw.
- Epigenetische Markierungen können auch über Generationen hinweg vererbt werden.
- Imprinting: genetische Prägung, bei der jeweils nur die paternale oder maternale Genvariante aktiv ist, während die andere heterochromatisiert vorliegt.

- **Weitere Beispiele und Bedeutung der Epigenetik**
- Abwehr viraler DNA/RNA vor allem durch RNAi.
- Aufrechterhaltung der Chromosomenstruktur:
  - Transposable Elemente springen durch das Genom und müssen reguliert werden;
  - Zentromere und Telomere sind konstitutiv heterochromatisiert, spezifische epigenetische Markierungen tragen zur Funktion und Identität der Regionen bei.
- Einfluss auf DNA-Reparatur-Mechanismen:
  - Replikationsfehler: Der alte Strang ist im Gegensatz zum neuen methyliert und dient als Korrekturmatrize;

- Reparatur von DNA-Doppelstrangbrüchen wird durch Histonphosphorylierung initiiert.
- X-Chromosomen-Inaktivierung
  - (Säugetier-)Frauen als epigenetisches Mosaik: Ein X-Chromosom wird zufällig inaktiviert (Barr-Körperchen, Lyon-Hypothese), es kommt zur Bildung von Clustern (wie Farbmustern);
  - Dosiskompensation *(dosage compensation):* Überschüssige X-Chromosomen werden inaktiviert, damit ein angemessenes Level des Genprodukts in der Zelle sichergestellt wird.

Literatur

1. Su, L. J. (2015). Environmental Epigenetics and Obesity: Evidences from Animal to Epidemiologic Studies. In S. L. & C. T. (Hrgs..), *Environmental Epigenetics* (1., S. 105–129). London: Springer, London. ► https://doi.org/10.1007/978-1-4471-6678-8_6.
2. Meaney, M. J., & Szyf, M. (2005). Environmental programming of stress responses through DNA methylation: Life at the interface between a dynamic environment and a fixed genome. *Dialogues in Clinical Neuroscience, 7*(2), 103–123. ► http://dx.doi.org/10.1523/JNEUROSCI.3652-05.2005.
3. Morgan, H. D., Sutherland, H. G. E., Martin, D. I. K., & Whitelaw, E. (1999). Epigenetic inheritance at the agouti locus in the mouse. *Nature Genetics, 23*(3), 314–318. ► https://doi.org/10.1038/15490.
4. Reik, W., & Walter, J. (2001). Genomic imprinting: parental influence on the genome : Article: Nature Reviews Genetics. *Nature Reviews Genetics, 2*(1), 21–32. ► https://doi.org/10.1038/35047554.
5. Feschotte, C., Jiang, N., & Wessler, S. R. (2002). Plant transposable elements: Where genetics meets genomics. *Nature Reviews Genetics, 3*(5), 329–341. ► https://doi.org/10.1038/nrg793.
6. Barr, M. L., & Bertram, E. G. (1949). A morphological distinction between neurones of the male and female, and the behaviour of the nucleolar satellite during accelerated nucleoprotein synthesis [2]. *Nature.* ► https://doi.org/10.1038/163676a0.
7. Hong, B., Panning, B., Reeves, P., Swanson, M. S., & Yang, T. P. (2001). Identification of an autoimmune serum containing antibodies against the Barr body. *Proceedings of the National Academy of Sciences, 98*(15), 8703–8708. ► https://doi.org/10.1073/pnas.151259598.

Genetik in der Kontroverse: Gentechnik, Biotechnologie und Ethik

Inhaltsverzeichnis

© Springer-Verlag GmbH Deutschland, ein Teil von Springer Nature 2020
J. Buttlar et al., *Tutorium Genetik*,
https://doi.org/10.1007/978-3-662-56067-9_14

Nachdem Sie die vorherigen Kapitel nun auswendig gelernt haben und alle an der Replikation beteiligten Proteine im Schlaf aufsagen können, müssen wir Sie leider enttäuschen. Sie haben *längst* nicht ausgelernt. Mit Fontanes Worten: Die Genetik ist ein weites Feld. Nicht nur, dass ständig Neues hinzukommt, sondern auch, dass sich die **Bedeutungen** von Begriffen mit zunehmendem Wissensstand ändern oder verschieben. Zudem können sich die **Meinungen** über Genetik und ihre Möglichkeiten doch sehr unterscheiden, je nachdem mit wem man spricht. Das ist völlig verständlich, ist die Genetik doch philosophisch und biologisch gesehen eine sehr grundlegende Sache.

In diesem Kapitel soll es daher weniger um die Grundlagen der Vererbung an sich gehen, sondern viel mehr um die aus der Genetik resultierenden Techniken, ihre Definitionen, ihre Reputation, ihre Möglichkeiten, ihre Gefahren und auch ihre Chancen. Und ein wenig um ihre Zukunft.

14.1 Die Öffentlichkeit – eine Bestandsaufnahme

■■ **Oder: was die Wissenschaftler denken, was die Öffentlichkeit denkt**

In der modernen Gesellschaft gelten die Lehren der Genetik weitestgehend als unangefochten. In deutschen Schulen werden die Grundlagen der Genetik in der Regel gegen Ende der Mittelstufe unterrichtet und in der Oberstufe weiter vertieft. Auch die christlichen Kirchen und andere Religionen erkennen wissenschaftliche Erkenntnisse, beispielsweise zur Evolutionslehre, weitestgehend an – mit Ausnahme einiger Freikirchen und insbesondere der **Kreationisten,** welche an die Schöpfung wortwörtlich nach der Bibel glauben, was sich mit Genetik und Evolution jedoch nicht unter einen Hut bringen lässt. Hört man sich um, sind den meisten Menschen Begriffe wie „Erbmaterial", „Gene", „DNA" oder „DNS" bekannt. Und hin und wieder finden sich diese auch in Redewendungen, beispielsweise als Rechtfertigung („…liegt mir in den Genen").

Grundlegend skeptisch wird man schon bei der **Biotechnologie** und der angewandten Genetik, wobei Genetik-basierte Verfahren in der **Medizin** noch am ehesten akzeptiert werden. Beispielsweise wenn es darum geht, lebenswichtige Medikamente herzustellen, aber auch in der medizinischen Diagnostik, beispielsweise bei der Analyse von Erbkrankheiten, in der Krebsdiagnostik, bei Vaterschaftstests oder bei der Identifikation von Krankheitserregern. Auch in der **Forensik,** bei der Gerichtsmedizin und bei der Kontrolle von Nahrungsmitteln auf Verunreinigungen sind analytische Verfahren nicht wegzudenken. Dass sie aber auch in der

Industrie bei der Herstellung von Lacken, Spülmitteln, Kleidung und Geldscheinen eine Rolle spielen, ist bis dato den wenigsten bekannt.

Ganz anders verhält es sich jedoch mit Produkten der **grünen Gentechnik** (▶ Abschn. 14.2.2.1), also gentechnisch veränderten Pflanzen, die beispielsweise als Nahrungsmittel für Menschen und andere Tiere dienen. Während die grüne Gentechnik in Amerika und zum Teil auch in Asien weit verbreitet ist, wird sie in Europa und insbesondere in Deutschland den Umfragen nach sehr schlecht angenommen. Gentechnikgegner verwenden negative Begriffe wie „gentechnisch verunreinigt" oder „Frankenfood" und reden von **„manipulierten"** statt von **modifizierten** Organismen. Elf von sechzehn deutschen Bundesländern haben sich als gentechnikfreie Bundesländer ausgezeichnet. In dem Koalitionsvertrag der rot-grünen niedersächsischen Landesregierung von 2013 hieß es beispielsweise: „Im Verbund mit der Landwirtschaft wird die rot-grüne Koalition alle Möglichkeiten ausschöpfen, Niedersachsen gentechnikfrei zu halten und dafür keine Fördermittel bereitstellen" [1].

> **Merke**
> Unter dem Begriff Gentechnik versteht man (grob gesagt) Anwendungen, die die Erbinformationen von Lebewesen gezielt verändern und so zu genetisch veränderten Organismen (GVOs) führen.

Rund 81 % der deutschen Bevölkerung lehnen Gentechnik ab (Stand 2019) [2]. Ironischerweise kennt sich der Durchschnittsverbraucher mit Genetik und Gentechnik aber nicht allzu gut aus und viele wissen nicht, dass Begriffe wie **„Gen-Food", „Genkartoffeln"** oder **„Genmais"** natürlich völliger Quatsch sind (weil Gene in allen Lebewesen vorkommen!). Man könnte nun argumentieren, dass die meisten Vorurteile auf Unwissenheit beruhen. Doch wäre das ein wenig zu kurz gedacht. Gentechnikgegner bringen den Gentechnikbefürwortern – und generell scheinen die Medien die Menschen nur in diese beiden extremen Lager aufzuteilen – eine ganze Reihe an Bedenken entgegen. Aber was bedeutet „Gentechnik" eigentlich genau? Und wie sind die jeweiligen Argumente gegen oder für die Gentechnik zu bewerten? Dieses Buch gibt darauf die ultimativen Antworten in Absatz 14.2 beziehungsweise in Absatz 14.3. Oder sagen wir, es bemüht sich.

14.1.1 Die Genetik in den Medien

Wenn man über eine Meinung in der Öffentlichkeit spricht, muss man auch die Medien betrachten, die

⬛ Tab. 14.1 Auswahl an Filmen und Büchern, die sich (im gröbsten Sinne) mit Genetik, deren Chancen und Risiken in der Gesellschaft auseinandersetzen. Sehr zu empfehlen nach einer langen Genetik-Lernsession

Titel	Worum es geht
Filme	
Gattaca (1997)	Sci-Fi-Drama. Genetische Übermenschen und Zweiklassengesellschaft
Die Insel (2005)	Action-Drama. Klonen für „Ersatzteile"
X-Men 3 (2006)	Sci-Fi-Actionfilm. Was sind Krankheiten, und was muss geheilt werden?
Brave New World (1932; *Schöne neue Welt*) – Aldous Huxley (auch als Buch)	Sci-Fi-Drama. Klassengesellschaft und genetische Manipulation
Idiocracy (2006)	Sci-Fi-Komödie. „Dumme Gene" setzen sich durch
Double Helix: the DNA Years (2004)	Dokumentarfilm. Erbkrankheiten, Diagnostik
Bücher	
The Selfish Gene (1976; *Das egoistische Gen*) – Richard Dawkins	Mittlerweile überholtes aber interessantes Werk über die „Natur" der Gene und der Genetik
Das geheime Leben im Menschen (2016) – Itai Yanai, Martin Lercher	Fachliche sowie philosophische Denkanstöße über Gen-Gesellschaften (und eine Antwort auf Dawkins)
Das Gen: Eine sehr persönliche Geschichte (2017) – Siddhartha Mukherjee	Gut verständliche und persönliche Einführung in die Genetik, ihre Geschichte, sowie in die Eugenik

maßgeblich an der Meinungsbildung beteiligt sind. Aus dem Kino sind einige Zukunftsszenarien bekannt, die sich mit Gentechnik und deren Folgen beschäftigen und die teils von realen wissenschaftlichen Möglichkeiten oder – mal ehrlich – vor allem von Phantasien beflügelt sind. In der Kunst, insbesondere in Filmen, werden oft Ängste, Hoffnungen und Visionen angesprochen, wobei gerade bei Zukunftsszenarien häufig die Gentechnik direkt oder indirekt thematisiert wird. Zum Beispiel geht es hier um Übermenschen, Zweiklassengesellschaften oder verheerende Experimente. Oft sind die Szenarien von der Realität weit entfernt. Aber wer weiß schon, was die ferne Zukunft bringen wird? An dieser Stelle (⬛ Tab. 14.1) sei eine klitzekleine Zusammenstellung einiger Bücher und Filme, die Sie eventuell zum Nachdenken anregen, vorgestellt. Einige weitere interessante Veröffentlichungen befinden sich am Ende dieses Kapitels.

Fassen wir zusammen, Genetik ist überall: in den Medien, in allen Lebewesen. Warum nicht also auch in der Kunst? Die Tatsache ist, dass immer mehr ästhetische Aspekte entdeckt und vermittelt werden und sich mittlerweile regelrechte Szenen mit Menschen unterschiedlichster Professionen gebildet haben, die sich zur sogenannten „Bioart" hingezogen fühlen. Einen Geschmack davon bekommt man in so manchen Museen und Ausstellungen, bei Science-Slams oder auch bei Bilderwettbewerben (⬛ Abb. 14.1).

14.2 Ein Überblick über die Anwendungen der Genetik

▪▪ Von der Gentechnik und anderen Verfahren

Intuitiv würde man denken, dass der Begriff „Gentechnik" alle Techniken vereint, die irgendwie mit Genetik zu tun haben. Dem ist aber nicht so: die **Gentechnik** (engl. *genetical engineering*) umfasst in der Regel alle molekulargenetischen Tätigkeiten, die lebende Organismen verändern, nicht aber unbedingt diagnostische oder analytische. Laut dem **Gentechnik-Gesetz** (kurz GenTG) beschreibt die Gentechnik die gezielte Veränderung eines Genoms beziehungsweise das Einfügen von veränderter DNA in einen Organismus auf eine Weise, wie sie natürlich nicht vorkommen würde. Solche Techniken führen zu **gentechnisch veränderten Organismen (GVO)**, die im Englischen auch als *genetically modified organisms* (**GMO**) bekannt sind. Dabei können ganze Gene oder nur Genfragmente wie beispielsweise regulatorische Sequenzen in einigen oder allen Zellen eines Organismus verändert werden, oder von einem auf einen anderen Organismus übertragen werden. Bei Proteinen, die in einem anderen als dem ursprünglichen Organismus hergestellt werden oder wenn ein Gen aus mehreren DNA-Fragmenten unterschiedlicher Herkunft zusammengesetzt ist, spricht man von **rekombinanten Proteinen.** Den aufmerksam Lesenden fällt hier natürlich auf, dass der Begriff sich logischerweise von

◻ **Abb. 14.1**   Pop Art aus Chromosomen. Gezeigt ist ein B-Chromosom (Exkurs 3.1) aus dem Roggen *(Secale cereale)* in unterschiedlichen Färbungen und im Stile Andy Warhols arrangiert. Basierend auf der Färbung rechts unten steht blau für den B-Chromosomen-Marker D1100 (ein repetitives Element), grün für Chloroplasten-DNA, rot für mitochondriale DNA und weiß bzw. grau für DNA insgesamt (DAPI-Färbung). (Mit freundlicher Genehmigung von © S. Klemme)

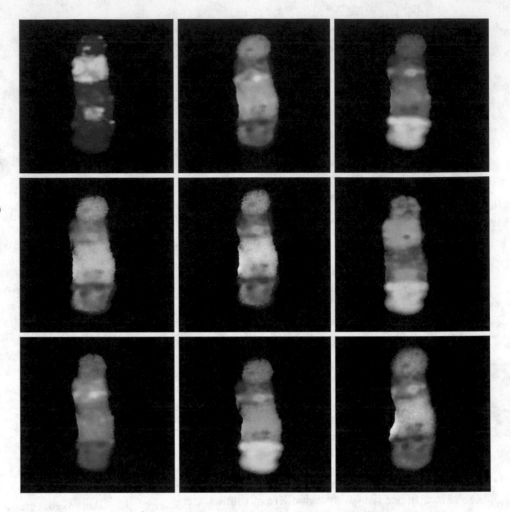

14

„Rekombination" ableitet, worunter in ▶ Kap. 9 neue Anordnungen von DNA-Sequenzen beschrieben wurden. Wird die Artgrenze überschritten, spricht man zudem von einem **transgenen Organismus** und das fremde eingebrachte Gen wird als **Transgen** bezeichnet. Dabei können eukaryotische DNA-Sequenzen auf Prokaryoten übertragen werden und auch umgekehrt. Sind die eingefügten Sequenzen nicht artfremd sondern aus einer nah verwandten oder gar der eigenen Art, spricht man von **cisgenischen** oder **intragenischen** Modifikationen.

Zur Herstellung eines GVOs bedarf es nun wiederum einer ganzen Reihe an molekularbiologischen Methoden (▶ Kap. 12). Werden die gleichen Methoden aber *in vitro* und nicht mit dem Ziel einen lebenden Organismus herzustellen verwendet, spricht man nicht von Gentechnik (▶ Abschn. 14.2.3). Was aber genau Gentechnik ist und was nicht, ist durchaus entscheidend, weil alles, was mit Gentechnik zu tun hat, insbesondere der Umgang mit GVOs, strengen Gesetzesauflagen unterliegt (Exkurs 14.2).

Am Rande bemerkt

Der erste GVO im Jahre 1973 war das Bakterium *E. coli*. Diesem Bakterium wurde das Gen für die Resistenz gegen das **Antibiotikum** Kanamycin aus einem anderen Bakterium eingefügt. Ein Jahr später (1974) wurde bereits der erste tierische GVO in Form einer Maus geschaffen. Da jedoch nur somatische Zellen und keine Keimzellen modifiziert wurden, konnte die Modifikation nicht an die Nachkommen weitergegeben werden. Dies war wiederum zum ersten Mal im Jahr 1982 möglich.

14.2.1 Die Methoden der Gentechnik: von der Mutagenese zum *genome-editing*

▪▪ **Vom Beginn der Gentechnik**

Technisch gesehen begann die Gentechnik mit eher plumpen Verfahren, bei denen man noch nicht genau vorhersagen konnte, wo und wie oft eine Mutation stattfinden würde. Dies trifft auf **Mutagenese** durch radioaktive Strahlung oder durch Chemikalien zu (▶ Abschn. 9.2.1), die auch als *non-site directed mutagenesis* (nicht-ortsspezifische Mutagenese) bezeichnet wird. Die externen Mutagene, egal ob Strahlung oder Chemikalie, verursachen Schäden im Genom, wodurch Reparaturmechanismen zu Hilfe gerufen werden (insbesondere NHEJ; ▶ Abschn. 9.3.2.1). Die Reparatur ist aber oft nicht fehlerfrei, weshalb sekundär Mutationen entstehen können. Weil Zellen jedoch sehr klein sind und man mit Strahlung und Chemikalien nicht gerade zimperlich umgeht, sondern ein wahres Flächen-Bombardement im Genom veranstaltet, sind diese Methoden eben nicht ortsspezifisch. Sie sind daher kaum geeignet, wenn man nur ein ganz bestimmtes Gen modifizieren möchte. Um das zu verdeutlichen, stelle man sich dazu den Versuch vor, mit einem Schrotgewehr eine Zielscheibe auf 200 m Entfernung zu treffen.

Mit *site-directed* (ortsspezifischen) Mutagenese-Verfahren war man später in der Lage, einzelne oder mehrere gezielte Insertionen, Deletionen und Substitutionen in einem DNA-Molekül vorzunehmen. Dazu werden PCR-basierte Methoden verwendet (▶ Abschn. 12.2), bei denen die synthetisch hergestellten Primer die jeweils gewünschte Mutation tragen. Die durch die PCR hergestellten doppelsträngigen Oligonukleotide werden dann anstelle des ursprünglichen Gens mithilfe von Restriktionsenzymen und Ligasen typischerweise in Plasmide eingebracht. Hier tauscht man metaphorisch gesehen also die Schrotflinte gegen ein Präzisionsgewehr, darf aber nur auf bestimmte Scheiben und Ringe schießen.

14.2.1.1 Das Einbringen fremder Sequenzen

Will man nicht nur einzelne Gene verändern, sondern neue Sequenzen in eine Zelle einbringen, die entweder ganze Gene oder nur Genfragmente (wie Promotoren) beinhalten, werden häufig **Genfähren,** wie Plasmide oder Viren (▶ Kap. 11) verwendet. In Prokaryoten funktioniert das sehr gut, bei Eukaryoten ist es oft komplizierter. Kritische Punkte sind hier nicht nur das Einbringen fremder DNA in eine Zelle an sich, sondern auch die Aktivität der neuen Gene in dem neuen Wirt. Promotoren sind oft **wirtsspezifisch** und auch die Expression eukaryotischer Gene in Prokaryoten ist nicht einfach, da sichergestellt sein muss, dass die eingebrachten eukaryotischen Gene keine **Introns** beinhalten und überhaupt richtig von den bakteriellen Zellen exprimiert werden können (weil sich Transkription, Translation und posttranslationale Modifikationen zwischen Pro- und Eukaryoten unterscheiden!). Um sicherzugehen, dass die eingebrachten Gene nicht nur für kurze Zeit aktiv sind (**transiente Expression**), sondern dauerhaft (**stabile Expression**) ist es generell von Vorteil, wenn die Vektoren in das Genom des Wirts, sprich in ein Chromosom, integrieren beziehungsweise rekombinieren. Einige Plasmide besitzen Insertionssequenzen und können mit diesen in homologe Sequenzen des Genoms integrieren (**homologe Rekombination,** ▶ Abschn. 9.2.3.2). Integrieren sie aber zufällig ins Genom und nicht über homologe Bereiche spricht man von **illegitimer Rekombination,** was in unserem Beispiel wieder der Schrotflinte – wenn auch in abgeschwächter Form – entspräche. Bei Prokaryoten, deren Genome in der Regel eine hohe Gendichte aufweisen, kann dies problematisch sein, wenn zum Beispiel die eingebrachte Sequenz in ein wichtiges Gen des Wirtes rekombiniert und dieses dadurch unbrauchbar macht. Bei Eukaryoten, deren Genome eine viel geringere Gendichte und viele heterochromatische Bereiche besitzen, besteht die Gefahr viel mehr darin, dass auch das neue eingebrachte Gen heterochromatisiert wird (und dadurch inaktiv bleibt).

14.2.1.2 Die Jetztzeit – das *genome-editing*

In den letzten Jahrzehnten eroberte schließlich das *genome-editing* das Feld der Gentechnik. Hier werden Nukleasen verwendet, die im Prinzip aus zwei verschiedenen Modulen bestehen: einer programmierbaren hochspezifischen DNA-bindenden Domäne und einer Effektordomäne. Für die DNA-bindende Domäne nahm man anfangs Zinkfingerproteine (ZFPs) oder *transcription activator-like effectors* (TALEs). Diese wurden wiederum mit einer unspezifischen Nuklease (als Effektordomäne) fusioniert, die in der Lage ist DNA zu schneiden. Man spricht daher von **Zinkfinger Nukleasen** (ZFNs) beziehungsweise von *transcription activator-like effector nucleases* (TALENs). Wie bei den älteren Mutagenese-Verfahren lösen die DNA-Doppelstrangbrüche (DSBs) wiederum zelluläre Reparaturmechanismen aus, bei denen die betroffenen Gene ihre Funktion verlieren können (*loss-of-function* oder gar **Knock-out**), weil bei der Reparatur oftmals ein paar Nukleotide verloren gehen. Alternativ können in die Zelle aber auch DNA-Moleküle eingeschleust werden, die dann über homologe Rekombination zielgerichtet ins Genom integrieren.

Eine revolutionäre Neuerung brachte zuletzt das prokaryotische System **CRISPR-Cas9,** welches in Exkurs 14.1 vorgestellt wird. Statt über Proteinmotive wie bei ZFNs oder TALENs läuft hier die Erkennung der zu schneidenden DNA-Sequenz über RNA-DNA-Hybridisierung, was die Programmierung der Nuklease deutlich vereinfacht. Doch damit nicht genug: Der modulare Aufbau aller drei vorgestellten Plattformen erlaubt nicht nur die Modifikation der DNA-Sequenz und somit des Genoms, sondern auch die Modifikation des epigenetischen Zustands einer Sequenz – man könnte es quasi als *epigenome-editing* bezeichnen. Dazu nimmt man bei der Effektordomäne statt einer Nuklease beispielsweise eine DNA-Methyltransferase (DNMT) oder eine Histonacetyltransferase (HAT) und kann so die epigenetische Aktivität der benachbarten Bereiche der Zielsequenz beeinflussen. Um zur Metapher zurückzukehren verwendet man beim *genome-editing* und beim *epigenome-editing* also nicht nur ein Scharfschützengewehr, sondern ferngesteuerte Kugeln und kann diesen auch noch verschiedene Aufträge erteilen wie: „nicht die Zielscheibe durchschlagen, sondern bitte nur grün markieren!".

■■ **Herausforderungen an das *genome-editing***

Schließlich sei anzumerken, dass die molekularen Mechanismen zwar unglaublich präzise und effektiv, aber eben nicht 100 %ig genau arbeiten und dass es auch zu *off-target*-Effekten, also zu unerwünschten Nebeneffekten kommen kann – wenngleich die Wahrscheinlichkeit hier deutlich geringer ist als bei den anderen gentechnischen Methoden. Um die Fehlerrate gering zu halten, ist es äußerst hilfreich, das gesamte Genom des Zielorganismus zu kennen. Nur so kann man überprüfen, ob die zu modifizierende Zielsequenz wirklich unverfehlbar ist, oder ob sich noch ähnliche oder gar identische Sequenzen oder Teilsequenzen im Genom befinden.

Außerdem besteht eine Hürde darin, dass die für die Modifikation benötigten Enzyme (und bei Bedarf Nukleinsäuren) erst einmal in die entsprechende Zelle hineingebracht werden. Eine Möglichkeit besteht darin, dass Viren verwendet werden, die gleich einsatzbereite Enzyme und die zu integrierenden DNA-Sequenzen mitbringen. Eine andere Möglichkeit besteht darin, dass die benötigten Proteine erst später produziert werden: Dazu wird vorerst ein Vektor über Viren oder Transformation (bei eukaryotischen Zellen **„Transfektion"** genannt) eingebracht, mit dem die Enzyme induzierbar synthetisiert werden können. Ein wichtiger Vorteil beider Varianten ist, dass die Enzyme oder die für die codierenden Plasmide nur **transient** sind, da sie nach einiger Zeit und Zellteilungen verschwinden und nur die Modifikation zurücklassen.

Zum Nachdenken

Während der molekularbiologischen Modifikation des Zielorganismus werden Markersequenzen oder **Markergene** dazu verwendet, um nur jene Organismen zu identifizieren, die erfolgreich mit einem **Vektor** transformiert (bzw. transfiziert) wurden. Diese Marker codieren beispielsweise für bestimmte Enzyme, Fluoreszenzproteine oder verleihen Resistenzen gegen Antibiotika und liegen als zusätzliches Gen auf den zu übertragenen Vektoren vor (▶ Abschn. 12.1.5). Im Falle von **Antibiotikaresistenzen** werden die Zellen mit Antibiotika behandelt, wobei nur jene Individuen überleben, die einen Vektor aufgenommen haben und das Markergen exprimieren. Werden diese Markergene nachträglich entfernt oder erst gar nicht verwendet, ist es deutlich schwerer oder gar unmöglich nachzuweisen, ob eine Modifikation durch Gentechnik erfolgte oder nicht, sofern die beteiligten Proteine auch nur transient eingebracht wurden. Dies hat entscheidenden Einfluss auf die Definition und die Identifikation von GVOs (siehe Exkurs 14.2).

14.2.2 Die Gentechnik in der Biotechnologie

■■ **… und wie man Gentechnik eigentlich einsetzt**

Biotechnologie ist im Prinzip der Oberbegriff, unter dem sich alle Techniken tummeln, bei denen der Mensch andere Organismen oder molekulare Biokatalysatoren wie Enzyme für bestimmte Zwecke wie die Herstellung von Produkten verwendet. Die Gentechnik stellt hier neben der **Biochemie** und der **Mikrobiologie** nur einen Zweig der Biotechnologie dar, wobei die Übergänge zwischen den verschiedenen Disziplinen eher fließend sind.

Biotechnologische Verfahren, wie die Gärung von Wein und Bier durch Hefen oder die Herstellung von Käse und Joghurt durch Bakterien sind übrigens schon seit sehr sehr langer Zeit (seit etwa 6000 Jahren) mit der menschlichen Kultur untrennbar verbunden. Dennoch hat gerade der Aufschwung der Molekulargenetik die Biotechnologien explosionsartig beschleunigt und Möglichkeiten geschaffen, das Erbgut von lebenden Organismen zu verändern. Aber wofür werden GVOs eigentlich genutzt?

Die gentechnische Herstellung von GVOs kann verschiedene Gründe haben. Einerseits kann der modifizierte Organismus oder ein Protein an sich das Ziel sein, weil er/es nützlichere Eigenschaften hat als der Ausgangsorganismus oder das ursprüngliche Protein. Ein GVO muss aber nicht immer eine Art „Weiterentwicklung" sein, sondern kann auch die Bemühung darstellen, zu einem Urtyp einer Art teilweise zurückzukehren. Dies wird vor allem dann angestrebt, wenn in Nutzpflanzen durch die bis dahin erfolgte Züchtung bereits zu viele natürliche Resistenzen und Abwehrstoffe verloren gingen, weil man Früchte beispielsweise noch genießbarer machen wollte.

Des Weiteren werden GVOs in der Forschung oftmals benötigt, um vielen **molekularbiologischen Frage-**

◘ Tab. 14.2 Die verschiedenen Farben der Biotechnologie und der Gentechnik. Die Übergänge zwischen den verschiedenen Kategorien sind fließend und die verschiedenen „Farben" basieren zudem auf oftmals ähnlichen oder gleichen Methoden. Der wesentliche Unterschied besteht in der Herkunft des modifizierten Organismus und im Ziel der Anwendung

Farbe	Anwendungsbereich
Grün	Pflanzen- und Agrartechnik, Umweltbiotechnologie
Rot	Medizin, Pharmaindustrie
Weiß	Industrielle Biotechnologie
Gelb	Lebensmittelbiotechnologie oder auch Insektenbiotechnologie (je nachdem, wen man fragt)
Blau	Marine und Aquakulturtechnologie
Grau	Abfallwirtschaft

stellungen genauer auf den Grund zu gehen. Das heißt, hier geht es nicht um den GVO selbst, sondern um ein Gen, ein Protein oder ein anderes Molekül, das untersucht werden soll. Zur Analyse der Funktion eines Gens können im Labor GVOs erzeugt werden, in denen das Gen in einer regulatorischen oder seiner codierenden Sequenz verändert wurde. Durch die Modifikation kann es zur Veränderung der Expression, der Aktivität (*gain-of-function, loss-of-function,* Knock-out) oder der Funktion des potenziellen Genprodukts kommen (▶ Abschn. 9.2.5). Vergleicht man nun den resultierenden **Phänotyp** mit dem **Wildtyp**, gibt dies Aufschluss über die Funktion und Bedeutung des Gens oder seiner einzelnen Bestandteile. Durch diese Methode können auch neue Biokatalysatoren für die Biotechnologie identifiziert oder hergestellt werden.

> **Merke**
> Biotechnologie ist nicht immer gleich Gentechnik. Nur wenn GVOs eingesetzt werden, ist eine biotechnologische Anwendung auch als eine gentechnische Anwendung zu verstehen.

▪▪ Die Farben der Gentechnik und der Biotechnologie
Um zwischen verschiedenen Anwendungsbereichen zu unterscheiden, setzte sich eine Art **Farbenlehre** für die Biotechnologien und die jeweils dazugehörenden Gentechniken durch (◘ Tab. 14.2). Warum? Ganz einfach, vermutlich weil Wissenschaftler einfach farbenfroh sind und der Mensch generell gerne kategorisiert. Die Unterteilung der Farben geht hier aber oft weniger auf den Prozess zurück, weil meistens ohnehin die gleichen molekularbiologischen Methoden verwendet werden. Viel mehr geht die Farbwahl auf das Ergebnis und die Intention des Wissenschaftlers zurück und manchmal darauf, woher der Organismus bzw. ein Gen kommt. Auch hier sind die Grenzen nicht klar gesetzt und es gibt oftmals **Mischfarben:** Wird ein Enzym aus

einem marinen Mikroorganismus (MO) beispielsweise so modifiziert, dass es bestimmte Abfallstoffe in andere für die Industrie nützliche Stoffe umwandeln kann, könnte man diesen Vorgang sowohl der blauen, der gelben und der grauen Gentechnik (bzw. Biotechnologie) zuordnen. Einige der wichtigsten Farben der Gentechnik werden im Folgenden kurz vorgestellt.

14.2.2.1 Die grüne Gentechnik

Die **grüne Gentechnik** beschäftigt sich mit der Herstellung und Erforschung gentechnisch modifizierter Pflanzen (GM-Pflanzen) und wird auch als **Agro-Gentechnik** bezeichnet. Unter anderem wird sie angewandt, um Pflanzen beispielsweise für die Landwirtschaft zu modifizieren, wodurch bestimmte Nährstoffe produziert, das Pflanzenwachstum gesteigert oder Resistenzen gegen Trockenheit, Schädlinge oder Pestizide generiert werden können. Um DNA in Pflanzenzellen einzuschleusen haben sich vor allem vier Methoden durchgesetzt:

1. Die **Protoplastenfusion**, bei der zunächst die Zellwände von Zellen zweier verschiedener Pflanzen enzymatisch verdaut werden und die so entstehenden Protoplasten (Zellen ohne Zellwand) dazu gebracht werden miteinander zu fusionieren.
2. Der direkte DNA-Transfer in die Protoplastenzellen durch **Transformation** mithilfe von Chemikalien oder Elektroschocks.
3. Der Beschuss von Pflanzenzellen mit DNA-beschichteten Wolfram- oder Gold-Partikeln (**Biolistik**).
4. Die Transformation mithilfe von **Bodenbakterien** wie *Agrobacterium tumefaciens* (Exkurs 11.1).

Es ist die grüne Gentechnik, auf die viele Menschen die gesamte Gentechnik reduzieren und die gleichzeitig sehr kritisch gesehen wird. Besonders negativ wird hier die Erhöhung oder Einführung von **Pestizidresistenzen** von Kulturpflanzen bewertet. Die gentechnische Einführung bestimmter (resistenter) Stoffwechselenzyme

▢ Tab. 14.3 Übersicht zum Anbau gentechnisch veränderter Pflanzen weltweit (Stand ISAAA, 2017, [5])

Pflanze	Anbau der Kulturpflanzen insgesamt [Mio. Hektar]	GVO Anteil an der jeweiligen Produktion [Mio. Hektar]	GVO Anteil an der jeweiligen Produktion [%]	Anteil an globaler GVO-Produktion [%]
Soja	121,5	94,1	77	50
Mais	188,0	59,7	32	31
Baumwolle	30,2	24,1	80	13
Raps	33,7	10,2	30	5

erlaubt die Verwendung von Pestiziden, die normalerweise auch die Kulturpflanze schädigen oder töten würden. In einer ersten Instanz sorgen weniger Unkräuter und Schädlinge für sicherere und größere Erträge, jedoch werden in der **Intensivlandwirtschaft** gleichzeitig oft erhöhte Mengen an Pestiziden verwendet, um den Schädlingen den Garaus zu machen. Die eingesetzten Mengen an Pestiziden haben wiederum sekundäre Folgen. Nicht nur auf dem Feld selbst, sondern auch in der Umgebung kann es zur Beeinträchtigung des Ökosystems mit teils verheerenden Auswirkungen auf symbiotische Lebensweisen verschiedener einheimischer Arten kommen. Zu guter Letzt gelangen mehr Pestizide in die Umwelt und auch in das Grundwasser, und kommen erwiesenermaßen auch beim Konsumenten, beispielsweise dem Menschen, an. Die Angst vor Nebenwirkungen ist daher groß und wird auch durch die Ungewissheit gefördert, was gentechnisch veränderte Nahrung im Körper anrichten könnte. Viel hilft halt nicht immer viel. Weil es in diesem Absatz aber mehr um das Technische und die Grundlagen geht, beschäftigt sich ▶ Abschn. 14.3 mehr mit den Bedenken.

Einen umgekehrten Ansatz stellt die Modifikation von Pflanzen mit **Bt-Toxinen** dar. Diese Toxine stammen ursprünglich aus dem Bakterium *Bacillus thuringiensis*. Die toxischen Proteine sind in der Lage, Darmzellen von Insekten zu zerstören und somit den Wirt zu töten. Das Clevere daran ist, dass das Toxin spezifisch nur bei bestimmten Insektenarten wie dem Maiswurzelbohrer oder dem Maiszünsler wirkt, nicht aber bei Pflanzen oder Wirbeltieren. Das Bt-Toxin ist somit ein biologisches Insektizid und findet nicht nur in der gentechnischen Modifikation von Mais und Baumwolle, sondern auch darüber hinaus Anwendung im Agrarbereich – sogar in der ökologischen Landwirtschaft. Hier wird das Toxin jedoch nicht in der Pflanze exprimiert, sondern seit Jahrzehnten großflächig auf das Feld aufgetragen.

▪▪ Dieser Reis könnte Leben retten…

Wenn man über grüne Gentechnik spricht, sollte man außerdem den *Golden Rice* erwähnen, ein Thema, über das es kaum gegensätzlichere Ansichten gibt. *Golden Rice* ist ein GVO, der im Wesentlichen nur eine erhöhte Menge einer Vorstufe von Vitamin A, nämlich **Provitamin A** (auch Beta-Carotin genannt), in den Reisfrüchten enthält. Dieses kann im menschlichen Körper problemlos in Vitamin A umgewandelt werden. Die Idee der beteiligten Wissenschaftler, allen voran die beiden deutschen Biologen Peter Beyer und Ingo Potrykus, bestand darin, eine Reissorte zu entwickeln, mit der man den Vitamin-A-Mangel insbesondere in asiatischen Entwicklungsländern bekämpfen kann. Vitamin A ist essenziell für den Menschen. Eine Mangelernährung kann zu **Vitamin-A-Defizienz (VAD)** führen, was wiederum verheerende Folgen wie irreversible Blindheit haben und schlimmstenfalls zum Tod führen kann. Der WHO zufolge waren im Jahr 2005 weltweit etwa 190 Mio. Kinder und 19 Mio. Schwangere von VAD betroffen. Jährlich sterben etwa 1–2 Mio. Menschen an VAD, 500.000 erblinden irreversibel, von denen wiederum die Hälfte im Folgejahr stirbt [2]. Obwohl der *Golden Rice* ein sogenanntes *non-profit* Produkt ist, keine Patente bestehen, die Technologie frei zugänglich ist und Bauern geerntete Samen selbst wieder aussäen dürfen, wurde er von mehreren NGOs heftig kritisiert. Auf der Seite der Befürworter stehen wiederum viele Wissenschaftler, unter anderem 141 Nobelpreisträger, angeführt von Sir Richard J. Roberts (Stand März 2019) [3]. Doch mit welchen Argumenten hier gefochten wird, darum soll es in Absatz ▶ Abschn. 14.3.3 gehen.

Ein paar Zahlen

Die Fläche des Anbaus an gentechnisch modifizierten Agrarprodukten (Engl. *biotech crops*) hat sich seit dem ersten Produkt 1996 bis zum Jahr 2017 von 1,7 Mio. Hektar auf 189,8 Mio. Hektar um mehr als das 110-Fache erhöht [4]. Die drei Länder mit dem höchsten Anbau sind die USA, Brasilien und Argentinien. Vergleicht man die Anbauflächen der häufigsten gentechnisch veränderten Produkte miteinander, so macht Soja mit etwa 50 % die Hälfte aller Anbauflächen aus (77 % des weltweit angebauten Sojas sind GVOs). In ▢ Tab. 14.3 sind weitere Angaben zum Anbau von Soja, Mais, Baumwolle und Raps dargestellt, die zusammen die kommerziell wichtigsten GM-Pflanzen ausmachen.

14.2.2.2 Die weiße Gentechnik

Die **weiße Gentechnik** ist die industrielle Gentechnik und sorgt unter anderem dafür, dass Waschmittel in der Lage sind, Wäsche bei solch niedrigen Temperaturen wie 30 °C zu reinigen. Dies kann über hoch optimierte Enzyme, wie Lipasen, Amylasen, Pektinasen und Proteasen erreicht werden, die die Bestandteile des Schmutzes (Fette, Kohlenhydrate und Proteine etc.) lösen. Nützliche Enzyme für allerlei verschiedene industrielle Anwendungen können in vielen Organismen gefunden und mithilfe der Gentechnik weiter optimiert werden. Die Produktion findet meist in Bakterien statt, da diese sehr einfach in großen Kulturen mit einfachen Nährmedien zu halten sind und die Enzyme relativ einfach und schnell produzieren. So können sie teure, weniger effiziente oder umweltschädliche chemische Katalysatoren ersetzen. Neben Anwendungen in der **Kosmetikherstellung** und in der **Textilindustrie** fällt die Produktion von **Biotreibstoffen** wie Biodiesel größtenteils unter die weiße Gentechnik, da hier meistens Lipasen aus gentechnisch modifizierten Bakterien verwendet werden. Für die Produktion von Biogas wird zudem auch an methanproduzierenden Archaeen geforscht.

14.2.2.3 Die rote Gentechnik

Die **rote Gentechnik** beschäftigt sich mit gentechnischen Anwendungen und Produkten im medizinischen Bereich. Ein bekanntes Beispiel ist die bakterielle Herstellung von rekombinantem **Insulin** zur Behandlung von Diabetespatienten. Früher wurde dieses Hormon aus der Bauchspeicheldrüse von Schweinen und Rindern gewonnen. Weil aber weder das Schweine- noch das Rinderinsulin mit dem menschlichen identisch sind – von den 51 Aminosäuren des Rinderinsulins unterscheiden sich dabei lediglich drei Aminosäuren vom menschlichen Insulin (bei Schweinen sogar nur eine) –, kam es gelegentlich zu Immunreaktionen. Die Verwendung von gentechnisch veränderten Bakterien hingegen erlaubt eine Produktion großer Mengen an Humaninsulin unter kontrollierten Bedingungen und kommt zudem ohne die Organe von Schweinen und Rindern aus.

Generell ist die Gentechnik für die **Pharmaindustrie** unverzichtbar geworden. Nicht nur weil die Produktion von Medikamenten dadurch deutlich einfacher und günstiger wurde, sondern vor allem weil man spezialisierte Wirkstoffe in großer Reinheit her-

stellen kann. Zur Produktion werden neben Bakterien auch oft eukaryotische Zellen wie Insektenzellen oder Hefezellen verwendet, um Kompatibilitätsprobleme der Expression eukaryotischer Gene zu umgehen. Zudem verringerten sich auch die Risiken der Krankheitsübertragung, die bei der historischen Gewinnung mancher Hormone bestanden: Wachstumshormone wurden früher einfach aus menschlichen Gehirnen isoliert und anschließend in aufgereinigter Form Patienten verabreicht. Auch erforscht wurde die Anwendung von transgenen Kühen und Ziegen, die die gewünschten Expressionsprodukte direkt in die Milch abgeben. Die Palette der Produkte der roten Gentechnik umfasst neben Hormonen auch **Vitamine, Interferone, Antikörper, Blutgerinnungsmittel** und vieles mehr.

14.2.2.4 Gentherapie – Gentechnik am menschlichen Organismus

Erstmals 1989 durchgeführt, eröffnete auch die **Gentherapie** am Menschen eine neue Anwendungsmöglichkeit zur Behandlung von Erbkrankheiten. Bei der Gentherapie handelt es sich auf jeden Fall um Gentechnik und sieht man die Gesundheit auch als Produkt an, sollte man sie der roten Gentechnik zuordnen. Weil sie aber so interessant ist, bekommt sie ein eigenes Unterkapitel!

Die Idee ist simpel: Intakte oder „gesunde" Gene werden in die Zellen eines Patienten eingeschleust und sollen hier wiederum defekte oder krankheitsverursachende Gene kompensieren (◘ Abb. 14.2). Die Modifikation der Zellen ist ein kritischer Schritt und erfolgt in der Regel über die Verwendung von Viren, vor allem Retroviren oder Adenoviren, die als **Genfähren** dienen (► Kap. 12). Als Ziel werden geeignete Zellen, wie **adulte Stammzellen** aus dem Rückenmark des Patienten entnommen. Hat ein Virus sein modifiziertes Genom erfolgreich in eine Zelle injiziert, wird dieses unter Umständen über Rekombination in das Wirtsgenom integriert. Das Virus kann nicht mehr replizieren, weil entscheidende Virengene durch das zu übertragene humane Gen ausgetauscht wurden – das Virus wurde quasi „entschärft". Anschließend werden die transfizierten Zellen untersucht und jene, bei denen eine erfolgreiche Rekombination stattfand, können wieder frisch ans Werk und werden dem Patienten injiziert. Alternativ zu der eben vorgestellten Variante, bei der die Modifikation der Zellen außerhalb des Körpers stattfindet (*ex vivo*), können die Viren auch direkt in den Patienten injiziert werden, um dort die rekombinante DNA in die Zellen einzuschleusen (*in vivo*).

▪▪ Die Gentherapie in der Praxis

Die Gentherapie als Methode wurde bis Dezember 2018 in 2930 klinischen Studien angewandt; wobei sie

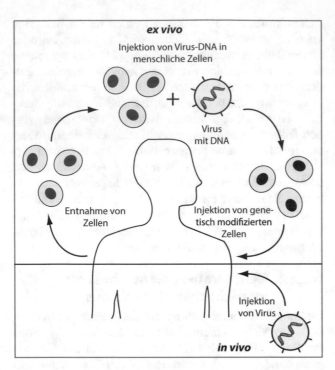

ex vivo

Injektion von Virus-DNA in
menschliche Zellen

Virus
mit DNA

Entnahme von
Zellen

Injektion von gene-
tisch modifizierten
Zellen

Injektion
von Virus

in vivo

◻ **Abb. 14.2** Schematische Darstellung der Gentherapie. Die Grundlage der Gentherapie ist eine gentechnische Modifikation der Zellen eines Patienten. Die Modifikation kann entweder außerhalb des Körpers erfolgen *(ex vivo)*, indem zuvor entnommene Stammzellen mithilfe eines Virus als Genfähre modifiziert werden, oder direkt am Patienten *(in vivo)*, indem das präparierte Virus dem Patienten direkt injiziert wird. (J. Funk)

in den meisten Fällen (66,6 %) gegen Krebserkrankungen und in den zweitmeisten Fällen gegen monogenetische Krankheiten (11,5 %) gerichtet war [6]. Ursprünglich war sie nur zur Behandlung **monogenetischer** Krankheiten gedacht, also Krankheiten, die nur durch ein einzelnes defektes Gen ausgelöst wurden. Wegen ihres unglaublichen Potenzials erhoffte man sich jedoch auch eine Heilung bei **Krebs**, wobei die verschiedenen Krebsarten äußerst komplex sind (▶ Abschn. 13.4.5). Doch die erwarteten Erfolge blieben bei komplexen Krankheiten oftmals aus. Zudem kam es in mehreren tragischen Fällen dazu, dass die Behandlung sogar entgegengesetzte Wirkung zeigte und Patienten an einer Überreaktion des Immunsystems gegen die Genfähren starben oder als direkte Folge der Gentherapie Leukämie entwickelten. In den folgenden Gerichtsverfahren kam sogar heraus, dass Patienten und Angehörige nur ungenügend über die bereits aus Tierstudien bekannten Risiken aufgeklärt wurden und dass auch private Firmen vor allem den finanziellen Gewinn im Auge hatten. Diese Ereignisse schürten Ängste und Ablehnung gegenüber der Gentherapie und bremsten ihre Entwicklung stark aus. Ein weiteres wesentliches Problem bei den genetischen Modifikationen von Zellen ist, dass man den Ort der Rekombination in das Wirtsgenom

lange Zeit nicht genau vorhersagen konnte (14.2.1). Heute ist die Technik in vielerlei Hinsicht deutlich weiter, insbesondere durch *genome-editing*-Methoden wie CRISPR-Cas (Exkurs 14.1).

Exkurs 14.1: CRISPR-Cas – eine revolutionäre Technik

Das **CRISPR-Cas**-System kann in vielen Bakterien gefunden werden und ist eine Art bakterielles Immunsystem gegen Bakteriophagen (◻ Abb. 14.3). Es steht für eine Region im Bakteriengenom die aus spezifischen Sequenzen besteht, nämlich aus *clustered regularly interspaced short palindromic repeats* (CRISPR), und aus den *CRISPR-associated* (Cas)-Proteinen, die eben mit jener Region assoziiert sind.

Vereinfacht gesehen, kann man den Abwehrmechanismus der Bakterien in drei Schritte einteilen:

- Bei dem ersten Schritt, der **Adaptation**, reagieren bakterielle **Cas** (CRISPR-assoziierte)-Proteine auf die Infektion eines Phagen, indem sie aus dessen Genom ein Stück herausschneiden und dieses in das eigene Genom integrieren. Der Ort der Integration ist ganz besonders und besteht aus einem Cluster, das immer wieder von palindromischen, sich wiederholenden Sequenzen gekennzeichnet ist (CRISPR). Diese CRISPR-Region dient sozusagen als Gedächtnis, da hier eine Anzahl früherer viraler Sequenzen wie in einer Datenbank gespeichert werden. Dabei liegen die viralen Sequenzen, die auch als *spacer* bezeichnet werden, regelrecht zwischen den palindromischen Sequenzen *(repeats)*. Der CRISPR-Locus ist dabei insofern dynamisch oder lernfähig, als dass neue virale Sequenzen von den Cas-Proteinen nun am Anfang der Region integriert werden, während sie auch gleichzeitig dafür sorgen, einen neuen *repeat* zu synthetisieren. Gleichzeitig kann dieses molekulare Gedächtnis jedoch auch „vergessen", da der Locus keine unendliche *spacer*-Anzahl aufnimmt und ältere Sequenzen am anderen Ende der Region schlichtweg herausgeschmissen werden können.

- Im zweiten Schritt, der Biogenese von **CRISPR-RNAs** (crRNAs), wird die CRISPR-Region zunächst transkribiert, wodurch eine längere Vorläufer-crRNA (oder *precursor-crRNA,* kurz **Prä-crRNA**) entsteht, die mehrere crRNAs enthält. Verschiedene Proteine, darunter auch Cas-Proteine prozessieren dieses Molekül zu reifen crRNAs und beladen damit wieder andere Proteinkomplexe beziehungsweise sind gleich selbst ein Teil der Wirkkomplexe.

— Im dritten und damit finalen Schritt, der **Zielinterferenz,** binden die in den Proteinen oder Komplexen geladenen crRNAs komplementäre DNA- oder RNA-Moleküle von eingedrungenen Viren und führen zusammen mit den Proteinkomplexen zur Degradation der Fremd-DNA, bzw. -RNA.

Der Begriff CRISPR-Cas ist somit eine Zusammensetzung aus jenem Bereich, der als „Gedächtnis" und Datenbank für crRNAs dient, und aus den Cas-Proteinen, die nicht nur bei der Integration neuer viraler Sequenzen in den CRISPR-Locus eine Rolle spielen, sondern auch bei der Biogenese und der Interferenz mit der Ziel-DNA/RNA. Je nachdem welche Cas-Proteine bei der Biogenese der crRNA und bei der Interferenz beteiligt sind, unterscheidet man außerdem verschiedene Klassen und Typen von CRISPR-Cas-Mechanismen, wobei Klasse 2 Typ II, welche die Nuklease **CRISPR-Cas9** beinhaltet, am bekanntesten ist.

Doch was macht dieses System so interessant?
Wie in 14.2.1 erwähnt, kann die RNA-Schablone so verändert werden, dass CRISPR-Cas-Systeme ganz

spezifische DNA-Sequenzen erkennen und diese schneiden können. Dies ist wiederum die Grundlage für das Einbringen von Fremd-DNA oder für das Ausschalten von Genen durch zelleigene Reparaturmechanismen. Das Besondere hier ist, dass es deutlich weniger Aufwand bedeutet, wenn man nur eine einzige synthetisch hergestellte RNA anpassen muss (in diesem Fall wird sie als *single guide RNA,* sgRNA, bezeichnet) um CRISPR-Cas zu einem spezifischen Ziel zu dirigieren, als wenn man die aus Proteinen bestehende DNA-Bindedomäne ändern muss, wie bei ZFNs und bei TALENs. Insgesamt arbeiten CRISPR-Cas-Systeme außerdem sehr genau, was wiederum unerwünschte Nebeneffekte reduziert. Doch können wie unter 14.2.1 erwähnt nicht nur Schnitte in die DNA eingefügt werden: Verändert man die Cas-Proteine so, dass sie nicht mehr nukleolytisch aktiv sind und fusioniert sie stattdessen mit anderen Enzymen, wie DNMTs oder HATs, können noch ganz andere epigenetische Modifikationen an der DNA oder Histonen vorgenommen werden (▶ Kap. 13).

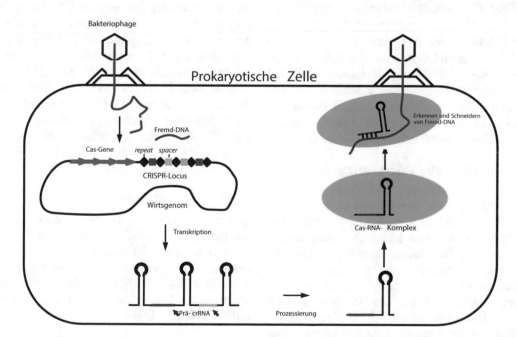

Abb. 14.3 CRISPR/Cas ist ein prokaryotischer Abwehrmechanismus gegen Fremd-DNA. Cas-Proteine können nach einer vorangegangenen Infektion durch Bakteriophagen Bruchstücke einer Fremd-DNA in das eigene Genom integrieren, und zwar in den CRISPR-Locus *(clustered regularly interspaced short palindromic repeats).* Durch Transkription des CRISPR-Locus entsteht eine Prä-crRNA, die durch andere Cas-Proteine zu reifen crRNAs prozessiert wird. Im Falle einer erneuten Infektion können die reifen crRNAs einen Effektorkomplex (der ebenfalls Cas-Proteine beinhaltet) zur Fremd-DNA dirigieren und zu deren Degradation führen. (A. Kuijpers)

▪▪ Das Problem des *targeting* – warum nicht gleich einen ganzen Menschen modifizieren?

Ein anderes Problem besteht darin, *welche Zellen* man bei einem mehrzelligen Organismus beispielsweise mit Gentherapie *in vivo* modifizieren kann. Möchte man eine Sehstörung behandeln bringt es nichts, Rückenmarkszellen zu modifizieren. Es ist also sehr schwer mit **Viren** als Genfähre (▶ Kap. 11) ein ganz bestimmtes Gewebe zu erreichen und nahezu unmöglich, alle Zellen eines erwachsenen Menschen gleichzeitig zu verändern. Zudem werden die Modifikationen nicht an die Nachkommen weitergegeben, solange man nur **somatische** Zellen erwischt. Nur wenn die **Keimbahnzellen** und somit die **Gameten** das Ziel der Modifikation sind, kann dies in der Nachfolgegeneration dazu führen, dass die Mutation in allen Zellen angekommen ist. Alternativ kann auch eine frisch befruchtete Eizelle oder ein aus wenigen Zellen bestehender Embryo mit den in Absatz 14.2.1 genannten Methoden modifiziert werden. Doch warum sollte man überhaupt einen ganzen Menschen modifizieren? Und sollte man dies überhaupt dürfen? Schauen Sie doch in Absatz 14.3 vorbei, in dem einige Begriffe für eine ethische Diskussion vorgeschlagen werden.

14.2.3 Weitere Genetik-basierte Verfahren

▪▪ …die (eher) keine Gentechnik sind (?)

An dieser Stelle seien einige interessante Beispiele aufgeführt, die mit der Genetik eng verbunden sind und die – im Falle der konventionellen Züchtung und des Klonens – zwar auch zur Erschaffung von Lebewesen führen, die aber nicht in allen Aspekten unbedingt zur Gentechnik gezählt (oder so behandelt) werden.

14.2.3.1 Konventionelle Pflanzenzucht

Ein häufiges Missverständnis der konventionellen Züchtung von Pflanzen ist, dass sie mit Genetik nichts zu tun habe. So ziemlich alle Verfahren der Pflanzenzüchtung gehen aber auf eine **künstliche Selektion** zurück, bei der nur jene Individuen einer Population weiter gezüchtet und geklont werden, die die gewünschten Merkmale tragen. Mit dem Aufkommen der **konventionellen Pflanzenzucht** ab Mitte des 18. Jahrhunderts wurden zudem Techniken entwickelt, die ganz gezielt die Variabilität des zu selektierenden Genpools beeinflussen. Dies war insofern neu, da die vorhergegangene **Auslesezüchtung,** die der Mensch seit der Jungsteinzeit betrieb, lediglich auf der natürlich vorkommenden Variabilität basierte, welche wiederum durch zufällige Mutationen (▶ Kap. 9) entstand. Dank Mendels Erkenntnissen, dass Merkmale vererbt werden und an Gene gekoppelt sind, begann man von nun an aber mit gezielten Kreuzungen von Elitepflanzen (engl. *„selective breeding")*, die wiederum Pflanzen mit ganz bestimmten Merkmalen hervorbringen soll-

ten. Die Merkmale wurden dabei anfangs nur auf einer phänotypischen Ebene betrachtet. Diese wurde durch das Aufkommen der Molekularbiologie um die genotypische Ebene erweitert und man begann anhand von molekularen Markern zu selektieren.

Insgesamt unterscheidet man zwischen **intraspezifischen** Kreuzungen, wenn die zu kreuzenden Pflanzen der gleichen Art angehören, zwischen **interspezifischen,** wenn sie der gleichen Gattung, aber nicht der gleichen Art angehören, und zwischen **intergenischen** Kreuzungen, wenn die Pflanzen aus verschiedenen Gattungen stammen. Je näher die beiden Elternpflanzen miteinander verwandt sind, desto leichter sind sie miteinander zu kreuzen. Dennoch sind die Produkte einer Kreuzung schwer vorherzusagen, insbesondere bei fremdbestäubenden Arten, bei denen ohnehin eine große Heterozygotie vorherrscht. Unter Umständen benötigt man nicht nur eine, sondern mehrere Kreuzungen oder gar Rückkreuzungen, was zusammen mit den Untersuchungen der jeweiligen Filialgenerationen einen aufwendigen und langwierigen Prozess darstellt.

Die genetische Variabilität kann innerhalb der konventionellen Pflanzenzucht jedoch nicht nur über gezielte Kreuzungen, sondern auch über **Mutagenese** (Absatz 14.2.1.1) beeinflusst werden. Bei der Mutagenese, die im Gegensatz zur gezielten Kreuzung und Selektion neuerdings als Gentechnik angesehen wird, werden radioaktive Strahlung oder mutagene Chemikalien eingesetzt, um zufällige Mutationen zu induzieren. Ein bekanntes Verfahren dazu ist das **TILLING** (*targeted induced local lesions in genomes):* Hier werden unzählige Samen zunächst mit Mutagenen behandelt und die Nachkommen mit molekularbiologischen Methoden relativ effizient auf die Mutationen hin untersucht, insbesondere ob sie jene Gene modifiziert haben, die eventuell ein bestimmtes Merkmal beeinflussen könnten.

14.2.3.2 Das Klonen

Eine andere Technik, von der man ab und an hört und die man oft fälschlicherweise in die Gentechnik mit einordnet, ist das **Klonen.** Klone sind Organismen mit identischen, unveränderten, Erbinformationen – quasi genetische Kopien. Man unterscheidet generell zwischen dem reproduktiven und dem therapeutischen Klonen (◘ Abb. 14.4).

▪▪ Das reproduktive Klonen

Das **reproduktive Klonen,** bei dem ganze, lebensfähige Klone entstehen, ist relativ alt. Bereits 1902 erzeugte der Zoologe **Hans Spemann** zwei Salamanderklone, in dem er einen zweizelligen Embryo mit einem Baby-Haar teilte. Welches Shampoo benutzt wurde ist nicht bekannt. Später (1952) wurden Frösche geklont, indem man Eizellen zunächst entkernte und in diese Zellen wiederum Zellkerne aus anderen Zellen übertrug. Noch später (1986) wurde das erste Säugetier –

◘ **Abb. 14.4** Das reproduktive und therapeutische Klonen. Während das reproduktive Klonen dazu dient, einen vollständigen Klon zu schaffen, ist das Ziel des therapeutischen Klonens nicht die Erzeugung eines kompletten Klons, sondern spezifischer Zelltypen oder Gewebe, die wiederum therapeutisch eingesetzt werden können. Die beiden Verfahrensbeispiele in dieser Abbildung beruhen auf der Verwendung von entkernten Eizellen, die dann mit dem Kern einer anderen somatischen Zelle ausgestattet werden. Weitere Informationen siehe Text. (J. Funk)

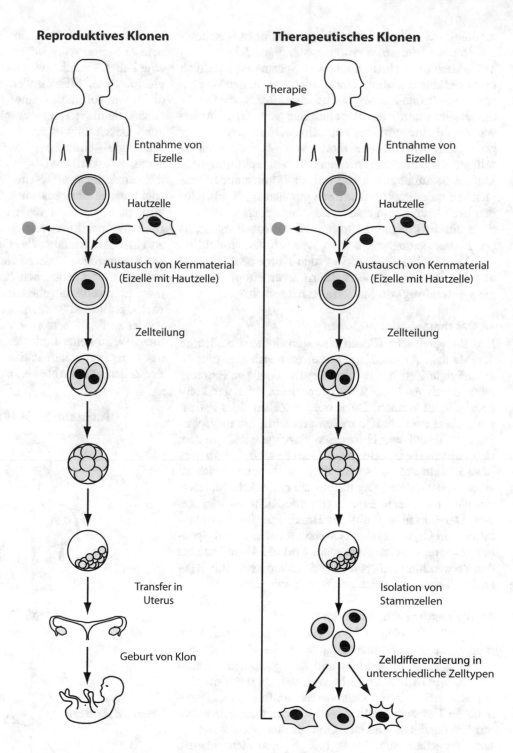

Reproduktives Klonen

Entnahme von Eizelle

Hautzelle

Austausch von Kernmaterial (Eizelle mit Hautzelle)

Zellteilung

Transfer in Uterus

Geburt von Klon

Therapeutisches Klonen

Therapie

Entnahme von Eizelle

Hautzelle

Austausch von Kernmaterial (Eizelle mit Hautzelle)

Zellteilung

Isolation von Stammzellen

Zelldifferenzierung in unterschiedliche Zelltypen

ein Schaf – geklont, indem man den Kern einer embryonalen Stammzelle in eine zuvor entkernte Eizelle transferierte. Besonderes Aufsehen erregte aber ein anderes Schaf zehn Jahre später: **Dolly** wurde 1996 geboren und starb 2004 überraschend früh. Bekannt wurde das Schaf, weil es das erste Tier war, das aus dem Zellkern einer **ausdifferenzierten somatischen Zelle** eines erwachsenen Tieres geklont wurde. Somatische Zellen stellen den Großteil aller Körperzellen dar, wie beispielsweise Hautzellen, tragen aber nicht primär zur sexuellen Vermehrung bei (im Gegensatz zu Keimzellen, also

Eizellen und Spermien). Dolly war damit das erste Tier, das die genetische Kopie eines bereits erwachsenen Tieres darstellte!

Nun ist es so, dass Klone an sich nicht schlecht sind. In der Welt der Biologie sind sie nicht einmal besonders oder selten. Bei Prokaryoten, Pilzen und Pflanzen entstehen Klone ganz natürlich über **vegetative (asexuelle) Vermehrung.** Auch beim Menschen und anderen Tieren finden sich Klone in Form von eineiigen Zwillingen, Drillingen etc. Nach der Befruchtung der Eizelle durch ein Spermium kann es nämlich passieren, dass sich zufällig zwei oder mehrere Zellpopulationen voneinander trennen und somit zu eigenständigen Klonen heranwachsen (im Prinzip ähnlich zu Spermanns künstlich herbeigeführter Teilung eines Embryos). In der Wissenschaft spielt das Klonen (zumeist von MOs) eine wichtige Rolle, wenn man Populationen von Zellen untersuchen möchte und dazu einzelne Klone isoliert oder wenn man verschiedene Klone von MOs oder mehrzelligen Organismen unterschiedlichen Faktoren oder Umweltbedingungen aussetzen und miteinander vergleichen möchte. Wirtschaftlich gesehen spielt das Klonen bei Tieren kaum eine Rolle, ganz anders steht es jedoch um die Pflanzenzüchtung. Hier dient sie einerseits der **Konservierung** von Sorten als auch der Produktion von Kulturpflanzen. Dabei werden Klone beispielsweise über die Bildung von Ausläufern, über Pfropfung oder die Verwendung von Stecklingen hergestellt.

▪▪ Das therapeutische Klonen

Das **therapeutische Klonen** hingegen findet vor allem in der Medizin Anwendung, wobei man sich hier erhofft, geschädigte Zellen, Gewebe, Organe oder gar Extremitäten durch geklonte Zellen reparieren oder gar kompensieren zu können. Dazu werden Zellen eines Patienten isoliert und als Klonzellen vermehrt, die mit spezifischen Stimuli wie Hormonen dazu gebracht werden, sich eben in dieses oder jenes Gewebe zu differenzieren. Man könnte sagen, es wird ihnen nicht erlaubt sich zu einem vollständigen Organismus zu entwickeln, stattdessen wird ihnen eine ganz bestimmte Richtung vorgegeben. Der Vorteil liegt auf der Hand: Für die Transplantation von Organen oder Geweben muss nicht auf Spender gewartet werden. Außerdem wird die Abstoßrate bei der Verwendung „körpereigener" Zellen beträchtlich gesenkt. Gleich und gleich gesellt sich halt gerne.

▪▪ Technische Probleme beim Klonen

Das größte Problem beim reproduktiven als auch beim therapeutischen Klonen ist jedoch die Herkunft und der epigenetische Hintergrund des geklonten Erbmaterials. Wie in ► Kap. 13 besprochen, erfahren die Zellen von mehrzelligen Organismen umfangreiche **epigenetische Umprogrammierungen** während sie sich weiter ausdifferenzieren und der Organismus wächst und altert. Zwischen einer frisch befruchteten menschlichen Eizelle, aus der mit Glück noch ein ganzes Menschlein wächst, und einer Hautzelle, die kurz davor ist als Schuppe das Zeitliche zu segnen, liegen Welten! Man ist also bemüht, möglichst frische und **omnipotente Stammzellen** zu verwenden, also **embryonale Stammzellen** (*embryonic stem cells,* ESCs), die noch das Potenzial haben, alles zu werden. Jedoch hat man nicht immer einen Embryo zur Hand, und im Falle des therapeutischen Klonens geht es ja um die Erstellung von Klonzellen eines erwachsenen Individuums, bei dem beispielsweise gerade eine Krankheit diagnostiziert wurde.

Nimmt man nun aus dem Patienten nur adulte **multipotente Stammzellen** oder gar ausdifferenzierte somatische Zellen – schlichtweg weil keine omnipotenten oder pluripotenten Stammzellen mehr im erwachsenen Individuum vorhanden sind – ist das Entwicklungspotenzial deutlich eingeschränkt. Hierdurch erklärt sich auch, dass Dolly ungewöhnlich früh Alterserscheinungen zeigte – einfach weil der Zellkern, aus dem sie entstand, ja auch bereits viel älter und epigenetisch ausdifferenzierter war! Neue Verfahren, für deren Entwicklung es übrigens auch 2012 den Nobelpreis gab, ermöglichen jedoch die chemische Rückprogrammierung von ausdifferenzierten somatischen Zellen zurück zu einer Art Stammzelle. Diese sogenannten **induzierten Stammzellen** (*induced stem cells,* iSCs) lösen innerhalb des therapeutischen Klonens gleich zwei Dilemmas: Einerseits umgehen sie das Problem mit epigenetisch „gealterten" Zellen, weil sie die Programmierung wieder auf „0" setzen. Und andererseits müssen auf diese Weise keine Embryonen geopfert werden, zumal der (ausgewachsene) Patient selbst willentlich Spender der Zellen ist (◘ Abb. 14.5).

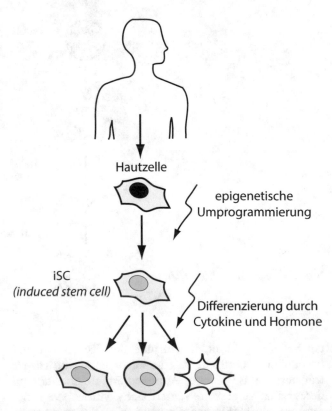

Induzierte Stammzellen

Hautzelle

epigenetische Umprogrammierung

iSC
(*induced stem cell*)

Differenzierung durch Cytokine und Hormone

◘ **Abb. 14.5** Herstellung induzierte Stammzellen. Induzierte Stammzellen (iSCs) können einfach aus somatisch ausdifferenzierten Zellen gewonnen werden, indem die epigenetischen Merkmale mittels einer chemischen Behandlung zurückgesetzt werden. Mit entsprechenden Cytokinen, Hormonen und anderen entwicklungsspezifischen Faktoren können die Zellen dann dazu gebracht werden, sich in bestimmte Zelltypen weiter zu differenzieren. (J. Funk)

Merke
Während das **reproduktive Klonen** darauf abzielt, lebensfähige „ganze" Individuen als Klone herzustellen, werden beim **therapeutischen Klonen** nur Gewebe oder Organe zu therapeutischen Zwecken gezüchtet.

14.2.3.3 Genetische Analyseverfahren

Genetische Analyse- oder Diagnoseverfahren gehören genauso wenig zur Gentechnik wie das Klonen. Hier werden DNA-Sequenzen, Gene oder Genfragmente und manchmal sogar ganze Genome vermessen, untersucht oder sequenziert, aber nicht verändert. Solche Verfahren finden sich in allerlei verschiedenen Bereichen.

▪▪ Die Rolle der Genetik in der klinischen Diagnostik

Treten in **Familienstammbäumen** bestimmte Krankheitsbilder immer wieder auf, könnte dies auf **Erbkrankheiten** hinweisen (▶ Kap. 10). Stammbaumanalysen können dabei aber nur erste Anhaltspunkte oder Wahrscheinlichkeiten geben. Die **Gendiagnostik** hingegen umfasst verschiedene Techniken der Humanmedizin, die gezielt nach Defekten und Mutationen im Genom und somit nach Auslösern für genetisch bedingte Krankheiten suchen. Dazu zählen zum Beispiel Punktmutationen (*single nucleotide polymorphisms;* **SNPs**) wie Insertionen, Deletionen oder Substitutionen innerhalb von Genen (▶ Kap. 9), aber auch numerische oder strukturelle Chromosomenaberrationen. Mit dem Wissen um die genetische Ursache und deren Folgen können Krankheiten wie Hämophilie, Phenylketonurie oder bestimmte Formen von Epilepsie entsprechend behandelt oder gar vorgebeugt werden. Dabei können die Untersuchungen auch vor der Geburt durchgeführt werden, was der **pränatalen Diagnostik** zugerechnet wird. Hier werden beispielsweise embryonale Zellen aus der Nabelschnur, dem Fruchtwasser (Amniozentese) oder aus dem fetalen Anteil der Plazenta (Chorionzottenbiopsie) entnommen und untersucht. Neuere Methoden sind auch in der Lage, chromosomale Bruchstücke des Embryos im mütterlichen Blut festzustellen. Eine Alternative dazu stellt die **Präimplantationsdiagnostik** dar, bei der Embryonen untersucht werden, die durch *In-vitro*-Fertilisation (IVF), also künstliche Befruchtung, hergestellt wurden. Hier werden Zellen des wenige Tage alten Embryos untersucht, noch bevor er in die Gebärmutter eingepflanzt wird.

Solche Untersuchungen sind vor allem dann sinnvoll, wenn die Familiengeschichte ein hohes Risiko für eine schwere Krankheit nahelegt. Einerseits verschaffen sie manchen Ungeborenen überhaupt eine Überlebenschance – sofern die Gendefekte behandelbar oder kompensierbar sind. Andererseits werden hier

hinsichtlich der **Abtreibung** (Abort) aber auch **ethische Bedenken** aufgeworfen (▶ Abschn. 14.3.2).

▪▪ Genetik und Eugenik

Verlockend und allzu leicht scheint hier der Übergang zur **Eugenik,** die besonders aufgrund der Erfahrungen mit dem Nationalsozialismus in Deutschland zurecht kritisch betrachtet werden sollte. Die Idee ist mit dem *selective breeding* bei Pflanzen vergleichbar, bezieht sich aber auf die Beeinflussung der Reproduktion, der Fortpflanzung, des Menschen. Man unterscheidet dabei in die **positive Eugenik,** bei der durch gezielte Vermittlung von geeigneten Fortpflanzungspartnern bestimmte Allele und Merkmale in der Bevölkerung (bzw. Population) angehäuft werden sollen, und die **negative Eugenik,** bei der die Ausbreitung bestimmter Allele unterdrückt werden soll. Sprich, man verbietet manchen Menschen mit bestimmten Merkmalen miteinander Kinder zu bekommen. Die genetischen Analysen kann man dabei nicht nur auf die Eltern anwenden, um die vermeintlich „besten *Matches*" zu erhalten (bzw. die vermeintlich „schlechtesten" auszuschließen), sondern als eine Art **künstliche Selektion** auch auf die Embryonen. Als eine abgewandelte Form könnte man eventuell auch die Auswahl des Geschlechtes durch *MicroSort*-Verfahren anwenden, bei dem Spermien oder befruchtete Eizellen darauf untersucht werden, ob sie einen männlichen oder weiblichen Genotyp enthalten.

▪▪ Weitere Analysen durch Vergleich und Identifikation bestimmter Sequenzen

Neben der klinischen Diagnostik und der Reproduktionsmedizin finden genetische Analysen aber auch in anderen Bereichen große Anwendung. **PCR-Verfahren** erlauben zum Beispiel nicht nur die gezielte Amplifikation von Sequenzen sondern auch Rückschlüsse, ob eine DNA-Sequenz in einer Probe überhaupt anwesend ist (▶ Abschn. 12.2). So können sehr schnell Nahrungsmittel auf **Verunreinigungen** überprüft werden, die eigentlich nicht im Produkt sein sollten (beispielsweise in Form von Pferdefleisch, Menschenfleisch, GMOs). Auch **Krankheitserreger** wie EHEC, Chlamydien, Staphylokokken und allerlei andere Bakterien sowie diverse Viren können im Essen oder in Patienten über PCR oder **Gensonden** nachgewiesen werden. Des Weiteren kann man mittels PCR Mikro- oder Minisatelliten (▶ Abschn. 3.3.2.2), die oft mutieren und in der Bevölkerung als Längenpolymorphismen vorkommen, auf ihre Länge und die Anzahl der Wiederholungen untersuchen. Charakterisiert man genug dieser Loci, etwa zehn bis zwanzig, kann man für jeden Menschen (außer eineiigen Zwillingen) statistisch gesehen ein individuelles Muster zuweisen, einen sogenannten **genetischen Fingerabdruck** *(genetic fingerprint)*. Dieses Verfahren, bei dem man im Prinzip verschiedene DNA-Proben miteinander vergleicht, kommt nicht nur bei der

Klärung von Verwandtschaftsverhältnissen (etwa beim **Vaterschaftstest**) zum Einsatz, sondern auch in der **Forensik,** wenn es darum geht, einen Täter aufgrund von DNA-Spuren am Tatort zu identifizieren. Auch wenn Opfer durch äußere Umstände unkenntlich wurden, können sie durch PCR identifiziert werden, was unter anderem bei den Terroranschlägen auf das *World Trade Center* 2001 intensiv angewendet wurde.

14.3 Die Genetik und die (Gen)-Ethik

Die Genetik und die daraus resultierenden Verfahren bieten also zahlreiche Möglichkeiten, von landwirtschaftlichen, technischen und medizinischen Anwendungen bis hin zu personalisierten Prognosen. Doch der Umgang mit diesen Möglichkeiten ist und bleibt oft sehr emotional. Kein Wunder, schließlich geht es oft um die Veränderung von Lebewesen auf molekularer Ebene und um die Interpretation von Leben (Was ist Leben? Was ist lebenswert? Welche Verantwortung hat man gegenüber Lebewesen?). Hier kommt die **Ethik** ins Spiel.

> **Überblick**
> Die **Ethik** bezeichnet die Lehre vom sittlichen Verhalten und definiert also, was in einer Gesellschaft (oder zwischen verschiedenen Gesellschaften) moralisch vertretbar ist oder nicht. Man unterscheidet oft zwischen drei verschiedenen Teilbereichen:
> - **Deskriptive Ethik:** beschreibt, welche Antworten oder Haltungen eine Gesellschaft zu ethischen Fragen zu einem gewissen Zeitpunkt hatte oder hat (▶ Abschn. 14.1).
> - **Metaethik:** beschäftigt sich mit der Sprache der Ethik und der Definition wichtiger Begriffe wie „Moral", „gut" und „schlecht" und, ob überhaupt begründete Antworten auf moralische Fragen möglich sind
> - **Normative Ethik:** sucht nach Antworten auf pragmatische Fragen und beschäftigt sich nicht mit dem Ist-Zustand, sondern damit, was sein soll. Sie stellt dazu Normen und gesellschaftliche Werte auf.

■■ Ein Blick in die Angewandte Ethik

Für dieses Unterkapitel ist besonders die Normative Ethik interessant und innerhalb von ihr die **Angewandte Ethik** (oder auch bereichsspezifische Ethik). In dieser wiederum werden nämlich konkrete Fragen zu bestimmten wissenschaftlichen Bereichen gestellt, wie auch der Bioethik, in der wir uns mit der Genetik vor allem befinden.

In der Regel können die verschiedenen ethische Problemansätze dabei zwei verschiedenen Kategorien zugeordnet werden: der teleologischen Ethik und der deontologischen Ethik. In der **teleologischen Ethik** geht es vor allem um den Zweck oder das Ziel (griech. *„Telos"*) einer Handlung. Dieser Ethik wird auch der **Utilitarismus** zugeordnet („gut ist, was nutzt"). Solange die Summe der positiven Konsequenzen einer Handlung größer als die Summe der negativen Konsequenzen ist, könnte die Handlung – auch wenn sie an sich (intrinsisch) schlecht ist – ethisch vertreten werden. Im Gegensatz dazu betrachtet die **deontologische Ethik** weder die Motivation noch die Konsequenzen einer Handlung, sondern alleine den intrinsischen Wert einer Handlung (also den Wert an sich) und ob alleine die Handlung moralisch richtig oder falsch ist. Sie wird auch als **„Pflichtethik"** bezeichnet und arbeitet nicht nur mit Pflichten, sondern auch mit Verboten – Lügen ist demnach immer schlecht, egal aus welchem Grund. Auch Kants kategorischer Imperativ kann der deontologischen Ethik zugerechnet werden.

> **Zum Beispiel**
> Oma Herta hat einen grässlich schmeckenden Kuchen gebacken und möchte wissen, wie er schmeckt. Ein Enkelkind lügt (teleologische E.), weil es die herzkranke Oma Herta glücklich machen möchte und zudem verhindern will, dass sie einen Herzinfarkt bekommt. Ein anderes Enkelkind mag die Oma auch sehr, weigert sich aber partout zu lügen (deontologische E.). Es gibt viele weitere Beispiele, wobei ein bekanntes Szenario die Frage stellt, ob man einen Terroristen oder Agenten foltern oder gar erschießen sollte, um einen Anschlag oder das Leid unzähliger anderer Menschen zu verhindern…

Beide Kategorien, die teleologische und die deontologische, betrachten also verschiedene Aspekte eines Problems, wobei die jeweiligen Argumente auch noch verschiedene Abstufungen erfahren können. Sie müssen zudem nicht unbedingt zu unterschiedlichen Schlüssen, sondern können auch zu einem gleichen Schluss kommen. In der Praxis betrachtet man als Philosoph ein Problem oder eine Handlung daher stets aus mehreren ethischen Perspektiven, darunter auch aus unseren teleologischen und deontologischen, um zu einer ethisch vertretbaren Haltung zu kommen.

Dieses Unterkapitel möchte sich nun keineswegs anmaßen, eine vollständige ethische Bewertung zu genetischen und gentechnischen Methoden zu liefern – zumal moralisch-ethische Ansichten immer im Kontext von temporären sozialen, politischen und historischen Hintergründen entstehen. Doch sollen wenigstens ein paar

Begriffe, Gedanken und Fragen angeschnitten werden, deren detaillierte Ausführungen mindestens biblische Ausmaße verdient hätten!

14.3.1 Das Problem mit dem Klonen

Angefangen mit dem **Klonen** (Absatz 14.2.4.2) scheint hier das zentrale Problem das menschliche Bedürfnis nach „**Einzigartigkeit**" zu sein. Der Philosoph Hans Jonas zum Beispiel, der für seine Verantwortungsethik bekannt wurde, lehnte das **reproduktive Klonen** von Menschen vehement ab [7]. Er warnte davor, dass der Klon immer im Vergleich zu seinem Doppelgänger beziehungsweise Vorläufer stehen würde und damit hohen Erwartungen und großem Druck ausgesetzt wäre. Nicht nur, dass der Klon sich nicht frei entfalten könne, sondern auch sein **Recht auf Unwissenheit** würde verletzt. In der Welt der Pflanzen und der Prokaryoten kommen Klone jedoch oft und natürlich vor. Das Problem scheint also vor allem auf den Menschen (abgesehen von natürlich vorkommenden eineiigen Geschwistern) beschränkt zu sein, da er dank seines Bewusstseins im Gegensatz zu anderen Lebewesen eine empfindliche Selbstwahrnehmung besitzt. Aber nicht nur für den Klon selbst, sondern auch für menschliche Gesellschaften ergeben sich einige Probleme. Beispielsweise: Wer darf sich unter welchen Umständen einen Klon leisten? Sind die Klone minderwertiger, weil sie zu einem bestimmten Zweck geklont und somit instrumentalisiert wurden (und entsteht so eine Zweiklassengesellschaft)? Oder impliziert das Klonen eines Genotyps nicht, dass die anderen Genotypen minderwertiger sind? Könnte in einer fernen Zukunft der Genpool extrem verarmen, wenn Klone die Masse einer Bevölkerung/Population ausmachen (und somit Grundlage für Epidemien oder Volkskrankheiten sein)?

Anders sieht es aber beim **therapeutischen Klonen** aus, das nicht Individuen erschafft, sondern Krankheiten oder körperliche Defekte lindern oder heilen soll. Auf der negativen Seite steht sicherlich die Vernichtung unzähliger Embryonen, die während des Forschungsprozesses als Quelle für Stammzellen genutzt werden. Embryonen werden vom Gesetz jedoch nicht durch die allgemeinen Menschenrechte geschützt – sonst gäbe es keine Abtreibung – und man könnte argumentieren, dass hier keine Individuen mit Bewusstsein auf Kosten anderer leiden. Die Zerstörung eines Zellhaufens, der unbestritten das Potenzial hat, zu einem Menschen zu werden, würde damit der Bekämpfung des Leids eines anderen realen Menschen gegenüberstehen. Aber wer möchte hier entscheiden, was mehr wiegt? In der Praxis konkurriert die Gewinnung embryonaler Stammzellen (ESC) mittlerweile jedoch ohnehin mit den **induzierten Stammzellen** (iSC), die aus adulten Zellen gewonnen werden und eine deutlich elegantere Lösung darstellen.

14.3.2 Ethische Bedenken bei genetischen Analyseverfahren

Mit genetischen Analyseverfahren kann man allerlei über seine Erbinformationen oder die eines anderen rausfinden (Absatz 14.2.4.3). Allgemein scheint es aber ein großes Problem mit den Informationen über **genetische Dispositionen** zu geben, *wem* diese gehören und *was* man damit überhaupt anfängt. Wissen ist schließlich Macht! Krankenkassen wären sicherlich sehr interessiert an genomischen Daten, um Versicherungspakete nach Risikostufen individueller zu staffeln. Doch kann man natürlich nichts für die vererbten Merkmale und es wäre diskriminierend, würde man Menschen auch noch durch hohe Beiträge dafür bestrafen, dass ihre Eltern ihnen „schlechte" Gene übertragen haben. In solchen Debatten geht es also um den Schutz der Privatsphäre, der einer gewissen Form von diagnostischer Transparenz für Staat und Gesundheitswesen gegenübersteht. Doch gibt es noch viel mehr Probleme um das Wissen um die Erbinformationen…

▪▪ Klinische Diagnostik – wessen Rechte und Bedürfnisse wiegen mehr?

In der **Gendiagnostik** geht es innerhalb der **pränatalen Diagnostik** um die Rechte von Embryonen und zentrale Fragen wie: „Ab wann beginnt Leben?" und „Ab wann ist ein Leben schützenswert?". Es geht um **Abtreibung**. Eine genetische Analyse kann, wie in ▶ Abschn. 14.2.3.3 erwähnt, auf einige Störungen hinweisen, die prä- und postnatal gut behandelbar sind. Komplizierter wird es jedoch, wenn eine genetische Analyse solche Defekte oder Komplikationen andeutet, die nicht behandelbar sind.

Obwohl Schwangerschaftsabbrüche in Deutschland strafbar sind, können Mütter – vorausgesetzt sie haben an einer staatlich anerkannten Beratung teilgenommen – bis zur zwölften Schwangerschaftswoche abtreiben. Diese Entscheidungsgewalt begründet sich unter anderem darin, dass jedwede Entscheidung nicht nur das eigene Kind betrifft, sondern auch das Leben der Mutter, die das Recht auf ein selbstbestimmtes Leben hat. Hier wird also ein reales Interesse der Eltern, vor allem der Mutter, den essenziellen (wenn auch unbewussten) Bedürfnissen des Embryos übergeordnet. Die Möglichkeiten der modernen Medizin werfen hier dennoch das Problem auf, dass die Eltern/die Mutter selbst entscheiden müssen, ob sie eine genetische Untersuchung durchführen wollen und wenn ja, was sie mit einem Ergebnis, das oftmals nur Wahrscheinlichkeiten benennt, anfangen. *Ab wann* wäre es vertretbar, das potenzielle Leid eines Kindes und die Pflegelast der Eltern zu vermeiden, statt dem Kind eine (wenn auch geringe) Chance auf ein „gutes" Leben einzuräumen?

Ein anderes Problem taucht auf, wenn sich die Interessen verschiedener erwachsener Menschen gegenüberstehen, deren Schicksale aber miteinander verbunden sind wie etwa in einem Familienstammbaum. Möchte hier ein Familienmitglied wissen, wie es hinsichtlich einer familiär bekannten Erbkrankheit um sie bestellt ist, sollte sie intuitiv natürlich das Recht darauf haben. Handelt es sich dabei aber beispielsweise um eine nicht heilbare autosomal-dominante Krankheit wie **Chorea Huntington** (Absatz 10.4.2.2), liegen die Chancen für die Nachkommen jeweils bei 50 %, ebenfalls davon betroffen zu sein, sofern die Eltern die genetische Disposition besitzen. Wollen die Nachkommen aber nun ohne Sorge vor der drohenden Krankheit leben, würde dieses Recht auf Nichtwissen in Gefahr geraten, sobald die Eltern positiv getestet werden.

■■ **Gefahren durch genetische Diskriminierung für Gesellschaftsgruppen**

Auch in der **Eugenik** ist die Diskriminierung aufgrund der genetischen Dispositionen ein zentrales Thema. Für den Philosophen Hans Jonas wäre es hier sogar theoretisch in Ordnung, würde man die negative Eugenik anwenden, um das Ansammeln vermeintlich schädlicher oder defekter Gene in einer Bevölkerung zu vermeiden, um Leid zu lindern [7]. Nähme man die positive Eugenik, verhält es sich aber anders: Hier könnte die Menschheit auf eine transhumanistische Zeit zusteuern, in der es gilt, den Menschen auf körperlicher und geistiger Ebene zu optimieren, die Evolution zu beschleunigen und das Nonplusultra aus dem Leben herauszuholen. Die Frage, welche Gene bevorzugt und welche benachteiligt werden sollen, hätte hier aber unweigerlich negative Konsequenzen für alle Individuen mit vermeintlich „schlechten" Genen und würde zudem gleich gegen mehrere Menschenrechte verstoßen! Allein der deskriptive Begriff „positive Eugenik" ist irreführend, weil an ihm – ebenso wie an einem positiven HIV-Status – nichts Positives ist. Außerdem: *wer* soll darüber entscheiden, welche Gene „gut" oder „schlecht" sind? Als Hitler und seine Regierungspartei Anfang des 20. Jahrhunderts an die Macht kamen und versuchten, der Welt ihre Rassenlehre aufzuzwingen, führte dies zur gezielten Ermordung von mehr als 200.000 körperlich oder geistig beeinträchtigter Menschen sowie über 6 Millionen Juden [8].

14.3.3 Ethische Bedenken an der Gentechnik

Bei der Diskussion um die Gentechnik scheint es im Vergleich zu den eben angeschnittenen Themen aber noch komplizierter zu werden. Hier geht es nicht nur um Lebewesen und wie sie aufgrund ihrer genetischen Informationen behandelt oder bewertet werden,

sondern um die gezielte Veränderung von Organismen selbst (▶ Abschn. 14.2.1). Weltweit kommen gentechnisch veränderte Bakterien, Hefezellen und diverse Pflanzen sowohl in der Forschung als auch in kommerziellen Anwendungen vor. Bei gentechnisch veränderten Tieren verhält es sich anders: Sicherlich werden in der Forschung unter anderem Mäuse, Ratten und Hasen verwendet, auf dem öffentlichen Markt befindet sich weltweit bisher jedoch nur ein gentechnisch hergestelltes tierisches Produkt – ein besonders schnell wachsender **Lachs,** der AquAdvantage®Salmon [9].

Was die Gentechnik angeht, unterscheiden hier einige Philosophen in sogenannte **intrinsische** und **extrinsische Bedenken,** deren Argumente im Folgenden separat behandelt werden. Grob gesagt, könnte man die intrinsischen Bedenken der deontologischen Ethikkategorie und die extrinsischen Bedenken der teleologischen Ethikkategorie zuordnen (siehe oben, ▶ Abschn. 14.3). Im Idealfall sollten zur Bewertung die Bedenken beider Kategorien ausgeräumt werden: Würden bezüglich eines Problems nur die intrinsischen Bedenken ausgeräumt, könnte es dennoch sein, dass die extrinsischen Bedenken eine moralisch vertretbare Anwendung verbieten – oder umgekehrt.

> **Die chinesischen Zwillinge**
>
> Im November 2018 erklärte der chinesische Wissenschaftler He Jiankui, dass erstmals gentechnisch veränderte Menschen, nämlich die Zwillinge Lulu und Nana, geboren wurden. Bei diesen wurde im Anschluss an eine *In-vitro*-Fertilisation (IVF) mittels CRISPR-Cas9 der Rezeptor CCR5 ausgeschaltet, der normalerweise auf der Zellmembran sitzt und von HIV erkannt wird. Die Kinder seien – so Jiankui – von Geburt an AIDS-resistent. Ob die Nachricht stimmt oder nicht – sie löste weltweit eine Welle der Empörung aus. Kritiker werfen Jiankui vor, dass das Forschungsvorhaben vorher nicht ausreichend und öffentlich diskutiert wurde und auch, dass die Modifikation unerwünschte gesundheitliche Folgen für die Zwillinge haben könnten. Was genau an der Sache dran ist, lässt sich schwer sagen, zumal der gute Herr Jiankui seitdem unter Hausarrest steht und sowohl seine Universität als auch die chinesische Regierung sehr schweigsam sind…

Übrigens werden in den folgenden Abschnitten häufig Beispiele aus der grünen Gentechnik genannt, weil sie einerseits die umstrittenste Gentechnik ist und andererseits, weil dieses Buch bei noch mehr Beispielen wirklich aus allen Nähten platzen würde.

14.3.3.1 Intrinsische Bedenken zur Gentechnik

Nur weil man etwas tun kann, sollte man es nicht unbedingt tun. **Intrinsische Bedenken** an der Gentechnik betrachten nicht die Konsequenzen eines Verfahrens, sondern erwägen, ob eine Technik überhaupt angewendet oder kategorisch verboten werden sollte, weil bereits die Durchführung an sich ethisch bedenklich ist.

■■ Der „innere Wert" eines Lebewesens

Ein Argument besteht darin, dass das **Telos** eines Lebewesens durch Gentechnik verändert wird. Das Telos beschreibt eine Art Zielgerichtetheit eines Lebewesens, das mit einem intrinsischen Wert einhergeht. Unter einem **intrinsischen Wert** kann man sich vorstellen, dass jedes Lebewesen von sich aus etwas wert ist und nicht egal ist. Jeder Organismus hat also eine „von innen kommende" Daseinsberechtigung, ohne dass diese für jemanden anderen wichtig sein muss. Die Ziele oder das Telos einer Pflanze könnten zum Beispiel Wachstum, Vermehrung und ein Drang zum Überleben sein, also alles, was zum Erfolg oder zum Wohl einer Pflanze beiträgt. Würde man diese Ziele einschränken oder verändern, so ein Argument, dann würde man auch den intrinsischen Wert des betreffenden Organismus in Frage stellen.

■■ Molekulare Integrität und Artgrenzen

Ein weiteres Bedenken ist die Achtung vor der **molekularen Integrität eines Genoms**. Es gilt also, die DNA-Sequenz eines Genoms unbedingt zu bewahren und zu konservieren. Dieses Argument ist von einem Bedenken über die Anfechtung des intrinsischen Werts zu unterscheiden, weil man theoretisch durchaus eine Sequenz ändern kann, ohne dass das Telos des Lebewesens eingeschränkt wird (sofern man dieses beschreiben kann). Dies wäre dann der Fall, wenn man das Telos eben nicht beeinträchtigt, sondern unterstützt. Beispielsweise, in dem man die Überlebenschancen einer Pflanze gegenüber Trockenstress, Überflutung oder Schädlingen erhöht.

Eng damit verbunden ist auch die Befürchtung, dass technische Veränderungen im Erbgut nicht einer „natürlichen" Evolution entsprechen und dass besonders die **Überschreitung der Artengrenzen** unnatürlich ist.

■■ Technizismus

Stört man sich an der **technizistischen** Art und Weise der Gentechnik und daran, dass Lebewesen vom Menschen instrumentalisiert (beziehungsweise „verzwecklicht") werden, könnte dies ebenfalls eine intrinsisches Bedenken sein. Technik im Allgemeinen hängt oft mit Fortschritt zusammen und hat als Ziel die ständige Verbesserung, was zu einer sich selbst beschleunigenden Entwicklungsspirale führen kann. Zudem wird die Theorie hinter einer Technik oft nur von einem kleinen Teil der Bevölkerung verstanden, kann von anderen aber dennoch angewendet werden, was wiederum zu einer Undurchsichtigkeit der Prozesse führt. Fließend ist hier jedoch auch der Übergang zu den extrinsischen Bedenken, insbesondere dann, wenn man die Folgen einer Technik bedenkt. Doch dazu mehr im nächsten Abschnitt!

■■ Religiöse Bedenken

Ja, es ist ein naturwissenschaftliches Buch, aber es sei schließlich an dieser Stelle auch das religiös-motivierte Argument erwähnt, dass man nicht **„Gott spielen"** und sich mit Gott auf eine Ebene stellen soll. Natürlich kann in der Bibel, dem Talmud oder dem Koran noch nichts über Gentechnik stehen, weil sie zum Zeitpunkt der Entstehung jener Schriften noch nicht existierte. Aber darum geht es ja auch nicht. Vielmehr geht es bei solchen Argumenten oft um eine Kritik am Selbstverständnis des Menschen und über seine Möglichkeiten, Freiheiten, als auch sein anmaßendes Verhalten gegenüber einer übernatürlichen (und allmächtigen) Wesenheit. Darüber hinaus vermitteln Religionen in der Regel auch Grundvorstellungen für ein gutes Leben und wie man sich gegenüber anderen Lebewesen, beziehungsweise der „Schöpfung", insgesamt verhalten soll (woraus wiederum Moralvorstellungen hervorgehen). Albert Schweitzer würde dies als „Ehrfurcht vor dem Leben" bezeichnen [10]. Wenn es aber um die Folgen der Gentechnik für die Schöpfung geht, befinden wir uns – ähnlich wie bei manchen technizistischen Argumenten – wieder eher bei den extrinsischen Bedenken, um die es in ▶ Abschn. 14.3.3.2 geht.

14.3.3.2 Extrinsische Bedenken zur Gentechnik

Mal angenommen, die Anwendung der Gentechnik an sich würde nicht von vornherein, also kategorisch verboten, abgelehnt, so gibt es immer noch zahlreiche extrinsische Bedenken. **Extrinsische Bedenken** beinhalten dabei Folgen und Risiken für den modifizierten Organismus selbst, aber auch für seine Umwelt, die Lebewesen, die auf und in ihm leben, als auch für das jeweilige Ökosystem.

■■ Präzision einer Anwendung

Ein zentrales Bedenken ist die Präzision der gentechnischen Modifikationen im Genom. Wie in 14.2.2.4 beschrieben, war der Ort der Rekombination lange Zeit nicht genau vorhersagbar, da viele Vektoren über illegitime Rekombination zufällig ins Genom integrierten. Neueste Methoden erreichen bezüglich der Präzision Erfolgsraten von 99,9 %. Dies bedeutet dennoch, dass **off-target-effects** oder zu Deutsch Effekte, die außerhalb des gewünschten Genabschnitts liegen, trotz eines sehr geringen Restrisikos nicht hundertprozentig vermeidbar sind. Landen die eingebrachten Sequenzen in regulatorischen oder codierenden Genbereichen, kann dies unter Umstände die Expression des betroffenen Gens beeinträchtigen. Möge dies bei Pflanzen zunächst noch verkraftbar sein, weil man die Pflanze im schlimmsten Fall einfach wieder vernichten kann, sieht es bei der Gentherapie von menschlichen Zellen anders aus. Werden hier wichtige Gene durch Mutation funktionsunfähig oder überaktiv, kommt es schlimmstenfalls zu Krankheiten wie Krebs.

▪▪ Der Einfluss von GVOs auf ihre Umwelt

Doch nicht nur Effekte auf den GVO selbst, sondern auch sein Einfluss auf seine Umwelt, auf Ökosysteme und auf die Biodiversität werden sehr kritisch gesehen. Dieser kann einerseits in der direkten Interaktion mit dem GVO (beispielsweise durch **Toxizität** für Fraßfeinde), in der **ungewollten Ausbreitung** des GVOs oder in der Übertragung modifizierter Gene und Genfragmente bestehen. Insbesondere wenn GM Pflanzen gegen abiotische Faktoren wie Hitze, Frost oder versalzene Böden widerstandsfähiger gemacht werden, warnen Kritiker vor einer Verdrängung anderer heimischer Arten. Eine Übertragung der modifizierten Gene oder Genfragmente kann zudem über HGT oder bei fremdbestäubenden Pflanzen über das Auskreuzen mit verwandten Wildarten (durch Pollenflug) geschehen. Dies wird kritisch gesehen, weil die modifizierten Gene in einem anderen Organismus beispielsweise mit anderen Stoffwechselwegen interagieren könnten oder weil sowohl die Transgene als auch die verwendeten Markergene (▶ Abschn. 12.1.5) Resistenzen gegen Pestizide vermitteln könnten. Ein Bedenken besteht insbesondere darin, dass solche Markergene auch auf **pathogene Bakterien** übertragen werden könnten, die dann wiederum resistent für die jeweiligen Antibiotika wären.

▪▪ Wirtschaftliche (und gesellschaftliche) Bedenken

Technisch gesehen könnte man das Auskreuzen bei Pflanzen zum Beispiel verhindern, indem die GM-Pflanzen steril gemacht werden (gentechnisch oder chemisch) oder indem man die **Plastidentransformation** anwendet. Bei dieser Methode rekombinieren die Transgene in die Plastiden-DNA und werden nicht auf die nächste Generation übertragen, da die Plastiden in der Regel nicht in die Pollen geraten. Auf der anderen Seite würde dies jedoch bedeuten, dass Landwirte die Samen stets neu kaufen müssen und nicht selbst wieder aussäen können. Dies würde ein anderes Bedenken – das ohnehin besteht – weiter unterstützen, nämlich das über die **Zugänglichkeit der Technologien.** Hier wird kritisiert, dass nur reiche Länder und – im Falle von GM-Pflanzen – vor allem die entsprechenden Saatgutfirmen mit ihren Technologien Profit machen, während

kleine landwirtschaftliche Unternehmen in eine Abhängigkeit geraten.

Aus einem ähnlichen Grund lassen sich gesellschaftliche Bedenken in Bezug auf die gentechnische Verbesserung des Menschen ableiten. Durch den erschwerten (weil teuren) Zugang zu den entsprechenden Technologien fürchtet man hier die Entstehung einer Zweiklassengesellschaft, in der es sich nur reiche Eltern leisten könnten, ihre Kinder (oder sich selbst) gentechnisch zu verbessern. In einer größeren Dimension könnte man derartige Bedenken auch bei Szenarien anwenden, in denen Staaten oder bestimmte Interessensgruppen ganze zukünftige Generationen einer Bevölkerung modifizieren möchten. Solche Szenarien wirken fern und wie aus einem Science-Fiction Film (▶ Abschn. 14.1.1), doch erinnern wir uns daran, dass die ersten beiden gentechnisch veränderten Menschen angeblich bereits geboren wurden (▶ Abschn. 14.3.3).

▪▪ GM-Pflanzen und die Verwendung von Pestiziden

Innerhalb der grünen Gentechnik stehen vor allem **glyphosatresistente** Pflanzen und das Glyphosat selbst in der Kritik. **Glyphosat** inhibiert die 5-Enolpyruvylshikimat-3-phosphat-Synthase (EPSPS), welche in Pflanzen und manchen MOs für die Synthese mancher Aminosäuren benötigt wird. Es wird meistens als Bestandteil des Breitbandherbizids **Roundup**^{TM} auf Felder ausgebracht, um Unkräuter zu vernichten, wobei eben Nutzpflanzen, die durch Gentechnik glyphosatresistent gemacht wurden, von dem Herbizid nicht beeinflusst werden. Dabei schadet Roundup^{TM} nicht nur Unkräutern, sondern natürlich allerlei Pflanzen und MOs und hat insgesamt negative Auswirkungen für die Biodiversität in den besprühten Gebieten und Böden. In vielen Fällen sind zudem Krankheiten bei Kindern und Schwangeren dokumentiert, die wahrscheinlich auf das breitflächige Besprühen durch Flugzeuge oder durch Rückstände im Grund- und Trinkwasser zurückgehen.

14.3.3.3 Die Bedenken an den Bedenken

Die Gentechnik wirft also zahlreiche Bedenken auf. Zurecht, schließlich kann sie (potenziell) massive Auswirkungen auf einzelne Lebewesen, Gesellschaften und ganze Ökosysteme haben. Doch kann man nicht nur die vermeintlich positiven Aspekte der Gentechnik in Frage stellen, sondern natürlich auch die Bedenken daran. Wem das zu viele Bedenken über Bedenken sind, der sei beruhigt, dass es hier einfach kein Schwarz und Weiß gibt und dass eine richtige ethische Debatte eigentlich noch *viel mehr* Hintergrundwissen und Kaffee braucht.

▪▪ Intrinsische Bedenken

Bei der Einschränkung des **Telos** eines Lebewesens, beispielsweise einer Pflanze, ergibt sich ein Problem zunächst darin, dass man das Telos des Lebewesens überhaupt einmal definieren muss. Als Mensch ist es unter Umständen jedoch schwer, sich in eine Pflanze hineinzuversetzen und dabei jede Subjektivität auszuschließen. Hat man sich dennoch auf ein Telos geeinigt, ist es möglich, dass eine gentechnische Modifikation das Telos eines Lebewesens keineswegs einschränkt, sondern sogar unterstützt (wie im Abschnitt über molekulare Integrität erwähnt).

Zur Erhaltung der **molekularen Integrität** eines Lebewesens, also der Erhaltung der DNA-Sequenz, bemerkt der Umweltethiker Konrad Ott, dass DNA-Moleküle keine Personen, sondern „bewusstlos codierte Information[en]" sind und daher weder beleidigt noch gekränkt werden können [11]. Zudem beruht die Evolution unter anderem auf zufälligen Mutationen, Endosymbiose und horizontalem Gentransfer (▶ Kap. 9), was die Übergänge zwischen verschiedenen Arten fließend erscheinen lässt und eine **Artdefinition** deutlich erschwert. Die Veränderung von DNA-Sequenzen und Genomen stellt somit einen völlig natürlichen Prozess dar, wenngleich die Moleküle sich auch nicht am laufenden Band ändern.

Der Einwand über die **technizistische** Art der Gentechnik und die Verzwecklichung von Lebewesen mag nachvollziehbar sein. Würde man dies jedoch in aller Konsequenz durchziehen, könnte es bedeuten, dass man stringenterweise auf allerlei Technik und Fortschritt verzichten müsste, wie auch die konventionelle Pflanzenzucht. Hier werden ganze Genome künstlich durcheinandergewürfelt und Pflanzen selbstverständlich dazu herangezüchtet, um sie zu töten und aus ihnen Nahrungsmittel herzustellen.

Innerhalb der intrinsischen Bedenken sei bei den **religiösen Bedenken** schließlich erwähnt, dass es äußerst schwer ist, eine allgemeine Schlussfolgerung für die Gentechnik abzuleiten. Dies liegt daran, dass es naturwissenschaftlich unklar ist, ob es überhaupt einen Gott (oder mehrere) gibt, wer Gott ist und was er/sie/es will. Zudem gibt es verschiedene Konzeptionen, in denen der Mensch nicht nur ein Geschöpf Gottes ist, sondern auch die Freiheit besitzt, die Welt nach seinen Vorstellungen mitzugestalten. Jedoch könnte man mit der Intention des Anwenders (egoistisch/altruistisch?) und auch mit den Konsequenzen (gut/schlecht?) für die erhaltenswerte „Schöpfung" argumentieren. Doch, wie gesagt, wäre man hier wieder bei den extrinsischen Bedenken.

■■ Extrinsische Bedenken
Viele der extrinsischen Bedenken kann man als **Risikobedenken** zusammenfassen, was bedeutet, dass die Befürchtungen sich nicht unbedingt erfüllen müssen, dass aber die Risiken – auch wenn sie noch so klein sind – zumindest existieren und dass man sie nie völlig

ausschließen kann. GVOs unterliegen deshalb strengen Gesetzen und müssen eine Reihe von Prüfungsverfahren durchlaufen, bevor sie auf dem Markt zugelassen werden. In der EU ist die *European Food Safety Authority* (EFSA) die zuständige Behörde, die jedes Produkt einzeln auf verschiedene Kriterien hin prüft. Auch in Deutschland fördert das **Bundesministerium für Bildung und Forschung** (BMBF) diverse Programme zur biologischen Sicherheitsforschung über GVOs.

Bemerkenswerterweise nahmen beide Institutionen zuletzt die Haltung an, dass GVOs an sich *nicht gefährlicher* sind als andere konventionell hergestellte Organismen. Hinsichtlich der Auswirkungen des Verzehrs gentechnisch hergestellter Nahrungsmittel auf die menschliche Gesundheit verglichen Studien einfach die europäische mit der amerikanischen Bevölkerung (da in Amerika davon auszugehen ist, dass man nicht um den Verzehr gentechnisch hergestellter Produkte herumkommt) – und fanden keine signifikanten Unterschiede [12]. Auch in Hinblick auf Auswirkungen auf die Umwelt heißt es in einem Bericht des BMBFs über 25 Jahre **Sicherheitsforschung:** „Mit den bisher ins Freiland gebrachten GVO waren keine gentechnisch-spezifischen Risiken verbunden." [13].

Betrachtet man nun die Debatte um glyphosatresistente Pflanzen, ist anzumerken, dass nicht die Pflanzen selbst, sondern das Breitbandherbizid **Roundup™** das eigentliche Problem für Umwelt und Gesundheit darstellt. Das erhöhte Krebsrisiko geht zudem vermutlich nicht auf das Glyphosat zurück, sondern auf andere Bestandteile des Herbizids, wie etwa **Tallowamine,** die als Netzmittel für die Haftung des Herbizids auf den Pflanzen sorgen. In Deutschland werden Roundup™ und andere glyphosathaltige Produkte in der konventionellen Landwirtschaft (und auch im privaten Bereich) verwendet, obwohl hierzulande gar keine GM-Pflanzen zum kommerziellen Anbau zugelassen sind.

14.3.3.4 (K)ein Fazit

Wie angekündigt, kann dieses Kapitel gar keine vollständige Bewertung, geschweige denn eine Empfehlung zur Gentechnik geben. Verzeihung, werte Leserinnen und Leser, wenn Sie an dieser Stelle enttäuscht sind. Es gibt kein Fazit von unserer Seite!

Stattdessen sei auf den Exkurs 14.2 verwiesen, der die gesetzliche Lage zur Gentechnik in Deutschland kurz skizziert und damit andeutet, welche offizielle Haltung gegenüber der Gentechnik hierzulande herrscht. Bemerkenswert ist zudem, dass der deutsche Ethikrat, dessen Ratsmitglieder die Regierung in verschiedenen ethischen Fragen beraten, im Mai 2019 erstmals erklärte, dass er Veränderungen in der menschlichen Keimbahn nicht kategorisch ablehnt [14]. Gleichzeitig waren die Ratsmitglieder sich darin einig, dass man derzeit noch nicht zur klinischen Forschung übergehen soll. Hier wurden also die intrinsischen Bedenken, jedoch noch nicht die extrinsischen, ausgeräumt.

Obwohl Gentechnik durch Methoden wie CRISPR-Cas viel genauer und sicherer geworden ist (Exkurs 14.1), bleiben die Risikobedenken (wenigstens in Deutschland) bei vielen Fragestellungen also bestehen. Dies zeugt von einem Sicherheitsdenken, das eher von **Vorsorge** als Nachsorge geprägt ist. Was natürlich nicht verkehrt ist. Wer kann schon mit *absoluter* Sicherheit negative Folgen einer gentechnischen Veränderung auf den Zielorganismus oder den Einfluss von GVOs auf andere Organismen oder ganze Ökosysteme ausschließen? Natürlich niemand, weil biologische Systeme viel zu komplex sind. Zur Bewertung einer Gentechnik müssten die Risikobedenken daher gegen die potenziellen positiven Effekte einer Technik sorgsam abgewogen werden (vorzugsweise, wenn die intrinsischen/kategorischen Bedenken bereits ausgeräumt wurden). Sicherlich ist eine solche **Risiko/Nutzen-Rechnung** keineswegs einfach: Auf der einen Seite müssten sehr gute Gründe für eine Anwendung her und auf der anderen Seite müssten die Risiken möglichst gering gehalten werden.

In der Tat haben sich viele Menschen mit schwerwiegenden erblichen Defekten freiwillig für eine Behandlung durch Gentherapie (▶ Abschn. 14.2.2.4) gemeldet. Und auch in der grünen Gentechnik (14.2.2.1) gibt es sorgsame Bemühungen, die Landwirtschaft klimafreundlicher und ressourcensparender zu gestalten und Pflanzen herzustellen, mit denen bestimmte Krankheiten oder Mangelernährung bekämpft werden sollen. Ein gutes Beispiel dafür ist der *Golden Rice,* bei dem nicht der wirtschaftliche Profit, sondern der Kampf um den Vitamin-A-Mangel im Vordergrund steht.

14

Am Rande bemerkt: Ökologische Landwirtschaft plus Gentechnik?

Ein besonders interessanter Gedanke, den unter anderem die Umweltethiker und Philosophen Konrad Ott und Gary Comstock vertreten, besteht schließlich darin, die grüne Gentechnik mit dem ökologischen Landbau *zu verbinden.* Warum eigentlich nicht? Der ökologische Landbau ist zweifelsfrei die umweltschonendste Form der Landwirtschaft. Der Fokus der Intensivlandwirtschaft liegt aber eher auf einer gewinnbringenden Ökonomie statt auf Nachhaltigkeit und Biodiversität. Da kann eine GM-Pflanze noch so gut sein – wird sie in Monokulturen angebaut und mit Massen an Pestiziden behandelt, kann sie im Vergleich zum ökologischen Landbau was Nachhaltigkeit angeht nur den Kürzeren ziehen. Eine **Fusionierung** aus ökologischem Landbau und einer kritisch geprüften grünen Gentechnik könnte hingegen völlig neue Möglichkeiten für die Landwirtschaft und nicht zuletzt für den Klimaschutz bieten.

Exkurs 14.2 Gesetze zur Gentechnik in Deutschland und in der EU

Das Gentechnik-Gesetz (GenTG) in Deutschland wurde 1990 eingeführt und regelt seitdem die Erforschung, Produktion und Vermarktung von GVOs. Labore, in denen gentechnische Methoden angewendet werden, werden auch als gentechnische Anlagen bezeichnet und finden sich in fast jeder Uni, an der man auch Biologie studieren kann. Je nach Risiko für Gesundheit und Umwelt sind die Labore in vier verschiedene Sicherheitsstufen eingeteilt (S1 = ungefährlich; S2 = geringe Gefahr; S3 = mäßiges Risiko; S4 = hohes Risiko). Das GenTG unterscheidet außerdem zwischen der zeitlich begrenzten **Freisetzung** von GVOs zu Forschungszwecken (Freilandversuche) und dem **Inverkehrbringen** von GVOs, also dem kommerziellen Anbau für Dritte. Dabei sind die Gesetze in Deutschland deutlich strikter als die Gesetze und Richtlinien anderer EU-Staaten (früher war das Inverkehrbringen in der EU einheitlich geregelt, mittlerweile entscheiden die Staaten selbst).

So waren im Jahr 2015 in der EU 58 verschiedene GVOs als Import (darunter Mais, Baumwolle, Soja, Raps und Zuckerrüben) für den Markt zugelassen. Dabei wird der Großteil der Importe als Tiernahrung (**Futtermittel**) verwertet und nur ein kleiner Teil als Nahrung für den Menschen (**Lebensmittel**). Zu kommerziellen Zwecken angebaut werden darf aber nur die Maissorte **MON810** der Firma Monsanto, die in der Lage ist ein Bt-Protein zu produzieren.

Trotz der Sicherheitsfreigabe mehrerer GVOs durch die Europäische Behörde für Lebensmittelsicherheit (**EFSA**), ist in Deutschland das Inverkehrbringen und somit der kommerzielle Anbau von GM-Pflanzen untersagt. Auch der Verkauf von gentechnisch hergestellten Produkten als Lebensmittel im Supermarkt ist verboten, der Import und Verkauf von gentechnisch hergestelltem Futtermittel ist aber erlaubt. Weil konventionell hergestellte Pflanzen und GM-Pflanzen aber oft mit denselben Maschinen verarbeitet werden, sind geringe **Durchmischungen** unvermeidbar. Solange Produkte im Geschäft aber weniger als 1 % gentechnisch verändertes Material enthalten, dürfen sie als gentechnikfrei bezeichnet und vermarktet werden. Man könnte meinen, dass das bekannte „**Ohne Gentechnik**"-Siegel dadurch überflüssig wird, weil sowieso keine gentechnisch veränderten Lebensmittel auf den Markt dürfen. Das Siegel bezieht sich aber eher darauf, dass auch die jeweiligen Tiere, die für die Produktion beispielsweise von Eiern, Milchprodukten oder Fleisch verwendet werden, nicht mit gentechnisch verändertem Futtermittel in Kontakt kamen. Dabei beruht das Siegel auf keiner gesetzlichen Grundlage, sondern stellt eine freiwillige Kennzeichnung durch die Produzenten dar.

Ein wichtiges Urteil fällte der **europäische Gerichtshof** (EuGH) im Juli 2018. Hier wurde nochmal grundlegend diskutiert, was GVOs eigentlich sind und ob **CRISPR-Cas** (Exkurs 14.1) überhaupt eine Gentechnik ist. Ein zentrales Problem bestand darin, dass man bei neueren Verfahren die kritisch betrachteten **Markergene** relativ einfach wieder entfernen kann oder erst gar keine verwendet. Dadurch ist aber nicht mehr nachweisbar, ob ein Organismus gentechnisch behandelt wurde oder nicht (Abschn. 14.2.1). Bei dem Gerichtsverfahren kam dann nicht nur heraus, dass CRISPR-Cas als Gentechnik bewertet wird und somit strengen Auflagen unterliegt, sondern auch, dass **Mutagenese** durch Strahlung und Chemikalien zu GVOs führt. Problematisch war dies deshalb, weil solche Mutagenese-Verfahren zur **konventionellen Pflanzenzucht** zählen und auf diese Weise bereits viele Obst- und Gemüsesorten erzeugt wurden. Der EuGH beschloss daher, dass alle mit Mutagenese erzeugten GVOs, die schon seit Jahrzehnten auf dem Markt sind, nicht wie andere GVOs behandelt werden und den GVO-Gesetzen unterliegen, da sie anscheinend nach langjähriger Erfahrung *sicher* sind.

14.4 Schlusswort – Die Zukunft der Genetik

Es steht außer Frage, dass die Genetik, die Gentechnik und andere genetische Verfahren in der Zukunft eine immense Rolle spielen werden. Allein das Wissen um bestimmte genetische Abläufe und Strukturen kann den Umgang der Gesellschaft mit manchen Themen beeinflussen. Ob es um medizinische Fragen, Erziehung, Biodiversität und Klimawandel, Herkunft und Identität oder einfach nur um Familienplanung geht. In kleinen *Start-ups,* in großen Firmen, aber auch in staatlichen Institutionen und Universitäten forscht man zudem weiterhin an den Risiken, aber auch an den Möglichkeiten von GVOs, molekularbiologischen Verfahren und biotechnologischen Anwendungen. Einige mögliche Ziele könnten sein:

— Die **Gentherapie** zur Behandlung schwerwiegender Erbkrankheiten wird genauer. *Off-target* Effekte werden dadurch geringer und auch das *targeting* der Körperzellen wird optimiert.

— Die **Sequenzierung** wird immer schneller und präziser und erlaubt durch eine präzisere Diagnostik eine **personalisierte Medizin.** Hier kann nicht nur die medikamentöse Behandlung von Patienten individuali-

siert werden, sondern eventuell können auch Krebs-Screenings effektiver durchgeführt werden.

— Innerhalb der synthetischen Biologie bieten sich Moleküle wie Plasmide auch zur **Speicherung von Daten** an. Die Codierung fast aller Computer erfolgt bekanntlich durch einen Binärcode (mit den Werten „0" und „1"). In biologischen Systemen können einzelne Bits als Nukleotide aber bis zu 4 verschiedene Werte haben (A, T, G und C)!

— **Abbau von Plastikmüll** oder Ölteppichen könnte durch Bakterien beschleunigt werden. In Tiefseegräben wurden bereits einige Polychaeten entdeckt, die plastikzersetzende Bakterien in ihrem Darm hatten. Und auch andere marine ölzersetzende MOs sind bekannt.

— Die **Boden-Erosion** durch den Klimawandel und andere Einflüsse (wie Bodenverschmutzung) könnte durch trockenresistente oder auch schwermetallresistente GM-Pflanzen verhindert werden.

Die Erfahrung hat gezeigt, dass – entgegen aller Bedenken – Menschen aus diversen Gründen Dinge tun, einfach weil sie möglich sind. Bei allen neuen Verfahren und Techniken müssen daher passende **Gesetze** und **Regelungen** her, um sowohl Menschen als auch andere Tiere, Pflanzen und die Umwelt insgesamt schützen zu können. Dass ein gutes Gesetz noch vor der Entwicklung oder Anwendung einer Technik zustande kommt, wäre natürlich noch besser, ist aber oft leider utopisch, da die Wissenschaft eben stetig die Grenzen des Denkbaren verschiebt.

Eine **breite Diskussion** in der Öffentlichkeit, an Schulen und in der Politik, die nicht nur intuitive Befürchtungen und Emotionen, sondern *auch* wissenschaftlich fundierte Argumente miteinschließt, ist daher unerlässlich! Hier kommen Sie, als mündiger und hoffentlich interessierter Mensch, ins Spiel – welche Meinung Sie auch immer haben. Besonders wichtig wäre es schließlich, dass staatliche und somit offene und unabhängige Forschungseinrichtungen und -projekte gefördert werden, damit der Fokus eben auf **Nachhaltigkeit** und nicht auf dem wirtschaftlichen Gewinn liegt.

▪▪ Noch ein letztes Wort

„Nicht genug also, daß alle Aufklärung des Verstandes nur insoferne Achtung verdient, als sie auf den Charakter zurückfließt; sie geht auch gewissermaßen von dem Charakter aus, weil der Weg zu dem Kopf durch das Herz muss geöffnet werden."

— Friedrich Schiller (1793). Briefe über die ästhetische Erziehung des Menschen [15].

Zusammenfassung

- Genetik in der Öffentlichkeit
- Genetische und gentechnische Verfahren spielen in der Forensik, der Diagnostik, der Industrie und Pharmazie eine wichtige Rolle. Grüne Gentechnik wird aber sehr kritisch gesehen.

- Methoden der Gentechnik
- Gentechnik beschreibt die gezielte Veränderung des Genoms eines lebenden Organismus, wobei genetisch veränderte Organismen (GVO, engl. GMO) entstehen. Hier werden Mutationen eingeführt oder Genfragmente oder ganze Gene von einem Organismus auf einen anderen übertragen.
- Mutagenese durch Radioaktivität oder chemische Substanzen führt zu nicht-ortsspezifischen Mutationen. Durch PCR mit speziellen Primern können ortsspezifische Mutationen eingeführt werden.
- Genfähren wie virale Chromosomen oder bakterielle Plasmide können verwendet werden, um Gene oder Genfragmente aus anderen Organismen zu übertragen. Die neuen Informationen können dabei extrachromosomal nur temporär vorliegen (transient) oder dauerhaft in das Genom über homologe oder illegitime Rekombination integrieren.
- *Genome-editing* beruht auf der Verwendung von Nukleasen, die DNA sehr spezifisch schneiden (ZFNs, TALENS, CRISPR-Cas). Durch zelluläre Reparaturmechanismen entstehen an den Schnittstellen Mutationen. Alternativ können hier auch andere Sequenzen zielgerichtet integriert werden. Auch die Modifizierung des Epigenoms ist möglich, indem die nukleolytische Domäne durch andere Proteindomänen ersetzt wird.

- Farben der Gentechnik
- Gentechnik ist ein Teilbereich der Biotechnologie und kann helfen, Organismen zu modifizieren, sodass sie schneller wachsen, bestimmte Stoffe produzieren oder Resistenzen gegen Schädlinge, Trockenheit oder Pestizide aufweisen. Man unterscheidet dabei in:
  - Grüne Gentechnik: Modifikation von Pflanzen zur Herstellung von Biotreibstoffen, Lebens- und Futtermitteln. Geschieht vor allem über *A. tumefaciens,* Protoplastenfusion oder Biolistik.
  - Weiße Gentechnik: wird in der Industrie eingesetzt. Modifikation meistens von MOs zur Herstellung spezifischer Enzyme für die Herstellung von Lacken, Waschmitteln, Textilien…
  - Rote Gentechnik: Anwendung von Gentechnik in der Medizin zur Herstellung von Antikörpern, Supplementen, Blutgerinnungsmittel etc. Umfasst auch die Gentherapie am Menschen.

- weitere genetische Verfahren
- Konventionelle Pflanzenzucht: künstliche Auslese gewünschter Merkmale stellt das Grundprinzip dar. Zusätzlich wird die Variabilität des Genpools künstlich beeinflusst, indem bestimmte interspezifische (gleiche Sorte), intraspezifische (gleiche Art) oder intergenische (verschiedene Arten) Kreuzungen durchgeführt werden. Auch die Mutagenese durch Strahlung oder Chemikalien zählt zur konventionellen Pflanzenzucht.
- Klonen: Reproduktives Klonen umfasst die Erzeugung eines genetisch identischen vollständigen Organismus, was bei Prokaryoten und vielen Pflanzen über vegetative Reproduktion auf natürliche Weise geschieht. Auch eineiige Zwillinge beim Menschen sind genetische Klone. Therapeutisches Klonen beschreibt die Herstellung genetisch identischer Gewebe zu medizinisch therapeutischen Zwecken. Zentrales Problem bei beiden Klon-Methoden ist der epigenetische Zustand der Spenderzelle. Induzierte Stammzellen (iSC), die aus adulten somatischen Zellen gewonnen werden, könnten hier embryonale Stammzellen (ESC) ablösen.
- Genetische Analyseverfahren: DNA-Proben werden zur Aufklärung von Verwandtschaftsverhältnissen (Stammbäume), in der Forensik zur Ermittlung von Tätern (oder Opfern) oder in der medizinischen Diagnostik zur Erkennung von Erbkrankheiten untersucht.

- Ethische Bedenken
- Ethik beschreibt das sittliche Verhalten und ob eine Handlung moralisch vertretbar ist oder nicht. Teleologische Ethiken wiegen dabei positive und negative Konsequenzen gegeneinander auf, während deontologische Ethiken eine Handlung an sich – unabhängig der Konsequenzen – bewerten.
- Das reproduktive Klonen wird beim Menschen deutlich kritischer gesehen als bei anderen Tieren und Pflanzen. Das menschliche Bedürfnis nach Einzigartigkeit und ein Recht auf Nichtwissen und insbesondere das Bewusstsein darüber lassen es nicht ethisch vertretbar erscheinen. Das therapeutische Klonen kann jedoch Leid verhindern und ist eher vertretbar, insbesondere wenn körpereigene iSCs verwendet werden.
- Genetische Analyseverfahren sind zwar oft nützlich, aber auch problematisch, weil pränatale Diagnostikverfahren die heikle Frage aufwerfen, ab wann ein Leben lebensunwürdig ist. Auch positive Eugenik (gezielte Partnervermittlung zur Erhöhung gewünschter Merkmale) und negative Eugenik (Vermeidung bestimmter Kombination zur

14

Verringerung gewünschter Merkmale) sind ethisch und historisch betrachtet höchst kritisch zu bewerten.

- Bei Intrinsische Bedenken an der Gentechnik diskutiert man, ob Gentechnik kategorisch verboten oder angewendet werden sollte. Hier geht es um das Telos und die genomische Integrität des modifizierten Organismus als auch um religiöse kategorische Bedenken.

- Extrinsische Bedenken zur Gentechnik befassen sich mit den Folgen sowohl für den modifizierten Organismus selbst (wie *off-target*-Effekte), als auch für seine Umwelt (wie Verdrängung anderer Arten, Toxizität, Auskreuzen der Transgene). Zur Bewertung der Anwendung kann man die Risiken mit den potenziell positiven Aspekten abwägen. Diverse Studien stellten bisher jedoch kein höheres Risiko von GM-Pflanzen im Vergleich zu konventionell gezüchteten Pflanzen fest.

- Zukunft der Gentechnik
- Genetik-basierte Verfahren werden in der Zukunft eine zunehmend größere Rolle in der Gesellschaft einnehmen und könnten neben der Gentherapie und personalisierter Medizin auch im Klimaschutz und der Datenspeicherung zum Einsatz kommen. Eine öffentliche wissenschaftlich basierte Diskussion und neue angepasste Gesetze sind dazu unerlässlich.

Literatur

1. Koalitionsvertrag zwischen SPD und Bündnis 90/Die Grünen zur 17. Wahlperiode des Niedersächsischen Landtags (2013). Erneuerung und Zusammenhalt – Nachhaltige Politik für Niedersachsen. S. 74. Link: ► https://www.stephanweil.de/wp-content/uploads/sites/42/2017/04/koalitionsvereinbarung_rot-gr__n_20130214.pdf [letzter Zugriff 27.03.2019]
2. Bundesministerium für Umwelt, Naturschutz und nukleare Sicherheit (2019). Naturbewusstsein 2019 –Bevölkerungsumfrage zu Natur und biologischer Vielfalt. Link: ► https://www.bmu.de/publikation/naturbewusstsein-2019/ [letzter Zugriff: 01.10.2020]
3. WHO. (2009). *Prevalence of vitamin A deficiency in populations at risk 1995–2005*. WHO, Geneva: WHO Global database on vitamin A deficiency.
4. Link: ► http://supportprecisionagriculture.org/nobel-laureate-gmo-letter_rjr.html [letzter Zugriff: 27.03.2019]
5. ISAAA (2017). Global Status of Commercialized Biotech/GM Crops in 2017: Biotech Crop Adoption Surges as Economic Benefits Accumulate in 22 Years. ISAAA Brief No. 53. ISAAA: Ithaca, NY.
6. Link: ► http://www.abedia.com/wiley/indications.php [letzter Zugriff: 27.03.2019]
7. Jonas, H. (1985). Technik, Medizin und Ethik. Zur Praxis des Prinzips Verantwortung. Frankfurt a. M., Insel Verlag (Kap. 8: Laßt uns einen Menschen klonieren: Von der Eugenik bis zur Gentechnologie).
8. Auerbach, H. (1992). Opfer der nationalsozialistischen Gewaltherrschaft. In Wolfgang Benz (Hrsg.), *Legenden, Lügen*. Ein Wörterbuch zur Zeitgeschichte: Vorurteile.
9. Link: ► https://www.fda.gov/ForConsumers/ConsumerUpdates/ucm280853.htm [letzter Zugriff: 27.03.2019]
10. Schweitzer, A. (1923). *Kultur und Ethik. Kulturphilosophie Zweiter Teil*. München: C. H. Beck.
11. Ott, K. (2003). Ethische Aspekte der 'grünen' Gentechnik. In Düwell und K. Steigleder (Hg.) *Bioethik*. Frankfurt am Main: Suhrkamp, S. 363–369. Zitat auf Seite 364.
12. National Academies of Sciences, Engineering, and Medicine (2016). Genetically Engineered Crops: Experiences and Prospects. Washington, DC: The National Academies Press. 10.17226/23395.
13. Bundesministerium für Bildung und Forschung (BMBF) (2014). 25 Jahre BMBF-Forschungsprogramme zur biologischen Sicherheitsforschung –Umwelteinwirkungen gentechnisch veränderter Pflanzen. Link: ► https://www.bmbf.de/upload_filestore/pub/Biologische_Sicherheitsforschung.pdf. [letzter Zugriff: 27.03.2019]. Zitat: Prof. Dr. Joachim Schiemann auf Seite 5.
14. ► https://www.ethikrat.org/fileadmin/Publikationen/Stellungnahmen/deutsch/stellungnahme-eingriffe-in-die-menschliche-keimbahn.pdf [letzter Zugriff: 05.03.2020]
15. Schiller, F (1793). Über die ästhetische Erziehung des Menschen. In K. L. Berghahn (Hg.) (2006) Friedrich Schiller – Über die ästhetische Erziehung des Menschen in einer Reihe von Briefen – Mit den Augustenburger Briefen. Stuttgart, Reclam. Zitat: Seite 33, Neunter Brief.

Serviceteil

© Springer-Verlag GmbH Deutschland, ein Teil von Springer Nature 2020
J. Buttlar et al., *Tutorium Genetik*,
https://doi.org/10.1007/978-3-662-56067-9

Glossar

abiotische Faktoren Physisch, chemische Umwelteinflüsse, die (im betrachteten Rahmen) nicht direkt auf Lebewesen zurückgehen. Beispielsweise Temperatur, Licht, Druck, Salinität, Feuchtigkeit, Radioaktivität.

Acetylierung Beschreibt das Anhängen einer Acetylgruppe (C[O]CH$_3$), zum Beispiel an ein Protein, wie etwa ein Histon.

Adenosinmonophosphat, zyklisch cAMP, Adenosin mit einer Phosphatgruppe, wobei das Monophosphat nicht nur über das 3'-C-Atom, sondern auch über das 5'-C-Atom der Ribose gebunden ist. Wirkt oft auch als intrazelluläres oder extrazelluläres Signalmolekül (Chemotaxis).

Adenosintriphosphat ATP, Grundbaustein der RNA und in deoxidierter Form (dATP) auch der DNA. Zur Polymerisation zu RNA- oder DNA-Molekülen werden die beiden äußeren Phosphatreste (Pyrophosphat) abgespalten. Diese stark exotherme Reaktion macht ATP auch zu einem der wichtigsten Energiespeicher von Zellen.

Alkohol Organische Verbindungen die sich insbesondere durch eine oder mehrere Hydroxygruppen (–OH) auszeichnen. Ein geeignetes Lösungsmittel für polare und unpolare Substanzen und Probleme. A. hilft bei der Aufreinigung von DNA und beim Putzen von Kühlschränken.

Allel Mögliche Variante eines ▸ Gens. Die mögliche Anzahl an unterschiedlichen Allelen für ein Gen entspricht dem Ploidiegrad des Organismus (diploid: bis zu zwei verschiedene Allele usw.).

Aminoacyl-tRNA Mit ihrer spezifischen Aminosäure beladene Transfer-RNA (▸ tRNA), wobei zwischen dem 3'-Ende und der Aminosäure eine Esterbindung gebildet wird.

Aminosäuren Bestehen aus einem zentralem C-Atom, das mit einer Amino-, einer Carbonsäuregruppe sowie einer individuellen „Rest"-Gruppe verbunden ist, welche die chemischen Eigenschaften der Aminosäure beeinflussen. Grundbausteine für Polypeptide und somit für ▸ Proteine.

Analogie Ähnlichkeit von Organen, Genen oder anderen Strukturen bei verschieden nicht miteinander verwandten Organismen.

Aneuploidie Abnormale Anzahl einzelner oder mehrerer Chromosomen in einer Zelle oder einem Organismus. Beinhaltet beispielsweise ▸ Monosomien und ▸ Trisomien und zählt insgesamt zu den ▸ Genommutationen.

Antibiotika Diese Stoffklasse schließt alle Moleküle ein, die das Wachstum von Bakterien, aber auch anderer Mikroorganismen inhibieren können.

Aptamer Region innerhalb eines Riboswitches, in der ein Ligand bindet, der wiederum eine Konformationsänderung der 5'-UTR einer mRNA bewirkt. Dadurch kann die Transkription oder Translation reguliert werden.

Anticodon Für das Ablesen und damit Decodieren eines ▸ Codons einer mRNA verfügen tRNAs über Anticodons, die diese (teilweise) komplementär binden können.

Arbeitsform Zustand, in dem eukaryotische Chromosomen während der ▸ Interphase dekondensiert vorliegen.

Archaea Bildet neben ▸ Bacteria und ▸ Eukarya die dritte große Domäne des Lebens. Angehörige dieser Gruppe, die Archaeen, sind einzellig, ▸ prokaryotisch und führen oft eine ▸ extremophile Lebensweise.

Argonauten-Proteine Zentrale Proteine im ▸ RNAi-Signalweg. Durch die Bindung von doppelsträngigen kleinen RNAs können Argonauten-Proteine zu einer Ziel-mRNA geleitet werden, deren Expression sie auf verschiedene Weise regulieren.

ATP ▸ Adenosintriphosphat.

Äquationsteilung Auch Meiose II oder 2. Reifeteilung. Beschreibt die zweite Kernteilung während der ▸ Meiose, bei der die Chromatiden der mittlerweile haploid vorliegenden Chromosomen voneinander getrennt werden.

Autosomen Gesamtheit aller Chromosomen eines Chromosomensatzes, außer den Geschlechtschromosomen (▸ Gonosomen). Der Mensch besitzt 44 Autosomen, also 22 Autosomenpaare. Erbgänge, bei denen Merkmale auf Autosomen im Fokus sind, werden auch als autosomale Erbgänge bezeichnet.

azentrische Chromosomen Chromosomenfragmente, die aufgrund von Mutationen (Deletionen oder Rekombinationsereignissen) keine funktionellen Zentromere besitzen. Gehen in der Regel während der nächsten Zellteilung verloren.

akrozentrische Chromosomen Chromosomen, deren Zentromer endständig sitzt.

Bacteria Domäne des Lebens neben ▸ Archaea und ▸ Eukarya. Angehörige dieser Domäne, die Bakterien, sind ▸ prokaryotisch, kommen ubiquitär vor und sind die häufigsten Lebewesen auf diesem Planeten. Die Domäne zeichnet sich zudem durch eine äußerst große genetische Vielfalt aus.

Bakteriophagen Eine Gruppe von Viren, die spezifisch Bakterien und Archaeen als Wirte verwendet. Sie werden in virulente (lytischer Zyklus) und temperente (lysogener Zyklus) Phagen eingeteilt.

Barr-Body Inaktiviertes X-Chromosom bei Frauen (zur ▸ Dosiskompensation). Bei ▸ Hyperploidie des X-Chromosoms können auch mehr als ein Barr-Body pro Zelle auftreten.

Base excision repair BER, ein Reparaturmechanismus, bei dem beschädigte (beispielsweise oxidierte) Basen eliminiert werden. Dabei wird die betroffene Base zunächst entfernt und anschließend ein Einzelstrangbruch initiiert, der den Einbau eines neuen Nukleotids mit richtiger Base ermöglicht.

Basen Kurz für Nukleinbasen. Adenin und Guanin gehören zu den ▸ Purinbasen und sind durch den Doppelring in der Struktur zu erkennen. Thymin und Cytosin gehören zu den ▸ Pyrimidinbasen und haben einen einfachen Ring. In RNA-Molekülen nimmt Uracil den Platz von Thymin ein.

biotische Faktoren Alle Umwelteinflüsse, die auf die Interaktion mit anderen Lebewesen der gleichen oder einer anderen Art zurückgehen.

Biotop Summe aller ökologischen Nischen in einem bestimmten Gebiet.

cAMP ▸ Adenosinmonophosphat, zyklisch.

5'-Cap An das 5'-Ende einer eukaryotischen mRNA wird ein 7-Methylguanosintriphosphat posttranskriptional angefügt. Dient als Bindestelle für Translations-relevante Proteine, als Schutz und auch für den typischen Ringschluss der eukaryotischen mRNA.

cDNA *Complementary-DNA,* wird durch das Enzym reverse Transkriptase von einer RNA als Vorlage synthetisiert.

Chaperone Faltungshelferproteine.

Chloroplasten Grüne chlorophyllhaltige Zellorganellen in Pflanzen, sind für die Photosynthese zuständig.

Chromatid Lineares DNA-Molekül mit DNA-assoziierten Proteinen, das die Grundeinheit eukaryotischer Chromosomen darstellt. Wichtige Strukturen sind ▸ Telomere und ▸ Zentromere. Vor der Replikation besteht ein Chromosom aus einem Chromatid nach der Replikation aus zwei Chromatiden.

Chromatin beschreibt DNA-, RNA- und proteinhaltige Masse im Zellkern von Eukaryoten. Chromosomen liegen in dekondensiertem Zustand vor.

Chromosom Hauptträger der Erbanlagen. Kann ringförmig oder linear sein. Die Anzahl pro Zelle ist je nach Organismus variabel. Man unterscheidet bei Eukaryoten und Prokaryoten zwischen chromosomalen und ▸ extrachromosomalen Elementen.

Chromosomenaberration Mit dem Lichtmikroskop wahrnehmbare umfassendere Mutation eines Genoms, das entweder die Anzahl (▸ Genommutation) oder Struktur der Chromosomen (▸ Chromosomenmutation) betrifft.

Chromosomenmutation Auch strukturelle ▸ Chromosomenaberration. Ganze Teile und Strukturen von Chromosomen sind durch Mutationen größerer Bereiche (beispielsweise ▸ Translokationen, ▸ Inversionen, ▸ Duplikationen oder ▸ Deletionen) sichtbar verändert.

cis-acting elements Genetische Sequenzen, die die Expression von einem oder mehrere Gene beeinflussen können, die wiederum auf dem gleichen DNA- oder RNA-Molekül codiert sind.

Cistron Eine genetische Funktionseinheit in Prokaryoten, die im Normalfall die Information für ein Polypeptid (oder eine funktionelle RNA) beinhaltet.

CpG-Insel Bereiche, in denen die Sequenz CG mehrmals hintereinander vorliegt. Cytosine von CG-Dinukleotiden erfahren häufig ▸ epigenetische Modifikation durch DNA-Methylierung.

Codon Dreibuchstabencode (Basentriplett) auf der DNA/mRNA bestehend aus den Basen Adenin, Guanin und Cytosin und Thymin (bzw. Uracil in mRNA). Ein Basentriplett codiert je nach Zusammensetzung für verschiedene Aminosäuren oder Translationssignale (Start/Stopp).

Crossing-over Paarung homologer Bereiche von Chromatiden (meistens eines Chromosomenpaars) während der ▸ Metaphase. Ist oft Voraussetzung für ▸ homologe Rekombination.

C-Terminus Jenes Ende einer Polypeptidkette an dem sich eine Carboxygruppe (COOH) befindet. Wird daher als Carboxyterminus bezeichnet. Demgegenüber steht der Amino (N)-terminus.

C-Wert-Paradox Beschreibt das Paradoxon, dass der Chromatingehalt oder die Größe eines Genoms nicht unbedingt mit der Komplexität korreliert (insbesondere bei höheren ▸ Eukaryoten).

Cytokinese Teilung einer Zelle. Die Zellkernteilung (▸ Karyokinese) ist in der Regel zuvor schon erfolgt. Sie ist *nicht* Teil der Mitose, schließt sich aber oft an diese an.

Cytoplasma Das von der Zellmembran umgebene Kompartiment innerhalb von Zellen (mit Ausnahme des Nukleus bei Eukaryoten). Beinhaltet das ▸ Cytosol und somit lösliche Bestandteile sowie Organellen.

Cytosol Flüssiges Kompartiment des Cytoplasmas inklusiver gelöster Moleküle („Zellsaft").

Deletion ▸ Mutation, bei der einzelne Nukleotide oder längere DNA-Sequenzen gelöscht werden beziehungsweise verloren gehen.

Denaturierung Aufhebung der biologisch aktiven Form von Proteinen und Nukleinsäuren, beispielsweise durch Einwirkung von Temperatur, durch Einsatz von Säuren oder Basen, Detergenzien oder anderen Lösungsmitteln.

Desoxyribose Eine Pentose (Zucker mit fünf C-Atomen). Bestandteil der DNA. Unterscheidet sich von der ▸ Ribose durch das Fehlen einer Hydroxygruppe am 2′-C-Atom.

Desoxynukleosidtriphosphat dNTP, Grundbaustein für die Synthese von DNA, bestehend aus einer ▸ Desoxyribose, einer ▸ Base und drei ▸ Phosphatgruppen. Bei der Polymerisation werden die äußeren beiden Phosphatgruppen (als ▸ Pyrophosphat) abgespalten.

Deoxyribonucleic acid DNA, auch Desoxyribonukleinsäure (DNS). Besteht aus zwei antiparallelen Polydesoxynukleotidketten und codiert die ▸ Erbinformationen.

Dicer Klasse von Proteinen, die häufig bei der Prozessierung von ▸ miRNAs und ▸ siRNAs notwendig ist. Sie helfen dabei, die Vorläufermoleküle zu schneiden und auf einen Effektorkomplex zu übertragen.

Dihybrider Erbgang Kreuzung, bei der die phänotypische Ausprägung zweier Merkmale untersucht wird. Für die Ausprägung der Merkmale sind jeweils auch eigene Allele verantwortlich.

Diploider Chromosomensatz besteht aus zwei Chromosomensätzen: einen paternalen (vom Vater) und einen maternalen (von der Mutter). Ein wichtiger Vorteil diploider Genome ist, dass Mutationen durch die jeweils andere Gen-Kopie kompensiert werden können (sofern sie nicht ▸ dominant sind).

DNA ▸ *Deoxyribonucleic acid.*

DNA-Methylierung Anhängen einer Methylgruppe ($-CH_3$) an eine Nukleinbase, meist an Cytosin. Führt in der Regel zur ▸ epigenetischen Stilllegung von Genen.

DNA-Methyltransferase DNMT, Gruppe von Enzymen, die in der Lage sind, Methylgruppen auf DNA zu übertragen. Besonders häufig ist die ▸ epigenetische Modifikation von Cytosin zu 5-Methylcytosin.

DNA-Polymerase Eine Klasse von Enzymen, die in allen Lebewesen vorkommt und in der Lage ist, mit einzelnen Nukleotiden einen DNA-Strang zu verlängern. Die Polymerisation erfolgt anhand einer komplementären Matrize, ist richtungsabhängig und bedarf oft einem Primer als Startpunkt. Je nach Organismus und Enzym, haben DNA-Polymerasen unterschiedlich viele Untereinheiten und auch weitere Funktionen (Exonuklease, *Proofreading*).

DNMT ▸ DNA-Methyltransferase.

dNTP ▸ Desoxynukleosidtriphosphat.

Dominanz Bezieht sich auf die Eigenschaft eines ▸ Allels, sich phänotypisch gegenüber anderen (rezessiven) Allelen durchzusetzen.

Dosiskompensation Anpassung der Genexpression um ein bestimmtes Level an Genprodukten sicherzustellen. Beim Menschen beispielsweise durch Inaktivierung eines (oder mehrerer überzähliger) X-Chromosomen bei Frauen.

downstream In Bezug auf eine bestimmte Position strangabwärts gelegen. Die codierenden Bereiche eines Gens liegen beispielsweise „downstream" vom Promotor. Gegenteil: ▸ *upstream.*

dsDNA Doppelsträngige Desoxyribonukleinsäure.

dsRNA Doppelsträngige Ribonukleinsäure.

Duplikation ▸ Mutation, bei der eine Sequenz oder ein ganzer Chromosomenabschnitt verdoppelt wird.

Editing, posttranskriptional Das Hinzufügen, Entfernen oder chemische Modifizieren eines RNA-Nukleotids, um eine mRNA-Sequenz nach der Transkription zu verändern.

Ein-Chromatid-Chromosom Lineares Chromosom bestehend aus nur einem ▸ Chromatiden. In Eukaryoten liegen die Chromosomen während der Interphase (bis zur S-Phase, der Replikation) die meiste Zeit als Ein-Chromatid-Chromosom vor.

Elektrophorese Trennverfahren, bei dem Moleküle (wie DNA, RNA oder Proteine) durch einen elektrischen Strom anhand ihrer Ladung (oder je nach Methode ihrer Größe) aufgetrennt werden.

Endonuklease Protein das Phosphodiesterbindungen *innerhalb* einer Nukleotidkette in (oder nahe bei) bestimmten Erkennungssequenzen schneiden kann.

Enhancer Eine Sequenz in der DNA, die sich vor, innerhalb oder hinter der Sequenz befinden kann, deren Aktivität sie positiv beeinflusst. *Enhancer* gehören wie ihre Gegenspieler (▸ *Silencer*) zu den ▸ *cis-acting elements* (siehe auch ▸ *trans-acting elements*).

Enzyme Katalysieren chemische Reaktionen, indem sie die Aktivierungsenergie der jeweiligen Reaktion herabsetzen. Können größtenteils der Stoffklasse der Proteine, teilweise aber auch katalytisch aktiven RNAs (▸ Ribozymen) zugeordnet werden.

Epigenetik Die reversible und vererbbare Regulation der Genexpression durch Modifikationen, die nicht die DNA-Sequenz der regulierten Gene verändern, wie ▸ DNA-Methylierung und ▸ Histonmodifikation. Auch ▸ RNA-Interferenz zählt zur Epigenetik.

Episome Plasmide, die nicht nur im Cytoplasma vorliegen können, sondern wahlweise auch in das Wirtsgenom integrieren.

Epistasie Beschreibt die Interaktion zweier nicht allelischer Gene. Dabei ist die Funktion des einen Gens dem anderen übergeordnet (epistatisch) oder dient diesem als Voraussetzung. Ein Defekt im epistatischen Gen hat also auch Auswirkung auf die Funktion des anderen.

Erbinformationen Schwammige Bezeichnung für die Informationen vererbbarer Eigenschaften in Form von DNA (oder RNA bei Viren). Oft als Synonym für ▸ Gene und in ihrer Gesamtheit als Erbgut oder das ▸ Genom.

Euchromatin Offene Form des Chromatins. Euchromatische DNA-Bereiche sind transkriptionell aktiv, können also abgelesen werden. (Gegenteil: ▸ Heterochromatin).

Eukaryota Neben Bacteria und Archaea eine der Domänen des Lebens. Angehörige dieser Domäne, die Eukaryoten, besitzen einen Zellkern sowie komplexe Organellen wie Mitochondrien und teilweise Chloroplasten (▸ Endosymbiontentheorie). Die Domäne der E. beinhaltet nicht nur Einzeller (Protisten), sondern auch die Mehrzahl aller Vielzeller inklusive Pflanzen, Tiere und Pilze.

Evolution Beschreibt die Entwicklung von Organismen und ihrer genetischen sowie phänotypischen Merkmale nach den Prinzipien der Mutation und Selektion. E. kann auch durch ▸ horizontalen Gentransfer (HGT) zwischen Individuen der gleichen und einer anderen Art erfolgen.

Exon Codierender Sequenzbestandteil eines Gens, das in mRNA übersetzt und nach dem Spleißen im reifen Transkript erhalten bleibt. Ein eukaryotisches Gen kann eines oder mehrere Exons beinhalten.

Exonuklease Kann Nukleinbasen (im Gegensatz zu ▸ Endonukleasen) von einem Ende her abbauen. Dabei werden einzelne Nukleotide freigesetzt. Man unterscheidet je nach Schneiderichtung zwischen 3'-5'-Exonukleasen und 5'-3'-Exonukleasen.

Expression siehe ▸ Genexpression.

Extrachromosomale DNA Genetische Elemente, die nicht auf den Chromosomen eines Organismus liegen und separater Replikationsmechanismen unterliegen. Hierzu gehören beispielsweise Viren-DNA, Plasmide sowie Plastiden-DNA (von Chloroplasten) und Mitochondrien-DNA bei Eukaryoten.

Extremophil Anpassung von Organismen (oft Archaeen oder Bakterien) an extreme Umweltbedingungen (große Hitze, niedriger/hoher pH-Wert etc.).

β-Faltblatt Ziehharmonikaförmige Bereiche innerhalb einer Polypeptidkette (tragen zur Sekundärstruktur von Proteinen bei).

Filialgeneration Von lateinisch *filia* für Tochter, beschreibt die hervorgehende Tochtergeneration einer Kreuzung.

Fluoreszenz-*in-situ*-Hybridisierung FISH, eine Methode, bei der eine Sonde (beispielsweise bestehend aus einer radioaktiv markierten Nukleinsäure) verwendet wird, um die Lokalisation einer komplementären DNA oder einer RNA in einer Zelle oder einem Gewebe zu bestimmen.

Flaschenhalseffekt Ein ▸ Gendrift, der auf die schlagartige Dezimierung einer Population (zum Beispiel durch Naturkatastrophen, Nahrungsknappheit oder Ähnliches) zurückzuführen ist.

Folgestrang Auch *lagging strand*.
Komplementär zum ▸ Leitstrang wird während der Replikation Stück für Stück diskontinuierlich synthetisiert (▸ Okazaki-Fragmente).

F-Plasmid Das Fertilitätsplasmid besitzt Gene, die für die Konjugation notwendig sind, und kann weiterhin über ▸ IS-Elemente verfügen, welche zur Integration in das Wirtsgenom führen können.

frameshift mutation Mutation in einer proteincodierenden Sequenz, die eine Verschiebung des Leserasters bewirkt und gravierende Auswirkungen auf die Expression und Funktion eines Proteins haben kann.

funktionelle RNA RNAs, die nicht als Informationsüberträger zur Proteinsynthese dienen (wie mRNAs), sondern selbst individuelle Funktionen haben. Beispiele: snRNAs, tRNAs, rRNAs, snoRNAs, miRNAs, piRNAs.

β-Galaktosidase Ein Enzym, das die Spaltung von Laktose in Galaktose und Glukose katalysiert. Eine dauerhafte Expression ermöglicht lebenslange Laktosetoleranz.

Gameten Keimzellen zur sexuellen Fortpflanzung. Besitzen im Gegensatz zu den ▸ somatischen Zellen (Körperzellen) nur das halbe Ploidie-Level. Beim Menschen: Eizelle und Spermien.

Gen Funktionelle Grundinformationseinheit der Genetik. Gene bestehen aus codierenden Bereichen, die Sequenzen für Proteine oder funktionelle RNAs beinhalten, und nichtcodierenden Bereichen, die regulatorische Sequenzen oder beispielsweise Introns (bei Eukaryoten) umfassen.

Gendrift Auch Alleldrift oder Sewall-Wright-Effekt, beschreibt eine zufällige Änderung im verhältnismäßigen Auftreten von ▸ Allelen innerhalb des ▸ Genpools einer Population.

Generation Einzelne Glieder oder Ebenen einer Abstammungsabfolge. Beispielsweise: Großeltern → Eltern → Kinder → Enkel → Großenkel.

Genetik Die Lehre von der Entstehung, der Speicherung, der Organisation und der Vererbung der ▸ Erbinformationen. Oder auch die Wissenschaft über die Mechanismen der Ausprägung von Merkmalen sowie ihre Weitergabe an Nachfahren. Immer noch unklar? Fangen Sie bitte bei ▸ ▸ Kap. 1 wieder an!.

genetischer Code Nukleinsäuren beinhalten Informationen (▸ Gene), die für den Aufbau anderer Moleküle (RNA und Aminosäuren) codieren. DNA wird in RNA und RNA (soweit sie nicht selbst funktionell ist) in Aminosäuresequenzen übersetzt (siehe ▸ Codons und ▸ Proteinbiosynthese).

genetisch veränderter Organismus GVO, im Englischen auch *genetically modified organism* (GMO). Organismus, dessen Genom durch ▸ Gentechnik modifiziert wurde (siehe auch ▸ rekombinante Proteine).

Genexpression Vorgang des Ablesens eines Gens durch Polymerasen und damit die Übersetzung (▸ Transkription) eines Gens in eine funktionelle RNA oder in eine mRNA und schließlich (durch ▸ Translation) in ein Protein.

Genmutation Mutation auf Sequenzebene. Kann beispielsweise ▸ Deletionen, ▸ Substitutionen und ▸ Insertionen beinhalten.

Genom Die Gesamtheit der genetischen Informationen, inklusive codierender und nichtcodierender Sequenzen eines Organismus. Dabei wird stets nur ein haploider Chromosomensatz einer Zelle betrachtet.

genome-editing Die gezielte Modifikation von Nukleinsäuren durch sehr genaue neuere molekularbiologische Methoden wie CRISPR-Cas. Wichtiges Werkzeug in der Gentechnik.

Genommutation Eine numerische Chromosomenaberration, bei der einzelne oder mehrere Chromosomen fehlverteilt vorliegen (▸ Aneuploidie) oder ganze Chromosomensätze vervielfältigt sind (▸ Polyploidie).

Genotyp Die Gesamtheit der genetischen Ausstattung eines Organismus. Praktisch das durch die Elterngeneration vererbte Allelmuster, welches sich im Phänotyp ausprägt.

Genpool Die Gesamtheit aller Genvarianten (Allele) in einer ▸ Population.

Gentechnik Die gezielte Veränderung des Genoms von Organismen durch molekularbiologische Methoden.

Gentransfer, horizontal Kurz HGT, fasst den nichtsexuellen Transfer von genetischem Material zwischen zwei verschiedenen Organismen zusammen, die weder miteinander verwandt, noch von der gleichen Art sein müssen. Häufig zwischen Prokaryoten. Darunter fallen ▸ Konjugation, ▸ Transformation und ▸ Transduktion.

Gentransfer, vertikal Auch sexueller Gentransfer. Über den vertikalen Gentransfer wird genetisches Material von der Parental- an die Tochtergeneration weitergegeben. Basiert auf der Produktion von ▸ Gameten.

Glukose Auch Traubenzucker. Glukose ist eine Hexose, also ein Zucker, der aus sechs C-Atomen besteht, und eine wichtige Energiequelle für den ▸ Metabolismus.

Gonosomen Auch Geschlechtschromosomen genannt. Bestimmen je nach Kombination das Geschlecht eines Individuums. Beim Menschen: XX → ♀ und XY → ♀. Den Gonosomen werden die ▸ Autosomen (nichtgeschlechtliche Chromosomen) gegenübergestellt.

Gründereffekt Ein ▸ Gendrift gegenüber einer Ausgangspopulation, die sich auf die Besiedlung von neuen Gebieten durch einen kleineren Teil der Population zurückführen lässt.

GVO ▸ Genetisch veränderter Organismus.

Haarnadelstruktur Durch die partielle Hybridisierung von einigen RNA-Nukleotiden können unterschiedlich große schlaufenähnliche Strukturen entstehen (auch Haarnadelschleifen, *hairpin-loop* oder *stem-loop*). Diese sind oft wichtig für Funktion oder Stabilität verschiedener RNA-Typen.

haploide Zelle In einer Zelle liegt nur die reduzierte (halbierte) Anzahl an Chromosomensätzen vor. Beim Menschen, der normalerweise diploid ist, liegt in haploiden Zellen (i.d.R. Keimzellen) der Chromosomensatz dann nur einfach (und nicht doppelt) vor.

Hardy-Weinberg-Gleichung zur Berechnung, ob sich eine ideale Population im Hardy-Weinberg-Gleichgewicht befindet. Dies bedeutet, dass das verhältnismäßige Vorkommen bestimmter Allele auch an die Folgegeneration weitergegeben wird.

HAT ▸ Histonacetylase.

HDAC ▸ Histondeacetylase.

Helikase Ein Enzym, das den Aufbruch der Wasserstoffbrückenbindungen doppelsträngiger DNA katalysiert, dabei kommt es zur Trennung der Basenpaare. Wichtig für die Replikation und Transkription.

α-Helix Helixförmig strukturierte Bereiche (ähnlich einer rechtsgedrehten Schraube) innerhalb einer Polypeptidkette (Sekundärstruktur von Proteinen).

Heterochromatin kompakte, geschlossene Form des Chromatins. *Heterochromatisierte* DNA-Abschnitte sind transkriptionell nicht zugänglich. DNA-Histon-Interaktionen sind sehr ausgeprägt. (Gegenteil: ▸ Euchromatin).

Heterozygot Bezeichnet vorrangig in ▸ diploiden Organismen den Zustand, dass ein Organismus zwei unterschiedliche Allele für ein betrachtetes Merkmal besitzt.

Hfr-Stamm *High frequency of recombination-Stamm*. Ein Bakterienstamm der ein F-Plasmid besitzt und dadurch vermehrt zum HGT und zur Rekombination fähig ist. Mit der Integration eines F-Plasmids in das Wirtsgenom können bei der ▸ Konjugation nicht nur das Plasmid, sondern auch Teile des Genoms mit übertragen werden.

HGT ▸ Gentransfer, horizontal.

Histone Basische Proteine vor allem in Eukaryoten, die mit DNA assoziiert sind und die für die Kompaktierung (▸ Nukleosomen) notwendig sind und somit auch einen Hauptteil des Chromatins ausmachen.

Histon-Code Durch das kombinierte Anhängen von verschiedenen chemischen Modifikationen an Histone (Methylierungen, Acetylierungen, Phosphorylierungen) kann die Genexpression reguliert werden (▸ Epigenetik).

Histonacetylase HAT, hängt Acetylgruppen an Histone, was in der Regel zu einer Induzierung von Euchromatin und somit zur Aktivierung von genetischen Sequenzen führt (▸ Epigenetik).

Histondeacetylase HDAC, Gegenspieler von ▸ HATs. Eine Histondeacetylase entfernt Acetylgruppen von Histonen. Dies führt meistens zur Inaktivierung der Genaktivität (▸ Epigenetik).

Homologie Ähnlichkeit oder Übereinstimmung von Strukturen aufgrund gleicher Vorfahren. Nicht zu verwechseln mit ▸ Analogie.

homologe Chromosomen Betrachtet werden in der Regel die jeweiligen Chromosomenpaare in ▸ diploiden (oder ▸ polyploiden) Zellen innerhalb eines Organismus, die sich in Abfolge der genetischen Sequenzen und Lage des Zentromers ähneln.

homologe Gene Gene, die in einem ▸ homologen Verhältnis zueinander stehen. Dabei können Gene innerhalb eines diploiden oder polyploiden Chromosomensatzes betrachtet werden, aber auch verschiedener Organismen einer Art oder verschiedener Arten.

homologe Rekombination Austausch von DNA-Sequenzen zwischen zwei verschiedenen Molekülen basierend auf homologen Bereichen. Oft als Folge von ▸ Crossing-over-Ereignissen während der Meiose. Dient einerseits der genomischen Variabilität und andererseits als Reparaturmechanismus.

Homozygot Bezeichnet vorrangig in diploiden Organismen den Zustand, dass ein Organismus auf beiden Chromosomensätzen das gleiche Allel für ein betrachtetes Merkmal trägt.

***Housekeeping*-Gene** HKG, dienen in der Gentechnologie als Referenz (oder Vergleichswert) für die ▸ Expression eines beliebigen Gens, da sie selbst grundlegend für das Überleben oder die Struktur einer Zelle sind und dauerhaft, also ▸ konstitutiv, exprimiert werden.

Hybrid „Mischling", aus zwei Arten bestehend. Entstehung in der Fortpflanzung durch Kreuzung zwei verschiedener Arten. In der Molekularbiologie auch als Konstrukt aus verschiedenen Nukleinsäuren, beispielsweise einer RNA und einer DNA.

Hybridisierung In der Molekularbiologie das Binden und Anlagern verschiedener Nukleinsäuremoleküle aufgrund spezifischer Affinität (▸ Komplementarität) zueinander. Grundlage für verschiedene biotechnologische Anwendungen wie ▸ PCR und ▸Fluoreszenz-*in-situ*-Hybridisierung. Steht in der Fortpflanzung auch für die Entstehung von Hybridarten.

hydrophil Wasserliebend. Ein Molekül (zum Beispiel ein Ion) steht in starker Wechselwirkung mit Wasser.

hydrophob Wassermeidend. Lipide oder andere wenig geladene Stoffe interagieren wenig bis gar nicht mit Wasser.

Hydroxygruppe Auch OH-Gruppe. Eine wichtige chemische, funktionelle Gruppe bestehend aus einem Sauerstoff- und einen Wasserstoffatom.

hyperploid Die Anzahl eines Chromosoms ist gegenüber seiner normalen Anzahl im Chromosomensatz erhöht, beispielsweise bei einer ▸ Trisomie.

hypoploid Die Anzahl eines Chromosoms ist gegenüber seiner normalen Anzahl im Chromosomensatz erniedrigt, beispielsweise bei einer ▸ Monosomie.

Immunofluoreszenz Methode, bei der entsprechende Antigene mit fluoreszierenden Antikörpern detektiert werden können.

Imprinting Beschreibt die ▸ epigenetische Inaktivierung (oder auch „Prägung") von Genen, abhängig davon, ob die Chromosomen, auf denen sie liegen, mütterlicher oder väterlicher Herkunft sind.

Initiator (Transkription) Transkriptionsstartpunkt (TSP) eines Gens.

Inosin Durch die Desaminierung von Adenosin (das Ersetzen einer NH_2-Gruppe durch Sauerstoff) entsteht Inosin. Inosin kann als Bestandteil des ▸ Anticodons mit den Nukleinbasen Cytosin, Adenin, und Uracil paaren.

Insertion Mutation, bei der ein oder mehrere zusätzliche Nukleotide in eine Sequenz eingefügt werden. Kann zu ▸ *frameshift-mutations* führen.

Intermediärer Erbgang Erbgang, bei dem alle Allele zu gleichen oder zumindest fast gleichen Anteilen zum phänotypischen Erscheinungsbild eines Merkmals beitragen.

Interphase fasst alle Phasen im ▸ Zellzyklus zusammen, die nicht direkt an der Zellteilung beteiligt sind, also die G_1-, G_0-, die G_2- und die S-Phase. In ihr wachsen die Zellen, wird das genetische Material verdoppelt, oder gehen somatisch ausdifferenzierte Zellen einfach ihren Aufgaben nach.

Intron Sequenzbestandteil eukaryotischer Gene, welcher während des ▸ Spleißens aus dem vorläufigen Transkript entfernt wird. Introns sind oft nichtcodierend, können selten aber auch Sequenzen anderer Gene enthalten.

Inversion Eine Mutation, durch die eine umgekehrte Anordnung der betroffenen DNA-Bereiche entsteht.

***Insertion sequence*-Elemente** Auch IS-Elemente. Sie stellen transposable Elemente dar, welche sowohl im Genom von Bakterien als auch auf Plasmiden vorkommen.

Kapsomer Hüllprotein bei Viren, aus denen das Kapsid (Virushülle) aufgebaut ist.

Karyogamie Die Verschmelzung der Zellkerne der ▸ Gameten.

Karyokinese Die Kernteilung bei der Mitose. Der umgekehrte Vorgang heißt ▸ Karyogamie.

Karyotyp Beschreibt den chromosomalen Zustand, bzw. die chromosomalen Eigenschaften einer Zelle oder eines Organismus. In Bezug auf den Menschen bedeutet die Formel „46,XX" beispielsweise, dass es sich um eine weibliche Zelle mit 46 Chromosomen handelt, wobei „XX" für die beiden Gonosomen steht. Abweichungen der Zahl können ▸ Monosomien oder ▸ Trisomien andeuten.

Kinetochor Eine an ein ▸ Zentromer gebundene Proteinplattform, die für die Verteilung und Segregation der Ein- und Zwei-Chromatid-Chromosomen während ▸ Mitose und ▸ Meiose zuständig ist.

Klenow-Fragment Der C-terminale Abschnitt der Polymerase, der keine 5′-3′-Exonuklease-Aktivität besitzt.

Klinefelter-Syndrom Eine X-chromosomale ▸ Hyperploidie beim Menschen, bei der zwei X-Chromosomen und ein Y-Chromosom vorliegen (Chromosomenzahl gesamt: 47, Gonosomen: XXY). Betroffene sind äußerlich männlich, zeigen unterschiedliche Symptome und sind oft steril.

Klon Individuum (oder Zelle), das genetisch identisch zu seinem Gegenpart ist (Beispiel eineiige Zwillinge, vegetativ vermehrte Pflanzen, Klone einer Bakterienkolonie).

Klonen Die Erstellung eines Klons durch eine Reihe verschiedener Arbeitsschritte.

Klonieren Umfasst *nicht* das Klonen von Lebewesen, sondern umfasst im Laborjargon diverse Methoden, die zur Vervielfältigung und Übertragung von DNA-Sequenzen (häufig als Bestandteil von ▸ Plasmiden) in einen Zielorganismus benötigt werden.

Kodominanz Die Eigenschaft eines ▸ Allels, sich in der Gegenwart eines weiteren, ebenfalls kodominanten Allels zu gleichen Teilen auszuprägen, während beide gegenüber eines dritten, rezessiven Allels dominant sind.

kovalente Bindungen „Echte" chemische Bindungen, die gebildet werden, wenn sich Atomkerne gemeinsam Elektronen teilen (Atombindung).

Komplementation Funktionelle Genprodukte von Phagenmutanten können bei einer gemeinsamen Infektion eines Wirts zur ▸ Lyse des Bakteriums führen, da sie die Defizite des jeweils anderen Virus ausgleichen.

Komplementarität Eigenschaft zweier DNA- oder RNA-Einzelstränge, sich gegenseitig (durch Basenpaarung) zu ergänzen. Auch bei DNA-RNA-Hybriden. Guanin paart mit Cytosin, Adenin mit Thymin und Uracil.

Konjugation Ein Einzelstrang eines ▸ Plasmids wird von einer Donor- auf eine Akzeptorzelle übertragen, wobei der Einzelstrang im Anschluss wieder zum Doppelstrang ergänzt wird, so dass beide Zellen eine identische Kopie des Plasmids besitzen.

Konsensussequenz Theoretische „allgemeine" Sequenz, die jeweils die geringste Abweichung zu einer Gruppe homologer (oder analoger) DNA-, RNA- oder Aminosäuresequenzen darstellt. Entsteht auch durch das Zusammenfassen verschiedener überlappender genetischer Fragmente bei der ▸ Sequenzierung.

konstitutive Expression dauerhafte, stabile Expression eines Gens (Beispiel: ▸ *Housekeeping-Gene*).

Laktose Disaccharid, besteht aus den Monosacchariden Galaktose und Glukose.

Lampenbürstenchromosom Anordnung zweier überdurchschnittlich großer ▸ homologer Chromosomen, deren Hauptachsen sich überschneiden und von denen zahlreiche Transkriptionsloops ausgehen (vor allem bei Molchen während der Oogenese).

Last universal common ancestor LUCA, stellt den hypothetischen Vorfahren aller heute existierenden zellulären Organismen dar.

Leitstrang Auch *leading strand*, wird während der Replikation kontinuierlich in 5′→3′-Richtung synthetisiert.

leserasterverschiebende Mutation ▸ *Frameshift mutation*.

Ligase Verknüpft DNA-Fragmente durch die Bildung von Phosphodiesterbindungen miteinander.

LINEs ▸ *Long-interspersed elements*.

lncRNA *Long non-coding RNA*. Lange, nicht (Protein)-codierende RNAs, die mit etwa 200 bp deutlich länger sind als miRNAs, piRNAs und siRNAs. Teils regulierende Aufgaben (▸ TERRA).

Locus Physikalische Koordinate eines Gens auf einem Chromosom. Wird auch als „Genort" bezeichnet.

long-interspersed elements LINES, eine Gruppe von sehr großen Retrotransposons, die auch zu den häufigsten repetitiven Elementen im menschlichen Genom zählen.

LUCA ▸ *Last universal common ancestor.*

Lyse Auflösen der Membran und somit der Grundstruktur einer Zelle. Kann chemisch, enzymatisch oder durch Temperatur erfolgen.

Lysozym Enzym, das in der Lage ist, Verbindungen zwischen Peptidoglykanen und somit bakterielle Zellwände aufzulösen.

lysogener Zyklus Nach der Infektion des Wirtes integriert die virale DNA in das Wirtsgenom und verbleibt dort als ▸ Prophage inaktiv, bis der lytische Zyklus aktiviert wird.

lytischer Zyklus Während dieses Prozesses wird die Genexpression des ▸ Wirtes durch virale Gene auf die „Virusproduktion" umgestellt. Im Anschluss werden die so neu synthetisierten Viren durch die ▸ Lyse der Wirtszelle freigegeben.

maternal Mütterlicher Herkunft.

MCS ▸ *multiple cloning site.*

Meiose Bestimmte Form der Zellteilung (auch Reifeteilung genannt). In zwei Teilungsschritten (Reduktionsteilung, Äquationsteilung) werden erst die homologen Chromosomenpaare, dann die beiden Chromatiden der Zwei-Chromatiden-Chromosomen zur Bildung haploider Keimzellen getrennt.

Merkmal Im biologischen Sinne eine beobachtbare Eigenschaft, Aussehen, Verhalten oder genetische Sequenz mit dessen Hilfe Individuen oder Arten voneinander unterschieden werden können (siehe auch ▸ Phänotyp und ▸ Genotyp).

messenger-RNA mRNA, eine einzelsträngige RNA, die in Form von Basentripletts die Informationen für eine Polypeptidkette beinhaltet (▸ Translation). Sie entsteht anhand einer DNA-Vorlage durch ▸ Transkription. Am 5'- und 3'-Ende liegen oft UTRs (nichttranslatierte Bereiche), die zusätzlich die Translation regulieren. In Eukaryoten durchlaufen mRNA-Vorläufer wichtige Prozessierungsschritte.

Metagenom Zusammenfassung aller ▸ Genome aller Individuen eines untersuchten Biotops.

Metaphase Stadium während der ▸ Zellteilung, in der die Chromosomen in der Mitte der Zelle auf einer Äquatorialebene angeordnet sind.

Methylierung Anhängen einer Methylgruppe ($-CH_3$) an ein Molekül (zum Beispiel Proteine, DNA, RNA).

Mikroorganismen MOs, Sammelbegriff für einzellige oder wenigzellige Kleinstlebewesen.

Mikrosatellit Wiederholung von Sequenzen aus 2–10 Nukleotiden in der DNA. Auch als *short-tandem-repeats* (STR) oder manchmal als *simple sequence repeats* (SSR) bekannt. Oft in stark heterochromatisierten Bereichen wie ▸ Zentromeren und ▸ Telomeren.

Mikro-RNA miRNA, kurze funktionelle RNAs, die über ▸ RNAi die Genexpression beeinflussen. MiRNAs haben eine Größe von bis zu 24 Nukleotiden und sind oft in der Lage mehrere mRNA-Ziele zu regulieren.

Monosomie Eine numerische ▸ Chromosomenaberration, bei der beim diploiden Organismus nur ein Chromosom des homologen Paares vorhanden ist.

Mitochondrium Organell in Eukaryoten, das vornehmlich der Zellatmung und Produktion von ▸ ATP dient. Evolutionär höchstwahrscheinlich durch Endosymbiose mit Prokaryoten entstanden.

Mitose Form der Zell(kern)teilung bei Eukaryoten. Die einzelnen Chromatiden der Zwei-Chromatiden-Chromosomen werden bei der Mitose auf zwei Tochterkerne verteilt. Sie untergliedert sich in verschiedene Phasen: Prophase, Metaphase, Anaphase und Telophase.

mitochondriale DNA DNA des Mitochondriengenoms. ▸ Extrachromosomale DNA.

monocistronische mRNA Prokaryotische mRNA auf der nur ein offener Leserahmen für eine Polypeptidkette oder eine funktionelle RNA liegt.

monohybrider Erbgang Eine Kreuzung bei der nur ein phänotypisches Merkmal untersucht wird. Hierbei unterscheiden sich die zu kreuzenden Individuen in ihren Allelen für dieses Merkmal.

MOs ▸ Mikroorganismen.

mRNA ▸ *messenger-RNA.*

mtDNA ▸ mitochondriale DNA.

multiple Allelie Die Anzahl der möglichen oder beobachteten ▸ Allele in einer Population ist größer als das Ploidie-Level der betrachteten Art (theoretisch ist sie sogar unendlich).

multiple cloning site MCS, bezeichnet einen Sequenzabschnitt auf Vektoren, in dem sich viele Erkennungssequenzen für unterschiedliche Restriktionsenzyme befinden. Hier findet oft die Integration fremder DNA statt.

Mutagen Externer Einfluss der ▸ Mutationen auslösen kann. Kann physikalischer (Strahlung, Temperatur) oder chemischer Natur sein.

Mutagenese Die Entstehung/Erzeugung von Mutation. Man unterscheidet zwischen direkter M., bei der eine zufällig entstandene Läsion über mehrere Replikationsrunden zu einer Mutation führt, und indirekter M., bei der eine Mutation „aus Versehen" bei der Reparatur von DNA-Schäden (▸ NHEJ) entsteht. Oft wird hiermit auch die bewusste Erzeugung von Mutationen durch externe Mutagene oder gentechnische Anwendungen beschrieben.

Mutant Organismus der sich (verursacht durch Mutationen) genetisch vom ▸ Wildtyp, also dem häufigsten Genotyp einer Population, unterscheidet.

Mutation Veränderungen in der DNA. Betroffen sein können einzelne Nukleotide (▸ Genmutationen), ganze Bereiche (▸ Chromosomenmutationen) oder die Anzahl von Chromosomen (▸ Genommutation). Auswirkungen auf die Genexpression oder den ▸ Phänotyp eines Individuums sind stark abhängig vom Ort und Ausmaß der Mutation.

naszierend gerade in der Entstehung, noch nicht ausgereift. Kotranskriptionelle Modifikation werden beispielsweise an einer naszierenden mRNA noch *während* der Transkription angebracht.

ncRNA ▸ *noncoding RNA*.

Next Generation Sequencing NGS, umfasst moderne Methoden zur ▸ Sequenzierung (Illumina, 454…) bei denen Genome oder zu untersuchende Sequenzen oft zunächst vervielfältigt und fragmentiert werden. Die unzähligen Fragmente werden gleichzeitig sequenziert und schließlich wieder durch Überlappung zu einer ▸ Konsensussequenz zusammengefügt.

NHEJ ▸ *Non-homologous end-joining*.

NER ▸ *Nucleotide excicion repair*.

noncoding RNA ncRNA, Sammelbegriff für alle RNAs, die nicht für Proteine codieren (rRNAs, snoRNAs, lncRNAs, miRNAs, piRNAs, siRNAs…). Bezieht sich in der Literatur oftmals nur auf eukaryotische RNAs.

Non-homologous end-joining NHEJ, zellulärer Reparaturmechanismus für Doppelstrangbrüche, bei denen keine komplementären Überhänge zur Verfügung stehen. Verläuft nicht fehlerfrei und führt daher oft zu Mutationen.

Northern Blot Eine Methode bei der mittels ▸ Elektrophorese RNAs aus einem Gel auf eine Membran übertragen werden. Die Membran kann anschließend mit DNA-Sonden oder Antikörpern weiter bearbeitet werden.

Nucleotide excicion repair NER, ein Reparaturmechanismus bei größeren Einzelstrang-Mutationen, die beispielsweise die Konformation der DNA betreffen. Dabei werden von dem betroffenen Strang Oligonukleotide von etwa 30 nt Länge entfernt und die Lücke nach Vorlage des Gegenstranges wieder aufgefüllt.

Nukleinbasen ▸ Basen.

Nukleolus Auch Kernkörperchen. Eine in der ▸ Interphase im Zellkern gut sichtbare Struktur mit hoher Transkriptionsaktivität (vor allem von rRNA-Genen).

Nukleosid Besteht aus einem Zucker (Ribose oder Desoxyribose, im Falle von Letzteren handelt es sich dann um ein Desoxynukleosid), der mit einer Nukleobase verknüpft ist.

Nukleosom Struktur aus einem ▸ Histonoktamer und der darum gewundenen DNA.

Nukleotid Ein Nukleosid, das zusätzlich noch ein bis drei Phosphatreste am 5'-C-Atom besitzt. Stellt die Bausteine von DNA/RNA-Molekülen dar.

Nukleus Lateinische Bezeichnung für den Zellkern. Enthält die Erbinformationen in Form von DNA, die wiederum zusammen mit vielen Proteinen in Chromosomen organisiert ist.

Okazaki-Fragmente Kurze DNA-Stücke, die bei der Replikation am Folgestrang diskontinuierlich synthetisiert werden. Die DNA-Polymerase verlängert dabei die RNA-Primer, indem sie kurze DNA-Sequenzen komplementär zum Folgestrang synthetisiert.

Open reading frame ORF, offener Leserahmen, Leseraster, beschreibt eine theoretische proteinogene Sequenz in der DNA, die also potenziell für ein Protein codieren könnte. ORFs identifiziert man, indem DNA- oder mRNA-Sequenzen auf ▸ Start- und ▸ Stoppcodons überprüft werden.

Operon Prokaryotische Expressionseinheit, die aus mehreren funktionell miteinander zusammenhängenden Genen besteht, die in direkter Nachbarschaft nebeneinander vorliegen und deren Expression durch einen gemeinsamen Promotor, Operator und andere regulatorische Sequenzen geregelt werden kann. Seltener auch bei Eukaryoten.

Operator Regulatorischer Bestandteil von ▸ Operons. Dient als Bindestelle für Repressoren oder Aktivatoren.

ORF ▸ *Open reading frame.*

Origin of replication (ori) Replikationsstartpunkt eines Chromosoms oder eines extrachromosomalen Elements. Eukaryotische *ori*s sind im Gegensatz zu prokaryotischen oft nicht gut definiert.

Parentalgeneration Elterngeneration (im Stammbaum oft auch mit „F_0" abgekürzt).

Paternal Väterlicher Herkunft.

Pathogenitätsinsel Gene eines Pathogens, die für diverse Virulenzfaktoren codieren und in direkter Nachbarschaft zueinander liegen.

PCR ▸ Polymerasekettenreaktion.

Penetranz Beschreibt die Wahrscheinlichkeit, dass sich ein Phänotyp entsprechend seines Genotyps ausprägt.

Peptidbindung Bindung mit welcher ▸ Aminosäuren in Proteinen miteinander verknüpft sind. Dabei entsteht zwischen dem C einer Carboxygruppe und dem N einer Aminogruppe eine planare Bindung.

Peptidyltransferase Die Verknüpfung der Aminosäuren zu einem Polypeptid (▸ Translation) übernimmt eine katalytisch aktive rRNA (ein ▸ Ribozym) in der großen ribosomalen Untereinheit.

Phagen siehe ▸ Bakteriophagen.

Phänotyp Beschreibt das äußere Erscheinungsbild eines Organismus oder eines bestimmten Merkmals. Der Phänotyp wird durch genetische Faktoren, aber auch Umwelteinflüsse beeinflusst.

Phosphat Salz der Phosphorsäure, Phosphatgruppe: PO_4^{3-} Eine chemisch funktionelle Gruppe mit hoher negativer Ladung.

pH-Wert Stellt eine Maßeinheit für die Azidität und Basizität einer wässrigen Lösung dar und berechnet sich aus dem negativen dekadischen Logarithmus der Wasserstoffionen-Aktivität: 1 = sauer, 14 = basisch.

Piwi-interactingRNA piRNA, Oberbegriff für kleine funktionale RNAs, die innerhalb des RNAi-Signalwegs vor allem während der Spermatogenese (bei der Stilllegung von Transposons) eine Rolle spielen. Zu ▸ miRNAs und ▸ siRNAs unterscheiden sie sich außerdem durch ihre Länge und ihre Prozessierung.

Plasmid Zirkuläre extrachromosomale DNA (häufig bei Prokaryoten). In seltenen Fällen auch linear. Wird oft in der Gentechnik als ▸ Vektor verwendet.

Pleiotropie Ein Gen ist für die Ausprägung mehrerer ▸ Merkmale verantwortlich.

Poly(A)-Schwanz Eine posttranskriptionale Modifikation in Eukaryoten, bei der bis zu 200 Adenosine an das 3′-Ende einer Prä-mRNA angehangen werden, was als Schutzkappe (bspw. vor Degradation) dient.

polycistronische mRNA Eine mRNA auf der die Translationsmatrizen für mehrere Genprodukte nebeneinander vorliegen. Wird weitestgehend bei Prokaryoten im Zusammenhang mit funktionell zusammenhängenden Genen innerhalb eines ▸ Operons gefunden.

Polygenie An der Ausprägung eines Merkmals sind mehrere Gene beteiligt.

Polymerisation Verknüpfung einzelner Bausteine (Monomere) zu einem größeren Molekül (Polymer).

Polymerase Ein Enzym, das die Polymerisation einzelner ▸ Nukleotide (meistens) anhand einer Vorlage (Matrize) zu einer längeren Nukleinsäure katalysiert. Man unterscheidet in DNA-Polymerasen, die in der Regel einen ▸ Primer brauchen, und RNA-Polymerasen, die keinen brauchen.

Polymerasekettenreaktion PCR, Standardmethode in der Molekularbiologie zur exponentiellen Vervielfältigung (Amplifikation) spezifischer Sequenzen. Grundlage sind mehrere aufeinanderfolgende Replikationszyklen. Die zu vervielfältigende Sequenz wird durch entsprechende ▸ Primer spezifiziert.

Polymorphismus Vorhandensein verschiedener Varianten beispielsweise einer genetischen Sequenz.

Polyploidie Eine Form der numerischen ▸ Chromosomenaberration, bei der gleich der gesamte Chromosomensatz vervielfacht vorliegt. Kommt auch natürlich vor.

Polytänchromosom Ein Riesenchromosom, das durch mehrere Replikationsrunden entsteht, ohne dass die ▶ Chromatiden voneinander getrennt werden.

Population Beschreibt die Gesamtheit aller Individuen einer Spezies, welche ein bestimmtes geographisches Gebiet bevölkern, eine Fortpflanzungsgemeinschaft bilden und somit einen gemeinsamen ▶ Genpool besitzen.

posttranslationale Modifikation PTM, Sammelbegriff für alle Modifikationen von Polypeptidketten, die nach der Translation stattfinden. Entscheidend für die Stabilität, Prozessierung oder Aktivität von Proteinen. Dazu zählen beispielsweise chemische Modifikationen (wie Phosphorylierung, Ubiquitinierung, Methylierung, Acetylierung oder Glykosylierung), Ausbildung von Disulfidbrücken und auch proteolytische Spaltung.

Prä-mRNA Primäres Transkriptionsprodukt (bei Eukaryoten), das noch nicht durch verschiedene Modifikationen wie Spleißen, Editing usw. verändert wurde.

Pribnow-Box Bindestelle für die RNA-Polymerase (und somit Teil des ▶ Promotors) bei Prokaryoten. Dient der Initiation der ▶ Replikation.

Primer Startmoleküle (DNA oder RNA-Oligonukleotide), deren 3′-Ende durch DNA-Polymerasen verlängert werden kann.

Primase Polymerase, die während der Replikation an einzelsträngige Nukleinsäuren komplementäre RNA-▶ Primer synthetisiert, deren 3′-Enden wiederum durch DNA-Polymerasen verlängert werden können.

Prokaryoten Organismen, die keinen Zellkern besitzen. Hierzu zählen die beiden Domänen der ▶ Bacteria und der ▶ Archaea, die (fast ausschließlich) Einzeller sind. Transkription und Translation finden beide im Cytoplasma statt.

Promotor Regulatorischer Abschnitt eines Gens, an dem die RNA-Polymerasen binden. Die Bindung der Polymerase und der Start der Replikation kann wiederum durch ▶ Transkriptionsfaktoren und entfernter gelegene ▶ *Enhancer*- und ▶ *Silencer*-Sequenzen beeinflusst werden.

Proofreading-Aktivität Korrekturlesefunktion. Eine wichtige Fähigkeit mancher Polymerase-Untereinheiten zur Behebung von Replikationsfehlern.

Prophage Nach der Integration der Phagen-DNA in das Wirtsgenom bleibt diese als Prophage inaktiv.

Prophase Die erste Phase während der eukaryotischen ▶ Zellteilung, in der sich die Kernmembran auflöst und die Chromosomen kondensieren.

Proteasom Ein Multiproteinkomplex, der für den Abbau von Proteinen zuständig ist. Dabei werden die Proteine in ihre einzelnen Bestandteile zerlegt.

Proteinbiosynthese Die Expression proteinogener Gensequenzen zur Herstellung von Proteinen. Beinhaltet die ▶ Transkription und die anschließende (oder gleichzeitig stattfindende) ▶ Translation.

Proteine Bestehen aus einer oder mehreren ▶ Polypeptidketten, die wiederum aus ▶ Aminosäuren bestehen. Diese sind wiederum je nach Aminosäuresequenz aufwendig gefaltet, um dem Protein seine spezifische Struktur zu verleihen.

proteinogen proteincodierend.

Proteom Das Proteom beinhaltet alle Proteine einer Zelle, eines Gewebetypus oder Organismus zu einem bestimmten Zeitpunkt und unter genau definierten Bedingungen.

Protist Einzellige ▶ Eukaryoten. Darunter viele Algen, Pilze und Protozoa.

Pseudogen Nicht intaktes, teils unvollständiges Gen, das als Folge von bestimmten Replikationsfehlern oder Transkriptionsereignissen im Genom vorliegt und zu dem ein intaktes homologes Gegenstück existiert.

PTM ▶ Posttranslationale Modifikation.

Punnett-Quadrat Diagramm, um die mögliche Allel- und Phänotypverteilung der Folgegeneration bei einer Kreuzung zu bestimmen.

Purinbasen Adenin und Guanin gehören zu den Purinbasen und sind durch den Doppelring in der Struktur zu erkennen.

Pyrimidinbasen Thymin und Cytosin sind Pyrimidinbasen in der DNA. ▶ Uracil nimmt in der RNA den Platz von Thymin ein. Strukturell gesehen bestehen sie aus einem Einfachring.

Pyrophosphat Auch Diphosphat. Entsteht als toxisches Nebenprodukt bei der Polymerisation von Nukleotiden durch die Abspaltung zweier zusammenhängender Phosphate von einem Nukleosidtriphosphat.

quantitative Reverse Transkriptase PCR qRT-PCR, eine ▸ PCR-basierte Methode zur quantitativen Auswertung der Transkriptionsaktivität von Genen in Zellen oder Geweben. Die Transkriptmenge der untersuchten Gene wird dabei mit konstitutiv exprimierten Genen (▸ *Housekeeping*-Genen) verglichen.

Quorum sensing Durch in die Umwelt abgegebene Signalmoleküle kann eine Population von Mikroorganismen miteinander kommunizieren und bei Erreichen eines Schwellenwertes verschiedene Prozesse induzieren, wie zum Beispiel Aggregation *(Dictyostelium)* oder Leuchten (bei *Vibrio*-Arten).

Reduktionsteilung Auch Meiose I oder 1. Reifeteilung. Beschreibt die erste Kernteilung während der ▸ Meiose, bei der die homologen Chromosomenpaare voneinander getrennt werden.

Reifeteilung Synonym für ▸ Meiose, den Vorgang zur Herstellung der Gameten. Man unterscheidet in die 1. Reifeteilung (▸ Reduktionsteilung) und 2. Reifeteilung (▸ Äquationsteilung).

Rekombination Mithilfe von homologen Sequenzen in der genomischen DNA und zum Beispiel in einem Plasmid kann durch Rekombination ein Austausch von DNA-Abschnitten oder ganzen Genen stattfinden.

rekombinante Proteine Basieren auf Genen, deren Sequenzen fremder oder unterschiedlicher Herkunft sind und somit ganz oder nur teilweise aus anderen Organismen stammen.

Relaxase Führt einen Einzelstrangbruch im Plasmid durch und bindet den Einzelstrang am 5′-Ende über ein Tyrosin. Spielt eine wichtige Rolle während der σ-Replikation bei der ▸ Konjugation.

Replikation Verdoppelung von DNA. Die entstehenden neuen Doppelstränge bestehen jeweils aus einem alten und einem neuen DNA-Einzelstrang. Man spricht von semikonservativer Replikation.

Replikationsgabel Durch die Öffnung der DNA-Doppelhelix während der Replikation entsteht eine fortlaufende Gabel sich öffnender komplementärer Einzelstränge, die durch zahlreiche Proteine stabilisiert wird.

Restriktionsenzym Auch Restriktionsendo- oder -exonuklease, schneiden DNA durch die Erkennung spezifischer Sequenzen bzw. Schnittstellen. Sie kommen natürlicherweise in Zellen vor und dienen dort dem Schutz vor eindringender Fremd-DNA. Sie werden jedoch auch in der molekularen Biologie häufig verwendet, wie beispielsweise in Klonierungsprozessen.

Retrotransposon Auch Retroelement, eine Klasse ▸ transposabler Elemente, welche RNA als mobile Zwischenstufe verwendet und strukturelle Ähnlichkeiten zu Retroviren besitzt.

reverse Transkriptase Eine RNA-abhängige DNA-▸ Polymerase, die auf Basis eines RNA-Substrats und mithilfe eines Primers eine komplementäre DNA-Kopie (▸ *complementary DNA* = cDNA) erstellt.

Reverse-Transkriptase-Polymerasekettenreaktion RT-PCR, eine ▸ PCR, die RNA als Vorlage zur Vervielfältigung nimmt. In einem ersten Zyklus wird dazu cDNA durch eine ▸ Reverse Transkriptase anhand der RNA-Matrize synthetisiert.

Rezessivität Beschreibt die Eigenschaft eines ▸ Allels, sich in Gegenwart eines anderen ihm gegenüber ▸ dominanten Allels phänotypisch *nicht* auszuprägen. Dabei können rezessive Allele, auch wenn sie sich in der Elterngeneration nicht ausprägen, weitervererbt werden.

reziprok wechselseitig, gegenseitig. Beispielsweise eine Translokation, bei der zwei Chromosomen jeweils ein Fragment miteinander austauschen.

Ribonucleic acid RNA, auch Ribonukleinsäure (RNS). Unterscheidet sich von der ▸ DNA dadurch, dass der Zuckerbaustein aus Ribose (und nicht Desoxyribose) besteht. Außerdem besitzt RNA die Base Uracil statt Thymin und ist oft einzelsträngig. In der Zelle übernehmen RNA-Moleküle die verschiedensten Aufgaben und sind maßgeblich an der ▸ Proteinbiosynthese beteiligt.

Ribonukleoprotein Proteinkomplexe, die auch RNA-Moleküle als funktionale Bestandteile enthalten, zum Beispiel ▸ Ribosomen.

Ribose Eine Pentose, ein Zucker mit fünf C-Atomen. Wichtiger Bestandteil der ▸ RNA.

Ribosom Häufigstes Protein in Zellen, an dem auch die Translation stattfindet. Ein Ribonukleoprotein bestehend aus zwei Untereinheiten, die jeweils aus ▸ Polypeptiden und ▸ rRNAs bestehen. Die rRNA in der größeren Untereinheit wirkt als ▸ Peptidyltransferase.

ribosomale RNA rRNA, wichtige teils katalytische funktionelle RNAs in ▸ Ribosomen. Vergleiche von rRNA-Genen dienen auch phylogenetischen Untersuchungen.

Riboswitches Prokaryotische ▸ *cis-acting* Elemente in der ▸ 5'-UTR einer mRNA. Durch Bindung eines Liganden kann ihre Struktur und damit die Expression beeinflusst werden.

Ribozyme Katalytisch aktive RNAs. Dazu zählen beispielsweise autokatalytische RNAs, die sich selbst spleißen oder die rRNA der großen Untereinheit von Ribosomen.

RISC ▸ *RNA-induced silencing complex.*

RITS ▸ *RNA-induced transcriptional silencing.*

RNA ▸ *Ribonucleic acid.*

RNA-induced silencing complex RISC, ein Komplex innerhalb verschiedener ▸ RNAi-Signalwege, bestehend aus einer kleinen RNA, einem zentralem ▸ Argonauten-Protein und weiteren Hilfsproteinen. Der Komplex wird durch die kleine RNA zu einer Ziel-mRNA dirigiert, wo er diese posttranskriptionell inaktivieren kann.

RNA-induced transcriptional silencing RITS, Komplex der ▸ RNAi, der von einer kleinen RNA dirigiert im Nukleus eine naszierende mRNA bindet und das entsprechend Gen kotranskriptionell durch ▸ Heterochromatisierung inaktivieren kann. Auch positive Einflüsse auf die Expression sind bekannt.

RNA-Interferenz (RNAi) Ein ▸ epigenetisches System aus verschiedenen Gruppen an kleinen RNAs, die durch Hybridisierung mit ihren Ziel-RNAs auf transkriptionaler (▸ RITS) oder posttranskriptionaler (▸ RISC) Ebene mithilfe konservierter Effektorproteine regulierend auf die Genexpression wirken können.

RNA-Polymerase Eine Klasse von Enzymen in allen Lebewesen, die die Transkription katalysiert und dadurch ein zu einer Vorlage komplementäres RNA-Molekül erstellt. Man unterscheidet zwischen DNA- und RNA-abhängigen Polymerasen (RDRPs).

RNasen Enzyme, die gezielt RNA-Polymere abbauen.

rolling-circle Replikation Auch σ-Replikation genannt, dient zur Vervielfältigung von Plasmiden bei der ▸ Konjugation von ▸ Prokaryoten. Der Mechanismus ähnelt einer sich abspulenden Rolle.

ROSE *repressor of heat-shock gene expression*, Transkripte sind bei normalen Temperaturen durch *stem-loops* inaktiv, verändern aber durch Hitze ihre Sekundärstruktur, was die Expression zulässt (▸ *cis-acting element*).

RT-PCR ▸ Reverse-Transkriptase-Polymerasekettenreaktion.

rRNA ▸ Ribosomale RNA.

Sanger-Sequenzierung Auch Kettenabbruchmethode genannt. Der Einsatz von Didesoxyribonukleosid-Triphosphaten (▸ ddNTPs) innerhalb eines ▸ PCR-Ansatzes führt zu zufälligen Terminationen. Die unterschiedlich langen Fragmente erlauben einen Rückschluss auf die Sequenz.

Satelliten-DNA Bereiche in der DNA, die häufige Wiederholungen kurzer Sequenzen besitzen (siehe ▸ Mikrosatellit).

Schwesterchromatiden Die beiden homologen Chromatiden eines ▸ Zwei-Chromatiden-Chromosoms.

Selektion Beschreibt die natürliche Auslese von Arten oder Individuen einer Population durch biotische und abiotische Faktoren und ist mit der ▸ Mutation eine treibende Kraft der ▸ Evolution.

Sequenzierung Die molekulare Entschlüsselung der Basenabfolge eines DNA- oder RNA-Moleküls.

Sexpilus Wird zur Bildung einer Cytoplasmabrücke zwischen der Donor- und Akzeptorzelle während der Konjugation benötigt.

Shine-Dalgarno-Sequenz Diese Sequenz befindet sich innerhalb der ribosomalen Bindungsstelle (RBS) prokaryotischer mRNA und dient als Startpunkt für die Translation.

short interspersed elements SINE, Oberbegriff für eine Gruppe von ▸ Transposons mit bis zu 500 bp Länge.

Sigma-(σ) Replikation ▸ *Rolling-circle* Replikation.

Silencing Beschreibt die Inaktivierung oder Stilllegung der Expression eines Gens durch verschiedene Prozesse, wie zum Beispiel Heterochromatisierung.

silent gene loci Fakultativ heterochromatisierte DNA-Bereiche oder Gene. Im Gegensatz zu konstitutiv heterochromatisieren Bereichen kann die Heterochromatisierung hier auch wieder aufgehoben werden.

SINE ▸ *short interspersed elements.*

single nucleotide polymorphism SNP, Polymorphismus eines einzelnen Nukleotids zwischen homologen DNA-Sequenzen. Entsteht durch ▸ Mutationen. Individuen einer Population weisen in der Regel ein gewisses Spektrum an SNPs auf.

single-strand binding proteins SSB-Proteine, Verhindern die Hybridisierung von DNA-Einzelsträngen während der ▸ Replikation und halten somit die ▸ Replikationsgabel offen.

siRNA ▸ *small interfering*-RNA.

small interfering-RNA siRNA, kleine RNAs mit bis zu 24 Nukleotiden Länge, die in der Lage sind über ▸ RNAi die Expression eines Gens epigenetisch zu regulieren. Sind in der Regel mit ihrer Ziel-mRNA vollständig komplementär.

small nuclear RNA snRNA, eine Klasse nichtcodierender funktioneller RNAs von etwa 100–200 bp Länge, die bei Eukaryoten eine zentrale Komponente des ▸ Spleißosoms ausmacht.

small nucleolar RNA snoRNA, eine Klasse nichtcodierender funktionaler RNAs, die bei der Modifikation von Nukleotiden anderer RNA-Klassen, insbesondere von ▸ rRNAs, eine Rolle spielt.

small RNA sRNA, eine sehr umfangreiche Klasse kleiner nichtcodierender RNAs bei Prokaryoten, die mRNAs posttranskriptionell binden (beispielsweise an ▸ Riboswitches) und alleine oder zusammen mit anderen Proteinen deren Translation beeinflussen können.

snoRNA ▸ *small nucleolar* RNA.

SNP ▸ *single nucleotide polymorphism*.

snRNA ▸ *small nuclear* RNA.

Southern Blot Die Übertragung von DNA, die zuvor über Gelelektrophorese aufgetrennt wurde, von dem Gel auf eine Membran.

Spindelapparat Spezifische Anordnung der Mikrotubuli bei der Zellteilung, die dem Verteilen der Chromosomen dient.

Spleißen In eukaryotischen Zellen setzt sich ein Gen aus Introns und Exons zusammen, welche primär in eine Prä-mRNA übersetzt werden. Die Introns werden durch das Spleißen aus dem Primärtranskript entfernt, wodurch eine kürzere prozessierte mRNA entsteht.

Spleißosom Ein großer Komplex bestehend aus Proteinen und kleinen ▸ snRNAs, der (in vielen Fällen) zum ▸ Spleißen benötigt wird und der sich an und um die Prä-mRNA zur Prozessierung lagert.

sRNA ▸ *small RNA*.

ssDNA Einzelsträngige (*single stranded*) DNA.

ssRNA Einzelsträngige (*single stranded*) RNA.

Startcodon Das ▸ Codon AUG markiert den Startpunkt des codierenden Bereichs einer mRNA und codiert für die Aminosäure Methionin, die wiederum den Anfang der wachsenden Polypeptidkette darstellt.

stille Mutation *silent mutations*, haben keinen Einfluss auf die Expression eines Gens oder die Struktur des Genprodukts. Sie finden sich in nichtcodierenden, nichtregulativen Bereichen oder sind in codierenden Bereichen, verändern hier aber nur das Basentriplett, nicht aber die Aminosäure.

Stoppcodon Es existieren die drei Stoppcodons UAG, UGA und UAA, welche auf der mRNA das Ende eines offenen Leserasters markieren. Für diese existieren keine tRNAs, sondern ▸ *Release*-Faktoren, die das Ende der Translation markieren.

Strukturgen Bezeichnet jene codierenden Bereiche eines Gens (oder von Genen innerhalb eines ▸ Operons), die für eine funktionale RNA oder ein Polypeptid codieren. Also *nicht* regulatorische Bereiche wie Operatoren oder Promotoren.

Substitution Eine Punktmutation, bei der ein Nukleotid durch ein anderes ersetzt wird. Kann auch zu ▸ SNPs führen.

Supercoiling Das Verdrehen von ringförmigen DNA-Molekülen (▸ prokaryotisches Chromosomen oder ▸ Plasmiden), was zu einem höheren Kompaktheitsgrad führen kann.

TATA-Box Bestandteil eukaryotischer ▸ Promotoren und Bindestelle für die RNA-Polymerase II. Sie liegt etwa 20–30 bp vor der Initiationssequenz und hat die ▸ Konsensussequenz TATAAA.

Telomer Schützende Konstrukte an den Enden linearer Chromosomen. Diese komplizierten Strukturen bestehen aus DNA, Proteinen und RNA und beinhalten repetitive artspezifische DNA-Sequenzen sowie Loop-Strukturen.

Telomerase Ein enzymatischer ▸ Ribonukleoproteinkomplex, der der Aufrechterhaltung der Telomerlänge und -struktur dient, indem er repetitive DNA-Sequenzen synthetisiert.

telomere repeat containing sequence TERRA, eine lange nichtcodierende RNA, die für die Heterochromatisierung und Aufrechterhaltung der Struktur von Telomeren wichtig ist.

Telophase Letzte Phase der ▸ Kernteilung, in der die Chromosomen an den gegenüberliegenden Polen angekommen sind und wieder dekondensieren. Gleichzeitig baut sich auch die Kernmembran wieder auf.

Terminator Signal für die Beendigung der ▸ Transkription. Während es in Prokaryoten eigene Terminationsfaktoren gibt, wird die Termination der Transkription bei Eukaryoten oft nur durch eine bestimmte Sequenz signalisiert. Des Weiteren ein Kino-Klassiker aus den 80ern.

TERRA ▸ *telomere repeat containing sequence.*

Theta (θ)-Replikation Replikation prokaryotischer zirkulärer Chromosomen und Plasmide, die von der Form her einem „θ" gleicht. Die Replikation beginnt an einem genau definiertem ▸ *Origin of replication.*

Topoisomerasen Eine Enzymklasse, die durch gezielte Schnitte und Religation der DNA-Doppelhelix der Torsionsspannung, die sonst durch das Verdrehen während der ▸ Replikation und ▸ Transkription entsteht, entgegenwirkt.

Transduktion Bezeichnet den Vorgang bei dem ▸ Phagen Teile des genetischen Materials eines Wirtes auf einen neuen Wirt mit übertragen. Dieser Mechanismus des horizontalen Gentransfers wird auch in der Molekularbiologie gezielt eingesetzt.

Transfektion Das Einbringen von Fremd-DNA in eukaryotische, v. a. tierische Zellen. Verwandt mit der Transformation als molekularbiologische Methode bei Prokaryoten.

Transformation Das Bakterium kann aufgrund seiner Kompetenz freies genetisches Material aus der Umwelt aufnehmen und gegebenenfalls in das eigene Genom integrieren. Bei Eukaryoten, v. a. tierischen Zellen, kann die T. auch die Umwandlung normaler Zellen zu Krebszellen bedeuten.

Transgen Ein aus einer anderen Art stammendes Gen, das durch gentechnische Verfahren in ein Genom eingebracht wurde. Bei transgenen Organismen handelt es sich um ▸ GVOs.

Transition Eine Punktmutation bei der eine Purinbase in eine andere Purinbase, bzw. eine Pyrimidinbase in eine

andere Pyrimidinbase, umgetauscht wird. Form der ▸ Substitution.

Transkription Vorgang, bei dem RNA-Polymerasen nach Vorlage einer DNA-Matrize eine funktionale RNA oder eine ▸ mRNA, die später translatiert wird, synthetisieren. Stellt den ersten Hauptteil der ▸ Proteinbiosynthese dar.

Transkriptionsfaktoren Proteine, die durch Bindung an genetische Elemente wie ▸ *enhancer*, ▸ *silencer* oder ▸ Promotoren die Transkriptionsaktivität von Genen beeinflussen können.

Transkriptom Gesamtheit der transkribierten RNAs einer Zelle zu einem bestimmten Zeitpunkt. Bezieht sich manchmal nur auf mRNAs.

Translation Beschreibt die Übersetzung einer mRNA in eine Polypeptidkette und ist somit der zweite Hauptteil der Proteinbiosynthese. ▸ Ribosomen dienen hier als Plattform für die Translation.

Translokation Die Umlagerung chromosomaler Abschnitte innerhalb des Genoms von einem Chromosom auf ein anderes. Kann zu Deletionen und Duplikationen führen. Diese Art der ▸ Chromosomenmutation zählt zu den strukturellen ▸ Chromosomenaberrationen.

Transportform Beschreibt die kondensierte und leicht färbbare Form der ▸ Chromosomen, die nur während der Zellteilung auftritt.

Transposon Sequenz im Genom, auch als transposables oder mobiles genetisches Element bezeichnet, die sich über eine DNA- oder RNA-Zwischenstufe (siehe ▸ Retrotransposon) innerhalb des Genoms ausbreiten oder seine Position verändern kann. Vermutlich viralen Ursprungs.

trans-acting elements Regulatoren, die als separate lösliche Moleküle (beispielsweise ▸ sRNAs oder ▸ Transkriptionsfaktoren) vorliegen und die wiederum eine regulatorische Sequenz (▸ *cis-acting element*) in der DNA oder einer mRNA erkennen und binden.

Transfer-RNA tRNA, kurzes, nichtcodierendes RNA-Molekül, das am 3'-Ende eine spezifische ▸ Aminosäure binden kann und innerhalb der Struktur ein dementsprechendes Anticodon besitzt, das während der ▸ Translation wiederum einem Triplett auf der mRNA zugeordnet werden kann.

Transversion Eine Punktmutation bei der eine Purinbase in eine Pyrimidinbase umgetauscht wird oder umgekehrt. Form der ▸ Substitution.

Trisomie Eine Form der ▸ Aneuploidie bei der das betroffene Chromosom dreifach vorliegt. Beispielsweise Trisomie 21 (= Chromosom 21 gibt es dreimal).

tRNA ▸ Transfer-RNA.

Turner-Syndrom Eine ▸ Monosomie beim Menschen bei der in Bezug auf die Gonosomen nur ein einzelnes X-Chromosom vorliegt (Chromosomenzahl gesamt: 45, Gonosomen: X0). Betroffene sind äußerlich weiblich, zeigen unterschiedliche Symptome und sind in der Regel steril.

Ubiquitin Ein in der Zelle sehr häufiges Protein, dessen Bindung an andere Proteine diese für den Abbau markiert. Jedoch sind auch andere nicht-proteolytische Funktionen der Bindung (beispielsweise an ▸ Histone) bekannt.

untranslated regions UTR, untranslatierte Bereiche, die auf einer mRNA vor einer codierenden Region (5′) oder hinter dieser (3′) vorliegen können. Beinhalten oft regulatorische Sequenzen.

upstream Stromaufwärts gelegen, eher Richtung 5′-Ende eines Transkriptes oder einer Sequenz. Gegenteil: ▸ *downstream*.

Uracil (U) Eine ▸ Nukleinbase, die mit Cytosin paart und in der Regel in der RNA vorkommt. In der DNA wird sie durch die Base Thymin komplementiert.

Van-der-Waals-Wechselwirkungen Gehören zu den nichtkovalenten Bindungen zwischen Molekülen. Sie basieren auf der schwachen Anziehung von Atomen und Molekülen untereinander.

Vektor Eine Genfähre, die zum Transfer genetischer Informationen in einen Organismus genutzt wird. Beispielsweise ein Virus, Plasmid oder Fosmid.

Virus Konstrukt aus Proteinen und Nukleinsäuren (die unter anderem wiederum für die Proteine codieren), das keinen eigenen Stoffwechsel hat und zur Vermehrung auf einen ▸ Wirt angewiesen ist.

Wasserstoffbrücken Nichtkovalente Bindungen aufgrund von partiellen Ladungen, die deutlich schwächer als kovalente Bindungen sind. Unter anderem wichtig für die DNA-Doppelhelix und Proteine.

Western Blot Eine Methode zur Übertragung von Proteinen aus einer Polyacrylamid-Gelmatrix auf eine Membran, die dann über unterschiedlichste Methoden nachgewiesen werden können.

Wildtyp Der häufigste ▸ Genotyp oder ▸ Phänotyp innerhalb einer Art oder Population. Dient als Referenz zum Vergleich von anderen Variationen, die beispielsweise durch Mutation entstanden.

Wirt Jener Organismus einer zwischenartlichen Beziehung, der seinem Gast (beispielsweise ein Symbiont oder Parasit) Ressourcen auf verschiedenster Ebene liefert (wie Nahrung, Schutz, Transport…). In der Gastronomie oft auch hinter Theken zu finden.

Wobble-Effekt Die dritte Base eines ▸ Anticodons kann auf verschiedene Weise mit einer Base auf der mRNA interagieren und kann so auch unübliche Basenpaarungen eingehen.

X-Chromosom Überlebenswichtiges ▸ Gonosom bei solchen Arten, die auf einem XX/XY-Geschlechtssystem beruhen. Die Weibchen (XX) sind homogametisch. Das heißt, alle Gameten haben (in der Regel) die gleiche Ausstattung in Bezug auf die Gonosomen (X).

X-Chromosom-Inaktivierung Entsprechend der Dosiskompensation wird in weiblichen Zellen mit einem X/X-Gonosomenpaar mal das maternale, mal das paternale X-Chromosom nach einem Zufallsprinzip stark kondensiert (Barr-Body) und somit größtenteils inaktiviert. Bei mehr als zwei X-Chromosomen werden alle bis auf eines deaktiviert.

X-inactivation center Xic, ein Locus auf dem X-Chromosom, der unter anderem für Xist codiert und dessen Transkription zur Inaktivierung des X-Chromosoms führen kann.

X-inactive specific transcript Xist, eine lncRNA, die im Xic codiert ist. Bei Erreichen eines Schwellenwertes induzieren Xist-Transkripte die epigenetische Stilllegung des X-Chromosoms, indem sie entsprechende Proteine rekrutieren.

Y-Chromosom ▸ Gonosom bei Arten, bei denen die Männchen die gonosamale Ausstattung XY haben. Das Y ist geschlechtsspezifisch und für die Ausprägung von männlichen Merkmalen verantwortlich. Entsprechend sind die Männchen heterogametisch, das heißt, ihre ▸ Gameten haben entweder ein Y- oder ein ▸ X-Chromosom.

Zellzyklus Beschreibt den Ablauf und die Steuerung aller Lebensphasen von Zellen. Neben ▸ Meiose und ▸ Mitose gehören hierzu auch jene Lebensabschnitte von Zellen, die zwischen Zellteilungen liegen, zusammengefasst in der ▸ Interphase.

Zentromer Stark heterochromatisierter chromosomaler Bereich, über den einerseits die ▸ Chromatiden eines ▸ Zwei-Chromatiden-Chromosoms verbunden sind und an den andererseits die ▸ Kinetochore binden.

Zygote Durch die Verschmelzung zweier haploider Gameten (Befruchtung) entsteht eine diploide Zygote, die quasi die erste Zelle eines neuen diploiden Individuums darstellt.

Zyklin-abhängige Kinasen *cycline-dependent kinases* (CDK), Proteine, die wiederum von Zyklinen gebunden und aktiviert werden und dadurch selbst eine neue Phase im Zellzyklus einleiten können.

Zykline Proteine, die für die richtige Taktung des ▸ Zellzyklus eine wichtige Rolle spielen. Je nach Art des Zyklins kommt es nur zu bestimmten Phasen in der Zelle vor.

Zwei-Chromatiden-Chromosom Chromosom bestehend aus zwei homologen ▸ Chromatiden. Innerhalb des ▸ Zellzyklus von Eukaryoten kommt diese Form in der Regel nur nach der Synthese (S)-Phase und vor der Zellteilung vor.

Zweiundvierzig Eine heilige Zahl und die Antwort auf alle Fragen.

Stichwortverzeichnis

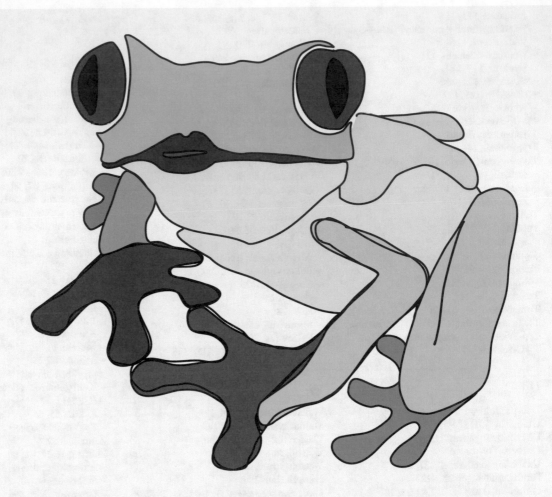

Printed in the United States
by Baker & Taylor Publisher Services